2022 개정 교육과정

개념+유형

개념편

공통수학2

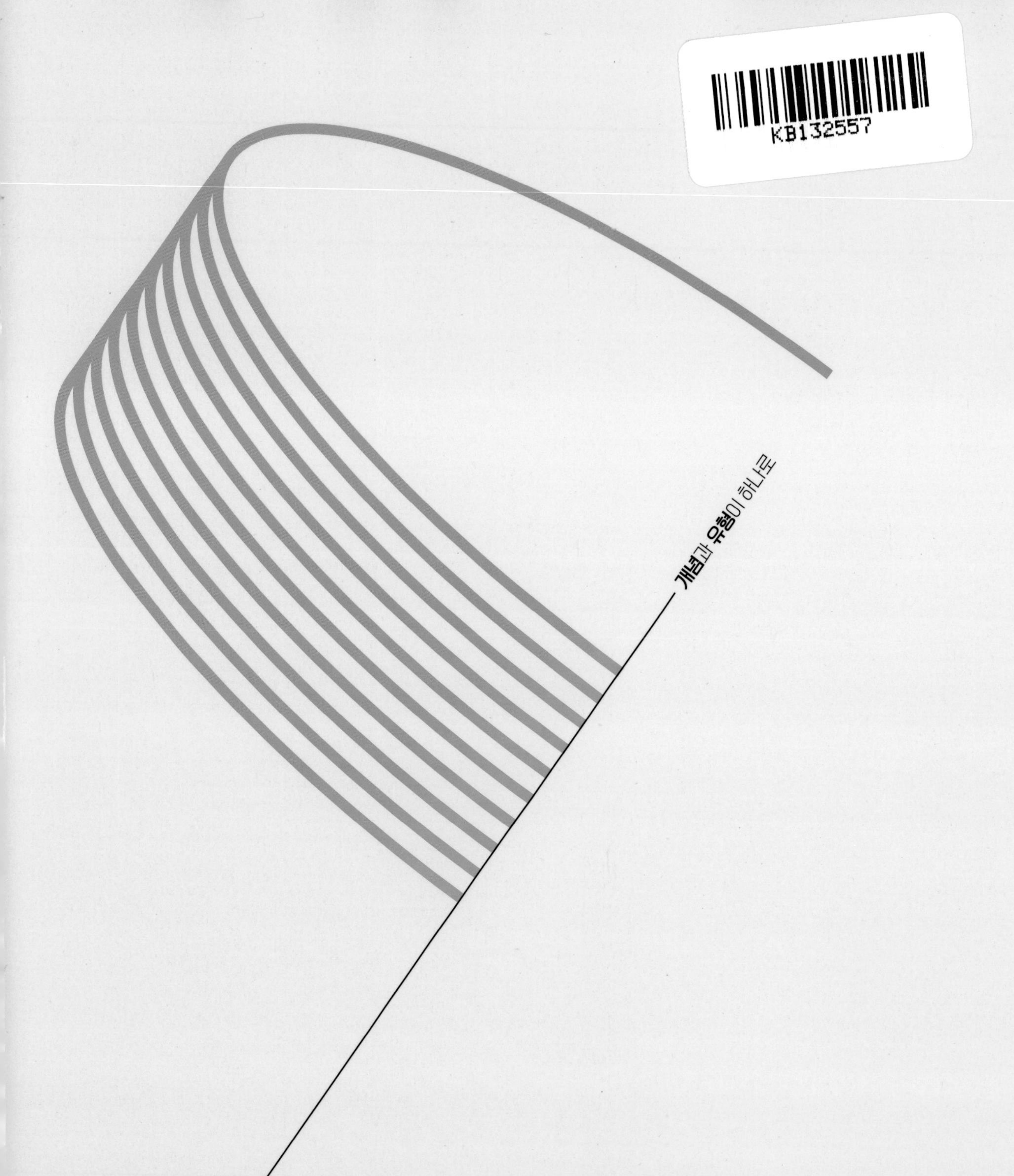

visang

개발 김영은, 남예지, 장윤정
저자 이성기, 한세기
디자인 정세연, 뮤제오, 안상현

발행일 2023년 10월 1일
펴낸날 2023년 10월 1일
펴낸곳 (주)비상교육
펴낸이 양태회
신고번호 제2002-000048호
출판사업총괄 최대찬
개발총괄 채진희
개발책임 최진형
디자인책임 김재훈
영업책임 이지웅
품질책임 석진안
마케팅책임 이은진
대표전화 1544-0554
주소 경기도 과천시 과천대로2길 54(갈현동, 그라운드브이)

이 책을 검토해 주신 선생님

서울
김도규 김도규수학학원
남계준 뉴이스트수학전문학원
박정훈 CREVERSE(구CMS)
박종수 뉴파인학원
석찬수 메이드학원대치직영점
소병호 강북세일학원
양진흠 예일학원
이동준 수재학원
이행철 델타수학학원
한지연 메이드학원중계직영점

경기
고대원 분당더원학원
박가나 달콤수학학원
이경효 효수학학원
임채섭 메이드학원분당직영점
전순식 38인의수학생각학원
전지호 수풀림학원
최민식 세일학원
인천
곽재강 정일학원
세종
임희석 최선수학학원(도담동)

대전
유영석 수학서당학원
황성필 일인주의학원
충북
김국희 알고리즘김국희수학학원
박형근 유비수학학원
충남
주경림 천안페르마학원
전북
이정환 이정환수학학원

대구
조필재 샤인수학학원
광주
김동식 MFA수학학원
울산
조성근 알단과학원
경북
김대훈 이상렬입시학원
전남
박미라 매쓰홀릭

세상이 변해도 배움의 즐거움은 변함없도록

시대는 빠르게 변해도
배움의 즐거움은
변함없어야 하기에

어제의 비상은
남다른 교재부터
결이 다른 콘텐츠
전에 없던 교육 플랫폼까지

변함없는 혁신으로
교육 문화 환경의 새로운 전형을
실현해왔습니다.

비상은 오늘, 다시 한번
새로운 교육 문화 환경을 실현하기 위한
또 하나의 혁신을 시작합니다.

오늘의 내가 어제의 나를 초월하고
오늘의 교육이 어제의 교육을 초월하여
배움의 즐거움을 지속하는 혁신,

바로, 메타인지 기반 완전 학습을.

상상을 실현하는 교육 문화 기업 비상

메타인지 기반 완전 학습

초월을 뜻하는 meta와 생각을 뜻하는 인지가 결합한 메타인지는
자신이 알고 모르는 것을 스스로 구분하고 학습계획을 세우도록 하는
궁극의 학습 능력입니다. 비상의 메타인지 기반 완전 학습 시스템은
잠들어 있는 메타인지를 깨워 공부를 100% 내 것으로 만들도록 합니다.

개념+유형

개념편 공통수학 2

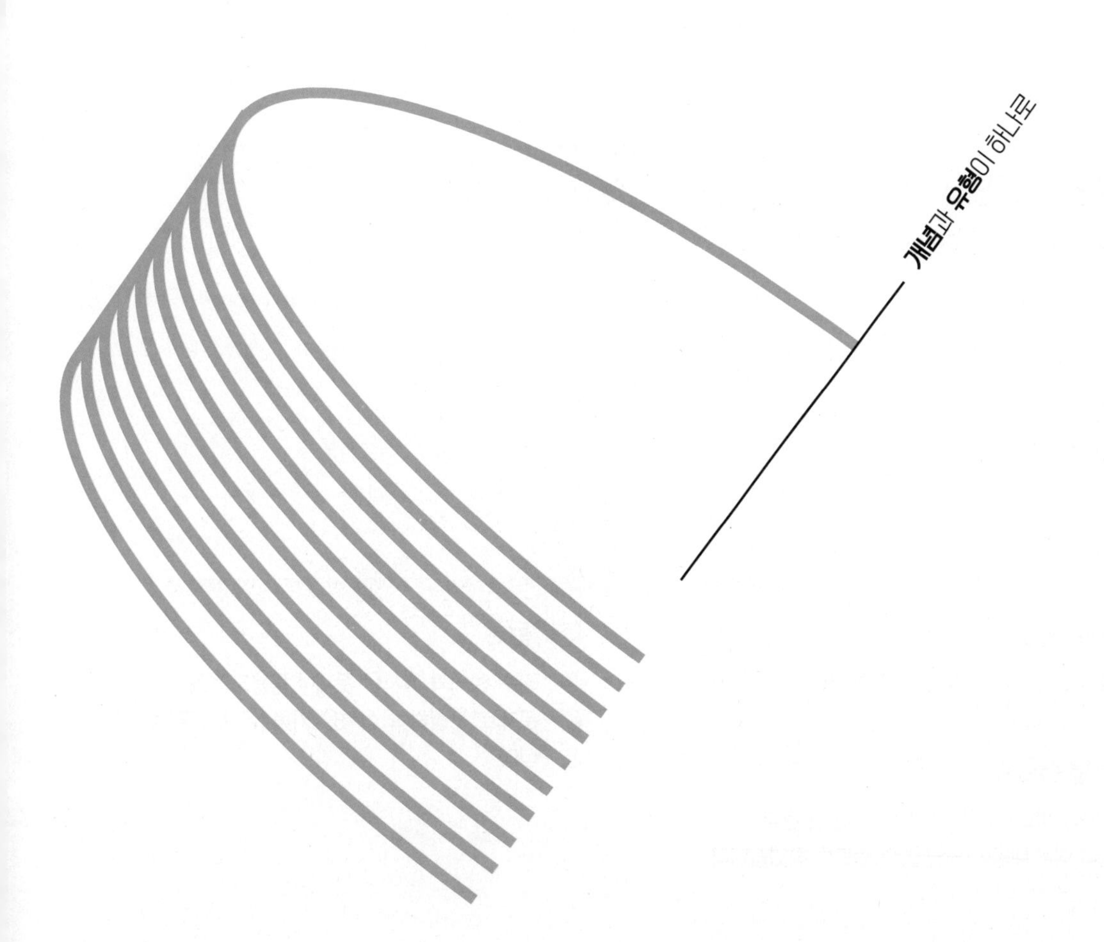

STRUCTURE 구성과 특징

개념편 개념을 완벽하게 이해할 수 있습니다!

개념 정리

한 번에 학습할 수 있는 효과적인 분량으로 구성하여 중요한 개념을 보다 쉽게 이해할 수 있도록 하였습니다.

필수 예제

시험에 출제되는 꼭 필요한 문제를 풀이 방법과 함께 제시하여 학교 내신에 대비할 수 있도록 하였습니다.

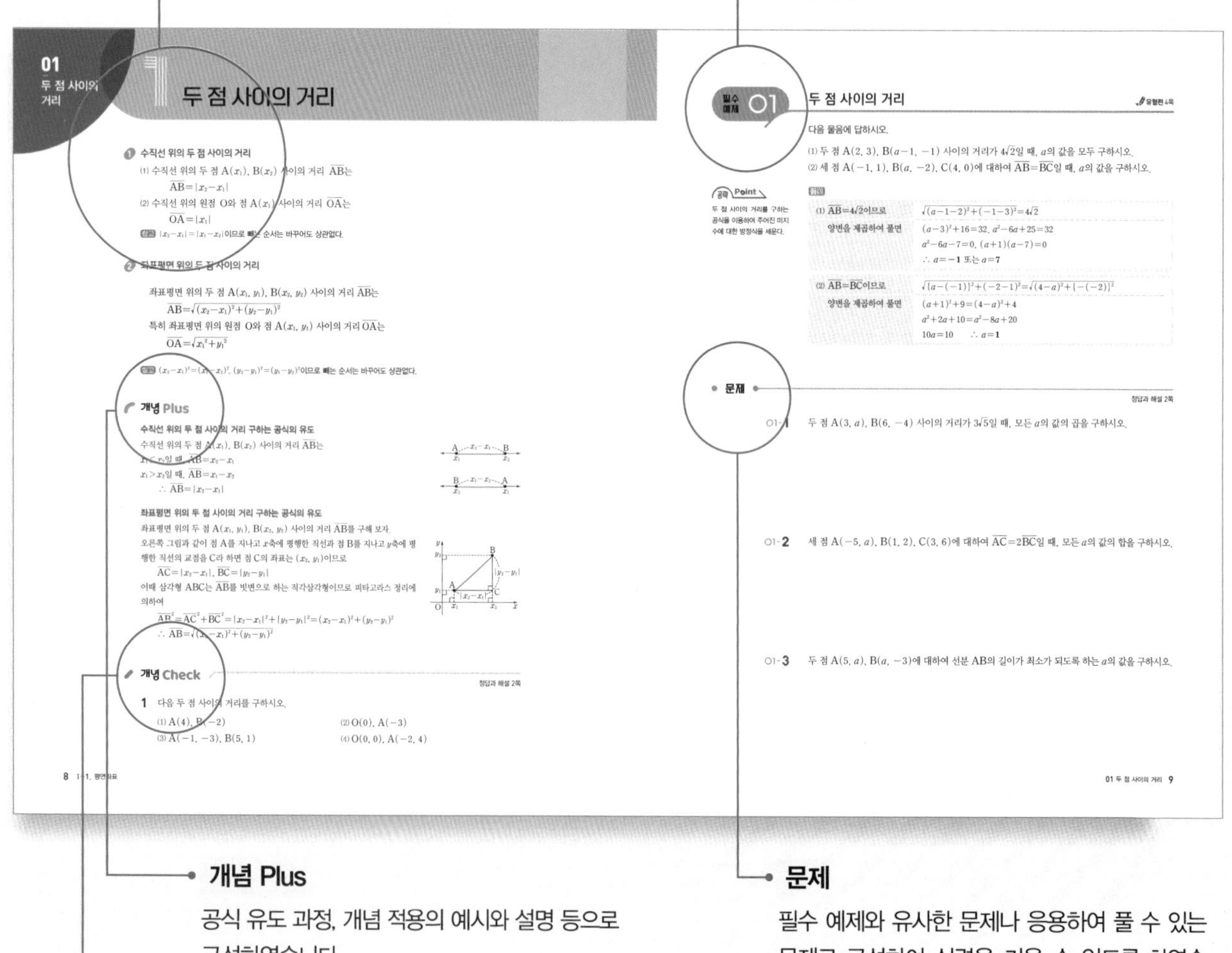

개념 Plus

공식 유도 과정, 개념 적용의 예시와 설명 등으로 구성하였습니다.

개념 Check

개념을 바로 적용할 수 있는 간단한 문제로 구성하여 배운 내용을 확인할 수 있도록 하였습니다.

문제

필수 예제와 유사한 문제나 응용하여 풀 수 있는 문제로 구성하여 실력을 키울 수 있도록 하였습니다.

유형편 실전 문제를 유형별로 풀어볼 수 있습니다!

연습문제
각 소단원을 정리할 수 있는 기본 문제와 실력 문제로 구성하였습니다.

유형별 문제
개념편의 필수 예제를 보충하고 더 많은 유형의 문제를 풀어볼 수 있습니다.

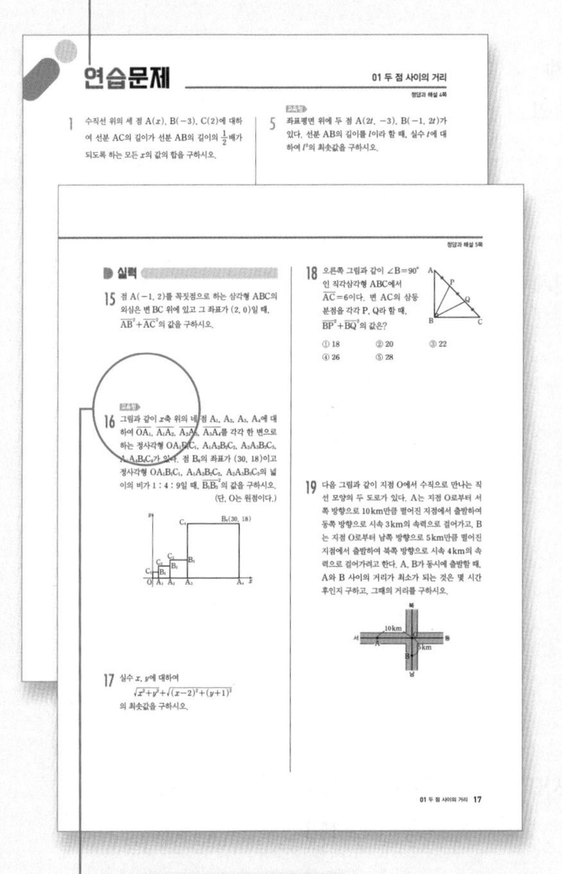

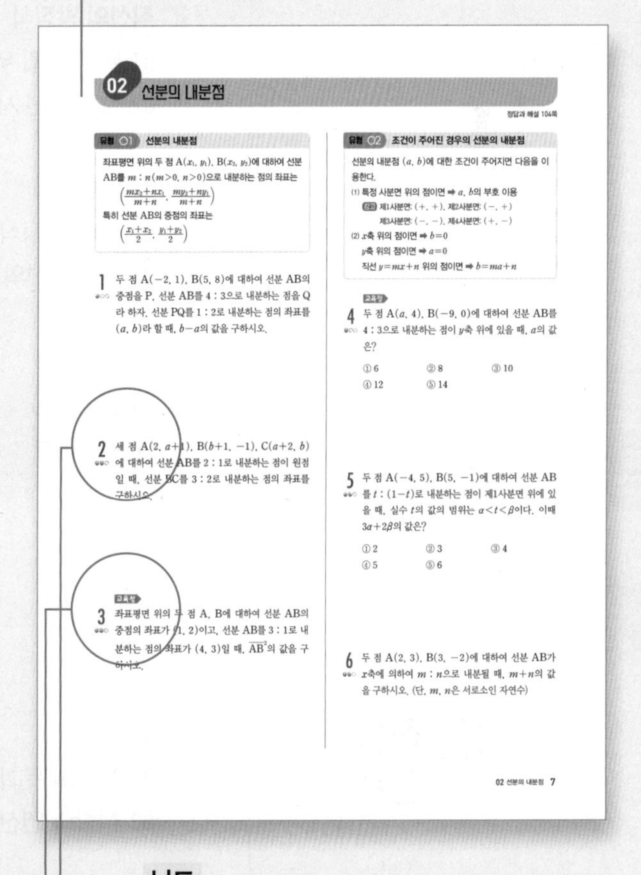

수능, 평가원, 교육청
수능, 평가원, 교육청 기출 문제로 수능에 대한 감각을 익힐 수 있도록 하였습니다.

난도
문항마다 ○○○, ●○○, ●●○, ●●●의 4단계로 난도를 표시하였습니다.

수능, 평가원, 교육청
수능, 평가원, 교육청 기출 문제로 수능에 대한 감각을 익힐 수 있도록 하였습니다.

CONTENTS 차례

I. 도형의 방정식

II. 집합과 명제

III. 함수와 그래프

개념과 유형이 하나로!

가장 효과적인 수학 공부 방법을 제시합니다.

Ⅰ. 도형의 방정식

1 평면좌표

01 두 점 사이의 거리

02 선분의 내분점

두 점 사이의 거리

❶ 수직선 위의 두 점 사이의 거리

(1) 수직선 위의 두 점 $\mathrm{A}(x_1)$, $\mathrm{B}(x_2)$ 사이의 거리 $\overline{\mathrm{AB}}$는

$$\overline{\mathrm{AB}}=|x_2-x_1|$$

(2) 수직선 위의 원점 O와 점 $\mathrm{A}(x_1)$ 사이의 거리 $\overline{\mathrm{OA}}$는

$$\overline{\mathrm{OA}}=|x_1|$$

참고 $|x_2-x_1|=|x_1-x_2|$이므로 빼는 순서는 바꾸어도 상관없다.

❷ 좌표평면 위의 두 점 사이의 거리

좌표평면 위의 두 점 $\mathrm{A}(x_1, y_1)$, $\mathrm{B}(x_2, y_2)$ 사이의 거리 $\overline{\mathrm{AB}}$는

$$\overline{\mathrm{AB}}=\sqrt{(x_2-x_1)^2+(y_2-y_1)^2}$$

특히 좌표평면 위의 원점 O와 점 $\mathrm{A}(x_1, y_1)$ 사이의 거리 $\overline{\mathrm{OA}}$는

$$\overline{\mathrm{OA}}=\sqrt{x_1^2+y_1^2}$$

참고 $(x_2-x_1)^2=(x_1-x_2)^2$, $(y_2-y_1)^2=(y_1-y_2)^2$이므로 빼는 순서는 바꾸어도 상관없다.

개념 Plus

수직선 위의 두 점 사이의 거리 구하는 공식의 유도

수직선 위의 두 점 $\mathrm{A}(x_1)$, $\mathrm{B}(x_2)$ 사이의 거리 $\overline{\mathrm{AB}}$는

$x_1\le x_2$일 때, $\overline{\mathrm{AB}}=x_2-x_1$

$x_1>x_2$일 때, $\overline{\mathrm{AB}}=x_1-x_2$

$\therefore\ \overline{\mathrm{AB}}=|x_2-x_1|$

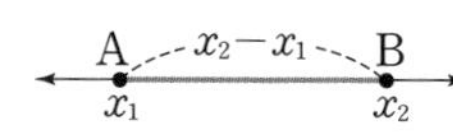

좌표평면 위의 두 점 사이의 거리 구하는 공식의 유도

좌표평면 위의 두 점 $\mathrm{A}(x_1, y_1)$, $\mathrm{B}(x_2, y_2)$ 사이의 거리 $\overline{\mathrm{AB}}$를 구해 보자.

오른쪽 그림과 같이 점 A를 지나고 x축에 평행한 직선과 점 B를 지나고 y축에 평행한 직선의 교점을 C라 하면 점 C의 좌표는 (x_2, y_1)이므로

$$\overline{\mathrm{AC}}=|x_2-x_1|,\ \overline{\mathrm{BC}}=|y_2-y_1|$$

이때 삼각형 ABC는 $\overline{\mathrm{AB}}$를 빗변으로 하는 직각삼각형이므로 피타고라스 정리에 의하여

$$\overline{\mathrm{AB}}^2=\overline{\mathrm{AC}}^2+\overline{\mathrm{BC}}^2=|x_2-x_1|^2+|y_2-y_1|^2=(x_2-x_1)^2+(y_2-y_1)^2$$

$$\therefore\ \overline{\mathrm{AB}}=\sqrt{(x_2-x_1)^2+(y_2-y_1)^2}$$

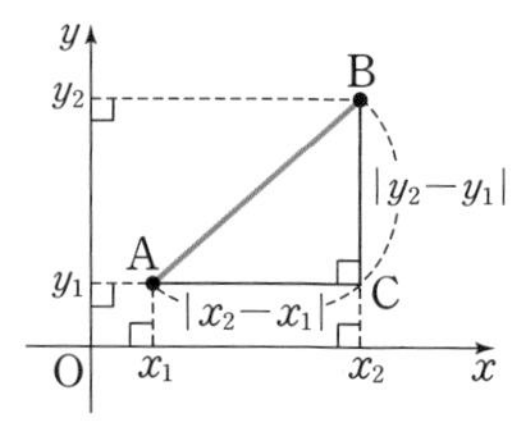

개념 Check

정답과 해설 2쪽

1 다음 두 점 사이의 거리를 구하시오.

(1) $\mathrm{A}(4)$, $\mathrm{B}(-2)$

(2) $\mathrm{O}(0)$, $\mathrm{A}(-3)$

(3) $\mathrm{A}(-1, -3)$, $\mathrm{B}(5, 1)$

(4) $\mathrm{O}(0, 0)$, $\mathrm{A}(-2, 4)$

두 점 사이의 거리

유형편 4쪽

다음 물음에 답하시오.

(1) 두 점 $A(2, 3)$, $B(a-1, -1)$ 사이의 거리가 $4\sqrt{2}$일 때, a의 값을 모두 구하시오.
(2) 세 점 $A(-1, 1)$, $B(a, -2)$, $C(4, 0)$에 대하여 $\overline{AB}=\overline{BC}$일 때, a의 값을 구하시오.

공략 Point

두 점 사이의 거리를 구하는 공식을 이용하여 주어진 미지수에 대한 방정식을 세운다.

풀이

(1) $\overline{AB}=4\sqrt{2}$이므로	$\sqrt{(a-1-2)^2+(-1-3)^2}=4\sqrt{2}$
양변을 제곱하여 풀면	$(a-3)^2+16=32$, $a^2-6a+25=32$
	$a^2-6a-7=0$, $(a+1)(a-7)=0$
	$\therefore a=\mathbf{-1}$ 또는 $a=\mathbf{7}$

(2) $\overline{AB}=\overline{BC}$이므로	$\sqrt{\{a-(-1)\}^2+(-2-1)^2}=\sqrt{(4-a)^2+\{-(-2)\}^2}$
양변을 제곱하여 풀면	$(a+1)^2+9=(4-a)^2+4$
	$a^2+2a+10=a^2-8a+20$
	$10a=10 \quad \therefore a=\mathbf{1}$

문제

정답과 해설 2쪽

01-1 두 점 $A(3, a)$, $B(6, -4)$ 사이의 거리가 $3\sqrt{5}$일 때, 모든 a의 값의 곱을 구하시오.

01-2 세 점 $A(-5, a)$, $B(1, 2)$, $C(3, 6)$에 대하여 $\overline{AC}=2\overline{BC}$일 때, 모든 a의 값의 합을 구하시오.

01-3 두 점 $A(5, a)$, $B(a, -3)$에 대하여 선분 AB의 길이가 최소가 되도록 하는 a의 값을 구하시오.

같은 거리에 있는 점

유형편 4쪽

다음 물음에 답하시오.

(1) 두 점 A(1, 2), B(3, 4)에서 같은 거리에 있는 x축 위의 점 P의 좌표를 구하시오.
(2) 두 점 A(−2, 1), B(3, 0)에서 같은 거리에 있는 직선 $y=x$ 위의 점 P의 좌표를 구하시오.

공략 Point

점 P의 위치에 따라 좌표를 다음과 같이 나타낸다.
(1) x축 위의 점 ➡ $(a, 0)$
(2) y축 위의 점 ➡ $(0, a)$
(3) 직선 $y=mx+n$ 위의 점 ➡ $(a, ma+n)$

풀이

(1) x축 위의 점 P의 좌표를 $(a, 0)$이라 하면

$\overline{AP}=\sqrt{(a-1)^2+(-2)^2}$
$\overline{BP}=\sqrt{(a-3)^2+(-4)^2}$

$\overline{AP}=\overline{BP}$에서 $\overline{AP}^2=\overline{BP}^2$이므로

$a^2-2a+5=a^2-6a+25$
$4a=20 \qquad \therefore a=5$

따라서 점 P의 좌표는 **(5, 0)**

(2) 직선 $y=x$ 위의 점 P의 좌표를 (a, a)라 하면

$\overline{AP}=\sqrt{\{a-(-2)\}^2+(a-1)^2}$
$\overline{BP}=\sqrt{(a-3)^2+a^2}$

$\overline{AP}=\overline{BP}$에서 $\overline{AP}^2=\overline{BP}^2$이므로

$2a^2+2a+5=2a^2-6a+9$
$8a=4 \qquad \therefore a=\frac{1}{2}$

따라서 점 P의 좌표는 $\left(\frac{1}{2}, \frac{1}{2}\right)$

문제

정답과 해설 2쪽

02-1 두 점 A(4, −1), B(5, 2)에서 같은 거리에 있는 x축 위의 점을 P, y축 위의 점을 Q라 할 때, 선분 PQ의 길이를 구하시오.

02-2 두 점 A(−3, 1), B(−1, 2)에서 같은 거리에 있는 직선 $y=x-1$ 위의 점 P의 좌표를 구하시오.

필수 예제 03 거리의 제곱의 합의 최솟값

유형편 5쪽

두 점 A(0, 3), B(2, 5)와 x축 위의 점 P에 대하여 $\overline{AP}^2+\overline{BP}^2$의 최솟값과 그때의 점 P의 좌표를 구하시오.

공략 Point

점 P의 좌표를 미지수 a를 이용하여 나타낸 후 $\overline{AP}^2+\overline{BP}^2$을 a에 대한 이차식으로 나타낸다.

풀이

x축 위의 점 P의 좌표를 $(a, 0)$이라 하면	$\overline{AP}^2+\overline{BP}^2=a^2+(-3)^2+(a-2)^2+(-5)^2$ $=2a^2-4a+38$ $=2(a-1)^2+36$
따라서 $\overline{AP}^2+\overline{BP}^2$은	$a=1$일 때 **최솟값 36**을 갖는다.
그때의 점 P의 좌표는	**(1, 0)**

문제

정답과 해설 2쪽

03-1 두 점 A(6, 1), B(−1, 2)와 y축 위의 점 P에 대하여 $\overline{AP}^2+\overline{BP}^2$의 최솟값과 그때의 점 P의 좌표를 차례대로 구하시오.

03-2 두 점 A(1, 2), B(3, 6)과 직선 $y=x$ 위의 점 P에 대하여 $\overline{AP}^2+\overline{BP}^2$의 값이 최소가 되도록 하는 점 P의 좌표를 구하시오.

03-3 두 점 A(0, −1), B(4, −3)과 직선 $x-y-3=0$ 위의 점 P에 대하여 $\overline{AP}^2+\overline{BP}^2$의 최솟값이 m이고 그때의 점 P의 좌표가 (a, b)일 때, $a+b+m$의 값을 구하시오.

필수 예제 04 세 변의 길이에 따른 삼각형의 모양 판단

유형편 5쪽

세 점 $A(-1, 0)$, $B(1, -2)$, $C(5, 2)$를 꼭짓점으로 하는 삼각형 ABC는 어떤 삼각형인지 말하시오.

공략 Point

삼각형의 세 변의 길이를 구한 후 다음을 이용한다.

(1) 세 변의 길이가 같다.
➡ 정삼각형

(2) 두 변의 길이가 같다.
➡ 이등변삼각형

(3) 피타고라스 정리가 성립
➡ 직각삼각형

풀이

삼각형 ABC의 세 변 AB, BC, CA의 길이를 구하면	$\overline{AB}=\sqrt{\{1-(-1)\}^2+(-2)^2}=\sqrt{8}=2\sqrt{2}$ $\overline{BC}=\sqrt{(5-1)^2+\{2-(-2)\}^2}=\sqrt{32}=4\sqrt{2}$ $\overline{CA}=\sqrt{(-1-5)^2+(-2)^2}=\sqrt{40}=2\sqrt{10}$
$\overline{AB}^2=8$, $\overline{BC}^2=32$, $\overline{CA}^2=40$이므로	$\overline{AB}^2+\overline{BC}^2=\overline{CA}^2$
따라서 삼각형 ABC는	**$\angle B=90°$인 직각삼각형**

문제

정답과 해설 3쪽

04-1 다음 세 점을 꼭짓점으로 하는 삼각형 ABC는 어떤 삼각형인지 말하시오.

(1) $A(4, -2)$, $B(1, 1)$, $C(3, 3)$

(2) $A(-1, -3)$, $B(1, 3)$, $C(-3\sqrt{3}, \sqrt{3})$

04-2 세 점 $A(-1, 2)$, $B(2, 6)$, $C(a, 4)$를 꼭짓점으로 하는 삼각형 ABC가 $\angle C=90°$인 직각삼각형이 되도록 하는 a의 값을 모두 구하시오.

04-3 세 점 $A(a, 0)$, $B(2, 4)$, $C(6, -4)$를 꼭짓점으로 하는 삼각형 ABC가 이등변삼각형이 되도록 하는 모든 양수 a의 값의 합을 구하시오.

두 점 사이의 거리의 활용

유형편 6쪽

실수 x, y에 대하여 $\sqrt{(x-1)^2+y^2}+\sqrt{(x+3)^2+(y-2)^2}$의 최솟값을 구하시오.

공략 Point

점의 좌표를 이용하여 주어진 식을 두 점 사이의 거리로 생각한다.

풀이

A(1, 0), B(−3, 2), P(x, y)라 하면	$\sqrt{(x-1)^2+y^2}+\sqrt{(x+3)^2+(y-2)^2}$ $=\overline{AP}+\overline{BP}$
$\overline{AP}+\overline{BP}$의 값이 최소인 경우는 점 P가 선분 AB 위에 있을 때이므로	$\overline{AP}+\overline{BP}\geq\overline{AB}$ $=\sqrt{(-3-1)^2+2^2}$ $=\sqrt{20}=2\sqrt{5}$
따라서 구하는 최솟값은	$\mathbf{2\sqrt{5}}$

문제

정답과 해설 3쪽

05-1 두 점 A(2, 3), B(5, 7)과 임의의 점 P에 대하여 $\overline{AP}+\overline{BP}$의 최솟값을 구하시오.

05-2 실수 x, y에 대하여 $\sqrt{(x-3)^2+(y+2)^2}+\sqrt{(x+1)^2+(y-5)^2}$의 최솟값을 구하시오.

05-3 실수 x, y에 대하여 $\sqrt{x^2+y^2}+\sqrt{x^2+y^2+8x-4y+20}$의 최솟값을 구하시오.

필수 예제 06 좌표를 이용한 도형의 성질

유형편 6쪽

삼각형 ABC에서 변 BC의 중점을 M이라 할 때,

$$\overline{AB}^2+\overline{AC}^2=2(\overline{AM}^2+\overline{BM}^2)$$

이 성립함을 좌표평면을 이용하여 증명하시오.

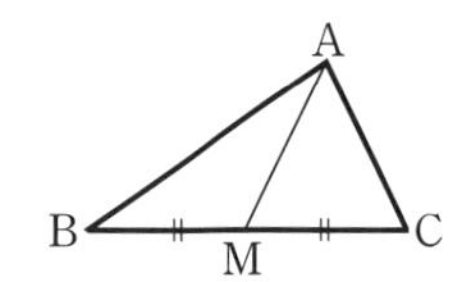

공략 Point

도형을 좌표평면 위에 나타내면 좌표를 이용하여 변의 길이를 나타낼 수 있으므로 도형의 성질을 쉽게 설명할 수 있다. 이때 계산이 간단해지도록 좌표를 정하는 것이 중요하다.

참고 $\overline{AB}^2+\overline{AC}^2=2(\overline{AM}^2+\overline{BM}^2)$ 을 **파푸스 정리(중선 정리)**라 한다.

증명

오른쪽 그림과 같이 직선 BC를 x축, 점 M을 지나고 직선 BC에 수직인 직선을 y축으로 하는 좌표평면을 잡으면 점 M은 원점이 되고, $A(a, b)$, $C(c, 0)$이라 하면 $B(-c, 0)$이다.	y, $A(a, b)$, $C(c, 0)$, $B(-c, 0)$, $O(M)$, x
$\overline{AB}^2$, $\overline{AC}^2$, $\overline{AM}^2$, $\overline{BM}^2$을 구하면	$\overline{AB}^2=(-c-a)^2+(-b)^2=a^2+2ac+c^2+b^2$ $\overline{AC}^2=(c-a)^2+(-b)^2=a^2-2ac+c^2+b^2$ $\overline{AM}^2=a^2+b^2$ $\overline{BM}^2=(-c)^2=c^2$
$\overline{AB}^2+\overline{AC}^2$과 $\overline{AM}^2+\overline{BM}^2$을 구하면	$\overline{AB}^2+\overline{AC}^2=2(a^2+b^2+c^2)$ …… ㉠ $\overline{AM}^2+\overline{BM}^2=a^2+b^2+c^2$ …… ㉡
㉠, ㉡에서	$\overline{AB}^2+\overline{AC}^2=2(\overline{AM}^2+\overline{BM}^2)$

문제

정답과 해설 4쪽

06-1 삼각형 ABC의 변 BC 위의 점 D에 대하여 $\overline{BD}=2\overline{CD}$일 때,

$$\overline{AB}^2+2\overline{AC}^2=3(\overline{AD}^2+2\overline{CD}^2)$$

이 성립함을 좌표평면을 이용하여 증명하시오.

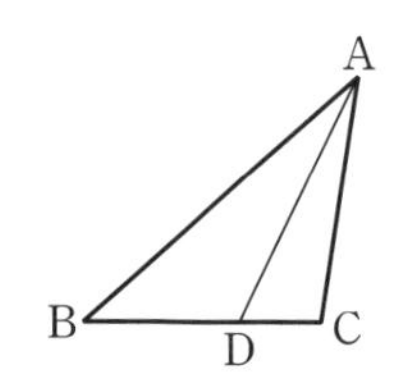

06-2 평행사변형 ABCD의 두 대각선 AC, BD에 대하여

$$\overline{AC}^2+\overline{BD}^2=2(\overline{AB}^2+\overline{BC}^2)$$

이 성립함을 좌표평면을 이용하여 증명하시오.

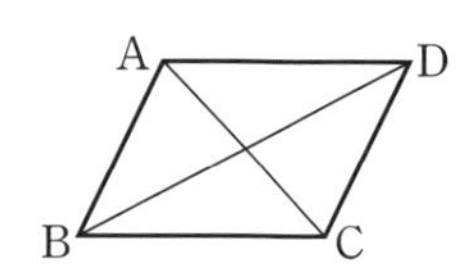

연습문제

정답과 해설 4쪽

1 수직선 위의 세 점 A(x), B(-3), C(2)에 대하여 선분 AC의 길이가 선분 AB의 길이의 $\frac{1}{2}$배가 되도록 하는 모든 x의 값의 합을 구하시오.

2 두 점 A$(-a, 1)$, B$(a-4, -2)$ 사이의 거리가 5일 때, 양수 a의 값은?

① 3 ② 4 ③ 5 ④ 6 ⑤ 7

3 세 점 A$(a-3, 1)$, B$(6, 0)$, C$(a, 4)$에 대하여 $\overline{AB}=\overline{BC}$일 때, a의 값은?

① 2 ② 3 ③ 4 ④ 5 ⑤ 6

교육청

4 좌표평면 위의 두 점 A$(-1, 3)$, B$(4, 1)$에 대하여 선분 AB를 한 변으로 하는 정사각형의 넓이를 구하시오.

교육청

5 좌표평면 위에 두 점 A$(2t, -3)$, B$(-1, 2t)$가 있다. 선분 AB의 길이를 l이라 할 때, 실수 t에 대하여 l^2의 최솟값을 구하시오.

6 두 점 A$(-3, 2)$, B$(4, 1)$에서 같은 거리에 있는 직선 $x-y-2=0$ 위의 점 P의 좌표를 구하시오.

7 두 점 A$(-2, 0)$, B$(0, 4)$에서 같은 거리에 있는 x축 위의 점을 P라 할 때, 삼각형 ABP의 넓이는?

① 8 ② 9 ③ 10 ④ 11 ⑤ 12

8 세 점 A$(a, 7)$, B$(-3, 5)$, C$(5, b)$를 꼭짓점으로 하는 삼각형 ABC의 외심이 P$(1, 2)$일 때, ab의 값은? (단, $b>0$)

① 3 ② $\frac{7}{2}$ ③ 4 ④ $\frac{9}{2}$ ⑤ 5

연습문제

9 두 점 A(8, −7), B(12, 5)와 직선 $y=x-1$ 위의 점 P에 대하여 $\overline{\mathrm{AP}}^2+\overline{\mathrm{BP}}^2$의 값이 최소가 되도록 하는 점 P의 좌표가 (a, b)일 때, $a+b$의 값은?

① 8 ② 9 ③ 10
④ 11 ⑤ 12

10 세 점 A(3, 5), B(2, 4), C(1, −3)과 임의의 점 P에 대하여 $\overline{\mathrm{AP}}^2+\overline{\mathrm{BP}}^2+\overline{\mathrm{CP}}^2$의 최솟값은?

① 40 ② 41 ③ 42
④ 43 ⑤ 44

11 세 점 A(−2, 0), B(0, 2), C(4, −2)를 꼭짓점으로 하는 삼각형 ABC의 넓이는?

① 2 ② 4 ③ 6
④ 8 ⑤ 10

12 정삼각형 ABC에 대하여 A(−1, −2), B(1, 2)일 때, 꼭짓점 C의 좌표를 구하시오.
(단, 점 C는 제2사분면 위의 점이다.)

13 두 점 A(4, $a+1$), B($a-2$, 3)과 임의의 점 P에 대하여 $\overline{\mathrm{AP}}+\overline{\mathrm{BP}}$의 최솟값을 구하시오.

14 다음은 직사각형 ABCD와 임의의 한 점 P에 대하여 $\overline{\mathrm{AP}}^2+\overline{\mathrm{CP}}^2=\overline{\mathrm{BP}}^2+\overline{\mathrm{DP}}^2$이 성립함을 증명하는 과정이다. (가)~(마)에 들어갈 알맞은 것을 구하시오.

오른쪽 그림과 같이 직선 BC를 x축, 점 B를 지나고 직선 BC에 수직인 직선을 y축으로 하는 좌표평면을 잡으면 점 [(가)]는 원점이 된다.

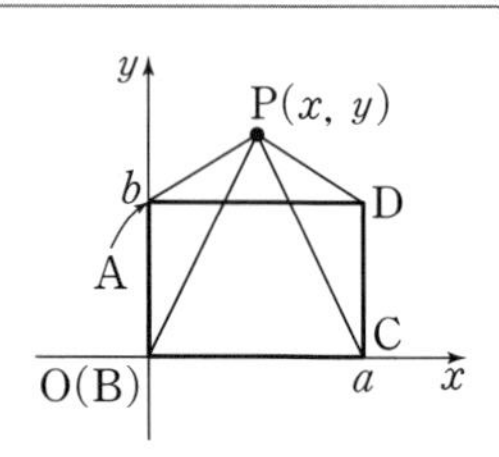

이때 A(0, b), C(a, 0), D([(나)], [(다)]), P(x, y)라 하면
$\overline{\mathrm{AP}}^2+\overline{\mathrm{CP}}^2=x^2+(y-b)^2+$ [(라)]
$\overline{\mathrm{BP}}^2+\overline{\mathrm{DP}}^2=x^2+y^2+$ [(마)]
$\therefore \overline{\mathrm{AP}}^2+\overline{\mathrm{CP}}^2=\overline{\mathrm{BP}}^2+\overline{\mathrm{DP}}^2$

실력

15 점 A$(-1, 2)$를 꼭짓점으로 하는 삼각형 ABC의 외심은 변 BC 위에 있고 그 좌표가 $(2, 0)$일 때, $\overline{AB}^2+\overline{AC}^2$의 값을 구하시오.

교육청

16 그림과 같이 x축 위의 네 점 A_1, A_2, A_3, A_4에 대하여 $\overline{OA_1}$, $\overline{A_1A_2}$, $\overline{A_2A_3}$, $\overline{A_3A_4}$를 각각 한 변으로 하는 정사각형 $OA_1B_1C_1$, $A_1A_2B_2C_2$, $A_2A_3B_3C_3$, $A_3A_4B_4C_4$가 있다. 점 B_4의 좌표가 $(30, 18)$이고 정사각형 $OA_1B_1C_1$, $A_1A_2B_2C_2$, $A_2A_3B_3C_3$의 넓이의 비가 $1:4:9$일 때, $\overline{B_1B_3}^2$의 값을 구하시오.

(단, O는 원점이다.)

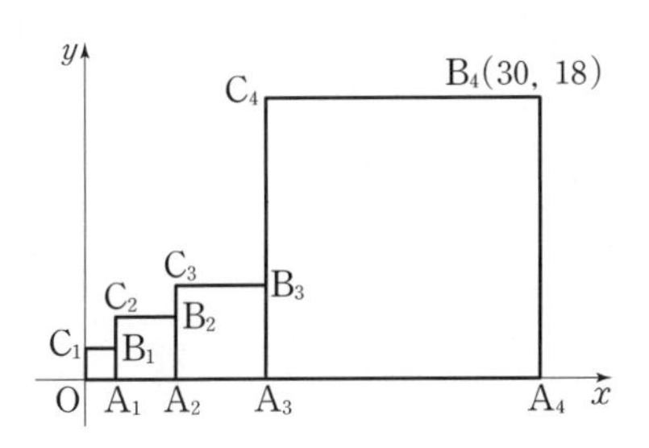

17 실수 x, y에 대하여

$$\sqrt{x^2+y^2}+\sqrt{(x-2)^2+(y+1)^2}$$

의 최솟값을 구하시오.

18 오른쪽 그림과 같이 $\angle B=90°$인 직각삼각형 ABC에서 $\overline{AC}=6$이다. 변 AC의 삼등분점을 각각 P, Q라 할 때, $\overline{BP}^2+\overline{BQ}^2$의 값은?

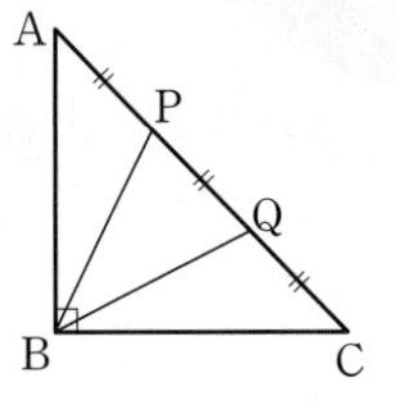

① 18 ② 20 ③ 22
④ 26 ⑤ 28

19 다음 그림과 같이 지점 O에서 수직으로 만나는 직선 모양의 두 도로가 있다. A는 지점 O로부터 서쪽 방향으로 10 km만큼 떨어진 지점에서 출발하여 동쪽 방향으로 시속 3 km의 속력으로 걸어가고, B는 지점 O로부터 남쪽 방향으로 5 km만큼 떨어진 지점에서 출발하여 북쪽 방향으로 시속 4 km의 속력으로 걸어가려고 한다. A, B가 동시에 출발할 때, A와 B 사이의 거리가 최소가 되는 것은 몇 시간 후인지 구하고, 그때의 거리를 구하시오.

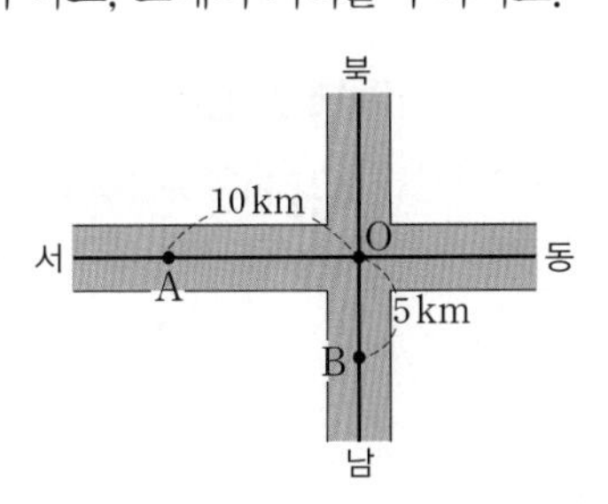

선분의 내분점

❶ 선분의 내분과 내분점

선분 AB 위의 점 P에 대하여

$\overline{AP} : \overline{PB} = m : n \ (m>0,\ n>0)$

일 때, 점 P는 선분 AB를 $m : n$으로 **내분**한다고 하고, 점 P를 선분 AB의 내분점이라 한다.

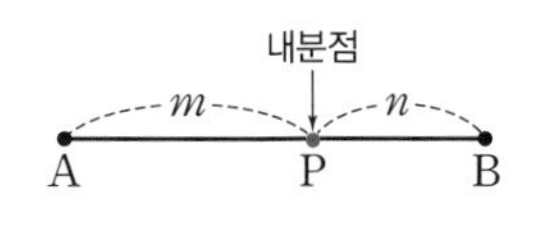

주의 $m \neq n$일 때, 선분 AB를 $m : n$으로 내분하는 점과 선분 BA를 $m : n$으로 내분하는 점은 다르다.

❷ 수직선 위의 선분의 내분점

수직선 위의 두 점 $A(x_1)$, $B(x_2)$에 대하여 선분 AB를 $m : n\,(m>0,\ n>0)$으로 내분하는 점의 좌표는

$$\frac{mx_2+nx_1}{m+n}$$

◀ $m : n$, $A(x_1)$ $B(x_2)$ 대각선 방향으로 곱하여 더한다.

특히 선분 AB의 중점의 좌표는

$$\frac{x_1+x_2}{2}$$

◀ 선분 AB를 1 : 1로 내분하는 점

❸ 좌표평면 위의 선분의 내분점

좌표평면 위의 두 점 $A(x_1, y_1)$, $B(x_2, y_2)$에 대하여 선분 AB를 $m : n\,(m>0,\ n>0)$으로 내분하는 점의 좌표는

$$\left(\frac{mx_2+nx_1}{m+n},\ \frac{my_2+ny_1}{m+n}\right)$$

특히 선분 AB의 중점의 좌표는

$$\left(\frac{x_1+x_2}{2},\ \frac{y_1+y_2}{2}\right)$$

개념 Plus

수직선 위의 선분의 내분점의 좌표를 구하는 공식의 유도

수직선 위의 두 점 $A(x_1)$, $B(x_2)$에 대하여 선분 AB를 $m : n\,(m>0,\ n>0)$으로 내분하는 점 $P(x)$를 구해 보자.

(i) $x_1<x_2$일 때,

오른쪽 그림에서 $\overline{AP}=x-x_1$, $\overline{PB}=x_2-x$이고, $\overline{AP} : \overline{PB}=m : n$이므로

$$(x-x_1) : (x_2-x)=m : n \qquad \therefore\ x=\frac{mx_2+nx_1}{m+n}$$

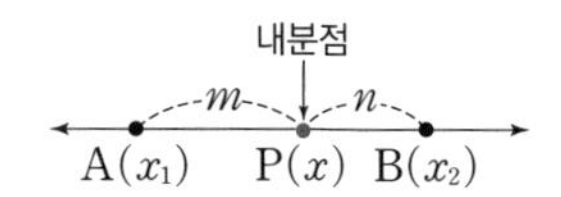

(ii) $x_1>x_2$일 때도 같은 방법으로 하면 $x=\dfrac{mx_2+nx_1}{m+n}$

(i), (ii)에서 $P\left(\dfrac{mx_2+nx_1}{m+n}\right)$

이때 선분 AB의 중점은 $m=n$일 때이므로 중점 M의 좌표는

$$M\left(\frac{m(x_2+x_1)}{2m}\right) \qquad \therefore\ M\left(\frac{x_1+x_2}{2}\right)$$

좌표평면 위의 선분의 내분점의 좌표를 구하는 공식의 유도

좌표평면 위의 두 점 $A(x_1, y_1)$, $B(x_2, y_2)$에 대하여 선분 AB를 $m:n(m>0, n>0)$으로 내분하는 점 $P(x, y)$를 구해 보자.

오른쪽 그림과 같이 세 점 A, P, B에서 x축에 내린 수선의 발을 각각 A′, P′, B′이라 하면 평행선 사이의 선분의 길이의 비에 의하여

$$\overline{A'P'}:\overline{P'B'}=\overline{AP}:\overline{PB}=m:n$$

$p /\!/ q /\!/ r$이면 $a:b=a':b'$

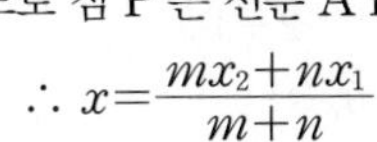

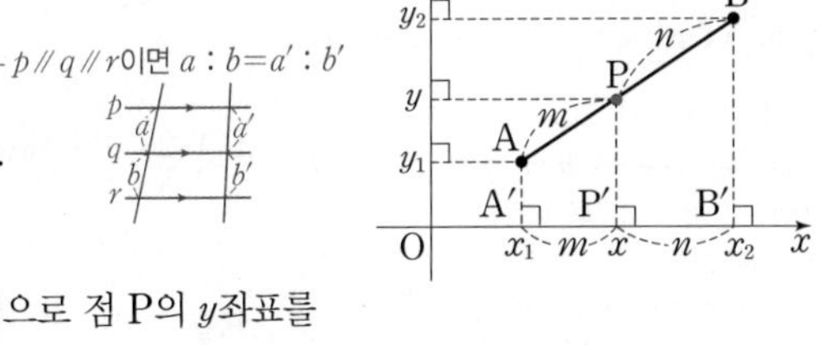

이므로 점 P′은 선분 A′B′을 $m:n$으로 내분하는 점이다.

$$\therefore x=\frac{mx_2+nx_1}{m+n}$$

또 세 점 A, P, B에서 y축에 수선의 발을 내려 같은 방법으로 점 P의 y좌표를 구하면

$$y=\frac{my_2+ny_1}{m+n}$$

$$\therefore P\left(\frac{mx_2+nx_1}{m+n}, \frac{my_2+ny_1}{m+n}\right)$$

이때 선분 AB의 중점은 $m=n$일 때이므로 중점 M의 좌표는

$$M\left(\frac{m(x_2+x_1)}{2m}, \frac{m(y_2+y_1)}{2m}\right) \quad \therefore M\left(\frac{x_1+x_2}{2}, \frac{y_1+y_2}{2}\right)$$

개념 Check

정답과 해설 7쪽

1 다음 그림과 같이 수직선 위에 있는 5개의 점 A, B, C, D, E에 대하여 □ 안에 알맞은 것을 써넣으시오.

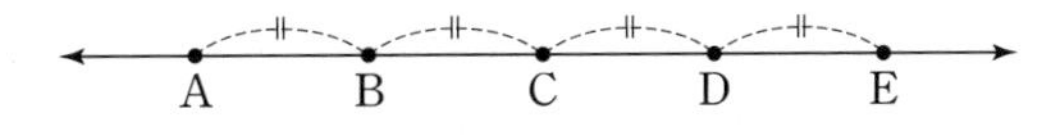

(1) 선분 AD를 1 : 2로 내분하는 점은 □이다.

(2) 선분 AE의 중점은 □이다.

(3) 선분 BE를 □ : □로 내분하는 점은 D이다.

2 수직선 위의 두 점 $A(5)$, $B(-4)$에 대하여 다음 점의 좌표를 구하시오.

(1) 선분 AB를 1 : 2로 내분하는 점

(2) 선분 AB의 중점

3 좌표평면 위의 두 점 $A(3, -3)$, $B(6, 5)$에 대하여 다음 점의 좌표를 구하시오.

(1) 선분 AB를 2 : 1로 내분하는 점

(2) 선분 AB의 중점

4 수직선 위의 두 점 A, B에 대하여 다음 물음에 답하시오.

(1) 두 점 $A(a)$, $B(-3)$에 대하여 선분 AB의 중점의 좌표가 1일 때, a의 값을 구하시오.

(2) 두 점 $A(-2)$, $B(a)$에 대하여 선분 AB를 1 : 3으로 내분하는 점의 좌표가 1일 때, a의 값을 구하시오.

필수 예제 01

선분의 내분점

유형편 7쪽

두 점 A(4, -3), B(-2, 6)에 대하여 선분 AB를 2 : 1로 내분하는 점을 P, 선분 AB를 2 : 3으로 내분하는 점을 Q라 할 때, 선분 PQ의 중점의 좌표를 구하시오.

공략 Point

두 점 A(x_1, y_1), B(x_2, y_2)에 대하여 선분 AB를 $m : n$ ($m>0$, $n>0$)으로 내분하는 점의 좌표는

$\left(\frac{mx_2+nx_1}{m+n}, \frac{my_2+ny_1}{m+n}\right)$

특히 선분 AB의 중점의 좌표는

$\left(\frac{x_1+x_2}{2}, \frac{y_1+y_2}{2}\right)$

풀이

선분 AB를 2 : 1로 내분하는 점 P의 좌표는	$\left(\frac{2\times(-2)+1\times4}{2+1}, \frac{2\times6+1\times(-3)}{2+1}\right)$ $\therefore$ (0, 3)
선분 AB를 2 : 3으로 내분하는 점 Q의 좌표는	$\left(\frac{2\times(-2)+3\times4}{2+3}, \frac{2\times6+3\times(-3)}{2+3}\right)$ $\therefore \left(\frac{8}{5}, \frac{3}{5}\right)$
따라서 선분 PQ의 중점의 좌표는	$\left(\frac{0+\frac{8}{5}}{2}, \frac{3+\frac{3}{5}}{2}\right)$ $\therefore \left(\mathbf{\frac{4}{5}}, \mathbf{\frac{9}{5}}\right)$

문제

정답과 해설 7쪽

01-1 두 점 A(-2, 3), B(2, a)에 대하여 선분 AB를 3 : 1로 내분하는 점의 좌표가 (b, 3)일 때, $a+b$의 값을 구하시오.

01-2 두 점 A(8, 4), B(3, 9)에 대하여 선분 AB를 3 : 2로 내분하는 점을 P, 선분 AB의 중점을 Q라 할 때, 선분 PQ의 길이를 구하시오.

01-3 두 점 A(1, 4), B(a, -11)에 대하여 선분 AB를 1 : b로 내분하는 점의 좌표가 (2, -1)일 때, 선분 AB를 b : 3으로 내분하는 점의 좌표를 구하시오.

필수 예제 02 조건이 주어진 경우의 선분의 내분점

유형편 7쪽

두 점 A(2, 5), B(7, −1)에 대하여 선분 AB를 $t:(1-t)$로 내분하는 점이 제1사분면 위에 있을 때, 실수 t의 값의 범위를 구하시오.

공략 Point

선분의 내분점 (a, b)가 특정 사분면 위의 점이면 a, b의 부호를 이용한다.

- 제1사분면: $(+, +)$
- 제2사분면: $(-, +)$
- 제3사분면: $(-, -)$
- 제4사분면: $(+, -)$

풀이

$t:(1-t)$에서 $t>0$, $1-t>0$이므로	$0<t<1$ ······ ㉠
선분 AB를 $t:(1-t)$로 내분하는 점의 좌표는	$\left(\frac{t\times7+(1-t)\times2}{t+(1-t)}, \frac{t\times(-1)+(1-t)\times5}{t+(1-t)}\right)$ $\therefore (5t+2, -6t+5)$
이 점이 제1사분면 위에 있으므로 (x좌표)>0, (y좌표)>0에서	$5t+2>0$, $-6t+5>0$ $\therefore -\frac{2}{5}<t<\frac{5}{6}$ ······ ㉡
따라서 t의 값의 범위는 ㉠, ㉡의 공통부분이므로	$\mathbf{0<t<\frac{5}{6}}$

문제

정답과 해설 7쪽

02-1 두 점 A(−3, −2), B(−6, 4)에 대하여 선분 AB를 $(1-t):t$로 내분하는 점이 제2사분면 위에 있을 때, 실수 t의 값의 범위는 $\alpha<t<\beta$이다. 이때 $\alpha+\beta$의 값을 구하시오.

02-2 두 점 A(2, 3), B(−3, 8)에 대하여 선분 AB를 $1:k$로 내분하는 점이 직선 $y=2x+2$ 위에 있을 때, 실수 k의 값을 구하시오.

02-3 두 점 A(−1, a), B(5, 2)에 대하여 선분 AB를 3 : 1로 내분하는 점이 x축 위에 있을 때, 선분 AB의 중점의 좌표를 구하시오.

필수 예제 03 등식을 만족시키는 선분의 연장선 위의 점

유형편 8쪽

두 점 A(0, 1), B(7, 5)를 이은 선분 AB의 연장선 위의 점 C에 대하여 $2\overline{AB}=\overline{BC}$일 때, 점 C의 좌표를 구하시오. (단, 점 C의 x좌표는 양수이다.)

공략 Point

주어진 조건을 만족시키는 세 점의 위치를 그림으로 나타내어 선분의 길이의 비와 점의 위치를 파악한다.

풀이

$2\overline{AB}=\overline{BC}$를 비례식으로 나타내면	$\overline{AB}:\overline{BC}=1:2$
비례식을 만족시키고 x좌표가 양수인 점 C에 대하여 세 점 A, B, C의 위치를 그림으로 나타내면 오른쪽과 같으므로	점 B는 선분 AC를 1 : 2로 내분하는 점이다. (그림: A(0, 1), B(7, 5), C, 1, 2)
점 C의 좌표를 (a, b)라 하면	$\frac{1\times a+2\times 0}{1+2}=7$, $\frac{1\times b+2\times 1}{1+2}=5$ $\therefore a=21, b=13$
따라서 점 C의 좌표는	**(21, 13)**

문제

정답과 해설 8쪽

03-1 두 점 A(6, 1), B(0, 5)를 이은 선분 AB의 연장선 위의 점 C에 대하여 $3\overline{AB}=2\overline{BC}$일 때, 점 C의 좌표를 구하시오. (단, 점 C의 x좌표는 음수이다.)

03-2 두 점 A(4, 12), B(a, b)를 이은 선분 AB의 연장선 위의 점 C$(-1, 2)$에 대하여 $\overline{AB}=4\overline{BC}$일 때, $a+b$의 값을 구하시오.

필수 예제 04

사각형에서 중점의 활용

유형편 9쪽

네 점 A$(-2, 3)$, B$(4, -1)$, C(a, b), D$(1, 8)$을 꼭짓점으로 하는 사각형 ABCD가 평행사변형일 때, $a+b$의 값을 구하시오.

공략 Point

평행사변형의 두 대각선은 서로 다른 것을 이등분하므로 두 대각선의 중점이 일치함을 이용한다.

풀이

평행사변형의 두 대각선은 서로 다른 것을 이등분하므로	선분 AC의 중점과 선분 BD의 중점이 일치한다.
선분 AC의 중점의 좌표는	$\left(\frac{-2+a}{2}, \frac{3+b}{2}\right)$ …… ㉠
선분 BD의 중점의 좌표는	$\left(\frac{4+1}{2}, \frac{-1+8}{2}\right)$ $\therefore \left(\frac{5}{2}, \frac{7}{2}\right)$ …… ㉡
㉠, ㉡이 일치하므로	$\frac{-2+a}{2}=\frac{5}{2}$, $\frac{3+b}{2}=\frac{7}{2}$ $\therefore a=7, b=4$
따라서 구하는 값은	$a+b=$**11**

y
D(1, 8)
C(a, b)
A(−2, 3)
O
B(4, −1)
x

문제

정답과 해설 8쪽

04-1 평행사변형 ABCD에서 세 꼭짓점이 A$(2, 4)$, B$(1, -1)$, C$(5, 3)$일 때, 꼭짓점 D의 좌표를 구하시오.

04-2 평행사변형 ABCD에서 두 꼭짓점 A, B의 좌표가 각각 $(0, 4)$, $(-1, -2)$이고, 두 대각선 AC, BD의 교점의 좌표가 $(3, 0)$일 때, 두 꼭짓점 C, D의 좌표를 구하시오.

04-3 네 점 A$(-2, 3)$, B$(a, -1)$, C$(b, -3)$, D$(2, 1)$을 꼭짓점으로 하는 사각형 ABCD가 마름모일 때, $a+b$의 값을 구하시오. (단, $a<0$)

필수 예제 05 삼각형의 내각의 이등분선

유형편 9쪽

오른쪽 그림과 같이 세 점 A(1, 5), B(−2, 1), C(7, −3)을 꼭짓점으로 하는 삼각형 ABC에서 ∠A의 이등분선이 변 BC와 만나는 점을 D라 할 때, 점 D의 좌표를 구하시오.

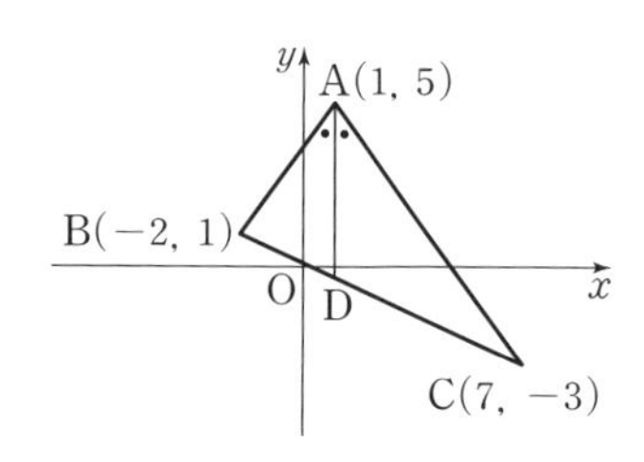

공략 Point

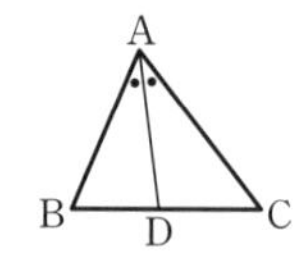

삼각형 ABC에서 ∠A의 이등분선이 변 BC와 만나는 점을 D라 하면

➡ $\overline{AB}:\overline{AC}=\overline{BD}:\overline{CD}$

➡ 점 D는 변 BC를 $\overline{AB}:\overline{AC}$로 내분하는 점이다.

풀이

선분 AD가 ∠A의 이등분선이므로	$\overline{AB}:\overline{AC}=\overline{BD}:\overline{CD}$ ······ ㉠
두 변 AB, AC의 길이를 구하면	$\overline{AB}=\sqrt{(-2-1)^2+(1-5)^2}=5$ $\overline{AC}=\sqrt{(7-1)^2+(-3-5)^2}=10$
㉠에서	$\overline{BD}:\overline{CD}=5:10=1:2$
$\overline{BD}:\overline{CD}=1:2$이므로	점 D는 변 BC를 1 : 2로 내분하는 점이다.
따라서 점 D의 좌표는	$\left(\frac{1\times7+2\times(-2)}{1+2}, \frac{1\times(-3)+2\times1}{1+2}\right)$ $\therefore \left(\mathbf{1}, -\frac{\mathbf{1}}{\mathbf{3}}\right)$

문제

정답과 해설 8쪽

05-1 오른쪽 그림과 같이 세 점 A(5, 0), B(−7, 5), C(2, −4)를 꼭짓점으로 하는 삼각형 ABC에서 ∠A의 이등분선이 변 BC와 만나는 점을 D라 할 때, 점 D의 좌표를 구하시오.

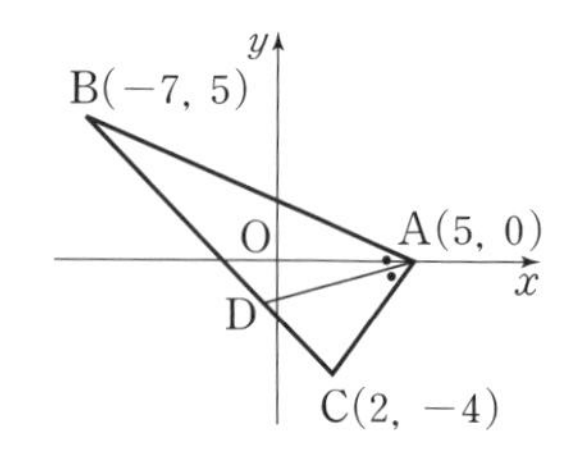

05-2 오른쪽 그림과 같이 세 점 A(3, 6), B(−3, −2), C(6, 2)를 꼭짓점으로 하는 삼각형 ABC에서 ∠A의 이등분선이 변 BC와 만나는 점을 D라 할 때, 선분 AD의 길이를 구하시오.

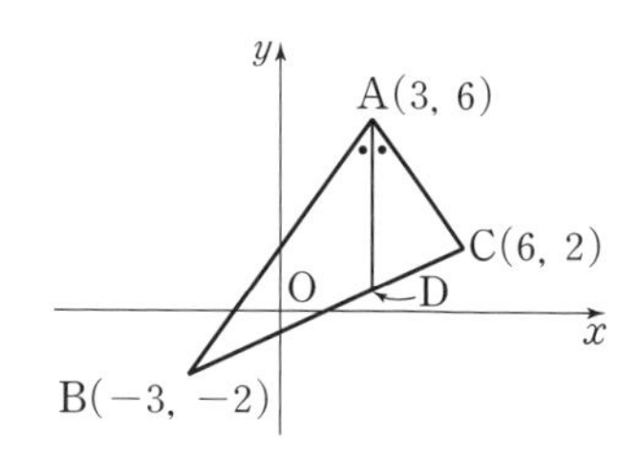

삼각형의 무게중심

1 삼각형의 무게중심

(1) 삼각형의 무게중심

① 삼각형의 세 중선의 교점을 무게중심이라 한다.

② 삼각형의 무게중심은 세 중선을 각 꼭짓점으로부터 각각 2 : 1로 내분한다.

(2) 삼각형의 무게중심의 좌표

좌표평면 위의 세 점 $A(x_1, y_1)$, $B(x_2, y_2)$, $C(x_3, y_3)$을 꼭짓점으로 하는 삼각형 ABC의 무게중심의 좌표는

$$\left(\frac{x_1+x_2+x_3}{3}, \frac{y_1+y_2+y_3}{3}\right)$$

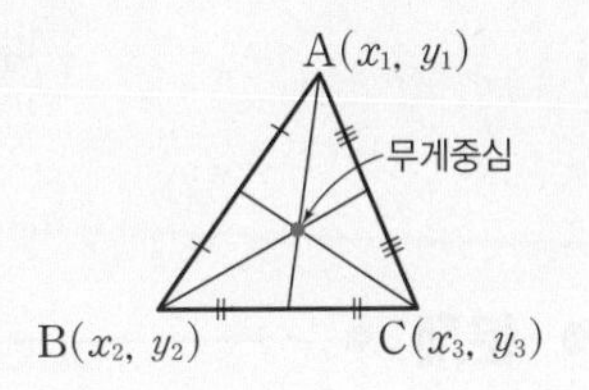

개념 Plus

삼각형의 무게중심의 좌표를 구하는 공식의 유도

오른쪽 그림과 같이 세 점 $A(x_1, y_1)$, $B(x_2, y_2)$, $C(x_3, y_3)$을 꼭짓점으로 하는 삼각형 ABC의 변 BC의 중점을 M이라 하면

$$M\left(\frac{x_2+x_3}{2}, \frac{y_2+y_3}{2}\right)$$

이때 무게중심 $G(x, y)$는 선분 AM을 2 : 1로 내분하는 점이므로

$$x=\frac{2\times\frac{x_2+x_3}{2}+1\times x_1}{2+1},\ y=\frac{2\times\frac{y_2+y_3}{2}+1\times y_1}{2+1} \qquad \therefore G\left(\frac{x_1+x_2+x_3}{3}, \frac{y_1+y_2+y_3}{3}\right)$$

삼각형의 세 변을 일정한 비율로 내분하는 점을 연결한 삼각형의 무게중심

오른쪽 그림과 같이 삼각형 ABC의 세 변 AB, BC, CA를 $m : n(m>0, n>0)$으로 내분하는 점을 각각 D, E, F라 하면 이 세 점의 x좌표는 각각 $\frac{mx_2+nx_1}{m+n}$, $\frac{mx_3+nx_2}{m+n}$, $\frac{mx_1+nx_3}{m+n}$이므로 삼각형 DEF의 무게중심의 x좌표는

$$\frac{1}{3}\left(\frac{mx_2+nx_1}{m+n}+\frac{mx_3+nx_2}{m+n}+\frac{mx_1+nx_3}{m+n}\right)=\frac{x_1+x_2+x_3}{3}$$

즉, 삼각형 DEF의 무게중심의 x좌표는 삼각형 ABC의 무게중심의 x좌표와 일치한다.
같은 방법으로 하면 삼각형 DEF의 무게중심의 y좌표는 삼각형 ABC의 무게중심의 y좌표와 일치한다.
따라서 삼각형 DEF의 무게중심은 삼각형 ABC의 무게중심과 일치한다.

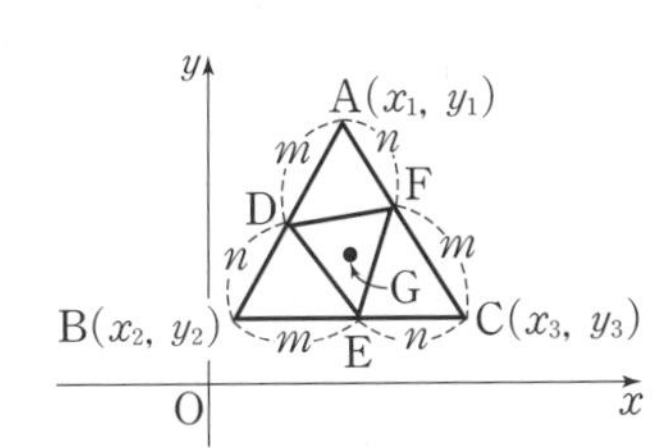

개념 Check

정답과 해설 9쪽

1 다음 세 점 A, B, C를 꼭짓점으로 하는 삼각형 ABC의 무게중심의 좌표를 구하시오.

(1) $A(3, 1)$, $B(7, 2)$, $C(2, 6)$　　(2) $A(-2, 3)$, $B(5, 4)$, $C(3, -1)$

필수 예제 06 삼각형의 무게중심

유형편 10쪽

세 점 $A(a, b)$, $B(b, -2a)$, $C(1, 7)$을 꼭짓점으로 하는 삼각형 ABC의 무게중심이 원점일 때, a, b에 대하여 ab의 값을 구하시오.

공략 Point

삼각형의 무게중심의 좌표를 구하는 공식을 이용하여 삼각형 ABC의 무게중심의 좌표를 구한 후 주어진 점의 좌표와 비교한다.

풀이

삼각형 ABC의 무게중심의 좌표가 $(0, 0)$이므로	$\frac{a+b+1}{3}=0$, $\frac{b-2a+7}{3}=0$ $\therefore a+b=-1$, $2a-b=7$
두 식을 연립하여 풀면	$a=2$, $b=-3$
따라서 구하는 값은	$ab=\mathbf{-6}$

문제

정답과 해설 9쪽

06-1 삼각형 ABC에서 두 꼭짓점 A, B의 좌표가 각각 $(4, 2)$, $(0, 5)$이고 무게중심의 좌표가 $(1, 1)$일 때, 꼭짓점 C의 좌표를 구하시오.

06-2 삼각형 ABC에서 꼭짓점 A의 좌표가 $(2, 5)$이고 무게중심의 좌표가 $(-1, 3)$일 때, 선분 BC의 중점의 좌표를 구하시오.

06-3 세 점 $A(6, -1)$, $B(3, -4)$, $C(-3, 2)$를 꼭짓점으로 하는 삼각형 ABC에서 세 변 AB, BC, CA를 각각 $2:1$로 내분하는 점을 차례대로 D, E, F라 할 때, 삼각형 DEF의 무게중심의 좌표를 구하시오.

연습문제

정답과 해설 9쪽

1 두 점 A$(1, -2)$, B$(7, 10)$에 대하여 선분 AB를 삼등분하는 두 점의 좌표를 (a, b), (c, d)라 할 때, $a+b+c+d$의 값은?

① 13 ② 14 ③ 15
④ 16 ⑤ 17

2 두 점 A$(a, 3-b)$, B$(-4, b)$에 대하여 선분 AB를 $4 : 3$으로 내분하는 점의 좌표가 $(-1, 2)$일 때, $a+b$의 값은?

① 4 ② 5 ③ 6
④ 7 ⑤ 8

3 두 점 A$(5, -3)$, B$(1, a)$에 대하여 선분 AB를 $(m+2) : m$으로 내분하는 점의 좌표가 $(2, -1)$일 때, 실수 a, m에 대하여 $a+m$의 값을 구하시오.

교육청

4 좌표평면 위에 두 점 A$(0, a)$, B$(6, 0)$이 있다. 선분 AB를 $1 : 2$로 내분하는 점이 직선 $y=-x$ 위에 있을 때, a의 값은?

① -1 ② -2 ③ -3
④ -4 ⑤ -5

5 두 점 A$(-4, 5)$, B$(3, 1)$에 대하여 선분 AB가 y축에 의하여 $m : n$으로 내분될 때, $m+n$의 값은? (단, m, n은 서로소인 자연수)

① 5 ② 6 ③ 7
④ 8 ⑤ 9

교육청

6 직선 $y=\frac{1}{3}x$ 위의 두 점 A$(3, 1)$, B(a, b)가 있다. 제2사분면 위의 한 점 C에 대하여 삼각형 BOC와 삼각형 OAC의 넓이의 비가 $2 : 1$일 때, $a+b$의 값은? (단, $a<0$이고, O는 원점이다.)

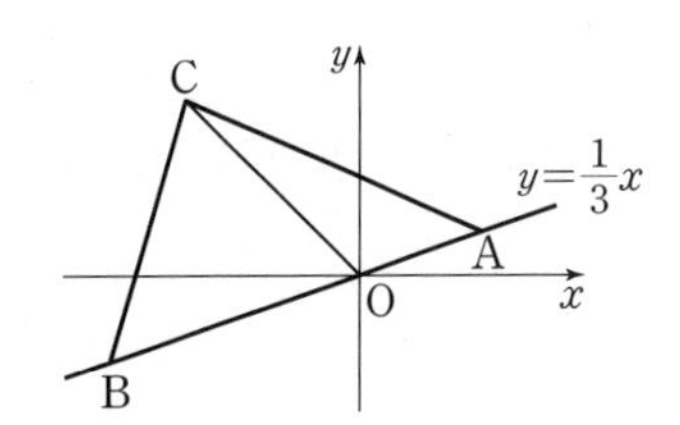

① -8 ② -7 ③ -6
④ -5 ⑤ -4

7 두 점 A$(2, 3)$, B$(-1, -3)$을 이은 선분 AB의 연장선 위의 점 C(a, b)에 대하여 $2\overline{AB}=3\overline{BC}$일 때, $a-b$의 값을 구하시오.

정답과 해설 10쪽

8 네 점 A$(-1, 5)$, B$(7, -2)$, C$(a, -1)$, D$(3, b)$를 꼭짓점으로 하는 사각형 ABCD가 평행사변형일 때, $a+b$의 값을 구하시오.

교육청

9 좌표평면 위의 세 점 A$(2, 6)$, B$(4, 1)$, C$(8, a)$에 대하여 삼각형 ABC의 무게중심이 직선 $y=x$ 위에 있을 때, 상수 a의 값을 구하시오.
(단, 점 C는 제1사분면 위의 점이다.)

10 삼각형 ABC의 세 변 AB, BC, CA의 중점의 좌표가 각각 $(1, -1)$, $(3, 1)$, $(5, 6)$일 때, 삼각형 ABC의 무게중심의 좌표를 구하시오.

11 점 A$(-1, 7)$을 한 꼭짓점으로 하는 삼각형 ABC의 두 변 AB, AC의 중점을 각각 P(x_1, y_1), Q(x_2, y_2)라 하자. $x_1+x_2=-1$, $y_1+y_2=4$일 때, 삼각형 ABC의 무게중심의 좌표는 (m, n)이다. 이때 mn의 값은?

① $-\frac{1}{3}$ ② $-\frac{1}{9}$ ③ $\frac{1}{9}$
④ $\frac{1}{3}$ ⑤ 1

실력

12 다음 그림과 같이 세 점 A$(0, 3)$, B$(-8, -3)$, C$(4, 0)$을 꼭짓점으로 하는 삼각형 ABC에서 ∠A의 외각의 이등분선과 선분 BC의 연장선의 교점을 D(a, b)라 할 때, $a+b$의 값은?

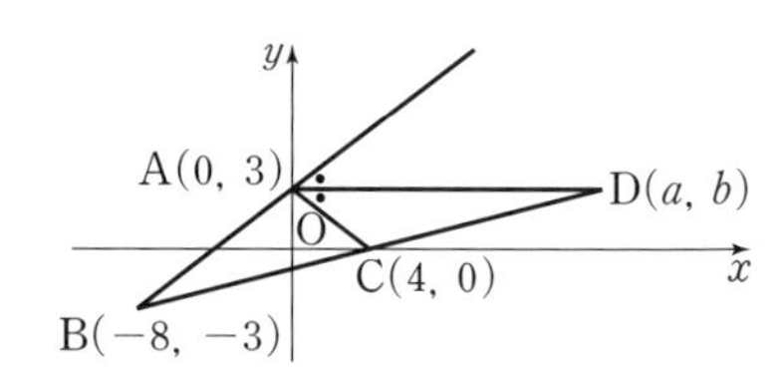

① 17 ② 18 ③ 19
④ 20 ⑤ 21

13 정삼각형 ABC에서 꼭짓점 A의 좌표가 $(4, 4)$이고 무게중심이 원점일 때, 삼각형 ABC의 한 변의 길이는?

① $\sqrt{6}$ ② $2\sqrt{3}$ ③ $2\sqrt{6}$
④ $4\sqrt{3}$ ⑤ $4\sqrt{6}$

14 점 P가 직선 $x-2y+1=0$ 위를 움직일 때, 점 A$(3, -2)$에 대하여 선분 AP를 $1:2$로 내분하는 점이 나타내는 도형의 방정식을 구하시오.

Ⅰ. 도형의 방정식

2 직선의 방정식

직선의 방정식

① 직선의 방정식

(1) 한 점과 기울기가 주어진 직선의 방정식

점 (x_1, y_1)을 지나고 기울기가 m인 직선의 방정식은

$$y-y_1=m(x-x_1)$$

(2) 서로 다른 두 점을 지나는 직선의 방정식

서로 다른 두 점 $\mathrm{A}(x_1, y_1)$, $\mathrm{B}(x_2, y_2)$를 지나는 직선의 방정식은

① $x_1 \neq x_2$일 때, $y-y_1=\dfrac{y_2-y_1}{x_2-x_1}(x-x_1)$

② $x_1=x_2$일 때, $x=x_1$

(3) x절편과 y절편이 주어진 직선의 방정식

x절편이 a이고 y절편이 b인 직선의 방정식은

$\dfrac{x}{a}+\dfrac{y}{b}=1$ (단, $a\neq 0$, $b\neq 0$) ◀ $y=-\dfrac{b}{a}x+b$

참고 • $y=mx+n$ 꼴의 방정식을 직선의 방정식의 표준형이라 한다.
• 기울기가 m인 직선이 x축의 양의 방향과 이루는 각의 크기가 θ일 때, $m=\tan\theta$이다.

② 좌표축에 평행 또는 수직인 직선의 방정식

(1) x절편이 a이고 y축에 평행한(x축에 수직인) 직선의 방정식은

$$x=a$$

(2) y절편이 b이고 x축에 평행한(y축에 수직인) 직선의 방정식은

$$y=b$$

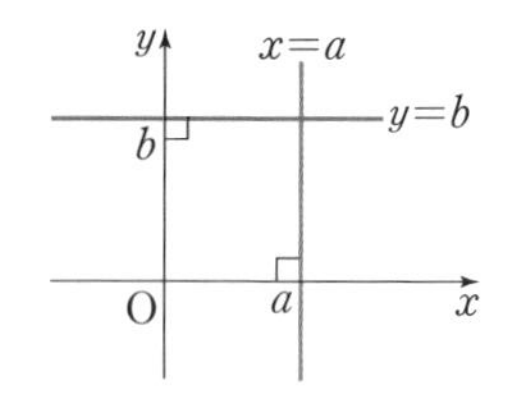

참고 y축의 방정식은 $x=0$, x축의 방정식은 $y=0$이다.

③ 일차방정식 $ax+by+c=0$이 나타내는 도형

직선의 방정식은 모두 x, y에 대한 일차방정식 $ax+by+c=0\,(a\neq 0$ 또는 $b\neq 0)$ 꼴로 나타낼 수 있다. 거꾸로 x, y에 대한 일차방정식 $ax+by+c=0\,(a\neq 0$ 또는 $b\neq 0)$은

(i) $a\neq 0$, $b\neq 0$일 때, $y=-\dfrac{a}{b}x-\dfrac{c}{b}$ ◀ 기울기가 $-\dfrac{a}{b}$, y절편이 $-\dfrac{c}{b}$인 직선

(ii) $a\neq 0$, $b=0$일 때, $x=-\dfrac{c}{a}$ ◀ y축에 평행한 직선

(iii) $a=0$, $b\neq 0$일 때, $y=-\dfrac{c}{b}$ ◀ x축에 평행한 직선

이므로 이 일차방정식이 나타내는 도형은 직선이다.

예 (1) 일차방정식 $3x-y+5=0$은 $y=3x+5$이므로 기울기가 3, y절편이 5인 직선이다.
(2) 일차방정식 $2x+1=0$은 $x=-\dfrac{1}{2}$이므로 y축에 평행한 직선이다.
(3) 일차방정식 $y+4=0$은 $y=-4$이므로 x축에 평행한 직선이다.

참고 $ax+by+c=0$ 꼴의 방정식을 직선의 방정식의 일반형이라 한다.

❹ 두 직선의 교점을 지나는 직선

(1) 정점을 지나는 직선

두 직선 $ax+by+c=0$, $a'x+b'y+c'=0$이 한 점에서 만날 때, 방정식

$$ax+by+c+k(a'x+b'y+c')=0$$

의 그래프는 실수 k의 값에 관계없이 항상 두 직선 $ax+by+c=0$, $a'x+b'y+c'=0$의 교점을 지나는 직선이다.

참고 두 직선이 평행한 경우에는 교점이 없으므로 k의 값에 관계없이 항상 지나는 정점은 없다.

(2) 두 직선의 교점을 지나는 직선의 방정식

한 점에서 만나는 두 직선 $ax+by+c=0$, $a'x+b'y+c'=0$의 교점을 지나는 직선 중 직선 $a'x+b'y+c'=0$을 제외한 직선은 직선의 방정식

$$ax+by+c+k(a'x+b'y+c')=0 \ (k\text{는 실수})$$

꼴로 나타낼 수 있다.

개념 Check

정답과 해설 11쪽

1 다음 직선의 방정식을 구하시오.

(1) 점 $(-1, 5)$를 지나고 기울기가 3인 직선

(2) 점 $(1, -2)$를 지나고 x축의 양의 방향과 이루는 각의 크기가 $45°$인 직선

(3) 두 점 $(2, -3)$, $(-1, 6)$을 지나는 직선

(4) x절편이 2이고 y절편이 4인 직선

2 다음 직선의 방정식을 구하시오.

(1) 점 $(-4, 7)$을 지나고 y축에 평행한 직선

(2) 점 $(2, 3)$을 지나고 x축에 평행한 직선

3 상수 a, b, c가 다음을 만족시킬 때, 직선 $ax+by+c=0$이 지나는 사분면을 모두 구하시오.

(1) $a=0$, $b<0$, $c>0$

(2) $a<0$, $b=0$, $c>0$

(3) $ab>0$, $c=0$

(4) $ab<0$, $bc>0$

필수 예제 01 직선의 방정식

유형편 12쪽

다음 직선의 방정식을 구하시오.

(1) 두 점 $(2,\ -5)$, $(4,\ 3)$을 이은 선분의 중점을 지나고 기울기가 2인 직선

(2) 두 점 $A(-2,\ 6)$, $B(1,\ -3)$에 대하여 선분 AB를 $1:2$로 내분하는 점과 점 $(-2,\ 4)$를 지나는 직선

공략 Point

(1) 점 $(x_1,\ y_1)$을 지나고 기울기가 m인 직선의 방정식은
$y-y_1=m(x-x_1)$

(2) 두 점 $(x_1,\ y_1)$, $(x_2,\ y_2)$를 지나는 직선의 방정식은
$y-y_1=\frac{y_2-y_1}{x_2-x_1}(x-x_1)$
(단, $x_1\neq x_2$)

풀이

(1) 두 점 $(2,\ -5)$, $(4,\ 3)$을 이은 선분의 중점의 좌표는	$\left(\frac{2+4}{2},\ \frac{-5+3}{2}\right)$ $\quad\therefore (3,\ -1)$
따라서 점 $(3,\ -1)$을 지나고 기울기가 2인 직선의 방정식은	$y-(-1)=2(x-3)$ $\therefore \boldsymbol{y=2x-7}$
(2) 선분 AB를 $1:2$로 내분하는 점의 좌표는	$\left(\frac{1\times1+2\times(-2)}{1+2},\ \frac{1\times(-3)+2\times6}{1+2}\right)$ $\therefore (-1,\ 3)$
따라서 두 점 $(-1,\ 3)$, $(-2,\ 4)$를 지나는 직선의 방정식은	$y-3=\frac{4-3}{-2-(-1)}\{x-(-1)\}$ $\therefore \boldsymbol{y=-x+2}$

문제

정답과 해설 11쪽

01-1 두 점 $(2,\ -4)$, $(-4,\ 10)$을 이은 선분의 중점을 지나고 직선 $2x-y+3=0$과 기울기가 같은 직선의 y절편을 구하시오.

01-2 세 점 $A(-1,\ 7)$, $B(-2,\ 2)$, $C(3,\ -3)$에 대하여 점 A와 선분 BC를 $3:2$로 내분하는 점을 지나는 직선의 방정식이 $ax+y+b=0$일 때, 상수 a, b에 대하여 $a+b$의 값을 구하시오.

01-3 세 점 $A(3,\ 5)$, $B(-4,\ -2)$, $C(7,\ -3)$을 꼭짓점으로 하는 삼각형 ABC의 무게중심 G와 점 A를 지나는 직선의 방정식을 구하시오.

필수 예제 02 도형의 넓이를 이등분하는 직선의 방정식

유형편 12쪽

세 점 A(0, 2), B(−2, −3), C(4, 3)을 꼭짓점으로 하는 삼각형 ABC의 넓이를 점 A를 지나는 직선이 이등분할 때, 이 직선의 방정식을 구하시오.

공략 Point

삼각형의 한 꼭짓점과 그 대변의 중점을 지나는 직선은 삼각형의 넓이를 이등분한다.

풀이

점 A를 지나는 직선이 삼각형 ABC의 넓이를 이등분하려면 그 직선은	선분 BC의 중점을 지나야 한다.
선분 BC의 중점을 M이라 하면 점 M의 좌표는	$\left(\frac{-2+4}{2}, \frac{-3+3}{2}\right)$ $\therefore (1, 0)$
따라서 두 점 A(0, 2), M(1, 0)을 지나는 직선의 방정식은	$\frac{x}{1}+\frac{y}{2}=1$, $2x+y=2$ $\therefore \boldsymbol{y=-2x+2}$

● 문제

정답과 해설 12쪽

02-1 세 점 O(0, 0), A(4, 0), B(2, 4)를 꼭짓점으로 하는 삼각형 OAB의 넓이를 직선 $y=mx$가 이등분할 때, 상수 m의 값을 구하시오.

02-2 세 점 A(−3, −3), B(3, −1), C(−1, 5)를 꼭짓점으로 하는 삼각형 ABC의 넓이를 점 A를 지나는 직선이 이등분할 때, 이 직선의 방정식을 구하시오.

02-3 오른쪽 그림과 같이 좌표평면 위에 직사각형 ABCD가 놓여 있다. 점 (−4, −2)를 지나고 직사각형 ABCD의 넓이를 이등분하는 직선의 방정식을 구하시오.

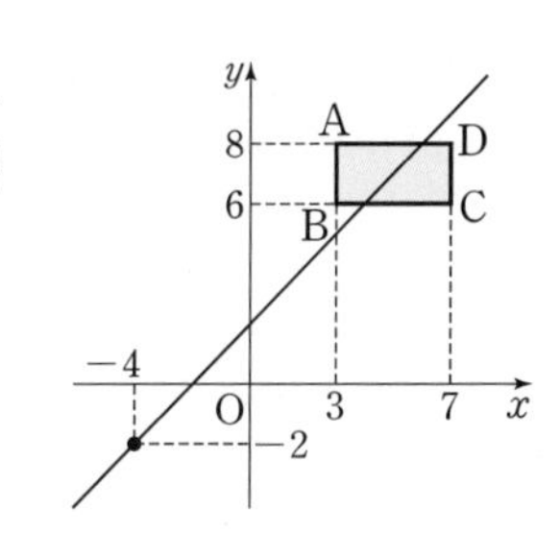

필수 예제 03 정점을 지나는 직선의 방정식

유형편 13쪽

다음 물음에 답하시오.

(1) 직선 $2(k+2)x+(3k+5)y+k+3=0$이 실수 k의 값에 관계없이 항상 지나는 점의 좌표를 구하시오.

(2) 두 직선 $2x-3y-1=0$, $2x-4y+1=0$의 교점과 점 $(3,\ 0)$을 지나는 직선의 방정식을 구하시오.

공략 Point

(1) 주어진 직선이 실수 k의 값에 관계없이 항상 지나는 점은 $(\quad)+k(\quad)=0$ 꼴로 정리한 후 k에 대한 항등식임을 이용하여 구한다.

(2) 두 직선 $f(x,\ y)=0$, $g(x,\ y)=0$의 교점을 지나는 직선의 방정식은 $f(x,\ y)+kg(x,\ y)=0$ (단, k는 실수)

풀이

(1) 주어진 식을 k에 대하여 정리하면	$(4x+5y+3)+k(2x+3y+1)=0$
이 식이 k의 값에 관계없이 항상 성립해야 하므로	$4x+5y+3=0$, $2x+3y+1=0$
두 식을 연립하여 풀면	$x=-2$, $y=1$
따라서 구하는 점의 좌표는	$\mathbf{(-2,\ 1)}$

(2) 두 직선의 교점을 지나는 직선의 방정식은	$(2x-3y-1)+k(2x-4y+1)=0$ (단, k는 실수) …… ㉠
직선 ㉠이 점 $(3,\ 0)$을 지나므로	$(6-1)+k(6+1)=0 \quad \therefore k=-\frac{5}{7}$
$k=-\frac{5}{7}$를 ㉠에 대입하여 정리하면	$(2x-3y-1)-\frac{5}{7}(2x-4y+1)=0$ $\therefore \mathbf{4x-y-12=0}$

공략 Point

(2) 두 직선의 교점을 구한 후 두 점을 지나는 직선의 방정식을 구한다.

다른 풀이

(2) 두 직선의 방정식을 연립하여 풀면	$x=\frac{7}{2}$, $y=2$
교점의 좌표가 $\left(\frac{7}{2},\ 2\right)$이므로 두 점 $\left(\frac{7}{2},\ 2\right)$, $(3,\ 0)$을 지나는 직선의 방정식은	$y-0=\frac{0-2}{3-\frac{7}{2}}(x-3)$ $\therefore \mathbf{4x-y-12=0}$

문제

정답과 해설 12쪽

03-1 직선 $(k+2)x-(2k-1)y+k-1=0$이 실수 k의 값에 관계없이 항상 점 P를 지날 때, 점 P와 원점 사이의 거리를 구하시오.

03-2 두 직선 $2x+y-4=0$, $x-y+1=0$의 교점과 점 $(-1,\ 1)$을 지나는 직선의 방정식이 $ax-2y+b=0$일 때, 상수 a, b에 대하여 ab의 값을 구하시오.

정점을 지나는 직선의 활용

유형편 13쪽

두 직선 $x+y-2=0$, $mx-y-4m+6=0$이 제1사분면에서 만나도록 하는 실수 m의 값의 범위를 구하시오.

공략 Point

m을 포함한 직선의 방정식에서 m의 값에 관계없이 항상 지나는 점의 좌표를 구한 후 이 점의 좌표와 기울기를 이용하여 m의 값의 범위를 찾는다.

풀이

$mx-y-4m+6=0$을 m에 대하여 정리하면	$(x-4)m-y+6=0$ …… ㉠
㉠이 m의 값에 관계없이 항상 성립해야 하므로	$x-4=0$, $-y+6=0$ $\therefore x=4$, $y=6$
즉, 직선 ㉠이 m의 값에 관계없이 항상 지나는 점의 좌표는	$(4, 6)$
오른쪽 그림과 같이 직선 ㉠이 직선 $x+y-2=0$과 제1사분면에서 만나는 경우를 생각해 보자.	
(i) 직선 ㉠이 점 $(2, 0)$을 지날 때	$-2m+6=0$ $\therefore m=3$
(ii) 직선 ㉠이 점 $(0, 2)$를 지날 때	$-4m+4=0$ $\therefore m=1$
(i), (ii)에서 m의 값의 범위는	$\mathbf{1<m<3}$

문제

정답과 해설 12쪽

04-1 두 직선 $2x-y+4=0$, $mx-y+m+1=0$이 제2사분면에서 만나도록 하는 실수 m의 값의 범위를 구하시오.

04-2 두 점 $\mathrm{A}(2, 1)$, $\mathrm{B}(-1, 3)$에 대하여 선분 AB와 직선 $y=k(x+2)+2$가 만나도록 하는 실수 k의 값의 범위를 구하시오.

두 직선의 평행과 수직

❶ 두 직선의 평행과 수직 – $y=mx+n$ 꼴

(1) 두 직선의 평행

두 직선 $y=mx+n$, $y=m'x+n'$에서

① 두 직선이 서로 평행하면 $m=m'$, $n\neq n'$이다. ◀ 기울기가 같고 y절편이 다르다.

② $m=m'$, $n\neq n'$이면 두 직선은 서로 평행하다.

(2) 두 직선의 수직

두 직선 $y=mx+n$, $y=m'x+n'$에서

① 두 직선이 서로 수직이면 $mm'=-1$이다. ◀ 두 직선의 기울기의 곱이 -1이다.

② $mm'=-1$이면 두 직선은 서로 수직이다.

참고 • 두 직선 $y=mx+n$, $y=m'x+n'$이 일치하면 $m=m'$, $n=n'$이다.
• 두 직선 $y=mx+n$, $y=m'x+n'$이 한 점에서 만나면 $m\neq m'$이다.

❷ 두 직선의 평행과 수직 – $ax+by+c=0$ 꼴

(1) 두 직선의 평행

두 직선 $ax+by+c=0$, $a'x+b'y+c'=0$에서

① 두 직선이 서로 평행하면 $\frac{a}{a'}=\frac{b}{b'}\neq\frac{c}{c'}$이다.

② $\frac{a}{a'}=\frac{b}{b'}\neq\frac{c}{c'}$이면 두 직선은 서로 평행하다.

(2) 두 직선의 수직

두 직선 $ax+by+c=0$, $a'x+b'y+c'=0$에서

① 두 직선이 서로 수직이면 $aa'+bb'=0$이다.

② $aa'+bb'=0$이면 두 직선은 서로 수직이다.

참고 • 두 직선 $ax+by+c=0$, $a'x+b'y+c'=0$이 일치하면 $\frac{a}{a'}=\frac{b}{b'}=\frac{c}{c'}$이다.
• 두 직선 $ax+by+c=0$, $a'x+b'y+c'=0$이 한 점에서 만나면 $\frac{a}{a'}\neq\frac{b}{b'}$이다.

개념 Plus

두 직선 $y=mx+n$, $y=m'x+n'$의 위치 관계

(1) 두 직선이 서로 평행하면 두 직선의 기울기는 같고 y절편은 다르므로

$m=m'$, $n\neq n'$

또 $m=m'$, $n\neq n'$이면 두 직선은 서로 평행하다.

(2) 두 직선이 일치하면 두 직선의 기울기도 같고 y절편도 같으므로

$m=m'$ $n=n'$

또 $m=m'$, $n=n'$이면 두 직선은 일치한다.

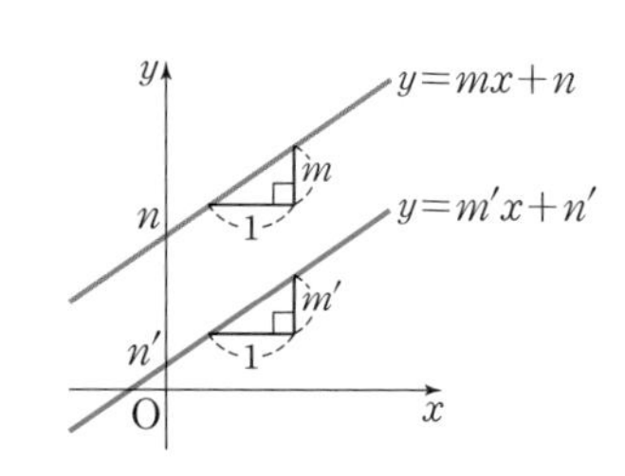

(3) 두 직선이 한 점에서 만나면 두 직선의 기울기는 다르므로

$m \neq m'$

또 $m \neq m'$이면 두 직선은 한 점에서 만난다.

(4) 두 직선 $y=mx+n$, $y=m'x+n'$이 서로 수직이면 이 두 직선에 각각 평행하고 원점을 지나는 두 직선 $y=mx$, $y=m'x$도 서로 수직이다.

오른쪽 그림과 같이 서로 수직인 두 직선 $y=mx$, $y=m'x$와 직선 $x=1$의 교점을 각각 P, Q라 하면 $\mathrm{P}(1,\ m)$, $\mathrm{Q}(1,\ m')$

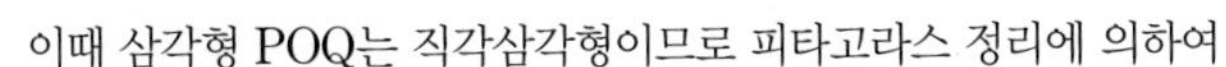

이때 삼각형 POQ는 직각삼각형이므로 피타고라스 정리에 의하여

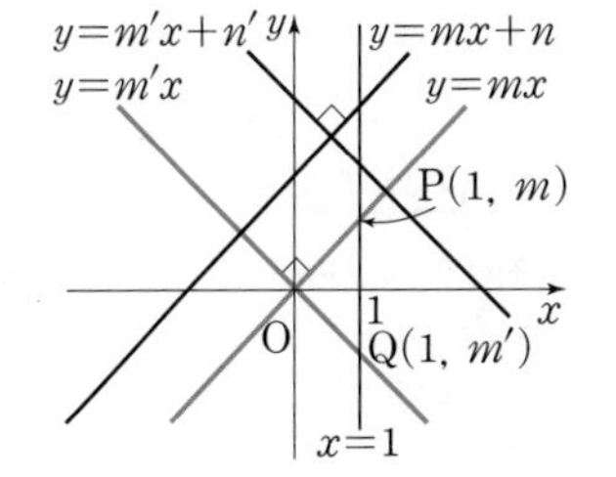

$\overline{\mathrm{OP}}^2+\overline{\mathrm{OQ}}^2=\overline{\mathrm{PQ}}^2$

$(1+m^2)+(1+m'^2)=(m-m')^2$

$\therefore mm'=-1$

또 $mm'=-1$이면 $\overline{\mathrm{OP}}^2+\overline{\mathrm{OQ}}^2=\overline{\mathrm{PQ}}^2$이므로 삼각형 POQ는 $\angle \mathrm{POQ}=90°$인 직각삼각형이다.

따라서 두 직선 $y=mx$, $y=m'x$가 서로 수직이므로 두 직선 $y=mx+n$, $y=m'x+n'$도 서로 수직이다.

두 직선 $ax+by+c=0$, $a'x+b'y+c'=0$의 위치 관계

두 직선의 방정식 $ax+by+c=0$, $a'x+b'y+c'=0$의 x, y의 계수가 모두 0이 아닐 때,

$$y=-\frac{a}{b}x-\frac{c}{b},\ y=-\frac{a'}{b'}x-\frac{c'}{b'}$$

꼴로 변형하면 두 직선의 기울기는 각각 $-\frac{a}{b}$, $-\frac{a'}{b'}$이고, y절편은 각각 $-\frac{c}{b}$, $-\frac{c'}{b'}$이다.

(1) 두 직선이 서로 평행하면

$$-\frac{a}{b}=-\frac{a'}{b'},\ -\frac{c}{b}\neq-\frac{c'}{b'} \qquad \therefore \frac{a}{a'}=\frac{b}{b'}\neq\frac{c}{c'}$$

(2) 두 직선이 일치하면

$$-\frac{a}{b}=-\frac{a'}{b'},\ -\frac{c}{b}=-\frac{c'}{b'} \qquad \therefore \frac{a}{a'}=\frac{b}{b'}=\frac{c}{c'}$$

(3) 두 직선이 한 점에서 만나면

$$-\frac{a}{b}\neq-\frac{a'}{b'} \qquad \therefore \frac{a}{a'}\neq\frac{b}{b'}$$

(4) 두 직선이 서로 수직이면

$$\left(-\frac{a}{b}\right)\times\left(-\frac{a'}{b'}\right)=-1 \qquad \therefore aa'+bb'=0$$

개념 Check

정답과 해설 13쪽

1 두 직선 $y=2x+3$, $y=mx-7$의 위치 관계가 다음과 같을 때, 상수 m의 값을 구하시오.

(1) 평행하다. (2) 수직이다.

2 두 직선 $ax+3y-1=0$, $2x+y+4=0$의 위치 관계가 다음과 같을 때, 상수 a의 값을 구하시오.

(1) 평행하다. (2) 수직이다.

필수 예제 05 한 직선에 평행 또는 수직인 직선의 방정식

유형편 14쪽

다음 직선의 방정식을 구하시오.

(1) 두 점 $(1,\ 3)$, $(6,\ 8)$을 지나는 직선에 평행하고 x절편이 -1인 직선

(2) 두 점 $\mathrm{A}(-2,\ 3)$, $\mathrm{B}(4,\ 6)$에 대하여 선분 AB를 $2:1$로 내분하는 점을 지나고 직선 $x+3y-6=0$에 수직인 직선

공략 Point

두 직선 $y=mx+n$, $y=m'x+n'$이

(1) 서로 평행하면 ➡ $m=m'$, $n\neq n'$

(2) 서로 수직이면 ➡ $mm'=-1$

풀이

(1) 두 점 $(1,\ 3)$, $(6,\ 8)$을 지나는 직선의 기울기는	$\dfrac{8-3}{6-1}=1$
따라서 기울기가 1이고 점 $(-1,\ 0)$을 지나는 직선의 방정식은	$y=x-(-1)$ $\therefore$ $\boldsymbol{y=x+1}$
(2) 선분 AB를 $2:1$로 내분하는 점의 좌표는	$\left(\dfrac{2\times4+1\times(-2)}{2+1},\ \dfrac{2\times6+1\times3}{2+1}\right)$ $\therefore$ $(2,\ 5)$
$x+3y-6=0$을 변형하면	$y=-\dfrac{1}{3}x+2$ ...... ㉠
직선 ㉠의 기울기가 $-\dfrac{1}{3}$이므로 직선 ㉠에 수직인 직선의 기울기를 m이라 하면	$-\dfrac{1}{3}\times m=-1$ $\therefore$ $m=3$
따라서 기울기가 3이고 점 $(2,\ 5)$를 지나는 직선의 방정식은	$y-5=3(x-2)$ $\therefore$ $\boldsymbol{y=3x-1}$

● 문제

정답과 해설 13쪽

05-1 두 점 $(1,\ 2)$, $(4,\ 3)$을 지나는 직선과 수직이고 점 $(-1,\ 2)$를 지나는 직선의 방정식을 구하시오.

05-2 점 $(2,\ 1)$을 지나고 직선 $x+2y+3=0$에 평행한 직선이 점 $(6,\ a)$를 지날 때, a의 값을 구하시오.

05-3 두 점 $\mathrm{A}(0,\ 3)$, $\mathrm{B}(8,\ 7)$에 대하여 선분 AB의 중점을 지나고 직선 $2x+y+1=0$에 수직인 직선의 방정식이 $y=ax+b$일 때, 상수 a, b에 대하여 ab의 값을 구하시오.

두 직선이 평행 또는 수직일 조건

유형편 14쪽

다음 물음에 답하시오.

(1) 두 직선 $x+ay+1=0$, $ax+(2a+3)y+3=0$이 서로 평행하도록 하는 상수 a의 값을 구하시오.

(2) 두 직선 $ax+(a+2)y-5=0$, $(a-2)x-3y-1=0$이 서로 수직이 되도록 하는 양수 a의 값을 구하시오.

공략 Point

두 직선 $ax+by+c=0$, $a'x+b'y+c'=0$이

(1) 서로 평행하면

➡ $\frac{a}{a'}=\frac{b}{b'}\neq\frac{c}{c'}$

(2) 서로 수직이면

➡ $aa'+bb'=0$

풀이

(1) 두 직선이 서로 평행하려면	$\frac{1}{a}=\frac{a}{2a+3}\neq\frac{1}{3}$
$\frac{1}{a}=\frac{a}{2a+3}$에서	$a^2-2a-3=0$, $(a+1)(a-3)=0$ $\therefore a=-1$ 또는 $a=3$
$\frac{1}{a}\neq\frac{1}{3}$에서	$a\neq3$ $\quad\therefore a=\mathbf{-1}$

(2) 두 직선이 서로 수직이려면	$a(a-2)+(a+2)\times(-3)=0$ $a^2-5a-6=0$, $(a+1)(a-6)=0$ $\therefore a=-1$ 또는 $a=6$
그런데 $a>0$이므로	$a=\mathbf{6}$

문제

정답과 해설 13쪽

06-1 두 직선 $2x+(2k+1)y+3=0$, $2kx+y-1=0$이 서로 평행하도록 하는 상수 k의 값을 α, 서로 수직이 되도록 하는 상수 k의 값을 β라 할 때, $\alpha\beta$의 값을 구하시오. (단, $\alpha>0$)

06-2 직선 $x+ay-4=0$이 직선 $3x-by+1=0$에는 수직이고, 직선 $x+(b+2)y+2=0$에는 평행할 때, 양수 a, b에 대하여 $a+b$의 값을 구하시오.

06-3 두 직선 $x+ay+1=0$, $ax+(a+2)y+b=0$은 서로 수직이고, 두 직선의 교점의 좌표는 $(c, 2)$이다. 이때 상수 a, b, c에 대하여 $a+b+c$의 값을 구하시오. (단, $a<0$)

필수 예제 07

선분의 수직이등분선의 방정식

유형편 15쪽

두 점 A(0, 4), B(3, 1)에 대하여 선분 AB의 수직이등분선의 방정식을 구하시오.

공략 Point

선분 AB의 수직이등분선의 성질

(1) 직선 AB와 수직이다.
(2) 선분 AB의 중점을 지난다.

풀이

두 점 A(0, 4), B(3, 1)을 지나는 직선의 기울기는	$\frac{1-4}{3-0}=-1$
선분 AB의 수직이등분선의 기울기를 m이라 하면	$-1\times m=-1$ $\therefore m=1$
선분 AB의 중점의 좌표는	$\left(\frac{0+3}{2}, \frac{4+1}{2}\right)$ $\therefore \left(\frac{3}{2}, \frac{5}{2}\right)$
따라서 기울기가 1이고 점 $\left(\frac{3}{2}, \frac{5}{2}\right)$를 지나는 직선의 방정식은	$y-\frac{5}{2}=x-\frac{3}{2}$ $\therefore \boldsymbol{y=x+1}$

문제

정답과 해설 14쪽

07-1 두 점 A(3, −4), B(−2, 6)에 대하여 선분 AB의 수직이등분선이 점 $(2, a)$를 지날 때, a의 값을 구하시오.

07-2 직선 $x-2y-4=0$이 x축, y축과 만나는 점을 각각 A, B라 할 때, 선분 AB의 수직이등분선의 방정식을 구하시오.

07-3 두 점 A$(-2, a)$, B$(4, b)$에 대하여 선분 AB의 수직이등분선의 방정식이 $x-2y+3=0$일 때, a, b의 값을 구하시오.

필수 예제 08 세 직선의 위치 관계

유형편 15쪽

세 직선 $x-y=0$, $x+2y-4=0$, $2x-ay-10=0$이 삼각형을 이루지 않도록 하는 상수 a의 값을 모두 구하시오.

공략 Point

세 직선이 삼각형을 이루지 않는 경우

(i) 세 직선이 모두 평행할 때

(ii) 세 직선 중 두 직선이 평행할 때

(iii) 세 직선이 한 점에서 만날 때

풀이

$x-y=0$ ······ ㉠, $x+2y-4=0$ ······ ㉡, $2x-ay-10=0$ ······ ㉢

(i) 세 직선이 모두 평행할 때, 두 직선 ㉠, ㉡의 기울기는 각각	$1, -\frac{1}{2}$
따라서 두 직선 ㉠, ㉡이 평행하지 않으므로	세 직선이 모두 평행한 경우는 없다.
(ii) 세 직선 중 두 직선이 평행할 때, 두 직선 ㉠, ㉢이 서로 평행하면	$\frac{1}{2}=\frac{-1}{-a}\neq\frac{0}{-10}$ $\therefore a=2$
두 직선 ㉡, ㉢이 서로 평행하면	$\frac{1}{2}=\frac{2}{-a}\neq\frac{-4}{-10}$ $\therefore a=-4$
(iii) 세 직선이 한 점에서 만날 때, ㉠, ㉡을 연립하여 풀면	$x=\frac{4}{3}$, $y=\frac{4}{3}$
직선 ㉢이 점 $\left(\frac{4}{3}, \frac{4}{3}\right)$를 지나야 하므로	$\frac{8}{3}-\frac{4}{3}a-10=0$ $\therefore a=-\frac{11}{2}$
(i), (ii), (iii)에서 상수 a의 값은	$\mathbf{-\frac{11}{2}, -4, 2}$

문제

정답과 해설 14쪽

08-1 세 직선 $x+ay+2=0$, $2x+y-6=0$, $3x-y+2=0$으로 둘러싸인 삼각형이 직각삼각형일 때, 모든 상수 a의 값의 합을 구하시오.

08-2 세 직선 $2x-y-3=0$, $x+y-3=0$, $ax-y-1=0$이 삼각형을 이루지 않도록 하는 상수 a의 값을 모두 구하시오.

연습문제

1 두 점 A$(-3, 2)$, B$(3, 5)$에 대하여 선분 AB를 $2:1$로 내분하는 점을 지나고 직선 $x+y-3=0$과 기울기가 같은 직선이 점 $(a, 3)$을 지날 때, a의 값을 구하시오.

2 직선 $ax+y+4=0$과 x축, y축으로 둘러싸인 부분의 넓이를 직선 $y=4x$가 이등분할 때, 상수 a의 값은? (단, $a>0$)

① 1　② 2　③ 3　④ 4　⑤ 5

3 오른쪽 그림과 같은 정사각형과 직사각형의 넓이를 동시에 이등분하는 직선의 방정식이 $ax+by-1=0$일 때, 상수 a, b에 대하여 $a+b$의 값을 구하시오.

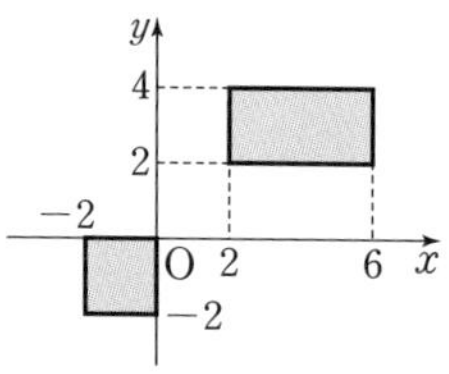

4 직선 $(k-1)x+(2k+1)y-k-5=0$에 대하여 보기에서 옳은 것만을 있는 대로 고르시오. (단, k는 실수)

보기
ㄱ. k의 값에 관계없이 점 $(-3, 2)$를 지난다.
ㄴ. $k=1$이면 x축에 평행하다.
ㄷ. $k=-\frac{1}{2}$이면 점 $(-3, 0)$을 지난다.

교육청

5 좌표평면에서 두 직선 $x-2y+2=0$, $2x+y-6=0$이 만나는 점과 점 $(4, 0)$을 지나는 직선의 y절편은?

① $\frac{5}{2}$　② 3　③ $\frac{7}{2}$　④ 4　⑤ $\frac{9}{2}$

교육청

6 점 $(2, 5)$를 지나고 직선 $3x+2y-4=0$에 수직인 직선의 방정식이 $2x+ay+b=0$일 때, $a+b$의 값을 구하시오. (단, a, b는 상수이다.)

7 직선 $x+ay+1=0$이 직선 $2x-by+1=0$에는 수직이고, 직선 $x-(b-3)y-1=0$에는 평행할 때, 상수 a, b에 대하여 a^2+b^2의 값은?

① 3　② 5　③ 7　④ 9　⑤ 11

8 두 직선 $x-ky+2=0$, $(k-1)x-2y+k=0$의 교점이 존재하지 않을 때, 상수 k의 값을 구하시오.

9 두 점 $A(a,\ 15)$, $B(b,\ -9)$에 대하여 선분 AB의 수직이등분선의 방정식이 $y=\frac{1}{2}x+1$일 때, ab의 값은?

① -20　② -12　③ -2　④ 12　⑤ 20

10 오른쪽 그림과 같이 좌표평면 위에 마름모 ABCD가 있다. 두 점 B, D의 좌표가 각각 $(-2,\ -5)$, $(4,\ 7)$일 때, 두 점 A, C를 지나는 직선의 방정식을 구하시오.

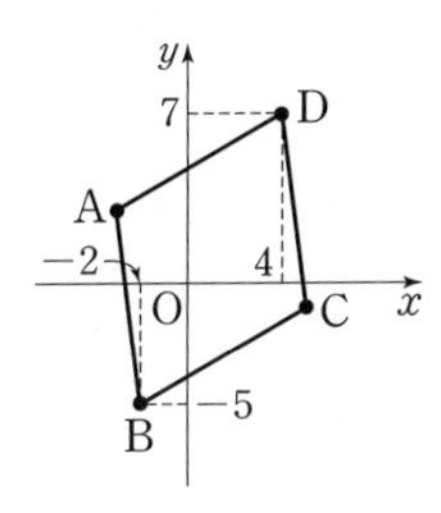

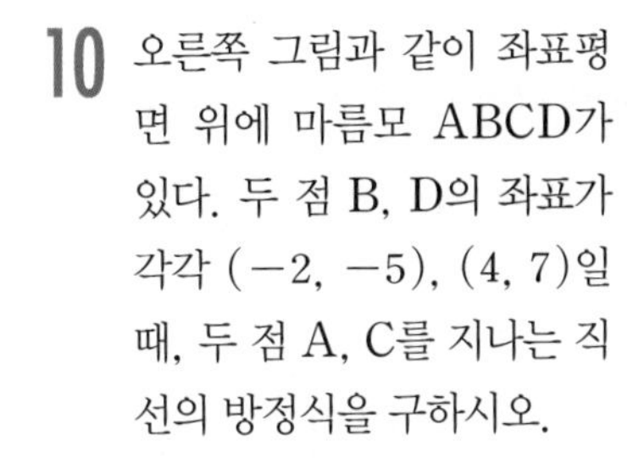

11 세 직선 $ax-y=0$, $x+y-2=0$, $2x-y-1=0$이 삼각형을 이루지 않도록 하는 모든 상수 a의 값의 곱을 구하시오.

실력

12 오른쪽 그림과 같이 세 점 $A(3,\ 4)$, $B(0,\ 2)$, $C(5,\ -1)$을 꼭짓점으로 하는 삼각형 ABC가 있다. 선분 AB 위의 한 점 D와 선분 AC 위의 한 점 E에 대하여 선분 DE가 선분 BC와 평행하고 삼각형 ADE와 삼각형 ABC의 넓이의 비가 $1:9$일 때, 직선 DE의 방정식이 $y=ax+b$이다. 이때 상수 a, b에 대하여 $a+3b$의 값을 구하시오.

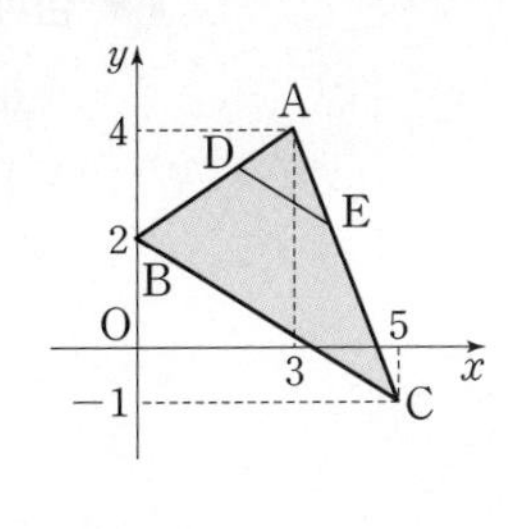

13 직선 $mx-y+2m=0$이 오른쪽 그림과 같은 직사각형과 만나도록 하는 실수 m의 값의 범위가 $a\le m\le b$일 때, $a+b$의 값을 구하시오.

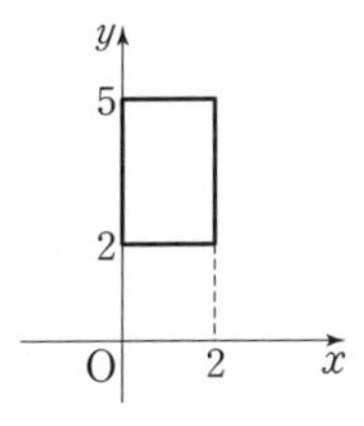

14 삼각형 ABC의 세 꼭짓점 $A(3,\ 6)$, $B(1,\ 0)$, $C(7,\ 2)$에서 각각의 대변에 내린 세 수선의 교점의 좌표를 구하시오.

15 서로 다른 세 직선 $y=-x+2$, $y=2x+1$, $y=ax+3$이 좌표평면을 6개의 영역으로 나눌 때, 모든 상수 a의 값의 합을 구하시오.

점과 직선 사이의 거리

❶ 점과 직선 사이의 거리

좌표평면 위의 점 P에서 점 P를 지나지 않는 직선 l에 내린 수선의 발을 H라 할 때, 선분 PH의 길이를 점 P와 직선 l 사이의 거리라 한다.

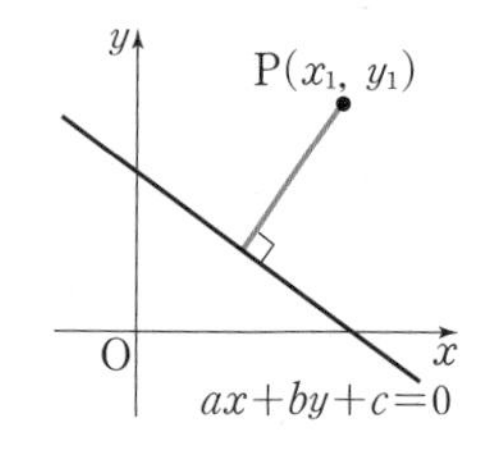

점 $\mathrm{P}(x_1, y_1)$과 직선 $ax+by+c=0$ 사이의 거리는

$$\frac{|ax_1+by_1+c|}{\sqrt{a^2+b^2}}$$

특히 원점과 직선 $ax+by+c=0$ 사이의 거리는

$$\frac{|c|}{\sqrt{a^2+b^2}}$$

예 (1) 점 $(4, -5)$와 직선 $3x-2y+4=0$ 사이의 거리는 $\dfrac{|3\times4-2\times(-5)+4|}{\sqrt{3^2+(-2)^2}}=2\sqrt{13}$

(2) 원점과 직선 $2x+y+5=0$ 사이의 거리는 $\dfrac{|5|}{\sqrt{2^2+1^2}}=\sqrt{5}$

❷ 평행한 두 직선 사이의 거리

평행한 두 직선 l과 l' 사이의 거리는 직선 l 위의 임의의 한 점과 직선 l' 사이의 거리와 같다.

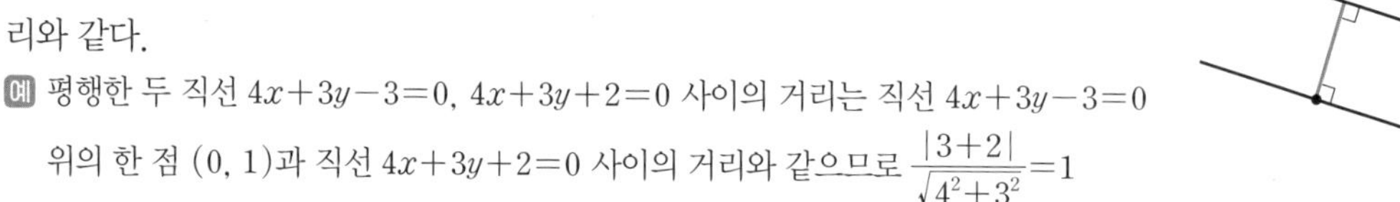

예 평행한 두 직선 $4x+3y-3=0$, $4x+3y+2=0$ 사이의 거리는 직선 $4x+3y-3=0$ 위의 한 점 $(0, 1)$과 직선 $4x+3y+2=0$ 사이의 거리와 같으므로 $\dfrac{|3+2|}{\sqrt{4^2+3^2}}=1$

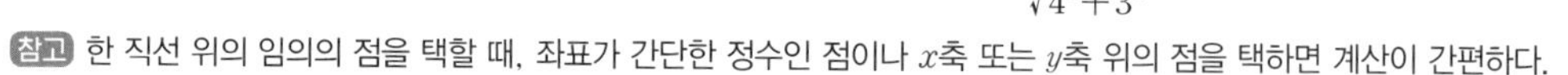

참고 한 직선 위의 임의의 점을 택할 때, 좌표가 간단한 정수인 점이나 x축 또는 y축 위의 점을 택하면 계산이 간편하다.

개념 Plus

점과 직선 사이의 거리 구하는 공식의 유도

점 $\mathrm{P}(x_1, y_1)$에서 직선 $l: ax+by+c=0$에 내린 수선의 발을 $\mathrm{H}(x_2, y_2)$라 하면

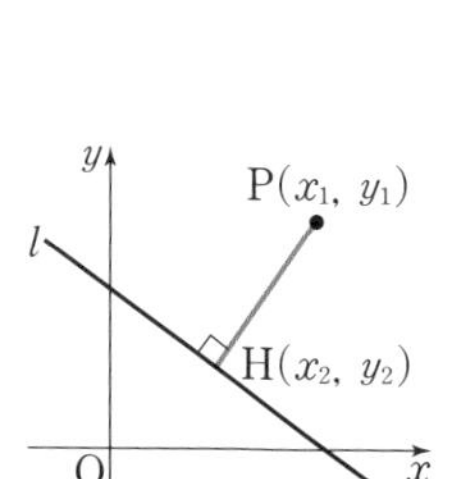

(i) $a\neq0$, $b\neq0$일 때,

직선 PH와 직선 l의 기울기는 각각 $\dfrac{y_2-y_1}{x_2-x_1}$, $-\dfrac{a}{b}$이고 두 직선이 서로 수직이므로

$$\frac{y_2-y_1}{x_2-x_1}\times\left(-\frac{a}{b}\right)=-1 \qquad \therefore \frac{x_2-x_1}{a}=\frac{y_2-y_1}{b}$$

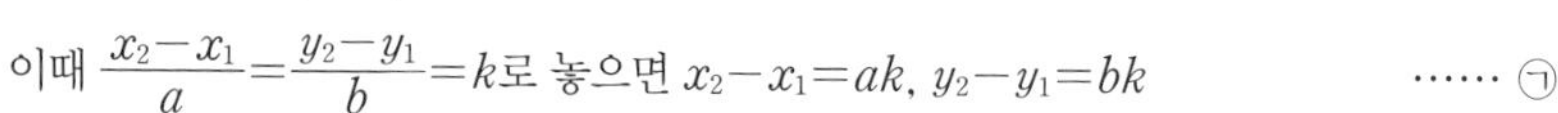

이때 $\dfrac{x_2-x_1}{a}=\dfrac{y_2-y_1}{b}=k$로 놓으면 $x_2-x_1=ak$, $y_2-y_1=bk$ …… ㉠

$\therefore \overline{\mathrm{PH}}=\sqrt{(x_2-x_1)^2+(y_2-y_1)^2}=\sqrt{k^2(a^2+b^2)}=|k|\sqrt{a^2+b^2}$ …… ㉡

또 점 $\mathrm{H}(x_2, y_2)$는 직선 l 위에 있으므로 $ax_2+by_2+c=0$ …… ㉢

㉠에서 $x_2=x_1+ak$, $y_2=y_1+bk$를 ㉢에 대입하면

$a(x_1+ak)+b(y_1+bk)+c=0 \qquad \therefore k=-\dfrac{ax_1+by_1+c}{a^2+b^2}$ …… ㉣

㉣을 ㉡에 대입하면 $\overline{\mathrm{PH}}=\left|-\dfrac{ax_1+by_1+c}{a^2+b^2}\right|\sqrt{a^2+b^2}=\dfrac{|ax_1+by_1+c|}{\sqrt{a^2+b^2}}$ …… ㉤

(ii) $a=0$, $b\neq0$ 또는 $a\neq0$, $b=0$일 때,

직선 l은 x축 또는 y축에 평행하고 이 경우에도 점 P와 직선 l 사이의 거리 $\overline{\mathrm{PH}}$는 ㉤과 같다.

점과 직선 사이의 거리

유형편 16쪽

다음 물음에 답하시오.

(1) 점 $(a, 3)$과 직선 $4x-3y+3=0$ 사이의 거리가 2일 때, 양수 a의 값을 구하시오.

(2) 직선 $3x+4y+1=0$에 수직이고 원점으로부터의 거리가 1인 직선의 방정식을 구하시오.

공략 Point

점 (x_1, y_1)과 직선 $ax+by+c=0$ 사이의 거리 ➡ $\dfrac{|ax_1+by_1+c|}{\sqrt{a^2+b^2}}$

풀이

(1) 점 $(a, 3)$과 직선 $4x-3y+3=0$ 사이의 거리가 2이므로	$\dfrac{|4\times a-3\times 3+3|}{\sqrt{4^2+(-3)^2}}=2$ $|4a-6|=10$, $4a-6=\pm10$ $\therefore a=-1$ 또는 $a=4$
그런데 $a>0$이므로	$a=4$

(2) 직선 $3x+4y+1=0$을 변형하면	$y=-\dfrac{3}{4}x-\dfrac{1}{4}$ ······ ㉠
직선 ㉠의 기울기는 $-\dfrac{3}{4}$이므로 직선 ㉠에 수직인 직선의 기울기를 m이라 하면	$-\dfrac{3}{4}\times m=-1$ $\therefore m=\dfrac{4}{3}$
구하는 직선의 기울기가 $\dfrac{4}{3}$이므로 직선의 방정식을 나타내면	$y=\dfrac{4}{3}x+a$ $\therefore 4x-3y+3a=0$ ······ ㉡
원점과 직선 ㉡ 사이의 거리가 1이므로	$\dfrac{|3a|}{\sqrt{4^2+(-3)^2}}=1$ $|3a|=5$ $\therefore 3a=\pm5$
$3a=\pm5$를 ㉡에 대입하면 구하는 직선의 방정식은	$4x-3y-5=0$ 또는 $4x-3y+5=0$

문제

정답과 해설 17쪽

01-1 점 $(3, -1)$과 직선 $3x+ay+2=0$ 사이의 거리가 $\sqrt{10}$일 때, 정수 a의 값을 구하시오.

01-2 직선 $x-2y-1=0$에 평행하고 점 $(2, 1)$로부터의 거리가 $\sqrt{5}$인 직선의 방정식을 구하시오.

01-3 직선 $(4+2k)x+(3-k)y-18-4k=0$은 실수 k의 값에 관계없이 항상 점 P를 지난다. 이때 점 P와 직선 $3x+2y=0$ 사이의 거리를 구하시오.

필수 예제 02

평행한 두 직선 사이의 거리

유형편 17쪽

평행한 두 직선 $2x-y-1=0$, $2x-y+k=0$ 사이의 거리가 $2\sqrt{5}$일 때, 상수 k의 값을 구하시오.

공략 Point

평행한 두 직선 l, l' 사이의 거리는 직선 l 위의 한 점과 직선 l' 사이의 거리와 같다.

풀이

평행한 두 직선 $2x-y-1=0$, $2x-y+k=0$ 사이의 거리는	직선 $2x-y-1=0$ 위의 한 점 $(0, -1)$과 직선 $2x-y+k=0$ 사이의 거리와 같다.
점 $(0, -1)$과 직선 $2x-y+k=0$ 사이의 거리가 $2\sqrt{5}$이므로	$\frac{\lvert 2\times0-(-1)+k\rvert}{\sqrt{2^2+(-1)^2}}=2\sqrt{5}$ $\lvert 1+k\rvert=10$, $1+k=\pm10$ $\therefore$ **$k=-11$ 또는 $k=9$**

문제

정답과 해설 17쪽

02-1 평행한 두 직선 $3x+y-3=0$, $3x+y+7=0$ 사이의 거리를 구하시오.

02-2 평행한 두 직선 $x+y+5=0$, $x+y+k=0$ 사이의 거리가 $3\sqrt{2}$일 때, 모든 상수 k의 값의 합을 구하시오.

02-3 두 직선 $2x-y+2=0$, $ax+3y-4=0$이 서로 평행할 때, 두 직선 사이의 거리를 구하시오. (단, a는 상수)

필수 예제 03 세 꼭짓점의 좌표가 주어진 삼각형의 넓이

유형편 18쪽

세 점 A(3, 5), B(1, 1), C(6, -1)을 꼭짓점으로 하는 삼각형 ABC의 넓이를 구하시오.

공략 Point

세 점 A, B, C를 꼭짓점으로 하는 삼각형의 넓이

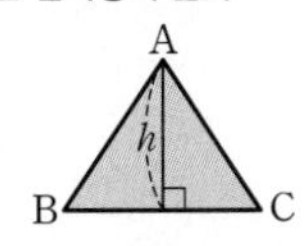

(1) 선분 BC의 길이 구하기
(2) 직선 BC의 방정식 구하기
(3) 점 A와 직선 BC 사이의 거리 h 구하기

➡ $\triangle ABC=\frac{1}{2}\times\overline{BC}\times h$

풀이

선분 BC의 길이는	$\overline{BC}=\sqrt{(6-1)^2+(-1-1)^2}=\sqrt{29}$
직선 BC의 방정식은	$y-1=\frac{-1-1}{6-1}(x-1)$ $\therefore\ 2x+5y-7=0$
점 A와 직선 $2x+5y-7=0$ 사이의 거리를 h라 하면	$h=\frac{\vert 2\times3+5\times5-7\vert}{\sqrt{2^2+5^2}}=\frac{24}{\sqrt{29}}$
따라서 삼각형 ABC의 넓이는	$\frac{1}{2}\times\overline{BC}\times h=\frac{1}{2}\times\sqrt{29}\times\frac{24}{\sqrt{29}}=\mathbf{12}$

문제

정답과 해설 18쪽

03-1 세 점 A(2, 3), B(-2, -1), C(4, -3)을 꼭짓점으로 하는 삼각형 ABC의 넓이를 구하시오.

03-2 세 점 A(2, 1), B(4, 5), C(a, 2)를 꼭짓점으로 하는 삼각형 ABC의 넓이가 9가 되도록 하는 모든 a의 값의 합을 구하시오.

03-3 오른쪽 그림과 같이 세 직선 $y=2x$, $y=\frac{1}{4}x$, $y=-2x+6$으로 둘러싸인 삼각형 OAB의 넓이를 구하시오. (단, O는 원점)

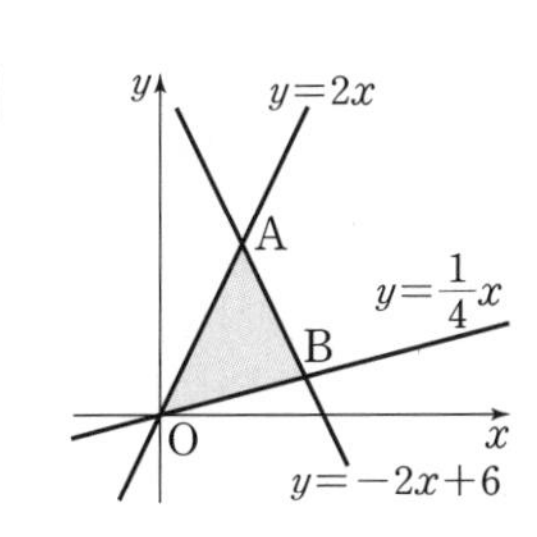

UP 필수 예제 04

두 직선이 이루는 각의 이등분선의 방정식

유형편 18쪽

두 직선 $3x+y-6=0$, $2x+6y-3=0$이 이루는 각의 이등분선의 방정식을 구하시오.

공략 Point

각의 이등분선 위의 임의의 점을 $P(x, y)$로 놓고, 점 P에서 각을 이루는 두 직선에 이르는 거리가 같음을 이용하여 x, y에 대한 방정식을 구한다.

풀이

오른쪽 그림과 같이 두 직선 $3x+y-6=0$, $2x+6y-3=0$이 이루는 각의 이등분선 위의 임의의 점을 $P(x, y)$라 하자.

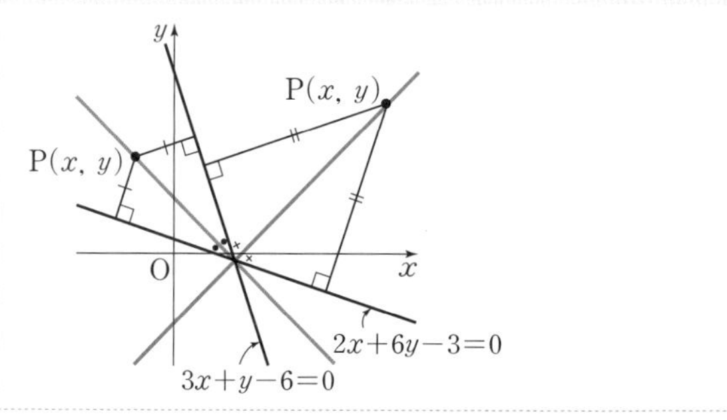

점 P에서 주어진 두 직선에 이르는 거리가 같으므로

$$\frac{|3x+y-6|}{\sqrt{3^2+1^2}}=\frac{|2x+6y-3|}{\sqrt{2^2+6^2}}$$

이 식을 정리하여 두 직선이 이루는 각의 이등분선의 방정식을 구하면

$$2\sqrt{10}\,|3x+y-6|=\sqrt{10}\,|2x+6y-3|$$

$$2(3x+y-6)=\pm(2x+6y-3)$$

$\therefore$ $\mathbf{4x-4y-9=0}$ **또는** $\mathbf{8x+8y-15=0}$

문제

정답과 해설 18쪽

04-1 두 직선 $3x-y-1=0$, $x-3y-6=0$으로부터 같은 거리에 있는 점 P가 나타내는 도형의 방정식을 구하시오.

04-2 두 직선 $x-2y+1=0$, $2x+y-1=0$이 이루는 각을 이등분하는 직선 중에서 기울기가 양수인 직선의 방정식을 구하시오.

연습문제

정답과 해설 19쪽

1 두 점 $(-1, 5)$, $(3, -7)$을 지나는 직선과 점 $(5, -3)$ 사이의 거리는?

① $2\sqrt{2}$　② 3　③ $\sqrt{10}$　④ $\sqrt{11}$　⑤ $2\sqrt{3}$

2 두 직선 $x-3y+3=0$, $2x-y+1=0$의 교점을 지나고 원점으로부터의 거리가 $\frac{1}{2}$인 직선의 방정식이 $ax+by-1=0$일 때, 상수 a, b에 대하여 ab의 값은? (단, $a>0$)

① -2　② $-\sqrt{3}$　③ $\sqrt{3}$　④ 2　⑤ $2\sqrt{3}$

3 직선 $x+3y-5=0$에 수직이고 점 $(-2, 6)$으로부터의 거리가 $\sqrt{10}$인 두 직선의 y절편을 각각 y_1, y_2라 할 때, y_1+y_2의 값은?

① 20　② 21　③ 22　④ 23　⑤ 24

교육청

4 오른쪽 그림과 같이 좌표평면에 세 점 $O(0, 0)$, $A(8, 4)$, $B(7, a)$와 삼각형 OAB의 무게중심 $G(5, b)$가 있다. 점 G와 직선 OA 사이의 거리가 $\sqrt{5}$일 때, $a+b$의 값은?
(단, a는 양수이다.)

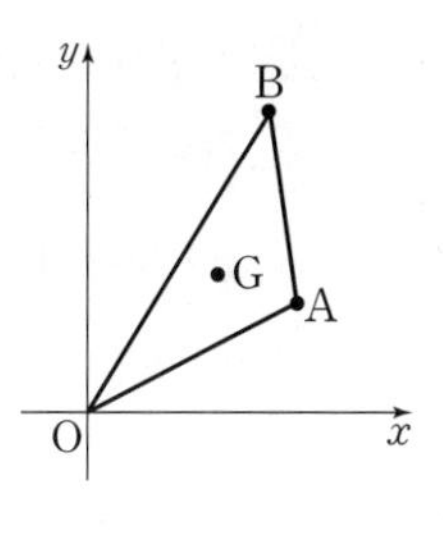

① 16　② 17　③ 18　④ 19　⑤ 20

5 평행한 두 직선 $x-2y-1=0$, $2x+ay+b=0$ 사이의 거리가 $\frac{\sqrt{5}}{2}$일 때, 상수 a, b에 대하여 $a+b$의 값을 구하시오. (단, $b>0$)

6 세 직선 $x-2y+4=0$, $3x+5y+1=0$, $5x+y-13=0$으로 둘러싸인 삼각형의 넓이는?

① 10　② 11　③ 12　④ 13　⑤ 14

연습문제

정답과 해설 20쪽

7 두 직선 $x-2y+3=0$, $2x+y-1=0$으로부터 같은 거리에 있는 점 P가 나타내는 도형의 방정식은?

① $x+3y-4=0$, $3x-y+2=0$
② $x+3y-4=0$, $2x-y-1=0$
③ $x+2y-2=0$, $4x-y+2=0$
④ $2x+2y-1=0$, $3x-y+2=0$
⑤ $2x+2y-1=0$, $4x-y+2=0$

8 두 직선 $3x-4y+8=0$, $4x+3y+12=0$이 이루는 각을 이등분하는 직선이 점 $(a,\ -1)$을 지날 때, 모든 a의 값의 합은?

① -2　② -1　③ 0
④ 1　⑤ 2

실력

9 원점과 직선 $x-y-3+k(x+y)=0$ 사이의 거리를 $f(k)$라 할 때, $f(k)$의 최댓값은? (단, k는 실수)

① 1　② $\sqrt{2}$　③ $\sqrt{3}$
④ $\frac{3\sqrt{2}}{2}$　⑤ $2\sqrt{2}$

교육청

10 그림과 같이 좌표평면 위의 점 A(8, 6)에서 x축에 내린 수선의 발을 H라 하고, 선분 OH 위의 점 B에서 선분 OA에 내린 수선의 발을 I라 하자. $\overline{BH}=\overline{BI}$일 때, 직선 AB의 방정식은 $y=mx+n$이다. $m+n$의 값은? (단, O는 원점이고, m, n은 상수이다.)

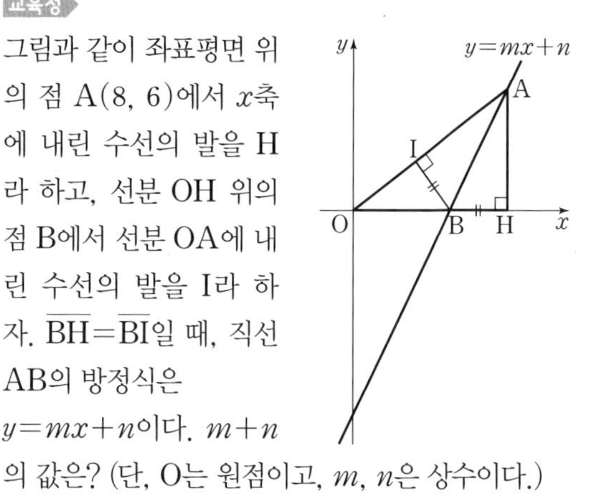

① -10　② -9　③ -8
④ -7　⑤ -6

11 오른쪽 그림과 같이 평행한 두 직선 $y=2x+1$, $y=2x-2$가 두 직선에 수직인 직선 l과 제1사분면에서 만나는 점을 각각 A, B라 하자. 삼각형 AOB의 넓이가 $\frac{3}{2}$일 때, 직선 l의 방정식을 구하시오. (단, O는 원점)

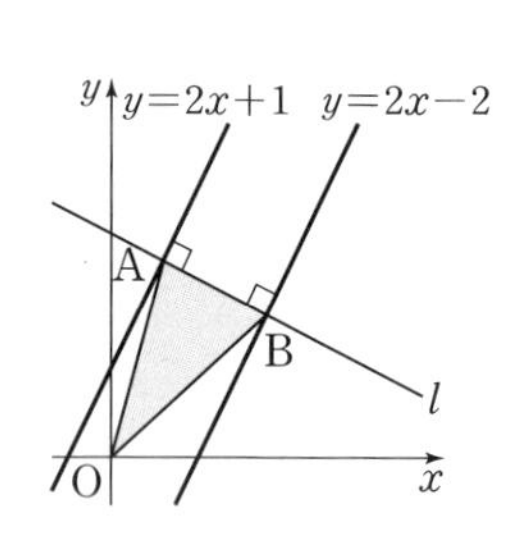

12 세 점 A$(-1,\ 1)$, B$(3,\ -1)$, C$(5,\ 3)$을 꼭짓점으로 하는 삼각형 ABC가 있다. 이때 점 B와 삼각형 ABC의 내심을 지나는 직선의 방정식을 구하시오.

Ⅰ. 도형의 방정식

3 원의 방정식

01 원의 방정식

02 원과 직선의 위치 관계

원의 방정식 (1)

① 원의 정의

평면 위의 한 점 C에서 일정한 거리에 있는 모든 점으로 이루어진 도형을 원이라 한다.
이때 점 C를 원의 중심, 일정한 거리를 원의 반지름의 길이라 한다.

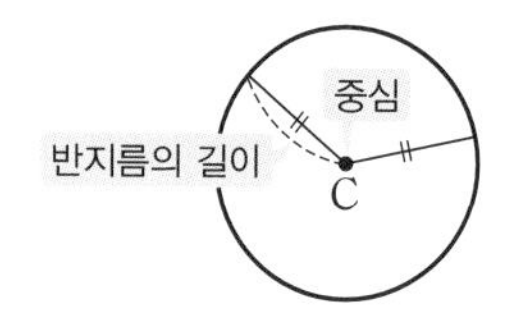

② 원의 방정식

중심이 점 (a, b)이고 반지름의 길이가 r인 원의 방정식은

$$(x-a)^2+(y-b)^2=r^2$$

특히 중심이 원점이고 반지름의 길이가 r인 원의 방정식은

$$x^2+y^2=r^2$$ ◀ $a=0$, $b=0$인 경우

예 (1) 중심이 점 $(2, -1)$이고 반지름의 길이가 3인 원의 방정식은
$(x-2)^2+\{y-(-1)\}^2=3^2$ $\quad\therefore (x-2)^2+(y+1)^2=9$

(2) 중심이 원점이고 반지름의 길이가 $\sqrt{5}$인 원의 방정식은
$x^2+y^2=(\sqrt{5})^2$ $\quad\therefore x^2+y^2=5$

참고 $(x-a)^2+(y-b)^2=r^2$ 꼴의 방정식을 원의 방정식의 표준형이라 한다.

개념 Plus

중심이 점 C(a, b)이고 반지름의 길이가 r인 원의 방정식의 유도

오른쪽 그림과 같이 원 위의 임의의 점을 P(x, y)라 하면 $\overline{\text{CP}}=r$이므로

$$\sqrt{(x-a)^2+(y-b)^2}=r$$

이 식의 양변을 제곱하면

$$(x-a)^2+(y-b)^2=r^2 \quad \cdots\cdots ㉠$$

거꾸로 방정식 ㉠을 만족시키는 점 P(x, y)에 대하여 $\overline{\text{CP}}=r$이므로 점 P는 중심이 점 C(a, b)이고 반지름의 길이가 r인 원 위에 있다.

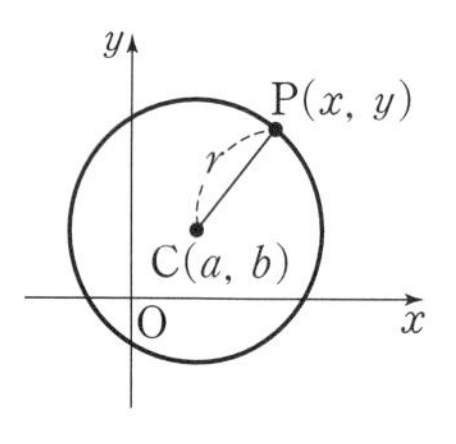

개념 Check

정답과 해설 21쪽

1 다음 방정식이 나타내는 원의 중심의 좌표와 반지름의 길이를 차례대로 구하시오.

(1) $x^2+y^2=12$
(2) $(x-1)^2+(y+4)^2=16$
(3) $x^2+(y-1)^2=9$
(4) $(x+3)^2+y^2=25$

2 다음 원의 방정식을 구하시오.

(1) 중심이 원점이고 반지름의 길이가 2인 원
(2) 중심이 점 $(2, 3)$이고 반지름의 길이가 5인 원

필수 예제 01 원의 방정식

유형편 20쪽

다음 원의 방정식을 구하시오.

(1) 중심이 원점이고 점 $(-3, 4)$를 지나는 원

(2) 두 점 $\mathrm{A}(1, 8)$, $\mathrm{B}(5, 10)$을 지름의 양 끝 점으로 하는 원

공략 Point

(1) 중심이 점 (a, b)이고 반지름의 길이가 r인 원의 방정식은
$(x-a)^2+(y-b)^2=r^2$

(2) 두 점 A, B를 지름의 양 끝 점으로 하는 원의 방정식은
(원의 중심)$=$($\overline{\mathrm{AB}}$의 중점)
(반지름의 길이)$=\frac{1}{2}\overline{\mathrm{AB}}$
임을 이용하여 구한다.

풀이

(1) 원의 반지름의 길이를 r라 하면 원의 방정식은	$x^2+y^2=r^2$
이 원이 점 $(-3, 4)$를 지나므로	$(-3)^2+4^2=r^2 \quad \therefore r^2=25$
따라서 구하는 원의 방정식은	$\boldsymbol{x^2+y^2=25}$

(2) 원의 중심은 선분 AB의 중점과 같으므로 원의 중심의 좌표는	$\left(\frac{1+5}{2}, \frac{8+10}{2}\right) \quad \therefore (3, 9)$
원의 반지름의 길이는 $\frac{1}{2}\overline{\mathrm{AB}}$와 같으므로	$\frac{1}{2}\overline{\mathrm{AB}}=\frac{1}{2}\sqrt{(5-1)^2+(10-8)^2}=\sqrt{5}$
따라서 구하는 원의 방정식은	$\boldsymbol{(x-3)^2+(y-9)^2=5}$

다른 풀이

(1) 원의 반지름의 길이는 두 점 $(0, 0)$, $(-3, 4)$ 사이의 거리이므로	$\sqrt{(-3)^2+4^2}=5$
따라서 구하는 원의 방정식은	$\boldsymbol{x^2+y^2=25}$

문제

정답과 해설 21쪽

01-1 다음 원의 방정식을 구하시오.

(1) 중심이 점 $(-2, 3)$이고 점 $(1, 6)$을 지나는 원

(2) 두 점 $\mathrm{A}(-3, 0)$, $\mathrm{B}(1, 0)$을 지름의 양 끝 점으로 하는 원

01-2 원 $(x-3)^2+(y-1)^2=20$과 중심이 같고 점 $(0, -3)$을 지나는 원의 방정식을 구하시오.

01-3 두 점 $\mathrm{A}(-1, -3)$, $\mathrm{B}(1, 1)$을 지름의 양 끝 점으로 하는 원이 점 $(k, 0)$을 지날 때, 양수 k의 값을 구하시오.

필수 예제 02 중심이 직선 위에 있는 원의 방정식

유형편 21쪽

중심이 x축 위에 있고 두 점 $(1, 1)$, $(3, 1)$을 지나는 원의 방정식을 구하시오.

공략 Point

중심의 위치에 따라 중심의 좌표를 다음과 같이 나타낸다.
(1) x축 위 ➡ $(a, 0)$
(2) y축 위 ➡ $(0, a)$
(3) 직선 $y=mx+n$ 위 ➡ $(a, ma+n)$

풀이

원의 중심이 x축 위에 있으므로 중심의 좌표를 $(a, 0)$, 반지름의 길이를 r라 하면 원의 방정식은	$(x-a)^2+y^2=r^2$ ...... ㉠
원 ㉠이 점 $(1, 1)$을 지나므로	$(1-a)^2+1^2=r^2$ $\therefore a^2-2a+2=r^2$ ...... ㉡
원 ㉠이 점 $(3, 1)$을 지나므로	$(3-a)^2+1^2=r^2$ $\therefore a^2-6a+10=r^2$ ...... ㉢
㉡－㉢을 하면	$4a-8=0$ $\therefore a=2$
$a=2$를 ㉡에 대입하면	$4-4+2=r^2$ $\therefore r^2=2$
따라서 구하는 원의 방정식은	$\boldsymbol{(x-2)^2+y^2=2}$

다른 풀이

원의 중심의 좌표를 $(a, 0)$이라 하면 이 점과 두 점 $(1, 1)$, $(3, 1)$ 사이의 거리가 서로 같으므로	$\sqrt{(1-a)^2+1^2}=\sqrt{(3-a)^2+1^2}$
양변을 제곱하면	$a^2-2a+2=a^2-6a+10$ $4a=8$ $\therefore a=2$
즉, 원의 중심의 좌표는	$(2, 0)$
원의 반지름의 길이는 두 점 $(2, 0)$, $(1, 1)$ 사이의 거리와 같으므로	$\sqrt{(1-2)^2+1^2}=\sqrt{2}$
따라서 구하는 원의 방정식은	$\boldsymbol{(x-2)^2+y^2=2}$

문제

정답과 해설 21쪽

02-1 다음 원의 방정식을 구하시오.

(1) 중심이 x축 위에 있고 두 점 $(-1, 4)$, $(3, 0)$을 지나는 원
(2) 중심이 y축 위에 있고 두 점 $(2, -1)$, $(3, 4)$를 지나는 원

02-2 중심이 직선 $y=x+2$ 위에 있고 두 점 $(-1, 3)$, $(-3, 1)$을 지나는 원의 방정식을 구하시오.

좌표축에 접하는 원의 방정식

❶ 좌표축에 접하는 원의 방정식

좌표축에 접하는 원의 방정식은 중심의 좌표와 반지름의 길이 사이의 관계를 이용하여 구할 수 있다.

(1) x축에 접하는 원의 방정식

중심이 점 $(a,\ b)$인 원이 x축에 접하면

(반지름의 길이)$=|$(중심의 y좌표)$|=|b|$

이므로 원의 방정식은

$$(x-a)^2+(y-b)^2=b^2$$

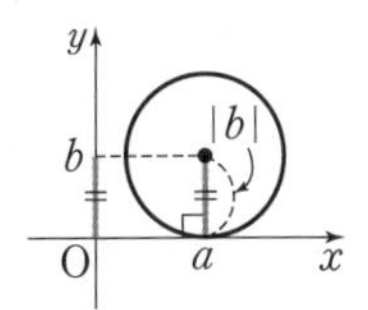

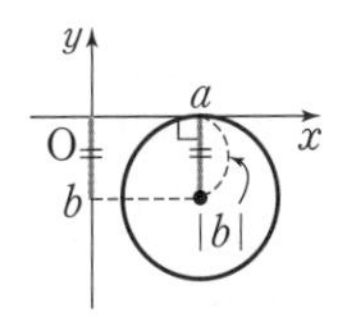

(2) y축에 접하는 원의 방정식

중심이 점 $(a,\ b)$인 원이 y축에 접하면

(반지름의 길이)$=|$(중심의 x좌표)$|=|a|$

이므로 원의 방정식은

$$(x-a)^2+(y-b)^2=a^2$$

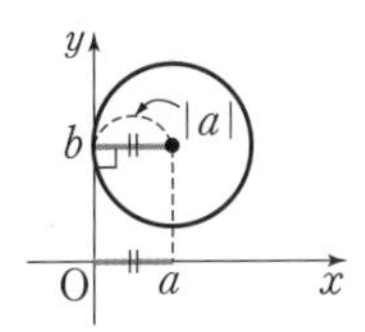

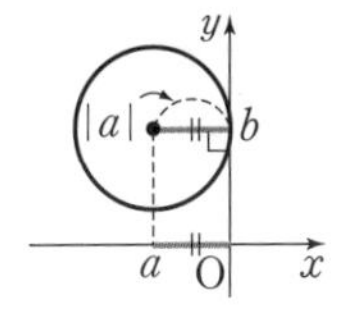

(3) x축과 y축에 동시에 접하는 원의 방정식

반지름의 길이가 r인 원이 x축과 y축에 동시에 접하면

(반지름의 길이)$=|$(중심의 x좌표)$|=|$(중심의 y좌표)$|=r$

이므로 중심이 속하는 사분면에 따라 원의 방정식은 다음과 같다.

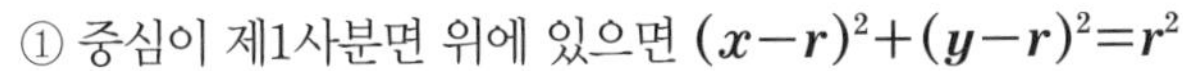

① 중심이 제1사분면 위에 있으면 $(x-r)^2+(y-r)^2=r^2$

② 중심이 제2사분면 위에 있으면 $(x+r)^2+(y-r)^2=r^2$

③ 중심이 제3사분면 위에 있으면 $(x+r)^2+(y+r)^2=r^2$

④ 중심이 제4사분면 위에 있으면 $(x-r)^2+(y+r)^2=r^2$

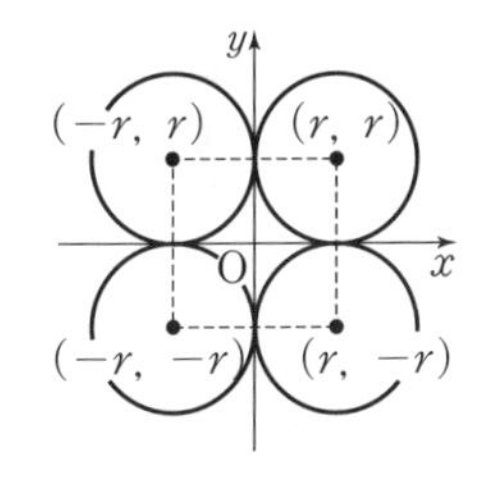

참고 x축과 y축에 동시에 접하는 원의 중심은 직선 $y=x$ 또는 직선 $y=-x$ 위에 있다.

개념 Check

정답과 해설 22쪽

1 다음 그림이 나타내는 원의 방정식을 구하시오.

(1)

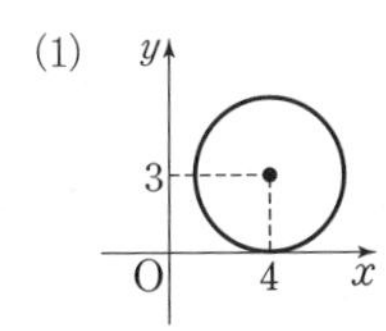

(2)

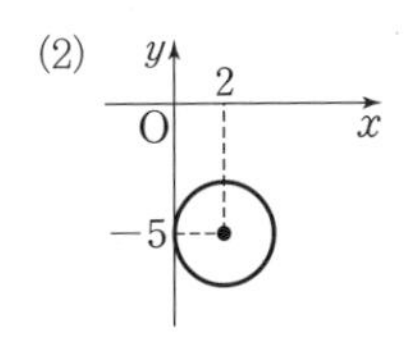

(3)

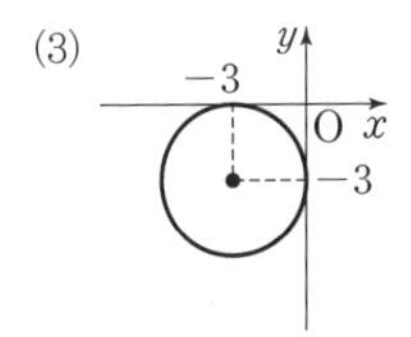

2 다음 원의 방정식을 구하시오.

(1) 중심이 점 $(1,\ 2)$이고 x축에 접하는 원

(2) 중심이 점 $(-5,\ 3)$이고 y축에 접하는 원

(3) 중심이 점 $(-4,\ -4)$이고 x축과 y축에 동시에 접하는 원

필수예제 03 x축 또는 y축에 접하는 원의 방정식

유형편 21쪽

다음 원의 방정식을 구하시오.

(1) 원 $(x-5)^2+(y+3)^2=16$과 중심이 같고 x축에 접하는 원

(2) 두 점 $(1, -1)$, $(2, 0)$을 지나고 y축에 접하는 원

공략 Point

(1) x축에 접하는 원
➡ (반지름의 길이) $=|$(중심의 y좌표)$|$

(2) y축에 접하는 원
➡ (반지름의 길이) $=|$(중심의 x좌표)$|$

풀이

(1) 원의 중심의 좌표는 $(5, -3)$이고 이 원이 x축에 접하므로 반지름의 길이는	$\|-3\|=3$
따라서 구하는 원의 방정식은	$\mathbf{(x-5)^2+(y+3)^2=9}$
(2) 원의 중심의 좌표를 (a, b)라 하면 이 원이 y축에 접하므로 반지름의 길이는	$\|a\|$
즉, 원의 방정식은	$(x-a)^2+(y-b)^2=a^2$ …… ㉠
원 ㉠이 점 $(1, -1)$을 지나므로	$(1-a)^2+(-1-b)^2=a^2$ $\therefore b^2+2b-2a+2=0$ …… ㉡
원 ㉠이 점 $(2, 0)$을 지나므로	$(2-a)^2+(-b)^2=a^2$, $b^2-4a+4=0$ $\therefore a=\frac{1}{4}b^2+1$ …… ㉢
㉢을 ㉡에 대입하면	$b^2+2b-2\left(\frac{1}{4}b^2+1\right)+2=0$, $\frac{1}{2}b^2+2b=0$ $\frac{1}{2}b(b+4)=0$ $\therefore b=-4$ 또는 $b=0$ …… ㉣
㉣을 ㉢에 대입하면	$b=-4$일 때 $a=5$, $b=0$일 때 $a=1$
따라서 구하는 원의 방정식은	$\mathbf{(x-5)^2+(y+4)^2=25}$ **또는** $\mathbf{(x-1)^2+y^2=1}$

문제

정답과 해설 22쪽

03-1 두 점 $\mathrm{A}(1, -4)$, $\mathrm{B}(4, 5)$에 대하여 선분 AB를 $2:1$로 내분하는 점을 중심으로 하고 y축에 접하는 원의 방정식을 구하시오.

03-2 다음 원의 방정식을 구하시오.

(1) 두 점 $(-2, -3)$, $(4, -3)$을 지나고 x축에 접하는 원

(2) 두 점 $(2, 1)$, $(4, -1)$을 지나고 y축에 접하는 원

03-3 중심이 직선 $y=x-2$ 위에 있고 점 $(4, 4)$를 지나며 x축에 접하는 원의 방정식을 구하시오.

필수 예제 04

x축과 y축에 동시에 접하는 원의 방정식

유형편 22쪽

점 $(1, 2)$를 지나고 x축과 y축에 동시에 접하는 두 원의 반지름의 길이의 합을 구하시오.

공략 Point

원의 중심이 속하는 사분면을 찾은 후 반지름의 길이를 사용하여 중심의 좌표를 나타낸다.

풀이

점 $(1, 2)$를 지나고 x축과 y축에 동시에 접하는 두 원은 오른쪽 그림과 같이 제1사분면 위에 그려진다.	
이때 원의 반지름의 길이를 r라 하면 중심이 제1사분면 위에 있으므로 중심의 좌표는	(r, r)
즉, 원의 방정식은	$(x-r)^2+(y-r)^2=r^2$
이 원이 점 $(1, 2)$를 지나므로	$(1-r)^2+(2-r)^2=r^2$ $r^2-6r+5=0$, $(r-1)(r-5)=0$ $\therefore r=1$ 또는 $r=5$
따라서 두 원의 반지름의 길이의 합은	$1+5=$**6**

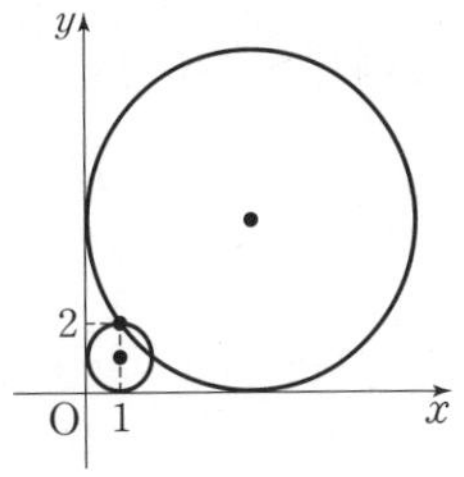

● 문제

정답과 해설 23쪽

04-**1** 점 $(2, -2)$를 지나고 x축과 y축에 동시에 접하는 두 원의 중심 사이의 거리를 구하시오.

04-**2** 중심이 직선 $2x-y+6=0$ 위에 있고 제2사분면에서 x축과 y축에 동시에 접하는 원의 방정식을 구하시오.

원의 방정식 (2)

❶ 이차방정식 $x^2+y^2+Ax+By+C=0$이 나타내는 도형

x, y에 대한 이차방정식 $x^2+y^2+Ax+By+C=0\ (A^2+B^2-4C>0)$은

중심이 점 $\left(-\frac{A}{2},\ -\frac{B}{2}\right)$, 반지름의 길이가 $\frac{\sqrt{A^2+B^2-4C}}{2}$인 원을 나타낸다.

예 방정식 $x^2+y^2-4x-8y+11=0$을 변형하면
$x^2-4x+4+y^2-8y+16=9$ $\quad\therefore (x-2)^2+(y-4)^2=3^2$
따라서 주어진 방정식은 중심이 점 $(2, 4)$이고 반지름의 길이가 3인 원을 나타낸다.

참고 (1) $x^2+y^2+Ax+By+C=0$ 꼴의 방정식을 원의 방정식의 일반형이라 한다.
(2) 원의 방정식은 x^2과 y^2의 계수가 같고 xy항이 없는 x, y에 대한 이차방정식이다.

❷ 두 원의 교점을 지나는 도형의 방정식

(1) 두 원의 교점을 지나는 직선의 방정식

서로 다른 두 점에서 만나는 두 원

$$x^2+y^2+Ax+By+C=0,\ x^2+y^2+A'x+B'y+C'=0$$

의 교점을 지나는 직선의 방정식은

$$x^2+y^2+Ax+By+C-(x^2+y^2+A'x+B'y+C')=0$$

$$\therefore (A-A')x+(B-B')y+C-C'=0$$

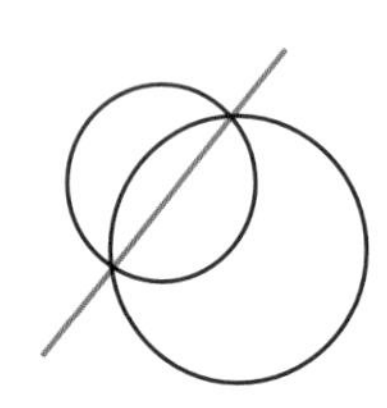

(2) 두 원의 교점을 지나는 원의 방정식

서로 다른 두 점에서 만나는 두 원

$$O:\ x^2+y^2+Ax+By+C=0,$$

$$O':\ x^2+y^2+A'x+B'y+C'=0$$

의 교점을 지나는 원 중에서 원 O'을 제외한 원의 방정식은

$$x^2+y^2+Ax+By+C+k(x^2+y^2+A'x+B'y+C')=0$$

(단, $k\neq-1$인 실수)

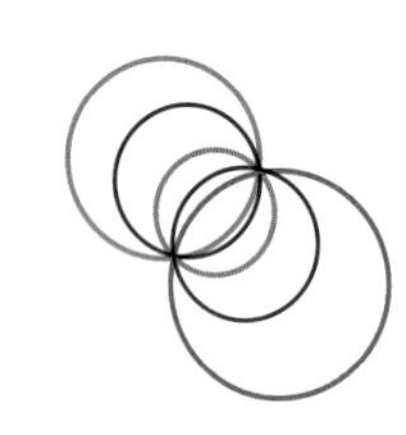

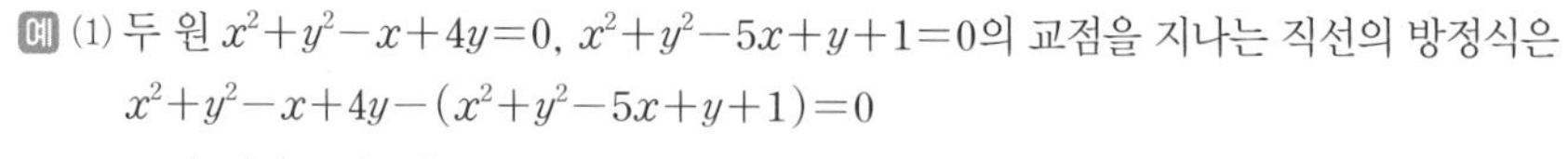

예 (1) 두 원 $x^2+y^2-x+4y=0$, $x^2+y^2-5x+y+1=0$의 교점을 지나는 직선의 방정식은
$x^2+y^2-x+4y-(x^2+y^2-5x+y+1)=0$
$\therefore 4x+3y-1=0$

(2) 두 원 $x^2+y^2+x-2y+1=0$, $x^2+y^2-x-2=0$의 교점을 지나는 원의 방정식은
$x^2+y^2+x-2y+1+k(x^2+y^2-x-2)=0$ (단, $k\neq-1$)

개념 Plus

이차방정식 $x^2+y^2+Ax+By+C=0$이 나타내는 도형

원의 방정식 $(x-a)^2+(y-b)^2=r^2$의 좌변을 전개하여 정리하면

$$x^2+y^2-2ax-2by+a^2+b^2-r^2=0$$

여기서 $-2a=A$, $-2b=B$, $a^2+b^2-r^2=C$라 하면 위의 방정식은

$$x^2+y^2+Ax+By+C=0 \quad \cdots\cdots ㉠$$

과 같이 나타낼 수 있다.

거꾸로 ㉠을 변형하면

$$\left(x+\frac{A}{2}\right)^2+\left(y+\frac{B}{2}\right)^2=\frac{A^2+B^2-4C}{4}$$

이때 $A^2+B^2-4C>0$이면 ㉠이 나타내는 도형은 중심이 점 $\left(-\frac{A}{2},\ -\frac{B}{2}\right)$, 반지름의 길이가 $\frac{\sqrt{A^2+B^2-4C}}{2}$ 인 원이다.

참고 $A^2+B^2-4C=0$이면 ㉠은 점 $\left(-\frac{A}{2},\ -\frac{B}{2}\right)$를 나타내고, $A^2+B^2-4C<0$이면 ㉠을 만족시키는 실수 x, y가 존재하지 않는다.

두 원의 교점을 지나는 도형의 방정식

서로 다른 두 점에서 만나는 두 원

$x^2+y^2+Ax+By+C=0$ …… ㉠

$x^2+y^2+A'x+B'y+C'=0$ …… ㉡

의 교점의 좌표는 방정식 ㉠, ㉡을 동시에 만족시키므로 방정식

$x^2+y^2+Ax+By+C+k(x^2+y^2+A'x+B'y+C')=0$ (k는 실수) …… ㉢

도 만족시킨다.

즉, ㉢은 주어진 두 원의 교점을 지나는 도형의 방정식이다.

(i) $k=-1$이면 ㉢은 x, y에 대한 일차방정식이므로 두 원의 교점을 지나는 직선의 방정식을 나타낸다.

(ii) $k\neq-1$이면 ㉢은 x^2과 y^2의 계수가 같고 xy항이 없는 x, y에 대한 이차방정식이므로 두 원의 교점을 지나는 원의 방정식을 나타낸다.

이때 방정식 ㉢은 k가 어떤 값을 갖더라도 원 ㉡은 나타낼 수 없다.

개념 Check

정답과 해설 23쪽

1 다음 방정식이 나타내는 원의 중심의 좌표와 반지름의 길이를 차례대로 구하시오.

(1) $x^2+y^2+4x-6y+9=0$

(2) $x^2+y^2-2x+4y-4=0$

2 서로 다른 두 점에서 만나는 두 원 $x^2+y^2=5$, $x^2+y^2-6x-8y=-9$의 교점을 지나는 직선의 방정식을 구하시오.

이차방정식 $x^2+y^2+Ax+By+C=0$이 나타내는 도형

유형편 22쪽

다음 물음에 답하시오.

(1) 원 $x^2+y^2-8x+2ay-9=0$의 중심의 좌표가 $(b,\ -3)$이고 반지름의 길이가 r일 때, 상수 a, b, r의 값을 구하시오.

(2) 방정식 $x^2+y^2+kx-2y+5=0$이 나타내는 도형이 원일 때, 상수 k의 값의 범위를 구하시오.

공략 Point

주어진 방정식을 $(x-a)^2+(y-b)^2=c$ 꼴로 나타낼 때

(1) 원의 중심의 좌표는 $(a,\ b)$, 반지름의 길이는 $\sqrt{c}$이다.

(2) 원을 나타내려면 ➡ $c>0$

풀이

(1) $x^2+y^2-8x+2ay-9=0$을 변형하면	$(x-4)^2+(y+a)^2=a^2+25$
이 원의 중심의 좌표는 $(4,\ -a)$이므로	$4=b,\ -a=-3$ $\therefore\ \boldsymbol{a=3,\ b=4}$
원의 반지름의 길이는 $\sqrt{a^2+25}$이므로	$\boldsymbol{r}=\sqrt{a^2+25}=\sqrt{3^2+25}=\boldsymbol{\sqrt{34}}$
(2) $x^2+y^2+kx-2y+5=0$을 변형하면	$\left(x+\frac{k}{2}\right)^2+(y-1)^2=\frac{k^2}{4}-4$
이 방정식이 원을 나타내려면	$\frac{k^2}{4}-4>0,\ k^2-16>0$ $(k+4)(k-4)>0$ $\therefore\ \boldsymbol{k<-4}$ **또는** $\boldsymbol{k>4}$

문제

정답과 해설 23쪽

05-1 원 $x^2+y^2+6x-4y+a=0$의 중심의 좌표가 $(b,\ c)$이고 반지름의 길이가 2일 때, 상수 a, b, c에 대하여 $a+b+c$의 값을 구하시오.

05-2 방정식 $x^2+y^2-2kx+2y+3k^2-5k-2=0$이 나타내는 도형이 원일 때, 자연수 k의 개수를 구하시오.

05-3 방정식 $x^2+y^2+2ax-6ay+10a-25=0$이 나타내는 도형이 넓이가 45π인 원일 때, 양수 a의 값을 구하시오.

필수 예제 06 세 점을 지나는 원의 방정식

유형편 23쪽

세 점 (0, 0), (5, 1), (6, −4)를 지나는 원의 방정식을 구하시오.

공략 Point

원의 방정식을 $x^2+y^2+Ax+By+C=0$ 으로 놓고, 세 점의 좌표를 대입하여 A, B, C의 값을 구한다.

풀이

구하는 원의 방정식을 일반형으로 놓으면	$x^2+y^2+Ax+By+C=0$
이 원이 점 (0, 0)을 지나므로	$C=0$
즉, 원의 방정식은	$x^2+y^2+Ax+By=0$ ...... ㉠
원 ㉠이 점 (5, 1)을 지나므로	$26+5A+B=0$ $\therefore 5A+B=-26$ ...... ㉡
원 ㉠이 점 (6, −4)를 지나므로	$52+6A-4B=0$ $\therefore 3A-2B=-26$ ...... ㉢
㉡, ㉢을 연립하여 풀면	$A=-6$, $B=4$
따라서 구하는 원의 방정식은	$\boldsymbol{x^2+y^2-6x+4y=0}$

공략 Point

원의 중심과 주어진 점 사이의 거리가 같음을 이용한다.

다른 풀이

주어진 세 점을 A(0, 0), B(5, 1), C(6, −4)라 하고 원의 중심을 P(a, b)라 하면	$\overline{AP}=\overline{BP}=\overline{CP}$
$\overline{AP}=\overline{BP}$에서 $\overline{AP}^2=\overline{BP}^2$이므로	$a^2+b^2=(a-5)^2+(b-1)^2$ $\therefore 5a+b=13$ ...... ㉠
$\overline{AP}=\overline{CP}$에서 $\overline{AP}^2=\overline{CP}^2$이므로	$a^2+b^2=(a-6)^2+(b+4)^2$ $\therefore 3a-2b=13$ ...... ㉡
㉠, ㉡을 연립하여 풀면	$a=3$, $b=-2$
즉, 원의 중심은 P(3, −2)이므로 반지름의 길이는	$\overline{AP}=\sqrt{3^2+(-2)^2}=\sqrt{13}$
따라서 구하는 원의 방정식은	$\boldsymbol{(x-3)^2+(y+2)^2=13}$

문제

정답과 해설 23쪽

06-1 세 점 (0, 0), (2, 6), (4, 2)를 지나는 원의 중심의 좌표가 (a, b)이고 반지름의 길이가 r일 때, $a+b+r^2$의 값을 구하시오.

06-2 세 점 A(0, −4), B(−1, 3), C(−2, 0)을 지나는 원의 넓이를 구하시오.

두 원의 교점을 지나는 도형의 방정식

유형편 24쪽

다음 물음에 답하시오.

(1) 두 원 $x^2+y^2=5$, $x^2+y^2+ax+3y=0$의 교점을 지나는 직선이 점 $(2,\ 1)$을 지날 때, 상수 a의 값을 구하시오.

(2) 두 원 $x^2+y^2+5x+y-6=0$, $x^2+y^2-x-y=0$의 교점과 점 $(1,\ 2)$를 지나는 원의 방정식을 구하시오.

공략 Point

서로 다른 두 점에서 만나는 두 원 $f(x,\ y)=0$, $g(x,\ y)=0$에 대하여

(1) 두 원의 교점을 지나는 직선의 방정식은
$f(x,\ y)-g(x,\ y)=0$

(2) 두 원의 교점을 지나는 원의 방정식은
$f(x,\ y)+kg(x,\ y)=0$
(단, $k\neq-1$)

풀이

(1) 두 원의 교점을 지나는 직선의 방정식은	$x^2+y^2-5-(x^2+y^2+ax+3y)=0$ $\therefore\ ax+3y+5=0$
이 직선이 점 $(2,\ 1)$을 지나므로	$2a+3+5=0 \qquad \therefore\ a=\mathbf{-4}$
(2) 두 원의 교점을 지나는 원의 방정식은	$x^2+y^2+5x+y-6+k(x^2+y^2-x-y)=0$ (단, $k\neq-1$) ⋯⋯ ㉠
이 원이 점 $(1,\ 2)$를 지나므로	$1+4+5+2-6+k(1+4-1-2)=0$ $6+2k=0 \qquad \therefore\ k=-3$
$k=-3$을 ㉠에 대입하면	$x^2+y^2+5x+y-6-3(x^2+y^2-x-y)=0$ $\therefore\ \boldsymbol{x^2+y^2-4x-2y+3=0}$

문제

정답과 해설 24쪽

07-1 두 원 $x^2+y^2-2x-2y-2=0$, $x^2+y^2+2x+2y-6=0$의 교점을 지나는 직선이 점 $(-1,\ a)$를 지날 때, a의 값을 구하시오.

07-2 두 원 $x^2+y^2+2x-4y-6=0$, $x^2+y^2-18x-8y+6=0$의 교점과 원점을 지나는 원의 방정식을 구하시오.

필수 예제 08 길이의 비를 만족시키는 점이 나타내는 도형의 방정식

유형편 25쪽

두 점 $A(-3, 0)$, $B(1, 0)$에 대하여 $\overline{AP}:\overline{BP}=3:1$을 만족시키는 점 P가 나타내는 도형의 넓이를 구하시오.

공략 Point

조건을 만족시키는 점의 좌표를 (x, y)로 놓고 x, y 사이의 관계식을 구한다.

풀이

$\overline{AP}:\overline{BP}=3:1$이므로	$3\overline{BP}=\overline{AP}$ $\therefore 9\overline{BP}^2=\overline{AP}^2$
점 P의 좌표를 (x, y)라 하면 점 P가 나타내는 도형의 방정식은	$9\{(x-1)^2+y^2\}=(x+3)^2+y^2$ $\therefore x^2+y^2-3x=0$
이 식을 변형하면	$\left(x-\frac{3}{2}\right)^2+y^2=\frac{9}{4}$
따라서 점 P가 나타내는 도형은 반지름의 길이가 $\frac{3}{2}$인 원이므로 구하는 넓이는	$\pi\times\left(\frac{3}{2}\right)^2=\boldsymbol{\frac{9}{4}\pi}$

문제

정답과 해설 24쪽

08-1 두 점 $A(1, 0)$, $B(4, 0)$에 대하여 $\overline{AP}:\overline{BP}=2:1$을 만족시키는 점 P가 나타내는 도형의 방정식을 구하시오.

08-2 두 점 $A(-2, 0)$, $B(3, 0)$으로부터의 거리의 비가 $3:2$인 점 P에 대하여 세 점 P, A, B를 꼭짓점으로 하는 삼각형 PAB의 넓이의 최댓값을 구하시오.

연습문제

1 원 $x^2+y^2-6x=0$과 중심이 같고 점 $(1, 2)$를 지나는 원의 방정식은?

① $x^2+y^2=5$
② $x^2+(y-2)^2=1$
③ $(x-3)^2+y^2=8$
④ $(x-6)^2+(y-3)^2=9$
⑤ $(x+3)^2+(y-3)^2=16$

2 두 점 $(-2, 5)$, $(4, 1)$을 지름의 양 끝 점으로 하는 원이 x축과 만나는 두 점을 A, B라 할 때, 선분 AB의 길이를 구하시오.

3 중심이 x축 위에 있고 두 점 $(0, 1)$, $(2, -1)$을 지나는 원에 대하여 보기에서 옳은 것만을 있는 대로 고른 것은?

보기
ㄱ. 중심의 좌표는 $(1, 0)$이다.
ㄴ. 점 $(2, 1)$을 지난다.
ㄷ. 넓이는 2π이다.

① ㄱ　② ㄷ　③ ㄱ, ㄴ
④ ㄴ, ㄷ　⑤ ㄱ, ㄴ, ㄷ

4 중심이 직선 $y=x+3$ 위에 있고 점 $(1, 2)$를 지나며 x축에 접하는 두 원의 중심 사이의 거리는?

① $2\sqrt{2}$　② 4　③ $4\sqrt{2}$
④ 8　⑤ $8\sqrt{2}$

5 점 $(-3, -3)$을 지나고 x축과 y축에 동시에 접하는 두 원의 둘레의 길이의 합은?

① 20π　② 21π　③ 22π
④ 23π　⑤ 24π

교육청

6 원 $x^2+y^2-8x+6y=0$의 넓이는 $k\pi$이다. k의 값을 구하시오.

7 직선 $2x-ay+4=0$이 원 $x^2+y^2+6x-4y+4=0$의 넓이를 이등분할 때, 상수 a의 값은?

① -1　② 0　③ 1
④ 2　⑤ 3

8 방정식 $x^2+y^2+kx-2y+k=0$이 반지름의 길이가 2 이하인 원을 나타낼 때, 상수 k의 값의 범위를 구하시오.

9 원 $x^2+y^2+4mx-2my+7m^2-8=0$의 넓이가 최대일 때, 이 원의 둘레의 길이를 구하시오.
(단, m은 상수)

10 원 $x^2+y^2+8x+ky+9=0$이 y축에 접하고 중심이 제2사분면 위에 있을 때, 상수 k의 값을 구하시오.

11 원 $x^2+y^2-2ax+4y+b+1=0$이 x축과 y축에 동시에 접할 때, 상수 a, b에 대하여 $a+b$의 값은?
(단, $a>0$)

① 2 ② 3 ③ 4
④ 5 ⑤ 6

12 세 점 A$(-2, 3)$, B$(-1, 0)$, C$(0, -1)$을 지나는 원의 반지름의 길이를 구하시오.

13 세 점 $(0, 0)$, $(-6, -2)$, $(-2, 6)$을 지나는 원이 점 $(-8, k)$를 지날 때, 양수 k의 값은?

① 2 ② 4 ③ 6
④ 8 ⑤ 10

14 두 원 $x^2+y^2+ax+2y-1=0$, $x^2+y^2-2x+ay-13=0$의 교점을 지나는 직선이 점 $(0, 4)$를 지날 때, 상수 a의 값은?

① 1 ② 3 ③ 5
④ 7 ⑤ 9

15 두 원 $x^2+y^2-4x-2=0$, $x^2+y^2-ay-1=0$의 교점과 원점을 지나는 원의 넓이가 5π가 되도록 하는 모든 상수 a의 값의 곱을 구하시오.

연습문제

정답과 해설 27쪽

16 두 점 A(0, 2), B(6, -4)에 대하여 $\overline{\text{AP}}:\overline{\text{BP}}=2:1$을 만족시키는 점 P가 나타내는 도형의 길이는?

① 7π ② 8π ③ $8\sqrt{2}\pi$
④ $8\sqrt{3}\pi$ ⑤ 16π

실력

17 중심이 곡선 $y=x^2-12$ 위에 있고 x축과 y축에 동시에 접하는 모든 원의 넓이의 합은?

① 26π ② 32π ③ 38π
④ 44π ⑤ 50π

18 세 직선 $2x+y=0$, $3x+5y=0$, $x+y-2=0$으로 둘러싸인 삼각형의 외접원의 방정식을 구하시오.

19 원 $x^2+y^2+2ax+2y-6=0$이 원 $x^2+y^2+2x-2ay-2=0$의 둘레의 길이를 이등분할 때, 양수 a의 값은?

① 1 ② 2 ③ 3
④ 4 ⑤ 5

20 두 원 $x^2+y^2-2y=0$, $x^2+y^2+2x+2y-16=0$의 교점을 지나고 중심이 x축 위에 있는 원의 넓이는?

① 8π ② $\frac{33}{4}\pi$ ③ $\frac{17}{2}\pi$
④ $\frac{35}{4}\pi$ ⑤ 9π

21 점 A(4, 1)과 원 $x^2+y^2+4x+6y+4=0$ 위의 점 B를 이은 선분 AB의 중점을 M이라 할 때, 점 M이 나타내는 도형의 넓이는?

① 2π ② $\frac{9}{4}\pi$ ③ $\frac{5}{2}\pi$
④ $\frac{11}{4}\pi$ ⑤ 3π

원과 직선의 위치 관계

1 원과 직선의 위치 관계

원과 직선의 위치 관계는 서로 다른 두 점에서 만나는 경우, 한 점에서 만나는 경우, 만나지 않는 경우의 세 가지가 있다. 이때 다음과 같은 방법으로 원과 직선의 위치 관계를 판별할 수 있다.

방법1 판별식 이용

원의 방정식과 직선의 방정식을 연립하여 얻은 이차방정식의 판별식을 D라 하면 원과 직선의 위치 관계는 다음과 같다.

(1) $D>0$이면 서로 다른 두 점에서 만난다.
(2) $D=0$이면 한 점에서 만난다(접한다).
(3) $D<0$이면 만나지 않는다.

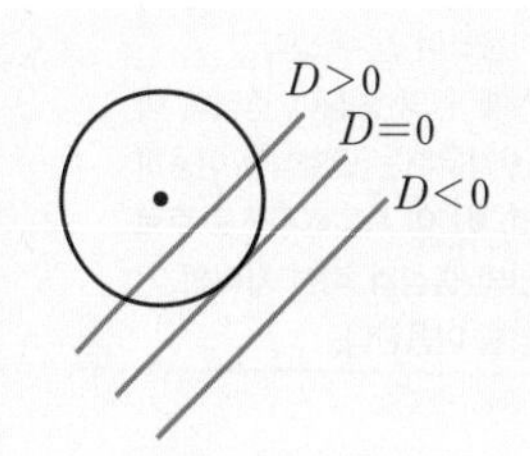

방법2 원의 중심과 직선 사이의 거리 이용

반지름의 길이가 r인 원의 중심과 직선 사이의 거리를 d라 하면 원과 직선의 위치 관계는 다음과 같다.

(1) $d<r$이면 서로 다른 두 점에서 만난다.
(2) $d=r$이면 한 점에서 만난다(접한다).
(3) $d>r$이면 만나지 않는다.

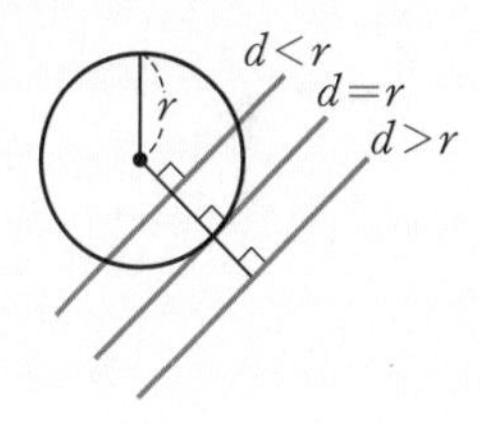

개념 Plus

판별식을 이용한 원과 직선의 위치 관계

원과 직선의 방정식을 각각

$x^2+y^2=r^2$ ...... ㉠, $y=mx+n$ ...... ㉡

이라 할 때, ㉡을 ㉠에 대입하여 정리하면

$(m^2+1)x^2+2mnx+n^2-r^2=0$ ...... ㉢

이때 원과 직선의 교점의 개수는 이차방정식 ㉢의 실근의 개수와 같다.
따라서 이차방정식 ㉢의 판별식을 D라 하면 원과 직선의 위치 관계는 다음과 같다.

(1) $D>0$이면 교점이 2개 ➡ 서로 다른 두 점에서 만난다.
(2) $D=0$이면 교점이 1개 ➡ 한 점에서 만난다(접한다).
(3) $D<0$이면 교점이 0개 ➡ 만나지 않는다.

개념 Check

정답과 해설 28쪽

1 원 $x^2+y^2=2$와 다음 직선의 위치 관계를 말하시오.

(1) $x-y+1=0$　　(2) $x+y-2=0$　　(3) $2x-y+5=0$

원과 직선의 위치 관계

유형편 26쪽

원 $x^2+y^2=8$과 직선 $y=x+k$의 위치 관계가 다음과 같을 때, 실수 k의 값 또는 범위를 구하시오.

(1) 서로 다른 두 점에서 만난다. (2) 한 점에서 만난다. (3) 만나지 않는다.

공략 Point

원과 직선의 위치 관계는 이차방정식의 판별식 또는 원의 중심과 직선 사이의 거리를 이용하여 알 수 있다.
이때 원의 중심이 원점이 아닌 경우에는 판별식을 이용하면 계산이 복잡해지므로 주로 원의 중심과 직선 사이의 거리를 이용한다.

풀이 판별식 이용

$y=x+k$를 $x^2+y^2=8$에 대입하면	$x^2+(x+k)^2=8 \quad \therefore 2x^2+2kx+k^2-8=0$
이 이차방정식의 판별식을 D라 하면	$\frac{D}{4}=k^2-2(k^2-8)=-(k+4)(k-4)$
(1) 서로 다른 두 점에서 만나려면 $D>0$이어야 하므로	$-(k+4)(k-4)>0 \quad \therefore \mathbf{-4<k<4}$
(2) 한 점에서 만나려면 $D=0$이어야 하므로	$-(k+4)(k-4)=0 \quad \therefore \mathbf{k=\pm4}$
(3) 만나지 않으려면 $D<0$이어야 하므로	$-(k+4)(k-4)<0 \quad \therefore$ **$k<-4$ 또는 $k>4$**

다른 풀이 원의 중심과 직선 사이의 거리 이용

원의 중심 $(0, 0)$과 직선 $y=x+k$, 즉 $x-y+k=0$ 사이의 거리를 d라 하면	$d=\frac{\lvert k\rvert}{\sqrt{1^2+(-1)^2}}=\frac{\lvert k\rvert}{\sqrt{2}}$
또 원의 반지름의 길이를 r라 하면	$r=2\sqrt{2}$
(1) 서로 다른 두 점에서 만나려면 $d<r$이어야 하므로	$\frac{\lvert k\rvert}{\sqrt{2}}<2\sqrt{2}$, $\lvert k\rvert<4 \quad \therefore \mathbf{-4<k<4}$
(2) 한 점에서 만나려면 $d=r$이어야 하므로	$\frac{\lvert k\rvert}{\sqrt{2}}=2\sqrt{2}$, $\lvert k\rvert=4 \quad \therefore \mathbf{k=\pm4}$
(3) 만나지 않으려면 $d>r$이어야 하므로	$\frac{\lvert k\rvert}{\sqrt{2}}>2\sqrt{2}$, $\lvert k\rvert>4 \quad \therefore$ **$k<-4$ 또는 $k>4$**

문제

정답과 해설 28쪽

01-1 원 $x^2+y^2=5$와 직선 $y=2x+k$의 위치 관계가 다음과 같을 때, 실수 k의 값 또는 범위를 구하시오.

(1) 서로 다른 두 점에서 만난다. (2) 한 점에서 만난다. (3) 만나지 않는다.

01-2 직선 $y=kx$가 원 $(x+3)^2+(y-2)^2=4$에 접할 때, 상수 k의 값을 구하시오. (단, $k\neq0$)

필수 예제 02

현의 길이

유형편 27쪽

원 $(x-2)^2+(y+1)^2=9$와 직선 $4x+3y+5=0$이 만나서 생기는 현의 길이를 구하시오.

공략 Point

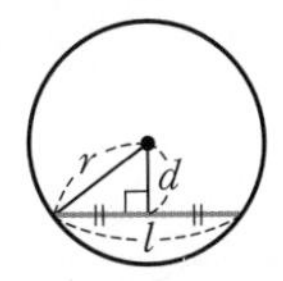

반지름의 길이가 r인 원의 중심에서 d만큼 떨어진 현의 길이를 l이라 하면

➡ $l=2\sqrt{r^2-d^2}$

풀이

오른쪽 그림과 같이 원과 직선의 두 교점을 A, B, 원의 중심을 C(2, −1)이라 하고, 점 C에서 직선 $4x+3y+5=0$에 내린 수선의 발을 H라 하자.

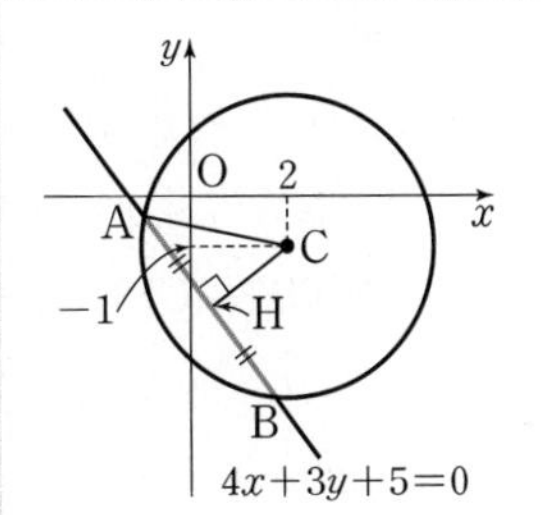

선분 CH의 길이는 점 C(2, −1)과 직선 $4x+3y+5=0$ 사이의 거리와 같으므로

$\overline{CH}=\dfrac{|8-3+5|}{\sqrt{4^2+3^2}}=2$

삼각형 CAH는 직각삼각형이고 $\overline{CA}=3$이므로

$\overline{AH}=\sqrt{\overline{CA}^2-\overline{CH}^2}$
$=\sqrt{3^2-2^2}=\sqrt{5}$

따라서 구하는 현의 길이는

$\overline{AB}=2\overline{AH}=2\times\sqrt{5}=\mathbf{2\sqrt{5}}$

문제

정답과 해설 29쪽

02-1 원 $x^2+y^2=25$와 직선 $y=x+7$이 만나는 두 점을 A, B라 할 때, 선분 AB의 길이를 구하시오.

02-2 원 $(x-1)^2+(y-1)^2=25$와 직선 $x-y+k=0$이 만나서 생기는 현의 길이가 8일 때, 양수 k의 값을 구하시오.

02-3 원 $x^2+y^2-4x-6y-12=0$과 직선 $3x+4y-3=0$이 만나는 두 점을 A, B라 하고 원의 중심을 C라 할 때, 삼각형 ABC의 넓이를 구하시오.

필수 예제 03 원의 접선의 길이

유형편 27쪽

점 A(5, 0)에서 원 $x^2+y^2-2x-4y-4=0$에 그은 접선의 접점을 P라 할 때, 선분 AP의 길이를 구하시오.

공략 Point

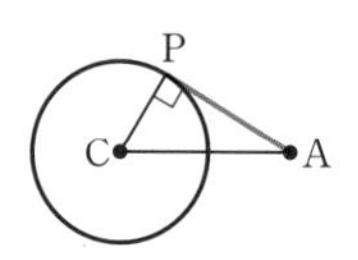

원 밖의 한 점 A에서 원에 그은 접선의 접점을 P라 하면 직각삼각형 CAP에서

➡ $\overline{AP}=\sqrt{\overline{CA}^2-\overline{CP}^2}$

풀이

$x^2+y^2-2x-4y-4=0$을 변형하면	$(x-1)^2+(y-2)^2=9$
오른쪽 그림과 같이 원의 중심을 C라 하면 반지름 CP는 접선 AP와 수직이므로	삼각형 CAP는 $\angle CPA=90°$인 직각삼각형이다. 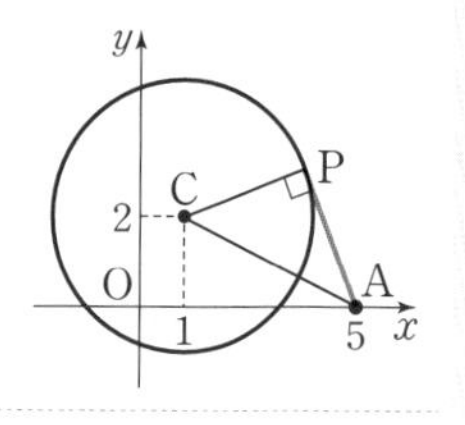
두 점 A(5, 0), C(1, 2) 사이의 거리는	$\overline{CA}=\sqrt{(5-1)^2+(-2)^2}=2\sqrt{5}$
따라서 삼각형 CAP에서 $\overline{CP}=3$이므로	$\overline{AP}=\sqrt{\overline{CA}^2-\overline{CP}^2}=\sqrt{(2\sqrt{5})^2-3^2}=\mathbf{\sqrt{11}}$

문제

정답과 해설 29쪽

03-1 점 P(1, 4)에서 원 $x^2+y^2+4x=0$에 그은 접선의 접점을 T라 할 때, 선분 PT의 길이를 구하시오.

03-2 점 P$(-2, a)$에서 원 $x^2+y^2+6y+5=0$에 그은 접선의 길이가 4일 때, 양수 a의 값을 구하시오.

03-3 점 P(3, 2)에서 원 $x^2+y^2=1$에 그은 두 접선의 접점을 각각 A, B라 할 때, 사각형 AOBP의 넓이를 구하시오. (단, O는 원점)

필수 예제 04 원 위의 점과 직선 사이의 거리의 최대, 최소

유형편 28쪽

원 $x^2+y^2-4x+4y+4=0$ 위의 점과 직선 $4x-3y+6=0$ 사이의 거리의 최댓값을 M, 최솟값을 m이라 할 때, Mm의 값을 구하시오.

공략 Point

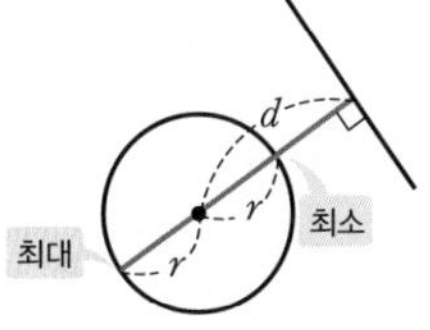

원과 직선이 만나지 않을 때, 원의 반지름의 길이를 r, 원의 중심과 직선 사이의 거리를 d라 하면 원 위의 점과 직선 사이의 거리의
(1) (최댓값)$=d+r$
(2) (최솟값)$=d-r$

풀이

$x^2+y^2-4x+4y+4=0$을 변형하면	$(x-2)^2+(y+2)^2=4$
원의 중심 $(2,\ -2)$와 직선 $4x-3y+6=0$ 사이의 거리를 d라 하면	$d=\dfrac{\lvert 8+6+6\rvert}{\sqrt{4^2+(-3)^2}}=4$
또 원의 반지름의 길이를 r라 하면	$r=2$
오른쪽 그림에서 원 위의 점과 직선 사이의 거리의 최댓값 M과 최솟값 m은	$M=d+r$ $=4+2=6$ $m=d-r$ $=4-2=2$
따라서 구하는 값은	$Mm=6\times2=\mathbf{12}$

문제

정답과 해설 30쪽

04-1 원 $x^2+y^2=1$ 위의 점과 직선 $2x+y-3=0$ 사이의 거리의 최댓값을 M, 최솟값을 m이라 할 때, Mm의 값을 구하시오.

04-2 원 $x^2+y^2-6x-2y+8=0$ 위의 점과 직선 $y=x+k$ 사이의 거리의 최댓값이 $4\sqrt{2}$일 때, 양수 k의 값을 구하시오.

원의 접선의 방정식

❶ 기울기가 주어진 원의 접선의 방정식

원 $x^2+y^2=r^2$에 접하고 기울기가 m인 접선의 방정식은

$$y=mx\pm r\sqrt{m^2+1}$$

참고 한 원에서 기울기가 같은 접선은 두 개이다.

❷ 원 위의 점에서의 접선의 방정식

원 $x^2+y^2=r^2$ 위의 점 (x_1, y_1)에서의 접선의 방정식은

$$x_1x+y_1y=r^2$$

❸ 원 밖의 한 점에서 원에 그은 접선의 방정식

원 밖의 한 점 P에서 원에 그은 접선의 방정식은 다음과 같은 방법으로 구할 수 있다.

방법 1 원 위의 점에서의 접선의 방정식 이용

접점의 좌표를 (x_1, y_1)이라 할 때, 이 점에서의 접선이 점 P를 지남을 이용한다.

방법 2 원의 중심과 직선 사이의 거리 이용

접선의 기울기를 m이라 할 때, 기울기가 m이고 점 P를 지나는 접선과 원의 중심 사이의 거리가 원의 반지름의 길이와 같음을 이용한다.

방법 3 판별식 이용

접선의 기울기를 m이라 할 때, 기울기가 m이고 점 P를 지나는 접선의 방정식과 원의 방정식을 연립하여 얻은 이차방정식의 판별식 D에 대하여 $D=0$임을 이용한다.

참고 원 밖의 한 점에서 원에 그을 수 있는 접선은 두 개이다.

개념 Plus

원 $x^2+y^2=r^2$에 접하고 기울기가 m인 원의 접선의 방정식의 유도

방법 1 판별식 이용

기울기가 m인 접선의 방정식을

$y=mx+n$ ······ ㉠

이라 하고 이를 원의 방정식 $x^2+y^2=r^2$에 대입하면

$x^2+(mx+n)^2=r^2$ $\quad\therefore (m^2+1)x^2+2mnx+n^2-r^2=0$

이 이차방정식의 판별식을 D라 할 때, 원과 직선이 접하려면 $D=0$이어야 하므로

$\frac{D}{4}=(mn)^2-(m^2+1)(n^2-r^2)=0$

$-n^2+(m^2+1)r^2=0$ $\quad\therefore n=\pm r\sqrt{m^2+1}$

이를 ㉠에 대입하면 구하는 접선의 방정식은

$y=mx\pm r\sqrt{m^2+1}$

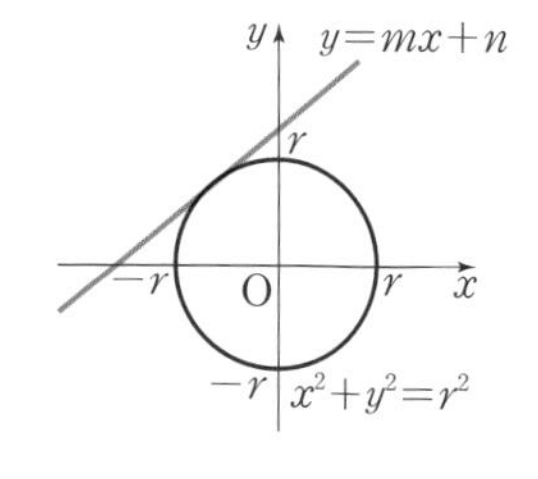

방법2 원의 중심과 직선 사이의 거리 이용

기울기가 m인 접선의 방정식을

$y=mx+n$ …… ㉠

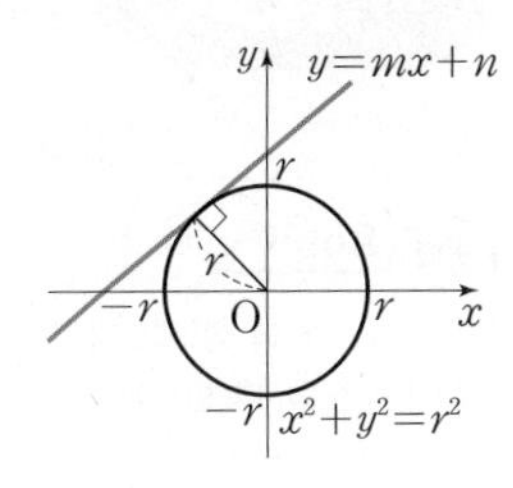

이라 할 때, 원과 직선이 접하려면 원의 중심 $(0, 0)$과 직선 $y=mx+n$, 즉 $mx-y+n=0$ 사이의 거리가 원의 반지름의 길이 r와 같아야 하므로

$$\frac{|n|}{\sqrt{m^2+(-1)^2}}=r \quad \therefore n=\pm r\sqrt{m^2+1}$$

이를 ㉠에 대입하면 구하는 접선의 방정식은

$y=mx\pm r\sqrt{m^2+1}$

원 $x^2+y^2=r^2$ 위의 점 $\mathrm{P}(x_1, y_1)$에서의 접선의 방정식의 유도

(i) 점 $\mathrm{P}(x_1, y_1)$이 좌표축 위의 점이 아닌 경우 $(x_1\neq0,\ y_1\neq0)$

오른쪽 그림에서 직선 OP의 기울기는 $\frac{y_1}{x_1}$이고, 점 P에서의 접선과 직선 OP는 수직이므로 접선의 기울기는 $-\frac{x_1}{y_1}$이다.

따라서 기울기가 $-\frac{x_1}{y_1}$이고 점 $\mathrm{P}(x_1, y_1)$을 지나는 접선의 방정식은

$y-y_1=-\frac{x_1}{y_1}(x-x_1)$

$\therefore x_1x+y_1y=x_1^2+y_1^2$ …… ㉠

그런데 점 $\mathrm{P}(x_1, y_1)$은 원 $x^2+y^2=r^2$ 위의 점이므로

$x_1^2+y_1^2=r^2$

이를 ㉠에 대입하면 구하는 접선의 방정식은

$x_1x+y_1y=r^2$

(ii) 점 $\mathrm{P}(x_1, y_1)$이 좌표축 위의 점인 경우 $(x_1=0$ 또는 $y_1=0)$

점 P의 좌표는 $(0, \pm r)$ 또는 $(\pm r, 0)$이므로 접선의 방정식은

$y=\pm r$ 또는 $x=\pm r$

이 경우에도 $x_1x+y_1y=r^2$이 성립한다.

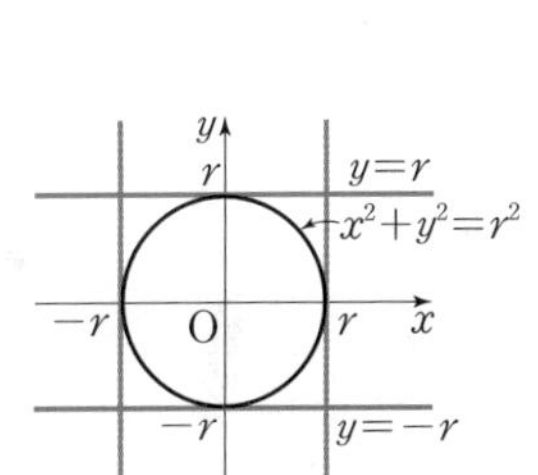

(i), (ii)에서 원 $x^2+y^2=r^2$ 위의 점 $\mathrm{P}(x_1, y_1)$에서의 접선의 방정식은

$x_1x+y_1y=r^2$

개념 Check

정답과 해설 30쪽

1 원 $x^2+y^2=4$에 접하고 기울기가 다음과 같은 접선의 방정식을 구하시오.

(1) -2 (2) $2\sqrt{2}$

2 원 $x^2+y^2=10$ 위의 다음 점에서의 접선의 방정식을 구하시오.

(1) $(-3, 1)$ (2) $(2, -\sqrt{6})$

필수 예제 05 기울기가 주어진 원의 접선의 방정식

유형편 29쪽

직선 $3x-y+7=0$에 평행하고 원 $x^2+y^2=8$에 접하는 직선의 방정식을 구하시오.

공략 Point

원 $x^2+y^2=r^2$에 접하고 기울기가 m인 접선의 방정식은

$y=mx\pm r\sqrt{m^2+1}$

풀이 공식 이용

구하는 접선은 직선 $3x-y+7=0$, 즉 $y=3x+7$에 평행하므로 기울기를 m이라 하면	$m=3$
원 $x^2+y^2=8$의 반지름의 길이를 r라 하면	$r=2\sqrt{2}$
따라서 구하는 직선의 방정식은	$y=3x\pm 2\sqrt{2}\times\sqrt{3^2+1}$ $\therefore$ $\boldsymbol{y=3x\pm 4\sqrt{5}}$

다른 풀이 판별식 이용

기울기가 3인 직선의 방정식을 나타내면	$y=3x+n$
이를 $x^2+y^2=8$에 대입하면	$x^2+(3x+n)^2=8$ $\therefore$ $10x^2+6nx+n^2-8=0$
이 이차방정식의 판별식을 D라 할 때, 원과 직선이 접하려면 $D=0$이어야 하므로	$\frac{D}{4}=(3n)^2-10(n^2-8)=0$ $n^2=80$ $\therefore$ $n=\pm 4\sqrt{5}$
따라서 구하는 직선의 방정식은	$\boldsymbol{y=3x\pm 4\sqrt{5}}$

다른 풀이 원의 중심과 직선 사이의 거리 이용

기울기가 3인 직선의 방정식을 나타내면	$y=3x+n$ $\therefore$ $3x-y+n=0$ …… ㉠
이 직선과 원이 접하려면 원의 중심 (0, 0)과 직선 ㉠ 사이의 거리가 원의 반지름의 길이 $2\sqrt{2}$와 같아야 하므로	$\frac{\lvert n\rvert}{\sqrt{3^2+(-1)^2}}=2\sqrt{2}$ $\lvert n\rvert=4\sqrt{5}$ $\therefore$ $n=\pm 4\sqrt{5}$
따라서 구하는 직선의 방정식은	$\boldsymbol{y=3x\pm 4\sqrt{5}}$

문제

정답과 해설 30쪽

05-1 직선 $x-2y-2=0$에 수직이고 원 $x^2+y^2=5$에 접하는 직선의 방정식을 구하시오.

05-2 원 $(x-1)^2+(y+3)^2=4$에 접하고 기울기가 2인 두 직선의 y절편의 곱을 구하시오.

원 위의 점에서의 접선의 방정식

유형편 29쪽

원 $x^2+y^2=5$ 위의 점 $(2,\ 1)$에서의 접선의 방정식이 $ax+y+b=0$일 때, 상수 a, b에 대하여 $a-b$의 값을 구하시오.

공략 Point

원 $x^2+y^2=r^2$ 위의 점 $(x_1,\ y_1)$에서의 접선의 방정식은

$$x_1x+y_1y=r^2$$

풀이 공식 이용

원 $x^2+y^2=5$ 위의 점 $(2,\ 1)$에서의 접선의 방정식은	$2x+y=5$ $\quad\therefore 2x+y-5=0$
이 식이 $ax+y+b=0$과 일치하므로	$a=2$, $b=-5$
따라서 구하는 값은	$a-b=\mathbf{7}$

다른 풀이 수직임을 이용

원의 중심 $(0,\ 0)$과 접점 $(2,\ 1)$을 지나는 직선의 기울기는	$\frac{1-0}{2-0}=\frac{1}{2}$
원의 중심과 접점을 지나는 직선은 접선에 수직이므로 접선의 기울기는	-2
따라서 기울기가 -2이고 점 $(2,\ 1)$을 지나는 접선의 방정식은	$y-1=-2(x-2)$ $\therefore 2x+y-5=0$
이 식이 $ax+y+b=0$과 일치하므로	$a=2$, $b=-5$
따라서 구하는 값은	$a-b=\mathbf{7}$

문제

정답과 해설 31쪽

06-1 원 $x^2+y^2=100$ 위의 점 $(a,\ 8)$에서의 접선이 점 $(2,\ b)$를 지날 때, $a+b$의 값을 구하시오. (단, $a>0$)

06-2 원 $x^2+y^2=20$ 위의 점 $(a,\ b)$에서의 접선의 기울기가 $\frac{1}{2}$일 때, ab의 값을 구하시오.

06-3 원 $(x-2)^2+(y+1)^2=13$ 위의 점 $(4,\ 2)$에서의 접선의 x절편을 구하시오.

필수 예제 07 원 밖의 한 점에서 원에 그은 접선의 방정식

유형편 30쪽

점 (2, 3)에서 원 $x^2+y^2=4$에 그은 접선의 방정식을 구하시오.

공략 Point

원 밖의 한 점에서 원에 그은 접선의 방정식 구하는 방법
(1) 원 위의 점에서의 접선의 방정식 이용
(2) 원의 중심과 접선 사이의 거리가 반지름의 길이와 같음을 이용
(3) 판별식 $D=0$ 이용

풀이 원 위의 점에서의 접선의 방정식 이용

접점의 좌표를 (x_1, y_1)이라 하면 접선의 방정식은	$x_1x+y_1y=4$ …… ㉠
이 직선이 점 (2, 3)을 지나므로	$2x_1+3y_1=4$ $\quad\therefore y_1=-\frac{2}{3}x_1+\frac{4}{3}$ …… ㉡
또 접점 (x_1, y_1)은 원 $x^2+y^2=4$ 위의 점이므로	${x_1}^2+{y_1}^2=4$ …… ㉢
㉡, ㉢을 연립하여 풀면	$x_1=2$, $y_1=0$ 또는 $x_1=-\frac{10}{13}$, $y_1=\frac{24}{13}$
이를 ㉠에 대입하면 구하는 접선의 방정식은	$2x=4$ 또는 $-\frac{10}{13}x+\frac{24}{13}y=4$ $\therefore$ **$x=2$ 또는 $5x-12y+26=0$**

다른 풀이 원의 중심과 직선 사이의 거리 이용

접선의 기울기를 m이라 하면 점 (2, 3)을 지나는 접선의 방정식은	$y-3=m(x-2)$ $\therefore mx-y-2m+3=0$ …… ㉠
원의 중심 (0, 0)과 접선 ㉠ 사이의 거리가 원의 반지름의 길이 2와 같아야 하므로	$\frac{\lvert -2m+3\rvert}{\sqrt{m^2+(-1)^2}}=2$, $\lvert -2m+3\rvert=2\sqrt{m^2+1}$
양변을 제곱하여 m의 값을 구하면	$4m^2-12m+9=4m^2+4$, $12m=5$ $\quad\therefore m=\frac{5}{12}$
이를 ㉠에 대입하면 접선의 방정식은	$\frac{5}{12}x-y-\frac{5}{6}+3=0$ $\quad\therefore 5x-12y+26=0$
이때 원 밖의 한 점에서 원에 그은 접선은 두 개이므로 오른쪽 그림에서 다른 접선의 방정식은	$x=2$
따라서 구하는 접선의 방정식은	**$x=2$ 또는 $5x-12y+26=0$**

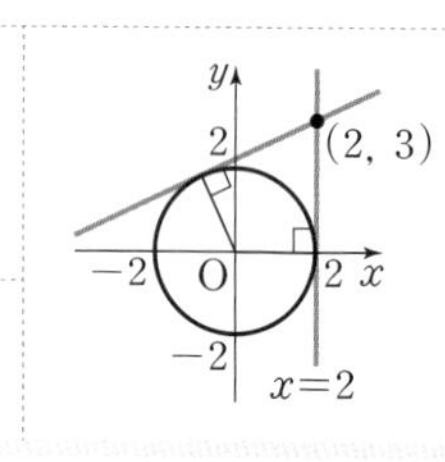

원 $x^2+y^2=r^2$ 밖의 한 점이 (r, k) 또는 $(-r, k)$ 꼴로 주어지면 접선의 방정식이 한 개만 구해지는 경우가 있으므로 그래프를 그려 확인해야 한다.

다른 풀이 판별식 이용

접선의 기울기를 m이라 하면 점 (2, 3)을 지나는 접선의 방정식은	$y-3=m(x-2)$ $\therefore y=mx-2m+3$ …… ㉠
이를 $x^2+y^2=4$에 대입하면	$x^2+(mx-2m+3)^2=4$ $\therefore (m^2+1)x^2-2(2m^2-3m)x+4m^2-12m+5=0$
이 이차방정식의 판별식을 D라 할 때, 원과 직선이 접하려면 $D=0$이어야 하므로	$\frac{D}{4}=(2m^2-3m)^2-(m^2+1)(4m^2-12m+5)=0$ $12m-5=0$ $\quad\therefore m=\frac{5}{12}$
이를 ㉠에 대입하면 접선의 방정식은	$y=\frac{5}{12}x+\frac{13}{6}$ $\quad\therefore 5x-12y+26=0$
한편 다른 접선의 방정식은	$x=2$
따라서 구하는 접선의 방정식은	**$x=2$ 또는 $5x-12y+26=0$**

문제

정답과 해설 31쪽

07-1 점 $(3,\ 1)$에서 원 $x^2+y^2=1$에 그은 접선의 방정식을 구하시오.

07-2 오른쪽 그림과 같이 점 $\mathrm{A}(2,\ 1)$에서 원 $x^2+y^2=1$에 그은 두 접선이 y축과 만나는 점을 각각 B, C라 할 때, 삼각형 ABC의 넓이를 구하시오.

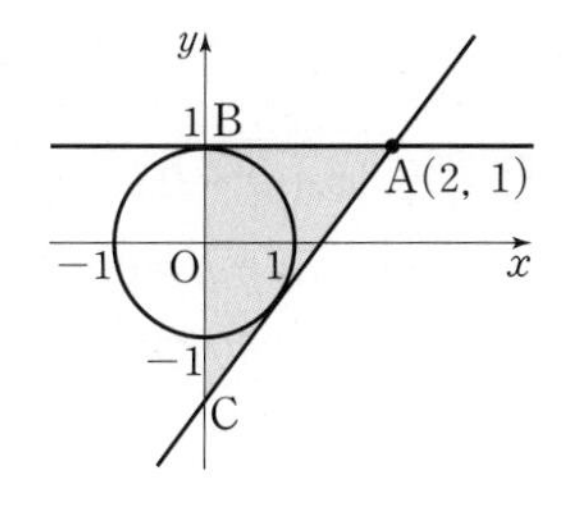

07-3 점 $(1,\ 2)$에서 원 $(x-3)^2+(y-5)^2=1$에 그은 두 접선의 기울기의 합을 구하시오.

07-4 원점에서 원 $x^2+(y-a)^2=4$에 그은 두 접선이 서로 수직일 때, 양수 a의 값을 구하시오.

연습문제

1 원 $(x-1)^2+y^2=2$와 직선 $y=-x+k$가 서로 다른 두 점에서 만날 때, 정수 k의 개수는?

① 1　② 2　③ 3　④ 4　⑤ 5

2 원 $x^2+y^2-2x-4y-20=0$과 직선 $4x-3y+k=0$이 만날 때, 상수 k의 값의 범위가 $\alpha \le k \le \beta$이다. 이때 $\alpha+\beta$의 값을 구하시오.

3 중심의 좌표가 $(-1, 3)$이고 직선 $x+y+k=0$에 접하는 원의 넓이가 4π일 때, 모든 상수 k의 값의 합은?

① -10　② -8　③ -6　④ -4　⑤ -2

4 두 점 $(-1, 1)$, $(3, 3)$을 지름의 양 끝 점으로 하는 원이 직선 $y=2x+k$와 만나지 않을 때, 자연수 k의 최솟값은?

① 5　② 6　③ 7　④ 8　⑤ 9

5 원 $x^2+y^2-4y=0$과 직선 $y=mx-4$의 두 교점 P, Q와 원의 중심 C를 세 꼭짓점으로 하는 삼각형 CPQ가 정삼각형일 때, 양수 m의 값은?

① $\sqrt{10}$　② $\sqrt{11}$　③ $2\sqrt{3}$　④ $\sqrt{13}$　⑤ $\sqrt{14}$

6 원 $x^2+y^2=25$와 직선 $x+2y+5=0$의 두 교점을 모두 지나는 원 중에서 넓이가 최소인 원의 넓이를 구하시오.

7 점 A$(-1, 3)$에서 원 $x^2+y^2-2x+4y-11=0$에 그은 접선의 접점을 P라 할 때, 선분 AP의 길이는?

① $\sqrt{11}$　② $2\sqrt{3}$　③ $\sqrt{13}$　④ $\sqrt{14}$　⑤ $\sqrt{15}$

8 원 $x^2+y^2-6x+8y+7=0$ 위의 점과 직선 $x+y+k=0$ 사이의 거리의 최댓값이 $7\sqrt{2}$일 때, 양수 k의 값은?

① 5　② 6　③ 7　④ 8　⑤ 9

9 원 $x^2+(y-1)^2=2$ 위의 점 P와 두 점 $\mathrm{A}(-1, 5)$, $\mathrm{B}(0, 4)$에 대하여 삼각형 APB의 넓이의 최댓값과 최솟값의 합을 구하시오.

10 중심이 원점인 원에 접하고 기울기가 $\sqrt{3}$인 직선이 점 $(2\sqrt{3}, 0)$을 지날 때, 이 원의 넓이를 구하시오.

11 원 $(x-3)^2+y^2=40$에 접하고 직선 $x+3y-7=0$에 수직인 두 직선이 y축과 만나는 점을 각각 P, Q라 할 때, 선분 PQ의 길이는?

① 5　② 10　③ 20　④ 40　⑤ 80

교육청

12 원 $x^2+y^2=10$ 위의 점 $(3, 1)$에서의 접선의 y절편은?

① 6　② 7　③ 8　④ 9　⑤ 10

13 원 $x^2+y^2=5$ 위의 점 $(2, -1)$에서의 접선이 원 $x^2+y^2+4x-2y=k$에 접할 때, 상수 k의 값은?

① 6　② 8　③ 10　④ 12　⑤ 15

14 원 $(x+1)^2+y^2=1$에 접하고 원 $(x-1)^2+y^2=1$의 넓이를 이등분하는 직선의 방정식을 구하시오.

15 점 $(1, 3)$에서 원 $(x-2)^2+y^2=5$에 그은 두 접선의 기울기의 곱은?

① -1　② 1　③ 3　④ 5　⑤ 7

16 점 $(0,\ a)$에서 원 $x^2+(y+2)^2=9$에 그은 두 접선이 서로 수직일 때, 양수 a의 값은?

① $3\sqrt{2}-2$ ② $3\sqrt{3}-2$ ③ $3\sqrt{2}+1$
④ $3\sqrt{2}+2$ ⑤ $3\sqrt{3}+2$

17 점 $(6,\ 0)$에서 원 $x^2+y^2=9$에 그은 두 접선과 y축으로 둘러싸인 도형의 넓이는?

① $6\sqrt{3}$ ② $8\sqrt{3}$ ③ $10\sqrt{3}$
④ $12\sqrt{3}$ ⑤ $14\sqrt{3}$

실력

교육청

18 직선 $y=x$ 위의 점을 중심으로 하고, x축과 y축에 동시에 접하는 원 중에서 직선 $3x-4y+12=0$과 접하는 원의 개수는 2이다. 두 원의 중심을 각각 A, B라 할 때, $\overline{\mathrm{AB}}^2$의 값을 구하시오.

19 두 원 $x^2+y^2=9$, $x^2+y^2-6x-8y+16=0$의 공통인 현의 길이는?

① 3 ② $\sqrt{10}$ ③ $\sqrt{11}$
④ $2\sqrt{3}$ ⑤ $\sqrt{15}$

20 점 $\mathrm{P}(2,\ 3)$에서 원 $x^2+y^2+4x-2y+1=0$에 그은 두 접선의 접점 사이의 거리를 구하시오.

21 두 점 $\mathrm{A}(-1,\ 1)$, $\mathrm{B}(2,\ 1)$로부터의 거리의 비가 $2:1$인 점 P에 대하여 $\angle\mathrm{PAB}$의 크기가 최대일 때의 선분 AP의 길이는?

① $2\sqrt{3}$ ② 4 ③ $3\sqrt{2}$
④ $3\sqrt{3}$ ⑤ 6

22 다음 그림과 같이 두 원 $x^2+y^2=1$, $(x-4)^2+y^2=4$에 동시에 접하는 접선을 그을 때, 두 접점 A, B 사이의 거리를 구하시오.

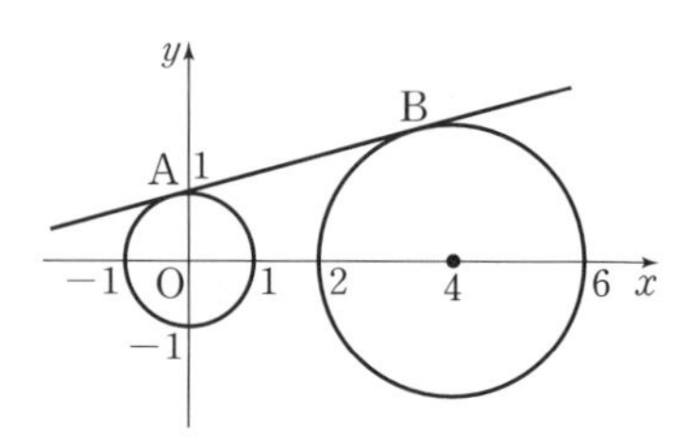

Ⅰ. 도형의 방정식

4 도형의 이동

평행이동

❶ 평행이동

어떤 도형을 모양과 크기를 바꾸지 않고 일정한 방향으로 일정한 거리만큼 옮기는 것을 평행이동이라 한다.

❷ 점의 평행이동

점 (x, y)를 x축의 방향으로 a만큼, y축의 방향으로 b만큼 평행이동한 점의 좌표는

$$(x+a,\ y+b)$$

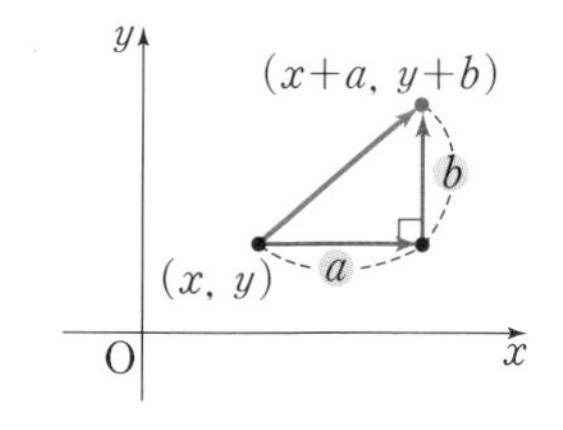

이때 이 평행이동을

$$(x, y) \longrightarrow (x+a,\ y+b)$$

와 같이 나타낸다.

예 점 $(5, -3)$을 x축의 방향으로 -2만큼, y축의 방향으로 4만큼 평행이동한 점의 좌표는
$(5+(-2),\ -3+4)$ $\quad\therefore (3, 1)$

참고 x축의 방향으로 a만큼 평행이동한다는 것은 $a>0$이면 양의 방향으로, $a<0$이면 음의 방향으로 $|a|$만큼 평행이동함을 뜻한다.

❸ 도형의 평행이동

방정식 $f(x, y)=0$이 나타내는 도형을 x축의 방향으로 a만큼, y축의 방향으로 b만큼 평행이동한 도형의 방정식은

$$f(x-a,\ y-b)=0$$ ◀ x 대신 $x-a$를 y 대신 $y-b$를 대입

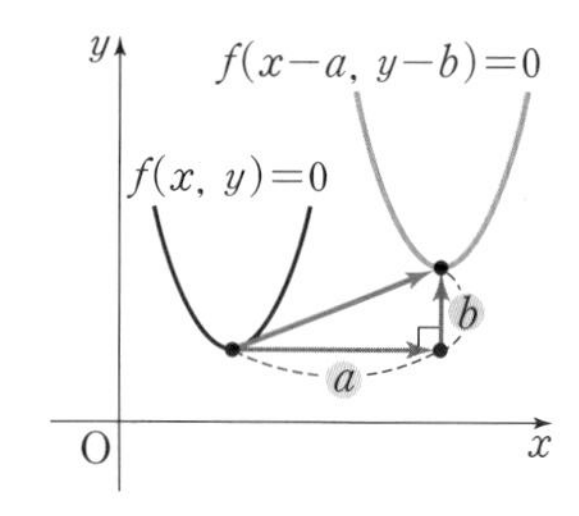

예 직선 $y=2x+1$을 x축의 방향으로 2만큼, y축의 방향으로 -3만큼 평행이동한 직선의 방정식은
$y-(-3)=2(x-2)+1$ $\quad\therefore y=2x-6$

참고 방정식 $ax+by+c=0$은 직선을 나타내고 방정식 $x^2+y^2+Ax+By+C=0$은 원을 나타내는 것처럼 방정식 $f(x, y)=0$은 일반적으로 좌표평면 위의 도형을 나타낸다.

개념 Plus

평행이동한 점의 좌표의 유도

점 $\mathrm{P}(x, y)$를 x축의 방향으로 a만큼, y축의 방향으로 b만큼 평행이동한 점을 $\mathrm{P}'(x', y')$이라 하면

$$x'=x+a,\ y'=y+b$$

따라서 점 P'의 좌표는

$$(x+a,\ y+b)$$

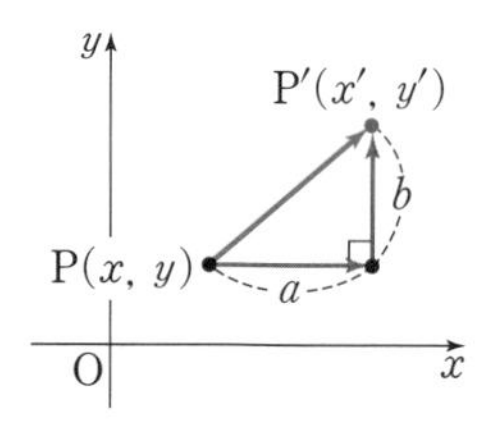

평행이동한 도형의 방정식의 유도

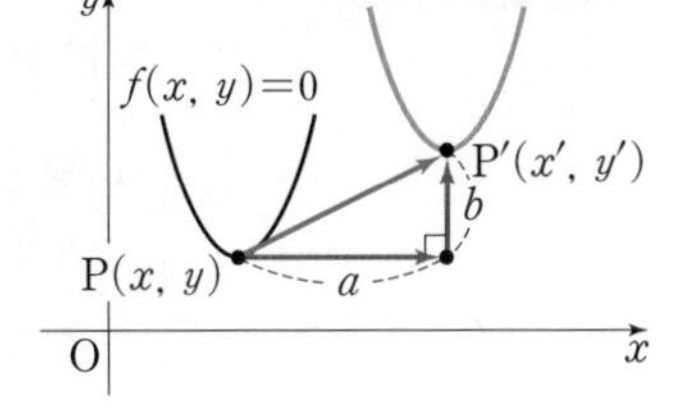

방정식 $f(x, y)=0$이 나타내는 도형 위의 임의의 점 $P(x, y)$를 x축의 방향으로 a만큼, y축의 방향으로 b만큼 평행이동한 점을 $P'(x', y')$이라 하면

$x'=x+a,\ y'=y+b$

$\therefore\ x=x'-a,\ y=y'-b$ ...... ㉠

이때 점 $P(x, y)$는 방정식 $f(x, y)=0$이 나타내는 도형 위의 점이므로 ㉠을 $f(x, y)=0$에 대입하면

$f(x'-a, y'-b)=0$

따라서 점 $P'(x', y')$은 방정식 $f(x'-a, y'-b)=0$이 나타내는 도형 위의 점이다.

그런데 일반적으로 도형의 방정식은 x, y에 대한 방정식으로 나타내므로 x축의 방향으로 a만큼, y축의 방향으로 b만큼 평행이동한 도형의 방정식은

$f(x-a, y-b)=0$

개념 Check

정답과 해설 36쪽

1 다음 점을 x축의 방향으로 4만큼, y축의 방향으로 -2만큼 평행이동한 점의 좌표를 구하시오.

(1) $(0, 0)$　　(2) $(2, -1)$

2 점 (x, y)를 점 $(x-1, y+5)$로 옮기는 평행이동에 의하여 다음 점이 옮겨지는 점의 좌표를 구하시오.

(1) $(-3, 2)$　　(2) $(-4, -3)$

3 다음 방정식이 나타내는 도형을 x축의 방향으로 3만큼, y축의 방향으로 -2만큼 평행이동한 도형의 방정식을 구하시오.

(1) $2x+y-2=0$　　(2) $x^2+y^2=9$

4 평행이동 $(x, y) \longrightarrow (x-6, y+4)$에 의하여 다음 방정식이 나타내는 도형이 옮겨지는 도형의 방정식을 구하시오.

(1) $(x-4)^2+(y+1)^2=25$　　(2) $y=x^2+3$

필수 예제 01 점의 평행이동

유형편 32쪽

다음 물음에 답하시오.

(1) 평행이동 $(x, y) \longrightarrow (x-3, y+2)$에 의하여 점 $(-1, a)$가 점 $(b, -2)$로 옮겨질 때, a, b의 값을 구하시오.

(2) 점 $(-3, 1)$을 점 $(2, -1)$로 옮기는 평행이동에 의하여 점 $(-1, -3)$이 옮겨지는 점의 좌표를 구하시오.

공략 Point

점 (x, y)를 x축의 방향으로 a만큼, y축의 방향으로 b만큼 평행이동한 점의 좌표
➡ $(x+a, y+b)$

풀이

(1) 평행이동 $(x, y) \longrightarrow (x-3, y+2)$는	x축의 방향으로 -3만큼, y축의 방향으로 2만큼 평행이동하는 것이다.
이 평행이동에 의하여 점 $(-1, a)$가 옮겨지는 점의 좌표는	$(-1-3, a+2)$ $\quad \therefore (-4, a+2)$
이 점이 점 $(b, -2)$와 일치하므로	$-4=b$, $a+2=-2$ $\quad \therefore$ $\boldsymbol{a=-4}$, $\boldsymbol{b=-4}$
(2) 점 $(-3, 1)$을 x축의 방향으로 a만큼, y축의 방향으로 b만큼 평행이동한 점의 좌표를 $(2, -1)$이라 하면	$-3+a=2$, $1+b=-1$ $\therefore a=5$, $b=-2$
이 평행이동에 의하여 점 $(-1, -3)$이 옮겨지는 점의 좌표는	$(-1+5, -3-2)$ $\quad \therefore$ $\boldsymbol{(4, -5)}$

문제

정답과 해설 36쪽

01-1 점 $(a, -3)$을 x축의 방향으로 -2만큼, y축의 방향으로 b만큼 평행이동한 점의 좌표가 $(6, 5)$일 때, $a+b$의 값을 구하시오.

01-2 점 $(2, 2)$를 점 $(-1, 4)$로 옮기는 평행이동에 의하여 점 $(6, -4)$가 옮겨지는 점의 좌표를 구하시오.

01-3 평행이동 $(x, y) \longrightarrow (x+a, y+1)$에 의하여 점 $(-2, 3)$이 직선 $y=x-7$ 위의 점으로 옮겨질 때, a의 값을 구하시오.

도형의 평행이동 – 직선

유형편 32쪽

직선 $2x-my+4-m=0$을 x축의 방향으로 3만큼, y축의 방향으로 n만큼 평행이동한 직선의 방정식이 $2x-3y+1=0$일 때, 상수 m, n에 대하여 $m+n$의 값을 구하시오.

공략 Point

도형 $f(x, y)=0$을 x축의 방향으로 a만큼, y축의 방향으로 b만큼 평행이동한 도형의 방정식
➡ $f(x-a, y-b)=0$

풀이

직선 $2x-my+4-m=0$을 x축의 방향으로 3만큼, y축의 방향으로 n만큼 평행이동한 직선의 방정식은	$2(x-3)-m(y-n)+4-m=0$ $\therefore 2x-my+mn-m-2=0$
이 직선이 직선 $2x-3y+1=0$과 일치하므로	$-m=-3$, $mn-m-2=1$ $\therefore m=3$, $n=2$
따라서 구하는 값은	$m+n=$**5**

문제

정답과 해설 36쪽

02-1 평행이동 $(x, y) \longrightarrow (x+p, y+3p)$에 의하여 직선 $y=2x+3$이 직선 $y=2x-3$으로 옮겨질 때, p의 값을 구하시오.

02-2 점 $(3, 1)$을 점 $(2, 4)$로 옮기는 평행이동에 의하여 직선 $y=ax+b$를 옮겼더니 처음 직선과 일치할 때, a의 값을 구하시오. (단, a, b는 상수)

02-3 직선 $3x-y+5=0$을 x축의 방향으로 2만큼, y축의 방향으로 m만큼 평행이동한 직선의 방정식이 $3x-y+7=0$일 때, 이 평행이동에 의하여 직선 $4x+y-1=0$으로 옮겨지는 직선의 방정식을 구하시오.

필수 예제 03 도형의 평행이동 – 원과 포물선

유형편 33쪽

평행이동 $(x, y) \longrightarrow (x-5, y+1)$에 의하여 원 $x^2+y^2-4x-6y+a=0$이 원 $(x+3)^2+(y+b)^2=16$으로 옮겨질 때, 상수 a, b의 값을 구하시오.

풀이

$x^2+y^2-4x-6y+a=0$을 변형하면	$(x-2)^2+(y-3)^2=13-a$ ⋯⋯ ㉠
평행이동 $(x, y) \longrightarrow (x-5, y+1)$은	x축의 방향으로 -5만큼, y축의 방향으로 1만큼 평행이동하는 것이다.
이 평행이동에 의하여 원 ㉠이 옮겨지는 원의 방정식은	$(x+5-2)^2+(y-1-3)^2=13-a$ $\therefore (x+3)^2+(y-4)^2=13-a$
이 원이 원 $(x+3)^2+(y+b)^2=16$과 일치하므로	$-4=b$, $13-a=16$ $\therefore$ $\boldsymbol{a=-3}$, $\boldsymbol{b=-4}$

공략 Point

원, 포물선의 평행이동은 각각 원의 중심, 꼭짓점의 평행이동으로 바꾸어 생각할 수 있다.

다른 풀이

$x^2+y^2-4x-6y+a=0$을 변형하면	$(x-2)^2+(y-3)^2=13-a$ ⋯⋯ ㉠
평행이동 $(x, y) \longrightarrow (x-5, y+1)$은	x축의 방향으로 -5만큼, y축의 방향으로 1만큼 평행이동하는 것이다.
원 ㉠의 중심의 좌표는	$(2, 3)$
이 점을 x축의 방향으로 -5만큼, y축의 방향으로 1만큼 평행이동한 점의 좌표는	$(2-5, 3+1)$ $\therefore (-3, 4)$
이 점이 원 $(x+3)^2+(y+b)^2=16$의 중심 $(-3, -b)$와 일치하므로	$4=-b$ $\therefore$ $\boldsymbol{b=-4}$
한편 원 ㉠의 반지름의 길이는	$\sqrt{13-a}$
이 반지름의 길이는 원 $(x+3)^2+(y+b)^2=16$의 반지름의 길이 4와 일치하므로	$\sqrt{13-a}=4$, $13-a=16$ $\therefore$ $\boldsymbol{a=-3}$

문제

정답과 해설 36쪽

03-1 점 $(1, 1)$을 점 $(0, 4)$로 옮기는 평행이동에 의하여 원 $x^2+y^2-2x+4y+a=0$이 옮겨지는 원의 중심의 좌표가 (b, c)이고 반지름의 길이가 2일 때, 상수 a, b, c의 값을 구하시오.

03-2 포물선 $y=x^2$을 x축의 방향으로 a만큼, y축의 방향으로 b만큼 평행이동하면 포물선 $y=x^2+6x+7$과 겹쳐진다고 할 때, ab의 값을 구하시오.

연습문제

정답과 해설 37쪽

1 점 $(-4,\ 3)$을 점 $(1,\ -2)$로 옮기는 평행이동에 의하여 점 $(3,\ 1)$로 옮겨지는 점의 좌표를 구하시오.

2 점 P를 x축의 방향으로 2만큼, y축의 방향으로 -4만큼 평행이동한 점을 P′이라 할 때, 선분 PP′의 길이는?

① $3\sqrt{2}$ ② $2\sqrt{5}$ ③ $2\sqrt{6}$
④ 5 ⑤ $3\sqrt{3}$

3 직선 $3x+y-1=0$을 x축의 방향으로 m만큼, y축의 방향으로 -5만큼 평행이동한 직선과 점 $(1,\ -2)$ 사이의 거리가 $\sqrt{10}$일 때, 양수 m의 값은?

① 3 ② 4 ③ 5
④ 6 ⑤ 7

4 직선 $x-y-1=0$을 x축의 방향으로 m만큼, y축의 방향으로 2만큼 평행이동한 직선과 x축 및 y축으로 둘러싸인 부분의 넓이가 18일 때, m의 값을 구하시오. (단, $m>1$)

5 평행이동 $(x,\ y) \longrightarrow (x-1,\ y+4)$에 의하여 직선 $y=ax+b$가 옮겨지는 직선이 직선 $y=-\frac{1}{3}x-1$과 x축 위에서 수직으로 만날 때, 상수 a, b에 대하여 ab의 값은?

① -6 ② -3 ③ -2
④ 3 ⑤ 6

교육청

6 직선 $y=2x+k$를 x축의 방향으로 2만큼, y축의 방향으로 -3만큼 평행이동한 직선이 원 $x^2+y^2=5$와 한 점에서 만날 때, 모든 상수 k의 값의 합을 구하시오.

7 보기의 방정식이 나타내는 도형에서 평행이동하여 원 $x^2+y^2+2x-4y+1=0$과 겹쳐지는 것만을 있는 대로 고른 것은?

보기
ㄱ. $x^2+y^2=4$
ㄴ. $(x-2)^2+(y-1)^2=9$
ㄷ. $x^2+y^2+6x+4y+9=0$

① ㄱ ② ㄷ ③ ㄱ, ㄷ
④ ㄴ, ㄷ ⑤ ㄱ, ㄴ, ㄷ

연습문제

정답과 해설 38쪽

8 도형 $f(x, y)=0$을 도형 $f(x-1, y+2)=0$으로 옮기는 평행이동에 의하여 원 $x^2+y^2+6x+2y+1=0$이 옮겨지는 원의 중심의 좌표를 구하시오.

교육청

9 원 $(x+1)^2+(y+2)^2=9$를 x축의 방향으로 m만큼, y축의 방향으로 n만큼 평행이동한 원을 C라 하자. 원 C가 다음 조건을 만족시킬 때, $m+n$의 값을 구하시오. (단, m, n은 상수이다.)

> (가) 원 C의 중심은 제1사분면 위에 있다.
> (나) 원 C는 x축과 y축에 동시에 접한다.

10 원 $x^2+y^2=9$를 원 $x^2+y^2+4x-6y+4=0$으로 옮기는 평행이동에 의하여 포물선 $y=2x^2+5$가 옮겨지는 포물선의 꼭짓점의 좌표는 (m, n)이다. 이때 $m+n$의 값은?

① -6 ② -2 ③ 2
④ 4 ⑤ 6

11 점 $(2, m)$을 점 $(3, 2m)$으로 옮기는 평행이동에 의하여 포물선 $y=-x^2+2x$를 평행이동하면 직선 $y=2x+3$과 접할 때, m의 값은?

① 3 ② 4 ③ 5
④ 6 ⑤ 7

실력

12 다음 그림에서 직사각형 DEFG는 직사각형 OABC를 평행이동한 것이다. A(6, -3), C(4, 8), G(1, 6)일 때, 점 F의 좌표를 구하시오.
(단, O는 원점)

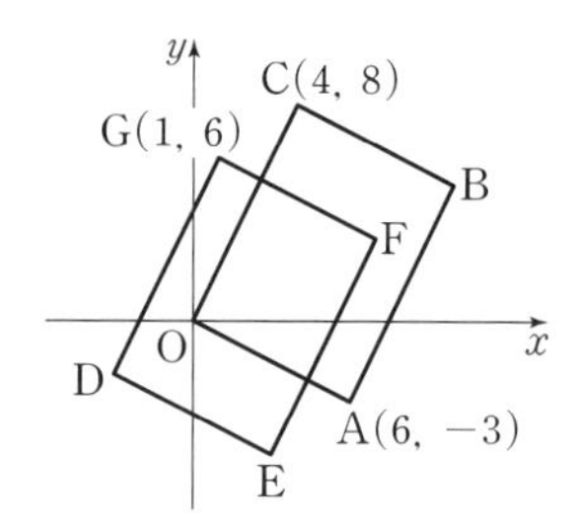

13 원 $(x-2)^2+(y+1)^2=1$을 x축의 방향으로 m만큼, y축의 방향으로 n만큼 평행이동한 원의 넓이를 직선 $(k-1)x+(k+1)y-2k=0$이 실수 k의 값에 관계없이 항상 이등분할 때, mn의 값을 구하시오.

14 원 $x^2+y^2+4x-4y+4=0$과 이 원이 평행이동 $(x, y) \longrightarrow (x+2, y+a)$에 의하여 옮겨지는 원이 만나는 두 점을 A, B라 하면 $\overline{AB}=2$이다. 이때 모든 a의 값의 곱을 구하시오.

대칭이동

❶ 대칭이동

어떤 도형을 한 직선 또는 한 점에 대하여 대칭인 도형으로 옮기는 것을 **대칭이동**이라 한다.

참고 대칭이동에서 대칭의 기준이 되는 직선과 점을 각각 대칭축, 대칭의 중심이라 한다.

❷ 점의 대칭이동

점 (x, y)를 x축, y축, 원점, 직선 $y=x$에 대하여 대칭이동한 점의 좌표는 다음과 같다.

(1) x축에 대한 대칭이동	(2) y축에 대한 대칭이동	(3) 원점에 대한 대칭이동	(4) 직선 $y=x$에 대한 대칭이동
y, (x, y), O, x, $(x, -y)$	y, $(-x, y)$, (x, y), O, x	y, (x, y), O, x, $(-x, -y)$	y, (x, y), $y=x$, (y, x), O, x
$(x, y) \longrightarrow (x, -y)$ ➡ y좌표의 부호가 바뀐다.	$(x, y) \longrightarrow (-x, y)$ ➡ x좌표의 부호가 바뀐다.	$(x, y) \longrightarrow (-x, -y)$ ➡ x, y좌표의 부호가 바뀐다.	$(x, y) \longrightarrow (y, x)$ ➡ x, y좌표가 서로 바뀐다.

참고 원점에 대하여 대칭이동한 것은 x축에 대하여 대칭이동한 후 y축에 대하여 대칭이동(또는 y축에 대하여 대칭이동한 후 x축에 대하여 대칭이동)한 것과 같다.

❸ 도형의 대칭이동

방정식 $f(x, y)=0$이 나타내는 도형을 x축, y축, 원점, 직선 $y=x$에 대하여 대칭이동한 도형의 방정식은 다음과 같다.

(1) x축에 대한 대칭이동	(2) y축에 대한 대칭이동	(3) 원점에 대한 대칭이동	(4) 직선 $y=x$에 대한 대칭이동
$f(x, y)=0$, y, (x, y), O, x, $f(x, -y)=0$, $(x, -y)$	y, $(-x, y)$, (x, y), O, x, $f(-x, y)=0$, $f(x, y)=0$	y, $f(x, y)=0$, (x, y), O, x, $(-x, -y)$, $f(-x, -y)=0$	y, (x, y), $y=x$, $f(x, y)=0$, (y, x), O, x, $f(y, x)=0$
$f(x, y)=0$ $\longrightarrow f(x, -y)=0$ ➡ y 대신 $-y$를 대입한다.	$f(x, y)=0$ $\longrightarrow f(-x, y)=0$ ➡ x 대신 $-x$를 대입한다.	$f(x, y)=0$ $\longrightarrow f(-x, -y)=0$ ➡ x 대신 $-x$를, y 대신 $-y$를 대입한다.	$f(x, y)=0$ $\longrightarrow f(y, x)=0$ ➡ x 대신 y를, y 대신 x를 대입한다.

예 직선 $x+2y+3=0$을 대칭이동한 도형의 방정식을 구하면

(1) x축에 대한 대칭이동 ➡ $x+2\times(-y)+3=0$ $\quad\therefore x-2y+3=0$

(2) y축에 대한 대칭이동 ➡ $-x+2y+3=0$ $\quad\therefore x-2y-3=0$

(3) 원점에 대한 대칭이동 ➡ $-x+2\times(-y)+3=0$ $\quad\therefore x+2y-3=0$

(4) 직선 $y=x$에 대한 대칭이동 ➡ $y+2x+3=0$ $\quad\therefore 2x+y+3=0$

개념 Plus

직선 $y=x$에 대하여 대칭이동한 점의 좌표의 유도

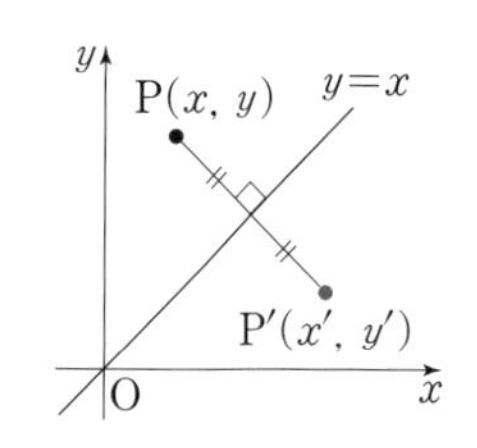

점 $\mathrm{P}(x, y)$를 직선 $y=x$에 대하여 대칭이동한 점을 $\mathrm{P}'(x', y')$이라 하면 선분 PP'의 중점 $\left(\frac{x+x'}{2}, \frac{y+y'}{2}\right)$은 직선 $y=x$ 위의 점이므로

$$\frac{y+y'}{2}=\frac{x+x'}{2}$$

$$\therefore x'-y'=-x+y \quad \cdots\cdots ㉠$$

직선 PP'은 직선 $y=x$에 수직이므로

$$\frac{y'-y}{x'-x}\times 1=-1$$

$$\therefore x'+y'=x+y \quad \cdots\cdots ㉡$$

㉠, ㉡을 연립하여 풀면

$$x'=y, y'=x$$

따라서 점 P'의 좌표는

$$(y, x)$$

x축, y축, 원점에 대하여 대칭이동한 도형의 방정식의 유도

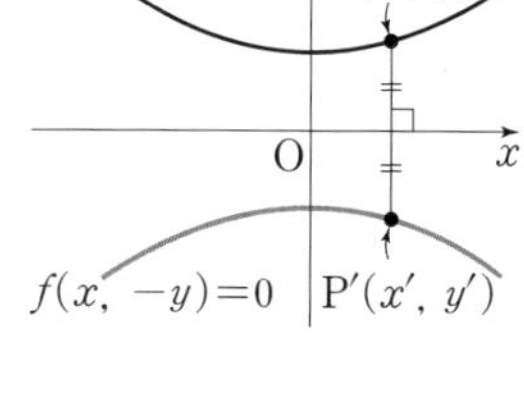

방정식 $f(x, y)=0$이 나타내는 도형 위의 임의의 점 $\mathrm{P}(x, y)$를 x축에 대하여 대칭이동한 점을 $\mathrm{P}'(x', y')$이라 하면

$$x'=x, y'=-y$$

$$\therefore x=x', y=-y'$$

이때 점 $\mathrm{P}(x, y)$는 방정식 $f(x, y)=0$이 나타내는 도형 위의 점이므로

$$f(x', -y')=0$$

즉, 점 $\mathrm{P}'(x', y')$은 방정식 $f(x', -y')=0$이 나타내는 도형 위의 점이다.

따라서 방정식 $f(x, y)=0$이 나타내는 도형을 x축에 대하여 대칭이동한 도형의 방정식은

$$f(x, -y)=0$$

같은 방법으로 하면 방정식 $f(x, y)=0$이 나타내는 도형을 y축, 원점에 대하여 대칭이동한 도형의 방정식은 각각

$$f(-x, y)=0, f(-x, -y)=0$$

직선 $y=x$에 대하여 대칭이동한 도형의 방정식의 유도

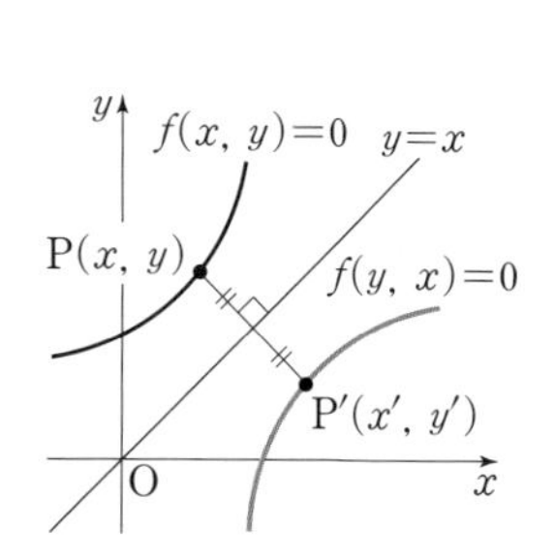

방정식 $f(x, y)=0$이 나타내는 도형 위의 임의의 점 $\mathrm{P}(x, y)$를 직선 $y=x$에 대하여 대칭이동한 점을 $\mathrm{P}'(x', y')$이라 하면

$$x'=y, y'=x$$

$$\therefore x=y', y=x'$$

이때 점 $\mathrm{P}(x, y)$는 방정식 $f(x, y)=0$이 나타내는 도형 위의 점이므로

$$f(y', x')=0$$

즉, 점 $\mathrm{P}'(x', y')$은 방정식 $f(y', x')=0$이 나타내는 도형 위의 점이다.

따라서 방정식 $f(x, y)=0$이 나타내는 도형을 직선 $y=x$에 대하여 대칭이동한 도형의 방정식은

$$f(y, x)=0$$

개념 Check

정답과 해설 39쪽

1 점 $(3,\ 4)$를 다음에 대하여 대칭이동한 점의 좌표를 구하시오.

(1) x축

(2) y축

(3) 원점

(4) 직선 $y=x$

2 점 $(-2,\ 5)$를 다음에 대하여 대칭이동한 점의 좌표를 구하시오.

(1) x축

(2) y축

(3) 원점

(4) 직선 $y=x$

3 직선 $x-4y+1=0$을 다음에 대하여 대칭이동한 도형의 방정식을 구하시오.

(1) x축

(2) y축

(3) 원점

(4) 직선 $y=x$

4 원 $(x-3)^2+(y-2)^2=7$을 다음에 대하여 대칭이동한 도형의 방정식을 구하시오.

(1) x축

(2) y축

(3) 원점

(4) 직선 $y=x$

5 포물선 $y=(x-1)^2-6$을 다음에 대하여 대칭이동한 도형의 방정식을 구하시오.

(1) x축

(2) y축

(3) 원점

(4) 직선 $y=x$

필수 예제 01 점의 대칭이동

유형편 35쪽

점 $(-2,\ 3)$을 x축에 대하여 대칭이동한 점을 P, y축에 대하여 대칭이동한 점을 Q라 할 때, 선분 PQ의 길이를 구하시오.

공략 Point

점 $(x,\ y)$를

(1) x축에 대하여 대칭이동 ➡ $(x,\ -y)$

(2) y축에 대하여 대칭이동 ➡ $(-x,\ y)$

(3) 원점에 대하여 대칭이동 ➡ $(-x,\ -y)$

(4) 직선 $y=x$에 대하여 대칭이동 ➡ $(y,\ x)$

풀이

점 $(-2,\ 3)$을 x축에 대하여 대칭이동한 점 P의 좌표는	$(-2,\ -3)$ ◀ y좌표의 부호를 바꿈
점 $(-2,\ 3)$을 y축에 대하여 대칭이동한 점 Q의 좌표는	$(2,\ 3)$ ◀ x좌표의 부호를 바꿈
따라서 선분 PQ의 길이는	$\overline{PQ}=\sqrt{\{2-(-2)\}^2+\{3-(-3)\}^2}=\mathbf{2\sqrt{13}}$

문제

정답과 해설 39쪽

01-1 점 $(a,\ -2)$를 직선 $y=x$에 대하여 대칭이동한 후 x축에 대하여 대칭이동한 점의 좌표가 $(6-a,\ 4+b)$일 때, $a-b$의 값을 구하시오.

01-2 점 $(2,\ k)$를 원점에 대하여 대칭이동한 점을 P, 직선 $y=x$에 대하여 대칭이동한 점을 Q라 하면 $\overline{PQ}=7\sqrt{2}$일 때, 양수 k의 값을 구하시오.

01-3 점 $P(-4,\ -3)$을 x축에 대하여 대칭이동한 점을 Q, y축에 대하여 대칭이동한 점을 R라 할 때, 삼각형 PQR의 넓이를 구하시오.

필수 예제 02 도형의 대칭이동

유형편 36쪽

다음 물음에 답하시오.

(1) 직선 $y=2x+k$를 x축에 대하여 대칭이동한 직선이 점 $(3, 2)$를 지날 때, 상수 k의 값을 구하시오.

(2) 원 $(x-2)^2+(y-1)^2=1$을 직선 $y=x$에 대하여 대칭이동한 원의 중심이 직선 $y=-3x+k$ 위에 있을 때, 상수 k의 값을 구하시오.

공략 Point

도형 $f(x, y)=0$을
(1) x축에 대하여 대칭이동 ➡ $f(x, -y)=0$
(2) y축에 대하여 대칭이동 ➡ $f(-x, y)=0$
(3) 원점에 대하여 대칭이동 ➡ $f(-x, -y)=0$
(4) 직선 $y=x$에 대하여 대칭이동 ➡ $f(y, x)=0$

풀이

(1) 직선 $y=2x+k$를 x축에 대하여 대칭이동한 직선의 방정식은	$-y=2x+k$ $\quad\therefore y=-2x-k$
이 직선이 점 $(3, 2)$를 지나므로	$2=-6-k$ $\quad\therefore k=-8$

(2) 원 $(x-2)^2+(y-1)^2=1$을 직선 $y=x$에 대하여 대칭이동한 원의 방정식은	$(x-1)^2+(y-2)^2=1$
이 원의 중심 $(1, 2)$가 직선 $y=-3x+k$ 위에 있으므로	$2=-3+k$ $\quad\therefore k=5$

공략 Point

원, 포물선의 대칭이동은 각각 원의 중심, 꼭짓점의 대칭이동으로 바꾸어 생각할 수 있다.

다른 풀이

(2) 원 $(x-2)^2+(y-1)^2=1$의 중심 $(2, 1)$을 직선 $y=x$에 대하여 대칭이동한 점의 좌표는	$(1, 2)$
이 점이 직선 $y=-3x+k$ 위에 있으므로	$2=-3+k$ $\quad\therefore k=5$

문제

정답과 해설 39쪽

02-1 포물선 $y=x^2+2mx+m^2-4$를 원점에 대하여 대칭이동한 포물선의 꼭짓점의 좌표가 $(5, n)$일 때, 상수 m, n에 대하여 $m+n$의 값을 구하시오.

02-2 직선 $y=kx+1$을 y축에 대하여 대칭이동한 직선이 원 $x^2+y^2-6x+4y+9=0$의 넓이를 이등분할 때, 상수 k의 값을 구하시오.

02-3 원 $x^2+y^2=4$를 x축의 방향으로 -1만큼, y축의 방향으로 -4만큼 평행이동한 후 x축에 대하여 대칭이동한 원이 직선 $4x+3y-a=0$에 접할 때, 양수 a의 값을 구하시오.

필수 예제 03 선분의 길이의 합의 최솟값

유형편 38쪽

두 점 A$(0,\ 1)$, B$(6,\ 3)$과 x축 위를 움직이는 점 P에 대하여 $\overline{\mathrm{AP}}+\overline{\mathrm{BP}}$의 최솟값을 구하시오.

공략 Point

두 점 A, B와 x축 위를 움직이는 점 P에 대하여 $\overline{\mathrm{AP}}+\overline{\mathrm{BP}}$의 최솟값은 한 점을 x축에 대하여 대칭이동하여 구한다.

풀이

점 B$(6,\ 3)$을 x축에 대하여 대칭이동한 점을 B$'$이라 하면	$\mathrm{B}'(6,\ -3)$	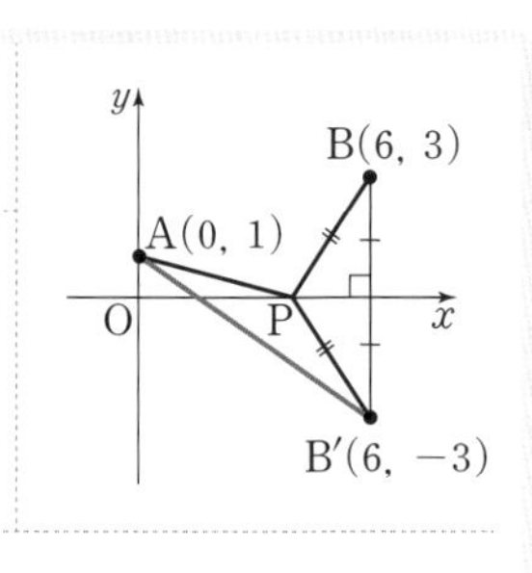
이때 $\overline{\mathrm{BP}}=\overline{\mathrm{B'P}}$이므로	$\overline{\mathrm{AP}}+\overline{\mathrm{BP}}=\overline{\mathrm{AP}}+\overline{\mathrm{B'P}}$ $\geq\overline{\mathrm{AB'}}$ $=\sqrt{6^2+(-3-1)^2}$ $=2\sqrt{13}$	
따라서 $\overline{\mathrm{AP}}+\overline{\mathrm{BP}}$의 최솟값은	$\mathbf{2\sqrt{13}}$	

문제

정답과 해설 40쪽

03-1 두 점 A$(-1,\ 2)$, B$(3,\ 5)$와 직선 $y=x$ 위를 움직이는 점 P에 대하여 $\overline{\mathrm{AP}}+\overline{\mathrm{BP}}$의 최솟값을 구하시오.

03-2 두 점 A$(1,\ 3)$, B$(3,\ 1)$과 y축 위를 움직이는 점 P에 대하여 $\overline{\mathrm{AP}}+\overline{\mathrm{BP}}$가 최솟값을 갖는 점 P의 좌표를 구하시오.

03-3 오른쪽 그림과 같이 두 점 A$(1,\ 2)$, B$(2,\ 1)$과 x축 위를 움직이는 점 P, y축 위를 움직이는 점 Q에 대하여 $\overline{\mathrm{AQ}}+\overline{\mathrm{QP}}+\overline{\mathrm{PB}}$의 최솟값을 구하시오.

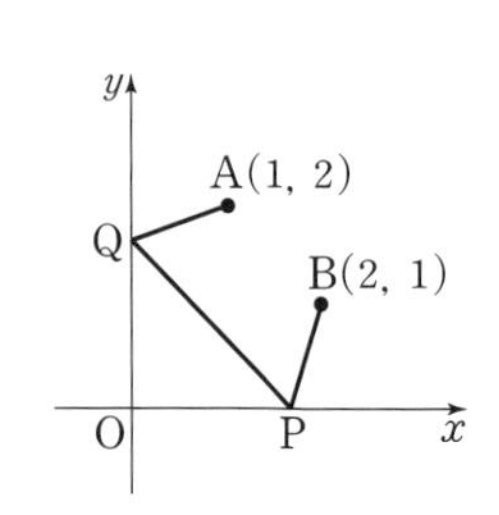

점과 직선에 대한 대칭이동

❶ 점에 대한 대칭이동

점 $\mathrm{P}(x, y)$를 점 (a, b)에 대하여 대칭이동한 점을 $\mathrm{P}'(x', y')$이라 하면
점 (a, b)는 선분 PP'의 중점이므로

$$a=\frac{x+x'}{2},\ b=\frac{y+y'}{2} \qquad \therefore\ x'=2a-x,\ y'=2b-y$$

$\mathrm{P}'(x', y')$
(a, b)
$\mathrm{P}(x, y)$

따라서 점에 대하여 대칭이동한 점의 좌표와 도형의 방정식은 다음과 같다.

(1) 점 (x, y)를 점 (a, b)에 대하여 대칭이동한 점의 좌표는
$(2a-x, 2b-y)$

(2) 방정식 $f(x, y)=0$이 나타내는 도형을 점 (a, b)에 대하여 대칭이동한 도형의 방정식은
$f(2a-x, 2b-y)=0$

❷ 직선에 대한 대칭이동

점 $\mathrm{P}(x, y)$를 직선 l: $ax+by+c=0$에 대하여 대칭이동한 점을 $\mathrm{P}'(x', y')$이라 하고, 선분 PP'과 직선 l의 교점을 M이라 하면

$\overline{\mathrm{PM}}=\overline{\mathrm{P'M}},\ \overline{\mathrm{PP'}}\perp l$

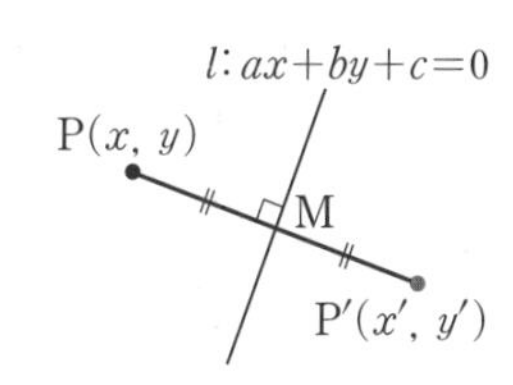

이므로 점 P'의 좌표는 다음 두 조건을 이용하여 구할 수 있다.

(1) 중점 조건: 선분 PP'의 중점 $\mathrm{M}\left(\frac{x+x'}{2}, \frac{y+y'}{2}\right)$이 직선 l 위의 점이다.

➡ $a\times\frac{x+x'}{2}+b\times\frac{y+y'}{2}+c=0$

(2) 수직 조건: 직선 PP'과 직선 l은 서로 수직이다.

➡ $\frac{y'-y}{x'-x}\times\left(-\frac{a}{b}\right)=-1$

개념 Plus

직선 $y=-x$에 대하여 대칭이동한 도형의 방정식

방정식 $f(x, y)=0$이 나타내는 도형 위의 임의의 점 $\mathrm{P}(x, y)$를 직선 $y=-x$에 대하여 대칭이동한 점을 $\mathrm{P}'(x', y')$이라 하면

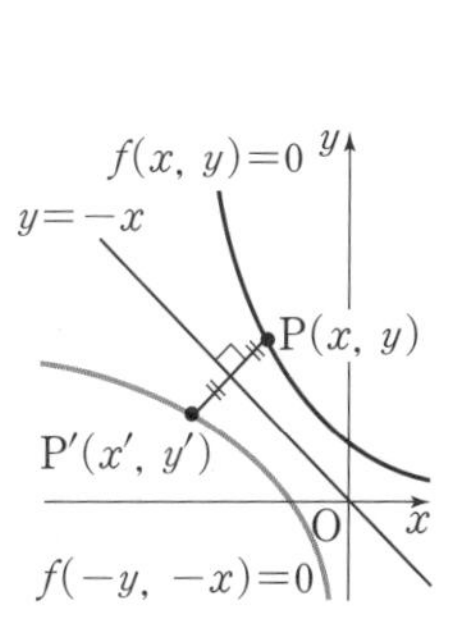

(1) 중점 조건: 선분 PP'의 중점 $\left(\frac{x+x'}{2}, \frac{y+y'}{2}\right)$이 직선 $y=-x$ 위의 점이므로

$$\frac{y+y'}{2}=-\frac{x+x'}{2} \qquad \therefore\ x'+y'=-x-y \qquad \cdots\cdots ㉠$$

(2) 수직 조건: 직선 PP'과 직선 $y=-x$는 서로 수직이므로

$$\frac{y'-y}{x'-x}\times(-1)=-1 \qquad \therefore\ x'-y'=x-y \qquad \cdots\cdots ㉡$$

㉠, ㉡을 연립하여 x, y에 대하여 풀면 $x=-y'$, $y=-x'$
그런데 점 $\mathrm{P}(x, y)$는 방정식 $f(x, y)=0$이 나타내는 도형 위의 점이므로 $f(-y', -x')=0$
즉, 점 $\mathrm{P}'(x', y')$은 방정식 $f(-y', -x')=0$이 나타내는 도형 위의 점이다.
따라서 방정식 $f(x, y)=0$이 나타내는 도형을 직선 $y=-x$에 대하여 대칭이동한 도형의 방정식은
$f(-y, -x)=0$

필수 예제 04 점에 대한 대칭이동

유형편 40쪽

다음 물음에 답하시오.

(1) 점 $(-3,\ 2)$를 점 $(2,\ -1)$에 대하여 대칭이동한 점의 좌표를 구하시오.

(2) 원 $(x-1)^2+(y-3)^2=5$를 점 $(2,\ 4)$에 대하여 대칭이동한 원의 방정식을 구하시오.

공략 Point

점 P를 점 M에 대하여 대칭이동한 점을 P′이라 하면 점 M은 선분 PP′의 중점이다.

풀이

(1) 대칭이동한 점의 좌표를 $(a,\ b)$라 하면 점 $(2,\ -1)$이 두 점 $(-3,\ 2)$, $(a,\ b)$를 이은 선분의 중점이므로	$\frac{-3+a}{2}=2,\ \frac{2+b}{2}=-1$ $\therefore\ a=7,\ b=-4$	$(-3,\ 2)$, $(2,\ -1)$, $(a,\ b)$
따라서 구하는 점의 좌표는	$\mathbf{(7,\ -4)}$	
(2) 원 $(x-1)^2+(y-3)^2=5$의 중심의 좌표는	$(1,\ 3)$	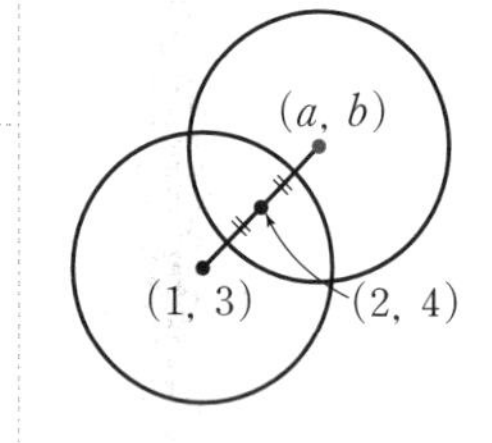
이 점을 점 $(2,\ 4)$에 대하여 대칭이동한 점의 좌표를 $(a,\ b)$라 하면 점 $(2,\ 4)$가 두 점 $(1,\ 3)$, $(a,\ b)$를 이은 선분의 중점이므로	$\frac{1+a}{2}=2,\ \frac{3+b}{2}=4$ $\therefore\ a=3,\ b=5$	
따라서 대칭이동한 원의 중심의 좌표가 $(3,\ 5)$이고 반지름의 길이가 $\sqrt{5}$이므로 구하는 원의 방정식은	$\mathbf{(x-3)^2+(y-5)^2=5}$	

문제

정답과 해설 40쪽

04-1 점 $(2,\ a)$를 점 $(-1,\ -1)$에 대하여 대칭이동한 점의 좌표가 $(b,\ -3)$일 때, $a+b$의 값을 구하시오.

04-2 포물선 $y=-x^2+2x+3$을 점 $(a,\ b)$에 대하여 대칭이동한 포물선의 꼭짓점의 좌표가 $(3,\ 5)$일 때, ab의 값을 구하시오.

필수 예제 05 직선에 대한 대칭이동

유형편 40쪽

다음 물음에 답하시오.

(1) 점 $\mathrm{P}(3,\ 4)$를 직선 $y=x-5$에 대하여 대칭이동한 점의 좌표를 구하시오.

(2) 직선 $y=2x$를 직선 $y=x+1$에 대하여 대칭이동한 도형의 방정식을 구하시오.

공략 Point

점 P를 직선 l에 대하여 대칭이동한 점을 P′이라 하면

(1) 선분 PP′의 중점이 직선 l 위의 점이다.

(2) 직선 PP′과 직선 l은 서로 수직이다.

풀이

(1) 점 $\mathrm{P}(3,\ 4)$를 직선 $y=x-5$에 대하여 대칭이동한 점을 $\mathrm{P}'(a,\ b)$라 하자.

선분 PP′의 중점 $\left(\frac{a+3}{2},\ \frac{b+4}{2}\right)$가 직선 $y=x-5$ 위의 점이므로	$\frac{b+4}{2}=\frac{a+3}{2}-5$ $\therefore a-b=11$ …… ㉠
또 직선 PP′과 직선 $y=x-5$는 서로 수직이므로	$\frac{b-4}{a-3}\times 1=-1$ $\therefore a+b=7$ …… ㉡
㉠, ㉡을 연립하여 풀면	$a=9,\ b=-2$
따라서 구하는 점의 좌표는	$\mathbf{(9,\ -2)}$

P(3, 4), $y=x-5$, P′(a, b)

(2) 직선 $y=2x$ 위의 임의의 점 $\mathrm{P}(x,\ y)$를 직선 $y=x+1$에 대하여 대칭이동한 점을 $\mathrm{P}'(x',\ y')$이라 하자.

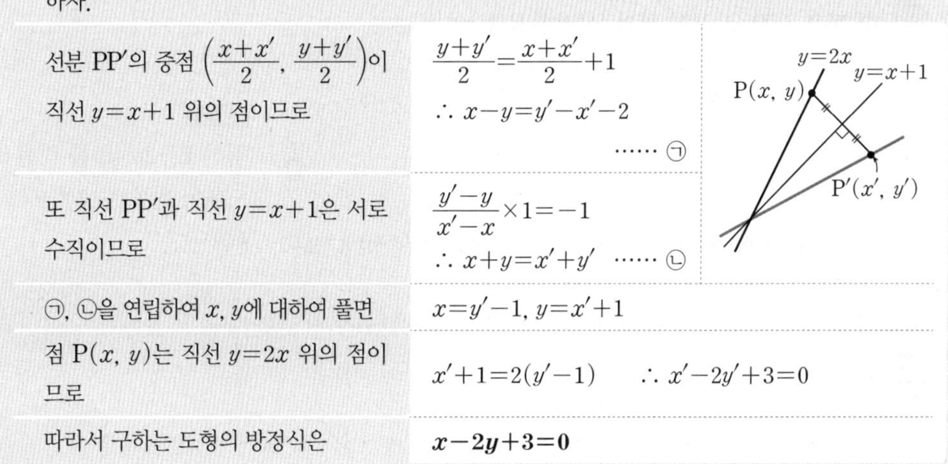

선분 PP′의 중점 $\left(\frac{x+x'}{2},\ \frac{y+y'}{2}\right)$이 직선 $y=x+1$ 위의 점이므로	$\frac{y+y'}{2}=\frac{x+x'}{2}+1$ $\therefore x-y=y'-x'-2$ …… ㉠
또 직선 PP′과 직선 $y=x+1$은 서로 수직이므로	$\frac{y'-y}{x'-x}\times 1=-1$ $\therefore x+y=x'+y'$ …… ㉡
㉠, ㉡을 연립하여 x, y에 대하여 풀면	$x=y'-1,\ y=x'+1$
점 $\mathrm{P}(x,\ y)$는 직선 $y=2x$ 위의 점이므로	$x'+1=2(y'-1)$ $\therefore x'-2y'+3=0$
따라서 구하는 도형의 방정식은	$\boldsymbol{x-2y+3=0}$

문제

정답과 해설 40쪽

05-1 두 점 $(-6,\ 1)$, $(2,\ 5)$가 직선 $y=ax+b$에 대하여 대칭일 때, 상수 a, b의 값을 구하시오.

05-2 원 $(x-1)^2+(y-1)^2=4$를 직선 $x-y-4=0$에 대하여 대칭이동한 도형의 방정식을 구하시오.

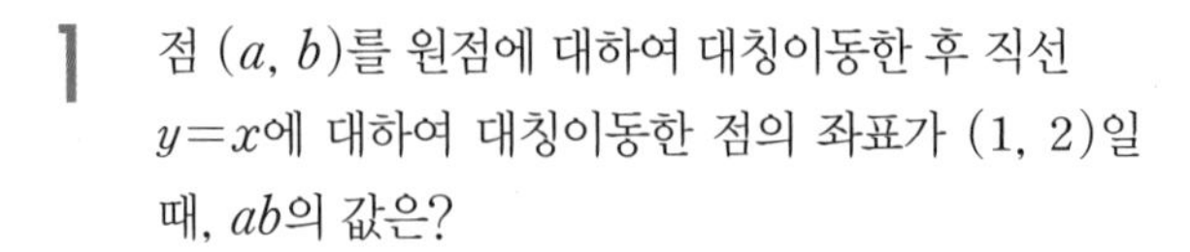

연습문제

1 점 (a, b)를 원점에 대하여 대칭이동한 후 직선 $y=x$에 대하여 대칭이동한 점의 좌표가 $(1, 2)$일 때, ab의 값은?

① -4 ② -2 ③ 2
④ 4 ⑤ 8

교육청

2 직선 $3x+4y-12=0$이 x축, y축과 만나는 점을 각각 A, B라 하자. 선분 AB를 $2:1$로 내분하는 점을 P라 할 때, 점 P를 x축, y축에 대하여 대칭이동한 점을 각각 Q, R라 하자. 삼각형 RQP의 무게중심의 좌표를 (a, b)라 할 때, $a+b$의 값은?

① $\frac{2}{9}$ ② $\frac{4}{9}$ ③ $\frac{2}{3}$
④ $\frac{8}{9}$ ⑤ $\frac{10}{9}$

3 두 직선 $mx-(n+1)y+5=0$, $(n-3)x+my+5=0$이 원점에 대하여 서로 대칭일 때, 상수 m, n에 대하여 mn의 값은?

① -2 ② -1 ③ 2
④ 3 ⑤ 4

4 원 $x^2+y^2-2x+6y+9=0$을 직선 $y=x$에 대하여 대칭이동한 원의 중심의 좌표가 (a, b), 반지름의 길이가 c일 때, abc의 값을 구하시오.

5 원 $(x+1)^2+(y-k)^2=10$을 x축에 대하여 대칭이동한 원의 넓이가 직선 $x-y+2=0$에 의하여 이등분될 때, 상수 k의 값을 구하시오.

교육청

6 직선 $x-2y=9$를 직선 $y=x$에 대하여 대칭이동한 도형이 원 $(x-3)^2+(y+5)^2=k$에 접할 때, 실수 k의 값은?

① 80 ② 83 ③ 85
④ 88 ⑤ 90

7 점 $(1, 7)$을 지나는 직선 l을 x축의 방향으로 2만큼, y축의 방향으로 -3만큼 평행이동한 후 y축에 대하여 대칭이동하면 점 $(3, 8)$을 지난다. 이때 직선 l의 기울기를 구하시오.

8 포물선 $y=x^2+2x+a$를 x축의 방향으로 m만큼, y축의 방향으로 3만큼 평행이동한 후 원점에 대하여 대칭이동하였더니 꼭짓점의 좌표가 $(-2,\ 9)$가 되었다. 이때 $a+m$의 값은? (단, a는 상수)

① -11　② -8　③ 3
④ 8　⑤ 11

9 두 점 $\mathrm{A}(1,\ 2)$, $\mathrm{B}(4,\ 4)$와 x축 위를 움직이는 점 P에 대하여 $\overline{\mathrm{AP}}+\overline{\mathrm{BP}}$의 최솟값은?

① $\sqrt{5}$　② $2\sqrt{5}$　③ $3\sqrt{5}$
④ $5\sqrt{2}$　⑤ $10\sqrt{2}$

10 두 포물선 $y=x^2-6x+10$, $y=-x^2+14x-50$은 점 P에 대하여 서로 대칭이다. 이때 점 P의 좌표는?

① $(-5,\ 3)$　② $(-1,\ 7)$　③ $(3,\ 2)$
④ $(5,\ 0)$　⑤ $(7,\ 0)$

11 점 $\mathrm{A}(-2,\ 1)$을 지나는 직선을 점 $(3,\ 2)$에 대하여 대칭이동한 후 y축에 대하여 대칭이동하였더니 점 A를 지나는 직선 l이 되었다. 이때 직선 l의 기울기는?

① $-\frac{1}{3}$　② $-\frac{1}{5}$　③ $\frac{1}{5}$
④ $\frac{1}{3}$　⑤ $\frac{1}{2}$

12 두 원 $(x+2)^2+(y+3)^2=4$, $(x-6)^2+(y-a)^2=b$가 직선 $y=-2x+c$에 대하여 대칭일 때, 상수 a, b, c에 대하여 $a+b+c$의 값은?

① 6　② 7　③ 8
④ 9　⑤ 10

13 두 점 $\mathrm{A}(4,\ 1)$, $\mathrm{B}(5,\ 1)$을 직선 $x-y+1=0$에 대하여 대칭이동한 점을 각각 C, D라 할 때, 네 점 A, B, C, D를 꼭짓점으로 하는 사각형의 넓이는?

① $\frac{9}{2}$　② 5　③ $\frac{11}{2}$
④ 6　⑤ $\frac{13}{2}$

연습문제

정답과 해설 43쪽

실력

14 점 (a, b)는 다음과 같은 규칙에 따라 이동한다.

> [규칙 1] $a>b$이면 원점에 대하여 대칭이동한다.
> [규칙 2] $a<b$이면 점 $(a+1, b)$로 이동한다.
> [규칙 3] $a=b$이면 점 $(a, b+1)$로 이동한다.

다음 중 점 $(3, 2)$가 이동하면서 지날 수 없는 점의 좌표는?

① $(3, 3)$ ② $(4, 5)$ ③ $(12, 12)$
④ $(17, 16)$ ⑤ $(19, 20)$

15 원 $(x-4)^2+y^2=16$과 이 원을 직선 $y=x$에 대하여 대칭이동한 원이 겹쳐지는 부분의 넓이를 구하시오.

16 다음 그림과 같은 전시장에서 관람객들이 전시물 A, B를 차례대로 관람한다. 입구 P에서 출구 Q까지 이동하는 거리가 최소가 되도록 전시물 A, B를 양 벽에 각각 배치하려고 할 때, 전시물 A의 위치는 입구 P가 있는 벽면에서 오른쪽으로 몇 m 떨어져 있어야 하는지 구하고, 그때의 최소 이동 거리를 구하시오. (단, 이 전시장의 바닥은 직사각형 모양이고 벽의 두께와 전시물의 크기는 무시한다.)

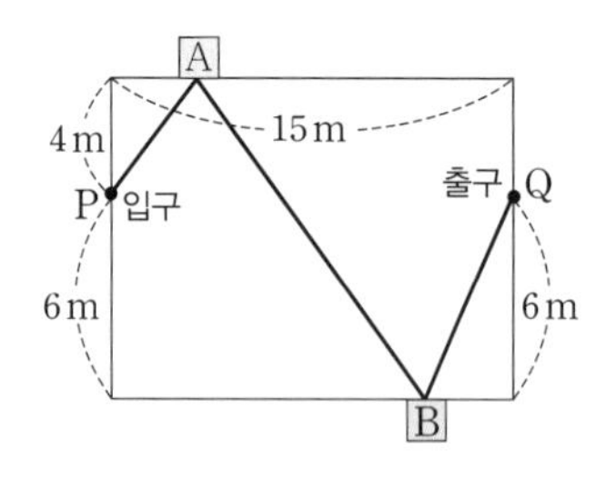

17 점 $A(6, 2)$와 직선 $y=x$ 위를 움직이는 점 B, x축 위를 움직이는 점 C에 대하여 삼각형 ABC의 둘레의 길이의 최솟값은?

① $6\sqrt{2}$ ② $4\sqrt{5}$ ③ $2\sqrt{21}$
④ $2\sqrt{22}$ ⑤ $3\sqrt{10}$

교육청

18 좌표평면에서 방정식 $f(x, y)=0$이 나타내는 도형이 그림과 같은 ㄱ 모양일 때, 다음 중 방정식 $f(x+1, 2-y)=0$이 좌표평면에 나타내는 도형은?

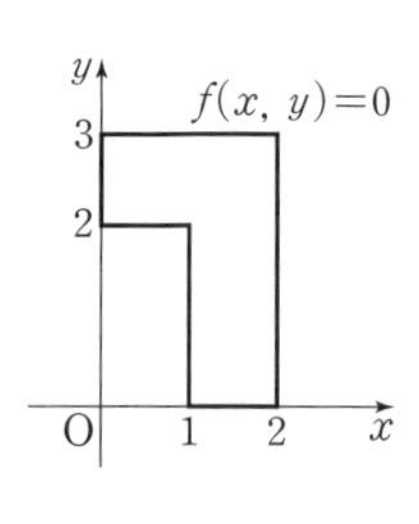

①
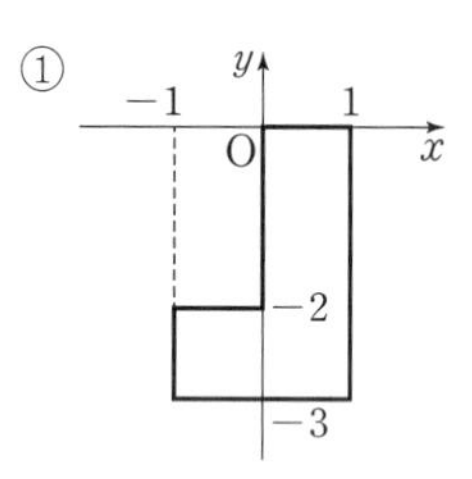

②

③
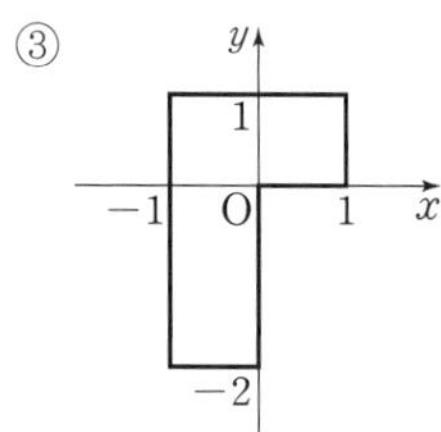

④
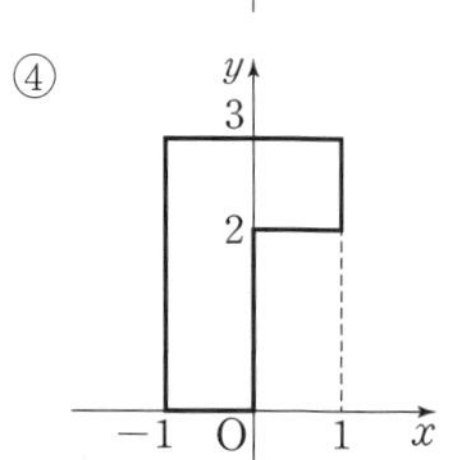

⑤
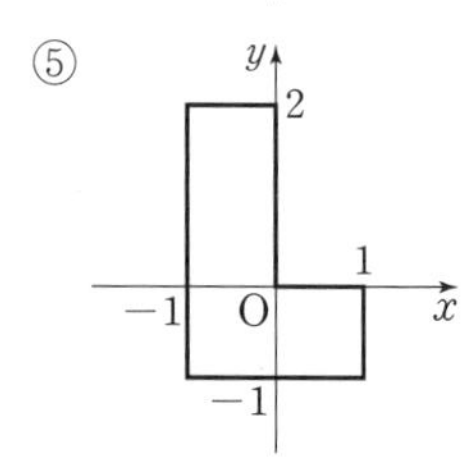

Ⅱ. 집합과 명제

1 집합

집합의 뜻과 표현

❶ 집합과 원소

(1) 집합: 주어진 조건에 의하여 대상을 분명하게 정할 수 있을 때, 그 대상들의 모임

(2) 원소: 집합을 이루는 대상 하나하나

예 • 3 이하의 자연수의 모임 ➡ 그 대상이 분명하게 정해지므로 집합이고 원소는 1, 2, 3이다.
• 키가 큰 학생들의 모임 ➡ 크다는 기준이 명확하지 않으므로 집합이 아니다.

❷ 집합과 원소 사이의 관계

(1) a가 집합 A의 원소일 때, a는 집합 A에 속한다고 하고, 기호로 $\boldsymbol{a \in A}$와 같이 나타낸다.

(2) b가 집합 A의 원소가 아닐 때, b는 집합 A에 속하지 않는다고 하고, 기호로 $\boldsymbol{b \notin A}$와 같이 나타낸다.

$a \in A$
원소 집합

예 3의 양의 약수의 집합을 A라 할 때
(1) 1, 3은 집합 A의 원소이므로 $1 \in A$, $3 \in A$
(2) 2는 집합 A의 원소가 아니므로 $2 \notin A$

참고 • 기호 ∈는 원소를 뜻하는 Element의 첫 글자 E를 기호로 만든 것이다.
• 집합은 일반적으로 대문자 A, B, C, …로 나타내고 원소는 소문자 a, b, c, …로 나타낸다.

❸ 집합의 표현 방법

(1) 원소나열법: 집합에 속하는 모든 원소를 기호 { } 안에 나열하는 방법

주의 • 원소를 나열하는 순서는 관계없다. ➡ 두 집합 $\{2, 4, 6\}$과 $\{6, 2, 4\}$는 같은 집합이다.
• 같은 원소는 중복하여 쓰지 않는다. ➡ $\{2, 4, 6, 6\}$ (×), $\{2, 4, 6\}$ (○)
• 원소가 많고 일정한 규칙이 있을 때는 '…'을 사용하여 원소의 일부를 생략하여 나타낼 수 있다.
➡ 100보다 작은 자연수의 집합은 $\{1, 2, 3, \cdots, 99\}$와 같이 나타낸다.

(2) 조건제시법: 집합에 속하는 원소의 공통된 성질을 조건으로 제시하는 방법

(3) 벤 다이어그램: 집합에 속하는 모든 원소를 원이나 직사각형 같은 도형 안에 나열하여 그림으로 나타내는 방법

예 8의 양의 약수의 집합을 A라 할 때, 집합 A는 다음과 같이 나타낼 수 있다.

원소나열법	조건제시법	벤 다이어그램
$A=\{1, 2, 4, 8\}$	$A=\{x \mid x$는 8의 양의 약수$\}$ (x의 공통된 성질 / 원소를 대표하는 문자)	A (집합을 나타내는 기호): 1, 2, 4, 8 (집합의 원소)

❹ 원소의 개수에 따른 집합의 분류

(1) 유한집합과 무한집합
① 유한집합: 원소가 유한개인 집합
② 무한집합: 원소가 무수히 많은 집합

(2) 공집합: 원소가 하나도 없는 집합을 **공집합**이라 하고, 기호로 ∅과 같이 나타낸다.

참고 공집합은 원소의 개수가 0이므로 유한집합으로 생각한다.

(3) 유한집합의 원소의 개수

집합 A가 유한집합일 때, 집합 A의 원소의 개수를 기호로 $\boldsymbol{n(A)}$와 같이 나타낸다.

예 • 집합 $A=\{1, 2, 3\}$은 유한집합이다. ➡ $n(A)=3$

• 집합 $B=\{1, 2, 3, \cdots\}$은 무한집합이다.

• 집합 $C=\{x|x$는 $0<x<2$인 짝수$\}$는 원소가 하나도 없으므로 공집합이다. ➡ $n(C)=0$

참고 기호 $n(A)$에서 n은 수를 뜻하는 number의 첫 글자이다.

주의 집합 $\varnothing$, $\{\varnothing\}$, $\{0\}$의 원소의 개수

• 공집합 $\varnothing$은 원소가 하나도 없는 집합이므로 원소의 개수는 0이다. ➡ $n(\varnothing)=0$

• 집합 $\{\varnothing\}$의 원소는 $\varnothing$이므로 원소의 개수는 1이다. ➡ $n(\{\varnothing\})=1$

• 집합 $\{0\}$의 원소는 0이므로 원소의 개수는 1이다. ➡ $n(\{0\})=1$

개념 Check

정답과 해설 44쪽

1 다음 집합의 원소를 모두 구하시오.

(1) 4보다 작은 자연수의 집합

(2) 10 이하인 홀수의 집합

2 6의 양의 약수의 집합을 A라 할 때, 다음 □ 안에 기호 $\in$, $\notin$ 중 알맞은 것을 써넣으시오.

(1) 0 □ A　　(2) 2 □ A　　(3) 4 □ A　　(4) 6 □ A

3 5 이하의 자연수의 집합을 A라 할 때, 집합 A를 다음과 같은 방법으로 나타내시오.

(1) 원소나열법

(2) 조건제시법

(3) 벤 다이어그램

4 보기의 집합에서 다음에 해당하는 것만을 있는 대로 고르시오.

보기

ㄱ. $\{x|x$는 18의 양의 약수$\}$　　ㄴ. $\{x|x^2+2=0$, x는 실수$\}$

ㄷ. $\{x|x$는 10보다 큰 홀수$\}$　　ㄹ. $\{x|x$는 짝수인 소수$\}$

ㅁ. $\{x|1<x<2$, x는 유리수$\}$　　ㅂ. $\{x|x=3k$, $k=1, 2, 3\}$

(1) 유한집합

(2) 무한집합

(3) 공집합

필수 예제 01 집합의 뜻

유형편 42쪽

보기에서 집합인 것만을 있는 대로 고르시오.

보기

ㄱ. 짝수의 모임
ㄴ. 유명한 골프 선수의 모임
ㄷ. 0에 가까운 수의 모임
ㄹ. 태양계 행성의 모임
ㅁ. 맛있는 과일의 모임
ㅂ. 우리나라 광역시의 모임

공략 Point

주어진 조건에 따라 대상을 분명하게 정할 수 있으면 집합이다.

풀이

ㄱ. 그 대상이 2, 4, 6, 8, …로 분명하므로	집합이다.
ㄴ, ㄷ, ㅁ. '유명한', '가까운', '맛있는'은 기준이 명확하지 않아 대상을 분명하게 정할 수 없으므로	집합이 아니다.
ㄹ. 그 대상이 수성, 금성, 지구, 화성, 목성, 토성, 천왕성, 해왕성으로 분명하므로	집합이다.
ㅂ. 그 대상이 부산, 대구, 인천, 광주, 대전, 울산으로 분명하므로	집합이다.
따라서 보기에서 집합인 것은	ㄱ, ㄹ, ㅂ

문제

정답과 해설 44쪽

01-1 보기에서 집합인 것만을 있는 대로 고르시오.

보기

ㄱ. 잘생긴 남자 가수의 모임
ㄴ. 100보다 큰 7의 배수의 모임
ㄷ. 우리 반에서 배우는 교과목의 모임
ㄹ. 아름다운 꽃의 모임
ㅁ. 컴퓨터 게임을 잘하는 학생의 모임
ㅂ. 일주일을 나타내는 요일의 모임

01-2 다음 중 집합이 아닌 것은?

① 가장 작은 자연수의 모임
② 84의 소인수의 모임
③ 이차방정식 $x^2-3x=0$의 해의 모임
④ 2보다 작은 3의 양의 배수의 모임
⑤ 우리 반 학생 중 키가 작은 학생의 모임

필수 예제 02 집합의 표현

유형편 42쪽

다음 집합을 원소나열법으로 나타낸 것은 조건제시법으로, 조건제시법으로 나타낸 것은 원소나열법으로 나타내시오.

(1) $A=\{3, 6, 9, 12, \cdots, 99\}$ (2) $B=\{1, 2, 4, 5, 10, 20\}$

(3) $C=\{x|x$는 10 이하의 소수$\}$ (4) $D=\{x|x$는 $10<x<20$인 짝수$\}$

공략 Point

- 원소나열법: 집합에 속하는 모든 원소를 기호 { } 안에 나열하는 방법
- 조건제시법: 집합에 속하는 원소의 공통된 성질을 조건으로 제시하는 방법

풀이

(1) 3, 6, 9, 12, ⋯, 99는 모두 100보다 작은 3의 양의 배수이므로	예 **$A=\{x\|x$는 100보다 작은 3의 양의 배수$\}$**
(2) 1, 2, 4, 5, 10, 20은 모두 20의 양의 약수이므로	예 **$B=\{x\|x$는 20의 양의 약수$\}$**
(3) 10 이하의 소수는 2, 3, 5, 7이므로	**$C=\{2, 3, 5, 7\}$**
(4) $10<x<20$인 짝수는 12, 14, 16, 18이므로	**$D=\{12, 14, 16, 18\}$**

문제

정답과 해설 44쪽

02-1 다음 집합을 원소나열법으로 나타낸 것은 조건제시법으로, 조건제시법으로 나타낸 것은 원소나열법으로 나타내시오.

(1) $A=\{1, 5, 9, 13, 17, \cdots, 97\}$ (2) $B=\{a, e, i, o, u\}$

(3) $C=\{x|x$는 50보다 작은 홀수$\}$ (4) $D=\{x|x^2-2x-8=0\}$

02-2 오른쪽 벤 다이어그램과 같은 집합 A를 원소나열법과 조건제시법으로 각각 나타내시오.

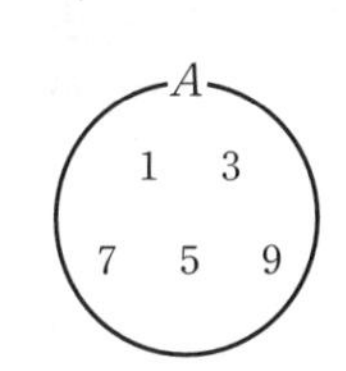

02-3 보기에서 집합 $\{1, 2, 3, 4, \cdots, 9\}$를 조건제시법으로 바르게 나타낸 것만을 있는 대로 고르시오.

보기

ㄱ. $\{x|x$는 한 자리의 자연수$\}$

ㄴ. $\{a|a$는 9 이하의 자연수$\}$

ㄷ. $\{y|y<10, y$는 자연수$\}$

ㄹ. $\{z|z$는 자연수를 10으로 나누었을 때의 나머지$\}$

필수 예제 03 조건제시법으로 주어진 집합의 원소

유형편 43쪽

두 집합 $A=\{1, 3, 5\}$, $B=\{-1, 0, 1\}$에 대하여 다음 집합을 원소나열법으로 나타내시오.

(1) $C=\{a+b \mid a\in A, b\in B\}$

(2) $D=\{ab \mid a\in A, b\in B\}$

공략 Point

주어진 각각의 집합의 모든 원소에 대하여 새로운 집합에 대한 원소를 구한 후 중복되지 않게 나열한다.

풀이

(1) 집합 A의 원소 a와 집합 B의 원소 b의 합 $a+b$를 표를 이용하여 구하면

a \ b	-1	0	1
1	0	1	2
3	2	3	4
5	4	5	6

따라서 집합 C를 원소나열법으로 나타내면 $\boldsymbol{C=\{0, 1, 2, 3, 4, 5, 6\}}$

(2) 집합 A의 원소 a와 집합 B의 원소 b의 곱 ab를 표를 이용하여 구하면

a \ b	-1	0	1
1	-1	0	1
3	-3	0	3
5	-5	0	5

따라서 집합 D를 원소나열법으로 나타내면 $\boldsymbol{D=\{-5, -3, -1, 0, 1, 3, 5\}}$

문제

정답과 해설 44쪽

03-1 두 집합 $A=\{1, 2, 3\}$, $B=\{x \mid x^2=1\}$에 대하여 다음 집합을 원소나열법으로 나타내시오.

(1) $C=\{a-b \mid a\in A, b\in B\}$

(2) $D=\left\{\frac{a}{b} \,\middle|\, a\in A, b\in B\right\}$

03-2 두 집합 $A=\{1, 2\}$, $B=\{-1, 0\}$에 대하여 집합 $A\otimes B$를

$$A\otimes B=\{x \mid x=ab, a\in A, b\in B\}$$

라 할 때, 집합 $A\otimes(B\otimes A)$의 모든 원소의 합을 구하시오.

필수 예제 04 유한집합의 원소의 개수

유형편 43쪽

보기에서 옳은 것만을 있는 대로 고르시오.

보기

ㄱ. $n(\{0\})=0$

ㄴ. $n(\{-1\})+n(\{1\})=2$

ㄷ. $n(\{2, 3\})-n(\{2, 3, 4\})=-4$

ㄹ. $A=\{x \mid x^2=-3,\ x$는 실수$\}$이면 $n(A)=0$

ㅁ. $A=\{x \mid x$는 16의 양의 약수$\}$, $B=\{x \mid x$는 81의 양의 약수$\}$이면 $n(A)<n(B)$

공략 Point

$n(A)$는 유한집합 A의 원소의 개수이므로 집합 A가 조건제시법으로 주어지면 원소나열법으로 나타낸 후 $n(A)$를 구한다.

풀이

ㄱ. 집합 $\{0\}$의 원소는 0의 1개이므로	$n(\{0\})=1$
ㄴ. $n(\{-1\})=1$, $n(\{1\})=1$이므로	$n(\{-1\})+n(\{1\})=2$
ㄷ. $n(\{2, 3\})=2$, $n(\{2, 3, 4\})=3$이므로	$n(\{2, 3\})-n(\{2, 3, 4\})=-1$
ㄹ. $x^2=-3$인 실수 x는 없으므로	$n(A)=0$
ㅁ. $A=\{1, 2, 4, 8, 16\}$, $B=\{1, 3, 9, 27, 81\}$이므로	$n(A)=n(B)=5$
따라서 보기에서 옳은 것은	ㄴ, ㄹ

문제

정답과 해설 45쪽

04-1 보기에서 옳은 것만을 있는 대로 고르시오.

보기

ㄱ. $n(\varnothing)=0$

ㄴ. $n(\{2\})>n(\{\varnothing\})$

ㄷ. $n(\{1, 2, 3\})-n(\{1, 3\})=2$

ㄹ. $A=\{x \mid x$는 15의 양의 약수$\}$이면 $n(A)=4$

ㅁ. $A=\{x \mid x$는 2보다 작은 소수$\}$이면 $n(A)=1$

04-2 세 집합 $A=\{x \mid x<10,\ x$는 음이 아닌 정수$\}$, $B=\{\varnothing\}$, $C=\{x \mid x^2+x+1=0,\ x$는 실수$\}$에 대하여 $n(A)+n(B)+n(C)$의 값을 구하시오.

집합 사이의 포함 관계

❶ 부분집합

(1) 부분집합

① 두 집합 A, B에 대하여 A의 모든 원소가 B에 속할 때, A를 B의 **부분집합**이라 하고, 기호로

$\boldsymbol{A \subset B}$

와 같이 나타낸다.

이때 A는 B에 포함된다 또는 B는 A를 포함한다고 한다.

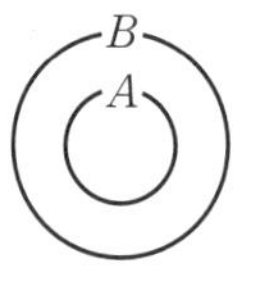

② 집합 A가 집합 B의 부분집합이 아닐 때, 기호로 $\boldsymbol{A \not\subset B}$와 같이 나타낸다.

(2) 부분집합의 성질

① 임의의 집합 A에 대하여

$\varnothing \subset A$ ◀ 공집합은 모든 집합의 부분집합

$A \subset A$ ◀ 모든 집합은 자기 자신의 부분집합

② 세 집합 A, B, C에 대하여 $A \subset B$이고 $B \subset C$이면 $A \subset C$이다.

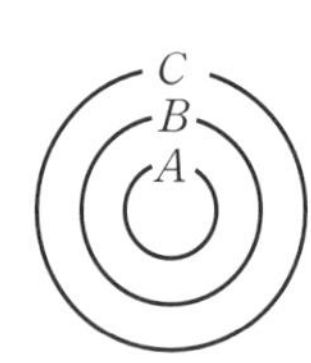

예 • 두 집합 $A=\{2, 4, 8\}$, $B=\{x \mid x$는 짝수$\}$에 대하여 집합 A의 모든 원소가 집합 B에 속하므로 $A \subset B$이다.

• 두 집합 $A=\{1, 3\}$, $B=\{2, 3, 5\}$에 대하여 $1 \in A$이지만 $1 \notin B$이므로 $A \not\subset B$이다.

참고 • 기호 $\subset$는 포함하다를 뜻하는 Contain의 첫 글자 C를 기호로 만든 것이다.

• $A \not\subset B$이면 집합 A의 원소 중에서 집합 B의 원소가 아닌 것이 적어도 하나 있다.

❷ 서로 같은 집합

(1) 두 집합 A, B에 대하여 $A \subset B$이고 $B \subset A$일 때, A와 B는 서로 같다고 하고, 기호로

$\boldsymbol{A=B}$

와 같이 나타낸다.

(2) 두 집합 A, B가 서로 같지 않을 때, 기호로 $\boldsymbol{A \neq B}$와 같이 나타낸다.

예 두 집합 $A=\{1, 2, 5, 10\}$, $B=\{x \mid x$는 10의 양의 약수$\}$에서 $B=\{1, 2, 5, 10\}$이므로 $A=B$이다.

참고 두 집합이 서로 같으면 두 집합의 모든 원소가 같다.

주의 원소나열법으로 나타낸 집합에서 원소를 나열하는 순서는 관계없으므로 $\{a, b, c\}=\{1, 2, 3\}$이라 해서 반드시 $a=1$, $b=2$, $c=3$인 것은 아니다.

❸ 진부분집합

두 집합 A, B에 대하여 A가 B의 부분집합이고 A, B가 서로 같지 않을 때, 즉

$A \subset B$이고 $A \neq B$ ◀ 부분집합 중 자기 자신을 제외한 모든 부분집합

일 때, A를 B의 **진부분집합**이라 한다.

예 집합 $A=\{1, 2\}$에 대하여

• 집합 A의 부분집합 ➡ $\varnothing$, $\{1\}$, $\{2\}$, $\{1, 2\}$

• 집합 A의 진부분집합 ➡ $\varnothing$, $\{1\}$, $\{2\}$

참고 • $A \subset B$는 집합 A가 집합 B의 진부분집합이거나 $A=B$임을 뜻한다.

• 집합 A가 집합 B의 진부분집합이면 $A \subset B$이지만 B의 원소 중에서 A의 원소가 아닌 것이 있다.

개념 Check

정답과 해설 45쪽

1 다음 □ 안에 기호 $\subset$, $\not\subset$ 중 알맞은 것을 써넣으시오.

(1) $A=\{1, 3\}$, $B=\{1, 3, 5\}$ ➡ A □ B, B □ A

(2) $A=\{x|x$는 2의 배수$\}$, $B=\{x|x$는 4의 배수$\}$ ➡ A □ B, B □ A

(3) $A=\{x|x$는 정사각형$\}$, $B=\{x|x$는 마름모$\}$ ➡ A □ B, B □ A

(4) $A=\{x|x$는 유리수$\}$, $B=\{x|x$는 무리수$\}$ ➡ A □ B, B □ A

2 다음 집합의 부분집합을 모두 구하시오.

(1) $\{a, b\}$

(2) $\{0, 1, 2\}$

3 다음 □ 안에 기호 $=$, $\neq$ 중 알맞은 것을 써넣으시오.

(1) $A=\{2, 3, 5, 7\}$, $B=\{x|x$는 10 이하의 소수$\}$ ➡ A □ B

(2) $A=\{5, 25\}$, $B=\{x|x$는 25의 양의 약수$\}$ ➡ A □ B

(3) $A=\{x|x^2=1\}$, $B=\{x|-1\leq x\leq 1$, x는 정수$\}$ ➡ A □ B

(4) $A=\{x|0<x<10$, x는 정수$\}$, $B=\{x|x$는 한 자리의 자연수$\}$ ➡ A □ B

4 두 집합 $A=\{3, 5, a\}$, $B=\{3, 9, b\}$에 대하여 $A=B$일 때, 상수 a, b의 값을 구하시오.

5 두 집합 A, B에 대하여 보기에서 A가 B의 진부분집합인 것만을 있는 대로 고르시오.

보기

ㄱ. $A=\varnothing$, $B=\{2, 4\}$

ㄴ. $A=\{x|x$는 소수$\}$, $B=\{x|x$는 홀수$\}$

ㄷ. $A=\{x|x$는 1의 제곱근$\}$, $B=\{-1, 1\}$

ㄹ. $A=\{2, 3, 5\}$, $B=\{x|x$는 10보다 작은 소수$\}$

ㅁ. $A=\{x|0<x<3$, x는 유리수$\}$, $B=\{x|0<x<3$, x는 무리수$\}$

6 집합 $A=\{x|1<x<5$, x는 자연수$\}$의 진부분집합을 모두 구하시오.

필수 예제 05 기호 $\in$, $\subset$의 사용

유형편 44쪽

집합 $A=\{\varnothing, 0, 1, \{1, 2\}\}$에 대하여 다음 중 옳은 것은?

① $\{0\}\in A$ ② $\{1, 2\}\in A$ ③ $\{0, 2\}\subset A$
④ $\{1, 2\}\subset A$ ⑤ $\varnothing\notin A$

공략 Point

x가 집합 A의 원소이면
➡ $x\in A$, $\{x\}\subset A$

풀이

집합 A의 원소는	$\varnothing$, 0, 1, $\{1, 2\}$
① 0은 집합 A의 원소이므로	$0\in A$, $\{0\}\subset A$
②, ④ $\{1, 2\}$는 집합 A의 원소이므로	$\{1, 2\}\in A$, $\{\{1, 2\}\}\subset A$
③ 2는 집합 A의 원소가 아니므로	$\{0, 2\}\not\subset A$
⑤ $\varnothing$은 집합 A의 원소이므로	$\varnothing\in A$
따라서 옳은 것은	②

문제

정답과 해설 45쪽

05-1 집합 $A=\{x|x$는 21의 양의 약수$\}$에 대하여 보기에서 옳은 것만을 있는 대로 고르시오.

보기
ㄱ. $\varnothing\in A$ ㄴ. $7\in A$ ㄷ. $\{3, 7\}\in A$
ㄹ. $\{1, 21\}\subset A$ ㅁ. $\{3, 14\}\subset A$ ㅂ. $\{1, 3, 7, 21\}\subset A$

05-2 집합 $A=\{0, \{1\}, \{1, 2\}, 3\}$에 대하여 다음 중 옳지 않은 것은?

① $2\notin A$ ② $\{1, 2\}\subset A$ ③ $\{0, 1\}\not\subset A$
④ $\{1\}\in A$ ⑤ $\{0\}\subset A$

05-3 집합 $A=\{\varnothing, 1, 2, \{1, 2\}\}$에 대하여 보기에서 옳은 것의 개수를 구하시오.

보기
ㄱ. $\varnothing\subset A$ ㄴ. $\{1, 2\}\in A$ ㄷ. $\{1, 2\}\subset A$
ㄹ. $\{\{1, 2\}\}\subset A$ ㅁ. $\{\varnothing\}\subset A$ ㅂ. $\{1\}\in A$

집합 사이의 포함 관계를 이용하여 미지수 구하기

유형편 44쪽

다음 물음에 답하시오.

(1) 두 집합 $A=\{2, a\}$, $B=\{1, a-4, 12-a\}$에 대하여 $A\subset B$일 때, 상수 a의 값을 구하시오.

(2) 두 집합 $A=\{6, a+5, 2a-1\}$, $B=\{5, 8, a^2-a\}$에 대하여 $A=B$일 때, 상수 a의 값을 구하시오.

공략 Point

(1) $A\subset B$이면 집합 A의 모든 원소가 집합 B의 원소이다.

(2) $A=B$이면 두 집합 A, B의 모든 원소가 같다.

풀이

(1) $2\in A$이므로 $A\subset B$이려면 $2\in B$에서	$a-4=2$ 또는 $12-a=2$ $\therefore a=6$ 또는 $a=10$
(i) $a=6$일 때	$A=\{2, 6\}$, $B=\{1, 2, 6\}$ $\therefore A\subset B$
(ii) $a=10$일 때	$A=\{2, 10\}$, $B=\{1, 2, 6\}$ $\therefore A\not\subset B$
(i), (ii)에서	$a=\mathbf{6}$

(2) $6\in A$이므로 $A=B$이려면 $6\in B$에서	$a^2-a=6$, $a^2-a-6=0$ $(a+2)(a-3)=0$ $\therefore a=-2$ 또는 $a=3$
(i) $a=-2$일 때	$A=\{-5, 3, 6\}$, $B=\{5, 6, 8\}$ $\therefore A\neq B$
(ii) $a=3$일 때	$A=\{5, 6, 8\}$, $B=\{5, 6, 8\}$ $\therefore A=B$
(i), (ii)에서	$a=\mathbf{3}$

문제

정답과 해설 46쪽

06-1 두 집합 $A=\{1, a+2\}$, $B=\{3, a+4, 2a-1\}$에 대하여 $A\subset B$일 때, 상수 a의 값을 구하시오.

06-2 두 집합 $A=\{-1, 2, a^2+1\}$, $B=\{1, a-1, b-1\}$에 대하여 $A\subset B$이고 $B\subset A$일 때, 상수 a, b에 대하여 $a+b$의 값을 구하시오.

06-3 공집합이 아닌 두 집합 $A=\{x|k\le x\le 6\}$, $B=\{x|-3\le x\le -3k\}$에 대하여 $A\subset B$일 때, 상수 k의 값의 범위를 구하시오.

부분집합의 개수

1 부분집합의 개수

집합 $A=\{a_1, a_2, a_3, \cdots, a_n\}$에 대하여

(1) 집합 A의 부분집합의 개수 ➡ 2^n

(2) 집합 A의 진부분집합의 개수 ➡ 2^n-1

(3) 집합 A의 부분집합 중 $k(k<n)$개의 특정한 원소를 반드시 갖는(또는 갖지 않는) 부분집합의 개수
➡ 2^{n-k}

개념 Plus

부분집합의 개수 구하기

집합 $A=\{a, b, c\}$에서 각 원소는 부분집합에 포함될 수도 있고 포함되지 않을 수도 있으므로 각 원소의 포함 여부의 경우의 수는 2이다.

따라서 원소가 3개인 집합 A의 부분집합의 개수는

$2\times2\times2=2^3=8$

일반적으로 원소가 n개인 집합의 부분집합의 개수는

$\underbrace{2\times2\times2\times\cdots\times2}_{n개}=2^n$

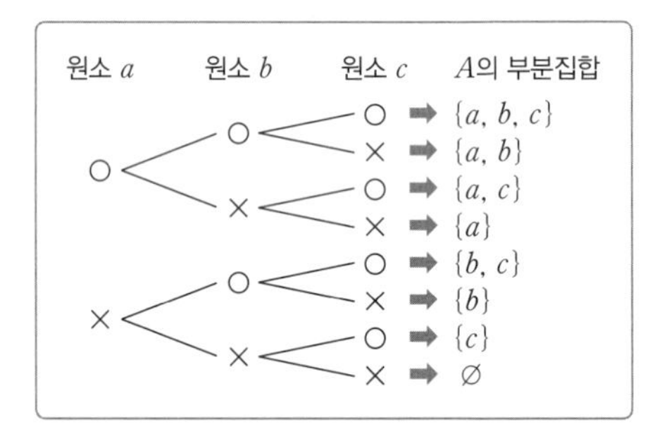

특정한 원소를 반드시 갖는(또는 갖지 않는) 부분집합의 개수 구하기

집합 $A=\{a, b, c\}$에 대하여

(1) c를 원소로 갖지 않는 부분집합은 집합 A에서 원소 c를 제외한 집합 $\{a, b\}$의 부분집합과 같으므로

$\varnothing$, $\{a\}$, $\{b\}$, $\{a, b\}$

따라서 부분집합의 개수는 $2^{3-1}=2^2=4$

(2) c를 반드시 원소로 갖는 부분집합은 집합 A에서 원소 c를 제외한 집합 $\{a, b\}$의 부분집합에 c를 포함시키는 것과 같으므로

$\{c\}$, $\{a, c\}$, $\{b, c\}$, $\{a, b, c\}$

따라서 부분집합의 개수는 $2^{3-1}=2^2=4$

개념 Check

정답과 해설 46쪽

1 집합 $A=\{1, 2, 3, 4, 6, 12\}$에 대하여 다음을 구하시오.

(1) 집합 A의 부분집합의 개수

(2) 집합 A의 진부분집합의 개수

(3) 집합 A의 부분집합 중에서 1, 3을 원소로 갖지 않는 부분집합의 개수

(4) 집합 A의 부분집합 중에서 2, 4, 6, 12를 반드시 원소로 갖는 부분집합의 개수

특정한 원소를 갖거나 갖지 않는 부분집합의 개수

유형편 45쪽

집합 $A=\{1, 2, 4, 8, 16\}$의 부분집합에 대하여 다음을 구하시오.

(1) 1은 반드시 원소로 갖고 4, 8은 원소로 갖지 않는 집합 A의 부분집합의 개수

(2) 적어도 한 개의 4의 배수를 원소로 갖는 집합 A의 부분집합의 개수

공략 Point

(1) 집합 A의 원소 n개 중에서 특정한 k개는 원소로 갖고, l개는 원소로 갖지 않는 부분집합의 개수는
➡ 2^{n-k-l} (단, $k+l<n$)

(2) 조건을 만족시키는 원소를 적어도 한 개는 갖는 부분집합의 개수는
➡ (모든 부분집합의 개수) −(조건을 만족시키는 원소를 갖지 않는 부분집합의 개수)

풀이

(1) 구하는 부분집합의 개수는 집합 A에서 1, 4, 8을 제외한 집합 $\{2, 16\}$의 부분집합의 개수와 같으므로	$2^{5-3}=2^2=\mathbf{4}$

(2) 집합 A의 부분집합의 개수는	$2^5=32$
집합 A의 부분집합 중에서 4의 배수 4, 8, 16을 원소로 갖지 않는 부분집합의 개수는	$2^{5-3}=2^2=4$
따라서 구하는 부분집합의 개수는	$32-4=\mathbf{28}$

문제

정답과 해설 46쪽

07-1 집합 $A=\{1, 2, 3, 4, 5, 6\}$의 부분집합에 대하여 다음을 구하시오.

(1) 1, 3은 반드시 원소로 갖고 4는 원소로 갖지 않는 집합 A의 부분집합의 개수

(2) 적어도 한 개의 소수를 원소로 갖는 집합 A의 부분집합의 개수

07-2 집합 $A=\{x|x$는 8 이하의 자연수$\}$에 대하여 $1\in X$, $2\in X$, $8\notin X$를 모두 만족시키는 집합 A의 부분집합 X의 개수를 구하시오.

07-3 집합 $A=\{x|x$는 18의 양의 약수$\}$에 대하여 집합 A의 진부분집합 중에서 한 개 이상의 홀수를 원소로 갖는 부분집합의 개수를 구하시오.

$A \subset X \subset B$를 만족시키는 집합 X의 개수

유형편 45쪽

두 집합 $A=\{x|x$는 8의 양의 약수$\}$, $B=\{x|x$는 24의 양의 약수$\}$에 대하여 $A \subset X \subset B$를 만족시키는 집합 X의 개수를 구하시오.

공략 Point

$A \subset X \subset B$를 만족시키는 집합 X의 개수는 집합 B의 부분집합 중에서 집합 A의 모든 원소를 반드시 원소로 갖는 부분집합의 개수와 같다.

풀이

집합 A를 원소나열법으로 나타내면	$A=\{1, 2, 4, 8\}$
집합 B를 원소나열법으로 나타내면	$B=\{1, 2, 3, 4, 6, 8, 12, 24\}$
따라서 집합 X의 개수는 집합 B의 부분집합 중에서 1, 2, 4, 8을 반드시 원소로 갖는 부분집합의 개수와 같으므로	$2^{8-4}=2^4=\mathbf{16}$

문제

정답과 해설 46쪽

08-1 $\{a, b\} \subset X \subset \{a, b, c, d, e\}$를 만족시키는 집합 X의 개수를 구하시오.

08-2 두 집합 $A=\{3, 5\}$, $B=\{x|x$는 10 이하의 소수$\}$에 대하여 $A \subset X \subset B$를 만족시키는 집합 X의 개수를 구하시오.

08-3 두 집합 $A=\{1, 2, 3, 4\}$, $B=\{x|x$는 k 이하의 자연수$\}$에 대하여 $A \subset X \subset B$를 만족시키는 집합 X의 개수가 8일 때, 자연수 k의 값을 구하시오.

연습문제

정답과 해설 46쪽

1 보기에서 집합인 것의 개수는?

> 보기
> ㄱ. 소리가 큰 악기의 모임
> ㄴ. 아주 작은 수의 모임
> ㄷ. 우리 반에서 키가 가장 큰 학생의 모임
> ㄹ. 10보다 작은 두 자리의 자연수의 모임
> ㅁ. 100보다 큰 자연수의 모임
> ㅂ. 영어 알파벳 대문자의 모임

① 2 ② 3 ③ 4
④ 5 ⑤ 6

2 다음 중 집합 $A=\{x|x=2^a\times5^b,\ a,\ b$는 자연수$\}$의 원소가 아닌 것은?

① 10 ② 50 ③ 100
④ 150 ⑤ 200

3 다음 중 무한집합인 것은?

① $\{x|x$는 10 이하의 홀수인 소수$\}$
② $\{x|x$는 12의 양의 약수$\}$
③ $\{x|x$는 두 자리의 홀수$\}$
④ $\{x|x^2-6x+8=0,\ x$는 실수$\}$
⑤ $\{x|-1\le x\le3,\ x$는 실수$\}$

4 세 집합
$A=\{x|x$는 20의 양의 약수$\}$,
$B=\{x|x^2<1,\ x$는 정수$\}$,
$C=\{x|x$는 $0<x<50$인 10의 배수$\}$
에 대하여 $n(A)+n(B)-n(C)$의 값은?

① 2 ② 3 ③ 4
④ 5 ⑤ 6

5 다음 중 옳은 것은?

① $n(\{\varnothing\})=0$
② $n(\{1\})<n(\{2\})$
③ $n(A)=n(B)$이면 $A=B$
④ $A\subset B$이면 $n(A)<n(B)$
⑤ $n(\{0\})+n(\varnothing)+n(\{0,\ \varnothing\})=3$

6 집합 $A=\{\varnothing,\ \{\varnothing\},\ 1,\ \{2,\ 3\}\}$에 대하여 보기에서 옳은 것만을 있는 대로 고른 것은?

> 보기
> ㄱ. $\varnothing\in A$ ㄴ. $2\in A$
> ㄷ. $\{1,\ 2\}\in A$ ㄹ. $\{2,\ 3\}\notin A$
> ㅁ. $\varnothing\subset A$ ㅂ. $\{\varnothing,\ \{\varnothing\}\}\subset A$

① ㄱ, ㄴ, ㄹ ② ㄱ, ㄴ, ㅁ ③ ㄱ, ㅁ, ㅂ
④ ㄴ, ㄷ, ㄹ ⑤ ㄷ, ㅁ, ㅂ

연습문제

7 두 집합 A, B에 대하여 보기에서 $B \subset A$이지만 $A \not\subset B$인 것만을 있는 대로 고른 것은?

보기
- ㄱ. $A=\{x \mid x=2n+2,\ n$은 자연수$\}$,
  $B=\{x \mid x$는 4의 양의 배수$\}$
- ㄴ. $A=\{x \mid x=5n,\ n$은 자연수$\}$,
  $B=\{x \mid x$는 5의 양의 배수$\}$
- ㄷ. $A=\{\varnothing\}$, $B=\varnothing$

① ㄱ ② ㄷ ③ ㄱ, ㄴ
④ ㄱ, ㄷ ⑤ ㄱ, ㄴ, ㄷ

8 집합 $A=\{-1, 0, 1\}$에 대하여 두 집합 B, C를

$B=\{x+y \mid x \in A,\ y \in A\}$,
$C=\{xy \mid x \in A,\ y \in A\}$

라 할 때, 다음 중 세 집합 A, B, C 사이의 포함 관계를 바르게 나타낸 것은?

① $A \subset B \subset C$ ② $A=C \subset B$
③ $B=A \subset C$ ④ $B \subset C \subset A$
⑤ $C \subset A=B$

9 두 집합 $A=\{1, a+2\}$, $B=\{4, a-1, a-3\}$에 대하여 $A \subset B$일 때, 상수 a의 값을 구하시오.

10 세 집합

$A=\{x \mid -1<x<5\}$,
$B=\{x \mid a \leq x \leq b\}$,
$C=\{x \mid 0 \leq x<4\}$

에 대하여 $C \subset B \subset A$일 때, 정수 a, b에 대하여 $a+b$의 값을 구하시오.

교육청

11 두 집합 $A=\{a+2, a^2-2\}$, $B=\{2, 6-a\}$에 대하여 $A=B$일 때, a의 값은?

① -2 ② -1 ③ 0
④ 1 ⑤ 2

12 집합 $A=\{1, 2, 3, 4, 5\}$에 대하여 $1 \in X$, $2 \notin X$, $3 \in X$를 모두 만족시키는 집합 A의 부분집합 X의 개수는?

① 2 ② 4 ③ 8
④ 16 ⑤ 32

13 집합 $A=\{x \mid x=2n,\ n$은 5 이하의 자연수$\}$의 부분집합 중에서 2 또는 8을 원소로 갖는 부분집합의 개수를 구하시오.

14 자연수 n에 대하여 집합 $A=\{1, 2, 3, \cdots, n\}$의 부분집합 중에서 1, 2는 반드시 원소로 갖고 3, 4, n은 원소로 갖지 않는 부분집합의 개수가 16일 때, n의 값을 구하시오. (단, $n>4$)

15 두 집합

$A=\{x \mid x^2<4, x는 정수\}$,

$B=\{x \mid |x|<4, x는 정수\}$

에 대하여 $A \subset X \subset B$를 만족시키는 집합 X의 개수는?

① 4 ② 8 ③ 16
④ 32 ⑤ 64

실력

교육청

16 두 집합 $A=\{1, 2, 3, 4, a\}$, $B=\{1, 3, 5\}$에 대하여 집합 $X=\{x+y \mid x \in A, y \in B\}$라 할 때, $n(X)=10$이 되도록 하는 자연수 a의 최댓값을 구하시오.

17 자연수를 원소로 갖는 집합 A에 대하여

$x \in A$이면 $(8-x) \in A$

를 만족시키는 집합 A의 개수를 구하시오.

18 집합 $A=\{4, 5, 6, 7, 8, 9\}$에 대하여 다음 조건을 만족시키는 집합 A의 부분집합 X의 개수는?

(가) $n(X) \geq 2$
(나) 집합 X의 모든 원소의 곱은 8의 배수이다.

① 35 ② 36 ③ 37
④ 38 ⑤ 39

교육청

19 자연수 n에 대하여 자연수 전체의 집합의 부분집합 A_n을 다음과 같이 정의하자.

$A_n=\{x \mid x는 \sqrt{n} 이하의 홀수\}$

$A_n \subset A_{25}$를 만족시키는 n의 최댓값을 구하시오.

20 집합 $A=\{-1, 0, 1, 2\}$의 서로 다른 16개의 부분집합을 A_1, A_2, A_3, $\cdots$, A_{16}이라 하자. 집합 A_1의 모든 원소의 합을 a_1, 집합 A_2의 모든 원소의 합을 a_2, $\cdots$, 집합 A_{16}의 모든 원소의 합을 a_{16}이라 할 때, $a_1+a_2+a_3+\cdots+a_{16}$의 값은?

① 2 ② 8 ③ 16
④ 24 ⑤ 32

집합의 연산

❶ 합집합과 교집합

(1) 합집합

두 집합 A, B에 대하여 A에 속하거나 B에 속하는 모든 원소로 이루어진 집합을 A와 B의 **합집합**이라 하고, 기호로 $\boldsymbol{A \cup B}$와 같이 나타낸다.

두 집합 A와 B의 합집합을 조건제시법으로 나타내면

$A \cup B = \{x \mid x \in A$ 또는 $x \in B\}$

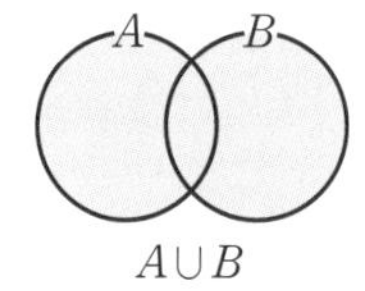

$A \cup B$

(2) 교집합

두 집합 A, B에 대하여 A에도 속하고 B에도 속하는 모든 원소로 이루어진 집합을 A와 B의 **교집합**이라 하고, 기호로 $\boldsymbol{A \cap B}$와 같이 나타낸다.

두 집합 A와 B의 교집합을 조건제시법으로 나타내면

$A \cap B = \{x \mid x \in A$ 그리고 $x \in B\}$

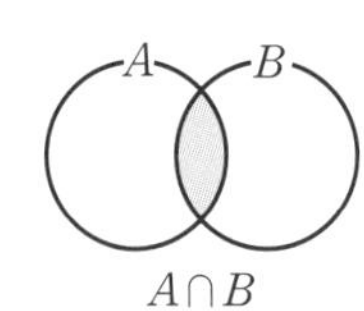

$A \cap B$

(3) 서로소

두 집합 A, B에 대하여 A와 B의 공통인 원소가 하나도 없을 때, 즉 $A \cap B = \varnothing$일 때, A와 B는 **서로소**라 한다.

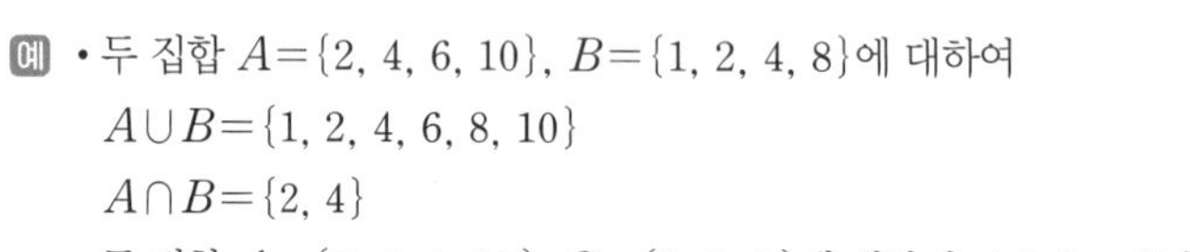

예 • 두 집합 $A = \{2, 4, 6, 10\}$, $B = \{1, 2, 4, 8\}$에 대하여

$A \cup B = \{1, 2, 4, 6, 8, 10\}$

$A \cap B = \{2, 4\}$

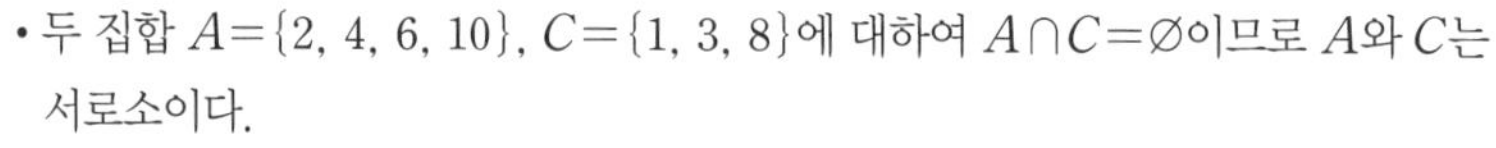

• 두 집합 $A = \{2, 4, 6, 10\}$, $C = \{1, 3, 8\}$에 대하여 $A \cap C = \varnothing$이므로 A와 C는 서로소이다.

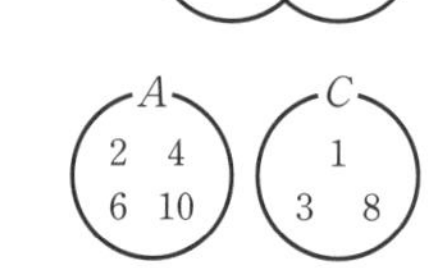

참고 두 집합 A, B에 대하여 다음과 같은 포함 관계가 성립한다.

$A \subset (A \cup B)$, $B \subset (A \cup B)$, $(A \cap B) \subset A$, $(A \cap B) \subset B$

❷ 합집합과 교집합의 성질

두 집합 A, B에 대하여

(1) $A \cup \varnothing = A$, $A \cap \varnothing = \varnothing$

(2) $A \cup A = A$, $A \cap A = A$

(3) $A \cup (A \cap B) = A$, $A \cap (A \cup B) = A$

참고 (1) 임의의 집합 A에 대하여 $A \cap \varnothing = \varnothing$이므로 공집합은 임의의 집합과 서로소이다.

(3) • $A \cup (A \cap B) = A$

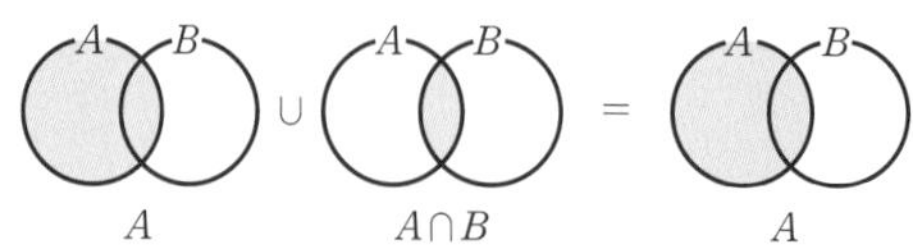

• $A \cap (A \cup B) = A$

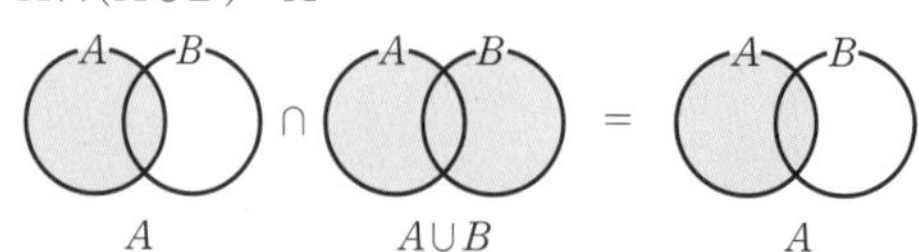

3 여집합과 차집합

(1) 전체집합

주어진 집합에 대하여 그 부분집합을 생각할 때, 처음에 주어진 집합을 **전체집합**이라 하고, 기호로 $\boldsymbol{U}$와 같이 나타낸다.

(2) 여집합

집합 A가 전체집합 U의 부분집합일 때, U의 원소 중에서 A에 속하지 않는 모든 원소로 이루어진 집합을 U에 대한 A의 **여집합**이라 하고, 기호로 $\boldsymbol{A^C}$과 같이 나타낸다.

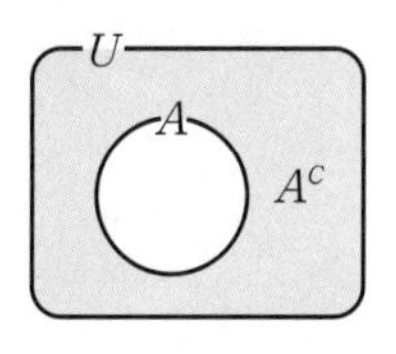

전체집합 U의 부분집합 A에 대하여 A의 여집합을 조건제시법으로 나타내면

$A^C=\{x \mid x\in U$ 그리고 $x\notin A\}$

(3) 차집합

두 집합 A, B에 대하여 A에는 속하지만 B에는 속하지 않는 모든 원소로 이루어진 집합을 A에 대한 B의 **차집합**이라 하고, 기호로 $\boldsymbol{A-B}$와 같이 나타낸다.

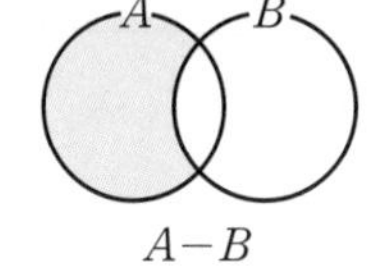

$A-B$

집합 A에 대한 집합 B의 차집합을 조건제시법으로 나타내면

$A-B=\{x \mid x\in A$ 그리고 $x\notin B\}$

참고 • 기호 U는 전체를 뜻하는 Universal의 첫 글자이다.
• 기호 A^C에서 C는 여집합을 뜻하는 Complement의 첫 글자이다.

4 여집합과 차집합의 성질

전체집합 U의 두 부분집합 A, B에 대하여

(1) $A\cup A^C=U$, $A\cap A^C=\varnothing$　　(2) $\varnothing^C=U$, $U^C=\varnothing$

(3) $(A^C)^C=A$　　(4) $U-A=A^C$

(5) $A-B=A\cap B^C=A-(A\cap B)=(A\cup B)-B=B^C-A^C$

참고 (5)

$A-B$ = A $\cap$ B^C = A $-$ $A\cap B$

= $A\cup B$ $-$ B = B^C $-$ A^C

5 집합의 연산을 이용한 여러 가지 표현

전체집합 U의 두 부분집합 A, B에 대하여

(1) $B\subset A$와 같은 표현

① $A\cup B=A$　　② $A\cap B=B$

③ $B-A=\varnothing$　　④ $A^C\subset B^C$

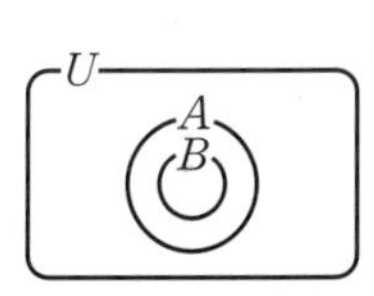

(2) $A\cap B=\varnothing$(A와 B는 서로소)과 같은 표현

① $A-B=A$　　② $B-A=B$

③ $A\subset B^C$　　④ $B\subset A^C$

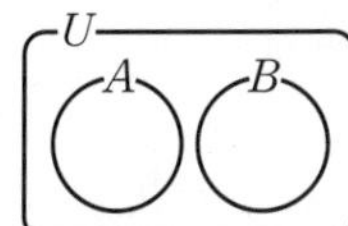

개념 Check

정답과 해설 49쪽

1 다음 두 집합 A, B에 대하여 $A\cup B$, $A\cap B$를 각각 구하시오.

(1) $A=\{a, b\}$, $B=\{b, c\}$

(2) $A=\{1, 2\}$, $B=\{1, 2, 3, 4\}$

(3) $A=\{1, 2, 3, 4\}$, $B=\{3, 4, 5, 6\}$

(4) $A=\{x|x$는 18의 양의 약수$\}$, $B=\{x|x$는 6의 양의 약수$\}$

2 다음 두 집합 A, B가 서로소인지 아닌지 말하시오.

(1) $A=\{x|0<x<3\}$, $B=\{x|2<x<5\}$

(2) $A=\{x|x^2+5x+4=0\}$, $B=\{x|x^2-4=0\}$

3 전체집합 $U=\{1, 2, 3, 4, 5, 6\}$의 두 부분집합 $A=\{3, 6\}$, $B=\{1, 3, 5\}$에 대하여 다음 집합을 구하시오.

(1) A^C

(2) B^C

(3) $A-B$

(4) $B-A$

(5) $(A\cap B)^C$

(6) $(A\cup B)^C$

4 전체집합 U의 두 부분집합 A, B에 대하여 보기에서 옳은 것만을 있는 대로 고르시오.

보기

ㄱ. $A\cap A^C=\varnothing$

ㄴ. $A\cup A^C=U$

ㄷ. $(A\cup\varnothing)\cap A=A$

ㄹ. $(A^C)^C\cap U=U$

ㅁ. $A\cup(A\cap B)=A$

ㅂ. $A^C\cap B=A-B$

필수 예제 01 집합의 연산

유형편 46쪽

전체집합 $U=\{x|x$는 12의 양의 약수$\}$의 두 부분집합

$A=\{x|x$는 짝수$\}$, $B=\{x|x$는 3의 배수$\}$

에 대하여 다음 집합을 구하시오.

(1) $A\cap B^C$ (2) $A^C\cup B$ (3) $A-B^C$ (4) $U-A^C$

공략 Point

전체집합 U의 두 부분집합 A, B에 대하여

- $A\cup B=\{x|x\in A$ 또는 $x\in B\}$
- $A\cap B=\{x|x\in A$ 그리고 $x\in B\}$
- $A^C=\{x|x\in U$ 그리고 $x\notin A\}$
- $A-B=\{x|x\in A$ 그리고 $x\notin B\}$

풀이

집합 U, A, B를 원소나열법으로 나타내면	$U=\{1, 2, 3, 4, 6, 12\}$, $A=\{2, 4, 6, 12\}$, $B=\{3, 6, 12\}$
집합 A^C, B^C을 구하면	$A^C=\{1, 3\}$, $B^C=\{1, 2, 4\}$
(1) 집합 $A\cap B^C$을 구하면	$A\cap B^C=\{2, 4\}$
(2) 집합 $A^C\cup B$를 구하면	$A^C\cup B=\{1, 3, 6, 12\}$
(3) 집합 $A-B^C$을 구하면	$A-B^C=\{6, 12\}$
(4) 집합 $U-A^C$을 구하면	$U-A^C=\{2, 4, 6, 12\}$

공략 Point

여집합과 차집합의 성질을 이용하여 집합을 간단히 한 후 구한다.

다른 풀이 여집합과 차집합의 성질 이용

(1) $A\cap B^C=A-B$이므로	$A\cap B^C=A-B=\{2, 4\}$
(3) $A-B^C=A\cap(B^C)^C=A\cap B$이므로	$A-B^C=A\cap B=\{6, 12\}$
(4) $U-A^C=U\cap(A^C)^C=U\cap A=A$이므로	$U-A^C=A=\{2, 4, 6, 12\}$

문제

정답과 해설 49쪽

01-1 세 집합

$A=\{x|x$는 15의 양의 약수$\}$, $B=\{x|x$는 18의 양의 약수$\}$, $C=\{x|x$는 20의 양의 약수$\}$

에 대하여 다음 집합을 구하시오.

(1) $A\cap(B\cup C)$ (2) $(A\cap B)\cup C$

01-2 전체집합 $U=\{1, 2, 3, 4, 5, 6\}$의 부분집합 $A=\{2, 4, 6\}$에 대하여 A^C의 모든 원소의 합을 구하시오.

01-3 전체집합 $U=\{x|x$는 10 이하의 자연수$\}$의 두 부분집합 $A=\{x|x$는 2의 배수$\}$, $B=\{x|x$는 3의 배수$\}$에 대하여 $n(B-A^C)$을 구하시오.

필수 예제 02 집합의 연산 조건을 만족시키는 집합 구하기

유형편 46쪽

전체집합 $U=\{1, 2, 3, 4, 5, 6, 7, 8, 9\}$의 두 부분집합 A, B에 대하여

$$(A\cup B)^C=\{2, 4, 6\},\ A\cap B=\{7\},\ B\cap A^C=\{3, 5\}$$

일 때, 집합 A를 구하시오.

공략 Point

주어진 조건을 만족시키도록 벤 다이어그램에 원소를 써넣어 집합을 구한다.

풀이

차집합의 성질에 의하여 $B\cap A^C=B-A$이므로 $B-A=\{3, 5\}$

벤 다이어그램을 그려 세 집합 $(A\cup B)^C$, $A\cap B$, $B-A$의 원소를 써넣은 후 남은 부분인 $A-B$에 전체집합 U에서 남은 원소 1, 8, 9를 써넣으면

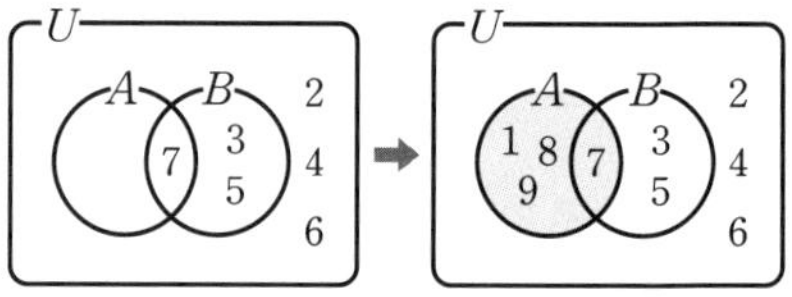

따라서 구하는 집합 A는 $A=\{\mathbf{1, 7, 8, 9}\}$

● 문제

정답과 해설 49쪽

02-1 두 집합 A, B에 대하여

$$B=\{1, 7, 13, 16\},\ A\cap B=\{7, 16\},\ A\cup B=\{1, 4, 7, 10, 13, 16, 19\}$$

일 때, 집합 A를 구하시오.

02-2 전체집합 $U=\{a, b, c, d, e, f, g, h\}$의 두 부분집합 A, B에 대하여

$$A\cap B=\{c\},\ A\cap B^C=\{d, e\},\ (A\cup B)^C=\{a, h\}$$

일 때, 집합 $B-A$를 구하시오.

02-3 전체집합 $U=\{1, 2, 3, 4, 5, 6\}$의 두 부분집합 A, B에 대하여

$$A-B=\{2, 3\},\ B-A=\{5\},\ (A\cap B)^C=\{1, 2, 3, 5, 6\}$$

일 때, 집합 B의 모든 원소의 합을 구하시오.

집합의 연산 조건을 만족시키는 미지수 구하기

유형편 47쪽

두 집합 $A=\{2, 3, 5, a^2-5\}$, $B=\{4, a-1, 6-a\}$에 대하여 $A-B=\{5\}$일 때, 상수 a의 값을 구하시오.

공략 Point

집합 $A\cap B$에 속하는 원소는 집합 A에도 속하고 집합 B에도 속함을 이용하여 미지수의 값을 구한다.

풀이

$A=\{2, 3, 5, a^2-5\}$, $A-B=\{5\}$에서	$A\cap B=\{2, 3, a^2-5\}$
$2\in B$이므로	$a-1=2$ 또는 $6-a=2$ $\therefore a=3$ 또는 $a=4$
(i) $a=3$일 때	$A=\{2, 3, 4, 5\}$, $B=\{2, 3, 4\}$ $\therefore A-B=\{5\}$ 따라서 조건을 만족시킨다.
(ii) $a=4$일 때	$A=\{2, 3, 5, 11\}$, $B=\{2, 3, 4\}$ $\therefore A-B=\{5, 11\}$ 따라서 조건을 만족시키지 않는다.
(i), (ii)에서	$a=$**3**

문제

정답과 해설 50쪽

03-1 두 집합 $A=\{-3, 0, 2, 2a-b\}$, $B=\{-3, 6, a-2b\}$에 대하여 $A-B=\{2\}$일 때, 상수 a, b의 값을 구하시오.

03-2 두 집합 $A=\{2, 3, a^2-a\}$, $B=\{2, a+3, a^2-3a+1\}$에 대하여 $A\cap B=\{2, 6\}$일 때, 집합 $B-A$를 구하시오. (단, a는 상수)

03-3 두 집합 $A=\{1, 2, a\}$, $B=\{2, 4, 5, a+1\}$에 대하여 $A\cup B=\{1, 2, 4, 5, 6\}$일 때, 집합 $A\cap B$의 모든 원소의 합을 구하시오. (단, a는 상수)

필수 예제 04 집합의 연산과 포함 관계

유형편 48쪽

전체집합 U의 두 부분집합 A, B에 대하여 $B \subset A$일 때, 다음 중 항상 옳은 것은?

① $A \cap B = B$ ② $A \cup B = B$ ③ $A - B = \varnothing$
④ $A^C \cup B = U$ ⑤ $B^C \subset A^C$

공략 Point

$B \subset A$이면
➡ $A \cup B = A$, $A \cap B = B$, $B - A = \varnothing$, $A^C \subset B^C$

풀이

$B \subset A$일 때, 각각의 경우를 벤 다이어그램을 이용하여 확인해 보면

① 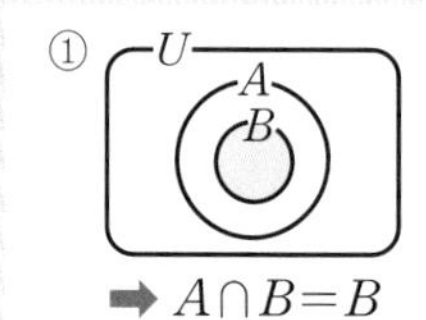

➡ $A \cap B = B$

② ➡ $A \cup B = A$

③ 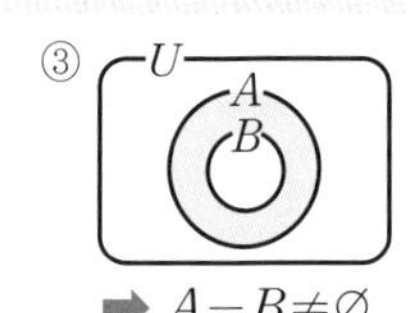

➡ $A - B \neq \varnothing$

④ ➡ $A^C \cup B \neq U$

⑤ 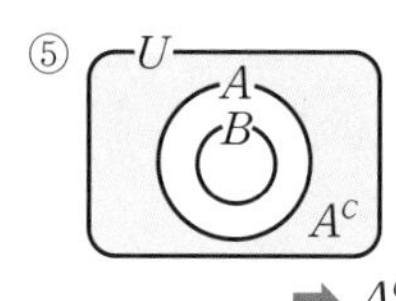

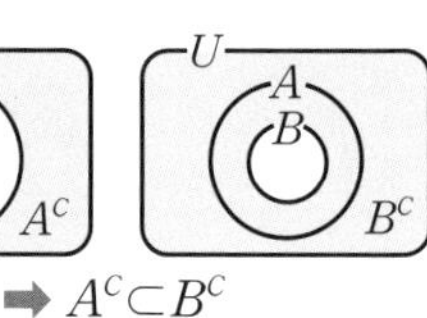

➡ $A^C \subset B^C$

따라서 항상 옳은 것은 ①

문제

정답과 해설 50쪽

04-1 전체집합 U의 두 부분집합 A, B에 대하여 $B^C \subset A^C$일 때, 다음 중 옳지 않은 것은?

① $A \subset B$ ② $(A \cup B) - B = \varnothing$ ③ $A^C \cup B = U$
④ $A \cap B = A$ ⑤ $A^C - B^C = \varnothing$

04-2 전체집합 U의 두 부분집합 A, B에 대하여 A와 B가 서로소일 때, 보기에서 항상 옳은 것만을 있는 대로 고르시오.

보기

ㄱ. $A - B = A$ ㄴ. $B - A = B$
ㄷ. $(A \cap B)^C = U$ ㄹ. $A \cup B = A$
ㅁ. $A \cup B^C = U$ ㅂ. A와 $B - A$는 서로소이다.

필수 예제 05 집합의 연산 조건을 만족시키는 부분집합의 개수

유형편 48쪽

전체집합 $U=\{x|x$는 자연수$\}$의 세 부분집합 A, B, X에 대하여 $A=\{1, 2, 3, 4, 5\}$, $B=\{4, 5\}$일 때, $A\cap X=X$, $(A\cap B^C)\cup X=X$를 만족시키는 집합 X의 개수를 구하시오.

공략 Point

집합 X와 주어진 집합 사이의 포함 관계를 확인하여 집합 X가 반드시 갖는 원소와 갖지 않는 원소를 찾는다.

풀이

$A\cap X=X$에서	$X\subset A$ …… ㉠
$(A\cap B^C)\cup X=X$에서	$(A\cap B^C)\subset X$ $\therefore (A-B)\subset X$ …… ㉡
㉠, ㉡에서	$(A-B)\subset X\subset A$ $\therefore \{1, 2, 3\}\subset X\subset\{1, 2, 3, 4, 5\}$
따라서 집합 X의 개수는 집합 A의 부분집합 중에서 1, 2, 3을 반드시 원소로 갖는 부분집합의 개수와 같으므로	$2^{5-3}=2^2=$**4**

문제

정답과 해설 50쪽

05-1 전체집합 $U=\{0, 1, 2, 3, 4, 5\}$의 두 부분집합 A, B에 대하여 $A=\{1, 5\}$일 때, $A\cup B=U$를 만족시키는 집합 B의 개수를 구하시오.

05-2 전체집합 $U=\{1, 2, 3, 4, 5, 6, 7, 8\}$의 세 부분집합 A, B, X에 대하여 $A=\{2, 4, 6\}$, $B=\{1, 8\}$일 때, $A-X=A$, $B-X=\varnothing$을 만족시키는 집합 X의 개수를 구하시오.

05-3 전체집합 $U=\{x|x$는 9 이하의 자연수$\}$의 세 부분집합 A, B, X에 대하여 $A=\{1, 2, 3\}$, $B=\{3, 4, 5, 6\}$일 때, $A\cup X=X$, $(B-A)\cap X=\{5, 6\}$을 만족시키는 집합 X의 개수를 구하시오.

집합의 연산 법칙

❶ 집합의 연산 법칙

세 집합 A, B, C에 대하여

(1) 교환법칙: $A\cup B=B\cup A$, $A\cap B=B\cap A$

(2) 결합법칙: $(A\cup B)\cup C=A\cup(B\cup C)$, $(A\cap B)\cap C=A\cap(B\cap C)$

(3) 분배법칙: $A\cap(B\cup C)=(A\cap B)\cup(A\cap C)$, $A\cup(B\cap C)=(A\cup B)\cap(A\cup C)$

참고 (2) 세 집합 A, B, C에 대하여 결합법칙이 성립하므로 괄호를 생략하여 $A\cup B\cup C$, $A\cap B\cap C$로 나타내기도 한다.

(3) • $A\cap(B\cup C)=(A\cap B)\cup(A\cap C)$

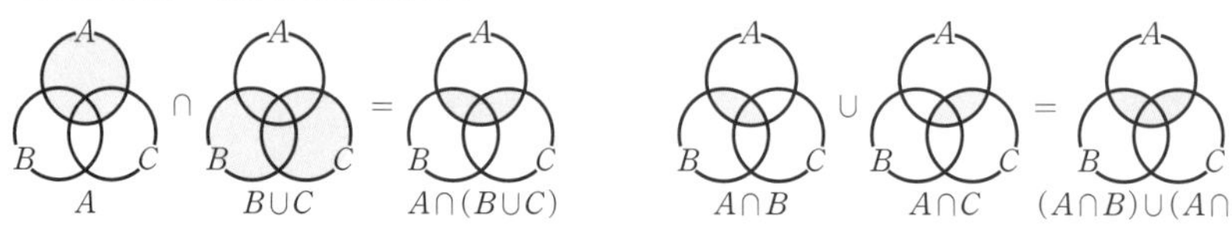

• $A\cup(B\cap C)=(A\cup B)\cap(A\cup C)$

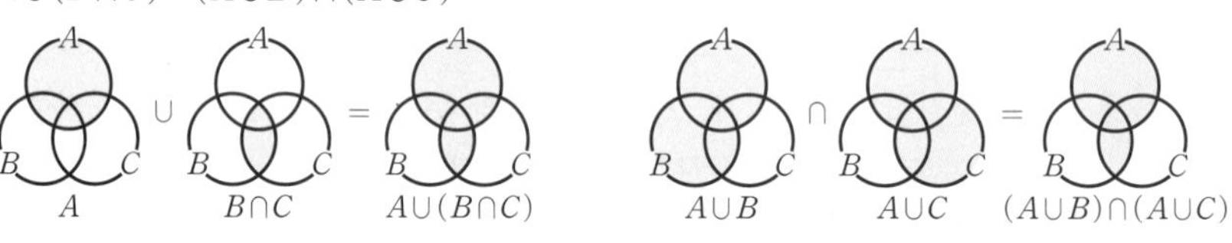

❷ 드모르간 법칙

전체집합 U의 두 부분집합 A, B에 대하여

(1) $(A\cup B)^C=A^C\cap B^C$

(2) $(A\cap B)^C=A^C\cup B^C$

참고 (1) $(A\cup B)^C=A^C\cap B^C$

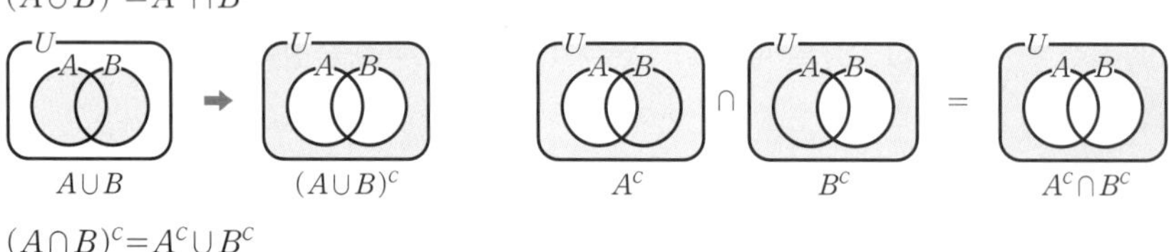

(2) $(A\cap B)^C=A^C\cup B^C$

$A\cap B$ → $(A\cap B)^C$ $\quad$ A^C ∪ B^C = $A^C\cup B^C$

개념 Check

정답과 해설 51쪽

1 전체집합 $U=\{1, 2, 3, 4, 5, 6, 7\}$의 세 부분집합 $A=\{1, 2, 3, 4\}$, $B=\{2, 3, 5, 7\}$, $C=\{1, 3, 5, 6\}$에 대하여 다음 집합을 구하시오.

(1) $(A\cup B)\cap(A\cup C)$

(2) $A\cup(B\cap C)$

(3) $(A\cup B)^C$

(4) $A^C\cap B^C$

필수 예제 06

집합의 연산 법칙

유형편 49쪽

전체집합 U의 세 부분집합 A, B, C에 대하여 다음 중 $(A-B)\cup(A-C)$와 항상 같은 집합은?

① $A\cap B\cap C$ ② $A\cap(B\cup C)$ ③ $A\cap(B-C)$
④ $A-(B\cap C)$ ⑤ $A-(B\cup C)$

공략 Point

집합의 연산 법칙과 드모르간 법칙을 이용하여 주어진 집합을 간단히 한다.

풀이

차집합의 성질에 의하여	$(A-B)\cup(A-C)=(A\cap B^C)\cup(A\cap C^C)$
분배법칙에 의하여	$=A\cap(B^C\cup C^C)$
드모르간 법칙에 의하여	$=A\cap(B\cap C)^C$
차집합의 성질에 의하여	$=A-(B\cap C)$
따라서 주어진 집합과 항상 같은 집합은	④

문제

정답과 해설 51쪽

06-1 전체집합 U의 두 부분집합 A, B에 대하여 다음을 간단히 하시오.

(1) $(A\cup B)\cap(B-A)^C$ (2) $(A-B)^C\cap A$

06-2 전체집합 U의 세 부분집합 A, B, C에 대하여 다음 중 $(A-B^C)\cap(B^C-C)^C$과 항상 같은 집합은?

① $A\cap B$ ② $A^C\cup B$ ③ $A\cup B\cup C$
④ $A\cap B^C\cap C$ ⑤ $A\cap B\cap C^C$

06-3 전체집합 U의 세 부분집합 A, B, C에 대하여 집합의 연산 법칙을 이용하여 등식

$$\{B\cap(A\cup B)\}\cap\{A-(A\cap C^C)\}=A\cap B\cap C$$

가 성립함을 증명하시오.

필수 예제 07 집합의 연산 법칙과 포함 관계

유형편 50쪽

전체집합 U의 두 부분집합 A, B에 대하여 $\{(A\cup B^{C})\cap(A\cap B)^{C}\}\cap A=A$일 때, 보기에서 항상 옳은 것만을 있는 대로 고르시오.

보기

ㄱ. $A\cup B=A$　　ㄴ. $A\cap B=\varnothing$　　ㄷ. $A\subset B$

공략 Point

집합의 연산 법칙을 이용하여 주어진 집합에 대한 식을 간단히 한 후 두 집합 사이의 포함 관계를 확인한다.

풀이

드모르간 법칙에 의하여	$\{(A\cup B^{C})\cap(A\cap B)^{C}\}\cap A=\{(A\cup B^{C})\cap(A^{C}\cup B^{C})\}\cap A$
분배법칙에 의하여	$=\{(A\cap A^{C})\cup B^{C}\}\cap A$
여집합의 성질에 의하여	$=(\varnothing\cup B^{C})\cap A$
합집합의 성질에 의하여	$=B^{C}\cap A$
즉, $B^{C}\cap A=A$이므로	$A\subset B^{C}$
따라서 두 집합 A와 B는 서로소이므로 보기에서 항상 옳은 것은	ㄴ

문제

정답과 해설 51쪽

07-1 전체집합 U의 두 부분집합 A, B에 대하여 $(A\cup B)-(A^{C}\cap B)=A\cup B$일 때, 다음 중 항상 옳은 것은?

① $A\subset B$　② $A=B$　③ $A\cap B=A$
④ $A-B=\varnothing$　⑤ $B-A=\varnothing$

07-2 전체집합 U의 두 부분집합 A, B에 대하여 $(A-B)^{C}-B=\varnothing$일 때, 다음 중 항상 옳은 것은?

① $A\subset B$　② $B\subset A$　③ $A=B$
④ $A\cup B=U$　⑤ $A\cap B=\varnothing$

필수 예제 08 새롭게 정의된 집합의 연산

유형편 50쪽

전체집합 U의 두 부분집합 A, B에 대하여 연산 △를

$$A\triangle B=(A-B)\cup(B-A)$$

라 할 때, 보기에서 항상 옳은 것만을 있는 대로 고르시오.

보기

ㄱ. $A\triangle A^{C}=\varnothing$ ㄴ. $A\triangle A=U$ ㄷ. $U\triangle\varnothing=U$

공략 Point

대칭차집합

두 차집합 $A-B$와 $B-A$의 합집합을 대칭차집합이라 한다.

⇒ $A\triangle B$
$=(A-B)\cup(B-A)$
$=(A\cup B)-(A\cap B)$
$=(A\cup B)\cap(A\cap B)^{C}$

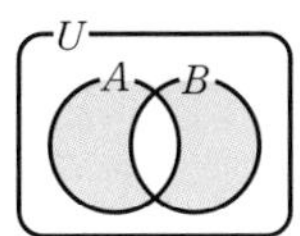

풀이

ㄱ. 연산 △의 정의에 의하여	$A\triangle A^{C}=(A-A^{C})\cup(A^{C}-A)$
차집합의 성질에 의하여	$=(A\cap A)\cup(A^{C}\cap A^{C})$
교집합의 성질에 의하여	$=A\cup A^{C}$
여집합의 성질에 의하여	$=U$
ㄴ. 연산 △의 정의에 의하여	$A\triangle A=(A-A)\cup(A-A)$ $=\varnothing\cup\varnothing=\varnothing$
ㄷ. 연산 △의 정의에 의하여	$U\triangle\varnothing=(U-\varnothing)\cup(\varnothing-U)$ $=U\cup\varnothing=U$
따라서 보기에서 항상 옳은 것은	ㄷ

문제

정답과 해설 51쪽

08-1 전체집합 U의 두 부분집합 A, B에 대하여 연산 ◇를

$$A\diamond B=(A\cup B)-(A\cap B)$$

라 할 때, 보기에서 항상 옳은 것만을 있는 대로 고르시오.

보기

ㄱ. $A\diamond B=B\diamond A$ ㄴ. $A^{C}\diamond B^{C}=A\diamond B$ ㄷ. $A\diamond U=\varnothing$

08-2 전체집합 U의 두 부분집합 A, B에 대하여 연산 ◎를

$$A◎B=(A\cup B)^{C}\cup B$$

라 할 때, $(A◎B)◎B$를 간단히 하시오.

배수의 집합의 연산

유형편 51쪽

자연수 k의 양의 배수의 집합을 A_k라 할 때, 다음을 구하시오.

(1) $A_n \subset (A_{15} \cap A_{20})$을 만족시키는 자연수 n의 최솟값

(2) $A_{16} \cap (A_8 \cup A_{12}) = A_n$을 만족시키는 자연수 n의 값

공략 Point

자연수 k의 양의 배수의 집합을 A_k라 할 때

(1) m이 n의 배수이면
➡ $A_m \subset A_n$

(2) $A_m \cap A_n$
➡ m, n의 공배수의 집합

풀이

(1) $A_{15} \cap A_{20}$은 15와 20의 공배수, 즉 60의 배수의 집합이므로	$A_{15} \cap A_{20} = A_{60}$
따라서 $A_n \subset A_{60}$에서 n은 60의 배수이므로 자연수 n의 최솟값은	**60**
(2) 분배법칙에 의하여 주어진 식의 좌변은	$A_{16} \cap (A_8 \cup A_{12}) = (A_{16} \cap A_8) \cup (A_{16} \cap A_{12})$
16은 8의 배수이므로 $A_{16} \subset A_8$에서	$A_{16} \cap A_8 = A_{16}$
$A_{16} \cap A_{12}$는 16과 12의 공배수, 즉 48의 배수의 집합이므로	$A_{16} \cap A_{12} = A_{48}$
따라서 $A_{16} \cap (A_8 \cup A_{12}) = A_{16} \cup A_{48}$이고 $A_{48} \subset A_{16}$이므로	$A_{16} \cap (A_8 \cup A_{12}) = A_{16}$ $\therefore n = \mathbf{16}$

문제

정답과 해설 52쪽

09-1 자연수 k의 양의 배수의 집합을 A_k라 할 때, $A_n \subset \{(A_2 \cap A_3) \cup A_{12}\}$를 만족시키는 자연수 n의 최솟값을 구하시오.

09-2 자연수 k의 양의 배수의 집합을 A_k라 할 때, $(A_{18} \cup A_{36}) \cap (A_{24} \cup A_{36}) = A_n$을 만족시키는 자연수 n의 값을 구하시오.

09-3 전체집합 $U = \{x \mid x$는 100 이하의 자연수$\}$의 부분집합 중 자연수 k의 배수의 집합을 A_k라 할 때, 집합 $(A_2 \cup A_3) \cap A_8$의 원소의 개수를 구하시오.

유한집합의 원소의 개수

❶ 합집합의 원소의 개수

(1) 두 집합 A, B가 유한집합일 때,

$$n(A\cup B)=n(A)+n(B)-n(A\cap B)$$

특히 $A\cap B=\varnothing$이면 $n(A\cap B)=0$이므로 $n(A\cup B)=n(A)+n(B)$

(2) 세 집합 A, B, C가 유한집합일 때,

$$n(A\cup B\cup C)$$
$$=n(A)+n(B)+n(C)-n(A\cap B)-n(B\cap C)-n(C\cap A)+n(A\cap B\cap C)$$

❷ 여집합과 차집합의 원소의 개수

전체집합 U의 두 부분집합 A, B가 유한집합일 때

(1) $n(A^C)=n(U)-n(A)$

(2) $n(A-B)=n(A)-n(A\cap B)=n(A\cup B)-n(B)$

특히 $B\subset A$이면 $A\cap B=B$, $A\cup B=A$이므로 $n(A-B)=n(A)-n(B)$

주의 일반적으로 $n(A-B)\neq n(A)-n(B)$임에 유의한다.

개념 Plus

유한집합의 원소의 개수를 벤 다이어그램으로 확인하기

두 집합 A, B에 대하여 $n(A-B)=a$, $n(A\cap B)=b$, $n(B-A)=c$라 하면

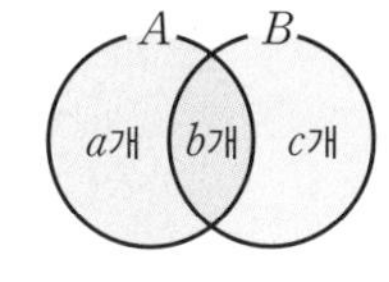

$$n(A\cup B)=a+b+c=(a+b)+(b+c)-b$$
$$=n(A)+n(B)-n(A\cap B)$$
$$n(A-B)=a=(a+b)-b$$
$$=n(A)-n(A\cap B)$$
$$n(A-B)=a=(a+b+c)-(b+c)$$
$$=n(A\cup B)-n(B)$$

개념 Check

정답과 해설 52쪽

1 두 집합 A, B에 대하여 다음을 구하시오.

(1) $n(A)=20$, $n(B)=35$, $n(A\cap B)=10$일 때, $n(A\cup B)$

(2) $n(A)=17$, $n(B)=23$, $n(A\cup B)=32$일 때, $n(A\cap B)$

2 전체집합 U의 두 부분집합 A, B에 대하여

$$n(U)=30,\ n(A)=13,\ n(B)=15,\ n(A\cup B)=25$$

일 때, 다음을 구하시오.

(1) $n(A^C)$　　(2) $n(B^C)$　　(3) $n(A-B)$　　(4) $n(B-A)$

유한집합의 원소의 개수

유형편 51쪽

전체집합 U의 두 부분집합 A, B에 대하여

$$n(U)=80,\ n(A)=52,\ n(A\cap B)=20,\ n(A^C\cap B^C)=13$$

일 때, $n(B)$를 구하시오.

공략 Point

전체집합 U의 두 부분집합 A, B에 대하여

(1) $n(A\cup B)=n(A)+n(B)-n(A\cap B)$

(2) $n(A^C)=n(U)-n(A)$

풀이

$A^C\cap B^C=(A\cup B)^C$이므로	$n((A\cup B)^C)=13$
$n((A\cup B)^C)=n(U)-n(A\cup B)$이므로	$n(A\cup B)=n(U)-n((A\cup B)^C)$ $=80-13=67$
따라서 $n(A\cup B)=n(A)+n(B)-n(A\cap B)$이므로	$n(B)=n(A\cup B)+n(A\cap B)-n(A)$ $=67+20-52=\mathbf{35}$

문제

정답과 해설 52쪽

10-1 전체집합 U의 두 부분집합 A, B에 대하여

$$n(U)=70,\ n(A)=42,\ n(B-A)=11$$

일 때, $n(A^C\cap B^C)$을 구하시오.

10-2 전체집합 U의 두 부분집합 A, B에 대하여

$$n(U)=50,\ n(A^C\cup B^C)=32,\ n(A\cup B)=25$$

일 때, $n(A)+n(B)$의 값을 구하시오.

10-3 전체집합 U의 세 부분집합 A, B, C에 대하여 $A\cap C=\varnothing$이고

$$n(A)=11,\ n(B)=10,\ n(C)=8,\ n(A\cup B)=16,\ n(B\cup C)=13$$

일 때, $n(A\cup B\cup C)$를 구하시오.

필수 예제 11 유한집합의 원소의 개수의 활용

유형편 52쪽

전체 학생이 40명인 어느 반 학생들에게 수학 1문제, 과학 1문제를 풀게 하고 채점하였더니 수학 문제를 맞힌 학생은 22명, 과학 문제를 맞힌 학생은 18명, 수학과 과학 문제를 모두 틀린 학생은 10명이었다. 이때 수학 문제만 맞힌 학생 수를 구하시오.

공략 Point

다음을 이용하여 주어진 조건을 집합으로 나타낸다.
(1) '또는', '적어도 하나는' ➡ $A\cup B$
(2) '모두', '둘 다 ~하는' ➡ $A\cap B$
(3) '둘 중 어느 것도 ~하지 않는' ➡ $(A\cup B)^C$
(4) '하나만 ~하는' ➡ $A-B$ 또는 $B-A$

풀이

반 전체 학생의 집합을 U, 수학 문제를 맞힌 학생의 집합을 A, 과학 문제를 맞힌 학생의 집합을 B라 하면	$n(U)=40,\ n(A)=22,\ n(B)=18$
수학과 과학 문제를 모두 틀린 학생의 집합은 $A^C\cap B^C=(A\cup B)^C$이므로	$n((A\cup B)^C)=10$
$n((A\cup B)^C)=n(U)-n(A\cup B)$이므로	$n(A\cup B)=n(U)-n((A\cup B)^C)$ $=40-10=30$
수학 문제만 맞힌 학생의 집합은 $A-B$이므로	$n(A-B)=n(A\cup B)-n(B)$ $=30-18=12$
따라서 구하는 학생 수는	**12**

문제

정답과 해설 52쪽

11-1 전체 학생이 50명인 어느 반 학생들을 대상으로 두 여행지 A, B에 대한 방문 여부를 조사하였더니 여행지 A에 가 본 학생은 28명, 두 여행지 A, B에 모두 가 본 학생은 11명, 두 여행지 A, B에 모두 가 보지 않은 학생은 9명이었다. 이때 여행지 B에 가 본 학생 수를 구하시오.

11-2 어느 반 학생 35명이 방과 후 교육 활동으로 컴퓨터와 논술 중에서 적어도 하나를 신청하였을 때, 컴퓨터를 신청한 학생은 21명, 논술을 신청한 학생은 26명이었다. 이때 두 가지 중에서 한 가지만 신청한 학생 수를 구하시오.

UP 필수예제 12

유한집합의 원소의 개수의 최대, 최소

유형편 52쪽

전체 회원이 60명인 어느 등산 동호회에서 설악산을 등반해 본 회원은 42명, 지리산을 등반해 본 회원은 33명이다. 설악산과 지리산을 모두 등반해 본 회원 수의 최댓값을 M, 최솟값을 m이라 할 때, $M+m$의 값을 구하시오.

공략 Point

전체집합 U의 두 부분집합 A, B에 대하여 $n(A)>n(B)$일 때
(1) $n(A\cap B)$가 최대이려면
➡ $n(A\cup B)$가 최소
➡ $B\subset A$
(2) $n(A\cap B)$가 최소이려면
➡ $n(A\cup B)$가 최대
➡ $A\cup B=U$

풀이

등산 동호회 회원 전체의 집합을 U, 설악산을 등반해 본 회원의 집합을 A, 지리산을 등반해 본 회원의 집합을 B라 하면	$n(U)=60$, $n(A)=42$, $n(B)=33$
$n(A\cap B)$가 최대이려면 $n(A\cup B)$가 최소이어야 한다. 이때 $n(A)>n(B)$이므로 $B\subset A$이어야 하므로	$M=n(A\cap B)$ $=n(B)$ $=33$
$n(A\cap B)$가 최소이려면 $n(A\cup B)$가 최대이어야 한다. 따라서 $A\cup B=U$이어야 하므로	$m=n(A\cap B)$ $=n(A)+n(B)-n(A\cup B)$ $=n(A)+n(B)-n(U)$ $=42+33-60=15$
따라서 구하는 값은	$M+m=33+15=\mathbf{48}$

공략 Point

전체집합 U의 두 부분집합 A, B에 대하여 $n(A)>n(B)$이면 $A\subset(A\cup B)\subset U$이므로 $n(A)\le n(A\cup B)\le n(U)$

다른 풀이

$A\subset(A\cup B)$, $B\subset(A\cup B)$에서 $n(A)\le n(A\cup B)$, $n(B)\le n(A\cup B)$이므로	$42\le n(A\cup B)$, $33\le n(A\cup B)$ $\therefore 42\le n(A\cup B)$ …… ㉠
$(A\cup B)\subset U$에서 $n(A\cup B)\le n(U)$이므로	$n(A\cup B)\le 60$ …… ㉡
㉠, ㉡에서	$42\le n(A\cup B)\le 60$
$n(A\cup B)=n(A)+n(B)-n(A\cap B)$이므로	$42\le 42+33-n(A\cap B)\le 60$ $\therefore 15\le n(A\cap B)\le 33$
따라서 $M=33$, $m=15$이므로	$M+m=\mathbf{48}$

문제

정답과 해설 53쪽

12-1 전체집합 U의 두 부분집합 A, B에 대하여 $n(U)=40$, $n(A)=26$, $n(B)=19$일 때, $n(A\cap B)$의 최댓값을 M, 최솟값을 m이라 하자. 이때 $M+m$의 값을 구하시오.

12-2 전체 학생이 50명인 어느 반 학생 중에서 A 사이트에 가입한 학생은 33명, B 사이트에 가입한 학생은 26명이다. 이때 두 사이트에 모두 가입한 학생 수의 최댓값과 최솟값의 차를 구하시오.

연습문제

정답과 해설 53쪽

1 세 집합

$A=\{x|x$는 20 이하의 2의 양의 배수$\}$,
$B=\{x|x=3n-1,\ n$은 자연수$\}$,
$C=\{x|x$는 8의 양의 약수$\}$

에 대하여 다음 중 집합 $(A\cap B)\cup C$의 원소가 아닌 것은?

① 1　② 8　③ 12
④ 14　⑤ 20

2 전체집합 $U=\{x|x\le 8,\ x$는 자연수$\}$의 두 부분집합 $A=\{1, 3, 7\}$, $B=\{x|x$는 6의 약수$\}$에 대하여 다음 중 옳지 않은 것은?

① $A\cap B=\{1, 3\}$
② $A^C=\{2, 4, 5, 6, 8\}$
③ $B-A=\{2, 6\}$
④ $A-B^C=\{7\}$
⑤ $A\cup B=\{1, 2, 3, 6, 7\}$

3 전체집합 $U=\{1, 2, 3, 4, 5, 6, 7\}$의 두 부분집합 A, B에 대하여

$A=\{x|x>1\}$, $A\cap B=\{x|x$는 짝수$\}$

이고 $A\cup B=U$일 때, 집합 B의 모든 원소의 곱은?

① 40　② 42　③ 44
④ 46　⑤ 48

4 전체집합 $U=\{x|1\le x\le 10,\ x$는 정수$\}$의 두 부분집합 A, B에 대하여

$A^C\cap B^C=\{1, 9, 10\}$, $A\cap B=\{3\}$,
$A^C\cap B=\{2, 5, 8\}$

일 때, 집합 $A-B$의 모든 원소의 합은?

① 17　② 18　③ 19
④ 20　⑤ 21

교육청

5 두 집합

$A=\{6, 8\}$, $B=\{a, a+2\}$

에 대하여 $A\cup B=\{6, 8, 10\}$일 때, 실수 a의 값을 구하시오.

6 두 집합

$A=\{2, 4-a, 2a^2-a\}$,
$B=\{3, a^2-2a-1\}$

에 대하여 $A\cap B=\{2\}$일 때, 집합 $(A-B)\cup(B-A)$의 모든 원소의 합은?

(단, a는 상수)

① 15　② 16　③ 17
④ 18　⑤ 19

7 전체집합 U의 두 부분집합 A, B에 대하여 다음 중 옳지 않은 것은?

① $A-(A\cap B)=A-B$
② $(A\cap B)-(B^C)^C=\varnothing$
③ $A\cap(A\cup A^C)=A$
④ $B\cup(B\cap B^C)=U$
⑤ $\varnothing^C\cap(A-B)=A-B$

8 전체집합 U의 두 부분집합 A, B에 대하여 $A\cap B=A$일 때, 다음 중 옳지 않은 것은?

① $A\cup B=B$　② $A^C\cap B^C=B^C$
③ $A-B=\varnothing$　④ $B^C\subset A^C$
⑤ $A^C\cap B=\varnothing$

평가원

9 전체집합 $U=\{1, 2, 3, 4, 5, 6\}$의 부분집합 A에 대하여 $\{1, 2, 3\}\cap A=\varnothing$을 만족시키는 모든 집합 A의 개수를 구하시오.

평가원

10 전체집합 $U=\{1, 2, 3, 4, 5, 6, 7, 8\}$의 두 부분집합 $A=\{1, 2\}$, $B=\{3, 4, 5\}$에 대하여

$$X\cup A=X,\ X\cap B^C=X$$

를 만족시키는 U의 모든 부분집합 X의 개수를 구하시오.

11 전체집합 U의 세 부분집합 A, B, C에 대하여 다음 중 옳지 않은 것은?

① $(A\cup B)\cap(A^C\cap B^C)=\varnothing$
② $A\cap(A\cap B)^C=A-B$
③ $(A\cup B)-C=(A-C)\cup(B-C)$
④ $(A\cap B)-(A\cap C)=A-(B\cap C)$
⑤ $A-(B-C)=(A-B)\cup(A\cap C)$

12 전체집합 U의 세 부분집합 A, B, C에 대하여 보기에서 오른쪽 벤 다이어그램의 색칠한 부분을 나타내는 집합인 것만을 있는 대로 고른 것은?

보기

ㄱ. $(A\cap C)-B$　ㄴ. $(A\cup C)-B$
ㄷ. $(A\cap B^C)\cap C$　ㄹ. $C-(A\cap B)$
ㅁ. $(A-C)-(A-B)$
ㅂ. $(A-B)-(A-C)$

① ㄱ, ㄴ, ㅁ　② ㄱ, ㄷ, ㅂ　③ ㄴ, ㄷ, ㄹ
④ ㄷ, ㄹ, ㅂ　⑤ ㄷ, ㅁ, ㅂ

13 전체집합 $U=\{1, 2, 3, 4, 5, 6, 7\}$의 두 부분집합 A, B에 대하여

$$(A-B)^C \cap B=\{1, 3, 5, 6, 7\},$$
$$A^C-B^C=\{1, 5\}$$

를 만족시키는 집합 A의 개수는?

① 2 ② 4 ③ 8
④ 16 ⑤ 32

14 전체집합 $U=\{x \mid 1 \le x \le 8,\ x$는 자연수$\}$의 두 부분집합 A, B에 대하여 $A=\{1, 2, 3, 4\}$일 때,

$$\{A \cup (A^C \cap B)\} \cap \{B \cup (B^C \cap A^C)^C\}=A$$

를 만족시키는 집합 B의 개수를 구하시오.

15 두 집합 A, B에 대하여

$$n(A)=40,\ n(B)=25,\ n(B-A)=6$$

일 때, $n(A \cup B)$는?

① 40 ② 46 ③ 52
④ 60 ⑤ 65

16 전체집합 U의 두 부분집합 A, B에 대하여 $A \cap B^C=A$이고

$$n(U)=30,\ n(A)=9,\ n(B)=14$$

일 때, $n(A^C \cap B^C)$을 구하시오.

17 어느 학교 학생 30명을 대상으로 두 영화 A, B를 관람한 학생 수를 조사하였더니 A 영화를 관람한 학생은 16명, B 영화를 관람한 학생은 22명, 두 영화 A, B 중 어느 것도 관람하지 않은 학생은 6명이었다. 이때 A 영화는 보았지만 B 영화는 보지 않은 학생 수를 구하시오.

실력

18 전체집합 $U=\{3, 7, 11, 15, 19\}$의 두 부분집합 A, B에 대하여

$$B-A=\{3, 11\},\ (A \cup B) \cap B^C=\{19\}$$

이다. 집합 B의 원소의 개수가 최대일 때, 집합 B의 모든 원소의 합을 구하시오.

교육청

19 전체집합 U의 두 부분집합 A, B에 대하여

$$A \cup B^C=\{2, 4, 5, 8, 12\},$$
$$(A \cap B)^C=\{1, 3, 5, 9\}$$

일 때, 다음 보기 중 옳은 것만을 있는 대로 고른 것은?

보기
ㄱ. $U=\{1, 2, 3, 4, 5, 8, 9, 12\}$
ㄴ. $A \cap B=\{8\}$
ㄷ. 집합 $A^C \cap B$의 원소의 개수는 3이다.

① ㄱ ② ㄱ, ㄴ ③ ㄱ, ㄷ
④ ㄴ, ㄷ ⑤ ㄱ, ㄴ, ㄷ

연습문제

정답과 해설 55쪽

교육청

20 전체집합 $U=\{x|x$는 자연수$\}$의 부분집합 A는 원소의 개수가 4이고, 모든 원소의 합이 21이다. 상수 k에 대하여 집합 $B=\{x+k|x\in A\}$가 다음 조건을 만족시킨다.

> (가) $A\cap B=\{4, 6\}$
> (나) $A\cup B$의 모든 원소의 합이 40이다.

집합 A의 모든 원소의 곱을 구하시오.

21 전체집합 $U=\{x|x$는 $|x|\leq 3$인 정수$\}$의 세 부분집합 A, B, X에 대하여

$A=\{2, 3\}$, $B=\{-2, 0, 2\}$

일 때, $A\cup X=B\cup X$를 만족시키는 집합 X의 개수를 구하시오.

22 집합 $A=\{1, 3, 5, 7\}$에 대하여 다음 조건을 만족시키는 집합 B의 개수를 구하시오.

> (가) $n(A\cap B)=2$
> (나) $B\subset\{1, 2, 3, 4, 5, 6, 7, 8\}$

23 전체집합 U의 두 부분집합 A, B에 대하여 연산 $\triangle$를

$A\triangle B=(A-B)\cup(B-A)$

라 할 때, 다음 중 오른쪽 벤 다이어그램의 색칠한 부분을 나타내는 집합은?

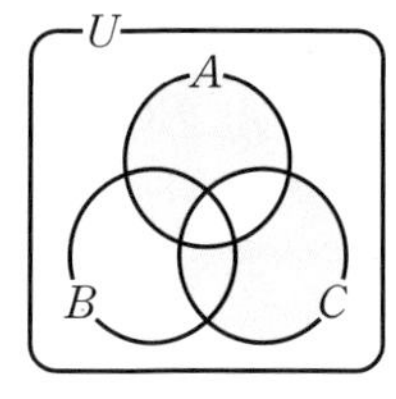

① $(A\triangle B)\triangle C$
② $A\triangle(B\triangle C)$
③ $B\triangle(A\triangle C)$
④ $(A\triangle B)\triangle(B\triangle C)$
⑤ $(A\triangle C)\triangle(B\triangle C)$

24 자연수 k의 양의 배수의 집합을 A_k라 할 때, $(A_4\cap A_6)\cup A_{36}=A_n$을 만족시키는 자연수 n의 값과 $(A_8\cup A_{12})\subset A_m$을 만족시키는 자연수 m의 최댓값의 합을 구하시오.

25 어느 서점에서 손님 100명을 대상으로 두 작품 A, B를 읽었는지 조사하였더니 A 작품을 읽은 사람은 54명, B 작품을 읽은 사람은 67명이었다. B 작품만 읽은 사람 수의 최댓값을 M, 최솟값을 m이라 할 때, $M-m$의 값은?

① 31 ② 32 ③ 33
④ 34 ⑤ 35

Ⅱ. 집합과 명제

2 명제

명제와 조건

1 명제

참인지 거짓인지를 분명하게 판별할 수 있는 문장이나 식을 **명제**라 한다.

예 • 감자는 맛있다. ➡ '맛있다.'는 참, 거짓의 기준이 분명하지 않으므로 명제가 아니다.
• 2는 4의 약수이다. ➡ 참이므로 명제이다.
• 0은 자연수이다. ➡ 거짓이므로 명제이다.

주의 거짓인 문장이나 식도 명제이다.

2 조건

변수를 포함한 문장이나 식의 참, 거짓이 변수의 값에 따라 판별될 때, 그 문장이나 식을 **조건**이라 한다.

예 $x+3=4$ ➡ $x=1$이면 참, $x=2$이면 거짓이므로 조건이다.

참고 명제와 조건은 보통 p, q, r, …로 나타낸다.

3 진리집합

전체집합 U의 원소 중에서 조건이 참이 되도록 하는 모든 원소의 집합을 그 조건의 **진리집합**이라 한다.

예 전체집합 $U=\{x|x$는 자연수$\}$에 대하여 조건 p가 'x는 4의 약수'일 때, p의 진리집합을 P라 하면
$P=\{1, 2, 4\}$

참고 • 조건 p, q, r, …의 진리집합은 각각 P, Q, R, …로 나타낸다.
• 특별한 말이 없으면 전체집합 U는 실수 전체의 집합이다.

4 명제와 조건의 부정

(1) 명제 또는 조건 p에 대하여 'p가 아니다.'를 p의 **부정**이라 하고, 기호로 $\sim p$와 같이 나타낸다.

(2) 명제 또는 조건 p와 그 부정 $\sim p$ 사이에는 다음과 같은 관계가 성립한다.

① 조건 p의 진리집합을 P라 하면 조건 $\sim p$의 진리집합은 P^C이다.

② $\sim p$의 부정은 p이다. 즉, $\sim(\sim p)=p$ ◀ $(P^C)^C=P$

③ 명제 p가 참이면 $\sim p$는 거짓이고, 명제 p가 거짓이면 $\sim p$는 참이다.

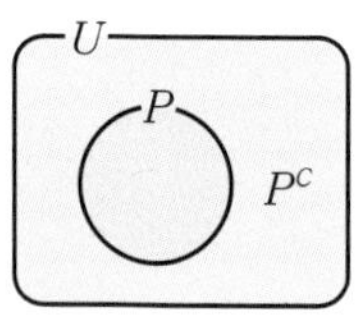

예 • 명제 'p: 2는 소수이다.'의 부정 ➡ '$\sim p$: 2는 소수가 아니다.'
• 조건 'p: $x<4$'의 부정 ➡ '$\sim p$: $x\geq 4$' ◀ '<'의 부정을 '>'로 착각하지 않도록 주의하자.
이때 p의 진리집합을 P라 하면 $P=\{x|x<4\}$이고, $\sim p$의 진리집합은 $P^C=\{x|x\geq 4\}$이다.

참고 $\sim p$는 'not p'라 읽는다.

5 조건 'p 또는 q'와 'p 그리고 q'

(1) 두 조건 p, q의 진리집합을 각각 P, Q라 하면

① 조건 'p 또는 q'의 진리집합 ➡ $P\cup Q$

② 조건 'p 그리고 q'의 진리집합 ➡ $P\cap Q$

(2) 두 조건 p, q에 대하여

① 조건 'p 또는 q'의 부정 ➡ $\sim p$ 그리고 $\sim q$ ◀ $(P\cup Q)^C=P^C\cap Q^C$

② 조건 'p 그리고 q'의 부정 ➡ $\sim p$ 또는 $\sim q$ ◀ $(P\cap Q)^C=P^C\cup Q^C$

필수 예제 01

명제

유형편 54쪽

다음 중 명제인 것을 찾고, 그 명제의 참, 거짓을 판별하시오.

(1) 삼각형의 세 내각의 크기의 합은 $180°$이다.
(2) $x^2-8x+12\le 0$
(3) 4와 6의 최소공배수는 24이다.
(4) 짝수와 홀수를 곱하면 짝수이다.

공략 Point

- 명제
  ➡ 참인 문장이나 식, 거짓인 문장이나 식
- 명제가 아닌 것
  ➡ 참, 거짓을 판별할 수 없는 문장이나 식

풀이

(1) 삼각형의 세 내각의 크기의 합은 $180°$이므로	**참인 명제**이다.
(2) x의 값에 따라 참, 거짓이 달라지므로	**명제가 아니다.**
(3) 4와 6의 최소공배수는 12이므로	**거짓인 명제**이다.
(4) (짝수)×(홀수)=(짝수)이므로	**참인 명제**이다.

문제

정답과 해설 57쪽

01-1 보기에서 명제인 것만을 있는 대로 고르시오.

보기
ㄱ. 꽃은 아름답다.
ㄴ. 3은 소수이다.
ㄷ. 8의 양의 약수는 3개이다.
ㄹ. $3+x=7$
ㅁ. $2+3>8$
ㅂ. $1+3=5$

01-2 다음 중 명제인 것을 찾고, 그 명제의 참, 거짓을 판별하시오.

(1) 정삼각형은 이등변삼각형이다.
(2) $x+2x>3x-5$
(3) 3의 배수는 9의 배수이다.
(4) $2(x-2)=x(x-3)$

01-3 보기에서 참인 명제인 것만을 있는 대로 고르시오.

보기
ㄱ. 평행사변형은 직사각형이다.
ㄴ. 5의 양의 약수는 10의 양의 약수이다.
ㄷ. 두 홀수의 합은 짝수이다.
ㄹ. 길이가 각각 3, 4, 7인 세 선분으로 삼각형을 만들 수 있다.

필수 예제 02 명제와 조건의 부정

유형편 54쪽

다음 명제 또는 조건의 부정을 말하시오.

(1) 1은 홀수도 아니고 소수도 아니다.

(2) $1 \le x \le 10$

공략 Point

- '~이다.'의 부정
  ➡ '~가 아니다.'
- '그리고'의 부정
  ➡ '또는', '이거나'

풀이

(1) '~ 아니고 ~ 아니다.'의 부정은 '~이거나 ~이다.' 이므로 주어진 명제의 부정은	**1은 홀수이거나 소수이다.**
(2) $1 \le x \le 10$은 '$x \ge 1$ 그리고 $x \le 10$'과 같은 뜻이므로 주어진 조건의 부정은	$\boldsymbol{x<1}$ **또는** $\boldsymbol{x>10}$

문제

정답과 해설 57쪽

02-1 다음 명제 또는 조건의 부정을 말하시오.

(1) 6은 2의 배수이거나 3의 배수이다.

(2) $-3 \le x < 5$

02-2 a, b, c가 실수일 때, 다음 중 $(a-b)^2+(b-c)^2+(c-a)^2=0$의 부정과 서로 같은 것은?

① $(a-b)(b-c)(c-a)=0$　　② $a \ne b$, $b \ne c$, $c \ne a$

③ $(a-b)(b-c)(c-a) \ne 0$　　④ a, b, c는 서로 다르다.

⑤ a, b, c 중에서 서로 다른 것이 적어도 하나 있다.

02-3 보기에서 그 부정이 참인 명제인 것만을 있는 대로 고르시오.

보기

ㄱ. $2<\sqrt{3}$　　ㄴ. $x+2=x+3$

ㄷ. 10은 소수이다.　　ㄹ. 4는 2의 배수이다.

필수 예제 03 조건의 진리집합

유형편 55쪽

전체집합 $U=\{1, 2, 3, 4, 5, 6\}$에 대하여 두 조건 p, q가

p: x는 소수이다., q: $x^2-7x+12=0$

일 때, 다음 조건의 진리집합을 구하시오.

(1) $\sim p$ (2) p 또는 q (3) $\sim p$ 그리고 q

공략 Point

두 조건 p, q의 진리집합을 각각 P, Q라 하면

(1) '$\sim p$'의 진리집합 ➡ P^C

(2) 'p 또는 q'의 진리집합 ➡ $P \cup Q$

(3) 'p 그리고 q'의 진리집합 ➡ $P \cap Q$

풀이

조건 p의 진리집합을 P라 하면	$P=\{2, 3, 5\}$
조건 q의 $x^2-7x+12=0$에서	$(x-3)(x-4)=0$ $\therefore x=3$ 또는 $x=4$
조건 q의 진리집합을 Q라 하면	$Q=\{3, 4\}$
(1) '$\sim p$'의 진리집합은 P^C이므로	$P^C=\mathbf{\{1, 4, 6\}}$
(2) 'p 또는 q'의 진리집합은 $P \cup Q$이므로	$P \cup Q=\mathbf{\{2, 3, 4, 5\}}$
(3) '$\sim p$ 그리고 q'의 진리집합은 $P^C \cap Q$이므로	$P^C \cap Q=\mathbf{\{4\}}$

문제

정답과 해설 57쪽

03-1 전체집합 $U=\{x \mid x$는 8 이하의 자연수$\}$에 대하여 두 조건 p, q가

p: x는 6의 약수이다., q: x는 8의 약수이다.

일 때, 다음 조건의 진리집합을 구하시오.

(1) $\sim(\sim q)$ (2) p 그리고 $\sim q$ (3) $\sim p$ 또는 $\sim q$

03-2 실수 전체의 집합에서 두 조건 p, q가

p: $x \le -4$ 또는 $x>6$, q: $1<x \le 7$

일 때, 조건 '$\sim p$ 또는 q'의 진리집합을 구하시오.

03-3 실수 전체의 집합에서 두 조건 p, q가

p: $x \ge 4$, q: $x<-1$

이다. 두 조건 p, q의 진리집합을 각각 P, Q라 할 때, 다음 중 조건 '$-1 \le x < 4$'의 진리집합인 것은?

① $P \cap Q^C$ ② $P^C \cap Q$ ③ $P^C \cup Q$
④ $P^C \cup Q^C$ ⑤ $(P \cup Q)^C$

명제 $p \longrightarrow q$의 참, 거짓

❶ 명제의 표현

두 조건 p, q에 대하여 명제 'p이면 q이다.'를 기호로 $\boldsymbol{p \longrightarrow q}$와 같이 나타낸다.
이때 p를 **가정**, q를 **결론**이라 한다.

$p \longrightarrow q$
가정 결론

예 명제 '$x=1$이면 $x^2=1$이다.'에서
• 가정: $x=1$이다. • 결론: $x^2=1$이다.

❷ 명제 $p \longrightarrow q$의 참, 거짓과 진리집합 사이의 관계

명제 $p \longrightarrow q$에 대하여 두 조건 p, q의 진리집합을 각각 P, Q라 할 때
(1) $P \subset Q$이면 명제 $p \longrightarrow q$는 참이다.
거꾸로 명제 $p \longrightarrow q$가 참이면 $P \subset Q$이다.
(2) $P \not\subset Q$이면 명제 $p \longrightarrow q$는 거짓이다.
거꾸로 명제 $p \longrightarrow q$가 거짓이면 $P \not\subset Q$이다.

❸ 반례

명제 $p \longrightarrow q$가 거짓임을 보일 때는 가정 p는 만족시키지만 결론 q는 만족시키지 않는 예가 하나라도 있음을 보이면 된다.
이와 같은 예를 반례라 한다.

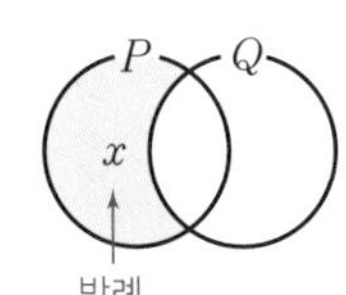

예 명제 '$x>1$이면 $x>3$이다.'에서 $x=2$는 가정 '$x>1$이다.'는 만족시키지만 결론 '$x>3$이다.'는 만족시키지 않는다. 따라서 $x=2$는 반례이고 주어진 명제는 거짓이다.

개념 Plus

명제 $p \longrightarrow q$의 참, 거짓과 진리집합 사이의 관계

두 조건 p, q가 p: x는 4의 양의 약수, q: x는 8의 양의 약수일 때, p, q의 진리집합을 각각 P, Q라 하면
$P=\{1, 2, 4\}$, $Q=\{1, 2, 4, 8\}$
(1) 명제 $p \longrightarrow q$: 'x가 4의 양의 약수이면 x는 8의 양의 약수이다.'
이때 두 조건 p, q의 진리집합 P, Q에 대하여 $P \subset Q$이므로 명제 $p \longrightarrow q$는 참이다.
또 참인 명제 $p \longrightarrow q$에 대하여 조건 p를 만족시키는 모든 x가 조건 q를 만족시키므로 $P \subset Q$가 성립한다.
(2) 명제 $q \longrightarrow p$: 'x가 8의 양의 약수이면 x는 4의 양의 약수이다.'
이때 두 조건 q, p의 진리집합 Q, P에 대하여 $Q \not\subset P$이므로 명제 $q \longrightarrow p$는 거짓이다.
또 거짓인 명제 $q \longrightarrow p$에 대하여 반례 $x=8$이 존재한다. 즉 $8 \in Q$이지만 $8 \notin P$이므로 $Q \not\subset P$이다.

개념 Check

정답과 해설 58쪽

1 다음 명제의 가정과 결론을 말하시오.
(1) 4의 배수이면 8의 배수이다. (2) $x=2$이면 $2x-4=0$이다.

필수 예제 04 명제 $p \longrightarrow q$의 참, 거짓

유형편 55쪽

다음 명제의 참, 거짓을 판별하시오.

(1) $x^2-3x+2=0$이면 $x=2$이다.
(2) $x>0$, $y>0$이면 $xy>0$이다.
(3) x가 3의 양의 배수이면 $x+1$은 짝수이다.

공략 Point

명제 $p \longrightarrow q$에서 두 조건 p, q의 진리집합 P, Q를 구한 후 $P \subset Q$를 만족시키는지 확인하여 참, 거짓을 판별한다. 이때 거짓인 명제는 반례를 찾아 거짓임을 보여도 된다.

풀이

(1) 주어진 명제에서 가정을 p, 결론을 q라 하면	p: $x^2-3x+2=0$, q: $x=2$
조건 p의 $x^2-3x+2=0$에서	$(x-1)(x-2)=0$ $\quad \therefore x=1$ 또는 $x=2$
가정 p의 진리집합을 P라 하면	$P=\{1, 2\}$
결론 q의 진리집합을 Q라 하면	$Q=\{2\}$
따라서 $P \not\subset Q$이므로	주어진 명제는 **거짓**이다.
(2) 주어진 명제에서 가정을 p, 결론을 q라 하면	p: $x>0$, $y>0$, q: $xy>0$
가정 p의 진리집합을 P라 하면	$P=\{(x, y) \mid x>0, y>0\}$
결론 q의 진리집합을 Q라 하면	$Q=\{(x, y) \mid x>0, y>0$ 또는 $x<0, y<0\}$
따라서 $P \subset Q$이므로	주어진 명제는 **참**이다.
(3) [반례] $x=6$이면 x는 3의 양의 배수이지만 $x+1$, 즉 7은 홀수이므로	주어진 명제는 **거짓**이다.

문제

정답과 해설 58쪽

04-1 다음 두 조건 p, q에 대하여 명제 $p \longrightarrow q$의 참, 거짓을 판별하시오. (단, x, y, z는 실수)

(1) p: $x>1$, q: $x^2>1$
(2) p: $xy=0$, q: $x^2+y^2=0$
(3) p: $x>y$, q: $xz>yz$

04-2 보기에서 참인 명제인 것만을 있는 대로 고르시오.

보기
ㄱ. x가 4의 양의 배수이면 x는 2의 양의 배수이다.
ㄴ. x가 소수이면 x는 홀수이다.
ㄷ. $x+y$와 xy가 정수이면 x, y는 정수이다.
ㄹ. $x^2-1=0$이면 $|x|=1$이다.

필수 예제 05 명제가 참이 되도록 하는 상수 구하기

유형편 56쪽

두 조건 p, q가

p: $x<1$, q: $x-a<3$

일 때, 명제 $p \longrightarrow q$가 참이 되도록 하는 상수 a의 값의 범위를 구하시오.

공략 Point

명제 $p \longrightarrow q$에서 두 조건 p, q의 진리집합 P, Q가 $P \subset Q$가 되도록 수직선 위에 나타낸다.

풀이

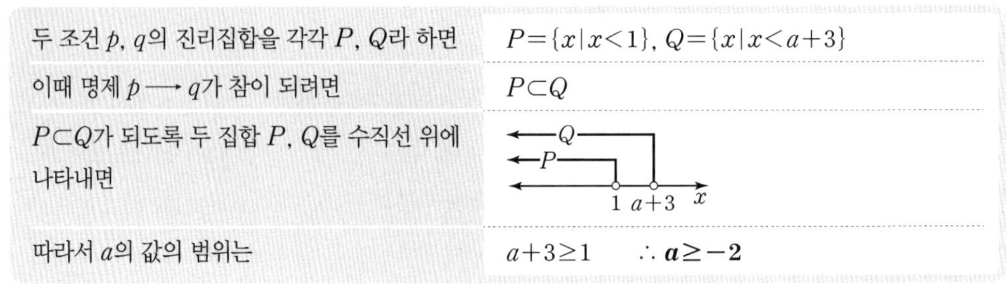

두 조건 p, q의 진리집합을 각각 P, Q라 하면	$P=\{x \mid x<1\}$, $Q=\{x \mid x<a+3\}$
이때 명제 $p \longrightarrow q$가 참이 되려면	$P \subset Q$
$P \subset Q$가 되도록 두 집합 P, Q를 수직선 위에 나타내면	(수직선 그림: Q, P, 1, $a+3$, x)
따라서 a의 값의 범위는	$a+3 \geq 1$ $\quad \therefore$ **$a \geq -2$**

문제

정답과 해설 58쪽

05-1 명제 '$x=a$이면 $x^2-2x-8=0$이다.'가 참이 되도록 하는 양수 a의 값을 구하시오.

05-2 두 조건 p, q가

p: $|x-3|<k$, q: $-2 \leq x \leq 5$

일 때, 명제 $p \longrightarrow q$가 참이 되도록 하는 양수 k의 최댓값을 구하시오.

05-3 세 조건 p, q, r가

p: $-2 \leq x \leq 2$ 또는 $x \geq 3$, q: $a \leq x \leq 1$, r: $x \geq b$

일 때, 두 명제 $q \longrightarrow p$, $p \longrightarrow r$가 모두 참이 되도록 하는 상수 a의 최솟값과 상수 b의 최댓값의 곱을 구하시오.

필수 예제 06 명제와 진리집합 사이의 관계

유형편 56쪽

전체집합 U에 대하여 세 조건 p, q, r의 진리집합을 각각 P, Q, R라 할 때, 오른쪽 그림은 세 집합 P, Q, R 사이의 포함 관계를 벤 다이어그램으로 나타낸 것이다. 다음 중 거짓인 명제는?

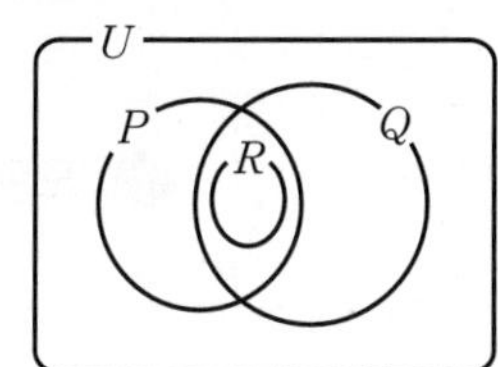

① $r \longrightarrow p$
② $r \longrightarrow q$
③ $\sim p \longrightarrow \sim q$
④ $\sim p \longrightarrow \sim r$
⑤ $\sim q \longrightarrow \sim r$

공략 Point

두 조건 p, q의 진리집합 P, Q에 대하여
(1) $P \subset Q$이면
➡ 명제 $p \longrightarrow q$는 참
(2) $P \not\subset Q$이면
➡ 명제 $p \longrightarrow q$는 거짓

풀이

① $R \subset P$이므로	명제 $r \longrightarrow p$는 참이다.
② $R \subset Q$이므로	명제 $r \longrightarrow q$는 참이다.
③ $P^c \not\subset Q^c$이므로	명제 $\sim p \longrightarrow \sim q$는 거짓이다.
④ $P^c \subset R^c$이므로	명제 $\sim p \longrightarrow \sim r$는 참이다.
⑤ $Q^c \subset R^c$이므로	명제 $\sim q \longrightarrow \sim r$는 참이다.
따라서 거짓인 명제는	③

문제

정답과 해설 58쪽

06-1 전체집합 U에 대하여 세 조건 p, q, r의 진리집합을 각각 P, Q, R라 할 때, 오른쪽 그림은 세 집합 P, Q, R 사이의 포함 관계를 벤 다이어그램으로 나타낸 것이다. 보기에서 항상 참인 명제인 것만을 있는 대로 고르시오.

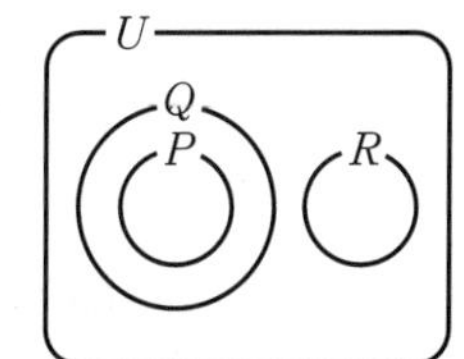

보기
ㄱ. $p \longrightarrow q$
ㄴ. $p \longrightarrow r$
ㄷ. $q \longrightarrow \sim r$
ㄹ. $\sim r \longrightarrow q$

06-2 전체집합 U에 대하여 두 조건 p, q의 진리집합을 각각 P, Q라 할 때, $P \cap Q = \varnothing$이다. 다음 중 항상 참인 명제는?

① $p \longrightarrow q$
② $q \longrightarrow p$
③ $\sim p \longrightarrow q$
④ $p \longrightarrow \sim q$
⑤ $\sim q \longrightarrow p$

‘모든’이나 ‘어떤’을 포함한 명제

❶ ‘모든’이나 ‘어떤’을 포함한 명제의 참, 거짓

전체집합 U에 대하여 조건 p의 진리집합을 P라 할 때

(1) 명제 ‘모든 x에 대하여 p이다.’에서 $\begin{cases} P=U \text{이면 참} \\ P\neq U \text{이면 거짓} \end{cases}$ ◀ 하나라도 거짓이면 거짓

(2) 명제 ‘어떤 x에 대하여 p이다.’에서 $\begin{cases} P\neq\varnothing \text{이면 참} \\ P=\varnothing \text{이면 거짓} \end{cases}$ ◀ 하나라도 참이면 참

예 전체집합 U가 실수 전체의 집합일 때, 조건 p의 진리집합을 P라 하면

(1) • 명제 ‘모든 x에 대하여 $x^2\geq 0$이다.’에서 조건 ‘p: $x^2\geq 0$’의 진리집합은 $P=\{x|x\text{는 실수}\}$
➡ $P=U$이므로 이 명제는 참이다.
• 명제 ‘모든 x에 대하여 $(x-1)^2>0$이다.’에서 조건 ‘p: $(x-1)^2>0$’의 진리집합은
$P=\{x|x\neq 1\text{인 실수}\}$
➡ $P\neq U$이므로 이 명제는 거짓이다.

(2) • 명제 ‘어떤 x에 대하여 $x^2=1$이다.’에서 조건 ‘p: $x^2=1$’의 진리집합은 $P=\{-1, 1\}$
➡ $P\neq\varnothing$이므로 이 명제는 참이다.
• 명제 ‘어떤 x에 대하여 $x^2<0$이다.’에서 조건 ‘p: $x^2<0$’의 진리집합은 $P=\varnothing$
➡ $P=\varnothing$이므로 이 명제는 거짓이다.

주의 ‘모든’을 포함한 명제는 일반적인 명제와 같이 조건을 만족시키지 않는 반례가 존재하면 거짓이지만, ‘어떤’을 포함한 명제는 반례가 존재하더라도 조건을 만족시키는 예가 하나라도 존재하면 참이다.

참고 변수 x를 포함한 조건 p는 명제가 아니지만 변수 x의 앞에 ‘모든’이나 ‘어떤’으로 x의 값의 범위를 제한하면 참, 거짓을 판별할 수 있으므로 명제가 된다.

❷ ‘모든’이나 ‘어떤’을 포함한 명제의 부정

조건 p에 대하여

(1) 명제 ‘모든 x에 대하여 p이다.’의 부정 ➡ ‘어떤 x에 대하여 $\sim p$이다.’

(2) 명제 ‘어떤 x에 대하여 p이다.’의 부정 ➡ ‘모든 x에 대하여 $\sim p$이다.’

예 (1) 명제 ‘모든 실수 x에 대하여 $x^2-3=0$이다.’의 부정 ➡ ‘어떤 실수 x에 대하여 $x^2-3\neq 0$이다.’
(2) 명제 ‘어떤 실수 x에 대하여 $x>2$이다.’의 부정 ➡ ‘모든 실수 x에 대하여 $x\leq 2$이다.’

개념 Check

정답과 해설 59쪽

1 전체집합 U가 실수 전체의 집합일 때, 다음 명제의 참, 거짓을 판별하시오.

(1) 모든 x에 대하여 $|x|>0$이다.　　(2) 어떤 x에 대하여 $|x|\leq 0$이다.

2 다음 명제의 부정을 말하시오.

(1) 모든 실수 x에 대하여 $x^2=16$이다.　　(2) 어떤 실수 x에 대하여 $x^2>8$이다.

필수 예제 07 '모든'이나 '어떤'을 포함한 명제의 참, 거짓

유형편 57쪽

다음 명제의 참, 거짓을 판별하시오.

(1) 모든 실수 x에 대하여 $(x+1)^2>0$이다.
(2) 어떤 실수 x에 대하여 $x^2-4<0$이다.

풀이

(1) p: $(x+1)^2>0$이라 하고 조건 p의 진리집합을 P라 하면	$P=\{x\mid x\neq-1$인 실수$\}$
실수 전체의 집합 U에 대하여 $P\neq U$이므로 주어진 명제는	**거짓**이다.

(2) p: $x^2-4<0$이라 하고 조건 p의 진리집합을 P라 하면	$x^2-4<0$에서 $(x+2)(x-2)<0$ $\therefore -2<x<2$ $\quad\therefore P=\{x\mid -2<x<2\}$
따라서 $P\neq\varnothing$이므로 주어진 명제는	**참**이다.

다른 풀이

(1) [반례] $x=-1$이면 $(x+1)^2=0$이므로 주어진 명제는	**거짓**이다.
(2) $x=1$이면 $x^2-4<0$, 즉 $-3<0$이므로 주어진 명제는	**참**이다.

공략 Point

(1) '모든 x에 대하여'
➡ 조건을 만족시키지 않는 반례 x가 하나라도 존재하면 거짓

(2) '어떤 x에 대하여'
➡ 조건을 만족시키는 x가 하나라도 존재하면 참

문제

정답과 해설 59쪽

07-1 보기에서 참인 명제인 것만을 있는 대로 고르시오.

보기
ㄱ. 어떤 음수 x에 대하여 $x+1$은 양수이다.
ㄴ. 모든 자연수 x에 대하여 $x^2>0$이다.
ㄷ. 어떤 자연수 x, y에 대하여 $x^2+y^2=1$이다.

07-2 다음 명제의 부정을 말하고, 그 부정의 참, 거짓을 판별하시오.

(1) 모든 실수 x에 대하여 $x^2+1\geq0$이다.
(2) 어떤 실수 x에 대하여 $2x^2+1=0$이다.
(3) 모든 실수 x에 대하여 $x^2+x+1>0$이다.

1 다음 중 명제가 아닌 것은?

① $3x-2=1+3x$
② $x^2-5x-6>0$
③ 10은 15의 약수이다.
④ 3의 배수는 6의 배수이다.
⑤ 넓이가 같은 두 사각형은 서로 닮음이다.

2 두 조건 p, q가

p: $-3<x\le4$, q: $-1\le x<2$

일 때, 조건 '$\sim p$ 또는 q'의 부정은?

① $-1<x\le2$
② $x<-1$ 또는 $x\ge2$
③ $x\le-3$ 또는 $x>4$
④ $-3<x<-1$ 또는 $2\le x\le4$
⑤ $-3<x\le-1$ 또는 $2<x\le4$

3 전체집합 $U=\{x|-3\le x\le2,\ x$는 정수$\}$에 대하여 두 조건 p, q가

p: $x^2-3x+2=0$, q: $x^3-4x=0$

일 때, 조건 '$\sim p$ 그리고 $\sim q$'의 진리집합의 모든 원소의 곱을 구하시오.

4 전체집합 U에 대하여 두 조건 p, q의 진리집합을 각각 P, Q라 할 때, 다음 중 명제 $p \longrightarrow \sim q$가 거짓임을 보이는 반례를 원소로 갖는 집합은?

① $P\cap Q$ ② $P\cap Q^C$ ③ $P^C\cap Q$
④ $P^C\cap Q^C$ ⑤ $P^C\cup Q^C$

5 명제 '$0<x<2$이면 $a-3<x<a+3$이다.'가 참이 되도록 하는 정수 a의 개수를 구하시오.

교육청

6 실수 x에 대한 두 조건

p: $|x-a|\le1$,
q: $x^2-2x-8>0$

에 대하여 $p \longrightarrow \sim q$가 참이 되도록 하는 실수 a의 최댓값은?

① 1 ② 2 ③ 3
④ 4 ⑤ 5

7 전체집합 U에 대하여 두 조건 p, q의 진리집합을 각각 P, Q라 하자. 명제 $p \longrightarrow q$가 참일 때, 다음 중 항상 옳은 것은?

① $Q-P=Q$ ② $P\cap Q=Q$
③ $P\cup Q=U$ ④ $P-Q\ne\varnothing$
⑤ $P^C\cup Q=U$

8 전체집합 U에 대하여 세 조건 p, q, r의 진리집합을 각각 P, Q, R라 할 때, 오른쪽 그림은 세 집합 P, Q, R 사이의 포함 관계를 벤 다이어그램으로 나타낸 것이다. 보기에서 항상 참인 명제인 것만을 있는 대로 고른 것은?

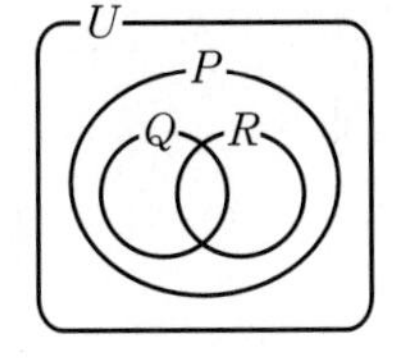

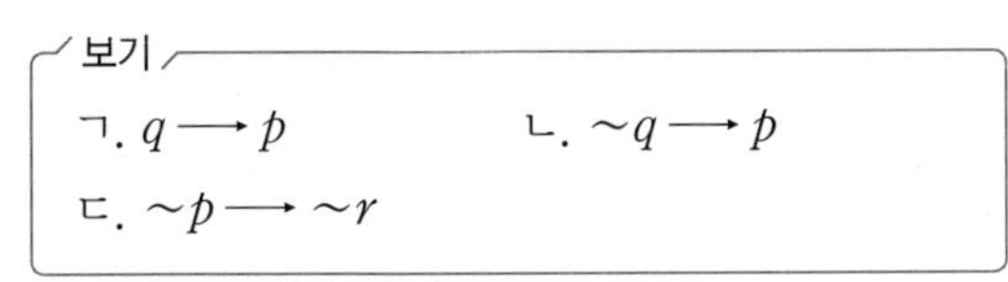

보기

ㄱ. $q \longrightarrow p$　　ㄴ. $\sim q \longrightarrow p$

ㄷ. $\sim p \longrightarrow \sim r$

① ㄱ　② ㄷ　③ ㄱ, ㄴ
④ ㄱ, ㄷ　⑤ ㄴ, ㄷ

9 다음 중 참인 명제는?

① $xy>0$이면 $x>0$이고 $y>0$이다.
② 모든 실수 x에 대하여 $x^2>0$이다.
③ 모든 무리수 x, y에 대하여 $x+y$는 무리수이다.
④ 어떤 실수 x에 대하여 $x^2-2x+2\leq 0$이다.
⑤ 모든 실수 x에 대하여 $3x-2=x+2(x-3)+4$이다.

10 전체집합 $U=\{-2, -1, 0, 1, 2\}$에 대하여 $x\in U$일 때, 보기에서 참인 명제인 것만을 있는 대로 고른 것은?

보기

ㄱ. 어떤 x에 대하여 $x^2>4$이다.
ㄴ. 모든 x에 대하여 $2x-3\leq 1$이다.
ㄷ. 어떤 x에 대하여 $x^2+x-2>0$이다.

① ㄴ　② ㄷ　③ ㄱ, ㄴ
④ ㄴ, ㄷ　⑤ ㄱ, ㄴ, ㄷ

실력

11 세 조건 p, q, r가

p: x는 유리수이다.,
q: x^2은 유리수이다.,
r: x^3은 유리수이다.

일 때, 다음 중 거짓인 명제는?

① p이면 q이다.　② p이면 r이다.
③ q이면 r이다.　④ q이고 r이면 p이다.
⑤ p이고 q이면 r이다.

교육청

12 전체집합 U의 공집합이 아닌 세 부분집합 P, Q, R가 각각 세 조건 p, q, r의 진리집합이라 하자. $P\cap Q=P$, $R^C\cup Q=U$일 때, 참인 명제만을 보기에서 있는 대로 고른 것은?

보기

ㄱ. $p \longrightarrow q$　ㄴ. $r \longrightarrow q$　ㄷ. $p \longrightarrow \sim r$

① ㄱ　② ㄷ　③ ㄱ, ㄴ
④ ㄴ, ㄷ　⑤ ㄱ, ㄴ, ㄷ

교육청

13 실수 전체의 집합에 대하여 명제

'어떤 실수 x에 대하여 $x^2-18x+k<0$이다.'

의 부정이 참이 되도록 하는 상수 k의 최솟값을 구하시오.

명제의 역과 대우

❶ 명제의 역과 대우

명제 $p \longrightarrow q$에 대하여

(1) 명제 $q \longrightarrow p$를 $p \longrightarrow q$의 **역**이라 한다.
　└ 가정과 결론의 위치를 바꾼 명제

(2) 명제 $\sim q \longrightarrow \sim p$를 $p \longrightarrow q$의 **대우**라 한다.
　└ 가정과 결론을 각각 부정하고 위치를 바꾼 명제

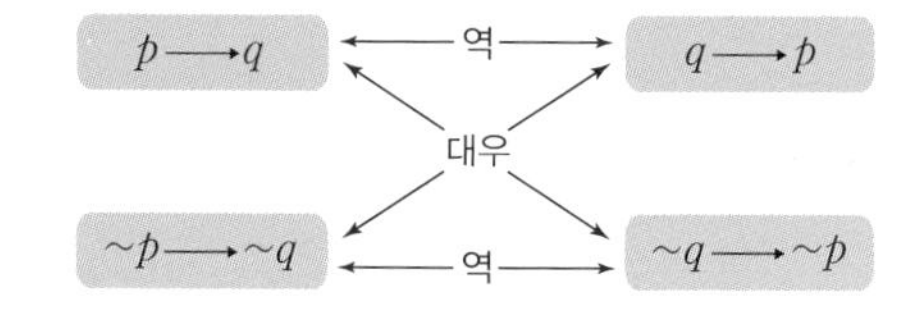

❷ 명제와 그 대우의 참, 거짓

명제와 그 대우의 참, 거짓은 일치한다.

(1) 명제 $p \longrightarrow q$가 참이면 그 대우 $\sim q \longrightarrow \sim p$도 참이다.

(2) 명제 $p \longrightarrow q$가 거짓이면 그 대우 $\sim q \longrightarrow \sim p$도 거짓이다.

주의 명제 $p \longrightarrow q$가 참이라고 해서 그 역 $q \longrightarrow p$가 반드시 참인 것은 아니다.

❸ 삼단논법

세 조건 p, q, r에 대하여 두 명제 $p \longrightarrow q$, $q \longrightarrow r$가 모두 참이면 명제 $p \longrightarrow r$가 참이다.

참고 세 조건 p, q, r의 진리집합을 각각 P, Q, R라 할 때, $P \subset Q$이고 $Q \subset R$이면 $P \subset R$이다.

개념 Plus

명제와 그 대우의 참, 거짓

전체집합 U에 대하여 두 조건 p, q의 진리집합을 각각 P, Q라 하자.

명제 $p \longrightarrow q$가 참이면 $P \subset Q$이므로

$Q^C \subset P^C$ ➡ 명제 $\sim q \longrightarrow \sim p$도 참

거꾸로 명제 $\sim q \longrightarrow \sim p$가 참이면 $Q^C \subset P^C$이므로

$P \subset Q$ ➡ 명제 $p \longrightarrow q$도 참

따라서 명제 $p \longrightarrow q$와 그 대우 $\sim q \longrightarrow \sim p$의 참, 거짓은 일치한다.

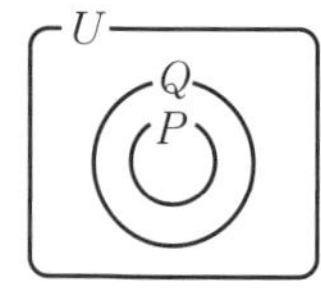

개념 Check

정답과 해설 61쪽

1 다음 명제의 역과 대우를 말하시오.

(1) 정삼각형은 이등변삼각형이다.

(2) 소수는 홀수이다.

(3) $x=3$이면 $x^2=9$이다.

명제의 역과 대우의 참, 거짓

유형편 58쪽

다음 명제의 역과 대우를 말하고, 그것의 참, 거짓을 판별하시오. (단, a, b는 실수)

(1) $a \geq 1$이면 $a^2 \geq 1$이다.

(2) $a^2+b^2=0$이면 $a=0$이고 $b=0$이다.

공략 Point

명제 $p \longrightarrow q$에 대하여

(1) 역: $q \longrightarrow p$

(2) 대우: $\sim q \longrightarrow \sim p$

풀이

(1) 주어진 명제의 가정을 p, 결론을 q라 하면	p: $a \geq 1$, q: $a^2 \geq 1$
역은 $q \longrightarrow p$이므로	**역: $a^2 \geq 1$이면 $a \geq 1$이다.**
역의 참, 거짓을 판별하면	[반례] $a=-2$이면 $a^2 \geq 1$이지만 $a<1$이다. 따라서 역은 **거짓**이다.
대우는 $\sim q \longrightarrow \sim p$이므로	**대우: $a^2<1$이면 $a<1$이다.**
대우의 참, 거짓을 판별하면	$a^2<1$에서 $a^2-1<0$, $(a+1)(a-1)<0$ $\quad \therefore -1<a<1$ 따라서 대우는 **참**이다.

(2) 주어진 명제의 가정을 p, 결론을 q라 하면	p: $a^2+b^2=0$, q: $a=0$이고 $b=0$
역은 $q \longrightarrow p$이므로	**역: $a=0$이고 $b=0$이면 $a^2+b^2=0$이다.**
역의 참, 거짓을 판별하면	$a=0$, $b=0$을 $a^2+b^2=0$에 대입하면 성립한다. 따라서 역은 **참**이다.
대우는 $\sim q \longrightarrow \sim p$이므로	**대우: $a \neq 0$ 또는 $b \neq 0$이면 $a^2+b^2 \neq 0$이다.**
대우의 참, 거짓을 판별하면	$a \neq 0$ 또는 $b \neq 0$에서 $a^2 \neq 0$ 또는 $b^2 \neq 0$이므로 $a^2+b^2 \neq 0$ 따라서 대우는 **참**이다.

문제

정답과 해설 61쪽

01-1 다음 명제의 역과 대우를 말하고, 그것의 참, 거짓을 판별하시오.

(1) x가 4의 양의 약수이면 x는 8의 양의 약수이다.

(2) $x>-3$이면 $5-2x<1$이다.

01-2 보기에서 역과 대우가 모두 참인 명제인 것만을 있는 대로 고르시오. (단, x, y는 실수)

보기

ㄱ. $x^2-y^2=0$이면 $x=y$이다.

ㄴ. $x-1=0$이면 $x^2-1=0$이다.

ㄷ. $x>0$이고 $y>0$이면 $x+y>0$이다.

ㄹ. $xy \neq 0$이면 $x \neq 0$이고 $y \neq 0$이다.

명제의 대우를 이용하여 상수 구하기

유형편 58쪽

실수 x, y에 대하여 명제 '$x+y\le1$이면 $x\le-2$ 또는 $y\le k$이다.'가 참일 때, 상수 k의 최솟값을 구하시오.

공략 Point

명제 $p \longrightarrow q$가 참이면 그 대우 $\sim q \longrightarrow \sim p$도 참임을 이용한다.

풀이

주어진 명제의 대우는	$x>-2$이고 $y>k$이면 $x+y>1$이다.
대우의 가정 '$x>-2$이고 $y>k$'에서	$x+y>k-2$
주어진 명제가 참이면 그 대우도 참이므로	$k-2\ge1$ $\quad\therefore k\ge3$
따라서 k의 최솟값은	**3**

문제

정답과 해설 61쪽

02-1 명제 '$x^2+kx+4\ne0$이면 $x\ne4$이다.'가 참일 때, 상수 k의 값을 구하시오.

02-2 실수 x, y에 대하여 명제 '$x+y>3$이면 $x>k$ 또는 $y>5$이다.'가 참일 때, 상수 k의 최댓값을 구하시오.

02-3 실수 x에 대하여 두 조건 p, q가

$$p:\ x^2-x-6>0,\ q:\ |x|>a$$

일 때, 명제 $p \longrightarrow q$가 참이 되도록 하는 자연수 a의 개수를 구하시오.

필수 예제 03 삼단논법

유형편 59쪽

세 조건 p, q, r에 대하여 두 명제 $p \longrightarrow \sim q$, $\sim r \longrightarrow q$가 모두 참일 때, 보기에서 항상 참인 명제인 것만을 있는 대로 고르시오.

보기

ㄱ. $p \longrightarrow \sim r$ ㄴ. $q \longrightarrow \sim p$ ㄷ. $\sim q \longrightarrow r$ ㄹ. $\sim r \longrightarrow \sim p$

공략 Point

세 조건 p, q, r에 대하여 두 명제 $p \longrightarrow q$, $q \longrightarrow r$가 모두 참이면 명제 $p \longrightarrow r$가 참이다.

명제 $p \longrightarrow \sim q$가 참이면 그 대우도 참이므로	ㄴ. 명제 $q \longrightarrow \sim p$가 참이다.
명제 $\sim r \longrightarrow q$가 참이면 그 대우도 참이므로	ㄷ. 명제 $\sim q \longrightarrow r$가 참이다.
두 명제 $\sim r \longrightarrow q$, $q \longrightarrow \sim p$가 참이므로	ㄹ. 명제 $\sim r \longrightarrow \sim p$가 참이다. ◀ 삼단논법
따라서 보기에서 항상 참인 명제인 것은	ㄴ, ㄷ, ㄹ

문제

정답과 해설 61쪽

03-1 세 조건 p, q, r에 대하여 두 명제 $p \longrightarrow r$, $q \longrightarrow \sim r$가 모두 참일 때, 다음 명제 중 항상 참이라 할 수 없는 것은?

① $\sim r \longrightarrow \sim p$ ② $\sim p \longrightarrow q$ ③ $r \longrightarrow \sim q$
④ $p \longrightarrow \sim q$ ⑤ $q \longrightarrow \sim p$

03-2 네 조건 p, q, r, s에 대하여 세 명제 $p \longrightarrow \sim q$, $r \longrightarrow p$, $s \longrightarrow q$가 모두 참일 때, 보기에서 항상 참인 명제인 것만을 있는 대로 고르시오.

보기

ㄱ. $p \longrightarrow s$ ㄴ. $q \longrightarrow r$ ㄷ. $q \longrightarrow \sim r$ ㄹ. $s \longrightarrow \sim p$

03-3 아래 두 명제가 모두 참일 때, 다음 중 항상 참인 명제인 것은?

(가) 기온이 높으면 제품 A가 잘 팔린다.
(나) 제품 B가 잘 팔리면 제품 A는 잘 팔리지 않는다.

① 제품 A가 잘 팔리면 기온이 높다.
② 제품 A가 잘 팔리면 제품 B가 잘 팔린다.
③ 기온이 높으면 제품 B가 잘 팔리지 않는다.
④ 기온이 높지 않으면 제품 B가 잘 팔린다.
⑤ 제품 B가 잘 팔리면 기온이 높다.

충분조건과 필요조건

❶ 충분조건과 필요조건

(1) 충분조건과 필요조건

명제 $p \longrightarrow q$가 참일 때, 기호로 $\boldsymbol{p \Longrightarrow q}$와 같이 나타낸다. 이때

p는 q이기 위한 **충분조건**,

q는 p이기 위한 **필요조건**

이라 한다.

한편 명제 $p \longrightarrow q$가 거짓이면 기호로 $p \not\Longrightarrow q$와 같이 나타낸다.

q이기 위한 충분조건
$p \Longrightarrow q$
p이기 위한 필요조건

(2) 필요충분조건

$p \Longrightarrow q$이고 $q \Longrightarrow p$일 때, 기호로 $\boldsymbol{p \Longleftrightarrow q}$와 같이 나타낸다.

이때 p는 q이기 위한 충분조건인 동시에 필요조건이다. 이를

p는 q이기 위한 **필요충분조건**

이라 하고, 이때 q도 p이기 위한 필요충분조건이라 한다.

q이기 위한 필요충분조건
$p \Longleftrightarrow q$
p이기 위한 필요충분조건

참고

$p \longrightarrow q$는 참 $q \longrightarrow p$는 거짓	$p \longrightarrow q$는 거짓 $q \longrightarrow p$는 참	$p \longrightarrow q$는 참 $q \longrightarrow p$도 참
$p \Longrightarrow q$	$q \Longrightarrow p$	$p \Longleftrightarrow q$
p는 q이기 위한 충분조건	p는 q이기 위한 필요조건	p는 q이기 위한 필요충분조건

❷ 충분조건, 필요조건과 진리집합 사이의 관계

명제 $p \longrightarrow q$에서 두 조건 p, q의 진리집합을 각각 P, Q라 할 때, 다음이 성립한다.

(1) $P \subset Q$이면 $p \Longrightarrow q$이므로 $\left[\begin{array}{l} p\text{는 } q\text{이기 위한 충분조건} \\ q\text{는 } p\text{이기 위한 필요조건} \end{array}\right.$

(2) $P=Q$이면 $p \Longleftrightarrow q$이므로 $\left[\begin{array}{l} p\text{는 } q\text{이기 위한 필요충분조건} \\ q\text{는 } p\text{이기 위한 필요충분조건} \end{array}\right.$

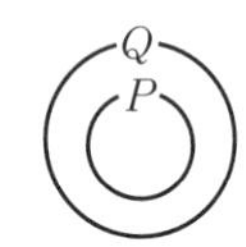

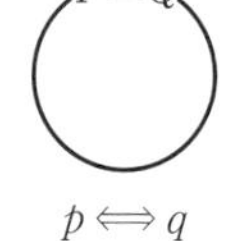

개념 Check

정답과 해설 62쪽

1 두 조건 p, q의 진리집합을 각각 P, Q라 할 때, 다음 □ 안에 들어갈 알맞은 것을 써넣으시오.

(1) p: x는 4의 양의 배수, q: x는 2의 양의 배수 ➡ $P=\{4, 8, 12, 16, \cdots\}$, $Q=\{2, 4, 6, 8, \cdots\}$

➡ p는 q이기 위한 □조건이다.

(2) p: x는 4의 양의 약수, q: x는 2의 양의 약수 ➡ $P=\{1, 2, 4\}$, $Q=\{1, 2\}$

➡ p는 q이기 위한 □조건이다.

(3) p: $3x-4=2$, q: $x=2$ ➡ $P=\{2\}$, $Q=\{2\}$

➡ p는 q이기 위한 □조건이다.

필수 예제 04 충분조건, 필요조건, 필요충분조건

유형편 60쪽

두 조건 p, q가 다음과 같을 때, p는 q이기 위한 어떤 조건인지 말하시오. (단, x는 실수)

(1) p: $0 \leq x \leq 3$, q: $1 \leq x \leq 2$
(2) p: $x < 0$, q: $x + |x| = 0$
(3) p: $x^2 = 1$, q: $|x| = 1$

공략 Point

두 조건 p, q의 진리집합 P, Q의 포함 관계를 확인한다.
(1) $P \subset Q$이면 p는 q이기 위한 충분조건이다.
(2) $Q \subset P$이면 p는 q이기 위한 필요조건이다.
(3) $P = Q$이면 p는 q이기 위한 필요충분조건이다.

풀이

두 조건 p, q의 진리집합을 각각 P, Q라 하자.

(1) $P = \{x \mid 0 \leq x \leq 3\}$, $Q = \{x \mid 1 \leq x \leq 2\}$이므로	$Q \subset P$
따라서 $q \Longrightarrow p$이므로	p는 q이기 위한 **필요조건**이다.
(2) $P = \{x \mid x < 0\}$, $Q = \{x \mid x \leq 0\}$이므로	$P \subset Q$
따라서 $p \Longrightarrow q$이므로	p는 q이기 위한 **충분조건**이다.
(3) $P = \{-1, 1\}$, $Q = \{-1, 1\}$이므로	$P = Q$
따라서 $p \Longleftrightarrow q$이므로	p는 q이기 위한 **필요충분조건**이다.

다른 풀이

(2) 명제 $p \longrightarrow q$에서	$x < 0$이면 $x + |x| = x - x = 0$ (참)
명제 $q \longrightarrow p$에서	[반례] $x = 0$이면 $x + |x| = 0$이지만 $x < 0$이 아니다. (거짓)
따라서 $p \Longrightarrow q$이므로	p는 q이기 위한 **충분조건**이다.

문제

정답과 해설 62쪽

04-1 두 조건 p, q가 다음과 같을 때, p는 q이기 위한 어떤 조건인지 말하시오. (단, a, b, c는 실수)

(1) p: $a > 1$, q: $a > 0$
(2) p: $a^2 = b^2$, q: $a = b$
(3) p: $a + b = 0$, q: $a^2 + b^2 = 0$
(4) p: $abc \neq 0$, q: a, b, c는 모두 0이 아니다.

04-2 두 조건 p, q에 대하여 보기에서 p가 q이기 위한 충분조건이지만 필요조건은 아닌 것만을 있는 대로 고르시오. (단, x, y는 실수)

보기
ㄱ. p: $x = 2$, q: $x \geq 2$
ㄴ. p: $x^2 = y^2$, q: $|x| = |y|$
ㄷ. p: $xy = 20$, q: $x = 5$, $y = 4$
ㄹ. p: $x > 0$ 또는 $y > 0$, q: $x + y > 0$

필수 예제 05 충분조건, 필요조건이 되도록 하는 상수 구하기

유형편 61쪽

세 조건 p, q, r가

p: $a\le x\le 6$, q: $1\le x\le 5$, r: $b\le x\le 4$

일 때, p가 q이기 위한 필요조건, r가 q이기 위한 충분조건이 되도록 하는 상수 a의 최댓값과 상수 b의 최솟값의 합을 구하시오.

공략 Point

두 조건 p, q의 진리집합 P, Q가 조건을 만족시키도록 수직선 위에 나타낸다.

(1) p가 q이기 위한 충분조건 ➡ $P\subset Q$

(2) p가 q이기 위한 필요조건 ➡ $Q\subset P$

풀이

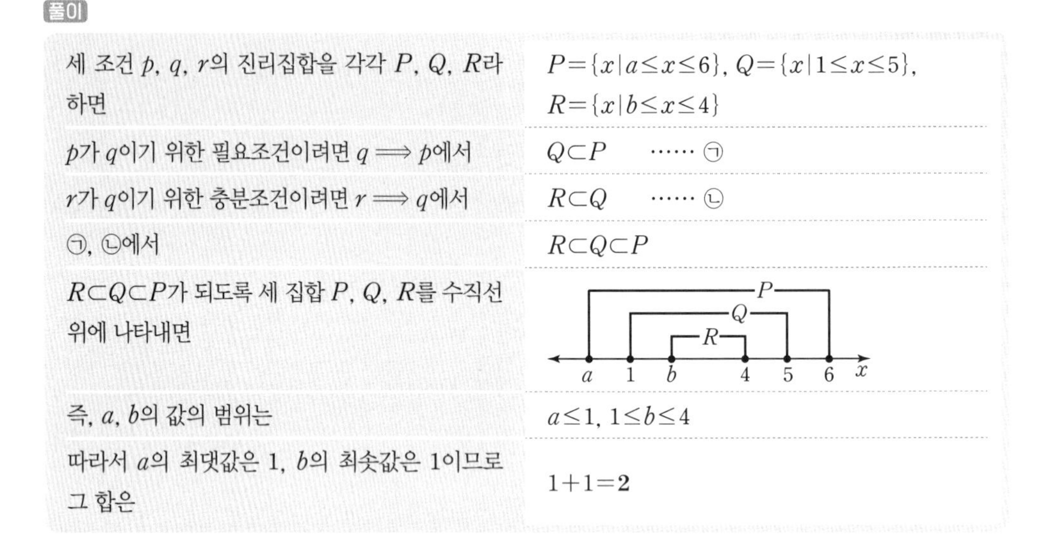

세 조건 p, q, r의 진리집합을 각각 P, Q, R라 하면	$P=\{x\mid a\le x\le 6\}$, $Q=\{x\mid 1\le x\le 5\}$, $R=\{x\mid b\le x\le 4\}$
p가 q이기 위한 필요조건이려면 $q \Longrightarrow p$에서	$Q\subset P$ ⋯⋯ ㉠
r가 q이기 위한 충분조건이려면 $r \Longrightarrow q$에서	$R\subset Q$ ⋯⋯ ㉡
㉠, ㉡에서	$R\subset Q\subset P$
$R\subset Q\subset P$가 되도록 세 집합 P, Q, R를 수직선 위에 나타내면	
즉, a, b의 값의 범위는	$a\le 1$, $1\le b\le 4$
따라서 a의 최댓값은 1, b의 최솟값은 1이므로 그 합은	$1+1=\mathbf{2}$

문제

정답과 해설 62쪽

05-1 $x^2+ax-3\ne 0$이 $x-1\ne 0$이기 위한 충분조건이 되도록 하는 상수 a의 값을 구하시오.

05-2 세 조건 p, q, r가

p: $-1\le x\le 1$ 또는 $x>3$, q: $x>a$, r: $x\ge b$

일 때, q가 p이기 위한 필요조건, r가 p이기 위한 충분조건이 되도록 하는 정수 a의 최댓값과 정수 b의 최솟값의 합을 구하시오.

05-3 두 조건 p, q가

p: $(x-1)^2=a$, q: $x=3$ 또는 $x=b$

일 때, p가 q이기 위한 필요충분조건이 되도록 하는 상수 a, b에 대하여 ab의 값을 구하시오.

필수 예제 06 충분조건, 필요조건과 진리집합 사이의 관계

유형편 61쪽

전체집합 U에 대하여 두 조건 p, q의 진리집합을 각각 P, Q라 하자. $\sim p$는 $\sim q$이기 위한 충분조건일 때, 다음 중 항상 옳은 것은?

① $P\cup Q=Q$ ② $P\cap Q=P$ ③ $P-Q=\varnothing$
④ $P\cup Q^C=U$ ⑤ $P^C\cap Q^C=\varnothing$

공략 Point

두 조건 p, q의 진리집합 P, Q에 대하여
(1) p는 q이기 위한 충분조건 ➡ $P\subset Q$
(2) p는 q이기 위한 필요조건 ➡ $Q\subset P$

풀이

$\sim p$는 $\sim q$이기 위한 충분조건이므로 $\sim p \Longrightarrow \sim q$에서	$P^C\subset Q^C$ $\therefore Q\subset P$
두 집합 P, Q 사이의 포함 관계를 벤 다이어그램으로 나타내면 오른쪽 그림과 같다.	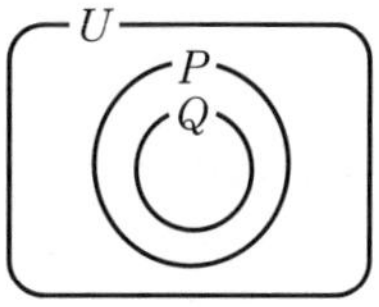 U, P, Q
각 보기의 내용을 살펴보면	① $P\cup Q=P$ ② $P\cap Q=Q$ ③ $P-Q\neq\varnothing$ ④ $P\cup Q^C=U$ ⑤ $P^C\cap Q^C=(P\cup Q)^C=P^C$
따라서 항상 옳은 것은	④

문제

정답과 해설 63쪽

06-1 전체집합 U에 대하여 세 조건 p, q, r의 진리집합을 각각 P, Q, R라 하자. p는 $\sim q$이기 위한 충분조건, $\sim r$는 $\sim q$이기 위한 필요조건일 때, 다음 중 항상 옳은 것은?

① $P\subset R$ ② $(P^C\cup Q)\subset R$ ③ $Q^C\subset R$
④ $P\cap R=\varnothing$ ⑤ $(P\cup R)\subset Q^C$

06-2 전체집합 U에 대하여 세 조건 p, q, r의 진리집합을 각각 P, Q, R라 하자. $P\cup Q=P$, $Q\cap R=R$일 때, 다음 중 옳지 않은 것은?

① q는 p이기 위한 충분조건이다. ② q는 r이기 위한 필요조건이다.
③ r는 p이기 위한 충분조건이다. ④ $\sim r$는 $\sim q$이기 위한 필요조건이다.
⑤ q는 $\sim p$이기 위한 충분조건이다.

연습문제

1 다음 중 역은 참이고 대우는 거짓인 명제는? (단, a, b는 실수)

① 직사각형은 두 대각선의 길이가 같다.
② $a+b>2$이면 $a>1$이고 $b>1$이다.
③ $a>0$, $b>0$이면 $|ab|=ab$이다.
④ a, b가 유리수이면 ab도 유리수이다.
⑤ 0이 아닌 a, b에 대하여 $a>b$이면 $\frac{1}{a}<\frac{1}{b}$이다.

2 전체집합 U에 대하여 두 조건 p, q의 진리집합을 각각 P, Q라 하자. 명제 $\sim p \longrightarrow \sim q$의 역이 참일 때, 다음 중 항상 옳은 것은?

① $P\cap Q=\varnothing$ ② $P\cap Q^C=\varnothing$
③ $P^C\cap Q=\varnothing$ ④ $P^C\cap Q^C=\varnothing$
⑤ $P=Q$

3 두 조건 p, q가

p: $x>a$, q: $-1<x\leq 4$

일 때, 명제 $\sim p \longrightarrow q$의 역이 참이 되도록 하는 상수 a의 최솟값을 구하시오.

4 명제 '$x-2\neq 0$이면 $x^2+ax-1\neq 0$이다.'의 역이 참일 때, 상수 a의 값은?

① $-\frac{3}{2}$ ② -1 ③ $-\frac{1}{2}$
④ $\frac{1}{2}$ ⑤ 1

5 세 조건 p, q, r에 대하여 두 명제 $p \longrightarrow q$, $r \longrightarrow \sim q$가 모두 참일 때, 보기에서 항상 참인 명제인 것만을 있는 대로 고른 것은?

보기
ㄱ. $q \longrightarrow p$ ㄴ. $p \longrightarrow r$ ㄷ. $r \longrightarrow \sim p$

① ㄱ ② ㄴ ③ ㄷ
④ ㄱ, ㄷ ⑤ ㄴ, ㄷ

6 아래 두 명제가 모두 참일 때, 다음 중 항상 참인 명제인 것은?

(가) 날씨가 맑으면 기온이 올라간다.
(나) 기온이 올라가면 빨래가 잘 마른다.

① 날씨가 맑으면 빨래가 잘 마르지 않는다.
② 날씨가 맑지 않으면 빨래가 잘 마른다.
③ 빨래가 잘 마르지 않으면 날씨가 맑지 않은 것이다.
④ 빨래가 잘 마르면 날씨가 맑은 것이다.
⑤ 기온이 올라가지 않으면 빨래가 잘 마르지 않는다.

7 두 조건 p, q에 대하여 다음 중 p가 q이기 위한 필요조건이지만 충분조건은 아닌 것은? (단, x, y는 실수)

① p: $x=\sqrt{3}$, q: $x^2=3$
② p: $y<0$, q: $|x|>y$
③ p: $|x|+|y|=0$, q: $x=0$, $y=0$
④ p: □ABCD는 정사각형, q: □ABCD는 직사각형
⑤ p: $x+y$, xy는 유리수, q: x, y는 유리수

정답과 해설 63쪽

8 네 조건 p, q, r, s에 대하여 p는 q이기 위한 충분조건이고, p는 s이기 위한 필요조건이다. 또 q는 s이기 위한 충분조건이고, r는 q이기 위한 필요조건일 때, 보기에서 항상 참인 명제인 것만을 있는 대로 고른 것은?

보기

ㄱ. $p \longrightarrow r$　ㄴ. $q \longrightarrow p$　ㄷ. $r \longrightarrow p$
ㄹ. $r \longrightarrow s$　ㅁ. $s \longrightarrow q$　ㅂ. $s \longrightarrow r$

① ㄱ, ㄴ, ㄹ　② ㄴ, ㅁ, ㅂ
③ ㄷ, ㄹ, ㅂ　④ ㄱ, ㄴ, ㅁ, ㅂ
⑤ ㄴ, ㄷ, ㄹ, ㅁ

수능

9 실수 x에 대한 두 조건 p, q가 다음과 같다.

p: $x^2-4x+3>0$,
q: $x \le a$

$\sim p$가 q이기 위한 충분조건이 되도록 하는 실수 a의 최솟값은?

① 5　② 4　③ 3
④ 2　⑤ 1

10 두 조건 p, q가

p: $x^2+3x-10=0$, q: $x+a=0$

일 때, p가 q이기 위한 필요조건이 되도록 하는 모든 상수 a의 값의 합을 구하시오.

교육청

11 실수 x에 대하여 두 조건 p, q가 다음과 같다.

p: $x^2-2x-3 \le 0$
q: $|x-a| \le b$

p는 q이기 위한 필요충분조건일 때, ab의 값은? (단, a, b는 상수이다.)

① -2　② -1　③ 0
④ 1　⑤ 2

12 전체집합 U에 대하여 세 조건 p, q, r의 진리집합을 각각 P, Q, R라 하자. p는 q이기 위한 필요충분조건이고, r는 q이기 위한 필요조건일 때, 다음 중 항상 옳은 것은?

① $R \subset P$　② $P \cap Q = \varnothing$
③ $(Q \cup R) \subset P$　④ $(P \cup Q) \subset R$
⑤ $R-P=Q$

13 전체집합 U에 대하여 세 조건 p, q, r의 진리집합을 각각 P, Q, R라 할 때, 오른쪽 그림은 세 집합 P, Q, R 사이의 포함 관계를 벤 다이어그램으로 나타낸 것이다. 보기에서 항상 옳은 것만을 있는 대로 고른 것은?

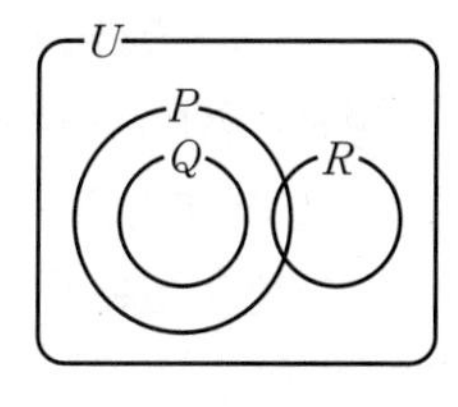

보기

ㄱ. p는 q이기 위한 필요조건이다.
ㄴ. r는 $\sim q$이기 위한 충분조건이다.
ㄷ. $\sim p$는 $\sim q$이기 위한 필요조건이다.

① ㄱ　② ㄴ　③ ㄷ
④ ㄱ, ㄴ　⑤ ㄴ, ㄷ

실력

14 한쪽 면에는 자연수인 숫자가 적혀 있고 다른 쪽 면에는 동물 또는 식물이 그려져 있는 카드가 있다. 한쪽 면에 3, 6, 토끼, 꽃, 사자가 각각 있는 5장의 카드가 있을 때, 다음 중 '카드의 한쪽 면에 홀수가 적혀 있으면 다른 쪽 면에는 식물이 그려져 있다.'는 규칙에 맞는 카드인지 알아보기 위하여 다른 쪽 면을 반드시 확인할 필요가 있는 카드를 모두 고른 것은?

① 3　② 3, 꽃　③ 3, 6
④ 6, 꽃　⑤ 3, 토끼, 사자

15 다음 두 명제

'성격이 급하지 않은 사람은 신중한 사람이다.',
'수학을 잘하는 사람은 머리가 좋은 사람이다.'

가 모두 참일 때, 명제 '수학을 잘하는 사람은 신중한 사람이다.'가 참이려면 하나의 참인 명제가 더 필요하다. 보기에서 필요한 참인 명제가 될 수 있는 것만을 있는 대로 고르시오.

보기
ㄱ. 성격이 급하지 않은 사람은 수학을 잘하는 사람이다.
ㄴ. 성격이 급한 사람은 수학을 잘하지 못하는 사람이다.
ㄷ. 성격이 급한 사람은 머리가 좋지 않은 사람이다.
ㄹ. 수학을 잘하지 못하는 사람은 성격이 급한 사람이다.

16 전체집합 U가 유한집합일 때, 공집합이 아닌 두 부분집합 A, B에 대하여 보기에서 p가 q이기 위한 충분조건이지만 필요조건은 아닌 것만을 있는 대로 고른 것은?

보기
ㄱ. p: $A^C \cup B^C = U$　q: $A \subset B^C$, $B \subset A^C$
ㄴ. p: $A \subset B$　q: $n(A) \le n(B)$
ㄷ. p: $n(A-B)=0$　q: $n(A)=n(B)$

① ㄱ　② ㄴ　③ ㄷ
④ ㄱ, ㄷ　⑤ ㄴ, ㄷ

교육청

17 두 실수 a, b에 대하여 세 조건 p, q, r는

p: $|a|+|b|=0$,
q: $a^2-2ab+b^2=0$,
r: $|a+b|=|a-b|$

이다. 보기에서 옳은 것만을 있는 대로 고른 것은?

보기
ㄱ. p는 q이기 위한 충분조건이다.
ㄴ. $\sim p$는 $\sim r$이기 위한 필요조건이다.
ㄷ. q이고 r는 p이기 위한 필요충분조건이다.

① ㄱ　② ㄷ　③ ㄱ, ㄴ
④ ㄴ, ㄷ　⑤ ㄱ, ㄴ, ㄷ

명제의 증명

❶ 정의, 증명, 정리

(1) 정의

용어의 뜻을 명확하게 정한 문장을 그 용어의 **정의**라 한다.

(2) 증명

명제의 가정과 이미 알려진 성질을 근거로 그 명제가 참임을 논리적으로 밝히는 과정을 증명이라 한다.

(3) 정리

참임이 증명된 명제 중에서 기본이 되는 것을 **정리**라 한다. 정리는 다른 명제를 증명하는 데 이용되기도 한다.

예
- 이등변삼각형은 두 변의 길이가 같은 삼각형이다. ➡ 정의
- 이등변삼각형의 두 밑각의 크기는 서로 같다. ➡ 정리
- 직사각형은 네 내각의 크기가 같은 사각형이다. ➡ 정의
- 직사각형의 두 대각선의 길이는 서로 같고 서로 다른 것을 이등분한다. ➡ 정리

❷ 명제의 증명

어떤 명제가 참임을 직접 증명하기 어려울 때, 다음과 같이 간접적인 방법으로 증명할 수 있다.

(1) 대우를 이용한 증명

명제 $p \longrightarrow q$가 참이면 그 대우 $\sim q \longrightarrow \sim p$도 참이므로 명제 $p \longrightarrow q$가 참임을 증명할 때 그 대우 $\sim q \longrightarrow \sim p$가 참임을 보이는 증명 방법이다.

주의 명제의 대우에서 전제 조건은 변하지 않는다. 예를 들어 '자연수 n에 대하여'라 하면 이것은 가정도 결론도 아닌 n에 대한 조건이므로 그 명제의 대우에서도 이 조건은 그대로 적용된다.

(2) 귀류법을 이용한 증명

명제를 증명하는 과정에서 명제의 결론을 부정하여 가정 또는 이미 알려진 사실에 모순됨을 보여서 그 결론이 성립함을 보이는 증명 방법을 **귀류법**이라 한다.

개념 Check

정답과 해설 66쪽

1 다음은 명제 '자연수 a, b에 대하여 ab가 홀수이면 a, b는 모두 홀수이다.'가 참임을 대우를 이용하여 증명하는 과정이다. 이때 (가), (나)에 들어갈 알맞은 것을 구하시오.

> 주어진 명제의 대우 '　　(가)　　'가 참임을 보이면 된다.
> a 또는 b가 짝수이면 $a=2m$ 또는 $b=2n$(m, n은 자연수)으로 나타낼 수 있으므로
> $ab=$ (나) bm 또는 $ab=$ (나) an
> 이때 ab는 짝수이다.
> 따라서 주어진 명제의 대우가 참이므로 주어진 명제도 참이다.

대우를 이용한 증명

유형편 62쪽

명제 '자연수 n에 대하여 n^2이 3의 배수이면 n은 3의 배수이다.'가 참임을 대우를 이용하여 증명하시오.

공략 Point

명제 'p이면 q이다.'가 참임을 증명하기 어려울 때는 그 대우 '$\sim q$이면 $\sim p$이다.'가 참임을 증명한다.

증명

주어진 명제의 대우 '자연수 n에 대하여 n이 3의 배수가 아니면 n^2은 3의 배수가 아니다.'가 참임을 보이면 된다.

n이 3의 배수가 아니면 $n=3k-1$ 또는 $n=3k-2$(k는 자연수)로 나타낼 수 있으므로

$n^2=(3k-1)^2=3(3k^2-2k)+1$ 또는 $n^2=3(3k^2-4k+1)+1$

이때 $3k^2-2k$와 $3k^2-4k+1$은 0 또는 자연수이므로 n^2은 3의 배수가 아니다.

따라서 주어진 명제의 대우가 참이므로 주어진 명제도 참이다.

문제

정답과 해설 66쪽

01-1 명제 '자연수 n에 대하여 n^2이 짝수이면 n은 짝수이다.'가 참임을 대우를 이용하여 증명하시오.

01-2 명제 '자연수 a, b, c에 대하여 $a^2+b^2=c^2$이면 a, b, c 중 적어도 하나는 짝수이다.'가 참임을 대우를 이용하여 증명하시오.

01-3 다음은 명제 '자연수 m, n에 대하여 m과 n이 서로소이면 m 또는 n이 홀수이다.'가 참임을 대우를 이용하여 증명하는 과정이다. 이때 (가), (나), (다)에 들어갈 알맞은 것을 구하시오.

> 주어진 명제의 대우 '자연수 m, n에 대하여 m과 n이 모두 [(가)]이면 m과 n은 [(나)]가 아니다.'가 참임을 보이면 된다.
> m과 n이 모두 [(가)]이면 $m=2k$, $n=2l$(k, l은 자연수)로 나타낼 수 있다.
> 이때 [(다)]는 m과 n의 공약수이므로 m과 n이 모두 [(가)]이면 m과 n은 [(나)]가 아니다.
> 따라서 주어진 명제의 대우가 참이므로 주어진 명제도 참이다.

귀류법을 이용한 증명

유형편 63쪽

명제 '$\sqrt{2}$는 무리수이다.'가 참임을 귀류법을 이용하여 증명하시오.

공략 Point

직접 증명하기 어려운 명제는 결론을 부정하여 명제의 가정에 모순이 생김을 보여 원래의 명제가 참임을 증명한다.

증명

주어진 명제의 결론을 부정하여 $\sqrt{2}$가 유리수라 가정하면

$\sqrt{2}=\frac{n}{m}$ (m, n은 서로소인 자연수) …… ㉠

으로 나타낼 수 있다.

㉠의 양변을 제곱하면 $2=\frac{n^2}{m^2}$ $\quad\therefore n^2=2m^2$ …… ㉡

이때 n^2이 짝수이므로 n도 짝수이다.

n이 짝수이면 $n=2k$ (k는 자연수)로 나타낼 수 있으므로 ㉡에 대입하면

$(2k)^2=2m^2$ $\quad\therefore m^2=2k^2$

이때 m^2이 짝수이므로 m도 짝수이다.

그런데 m, n이 모두 짝수이면 m, n이 서로소라는 가정에 모순이다.

따라서 $\sqrt{2}$는 무리수이다.

문제

정답과 해설 66쪽

02-1 명제 '자연수 a, b에 대하여 $a+b$가 홀수이면 a, b 중에서 하나는 홀수이고 다른 하나는 짝수이다.'가 참임을 귀류법을 이용하여 증명하시오.

02-2 다음은 명제 '자연수 n에 대하여 n^2이 3의 배수가 아니면 n은 3의 배수가 아니다.'가 참임을 귀류법을 이용하여 증명하는 과정이다. 이때 (가), (나), (다)에 들어갈 알맞은 것을 구하시오.

> 주어진 명제의 결론을 부정하여 n이 3의 배수라 가정하면
>
> $n=$ [(가)] k (k는 자연수) …… ㉠
>
> 로 나타낼 수 있다.
>
> ㉠의 양변을 제곱하면 $n^2=$ [(나)]
>
> 이때 n^2은 [(다)]이므로 가정에 모순이다.
>
> 따라서 자연수 n에 대하여 n^2이 3의 배수가 아니면 n은 3의 배수가 아니다.

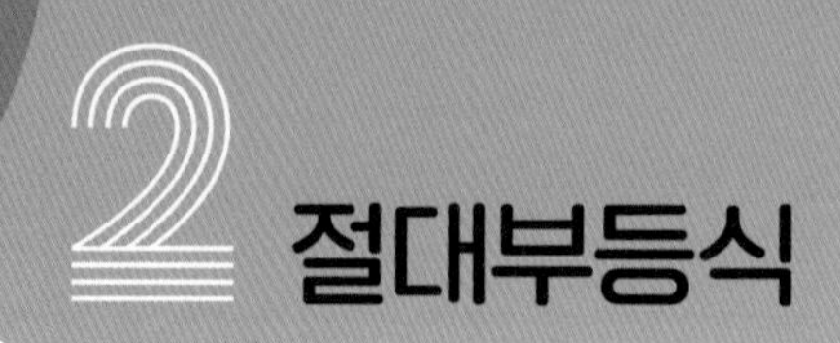

절대부등식

❶ 절대부등식

(1) 절대부등식

부등식 $x^2+1>0$과 같이 부등식의 문자에 어떤 실수를 대입하여도 항상 성립하는 부등식을 **절대부등식**이라 한다.

예 부등식 $x^2-2x+1\geq0$은 $(x-1)^2\geq0$이므로 모든 실수 x에 대하여 성립 ➡ 절대부등식

(2) 부등식의 증명에 이용되는 실수의 성질

a, b가 실수일 때

① $a>b \Longleftrightarrow a-b>0$
② $a^2\geq0$
③ $a^2+b^2\geq0$
④ $a^2+b^2=0 \Longleftrightarrow a=b=0$
⑤ $a>0$, $b>0$일 때, $a>b \Longleftrightarrow a^2>b^2$
⑥ $|a|^2=a^2$, $|a||b|=|ab|$, $|a|\geq a$

❷ 산술평균과 기하평균의 관계

$a>0$, $b>0$일 때, $\dfrac{a+b}{2}\geq\sqrt{ab}$ (단, 등호는 $a=b$일 때 성립)

참고 양수 a, b에 대하여 $\dfrac{a+b}{2}$를 a와 b의 산술평균, $\sqrt{ab}$를 a와 b의 기하평균이라 한다.

❸ 코시－슈바르츠의 부등식

a, b, x, y가 실수일 때, $(a^2+b^2)(x^2+y^2)\geq(ax+by)^2$ (단, 등호는 $ay=bx$일 때 성립)

개념 Plus

산술평균과 기하평균의 관계의 증명

$a>0$, $b>0$일 때,

$$\left(\frac{a+b}{2}\right)^2-(\sqrt{ab})^2=\frac{a^2+2ab+b^2}{4}-ab=\frac{a^2-2ab+b^2}{4}=\frac{(a-b)^2}{4}\geq0$$ ◀ (실수)$^2\geq0$

$$\therefore \left(\frac{a+b}{2}\right)^2\geq(\sqrt{ab})^2$$

그런데 $\dfrac{a+b}{2}>0$, $\sqrt{ab}>0$이므로 $\dfrac{a+b}{2}\geq\sqrt{ab}$

이때 등호는 $a-b=0$, 즉 $a=b$일 때 성립한다.

코시－슈바르츠의 부등식의 증명

a, b, x, y가 실수일 때,

$$(a^2+b^2)(x^2+y^2)-(ax+by)^2=a^2x^2+a^2y^2+b^2x^2+b^2y^2-(a^2x^2+2abxy+b^2y^2)$$
$$=a^2y^2-2abxy+b^2x^2=(ay-bx)^2\geq0$$ ◀ (실수)$^2\geq0$

$$\therefore (a^2+b^2)(x^2+y^2)\geq(ax+by)^2$$

이때 등호는 $ay-bx=0$, 즉 $ay=bx$일 때 성립한다.

필수 예제 03

부등식의 증명

유형편 64쪽

x, y, a, b가 실수일 때, 다음 부등식이 성립함을 증명하시오.

(1) $(x+y)^2 \ge 4xy$

(2) $\sqrt{a}+\sqrt{b} \ge \sqrt{a+b}$ (단, $a \ge 0$, $b \ge 0$)

공략 Point

부등식 $A \ge B$가 성립함을 증명할 때

(1) A, B가 다항식이면
➡ $A-B$를 완전제곱식으로 변형하여 $A-B \ge 0$임을 보인다.

(2) A, B가 절댓값 또는 제곱근을 포함한 식이면
➡ $A^2-B^2 \ge 0$임을 보인다.

증명

(1) $(x+y)^2-4xy=x^2+2xy+y^2-4xy=x^2-2xy+y^2=(x-y)^2 \ge 0$

$\therefore (x+y)^2 \ge 4xy$

이때 등호는 $x-y=0$, 즉 $x=y$일 때 성립한다.

(2) $a \ge 0$, $b \ge 0$일 때,

$(\sqrt{a}+\sqrt{b})^2-(\sqrt{a+b})^2=a+2\sqrt{ab}+b-(a+b)=2\sqrt{ab} \ge 0$

$\therefore (\sqrt{a}+\sqrt{b})^2 \ge (\sqrt{a+b})^2$

그런데 $\sqrt{a}+\sqrt{b} \ge 0$, $\sqrt{a+b} \ge 0$이므로 $\sqrt{a}+\sqrt{b} \ge \sqrt{a+b}$

이때 등호는 $ab=0$, 즉 $a=0$ 또는 $b=0$일 때 성립한다.

문제

정답과 해설 67쪽

03-1 a, b, c가 실수일 때, 다음 부등식이 성립함을 증명하시오.

(1) $a^2+b^2 \ge 2ab$

(2) $|a|+1 \ge |a+1|$

(3) $a^2+b^2+c^2 \ge ab+bc+ca$

03-2 다음은 a, b가 실수일 때, 부등식 $|a-b| \ge |a|-|b|$가 성립함을 증명하는 과정이다. 이때 (가)~(라)에 들어갈 알맞은 것을 구하시오.

(i) $|a| \ge |b|$일 때,

$(|a-b|)^2-(|a|-|b|)^2=$ (가) $-(a^2-2|ab|+b^2)$

$=2($ (나) $-ab)$ (다) 0

$\therefore |a-b|$ (다) $|a|-|b|$

(ii) $|a|<|b|$일 때,

$|a-b|>0$, $|a|-|b|<0$이므로

$|a-b|>|a|-|b|$

(i), (ii)에서 $|a-b| \ge |a|-|b|$ (단, 등호는 $|a| \ge |b|$이고 (라) 일 때 성립)

필수 예제 04 산술평균과 기하평균의 관계 (1)

유형편 65쪽

$x>0$, $y>0$일 때, 다음 물음에 답하시오.

(1) $xy=2$일 때, $3x+4y$의 최솟값을 구하시오.
(2) $x+9y=12$일 때, xy의 최댓값을 구하시오.

공략 Point

$a>0$, $b>0$이면 $a+b\geq 2\sqrt{ab}$임을 이용하여 최댓값 또는 최솟값을 구한다.

풀이

(1) $3x>0$, $4y>0$이므로 산술평균과 기하평균의 관계에 의하여	$3x+4y\geq 2\sqrt{3x\times 4y}=4\sqrt{3xy}$
이때 $xy=2$이므로	$3x+4y\geq 4\sqrt{6}$ (단, 등호는 $3x=4y$일 때 성립)
따라서 구하는 최솟값은	$\mathbf{4\sqrt{6}}$

(2) $x>0$, $9y>0$이므로 산술평균과 기하평균의 관계에 의하여	$x+9y\geq 2\sqrt{x\times 9y}=6\sqrt{xy}$
이때 $x+9y=12$이므로	$12\geq 6\sqrt{xy}$ $\therefore \sqrt{xy}\leq 2$ (단, 등호는 $x=9y$일 때 성립)
양변을 제곱하면	$xy\leq 4$
따라서 구하는 최댓값은	$\mathbf{4}$

문제

정답과 해설 67쪽

04-1 양수 x, y에 대하여 $xy=5$일 때, $10x+8y$의 최솟값을 구하시오.

04-2 양수 x, y에 대하여 $3x+2y=12$일 때, xy의 최댓값을 구하시오.

04-3 양수 a, b에 대하여 $a^2+16b^2=8$일 때, ab의 최댓값을 구하시오.

04-4 양수 a, b에 대하여 $a+b=2$일 때, $\frac{1}{a}+\frac{1}{b}$의 최솟값을 구하시오.

필수 예제 05 산술평균과 기하평균의 관계 (2)

유형편 65쪽

다음 물음에 답하시오.

(1) $x>0$, $y>0$일 때, $(x+3y)\left(\frac{3}{x}+\frac{4}{y}\right)$의 최솟값을 구하시오.

(2) $x>-3$일 때, $4x+\frac{1}{x+3}$의 최솟값을 구하시오.

공략 Point

식을 전개하거나 변형하여 $A+\frac{1}{A}$ 꼴로 만든 후 산술평균과 기하평균의 관계를 이용한다.

풀이

(1) 주어진 식을 전개하여 정리하면 $(x+3y)\left(\frac{3}{x}+\frac{4}{y}\right)=15+\frac{4x}{y}+\frac{9y}{x}$

$\frac{4x}{y}>0$, $\frac{9y}{x}>0$이므로 산술평균과 기하평균의 관계에 의하여

$$\geq 15+2\sqrt{\frac{4x}{y}\times\frac{9y}{x}}$$
$$=15+12=27$$
(단, 등호는 $2x=3y$일 때 성립)

따라서 구하는 최솟값은 **27**

(2) 주어진 식을 변형하면 $4x+\frac{1}{x+3}=4(x+3)+\frac{1}{x+3}-12$

$x>-3$에서 $x+3>0$이므로 산술평균과 기하평균의 관계에 의하여

$$\geq 2\sqrt{4(x+3)\times\frac{1}{x+3}}-12$$
$$=4-12=-8$$
$\left(\text{단, 등호는 } 4(x+3)=\frac{1}{x+3}\text{일 때 성립}\right)$

따라서 구하는 최솟값은 **-8**

문제

정답과 해설 68쪽

05-1 $x>0$, $y>0$일 때, $\left(3x+\frac{1}{y}\right)\left(y+\frac{3}{x}\right)$의 최솟값을 구하시오.

05-2 $x>1$일 때, $x+\frac{4}{x-1}$의 최솟값을 구하시오.

05-3 양수 x, y에 대하여 $9x+2y=16$일 때, $\frac{2}{x}+\frac{1}{y}$의 최솟값을 구하시오.

필수 예제 06 코시－슈바르츠의 부등식

유형편 66쪽

실수 a, b, x, y에 대하여 다음 물음에 답하시오.

(1) $a^2+b^2=5$이고 $x^2+y^2=45$일 때, $ax+by$의 최댓값을 구하시오.
(2) $x^2+y^2=20$일 때, $2x+4y$의 최솟값을 구하시오.

공략 Point

실수 a, b, x, y에 대하여 $(a^2+b^2)(x^2+y^2)\geq(ax+by)^2$임을 이용하여 최댓값과 최솟값을 구한다.

풀이

(1) a, b, x, y가 실수이므로 코시－슈바르츠의 부등식에 의하여	$(a^2+b^2)(x^2+y^2)\geq(ax+by)^2$
이때 $a^2+b^2=5$, $x^2+y^2=45$이므로	$5\times45\geq(ax+by)^2$, $15^2\geq(ax+by)^2$ $\therefore -15\leq ax+by\leq15$ (단, 등호는 $ay=bx$일 때 성립)
따라서 구하는 최댓값은	**15**
(2) x, y가 실수이므로 코시－슈바르츠의 부등식에 의하여	$(2^2+4^2)(x^2+y^2)\geq(2x+4y)^2$
이때 $x^2+y^2=20$이므로	$20^2\geq(2x+4y)^2$ $\therefore -20\leq2x+4y\leq20$ (단, 등호는 $y=2x$일 때 성립)
따라서 구하는 최솟값은	**－20**

문제

정답과 해설 68쪽

06-1 실수 a, b, x, y에 대하여 다음 물음에 답하시오.

(1) $a^2+b^2=28$이고 $x^2+y^2=7$일 때, $ax+by$의 최솟값을 구하시오.
(2) $x^2+y^2=4$일 때, $3x+4y$의 최댓값을 구하시오.

06-2 실수 x, y에 대하여 $2x+3y=13$일 때, x^2+y^2의 최솟값을 구하시오.

06-3 $a^2+b^2=100$을 만족시키는 실수 a, b에 대하여 $(a+3b)^2$의 값이 최대가 될 때, 모든 a의 값의 곱을 구하시오.

UP

필수 예제 07

절대부등식의 도형에의 활용

유형편 66쪽

길이가 800 m인 줄을 모두 사용하여 오른쪽 그림과 같은 직사각형 모양의 밭을 만들고 4개의 작은 직사각형 모양으로 구획을 나누려고 한다. 밭 전체의 넓이가 최대일 때, 밭 전체의 가로의 길이와 세로의 길이를 각각 구하시오.

(단, 줄의 두께는 생각하지 않는다.)

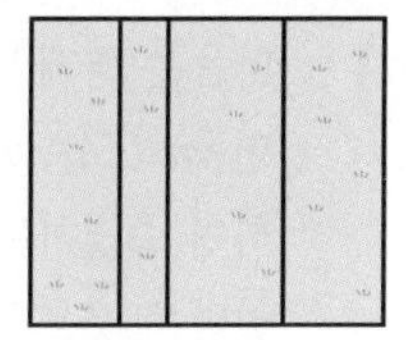

공략 Point

미지수 x, y를 정한 후 조건을 확인하여 산술평균과 기하평균의 관계 또는 코시-슈바르츠의 부등식을 이용한다.

풀이

밭 전체의 가로의 길이를 x m, 세로의 길이를 y m라 하면 줄의 길이가 800 m이므로	$2x+5y=800$ ⋯⋯ ㉠
이때 $x>0$, $y>0$에서 $2x>0$, $5y>0$이므로 산술평균과 기하평균의 관계에 의하여	$2x+5y\geq 2\sqrt{2x\times 5y}$ $800\geq 2\sqrt{10xy}$ ($\because$ ㉠) $\sqrt{10xy}\leq 400$ $\therefore xy\leq 16000$ (단, 등호는 $2x=5y$일 때 성립)
밭 전체의 넓이는 xy m^{2}이고 xy는 $2x=5y$일 때 최댓값을 가지므로 $5y=2x$를 ㉠에 대입하면	$2x+2x=800$ $\therefore x=200$
$x=200$을 $2x=5y$에 대입하면	$400=5y$ $\therefore y=80$
따라서 구하는 가로의 길이와 세로의 길이는	**가로의 길이: 200 m, 세로의 길이: 80 m**

문제

정답과 해설 68쪽

07-1 오른쪽 그림과 같이 수직인 두 벽면 사이를 길이가 10 m인 막대로 막아 삼각형 모양의 밭을 만들려고 한다. 이 밭의 넓이의 최댓값을 구하시오.

(단, 막대의 두께는 생각하지 않는다.)

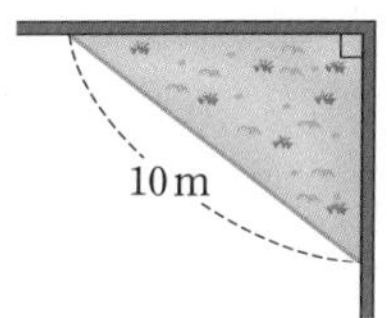

07-2 오른쪽 그림과 같이 반지름의 길이가 2인 원에 내접하는 직사각형의 둘레의 길이의 최댓값을 구하시오.

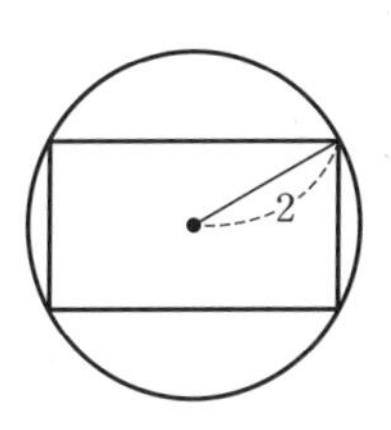

연습문제

1 다음은 명제 '자연수 m, n에 대하여 mn이 짝수이면 m 또는 n이 짝수이다.'가 참임을 대우를 이용하여 증명하는 과정이다. 이때 (가), (나), (다)에 들어갈 알맞은 것을 구하시오.

> 주어진 명제의 대우
> '[(가)]'
> 가 참임을 보이면 된다.
> m과 n이 모두 [(나)]이면
> $m=2k-1$, $n=2l-1$(k, l은 자연수)
> 로 나타낼 수 있으므로
> $mn=(2k-1)(2l-1)$
> $\quad=2(2kl-k-l)+1$
> 이때 $2kl-k-l$은 0 또는 자연수이므로 mn은 [(다)]이다.
> 따라서 주어진 명제의 대우가 참이므로 주어진 명제도 참이다.

2 명제 '$\sqrt{5}$는 유리수가 아니다.'가 참임을 귀류법을 이용하여 증명하시오.

교육청

3 다음은 양의 실수 a, b, c에 대하여 부등식

$$\frac{1}{a+b}+\frac{1}{b+c}+\frac{1}{c+a}\le\frac{(a+b+c)^2}{6abc}$$

이 성립함을 증명한 것이다.

> 양의 실수 a, b, c에 대하여
> $(a+b)^2-4ab=$ [(가)] ≥0
> 이므로 $4ab\le(a+b)^2$이고, 같은 방법으로
> $4bc\le(b+c)^2$, $4ca\le(c+a)^2$이므로
> $4abc\left(\frac{1}{a+b}+\frac{1}{b+c}+\frac{1}{c+a}\right)$
> $=\frac{4ab}{a+b}\times c+\frac{4bc}{b+c}\times a+\frac{4ca}{c+a}\times b$
> $\le$ [(나)] …… ㉠
> 이다.
> 한편, $a^2+b^2+c^2-ab-bc-ca\ge0$에서
> $ab+bc+ca\le\frac{(a+b+c)^2}{\boxed{(다)}}$ …… ㉡
> 이다.
> 따라서 ㉠, ㉡으로부터
> $4abc\left(\frac{1}{a+b}+\frac{1}{b+c}+\frac{1}{c+a}\right)\le\frac{2}{3}(a+b+c)^2$ …… ㉢
> 이다.
> 이때 ㉢의 양변을 $4abc$로 나누면
> $\frac{1}{a+b}+\frac{1}{b+c}+\frac{1}{c+a}\le\frac{(a+b+c)^2}{6abc}$
> 이다.

위의 증명에서 (가), (나), (다)에 알맞은 것은?

	(가)	(나)	(다)
①	$(a-b)^2$	$2(ab+bc+ca)$	4
②	$(a-b)^2$	$2(ab+bc+ca)$	3
③	$(a-b)^2$	$4(ab+bc+ca)$	4
④	$(a-2b)^2$	$2(ab+bc+ca)$	3
⑤	$(a-2b)^2$	$4(ab+bc+ca)$	4

4 보기에서 절대부등식의 개수를 구하시오. (단, x는 실수)

보기
ㄱ. $2x+6<0$
ㄴ. $x^2>x^2-2$
ㄷ. $|x|+x\geq 0$
ㄹ. $x^2+2x+3>0$
ㅁ. $|x-1|\geq 0$
ㅂ. $-(x-2)^2<0$

5 $a>0$, $b>0$, $c>0$일 때, 보기에서 옳은 것만을 있는 대로 고른 것은?

보기
ㄱ. $\sqrt{ab}\geq\frac{2ab}{a+b}$
ㄴ. $a+\frac{1}{2a}<\sqrt{a^2+1}$
ㄷ. $\frac{b}{a}+\frac{a}{b}\geq 2$
ㄹ. $a^3+b^3+c^3\geq 3abc$

① ㄱ, ㄴ ② ㄴ, ㄹ ③ ㄱ, ㄴ, ㄷ
④ ㄱ, ㄷ, ㄹ ⑤ ㄴ, ㄷ, ㄹ

6 $ab=9$를 만족시키는 양수 a, b에 대하여 $9a+b$의 최솟값을 m, 그때의 a, b의 값을 각각 α, β라 할 때, $m+\alpha+\beta$의 값을 구하시오.

7 $x>0$, $y>0$일 때, $(x-2y)\left(\frac{2}{x}-\frac{4}{y}\right)$의 최댓값을 구하시오.

교육청

8 $x>0$인 실수 x에 대하여

$$4x+\frac{a}{x}\ (a>0)$$

의 최솟값이 2일 때, 상수 a의 값은?

① $\frac{1}{4}$ ② $\frac{1}{2}$ ③ $\frac{3}{4}$
④ 1 ⑤ $\frac{5}{4}$

9 $x\neq 2$인 실수 x에 대하여 $x^2-4x+\frac{1}{(x-2)^2}$의 최솟값을 구하시오.

10 이차방정식 $x^2+2x-a=0$이 서로 다른 두 실근을 가질 때, 실수 a에 대하여 $4a+\frac{1}{a+1}$의 최솟값은?

① -2 ② -1 ③ 0
④ 1 ⑤ 2

11 실수 x, y에 대하여 $x^2+y^2=20$일 때, x^2-x+y^2-2y+3의 최댓값을 구하시오.

연습문제

정답과 해설 71쪽

실력

교육청

12 다음은 $n\ge2$인 자연수 n에 대하여 $\sqrt{n^2-1}$이 무리수임을 증명한 것이다.

> $\sqrt{n^2-1}$이 유리수라고 가정하면
> $\sqrt{n^2-1}=\frac{q}{p}$ (p, q는 서로소인 자연수)
> 로 놓을 수 있다.
> 이 식의 양변을 제곱하여 정리하면
> $p^2(n^2-1)=q^2$이다.
> p는 q^2의 약수이고 p, q는 서로소인 자연수이므로
> $n^2=$ (가) 이다.
> 자연수 k에 대하여
> (ⅰ) $q=2k$일 때
> $(2k)^2<n^2<$ (나) 인 자연수 n이 존재하지 않는다.
> (ⅱ) $q=2k+1$일 때
> (나) $<n^2<(2k+2)^2$인 자연수 n이 존재하지 않는다.
> (ⅰ), (ⅱ)에 의하여 $\sqrt{n^2-1}=\frac{q}{p}$ (p, q는 서로소인 자연수)를 만족하는 자연수 n은 존재하지 않는다.
> 따라서 $\sqrt{n^2-1}$은 무리수이다.

위의 (가), (나)에 알맞은 식을 각각 $f(q)$, $g(k)$라 할 때, $f(2)+g(3)$의 값은?

① 50 ② 52 ③ 54
④ 56 ⑤ 58

13 양수 x, y에 대하여 $3x+2y=16$일 때, $\sqrt{3x}+\sqrt{2y}$의 최댓값은?

① $\sqrt{2}$ ② $2\sqrt{2}$ ③ $3\sqrt{2}$
④ $4\sqrt{2}$ ⑤ $5\sqrt{2}$

14 실수 x, y, z에 대하여

$$x-y-2z=-3,\ x^2+y^2+z^2=9$$

일 때, x의 최댓값은?

① 0 ② 2 ③ 4
④ 6 ⑤ 8

교육청

15 두 양수 a, b에 대하여 좌표평면 위의 점 $\mathrm{P}(a, b)$를 지나고 직선 OP에 수직인 직선이 y축과 만나는 점을 Q라 하자. 점 $\mathrm{R}\left(-\frac{1}{a}, 0\right)$에 대하여 삼각형 OQR의 넓이의 최솟값은? (단, O는 원점이다.)

① $\frac{1}{2}$ ② 1 ③ $\frac{3}{2}$
④ 2 ⑤ $\frac{5}{2}$

16 오른쪽 그림과 같이 두 밑면이 정사각형인 직육면체의 전개도에서 직육면체의 네 옆면을 이루는 직사각형의 대각선의 길이가 $\sqrt{10}$일 때, 직육면체의 모든 모서리의 길이의 합의 최댓값을 구하시오.

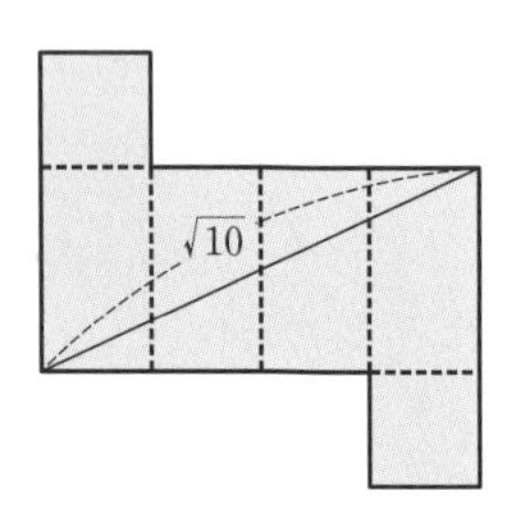

Ⅲ. 함수와 그래프

1 함수

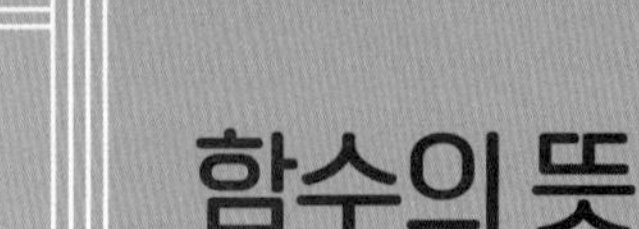

함수의 뜻

❶ 대응

공집합이 아닌 두 집합 X, Y에 대하여 X의 원소에 Y의 원소를 짝 지어 주는 것을 집합 X에서 집합 Y로의 **대응**이라 한다.

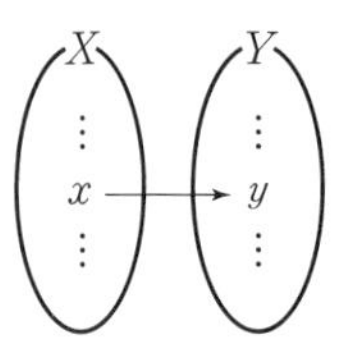

이때 집합 X의 원소 x에 집합 Y의 원소 y가 짝 지어지면 x에 y가 대응한다고 하고, 기호로

$x \longrightarrow y$

와 같이 나타낸다.

❷ 함수

두 집합 X, Y에 대하여 X의 각 원소에 Y의 원소가 오직 하나씩 대응할 때, 이 대응을 집합 X에서 집합 Y로의 함수라 하고, 이 함수 f를 기호로

$$\boldsymbol{f : X \longrightarrow Y}$$

와 같이 나타낸다.

예 (1)

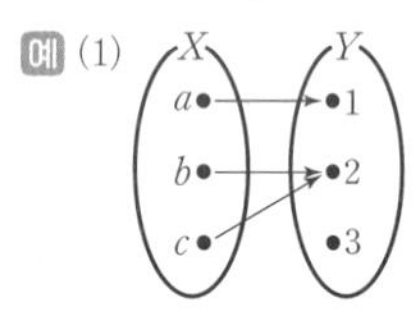

X의 각 원소에 Y의 원소가 1개씩 대응한다.
➡ 함수이다.

(2) X: a, b, c / Y: 1, 2, 3

X의 원소 c에 대응하는 Y의 원소가 없다.
➡ 함수가 아니다.

(3)

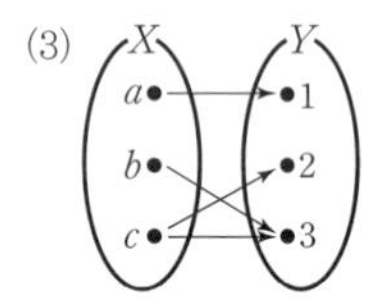

X의 원소 c에 대응하는 Y의 원소가 2, 3의 2개이다.
➡ 함수가 아니다.

참고 함수는 일반적으로 알파벳 소문자 f, g, h, …로 나타낸다.

❸ 정의역, 공역, 치역

(1) 정의역과 공역

함수 $f : X \longrightarrow Y$에서 집합 X를 **정의역**, 집합 Y를 **공역**이라 한다.

(2) 치역

함수 $f : X \longrightarrow Y$에서 정의역 X의 원소 x에 공역 Y의 원소 y가 대응할 때, 이를 기호로 $y=f(x)$와 같이 나타내고, $f(x)$를 x의 함숫값이라 한다.
이때 함숫값 전체의 집합 $\{f(x) | x \in X\}$를 함수 f의 **치역**이라 한다.

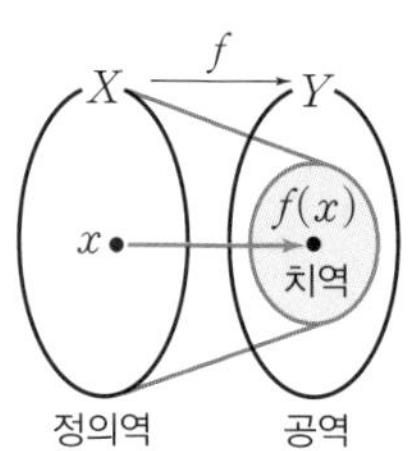

예 오른쪽 그림에서 집합 X의 각 원소에 집합 Y의 원소가 오직 하나씩 대응하므로 이 대응은 함수이다.

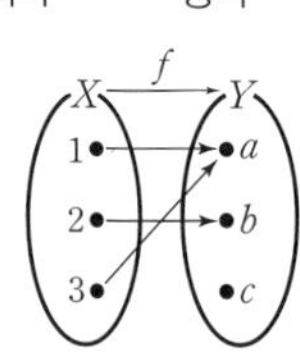

이 함수 $f : X \longrightarrow Y$에서
- 정의역: $\{1, 2, 3\}$
- 공역: $\{a, b, c\}$
- 함숫값: $f(1)=a$, $f(2)=b$, $f(3)=a$
- 치역: $\{a, b\}$

참고 (1) 함수 f의 정의역이나 공역이 따로 주어지지 않은 경우 정의역은 f가 정의되는 모든 실수 x의 집합으로, 공역은 실수 전체의 집합으로 생각한다.
(2) 치역은 공역의 부분집합이다.

❹ 서로 같은 함수

두 함수 f, g의 정의역과 공역이 각각 같고, 정의역의 모든 원소 x에 대하여 $f(x)=g(x)$일 때, 두 함수 f와 g는 서로 같다고 하고, 기호로

$f=g$

와 같이 나타낸다.

두 함수 f, g가 서로 같지 않을 때, 기호로 $f\neq g$와 같이 나타낸다.

예 정의역이 $\{-1, 1\}$인 두 함수 $f(x)=x$, $g(x)=x^3$에 대하여

$f(-1)=g(-1)=-1$, $f(1)=g(1)=1$ $\quad\therefore f=g$

개념 Check

정답과 해설 72쪽

1 보기의 대응에서 집합 X에서 집합 Y로의 함수인 것만을 있는 대로 고르시오.

보기

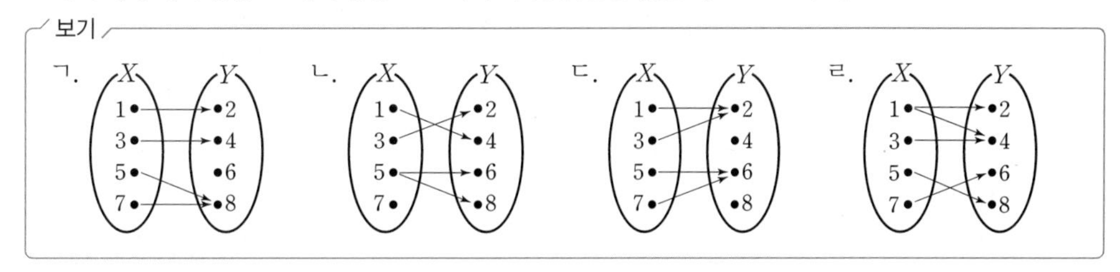

2 함수 $f: X \longrightarrow Y$가 다음 그림과 같을 때, 정의역, 공역, 치역을 구하시오.

(1)

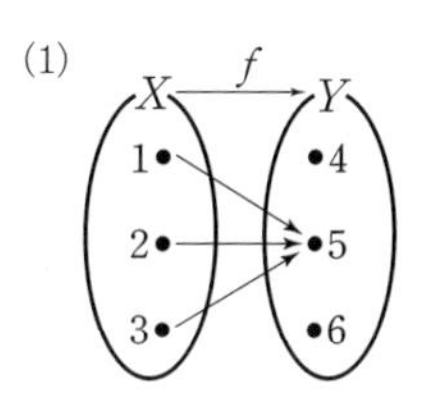

(2)

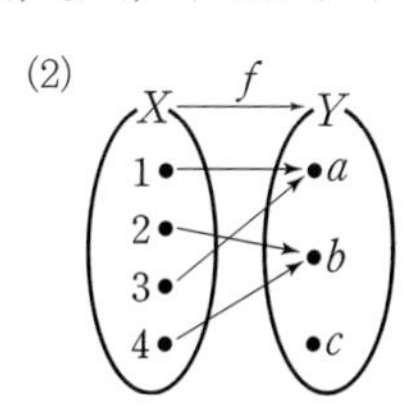

3 두 집합 $X=\{-1, 0, 1\}$, $Y=\{-1, 0, 1, 2, 3\}$에 대하여 함수 $f: X \longrightarrow Y$가 다음과 같을 때, 함수 f의 치역을 구하시오.

(1) $f(x)=x+1$

(2) $f(x)=-x^2+1$

(3) $f(x)=|x|+2$

(4) $f(x)=x^3-x$

4 집합 $X=\{-1, 1\}$을 정의역으로 하는 두 함수 f, g에 대하여 보기에서 $f=g$인 것만을 있는 대로 고르시오.

보기

ㄱ. $f(x)=-x$, $g(x)=-x^3$

ㄴ. $f(x)=2x$, $g(x)=x+2$

ㄷ. $f(x)=|x^3|$, $g(x)=\sqrt{x^2}$

필수 예제 01 함수의 뜻

유형편 68쪽

두 집합 $X=\{0,\ 1,\ 2\}$, $Y=\{0,\ 1,\ 2,\ 3\}$에 대하여 X에서 Y로의 함수인 것만을 보기에서 있는 대로 고르시오.

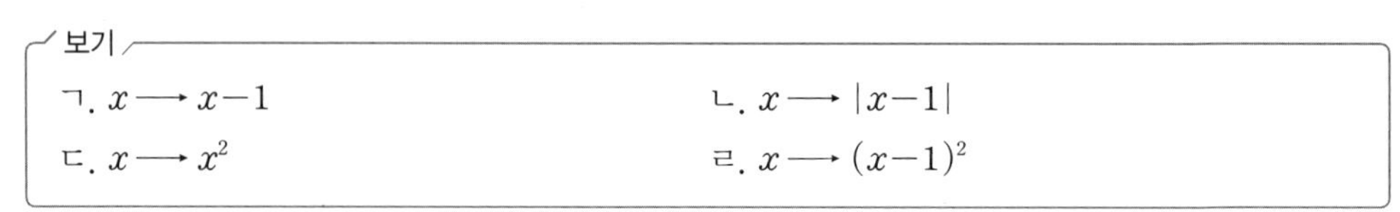

보기

ㄱ. $x \longrightarrow x-1$　　ㄴ. $x \longrightarrow |x-1|$

ㄷ. $x \longrightarrow x^2$　　ㄹ. $x \longrightarrow (x-1)^2$

공략 Point

주어진 대응을 그림으로 나타낸 후 집합 X의 각 원소에 집합 Y의 원소가 오직 하나씩 대응하는 것을 찾는다.

풀이

주어진 대응을 그림으로 나타내면	ㄱ. X: 0, 1, 2 → Y: 0, 1, 2, 3 (1→0, 2→1) ㄴ. X: 0, 1, 2 → Y: 0, 1, 2, 3 (0→1, 1→0, 2→1) ㄷ. X: 0, 1, 2 → Y: 0, 1, 2, 3 (0→0, 1→1) ㄹ. X: 0, 1, 2 → Y: 0, 1, 2, 3 (0→1, 1→0, 2→1)
ㄱ. 집합 X의 원소 0에 대응하는 집합 Y의 원소가 없으므로	함수가 아니다.
ㄴ, ㄹ. 집합 X의 각 원소에 집합 Y의 원소가 오직 하나씩 대응하므로	함수이다.
ㄷ. 집합 X의 원소 2에 대응하는 집합 Y의 원소가 없으므로	함수가 아니다.
따라서 보기에서 X에서 Y로의 함수인 것은	ㄴ, ㄹ

문제

정답과 해설 72쪽

01-1 두 집합 $X=\{-1,\ 0,\ 1\}$, $Y=\{0,\ 1,\ 2,\ 3\}$에 대하여 X에서 Y로의 함수인 것만을 보기에서 있는 대로 고르시오.

보기

ㄱ. $x \longrightarrow x$　　ㄴ. $x \longrightarrow 2x+1$

ㄷ. $x \longrightarrow x^2+1$　　ㄹ. $x \longrightarrow |x|+1$

ㅁ. $\begin{cases} x \longrightarrow 2 & (x \geq 1) \\ x \longrightarrow 1 & (x \leq 1) \end{cases}$　　ㅂ. $\begin{cases} x \longrightarrow 1 & (x>0) \\ x \longrightarrow -x & (x \leq 0) \end{cases}$

필수 예제 02 함숫값과 치역

유형편 68쪽

집합 $X=\{x|1\le x<7,\ x$는 자연수$\}$를 정의역으로 하는 함수 f가 $f(x)=\begin{cases} x-3 & (x\text{는 홀수}) \\ -x+1 & (x\text{는 짝수}) \end{cases}$일 때, 함수 f의 치역을 구하시오.

공략 Point

주어진 함수의 식에 정의역의 원소를 각각 대입하여 함숫값을 모두 구한 후 집합으로 나타내어 치역을 구한다.

풀이

함수 f의 정의역은	$\{1, 2, 3, 4, 5, 6\}$
x가 홀수, 즉 $x=1, 3, 5$일 때, $f(x)=x-3$이므로	$f(1)=1-3=-2$ $f(3)=3-3=0$ $f(5)=5-3=2$
x가 짝수, 즉 $x=2, 4, 6$일 때, $f(x)=-x+1$이므로	$f(2)=-2+1=-1$ $f(4)=-4+1=-3$ $f(6)=-6+1=-5$
따라서 함수 f의 치역은	$\mathbf{\{-5, -3, -2, -1, 0, 2\}}$

문제

정답과 해설 72쪽

02-1 실수 전체의 집합에서 정의된 함수 f가 $f(x)=\begin{cases} x^2 & (x\text{는 무리수}) \\ -x+1 & (x\text{는 유리수}) \end{cases}$일 때, $f(\sqrt{2})+f(1)$의 값을 구하시오.

02-2 집합 $X=\{-1, 0, 2\}$를 정의역으로 하는 함수 $f(x)=ax^2-1$의 치역의 모든 원소의 합이 12일 때, 상수 a의 값을 구하시오.

02-3 집합 $X=\{1, 2, 3, 4, 5\}$에 대하여 함수 $f: X \longrightarrow X$를 $f(x)=(x^2$의 양의 약수의 개수$)$로 정의할 때, 함수 f의 치역의 모든 원소의 합을 구하시오.

필수 예제 03 서로 같은 함수

유형편 69쪽

집합 $X=\{1, 3\}$을 정의역으로 하는 두 함수 $f(x)=ax$, $g(x)=x^2+b$에 대하여 $f=g$일 때, 상수 a, b의 값을 구하시오.

공략 Point

정의역이 같은 두 함수 f, g에 대하여 $f=g$이면
➡ 정의역의 각 원소 x에 대하여 $f(x)=g(x)$

풀이

$f=g$에서	$f(1)=g(1)$, $f(3)=g(3)$
$f(1)=g(1)$에서	$a=1+b$ ⋯⋯ ㉠
$f(3)=g(3)$에서	$3a=9+b$ ⋯⋯ ㉡
㉠, ㉡을 연립하여 풀면	$\boldsymbol{a=4}$, $\boldsymbol{b=3}$

문제

정답과 해설 72쪽

03-1 집합 $X=\{0, 1\}$을 정의역으로 하는 두 함수 $f(x)=ax+b$, $g(x)=x^3+a$에 대하여 $f=g$일 때, 상수 a, b에 대하여 ab의 값을 구하시오.

03-2 집합 $X=\{-3, 0, 3\}$을 정의역으로 하는 두 함수 $f(x)=2x^2-1$, $g(x)=a|x|+b$에 대하여 $f=g$일 때, 상수 a, b에 대하여 $a+b$의 값을 구하시오.

03-3 집합 X를 정의역으로 하는 두 함수 $f(x)=2x^2-2$, $g(x)=x^3-x$에 대하여 $f=g$가 되도록 하는 집합 X의 개수를 구하시오. (단, $X\neq\varnothing$)

함수의 그래프

❶ 함수의 그래프

함수 $f: X \longrightarrow Y$에서 정의역 X의 각 원소 x와 이에 대응하는 함숫값 $f(x)$의 순서쌍 $(x, f(x))$ 전체의 집합

$$\{(x, f(x)) \mid x \in X\}$$

를 함수 f의 그래프라 한다.

예 두 집합 $X=\{1, 3, 5, 7\}$, $Y=\{2, 4, 6, 8\}$에 대하여 오른쪽 그림과 같이 대응하는 함수 $f: X \longrightarrow Y$가 있을 때, 정의역의 각 원소에 대한 함숫값은

$f(1)=2$, $f(3)=4$, $f(5)=8$, $f(7)=8$

따라서 함수 f의 그래프를 나타내는 순서쌍 전체의 집합은

$\{(1, 2), (3, 4), (5, 8), (7, 8)\}$

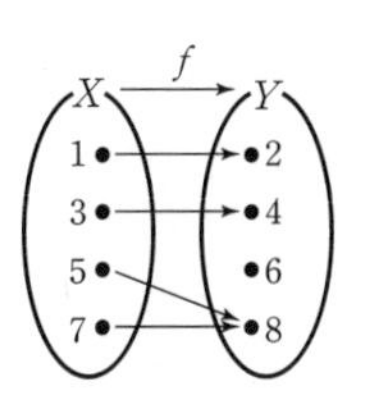

❷ 함수의 그래프의 표현

함수 $y=f(x)$의 정의역과 공역의 원소가 모두 실수일 때, 함수 f의 그래프는 순서쌍 $(x, f(x))$를 좌표로 하는 점으로 좌표평면 위에 나타내어 그릴 수 있다.

이때 함수의 정의에 따라 함수의 그래프는 정의역의 각 원소 k에 대하여 y축에 평행한 직선 $x=k$와 오직 한 점에서 만난다.

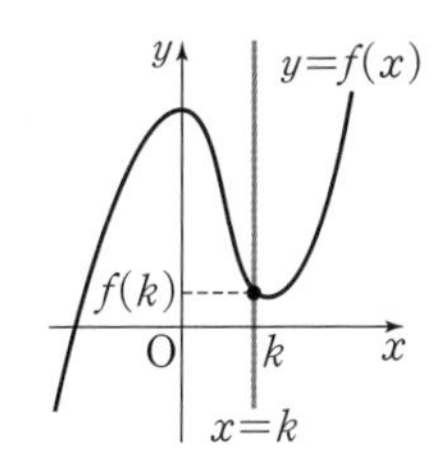

개념 Plus

함수의 그래프의 판별

함수의 그래프는 정의역의 범위 내에서 y축에 평행한 직선을 그어 주어진 그래프와 직선의 교점의 개수를 확인하여 판별한다.

다음과 같이 실수 전체의 집합에서 정의된 그래프에 대하여 직선 $x=k$(k는 상수)를 그었을 때, 직선 $x=k$와의 교점의 개수를 확인하면

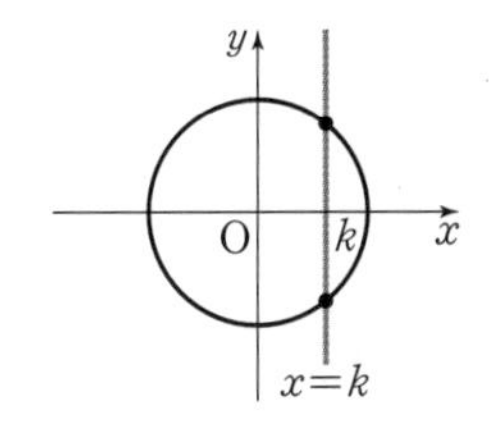

직선 $x=k$와의 교점이 2개이다.

직선 $x=k$와의 교점이 무수히 많다.

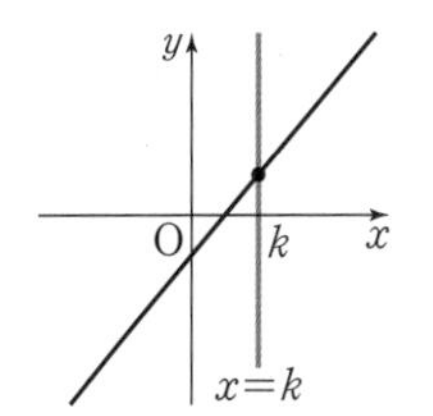

직선 $x=k$와의 교점이 1개이다.

직선 $x=k$와의 교점이 없거나 2개 이상인 경우가 있으면 함수의 그래프가 아니다.

직선 $x=k$와의 교점이 항상 1개이면 함수의 그래프이다.

필수 예제 04 함수의 그래프

유형편 70쪽

실수 전체의 집합에서 정의된 보기의 그래프에서 함수의 그래프인 것만을 있는 대로 고르시오.

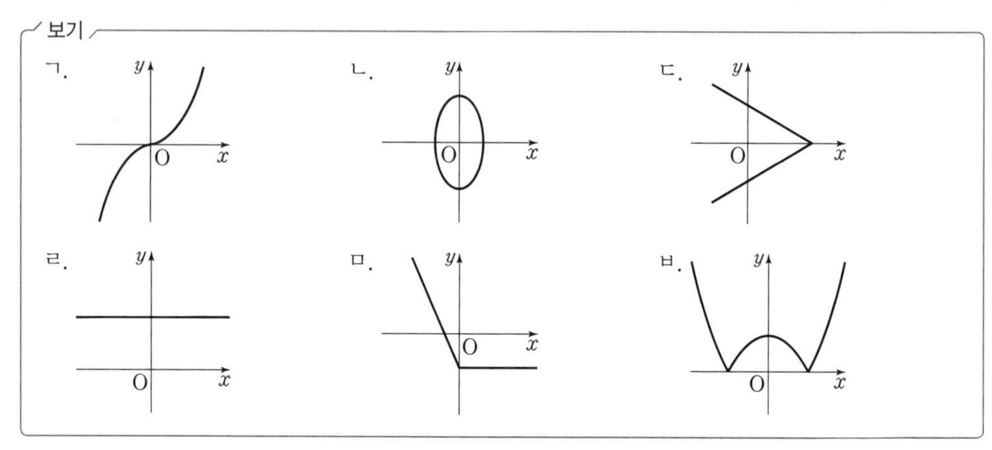

공략 Point

정의역의 각 원소 k에 대하여 y축에 평행한 직선 $x=k$와 그래프가 오직 한 점에서 만나면 그 그래프는 함수의 그래프이다.

풀이

직선 $x=k$(k는 상수)를 그어 교점을 나타내면

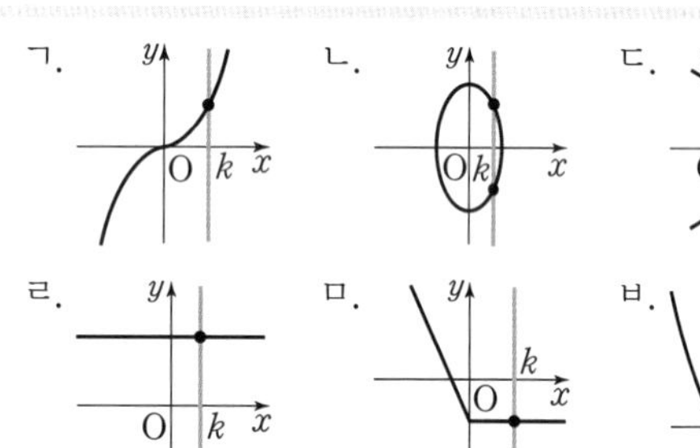

따라서 보기에서 함수의 그래프인 것은 ㄱ, ㄹ, ㅁ, ㅂ

문제

정답과 해설 73쪽

04-1 실수 전체의 집합에서 정의된 보기의 그래프에서 함수의 그래프인 것만을 있는 대로 고르시오.

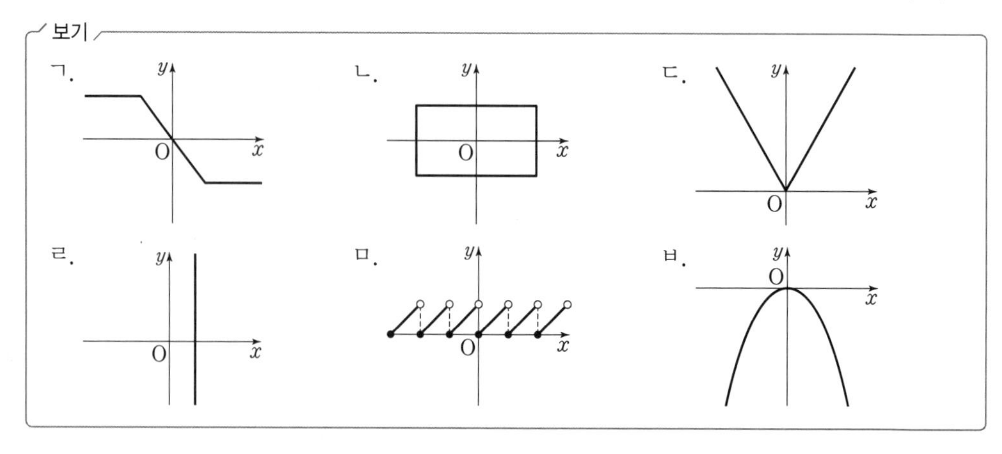

여러 가지 함수

1 일대일함수와 일대일대응

(1) 일대일함수

함수 $f: X \longrightarrow Y$에서 정의역 X의 임의의 두 원소 x_1, x_2에 대하여

$x_1 \neq x_2$이면 $f(x_1) \neq f(x_2)$ ◀ 정의역의 서로 다른 원소에 공역의 서로 다른 원소가 대응하는 함수

일 때, 이 함수 f를 **일대일함수**라 한다.

(2) 일대일대응

함수 $f: X \longrightarrow Y$가 조건

(i) 일대일함수이다. (ii) 치역과 공역이 같다.

를 모두 만족시킬 때, 이 함수 f를 **일대일대응**이라 한다.

예 (1)

정의역의 서로 다른 두 원소에 대응하는 공역의 원소가 다르고 치역과 공역이 같지 않다.

➡ 일대일함수이지만 일대일대응은 아니다.

(2)

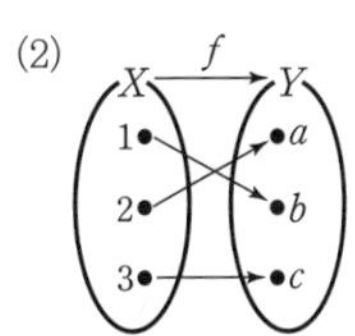

정의역의 서로 다른 두 원소에 대응하는 공역의 원소가 다르고 치역과 공역이 같다.

➡ 일대일대응이다.

참고 명제 '$x_1 \neq x_2$이면 $f(x_1) \neq f(x_2)$이다.'의 대우인 '$f(x_1)=f(x_2)$이면 $x_1=x_2$이다.'가 성립하여도 일대일함수이다.

2 항등함수와 상수함수

(1) 항등함수

함수 $f: X \longrightarrow X$에서 정의역 X의 임의의 원소 x에 대하여

$f(x)=x$ ◀ 정의역과 공역이 같고 정의역의 각 원소에 자기 자신이 대응하는 함수

일 때, 이 함수 f를 집합 X에서의 **항등함수**라 한다.

(2) 상수함수

함수 $f: X \longrightarrow Y$에서 정의역 X의 모든 원소 x에 대하여

$f(x)=c$ (c는 상수) ◀ 정의역의 모든 원소에 공역의 단 하나의 원소가 대응하는 함수

일 때, 이 함수 f를 **상수함수**라 한다.

예 (1)

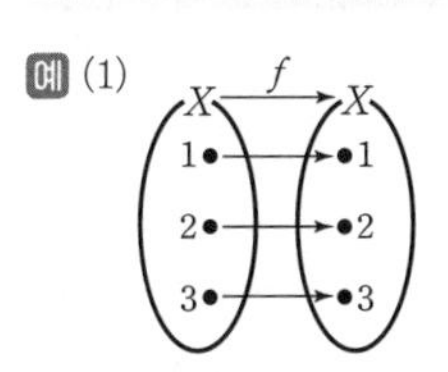

정의역의 각 원소에 자기 자신이 대응한다.

➡ 항등함수이다.

(2)

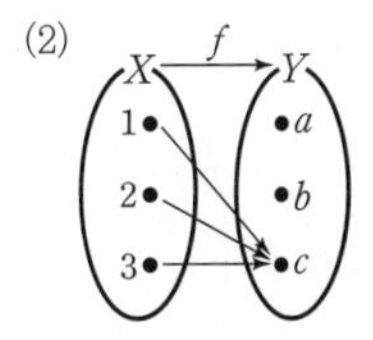

정의역의 모든 원소에 공역의 단 하나의 원소가 대응한다. ➡ 상수함수이다.

참고 (1) 항등함수는 모두 일대일대응이다.

(2) 상수함수의 치역은 원소가 1개인 집합이다.

개념 Plus

일대일대응의 그래프의 판별

일대일대응의 그래프는 다음과 같이 일대일대응의 정의를 이용하여 조건을 모두 만족시키는지 확인하여 판별한다.

> (i) 일대일함수의 그래프이다.
> ➡ 직선 $y=k$ (k는 상수)와의 교점이 1개이다. ◀ 교점이 2개 이상이면 $x_1 \neq x_2$일 때 $f(x_1)=f(x_2)$인 경우가 존재
> (ii) 치역과 공역이 같다.
> ➡ 공역이 실수 전체의 집합이면 치역도 실수 전체의 집합이다.

즉, 치역의 범위 내에서 x축에 평행한 직선을 그어 주어진 그래프와 직선의 교점의 개수를 확인하고 (치역)=(공역)인지 확인한다.

다음과 같이 실수 전체의 집합에서 정의된 함수의 그래프에 대하여 직선 $y=k$ (k는 상수)를 그었을 때, 직선 $y=k$와의 교점의 개수를 확인하고 치역과 공역을 확인하면

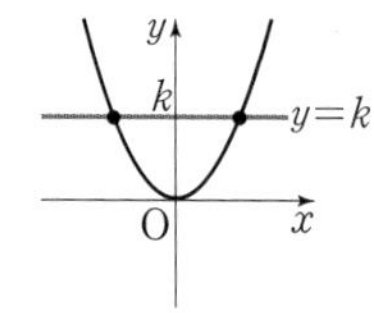

- 직선 $y=k$와의 교점이 2개
- (치역)$\neq$(공역)

y
k
y=k
O
x

- 직선 $y=k$와의 교점이 1개
- (치역)$\neq$(공역)

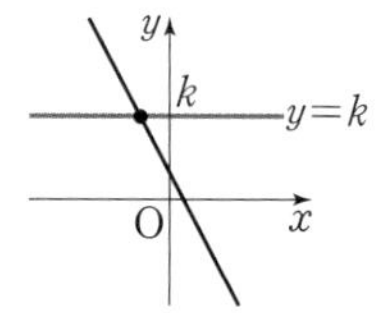

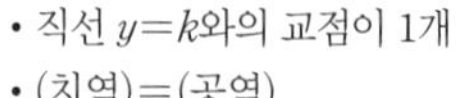

- 직선 $y=k$와의 교점이 1개
- (치역)=(공역)

직선 $y=k$와의 교점이 2개 이상인 경우가 있거나 (치역)$\neq$(공역)이면 일대일대응의 그래프가 아니다.

직선 $y=k$와의 교점이 항상 1개이고 (치역)=(공역)이면 일대일대응의 그래프이다.

개념 Check

정답과 해설 73쪽

1 집합 X에서 집합 Y로의 대응이 보기와 같을 때, 다음에 해당하는 것만을 있는 대로 고르시오.

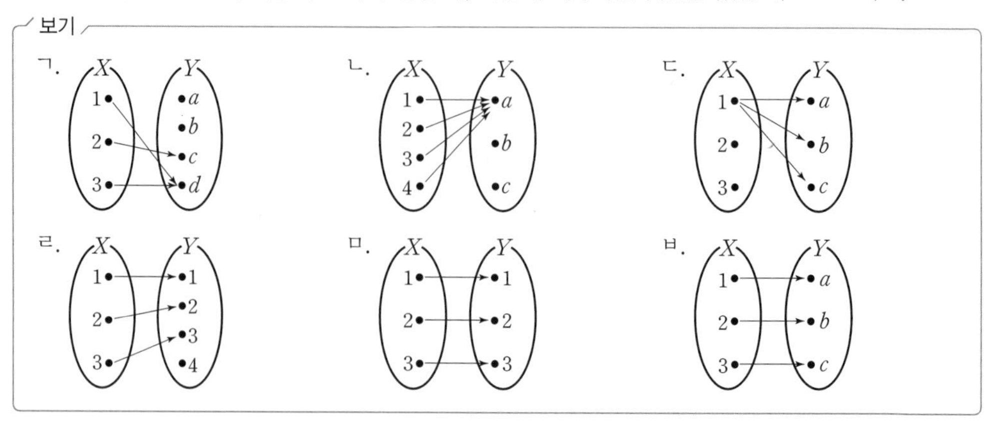

(1) 일대일함수
(2) 일대일대응
(3) 항등함수
(4) 상수함수

필수 예제 05

여러 가지 함수

유형편 70쪽

정의역과 공역이 실수 전체의 집합인 보기의 함수의 그래프에서 다음에 해당하는 것만을 있는 대로 고르시오.

보기

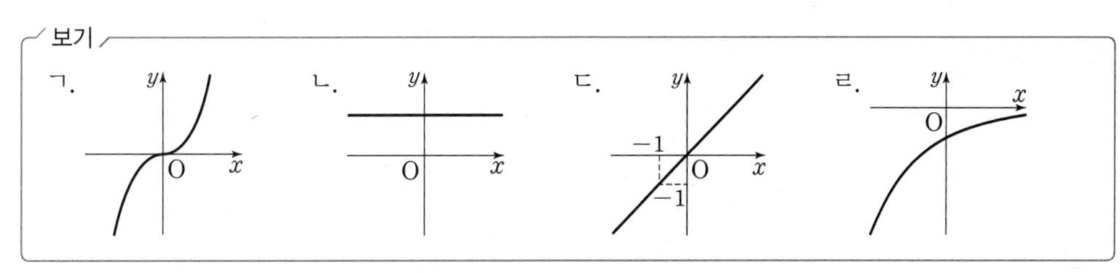

(1) 일대일함수 (2) 일대일대응 (3) 항등함수 (4) 상수함수

공략 Point

(1) 일대일함수의 그래프
➡ 직선 $y=k$(k는 상수)와의 교점이 1개이다.

(2) 일대일대응의 그래프
➡ 직선 $y=k$(k는 상수)와의 교점이 1개이고, 치역과 공역이 같다.

(3) 항등함수의 그래프
➡ 직선 $y=x$

(4) 상수함수의 그래프
➡ x축에 평행하거나 x축과 같다.

풀이

직선 $y=k$(k는 상수)를 그어 교점을 나타내면

(1) 일대일함수의 그래프는 직선 $y=k$와의 교점이 항상 1개이므로	ㄱ, ㄷ, ㄹ
(2) 일대일대응은 일대일함수이면서 치역과 공역이 같은 함수, 즉 치역이 실수 전체의 집합인 함수이므로	ㄱ, ㄷ
(3) 항등함수의 그래프는 직선 $y=x$이므로	ㄷ
(4) 상수함수의 그래프는 x축에 평행한 직선이므로	ㄴ

문제

정답과 해설 73쪽

05-1 정의역과 공역이 실수 전체의 집합인 보기의 함수에서 다음에 해당하는 것만을 있는 대로 고르시오.

보기

ㄱ. $f(x)=-3$ ㄴ. $f(x)=x$ ㄷ. $f(x)=\frac{1}{2}x^2$ ㄹ. $f(x)=-2x+1$

(1) 일대일대응 (2) 항등함수 (3) 상수함수

필수 예제 06 일대일대응이 되기 위한 조건

유형편 71쪽

두 집합 $X=\{x|-1\le x\le 1\}$, $Y=\{y|0\le y\le 4\}$에 대하여 X에서 Y로의 함수 $f(x)=ax+b$가 일대일대응일 때, 상수 a, b에 대하여 ab의 값을 구하시오.

공략 Point

일대일대응이면 (치역)=(공역)이므로 주어진 정의역과 공역의 양 끝 값을 기준으로 함수의 그래프를 그려 본다.

풀이

(i) $a>0$일 때,
함수 f가 일대일대응이려면 오른쪽 그림과 같이 $y=f(x)$의 그래프가 두 점 $(-1, 0)$, $(1, 4)$를 지나야 하므로

$f(-1)=0$에서
$-a+b=0$ …… ㉠
$f(1)=4$에서
$a+b=4$ …… ㉡

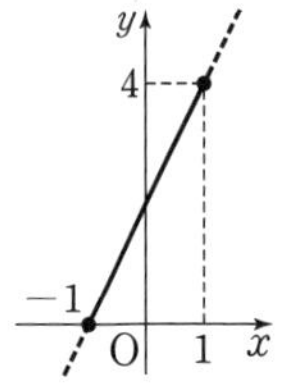

㉠, ㉡을 연립하여 풀면 $a=2$, $b=2$ $\therefore ab=4$

(ii) $a<0$일 때,
함수 f가 일대일대응이려면 오른쪽 그림과 같이 $y=f(x)$의 그래프가 두 점 $(-1, 4)$, $(1, 0)$을 지나야 하므로

$f(-1)=4$에서
$-a+b=4$ …… ㉢
$f(1)=0$에서
$a+b=0$ …… ㉣

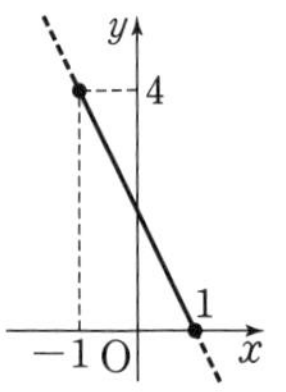

㉢, ㉣을 연립하여 풀면 $a=-2$, $b=2$ $\therefore ab=-4$

(i), (ii)에서 구하는 값은 **-4 또는 4**

문제

정답과 해설 73쪽

06-1 두 집합 $X=\{x|-2\le x\le 2\}$, $Y=\{y|-1\le y\le 3\}$에 대하여 X에서 Y로의 함수 $f(x)=ax+b$가 일대일대응일 때, 상수 a, b에 대하여 a^2+b^2의 값을 구하시오.

06-2 두 집합 $X=\{x|a\le x\le 3\}$, $Y=\{y|-2\le y\le 3\}$에 대하여 X에서 Y로의 함수 $f(x)=-x+b$가 일대일대응일 때, 상수 a, b에 대하여 $a+b$의 값을 구하시오. (단, $a<3$)

06-3 실수 전체의 집합 R에서 R로의 함수 $f(x)=\begin{cases} x+1 & (x\ge 0) \\ 2x+a & (x<0) \end{cases}$가 일대일대응일 때, 상수 a의 값을 구하시오.

여러 가지 함수의 함숫값

유형편 72쪽

집합 $X=\{-1, 0, 1\}$에 대하여 X에서 X로의 세 함수 f, g, h는 각각 일대일대응, 항등함수, 상수함수이고 $f(0)=g(1)=h(1)$, $f(1)g(0)=f(-1)$일 때, $f(1)+g(-1)+h(0)$의 값을 구하시오.

공략 Point

(1) 일대일대응: 정의역의 임의의 두 원소 x_1, x_2에 대하여 $x_1 \neq x_2$이면 $f(x_1) \neq f(x_2)$이고 치역과 공역이 같다.

(2) 항등함수: 정의역의 모든 원소 x에 대하여 $f(x)=x$

(3) 상수함수: 정의역의 모든 원소 x에 대하여 $f(x)=c$ (단, c는 상수)

풀이

함수 g는 항등함수이므로	$g(x)=x$ $\therefore g(-1)=-1, g(0)=0, g(1)=1$
$f(0)=g(1)$이고 $g(1)=1$이므로	$f(0)=1$ ······ ㉠
$f(1)g(0)=f(-1)$이고 $g(0)=0$이므로	$f(-1)=0$ ······ ㉡
함수 f는 일대일대응이므로 ㉠, ㉡에서	$f(1)=-1$
함수 h는 상수함수이고 $h(1)=g(1)=1$이므로	$h(0)=h(1)=1$
따라서 구하는 값은	$f(1)+g(-1)+h(0)=-1+(-1)+1$ $=\mathbf{-1}$

문제

정답과 해설 74쪽

07-1 실수 전체의 집합에서 정의된 두 함수 f, g에 대하여 f는 항등함수, g는 상수함수이고 $f(2)=g(2)$일 때, $f(5)+g(5)$의 값을 구하시오.

07-2 실수 전체의 집합에서 정의된 함수 f는 상수함수이고 $f(50)=1$일 때, $f(1)+f(3)+f(5)+\cdots+f(99)$의 값을 구하시오.

07-3 집합 $X=\{1, 3, 4\}$에 대하여 X에서 X로의 세 함수 f, g, h는 각각 일대일대응, 항등함수, 상수함수이고 $f(1)=g(3)=h(4)$, $f(1)+f(3)=f(4)$일 때, $f(4)+h(3)$의 값을 구하시오.

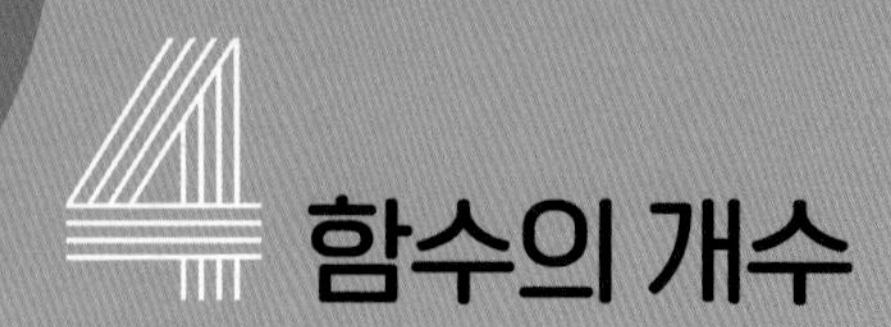

함수의 개수

❶ 여러 가지 함수의 개수

두 집합 $X=\{x_1, x_2, x_3, \cdots, x_m\}$, $Y=\{y_1, y_2, y_3, \cdots, y_n\}$에 대하여 X에서 Y로의

(1) 함수의 개수 ➡ $\underbrace{n\times n\times n\times\cdots\times n}_{m\text{개}}=n^m$

(2) 일대일함수의 개수 ➡ ${}_n\mathrm{P}_m=n\times(n-1)\times(n-2)\times\cdots\times(n-m+1)$ (단, $m\le n$)

(3) 일대일대응의 개수 ➡ $n!=n\times(n-1)\times(n-2)\times\cdots\times1$ (단, $m=n$)

(4) 상수함수의 개수 ➡ n

❷ 함숫값의 대소가 정해진 함수의 개수

실수를 원소로 갖는 두 집합 X, Y의 원소의 개수가 각각 m, $n\,(m\le n)$이고 함수 $f: X \longrightarrow Y$가

$x_1\in X$, $x_2\in X$에 대하여 $x_1<x_2$이면 $f(x_1)<f(x_2)$

를 만족시킬 때, 함수 f의 개수는

$${}_n\mathrm{C}_m=\frac{{}_n\mathrm{P}_m}{m!}=\frac{n!}{m!(n-m)!}$$

참고 ${}_n\mathrm{C}_r={}_n\mathrm{C}_{n-r}$ (단, $0\le r\le n$)

개념 Plus

여러 가지 함수의 개수

두 집합 $X=\{x_1, x_2, x_3, \cdots, x_m\}$, $Y=\{y_1, y_2, y_3, \cdots, y_n\}$에 대하여 X에서 Y로의

(1) 함수의 개수

X의 원소 $x_1, x_2, x_3, \cdots, x_m$에 대응할 수 있는 Y의 원소는 각각 $y_1, y_2, y_3, \cdots, y_n$의 n가지이므로

➡ $n\times n\times n\times\cdots\times n=n^m$

(2) 일대일함수의 개수

X의 원소 x_1에 대응할 수 있는 Y의 원소는 $y_1, y_2, y_3, \cdots, y_n$의 n가지,

X의 원소 x_2에 대응할 수 있는 Y의 원소는 x_1에 대응한 원소를 제외한 $(n-1)$가지,

X의 원소 x_3에 대응할 수 있는 Y의 원소는 x_1, x_2에 대응한 원소를 제외한 $(n-2)$가지,

⋮

X의 원소 x_m에 대응할 수 있는 Y의 원소는 $x_1, x_2, \cdots, x_{m-1}$에 대응한 원소를 제외한 $(n-m+1)$가지이므로

➡ ${}_n\mathrm{P}_m=n\times(n-1)\times(n-2)\times\cdots\times(n-m+1)$ (단, $m\le n$) ◀ Y의 원소 n개 중 m개를 택하여 일렬로 나열하는 순열의 수

(3) 일대일대응의 개수

일대일함수에서 $m=n$인 경우이므로

➡ ${}_n\mathrm{P}_n=n!=n\times(n-1)\times(n-2)\times\cdots\times1$ ◀ Y의 원소 n개를 일렬로 나열하는 순열의 수

(4) 상수함수의 개수

X의 모든 원소에 대응할 수 있는 Y의 원소는 $y_1, y_2, y_3, \cdots, y_n$의 n가지이므로 ➡ n

함숫값의 대소가 정해진 함수의 개수

두 집합 $X=\{1, 2, 3, \cdots, m\}$, $Y=\{1, 2, 3, \cdots, n\}\,(m\le n)$에 대하여 함수 $f: X \longrightarrow Y$가 조건

$x_1\in X$, $x_2\in X$에 대하여 $x_1<x_2$이면 $f(x_1)<f(x_2)$

를 만족시키면 $f(1)<f(2)<f(3)<\cdots<f(m)$이어야 하므로 집합 Y의 원소 중 m개를 택하여 크기가 작은 것부터 순서대로 $f(1), f(2), f(3), \cdots, f(m)$에 대응시키면 된다.

따라서 함수 f의 개수는 ${}_n\mathrm{C}_m$ ◀ Y의 원소 n개 중에서 m개를 택하는 조합의 수

필수 예제 08 여러 가지 함수의 개수

유형편 73쪽

두 집합 $X=\{a, b, c\}$, $Y=\{1, 2, 3, 4, 5\}$에 대하여 다음을 구하시오.

(1) X에서 Y로의 함수의 개수
(2) X에서 Y로의 일대일함수의 개수
(3) X에서 Y로의 상수함수의 개수

공략 Point

두 집합 X, Y의 원소의 개수가 각각 m, n일 때, 함수 $f: X \longrightarrow Y$에 대하여
(1) 함수의 개수 ➡ n^m
(2) 일대일함수의 개수 ➡ ${}_nP_m$ (단, $m \le n$)
(3) 상수함수의 개수 ➡ n

풀이

(1) 집합 X의 원소 a, b, c에 대응할 수 있는 집합 Y의 원소가 각각 1, 2, 3, 4, 5의 5가지이므로 구하는 함수의 개수는	$5^3=\mathbf{125}$
(2) 집합 X의 원소 a, b, c에 대응하는 집합 Y의 원소를 정하는 경우의 수는 집합 Y의 원소 1, 2, 3, 4, 5 중 3개를 택하여 일렬로 나열하는 순열의 수와 같으므로 구하는 함수의 개수는	${}_5P_3=5\times4\times3=\mathbf{60}$
(3) 집합 X의 모든 원소가 대응할 수 있는 집합 Y의 원소가 1, 2, 3, 4, 5의 5가지이므로 구하는 함수의 개수는	**5**

문제

정답과 해설 74쪽

08-1 두 집합 $X=\{a, b, c, d\}$, $Y=\{1, 2, 3, 4\}$에 대하여 X에서 Y로의 함수의 개수, 일대일대응의 개수, 상수함수의 개수를 차례대로 구하시오.

08-2 두 집합 $X=\{a, b, c\}$, $Y=\{1, 2, 3, 4\}$에 대하여 다음 조건을 만족시키는 함수 $f: X \longrightarrow Y$의 개수를 구하시오.

> $x_1\in X$, $x_2\in X$에 대하여 $x_1\neq x_2$이면 $f(x_1)\neq f(x_2)$이다.

조건을 만족시키는 함수의 개수

유형편 73쪽

두 집합 $X=\{1, 2, 3\}$, $Y=\{4, 5, 6, 7, 8, 9\}$에 대하여 다음 조건을 만족시키는 함수 $f: X \longrightarrow Y$의 개수를 구하시오.

> $x_1 \in X$, $x_2 \in X$에 대하여 $x_1 < x_2$이면 $f(x_1) < f(x_2)$이다.

공략 Point

실수를 원소로 갖는 두 집합 X, Y의 원소의 개수가 각각 m, $n(m \le n)$일 때, 함숫값의 대소가 정해진 함수 $f: X \longrightarrow Y$의 개수는
➡ ${}_n\mathrm{C}_m$

풀이

집합 Y의 원소 4, 5, 6, 7, 8, 9 중 3개를 택하여 크기가 작은 것부터 순서대로 집합 X의 원소 1, 2, 3에 대응시키면 되므로 구하는 함수 f의 개수는

$${}_6\mathrm{C}_3=\frac{6\times5\times4}{3\times2\times1}=\mathbf{20}$$

문제

정답과 해설 74쪽

09-1 두 집합 $X=\{1, 2, 3, 4\}$, $Y=\{5, 6, 7, 8, 9\}$에 대하여 다음 조건을 만족시키는 함수 $f: X \longrightarrow Y$의 개수를 구하시오.

> $x_1 \in X$, $x_2 \in X$에 대하여 $x_1 > x_2$이면 $f(x_1) > f(x_2)$이다.

09-2 집합 $X=\{1, 2, 3, 4, 5\}$에 대하여 다음 조건을 만족시키는 함수 $f: X \longrightarrow X$의 개수를 구하시오.

> 정의역 X의 임의의 원소 x에 대하여 $f(x) \le x$이다.

연습문제

정답과 해설 74쪽

1 두 집합 $X=\{-1, 0, 1\}$, $Y=\{0, 1, 2\}$에 대하여 다음 중 X에서 Y로의 함수가 아닌 것은?

① $x \longrightarrow x+1$
② $x \longrightarrow |-x-1|$
③ $x \longrightarrow -x$
④ $x \longrightarrow |x|+1$
⑤ $\begin{cases} x \longrightarrow x+1 & (x \ge 0) \\ x \longrightarrow -x+1 & (x<0) \end{cases}$

2 양의 실수 전체의 집합에서 정의된 함수 f가

$$f(x)=\begin{cases} x^2 & (x\text{는 무리수}) \\ \sqrt{x} & (x\text{는 유리수}) \end{cases}$$

일 때, $f(\sqrt{2}+1)-f(8)$의 값을 구하시오.

3 집합 $X=\{x\,|\,|x|\le 1, x\text{는 정수}\}$를 정의역으로 하는 함수 $f(x)=|x-1|$에 대하여 함수 f의 치역의 모든 원소의 합을 구하시오.

교육청

4 집합 $X=\{x\,|\,-3\le x\le 4\}$에 대하여 X에서 X로의 함수 $f(x)=ax+b$의 공역과 치역이 서로 같을 때, 상수 a, b에 대하여 $a-b$의 값은? (단, $ab<0$)

① -2　② -1　③ 1
④ 2　⑤ 3

5 함수 $f(x)=ax+1$의 정의역이 $X=\{x\,|\,1\le x\le 5\}$, 공역이 $Y=\{y\,|\,1\le y\le 4\}$일 때, 상수 a의 최댓값과 최솟값의 합을 구하시오.

6 집합 $X=\{-1, 0, 1\}$을 정의역으로 하는 네 함수 f, g, h, k가

$f(x)=x$, $g(x)=x^2$, $h(x)=-x^3$, $k(x)=x^5$

일 때, 다음 중 서로 같은 함수를 나타낸 것으로 옳은 것은?

① $f=g$　② $f=k$　③ $g=h$
④ $g=k$　⑤ $h=k$

7 집합 $X=\{0, a, a+3\}$을 정의역으로 하는 두 함수 $f(x)=x^2+2x$, $g(x)=x^3$에 대하여 $f=g$일 때, 상수 a의 값을 구하시오.

8 집합 X를 정의역으로 하는 두 함수 $f(x)=x^2+2$, $g(x)=4x-1$에 대하여 $f=g$가 되도록 하는 집합 X의 개수를 구하시오. (단, $X\ne\varnothing$)

연습문제

9 보기의 그래프에서 함수의 그래프인 것의 개수를 p, 일대일함수의 그래프인 것의 개수를 q, 일대일대응의 그래프인 것의 개수를 r라 할 때, $p+q+r$의 값은? (단, 함수이면 정의역과 공역은 실수 전체의 집합이다.)

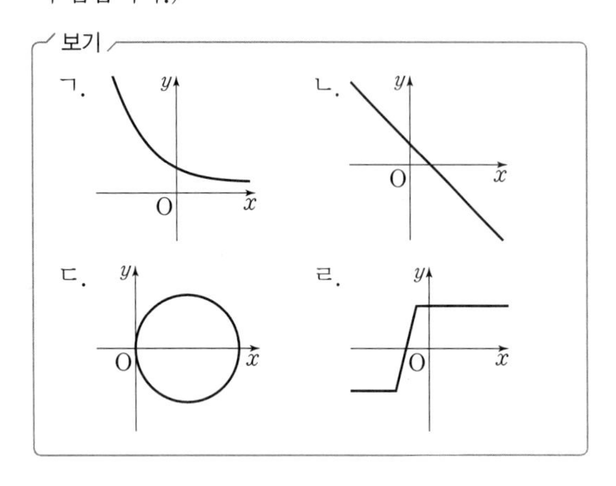

① 3　② 4　③ 5　④ 6　⑤ 7

10 다음 함수 f 중 일대일대응이 아닌 것은?

① $f(x)=-x+1$

② $f(x)=4x-3$

③ $f(x)=-\frac{1}{2}x^2$

④ $f(x)=\begin{cases} x-2 & (x\geq 2) \\ 2x-4 & (x<2) \end{cases}$

⑤ $f(x)=\begin{cases} x^2 & (x\geq 0) \\ -x^2 & (x<0) \end{cases}$

교육청

11 집합 $X=\{-3, 1\}$에 대하여 X에서 X로의 함수

$$f(x)=\begin{cases} 2x+a & (x<0) \\ x^2-2x+b & (x\geq 0) \end{cases}$$

이 항등함수일 때, $a\times b$의 값은?

(단, a, b는 상수이다.)

① 4　② 6　③ 8　④ 10　⑤ 12

12 실수 전체의 집합 R에서 R로의 함수

$$f(x)=\begin{cases} 2x+1 & (x\geq 1) \\ ax+b & (x<1) \end{cases}$$

가 일대일대응일 때, 상수 b의 값의 범위를 구하시오. (단, a는 상수)

13 함수 $f(x)=2ax+|4x+1|-3$이 일대일대응일 때, 상수 a의 값의 범위는?

① $a>0$　② $a>-2$　③ $-2<a<2$　④ $a<2$　⑤ $a<-2$ 또는 $a>2$

14 실수 전체의 집합에서 정의된 세 함수 f, g, h에 대하여 f는 항등함수, g는 상수함수이고 $h(x)=f(x)-g(x)$이다. $f(4)=g(3)$일 때, $h(7)$의 값을 구하시오.

15 집합 $X=\{1, 2, 3, 4, 5\}$에 대하여 다음 조건을 만족시키는 함수 $f: X \longrightarrow X$의 개수를 구하시오.

> (가) $x_1 \in X$, $x_2 \in X$에 대하여 $x_1 \neq x_2$이면 $f(x_1) \neq f(x_2)$이다.
> (나) 치역과 공역이 같다.

16 두 집합 $X=\{1, 2, 3, 4\}$, $Y=\{1, 2, 3, 4, 5, 6, 7, 8\}$에 대하여 다음 조건을 만족시키는 함수 $f: X \longrightarrow Y$의 개수는?

> (가) $f(3)=3$
> (나) $x_1 \in X$, $x_2 \in X$에 대하여 $x_1 < x_2$이면 $f(x_1) > f(x_2)$이다.

① 10 ② 12 ③ 16 ④ 18 ⑤ 20

교육청

17 집합 $X=\{1, 2, 3, 4\}$일 때 함수 $f: X \longrightarrow X$ 중에서 집합 X의 모든 원소 x에 대하여 $x+f(x) \geq 4$를 만족시키는 함수 f의 개수를 구하시오.

실력

18 집합 $X=\{x \mid x>0\}$과 실수 전체의 집합 R에 대하여 X에서 R로의 함수 f가

$$f(ab)=f(a)+f(b)$$

를 만족시키고 $f(2)=1$일 때, $f(1)+f\left(\frac{1}{2}\right)$의 값은? (단, $a \in X$, $b \in X$)

① -3 ② -1 ③ 0 ④ 2 ⑤ 4

교육청

19 집합 $X=\{3, 4, 5, 6, 7\}$에 대하여 함수 $f: X \longrightarrow X$는 일대일대응이다. $3 \leq n \leq 5$인 모든 자연수 n에 대하여 $f(n)f(n+2)$의 값이 짝수일 때, $f(3)+f(7)$의 최댓값을 구하시오.

20 두 집합 $X=\{1, 2, 3, 4, 5\}$, $Y=\{1, 2, 3, 4, 5, 6\}$에 대하여 함수 $f: X \longrightarrow Y$가 일대일함수이고 $f(2)<f(3)<f(4)$일 때, 함수 f의 개수를 구하시오.

합성함수

❶ 합성함수

세 집합 X, Y, Z에 대하여 두 함수 f, g가

$$f : X \longrightarrow Z,\ g : Z \longrightarrow Y$$

일 때, X의 각 원소 x에 Y의 원소 $g(f(x))$를 대응시키면 X를 정의역, Y를 공역으로 하는 새로운 함수를 정의할 수 있다.

이 함수를 함수 f와 g의 **합성함수**라 하고, 기호로

$$\boldsymbol{g \circ f}$$

와 같이 나타낸다.

또 합성함수 $g \circ f$에서 x의 함숫값을 기호로

$$\boldsymbol{(g \circ f)(x)}$$

와 같이 나타낸다.

이때 $(g \circ f)(x)=g(f(x))$이므로 두 함수 f와 g의 합성함수를

$$\boldsymbol{y=g(f(x))}$$

로 나타낼 수 있다.

이상을 정리하면 다음과 같다.

> 두 함수 $f : X \longrightarrow Z$, $g : Z \longrightarrow Y$의 합성함수는
> $$g \circ f : X \longrightarrow Y,\ (g \circ f)(x)=g(f(x))$$

예 두 함수 $f : X \longrightarrow Z$, $g : Z \longrightarrow Y$가 다음 그림과 같을 때,

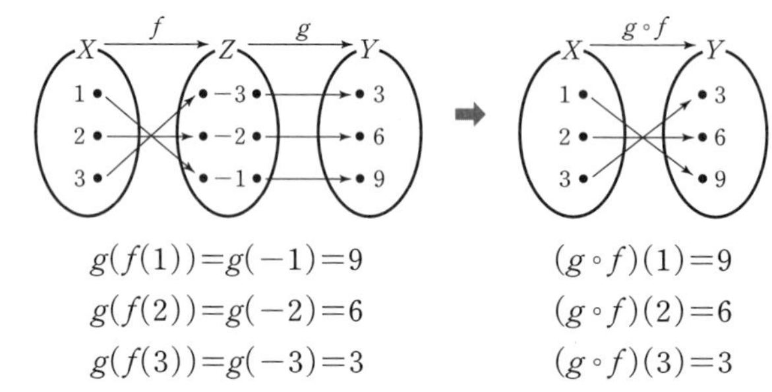

$g(f(1))=g(-1)=9$　　$(g \circ f)(1)=9$

$g(f(2))=g(-2)=6$　　$(g \circ f)(2)=6$

$g(f(3))=g(-3)=3$　　$(g \circ f)(3)=3$

따라서 이 대응 관계는 X에서 Y로의 새로운 함수가 되고 이 함수를 $g \circ f$와 같이 나타낸다.

참고 합성함수 $g \circ f$가 정의되려면 함수 f의 치역이 함수 g의 정의역의 부분집합이어야 한다.

❷ 합성함수의 성질

> 세 함수 f, g, h에 대하여
> (1) $g \circ f \neq f \circ g$　◀ 교환법칙이 성립하지 않는다.
> (2) $h \circ (g \circ f)=(h \circ g) \circ f$　◀ 결합법칙이 성립한다.
> (3) $f \circ I=I \circ f=f$ (단, I는 항등함수)

참고 세 함수 f, g, h에 대하여 결합법칙이 성립하므로 $h \circ (g \circ f)$, $(h \circ g) \circ f$를 $h \circ g \circ f$로 나타내기도 한다.

개념 Plus

합성함수의 성질의 증명

(1) $g \circ f \neq f \circ g$

[반례] 두 함수 $f(x)=2x$, $g(x)=x+3$에 대하여

$(g \circ f)(x)=g(f(x))=g(2x)=2x+3$

$(f \circ g)(x)=f(g(x))=f(x+3)=2(x+3)=2x+6$

$\therefore g \circ f \neq f \circ g$

(2) $h \circ (g \circ f)=(h \circ g) \circ f$

세 함수 $f: X \longrightarrow Y$, $g: Y \longrightarrow Z$, $h: Z \longrightarrow W$에 대하여

$g \circ f: X \longrightarrow Z$이므로 $h \circ (g \circ f): X \longrightarrow W$

$h \circ g: Y \longrightarrow W$이므로 $(h \circ g) \circ f: X \longrightarrow W$

즉, 두 합성함수 $h \circ (g \circ f)$와 $(h \circ g) \circ f$는 모두 X에서 W로의 함수이다.

이때 정의역 X의 임의의 원소 x에 대하여

$(h \circ (g \circ f))(x)=h((g \circ f)(x))=h(g(f(x)))$

$((h \circ g) \circ f)(x)=(h \circ g)(f(x))=h(g(f(x)))$

$\therefore h \circ (g \circ f)=(h \circ g) \circ f$

(3) $f \circ I=I \circ f=f$ (단, I는 항등함수)

항등함수 $I(x)=x$이므로

$(f \circ I)(x)=f(I(x))=f(x)$

$(I \circ f)(x)=I(f(x))=f(x)$

$\therefore f \circ I=I \circ f=f$

개념 Check

정답과 해설 77쪽

1 두 함수 $f: X \longrightarrow Y$, $g: Y \longrightarrow X$가 오른쪽 그림과 같을 때, 다음을 구하시오.

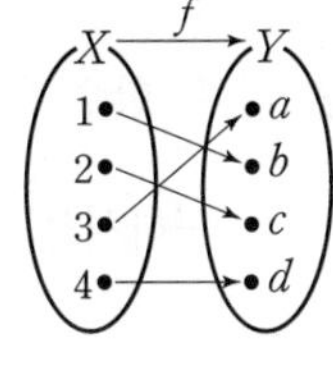

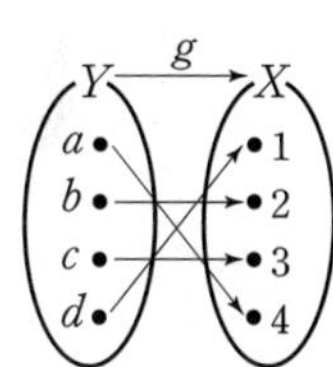

(1) $(g \circ f)(1)$　　(2) $(g \circ f)(4)$

(3) $(f \circ g)(b)$　　(4) $(f \circ g)(c)$

2 두 함수 $f(x)=3x+2$, $g(x)=-2x+3$에 대하여 다음 □ 안에 알맞은 수를 써넣으시오.

(1) $(g \circ f)(-2)=g(f(-2))=g(\square)=\square$

(2) $(f \circ g)(-2)=f(g(-2))=f(\square)=\square$

3 세 함수 $f(x)=x+1$, $g(x)=-2x+3$, $h(x)=-x^2+2$에 대하여 다음을 구하시오.

(1) $(f \circ g)(x)$　　(2) $(g \circ h)(x)$

(3) $((f \circ g) \circ h)(x)$　　(4) $(f \circ (g \circ h))(x)$

필수 예제 01 합성함수의 함숫값

유형편 74쪽

두 함수 $f(x)=\begin{cases} x^2 & (x\ge 0) \\ \frac{1}{2}x & (x<0) \end{cases}$, $g(x)=3x+2$에 대하여 $(f\circ g)(-4)+(g\circ f)(2)$의 값을 구하시오.

공략 Point

실수 a에 대하여 $(g\circ f)(a)=g(f(a))$임을 이용하여 함숫값을 구한다.

풀이

$(f\circ g)(-4)$의 값을 구하면	$(f\circ g)(-4)=f(g(-4))$ $=f(-10)=-5$
$(g\circ f)(2)$의 값을 구하면	$(g\circ f)(2)=g(f(2))$ $=g(4)=14$
따라서 구하는 값은	$(f\circ g)(-4)+(g\circ f)(2)=-5+14=$**9**

문제

정답과 해설 77쪽

01-1 함수 $f: X \longrightarrow X$가 오른쪽 그림과 같을 때, $(f\circ f)(2)+(f\circ f\circ f)(3)$의 값을 구하시오.

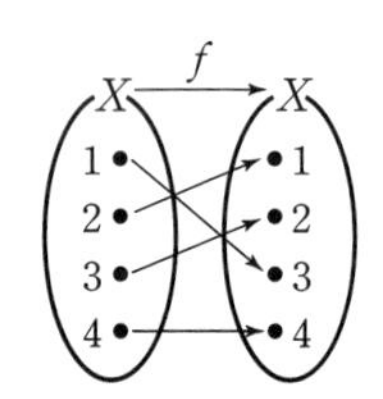

01-2 두 함수 $f(x)=\begin{cases} -2x+7 & (x\ge 3) \\ 1 & (x<3) \end{cases}$, $g(x)=x^2-1$에 대하여 $(f\circ g)(\sqrt{3})+(g\circ f)(4)$의 값을 구하시오.

01-3 집합 $X=\{1, 2, 3\}$에 대하여 X에서 X로의 두 함수 f, g가 모두 일대일대응이고 $f(1)=g(3)=2$, $(g\circ f)(1)=(f\circ g)(3)=1$일 때, $f(3)+g(1)$의 값을 구하시오.

f^n 꼴의 합성함수

유형편 75쪽

함수 $f(x)=x-2$에 대하여 $f^1=f$, $f^{n+1}=f\circ f^n$(n은 자연수)이라 할 때, $f^{60}(100)$의 값을 구하시오.

공략 Point

함수 f에 대하여 $f^1=f$, $f^{n+1}=f\circ f^n$(n은 자연수)이라 할 때, f^2, f^3, f^4, …을 차례대로 구하여 규칙을 찾는다.

풀이

$f^2(x)$를 구하면	$f^2(x)=(f\circ f^1)(x)=f(f(x))=f(x-2)$ $=(x-2)-2=x-2\times 2$
$f^3(x)$를 구하면	$f^3(x)=(f\circ f^2)(x)=f(f^2(x))=f(x-2\times 2)$ $=(x-2\times 2)-2=x-2\times 3$
$f^4(x)$를 구하면	$f^4(x)=(f\circ f^3)(x)=f(f^3(x))=f(x-2\times 3)$ $=(x-2\times 3)-2=x-2\times 4$ ⋮
$f^n(x)$를 구하면	$f^n(x)=x-2n$
$f^{60}(x)$를 구하면	$f^{60}(x)=x-2\times 60=x-120$
따라서 구하는 함숫값은	$f^{60}(100)=100-120=$ **-20**

문제

정답과 해설 77쪽

02-1 함수 $f(x)=2x$에 대하여 $f^1=f$, $f^{n+1}=f\circ f^n$(n은 자연수)이라 할 때, $f^7\left(\frac{1}{2}\right)$의 값을 구하시오.

02-2 함수 $f(x)=1-x$에 대하여 $f^1=f$, $f^{n+1}=f\circ f^n$(n은 자연수)이라 할 때, $f^{1000}(3)+f^{1001}(3)$의 값을 구하시오.

02-3 함수 $f: X \longrightarrow X$가 오른쪽 그림과 같고

$$f^1=f,\ f^{n+1}=f\circ f^n\ (n\text{은 자연수})$$

이라 할 때, $f^{101}(1)+f^{104}(4)$의 값을 구하시오.

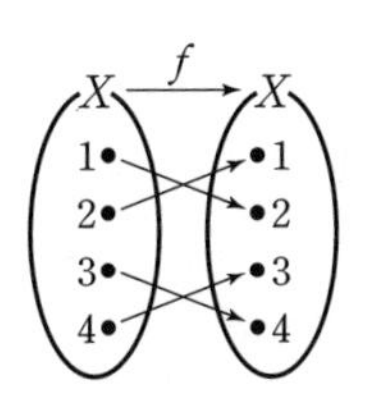

필수 예제 03 합성함수를 이용하여 상수 구하기

유형편 75쪽

두 함수 $f(x)=-x-1$, $g(x)=2x+a$에 대하여 $f\circ g=g\circ f$일 때, 상수 a의 값을 구하시오.

공략 Point

주어진 조건에 함수의 식을 대입하여 간단히 정리한 후 항등식의 성질을 이용한다.

풀이

$(f\circ g)(x)$를 구하면	$(f\circ g)(x)=f(g(x))=f(2x+a)$ $=-(2x+a)-1=-2x-(a+1)$
$(g\circ f)(x)$를 구하면	$(g\circ f)(x)=g(f(x))=g(-x-1)$ $=2(-x-1)+a=-2x-(2-a)$
$f\circ g=g\circ f$에서	$-2x-(a+1)=-2x-(2-a)$
이 식은 x에 대한 항등식이므로	$a+1=2-a$ $2a=1$ $\quad\therefore a=\frac{1}{2}$

문제

정답과 해설 78쪽

03-1 두 함수 $f(x)=2x-1$, $g(x)=3x+a$에 대하여 $f\circ g=g\circ f$일 때, 상수 a의 값을 구하시오.

03-2 두 함수 $f(x)=ax+b$, $g(x)=x+c$에 대하여 $f(1)=2$이고 $(g\circ f)(x)=3x-2$일 때, 상수 a, b, c에 대하여 $a-b+c$의 값을 구하시오.

03-3 일차함수 $f(x)=ax+b$에 대하여 $f\circ f=f$일 때, 상수 a, b에 대하여 $a-b$의 값을 구하시오.

필수 예제 04 $f \circ g=h$를 만족시키는 함수 구하기

유형편 76쪽

두 함수 $f(x)=2x-3$, $g(x)=6x+3$에 대하여 다음을 만족시키는 함수 $h(x)$를 구하시오.

(1) $f \circ h=g$ (2) $h \circ f=g$

공략 Point

두 함수 f, g가 주어지고

(1) $f \circ h=g$를 만족시킬 때

➡ $f(h(x))=g(x)$임을 이용하여 $h(x)$를 구한다.

(2) $h \circ f=g$를 만족시킬 때

➡ $h(f(x))=g(x)$이므로 $f(x)=t$로 치환하여 $h(t)$의 식을 구한 후 t를 x로 바꾼다.

풀이

(1) $(f \circ h)(x)=f(h(x))$이므로	$(f \circ h)(x)=f(h(x))=2h(x)-3$
$f \circ h=g$에서	$2h(x)-3=6x+3$ $\therefore$ $\mathbf{h(x)=3x+3}$

(2) $(h \circ f)(x)=h(f(x))$이므로	$(h \circ f)(x)=h(f(x))=h(2x-3)$
$h \circ f=g$에서	$h(2x-3)=6x+3$ ...... ㉠
$2x-3=t$로 놓으면	$x=\dfrac{t+3}{2}$ ...... ㉡
㉡을 ㉠에 대입하면	$h(t)=6 \times \dfrac{t+3}{2}+3=3t+12$
t를 x로 바꾸어 나타내면	$\mathbf{h(x)=3x+12}$

문제

정답과 해설 78쪽

04-1 두 함수 $f(x)=3x-1$, $g(x)=3x+2$에 대하여 다음을 만족시키는 함수 $h(x)$를 구하시오.

(1) $f \circ h=g$ (2) $h \circ f=g$

04-2 실수 전체의 집합에서 정의된 함수 f가 $f\left(\dfrac{x+3}{2}\right)=2x+1$을 만족시킬 때, 함수 $f(x)$를 구하시오.

04-3 두 함수 $f(x)=-x$, $g(x)=4x-3$에 대하여 $h \circ g \circ f=f$를 만족시키는 함수 $h(x)$를 구하시오.

UP 필수 예제 05

합성함수의 그래프

유형편 76쪽

정의역이 $\{x|0\le x\le 2\}$인 두 함수 $y=f(x)$, $y=g(x)$의 그래프가 오른쪽 그림과 같을 때, 합성함수 $y=(g\circ f)(x)$의 그래프를 그리시오.

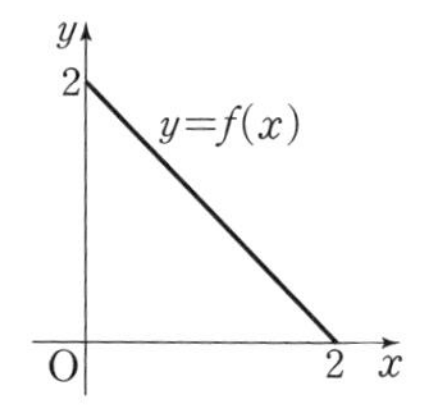

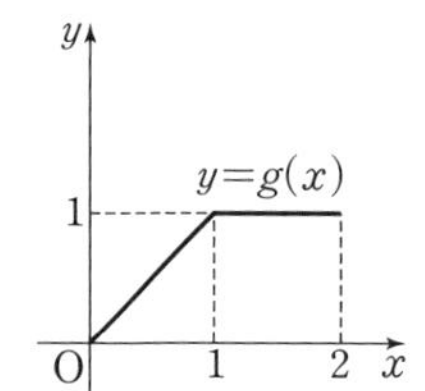

공략 Point

합성함수 $y=(g\circ f)(x)$의 그래프는 주어진 그래프를 이용하여 두 함수 f, g의 식을 구한 후 함수 $g\circ f$의 식을 구하여 그린다.

풀이

두 함수 f, g의 식을 구하면	$f(x)=-x+2\ (0\le x\le 2)$ $g(x)=\begin{cases} x\ (0\le x<1) \\ 1\ (1\le x\le 2)\end{cases}$
합성함수 $g\circ f$의 식을 구하면	$(g\circ f)(x)=g(f(x))$ $=\begin{cases} f(x)\ (0\le f(x)<1) \\ 1\quad (1\le f(x)\le 2)\end{cases}$ $=\begin{cases} -x+2\ (0\le -x+2<1) \\ 1\quad (1\le -x+2\le 2)\end{cases}$ $=\begin{cases} -x+2\ (1<x\le 2) \\ 1\quad (0\le x\le 1)\end{cases}$
따라서 합성함수 $y=(g\circ f)(x)$의 그래프를 그리면 오른쪽 그림과 같다.	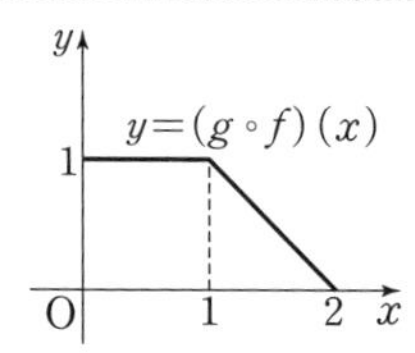

문제

정답과 해설 78쪽

05-1 두 함수 $y=f(x)$, $y=g(x)$의 그래프가 오른쪽 그림과 같을 때, 합성함수 $y=(f\circ g)(x)$의 그래프를 그리시오.

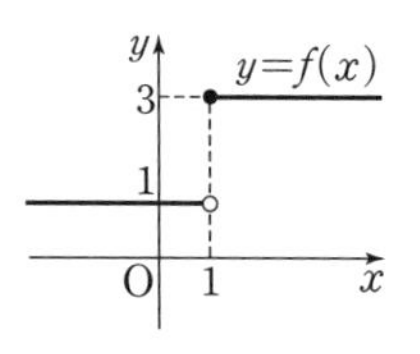

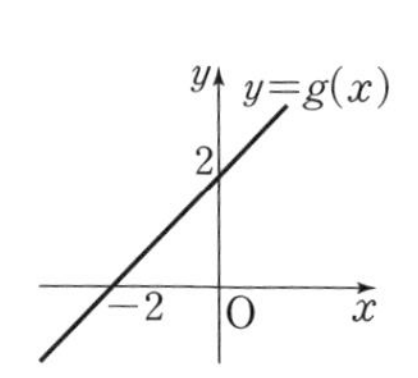

05-2 함수 $y=f(x)$의 그래프가 오른쪽 그림과 같을 때, 합성함수 $y=(f\circ f)(x)$의 그래프를 그리시오.

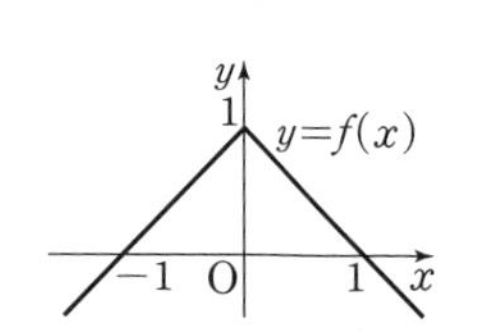

연습문제

정답과 해설 79쪽

교육청

1 그림은 두 함수 $f: X \longrightarrow Y$, $g: Y \longrightarrow X$를 나타낸 것이다.

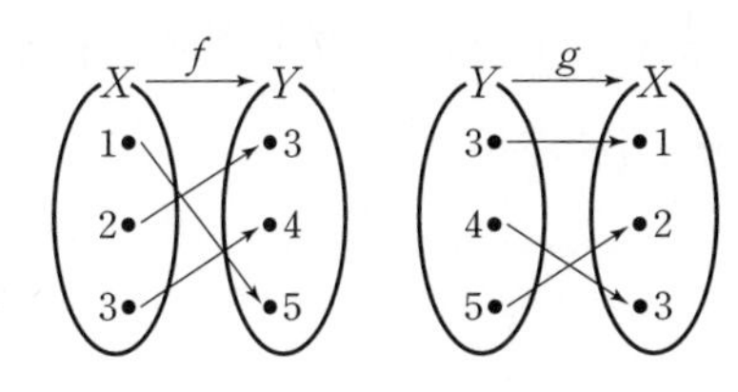

$(g \circ f)(3)-(f \circ g)(3)$의 값은?

① -4 ② -3 ③ -2
④ -1 ⑤ 0

2 자연수 전체의 집합 N에서 N으로의 함수 f가

$$f(x)=\begin{cases} \dfrac{x}{2} & (x\text{는 짝수}) \\ x+1 & (x\text{는 홀수}) \end{cases}$$

일 때, $(f \circ f)(1)+(f \circ f)(6)$의 값을 구하시오.

3 두 함수 $f(x)=\begin{cases} x^2 & (x \geq 0) \\ -x^2 & (x<0) \end{cases}$, $g(x)=2x-8$에 대하여 $(f \circ g \circ f)(\sqrt{3})$의 값은?

① -4 ② -1 ③ 0
④ 1 ⑤ 4

4 $1 \leq x \leq 4$에서 정의된 함수 $y=f(x)$의 그래프가 오른쪽 그림과 같을 때, $(f \circ f)(a)=2$를 만족시키는 모든 상수 a의 값의 합을 구하시오.

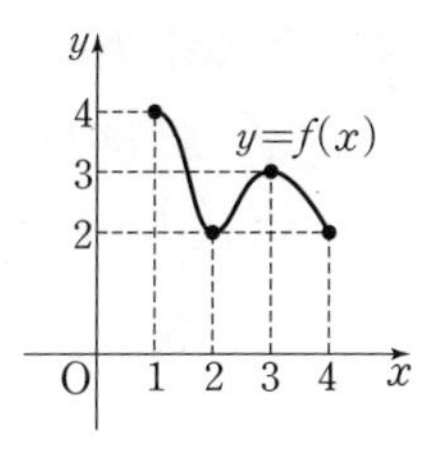

5 함수 $f(x)=x+3$에 대하여

$$f^1=f,\ f^{n+1}=f \circ f^n\ (n\text{은 자연수})$$

이라 할 때, $f^k(2)=20$을 만족시키는 자연수 k의 값은?

① 3 ② 4 ③ 5
④ 6 ⑤ 7

6 $0 \leq x \leq 1$에서 정의된 함수 $y=f(x)$의 그래프가 오른쪽 그림과 같고

$$f^1=f,\ f^{n+1}=f \circ f^n\ (n\text{은 자연수})$$

이라 할 때,

$f\left(\frac{3}{4}\right)+f^2\left(\frac{3}{4}\right)+f^3\left(\frac{3}{4}\right)+\cdots+f^{10}\left(\frac{3}{4}\right)$의 값을 구하시오.

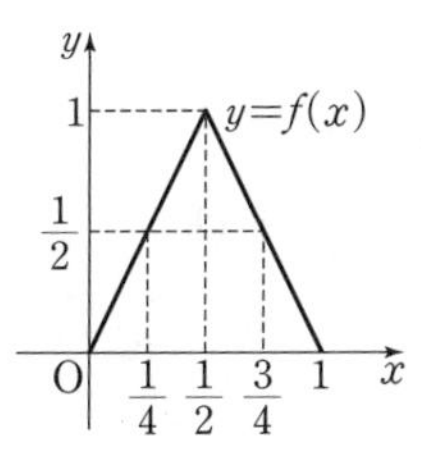

연습문제

정답과 해설 80쪽

7 두 함수 $f(x)=2x+a$, $g(x)=bx-5$에 대하여 $(f \circ g)(x)=-4x-7$일 때, $(g \circ f)(-4)$의 값은? (단, a, b는 상수)

① -5　② -1　③ 1
④ 5　⑤ 10

8 서로 다른 두 함수 $f(x)=ax+b$, $g(x)=bx+a$에 대하여 $f \circ g=g \circ f$일 때, $f(1)+g(1)$의 값을 구하시오. (단, a, b는 상수)

교육청

9 두 함수 $f(x)=\frac{1}{2}x+1$, $g(x)=-x^2+5$가 있다. 모든 실수 x에 대하여 함수 $h(x)$가 $(f \circ h)(x)=g(x)$를 만족시킬 때, $h(3)$의 값은?

① -10　② -5　③ 0
④ 5　⑤ 10

10 세 함수 f, g, h에 대하여 $(h \circ g)(x)=-x+3$, $(h \circ (g \circ f))(x)=x^2+3x-2$일 때, 함수 $f(x)$는?

① $f(x)=-x^2-4x+5$
② $f(x)=-x^2-3x-1$
③ $f(x)=-x^2-3x+5$
④ $f(x)=x^2+3x-5$
⑤ $f(x)=x^2+4x-5$

11 실수 전체의 집합에서 정의된 함수 f가 $f(2x-1)=x+3$을 만족시킬 때, $f\left(\frac{1}{2}x-1\right)=ax+b$이다. 이때 상수 a, b에 대하여 ab의 값을 구하시오.

실력

12 실수 전체의 집합에서 정의된 두 함수 f, g가

$$f(x)=\begin{cases} 2 & (x>2) \\ x & (|x|\le 2) \\ -2 & (x<-2) \end{cases},\ g(x)=x^2-2$$

일 때, 보기에서 옳은 것만을 있는 대로 고른 것은?

보기
ㄱ. $(f \circ g)(2)=2$
ㄴ. $(g \circ f)(x)=(g \circ f)(-x)$
ㄷ. $(f \circ g)(x)=(g \circ f)(x)$

① ㄱ　② ㄴ　③ ㄱ, ㄴ
④ ㄴ, ㄷ　⑤ ㄱ, ㄴ, ㄷ

13 $0\le x\le 4$에서 정의된 함수 $y=f(x)$의 그래프가 오른쪽 그림과 같을 때, 함수 $y=(f \circ f)(x)$의 그래프와 x축으로 둘러싸인 부분의 넓이를 구하시오.

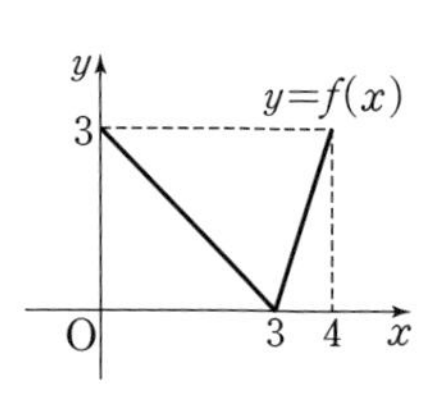

역함수

① 역함수

함수 $f: X \longrightarrow Y$가 일대일대응이면 Y의 각 원소 y에 대하여 $y=f(x)$인 X의 원소 x가 오직 하나 존재한다.

따라서 Y의 각 원소 y에 $y=f(x)$인 X의 원소 x를 대응시키면 Y를 정의역, X를 공역으로 하는 새로운 함수를 정의할 수 있다.

이 함수를 함수 f의 **역함수**라 하고, 기호로

$$\boldsymbol{f^{-1}}: Y \longrightarrow X,\ x=f^{-1}(y)$$

와 같이 나타낸다.

이상을 정리하면 다음과 같다.

> 함수 $f: X \longrightarrow Y$가 일대일대응일 때
> (1) 역함수 $f^{-1}: Y \longrightarrow X$가 존재한다.
> (2) $y=f(x) \Longleftrightarrow x=f^{-1}(y)$

예 오른쪽 그림과 같은 함수 $f: X \longrightarrow Y$에 대하여

$f(1)=5,\ f(2)=6,\ f(3)=4$이므로

$f^{-1}(5)=1,\ f^{-1}(6)=2,\ f^{-1}(4)=3$

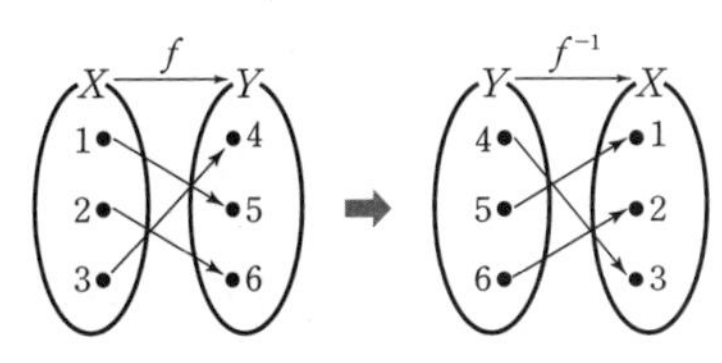

참고 함수 $y=f(x)$의 역함수가 존재하기 위한 필요충분조건은 함수 $y=f(x)$가 일대일대응인 것이다.

오른쪽 그림과 같이 함수 $f: X \longrightarrow Y$가 일대일대응이 아니면 그 역의 대응은 함수가 아니다. 즉, 역함수가 정의되지 않는다.

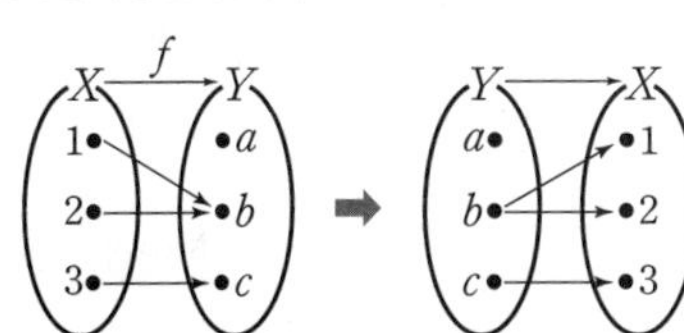

② 역함수 구하기

함수를 나타낼 때는 일반적으로 정의역의 원소를 x, 치역의 원소를 y로 나타내므로 함수 $y=f(x)$의 역함수 $x=f^{-1}(y)$도 x와 y를 서로 바꾸어 $\boldsymbol{y=f^{-1}(x)}$와 같이 나타낸다.

따라서 함수 $y=f(x)$가 일대일대응일 때, 역함수 $y=f^{-1}(x)$는 다음과 같이 구할 수 있다.

$$y=f(x) \xrightarrow{x\text{에 대하여 풀면}} x=f^{-1}(y) \xrightarrow{x\text{와 } y\text{를 서로 바꾸면}} y=f^{-1}(x)$$

예 함수 $f(x)=x+1$의 역함수를 구해 보자.

$y=x+1$이라 하고 x에 대하여 풀면 $x=y-1$

x와 y를 서로 바꾸면 $y=x-1$

따라서 함수 $f(x)=x+1$의 역함수는

$f^{-1}(x)=x-1$

참고 함수 f의 역함수 f^{-1}는 f의 치역을 정의역으로 한다.

③ 역함수의 성질

(1) 함수 $f: X \longrightarrow Y$가 일대일대응일 때, 그 역함수 $f^{-1}: Y \longrightarrow X$에 대하여

① $(f^{-1})^{-1}=f$

② $(f^{-1}\circ f)(x)=x$ (단, $x\in X$) ◀ $f^{-1}\circ f$는 X에서의 항등함수

$(f\circ f^{-1})(y)=y$ (단, $y\in Y$) ◀ $f\circ f^{-1}$는 Y에서의 항등함수

(2) 두 함수 $f: X \longrightarrow Y$, $g: Y \longrightarrow Z$가 모두 일대일대응이고 그 역함수가 각각 f^{-1}, g^{-1}일 때,

$(g\circ f)^{-1}=f^{-1}\circ g^{-1}$

참고 $(g\circ f)(x)=x$이면 $g=f^{-1}$, 즉 두 함수 f와 g는 서로 역함수 관계이다.

④ 역함수의 그래프

함수 $y=f(x)$의 그래프와 그 역함수 $y=f^{-1}(x)$의 그래프는 직선 $y=x$에 대하여 대칭이다.

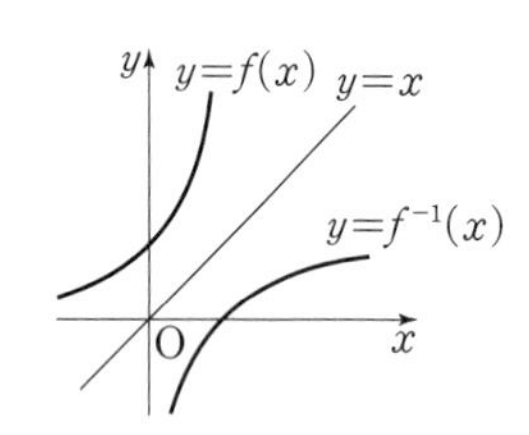

개념 Plus

역함수의 성질의 증명

(1) ① $y=f(x)$에서 역함수의 정의에 의하여 $x=f^{-1}(y)$

$x=f^{-1}(y)$에서 역함수의 정의에 의하여 $y=(f^{-1})^{-1}(x)$

즉, $y=f(x)$는 $y=(f^{-1})^{-1}(x)$이므로 $f(x)=(f^{-1})^{-1}(x)$

$\therefore (f^{-1})^{-1}=f$

② 역함수의 정의에 의하여 집합 X의 원소 x와 집합 Y의 원소 y에 대하여

$y=f(x) \Longleftrightarrow x=f^{-1}(y)$

이므로

$(f^{-1}\circ f)(x)=f^{-1}(f(x))=f^{-1}(y)=x$ $(x\in X)$

$\therefore f^{-1}\circ f=I_X$ ◀ X에서의 항등함수

$(f\circ f^{-1})(y)=f(f^{-1}(y))=f(x)=y$ $(y\in Y)$

$\therefore f\circ f^{-1}=I_Y$ ◀ Y에서의 항등함수

(2) $(g\circ f)\circ(f^{-1}\circ g^{-1})=g\circ(f\circ f^{-1})\circ g^{-1}=g\circ I\circ g^{-1}=g\circ g^{-1}=I$

마찬가지로 $(f^{-1}\circ g^{-1})\circ(g\circ f)=I$이므로 $f^{-1}\circ g^{-1}$는 $g\circ f$의 역함수이다.

$\therefore (g\circ f)^{-1}=f^{-1}\circ g^{-1}$

함수의 그래프와 그 역함수의 그래프가 직선 $y=x$에 대하여 대칭인 이유

함수 $y=f(x)$의 역함수 $y=f^{-1}(x)$가 존재할 때, 함수 $y=f(x)$의 그래프 위의 임의의 점 (a, b)에 대하여

$b=f(a) \Longleftrightarrow a=f^{-1}(b)$

이므로 점 (b, a)는 역함수 $y=f^{-1}(x)$의 그래프 위에 있다.

이때 점 (a, b)와 점 (b, a)는 직선 $y=x$에 대하여 대칭이므로 함수 $y=f(x)$의 그래프와 그 역함수 $y=f^{-1}(x)$의 그래프는 직선 $y=x$에 대하여 대칭이다.

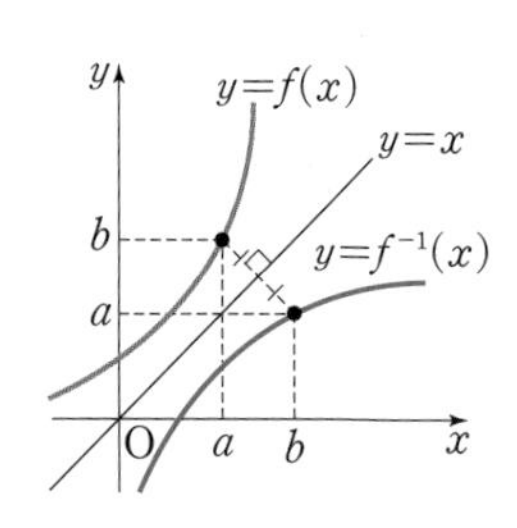

개념 Check

정답과 해설 81쪽

1 보기의 함수 $f: X \longrightarrow Y$에서 역함수가 존재하는 것만을 있는 대로 고르시오.

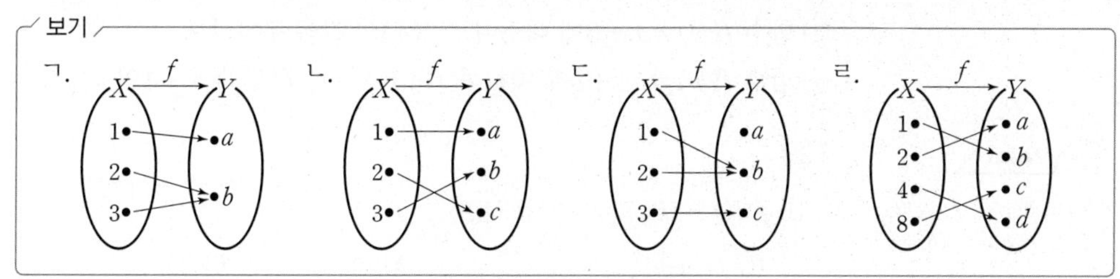

2 함수 $f: X \longrightarrow X$가 오른쪽 그림과 같을 때, 다음을 구하시오.

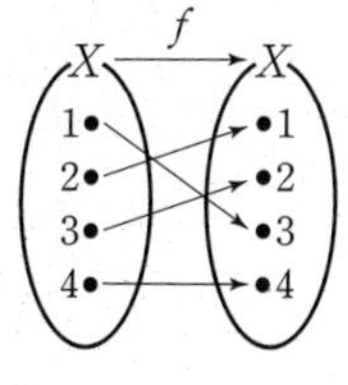

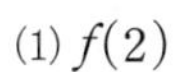

(1) $f(2)$　　　(2) $f^{-1}(2)$

(3) $f(3)+f^{-1}(3)$　　　(4) $f(4)+f^{-1}(4)$

3 함수 $f(x)=x-1$에 대하여 다음을 만족시키는 상수 a의 값을 구하시오.

(1) $f^{-1}(4)=a$　　　(2) $f^{-1}(a)=8$

4 함수 $f: X \longrightarrow X$가 오른쪽 그림과 같을 때, 다음을 구하시오.

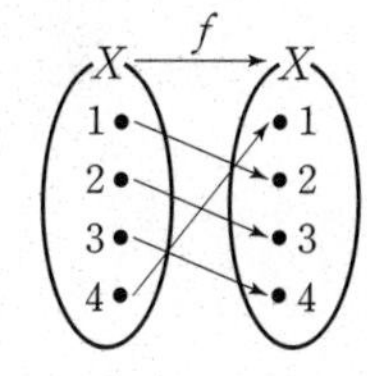

(1) $(f^{-1})^{-1}(3)$　　　(2) $(f^{-1})^{-1}(2)$

(3) $(f \circ f^{-1})(1)$　　　(4) $(f^{-1} \circ f)(4)$

5 함수 $y=f(x)$의 그래프와 직선 $y=x$가 오른쪽 그림과 같을 때, 함수 $y=f^{-1}(x)$의 그래프를 좌표평면 위에 그리시오.

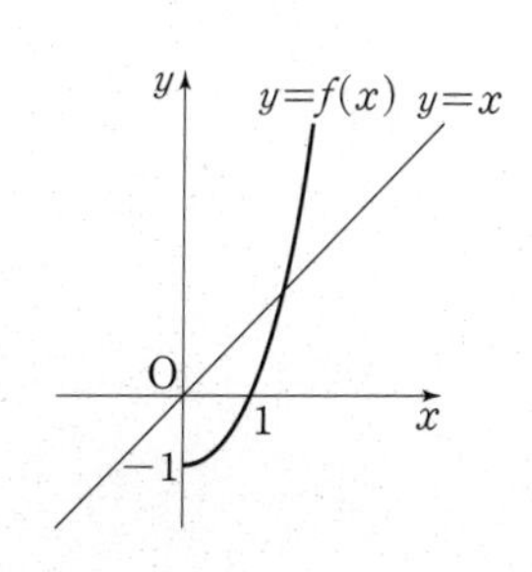

필수 예제 01 역함수의 뜻

유형편 77쪽

다음 물음에 답하시오.

(1) 함수 $f(x)=x+3$에 대하여 $f^{-1}(4)$의 값을 구하시오.

(2) 함수 $f(x)=ax+b$에 대하여 $f(1)=-1$, $f^{-1}(5)=-1$일 때, 상수 a, b의 값을 구하시오.

공략 Point

함수 f의 역함수가 f^{-1}일 때,
$f^{-1}(a)=b \Longleftrightarrow f(b)=a$

풀이

(1) $f^{-1}(4)=k$ (k는 상수)라 하면	$f(k)=4$
$f(k)=4$에서	$k+3=4$ $\quad\therefore k=1$
따라서 구하는 값은	$f^{-1}(4)=\mathbf{1}$

(2) $f(1)=-1$에서	$a+b=-1$ $\quad\cdots\cdots$ ㉠
$f^{-1}(5)=-1$에서	$f(-1)=5$
$f(-1)=5$에서	$-a+b=5$ $\quad\cdots\cdots$ ㉡
㉠, ㉡을 연립하여 풀면	$\boldsymbol{a=-3,\ b=2}$

문제

정답과 해설 81쪽

01-1 함수 $f(x)=-5x+3$에 대하여 $f^{-1}(8)$의 값을 구하시오.

01-2 함수 $f(x)=ax+b$에 대하여 $f(2)=1$, $f^{-1}(-5)=-1$일 때, 상수 a, b에 대하여 $a+b$의 값을 구하시오.

01-3 두 함수 $f(x)=ax+1$, $g(x)=x+a$에 대하여 $g^{-1}(1)=2$일 때, $f^{-1}(2)+g(3)$의 값을 구하시오. (단, a는 상수)

필수 예제 02 역함수가 존재하기 위한 조건

유형편 78쪽

실수 전체의 집합에서 정의된 함수 $f(x)=\begin{cases} 2x & (x\geq 1) \\ 2(1-a)x+2a & (x<1) \end{cases}$의 역함수가 존재할 때, 상수 a의 값의 범위를 구하시오.

공략 Point

함수 f의 역함수가 존재하려면 함수 f는 일대일대응이어야 한다.

풀이

함수 f의 역함수가 존재하려면 함수 f가 일대일대응이어야 하므로 $y=f(x)$의 그래프는 오른쪽 그림과 같아야 한다.

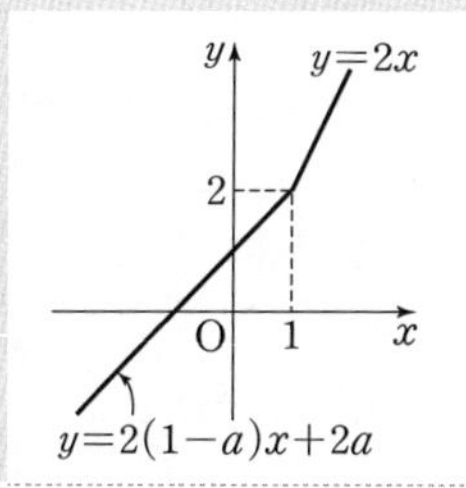

$x\geq 1$, $x<1$일 때의 직선의 기울기의 부호가 서로 같아야 하므로

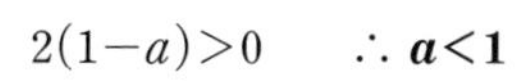

$2(1-a)>0 \quad \therefore \ \boldsymbol{a<1}$

문제

정답과 해설 81쪽

02-1 두 집합 $X=\{x|2\leq x\leq a\}$, $Y=\{y|b\leq y\leq 3\}$에 대하여 X에서 Y로의 함수 $f(x)=2x-7$의 역함수가 존재할 때, 상수 a, b에 대하여 $a+b$의 값을 구하시오.

02-2 실수 전체의 집합에서 정의된 함수 $f(x)=\begin{cases} (a+1)x+1-a & (x\geq 1) \\ -x+3 & (x<1) \end{cases}$의 역함수가 존재할 때, 상수 a의 값의 범위를 구하시오.

02-3 실수 전체의 집합에서 정의된 함수 $f(x)=|x-1|+ax-2$의 역함수가 존재할 때, 상수 a의 값의 범위를 구하시오.

필수 예제 03 역함수 구하기

유형편 78쪽

함수 $f(x)=2x+a$의 역함수가 $f^{-1}(x)=bx+\frac{1}{2}$일 때, 상수 a, b에 대하여 ab의 값을 구하시오.

공략 Point

함수 $y=f(x)$의 역함수는 다음과 같은 순서로 구한다.
(1) $y=f(x)$가 일대일대응인지 확인한다.
(2) x에 대하여 풀어 $x=f^{-1}(y)$로 나타낸다.
(3) x와 y를 서로 바꾸어 $y=f^{-1}(x)$로 나타낸다.

풀이

$y=2x+a$라 하고 x에 대하여 풀면	$2x=y-a \quad \therefore x=\frac{1}{2}y-\frac{1}{2}a$
x와 y를 서로 바꾸면	$y=\frac{1}{2}x-\frac{1}{2}a \quad \therefore f^{-1}(x)=\frac{1}{2}x-\frac{1}{2}a$
즉, $\frac{1}{2}x-\frac{1}{2}a=bx+\frac{1}{2}$이므로	$\frac{1}{2}=b$, $-\frac{1}{2}a=\frac{1}{2} \quad \therefore a=-1$
따라서 구하는 값은	$ab=(-1)\times\frac{1}{2}=-\mathbf{\frac{1}{2}}$

문제

정답과 해설 81쪽

03-1 함수 $y=-2x+4$의 역함수가 $y=ax+b$일 때, 상수 a, b에 대하여 ab의 값을 구하시오.

03-2 함수 $y=ax+1$의 역함수가 $y=\frac{1}{3}x+b$일 때, 상수 a, b에 대하여 $a+b$의 값을 구하시오.

03-3 두 함수 f, g에 대하여 $f(x)=3x+1$이고 $f^{-1}(x)=g\left(\frac{1}{6}x+1\right)$일 때, 함수 $g(x)$를 구하시오.

필수 예제 04 역함수의 성질

유형편 79쪽

두 함수 $f(x)=x+1$, $g(x)=3x-2$에 대하여 $(f\circ(g\circ f)^{-1}\circ f)(2)$의 값을 구하시오.

공략 Point

두 함수 f, g의 역함수가 각각 f^{-1}, g^{-1}일 때

(1) $f^{-1}\circ f=I$, $f\circ f^{-1}=I$ (단, I는 항등함수)

(2) $(f\circ g)^{-1}=g^{-1}\circ f^{-1}$

풀이

$(g\circ f)^{-1}=f^{-1}\circ g^{-1}$이므로	$(f\circ(g\circ f)^{-1}\circ f)(2)=(f\circ f^{-1}\circ g^{-1}\circ f)(2)$ $=(g^{-1}\circ f)(2)$ ◀ $f\circ f^{-1}=I$ $=g^{-1}(f(2))$ $=g^{-1}(3)$
$g^{-1}(3)=k$(k는 상수)라 하면	$g(k)=3$
$g(k)=3$에서	$3k-2=3$ $\quad\therefore k=\frac{5}{3}$ $\therefore g^{-1}(3)=\frac{5}{3}$
따라서 구하는 함숫값은	$(f\circ(g\circ f)^{-1}\circ f)(2)=g^{-1}(3)=\mathbf{\frac{5}{3}}$

문제

정답과 해설 82쪽

04-1 두 함수 $f(x)=2x-1$, $g(x)=\frac{1}{2}x-1$에 대하여 $(f^{-1}\circ g)^{-1}(3)$의 값을 구하시오.

04-2 두 함수 $f(x)=-4x-7$, $g(x)=2x-4$에 대하여 $(g\circ(g\circ f)^{-1}\circ g)(1)$의 값을 구하시오.

04-3 두 함수 f, g에 대하여 $(g\circ f)(x)=3x+2$일 때, $(f^{-1}\circ g^{-1})(2)$의 값을 구하시오.

필수 예제 05 그래프를 이용하여 역함수의 함숫값 구하기

유형편 80쪽

함수 $y=f(x)$의 그래프와 직선 $y=x$가 오른쪽 그림과 같을 때, $(f \circ f)^{-1}(c)$의 값을 구하시오.

(단, 모든 점선은 x축 또는 y축에 평행하다.)

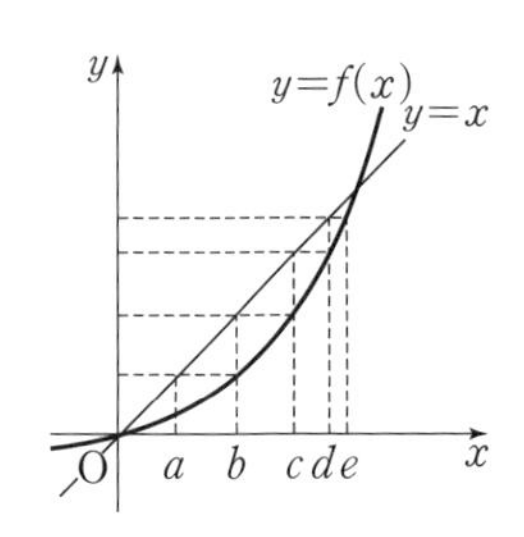

공략 Point

역함수의 그래프를 직접 그리지 않고 직선 $y=x$를 이용하여 함숫값을 구한다.

풀이

$(f \circ f)^{-1}(c)$에서	$(f \circ f)^{-1}(c)$ $=(f^{-1} \circ f^{-1})(c)$ $=f^{-1}(f^{-1}(c))$ …… ㉠
$f^{-1}(c)=k$ (k는 상수)라 하면	$f(k)=c$
오른쪽 그림에서 $f(d)=c$이므로	$k=d$ $\quad \therefore f^{-1}(c)=d$
이를 ㉠에 대입하면	$(f \circ f)^{-1}(c)=f^{-1}(d)$ …… ㉡
$f^{-1}(d)=l$ (l은 상수)이라 하면	$f(l)=d$
오른쪽 그림에서 $f(e)=d$이므로	$l=e$ $\quad \therefore f^{-1}(d)=e$
이를 ㉡에 대입하면	$(f \circ f)^{-1}(c)=\boldsymbol{e}$

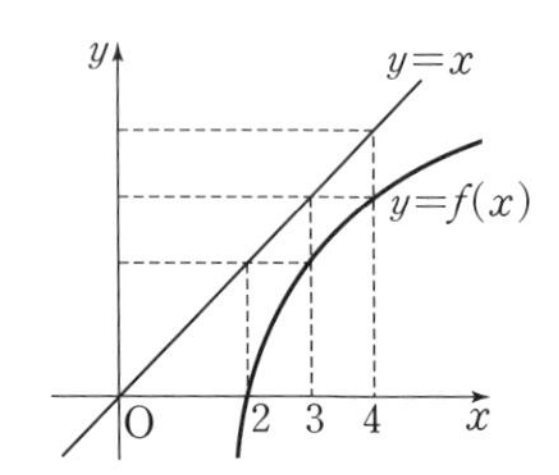

문제

정답과 해설 82쪽

05-1 함수 $y=f(x)$의 그래프와 직선 $y=x$가 오른쪽 그림과 같을 때, $(f \circ f)^{-1}(2)$의 값을 구하시오.

(단, 모든 점선은 x축 또는 y축에 평행하다.)

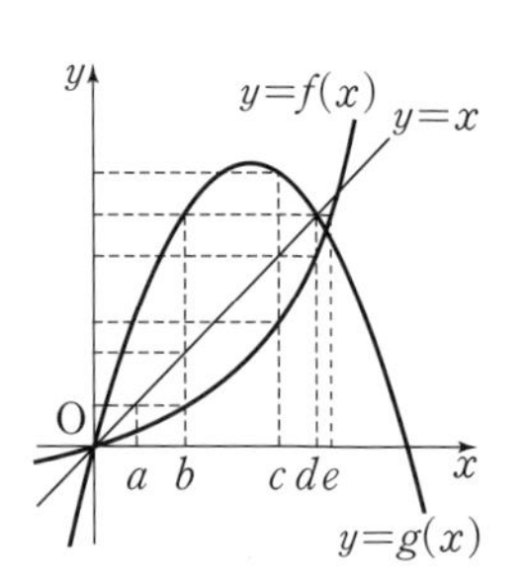

05-2 두 함수 $y=f(x)$, $y=g(x)$의 그래프와 직선 $y=x$가 오른쪽 그림과 같을 때, 함수 $h(x)=(f \circ g \circ f^{-1})(x)$에 대하여 $h(c)$의 값은?

(단, 모든 점선은 x축 또는 y축에 평행하다.)

① a ② b ③ c ④ d ⑤ e

필수 예제 06 역함수의 그래프의 성질

유형편 80쪽

함수 $f(x)=-2x+5$와 그 역함수 $g(x)$에 대하여 두 함수 $y=f(x)$, $y=g(x)$의 그래프의 교점의 좌표를 (a, b)라 할 때, $a+b$의 값을 구하시오.

공략 Point

함수 $y=f(x)$의 그래프와 그 역함수 $y=f^{-1}(x)$의 그래프의 교점은 함수 $y=f(x)$의 그래프와 직선 $y=x$의 교점과 같음을 이용한다.

풀이

함수 $y=f(x)$의 그래프와 그 역함수 $y=g(x)$의 그래프는 직선 $y=x$에 대하여 대칭이므로 오른쪽 그림과 같다.

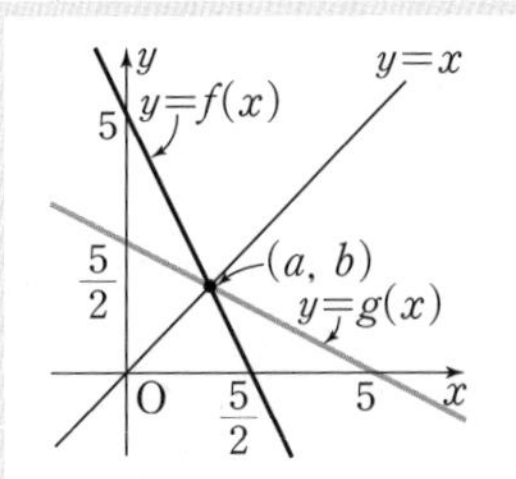

두 함수 $y=f(x)$, $y=g(x)$의 그래프의 교점은 함수 $y=f(x)$의 그래프와 직선 $y=x$의 교점과 같으므로

$-2x+5=x \quad \therefore x=\frac{5}{3}$

즉, 교점의 좌표는 $\left(\frac{5}{3}, \frac{5}{3}\right)$이므로

$a=\frac{5}{3}$, $b=\frac{5}{3}$

따라서 구하는 값은

$a+b=\mathbf{\frac{10}{3}}$

문제

정답과 해설 82쪽

06-1 함수 $f(x)=2x+k$의 그래프와 그 역함수 $y=f^{-1}(x)$의 그래프의 교점의 x좌표가 2일 때, 상수 k의 값을 구하시오.

06-2 함수 $f(x)=\frac{1}{2}x-4$의 그래프와 그 역함수 $y=f^{-1}(x)$의 그래프의 교점의 좌표를 (a, b)라 할 때, $a+b$의 값을 구하시오.

06-3 함수 $f(x)=(x-1)^2+1\,(x\geq1)$과 그 역함수 $g(x)$에 대하여 두 함수 $y=f(x)$, $y=g(x)$의 그래프가 서로 다른 두 점에서 만날 때, 이 두 점 사이의 거리를 구하시오.

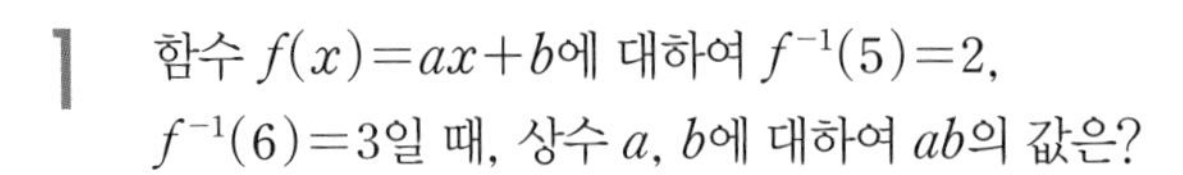

연습문제

1 함수 $f(x)=ax+b$에 대하여 $f^{-1}(5)=2$, $f^{-1}(6)=3$일 때, 상수 a, b에 대하여 ab의 값은?

① 3 ② 6 ③ 9
④ 12 ⑤ 15

2 함수 $f(x)=\begin{cases} x+5 & (x\ge 0) \\ -x^2+5 & (x<0) \end{cases}$에 대하여 $f^{-1}(1)$의 값은?

① -2 ② -1 ③ 0
④ 1 ⑤ 2

교육청

3 집합 $X=\{1, 2, 3, 4, 5\}$에 대하여 X에서 X로의 두 함수 f, g가 각각 그림과 같을 때, $(f^{-1}\circ g)(4)$의 값은? (단, f^{-1}는 f의 역함수이다.)

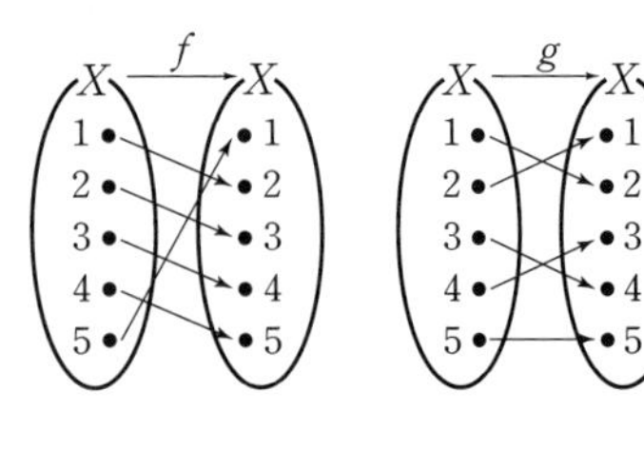

① 1 ② 2 ③ 3
④ 4 ⑤ 5

4 두 함수 $f(x)=3x+1$, $g(x)=-x+2$에 대하여 $(f\circ g^{-1})(a)=1$일 때, 상수 a의 값은?

① -2 ② -1 ③ 1
④ 2 ⑤ 3

5 두 집합 $X=\{x|1\le x\le 4\}$, $Y=\{y|1\le y\le 3\}$에 대하여 X에서 Y로의 함수 $f(x)=ax+b$의 역함수가 존재할 때, 상수 a, b에 대하여 $a-b$의 값은? (단, $a>0$)

① $-\frac{1}{2}$ ② $-\frac{1}{3}$ ③ $\frac{1}{3}$
④ $\frac{1}{2}$ ⑤ 1

6 집합 $X=\{x|x\ge a\}$에 대하여 X에서 X로의 함수 $f(x)=x^2-2x$의 역함수가 존재할 때, 상수 a의 값은?

① 1 ② 2 ③ 3
④ 4 ⑤ 5

교육청

7 두 함수 $f(x)=2x+1$, $g(x)=x-3$에 대하여 $(f\circ g^{-1})(x)=ax+b$라 할 때, 두 상수 a, b의 곱 ab의 값은?

① 6　② 8　③ 10
④ 12　⑤ 14

8 집합 $X=\{1, 2, 3\}$에 대하여 X에서 X로의 두 함수 f, g가 다음 그림과 같을 때, $(g\circ f)^{-1}(1)+(f^{-1}\circ g)(3)+(g^{-1})^{-1}(2)$의 값은?

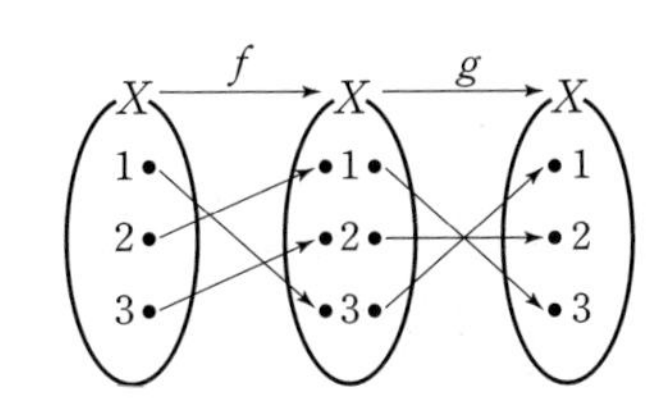

① 3　② 4　③ 5
④ 6　⑤ 7

교육청

9 함수 $f(x)=x^3+1$에 대하여 $(f^{-1}\circ f\circ f^{-1})(a)=3$을 만족시키는 실수 a의 값을 구하시오.

10 두 함수 f, g에 대하여 $f^{-1}(x)=\dfrac{x-5}{2}$, $g(x)=6x+3$일 때, $f\circ h=g$를 만족시키는 함수 $h(x)$를 구하시오.

11 두 함수 $f(x)=x-1$, $g(x)=2x+3$에 대하여 $(g^{-1}\circ(f\circ g^{-1})^{-1}\circ g)(x)=ax+b$일 때, 상수 a, b에 대하여 $a+b$의 값은?

① 3　② 4　③ 5
④ 6　⑤ 7

12 함수 $y=f(x)$의 그래프와 직선 $y=x$가 오른쪽 그림과 같을 때, $(f^{-1}\circ f^{-1})(k)$의 값은? (단, 모든 점선은 x축 또는 y축에 평행하다.)

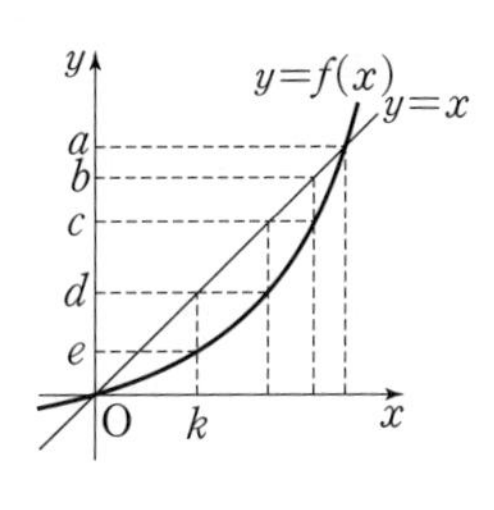

① a　② b　③ c
④ d　⑤ e

13 함수 $f(x)=x^2-x\left(x\ge\dfrac{1}{2}\right)$의 그래프와 그 역함수 $y=f^{-1}(x)$의 그래프가 만나는 점을 P라 할 때, 선분 OP의 길이는? (단, O는 원점)

① $\sqrt{2}$　② 2　③ $2\sqrt{2}$
④ 4　⑤ $4\sqrt{2}$

연습문제

정답과 해설 84쪽

14 함수 $f(x)=ax+b$에 대하여 함수 $y=f(x)$의 그래프와 그 역함수 $y=f^{-1}(x)$의 그래프가 모두 점 $(3, -5)$를 지날 때, $f^{-1}(1)$의 값은? (단, a, b는 상수)

① -3 ② -2 ③ -1
④ 0 ⑤ 1

교육청

15 집합 $X=\{x|x\geq 1\}$에 대하여 함수 $f: X \longrightarrow X$가

$$f(x)=x^2-2x+2$$

이다. 방정식 $f(x)=f^{-1}(x)$의 모든 근의 합은?

① 1 ② 2 ③ 3
④ 4 ⑤ 5

실력

16 실수 전체의 집합에서 정의된 함수

$$f(x)=\begin{cases} -2x+8 & (x\geq 2) \\ a(x-2)^2+b & (x<2) \end{cases}$$

의 역함수가 존재할 때, 정수 a, b에 대하여 $a+b$의 최솟값을 구하시오.

교육청

17 집합 $X=\{1, 2, 3, 4\}$에 대하여 X에서 X로의 함수 f가

$$f(x)=\begin{cases} x^2 & (x=1, 2) \\ x+a & (x=3, 4) \end{cases} \text{ (a는 상수)}$$

이고, 함수 f의 역함수 g가 존재한다. $g^1(x)=g(x)$, $g^{n+1}(x)=g(g^n(x))$ $(n=1, 2, 3, \cdots)$라 할 때, $a+g^{10}(2)+g^{11}(2)$의 값은?

① 4 ② 5 ③ 6
④ 7 ⑤ 8

18 함수 $f(x)=\begin{cases} \frac{1}{2}x+1 & (x\geq 0) \\ 2x+1 & (x<0) \end{cases}$의 그래프와 그 역함수 $y=f^{-1}(x)$의 그래프로 둘러싸인 부분의 넓이는?

① 1 ② 2 ③ 3
④ 4 ⑤ 5

19 함수 $f(x)=\begin{cases} x^2+k & (x\geq 0) \\ -x^2+k & (x<0) \end{cases}$의 역함수를 $g(x)$라 하자. 두 함수 $y=f(x)$, $y=g(x)$의 그래프가 서로 다른 세 점에서 만나도록 하는 실수 k의 값의 범위를 구하시오.

III. 함수와 그래프

2 유리함수와 무리함수

유리식

❶ 유리식

두 다항식 A, $B\,(B\neq0)$에 대하여 $\frac{A}{B}$ 꼴로 나타내어지는 식을 **유리식**이라 한다.

특히 B가 0이 아닌 상수이면 $\frac{A}{B}$는 다항식이므로 다항식도 유리식이다.

참고 유리식 중에서 다항식이 아닌 유리식을 분수식이라 한다.

예 $3x+1$, $\frac{x^2-3}{2}$, $\frac{1}{3x-2}$, $\frac{xy}{x+y}$ ➡ 유리식
($3x+1$, $\frac{x^2-3}{2}$: 다항식 / $\frac{1}{3x-2}$, $\frac{xy}{x+y}$: 분수식)

❷ 유리식의 성질

다항식 A, B, $C\,(BC\neq0)$에 대하여

(1) $\frac{A}{B}=\frac{A\times C}{B\times C}$

(2) $\frac{A}{B}=\frac{A\div C}{B\div C}$

참고 유리식을 통분할 때는 (1)의 성질을, 약분할 때는 (2)의 성질을 이용한다.

❸ 유리식의 사칙연산

유리식의 계산은 유리수의 계산과 같은 방법으로 한다.
즉, 덧셈과 뺄셈은 분모를 통분하여 계산한다. 또 곱셈은 분모는 분모끼리, 분자는 분자끼리 곱하고, 나눗셈은 나누는 식의 분자, 분모를 바꾸어 곱하여 계산한다.

다항식 A, B, C, D에 대하여

(1) $\frac{A}{C}+\frac{B}{C}=\frac{A+B}{C}$ (단, $C\neq0$)

(2) $\frac{A}{C}-\frac{B}{C}=\frac{A-B}{C}$ (단, $C\neq0$)

(3) $\frac{A}{B}\times\frac{C}{D}=\frac{AC}{BD}$ (단, $BD\neq0$)

(4) $\frac{A}{B}\div\frac{C}{D}=\frac{A}{B}\times\frac{D}{C}=\frac{AD}{BC}$ (단, $BCD\neq0$)

개념 Check

정답과 해설 85쪽

1 다음 유리식을 통분하시오.

(1) $\frac{a}{bc}$, $\frac{b}{ca}$, $\frac{c}{ab}$

(2) $\frac{x-2}{(x+1)(x-1)}$, $\frac{x-3}{(x-1)(x-2)}$

2 다음 유리식을 약분하시오.

(1) $\frac{4ax^3y^3}{10a^2x^2y}$

(2) $\frac{x^2+2x-8}{2x^2-7x+6}$

필수 예제 01 유리식의 사칙연산

유형편 82쪽

다음 식을 간단히 하시오.

(1) $\dfrac{x}{x-y}-\dfrac{y}{x+y}+\dfrac{2xy}{x^2-y^2}$

(2) $\dfrac{x-1}{x^2+3x+2}\div\dfrac{x^2-x}{x^2-4}$

공략 Point

분자, 분모를 인수분해한 후 공통인 식을 찾아 통분하거나 약분하여 간단히 한다.

풀이

(1) 주어진 식을 통분하면

$$\frac{x}{x-y}-\frac{y}{x+y}+\frac{2xy}{x^2-y^2}$$
$$=\frac{x(x+y)}{(x-y)(x+y)}-\frac{y(x-y)}{(x+y)(x-y)}+\frac{2xy}{(x+y)(x-y)}$$
$$=\frac{x^2+xy-xy+y^2+2xy}{(x+y)(x-y)}$$
$$=\frac{x^2+2xy+y^2}{(x+y)(x-y)}$$
$$=\frac{(x+y)^2}{(x+y)(x-y)}$$

이 식을 약분하여 계산하면

$$=\boldsymbol{\frac{x+y}{x-y}}$$

(2) 나누는 식의 분자, 분모를 바꾸어 곱셈으로 고치면

$$\frac{x-1}{x^2+3x+2}\div\frac{x^2-x}{x^2-4}$$
$$=\frac{x-1}{x^2+3x+2}\times\frac{x^2-4}{x^2-x}$$

분자, 분모를 각각 인수분해하면

$$=\frac{x-1}{(x+2)(x+1)}\times\frac{(x+2)(x-2)}{x(x-1)}$$

이 식을 약분하여 계산하면

$$=\boldsymbol{\frac{x-2}{x(x+1)}}$$

문제

정답과 해설 85쪽

01-1 다음 식을 간단히 하시오.

(1) $\dfrac{1}{x-1}-\dfrac{x+1}{x^2+x+1}+\dfrac{2x^2+x}{x^3-1}$

(2) $\dfrac{x^2-5x+6}{x^2+5x+4}\div\dfrac{x^2-4x+3}{2x^2+3x+1}\times\dfrac{x^2+3x-4}{2x^2-3x-2}$

01-2 $\dfrac{1}{x-1}-\dfrac{1}{x+1}-\dfrac{2}{x^2+1}-\dfrac{4}{x^4+1}$를 간단히 하시오.

필수 예제 02 유리식을 포함한 항등식

유형편 82쪽

분모를 0으로 만들지 않는 모든 실수 x에 대하여 등식 $\frac{a}{x+1}+\frac{b}{x+2}=\frac{2x+1}{x^2+3x+2}$이 성립할 때, 상수 a, b의 값을 구하시오.

공략 Point

유리식을 포함한 항등식이 주어지면 각 변을 통분하여 분모를 같게 한 후 양변의 분자의 동류항의 계수를 비교한다.

풀이

주어진 식의 좌변을 통분하여 정리하면	$\frac{a}{x+1}+\frac{b}{x+2}=\frac{a(x+2)+b(x+1)}{(x+1)(x+2)}$ $=\frac{(a+b)x+2a+b}{x^2+3x+2}$
이때 $\frac{(a+b)x+2a+b}{x^2+3x+2}=\frac{2x+1}{x^2+3x+2}$이 x에 대한 항등식이므로 분자의 동류항의 계수를 비교하면	$a+b=2$, $2a+b=1$
따라서 두 식을 연립하여 풀면	$\boldsymbol{a=-1}$, $\boldsymbol{b=3}$

다른 풀이

$x^2+3x+2=(x+1)(x+2)$이므로 주어진 식의 양변에 $(x+1)(x+2)$를 곱하면	$a(x+2)+b(x+1)=2x+1$ $\therefore (a+b)x+2a+b=2x+1$
이 식이 x에 대한 항등식이므로	$a+b=2$, $2a+b=1$
따라서 두 식을 연립하여 풀면	$\boldsymbol{a=-1}$, $\boldsymbol{b=3}$

문제

정답과 해설 86쪽

02-1 $x\neq-1$인 모든 실수 x에 대하여 등식 $\frac{a}{x+1}-\frac{bx+a}{x^2-x+1}=\frac{3x^2}{x^3+1}$이 성립할 때, 상수 a, b의 값을 구하시오.

02-2 분모를 0으로 만들지 않는 모든 실수 x에 대하여 등식 $\frac{a}{x-1}+\frac{b}{x}+\frac{c}{x+1}=\frac{5x^2-1}{x(x^2-1)}$이 성립할 때, 상수 a, b, c에 대하여 abc의 값을 구하시오.

필수 예제 03 여러 가지 유리식의 계산

유형편 83쪽

다음 식을 간단히 하시오.

(1) $\dfrac{x^2-x+1}{x-1}-\dfrac{x^2+2x+1}{x+2}$

(2) $\dfrac{1-\dfrac{a-b}{a+b}}{1+\dfrac{a-b}{a+b}}$

(3) $\dfrac{1}{x(x+2)}+\dfrac{1}{(x+2)(x+4)}+\dfrac{1}{(x+4)(x+6)}$

공략 Point

(1) 분자의 차수가 분모의 차수보다 크거나 같으면 분자를 분모로 나누어 분자의 차수를 분모의 차수보다 작게 식을 변형한 후 계산한다.

(2) $\dfrac{\frac{A}{B}}{\frac{C}{D}}=\dfrac{A}{B}\div\dfrac{C}{D}$

$=\dfrac{A}{B}\times\dfrac{D}{C}=\dfrac{AD}{BC}$

(단, $BCD\neq0$)

(3) $\dfrac{1}{AB}$

$=\dfrac{1}{B-A}\left(\dfrac{1}{A}-\dfrac{1}{B}\right)$

(단, $A\neq B$, $AB\neq0$)

풀이

(1) 분자를 분모로 나누어 식을 변형한 후 통분하여 계산하면

$$\frac{x^2-x+1}{x-1}-\frac{x^2+2x+1}{x+2}$$
$$=\frac{x(x-1)+1}{x-1}-\frac{x(x+2)+1}{x+2}=x+\frac{1}{x-1}-\left(x+\frac{1}{x+2}\right)$$
$$=\frac{1}{x-1}-\frac{1}{x+2}=\frac{x+2-(x-1)}{(x-1)(x+2)}=\boldsymbol{\frac{3}{(x-1)(x+2)}}$$

(2) 분자, 분모를 각각 통분하여 계산하면

$$\frac{1-\frac{a-b}{a+b}}{1+\frac{a-b}{a+b}}=\frac{\frac{a+b-(a-b)}{a+b}}{\frac{a+b+a-b}{a+b}}=\frac{\frac{2b}{a+b}}{\frac{2a}{a+b}}=\frac{2b(a+b)}{2a(a+b)}=\boldsymbol{\frac{b}{a}}$$

(3) $\dfrac{1}{AB}=\dfrac{1}{B-A}\left(\dfrac{1}{A}-\dfrac{1}{B}\right)$임을 이용하여 계산하면

$$\frac{1}{x(x+2)}+\frac{1}{(x+2)(x+4)}+\frac{1}{(x+4)(x+6)}$$
$$=\frac{1}{2}\left(\frac{1}{x}-\frac{1}{x+2}\right)+\frac{1}{2}\left(\frac{1}{x+2}-\frac{1}{x+4}\right)+\frac{1}{2}\left(\frac{1}{x+4}-\frac{1}{x+6}\right)$$
$$=\frac{1}{2}\left(\frac{1}{x}-\frac{1}{x+6}\right)=\frac{1}{2}\times\frac{x+6-x}{x(x+6)}=\boldsymbol{\frac{3}{x(x+6)}}$$

문제

정답과 해설 86쪽

03-1 다음 식을 간단히 하시오.

(1) $\dfrac{x+1}{x}-\dfrac{x+3}{x+2}-\dfrac{x+5}{x+4}+\dfrac{x+7}{x+6}$

(2) $\dfrac{1}{1-\dfrac{1}{1+\dfrac{1}{a}}}$

(3) $\dfrac{1}{(x+1)(x+3)}+\dfrac{1}{(x+3)(x+5)}+\dfrac{1}{(x+5)(x+7)}$

03-2 $\dfrac{1}{x^2+x}+\dfrac{2}{x^2+4x+3}+\dfrac{3}{x^2+9x+18}+\dfrac{4}{x^2+16x+60}$를 간단히 하시오.

유리함수의 그래프

1 유리함수

(1) 유리함수

함수 $y=f(x)$에서 $f(x)$가 x에 대한 유리식일 때, 이 함수를 **유리함수**라 한다.
특히 $f(x)$가 x에 대한 다항식일 때, 이 함수를 **다항함수**라 한다.

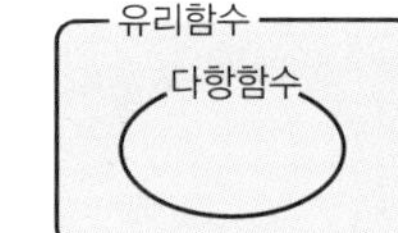

참고 유리함수 중에서 다항함수가 아닌 유리함수를 분수함수라 한다.

예 $\underbrace{y=x+2,\ y=\frac{x^2-1}{3}}_{\text{다항함수}},\ \underbrace{y=\frac{2}{3x-2},\ y=\frac{x-1}{x^2+2}}_{\text{분수함수}}$ ➡ 유리함수

(2) 유리함수의 정의역

유리함수의 정의역이 주어져 있지 않은 경우에는 분모가 0이 되지 않도록 하는 실수 전체의 집합을 정의역으로 생각한다.

예 • $y=\frac{x+1}{x^2+2}$의 정의역 ➡ $\{x|x$는 모든 실수$\}$

• $y=\frac{1}{x+1}$의 정의역 ➡ $\{x|x\neq-1$인 실수$\}$

2 유리함수 $y=\frac{k}{x}\ (k\neq0)$의 그래프

유리함수 $y=\frac{k}{x}\ (k\neq0)$의 그래프는 상수 k의 값에 따라 다음 그림과 같다.

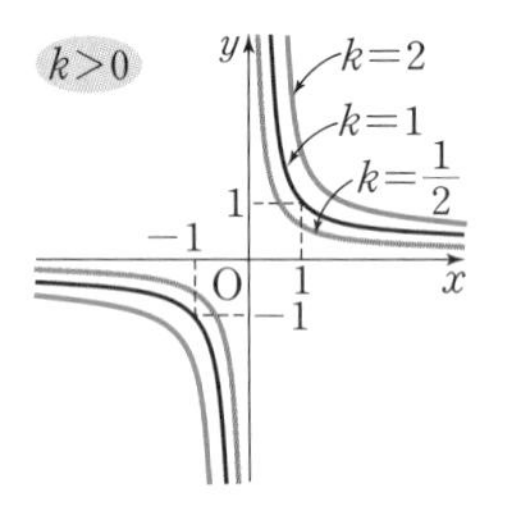

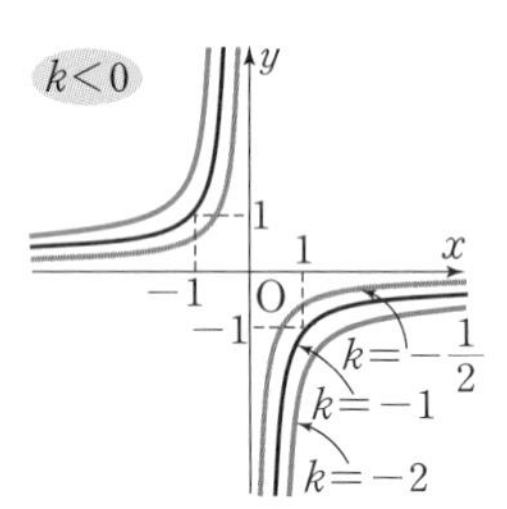

이때 곡선이 어떤 직선에 한없이 가까워지면 이 직선을 그 곡선의 **점근선**이라 한다.
따라서 유리함수 $y=\frac{k}{x}\ (k\neq0)$의 그래프는 다음을 만족시킨다.

(1) 정의역: $\{x|x\neq0$인 실수$\}$
  치역: $\{y|y\neq0$인 실수$\}$
(2) $k>0$이면 그래프는 제1사분면, 제3사분면에 있고,
  $k<0$이면 그래프는 제2사분면, 제4사분면에 있다.
(3) 점근선은 x축, y축이다.
(4) 원점에 대하여 대칭이고, 두 직선 $y=x$, $y=-x$에 대하여 대칭이다.
(5) $|k|$의 값이 커질수록 그래프는 원점에서 멀어진다.

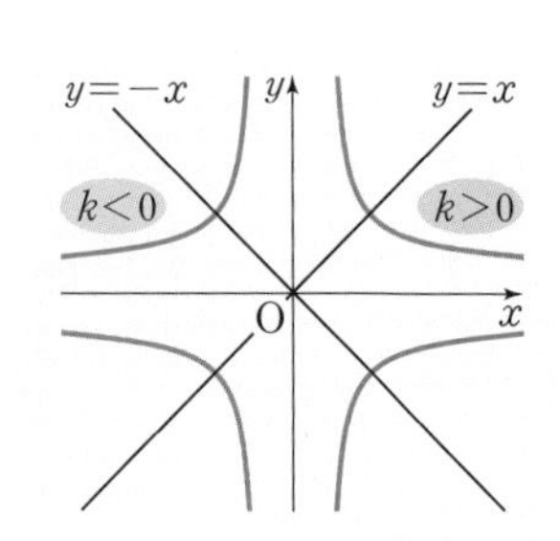

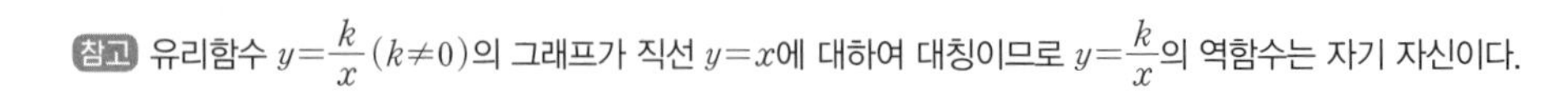

참고 유리함수 $y=\frac{k}{x}\ (k\neq0)$의 그래프가 직선 $y=x$에 대하여 대칭이므로 $y=\frac{k}{x}$의 역함수는 자기 자신이다.

❸ 유리함수 $y=\frac{k}{x-p}+q\,(k\neq 0)$의 그래프

유리함수 $y=\frac{k}{x-p}+q\,(k\neq0)$의 그래프는 유리함수 $y=\frac{k}{x}$의 그래프를 x축의 방향으로 p만큼, y축의 방향으로 q만큼 평행이동한 것이다.

따라서 유리함수 $y=\frac{k}{x-p}+q\,(k\neq0)$의 그래프는 다음을 만족시킨다.

(1) 정의역: $\{x\,|\,x\neq p$인 실수$\}$
 치역: $\{y\,|\,y\neq q$인 실수$\}$
(2) 점근선은 두 직선 $x=p$, $y=q$이다.
(3) 점 (p, q)에 대하여 대칭이고, 두 직선 $y=(x-p)+q$, $y=-(x-p)+q$에 대하여 대칭이다.

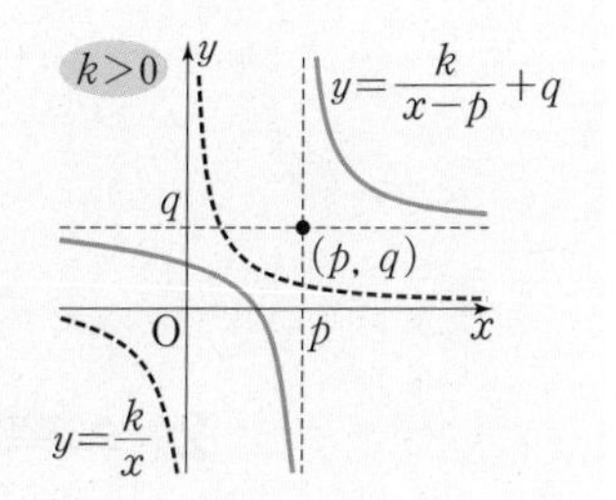

❹ 유리함수 $y=\frac{ax+b}{cx+d}\,(c\neq0,\ ad-bc\neq0)$의 그래프

유리함수 $y=\frac{ax+b}{cx+d}\,(c\neq0,\ ad-bc\neq0)$의 그래프는 $y=\frac{k}{x-p}+q\,(k\neq0)$ 꼴로 변형하여 그린다.
└ 분자를 분모로 나누어 $\frac{(\text{나머지})}{(\text{분모})}+(\text{몫})$ 꼴로 변형

예 유리함수 $y=\frac{2x+7}{x+3}$의 그래프를 그려 보자.

$$y=\frac{2x+7}{x+3}=\frac{2(x+3)+1}{x+3}=\frac{1}{x+3}+2$$

따라서 $y=\frac{2x+7}{x+3}$의 그래프는 $y=\frac{1}{x}$의 그래프를 x축의 방향으로 -3만큼, y축의 방향으로 2만큼 평행이동한 것이므로 오른쪽 그림과 같다.

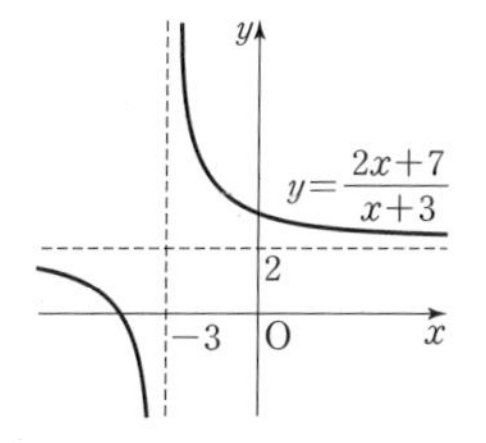

참고 유리함수 $y=\frac{ax+b}{cx+d}$의 그래프의 점근선은 두 직선 $x=-\frac{d}{c}$, $y=\frac{a}{c}$이다.

개념 Plus

유리함수 $y=\frac{ax+b}{cx+d}$에서 $c\neq0$, $ad-bc\neq0$이어야 하는 이유

(i) $c=0$인 경우

$$y=\frac{ax+b}{d}=\frac{a}{d}x+\frac{b}{d}$$ ➡ 다항함수

(ii) $c\neq0$, $ad-bc=0$인 경우

$$y=\frac{ax+b}{cx+d}=\frac{\frac{a}{c}(cx+d)+b-\frac{ad}{c}}{cx+d}=\frac{b-\frac{ad}{c}}{cx+d}+\frac{a}{c}=\frac{\frac{bc-ad}{c}}{cx+d}+\frac{a}{c}=\frac{a}{c}$$ ➡ 상수함수

유리함수 $y=\frac{ax+b}{cx+d}\,(c\neq0,\ ad-bc\neq0)$의 역함수 구하기

$y=\frac{ax+b}{cx+d}$를 x에 대하여 풀면 $(cy-a)x=-dy+b$ $\quad\therefore x=\frac{-dy+b}{cy-a}$

x와 y를 서로 바꾸어 역함수를 구하면 $y=\frac{-dx+b}{cx-a}$ ◀ $y=\frac{ax+b}{cx+d}$에서 a와 d의 위치와 부호가 서로 바뀐다.

개념 Check

정답과 해설 86쪽

1 다음 유리함수의 정의역을 구하시오.

(1) $y=\frac{1}{x+2}$

(2) $y=\frac{3x+1}{x+4}$

(3) $y=\frac{x}{x^2-25}$

(4) $y=\frac{4x}{x^2+6}$

2 오른쪽 좌표평면에 유리함수 $y=\frac{2}{x}$의 그래프를 그리고, 유리함수 $y=\frac{2}{x}$에 대하여 다음을 구하시오.

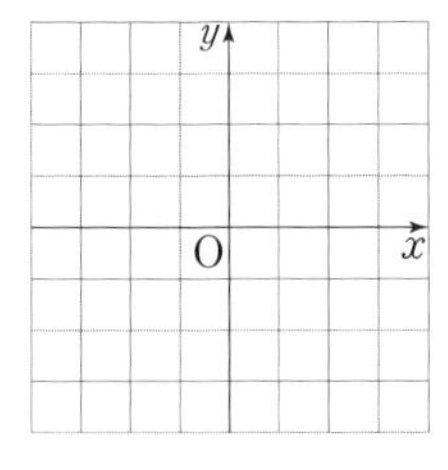

(1) 정의역

(2) 치역

(3) 점근선의 방정식

3 다음 유리함수의 그래프를 그리시오.

(1) $y=\frac{1}{2x}$

(2) $y=-\frac{3}{x}$

(3) $y=\frac{1}{x-1}$

(4) $y=\frac{1}{x}+3$

4 다음 유리함수를 $y=\frac{k}{x-p}+q$ 꼴로 나타내시오. (단, k, p, q는 상수)

(1) $y=\frac{2x-3}{x+2}$

(2) $y=\frac{2-x}{x+1}$

(3) $y=\frac{2x+1}{x-1}$

(4) $y=\frac{-3x+2}{x-3}$

필수 예제 04 유리함수의 그래프

유형편 84쪽

다음 유리함수의 그래프를 그리고, 정의역, 치역, 점근선의 방정식을 구하시오.

(1) $y=\frac{1}{x-3}+4$ (2) $y=\frac{3x-1}{x+1}$

공략 Point

유리함수 $y=\frac{ax+b}{cx+d}$의 그래프는 $y=\frac{k}{x-p}+q$ 꼴로 변형하여 그린다.

풀이

(1) $y=\frac{1}{x-3}+4$의 그래프는 $y=\frac{1}{x}$의 그래프를 x축의 방향으로 3만큼, y축의 방향으로 4만큼 평행이동한 것이므로 오른쪽 그림과 같다.

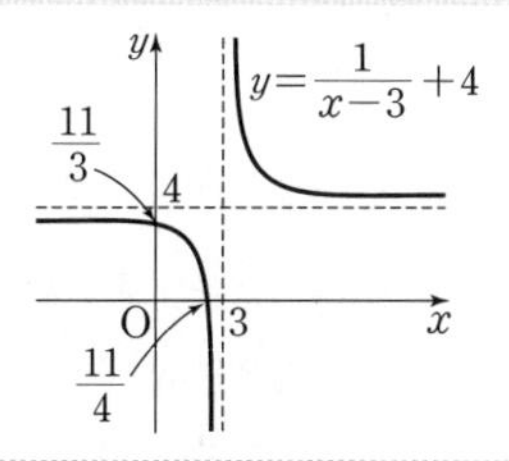

따라서 정의역, 치역, 점근선의 방정식은

정의역: $\{x|x\neq3$인 실수$\}$
치역: $\{y|y\neq4$인 실수$\}$
점근선의 방정식: $x=3$, $y=4$

(2) $y=\frac{3x-1}{x+1}$에서

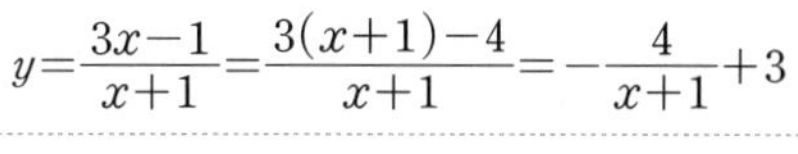

$y=\frac{3x-1}{x+1}=\frac{3(x+1)-4}{x+1}=-\frac{4}{x+1}+3$

$y=\frac{3x-1}{x+1}$의 그래프는 $y=-\frac{4}{x}$의 그래프를 x축의 방향으로 -1만큼, y축의 방향으로 3만큼 평행이동한 것이므로 오른쪽 그림과 같다.

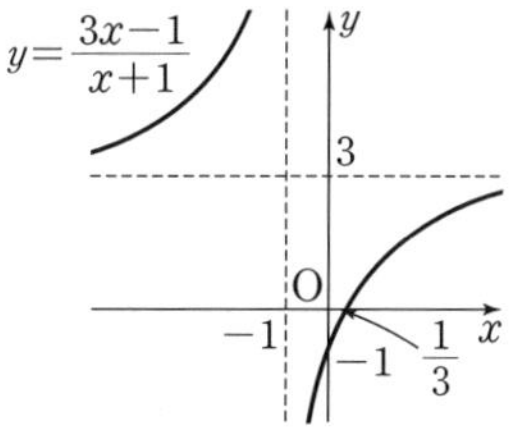

따라서 정의역, 치역, 점근선의 방정식은

정의역: $\{x|x\neq-1$인 실수$\}$
치역: $\{y|y\neq3$인 실수$\}$
점근선의 방정식: $x=-1$, $y=3$

문제

정답과 해설 87쪽

04-1 다음 유리함수의 그래프를 그리고, 정의역, 치역, 점근선의 방정식을 구하시오.

(1) $y=-\frac{1}{x-1}+1$ (2) $y=\frac{x+5}{x+2}$

(3) $y=\frac{4-x}{x-3}$ (4) $y=\frac{-x-5}{x+3}$

필수 예제 05 유리함수의 그래프의 평행이동

유형편 85쪽

유리함수 $y=\frac{2x-3}{x-2}$의 그래프는 유리함수 $y=\frac{k}{x}$의 그래프를 x축의 방향으로 a만큼, y축의 방향으로 b만큼 평행이동한 것이다. 이때 상수 a, b, k에 대하여 $a+b+k$의 값을 구하시오.

공략 Point

유리함수 $y=\frac{k}{x-p}+q$의 그래프는 $y=\frac{k}{x}$의 그래프를 x축의 방향으로 p만큼, y축의 방향으로 q만큼 평행이동한 것이다.

풀이

$y=\frac{2x-3}{x-2}$에서	$y=\frac{2x-3}{x-2}=\frac{2(x-2)+1}{x-2}=\frac{1}{x-2}+2$
$y=\frac{2x-3}{x-2}$의 그래프는 $y=\frac{1}{x}$의 그래프를 x축의 방향으로 2만큼, y축의 방향으로 2만큼 평행이동한 것이므로	$k=1$, $a=2$, $b=2$
따라서 구하는 값은	$a+b+k=\mathbf{5}$

문제

정답과 해설 87쪽

05-1 유리함수 $y=\frac{ax+5}{x+1}$의 그래프를 평행이동하면 유리함수 $y=\frac{2}{x}$의 그래프와 겹쳐질 때, 상수 a의 값을 구하시오.

05-2 유리함수 $y=\frac{3x-2}{x-1}$의 그래프는 유리함수 $y=\frac{2x+3}{x+1}$의 그래프를 x축의 방향으로 a만큼, y축의 방향으로 b만큼 평행이동한 것이다. 이때 $a+b$의 값을 구하시오.

05-3 보기의 함수에서 그 그래프가 유리함수 $y=\frac{3}{x}$의 그래프를 평행이동하여 겹쳐지는 것만을 있는 대로 고르시오.

보기

ㄱ. $y=\frac{3}{x-1}$　　ㄴ. $y=\frac{2x+3}{x}$　　ㄷ. $y=\frac{3x+5}{x+3}$　　ㄹ. $y=\frac{1-x}{x+2}$

필수 예제 06 유리함수의 최대, 최소

유형편 85쪽

$0 \leq x \leq 3$에서 유리함수 $y=\dfrac{2x+a}{x+1}$의 최댓값이 6일 때, 이 함수의 최솟값을 구하시오. (단, $a>2$)

공략 Point

주어진 정의역에서 유리함수 $y=f(x)$의 그래프를 그리고 y의 최댓값과 최솟값을 구한다.

풀이

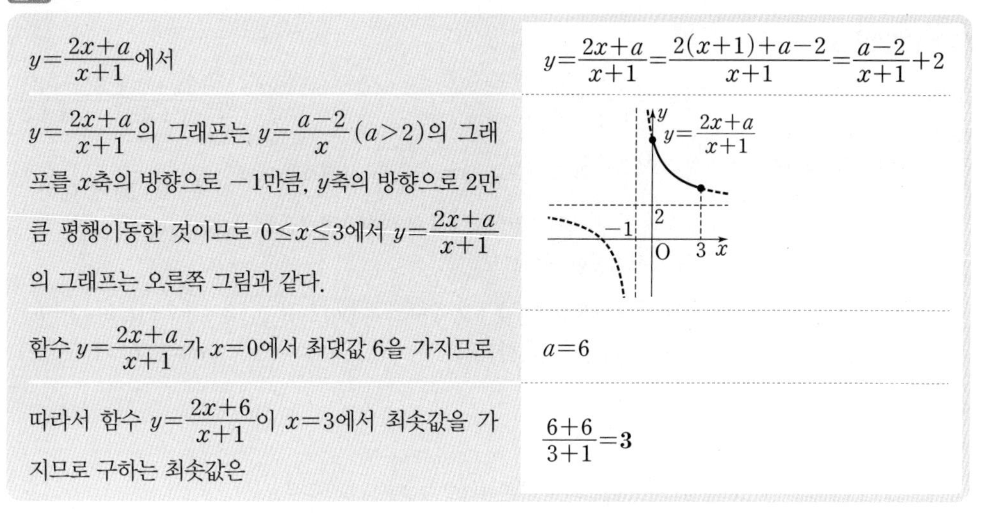

$y=\dfrac{2x+a}{x+1}$에서	$y=\dfrac{2x+a}{x+1}=\dfrac{2(x+1)+a-2}{x+1}=\dfrac{a-2}{x+1}+2$
$y=\dfrac{2x+a}{x+1}$의 그래프는 $y=\dfrac{a-2}{x}\,(a>2)$의 그래프를 x축의 방향으로 -1만큼, y축의 방향으로 2만큼 평행이동한 것이므로 $0 \leq x \leq 3$에서 $y=\dfrac{2x+a}{x+1}$의 그래프는 오른쪽 그림과 같다.	(그래프)
함수 $y=\dfrac{2x+a}{x+1}$가 $x=0$에서 최댓값 6을 가지므로	$a=6$
따라서 함수 $y=\dfrac{2x+6}{x+1}$이 $x=3$에서 최솟값을 가지므로 구하는 최솟값은	$\dfrac{6+6}{3+1}=\mathbf{3}$

문제

정답과 해설 88쪽

06-1 다음 유리함수의 최댓값과 최솟값을 구하시오.

(1) $y=\dfrac{2x+1}{x-1}\ (-2 \leq x \leq 0)$　　(2) $y=\dfrac{4x+1}{1-x}\ (-1 \leq x \leq 0)$

06-2 $-1 \leq x \leq 1$에서 유리함수 $y=\dfrac{3x+k}{x+3}$의 최댓값이 2일 때, 이 함수의 최솟값을 구하시오.

(단, $k<9$)

06-3 $a \leq x \leq 1$에서 유리함수 $y=\dfrac{x+b}{x-2}$의 최댓값이 3, 최솟값이 2일 때, 상수 a, b의 값을 구하시오.

(단, $b<-2$)

필수 예제 07 유리함수의 그래프의 대칭

유형편 86쪽

유리함수 $y=\frac{3x+2}{x+2}$의 그래프가 두 직선 $y=x+a$, $y=-x+b$에 대하여 대칭일 때, 상수 a, b의 값을 구하시오.

공략 Point

유리함수 $y=\frac{k}{x-p}+q$의 그래프는 점 (p, q)를 지나고 기울기가 ±1인 직선에 대하여 대칭이다.

풀이

$y=\frac{3x+2}{x+2}$에서 $y=\frac{3x+2}{x+2}=\frac{3(x+2)-4}{x+2}=-\frac{4}{x+2}+3$

$y=\frac{3x+2}{x+2}$의 그래프는 $y=-\frac{4}{x}$의 그래프를 x축의 방향으로 -2만큼, y축의 방향으로 3만큼 평행이동한 것이므로

점 $(-2, 3)$에 대하여 대칭이다.

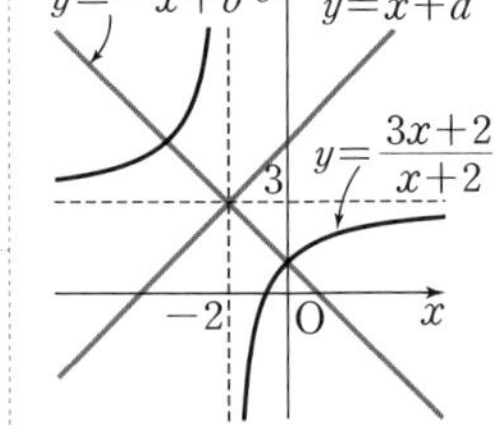

따라서 두 직선 $y=x+a$, $y=-x+b$가 점 $(-2, 3)$을 지나야 하므로

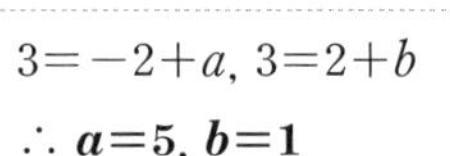

$3=-2+a$, $3=2+b$

$\therefore$ $\boldsymbol{a=5}$, $\boldsymbol{b=1}$

다른 풀이

$y=\frac{3x+2}{x+2}=-\frac{4}{x+2}+3$의 그래프는 $y=-\frac{4}{x}$의 그래프를 x축의 방향으로 -2만큼, y축의 방향으로 3만큼 평행이동한 것이고, $y=-\frac{4}{x}$의 그래프는 두 직선 $y=x$, $y=-x$에 대하여 대칭이므로

$y=\frac{3x+2}{x+2}$의 그래프는 두 직선 $y=x$, $y=-x$를 x축의 방향으로 -2만큼, y축의 방향으로 3만큼 평행이동한 두 직선에 대하여 대칭이다.

두 직선 $y=x$, $y=-x$를 평행이동하면

$y=(x+2)+3$, $y=-(x+2)+3$

$\therefore$ $y=x+5$, $y=-x+1$

이 직선이 $y=x+a$, $y=-x+b$이므로

$\boldsymbol{a=5}$, $\boldsymbol{b=1}$

문제

정답과 해설 88쪽

07-1 유리함수 $y=\frac{3x+1}{2x+1}$의 그래프가 점 (a, b)에 대하여 대칭일 때, $a+b$의 값을 구하시오.

07-2 유리함수 $y=\frac{5x+2}{x-1}$의 그래프가 두 직선 $y=x+a$, $y=-x+b$에 대하여 대칭일 때, 상수 a, b에 대하여 ab의 값을 구하시오.

07-3 유리함수 $y=\frac{ax+1}{x+b}$의 그래프가 두 직선 $y=x+1$, $y=-x+3$에 대하여 대칭일 때, 상수 a, b의 값을 구하시오.

필수 예제 08 유리함수의 식 구하기

유형편 86쪽

유리함수 $y=\frac{ax+b}{x+c}$의 그래프가 오른쪽 그림과 같을 때, 상수 a, b, c의 값을 구하시오.

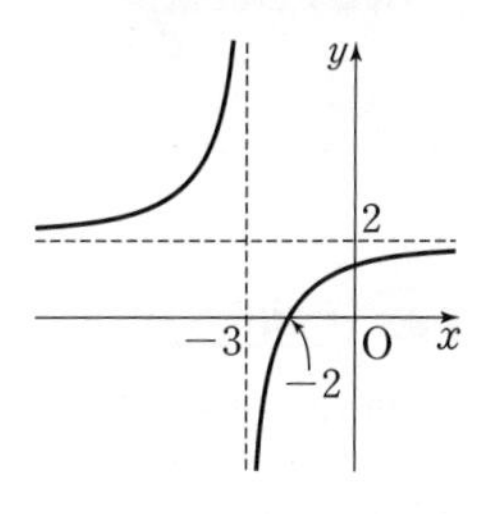

공략 Point

그래프의 점근선의 방정식이 $x=p$, $y=q$인 유리함수는 식을 $y=\frac{k}{x-p}+q$라 하고, 그래프가 지나는 한 점의 좌표를 대입하여 구한다.

풀이

주어진 그래프에서 점근선의 방정식이 $x=-3$, $y=2$이므로 함수의 식은	$y=\frac{k}{x+3}+2$ $(k<0)$ ······ ㉠
이 함수의 그래프가 점 $(-2, 0)$을 지나므로	$0=\frac{k}{-2+3}+2$ $\therefore k=-2$
$k=-2$를 ㉠에 대입하여 정리하면	$y=\frac{-2}{x+3}+2=\frac{-2+2(x+3)}{x+3}=\frac{2x+4}{x+3}$
따라서 a, b, c의 값은	$\boldsymbol{a=2, b=4, c=3}$

문제

정답과 해설 89쪽

08-1 유리함수 $y=\frac{ax+1}{x+b}$의 정의역이 $\{x|x\neq-3$인 실수$\}$, 치역이 $\{y|y\neq1$인 실수$\}$일 때, 상수 a, b에 대하여 ab의 값을 구하시오.

08-2 유리함수 $y=\frac{a}{x+b}+c$의 그래프가 점 $(1, 0)$을 지나고 점근선의 방정식이 $x=-1$, $y=2$일 때, 상수 a, b, c에 대하여 $a+b+c$의 값을 구하시오.

08-3 유리함수 $y=\frac{ax+b}{x+c}$의 그래프가 오른쪽 그림과 같을 때, 상수 a, b, c에 대하여 abc의 값을 구하시오.

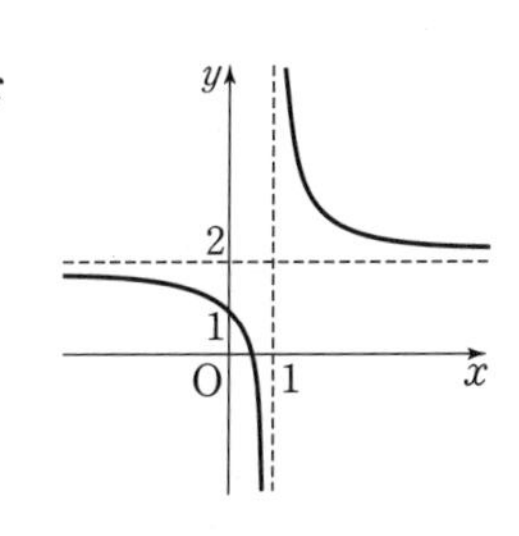

UP

필수 예제 09

유리함수의 그래프와 직선의 위치 관계

유형편 87쪽

유리함수 $y=\frac{x}{x-1}$의 그래프와 직선 $y=mx+1$이 만나지 않도록 하는 상수 m의 값의 범위를 구하시오.

공략 Point

직선이 항상 지나는 점을 찾고, 두 그래프를 그린 후 위치 관계를 생각한다.

풀이

$y=\frac{x}{x-1}$에서

$y=\frac{x}{x-1}=\frac{x-1+1}{x-1}=\frac{1}{x-1}+1$

$y=\frac{x}{x-1}$의 그래프는 $y=\frac{1}{x}$의 그래프를 x축의 방향으로 1만큼, y축의 방향으로 1만큼 평행이동한 것이고, 직선 $y=mx+1$은 m의 값에 관계없이 항상 점 $(0, 1)$을 지나므로 $y=\frac{x}{x-1}$의 그래프와 직선 $y=mx+1$이 만나지 않으려면 오른쪽 그림과 같아야 한다.

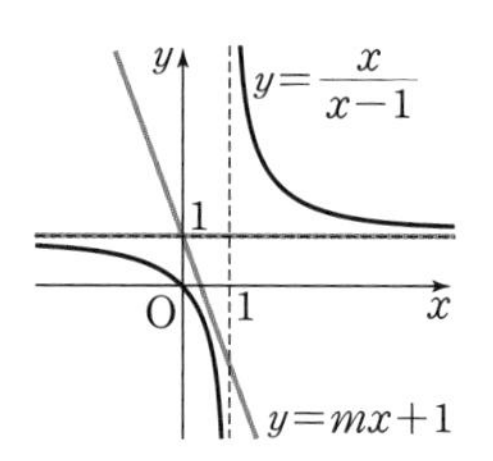

(ⅰ) $m=0$일 때

직선 $y=1$은 점근선이므로 $y=\frac{x}{x-1}$의 그래프와 만나지 않는다.

(ⅱ) $m\neq0$일 때

$\frac{x}{x-1}=mx+1$에서 $x=(mx+1)(x-1)$

$x=mx^2-mx+x-1$ $\quad\therefore mx^2-mx-1=0$

이 이차방정식의 실근이 존재하지 않아야 하므로 이차방정식의 판별식을 D라 하면

$D=m^2+4m<0$, $m(m+4)<0$

$\therefore -4<m<0$

(ⅰ), (ⅱ)에서

$\mathbf{-4<m\leq0}$

● **문제**

정답과 해설 89쪽

09-1 유리함수 $y=-\frac{2}{x}+1$의 그래프와 직선 $y=ax+1$이 만나도록 하는 상수 a의 값의 범위를 구하시오.

09-2 유리함수 $y=\frac{x-2}{x+1}$의 그래프와 직선 $y=kx+1$이 한 점에서 만나도록 하는 상수 k의 값을 구하시오.

필수 예제 10 유리함수의 합성함수 - f^n 꼴

유형편 88쪽

유리함수 $f(x)=\frac{x-1}{x}$에 대하여

$f^1=f,\ f^{n+1}=f\circ f^n$ (n은 자연수)

이라 할 때, $f^{1001}(3003)$의 값을 구하시오.

공략 Point

함수 f에 대하여 $f^1=f$, $f^{n+1}=f\circ f^n$(n은 자연수)이라 할 때, f^2, f^3, f^4, …을 차례대로 구하여 규칙을 찾는다.

풀이

$f^2(x)$, $f^3(x)$, $f^4(x)$, …를 구하면	$f^2(x)=(f\circ f^1)(x)=f(f(x))=f\left(\frac{x-1}{x}\right)$ $=\frac{\frac{x-1}{x}-1}{\frac{x-1}{x}}=\frac{\frac{x-1-x}{x}}{\frac{x-1}{x}}=-\frac{1}{x-1}$ $f^3(x)=(f\circ f^2)(x)=f(f^2(x))=f\left(-\frac{1}{x-1}\right)$ $=\frac{-\frac{1}{x-1}-1}{-\frac{1}{x-1}}=\frac{\frac{-1-(x-1)}{x-1}}{-\frac{1}{x-1}}=x$ $f^4(x)=(f\circ f^3)(x)=f(f^3(x))=f(x)=\frac{x-1}{x}$ ⋮
자연수 n에 대하여 $f^{3n}(x)=x$는 항등함수이므로	$f^{1001}(x)=f^{333\times3+2}(x)=f^2(x)=-\frac{1}{x-1}$
따라서 구하는 함숫값은	$f^{1001}(3003)=-\mathbf{\frac{1}{3002}}$

문제

정답과 해설 90쪽

10-1 유리함수 $f(x)=\frac{2x}{x+1}$에 대하여

$f^1=f,\ f^{n+1}=f\circ f^n$ (n은 자연수)

이라 할 때, $f^4(x)=\frac{ax+b}{cx+1}$이다. 이때 상수 a, b, c에 대하여 $a+b+c$의 값을 구하시오.

10-2 유리함수 $f(x)=\frac{x}{x-1}$에 대하여

$f^1=f,\ f^{n+1}=f\circ f^n$ (n은 자연수)

이라 할 때, $f^{2025}(2025)$의 값을 구하시오.

필수 예제 11

유리함수의 역함수

유형편 88쪽

유리함수 $f(x)=\frac{3x+1}{x-2}$에 대하여 $(f\circ g)(x)=x$를 만족시키는 함수 $g(x)$를 구하시오.

공략 Point

함수 $y=f(x)$의 역함수는 다음과 같은 순서로 구한다.

(1) $y=f(x)$를 x에 대하여 풀어 $x=f^{-1}(y)$로 나타낸다.

(2) x와 y를 서로 바꾸어 $y=f^{-1}(x)$로 나타낸다.

풀이

$(f\circ g)(x)=x$에서 $g(x)=f^{-1}(x)$이므로	함수 g는 함수 f의 역함수이다.
$y=\frac{3x+1}{x-2}$이라 하고 x에 대하여 풀면	$y(x-2)=3x+1$, $(y-3)x=2y+1$ $\therefore x=\frac{2y+1}{y-3}$
x와 y를 서로 바꾸면	$y=\frac{2x+1}{x-3}$
따라서 함수 $g(x)$를 구하면	$\boldsymbol{g(x)=\frac{2x+1}{x-3}}$

문제

정답과 해설 90쪽

11-1 유리함수 $f(x)=\frac{4x-3}{x-2}$에 대하여 $(f\circ g)(x)=x$를 만족시키는 함수 $g(x)$를 구하시오.

11-2 유리함수 $f(x)=\frac{-x+a+2}{x-a}$에 대하여 $f=f^{-1}$일 때, 상수 a의 값을 구하시오.

11-3 유리함수 $f(x)=\frac{ax-1}{bx+2}$의 그래프와 그 역함수의 그래프가 모두 점 $(2,\ 1)$을 지날 때, 상수 a, b에 대하여 ab의 값을 구하시오.

연습문제

정답과 해설 90쪽

1 $\dfrac{1}{x-3}+\dfrac{2}{x+1}-\dfrac{2x-2}{x^2-2x-3}$를 간단히 하시오.

2 $x\neq-1$인 모든 실수 x에 대하여 등식

$$\frac{a}{x+1}+\frac{b}{(x+1)^2}+\frac{c}{(x+1)^3}=\frac{x^2+4x+2}{(x+1)^3}$$

가 성립할 때, 상수 a, b, c에 대하여 abc의 값은?

① -2　② -1　③ 0
④ 1　⑤ 2

3 $f(x)=x^2+x$일 때,
$\dfrac{1}{f(1)}+\dfrac{1}{f(2)}+\dfrac{1}{f(3)}+\cdots+\dfrac{1}{f(99)}$의 값을 구하시오.

4 분모를 0으로 만들지 않는 모든 실수 x에 대하여 등식

$$1+\cfrac{1}{1+\cfrac{1}{1+\cfrac{1}{1+x}}}=\frac{3x+a}{bx+3}$$

가 성립할 때, 상수 a, b에 대하여 $a+b$의 값을 구하시오.

5 세 실수 x, y, z에 대하여

$$\frac{x+y}{4}=\frac{y+z}{7}=\frac{z+x}{5}$$

일 때, $\dfrac{xyz}{x^3+y^3+z^3}$의 값은? (단, $xyz\neq0$)

① $\dfrac{1}{23}$　② $\dfrac{2}{23}$　③ $\dfrac{3}{23}$
④ $\dfrac{4}{23}$　⑤ $\dfrac{5}{23}$

6 유리함수 $y=\dfrac{3x+1}{x-1}$의 치역이 $\{y|3<y\leq5\}$일 때, 정의역은?

① $\{x|x\leq3\}$　② $\{x|x\leq5\}$
③ $\{x|3<x\leq5\}$　④ $\{x|x\geq3\}$
⑤ $\{x|x\geq5\}$

교육청

7 유리함수 $y=\dfrac{5}{x-p}+2$의 그래프가 제3사분면을 지나지 않도록 하는 정수 p의 최솟값은?

① 3　② 4　③ 5
④ 6　⑤ 7

연습문제

교육청

8 유리함수 $y=\frac{1}{x+1}-3$의 그래프를 y축의 방향으로 a만큼 평행이동한 그래프가 원점을 지날 때, 상수 a의 값은?

① 2 ② 4 ③ 6
④ 8 ⑤ 10

9 다음 유리함수의 그래프 중 평행이동하여 서로 겹쳐질 수 없는 것은?

① $y=\frac{2x+2}{x}$ ② $y=\frac{2x}{x-1}$
③ $y=\frac{3x-1}{x-1}$ ④ $y=\frac{-x+3}{x-1}$
⑤ $y=\frac{-2x+3}{x-1}$

10 $-2\le x\le\frac{1}{2}$에서 유리함수 $y=\frac{1}{x-1}+k$의 최댓값이 $\frac{2}{3}$일 때, 상수 k의 값을 구하시오.

11 유리함수 $y=\frac{2x+1}{x+1}$의 그래프가 직선 $y=ax+b$에 대하여 대칭일 때, 상수 a, b에 대하여 $a+b$의 값은? (단, $a>0$)

① -4 ② -2 ③ 0
④ 2 ⑤ 4

12 다음 중 유리함수 $y=\frac{3x+1}{x+2}$에 대하여 옳지 않은 것은?

① 그래프의 점근선의 방정식은 $x=-2$, $y=3$이다.
② 그래프는 직선 $y=-x+1$에 대하여 대칭이다.
③ $-1\le x\le 3$에서 최솟값은 2이다.
④ 그래프는 $y=-\frac{5}{x}$의 그래프를 x축의 방향으로 -2만큼, y축의 방향으로 3만큼 평행이동한 것이다.
⑤ 그래프는 제4사분면을 지나지 않는다.

13 유리함수 $y=\frac{ax+b}{x-2}$의 그래프는 점 $(3, 10)$을 지나고 점근선 중 하나가 직선 $y=3$일 때, 상수 a, b에 대하여 ab의 값은?

① $\frac{1}{3}$ ② 1 ③ 3
④ 6 ⑤ 9

14 유리함수 $f(x)=1-\frac{1}{2x}$에 대하여

$$f^1=f,\ f^{n+1}=f\circ f^n\ (n\text{은 자연수})$$

이라 할 때, $f^k(x)=x$를 만족시키는 자연수 k의 최솟값을 구하시오.

15 두 유리함수 $f(x)=\dfrac{x-1}{x+1}$, $g(x)=\dfrac{x+1}{2x}$에 대하여 $(f^{-1}\circ g)^{-1}(5)$의 값을 구하시오.

교육청

16 유리함수 $y=\dfrac{2x-1}{x-a}$의 그래프와 그 역함수의 그래프가 일치할 때, 상수 a의 값은?

① 1 ② 2 ③ 3
④ 4 ⑤ 5

실력

17 유리함수 $y=\dfrac{x+1}{x-2}$ $(x>2)$의 그래프 위의 임의의 한 점 P에서 x축, y축에 내린 수선의 발을 각각 A, B라 할 때, $\overline{\mathrm{PA}}+\overline{\mathrm{PB}}$의 최솟값을 구하시오.

18 $0\le x\le 2$에서 유리함수 $y=\dfrac{2x+3}{x+a}$의 최댓값이 1일 때, 이 함수의 최솟값을 구하시오. (단, $a>0$)

19 두 집합 $A=\left\{(x,\ y)\,\middle|\,y=\dfrac{1-x}{x-2}\right\}$, $B=\{(x,\ y)\,|\,y=kx-1\}$에 대하여 $A\cap B=\varnothing$일 때, 상수 k의 값의 범위를 구하시오.

20 $2\le x\le 3$에서 부등식

$$ax+1\le\frac{x+1}{x-1}\le bx+1$$

이 성립할 때, 상수 a의 최댓값과 상수 b의 최솟값의 합은?

① $-\dfrac{1}{3}$ ② $\dfrac{1}{3}$ ③ 1
④ $\dfrac{4}{3}$ ⑤ 2

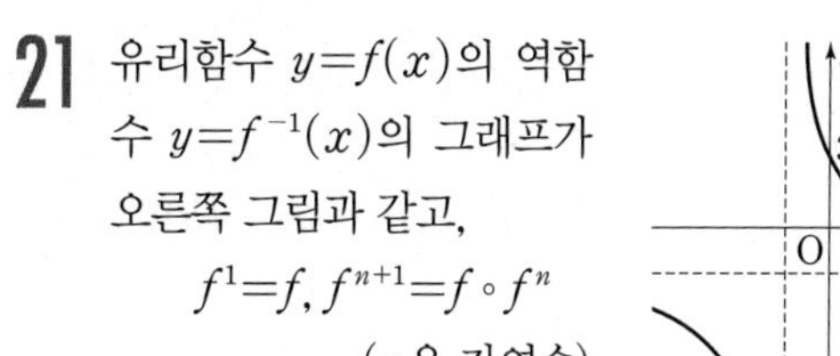

21 유리함수 $y=f(x)$의 역함수 $y=f^{-1}(x)$의 그래프가 오른쪽 그림과 같고,

$$f^1=f,\ f^{n+1}=f\circ f^n$$
(n은 자연수)

이라 할 때, $f^{1002}(3)$의 값을 구하시오.

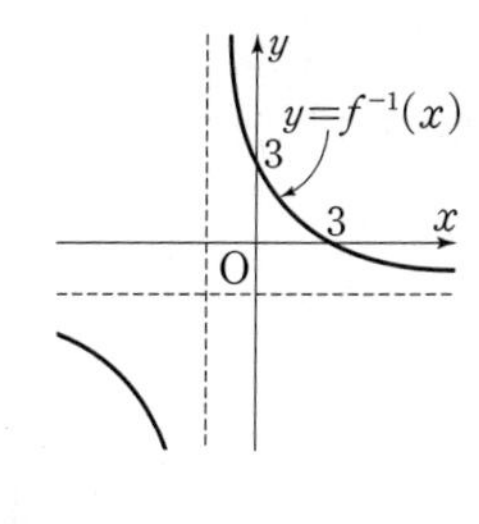

1 무리식

① 무리식

근호 안에 문자가 포함된 식 중에서 유리식으로 나타낼 수 없는 식을 **무리식**이라 한다.

예 $\sqrt{3x-1}$, $\dfrac{x}{\sqrt{x-1}}$, $\sqrt{2x+1}-\sqrt{2-x}$ ➡ 무리식

② 무리식의 값이 실수가 되기 위한 조건

무리식의 값이 실수가 되려면 근호 안의 식의 값이 0 이상이어야 하고, 분모는 0이 아니어야 한다.

(근호 안의 식의 값)≥ 0, (분모)$\neq 0$

예 • 무리식 $\sqrt{2x+1}$의 값이 실수가 되려면 ➡ $2x+1\geq 0$에서 $x\geq -\dfrac{1}{2}$

• 무리식 $\dfrac{1}{\sqrt{x-3}}$의 값이 실수가 되려면 ➡ $x-3\geq 0$이고 $x-3\neq 0$이므로 $x>3$

③ 무리식의 계산

무리식의 계산은 무리수의 계산과 같은 방법으로 제곱근의 성질을 이용한다.
특히 분모가 무리식인 경우에는 분모를 유리화하여 계산한다.

(1) 제곱근의 성질

$a>0$, $b>0$일 때

① $\sqrt{a}\sqrt{b}=\sqrt{ab}$　② $\dfrac{\sqrt{a}}{\sqrt{b}}=\sqrt{\dfrac{a}{b}}$　③ $\sqrt{a^2b}=a\sqrt{b}$　④ $\sqrt{\dfrac{a}{b^2}}=\dfrac{\sqrt{a}}{b}$

(2) 분모의 유리화

$a>0$, $b>0$일 때

① $\dfrac{a}{\sqrt{b}}=\dfrac{a\sqrt{b}}{\sqrt{b}\sqrt{b}}=\dfrac{a\sqrt{b}}{b}$

② $\dfrac{c}{\sqrt{a}+\sqrt{b}}=\dfrac{c(\sqrt{a}-\sqrt{b})}{(\sqrt{a}+\sqrt{b})(\sqrt{a}-\sqrt{b})}=\dfrac{c(\sqrt{a}-\sqrt{b})}{a-b}$ (단, $a\neq b$)

③ $\dfrac{c}{\sqrt{a}-\sqrt{b}}=\dfrac{c(\sqrt{a}+\sqrt{b})}{(\sqrt{a}-\sqrt{b})(\sqrt{a}+\sqrt{b})}=\dfrac{c(\sqrt{a}+\sqrt{b})}{a-b}$ (단, $a\neq b$)

개념 Check

정답과 해설 95쪽

1 다음 무리식의 값이 실수가 되기 위한 x의 값의 범위를 구하시오.

(1) $\sqrt{1-x}+\sqrt{2x+4}$　(2) $\sqrt{2-x}+\dfrac{1}{\sqrt{x+3}}$

2 $-2<x<1$일 때, $\sqrt{x^2-2x+1}+\sqrt{x^2+4x+4}$를 간단히 하시오.

필수 예제 01 무리식의 계산

유형편 89쪽

$x=\frac{\sqrt{5}}{2}$일 때, $\frac{\sqrt{x+1}+\sqrt{x-1}}{\sqrt{x+1}-\sqrt{x-1}}+\frac{\sqrt{x+1}-\sqrt{x-1}}{\sqrt{x+1}+\sqrt{x-1}}$의 값을 구하시오.

공략 Point

주어진 무리식을 유리화하거나 통분하여 간단히 한 후 수를 대입한다.

풀이

주어진 식을 통분하면

$$\frac{\sqrt{x+1}+\sqrt{x-1}}{\sqrt{x+1}-\sqrt{x-1}}+\frac{\sqrt{x+1}-\sqrt{x-1}}{\sqrt{x+1}+\sqrt{x-1}}$$
$$=\frac{(\sqrt{x+1}+\sqrt{x-1})^2+(\sqrt{x+1}-\sqrt{x-1})^2}{(\sqrt{x+1}-\sqrt{x-1})(\sqrt{x+1}+\sqrt{x-1})}$$
$$=\frac{\{x+1+2\sqrt{(x+1)(x-1)}+x-1\}+\{x+1-2\sqrt{(x+1)(x-1)}+x-1\}}{x+1-(x-1)}$$
$$=\frac{4x}{2}$$
$$=2x$$

$x=\frac{\sqrt{5}}{2}$를 대입하면

$$=2\times\frac{\sqrt{5}}{2}$$
$$=\sqrt{5}$$

문제

정답과 해설 95쪽

01-1 $\frac{1}{\sqrt{x}+\sqrt{x+2}}+\frac{1}{\sqrt{x+2}+\sqrt{x+4}}+\frac{1}{\sqrt{x+4}+\sqrt{x+6}}$을 간단히 하시오.

01-2 $x=\frac{1}{\sqrt{2}-1}$일 때, $\frac{\sqrt{x}-1}{\sqrt{x}+1}+\frac{\sqrt{x}+1}{\sqrt{x}-1}$의 값을 구하시오.

01-3 $x=\sqrt{3}+1$, $y=\sqrt{3}-1$일 때, $\frac{\sqrt{x}-\sqrt{y}}{\sqrt{x}+\sqrt{y}}$의 값을 구하시오.

무리함수의 그래프

❶ 무리함수

(1) 무리함수

함수 $y=f(x)$에서 $f(x)$가 x에 대한 무리식일 때, 이 함수를 **무리함수**라 한다.

예 $y=\sqrt{x}$, $y=\sqrt{3x+1}$, $y=\sqrt{1-2x}$ ➡ 무리함수

(2) 무리함수의 정의역

무리함수의 정의역이 주어져 있지 않은 경우에는 근호 안의 식의 값이 0 이상이 되도록 하는 실수 전체의 집합을 정의역으로 생각한다.

예 $y=\sqrt{2x-1}$의 정의역 ➡ $\left\{x \middle| x\geq\frac{1}{2}\right\}$

❷ 무리함수 $y=\sqrt{x}$의 그래프

무리함수 $y=\sqrt{x}$ $(x\geq0)$의 역함수를 구하기 위하여 $y=\sqrt{x}$를 x에 대하여 풀면

$x=y^2$ $(y\geq0)$

이고, x와 y를 서로 바꾸어 역함수를 구하면

$y=x^2$ $(x\geq0)$

따라서 함수 $y=\sqrt{x}$의 그래프는 그 역함수 $y=x^2$ $(x\geq0)$의 그래프와 직선 $y=x$에 대하여 대칭이므로 오른쪽 그림과 같다.

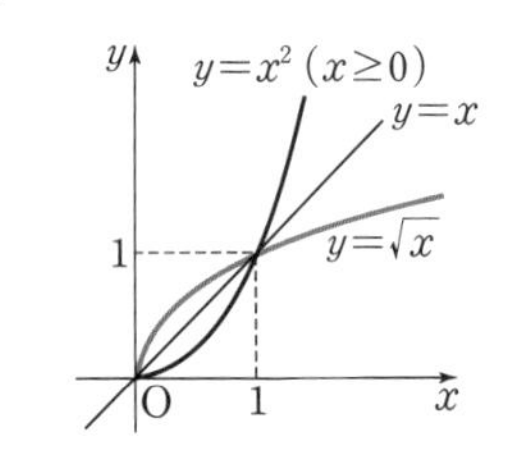

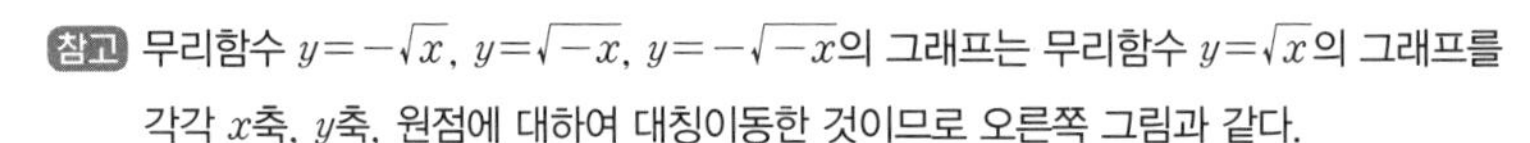

참고 무리함수 $y=-\sqrt{x}$, $y=\sqrt{-x}$, $y=-\sqrt{-x}$의 그래프는 무리함수 $y=\sqrt{x}$의 그래프를 각각 x축, y축, 원점에 대하여 대칭이동한 것이므로 오른쪽 그림과 같다.

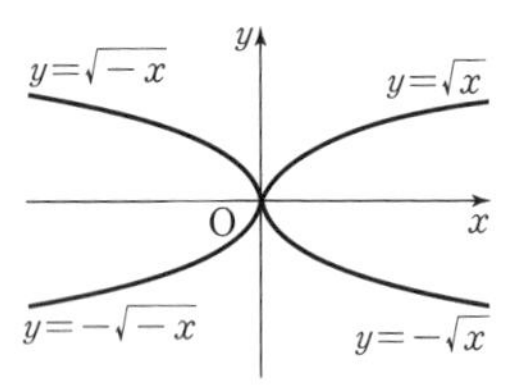

❸ 무리함수 $y=\sqrt{ax}$, $y=-\sqrt{ax}$ $(a\neq0)$의 그래프

(1) 무리함수 $y=\sqrt{ax}$ $(a\neq0)$의 그래프

① $a>0$일 때, 정의역: $\{x|x\geq0\}$, 치역: $\{y|y\geq0\}$

② $a<0$일 때, 정의역: $\{x|x\leq0\}$, 치역: $\{y|y\geq0\}$

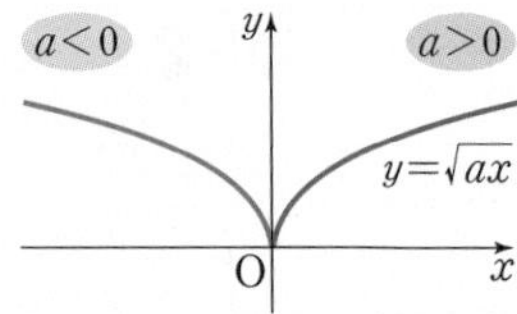

(2) 무리함수 $y=-\sqrt{ax}$ $(a\neq0)$의 그래프

① $a>0$일 때, 정의역: $\{x|x\geq0\}$, 치역: $\{y|y\leq0\}$

② $a<0$일 때, 정의역: $\{x|x\leq0\}$, 치역: $\{y|y\leq0\}$

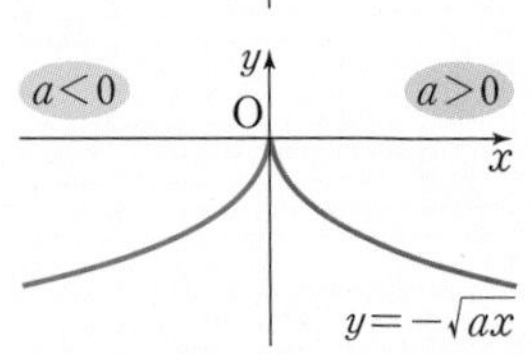

참고 • 무리함수 $y=\sqrt{ax}$ $(a\neq0)$의 그래프는 그 역함수 $y=\frac{1}{a}x^2$ $(x\geq0)$의 그래프를 직선 $y=x$에 대하여 대칭이동하여 그린다.

• 무리함수 $y=\sqrt{ax}$ $(a\neq0)$의 그래프는 $|a|$의 값이 클수록 x축에서 멀어진다.

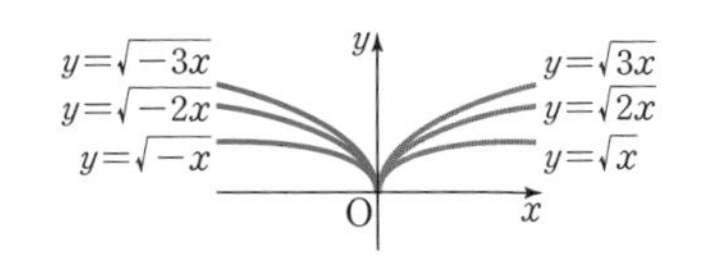

❹ 무리함수 $y=\sqrt{a(x-p)}+q\ (a\neq0)$의 그래프

무리함수 $y=\sqrt{a(x-p)}+q\ (a\neq0)$의 그래프는 무리함수 $y=\sqrt{ax}$의 그래프를 x축의 방향으로 p만큼, y축의 방향으로 q만큼 평행이동한 것이다.

(1) $a>0$일 때, 정의역: $\{x|x\geq p\}$, 치역: $\{y|y\geq q\}$

(2) $a<0$일 때, 정의역: $\{x|x\leq p\}$, 치역: $\{y|y\geq q\}$

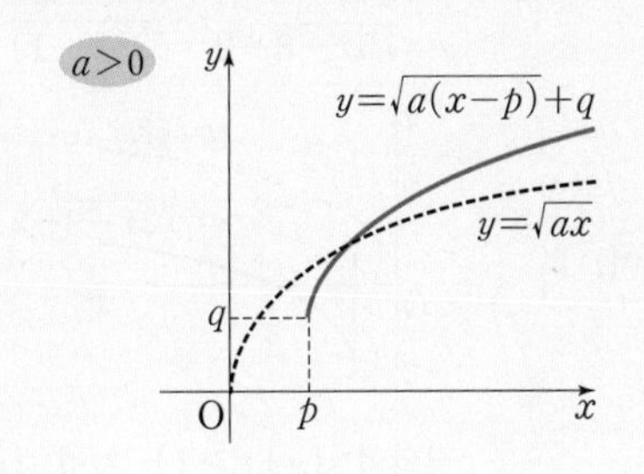

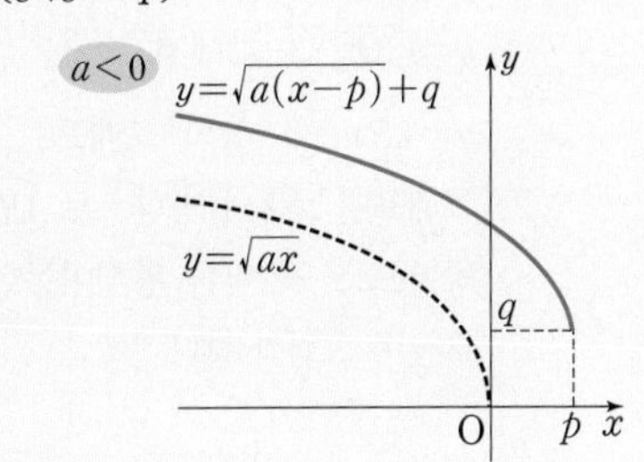

❺ 무리함수 $y=\sqrt{ax+b}+c\ (a\neq0)$의 그래프

무리함수 $y=\sqrt{ax+b}+c\ (a\neq0)$의 그래프는 $y=\sqrt{a\left(x+\frac{b}{a}\right)}+c$로 변형하여 그린다.

이때 $y=\sqrt{ax+b}+c$의 그래프는 $y=\sqrt{ax}$의 그래프를 x축의 방향으로 $-\frac{b}{a}$만큼, y축의 방향으로 c만큼 평행이동한 것이다.

예 무리함수 $y=\sqrt{2x+4}+1$의 그래프를 그려 보자.

$y=\sqrt{2x+4}+1=\sqrt{2(x+2)}+1$

따라서 $y=\sqrt{2x+4}+1$의 그래프는 $y=\sqrt{2x}$의 그래프를 x축의 방향으로 -2만큼, y축의 방향으로 1만큼 평행이동한 것이므로 오른쪽 그림과 같다.

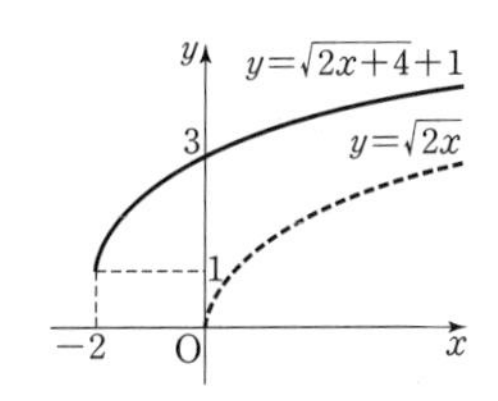

개념 Check

정답과 해설 95쪽

1 다음 무리함수의 정의역을 구하시오.

(1) $y=\sqrt{3x}$　　(2) $y=-\sqrt{x-3}$

(3) $y=\sqrt{-4x}$　　(4) $y=-\sqrt{1-2x}+2$

2 다음 무리함수의 그래프를 그리고, 정의역과 치역을 구하시오.

(1) $y=\sqrt{2x}$　　(2) $y=\sqrt{-2x}$

(3) $y=-\sqrt{-2x}$　　(4) $y=-\sqrt{2x}$

필수 예제 02 무리함수의 그래프

유형편 90쪽

다음 무리함수의 그래프를 그리고, 정의역과 치역을 구하시오.

(1) $y=\sqrt{3x-3}-2$　　　(2) $y=\sqrt{6-3x}+1$

공략 Point

무리함수 $y=\sqrt{ax+b}+c$의 그래프는 $y=\sqrt{a\left(x+\frac{b}{a}\right)}+c$로 변형하여 그린다.

풀이

(1) $y=\sqrt{3x-3}-2$에서　　$y=\sqrt{3x-3}-2=\sqrt{3(x-1)}-2$

$y=\sqrt{3x-3}-2$의 그래프는 $y=\sqrt{3x}$의 그래프를 x축의 방향으로 1만큼, y축의 방향으로 -2만큼 평행이동한 것이므로 오른쪽 그림과 같다.

따라서 정의역과 치역은　　**정의역: $\{x|x\geq1\}$, 치역: $\{y|y\geq-2\}$**

(2) $y=\sqrt{6-3x}+1$에서　　$y=\sqrt{6-3x}+1=\sqrt{-3(x-2)}+1$

$y=\sqrt{6-3x}+1$의 그래프는 $y=\sqrt{-3x}$의 그래프를 x축의 방향으로 2만큼, y축의 방향으로 1만큼 평행이동한 것이므로 오른쪽 그림과 같다.

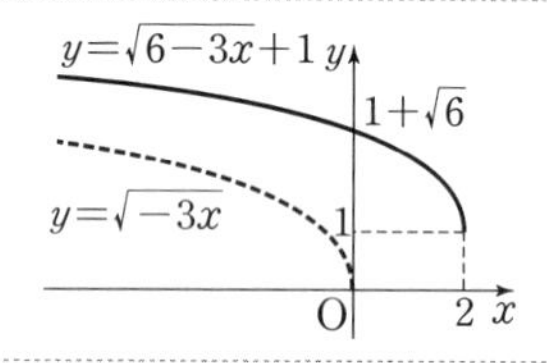

따라서 정의역과 치역은　　**정의역: $\{x|x\leq2\}$, 치역: $\{y|y\geq1\}$**

문제

정답과 해설 96쪽

02-1 다음 무리함수의 그래프를 그리고, 정의역과 치역을 구하시오.

(1) $y=\sqrt{2x-4}+1$　　　(2) $y=\sqrt{5-x}+3$

(3) $y=-\sqrt{1-x}+1$　　　(4) $y=-\sqrt{2x-6}+2$

02-2 보기에서 무리함수 $y=\sqrt{-4x+4}-2$에 대하여 옳은 것만을 있는 대로 고르시오.

보기

ㄱ. 정의역은 $\{x|x\geq1\}$이다.　　　ㄴ. 치역은 $\{y|y\geq-2\}$이다.

ㄷ. 그래프는 원점을 지난다.　　　ㄹ. 그래프는 제1사분면, 제4사분면을 지난다.

필수 예제 03 무리함수의 그래프의 평행이동과 대칭이동

유형편 91쪽

무리함수 $y=\sqrt{x+2}$의 그래프를 x축의 방향으로 1만큼, y축의 방향으로 -3만큼 평행이동한 후 y축에 대하여 대칭이동하면 무리함수 $y=\sqrt{ax+b}-c$의 그래프와 겹쳐진다. 이때 상수 a, b, c에 대하여 $a+b+c$의 값을 구하시오.

공략 Point

무리함수 $y=\sqrt{a(x-p)}+q$의 그래프는 $y=\sqrt{ax}$의 그래프를 x축의 방향으로 p만큼, y축의 방향으로 q만큼 평행이동한 것이다.

풀이

$y=\sqrt{x+2}$의 그래프를 x축의 방향으로 1만큼, y축의 방향으로 -3만큼 평행이동하면	$y+3=\sqrt{(x-1)+2}$ $\therefore y=\sqrt{x+1}-3$
이 함수의 그래프를 y축에 대하여 대칭이동하면	$y=\sqrt{-x+1}-3$
$y=\sqrt{-x+1}-3$의 그래프는 $y=\sqrt{ax+b}-c$의 그래프와 겹쳐지므로	$a=-1$, $b=1$, $c=3$
따라서 구하는 값은	$a+b+c=\mathbf{3}$

문제

정답과 해설 96쪽

03-1 무리함수 $y=\sqrt{-x+1}$의 그래프를 x축의 방향으로 2만큼, y축의 방향으로 -1만큼 평행이동한 후 x축에 대하여 대칭이동하면 무리함수 $y=-\sqrt{ax+b}+c$의 그래프와 겹쳐진다. 이때 상수 a, b, c에 대하여 abc의 값을 구하시오.

03-2 무리함수 $y=\sqrt{4x+8}-2$의 그래프는 함수 $y=a\sqrt{x}$의 그래프를 x축의 방향으로 m만큼, y축의 방향으로 n만큼 평행이동한 것이다. 이때 상수 a, m, n에 대하여 $a+m+n$의 값을 구하시오.

03-3 보기의 함수에서 그 그래프가 무리함수 $y=\sqrt{-x}$의 그래프를 평행이동 또는 대칭이동하여 겹쳐지는 것만을 있는 대로 고르시오.

보기

ㄱ. $y=-\sqrt{-x}$
ㄴ. $y=\sqrt{-2x+4}$
ㄷ. $y=\sqrt{x+3}+2$
ㄹ. $y=-\sqrt{2-x}+1$

무리함수의 최대, 최소

유형편 91쪽

$4 \le x \le 10$에서 무리함수 $y=\sqrt{2x-4}+a$의 최솟값이 3일 때, 이 함수의 최댓값을 구하시오.

(단, a는 상수)

공략 Point

주어진 정의역에서 무리함수 $y=f(x)$의 그래프를 그리고 y의 최댓값과 최솟값을 구한다.

풀이

$y=\sqrt{2x-4}+a$에서	$y=\sqrt{2x-4}+a=\sqrt{2(x-2)}+a$
$y=\sqrt{2x-4}+a$의 그래프는 $y=\sqrt{2x}$의 그래프를 x축의 방향으로 2만큼, y축의 방향으로 a만큼 평행이동한 것이므로 오른쪽 그림과 같다.	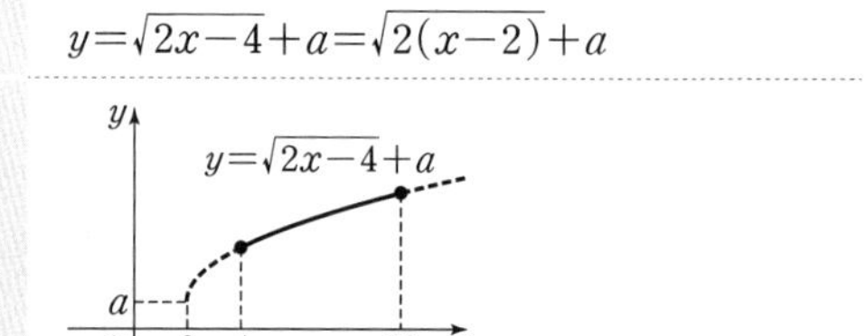
함수 $y=\sqrt{2x-4}+a$가 $x=4$에서 최솟값 3을 가지므로	$2+a=3 \quad \therefore a=1$
따라서 함수 $y=\sqrt{2x-4}+1$이 $x=10$에서 최댓값을 가지므로 구하는 최댓값은	$4+1=\mathbf{5}$

문제

정답과 해설 97쪽

04-1 다음 무리함수의 최댓값과 최솟값을 구하시오.

(1) $y=-\sqrt{2x+4}+1$ $(0 \le x \le 6)$

(2) $y=-\sqrt{-3x+3}-1$ $(-2 \le x \le 1)$

04-2 $1 \le x \le 10$에서 무리함수 $y=\sqrt{3x+a}+4$의 최댓값이 10일 때, 이 함수의 최솟값을 구하시오.

(단, a는 상수)

04-3 $a \le x \le 0$에서 무리함수 $y=-\sqrt{-x+1}+b$의 최댓값이 -2, 최솟값이 -3일 때, 상수 a, b에 대하여 $a+b$의 값을 구하시오.

필수 예제 05 무리함수의 식 구하기

유형편 92쪽

무리함수 $y=\sqrt{ax+b}+c$의 그래프가 오른쪽 그림과 같을 때, 상수 a, b, c의 값을 구하시오.

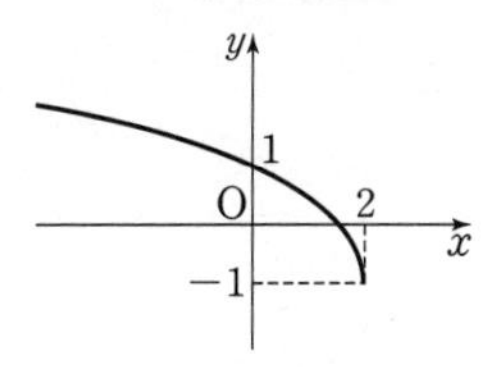

공략 Point

그래프가 시작하는 점의 좌표가 (p, q)인 무리함수는 식을 $y=\pm\sqrt{a(x-p)}+q$라 하고, 그래프가 지나는 한 점의 좌표를 대입하여 구한다.

풀이

주어진 함수의 그래프는 $y=\sqrt{ax}\ (a<0)$의 그래프를 x축의 방향으로 2만큼, y축의 방향으로 -1만큼 평행이동한 것이므로 함수의 식은	$y=\sqrt{a(x-2)}-1$ ······ ㉠
이 함수의 그래프가 점 $(0, 1)$을 지나므로	$1=\sqrt{-2a}-1$, $\sqrt{-2a}=2$ $-2a=4$ $\quad\therefore$ $\boldsymbol{a=-2}$
$a=-2$를 ㉠에 대입하여 정리하면	$y=\sqrt{-2(x-2)}-1=\sqrt{-2x+4}-1$
따라서 b, c의 값은	$\boldsymbol{b=4,\ c=-1}$

문제

정답과 해설 97쪽

05-1 무리함수 $y=-\sqrt{ax+b}+c$의 그래프가 오른쪽 그림과 같을 때, 상수 a, b, c에 대하여 $a+b+c$의 값을 구하시오.

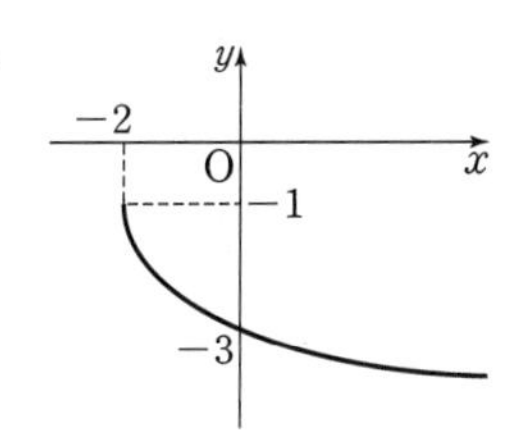

05-2 오른쪽 그림과 같은 무리함수의 그래프가 점 $(3, k)$를 지날 때, k의 값을 구하시오.

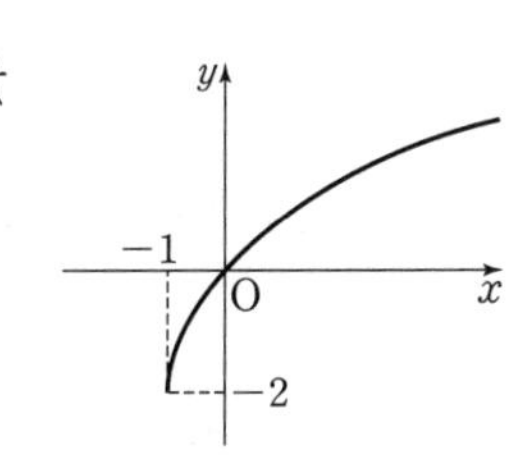

무리함수의 그래프와 직선의 위치 관계

유형편 93쪽

무리함수 $y=\sqrt{4x-8}$의 그래프와 직선 $y=x+k$의 위치 관계가 다음과 같을 때, 상수 k의 값 또는 범위를 구하시오.

(1) 서로 다른 두 점에서 만난다. (2) 한 점에서 만난다. (3) 만나지 않는다.

공략 Point

두 그래프를 그린 후 위치 관계를 생각한다.

풀이

$y=\sqrt{4x-8}=\sqrt{4(x-2)}$의 그래프는 $y=\sqrt{4x}$의 그래프를 x축의 방향으로 2만큼 평행이동한 것이고, 직선 $y=x+k$는 기울기가 1이고 y절편이 k인 직선이므로 위치 관계는 오른쪽 그림의 (i), (ii)를 기준으로 나누어 생각할 수 있다.

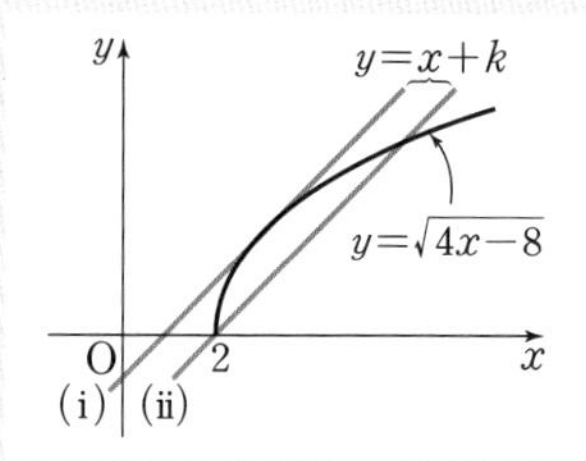

(i) 직선 $y=x+k$와 $y=\sqrt{4x-8}$의 그래프가 접할 때	$x+k=\sqrt{4x-8}$에서 $x^2+2kx+k^2=4x-8$ $\therefore x^2+2(k-2)x+k^2+8=0$
이 이차방정식의 판별식을 D라 하면	$\frac{D}{4}=(k-2)^2-(k^2+8)=0$ $-4k-4=0 \quad \therefore k=-1$
(ii) 직선 $y=x+k$가 점 $(2, 0)$을 지날 때	$0=2+k \quad \therefore k=-2$
(1) 서로 다른 두 점에서 만나려면	$\boldsymbol{-2\le k<-1}$
(2) 한 점에서 만나려면	$\boldsymbol{k=-1}$ **또는** $\boldsymbol{k<-2}$
(3) 만나지 않으려면	$\boldsymbol{k>-1}$

문제

정답과 해설 97쪽

06-1 무리함수 $y=\sqrt{4-2x}$의 그래프와 직선 $y=-x+k$의 위치 관계가 다음과 같을 때, 상수 k의 값 또는 범위를 구하시오.

(1) 서로 다른 두 점에서 만난다. (2) 한 점에서 만난다. (3) 만나지 않는다.

06-2 무리함수 $y=\sqrt{2x-3}$의 그래프와 직선 $y=kx+1$이 만나도록 하는 상수 k의 값의 범위를 구하시오.

필수 예제 07

무리함수의 역함수

유형편 94쪽

무리함수 $y=\sqrt{x-1}+2$의 역함수가 $y=x^2+ax+b\,(x\geq c)$일 때, 상수 a, b, c의 값을 구하시오.

공략 Point

무리함수 $y=\sqrt{ax+b}+c$의 역함수는 $y-c=\sqrt{ax+b}$의 양변을 제곱하여 x에 대하여 푼 후 x와 y를 서로 바꾸어 구한다.

풀이

$y=\sqrt{x-1}+2$의 치역은	$\{y\mid y\geq 2\}$
따라서 역함수의 정의역은	$\{x\mid x\geq 2\}$
$y=\sqrt{x-1}+2$에서	$y-2=\sqrt{x-1}$
양변을 제곱하여 x에 대하여 풀면	$y^2-4y+4=x-1$ $\therefore\ x=y^2-4y+5$
x와 y를 서로 바꾸면	$y=x^2-4x+5\,(x\geq 2)$
따라서 a, b, c의 값은	$\mathbf{a=-4,\ b=5,\ c=2}$

문제

정답과 해설 98쪽

07-1 무리함수 $y=-\sqrt{2x-4}+1$의 역함수가 $y=\frac{1}{2}x^2+ax+b\,(x\leq c)$일 때, 상수 a, b, c에 대하여 $a+b+c$의 값을 구하시오.

07-2 무리함수 $f(x)=-\sqrt{-x-a}+2$에 대하여 $f^{-1}(1)=3$일 때, $f^{-1}(-2)$의 값을 구하시오. (단, a는 상수)

07-3 두 무리함수 $f(x)=\sqrt{2x+2}-1$, $g(x)=\sqrt{x+3}-1$에 대하여 $(g^{-1}\circ f)^{-1}(13)$의 값을 구하시오.

필수 예제 08 무리함수와 그 역함수의 그래프의 교점

유형편 94쪽

무리함수 $y=\sqrt{3x-2}+2$의 그래프와 그 역함수의 그래프가 만나는 점의 좌표를 구하시오.

공략 Point

무리함수 $y=f(x)$의 그래프와 역함수 $y=f^{-1}(x)$의 그래프의 교점은 $y=f(x)$의 그래프와 직선 $y=x$의 교점과 같다.

풀이

$f(x)=\sqrt{3x-2}+2$라 하면 함수 $y=f(x)$의 그래프와 그 역함수 $y=f^{-1}(x)$의 그래프는 직선 $y=x$에 대하여 대칭이므로 두 함수 $y=f(x)$, $y=f^{-1}(x)$의 그래프는 오른쪽 그림과 같다.

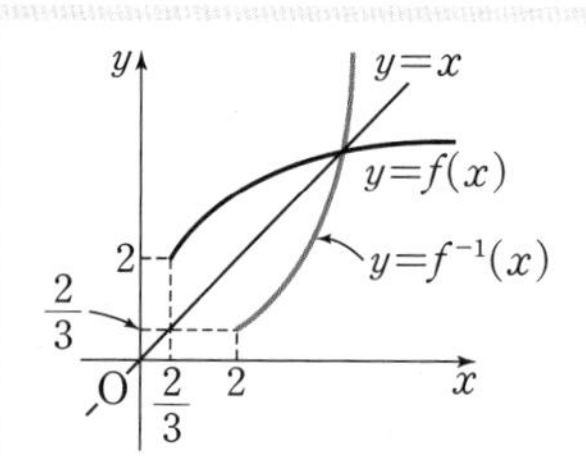

두 함수 $y=f(x)$, $y=f^{-1}(x)$의 그래프의 교점은 $y=f(x)$의 그래프와 직선 $y=x$의 교점과 같으므로

$\sqrt{3x-2}+2=x$, $\sqrt{3x-2}=x-2$

$3x-2=x^2-4x+4$, $x^2-7x+6=0$

$(x-1)(x-6)=0$

$\therefore x=1$ 또는 $x=6$

그런데 역함수의 정의역이 $\{x|x\geq 2\}$이므로 $x=6$

따라서 구하는 교점의 좌표는 $\mathbf{(6,\ 6)}$

● 문제

정답과 해설 98쪽

08-1 무리함수 $y=\sqrt{x+3}-1$의 그래프와 그 역함수의 그래프가 만나는 점의 좌표를 구하시오.

08-2 무리함수 $y=\sqrt{x-4}+4$의 그래프와 그 역함수의 그래프가 서로 다른 두 점에서 만날 때, 이 두 점 사이의 거리를 구하시오.

연습문제

정답과 해설 99쪽

1 무리식 $\frac{\sqrt{x+1}}{\sqrt{3-x}}$의 값이 실수가 되도록 하는 정수 x의 개수는?

① 1 ② 2 ③ 3
④ 4 ⑤ 5

2 $f(x)=\frac{1}{\sqrt{x}+\sqrt{x+1}}$일 때,
$f(1)+f(2)+f(3)+\cdots+f(99)$의 값은?

① 5 ② 6 ③ 7
④ 8 ⑤ 9

3 유리함수 $y=\frac{ax+4}{x+b}$의 그래프의 점근선의 방정식이 $x=1$, $y=-3$일 때, 무리함수 $y=\sqrt{bx+a}$의 정의역에 속하는 실수의 최댓값을 구하시오.
(단, a, b는 상수)

교육청

4 함수 $y=-\sqrt{x-a}+a+2$의 그래프가 점 $(a, -a)$를 지날 때, 이 함수의 치역은? (단, a는 상수이다.)

① $\{y|y\leq 1\}$ ② $\{y|y\geq 1\}$
③ $\{y|y\leq 0\}$ ④ $\{y|y\leq -1\}$
⑤ $\{y|y\geq -1\}$

5 무리함수 $y=\sqrt{-2x+a}+b$의 정의역이 $\{x|x\leq 1\}$, 치역이 $\{y|y\geq 3\}$일 때, 상수 a, b에 대하여 $a+b$의 값을 구하시오.

6 무리함수 $y=-\sqrt{5x+10}+a$의 그래프가 제2, 3, 4사분면을 지날 때, 정수 a의 최댓값을 구하시오.

7 보기에서 무리함수 $y=-\sqrt{4-2x}+1$의 그래프에 대하여 옳은 것만을 있는 대로 고른 것은?

보기
ㄱ. 무리함수 $y=-\sqrt{2x}$의 그래프를 평행이동한 것이다.
ㄴ. x축과 점 $\left(\frac{3}{2}, 0\right)$에서 만난다.
ㄷ. 제2사분면을 지난다.

① ㄱ ② ㄴ ③ ㄷ
④ ㄱ, ㄴ ⑤ ㄴ, ㄷ

8 무리함수 $y=\sqrt{ax}+1$의 그래프를 x축의 방향으로 -1만큼, y축의 방향으로 -3만큼 평행이동한 후 원점에 대하여 대칭이동한 함수의 그래프가 점 $(2, 1)$을 지난다. 이때 상수 a의 값을 구하시오.

연습문제

9 $2 \le x \le a$에서 무리함수 $y=\sqrt{3x-2}-5$의 최댓값이 2, 최솟값이 m일 때, $a+m$의 값은?

① 10 ② 11 ③ 12
④ 13 ⑤ 14

교육청

10 함수 $f(x)=\sqrt{-x+a}+b$의 그래프가 그림과 같을 때, 두 상수 a, b에 대하여 $a+b$의 값은?

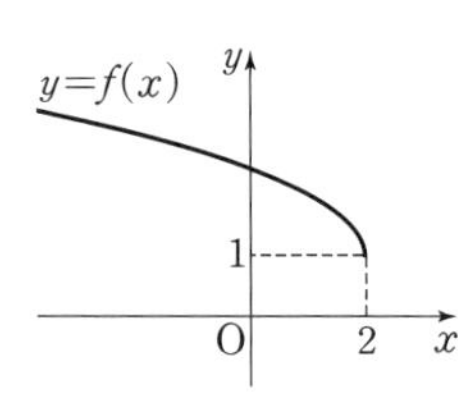

① 1 ② 2 ③ 3
④ 4 ⑤ 5

11 무리함수 $y=-\sqrt{a(x+b)}+c$의 그래프가 오른쪽 그림과 같을 때, 상수 a, b, c의 부호로 옳은 것은?

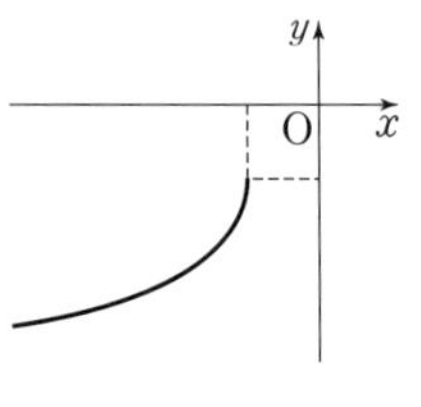

① $a>0$, $b>0$, $c>0$
② $a>0$, $b<0$, $c>0$
③ $a<0$, $b>0$, $c>0$
④ $a<0$, $b>0$, $c<0$
⑤ $a<0$, $b<0$, $c<0$

교육청

12 무리함수 $y=\sqrt{ax+b}$의 역함수의 그래프가 두 점 $(2, 0)$, $(5, 7)$을 지날 때, $a+b$의 값을 구하시오. (단, a, b는 상수이다.)

13 정의역이 $\{x \mid x>1\}$인 두 함수 $f(x)=\frac{x+3}{x-1}$, $g(x)=\sqrt{2x-1}$에 대하여 $(f \circ (g \circ f)^{-1} \circ f)(3)$의 값은?

① 5 ② 6 ③ 7
④ 8 ⑤ 9

14 무리함수 $f(x)=\sqrt{2x+4}$와 그 역함수 f^{-1}에 대하여 두 함수 $y=f(x)$, $y=f^{-1}(x)$의 그래프의 교점을 P, 함수 $y=f^{-1}(x)$의 그래프가 x축과 만나는 점을 Q라 할 때, 삼각형 OPQ의 넓이는? (단, O는 원점)

① 1 ② 2 ③ $1+\sqrt{5}$
④ 4 ⑤ $2+2\sqrt{5}$

15 무리함수 $y=\sqrt{x-a}+1$의 그래프와 그 역함수의 그래프의 두 교점 사이의 거리가 $\sqrt{2}$일 때, 상수 a의 값을 구하시오.

실력

16 오른쪽 그림과 같이 함수 $y=\sqrt{5x}$의 그래프 위의 점 A, 함수 $y=5\sqrt{x}$의 그래프 위의 점 B, x축 위의 두 점 C, D에 대하여 사각형 ABCD가 정사각형일 때, 점 C의 x좌표를 구하시오.

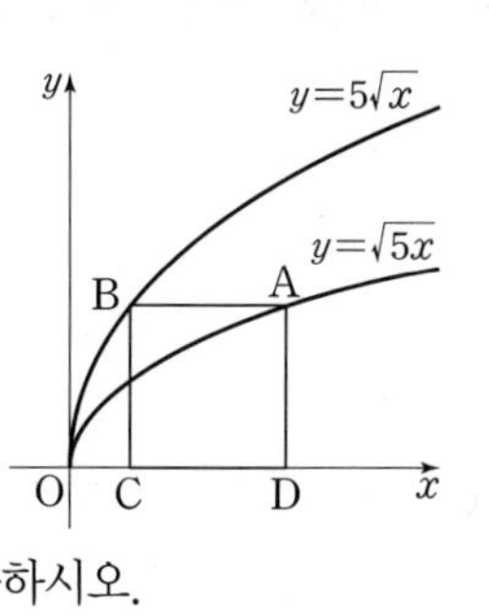

17 무리함수 $y=\sqrt{ax+b}+c$의 그래프가 오른쪽 그림과 같을 때, 무리함수 $y=-\sqrt{cx-b}-a$의 그래프의 개형은?

(단, a, b, c는 상수)

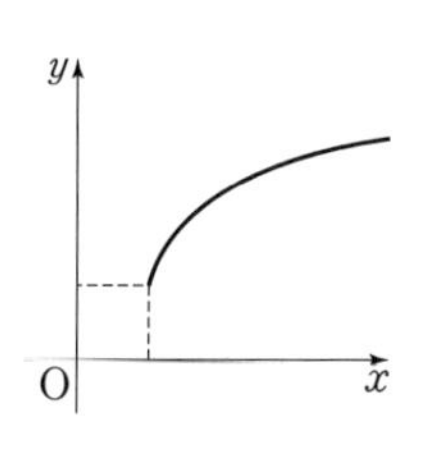

①
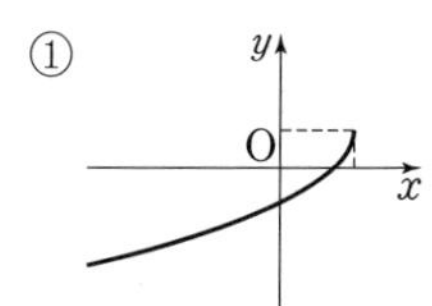

②
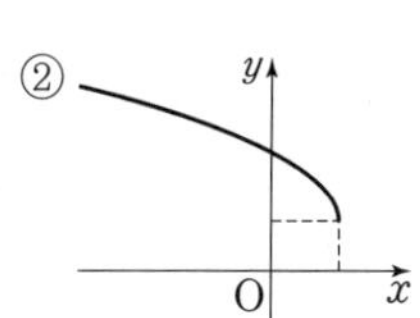

③
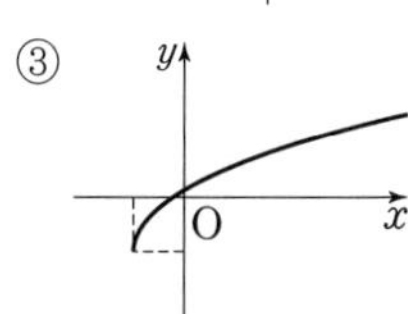

④
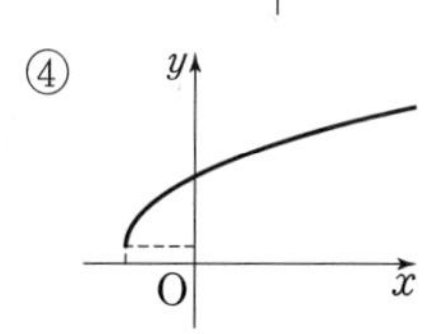

⑤
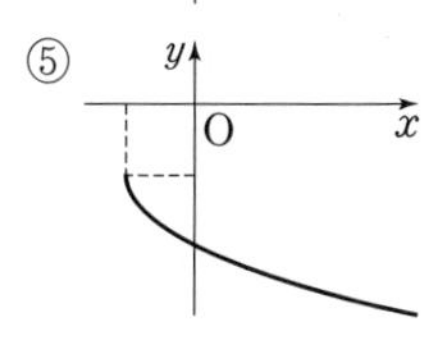

18 함수 $y=\sqrt{|x-2|}$의 그래프와 직선 $y=x+k$가 서로 다른 세 점에서 만나도록 하는 상수 k의 값의 범위를 구하시오.

19 오른쪽 그림과 같이 무리함수 $y=\sqrt{x}$의 그래프 위의 점 P가 원점 O와 점 A(1, 1) 사이를 움직일 때, 삼각형 OAP의 넓이의 최댓값을 구하시오.

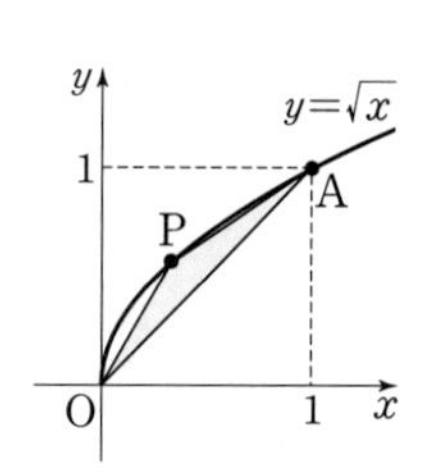

교육청

20 두 함수 $f(x)=\frac{1}{5}x^2+\frac{1}{5}k\ (x\geq 0)$, $g(x)=\sqrt{5x-k}$에 대하여 $y=f(x)$, $y=g(x)$의 그래프가 서로 다른 두 점에서 만나도록 하는 모든 정수 k의 개수는?

① 5 ② 7 ③ 9
④ 11 ⑤ 13

MEMO

✣ 개념·플러스·유형·시리즈 개념과 유형이 하나로! 가장 효과적인 수학 공부 방법을 제시합니다.

http://book.visang.com/

발간 이후에 발견되는 오류 비상교재 누리집 〉 학습자료실 〉 고등교재 〉 정오표
본 교재의 정답 비상교재 누리집 〉 학습자료실 〉 고등교재 〉 정답 • 해설

품질혁신코드 VS01QI24_2

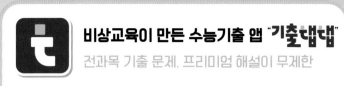

유형편

공통수학2

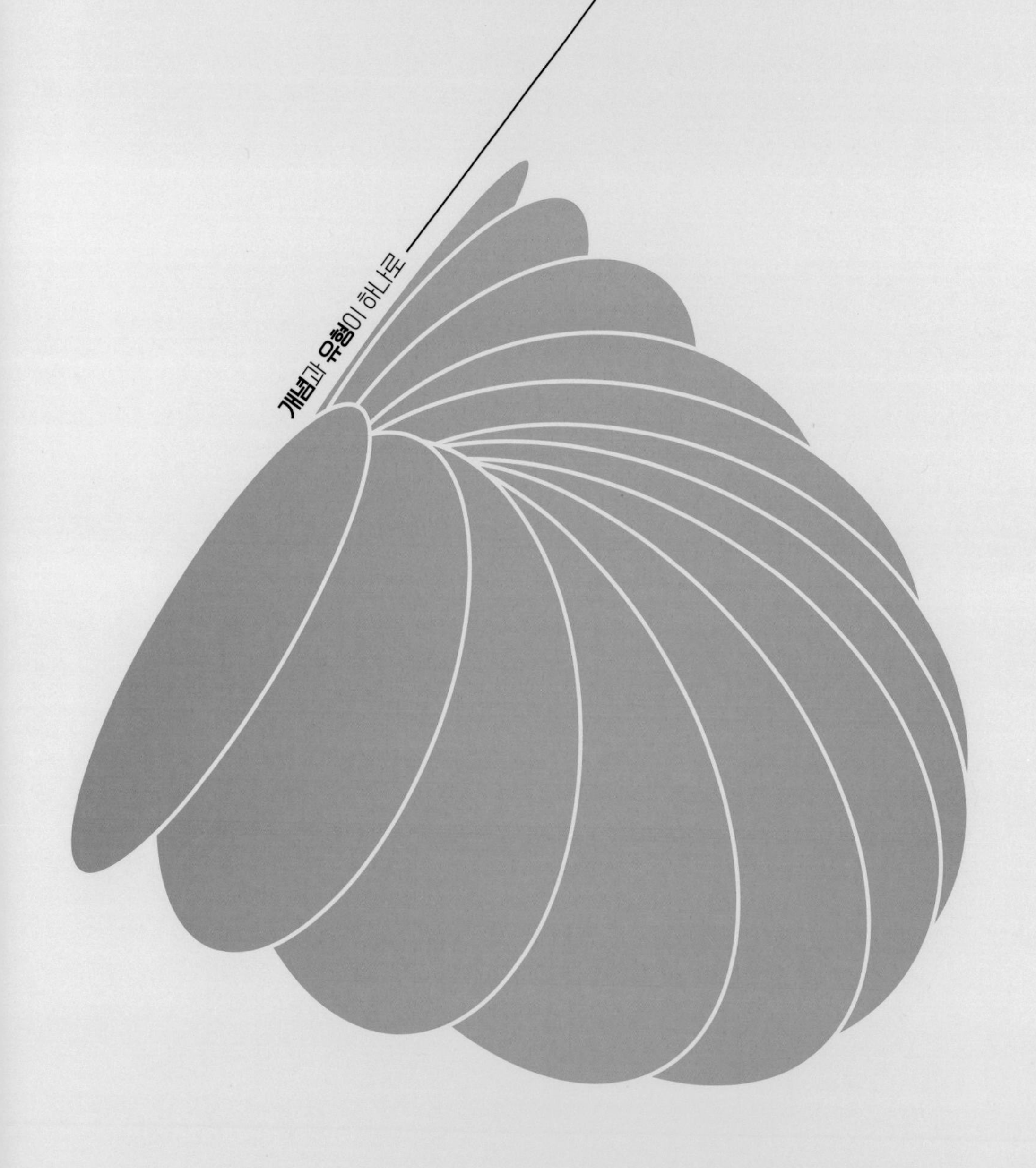

visang

ABOVE IMAGINATION

우리는 남다른 상상과 혁신으로
교육 문화의 새로운 전형을 만들어
모든 이의 행복한 경험과 성장에 기여한다

개념+유형

유형편 공통수학 2

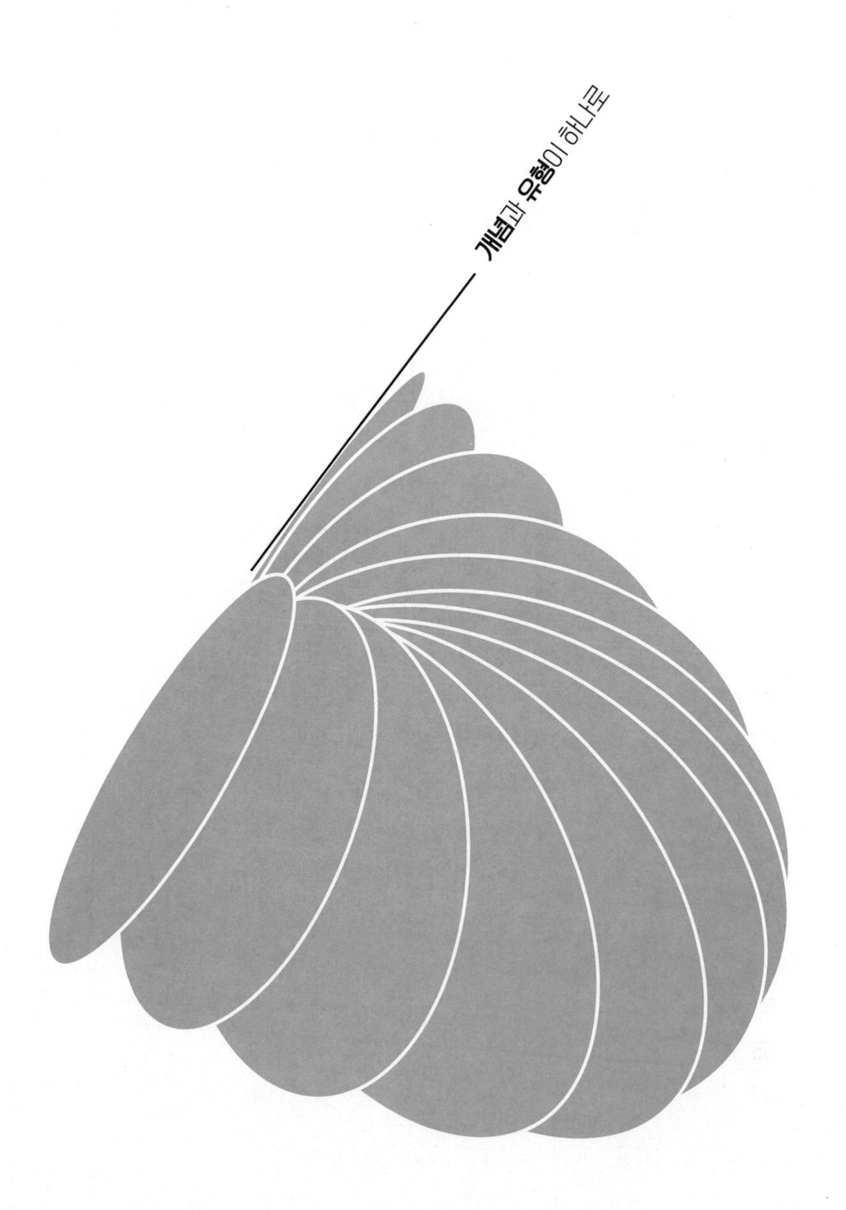

CONTENTS 차례

개념과 유형이 하나로

개념+유형

I. 도형의 방정식

II. 집합과 명제

III. 함수와 그래프

Ⅰ. 도형의 방정식

1 평면좌표

01 두 점 사이의 거리

02 선분의 내분점

01 두 점 사이의 거리

유형 01 두 점 사이의 거리

좌표평면 위의 두 점 $A(x_1, y_1)$, $B(x_2, y_2)$ 사이의 거리는

$\overline{AB}=\sqrt{(x_2-x_1)^2+(y_2-y_1)^2}$

교육청

1 좌표평면 위의 원점 O와 두 점 $A(5, -5)$, $B(1, a)$에 대하여 $\overline{OA}=\overline{OB}$를 만족시킬 때, 양수 a의 값은?

① 6 ② 7 ③ 8 ④ 9 ⑤ 10

2 두 점 $A(a, 1)$, $B(-2, a+2)$ 사이의 거리가 5일 때, 모든 a의 값의 곱을 구하시오.

3 세 점 $A(-1, 2)$, $B(a-1, 2-a)$, $C(5, 4)$에 대하여 $2\overline{AB}=\overline{BC}$일 때, 정수 a의 값은?

① 2 ② 3 ③ 4 ④ 5 ⑤ 6

4 두 점 $A(a, 6)$, $B(-1, a)$ 사이의 거리가 5 이하가 되도록 하는 정수 a의 개수를 구하시오.

유형 02 같은 거리에 있는 점

두 점 A, B에서 같은 거리에 있는 점 P의 좌표는 점 P의 위치에 따라 좌표를 다음과 같이 나타낸 후 $\overline{AP}=\overline{BP}$, 즉 $\overline{AP}^2=\overline{BP}^2$임을 이용하여 구한다.

(1) x축 위의 점 ➡ $(a, 0)$

(2) y축 위의 점 ➡ $(0, a)$

(3) 직선 $y=mx+n$ 위의 점 ➡ $(a, am+n)$

참고 삼각형 ABC의 외심 P에 대하여 $\overline{AP}=\overline{BP}=\overline{CP}$이다.

5 두 점 $A(-2, 4)$, $B(5, 3)$에서 같은 거리에 있는 y축 위의 점 P의 y좌표를 구하시오.

6 두 점 $A(-1, 1)$, $B(3, -1)$에서 같은 거리에 있는 직선 $y=-x+4$ 위의 점을 $P(a, b)$라 할 때, a^2+b^2의 값을 구하시오.

7 세 점 $A(6, 1)$, $B(-1, 2)$, $C(2, 3)$을 꼭짓점으로 하는 삼각형 ABC의 외심의 좌표를 구하시오.

8 세 아파트 A, B, C에서 같은 거리에 있는 지점에 정류장을 만들려고 한다. 다음 그림과 같이 아파트 A는 아파트 B에서 서쪽으로 4 km만큼 떨어진 위치에 있고, 아파트 C는 아파트 B에서 동쪽으로 1 km, 북쪽으로 1 km만큼 떨어진 위치에 있을 때, 정류장과 아파트 B 사이의 거리는 몇 km인지 구하시오.

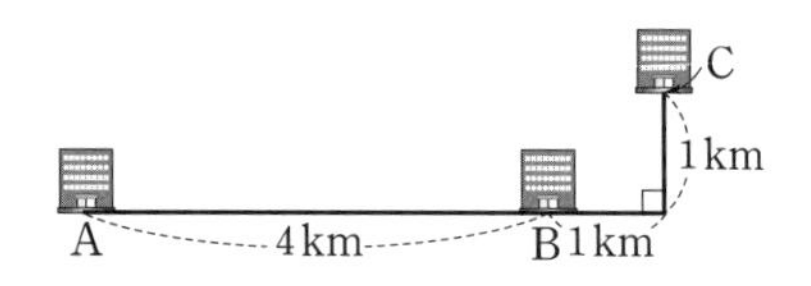

유형 03 거리의 제곱의 합의 최솟값

두 점 A, B와 임의의 점 P에 대하여 $\overline{AP}^2+\overline{BP}^2$의 최솟값은 다음과 같은 순서로 구한다.
(1) 점 P의 좌표를 미지수 a를 이용하여 나타낸다.
(2) $\overline{AP}^2+\overline{BP}^2$을 a에 대한 이차식으로 나타낸다.
(3) 이차함수의 최솟값을 구한다.

9 ●○○ 두 점 A(1, 0), B(3, 0)과 직선 $y=x+1$ 위의 점 P에 대하여 $\overline{AP}^2+\overline{BP}^2$의 값이 최소가 되도록 하는 점 P의 좌표는?

① $(-1, 0)$ ② $\left(-\frac{1}{2}, \frac{1}{2}\right)$ ③ $(0, 1)$
④ $\left(\frac{1}{2}, \frac{3}{2}\right)$ ⑤ $(1, 2)$

10 ●○○ 두 점 A(1, 4), B(3, 3)과 x축 위의 점 P에 대하여 $\overline{AP}^2+\overline{BP}^2$의 값이 최소가 되도록 하는 점 P가 직선 $y=2x+k$ 위의 점일 때, 상수 k의 값을 구하시오.

11 ●●○ 세 점 A(4, 2), B(0, 3), C(0, −1)을 꼭짓점으로 하는 삼각형 ABC가 있다. 변 BC 위를 움직이는 점 P에 대하여 $\overline{AP}^2+\overline{BP}^2$의 최솟값을 구하시오.

유형 04 세 변의 길이에 따른 삼각형의 모양 판단

삼각형의 세 변의 길이 a, b, c를 구한 후 다음을 이용한다.
(1) $a=b=c$ ➡ 정삼각형
(2) $a=b$ 또는 $b=c$ 또는 $c=a$ ➡ 이등변삼각형
(3) $a^2=b^2+c^2$ 또는 $b^2=a^2+c^2$ 또는 $c^2=a^2+b^2$
➡ 직각삼각형

12 ●○○ 세 점 A(3, −5), B(−1, −1), C(1, 1)을 꼭짓점으로 하는 삼각형 ABC는 어떤 삼각형인가?

① ∠A=90°인 직각삼각형
② ∠B=90°인 직각삼각형
③ $\overline{AB}=\overline{AC}$인 이등변삼각형
④ $\overline{AC}=\overline{BC}$인 이등변삼각형
⑤ 정삼각형

13 ●●○ 직선 $y=2x$ 위의 한 점 A와 두 점 B(0, 3), C(4, 5)를 꼭짓점으로 하는 삼각형 ABC가 ∠A=90°인 직각삼각형이 되도록 하는 점 A는 2개이다. 이때 이 두 점의 x좌표의 합을 구하시오.

14 ●●○ 세 점 A(1, 2), B(2, −1), C(a, 1)을 꼭짓점으로 하는 삼각형 ABC가 ∠B=∠C인 이등변삼각형일 때, 양수 a의 값은?

① 3 ② 4 ③ 5
④ 6 ⑤ 7

정답과 해설 103쪽

UP 유형 05 두 점 사이의 거리의 활용

(1) 실수 a, b, x, y에 대하여 $\sqrt{(x-a)^2+(y-b)^2}$

➡ 두 점 (a, b), (x, y) 사이의 거리

(2) 두 점 A, B와 임의의 점 P에 대하여 $\overline{AP}+\overline{BP}$의 값이 최소인 경우는 점 P가 선분 AB 위에 있을 때이다.

➡ $\overline{AP}+\overline{BP} \geq \overline{AB}$

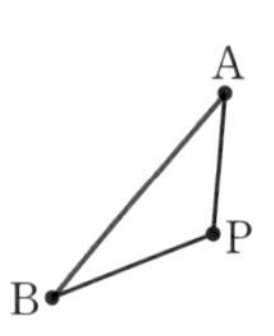

15 두 점 A$(-3, 8)$, B$(5, 2)$와 임의의 점 P에 대하여 $\overline{AP}+\overline{BP}$의 최솟값은?

① 4 ② 6 ③ 8
④ 10 ⑤ 12

16 실수 x, y에 대하여

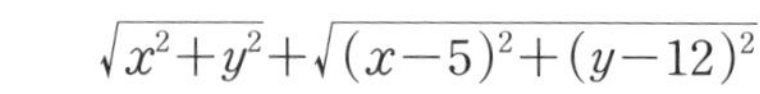

$$\sqrt{x^2+y^2}+\sqrt{(x-5)^2+(y-12)^2}$$

의 최솟값은?

① 10 ② 11 ③ 12
④ 13 ⑤ 14

17 실수 x, y에 대하여

$$\sqrt{x^2+y^2+6x-10y+34}+\sqrt{x^2+y^2-12x+2y+37}$$

의 최솟값은?

① $\sqrt{10}$ ② 4 ③ $5\sqrt{2}$
④ 8 ⑤ $3\sqrt{13}$

유형 06 좌표를 이용한 도형의 성질

도형의 한 꼭짓점이 원점에 오거나 한 변이 좌표축 위에 오도록 도형을 좌표평면 위에 올린 후 두 점 사이의 거리를 이용하여 주어진 등식이 성립함을 보인다.

18 다음은 삼각형 ABC에서 변 BC의 삼등분점을 M, N이라 할 때,

$$\overline{AB}^2+\overline{AC}^2=\overline{AM}^2+\overline{AN}^2+4\overline{MN}^2$$

임을 증명하는 과정이다. (가), (나), (다)에 들어갈 알맞은 것을 구하시오.

다음 그림과 같이 직선 BC를 x축, 점 B를 지나고 직선 BC에 수직인 직선을 y축으로 하는 좌표평면을 잡으면 점 B는 원점이 된다.

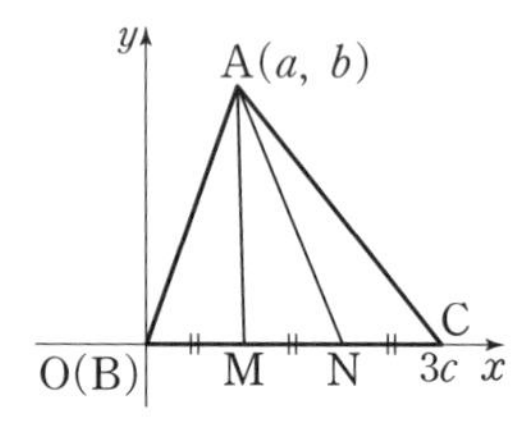

이때 삼각형 ABC의 세 꼭짓점을 A(a, b), B$(0, 0)$, C$(3c, 0)$이라 하면 M((가) , 0), N$(2c, 0)$이므로

$\overline{AB}^2+\overline{AC}^2=$ (나)

$\overline{AM}^2+\overline{AN}^2+4\overline{MN}^2=$ (다)

$\therefore \overline{AB}^2+\overline{AC}^2=\overline{AM}^2+\overline{AN}^2+4\overline{MN}^2$

19 직사각형 ABCD와 임의의 점 P에 대하여

$$\overline{PA}^2+\overline{PC}^2=\overline{PB}^2+\overline{PD}^2$$

이 성립함을 좌표평면을 이용하여 증명하시오.

02 선분의 내분점

정답과 해설 104쪽

유형 01 선분의 내분점

좌표평면 위의 두 점 $A(x_1, y_1)$, $B(x_2, y_2)$에 대하여 선분 AB를 $m : n(m>0, n>0)$으로 내분하는 점의 좌표는

$$\left(\frac{mx_2+nx_1}{m+n}, \frac{my_2+ny_1}{m+n}\right)$$

특히 선분 AB의 중점의 좌표는

$$\left(\frac{x_1+x_2}{2}, \frac{y_1+y_2}{2}\right)$$

1 ●○○ 두 점 $A(-2, 1)$, $B(5, 8)$에 대하여 선분 AB의 중점을 P, 선분 AB를 $4 : 3$으로 내분하는 점을 Q라 하자. 선분 PQ를 $1 : 2$로 내분하는 점의 좌표를 (a, b)라 할 때, $b-a$의 값을 구하시오.

2 ●●○ 세 점 $A(2, a+1)$, $B(b+1, -1)$, $C(a+2, b)$에 대하여 선분 AB를 $2 : 1$로 내분하는 점이 원점일 때, 선분 BC를 $3 : 2$로 내분하는 점의 좌표를 구하시오.

교육청

3 ●●○ 좌표평면 위의 두 점 A, B에 대하여 선분 AB의 중점의 좌표가 $(1, 2)$이고, 선분 AB를 $3 : 1$로 내분하는 점의 좌표가 $(4, 3)$일 때, $\overline{AB}^2$의 값을 구하시오.

유형 02 조건이 주어진 경우의 선분의 내분점

선분의 내분점 (a, b)에 대한 조건이 주어지면 다음을 이용한다.

(1) 특정 사분면 위의 점이면 ➡ a, b의 부호 이용

참고 제1사분면: $(+, +)$, 제2사분면: $(-, +)$
제3사분면: $(-, -)$, 제4사분면: $(+, -)$

(2) x축 위의 점이면 ➡ $b=0$

y축 위의 점이면 ➡ $a=0$

직선 $y=mx+n$ 위의 점이면 ➡ $b=ma+n$

교육청

4 ●○○ 두 점 $A(a, 4)$, $B(-9, 0)$에 대하여 선분 AB를 $4 : 3$으로 내분하는 점이 y축 위에 있을 때, a의 값은?

① 6 ② 8 ③ 10
④ 12 ⑤ 14

5 ●●○ 두 점 $A(-4, 5)$, $B(5, -1)$에 대하여 선분 AB를 $t : (1-t)$로 내분하는 점이 제1사분면 위에 있을 때, 실수 t의 값의 범위는 $\alpha<t<\beta$이다. 이때 $3\alpha+2\beta$의 값은?

① 2 ② 3 ③ 4
④ 5 ⑤ 6

6 ●●○ 두 점 $A(2, 3)$, $B(3, -2)$에 대하여 선분 AB가 x축에 의하여 $m : n$으로 내분될 때, $m+n$의 값을 구하시오. (단, m, n은 서로소인 자연수)

유형 03 등식을 만족시키는 선분의 연장선 위의 점

선분 AB의 연장선 위의 점 C가 서로소인 자연수 m, n에 대하여 $m\overline{AB}=n\overline{BC}$를 만족시키면 $\overline{AB} : \overline{BC}=n : m$이므로

(1) $m<n$일 때,
점 B는 선분 AC를 $n : m$으로 내분하는 점이다.

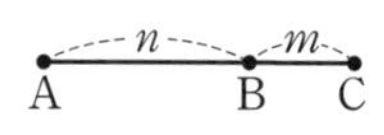

(2) $m>n$일 때
① 점 B는 선분 AC를 $n : m$으로 내분하는 점이다.

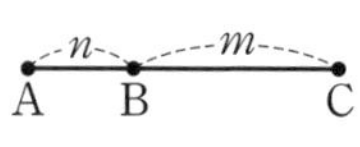

② 점 A는 선분 CB를 $(m-n) : n$으로 내분하는 점이다.

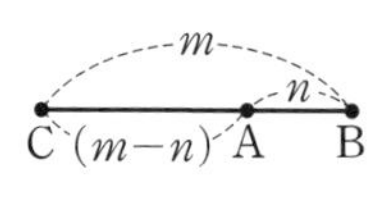

7 두 점 A(2, 1), B(0, 4)를 이은 선분 AB의 연장선 위의 점 C에 대하여 $2\overline{AB}=3\overline{BC}$일 때, 점 C의 좌표를 구하시오.

8 두 점 A(−3, 2), B(a, b)를 이은 선분 AB의 연장선 위의 점 C(5, −2)에 대하여 $\overline{AB}=3\overline{AC}$일 때, $a+b$의 값을 구하시오.

9 두 점 A(0, 3), B(2, −1)을 이은 선분 AB의 연장선 위에 $2\overline{AB}=\overline{BC}$를 만족시키는 점 C가 두 개 있을 때, 이 두 점 사이의 거리를 구하시오.

유형 04 선분의 내분점의 활용

주어진 조건을 그림으로 나타내어 선분의 길이의 비와 점의 위치를 파악한다. 이때 점의 위치에 따라 내분점을 정한다.

10 두 점 A(−2, −3), B(4, 0)을 이은 선분 AB의 연장선 위의 점 P(a, b)에 대하여 삼각형 OAP의 넓이가 삼각형 OBP의 넓이의 3배일 때, $a+b$의 값은? (단, O는 원점)

① 8　② $\frac{17}{2}$　③ 9　④ $\frac{19}{2}$　⑤ 10

11 두 점 A(−5, 0), B(1, 3)을 지나는 직선 AB 위의 점 P에 대하여 삼각형 OAP의 넓이가 삼각형 OBP의 넓이의 2배가 되도록 하는 두 점을 P_1, P_2라 할 때, 두 점 P_1, P_2 사이의 거리를 구하시오. (단, O는 원점)

12 오른쪽 그림과 같이 세 점 A(2, 5), B(−3, −7), C(6, 2)를 꼭짓점으로 하는 삼각형 ABC에서 $\overline{AC}=\overline{AD}$가 되도록 선분 AB 위에 점 D를 잡고, 점 A를 지나면서 선분 DC와 평행한 직선이 선분 BC의 연장선과 만나는 점을 P라 하자. 점 P의 좌표가 (a, b)일 때, $a-b$의 값을 구하시오.

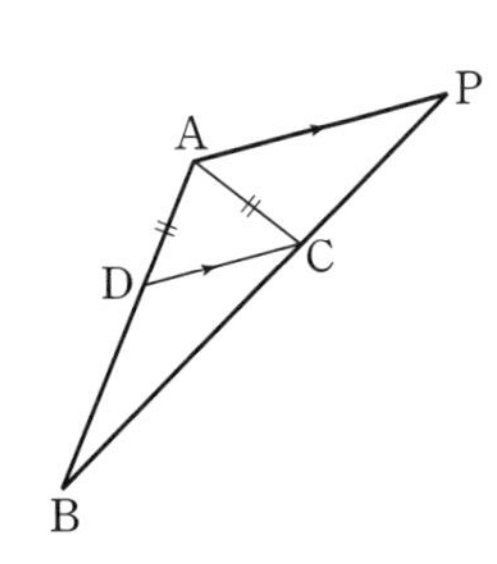

유형 05 사각형에서 중점의 활용

(1) 평행사변형
두 대각선은 서로 다른 것을 이등분한다.
➡ 두 대각선의 중점이 일치한다.

(2) 마름모
① 네 변의 길이가 모두 같다.
② 두 대각선은 서로 다른 것을 수직이등분한다.
➡ 두 대각선의 중점이 일치한다.

13 평행사변형 ABCD에서 세 꼭짓점이 A(3, −2), B(4, 5), C(−1, 3)일 때, 점 D의 좌표는?

① (−2, −4) ② (−2, 4) ③ (2, −4)
④ (2, 4) ⑤ (4, 2)

14 평행사변형 ABCD의 두 꼭짓점 A, B의 좌표가 각각 (−2, 3), (3, −1)이고, 두 대각선 AC, BD의 교점의 좌표가 $\left(4, \frac{3}{2}\right)$일 때, 두 꼭짓점 C, D의 좌표를 구하시오.

교육청

15 세 양수 a, b, c에 대하여 좌표평면 위에 서로 다른 네 점 O(0, 0), A(a, 7), B(b, c), C(5, 5)가 있다. 사각형 OABC가 선분 OB를 대각선으로 하는 마름모일 때, $a+b+c$의 값을 구하시오. (단, 네 점 O, A, B, C 중 어느 세 점도 한 직선 위에 있지 않다.)

유형 06 삼각형의 내각의 이등분선

삼각형 ABC에서 ∠A의 이등분선이 변 BC와 만나는 점을 D라 하면
➡ $\overline{AB} : \overline{AC} = \overline{BD} : \overline{CD}$
➡ 점 D는 변 BC를 $\overline{AB} : \overline{AC}$로 내분하는 점이다.

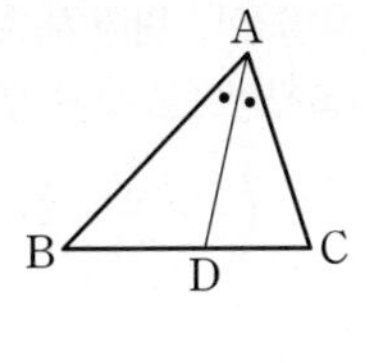

참고 삼각형의 내심은 세 내각의 이등분선의 교점이다.

16 오른쪽 그림과 같이 세 점 A(0, 2), B(8, −4), C(3, 6)을 꼭짓점으로 하는 삼각형 ABC에서 ∠A의 이등분선이 변 BC와 만나는 점을 D라 할 때, 선분 AD의 길이를 구하시오.

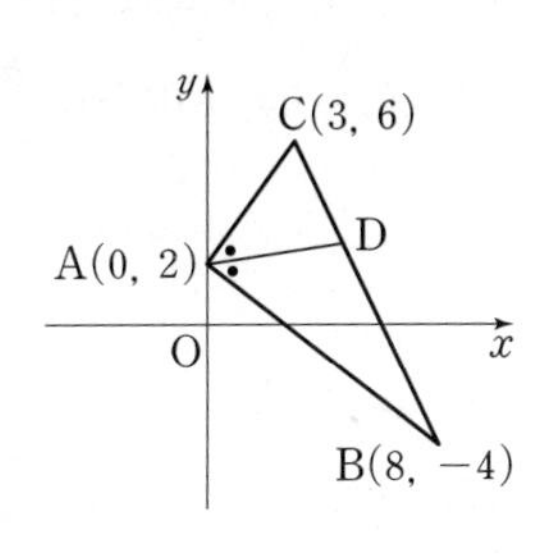

17 다음 그림과 같이 세 점 A(2, −3), B(−2, −1), C(5, 3)을 꼭짓점으로 하는 삼각형 ABC의 내심을 I라 할 때, 직선 AI와 변 BC가 만나는 점의 좌표는 (a, b)이다. 이때 $a+b$의 값은?

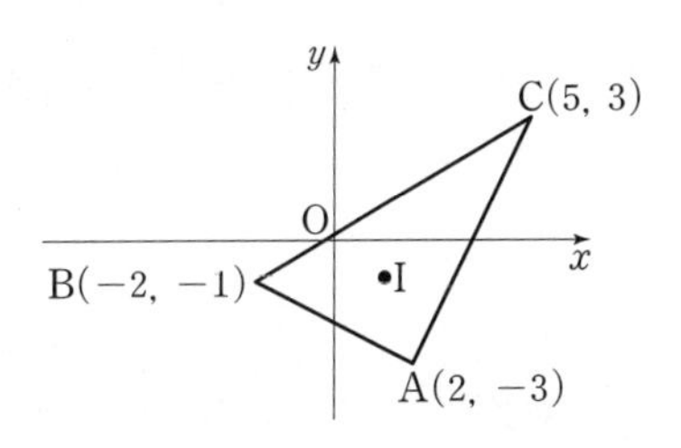

① 1 ② $\frac{6}{5}$ ③ $\frac{7}{5}$
④ $\frac{8}{5}$ ⑤ $\frac{9}{5}$

정답과 해설 106쪽

유형 07 삼각형의 무게중심

좌표평면 위의 세 점 $A(x_1, y_1)$, $B(x_2, y_2)$, $C(x_3, y_3)$을 꼭짓점으로 하는 삼각형 ABC의 무게중심의 좌표는

$$\left(\frac{x_1+x_2+x_3}{3}, \frac{y_1+y_2+y_3}{3}\right)$$

18 세 점 $A(4, -5)$, $B(a, b-2)$, $C(b+5, -a+1)$을 꼭짓점으로 하는 삼각형 ABC의 무게중심의 좌표가 $(4, 1)$일 때, $\frac{b}{a}$의 값을 구하시오.

교육청

19 좌표평면 위의 세 점 A, B, C를 꼭짓점으로 하는 삼각형 ABC의 무게중심이 원점이고 선분 BC의 중점의 좌표가 $(1, 2)$이다. 점 A의 좌표를 (a, b)라 할 때, $a\times b$의 값은?

① 6 ② 8 ③ 10
④ 12 ⑤ 14

20 삼각형 ABC의 세 변 AB, BC, CA를 각각 1 : 2로 내분하는 점의 좌표가 차례대로 $(2, 0)$, $(3, 5)$, $(-1, 1)$일 때, 삼각형 ABC의 무게중심의 좌표를 (a, b)라 하자. 이때 $3a-b$의 값을 구하시오.

21 삼각형 ABC가 다음 조건을 만족시킬 때, 점 C의 좌표를 구하시오.

(가) 꼭짓점 A의 좌표는 $(7, 5)$이다.
(나) 변 AB의 중점의 좌표는 $(2, 0)$이다.
(다) 삼각형 ABC의 무게중심의 좌표는 $(4, -2)$이다.

UP 유형 08 점이 나타내는 도형의 방정식

(1) 점 P가 어떤 등식을 만족시킨다.
➡ $P(x, y)$라 하고 x, y 사이의 관계식을 구한다.
(2) 점 P가 직선 $y=mx+n$ 위를 움직인다.
➡ $P(a, b)$라 하고 $b=ma+n$임을 이용하여 점이 나타내는 도형의 방정식을 구한다.

22 두 점 $A(1, 0)$, $B(2, 3)$에 대하여 $\overline{AP}^2-\overline{BP}^2=2$를 만족시키는 점 P가 나타내는 도형의 방정식은?

① $x-3y-7=0$ ② $x-3y=0$
③ $x+3y-7=0$ ④ $x+3y=0$
⑤ $x+3y+7=0$

23 두 점 $A(-1, 2)$, $B(3, 5)$로부터 같은 거리에 있는 점 P가 나타내는 도형의 방정식을 구하시오.

24 점 P가 직선 $y=-3x-2$ 위를 움직일 때, 점 $A(0, 4)$에 대하여 선분 AP의 중점이 나타내는 도형의 방정식이 $mx+y+n=0$이다. 이때 상수 m, n에 대하여 $m+n$의 값은?

① 1 ② 2 ③ 3
④ 4 ⑤ 5

I. 도형의 방정식

2 직선의 방정식

01 두 직선의 위치 관계

02 점과 직선 사이의 거리

01 두 직선의 위치 관계

유형 01 직선의 방정식

(1) 점 (x_1, y_1)을 지나고 기울기가 m인 직선의 방정식은
$$y-y_1=m(x-x_1)$$
(2) 두 점 (x_1, y_1), (x_2, y_2)를 지나는 직선의 방정식은
$$y-y_1=\frac{y_2-y_1}{x_2-x_1}(x-x_1)\ (\text{단, } x_1\neq x_2)$$

1 두 점 $A(-4, 6)$, $B(2, -3)$에 대하여 선분 AB를 $1:2$로 내분하는 점을 지나고 x축의 양의 방향과 이루는 각의 크기가 $45°$인 직선의 x절편은?

① -5　② -4　③ -3　④ -2　⑤ -1

2 세 점 $A(-1, 1)$, $B(5, 2)$, $C(2, 6)$을 꼭짓점으로 하는 삼각형 ABC의 무게중심을 G, 두 점 $D(-1, 2)$, $E(3, -2)$를 이은 선분 DE의 중점을 M이라 할 때, 직선 GM의 방정식을 구하시오.

3 오른쪽 그림과 같은 삼각형 ABC에 대하여 변 BC 위에 삼각형 ABP와 삼각형 ACP의 넓이의 비가 $2:1$이 되도록 점 P를 잡을 때, 두 점 A, P를 지나는 직선의 방정식을 구하시오.

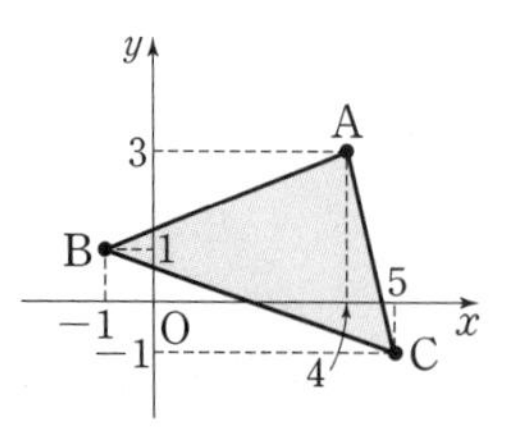

유형 02 도형의 넓이를 이등분하는 직선의 방정식

(1) 삼각형 ABC의 넓이를 이등분하면서 꼭짓점 A를 지나는 직선
➡ 선분 BC의 중점을 지난다.
(2) 직사각형의 넓이를 이등분하는 직선
➡ 직사각형의 두 대각선의 교점을 지난다.

4 세 점 $A(4, 7)$, $B(-1, -2)$, $C(5, 2)$를 꼭짓점으로 하는 삼각형 ABC의 넓이를 점 A를 지나는 직선이 이등분할 때, 이 직선의 방정식을 구하시오.

5 오른쪽 그림과 같은 직사각형의 넓이를 이등분하고 원점을 지나는 직선의 방정식을 구하시오.

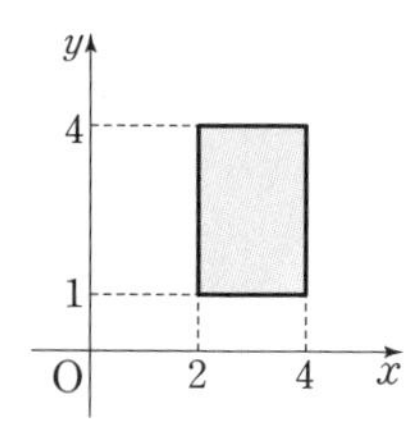

교육청

6 좌표평면에서 원점 O를 지나고 꼭짓점이 $A(2, -4)$인 이차함수 $y=f(x)$의 그래프가 x축과 만나는 점 중에서 원점이 아닌 점을 B라 하자. 직선 $y=mx$가 삼각형 OAB의 넓이를 이등분하도록 하는 실수 m의 값은?

① $-\frac{1}{6}$　② $-\frac{1}{3}$　③ $-\frac{1}{2}$　④ $-\frac{2}{3}$　⑤ $-\frac{5}{6}$

정답과 해설 107쪽

유형 03 정점을 지나는 직선의 방정식

(1) 직선 $ax+by+c+k(a'x+b'y+c')=0$이 실수 k의 값에 관계없이 항상 지나는 점의 좌표
➡ 연립방정식 $\begin{cases} ax+by+c=0 \\ a'x+b'y+c'=0 \end{cases}$의 해

(2) 두 직선 $ax+by+c=0$, $a'x+b'y+c'=0$의 교점을 지나는 직선의 방정식
➡ $ax+by+c+k(a'x+b'y+c')=0$ (단, k는 실수)

7 직선 $(k-1)x+(2k-3)y+4k-3=0$이 실수 k의 값에 관계없이 항상 점 (a, b)를 지날 때, $a+b$의 값은?

① -7 ② -6 ③ -5
④ -4 ⑤ -3

8 다음 중 점 $(1, -2)$와 두 직선 $x-2y+1=0$, $2x-3y-1=0$의 교점을 지나는 직선 위의 점의 좌표는?

① $\left(-2, \frac{3}{2}\right)$ ② $(-1, 2)$ ③ $(0, 3)$
④ $(2, -1)$ ⑤ $\left(3, \frac{1}{2}\right)$

9 직선 $(3+k)x+(k-1)y-5+k=0$이 실수 k의 값에 관계없이 항상 점 P를 지날 때, 점 P를 지나고 x절편이 3인 직선의 기울기를 구하시오.

유형 04 정점을 지나는 직선의 활용 (UP)

직선 $m(x-a)+(y-b)=0$은 m의 값에 관계없이 항상 점 (a, b)를 지난다.

10 두 직선 $2x+y-2=0$, $mx-y-3m+5=0$이 제1사분면에서 만나도록 하는 실수 m의 값의 범위가 $\alpha<m<\beta$일 때, $\beta-\alpha$의 값은?

① $\frac{1}{2}$ ② 1 ③ $\frac{3}{2}$
④ 2 ⑤ $\frac{5}{2}$

11 직선 $y=m(x+1)+2$가 두 점 $A(0, 3)$, $B(1, -2)$를 이은 선분 AB와 한 점에서 만나도록 하는 정수 m의 개수는?

① 1 ② 2 ③ 3
④ 4 ⑤ 5

12 직선 $kx-y+2k+1=0$이 오른쪽 그림과 같은 직사각형과 만나도록 하는 실수 k의 값의 범위를 구하시오.

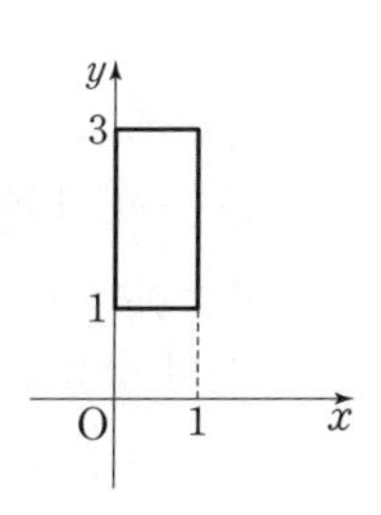

유형 05 한 직선에 평행 또는 수직인 직선의 방정식

(1) 두 직선이 서로 평행하다.
➡ 두 직선의 기울기는 같고 y절편은 다르다.
(2) 두 직선이 서로 수직이다.
➡ 두 직선의 기울기의 곱이 -1이다.

13 두 점 $(-1, 2)$, $(3, -6)$을 지나는 직선에 평행하고 점 $(-2, -4)$를 지나는 직선이 점 $(2, a)$를 지날 때, a의 값은?

●○○

① -12 ② -11 ③ -10
④ -9 ⑤ -8

교육청

14 두 직선 $3x+2y-5=0$, $3x+y-1=0$의 교점을 지나고 직선 $2x-y+4=0$에 평행한 직선의 y절편은?

●○○

① 2 ② 3 ③ 4
④ 5 ⑤ 6

15 오른쪽 그림과 같이 점 A$(-1, 1)$에서 직선 $x-2y-1=0$에 내린 수선의 발을 H라 할 때, 점 H의 좌표를 구하시오.

●●○

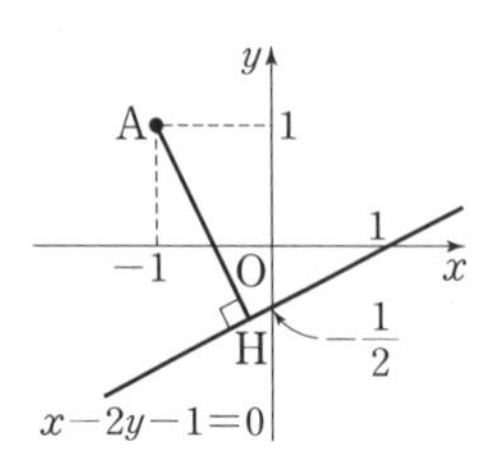

유형 06 두 직선이 평행 또는 수직일 조건

두 직선 $ax+by+c=0$, $a'x+b'y+c'=0$이
(1) 서로 평행하다. ➡ $\frac{a}{a'}=\frac{b}{b'}\neq\frac{c}{c'}$
(2) 서로 수직이다. ➡ $aa'+bb'=0$

16 두 직선

●○○

l: $x+ky-k+5=0$,
m: $(2k-1)x+y+4=0$

에 대하여 보기에서 옳은 것만을 있는 대로 고른 것은?

보기
ㄱ. 직선 l은 k의 값에 관계없이 항상 점 $(-5, 1)$을 지난다.
ㄴ. 두 직선 l, m이 서로 평행하도록 하는 k의 값은 1이다.
ㄷ. $k=\frac{1}{3}$일 때, 두 직선 l, m은 서로 수직이다.

① ㄱ ② ㄴ ③ ㄱ, ㄷ
④ ㄴ, ㄷ ⑤ ㄱ, ㄴ, ㄷ

17 두 직선 $(k-2)x-y+2=0$, $kx+3y-1=0$이 서로 평행하도록 하는 상수 k의 값을 α, 서로 수직이 되도록 하는 상수 k의 값을 β라 할 때, $\alpha\beta$의 값을 구하시오. (단, $\beta>0$)

●○○

18 두 직선 $2x+ay-4=0$, $bx+cy+7=0$은 서로 수직이고, 두 직선의 교점의 좌표는 $(-1, 2)$이다. 이때 상수 a, b, c에 대하여 $a+b+c$의 값을 구하시오.

●●○

정답과 해설 109쪽

유형 07 선분의 수직이등분선의 방정식

선분 AB의 수직이등분선을 l이라 하면

(1) 직선 l은 선분 AB의 중점을 지난다.

(2) 직선 l과 직선 AB의 기울기의 곱은 -1이다.

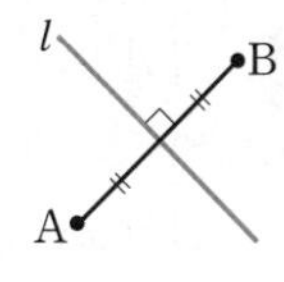

19 ○○○ 두 점 $A(2, 2)$, $B(6, -2)$에 대하여 선분 AB의 수직이등분선의 방정식을 구하시오.

20 ●○○ 두 점 $A(0, -2)$, $B(4, 1)$에 대하여 선분 AB의 수직이등분선이 점 $(a, 3)$을 지날 때, a의 값을 구하시오.

21 ●●○ 직선 $2x+ay+b=0$이 x축, y축과 만나는 점을 각각 A, B라 할 때, 선분 AB의 수직이등분선의 방정식은 $x-2y+3=0$이다. 이때 상수 a, b에 대하여 ab의 값은?

① -4 ② -2 ③ 1
④ 2 ⑤ 4

22 ●●○ 마름모 ABCD에 대하여 $A(1, 5)$, $C(a, 0)$이고, 선분 AC의 길이가 $5\sqrt{2}$일 때, 직선 BD의 y절편은? (단, $a>0$)

① -3 ② -1 ③ 1
④ 3 ⑤ 7

유형 08 세 직선의 위치 관계

세 직선의 위치 관계는 다음과 같다.

(1) 세 직선이 모두 평행하다.

(2) 세 직선 중 두 직선이 평행하다.

(3) 세 직선 중 두 직선끼리 만난다.

(4) 세 직선이 한 점에서 만난다.

23 ●●○ 세 직선 $ax+y=0$, $2x-3y-4=0$, $x+2y-5=0$에 의하여 생기는 교점이 2개가 되도록 하는 모든 상수 a의 값의 곱은?

① -1 ② $-\frac{2}{3}$ ③ $-\frac{1}{3}$
④ $\frac{1}{2}$ ⑤ 1

24 ●●○ 세 직선 $kx-y+k-6=0$, $2x-y-1=0$, $x-2y+4=0$이 삼각형을 이루지 않도록 하는 모든 상수 k의 값의 곱을 구하시오.

25 ●●● 서로 다른 세 직선 $ax+y+1=0$, $x+by+3=0$, $2x+y+5=0$이 좌표평면을 4개의 영역으로 나눌 때, 상수 a, b에 대하여 ab의 값을 구하시오.

02 점과 직선 사이의 거리

유형 01 점과 직선 사이의 거리

점 (x_1, y_1)과 직선 $ax+by+c=0$ 사이의 거리는

$$\frac{|ax_1+by_1+c|}{\sqrt{a^2+b^2}}$$

1 점 $(3, 6)$과 직선 $3x+y-5=0$ 사이의 거리는?

○○○

① $\sqrt{10}$　② $\sqrt{11}$　③ $2\sqrt{3}$
④ $\sqrt{13}$　⑤ $\sqrt{14}$

2 점 $(-1, 3)$과 직선 $x+ay+5=0$ 사이의 거리가 $2\sqrt{5}$일 때, 정수 a의 값은?

●○○

① -1　② 0　③ 1
④ 2　⑤ 3

3 점 $(k, 2)$에서 두 직선 $x-2y+1=0$, $2x+y+3=0$에 이르는 거리가 같도록 하는 정수 k의 값은?

●○○

① -10　② -8　③ -6
④ -4　⑤ -2

4 직선 $3x-4y-1=0$에 평행하고 점 $(1, 2)$로부터의 거리가 3인 직선 중 제4사분면을 지나지 않는 직선의 x절편은?

●●○

① -7　② $-\frac{20}{3}$　③ -6
④ $-\frac{17}{3}$　⑤ -5

5 점 $(0, 2)$를 지나는 직선 l에 대하여 직선 l과 점 $(1, 0)$ 사이의 거리가 $\sqrt{5}$일 때, 직선 l의 기울기는?

●●○

① -1　② $-\frac{1}{2}$　③ $\frac{1}{2}$
④ 1　⑤ 3

6 오른쪽 그림과 같이 폭이 20 m인 직선 모양의 도로가 수직으로 만나고 있다. A 지점에 있는 사람이 건물에 가려 보이지 않는 B 지점에 있는 가로등을 보기 위하여 움직일 때, 그 최단 거리를 구하시오.

●●●

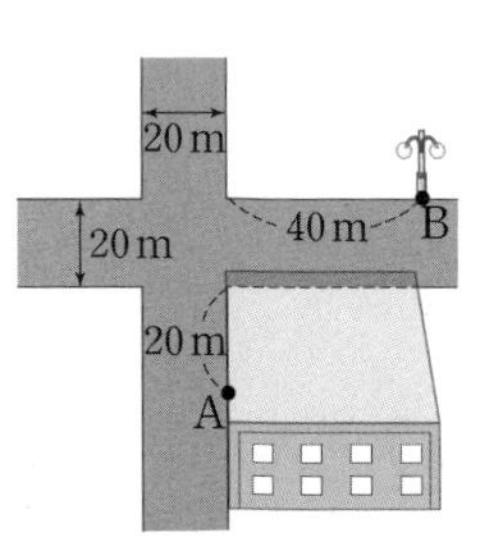

유형 02 평행한 두 직선 사이의 거리

평행한 두 직선 l_1, l_2 사이의 거리는 다음과 같은 순서로 구한다.

(1) 직선 l_1 위의 한 점의 좌표 (x_1, y_1)을 구한다.

(2) 점 (x_1, y_1)과 직선 l_2 사이의 거리를 구한다.

7 평행한 두 직선 $4x-3y+16=0$, $4x-3y+1=0$ 사이의 거리는?

① 1　② 2　③ 3　④ 4　⑤ 5

8 평행한 두 직선 $x+2y-1=0$, $x+ay+4=0$ 사이의 거리는? (단, a는 상수)

① 1　② $\sqrt{3}$　③ 2　④ $\sqrt{5}$　⑤ $2\sqrt{2}$

9 두 직선 $x-2y+5=0$, $x-2y+a=0$ 사이의 거리가 $\sqrt{5}$일 때, 상수 a의 값을 구하시오. (단, $a\neq0$)

10 직선 $3x-2y+5=0$과 평행하고 이 직선과의 거리가 $\sqrt{13}$인 직선 중 제4사분면을 지나는 직선의 방정식을 구하시오.

11 0이 아닌 실수 a, b가 $a^2+b^2=3$을 만족시킬 때, 두 직선 $ax+by=2$, $ax+by=-4$ 사이의 거리는?

① $\sqrt{3}$　② 2　③ $2\sqrt{3}$　④ 4　⑤ $3\sqrt{3}$

12 오른쪽 그림과 같이 평행한 두 직선 $y=ax+2$, $y=ax+1$ 위에 사각형 ABCD가 정사각형이 되도록 네 점 A, B, C, D를 잡았다. 사각형 ABCD의 넓이가 $\frac{1}{5}$일 때, 양수 a의 값은?

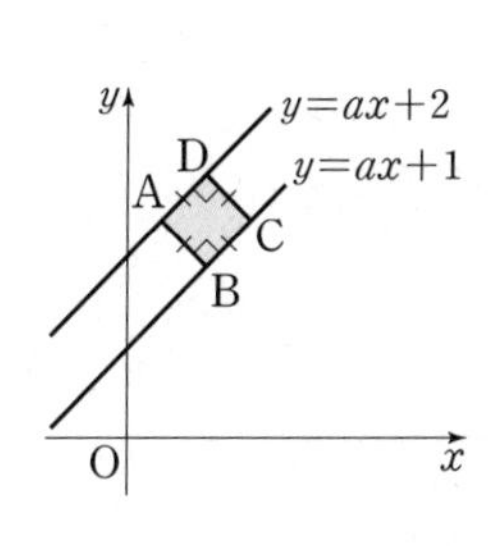

① 2　② 3　③ 4　④ 5　⑤ 6

정답과 해설 112쪽

유형 03 세 꼭짓점의 좌표가 주어진 삼각형의 넓이

세 점 A, B, C를 꼭짓점으로 하는 삼각형의 넓이는 다음과 같은 순서로 구한다.

(1) 선분 BC의 길이와 직선 BC의 방정식을 구한다.

(2) 점 A와 직선 BC 사이의 거리 h를 구한다.

(3) $\triangle ABC=\frac{1}{2}\times\overline{BC}\times h$를 구한다.

13 세 점 O(0, 0), A(3, 4), B(5, 2)를 꼭짓점으로 하는 삼각형 OAB의 넓이는?

① 2 ② 5 ③ 7 ④ 9 ⑤ 11

14 세 직선 $x+y+4=0$, $x-y-14=0$, $x+5y-20=0$으로 둘러싸인 삼각형의 넓이를 구하시오.

15 오른쪽 그림과 같이 두 점 A(0, 1), B(3, 3)과 직선 $2x-3y-4=0$ 위의 한 점 P를 꼭짓점으로 하는 삼각형 APB의 넓이를 구하시오.

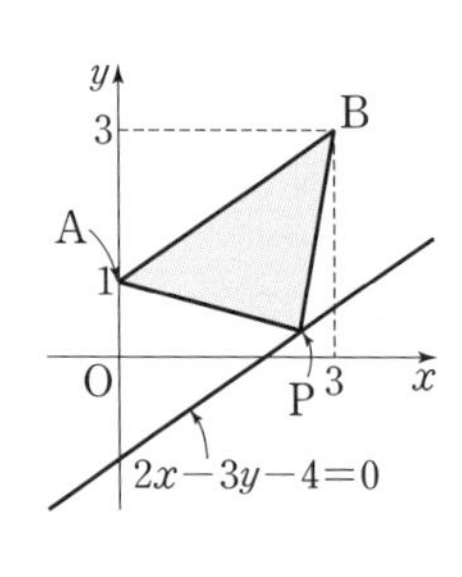

UP 유형 04 두 직선이 이루는 각의 이등분선의 방정식

두 직선이 이루는 각의 이등분선의 방정식은 다음과 같은 순서로 구한다.

(1) 각의 이등분선 위의 임의의 점을 P(x, y)로 놓는다.

(2) 점 P에서 각을 이루는 두 직선에 이르는 거리가 같음을 이용하여 x, y에 대한 방정식을 구한다.

16 두 직선 $3x-4y+3=0$, $4x-3y+1=0$으로부터 같은 거리에 있는 점 P가 나타내는 도형의 방정식 중 그 그래프가 점 (1, 1)을 지나는 것은?

① $x+y-2=0$ ② $x+2y-3=0$ ③ $2x-y-1=0$ ④ $2x+y-3=0$ ⑤ $3x+y-4=0$

17 보기에서 두 직선 $x+2y-3=0$, $2x+y+5=0$이 이루는 각의 이등분선의 방정식인 것만을 있는 대로 고른 것은?

보기

ㄱ. $x-y+8=0$ ㄴ. $3x+3y+2=0$

ㄷ. $x+y+2=0$ ㄹ. $3x-3y+8=0$

① ㄱ, ㄴ ② ㄱ, ㄷ ③ ㄱ, ㄹ ④ ㄴ, ㄷ ⑤ ㄴ, ㄹ

18 x축과 직선 $4x+3y-5=0$이 이루는 각의 이등분선의 방정식을 구하시오.

I. 도형의 방정식

3 원의 방정식

01 원의 방정식

02 원과 직선의 위치 관계

01 원의 방정식

유형 01 원의 방정식

중심이 점 (a, b)이고 반지름의 길이가 r인 원의 방정식
➡ $(x-a)^2+(y-b)^2=r^2$

1 원 $(x+1)^2+y^2=2$와 중심이 같고 원 $x^2+(y-1)^2=4$와 반지름의 길이가 같은 원의 방정식이 $(x-a)^2+(y-b)^2=c$일 때, 상수 a, b, c에 대하여 $a+b+c$의 값은?

① 2 ② 3 ③ 4
④ 5 ⑤ 6

2 중심이 점 $(-1, -1)$이고 점 $(2, 3)$을 지나는 원의 방정식을 구하시오.

3 두 점 $A(1, -4)$, $B(4, 5)$에 대하여 선분 AB를 $2:1$로 내분하는 점을 중심으로 하고 반지름의 길이가 4인 원의 방정식은?

① $(x-3)^2+(y-2)^2=4$
② $(x+4)^2+(y-3)^2=4$
③ $(x-3)^2+(y-2)^2=16$
④ $(x+4)^2+(y-3)^2=16$
⑤ $(x+7)^2+(y-2)^2=16$

유형 02 두 점을 지름의 양 끝 점으로 하는 원의 방정식

두 점 A, B를 지름의 양 끝 점으로 하는 원의 방정식은 다음을 이용하여 구한다.
(1) (원의 중심)=(선분 AB의 중점)
(2) (반지름의 길이)$=\frac{1}{2}\overline{AB}$

4 두 점 $(4, -3)$, $(2, 1)$을 지름의 양 끝 점으로 하는 원의 방정식이 $(x-a)^2+(y-b)^2=r^2$일 때, 상수 a, b, r에 대하여 $a+b+r^2$의 값은?

① 1 ② 3 ③ 5
④ 7 ⑤ 9

5 직선 $2x+3y-12=0$이 x축, y축과 만나는 점을 각각 A, B라 할 때, 두 점 A, B를 지름의 양 끝 점으로 하는 원의 넓이는?

① π ② 4π ③ 7π
④ 10π ⑤ 13π

6 두 점 $A(1, -5)$, $B(-3, -1)$을 지름의 양 끝 점으로 하는 원의 넓이가 직선 $y=2x+k$에 의하여 이등분될 때, 상수 k의 값을 구하시오.

유형 03 중심이 직선 위에 있는 원의 방정식

(1) 중심이 x축 위에 있는 원의 방정식
 ➡ $(x-a)^2+y^2=r^2$
(2) 중심이 y축 위에 있는 원의 방정식
 ➡ $x^2+(y-a)^2=r^2$
(3) 중심이 직선 $y=f(x)$ 위에 있는 원의 방정식
 ➡ $(x-a)^2+\{y-f(a)\}^2=r^2$

7 중심이 x축 위에 있고 두 점 $(1, -3)$, $(-1, 5)$를 지나는 원의 넓이는?
●○○

① 30π ② 31π ③ 32π
④ 33π ⑤ 34π

8 중심이 y축 위에 있고 두 점 $(2, 0)$, $(-2, 4)$를 지나는 원에 대하여 보기에서 옳은 것만을 있는 대로 고른 것은?
●○○

보기
ㄱ. 중심의 좌표는 $(0, 2)$이다.
ㄴ. 둘레의 길이는 4π이다.
ㄷ. 점 $(2, 4)$를 지난다.

① ㄱ ② ㄱ, ㄴ ③ ㄱ, ㄷ
④ ㄴ, ㄷ ⑤ ㄱ, ㄴ, ㄷ

9 중심이 직선 $y=2x+7$ 위에 있고 원점과 점 $(-4, 4)$를 지나는 원의 방정식을 구하시오.
●●○

유형 04 x축 또는 y축에 접하는 원의 방정식

중심이 점 (a, b)인 원이
(1) x축에 접하면
 ➡ (반지름의 길이)
 $=|$(중심의 y좌표)$|=|b|$
 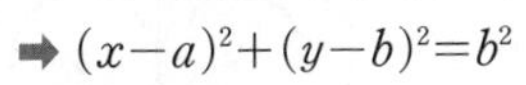
 ➡ $(x-a)^2+(y-b)^2=b^2$

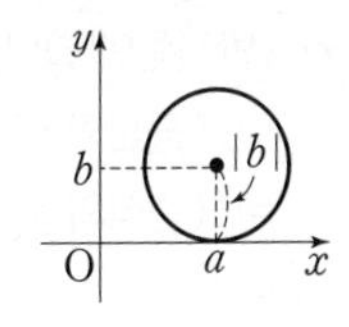

(2) y축에 접하면
 ➡ (반지름의 길이)
 $=|$(중심의 x좌표)$|=|a|$
 ➡ $(x-a)^2+(y-b)^2=a^2$

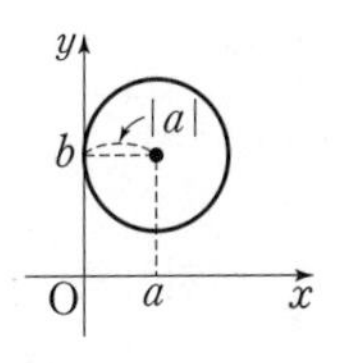

10 원 $(x+3)^2+(y-4)^2=1$과 중심이 같고 y축에 접하는 원이 점 $(a, 1)$을 지날 때, a의 값은?
●○○

① -3 ② -2 ③ 0
④ 1 ⑤ 2

11 원 $(x-1)^2+(y-2a)^2=4a^2+b+1$이 x축에 접하고 점 $(-3, 4)$를 지날 때, 상수 a, b에 대하여 $a+b$의 값을 구하시오.
●●○

12 두 점 $(1, 6)$, $(4, 3)$을 지나고 x축에 접하는 모든 원의 넓이의 합을 구하시오.
●●○

13 중심이 직선 $y=-x+1$ 위에 있고 점 $(1, -1)$을 지나며 y축에 접하는 두 원의 반지름의 길이의 합을 구하시오.
●●○

유형 05 x축과 y축에 동시에 접하는 원의 방정식

반지름의 길이가 r이고 x축과 y축에 동시에 접하는 원

➡ (반지름의 길이)

$=|(\text{중심의 } x\text{좌표})|$

$=|(\text{중심의 } y\text{좌표})|$

$=r$

➡ $(x\pm r)^2+(y\pm r)^2=r^2$

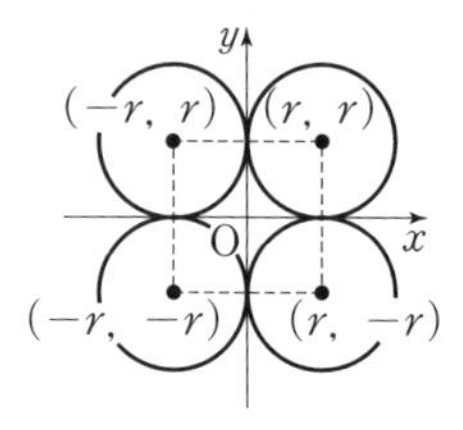

14 반지름의 길이가 3이고 x축과 y축에 동시에 접하는 원의 방정식이 $(x-a)^2+(y-b)^2=c$일 때, 상수 a, b, c에 대하여 abc의 값을 구하시오.
(단, 원의 중심은 제4사분면 위에 있다.)

15 중심이 직선 $x-2y-3=0$ 위에 있고 x축과 y축에 동시에 접하는 원의 방정식을 구하시오.
(단, 원의 중심은 제4사분면 위에 있다.)

16 점 $(4, 2)$를 지나고 x축과 y축에 동시에 접하는 두 원의 넓이의 합은?

① 41π ② 85π ③ 90π
④ 104π ⑤ 125π

유형 06 이차방정식 $x^2+y^2+Ax+By+C=0$이 나타내는 도형

(1) 방정식 $x^2+y^2+Ax+By+C=0\ (A^2+B^2-4C>0)$은 중심이 점 $\left(-\frac{A}{2}, -\frac{B}{2}\right)$, 반지름의 길이가 $\frac{\sqrt{A^2+B^2-4C}}{2}$인 원을 나타낸다.

(2) 방정식 $(x-a)^2+(y-b)^2=c$가 원을 나타내려면 $c>0$이어야 한다.

참고 x, y에 대한 이차방정식에서 x^2과 y^2의 계수가 같고 xy항이 없으면 원의 방정식이다.

17 원 $x^2+y^2-3x+4y=0$의 중심의 좌표가 (a, b)이고 반지름의 길이가 r일 때, $a+b+r$의 값은?

① 1 ② $\frac{3}{2}$ ③ 2
④ $\frac{5}{2}$ ⑤ 3

18 방정식 $x^2+y^2-2x+6y+k^2-k+8=0$이 원을 나타내도록 하는 상수 k의 값의 범위가 $\alpha<k<\beta$일 때, $\beta-\alpha$의 값을 구하시오.

교육청

19 좌표평면에서 직선 $y=2x+3$이 원 $x^2+y^2-4x-2ay-19=0$의 중심을 지날 때, 상수 a의 값은?

① 4 ② 5 ③ 6
④ 7 ⑤ 8

20 방정식 $x^2+y^2+axy-2x-4y+b=0$이 반지름의 길이가 1인 원을 나타낼 때, 상수 a, b에 대하여 $a+b$의 값을 구하시오.

21 원 $x^2+y^2+14x-8y+k^2+2k+41=0$이 제2사분면 위에만 있도록 하는 모든 정수 k의 값의 합은?

① -3 ② -2 ③ -1
④ 0 ⑤ 1

22 원 $x^2+y^2-2x-4ay+b=0$이 점 $(1, 8)$을 지나고 x축에 접할 때, 상수 a, b에 대하여 $a+b$의 값을 구하시오.

교육청

23 곡선 $y=x^2-x-1$ 위의 점 중 제2사분면에 있는 점을 중심으로 하고, x축과 y축에 동시에 접하는 원의 방정식은 $x^2+y^2+ax+by+c=0$이다. $a+b+c$의 값을 구하시오.

(단, a, b, c는 상수이다.)

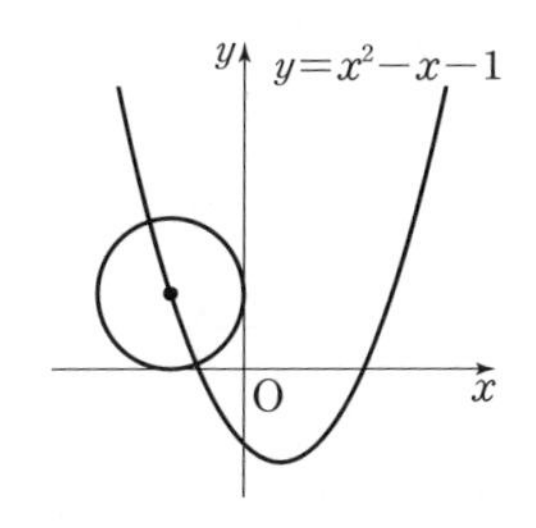

유형 07 세 점을 지나는 원의 방정식

(1) 원점과 두 점을 지나는 원의 방정식
➡ 원의 방정식을 $x^2+y^2+Ax+By+C=0$으로 놓고 원점과 두 점의 좌표를 대입하여 A, B, C의 값을 구한다.

(2) 원점이 아닌 세 점 A, B, C를 지나는 원의 방정식
➡ 원의 중심을 P로 놓고 $\overline{AP}=\overline{BP}=\overline{CP}$임을 이용하여 원의 중심의 좌표와 반지름의 길이를 구한다.

교육청

24 좌표평면 위의 세 점 $(0, 0)$, $(6, 0)$, $(-4, 4)$를 지나는 원의 중심의 좌표를 (p, q)라 할 때, $p+q$의 값을 구하시오.

25 네 점 $(0, 0)$, $(2, k)$, $(4, -2)$, $(6, 2)$가 한 원 위에 있을 때, 양수 k의 값은?

① 2 ② 3 ③ 4
④ 7 ⑤ 8

26 세 점 $A(-3, 3)$, $B(4, 10)$, $C(7, 7)$을 꼭짓점으로 하는 삼각형 ABC의 외접원의 넓이는?

① 16π ② 20π ③ 25π
④ 29π ⑤ 36π

유형 08 두 원의 교점을 지나는 도형의 방정식

서로 다른 두 점에서 만나는 두 원
$x^2+y^2+Ax+By+C=0$, $x^2+y^2+A'x+B'y+C'=0$
에 대하여
(1) 두 원의 교점을 지나는 직선의 방정식은
$x^2+y^2+Ax+By+C-(x^2+y^2+A'x+B'y+C')=0$
(2) 두 원의 교점을 지나는 원의 방정식은
$x^2+y^2+Ax+By+C+k(x^2+y^2+A'x+B'y+C')=0$ (단, $k\neq-1$)

27 ●○○ 두 원 $x^2+y^2=4$, $x^2+y^2-3x-6y=1$의 교점과 원점을 지나는 원의 방정식이 $x^2+y^2+ax+by=0$일 때, 상수 a, b에 대하여 $a+b$의 값은?

① -12 ② -10 ③ 6
④ 8 ⑤ 12

28 ●●○ 두 원 $x^2+y^2+3x+6y+1=0$, $x^2+y^2+x+7y-2=0$의 교점을 지나는 직선과 x축 및 y축으로 둘러싸인 부분의 넓이를 구하시오.

29 ●●○ 두 원 $x^2+y^2-x+6y+4=0$, $x^2+y^2-2x+ay+1=0$의 교점을 지나는 직선이 직선 $y=2x-1$과 수직일 때, 상수 a의 값을 구하시오.

30 ●●○ 두 원 $x^2+y^2-6x+2ay+8=0$, $x^2+y^2-4x=0$의 교점과 점 (1, 0)을 지나는 원의 넓이가 4π일 때, 양수 a의 값은?

① 2 ② $\sqrt{7}$ ③ 3
④ $\sqrt{10}$ ⑤ 4

31 ●●○ 두 원 $x^2+y^2-4x-2y+4=0$, $x^2+y^2+2ax+3ay+17=0$의 교점과 두 점 (3, 0), (0, 1)을 지나는 원의 방정식이 $x^2+y^2+Ax+By+C=0$일 때, 상수 A, B, C에 대하여 $A-B-C$의 값은? (단, a는 상수)

① -3 ② -1 ③ 0
④ 1 ⑤ 3

32 ●●● 오른쪽 그림과 같이 원 $x^2+y^2=9$를 현 PQ를 접는 선으로 하여 접었더니 호 PQ가 점 (2, 0)에서 x축에 접하였다. 이때 직선 PQ의 기울기는?

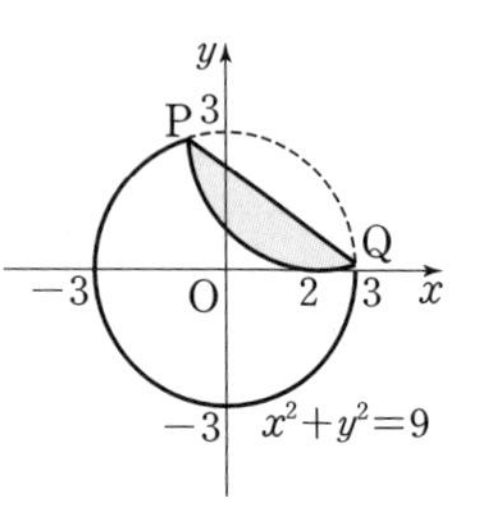

① -1 ② $-\frac{2}{3}$ ③ $-\frac{1}{2}$
④ $-\frac{1}{3}$ ⑤ $-\frac{1}{4}$

유형 09 길이의 비를 만족시키는 점이 나타내는 도형의 방정식

두 점 A, B에 대하여 점 P가

$\overline{AP} : \overline{BP} = m : n\ (m>0,\ n>0,\ m \neq n)$

을 만족시킨다.

➡ P$(x,\ y)$라 하고 $m\overline{BP}=n\overline{AP}$에서 $m^2\overline{BP}^2=n^2\overline{AP}^2$임을 이용한다.

33 ●○○ 두 점 A$(-4,\ 0)$, B$(1,\ 0)$에 대하여 $\overline{AP} : \overline{BP}=3 : 2$를 만족시키는 점 P가 나타내는 도형의 방정식은?

① $(x-5)^2+y^2=25$
② $(x+1)^2+y^2=25$
③ $(x-5)^2+y^2=36$
④ $(x+1)^2+y^2=36$
⑤ $(x+5)^2+y^2=36$

34 ●●○ 두 점 O$(0,\ 0)$, A$(3,\ 0)$에 대하여 $\dfrac{\overline{OP}}{\overline{AP}}=2$를 만족시키는 점 P가 나타내는 도형의 길이는?

① 2π ② 4π ③ 6π
④ 8π ⑤ 10π

35 ●●○ 두 점 A$(1,\ -2)$, B$(1,\ 1)$로부터의 거리의 비가 $1 : 2$인 점 P에 대하여 세 점 A, B, P를 꼭짓점으로 하는 삼각형 ABP의 넓이의 최댓값은?

① $\sqrt{2}$ ② $\sqrt{3}$ ③ $2\sqrt{2}$
④ 3 ⑤ 4

UP 유형 10 점이 나타내는 도형의 방정식

조건을 만족시키는 점의 좌표를 $(x,\ y)$로 놓고 $x,\ y$ 사이의 관계식을 구한다.

36 ●●○ 두 점 A$(-2,\ 0)$, B$(4,\ 0)$에 대하여 $\overline{AP}^2+\overline{BP}^2=36$을 만족시키는 점 P가 나타내는 도형의 방정식은?

① $x^2+y^2=9$
② $x^2+y^2=36$
③ $(x-1)^2+y^2=9$
④ $(x-1)^2+y^2=36$
⑤ $(x-1)^2+(y-1)^2=9$

37 ●●● 원 $x^2+y^2+6x-6y+9=0$ 위의 점 P에 대하여 선분 OP를 $2 : 1$로 내분하는 점 Q가 나타내는 도형의 길이는? (단, O는 원점)

① 2π ② 3π ③ 4π
④ 5π ⑤ 6π

38 ●●● 점 P가 원 $x^2+y^2=9$ 위를 움직일 때, 두 점 A$(1,\ -3)$, B$(8,\ 6)$에 대하여 삼각형 ABP의 무게중심 G가 나타내는 도형의 넓이를 구하시오.

02 원과 직선의 위치 관계

유형 01 원과 직선의 위치 관계

원의 방정식과 직선의 방정식을 연립하여 얻은 이차방정식의 판별식을 D라 하고, 원의 중심과 직선 사이의 거리를 d, 반지름의 길이를 r라 하면 원과 직선의 위치 관계는
(1) $D>0$ 또는 $d<r$ ➡ 서로 다른 두 점에서 만난다.
(2) $D=0$ 또는 $d=r$ ➡ 한 점에서 만난다(접한다).
(3) $D<0$ 또는 $d>r$ ➡ 만나지 않는다.

1 ●○○ 보기에서 원 $x^2+y^2+2x-2y+1=0$과 만나는 직선인 것만을 있는 대로 고른 것은?

보기
ㄱ. $x+y+1=0$　　ㄴ. $x+2y+3=0$
ㄷ. $4x+3y+6=0$　　ㄹ. $3x-y-6=0$

① ㄱ, ㄴ　② ㄱ, ㄷ　③ ㄱ, ㄹ
④ ㄴ, ㄷ　⑤ ㄷ, ㄹ

교육청
2 ●○○ 직선 $x+2y+5=0$이 원 $(x-1)^2+y^2=r^2$에 접할 때, 양수 r의 값은?

① $\frac{7\sqrt{5}}{5}$　② $\frac{6\sqrt{5}}{5}$　③ $\sqrt{5}$
④ $\frac{4\sqrt{5}}{5}$　⑤ $\frac{3\sqrt{5}}{5}$

3 ●○○ 직선 $y=x+k$가 원 $x^2+y^2=2$와는 만나지 않고, 원 $x^2+y^2=8$과는 서로 다른 두 점에서 만나도록 하는 모든 정수 k의 개수를 구하시오.

4 ●●○ 원 $x^2+y^2=5$와 직선 $2x-y=k$가 한 점 (a, b)에서 만날 때, $k+a+b$의 값을 구하시오. (단, $k>0$)

5 ●●○ 직선 $x+3y+9=0$과 서로 다른 두 점에서 만나고 중심의 좌표가 $(2, k)$인 원의 넓이가 10π일 때, 다음 중 k의 값이 될 수 없는 것은?

① -7　② -5　③ $-\frac{10}{3}$
④ $-\frac{4}{3}$　⑤ -1

6 ●●○ 직선 $3x+4y-5=0$과 x축 및 y축에 동시에 접하고 중심이 제1사분면에 있는 원이 2개일 때, 이 두 원의 반지름의 길이의 합을 구하시오.

7 ●●● 중심이 직선 $y=2x$ 위에 있고 두 직선 $x+2y-3=0$, $x+2y-7=0$에 접하는 원의 방정식이 $(x-a)^2+(y-b)^2=r^2$일 때, 상수 a, b, r에 대하여 $a+b+r^2$의 값은?

① $\frac{12}{5}$　② $\frac{17}{5}$　③ $\frac{19}{5}$
④ $\frac{21}{5}$　⑤ $\frac{27}{5}$

유형 02 현의 길이

반지름의 길이가 r인 원의 중심에서 d 만큼 떨어진 현의 길이를 l이라 하면

➡ $l=2\sqrt{r^2-d^2}$

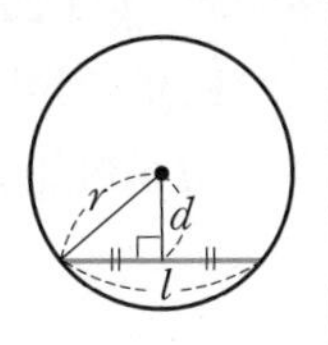

8 원 $(x-1)^2+(y+1)^2=9$와 직선 $4x+3y+9=0$이 만나는 두 점을 A, B라 할 때, 선분 AB의 길이는?

① $\sqrt{5}$　② $\sqrt{6}$　③ $2\sqrt{2}$
④ $2\sqrt{5}$　⑤ $2\sqrt{6}$

교육청

9 그림과 같이 좌표평면에서 원 $x^2+y^2-2x-4y+k=0$과 직선 $2x-y+5=0$이 두 점 A, B에서 만난다. $\overline{AB}=4$일 때, 상수 k의 값은?

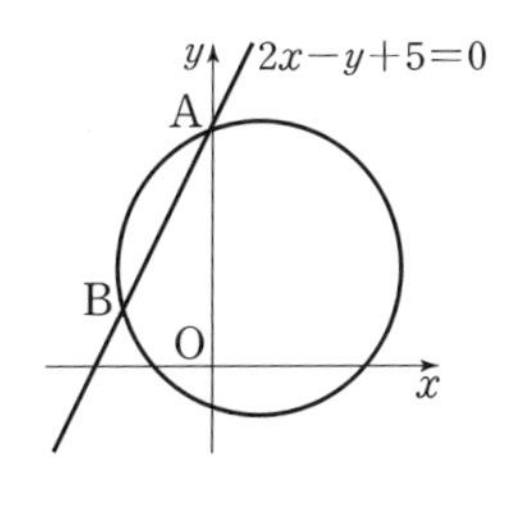

① -4　② -3　③ -2
④ -1　⑤ 0

10 중심이 직선 $x+y=6$ 위에 있고 x축에 접하는 원이 y축과 두 점 A, B에서 만날 때, 현 AB의 길이가 4이다. 이때 이 원의 반지름의 길이를 구하시오.
(단, 원의 중심은 제1사분면 위에 있다.)

유형 03 원의 접선의 길이

중심이 점 O인 원 밖의 한 점 P에서 원에 그은 접선의 접점을 Q라 하면 직각삼각형 OPQ에서

➡ 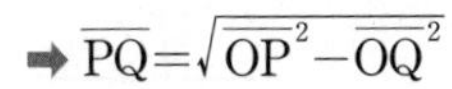 $\overline{PQ}=\sqrt{\overline{OP}^2-\overline{OQ}^2}$

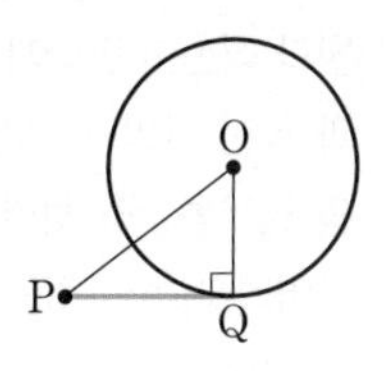

11 점 A$(-4, 4)$에서 원 $x^2+y^2=9$에 그은 접선의 접점을 P라 할 때, 선분 AP의 길이를 구하시오.

12 점 A$(4, a)$에서 중심의 좌표가 $(1, -2)$이고 반지름의 길이가 4인 원에 그은 접선의 길이가 3일 때, 양수 a의 값은?

① 1　② 2　③ 3
④ 4　⑤ 5

13 원점 O에서 원 $x^2+y^2-6x-8y+16=0$에 그은 두 접선의 접점을 각각 A, B라 하고 원의 중심을 C라 할 때, 사각형 OACB의 넓이는?

① 6　② $4\sqrt{3}$　③ $4\sqrt{5}$
④ 10　⑤ 12

유형 04 원 위의 점과 직선 사이의 거리의 최대, 최소

원과 직선이 만나지 않을 때, 원의 중심과 직선 사이의 거리를 d, 원의 반지름의 길이를 r라 하면 원 위의 점과 직선 사이의 거리의 최댓값과 최솟값은

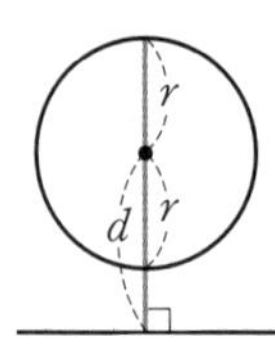

(1) 최댓값 ➡ $d+r$

(2) 최솟값 ➡ $d-r$

14 원 $(x+1)^2+(y-3)^2=1$ 위의 점과 직선 $3x+4y+1=0$ 사이의 거리의 최댓값을 M, 최솟값을 m이라 할 때, Mm의 값은?

① 2 ② 3 ③ 4
④ 5 ⑤ 6

15 원 $x^2+y^2+2x-6y+6=0$ 위의 점과 직선 $3x+4y+k=0$ 사이의 거리의 최댓값이 5일 때, 양수 k의 값은?

① 6 ② 8 ③ 10
④ 12 ⑤ 15

16 원 $x^2+y^2=25$ 위의 점 P와 점 $(8, 6)$ 사이의 거리가 정수가 되도록 하는 점 P의 개수는?

① 18 ② 19 ③ 20
④ 21 ⑤ 22

17 원 $x^2+y^2-4x-5=0$ 위의 점 P와 원 $x^2+y^2+2x-6y+9=0$ 위의 점 Q에 대하여 선분 PQ의 길이의 최댓값을 M, 최솟값을 m이라 할 때, Mm의 값을 구하시오.

18 원 $(x+2)^2+(y-2)^2=5$ 위의 점 P와 두 점 A$(0, -2)$, B$(4, 0)$을 꼭짓점으로 하는 삼각형 ABP의 넓이의 최솟값은?

① $\sqrt{2}$ ② 2 ③ $\sqrt{5}$
④ 5 ⑤ $4\sqrt{5}$

교육청

19 좌표평면 위의 점 $(3, 4)$를 지나는 직선 중에서 원점과의 거리가 최대인 직선을 l이라 하자. 원 $(x-7)^2+(y-5)^2=1$ 위의 점 P와 직선 l 사이의 거리의 최솟값을 m이라 할 때, $10m$의 값을 구하시오.

정답과 해설 120쪽

유형 05 기울기가 주어진 원의 접선의 방정식

(1) 원 $x^2+y^2=r^2$에 접하고 기울기가 m인 직선의 방정식
➡ $y=mx\pm r\sqrt{m^2+1}$

(2) 원 $(x-a)^2+(y-b)^2=r^2$에 접하고 기울기가 m인 직선의 방정식
➡ 직선의 방정식을 $y=mx+n$(n은 상수)으로 놓고 원의 중심과 이 직선 사이의 거리가 원의 반지름의 길이와 같음을 이용한다.

교육청

20 직선 $y=x+2$와 평행하고 원 $x^2+y^2=9$에 접하는 직선의 y절편을 k라 할 때, k^2의 값을 구하시오.

21 직선 $x-2y-5=0$에 수직이고 원 $x^2+y^2=5$에 접하는 두 직선이 x축과 만나는 점을 각각 P, Q라 할 때, 선분 PQ의 길이를 구하시오.

22 기울기가 3이고 원 $(x+1)^2+(y-1)^2=5$에 접하는 두 직선의 y절편의 합을 구하시오.

23 원 $x^2+y^2=12$에 접하고 x축의 양의 방향과 이루는 각의 크기가 $60°$인 두 직선이 x축, y축과 만나는 네 점을 꼭짓점으로 하는 사각형의 넓이는?

① $8\sqrt{2}$　② $16\sqrt{2}$　③ $16\sqrt{3}$
④ $32\sqrt{2}$　⑤ $32\sqrt{3}$

유형 06 원 위의 점에서의 접선의 방정식

(1) 원 $x^2+y^2=r^2$ 위의 점 (x_1, y_1)에서의 접선의 방정식
➡ $x_1x+y_1y=r^2$

(2) 원 $(x-a)^2+(y-b)^2=r^2$ 위의 점 (x_1, y_1)에서의 접선의 방정식
➡ 접선이 두 점 (a, b), (x_1, y_1)을 지나는 직선과 수직임을 이용한다.

24 원 $x^2+y^2=5$ 위의 점 $(2, -1)$에서의 접선의 기울기를 a, x절편을 b라 할 때, ab의 값은?

① -5　② -3　③ 1
④ 3　⑤ 5

25 원 $(x-1)^2+(y-2)^2=25$ 위의 점 $(-2, 6)$에서의 접선의 방정식이 $ax+by+30=0$일 때, 상수 a, b에 대하여 $a+b$의 값을 구하시오.

교육청

26 좌표평면에서 원 $x^2+y^2=1$ 위의 점 중 제1사분면에 있는 점 P에서의 접선이 점 $(0, 3)$을 지날 때, 점 P의 x좌표는?

① $\frac{2}{3}$　② $\frac{\sqrt{5}}{3}$　③ $\frac{\sqrt{6}}{3}$
④ $\frac{\sqrt{7}}{3}$　⑤ $\frac{2\sqrt{2}}{3}$

정답과 해설 122쪽

27 원 $x^2+y^2=20$ 위의 점 (a, b)에서의 접선이 직선 $2x+y-10=0$과 수직일 때, ab의 값은?

① -10 ② -8 ③ -4
④ 4 ⑤ 8

28 원 $x^2+y^2-2x-4y-5=0$ 위의 점 $(4, 3)$에서의 접선과 x축 및 y축으로 둘러싸인 삼각형의 넓이는?

① $\frac{75}{2}$ ② 38 ③ $\frac{77}{2}$
④ 39 ⑤ 40

29 원 $x^2+y^2=25$ 위의 점 $P(-3, 4)$에서의 접선과 x축의 교점을 A라 하고, 점 A에서 가장 가까운 원 위의 점을 B라 할 때, 삼각형 ABP의 넓이를 구하시오.

유형 07 원 밖의 한 점에서 원에 그은 접선의 방정식

원 밖의 점 (a, b)에서 원에 그은 접선의 방정식

(1) 원의 중심이 원점인 경우
➡ 접점의 좌표를 (x_1, y_1)이라 하고 원 위의 점에서의 접선의 방정식을 세운 후 이 직선이 점 (a, b)를 지남을 이용한다.

(2) 원의 중심이 원점이 아닌 경우
➡ 접선의 방정식을 $y-b=m(x-a)$로 놓고 원의 중심과 이 직선 사이의 거리가 원의 반지름의 길이와 같음을 이용한다.

30 점 $(2, 1)$에서 원 $(x-4)^2+y^2=1$에 그은 접선의 방정식이 $ax+by-11=0$일 때, 상수 a, b에 대하여 $a+b$의 값은? (단, $a\neq0$)

① -4 ② -1 ③ 0
④ 3 ⑤ 7

교육청

31 점 $(0, 3)$에서 원 $x^2+y^2=1$에 그은 접선이 x축과 만나는 점의 x좌표를 k라 할 때, $16k^2$의 값을 구하시오.

32 점 $A(4, -2)$에서 원 $x^2+y^2=4$에 그은 두 접선이 원과 만나는 접점을 각각 B, C라 할 때, 삼각형 ABC의 넓이는?

① $\frac{12}{5}$ ② 3 ③ $\frac{18}{5}$
④ 5 ⑤ $\frac{32}{5}$

I. 도형의 방정식

4 도형의 이동

01 평행이동

02 대칭이동

01 평행이동

유형 01 점의 평행이동

점 (x, y)를 x축의 방향으로 m만큼, y축의 방향으로 n만큼 평행이동한 점의 좌표

➡ x 대신 $x+m$을, y 대신 $y+n$을 대입

➡ $(x+m, y+n)$

1 ●○○ 점 P를 x축의 방향으로 -2만큼, y축의 방향으로 3만큼 평행이동한 점의 좌표가 $(3, 2)$일 때, 점 P의 좌표를 구하시오.

교육청

2 ●○○ 좌표평면 위의 점 $P(a, a^2)$을 x축의 방향으로 $-\frac{1}{2}$만큼, y축의 방향으로 2만큼 평행이동한 점이 직선 $y=4x$ 위에 있을 때, 상수 a의 값은?

① -2　② -1　③ 0
④ 1　⑤ 2

3 ●○○ 점 $(2, 3)$을 점 $(4, 1)$로 옮기는 평행이동에 의하여 점 (a, b)를 평행이동한 점의 좌표가 $(1-b, 2a)$일 때, ab의 값은?

① -3　② -1　③ 0
④ 1　⑤ 3

4 ●●○ 점 $A(2, 1)$을 x축의 방향으로 2만큼, y축의 방향으로 a만큼 평행이동하였더니 원점 O로부터의 거리가 처음의 거리의 2배가 되었다. 이때 양수 a의 값을 구하시오.

유형 02 도형의 평행이동 - 직선

직선 $ax+by+c=0$을 x축의 방향으로 m만큼, y축의 방향으로 n만큼 평행이동한 직선의 방정식

➡ x 대신 $x-m$을, y 대신 $y-n$을 대입

➡ $a(x-m)+b(y-n)+c=0$

5 ●○○ 직선 $y=3x-2$를 x축의 방향으로 a만큼, y축의 방향으로 4만큼 평행이동한 직선이 점 $(2, -1)$을 지날 때, a의 값을 구하시오.

6 ●○○ 직선 $ax-y+4=0$을 x축의 방향으로 m만큼, y축의 방향으로 -2만큼 평행이동한 직선의 방정식이 $3x-y-1=0$일 때, $a+m$의 값은? (단, a는 상수)

① 1　② 2　③ 3
④ 4　⑤ 5

7 ●○○ 직선 $2x-y-5=0$을 x축의 방향으로 a만큼, y축의 방향으로 b만큼 평행이동하면 원래의 직선과 일치할 때, $\frac{b}{a}$의 값을 구하시오.

8 ●●○ 직선 $y=ax+b$를 x축의 방향으로 2만큼, y축의 방향으로 -1만큼 평행이동한 직선이 직선 $y=-2x+1$과 y축 위에서 수직으로 만날 때, 상수 a, b에 대하여 $2a+b$의 값을 구하시오.

유형 03 도형의 평행이동 – 원

원 $(x-a)^2+(y-b)^2=r^2$을 x축의 방향으로 m만큼, y축의 방향으로 n만큼 평행이동한 원의 방정식

➡ x 대신 $x-m$을, y 대신 $y-n$을 대입

➡ $(x-m-a)^2+(y-n-b)^2=r^2$

참고 원의 평행이동은 원의 중심의 평행이동으로 생각할 수 있다.

9 원 $(x-2)^2+(y+3)^2=4$를 x축의 방향으로 a만큼, y축의 방향으로 b만큼 평행이동한 원의 방정식이 $x^2+y^2-4y=0$일 때, $a+b$의 값은?

① -3 ② -1 ③ 1
④ 3 ⑤ 5

10 원점을 점 $(3,\ -4)$로 옮기는 평행이동에 의하여 원 $x^2+y^2+2x-4y+a=0$이 옮겨지는 원의 중심의 좌표가 $(b,\ -2)$이고 반지름의 길이가 3일 때, $b-a$의 값을 구하시오. (단, a는 상수)

11 점 $(-1,\ 5)$를 점 $(3,\ a)$로 옮기는 평행이동에 의하여 원 $x^2+y^2=9$가 원 $x^2+y^2+bx+6y+c=0$으로 옮겨질 때, 상수 a, b, c에 대하여 $a+b+c$의 값은?

① -1 ② 0 ③ 1
④ 5 ⑤ 10

12 원 $x^2+y^2-2x-6y+6=0$을 원 $x^2+y^2+4x-2y+1=0$으로 옮기는 평행이동에 의하여 직선 $3x+2y+5=0$이 직선 $ax+2y+b=0$으로 옮겨질 때, 상수 a, b에 대하여 $\frac{b}{a}$의 값은?

① 1 ② 3 ③ 6
④ 9 ⑤ 12

교육청

13 좌표평면에서 원 $(x+1)^2+(y+2)^2=9$를 x축의 방향으로 3만큼, y축의 방향으로 a만큼 평행이동한 원을 C라 하자. 원 C의 넓이가 직선 $3x+4y-7=0$에 의하여 이등분되도록 하는 상수 a의 값은?

① $\frac{1}{4}$ ② $\frac{3}{4}$ ③ $\frac{5}{4}$
④ $\frac{7}{4}$ ⑤ $\frac{9}{4}$

14 원 $(x-2)^2+(y+1)^2=4$를 x축의 방향으로 a만큼 평행이동하면 직선 $3x+4y-1=0$과 접할 때, 양수 a의 값은?

① 1 ② 2 ③ 3
④ 4 ⑤ 5

정답과 해설 124쪽

유형 04 도형의 평행이동 – 포물선

포물선 $y=ax^2+bx+c$를 x축의 방향으로 m만큼, y축의 방향으로 n만큼 평행이동한 포물선의 방정식
➡ x 대신 $x-m$을, y 대신 $y-n$을 대입
➡ $y-n=a(x-m)^2+b(x-m)+c$

참고 포물선의 평행이동은 포물선의 꼭짓점의 평행이동으로 생각할 수 있다.

15 ●○○ 포물선 $y=x^2+2x+a$를 x축의 방향으로 -2만큼, y축의 방향으로 -3만큼 평행이동한 포물선의 방정식이 $y=x^2+bx+7$일 때, 상수 a, b에 대하여 ab의 값은?

① 4 ② 6 ③ 8
④ 10 ⑤ 12

16 ●○○ 포물선 $y=3x^2-4$를 x축의 방향으로 -3만큼, y축의 방향으로 k만큼 평행이동한 포물선이 점 $(-2, 8)$을 지날 때, k의 값은?

① -9 ② -6 ③ 3
④ 6 ⑤ 9

17 ●○○ 평행이동 $(x, y) \longrightarrow (x+2, y-1)$에 의하여 포물선 $y=x^2+6x+13$을 평행이동한 포물선의 꼭짓점의 좌표를 (a, b)라 할 때, $a+b$의 값은?

① 1 ② 2 ③ 3
④ 4 ⑤ 5

18 ●○○ 도형 $f(x, y)=0$을 도형 $f(x-a, y+a)=0$으로 옮기는 평행이동에 의하여 포물선 $y=2x^2+4x+1$을 평행이동한 포물선의 꼭짓점이 직선 $y=x+1$ 위에 있을 때, a의 값은?

① $-\frac{3}{2}$ ② -1 ③ $-\frac{1}{2}$
④ $\frac{1}{2}$ ⑤ 1

19 ●●○ 포물선 $y=x^2$을 x축의 방향으로 -1만큼, y축의 방향으로 3만큼 평행이동한 포물선이 직선 $y=6x+1$과 만나는 두 점을 A, B라 할 때, 선분 AB의 길이는?

① 12 ② $2\sqrt{37}$ ③ $5\sqrt{6}$
④ $2\sqrt{38}$ ⑤ $4\sqrt{10}$

교육청

20 ●●○ 좌표평면에서 포물선 $y=x^2-2x$를 포물선 $y=x^2-12x+30$으로 옮기는 평행이동에 의하여 직선 $l : x-2y=0$이 직선 l'으로 옮겨진다. 두 직선 l, l' 사이의 거리를 d라 할 때, d^2의 값을 구하시오.

02 대칭이동

정답과 해설 125쪽

유형 01 점의 대칭이동

점 (x, y)를 x축, y축, 원점, 직선 $y=x$에 대하여 대칭이동한 점의 좌표는 다음과 같다.

(1) x축: y좌표의 부호만 바꾼다. ➡ $(x, -y)$

(2) y축: x좌표의 부호만 바꾼다. ➡ $(-x, y)$

(3) 원점: x좌표와 y좌표의 부호를 모두 바꾼다.
➡ $(-x, -y)$

(4) 직선 $y=x$: x좌표와 y좌표를 서로 바꾼다. ➡ (y, x)

1 ○○○
점 $(-3, 1)$을 y축에 대하여 대칭이동한 후 원점에 대하여 대칭이동한 점의 좌표는?

① $(-3, -1)$ ② $(-1, -3)$ ③ $(1, -3)$
④ $(3, -1)$ ⑤ $(3, 1)$

교육청

2 ●○○
좌표평면 위의 점 $(1, a)$를 직선 $y=x$에 대하여 대칭이동한 점을 A라 하자. 점 A를 x축에 대하여 대칭이동한 점의 좌표가 $(2, b)$일 때, $a+b$의 값은?

① 1 ② 2 ③ 3
④ 4 ⑤ 5

3 ●○○
점 $(2, -4)$를 x축에 대하여 대칭이동한 점을 P, 직선 $y=x$에 대하여 대칭이동한 점을 Q라 할 때, 선분 PQ의 길이를 구하시오.

4 ●○○
점 $(4, k)$를 원점에 대하여 대칭이동한 점이 직선 $y=-3x+k$ 위에 있을 때, 상수 k의 값은?

① -12 ② -6 ③ -2
④ 6 ⑤ 12

5 ●●○
점 (a, b)를 x축에 대하여 대칭이동한 점이 제2사분면 위에 있을 때, 점 $(a+b, ab)$를 원점에 대하여 대칭이동한 점은 어느 사분면 위에 있는지 구하시오.

6 ●●○
직선 $y=x+2$ 위의 점 $\mathrm{A}(a, b)$를 y축, 직선 $y=x$에 대하여 대칭이동한 점을 각각 B, C라 하자. 삼각형 ABC의 넓이가 4일 때, 양수 a의 값은?

① 1 ② 2 ③ 3
④ 4 ⑤ 5

유형 02 도형의 대칭이동

도형 $f(x, y)=0$을 x축, y축, 원점, 직선 $y=x$에 대하여 대칭이동한 도형의 방정식은 다음과 같다.

(1) x축: y 대신 $-y$를 대입한다. ➡ $f(x, -y)=0$

(2) y축: x 대신 $-x$를 대입한다. ➡ $f(-x, y)=0$

(3) 원점: x 대신 $-x$를, y 대신 $-y$를 대입한다.
➡ $f(-x, -y)=0$

(4) 직선 $y=x$: x 대신 y를, y 대신 x를 대입한다.
➡ $f(y, x)=0$

7 ●○○ 직선 $y=mx+3$을 x축에 대하여 대칭이동한 후 원점에 대하여 대칭이동하면 점 $(2, 1)$을 지날 때, 상수 m의 값은?

① -3 ② -2 ③ -1
④ 1 ⑤ 2

8 ●○○ 직선 $y=\frac{1}{2}x-5$를 y축에 대하여 대칭이동한 직선에 수직이고 점 $(-4, 1)$을 지나는 직선의 방정식을 구하시오.

9 ●○○ 포물선 $y=x^2+ax+8$을 x축에 대하여 대칭이동한 포물선의 꼭짓점이 직선 $2x-y=0$ 위에 있을 때, 양수 a의 값을 구하시오.

교육청

10 ●○○ 좌표평면에서 원 $x^2+y^2+10x-12y+45=0$을 원점에 대하여 대칭이동한 원을 C_1이라 하고, 원 C_1을 x축에 대하여 대칭이동한 원을 C_2라 하자. 원 C_2의 중심의 좌표를 (a, b)라 할 때, $10a+b$의 값을 구하시오.

11 ●●○ 포물선 $y=-x^2+x-2$를 원점에 대하여 대칭이동하면 직선 $y=kx-2$에 접할 때, 양수 k의 값은?

① 1 ② 2 ③ 3
④ 4 ⑤ 5

12 ●●○ 원 $x^2+y^2-6x+8y=0$을 직선 $y=x$에 대하여 대칭이동한 원이 x축과 서로 다른 두 점 A, B에서 만날 때, 선분 AB의 길이는?

① 2 ② 4 ③ 6
④ 8 ⑤ 10

13 ●●○ 원 C_1: $x^2+y^2+6x-2y+9=0$을 y축에 대하여 대칭이동한 후 직선 $y=x$에 대하여 대칭이동한 원을 C_2라 하자. 두 점 P, Q가 각각 두 원 C_1, C_2 위의 점일 때, 선분 PQ의 길이의 최댓값을 구하시오.

정답과 해설 126쪽

유형 03 평행이동과 대칭이동

점 또는 도형의 평행이동과 대칭이동을 연속으로 하는 경우에는 이동하는 순서에 주의하여 점의 좌표 또는 도형의 방정식을 구한다.

14 ●○○ 점 $(a,\ -2)$를 원점에 대하여 대칭이동한 후 x축의 방향으로 4만큼, y축의 방향으로 -3만큼 평행이동한 점의 좌표가 $(1,\ b)$일 때, ab의 값을 구하시오.

15 ●○○ 원 $(x+2)^2+(y+5)^2=9$를 x축의 방향으로 a만큼, y축의 방향으로 b만큼 평행이동한 후 y축에 대하여 대칭이동한 원의 중심의 좌표가 $(-3,\ 2)$일 때, $a+b$의 값은?

① 2 ② 3 ③ 5
④ 7 ⑤ 12

16 ●○○ 포물선 $y=x^2-x+a$를 y축에 대하여 대칭이동한 후 x축의 방향으로 -1만큼, y축의 방향으로 2만큼 평행이동하였더니 포물선 $y=x^2+3x+10$이 되었다. 이때 상수 a의 값은?

① 2 ② 4 ③ 6
④ 8 ⑤ 10

교육청

17 ●●○ 좌표평면 위의 점 $\mathrm{A}(-3,\ 4)$를 직선 $y=x$에 대하여 대칭이동한 점을 B라 하고, 점 B를 x축의 방향으로 2만큼, y축의 방향으로 k만큼 평행이동한 점을 C라 하자. 세 점 A, B, C가 한 직선 위에 있을 때, 실수 k의 값은?

① -5 ② -4 ③ -3
④ -2 ⑤ -1

18 ●●○ 포물선 $y=x^2-6x+5$를 x축에 대하여 대칭이동한 후 y축의 방향으로 m만큼 평행이동한 포물선의 방정식을 $y=f(x)$라 하자. 함수 $f(x)$의 최댓값이 15일 때, m의 값을 구하시오.

교육청

19 ●●○ 직선 $y=-\frac{1}{2}x-3$을 x축의 방향으로 a만큼 평행이동한 후 직선 $y=x$에 대하여 대칭이동한 직선을 l이라 하자. 직선 l이 원 $(x+1)^2+(y-3)^2=5$와 접하도록 하는 모든 상수 a의 값의 합은?

① 14 ② 15 ③ 16
④ 17 ⑤ 18

20 ●●○ 원 $(x-a)^2+(y-b)^2=36$을 x축에 대하여 대칭이동한 후 x축의 방향으로 4만큼 평행이동한 원이 x축과 y축에 동시에 접할 때, 양수 $a,\ b$에 대하여 $a-b$의 값을 구하시오.

유형 04 선분의 길이의 합의 최솟값

두 점 A, B와 직선 l 위의 점 P에 대하여 점 B를 직선 l에 대하여 대칭이동한 점을 B′이라 하면

➡ $\overline{AP}+\overline{BP}=\overline{AP}+\overline{B'P}$
$\geq \overline{AB'}$

➡ $\overline{AP}+\overline{BP}$의 최솟값은 $\overline{AB'}$이다.

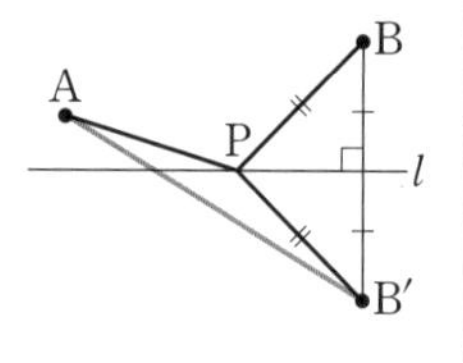

21 ●○○ 두 점 A(2, 3), B(6, 1)과 x축 위를 움직이는 점 P에 대하여 $\overline{AP}+\overline{BP}$의 최솟값은?

① $2\sqrt{3}$ ② $4\sqrt{2}$ ③ $4\sqrt{3}$
④ $5\sqrt{2}$ ⑤ $5\sqrt{3}$

22 ●●○ 두 점 A(−1, −2), B(−3, 0)과 y축 위를 움직이는 점 P에 대하여 $\overline{AP}+\overline{BP}$가 최솟값을 갖는 점 P의 좌표가 (a, b)일 때, $a-b$의 값을 구하시오.

23 ●●○ 두 점 A(6, 2), B(3, −1)과 직선 $y=x$ 위를 움직이는 점 P에 대하여 $\overline{AP}+\overline{BP}$가 최솟값을 갖는 점 P의 좌표를 구하시오.

24 ●●○ 다음 그림과 같이 두 점 A(2, 3), B(5, 1)과 y축 위를 움직이는 점 P, x축 위를 움직이는 점 Q에 대하여 $\overline{AP}+\overline{PQ}+\overline{QB}$의 최솟값을 구하시오.

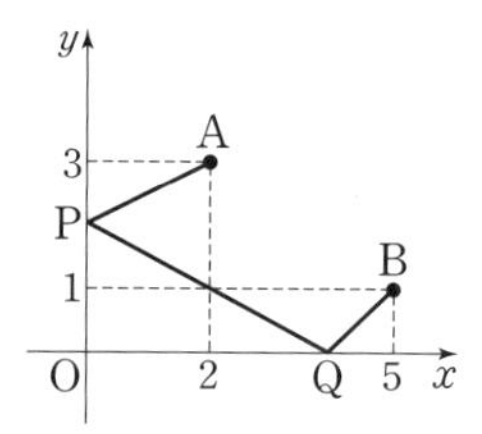

교육청

25 ●●○ 그림과 같이 좌표평면 위에 두 점 A(2, 3), B(−3, 1)이 있다. 서로 다른 두 점 C와 D가 각각 x축과 직선 $y=x$ 위에 있을 때, $\overline{AD}+\overline{CD}+\overline{BC}$의 최솟값은?

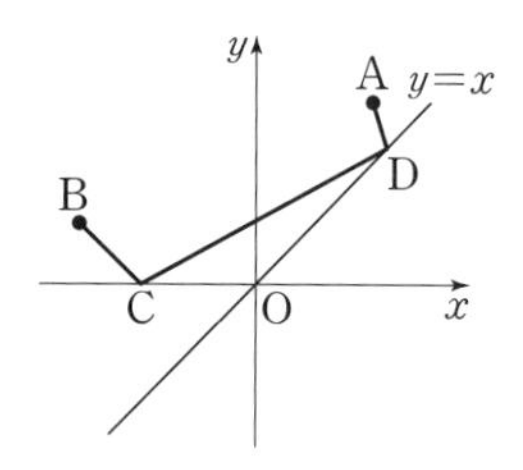

① $\sqrt{42}$ ② $\sqrt{43}$ ③ $2\sqrt{11}$
④ $3\sqrt{5}$ ⑤ $\sqrt{46}$

교육청

26 ●●● 좌표평면 위에 두 점 A(1, 2), B(2, 1)이 있다. x축 위의 점 C에 대하여 삼각형 ABC의 둘레의 길이의 최솟값이 $\sqrt{a}+\sqrt{b}$일 때, 두 자연수 a, b의 합 $a+b$의 값을 구하시오.

(단, 점 C는 직선 AB 위에 있지 않다.)

UP 유형 05 그래프로 주어진 도형의 평행이동과 대칭이동

(1) $f(x, y)=0 \longrightarrow f(x-m, y-n)=0$
➡ x축의 방향으로 m만큼, y축의 방향으로 n만큼 평행이동

(2) $f(x, y)=0 \longrightarrow f(x, -y)=0$
➡ x축에 대하여 대칭이동

(3) $f(x, y)=0 \longrightarrow f(-x, y)=0$
➡ y축에 대하여 대칭이동

(4) $f(x, y)=0 \longrightarrow f(-x, -y)=0$
➡ 원점에 대하여 대칭이동

(5) $f(x, y)=0 \longrightarrow f(y, x)=0$
➡ 직선 $y=x$에 대하여 대칭이동

27 ●●○ 방정식 $f(x, y)=0$이 나타내는 도형이 오른쪽 그림과 같을 때, 다음 중 방정식 $f(x+1, -y)=0$이 나타내는 도형은?

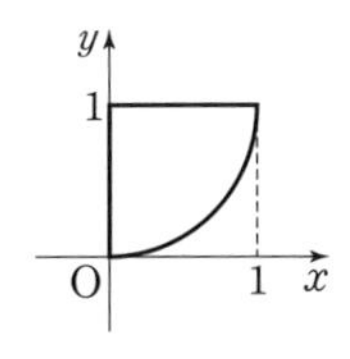

①
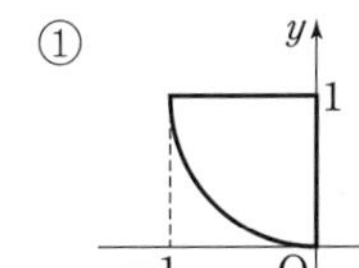

②
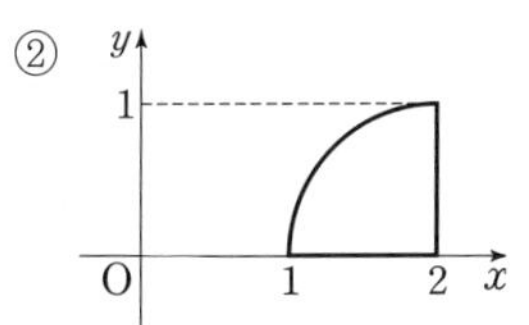

③
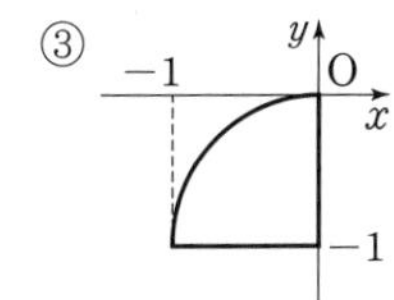

④
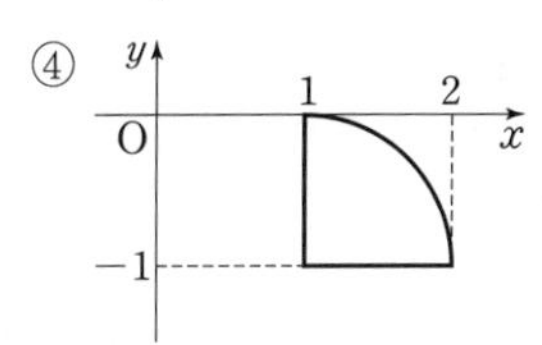

⑤
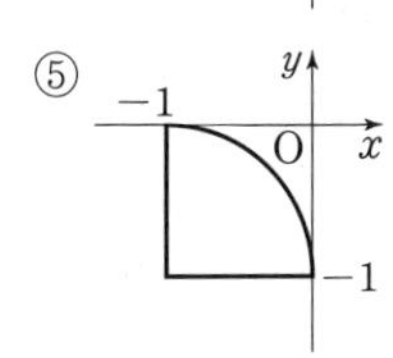

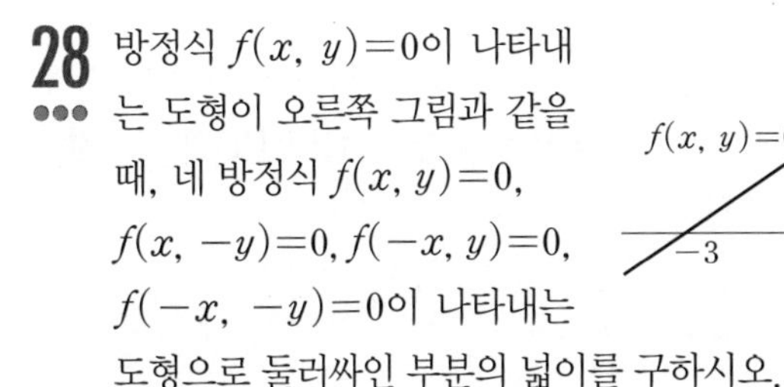

28 ●●● 방정식 $f(x, y)=0$이 나타내는 도형이 오른쪽 그림과 같을 때, 네 방정식 $f(x, y)=0$, $f(x, -y)=0$, $f(-x, y)=0$, $f(-x, -y)=0$이 나타내는 도형으로 둘러싸인 부분의 넓이를 구하시오.

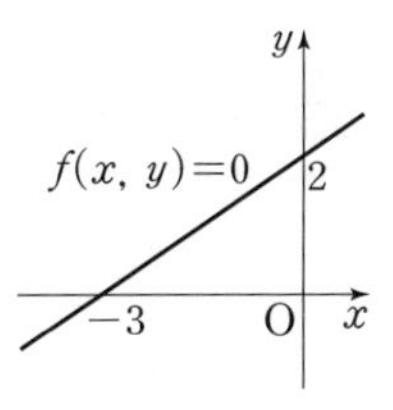

29 ●●● 방정식 $f(x, y)=0$이 나타내는 도형이 [그림 1]과 같을 때, 보기에서 [그림 2]의 도형을 나타내는 방정식인 것만을 있는 대로 고른 것은?

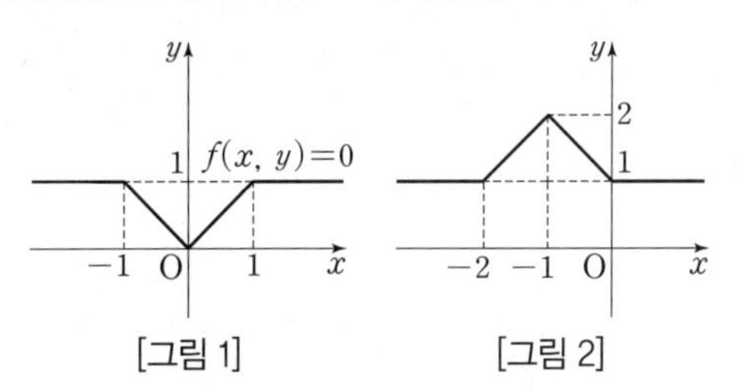

[그림 1] [그림 2]

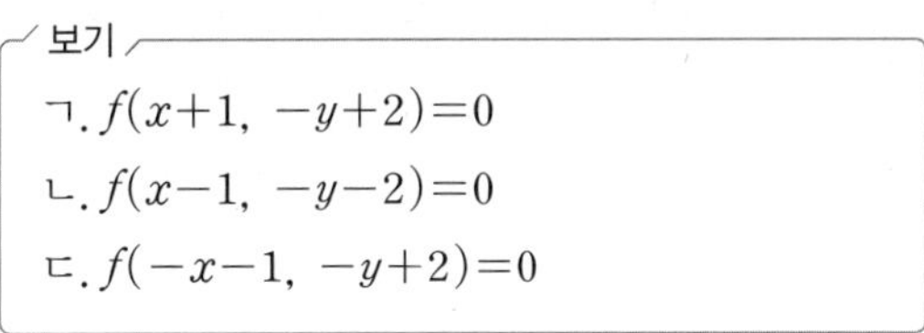

보기

ㄱ. $f(x+1, -y+2)=0$
ㄴ. $f(x-1, -y-2)=0$
ㄷ. $f(-x-1, -y+2)=0$

① ㄱ ② ㄴ ③ ㄱ, ㄷ
④ ㄴ, ㄷ ⑤ ㄱ, ㄴ, ㄷ

30 ●●● 두 방정식 $f(x, y)=0$, $g(x, y)=0$이 나타내는 도형이 아래 그림과 같을 때, 다음 중 옳은 것은?

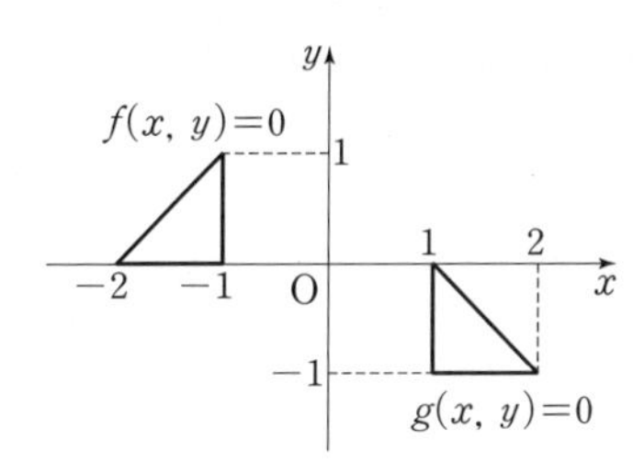

① $g(x, y)=f(x-3, y)$
② $g(x, y)=f(x+3, y)$
③ $g(x, y)=f(-x, -y)$
④ $g(x, y)=f(-x, y+1)$
⑤ $g(x, y)=f(-x-3, y+1)$

정답과 해설 128쪽

유형 06 점에 대한 대칭이동

점 $P(x, y)$를 점 (a, b)에 대하여 대칭이동한 점을 $P'(x', y')$이라 하면 점 (a, b)는 선분 PP'의 중점이다.

➡ $a=\frac{x+x'}{2}$, $b=\frac{y+y'}{2}$

$P'(x', y')$
(a, b)
$P(x, y)$

31 점 $(a, 3)$을 점 $(1, 1)$에 대하여 대칭이동한 점의 좌표가 $(4, b)$일 때, ab의 값을 구하시오.
●○○

32 원 $(x-1)^2+(y+2)^2=1$을 점 $(-1, -1)$에 대하여 대칭이동한 원의 방정식이 $(x-a)^2+(y-b)^2=1$일 때, 상수 a, b에 대하여 $a+b$의 값을 구하시오.
●○○

33 두 포물선 $y=-x^2+6x-2$, $y=x^2-2ax+4$가 점 $(2, b)$에 대하여 대칭일 때, 상수 a, b에 대하여 $a-b$의 값을 구하시오.
●●○

34 직선 $y=2x-3$을 점 $(-2, 1)$에 대하여 대칭이동한 직선의 방정식이 $y=ax+b$일 때, 상수 a, b에 대하여 $a-b$의 값은?
●●●

① -11　② -7　③ 0
④ 7　⑤ 11

유형 07 직선에 대한 대칭이동

점 P를 직선 l에 대하여 대칭이동한 점을 P'이라 하면

(1) 선분 PP'의 중점이 직선 l 위의 점이다.

(2) 직선 PP'과 직선 l은 서로 수직이다.
➡ (두 직선의 기울기의 곱)$=-1$

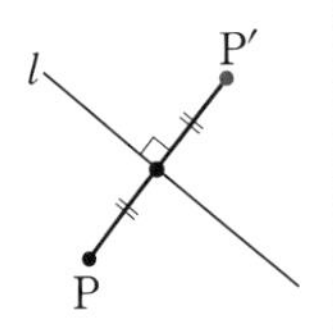

35 점 $(7, -3)$을 직선 $x-2y-3=0$에 대하여 대칭이동한 점의 좌표가 (a, b)일 때, ab의 값은?
●○○

① 1　② 3　③ 5
④ 8　⑤ 15

36 두 원 $(x-2)^2+(y+1)^2=1$, $(x+4)^2+(y-3)^2=1$이 직선 $y=ax+b$에 대하여 대칭일 때, 상수 a, b에 대하여 $a+b$의 값을 구하시오.
●●○

37 직선 $y=2x+1$을 직선 $y=-x+3$에 대하여 대칭이동한 직선의 방정식이 $x+my+n=0$일 때, 상수 m, n에 대하여 $m+n$의 값은?
●●●

① -4　② -2　③ 2
④ 4　⑤ 6

38 두 점 $A(1, 0)$, $B(3, 1)$과 직선 $x-y+1=0$ 위를 움직이는 점 P에 대하여 $\overline{AP}+\overline{PB}$의 최솟값을 구하시오.
●●●

Ⅱ. 집합과 명제

1 집합

01 집합의 뜻과 집합 사이의 포함 관계

유형 01 집합의 뜻

주어진 조건이 명확하여 그 대상을 분명하게 정할 수 있으면 집합이다.

예 • 우리 반 학생의 모임 ➡ 집합이다.
• 20에 가까운 수의 모임 ➡ 집합이 아니다.

1 다음 중 집합인 것은?

① 아름다운 공원의 모임
② 우리 반에서 공부를 잘하는 학생의 모임
③ 한자를 많이 아는 학생의 모임
④ 3보다 작은 홀수의 모임
⑤ 가을에 듣기 좋은 노래의 모임

2 보기에서 집합인 것만을 있는 대로 고른 것은?

보기
ㄱ. 9보다 작은 자연수의 모임
ㄴ. 컴퓨터를 잘하는 학생의 모임
ㄷ. 이차방정식 $x^2-x-6=0$의 해의 모임
ㄹ. 우리 반에서 기타를 잘 치는 학생의 모임
ㅁ. 우리나라에서 인기가 많은 가수의 모임

① ㄱ, ㄴ ② ㄱ, ㄷ ③ ㄴ, ㄹ
④ ㄴ, ㄷ, ㅁ ⑤ ㄷ, ㄹ, ㅁ

3 다음 중 집합이 <u>아닌</u> 것은?

① 5보다 큰 자연수의 모임
② 5보다 작은 홀수의 모임
③ 5보다 큰 소수의 모임
④ 5에 가장 가까운 자연수의 모임
⑤ 5에 가까운 자연수의 모임

유형 02 집합의 표현

(1) 원소나열법: 집합에 속하는 모든 원소를 기호 { } 안에 나열하여 집합을 나타내는 방법
(2) 조건제시법: $\{x|x$의 조건$\}$과 같이 집합에 속하는 원소의 공통된 성질을 조건으로 제시하여 집합을 나타내는 방법
(3) 벤 다이어그램: 집합에 속하는 모든 원소를 원이나 직사각형 같은 도형 안에 나열하여 그림으로 나타내는 방법

4 다음 중 오른쪽 벤 다이어그램의 집합 A를 조건제시법으로 나타낸 것으로 옳은 것은?

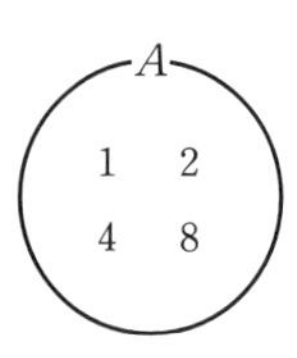

① $A=\{x|x$는 2의 양의 배수$\}$
② $A=\{x|x$는 4의 양의 약수$\}$
③ $A=\{x|x$는 10 이하의 짝수$\}$
④ $A=\{x|x$는 10 미만의 2의 양의 배수$\}$
⑤ $A=\{x|x$는 8의 양의 약수$\}$

5 다음 집합 중 나머지 넷과 <u>다른</u> 하나는?

① $\{1, 2, 3, 4, \cdots, 10\}$
② $\{x|x$는 10 이하의 자연수$\}$
③ $\{x|x\leq 10, x$는 정수$\}$
④ $\{x|0\leq x<11, x$는 자연수$\}$
⑤ $\{x|x=k+1, k=0, 1, 2, \cdots, 9\}$

6 다음 중 집합 $\{1, 3, 5, 7, \cdots\}$을 조건제시법으로 나타낸 것으로 옳지 <u>않은</u> 것은?

① $\{x|x$는 홀수$\}$
② $\{x|x$는 2의 배수가 아닌 자연수$\}$
③ $\{x|x=2n-1, n$은 자연수$\}$
④ $\{x|x=2k+1, k$는 정수$\}$
⑤ $\{x|x$는 2로 나누었을 때의 나머지가 1인 자연수$\}$

유형 03 조건제시법으로 주어진 집합의 원소

주어진 집합의 원소를 이용하여 새로운 집합의 원소를 구할 때는 주어진 집합의 원소를 모두 사용한다.
➡ 두 집합 A, B에 대하여 집합 $\{a+b|a\in A,\ b\in B\}$를 구할 때는 A, B의 모든 원소에 대하여 (A의 원소)+(B의 원소)의 값을 빠짐없이 구한 후 중복되지 않도록 나열한다.

7 ●○○ 두 집합 $A=\{1, 2, 3\}$, $B=\{-1, 0, 1\}$에 대하여 집합 $\{a+b|a\in A,\ b\in B\}$를 원소나열법으로 나타내시오.

8 ●●○ 두 집합

$A=\{-1, 2, a\}$,
$B=\{x|x$는 4의 양의 약수$\}$

에 대하여 집합 C를 $C=\{xy|x\in A,\ y\in B\}$라 할 때, $C=\{-4, -2, -1, 1, 2, 4, 8\}$이다. 이때 상수 a의 값은?

① 1 ② 3 ③ 5
④ 7 ⑤ 9

9 ●●○ 집합 $A=\{1, 2, 3\}$에 대하여 집합 B를

$B=\{(a, b)|a+b$는 소수, $a\in A,\ b\in A\}$

라 할 때, 집합 B를 원소나열법으로 나타내시오.

유형 04 유한집합의 원소의 개수

유한집합 A의 원소의 개수는 $n(A)$와 같이 나타낸다.
➡ 집합 A가 조건제시법으로 주어지면 원소나열법으로 나타낸 후 $n(A)$를 구한다.
참고 $n(\varnothing)=0$, $n(\{\varnothing\})=1$, $n(\{0\})=1$

10 ●○○ 두 집합

$A=\{x|x=2n+1,\ n$은 7 이하의 자연수$\}$,
$B=\{x|x$는 90보다 작은 13의 양의 배수$\}$

에 대하여 $n(A)+n(B)$의 값을 구하시오.

11 ●○○ 다음 중 옳지 않은 것은?

① $n(\varnothing)=0$
② $n(\{1, 2\})=2$
③ $n(\{20\})-n(\{17\})=3$
④ $A=\{x|x$는 49의 양의 약수$\}$이면 $n(A)=3$
⑤ $B=\{x|x$는 짝수인 소수$\}$이면 $n(B)=1$

12 ●○○ 보기에서 옳은 것만을 있는 대로 고른 것은?

보기
ㄱ. $n(\{0\})=0$
ㄴ. $n(\{1\})=n(\{\varnothing\})$
ㄷ. $n(\{0, 1, 2\})-n(\{1, 2\})=0$
ㄹ. $n(\{x|x^2-8x-9=0\})=2$
ㅁ. $n(\{3, 4, 5\})>n(\{-3, -2, -1\})$

① ㄱ, ㄹ ② ㄴ, ㄷ ③ ㄴ, ㄹ
④ ㄷ, ㅁ ⑤ ㄹ, ㅁ

유형 05 기호 ∈, ⊂의 사용

(1) 집합과 원소 사이의 관계는 기호 ∈, ∉를 사용하여 나타낸다.
➡ (원소)∈(집합)
(2) 집합과 집합 사이의 관계는 기호 ⊂, ⊄를 사용하여 나타낸다.
➡ (집합)⊂(집합)
주의 집합이 집합을 원소로 갖는 경우도 있음에 유의한다.

13 집합 $A=\{0, 1, 2\}$에 대하여 다음 중 옳지 않은 것은?

① $\varnothing\in A$ ② $2\in A$
③ $3\notin A$ ④ $\{1\}\subset A$
⑤ $\{0, 2\}\subset A$

14 집합 $A=\{a, b, \varnothing, \{a\}, \{b\}\}$에 대하여 다음 중 옳지 않은 것은?

① $\varnothing\in A$ ② $\{a\}\in A$
③ $\{b\}\subset A$ ④ $\{\varnothing\}\in A$
⑤ $\{a, \{b\}\}\subset A$

15 집합 $A=\{1, 2, 3, \{\varnothing\}\}$에 대하여 집합 $X(A)$를 집합 A의 모든 부분집합을 원소로 갖는 집합이라 할 때, 보기에서 옳은 것만을 있는 대로 고른 것은?

보기
ㄱ. $\varnothing\in X(A)$ ㄴ. $\varnothing\subset X(A)$
ㄷ. $\{\varnothing\}\in X(A)$ ㄹ. $\{\{\varnothing\}\}\subset X(A)$

① ㄱ, ㄴ ② ㄴ, ㄷ ③ ㄱ, ㄴ, ㄷ
④ ㄱ, ㄷ, ㄹ ⑤ ㄴ, ㄷ, ㄹ

유형 06 집합 사이의 포함 관계를 이용하여 미지수 구하기

두 집합 A, B에 대하여
(1) $A=B$일 때
➡ 두 집합 A, B의 모든 원소가 서로 같음을 이용하여 식을 세운다.
(2) $A\subset B$일 때
➡ 집합 A의 모든 원소가 집합 B의 원소임을 이용하여 식을 세운다.

16 두 집합
$$A=\{1, a+2b, 7\},\ B=\{1, 4, 3b-2\}$$
에 대하여 $A=B$일 때, 상수 a, b에 대하여 $a+b$의 값을 구하시오.

17 두 집합
$$A=\{4, 2a, a^2\},\ B=\{8, 2a-4, 3a+4\}$$
에 대하여 $A\subset B$이고 $B\subset A$일 때, 상수 a의 값을 구하시오.

18 두 집합
$$A=\{-2, 1, a^2-1\},\ B=\{0, a-3, a, a+1\}$$
에 대하여 $A\subset B$일 때, 집합 B의 모든 원소의 합을 구하시오. (단, a는 상수)

19 두 집합
$$A=\{x\,|\,|x-1|\le k\},$$
$$B=\{x\,|\,x^2-4x-5\le 0\}$$
에 대하여 $B\subset A$를 만족시키는 양수 k의 최솟값을 구하시오.

유형 07 특정한 원소를 갖거나 갖지 않는 부분집합의 개수

집합 $A=\{a_1, a_2, a_3, \cdots, a_n\}$에 대하여

(1) 집합 A의 부분집합의 개수 ➡ 2^n

(2) 집합 A의 진부분집합의 개수 ➡ 2^n-1

(3) 집합 A의 부분집합 중 $k(k<n)$개의 특정한 원소를 반드시 갖는(또는 갖지 않는) 부분집합의 개수 ➡ 2^{n-k}

20 ○○○ 집합 $A=\{x|x$는 20의 양의 약수$\}$의 진부분집합의 개수는?

① 31 ② 32 ③ 63
④ 64 ⑤ 127

21 ●○○ 집합 $A=\{1, 2, 3, 4, 5, 6\}$의 부분집합 중에서 1은 반드시 원소로 갖고 4, 6은 원소로 갖지 않는 부분집합의 개수를 구하시오.

교육청

22 ●●○ 집합 $A=\{1, 2, 3, 4, 5\}$의 부분집합 중에서 홀수인 원소가 한 개 이상 속해 있는 집합의 개수는?

① 16 ② 20 ③ 24
④ 28 ⑤ 32

23 ●●● 집합 $A=\{1, 2, 3, 4\}$의 부분집합 중에서 원소가 2개 이상인 모든 집합에 대하여 각 집합의 가장 작은 원소를 모두 더한 값을 구하시오.

유형 08 $A\subset X\subset B$를 만족시키는 집합 X의 개수

$A=\{a_1, a_2, a_3, \cdots, a_n\}$, $B=\{a_1, a_2, a_3, \cdots, a_m\}$에 대하여 $A\subset X\subset B$를 만족시키는 집합 X의 개수 (단, $n<m$)

➡ 집합 B의 부분집합 중에서 집합 A의 모든 원소를 반드시 원소로 갖는 집합의 개수

➡ 2^{m-n}

교육청

24 ●○○ 전체집합 $U=\{x|x$는 자연수$\}$의 두 부분집합 A, B에 대하여

$A=\{x|x$는 4의 약수$\}$,
$B=\{x|x$는 12의 약수$\}$

일 때, $A\subset X\subset B$를 만족시키는 집합 X의 개수를 구하시오.

25 ●●○ 두 집합

$A=\{x|x^2-4x+3=0\}$,
$B=\{x|x$는 12보다 작은 홀수$\}$

에 대하여 $A\subset X\subset B$, $X\neq A$, $X\neq B$를 만족시키는 집합 X의 개수는?

① 6 ② 8 ③ 14
④ 15 ⑤ 16

26 ●●○ 두 집합

$A=\{x|x$는 n 이하의 자연수$\}$,
$B=\{x|x$는 20 이하의 3의 양의 배수$\}$

에 대하여 $B\subset X\subset A$를 만족시키는 집합 X의 개수가 2^{12}일 때, 자연수 n의 값은? (단, $n\geq 18$)

① 18 ② 19 ③ 20
④ 21 ⑤ 22

02 집합의 연산

유형 01 집합의 연산

(1) 전체집합 U의 두 부분집합 A, B에 대하여
① 합집합: $A\cup B=\{x|x\in A$ 또는 $x\in B\}$
② 교집합: $A\cap B=\{x|x\in A$ 그리고 $x\in B\}$
③ 여집합: $A^C=\{x|x\in U$ 그리고 $x\notin A\}$
④ 차집합: $A-B=\{x|x\in A$ 그리고 $x\notin B\}$
(2) 전체집합 U의 두 부분집합 A, B에 대하여
$A\cap B=\varnothing$일 때, A와 B는 서로소이다.

1 ●○○ 전체집합 $U=\{1, 2, 3, 4, 5, 6\}$의 두 부분집합
$A=\{1, 2, 3, 6\}$, $B=\{2, 4, 6\}$
에 대하여 집합 $A^C\cup B$의 모든 원소의 합을 구하시오.

2 ●●○ 전체집합 $U=\{1, 2, 3, \cdots, 9\}$의 두 부분집합
$A=\{x|x=3k-1, k$는 자연수$\}$,
$B=\{x|x=2k, k$는 자연수$\}$
에 대하여 보기에서 옳은 것만을 있는 대로 고른 것은?

보기
ㄱ. $A\cap B=\{x|x=6k-4, k$는 자연수$\}$
ㄴ. $A-B=\{x|x=5k, k$는 자연수$\}$
ㄷ. $A^C\cap B^C=\{x|x$는 홀수$\}$

① ㄱ ② ㄷ ③ ㄱ, ㄴ
④ ㄴ, ㄷ ⑤ ㄱ, ㄴ, ㄷ

3 ●●○ 집합 $\{1, 2, 3, 4, 5\}$의 부분집합 중에서 집합 $\{1, 2\}$와 서로소인 집합의 개수를 구하시오.

유형 02 집합의 연산 조건을 만족시키는 집합 구하기

주어진 조건을 만족시키도록 벤 다이어그램에 원소를 써넣어 집합을 구한다.

4 ●○○ 두 집합 A, B에 대하여
$B=\{2, 5, 8, 11\}$, $A\cap B=\{5, 11\}$,
$A\cup B=\{2, 4, 5, 7, 8, 11, 13\}$
일 때, 집합 A를 구하시오.

5 ●●○ 전체집합 $U=\{x|x$는 10 이하의 자연수$\}$의 두 부분집합 A, B에 대하여
$A-B=\{1, 6\}$, $A\cap B=\{3, 5\}$,
$A^C\cap B^C=\{2, 8, 9\}$
일 때, 집합 B는?

① $\{4, 7, 10\}$ ② $\{3, 4, 5, 10\}$
③ $\{2, 3, 5, 8, 9\}$ ④ $\{3, 4, 5, 7, 10\}$
⑤ $\{2, 4, 7, 8, 9, 10\}$

교육청
6 ●●○ 집합 $A=\{1, 2, 3, 4\}$에 대하여 집합 B가
$B-A=\{5, 6\}$
을 만족시킨다. 집합 B의 모든 원소의 합이 12일 때, 집합 $A-B$의 모든 원소의 합은?

① 5 ② 6 ③ 7
④ 8 ⑤ 9

유형 03 벤 다이어그램의 색칠한 부분을 나타내는 집합

주어진 연산이 나타내는 집합을 벤 다이어그램으로 나타낸 후 주어진 벤 다이어그램이 나타내는 집합과 비교한다.

7 ●○○ 다음 중 오른쪽 벤 다이어그램의 색칠한 부분을 나타내는 집합은? (단, U는 전체집합)

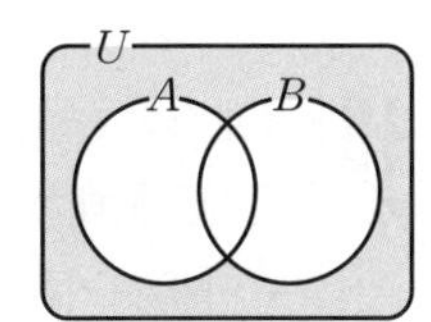

① $A^C \cup B^C$　② $A^C \cap B^C$
③ $(A \cap B)^C$　④ $(A-B)^C$
⑤ $(B-A)^C$

8 ●●○ 보기에서 오른쪽 벤 다이어그램의 색칠한 부분을 나타내는 집합인 것만을 있는 대로 고른 것은? (단, U는 전체집합)

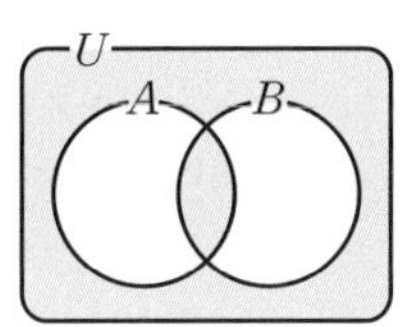

보기
ㄱ. $(A \cup B^C) \cap (A^C \cup B)$
ㄴ. $(A \cup B)-(A \cap B)$
ㄷ. $(A \cap B) \cup (A \cup B)^C$
ㄹ. $(A-B) \cup (B-A)$

① ㄱ, ㄴ　② ㄱ, ㄷ　③ ㄴ, ㄷ
④ ㄴ, ㄹ　⑤ ㄷ, ㄹ

9 ●●○ 다음 중 오른쪽 벤 다이어그램의 색칠한 부분을 나타내는 집합은?

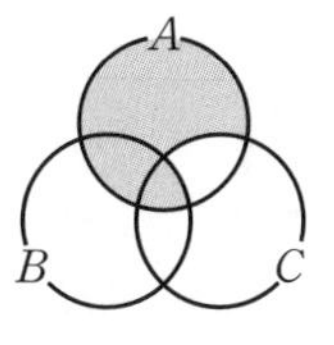

① $A \cap (B \cup C)$
② $A \cup (B \cap C)$
③ $A-(B \cap C)$
④ $A-(C-B)$
⑤ $A \cap (B-C)$

유형 04 집합의 연산 조건을 만족시키는 미지수 구하기

주어진 조건을 이용하여 미지수의 값을 구한다. 이때 구한 값이 주어진 집합의 연산을 만족시키는지 반드시 확인한다.

10 ●○○ 두 집합

$$A=\{1, 2, 2a-3\},\ B=\{3, 5, b+1\}$$

에 대하여 $A \cap B=\{2, 3\}$일 때, 상수 a, b에 대하여 ab의 값을 구하시오.

11 ●●○ 두 집합

$$A=\{x \mid x^2-5x+6=0\},$$
$$B=\{x \mid x^2-ax-a-1=0\}$$

에 대하여 $A-B=\{2\}$일 때, 상수 a의 값을 구하시오.

12 ●●○ 두 집합

$$A=\{2, 4, a^2+1\},\ B=\{7, a-1, a+2\}$$

에 대하여 $A \cup B=\{1, 2, 4, 5, 7\}$일 때, 상수 a의 값을 구하시오.

13 ●●● 두 집합

$$A=\{3, a-1, a^2-2\},\ B=\{2, 3, a-2\}$$

에 대하여 $(A \cup B)-(A \cap B)=\{0, 1\}$일 때, 집합 A의 모든 원소의 합을 b라 하자. 이때 $a+b$의 값을 구하시오. (단, a는 상수)

유형 05 집합의 연산과 포함 관계

전체집합 U의 두 부분집합 A, B에 대하여

(1) $B \subset A$이면 다음이 항상 성립한다.

➡ $A \cup B = A$, $A \cap B = B$, $B - A = \varnothing$, $A^C \subset B^C$

(2) 두 집합 A, B가 서로소이면 다음이 항상 성립한다.

➡ $A \cap B = \varnothing$, $A - B = A$, $B - A = B$, $A \subset B^C$, $B \subset A^C$

14 ●○○ 전체집합 U의 두 부분집합 A, B에 대하여 $A^C \subset B^C$일 때, 다음 중 옳지 <u>않은</u> 것은?

① $A \cup B = A$ ② $A \cap B = B$
③ $B - A = \varnothing$ ④ $B \subset A$
⑤ $A^C \cup B = U$

15 ●○○ 전체집합 U의 두 부분집합 A, B에 대하여 $A - B = A$일 때, 보기에서 항상 옳은 것만을 있는 대로 고르시오.

보기
ㄱ. $A \cap B = \varnothing$ ㄴ. $A \subset B$
ㄷ. $A \subset B^C$ ㄹ. $B \subset A^C$

16 ●●○ 전체집합 U의 두 부분집합 A, B에 대하여 다음 중 A, B 사이의 포함 관계가 나머지 넷과 <u>다른</u> 하나는?

① $A \subset B^C$ ② $B \subset A^C$
③ $B - A = \varnothing$ ④ $A \cap B = \varnothing$
⑤ $(A \cap B)^C = U$

17 ●●○ 두 집합

$A = \{x \mid x^2 - x - 2 < 0\}$,
$B = \{x \mid x^2 - 3(a-2)x - 18a < 0\}$

에 대하여 $A \cap B = A$일 때, 상수 a의 최솟값을 구하시오.

유형 06 집합의 연산 조건을 만족시키는 부분집합의 개수

집합 X와 주어진 집합 사이의 포함 관계를 확인하여 집합 X가 반드시 갖는 원소와 갖지 않는 원소를 찾는다.

18 ●○○ 전체집합 $U = \{1, 2, 3, 4, 5, 6, 7\}$의 두 부분집합 A, X에 대하여 $A = \{1, 4, 5\}$일 때, $X - A = X$를 만족시키는 집합 X의 개수를 구하시오.

19 ●○○ 두 집합

$A = \{1, 3, 6, 7\}$,
$B = \{x \mid x$는 12의 양의 약수$\}$

에 대하여 $(A \cup B) \cap X = X$, $(B - A) \cup X = X$를 만족시키는 집합 X의 개수를 구하시오.

교육청

20 ●●○ 전체집합 $U = \{x \mid x$는 50 이하의 자연수$\}$의 두 부분집합

$A = \{x \mid x$는 6의 배수$\}$, $B = \{x \mid x$는 4의 배수$\}$

가 있다. $A \cup X = A$이고 $B \cap X = \varnothing$인 집합 X의 개수는?

① 8 ② 16 ③ 32
④ 64 ⑤ 128

21 ●●● 두 집합

$A = \{1, 2, 3, 4, 5\}$,
$B = \{a+2, a+3, a+4, a+5\}$

에 대하여 $A \cap X = X$, $(A \cap B) \cup X = X$를 만족시키는 집합 X의 개수가 8일 때, 자연수 a의 값을 구하시오.

유형 07 집합의 연산 법칙

전체집합 U의 세 부분집합 A, B, C에 대하여

(1) 교환법칙: $A\cup B=B\cup A$, $A\cap B=B\cap A$

(2) 결합법칙: $(A\cup B)\cup C=A\cup(B\cup C)$,
$(A\cap B)\cap C=A\cap(B\cap C)$

(3) 분배법칙: $A\cap(B\cup C)=(A\cap B)\cup(A\cap C)$,
$A\cup(B\cap C)=(A\cup B)\cap(A\cup C)$

(4) 드모르간 법칙: $(A\cup B)^C=A^C\cap B^C$,
$(A\cap B)^C=A^C\cup B^C$

22 ●○○ 세 집합 A, B, C에 대하여

$$A\cap B=\{3, 4, 5\},\ A\cap C=\{3, 8, 9, 10\}$$

일 때, 집합 $A\cap(B\cup C)$는?

① $\{3\}$ ② $\{3, 4, 8\}$
③ $\{3, 4, 5, 8\}$ ④ $\{3, 4, 5, 8, 9\}$
⑤ $\{3, 4, 5, 8, 9, 10\}$

교육청

23 ●○○ 전체집합 $U=\{x\,|\,x$는 20 이하의 자연수$\}$의 두 부분집합

$A=\{x\,|\,x$는 4의 배수$\}$,
$B=\{x\,|\,x$는 20의 약수$\}$

에 대하여 집합 $(A^C\cup B)^C$의 모든 원소의 합을 구하시오.

24 ●●○ 전체집합 U의 세 부분집합 A, B, C에 대하여 보기에서 항상 옳은 것만을 있는 대로 고른 것은?

보기

ㄱ. $(A\cap B)\cup(A^C\cup B)^C=A$
ㄴ. $A-(B-C)=(A-B)\cup(A\cap C)$
ㄷ. $(A-B)-C=B\cap(A-C)$

① ㄱ ② ㄴ ③ ㄱ, ㄴ
④ ㄱ, ㄷ ⑤ ㄴ, ㄷ

25 ●●○ 전체집합 U의 세 부분집합 A, B, C에 대하여 다음 중 벤 다이어그램의 색칠한 부분이

$$\{A\cup(A^C\cap B)\}\cap\{B\cap(B\cup C)\}$$

를 나타내는 것은?

①

②
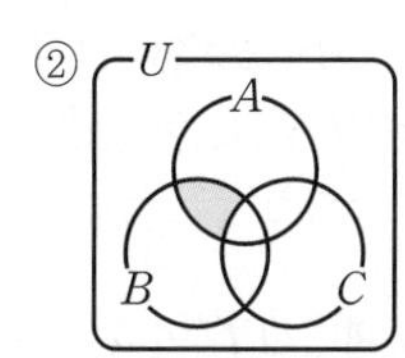

③
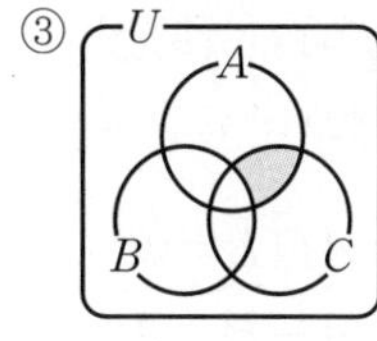

④
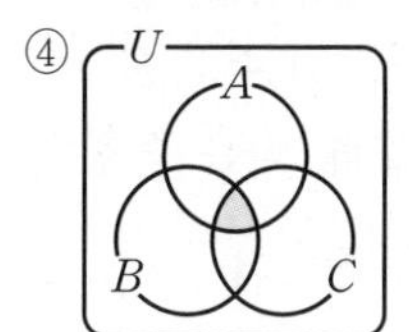

⑤
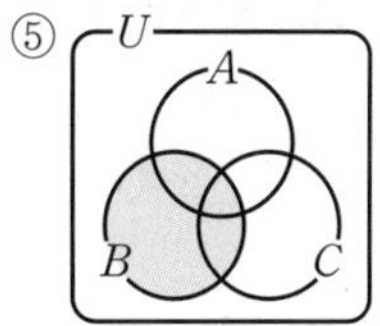

26 ●●○ 전체집합 U의 공집합이 아닌 세 부분집합 A, B, C에 대하여

$$\{(A\cap B)\cup(A^C\cap B)\}\cup\{(B^C\cap C)\cup(B\cup C)^C\}$$

을 간단히 하면?

① $\varnothing$ ② A ③ B
④ $A\cup B$ ⑤ U

27 ●●○ 전체집합 $U=\{x\,|\,x$는 10보다 작은 자연수$\}$의 두 부분집합 A, B에 대하여

$A^C\cap B^C=\{1, 3, 7\}$,
$\{(A\cap B^C)\cup(B-A^C)\}\cap B^C=\{2, 4, 8\}$

일 때, 집합 B를 구하시오.

유형 08 집합의 연산 법칙과 포함 관계

복잡한 꼴의 집합이 주어지면 집합의 연산 법칙을 이용하여 간단히 한 후 두 집합 A, B 사이의 포함 관계를 확인한다.
➡ $A\cup B=B$이면 $A\subset B$, $A\cap B=B$이면 $B\subset A$,
$A-B=\varnothing$이면 $A\subset B$, $B-A=\varnothing$이면 $B\subset A$

28 ●●○ 전체집합 U의 두 부분집합 A, B에 대하여

$$\{(A^C\cup B^C)\cap(A\cup B^C)\}\cap A=\varnothing$$

일 때, 다음 중 항상 옳은 것은?

① $B\subset A$　② $A\cap B=\varnothing$
③ $A\cup B=B$　④ $A-B=A$
⑤ $B-A=B$

29 ●●○ 전체집합 U의 두 부분집합 A, B에 대하여

$$\{(A-B^C)\cup(A\cap B^C)\}\cup B=A$$

일 때, 보기에서 항상 옳은 것만을 있는 대로 고른 것은?

보기
ㄱ. $A\cap B=A$　ㄴ. $A\cup B=U$
ㄷ. $A^C\subset B^C$　ㄹ. $A-B=\varnothing$

① ㄱ　② ㄷ　③ ㄱ, ㄴ
④ ㄴ, ㄷ　⑤ ㄷ, ㄹ

30 ●●● 실수 전체의 집합 U의 두 부분집합

$$A=\{x\,|\,x^2+16x+60\le 0\},$$
$$B=\{x\,|\,a-3\le x\le a+5\}$$

에 대하여 $A\cup(B\cap A^C)=B$일 때, 상수 a의 최댓값과 최솟값의 합을 구하시오.

유형 09 새롭게 정의된 집합의 연산

주어진 조건에 따라 집합의 연산 법칙을 이용하거나 벤 다이어그램을 이용하여 집합을 구한다.

31 ●●○ 전체집합 U의 두 부분집합 A, B에 대하여 연산 ◎를 $A◎B=(A\cup B)-(A\cap B)$라 할 때, 보기에서 항상 옳은 것만을 있는 대로 고르시오.

보기
ㄱ. $\varnothing◎A=A$　ㄴ. $U◎A=A^C$
ㄷ. $\varnothing◎U=\varnothing$　ㄹ. $A◎B=B◎A$

32 ●●○ 전체집합 U의 두 부분집합 A, B에 대하여 연산 ☆를 $A☆B=(A\cup B)\cap(B^C\cup A)$라 할 때, 다음 중 $(A☆B)☆A$와 같은 집합은?

① $\varnothing$　② A　③ B
④ $A\cap B$　⑤ U

33 ●●● 전체집합 U의 두 부분집합 A, B에 대하여 연산 △를 $A\triangle B=(A-B)\cup(B-A)$라 할 때, 다음 중 벤 다이어그램의 색칠한 부분이 $B\triangle(A\triangle C)$를 나타내는 것은?

①
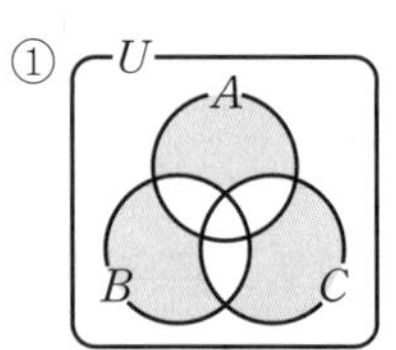

②
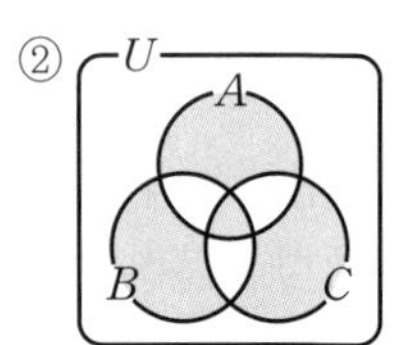

③
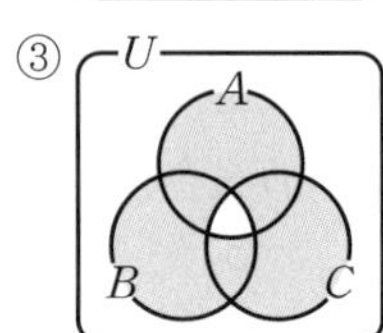

④
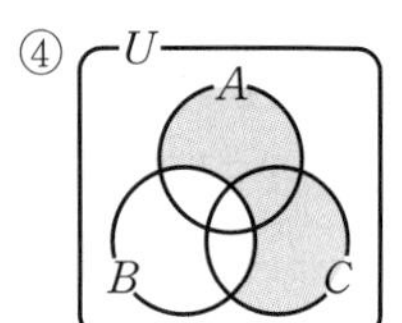

⑤
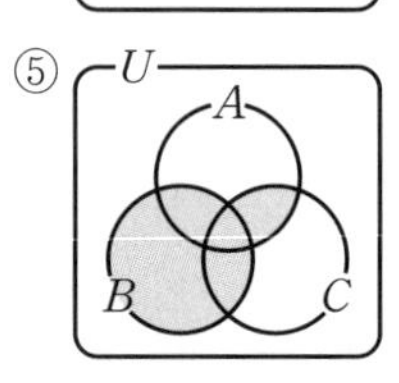

UP
유형 10 배수 또는 약수의 집합의 연산

(1) 자연수 k의 양의 배수의 집합을 A_k, 두 자연수 m, n의 최소공배수를 p라 하면
➡ $A_m \cap A_n = A_p$
(2) 자연수 k의 양의 약수의 집합을 B_k, 두 자연수 m, n의 최대공약수를 q라 하면
➡ $B_m \cap B_n = B_q$

34 ●●○ 자연수 n의 양의 배수의 집합을 A_n이라 할 때, 다음 중 $(A_2 \cap A_3) \cap (A_6 \cup A_{12})$와 같은 집합은?

① A_2 ② A_3 ③ A_4
④ A_6 ⑤ A_{12}

35 ●●○ 전체집합 $U=\{x | x$는 100 이하의 자연수$\}$의 부분집합 중 자연수 k의 배수의 집합을 A_k라 할 때, 집합 $A_4 \cap (A_3 \cup A_6)$의 원소의 개수는?

① 7 ② 8 ③ 9
④ 10 ⑤ 11

36 ●●● 자연수 k의 양의 약수의 집합을 A_k라 할 때, 보기에서 옳은 것만을 있는 대로 고른 것은?

보기
ㄱ. $A_8 \subset A_4$
ㄴ. $A_{24} \cap A_{36} = A_{12}$
ㄷ. $A_n - A_8 = \varnothing$을 만족시키는 자연수 n의 개수는 4이다.

① ㄱ ② ㄴ ③ ㄱ, ㄴ
④ ㄴ, ㄷ ⑤ ㄱ, ㄴ, ㄷ

유형 11 유한집합의 원소의 개수

전체집합 U의 세 부분집합 A, B, C에 대하여
(1) $n(A \cup B) = n(A) + n(B) - n(A \cap B)$
(2) $n(A \cup B \cup C)$
$= n(A) + n(B) + n(C) - n(A \cap B) - n(B \cap C) - n(C \cap A) + n(A \cap B \cap C)$
(3) $n(A^C) = n(U) - n(A)$
(4) $n(A - B) = n(A) - n(A \cap B)$
$= n(A \cup B) - n(B)$

37 ●○○ 두 집합 A, B에 대하여
$n(A)=17$, $n(B)=15$, $n(B-A)=10$
일 때, $n(A-B)$를 구하시오.

38 ●○○ 전체집합 U의 두 부분집합 A, B에 대하여
$n(U)=40$, $n(A)=20$,
$n(B)=30$, $n(A^C \cap B^C)=5$
일 때, $n(A \cap B)$를 구하시오.

39 ●●○ 세 집합 A, B, C에 대하여 $A \cap B = \varnothing$이고
$n(A)=12$, $n(B)=10$, $n(C)=13$,
$n(B \cap C)=3$, $n(C \cup A)=18$
일 때, $n(A \cup B \cup C)$를 구하시오.

40 ●●○ 두 집합 A, B에 대하여
$n(A)=30$, $n(B)=40$,
$n((A-B) \cup (B-A))=30$
일 때, $n(A \cup B)$를 구하시오.

정답과 해설 134쪽

유형 12 유한집합의 원소의 개수의 활용

다음을 이용하여 주어진 조건을 집합으로 나타낸다.
(1) '또는', '적어도 하나는' ➡ $A \cup B$
(2) '모두', '둘 다 ~하는' ➡ $A \cap B$
(3) '둘 중 어느 것도 ~하지 않는' ➡ $(A \cup B)^C$
(4) '하나만 ~하는' ➡ $A-B$ 또는 $B-A$

41 ●○○ 어느 과일 가게에서 사과를 산 사람은 26명, 복숭아를 산 사람은 20명, 사과 또는 복숭아를 산 사람은 40명일 때, 사과와 복숭아를 모두 산 사람 수를 구하시오.

42 ●●○ 어느 반 학생 35명 중에서 전주에 가 본 학생은 17명, 경주에 가 본 학생은 5명, 두 곳 모두 가 본 학생은 3명일 때, 두 곳 중에서 어느 곳도 가 보지 않은 학생 수를 구하시오.

교육청

43 ●●○ 어느 학교 56명의 학생들을 대상으로 두 동아리 A, B의 가입여부를 조사한 결과 다음과 같은 사실을 알게 되었다.

> (가) 학생들은 두 동아리 A, B 중 적어도 한 곳에 가입하였다.
> (나) 두 동아리 A, B에 가입한 학생의 수는 각각 35명, 27명이었다.

동아리 A에만 가입한 학생의 수를 구하시오.

44 ●●○ 체험 학습에 참가한 학생 50명 중에서 버스를 타고 온 학생은 31명, 버스만 타고 지하철은 타지 않은 학생은 11명, 버스와 지하철 중 어느 것도 타지 않은 학생은 9명일 때, 지하철을 타고 온 학생 수를 구하시오.

UP 유형 13 유한집합의 원소의 개수의 최대, 최소

전체집합 U의 두 부분집합 A, B에 대하여
$n(A)>n(B)$일 때
(1) $n(A \cap B)$가 최대이려면
➡ $n(A \cup B)$가 최소
➡ $B \subset A$
(2) $n(A \cap B)$가 최소이려면
➡ $n(A \cup B)$가 최대
➡ $A \cup B=U$

45 ●●○ 전체집합 U의 두 부분집합 A, B에 대하여

$$n(U)=22,\ n(A)=15,\ n(B)=9$$

일 때, $n(A \cap B)$의 최댓값과 최솟값의 곱은?

① 16 ② 18 ③ 20 ④ 22 ⑤ 24

46 ●●○ 두 집합 A, B에 대하여

$$n(A)=8,\ n(B)=10,\ n(A \cap B) \geq 4$$

일 때, $n(A \cup B)$의 최댓값과 최솟값의 합은?

① 12 ② 16 ③ 20 ④ 24 ⑤ 28

47 ●●● 어느 전자 제품 대리점을 방문한 사람 30명을 대상으로 조사하였더니 A 제품을 구매한 사람은 18명, B 제품을 구매한 사람은 27명이었을 때, 두 제품 A, B를 모두 구매한 사람은 최대 몇 명인가?

① 12명 ② 15명 ③ 18명 ④ 21명 ⑤ 24명

Ⅱ. 집합과 명제

2 명제

01 명제와 조건

02 명제의 역과 대우

03 명제의 증명

01 명제와 조건

유형 01 명제

참인지 거짓인지를 분명하게 판별할 수 있는 문장이나 식을 명제라 한다.

주의 거짓인 문장이나 식도 명제이다.

1 다음 중 명제가 아닌 것은?

① $x+4=5$
② 0은 자연수이다.
③ 4의 배수는 2의 배수이다.
④ 1 kg은 100 g이다.
⑤ 삼각형의 외각의 크기의 합은 360°이다.

2 보기에서 명제인 것의 개수는?

보기
ㄱ. $3+2=6$
ㄴ. $x=4+5$
ㄷ. $x+4=x+3+1$
ㄹ. $x-5=2x+3-x$
ㅁ. $x+5<3x$
ㅂ. $x>x-1$

① 2 ② 3 ③ 4
④ 5 ⑤ 6

3 보기에서 참인 명제인 것만을 있는 대로 고른 것은?

보기
ㄱ. 정사각형은 마름모이다.
ㄴ. 12와 36의 최대공약수는 36이다.
ㄷ. 설악산은 아름답다.
ㄹ. 반지름의 길이가 3인 원의 넓이는 9π이다.

① ㄱ, ㄴ ② ㄱ, ㄹ ③ ㄴ, ㄷ
④ ㄴ, ㄹ ⑤ ㄷ, ㄹ

유형 02 명제와 조건의 부정

명제 또는 조건 p에 대하여 'p가 아니다.'를 p의 부정이라 하고, 기호로 $\sim p$와 같이 나타낸다.

(1) $\sim(\sim p)=p$

(2) p가 참이면 $\sim p$는 거짓이다.

참고
- '그리고'의 부정 ➡ '또는', '이거나'
- '$x=a$'의 부정 ➡ '$x\neq a$'
- '$a<x<b$'의 부정 ➡ '$x\le a$ 또는 $x\ge b$'

4 다음 명제 중 그 부정이 참인 명제인 것은?

① -3의 제곱은 9이다.
② $\sqrt{3}-1$은 무리수이다.
③ 5는 소수이다.
④ 3은 집합 $\{1, 2\}$의 원소이다.
⑤ 6의 양의 약수의 합은 12이다.

5 두 조건 p, q가 p: $0<x\le 3$, q: $x<2$일 때, 조건 '$\sim p$ 또는 q'의 부정을 말하시오.

6 보기에서 조건 p와 그 부정 $\sim p$로 옳은 것만을 있는 대로 고른 것은?

보기
ㄱ. p: $-1<x<4$
　$\sim p$: $x\le -1$ 또는 $x\ge 4$
ㄴ. p: $x^2=y^2$
　$\sim p$: $x\neq -y$ 또는 $x\neq y$
ㄷ. p: $x=y=z$
　$\sim p$: $x\neq y$ 또는 $y\neq z$ 또는 $z\neq x$

① ㄱ ② ㄷ ③ ㄱ, ㄴ
④ ㄱ, ㄷ ⑤ ㄴ, ㄷ

유형 03 조건의 진리집합

두 조건 p, q의 진리집합을 각각 P, Q라 하면
(1) $\sim p$의 진리집합 ➡ P^C
(2) 'p 또는 q'의 진리집합 ➡ $P \cup Q$
(3) 'p 그리고 q'의 진리집합 ➡ $P \cap Q$

교육청

7 ●○○ 전체집합 $U=\{1, 2, 3, 4, 5, 6, 7, 8\}$에 대하여 조건 p가

p: x는 짝수 또는 6의 약수이다.

일 때, 조건 $\sim p$의 진리집합의 모든 원소의 합은?

① 11 ② 12 ③ 13
④ 14 ⑤ 15

8 ●○○ 실수 전체의 집합에서 두 조건 p, q가

p: $x \geq 3$, q: $x \geq -2$

일 때, 두 조건 p, q의 진리집합을 각각 P, Q라 하자. 다음 중 조건 '$-2 \leq x < 3$'의 진리집합인 것은?

① $P \cup Q$ ② $P \cap Q$ ③ $P \cup Q^C$
④ $Q-P$ ⑤ $(P \cup Q)^C$

9 ●●○ 전체집합 $U=\{1, 2, 3, 4, 5, 6, 7\}$에 대하여 두 조건 p, q가

p: $|x-2|=2$, q: $x^2-4x+3 \leq 0$

일 때, 조건 'p 또는 q'의 진리집합의 모든 원소의 개수를 구하시오.

10 ●●○ 전체집합 $U=\{x|x$는 $-3 \leq x \leq 3$인 정수$\}$에 대하여 두 조건 p, q가

p: $x^2+2x-3=0$, q: $|x-1|>2$

일 때, 조건 'p이고 $\sim q$'의 진리집합을 구하시오.

유형 04 명제 $p \longrightarrow q$의 참, 거짓

명제 $p \longrightarrow q$에 대하여
(1) 두 조건 p, q의 진리집합을 각각 P, Q라 할 때, $P \subset Q$이면 명제 $p \longrightarrow q$는 참이다.
(2) p이지만 $\sim q$인 예가 있으면 명제 $p \longrightarrow q$는 거짓이다.
➡ 반례가 있으면 거짓이다.

11 ●○○ 다음 중 참인 명제가 아닌 것은?

① $x=1$이면 $x^2=1$이다.
② $x=\sqrt{2}$이면 $x^2=2$이다.
③ $3x+1=7$이면 $x^2-2x=0$이다.
④ $x(x+2)=3$이면 x는 정수이다.
⑤ $x(x+4)=8$이면 x는 유리수이다.

12 ●●○ 보기에서 참인 명제인 것만을 있는 대로 고른 것은?

보기
ㄱ. ab가 정수이면 a, b는 정수이다.
ㄴ. $a+b$가 유리수이면 a 또는 b는 유리수이다.
ㄷ. $a+b>0$이면 $a>0$ 또는 $b>0$이다.

① ㄱ ② ㄴ ③ ㄷ
④ ㄱ, ㄷ ⑤ ㄴ, ㄷ

13 ●●○ 보기에서 두 조건 p, q에 대하여 명제 $p \longrightarrow q$가 참인 것만을 있는 대로 고른 것은? (단, x, y는 실수)

보기
ㄱ. p: $x>2$, q: $x^2>4$
ㄴ. p: $x^2+y^2=0$, q: $x=0$이고 $y=0$
ㄷ. p: $2x-4=2$, q: $x^2+2x-3=0$

① ㄱ ② ㄷ ③ ㄱ, ㄴ
④ ㄴ, ㄷ ⑤ ㄱ, ㄴ, ㄷ

유형 05 명제가 참이 되도록 하는 상수 구하기

두 조건 p, q의 진리집합을 각각 P, Q라 할 때, 명제 $p \longrightarrow q$가 참이면 $P \subset Q$이므로 이를 만족시키도록 두 집합 P, Q를 수직선 위에 나타낸다.

14 두 조건 p, q가

p: $-2<x<a$, q: $-\frac{a}{3} \le x \le 8$

일 때, 명제 $p \longrightarrow q$가 참이 되도록 하는 자연수 a의 개수는?

① 3 ② 4 ③ 5 ④ 6 ⑤ 7

15 두 조건 p, q가

p: $x<-4$ 또는 $x>9$,

q: $x^2-(a+b)x+ab \le 0$

일 때, 명제 $\sim p \longrightarrow q$가 참이 되도록 하는 상수 a의 최댓값과 상수 b의 최솟값의 합을 구하시오. (단, $a<b$)

교육청

16 세 조건 p, q, r가

p: $x>4$

q: $x>5-a$

r: $(x-a)(x+a)>0$

일 때, 명제 $p \longrightarrow q$와 명제 $q \longrightarrow r$가 모두 참이 되도록 하는 실수 a의 최댓값과 최솟값의 합은?

① 3 ② $\frac{7}{2}$ ③ 4 ④ $\frac{9}{2}$ ⑤ 5

유형 06 명제와 진리집합 사이의 관계

명제 $p \longrightarrow q$에 대하여 두 조건 p, q의 진리집합을 각각 P, Q라 할 때

(1) $P \subset Q$이면 ➡ 명제 $p \longrightarrow q$는 참

(2) $P \not\subset Q$이면 ➡ 명제 $p \longrightarrow q$는 거짓

17 전체집합 U에 대하여 두 조건 p, q의 진리집합을 각각 P, Q라 하자. 명제 $q \longrightarrow p$가 참일 때, 다음 중 항상 옳은 것은?

① $P \cup Q=Q$ ② $P \cap Q=P$ ③ $P \cap Q^C=P$ ④ $P \cup Q^C=U$ ⑤ $P^C \cap Q^C=U$

18 전체집합 U에 대하여 두 조건 p, q의 진리집합을 각각 P, Q라 할 때, 다음 중 명제 'q이면 $\sim p$이다.'가 거짓임을 보이는 원소가 속하는 집합은?

① $P \cap Q$ ② $P \cap Q^C$ ③ $P^C \cap Q$ ④ $P^C \cap Q^C$ ⑤ $P^C \cup Q^C$

19 전체집합 U에 대하여 세 조건 p, q, r의 진리집합을 각각 P, Q, R라 할 때, 오른쪽 그림은 세 집합 P, Q, R 사이의 포함 관계를 벤 다이어그램으로 나타낸 것이다. 다음 중 거짓인 명제는?

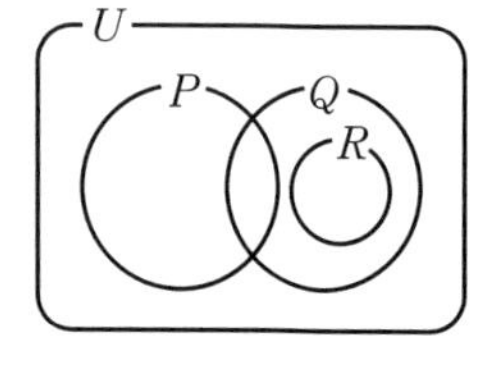

① $p \longrightarrow q$ ② $p \longrightarrow \sim r$ ③ $r \longrightarrow q$ ④ $r \longrightarrow \sim p$ ⑤ $\sim q \longrightarrow \sim r$

정답과 해설 136쪽

20 전체집합 U에 대하여 세 조건 p, q, r의 진리집합을 각각 P, Q, R라 하자. $P\cup Q=Q$, $P\cap R^C=P$일 때, 다음 중 항상 참인 명제는?

① $p \longrightarrow \sim r$　② $\sim p \longrightarrow q$
③ $q \longrightarrow p$　④ $\sim q \longrightarrow r$
⑤ $r \longrightarrow p$

21 전체집합 U에 대하여 세 조건 p, q, r의 진리집합을 각각 P, Q, R라 할 때, 오른쪽 그림은 세 집합 P, Q, R 사이의 포함 관계를 벤 다이어그램으로 나타낸 것이다. 다음 중 명제 'p이면 q 또는 r이다.'가 거짓임을 보이는 원소는?

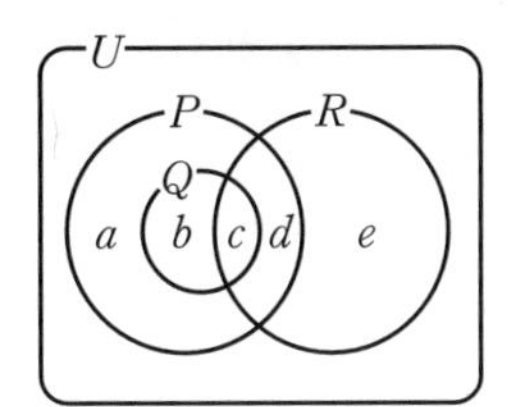

① a　② b　③ c
④ d　⑤ e

교육청

22 전체집합 U의 공집합이 아닌 세 부분집합 P, Q, R가 각각 세 조건 p, q, r의 진리집합이라 하자. 세 명제

$$\sim p \longrightarrow r,\ r \longrightarrow \sim q,\ \sim r \longrightarrow q$$

가 모두 참일 때, 보기에서 옳은 것만을 있는 대로 고른 것은?

보기
ㄱ. $P^C \subset R$
ㄴ. $P \subset Q$
ㄷ. $P\cap Q=R^C$

① ㄱ　② ㄴ　③ ㄱ, ㄷ
④ ㄴ, ㄷ　⑤ ㄱ, ㄴ, ㄷ

유형 07 '모든'이나 '어떤'을 포함한 명제의 참, 거짓

전체집합 U에 대하여 조건 p의 진리집합을 P라 할 때
(1) 명제 '모든 x에 대하여 p이다.'
➡ $P=U$이면 참, $P\neq U$이면 거짓
➡ p가 아닌 x가 하나라도 있으면 거짓
(2) 명제 '어떤 x에 대하여 p이다.'
➡ $P\neq\varnothing$이면 참, $P=\varnothing$이면 거짓
➡ p인 x가 하나만 있어도 참

23 전체집합 $U=\{1, 2, 3, 4, 5\}$에 대하여 $x\in U$일 때, 보기에서 참인 명제인 것만을 있는 대로 고른 것은?

보기
ㄱ. 모든 x에 대하여 $x+4<10$이다.
ㄴ. 어떤 x에 대하여 $x^2-1>0$이다.
ㄷ. 모든 x에 대하여 $x^2-1>0$이다.

① ㄱ　② ㄴ　③ ㄱ, ㄴ
④ ㄱ, ㄷ　⑤ ㄴ, ㄷ

24 다음 중 거짓인 명제는?

① 어떤 실수 x에 대하여 $x^2=5$이다.
② 어떤 실수 x에 대하여 $x^3+2<0$이다.
③ 모든 실수 x에 대하여 $x^2+x+4>0$이다.
④ 어떤 실수 x에 대하여 $x^2\leq 3x+4$이다.
⑤ 모든 실수 x에 대하여 $3x-1=4x+(1-x)$이다.

교육청

25 명제
'어떤 실수 x에 대하여 $x^2+8x+2k-1\leq 0$이다.'
가 거짓이 되도록 하는 정수 k의 최솟값을 구하시오.

02 명제의 역과 대우

유형 01 명제의 역과 대우의 참, 거짓

(1) 명제 $p \longrightarrow q$에 대하여
① 역: $q \longrightarrow p$ ② 대우: $\sim q \longrightarrow \sim p$
(2) 명제와 그 대우의 참, 거짓은 일치한다.

1 다음 중 그 역이 거짓인 명제는? (단, a, b는 실수)

① $a^2+b^2 \neq 0$이면 $a \neq 0$ 또는 $b \neq 0$이다.
② $a=0$ 또는 $a=1$이면 $a^2=a$이다.
③ $2a-1>0$이면 $a-1>0$이다.
④ $a<0$이고 $b<0$이면 $ab>b$이다.
⑤ $a+b=0$이고 $ab=0$이면 $a=0$이고 $b=0$이다.

2 다음 중 그 대우가 참인 명제는? (단, x, y는 실수)

① $x^2=4$이면 $x=2$이다.
② $x^2>y^2$이면 $x>y$이다.
③ $x^2=3x$이면 $x=0$이다.
④ $x=10$이면 $x^2=100$이다.
⑤ 삼각형 ABC의 두 내각의 크기가 같으면 삼각형 ABC는 정삼각형이다.

3 보기에서 역과 대우가 모두 참인 명제인 것만을 있는 대로 고른 것은? (단, a, b, c는 실수)

보기
ㄱ. $a^3=1$이면 $a=1$이다.
ㄴ. $|a|+|b|=0$이면 $a^2+b^2=0$이다.
ㄷ. $a+b<0$이면 $a<0$이고 $b<0$이다.
ㄹ. $a<b$이면 $c-a<c-b$이다.

① ㄱ, ㄴ ② ㄱ, ㄷ ③ ㄴ, ㄷ
④ ㄴ, ㄹ ⑤ ㄷ, ㄹ

유형 02 명제의 대우를 이용하여 상수 구하기

전체집합 U에 대하여 두 조건 p, q의 진리집합을 각각 P, Q라 할 때, 명제 $p \longrightarrow q$가 참이면
➡ 그 대우 $\sim q \longrightarrow \sim p$도 참
➡ $Q^C \subset P^C$

4 실수 a, b에 대하여 명제
'$a+b<6$이면 $a<k$ 또는 $b<3$이다.'
가 참일 때, 상수 k의 최솟값은?

① -1 ② 1 ③ 2
④ 3 ⑤ 4

교육청

5 명제
'$x^2-6x+5 \neq 0$이면 $x-a \neq 0$이다.'
가 참이 되도록 하는 모든 상수 a의 값의 합은?

① 6 ② 7 ③ 8
④ 9 ⑤ 10

6 두 조건 p, q가
p: $|x-1| \geq 2$, q: $|x-a| \geq 3$
일 때, 명제 $q \longrightarrow p$가 참이 되도록 하는 정수 a의 개수는?

① 2 ② 3 ③ 4
④ 5 ⑤ 6

유형 03 삼단논법

세 조건 p, q, r에 대하여 두 명제 $p \longrightarrow q$, $q \longrightarrow r$가 모두 참이면 명제 $p \longrightarrow r$가 참이다.

참고 세 조건 p, q, r의 진리집합을 각각 P, Q, R라 할 때, $P \subset Q$이고 $Q \subset R$이면 $P \subset R$이다.

7 ●○○ 세 조건 p, q, r에 대하여 두 명제 $p \longrightarrow q$, $\sim r \longrightarrow \sim q$가 모두 참일 때, 다음 명제 중 항상 참이라 할 수 없는 것은?

① $p \longrightarrow r$　② $\sim p \longrightarrow r$
③ $q \longrightarrow r$　④ $\sim q \longrightarrow \sim p$
⑤ $\sim r \longrightarrow \sim p$

8 ●●○ 네 조건 p, q, r, s에 대하여 세 명제 $p \longrightarrow r$, $\sim s \longrightarrow \sim r$, $s \longrightarrow q$가 모두 참일 때, 보기에서 항상 참인 명제인 것만을 있는 대로 고른 것은?

보기
ㄱ. $p \longrightarrow q$　ㄴ. $p \longrightarrow s$
ㄷ. $q \longrightarrow \sim r$　ㄹ. $r \longrightarrow s$

① ㄱ, ㄴ　② ㄱ, ㄷ　③ ㄴ, ㄹ
④ ㄱ, ㄴ, ㄹ　⑤ ㄴ, ㄷ, ㄹ

9 ●●○ 네 조건 p, q, r, s에 대하여 두 명제 $p \longrightarrow q$, $\sim r \longrightarrow s$가 모두 참일 때, 다음 중 명제 $p \longrightarrow r$가 참임을 보이기 위하여 필요한 참인 명제는?

① $p \longrightarrow s$　② $q \longrightarrow s$
③ $\sim q \longrightarrow \sim r$　④ $r \longrightarrow \sim q$
⑤ $s \longrightarrow \sim q$

유형 04 삼단논법과 명제의 추론

문장으로 주어진 명제에서 조건을 찾아 각각 p, q, r로 나타낸 후 삼단논법을 이용한다.

10 ●●○ 아래 명제가 모두 참일 때, 다음 중 항상 참인 명제는?

(가) 과학을 좋아하는 사람은 실험을 좋아한다.
(나) 과학을 좋아하지 않는 사람은 호기심이 없다.

① 과학을 좋아하는 사람은 호기심이 있다.
② 실험을 좋아하는 사람은 과학을 좋아한다.
③ 실험을 좋아하지 않는 사람은 호기심이 있다.
④ 호기심이 있는 사람은 실험을 좋아한다.
⑤ 호기심이 없는 사람은 과학을 좋아하지 않는다.

11 ●●○ 0이 아닌 세 정수 a, b, c에 대하여 아래 명제가 모두 참일 때, 다음 중 옳은 것은?

(가) 세 정수 중에서 양수가 있다.
(나) a와 b의 부호는 같다.
(다) b가 양수이면 c도 양수이다.
(라) a가 음수이면 b가 양수이거나 c가 음수이다.

① $a>0$, $b>0$, $c>0$
② $a>0$, $b<0$, $c>0$
③ $a>0$, $b<0$, $c<0$
④ $a<0$, $b>0$, $c<0$
⑤ $a<0$, $b<0$, $c<0$

유형 05 충분조건, 필요조건, 필요충분조건

두 조건 p, q에 대하여

(1) $p \Longrightarrow q$

➡ p는 q이기 위한 충분조건

➡ q는 p이기 위한 필요조건

(2) $p \Longleftrightarrow q$

➡ p는 q이기 위한 필요충분조건

➡ q는 p이기 위한 필요충분조건

12 세 조건 p, q, r에 대하여 p는 q이기 위한 충분조건, $\sim q$는 r이기 위한 필요조건일 때, 보기에서 항상 참인 명제인 것만을 있는 대로 고른 것은?

보기

ㄱ. $p \longrightarrow \sim r$　　ㄴ. $\sim p \longrightarrow q$

ㄷ. $\sim p \longrightarrow r$　　ㄹ. $q \longrightarrow r$

ㅁ. $\sim q \longrightarrow \sim p$　　ㅂ. $r \longrightarrow \sim p$

① ㄱ, ㄹ, ㅁ　② ㄱ, ㅁ, ㅂ　③ ㄴ, ㄷ, ㅂ

④ ㄴ, ㄹ, ㅁ　⑤ ㄷ, ㅁ, ㅂ

13 두 조건 p, q에 대하여 다음 중 p가 q이기 위한 필요충분조건인 것은? (단, x는 실수)

① p: $x=1$, q: $x^2=1$

② p: $x^2=1$, q: $|x|=1$

③ p: $|x|=1$, q: $x=1$

④ p: $x>1$, q: $|x|>1$

⑤ p: $x^2>0$, q: $x>0$

14 두 조건 p, q에 대하여 보기에서 p가 q이기 위한 필요조건이지만 충분조건은 아닌 것만을 있는 대로 고른 것은? (단, x, y는 실수)

보기

ㄱ. p: $|x-3|=1$, q: $x^3-6x^2+8x=0$

ㄴ. p: $-1\le 2x+3\le 9$, q: $x^2+x-2\le 0$

ㄷ. p: $x^2>y^2$, q: $x>y>0$

① ㄱ　② ㄴ　③ ㄷ

④ ㄱ, ㄴ　⑤ ㄴ, ㄷ

15 실수 a, b에 대하여 다음 (가), (나)에 들어갈 알맞은 것은? (단, $i=\sqrt{-1}$)

• $|a|+|b|=0$은 $a^2-b^2=0$이기 위한 (가) 조건이다.

• $ab=0$은 $a+bi=0$이기 위한 (나) 조건이다.

① (가) 충분 (나) 필요　② (가) 충분 (나) 필요충분

③ (가) 필요 (나) 충분　④ (가) 필요 (나) 필요충분

⑤ (가) 필요충분 (나) 충분

16 세 조건 p, q, r가

p: $(x-y)(y-z)=0$,

q: $x=y=z$,

r: $x^2+y^2=2z(x+y-z)$

일 때, 보기에서 옳은 것만을 있는 대로 고른 것은? (단, x, y, z는 실수)

보기

ㄱ. p는 q이기 위한 충분조건이다.

ㄴ. p는 r이기 위한 필요조건이다.

ㄷ. q는 r이기 위한 필요충분조건이다.

① ㄱ　② ㄴ　③ ㄷ

④ ㄴ, ㄷ　⑤ ㄱ, ㄴ, ㄷ

유형 06 충분조건, 필요조건이 되도록 하는 상수 구하기

두 조건 p, q의 진리집합을 각각 P, Q라 할 때, p가 q이기 위한 충분조건이면 $P\subset Q$가 되도록, p가 q이기 위한 필요조건이면 $Q\subset P$가 되도록 식을 세운다.

17 ●○○ 세 조건 p, q, r가

p: $-5\le x\le 3$,

q: $a-1\le x\le 7$,

r: $b-1\le x\le 2$

일 때, p가 q이기 위한 충분조건, p가 r이기 위한 필요조건이 되도록 하는 상수 a의 최댓값과 상수 b의 최솟값의 합을 구하시오.

교육청

18 ●●○ 실수 x에 대하여 두 조건

p: $|x|\le n$,

q: $x^2+2x-8\le 0$

에 대하여 p가 q이기 위한 필요조건이 되도록 하는 자연수 n의 최솟값은?

① 1 ② 2 ③ 3
④ 4 ⑤ 5

19 ●●○ 두 조건 p, q가

p: $a-2\le x\le a$,

q: $-2<x<1$ 또는 $2\le x\le 6$

일 때, p가 q이기 위한 충분조건이 되도록 하는 모든 정수 a의 값의 합을 구하시오.

유형 07 충분조건, 필요조건과 진리집합 사이의 관계

두 조건 p, q의 진리집합을 각각 P, Q라 할 때

(1) $P\subset Q$ ➡ p는 q이기 위한 충분조건

(2) $Q\subset P$ ➡ p는 q이기 위한 필요조건

(3) $P=Q$ ➡ p는 q이기 위한 필요충분조건

20 ●○○ 세 조건 p, q, r의 진리집합을 각각 P, Q, R라 하자. p는 q이기 위한 필요조건이고, p는 r이기 위한 충분조건일 때, 세 집합 P, Q, R 사이의 포함 관계는?

① $P\subset Q\subset R$ ② $P\subset R\subset Q$
③ $Q\subset P\subset R$ ④ $Q\subset R\subset P$
⑤ $R\subset Q\subset P$

21 ●○○ 전체집합 U에 대하여 세 조건 p, q, r의 진리집합을 각각 P, Q, R라 할 때, 오른쪽 그림은 세 집합 P, Q, R 사이의 포함 관계를 벤 다이어그램으로 나타낸 것이다. 다음 중 옳지 않은 것은?

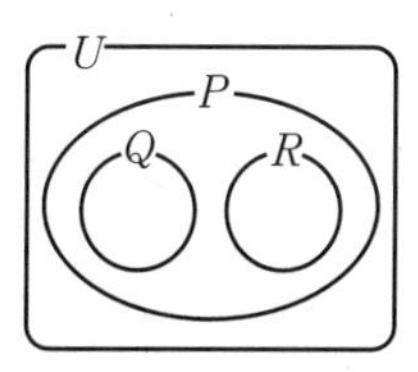

① p는 r이기 위한 필요조건이다.
② r는 p이기 위한 충분조건이다.
③ q는 $\sim r$이기 위한 충분조건이다.
④ $\sim q$는 r이기 위한 필요조건이다.
⑤ $\sim r$는 $\sim p$이기 위한 충분조건이다.

22 ●●○ 전체집합 U에 대하여 세 조건 p, q, r의 진리집합을 각각 P, Q, R라 하자. $P\cap Q=Q$, $Q^C\cup R=Q^C$일 때, 보기에서 옳은 것만을 있는 대로 고르시오.

보기

ㄱ. p는 q이기 위한 필요조건이다.
ㄴ. q는 $\sim r$이기 위한 충분조건이다.
ㄷ. $\sim p$는 $\sim q$이기 위한 필요조건이다.

03 명제의 증명

유형 01 대우를 이용한 증명

명제 'p이면 q이다.'가 참임을 직접 증명하기 어려울 때는 그 대우 '$\sim q$이면 $\sim p$이다.'가 참임을 증명한다.

1 ●○○ 다음은 명제 '자연수 n에 대하여 n^2이 5의 배수가 아니면 n은 5의 배수가 아니다.'가 참임을 대우를 이용하여 증명하는 과정이다. 이때 (가), (나), (다)에 들어갈 알맞은 것을 구하시오.

> 주어진 명제의 대우 '자연수 n에 대하여 [(가)]이 5의 배수이면 [(나)]은 5의 배수이다.'가 참임을 보이면 된다.
> $n=5k$(k는 자연수)라 하면
> $n^2=5\times$[(다)]
> 이때 [(다)]은 자연수이므로 n^2은 5의 배수이다.
> 따라서 주어진 명제의 대우가 참이므로 주어진 명제도 참이다.

2 ●○○ 다음은 명제 '자연수 n에 대하여 n^2+3n이 9의 배수가 아니면 n은 3의 배수가 아니다.'가 참임을 대우를 이용하여 증명하는 과정이다. 이때 (가), (나)에 들어갈 알맞은 것을 구하시오.

> 주어진 명제의 대우 '자연수 n에 대하여 n이 3의 배수이면 n^2+3n이 9의 배수이다.'가 참임을 보이면 된다.
> $n=$[(가)](k는 자연수)라 하면
> $n^2+3n=($[(가)]$)^2+3\times$[(가)]$=9($[(나)]$)$
> 이때 [(나)]는 자연수이므로 n^2+3n은 9의 배수이다.
> 따라서 주어진 명제의 대우가 참이므로 주어진 명제도 참이다.

3 ●●○ 다음은 명제 '자연수 a, b에 대하여 a^2+b^2이 홀수이면 a, b 중에서 하나는 홀수이고 다른 하나는 짝수이다.'가 참임을 대우를 이용하여 증명하는 과정이다. 이때 (가), (나), (다)에 들어갈 알맞은 것은?

> 주어진 명제의 대우 '자연수 a, b에 대하여 a, b가 모두 홀수이거나 모두 짝수이면 a^2+b^2은 [(가)]이다.'가 참임을 보이면 된다.
> (i) a, b가 모두 홀수일 때,
> $a=2k-1$, $b=2l-1$(k, l은 자연수)이라 하면
> $a^2+b^2=(2k-1)^2+(2l-1)^2=2($[(나)]$)$
> 이때 [(나)]은 자연수이므로 a^2+b^2은 [(가)]이다.
> (ii) a, b가 모두 짝수일 때,
> $a=2k$, $b=2l$(k, l은 자연수)이라 하면
> $a^2+b^2=(2k)^2+(2l)^2=2($[(다)]$)$
> 이때 [(다)]은 자연수이므로 a^2+b^2은 [(가)]이다.
> (i), (ii)에서 주어진 명제의 대우가 참이므로 주어진 명제도 참이다.

① (가) 홀수 (나) k^2-k+l^2-l+1 (다) k^2+l^2
② (가) 홀수 (나) $2k^2-2k+2l^2-2l+1$ (다) $2k^2+2l^2$
③ (가) 짝수 (나) k^2-k+l^2-l+1 (다) k^2+l^2
④ (가) 짝수 (나) $2k^2-2k+2l^2-2l+1$ (다) k^2+l^2
⑤ (가) 짝수 (나) $2k^2-2k+2l^2-2l+1$ (다) $2k^2+2l^2$

4 ●●○ 명제 '실수 a, b에 대하여 $a^2+b^2=0$이면 $a=0$이고 $b=0$이다.'가 참임을 대우를 이용하여 증명하시오.

유형 02 귀류법을 이용한 증명

직접 증명하기 어려운 명제는 결론을 부정하여 명제의 가정에 모순이 생김을 보여 원래의 명제가 참임을 증명한다.

5 다음은 명제 '$\sqrt{3}$은 무리수이다.'가 참임을 귀류법을 이용하여 증명하는 과정이다. 이때 (가), (나), (다)에 들어갈 알맞은 것은?

> 주어진 명제의 결론을 부정하여 $\sqrt{3}$이 (가) 라 가정하면
> $\sqrt{3}=\frac{n}{m}$ (m, n은 서로소인 자연수) …… ㉠
> 으로 나타낼 수 있다.
> ㉠의 양변을 제곱하면
> $3=\frac{n^2}{m^2}$ $\therefore n^2=$ (나) …… ㉡
> 이때 n^2이 3의 배수이므로 n도 3의 배수이다.
> n이 3의 배수이면 $n=3k$ (k는 자연수)로 나타낼 수 있으므로 ㉡에 대입하면
> $m^2=$ (다)
> 이때 m^2이 3의 배수이므로 m도 3의 배수이다.
> 그런데 m, n이 모두 3의 배수이면 m, n이 서로소라는 가정에 모순이다.
> 따라서 $\sqrt{3}$은 무리수이다.

① (가) 유리수 (나) $3m^2$ (다) $9k^2$
② (가) 유리수 (나) $3m^2$ (다) $3k^2$
③ (가) 유리수 (나) m^2 (다) k^2
④ (가) 무리수 (나) $3m^2$ (다) $3k^2$
⑤ (가) 무리수 (나) m^2 (다) k^2

6 다음은 명제 '자연수 a, b에 대하여 a^2+b^2이 짝수이면 $a+b$가 짝수이다.'가 참임을 귀류법을 이용하여 증명하는 과정이다. 이때 (가), (나), (다)에 들어갈 알맞은 것을 구하시오.

> 주어진 명제의 결론을 부정하여 $a+b$가 (가) 라 가정하면 a, b 중에서 하나는 짝수이고 하나는 홀수이어야 한다.
> $a=2k$, $b=2l-1$ (k, l은 자연수)
> 로 나타내면
> $a^2+b^2=(2k)^2+(2l-1)^2$
> $=2($ (나) $)+$ (다)
> 이때 a^2+b^2이 홀수이므로 a^2+b^2이 짝수라는 가정에 모순이다.
> 따라서 자연수 a, b에 대하여 a^2+b^2이 짝수이면 $a+b$가 짝수이다.

7 명제 '유리수 a, b에 대하여 $a+b\sqrt{3}=0$이면 $a=0$이고 $b=0$이다.'가 참임을 귀류법을 이용하여 증명하시오.

8 명제 '실수 a, b에 대하여 $a+b<0$이면 a, b 중 적어도 하나는 음수이다.'가 참임을 귀류법을 이용하여 증명하시오.

유형 03 부등식의 증명

부등식 $A \ge B$가 성립함을 증명할 때

(1) A, B가 다항식이면

➡ $A-B$를 완전제곱식으로 변형하여 $A-B \ge 0$임을 보인다.

(2) A, B가 절댓값 또는 제곱근을 포함한 식이면

➡ $A^2-B^2 \ge 0$임을 보인다.

9 다음은 a, b가 실수일 때, 부등식 $a^2+b^2 \ge ab$가 성립함을 증명하는 과정이다. 이때 (가), (나)에 들어갈 알맞은 것은?

> $a^2+b^2-ab=(\boxed{(가)})^2+\frac{3}{4}b^2 \ge 0$
> $\therefore a^2+b^2 \ge ab$
> 이때 등호는 $\boxed{(나)}$일 때 성립한다.

① (가) $a-b$ (나) $a=b$
② (가) $a-b$ (나) $a=b=0$
③ (가) $a-\frac{b}{2}$ (나) $b=2a$
④ (가) $a-\frac{b}{2}$ (나) $a=b=0$
⑤ (가) $a+\frac{b}{2}$ (나) $b=-2a$

10 다음은 $a>b>0$일 때, 부등식 $\frac{a}{1+a}>\frac{b}{1+b}$가 성립함을 증명하는 과정이다. 이때 (가), (나)에 들어갈 알맞은 것을 구하시오.

> $\frac{a}{1+a}-\frac{b}{1+b}$
> $=\frac{a(1+b)-\boxed{(가)}}{(1+a)(1+b)}$
> $=\frac{\boxed{(나)}}{(1+a)(1+b)}>0$ ($\because a>b>0$)
> $\therefore \frac{a}{1+a}>\frac{b}{1+b}$

11 다음은 $a>b>0$일 때, 부등식 $\sqrt{a-b}>\sqrt{a}-\sqrt{b}$가 성립함을 증명하는 과정이다. 이때 (가), (나)에 들어갈 알맞은 것을 구하시오.

> $(\sqrt{a-b})^2-(\sqrt{a}-\sqrt{b})^2$
> $=\boxed{(가)}-(a-2\sqrt{ab}+b)$
> $=2\sqrt{ab}-2b$
> $=2\sqrt{b}(\boxed{(나)})>0$ ($\because a>b>0$)
> $\therefore (\sqrt{a-b})^2>(\sqrt{a}-\sqrt{b})^2$
> 그런데 $\sqrt{a-b}>0$, $\sqrt{a}-\sqrt{b}>0$이므로
> $\sqrt{a-b}>\sqrt{a}-\sqrt{b}$

12 다음은 a, b가 실수일 때, 부등식

$|a|+|b| \ge |a+b|$

가 성립함을 증명하는 과정이다. 이때 (가), (나), (다)에 들어갈 알맞은 것은?

> $(|a|+|b|)^2-(|a+b|)^2$
> $=a^2+\boxed{(가)}+b^2-(a^2+2ab+b^2)$
> $=2(\boxed{(나)}) \ge 0$ ($\because |ab| \ge ab$)
> $\therefore (|a|+|b|)^2 \ge (|a+b|)^2$
> 그런데 $|a|+|b| \ge 0$, $|a+b| \ge 0$이므로
> $|a|+|b| \ge |a+b|$
> 이때 등호는 $\boxed{(다)}$일 때 성립한다.

① (가) $|ab|$ (나) $|ab|-ab$ (다) $ab \ge 0$
② (가) $|ab|$ (나) $|ab|-2ab$ (다) $ab=0$
③ (가) $2|ab|$ (나) $|ab|-ab$ (다) $a=b$
④ (가) $2|ab|$ (나) $|ab|-ab$ (다) $ab \ge 0$
⑤ (가) $2|ab|$ (나) $|ab|-ab$ (다) $ab=0$

유형 04 산술평균과 기하평균의 관계 (1)

$a>0$, $b>0$일 때, $a+b\ge 2\sqrt{ab}$이므로

(1) $a+b=k$이면 $\sqrt{ab}\le\frac{k}{2}$ (단, 등호는 $a=b$일 때 성립)

➡ 등호가 성립할 때 ab는 최댓값을 갖는다.

(2) $ab=k$이면 $a+b\ge 2\sqrt{k}$ (단, 등호는 $a=b$일 때 성립)

➡ 등호가 성립할 때 $a+b$는 최솟값을 갖는다.

13 양수 a, b에 대하여 $ab=6$일 때, $2a+3b$의 최솟값은?

① 10 ② 12 ③ 14
④ 16 ⑤ 18

14 $3a+b=6$을 만족시키는 양수 a, b에 대하여 ab의 최댓값을 M, 그때의 a, b의 값을 각각 α, β라 할 때, $M+\alpha-\beta$의 값은?

① -2 ② -1 ③ 0
④ 1 ⑤ 2

15 양수 a, b에 대하여 $a+b=4$일 때, $\frac{a^2-1}{a}+\frac{b^2-1}{b}$의 최댓값은?

① 3 ② 4 ③ 8
④ 12 ⑤ 16

16 직선 $\frac{x}{a}+\frac{y}{b}=1$이 점 $(2, 5)$를 지날 때, 양수 a, b에 대하여 ab의 최솟값을 구하시오.

유형 05 산술평균과 기하평균의 관계 (2)

두 식의 곱이 상수가 되도록 식을 변형한 후 산술평균과 기하평균의 관계를 이용한다.

➡ $f(x)+\frac{1}{f(x)}+k\,(f(x)>0$, k는 상수) 꼴로 식을 변형한다.

교육청

17 $x>0$, $y>0$일 때, $\left(4x+\frac{1}{y}\right)\left(\frac{1}{x}+16y\right)$의 최솟값은?

① 34 ② 36 ③ 38
④ 40 ⑤ 42

18 $a>4$일 때, $2a+\frac{2}{a-4}$의 최솟값을 m, 그때의 a의 값을 n이라 하자. 이때 $m+n$의 값을 구하시오.

19 $a>0$, $b>0$, $c>0$일 때, $\frac{a+b}{c}+\frac{b+c}{a}+\frac{c+a}{b}$의 최솟값을 구하시오.

20 $x>0$일 때, $\frac{x}{x^2+4x+4}$의 최댓값은?

① $\frac{1}{8}$ ② $\frac{1}{6}$ ③ 1
④ 4 ⑤ 8

정답과 해설 142쪽

유형 06 코시-슈바르츠의 부등식

a, b, x, y가 실수일 때,

$(a^2+b^2)(x^2+y^2) \geq (ax+by)^2$

(단, 등호는 $ay=bx$일 때 성립)

21 실수 x, y에 대하여 $x^2+y^2=25$일 때, $4x+3y$의 최댓값은?

① 20 ② 25 ③ 30
④ 35 ⑤ 40

22 실수 x, y에 대하여 $x+\frac{y}{4}=\sqrt{17}$일 때, x^2+y^2의 최솟값을 구하시오.

23 실수 x, y에 대하여 $x^2+y^2=a$이고 $2x+3y$의 최댓값이 13일 때, 양수 a의 값은?

① 9 ② 13 ③ 15
④ 17 ⑤ 20

24 실수 x, y, z에 대하여 $x+y+z=2$, $x^2+y^2+z^2=4$일 때, x의 최댓값을 구하시오.

UP 유형 07 절대부등식의 도형에의 활용

미지수 x, y를 정한 후 조건을 확인하여 산술평균과 기하평균의 관계 또는 코시-슈바르츠의 부등식을 이용한다.

25 길이가 60 m인 줄을 모두 사용하여 오른쪽 그림과 같은 직사각형 모양의 꽃밭을 만들고 6개의 작은 직사각형으로 구획을 나누려고 한다. 이때 꽃밭 전체의 넓이의 최댓값을 구하시오.

(단, 줄의 두께는 생각하지 않는다.)

교육청

26 한 모서리의 길이가 6이고 부피가 108인 직육면체를 만들려고 한다. 이때 만들 수 있는 직육면체의 대각선의 길이의 최솟값은?

① $6\sqrt{2}$ ② 9 ③ $7\sqrt{2}$
④ 11 ⑤ $8\sqrt{2}$

27 오른쪽 그림과 같이 한 변의 길이가 4인 정삼각형 ABC의 내부의 점 P에서 각 변까지의 거리가 각각 a, b, $2a$일 때, a^2+b^2의 최솟값을 구하시오.

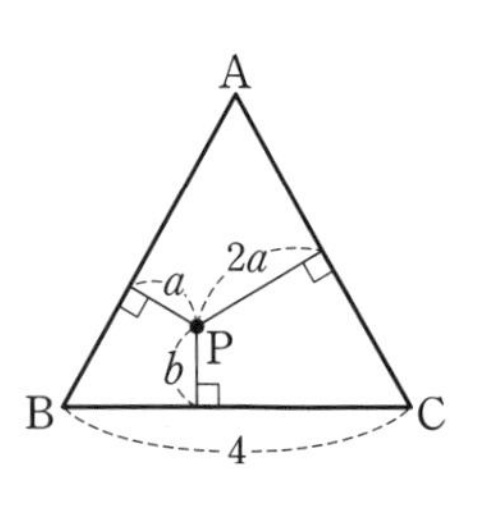

Ⅲ. 함수와 그래프

1 함수

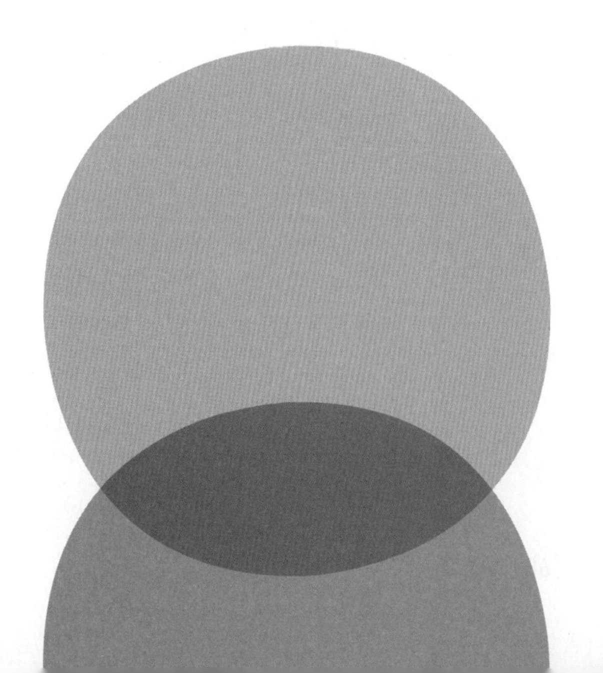

01 함수의 뜻과 그래프

유형 01 함수의 뜻

집합 X에서 집합 Y로의 대응이 함수이려면
➡ X의 각 원소에 Y의 원소가 오직 하나씩 대응해야 한다.
참고 X의 원소 중 대응하지 않고 남아 있는 원소가 있거나 X의 한 원소에 Y의 원소가 2개 이상 대응하면 함수가 아니다.

1 두 집합 $X=\{-1, 0, 1\}$, $Y=\{-1, 0, 1, 2, 3\}$에 대하여 X에서 Y로의 함수인 것만을 보기에서 있는 대로 고른 것은?

보기
ㄱ. $x \longrightarrow 2x$
ㄴ. $x \longrightarrow x+1$
ㄷ. $x \longrightarrow x^2+2$
ㄹ. $x \longrightarrow |x|+3$

① ㄱ, ㄴ ② ㄱ, ㄷ ③ ㄴ, ㄷ
④ ㄴ, ㄹ ⑤ ㄷ, ㄹ

2 집합 $X=\{-2, -1, 0, 1, 2\}$에 대하여 다음 중 X에서 X로의 함수인 것은?

① $x \longrightarrow |x+1|$
② $x \longrightarrow x^2-2$
③ $x \longrightarrow x^2-2|x|-2$
④ $\begin{cases} x \longrightarrow 2 & (x\geq 0) \\ x \longrightarrow -1 & (x\leq 0) \end{cases}$
⑤ $\begin{cases} x \longrightarrow x & (x\geq 1) \\ x \longrightarrow x-1 & (x<1) \end{cases}$

3 두 집합 $X=\{x|0\leq x\leq 1, x\text{는 정수}\}$, $Y=\{x|-2\leq x\leq 2, x\text{는 정수}\}$에 대하여 다음 중 X에서 Y로의 함수가 아닌 것은?

① $x \longrightarrow x$ ② $x \longrightarrow -2x$
③ $x \longrightarrow x+2$ ④ $x \longrightarrow -|x+1|$
⑤ $x \longrightarrow x^3+1$

유형 02 함숫값과 치역

(1) 함숫값: 함수 $f: X \longrightarrow Y$에서 정의역 X의 원소 x에 대응하는 공역 Y의 원소 y의 값 $f(x)$
➡ $x=k$일 때의 함숫값은 $f(k)$
(2) 치역: 함숫값 전체의 집합 $\{f(x)|x\in X\}$

4 집합 $X=\{x|x\text{는 한 자리의 자연수}\}$에 대하여 함수 $f: X \longrightarrow X$를
$f(x)=(x\text{의 양의 약수의 개수})$
로 정의할 때, 함수 f의 치역의 모든 원소의 합은?

① 6 ② 8 ③ 10
④ 12 ⑤ 14

5 자연수 전체의 집합에서 정의된 함수 f가
$$f(x)=\begin{cases} -1 & (x\text{는 홀수}) \\ 1 & (x\text{는 짝수}) \end{cases}$$
일 때, $f(1)+f(2)+f(3)+\cdots+f(19)$의 값을 구하시오.

6 집합 $X=\{-1, 0, 1\}$에 대하여 X에서 X로의 함수 f가 $f(x)=-ax^2+ax+1$일 때, 자연수 a의 값을 구하시오.

7 함수 $f(x)=-x^2+6x+a$의 정의역이 $\{x|1\leq x\leq 5\}$이고 치역이 $\{y|b\leq y\leq 17\}$일 때, 상수 a, b에 대하여 $a+b$의 값을 구하시오.

UP 유형 03 조건을 이용하여 함숫값 구하기

$f(a+b)=f(a)f(b)$, $f(a+b)=f(a)+f(b)$ 등과 같은 조건이 주어지면 양변의 a, b에 적당한 수를 대입하여 구하는 함숫값을 유도한다.

8 ●●● 임의의 양수 a, b에 대하여 함수 f가

$$f(ab)=f(a)+f(b)$$

를 만족시키고 $f(6)=2$일 때, $f\left(\frac{1}{6}\right)$의 값은?

① -2　② -1　③ 0
④ 1　⑤ 2

9 ●●● 임의의 실수 a, b에 대하여 함수 f가

$$f(a+b)=f(a)f(b)$$

를 만족시키고 $f(1)=2$일 때, $f(-2)+f(0)$의 값을 구하시오.

10 ●●● 임의의 실수 a, b에 대하여 함수 f가

$$f(a+b)=f(a)+f(b)$$

를 만족시키고 $f(2)=8$일 때, 보기에서 옳은 것만을 있는 대로 고른 것은?

보기
ㄱ. $f(0)=0$
ㄴ. $f(1)=4$
ㄷ. $f(kx)=kf(x)$ (단, k는 자연수)

① ㄱ　② ㄴ　③ ㄱ, ㄴ
④ ㄴ, ㄷ　⑤ ㄱ, ㄴ, ㄷ

유형 04 서로 같은 함수

두 함수 f, g가 서로 같은 함수이면
(1) 정의역과 공역이 각각 같다.
(2) 정의역의 각 원소 x에 대하여 $f(x)=g(x)$이다.

11 ●○○ 집합 $X=\{-1, 0, 1\}$을 정의역으로 하는 두 함수 f, g에 대하여 보기에서 $f=g$인 것만을 있는 대로 고른 것은?

(단, $[x]$는 x보다 크지 않은 최대의 정수)

보기
ㄱ. $f(x)=x$, $g(x)=x^2$
ㄴ. $f(x)=x-1$, $g(x)=x+1$
ㄷ. $f(x)=|x|$, $g(x)=x^2$
ㄹ. $f(x)=x^3$, $g(x)=[x]$

① ㄱ, ㄴ　② ㄱ, ㄹ　③ ㄴ, ㄷ
④ ㄴ, ㄹ　⑤ ㄷ, ㄹ

교육청

12 ●●○ 두 집합 $X=\{0, 1, 2\}$, $Y=\{1, 2, 3, 4\}$에 대하여 두 함수 $f: X \longrightarrow Y$, $g: X \longrightarrow Y$를

$$f(x)=2x^2-4x+3,\ g(x)=a|x-1|+b$$

라 하자. 두 함수 f와 g가 서로 같도록 하는 상수 a, b에 대하여 $2a-b$의 값은?

① -3　② -1　③ 1
④ 3　⑤ 5

13 ●●○ 집합 X를 정의역으로 하는 두 함수 $f(x)=2x^2-x$, $g(x)=x^2+2x$에 대하여 $f=g$가 되도록 하는 집합 X를 모두 구하시오. (단, $X\neq\varnothing$)

유형 05 함수의 그래프

함수의 그래프는 정의역의 각 원소 k에 대하여 y축에 평행한 직선 $x=k$와 오직 한 점에서 만난다.

14 실수 전체의 집합에서 정의된 다음 그래프 중 함수의 그래프인 것은?

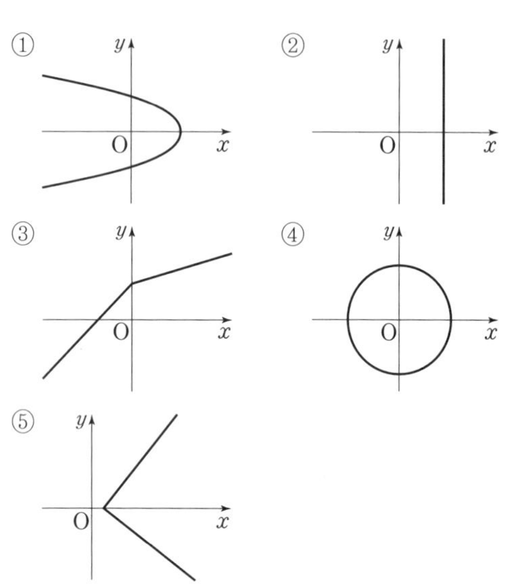

15 실수 전체의 집합에서 정의된 보기의 그래프에서 함수의 그래프인 것만을 있는 대로 고른 것은?

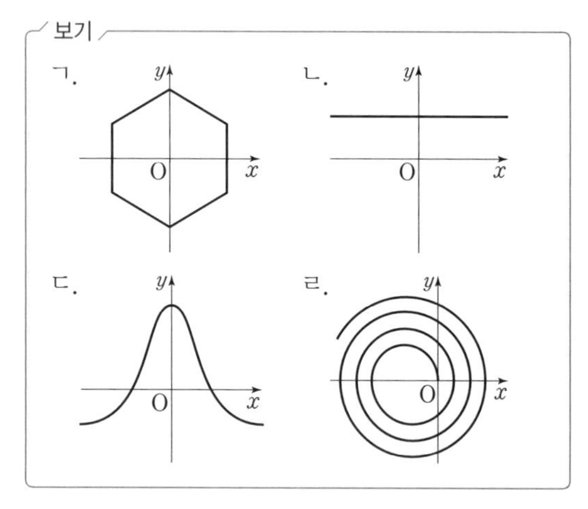

① ㄱ, ㄷ ② ㄱ, ㄹ ③ ㄴ, ㄷ
④ ㄴ, ㄹ ⑤ ㄷ, ㄹ

유형 06 여러 가지 함수

(1) 일대일함수
➡ 함수 $f: X \longrightarrow Y$에서 $x_1 \neq x_2$이면 $f(x_1) \neq f(x_2)$
(단, $x_1 \in X$, $x_2 \in X$)

(2) 일대일대응
➡ 일대일함수이고 치역과 공역이 같다.

(3) 항등함수
➡ 함수 $f: X \longrightarrow X$에서 $f(x)=x$ (단, $x \in X$)

(4) 상수함수
➡ 함수 $f: X \longrightarrow Y$에서 $f(x)=c$
(단, $x \in X$, $c \in Y$, c는 상수)

참고 (1) 일대일함수의 그래프는 직선 $y=k$(k는 상수)와 오직 한 점에서 만난다.
(2) 일대일대응의 그래프는 직선 $y=k$(k는 상수)와 오직 한 점에서 만나고, 치역과 공역이 같다.
(3) 항등함수의 그래프는 직선 $y=x$이다.
(4) 상수함수의 그래프는 x축에 평행하거나 x축과 같다.

16 정의역과 공역이 실수 전체의 집합인 보기의 함수의 그래프에서 일대일대응의 그래프인 것만을 있는 대로 고르시오.

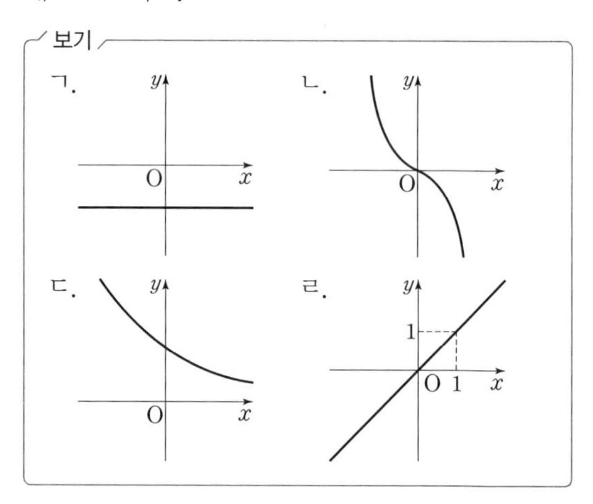

17 집합 $X=\{-1, 0, 1\}$에 대하여 다음 중 X에서 X로의 항등함수인 것은?

① $f(x)=|x|$ ② $f(x)=x^2$ ③ $f(x)=x^3$
④ $f(x)=x^4$ ⑤ $f(x)=1$

18 ●○○ 정의역과 공역이 실수 전체의 집합인 보기의 함수에서 일대일함수인 것만을 있는 대로 고른 것은?

보기
ㄱ. $f(x)=x$　　ㄴ. $f(x)=x^2$
ㄷ. $f(x)=4$　　ㄹ. $f(x)=-\frac{1}{2}x+1$

① ㄱ　② ㄴ　③ ㄱ, ㄹ
④ ㄴ, ㄷ　⑤ ㄷ, ㄹ

19 ●○○ 보기에서 집합 $X=\{-1, 0, 1\}$에 대하여 X에서 X로의 함수인 것의 개수를 a, 일대일대응인 것의 개수를 b라 할 때, $a+b$의 값을 구하시오.

보기
ㄱ. $x \longrightarrow x$
ㄴ. $x \longrightarrow \frac{1}{2}x^2-\frac{1}{2}$
ㄷ. $x \longrightarrow x^2-1$
ㄹ. $x \longrightarrow |x-2|-2$

20 ●●○ 공집합이 아닌 집합 X에 대하여 X에서 X로의 함수 $f(x)=x^3-2x+2$가 항등함수가 되도록 하는 집합 X의 개수는?

① 2　② 3　③ 4
④ 7　⑤ 8

유형 07 일대일대응이 되기 위한 조건

함수 $f: X \longrightarrow Y$가 일대일대응이려면
(1) x의 값이 커지면 $f(x)$의 값이 항상 커지거나 항상 작아진다.
(2) 정의역이 $\{x|a\le x\le b\}$이면 치역의 양 끝 값이 $f(a)$, $f(b)$이다.

21 ●○○ 두 집합 $X=\{x|-2\le x\le 1\}$, $Y=\{y|-1\le y\le 5\}$에 대하여 X에서 Y로의 함수 $f(x)=ax+b$가 일대일대응일 때, 상수 a, b에 대하여 ab의 값은? (단, $a<0$)

① -4　② -2　③ -1
④ 1　⑤ 2

교육청
22 ●○○ 실수 전체의 집합에서 정의된 함수

$$f(x)=\begin{cases}(a+3)x+1 & (x<0)\\(2-a)x+1 & (x\ge 0)\end{cases}$$

이 일대일대응이 되도록 하는 모든 정수 a의 개수는?

① 1　② 2　③ 3
④ 4　⑤ 5

23 ●●○ 두 집합 $X=\{x|x\ge 5\}$, $Y=\{y|y\ge 1\}$에 대하여 X에서 Y로의 함수 $f(x)=x^2-2x+k$가 일대일대응일 때, 상수 k의 값은?

① -14　② -12　③ -10
④ -8　⑤ -6

24 집합 $X=\{x|x\geq a\}$에 대하여 X에서 X로의 함수 $f(x)=x^2-6x+12$가 일대일대응일 때, 모든 상수 a의 값의 합은?
●●○

① 3　② 4　③ 5
④ 6　⑤ 7

25 함수 $f(x)=a|x-1|+x-2$가 일대일대응일 때, 상수 a의 값의 범위를 구하시오.
●●○

교육청

26 집합 $X=\{x|x\geq a\}$에서 집합 $Y=\{y|y\geq b\}$로의 함수 $f(x)=x^2-4x+3$이 일대일대응이 되도록 하는 두 실수 a, b에 대하여 $a-b$의 최댓값은 $\frac{q}{p}$이다. $p+q$의 값을 구하시오.
●●●

(단, p와 q는 서로소인 자연수이다.)

유형 08 여러 가지 함수의 함숫값

(1) 일대일대응
정의역의 임의의 두 원소 x_1, x_2에 대하여 $x_1\neq x_2$이면 $f(x_1)\neq f(x_2)$이고 치역과 공역이 같다.

(2) 항등함수
정의역의 모든 원소 x에 대하여 $f(x)=x$

(3) 상수함수
정의역의 모든 원소 x에 대하여 $f(x)=c$ (단, c는 상수)

27 실수 전체의 집합에서 정의된 두 함수 f, g에 대하여 f는 항등함수, g는 상수함수이고 $g(2)=2$일 때, $f(3)+g(4)$의 값은?
●○○

① 5　② 6　③ 7
④ 8　⑤ 9

교육청

28 두 집합 $X=\{1, 2, 3, 4\}$, $Y=\{5, 6, 7, 8\}$에 대하여 함수 f는 X에서 Y로의 일대일대응이다.
●●○

$$f(1)=7,\ f(2)-f(3)=3$$

일 때, $f(3)+f(4)$의 값은?

① 11　② 12　③ 13
④ 14　⑤ 15

29 집합 $X=\{1, 2, 3, 4\}$에 대하여 X에서 X로의 세 함수 f, g, h는 각각 일대일대응, 항등함수, 상수함수이고
●●○

$$f(1)=g(3)+h(3),\ f(4)=f(2)+2$$

일 때, $f(3)+g(2)+h(4)$의 값을 구하시오.

유형 09 여러 가지 함수의 개수

두 집합 X, Y의 원소의 개수가 각각 m, n일 때, 함수 $f: X \longrightarrow Y$에 대하여
(1) 함수의 개수 ➡ n^m
(2) 일대일함수의 개수 ➡ ${}_n\mathrm{P}_m$ (단, $m \le n$)
(3) 일대일대응의 개수 ➡ $n!$ (단, $m=n$)
(4) 상수함수의 개수 ➡ n

30 집합 $X=\{1, 2, 3, 4, 5\}$에 대하여 X에서 X로의 일대일대응의 개수를 a, 상수함수의 개수를 b, 항등함수의 개수를 c라 할 때, $a+b+c$의 값을 구하시오.

31 두 집합 $X=\{1, 2, 3, 4\}$, $Y=\{a, b, c, d, e\}$에 대하여 다음 조건을 만족시키는 함수 $f: X \longrightarrow Y$의 개수를 구하시오.

> $x_1 \in X$, $x_2 \in X$에 대하여 $f(x_1)=f(x_2)$이면 $x_1=x_2$이다.

32 집합 $X=\{-1, 0, 1\}$에서 집합 Y로의 일대일함수의 개수가 24일 때, X에서 Y로의 상수함수의 개수는?

① 1 ② 2 ③ 3
④ 4 ⑤ 5

유형 10 조건을 만족시키는 함수의 개수

실수를 원소로 갖는 두 집합 X, Y의 원소의 개수가 각각 m, $n\,(m \le n)$이고 함수 $f: X \longrightarrow Y$가
$x_1 \in X$, $x_2 \in X$에 대하여 $x_1 < x_2$이면 $f(x_1) < f(x_2)$
를 만족시킬 때, 함수 f의 개수는 ➡ ${}_n\mathrm{C}_m$

33 집합 $X=\{1, 2, 3, 4, 5\}$에 대하여 다음 조건을 만족시키는 함수 $f: X \longrightarrow X$의 개수를 구하시오.

> (가) $f(1)<f(2)<f(3)$
> (나) $f(4)<f(5)$

34 집합 $X=\{-2, -1, 0, 1, 2\}$에 대하여 X에서 X로의 함수 f가 $f(-x)=-f(x)$를 만족시킬 때, 함수 f의 개수를 구하시오.

교육청

35 집합 $X=\{1, 2\}$에서 집합 $Y=\{1, 2, 3, 4, 5, 6\}$으로의 함수 f 중에서 $f(1)+f(2)$가 4의 배수가 되도록 하는 함수 f의 개수는?

① 8 ② 9 ③ 10
④ 11 ⑤ 12

36 집합 $X=\{1, 2, 3, 4, 5\}$에 대하여 다음 조건을 만족시키는 함수 $f: X \longrightarrow X$의 개수를 구하시오.

> (가) 함수 f는 일대일대응이다.
> (나) 정의역 X의 한 원소 n에 대하여
> $f(n+1)-f(n)=4$이다.

02 합성함수

유형 01 합성함수의 함숫값

두 함수 f, g에 대하여 $(f \circ g)(a)$의 값을 구하려면 $(f \circ g)(a)=f(g(a))$이므로 $g(a)$의 값을 구한 후 $f(x)$의 x 대신 $g(a)$의 값을 대입한다.

1 함수 $f : X \longrightarrow X$가 오른쪽 그림과 같을 때, $(f \circ f)(2)+(f \circ f \circ f)(2)$의 값은?

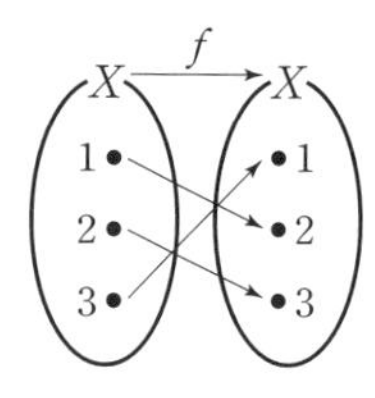

① 2 ② 3 ③ 4 ④ 5 ⑤ 6

교육청

2 함수 $f(x)=2x-1$에 대하여 $(f \circ f)(5)$의 값은?

① 11 ② 13 ③ 15 ④ 17 ⑤ 19

3 두 함수 $f(x)=x^2-1$, $g(x)=\begin{cases} -x+3 & (x \geq 0) \\ 3 & (x<0) \end{cases}$ 에 대하여 $(f \circ g)(-3)+(g \circ f)(2)$의 값은?

① 8 ② 9 ③ 10 ④ 11 ⑤ 12

4 세 함수 f, g, h에 대하여

$$f(x)=4x,\ (h \circ g)(x)=\frac{1}{4}x+3$$

일 때, $(h \circ (g \circ f))(3)$의 값은?

① 5 ② 6 ③ 7 ④ 8 ⑤ 9

교육청

5 두 함수 $f(x)=x^2+3$, $g(x)=2x-10$에 대하여 $(f \circ g)(a)=103$일 때, 양수 a의 값을 구하시오.

6 집합 $X=\{1, 2, 3\}$에 대하여 X에서 X로의 세 함수 f, g, h가 각각 일대일대응, 항등함수, 상수함수이고 다음 조건을 만족시킬 때, $f(3)g(3)h(1)$의 값은?

(가) $(f \circ g)(1)=g(2)=(h \circ g)(3)$
(나) $(h \circ h)(2)+g(1)=(f \circ h)(3)$

① 3 ② 6 ③ 8 ④ 9 ⑤ 12

유형 02 f^n 꼴의 합성함수

함수 f에 대하여 $f^1=f$, $f^{n+1}=f\circ f^n$(n은 자연수)이라 할 때, $f^n(k)$의 값은 $f^1(x)$, $f^2(x)$, $f^3(x)$, …를 차례대로 구하여 $f^n(x)$를 구한 다음 x 대신 k를 대입하거나 $f^1(k)$, $f^2(k)$, $f^3(k)$, …에서 규칙을 찾아 $f^n(k)$의 값을 구한다.

7 ●●○ 함수 $f(x)=x+4$에 대하여

$$f^1=f,\ f^{n+1}=f\circ f^n\ (n\text{은 자연수})$$

이라 할 때, $f^{1000}(-1000)$의 값을 구하시오.

8 ●●○ 자연수 전체의 집합에서 정의된 함수 f가

$$f(x)=\begin{cases} \dfrac{x}{2} & (x\text{는 짝수}) \\ \dfrac{x+1}{2} & (x\text{는 홀수}) \end{cases}$$

이고 $f^1=f$, $f^{n+1}=f\circ f^n$ (n은 자연수)이라 할 때, $f^k(80)=1$을 만족시키는 자연수 k의 최솟값은?

① 4 ② 5 ③ 6
④ 7 ⑤ 8

9 ●●● 집합 $X=\{1, 2, 3\}$에 대하여 X에서 X로의 함수 f가

$$f(x)=\begin{cases} 3 & (x=1) \\ x-1 & (x\geq 2) \end{cases}$$

이고 $f^1=f$, $f^{n+1}=f\circ f^n$(n은 자연수)이라 할 때, $f^1(2)+f^2(2)+f^3(2)+\cdots+f^{15}(2)$의 값을 구하시오.

유형 03 합성함수를 이용하여 상수 구하기

주어진 조건에 함수의 식을 대입하여 간단히 정리한 후 항등식의 성질을 이용한다.

10 ●○○ 두 함수 $f(x)=ax+3$, $g(x)=2x-1$에 대하여 $f\circ g=g\circ f$일 때, 상수 a의 값을 구하시오.

11 ●○○ 함수 $f(x)=ax+b$에 대하여 $(f\circ f)(x)=9x-8$일 때, 상수 a, b에 대하여 $a+b$의 값은? (단, $a>0$)

① -2 ② -1 ③ 0
④ 1 ⑤ 2

12 ●●○ 두 함수 $f(x)=x-1$, $g(x)=ax+2$에 대하여 $(f\circ g)(2)=5$일 때, $(g\circ f)(2)$의 값은? (단, a는 상수)

① -4 ② -2 ③ 0
④ 2 ⑤ 4

13 ●●○ 함수 $f(x)=3x-2$와 일차함수 $g(x)$에 대하여 $f\circ g=g\circ f$이고 $g(2)=-1$일 때, $g(-1)$의 값을 구하시오.

정답과 해설 147쪽

유형 04 $f \circ g = h$를 만족시키는 함수 구하기

$(f \circ g)(x) = h(x)$일 때

(1) 두 함수 f, h가 주어진 경우
➡ $f(g(x)) = h(x)$임을 이용하여 $g(x)$를 구한다.

(2) 두 함수 g, h가 주어진 경우
➡ $f(g(x)) = h(x)$이므로 $g(x) = t$로 치환하여 $f(t)$의 식을 구한 후 t를 x로 바꾸어 나타낸다.

14 두 함수 $f(x) = x-1$, $g(x) = -x+2$에 대하여 $f \circ h = g$를 만족시키는 함수 $h(x)$는?

① $h(x) = -x-3$　② $h(x) = -x+3$
③ $h(x) = x-3$　④ $h(x) = x+3$
⑤ $h(x) = 3x$

15 실수 전체의 집합에서 정의된 함수 f가 $f\left(\frac{x+4}{3}\right) = 4x+3$을 만족시킬 때, 함수 $f(x)$를 구하시오.

16 두 함수 $f(x) = 2x+4$, $g(x) = 3x-2$와 함수 h에 대하여 $h \circ f = g$일 때, $h(-2)$의 값을 구하시오.

17 세 함수 f, g, h에 대하여 $(g \circ f)(x) = -x+3$, $((h \circ g) \circ f)(x-2) = -2x+1$일 때, 함수 $h(x)$를 구하시오.

UP 유형 05 합성함수의 그래프

두 함수 $y=f(x)$, $y=g(x)$의 그래프가 주어질 때, 합성함수 $y=(g \circ f)(x)$의 그래프는 다음과 같은 순서로 그린다.

(1) 두 함수 f, g의 식을 각각 구한다. 이때 그래프의 모양이 달라지는 경계가 되는 값을 기준으로 정의역의 범위를 나누어 구한다.

(2) 정의역에 주의하여 함수 $g \circ f$의 식을 구한 후 구간별로 그래프를 그린다.

18 두 함수 $y=f(x)$, $y=g(x)$의 그래프가 다음 그림과 같을 때, 합성함수 $y=(g \circ f)(x)$의 그래프를 그리시오.

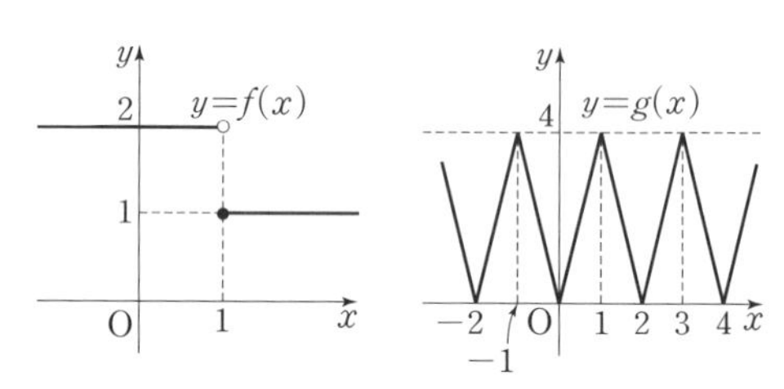

19 정의역이 $\{x \mid 0 \le x \le 2\}$인 두 함수 $y=f(x)$, $y=g(x)$의 그래프가 다음 그림과 같을 때, 합성함수 $y=(f \circ g)(x)$의 그래프와 x축 및 y축으로 둘러싸인 부분의 넓이는?

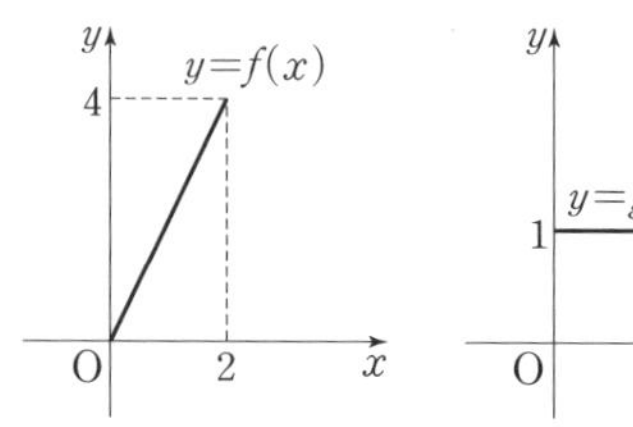

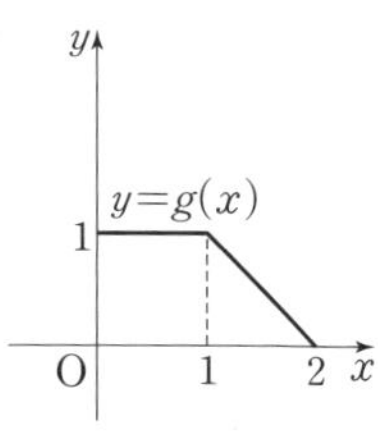

① $\frac{1}{3}$　② $\frac{1}{2}$　③ 1
④ 2　⑤ 3

03 역함수

정답과 해설 147쪽

유형 01 역함수의 뜻

함수 f의 역함수가 f^{-1}일 때,

$f^{-1}(a)=b \Longleftrightarrow f(b)=a$

교육청

1 그림은 두 함수 $f: X \longrightarrow Y$, $g: Y \longrightarrow Z$를 나타낸 것이다.

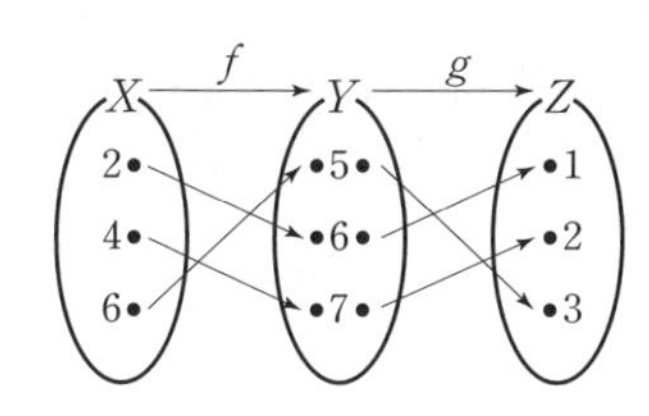

$g^{-1}(3)+(g\circ f)(4)$의 값은?

① 6　② 7　③ 8
④ 9　⑤ 10

2 함수 $f(x)=ax+b$에 대하여 $f^{-1}(3)=-1$, $f^{-1}(6)=2$일 때, 상수 a, b에 대하여 ab의 값을 구하시오.

3 두 함수 $f(x)=2x-1$, $g(x)=3x-2$에 대하여 $(f^{-1}\circ g)(a)=1$을 만족시키는 상수 a의 값은?

① -3　② -2　③ -1
④ 0　⑤ 1

4 실수 전체의 집합에서 정의된 함수 f가 $f\left(\dfrac{x+2}{5}\right)=-x+4$를 만족시킬 때, $f^{-1}(1)$의 값은?

① $\dfrac{1}{2}$　② 1　③ $\dfrac{3}{2}$
④ 2　⑤ $\dfrac{5}{2}$

5 두 함수 $f(x)=x+a$, $g(x)=2x+a$에 대하여 $(f\circ g)(x)=2x+6$일 때, $(g\circ f^{-1})(-1)$의 값은? (단, a는 상수)

① -5　② -4　③ -3
④ -2　⑤ -1

6 집합 $X=\{1, 2, 3, 4\}$에 대하여 함수 $f: X \longrightarrow X$는 일대일대응이고 $f(1)=2$, $f(3)=1$, $f^{-1}(4)=2$일 때, $(f\circ f)(4)+(f\circ f\circ f)(1)$의 값은?

① 2　② 3　③ 4
④ 5　⑤ 6

유형 02 역함수가 존재하기 위한 조건

함수 f의 역함수 f^{-1}가 존재하려면 f가 일대일대응이어야 한다.

➡ 정의역의 임의의 두 원소 x_1, x_2에 대하여

(i) $x_1 \neq x_2$이면 $f(x_1) \neq f(x_2)$

(ii) (치역)=(공역)

7 두 집합 $X=\{x|-1\le x\le 3\}$, $Y=\{y|a\le y\le b\}$에 대하여 X에서 Y로의 함수 $f(x)=-2x+1$의 역함수가 존재할 때, 상수 a, b에 대하여 $a-b$의 값은?

① -11 ② -10 ③ -9
④ -8 ⑤ -7

8 실수 전체의 집합에서 정의된 함수 $f(x)=ax+|2x-2|$의 역함수가 존재할 때, 상수 a의 값의 범위는?

① $a\le -2$ ② $a<2$
③ $a<-2$ 또는 $a>2$ ④ $a\le -2$ 또는 $a\ge 2$
⑤ $-2\le a\le 2$

9 실수 전체의 집합에서 정의된 함수

$$f(x)=\begin{cases}(a-1)x+a^2-4 & (x\ge 0)\\ x^2 & (x<0)\end{cases}$$

의 역함수가 존재할 때, $f(a)$의 값을 구하시오.

(단, a는 상수)

유형 03 역함수 구하기

함수 $y=f(x)$의 역함수는 다음과 같은 순서로 구한다.

(1) $y=f(x)$가 일대일대응인지 확인한다.

(2) x에 대하여 풀어 $x=f^{-1}(y)$로 나타낸다.

(3) x와 y를 서로 바꾸어 $y=f^{-1}(x)$로 나타낸다.

참고 함수 f의 치역이 역함수 f^{-1}의 정의역이 되고, 함수 f의 정의역이 역함수 f^{-1}의 치역이 된다.

10 함수 $y=-\frac{1}{2}x+3$의 역함수가 $y=ax+b$일 때, 상수 a, b에 대하여 ab의 값은?

① -12 ② -6 ③ -2
④ 6 ⑤ 12

11 두 함수 $f(x)=ax+b$, $g(x)=2x-1$의 합성함수 $(g\circ f)(x)$의 역함수가 $y=-\frac{1}{4}x+\frac{1}{4}$일 때, 상수 a, b에 대하여 $a+b$의 값은? (단, $a\neq 0$)

① -2 ② -1 ③ 0
④ 1 ⑤ 2

12 실수 전체의 집합에서 정의된 함수 f에 대하여 $f(2x+1)=6x+12$가 성립할 때, $f^{-1}(x)=ax+b$이다. 이때 상수 a, b에 대하여 ab의 값을 구하시오.

유형 04 역함수의 성질

두 함수 f, g의 역함수가 각각 f^{-1}, g^{-1}일 때
(1) $(f^{-1})^{-1}=f$
(2) $(f^{-1}\circ f)(x)=x$, $(f\circ f^{-1})(y)=y$
(3) $(g\circ f)^{-1}=f^{-1}\circ g^{-1}$

13 ●○○
두 함수 $f(x)=2x+3$, $g(x)=x-1$에 대하여 $(f\circ(g\circ f)^{-1}\circ f)(2)$의 값을 구하시오.

14 ●○○
두 함수 $f(x)=x+4$, $g(x)=3x-1$에 대하여 $(g^{-1}\circ f)^{-1}(1)+(f\circ g)^{-1}(2)$의 값을 구하시오.

교육청

15 ●●○
일차함수 $f(x)$의 역함수를 $g(x)$라 할 때, 함수
$y=f(2x+3)$
의 역함수를 $g(x)$에 대한 식으로 나타내면 $y=ag(x)+b$이다. 두 상수 a, b에 대하여 $a+b$의 값은?

① $-\frac{5}{2}$　② -2　③ $-\frac{3}{2}$
④ -1　⑤ $-\frac{1}{2}$

16 ●●●
두 함수 $f(x)=\begin{cases} 2x & (x\ge 1) \\ x+1 & (x<1) \end{cases}$, $g(x)=\frac{1}{2}x+1$에 대하여 $f\circ h=g^{-1}$를 만족시키는 함수 $h(x)$를 구하시오.

유형 05 $f=f^{-1}$인 함수

함수 f와 그 역함수 f^{-1}에 대하여
$f=f^{-1} \Longleftrightarrow (f\circ f)(x)=x$

17 ●○○
함수 f의 역함수 f^{-1}가 존재하고 $f^{-1}(1)=-2$, $(f\circ f)(x)=x$일 때, $f(1)$의 값은?

① -2　② -1　③ 0
④ 1　⑤ 2

18 ●●○
보기에서 $f=f^{-1}$를 만족시키는 함수인 것만을 있는 대로 고른 것은?

보기
ㄱ. $f(x)=-x$　ㄴ. $f(x)=-x+4$
ㄷ. $f(x)=3x$　ㄹ. $f(x)=\frac{1}{4}x$

① ㄱ, ㄴ　② ㄱ, ㄷ　③ ㄴ, ㄷ
④ ㄴ, ㄹ　⑤ ㄷ, ㄹ

19 ●●○
함수 $f(x)=ax+2$에 대하여 $f=f^{-1}$일 때, $f(-1)$의 값은? (단, a는 상수)

① -2　② -1　③ 1
④ 2　⑤ 3

정답과 해설 150쪽

유형 06 그래프를 이용하여 역함수의 함숫값 구하기

함수 $y=f(x)$의 그래프가 점 (a, b)를 지나면 그 역함수 $y=f^{-1}(x)$의 그래프는 점 (b, a)를 지난다.

➡ $f(a)=b \Longleftrightarrow f^{-1}(b)=a$

20 함수 $y=f(x)$의 그래프와 직선 $y=x$가 다음 그림과 같을 때, $(f^{-1} \circ f^{-1})(c)$의 값은?

(단, 모든 점선은 x축 또는 y축에 평행하다.)

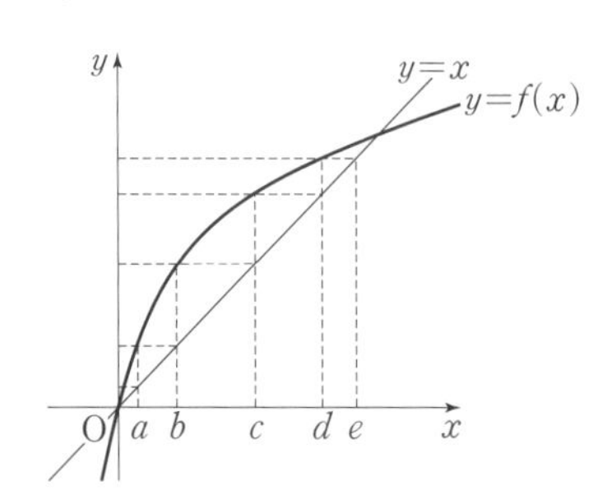

① a ② b ③ c
④ d ⑤ e

21 $x\geq 0$에서 정의된 두 함수 $y=f(x)$, $y=g(x)$의 그래프와 직선 $y=x$가 다음 그림과 같을 때, $g^{-1}(f^{-1}(b))$의 값은?

(단, 모든 점선은 x축 또는 y축에 평행하다.)

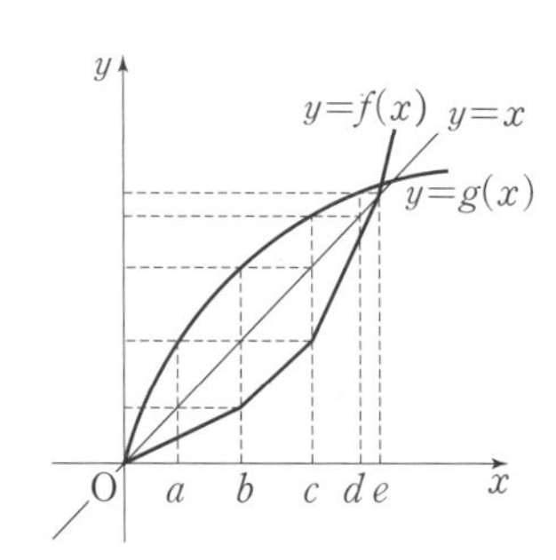

① a ② b ③ c
④ d ⑤ e

유형 07 역함수의 그래프의 성질

함수 $y=f(x)$의 그래프와 그 역함수 $y=f^{-1}(x)$의 그래프는 직선 $y=x$에 대하여 대칭이다.

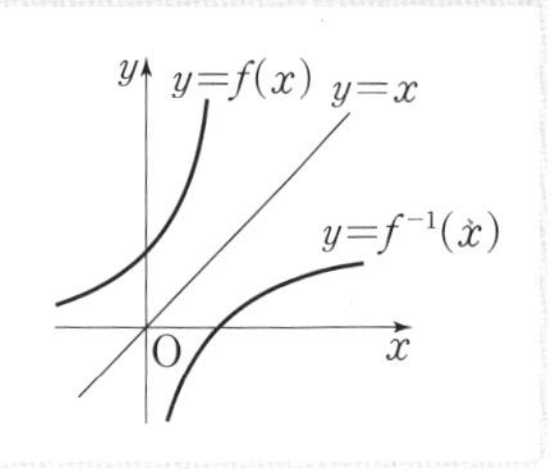

22 함수 $f(x)=-2x+6$의 그래프와 그 역함수 $y=f^{-1}(x)$의 그래프의 교점의 좌표를 (a, b)라 할 때, $a+b$의 값은?

① 2 ② 3 ③ 4
④ 5 ⑤ 6

23 함수 $f(x)=x^2-6x+12\,(x\geq 3)$의 그래프와 그 역함수 $y=f^{-1}(x)$의 그래프가 두 점 A, B에서 만날 때, 선분 AB의 길이는?

① $\frac{1}{2}$ ② $\frac{\sqrt{2}}{2}$ ③ 1
④ $\sqrt{2}$ ⑤ 2

24 함수 $y=f(x)$의 그래프와 직선 $y=x$는 오른쪽 그림과 같이 두 점 A(6, 6), B(−4, −4)에서 만난다. 이때 함수 $y=f(x)$의 그래프와 그 역함수 $y=f^{-1}(x)$의 그래프로 둘러싸인 부분의 넓이를 구하시오.

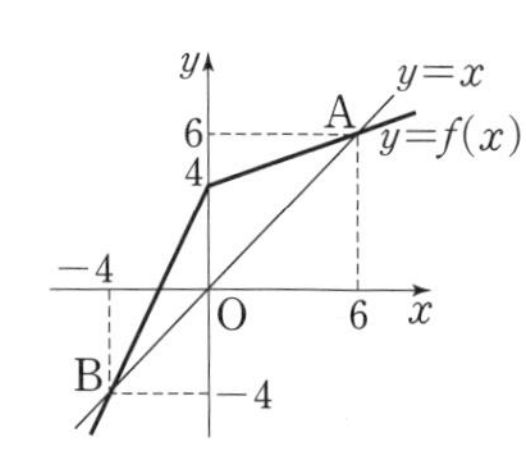

Ⅲ. 함수와 그래프

2 유리함수와 무리함수

01 유리함수

유형 01 유리식의 사칙연산

다항식 A, B, C, D에 대하여

(1) $\frac{A}{C}+\frac{B}{C}=\frac{A+B}{C}$ (단, $C\neq 0$)

(2) $\frac{A}{C}-\frac{B}{C}=\frac{A-B}{C}$ (단, $C\neq 0$)

(3) $\frac{A}{B}\times\frac{C}{D}=\frac{AC}{BD}$ (단, $BD\neq 0$)

(4) $\frac{A}{B}\div\frac{C}{D}=\frac{A}{B}\times\frac{D}{C}=\frac{AD}{BC}$ (단, $BCD\neq 0$)

1 $\frac{1}{x-2}-\frac{x}{x^2-4}$를 간단히 하시오.

2 $\frac{x^2+x-2}{x^2+x-6}\times\frac{x+3}{x+2}\div\frac{x^2+3x-4}{x^2-4}$를 간단히 하시오.

3 $\frac{a^2}{(a-b)(a-c)}+\frac{b^2}{(b-c)(b-a)}+\frac{c^2}{(c-a)(c-b)}$을 간단히 하시오.

4 $a+b+c=0$일 때, $\frac{a^2+1}{bc}+\frac{b^2+1}{ca}+\frac{c^2+1}{ab}$의 값은? (단, $abc\neq 0$)

① 1 ② 2 ③ 3 ④ 4 ⑤ 5

유형 02 유리식을 포함한 항등식

유리식을 포함한 항등식이 주어지면 각 변을 통분하여 분모를 같게 한 후 양변의 분자의 동류항의 계수를 비교한다.

5 분모를 0으로 만들지 않는 모든 실수 x에 대하여 등식

$$\frac{2x+3}{x^2-3x+2}=\frac{a}{x-1}+\frac{b}{x-2}$$

가 성립할 때, 상수 a, b에 대하여 $a-b$의 값을 구하시오.

6 $x\neq 1$인 모든 실수 x에 대하여 등식

$$\frac{2}{x-1}+\frac{ax+1}{x^2+x+1}=\frac{bx+1}{x^3-1}$$

이 성립할 때, 상수 a, b에 대하여 $b-a$의 값은?

① 1 ② 3 ③ 5 ④ 7 ⑤ 9

7 분모를 0으로 만들지 않는 모든 실수 x에 대하여 등식

$$\frac{a}{x+1}-\frac{b}{x-2}-\frac{c}{x}=\frac{2-4x}{x(x+1)(x-2)}$$

가 성립할 때, 상수 a, b, c에 대하여 abc의 값은?

① 2 ② 4 ③ 6 ④ 8 ⑤ 10

유형 03 여러 가지 유리식의 계산

(1) (분자의 차수)≥(분모의 차수)이면
➡ 분자를 분모로 나누어 분자의 차수를 분모의 차수보다 작게 식을 변형한 후 계산한다.

(2) 분자 또는 분모가 유리식이면
➡ $\dfrac{\frac{A}{B}}{\frac{C}{D}}=\dfrac{A}{B}\div\dfrac{C}{D}=\dfrac{A}{B}\times\dfrac{D}{C}=\dfrac{AD}{BC}$ (단, $BCD\neq0$)

(3) 분모가 두 개 이상의 인수의 곱이면
➡ $\dfrac{1}{AB}=\dfrac{1}{B-A}\left(\dfrac{1}{A}-\dfrac{1}{B}\right)$ (단, $A\neq B$, $AB\neq0$)

8 ●○○
$\dfrac{2x^2+4x+1}{x+2}-\dfrac{2x^2+2x-1}{x+1}$을 간단히 하시오.

9 ●○○
분모를 0으로 만들지 않는 모든 실수 x에 대하여 등식

$$\frac{x+1}{x}-\frac{x+2}{x+1}-\frac{x-4}{x-3}+\frac{x-5}{x-4}=\frac{ax+b}{x(x+1)(x-3)(x-4)}$$

가 성립할 때, 상수 a, b에 대하여 ab의 값을 구하시오.

10 ●○○
$1-\dfrac{1}{1-\dfrac{1}{1-\dfrac{1}{x}}}$을 간단히 하면?

① x　② $x-1$　③ $\dfrac{x}{x-1}$
④ $\dfrac{x-1}{x}$　⑤ $\dfrac{x}{x+1}$

11 ●○○
분모를 0으로 만들지 않는 모든 실수 x에 대하여 등식

$$\frac{1}{x(x+1)}+\frac{4}{(x+1)(x+5)}+\frac{6}{(x+5)(x+11)}=\frac{a}{x(x+b)}$$

가 성립할 때, 상수 a, b에 대하여 $a+b$의 값은?

① 20　② 21　③ 22
④ 23　⑤ 24

12 ●●○
방정식 $x^2-4x+1=0$을 만족시키는 x에 대하여 $\dfrac{\dfrac{1}{x+1}+\dfrac{1}{x-1}}{\dfrac{x}{x+1}+\dfrac{1}{x-1}}$의 값을 구하시오.

13 ●●●
$\dfrac{67}{29}=a+\dfrac{1}{b+\dfrac{1}{c+\dfrac{1}{d}}}$을 만족시키는 자연수 a, b, c, d에 대하여 $a+b+c+d$의 값은?

① 10　② 11　③ 12
④ 13　⑤ 14

유형 04 비례식

(1) $x:y:z=a:b:c$이면

➡ $x=ak$, $y=bk$, $z=ck\,(k\neq0)$임을 이용한다.

(2) $\dfrac{x+y}{a}=\dfrac{y+z}{b}=\dfrac{z+x}{c}$이면

➡ $\dfrac{x+y}{a}=\dfrac{y+z}{b}=\dfrac{z+x}{c}=k\,(k\neq0)$로 놓고

$x+y=ak$, $y+z=bk$, $z+x=ck$의 양변을 각각 더하여 $x+y+z$의 값을 구한 후 x, y, z를 k에 대한 식으로 나타낸다.

14 세 실수 x, y, z에 대하여 $x:y:z=2:3:4$일 때, $\dfrac{xyz}{x^2y-y^2z+xz^2}$의 값을 구하시오. (단, $xyz\neq0$)

15 세 실수 a, b, c에 대하여 $\dfrac{a+b}{3}=\dfrac{b+c}{4}=\dfrac{c+a}{5}$일 때, $\dfrac{ab+bc+ca}{a^2+b^2+c^2}$의 값을 구하시오. (단, $abc\neq0$)

16 세 실수 a, b, c에 대하여

$$\frac{3b+2c}{a}=\frac{2c+a}{3b}=\frac{a+3b}{2c}=k$$

일 때, 모든 실수 k의 값의 합은? (단, $abc\neq0$)

① -2 ② -1 ③ 1 ④ 2 ⑤ 3

유형 05 유리함수의 그래프

유리함수 $y=\dfrac{ax+b}{cx+d}\,(c\neq0,\ ad-bc\neq0)$의 그래프는 $y=\dfrac{k}{x-p}+q\,(k\neq0)$ 꼴로 변형하여 그린다.

17 다음 중 유리함수 $y=\dfrac{1-4x}{2x+2}$의 그래프로 옳은 것은?

①
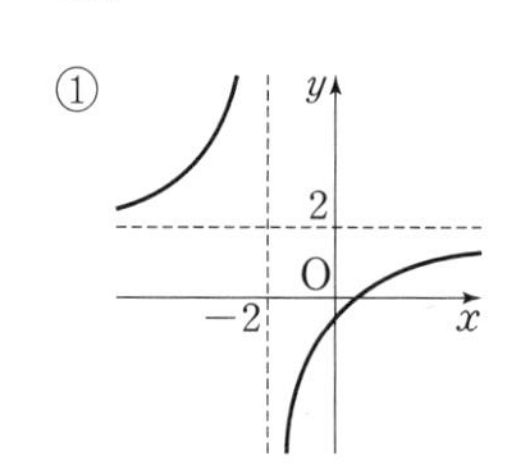

②
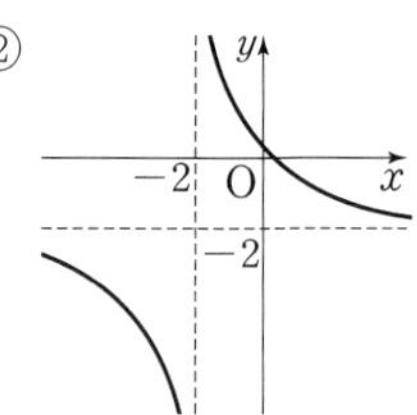

③
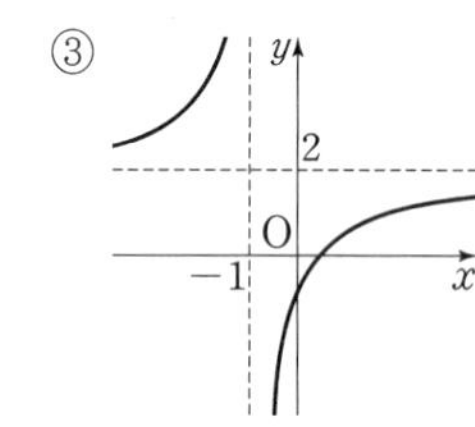

④
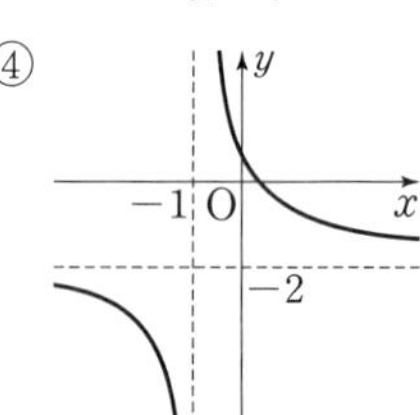

⑤
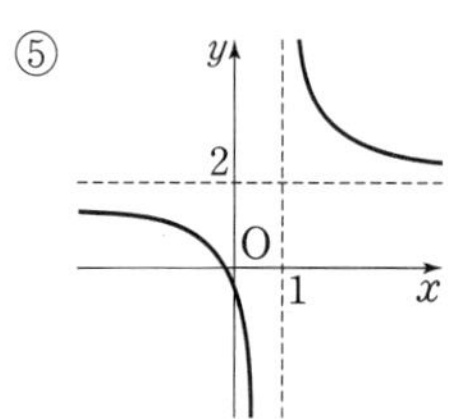

18 유리함수 $y=\dfrac{2x-4}{x-1}$의 그래프가 지나지 않는 사분면을 구하시오.

교육청

19 함수 $y=\dfrac{3x+k-10}{x+1}$의 그래프가 제4사분면을 지나도록 하는 모든 자연수 k의 개수는?

① 5 ② 7 ③ 9 ④ 11 ⑤ 13

유형 06 유리함수의 그래프의 평행이동

유리함수 $y=\frac{k}{x-p}+q(k\neq0)$의 그래프는 $y=\frac{k}{x}$의 그래프를 x축의 방향으로 p만큼, y축의 방향으로 q만큼 평행이동한 것이다.

참고 k의 값이 같으면 평행이동하여 겹쳐질 수 있다.

20 유리함수 $y=\frac{ax+b}{x+c}$의 그래프는 유리함수 $y=\frac{3}{x}$의 그래프를 x축의 방향으로 -2만큼, y축의 방향으로 2만큼 평행이동한 것이다. 이때 상수 a, b, c에 대하여 $a+b+c$의 값을 구하시오.

21 유리함수 $y=\frac{2x+1}{x+1}$의 그래프를 x축의 방향으로 p만큼, y축의 방향으로 q만큼 평행이동하면 유리함수 $y=\frac{-x+2}{x-3}$의 그래프와 겹쳐질 때, $p+q$의 값을 구하시오.

22 보기의 함수에서 그 그래프가 유리함수 $y=-\frac{2}{x}$의 그래프를 평행이동하여 겹쳐지는 것만을 있는 대로 고른 것은?

보기

ㄱ. $y=-\frac{2}{x+3}$　　ㄴ. $y=\frac{x-2}{x}$

ㄷ. $y=\frac{-2x+2}{x+1}$　　ㄹ. $y=\frac{x-5}{x-3}$

① ㄱ, ㄴ　② ㄱ, ㄷ　③ ㄱ, ㄹ
④ ㄴ, ㄷ　⑤ ㄱ, ㄴ, ㄹ

유형 07 유리함수의 최대, 최소

유리함수 $y=f(x)$의 정의역이 $\{x|a\leq x\leq b\}$일 때, $f(a)$, $f(b)$ 중 큰 값이 최댓값, 작은 값이 최솟값이다.

23 $-2\leq x\leq3$에서 유리함수 $y=\frac{2x-1}{x+3}$의 최댓값을 M, 최솟값을 m이라 할 때, $\frac{m}{M}$의 값을 구하시오.

24 $0\leq x\leq1$에서 유리함수 $y=\frac{3x+a}{x+1}$의 최댓값이 4일 때, 상수 a의 값은? (단, $a>3$)

① 4　② 5　③ 6
④ 7　⑤ 8

25 $2\leq x\leq a$에서 유리함수 $y=\frac{2x-1}{x-1}$의 최댓값이 b, 최솟값이 $\frac{7}{3}$일 때, $a+b$의 값은?

① 5　② 6　③ 7
④ 8　⑤ 9

26 $0\leq x\leq5$에서 유리함수 $y=\frac{3x+k}{x+2}$의 최솟값이 4일 때, 이 함수의 최댓값을 구하시오. (단, k는 상수)

유형 08 유리함수의 그래프의 대칭

유리함수 $y=\frac{k}{x-p}+q\,(k\neq0)$의 그래프는

(1) 점 $(p,\ q)$에 대하여 대칭이다.

(2) 두 직선 $y=(x-p)+q$, $y=-(x-p)+q$에 대하여 각각 대칭이다. ◀ 두 직선 모두 점 $(p,\ q)$를 지난다.

27 유리함수 $y=\frac{3x+4}{x+2}$의 그래프가 점 $(a,\ b)$에 대하여 대칭일 때, $a+b$의 값을 구하시오.

28 유리함수 $y=\frac{ax+2}{x-1}$의 그래프가 점 $(b,\ -1)$에 대하여 대칭일 때, 상수 a, b에 대하여 ab의 값은?

① -2 ② -1 ③ 0
④ 1 ⑤ 2

29 유리함수 $y=\frac{7-6x}{2x-2}$의 그래프가 두 직선 $y=x+a$, $y=bx+c$에 대하여 대칭일 때, 상수 a, b, c에 대하여 $a+b+c$의 값은?

① -9 ② -7 ③ -5
④ -3 ⑤ -2

30 유리함수 $y=\frac{ax+4}{x+3}$의 그래프가 두 직선 $y=x+2$, $y=-x+b$에 대하여 대칭일 때, 상수 a, b에 대하여 $a+b$의 값을 구하시오.

유형 09 유리함수의 식 구하기

점근선의 방정식이 $x=p$, $y=q$인 유리함수의 그래프가 주어졌을 때

➡ $y=\frac{k}{x-p}+q\,(k\neq0)$라 하고 그래프가 지나는 한 점의 좌표를 대입하여 k의 값을 구한다.

참고 점근선의 방정식이 $x=p$, $y=q$인 유리함수의 그래프는 점 $(p,\ q)$에 대하여 대칭이다.

교육청

31 유리함수 $f(x)=\frac{ax+1}{x+b}$의 그래프의 점근선의 방정식이 $x=2$, $y=3$일 때, $f(4)$의 값은? (단, a, b는 상수이다.)

① 6 ② $\frac{13}{2}$ ③ 7
④ $\frac{15}{2}$ ⑤ 8

32 유리함수 $y=\frac{ax+b}{x+c}$의 그래프가 오른쪽 그림과 같을 때, 상수 a, b, c에 대하여 abc의 값을 구하시오.

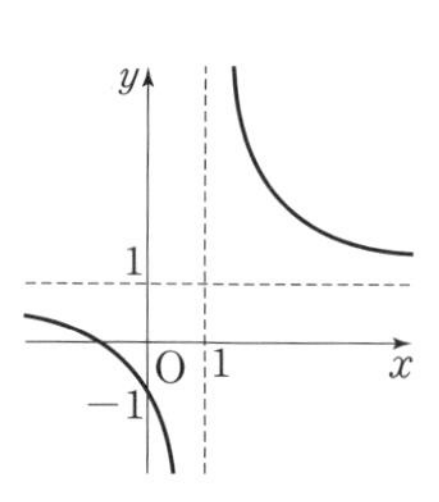

33 유리함수 $y=\frac{ax+b}{c-x}$의 그래프는 점 $(1,\ 1)$을 지나고 두 점근선의 교점의 좌표가 $(2,\ -3)$이다. 이때 상수 a, b, c에 대하여 $a+b+c$의 값을 구하시오.

유형 10 유리함수의 그래프의 성질

유리함수 $y=\frac{k}{x-p}+q\,(k\neq0)$에 대하여

(1) 그래프는 $y=\frac{k}{x}$의 그래프를 x축의 방향으로 p만큼, y축의 방향으로 q만큼 평행이동한 것이다.

(2) 정의역은 $\{x\,|\,x\neq p$인 실수$\}$, 치역은 $\{y\,|\,y\neq q$인 실수$\}$이다.

(3) 그래프의 점근선의 방정식은 $x=p$, $y=q$이다.

(4) 그래프는 점 (p, q)에 대하여 대칭이다.

34 다음 중 유리함수 $y=\frac{-3x+5}{x-2}$에 대하여 옳지 않은 것은?

① 그래프의 점근선의 방정식은 $x=2$, $y=-3$이다.

② 그래프와 x축의 교점의 좌표는 $\left(\frac{5}{3}, 0\right)$이다.

③ 치역은 $\{y\,|\,y\neq-3$인 실수$\}$이다.

④ 그래프는 $y=-\frac{1}{x}$의 그래프를 x축의 방향으로 2만큼, y축의 방향으로 -3만큼 평행이동한 것이다.

⑤ 그래프는 제1, 2, 4사분면을 지난다.

35 보기에서 유리함수 $y=\frac{1}{3x-2}+4$의 그래프에 대하여 옳은 것만을 있는 대로 고른 것은?

보기
ㄱ. 제3사분면을 지나지 않는다.
ㄴ. 점 $\left(\frac{2}{3}, 4\right)$에 대하여 대칭이다.
ㄷ. $y=\frac{1}{3x}$의 그래프를 x축의 방향으로 2만큼, y축의 방향으로 4만큼 평행이동한 것이다.

① ㄱ ② ㄴ ③ ㄱ, ㄴ
④ ㄱ, ㄷ ⑤ ㄴ, ㄷ

UP 유형 11 유리함수의 그래프와 직선의 위치 관계

유리함수 $y=f(x)$의 그래프와 직선 $y=g(x)$의 위치 관계는 그래프를 그려서 판단한다.
이때 직선이 항상 지나는 점의 존재를 파악하고, 방정식 $f(x)=g(x)$를 정리하여 얻은 이차방정식의 판별식 D를 이용한다.

36 유리함수 $y=-\frac{3}{x}-1$의 그래프와 직선 $y=3x+m$이 한 점에서 만나도록 하는 양수 m의 값을 구하시오.

37 유리함수 $y=\frac{3}{x-1}+1$의 그래프와 직선 $mx-y-m+1=0$이 만나지 않도록 하는 상수 m의 값의 범위를 구하시오.

38 정의역이 $\{x\,|\,3\leq x\leq4\}$인 유리함수 $f(x)=\frac{2x-3}{x-2}$에 대하여 $y=f(x)$의 그래프와 직선 $y=mx+1$이 만나도록 하는 상수 m의 값의 범위가 $a\leq m\leq b$일 때, ab의 값은?

① $\frac{1}{8}$ ② $\frac{1}{4}$ ③ $\frac{1}{2}$
④ 2 ⑤ 4

정답과 해설 154쪽

유형 12 유리함수의 합성함수 – f^n 꼴

함수 f에 대하여 $f^1=f$, $f^{n+1}=f\circ f^n$(n은 자연수)이라 할 때, $f^n(k)$의 값은 $f^1(x)$, $f^2(x)$, $f^3(x)$, $\cdots$를 차례대로 구하여 $f^n(x)$를 구한 다음 x 대신 k를 대입하거나 $f^1(k)$, $f^2(k)$, $f^3(k)$, $\cdots$에서 규칙을 찾아 $f^n(k)$의 값을 구한다.

39 유리함수 $f(x)=\dfrac{x+1}{x-1}$에 대하여

$$f^1=f,\ f^{n+1}=f\circ f^n\ (n\text{은 자연수})$$

이라 할 때, $f^{100}(3)$의 값을 구하시오.

40 유리함수 $f(x)=\dfrac{x}{x+1}$에 대하여

$$f^1=f,\ f^{n+1}=f\circ f^n\ (n\text{은 자연수})$$

이라 할 때, $f^{10}(2)$의 값을 구하시오.

41 유리함수 $y=f(x)$의 그래프가 오른쪽 그림과 같고

$$f^1=f,\ f^{n+1}=f\circ f^n\ (n\text{은 자연수})$$

이라 할 때, $f^{99}(1)$의 값을 구하시오.

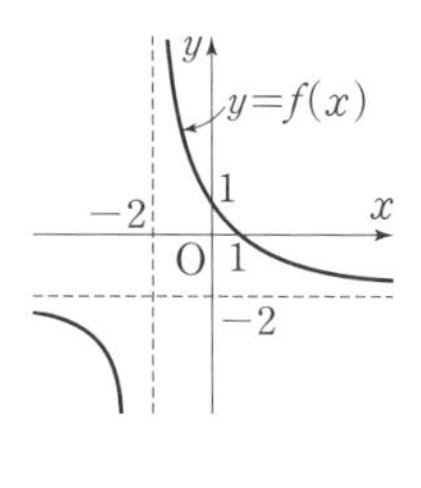

유형 13 유리함수의 역함수

유리함수 $y=\dfrac{ax+b}{cx+d}$ $(c\neq0,\ ad-bc\neq0)$의 역함수는 다음과 같은 순서로 구한다.

(1) x에 대하여 푼다. ➡ $x=\dfrac{-dy+b}{cy-a}$

(2) x와 y를 서로 바꾼다. ➡ $y=\dfrac{-dx+b}{cx-a}$

참고 함수 $y=f(x)$의 그래프가 점 $(a,\ b)$를 지나면 그 역함수 $y=f^{-1}(x)$의 그래프는 점 $(b,\ a)$를 지난다.
➡ $f(a)=b \Longleftrightarrow f^{-1}(b)=a$

42 유리함수 $f(x)=\dfrac{ax+3}{3-x}$에 대하여 $(f\circ f)(x)=x$일 때, 상수 a의 값을 구하시오.

43 유리함수 $f(x)=\dfrac{x+1}{2x-1}$에 대하여 $(f\circ f^{-1}\circ f^{-1})(1)$의 값을 구하시오.

교육청

44 유리함수 $f(x)=\dfrac{2x+5}{x+3}$의 역함수 $y=f^{-1}(x)$의 그래프는 점 $(p,\ q)$에 대하여 대칭이다. $p-q$의 값은?

① 1 ② 2 ③ 3 ④ 4 ⑤ 5

45 유리함수 $f(x)=\dfrac{ax+b}{x-2}$의 그래프가 점 $(3,\ 5)$를 지나고 $f=f^{-1}$일 때, $f(1)$의 값을 구하시오. (단, a, b는 상수)

02 무리함수

정답과 해설 156쪽

유형 01 무리식의 값이 실수가 되기 위한 조건

(1) $\sqrt{A}$의 값이 실수이려면 ➡ $A \geq 0$

(2) $\dfrac{1}{\sqrt{A}}$의 값이 실수이려면 ➡ $A > 0$

1 $\sqrt{6x^2-7x-3}$의 값이 실수가 되도록 하는 x의 값의 범위가 $x \leq a$ 또는 $x \geq b$일 때, $3a-2b$의 값을 구하시오.

2 $\sqrt{4-x}+\dfrac{1}{\sqrt{x+2}}$의 값이 실수가 되도록 하는 정수 x의 개수는?

① 3 ② 4 ③ 5 ④ 6 ⑤ 7

3 $\sqrt{x-1}+\sqrt{3-x}$의 값이 실수일 때, $\sqrt{x^2+4x+4}$를 간단히 하면?

① $-x-2$ ② $-x+2$ ③ 2 ④ $x-2$ ⑤ $x+2$

유형 02 무리식의 계산

무리식을 포함한 식의 계산은 유리화하거나 통분하여 식을 간단히 한다.

참고 $a>0$, $b>0$일 때

(1) $\dfrac{a}{\sqrt{b}}=\dfrac{a\sqrt{b}}{b}$

(2) $\dfrac{c}{\sqrt{a}+\sqrt{b}}=\dfrac{c(\sqrt{a}-\sqrt{b})}{a-b}$ (단, $a \neq b$)

(3) $\dfrac{c}{\sqrt{a}-\sqrt{b}}=\dfrac{c(\sqrt{a}+\sqrt{b})}{a-b}$ (단, $a \neq b$)

4 $\dfrac{\sqrt{x+1}-\sqrt{x-1}}{\sqrt{x+1}+\sqrt{x-1}}$을 간단히 하면?

① $\sqrt{x^2-1}$ ② $x-\sqrt{x^2-1}$ ③ $x+\sqrt{x^2-1}$ ④ $x^2-\sqrt{x^2-1}$ ⑤ $x^2+\sqrt{x^2-1}$

5 $\dfrac{x}{\sqrt{x+2}+\sqrt{x}}-\dfrac{x}{\sqrt{x+2}-\sqrt{x}}$를 간단히 하시오.

6 $\dfrac{\sqrt{x}-\sqrt{y}}{\sqrt{x}+\sqrt{y}}+\dfrac{\sqrt{x}+\sqrt{y}}{\sqrt{x}-\sqrt{y}}$를 간단히 하시오.

유형 03 무리식의 값 구하기

주어진 무리식의 분모를 유리화하거나 통분하여 간단히 한 후 수를 대입한다.
이때 주어진 수의 분모에도 무리수가 있으면 분모를 유리화한 후 대입한다.

7 $x=\dfrac{\sqrt{2}+1}{\sqrt{2}-1}$일 때, $\dfrac{\sqrt{x}}{\sqrt{x}-1}+\dfrac{\sqrt{x}}{\sqrt{x}+1}$의 값은?

① $\sqrt{2}-1$ ② $\sqrt{2}$ ③ $\sqrt{2}+1$
④ $2\sqrt{2}$ ⑤ $2\sqrt{2}-1$

8 $x=\sqrt{3}+1$일 때, $\dfrac{1}{x+\sqrt{x^2-1}}+\dfrac{1}{x-\sqrt{x^2-1}}$의 값을 구하시오.

9 $x=\dfrac{4}{3-\sqrt{5}}$, $y=\dfrac{4}{3+\sqrt{5}}$일 때, $\sqrt{x}-\sqrt{y}$의 값을 구하시오.

10 자연수 n에 대하여 $f(n)=\sqrt{n+1}+\sqrt{n}$일 때,
$\dfrac{1}{f(1)}+\dfrac{1}{f(2)}+\dfrac{1}{f(3)}+\cdots+\dfrac{1}{f(48)}$의 값은?

① 3 ② 4 ③ 5
④ 6 ⑤ 7

유형 04 무리함수의 그래프

무리함수 $y=\sqrt{ax+b}+c\,(a\neq 0)$의 그래프는
$y=\sqrt{a\left(x+\dfrac{b}{a}\right)}+c$로 변형하여 그린다.

11 다음 중 무리함수 $y=-\sqrt{3x-9}-2$의 그래프로 옳은 것은?

①
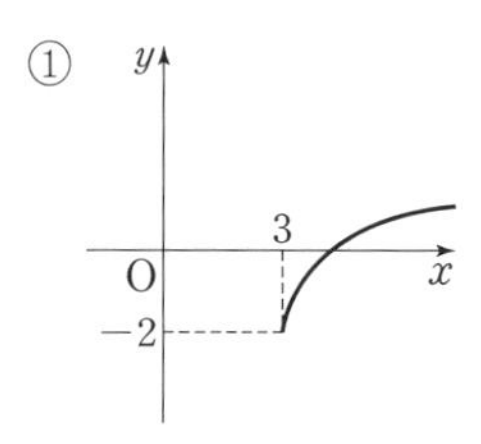

②
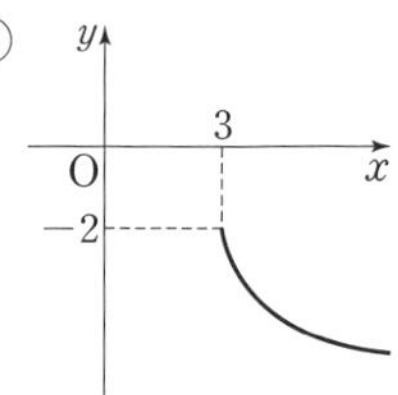

③
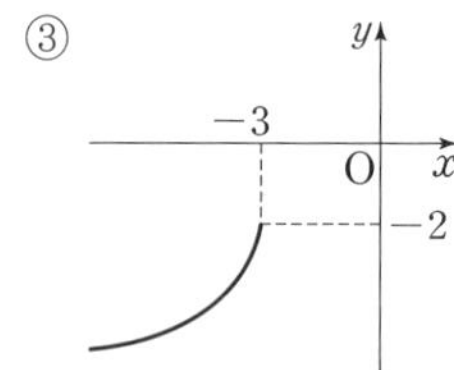

④
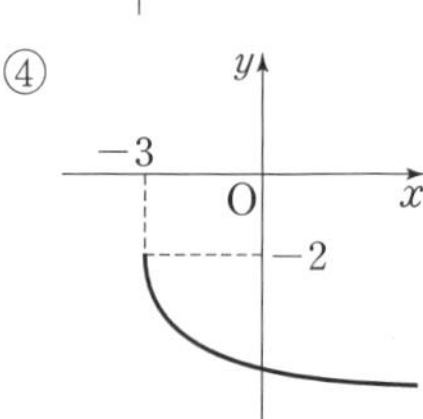

⑤
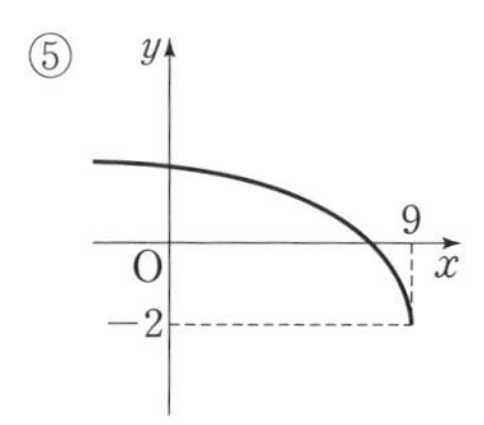

12 무리함수 $y=\sqrt{2x+4}-1$의 그래프가 지나지 않는 사분면을 구하시오.

13 무리함수 $y=-\sqrt{-x+3}+a$의 그래프가 제1, 2, 3 사분면을 지나도록 하는 정수 a의 최솟값을 구하시오.

유형 05 무리함수의 그래프의 평행이동과 대칭이동

무리함수 $y=\sqrt{ax+b}+c\ (a\neq0)$의 그래프를
(1) x축의 방향으로 p만큼, y축의 방향으로 q만큼 평행이동하면 ➡ $y=\sqrt{a(x-p)+b}+c+q$
참고 a의 값이 같으면 평행이동하여 겹쳐질 수 있다.
(2) x축에 대하여 대칭이동하면 ➡ $y=-\sqrt{ax+b}-c$
y축에 대하여 대칭이동하면 ➡ $y=\sqrt{-ax+b}+c$
원점에 대하여 대칭이동하면 ➡ $y=-\sqrt{-ax+b}-c$
참고 $|a|$의 값이 같으면 대칭이동하여 겹쳐질 수 있다.

14 무리함수 $y=\sqrt{a(x+1)}+5$의 그래프를 x축의 방향으로 b만큼, y축의 방향으로 c만큼 평행이동하면 무리함수 $y=\sqrt{6-3x}$의 그래프와 겹쳐질 때, 상수 a, b, c에 대하여 $a+b+c$의 값을 구하시오.

15 무리함수 $y=\sqrt{-x+2}$의 그래프를 x축의 방향으로 3만큼, y축의 방향으로 -2만큼 평행이동한 후 y축에 대하여 대칭이동하면 무리함수 $y=\sqrt{ax+b}+c$의 그래프와 겹쳐진다. 이때 상수 a, b, c에 대하여 $a+b+c$의 값을 구하시오.

16 보기의 함수에서 그 그래프가 무리함수 $y=\sqrt{-2x}$의 그래프를 평행이동 또는 대칭이동하여 겹쳐지는 것만을 있는 대로 고른 것은?

보기
ㄱ. $y=-\sqrt{2x}$　　ㄴ. $y=\sqrt{3-4x}$
ㄷ. $y=2\sqrt{1-x}+2$　　ㄹ. $y=\sqrt{2x-1}-1$

① ㄱ, ㄴ　② ㄱ, ㄷ　③ ㄱ, ㄹ
④ ㄴ, ㄷ　⑤ ㄷ, ㄹ

유형 06 무리함수의 최대, 최소

무리함수 $y=f(x)$의 정의역이 $\{x|a\leq x\leq b\}$일 때, $f(a)$, $f(b)$ 중 큰 값이 최댓값, 작은 값이 최솟값이다.

교육청
17 함수 $f(x)=\sqrt{2x+a}+7$은 $x=-2$일 때 최솟값 m을 갖는다. $a+m$의 값을 구하시오.
(단, a는 상수이다.)

18 $-2\leq x\leq2$에서 무리함수 $y=-\sqrt{4x+a}+2$의 최댓값이 2일 때, 이 함수의 최솟값은? (단, a는 상수)

① -2　② $-\sqrt{3}$　③ $-\sqrt{2}$
④ -1　⑤ 0

19 $a\leq x\leq b$에서 무리함수 $y=-\sqrt{4-x}+5$의 최댓값이 5, 최솟값이 4일 때, b^2-a^2의 값은?

① 5　② 6　③ 7
④ 8　⑤ 9

유형 07 무리함수의 식 구하기

무리함수 $y=\sqrt{ax}\,(a\neq0)$의 그래프를 x축의 방향으로 p만큼, y축의 방향으로 q만큼 평행이동한 그래프가 주어졌을 때

➡ $y=\sqrt{a(x-p)}+q$라 하고 그래프가 지나는 한 점의 좌표를 대입하여 a의 값을 구한다.

20 ●○○ 무리함수 $y=-\sqrt{a-x}+b$의 그래프가 오른쪽 그림과 같을 때, 이 그래프가 x축과 만나는 점의 좌표를 구하시오. (단, a, b는 상수)

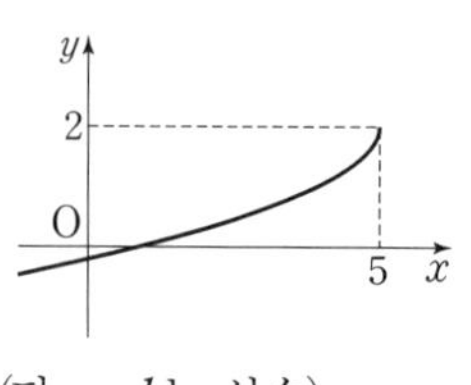

21 ●●○ 무리함수 $y=\sqrt{ax+b}+c$의 그래프가 오른쪽 그림과 같을 때, 상수 a, b, c에 대하여 $a+b+c$의 값을 구하시오.

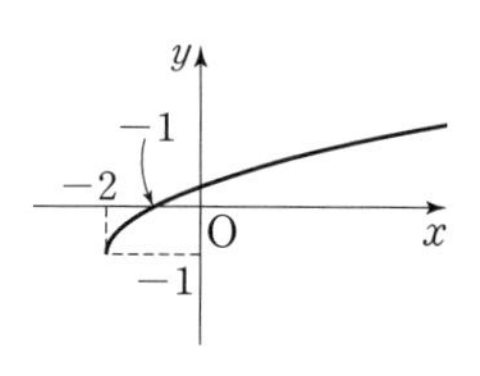

22 ●●○ 오른쪽 그림과 같은 무리함수의 그래프가 점 $(5, k)$를 지날 때, k의 값을 구하시오.

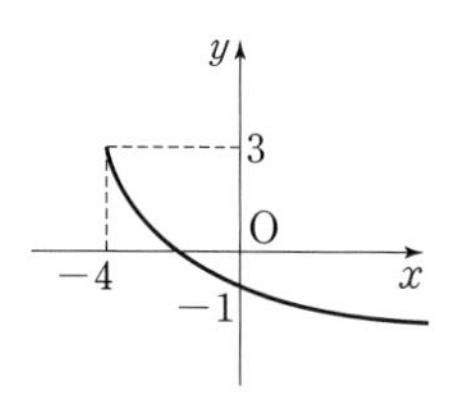

23 ●●● 무리함수 $y=\sqrt{a(x+b)}+c$의 그래프가 오른쪽 그림과 같을 때, 유리함수 $y=\dfrac{a}{x+b}+c$의 그래프가 지나지 <u>않는</u> 사분면을 구하시오. (단, a, b, c는 상수)

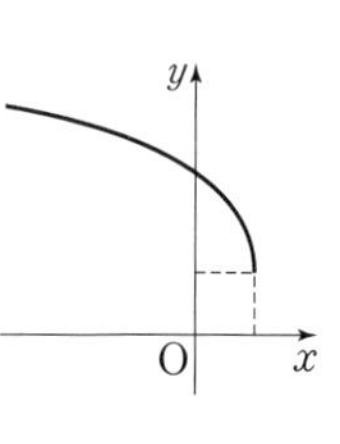

24 ●●● 유리함수 $y=\dfrac{bx+c}{x-a}$의 그래프가 오른쪽 그림과 같을 때, 무리함수 $y=\sqrt{ax+c}-b$의 그래프의 개형은? (단, a, b, c는 상수)

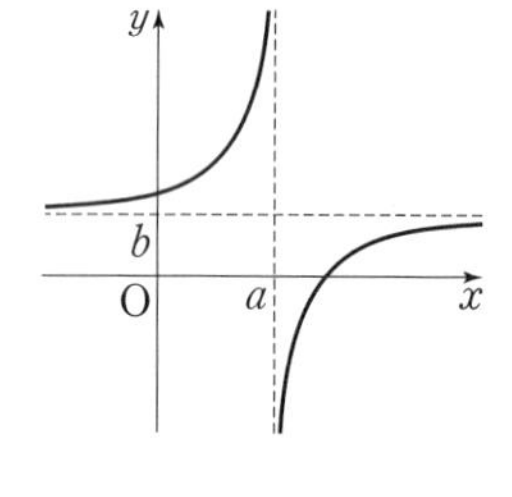

①
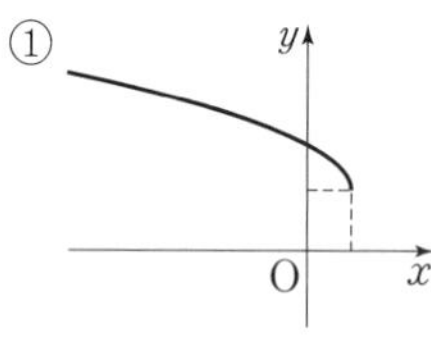

②
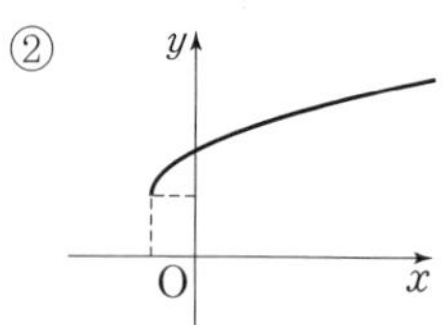

③
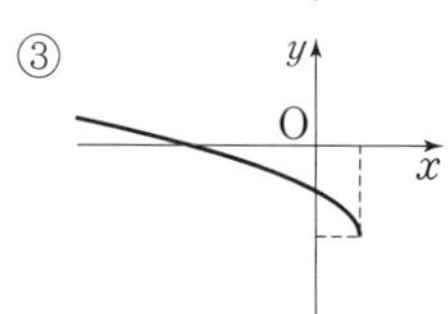

④
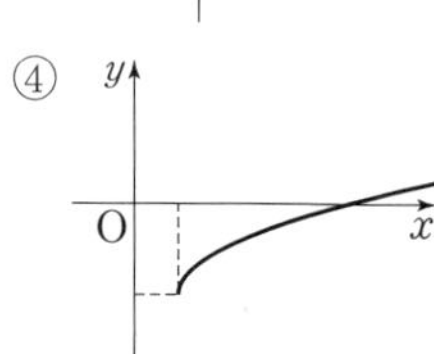

⑤
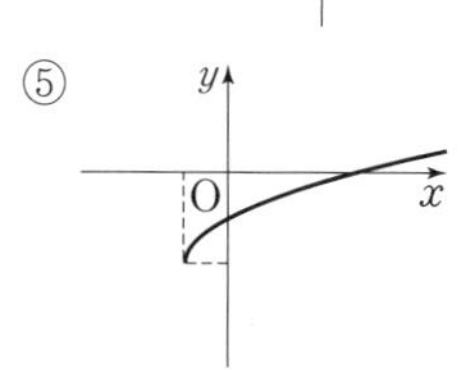

정답과 해설 157쪽

유형 08 무리함수의 그래프의 성질

무리함수 $y=\sqrt{a(x-p)}+q\ (a\neq0)$에 대하여

(1) 그래프는 $y=\sqrt{ax}$의 그래프를 x축의 방향으로 p만큼, y축의 방향으로 q만큼 평행이동한 것이다.

(2) $a>0$이면 정의역은 $\{x|x\geq p\}$, 치역은 $\{y|y\geq q\}$이다.
$a<0$이면 정의역은 $\{x|x\leq p\}$, 치역은 $\{y|y\geq q\}$이다.

25 다음 중 무리함수 $y=\sqrt{4-2x}+1$에 대하여 옳지 않은 것은?

① 정의역은 $\{x|x\leq2\}$이다.
② 치역은 $\{y|y\geq1\}$이다.
③ 그래프는 점 $(0, 3)$을 지난다.
④ 그래프는 제1, 2, 4사분면을 지난다.
⑤ 그래프는 $y=\sqrt{-2x}$의 그래프를 x축의 방향으로 2만큼, y축의 방향으로 1만큼 평행이동한 것이다.

26 보기에서 무리함수 $y=a\sqrt{bx+c}$에 대하여 옳은 것만을 있는 대로 고른 것은? (단, a, b, c는 상수)

보기
ㄱ. $b>0$이면 정의역은 $\left\{x\middle|x\geq-\frac{c}{b}\right\}$이다.
ㄴ. $a>0$, $b<0$, $c>0$이면 그래프는 제1, 2사분면을 지난다.
ㄷ. 그래프는 $y=-a\sqrt{bx+c}$의 그래프와 x축에 대하여 대칭이다.

① ㄱ ② ㄴ ③ ㄷ
④ ㄱ, ㄴ ⑤ ㄱ, ㄴ, ㄷ

UP 유형 09 무리함수의 그래프와 직선의 위치 관계

무리함수 $y=f(x)$의 그래프와 직선 $y=g(x)$의 위치 관계는 그래프를 그려서 판단한다.
이때 무리함수 $y=f(x)$의 그래프와 직선 $y=g(x)$가 접하면 방정식 $f(x)=g(x)$를 정리하여 얻은 이차방정식의 판별식 D가 $D=0$임을 이용한다.

27 무리함수 $y=\sqrt{x-4}$의 그래프와 직선 $y=ax$가 한 점에서 만나도록 하는 양수 a의 값은?

① $\frac{1}{4}$ ② $\frac{1}{3}$ ③ $\frac{1}{2}$
④ 1 ⑤ 2

28 무리함수 $y=\sqrt{x-1}$의 그래프와 직선 $y=x+k$가 서로 다른 두 점에서 만나도록 하는 상수 k의 값의 범위를 구하시오.

29 두 집합

$A=\{(x, y)|y=\sqrt{-3x+4}\}$,
$B=\{(x, y)|y=-x+k\}$

에 대하여 $n(A\cap B)=0$일 때, 정수 k의 최솟값은?

① 1 ② 2 ③ 3
④ 4 ⑤ 5

정답과 해설 159쪽

유형 10 무리함수의 역함수

무리함수 $y=\sqrt{ax+b}+c\ (a\neq0)$의 역함수는 다음과 같은 순서로 구한다.

(1) 역함수의 정의역을 확인한다.

➡ 무리함수의 치역이 $\{y\,|\,y\geq c\}$이므로 역함수의 정의역은 $\{x\,|\,x\geq c\}$이다.

(2) x에 대하여 푼다. ➡ $x=\frac{1}{a}\{(y-c)^2-b\}$

(3) x와 y를 서로 바꾼다. ➡ $y=\frac{1}{a}\{(x-c)^2-b\}$

참고 함수 $y=f(x)$의 그래프가 점 (a, b)를 지나면 그 역함수 $y=f^{-1}(x)$의 그래프는 점 (b, a)를 지난다.

➡ $f(a)=b \iff f^{-1}(b)=a$

교육청

30 함수 $f(x)=\sqrt{x-2}+2$에 대하여 $f^{-1}(7)$의 값을 구하시오.
●○○

31 무리함수 $y=\sqrt{x+2}+4$의 역함수가 $y=x^2+ax+b\ (x\geq c)$일 때, 상수 a, b, c에 대하여 $a+b+c$의 값을 구하시오.
●○○

32 두 무리함수 $f(x)=\sqrt{2x-4}+1$, $g(x)=\sqrt{x+2}+2$에 대하여 $(f\circ g)^{-1}(3)$의 값을 구하시오.
●●○

33 무리함수 $y=\sqrt{ax+b}+1$의 그래프와 그 역함수의 그래프가 모두 점 $(1, 3)$을 지날 때, 상수 a, b에 대하여 $a-b$의 값을 구하시오.
●●○

유형 11 무리함수와 그 역함수의 그래프의 교점

함수 $y=f(x)$의 그래프와 그 역함수 $y=f^{-1}(x)$의 그래프는 직선 $y=x$에 대하여 대칭이다.

➡ 두 함수 $y=f(x)$, $y=f^{-1}(x)$의 그래프의 교점은 함수 $y=f(x)$의 그래프와 직선 $y=x$의 교점과 같다.

34 무리함수 $y=\sqrt{2x+8}$의 그래프와 그 역함수의 그래프의 교점의 좌표를 (a, b)라 할 때, ab의 값은?
●○○

① 1 ② 4 ③ 9
④ 12 ⑤ 16

35 무리함수 $y=\sqrt{x-2}+2$의 그래프와 그 역함수의 그래프가 두 점 A, B에서 만날 때, 선분 AB의 길이는?
●●○

① 1 ② $\sqrt{2}$ ③ $\sqrt{3}$
④ 2 ⑤ $\sqrt{5}$

36 무리함수 $f(x)=\sqrt{x-1}+a$의 역함수를 $g(x)$라 할 때, 두 함수 $y=f(x)$, $y=g(x)$의 그래프가 한 점에서 만나도록 하는 상수 a의 값 또는 범위를 구하시오.
●●●

MEMO

MEMO

✣ 개념·플러스·유형·시리즈 개념과 유형이 하나로! 가장 효과적인 수학 공부 방법을 제시합니다.

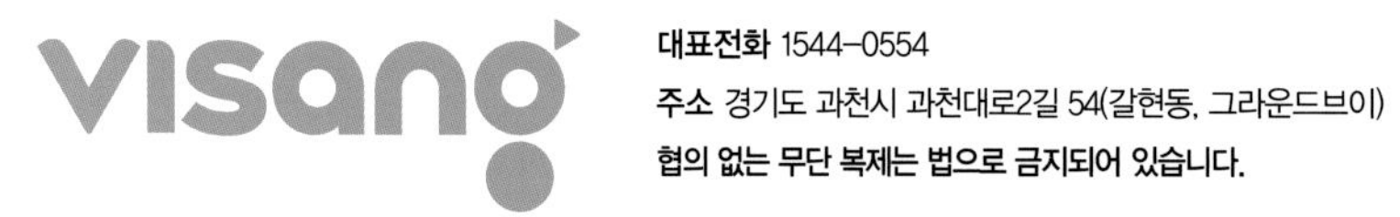

대표전화 1544-0554
주소 경기도 과천시 과천대로2길 54(갈현동, 그라운드브이)

개념+유형

공통수학2

정답과 해설

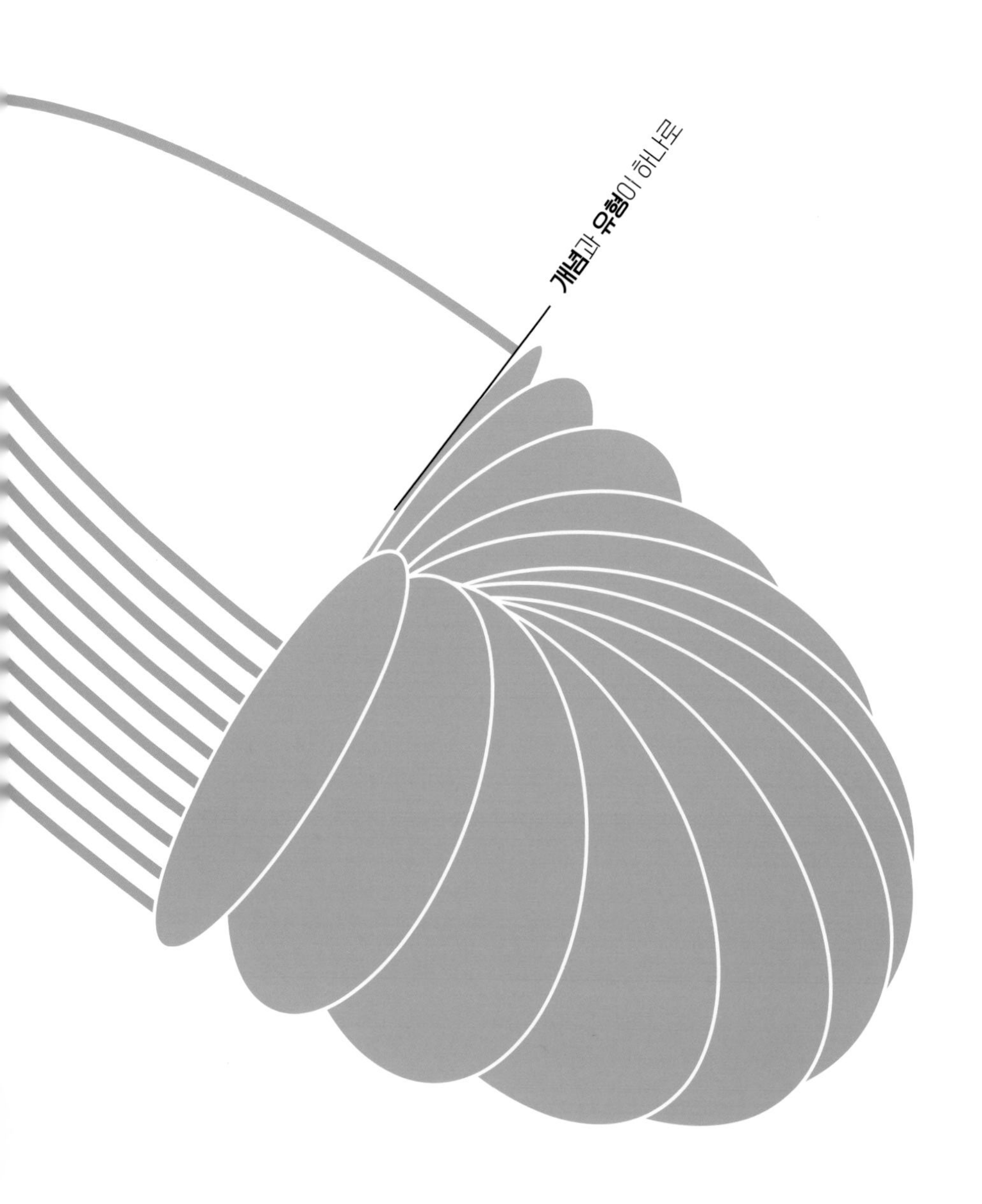

visang

개념+유형

공통수학 2

정답과 해설

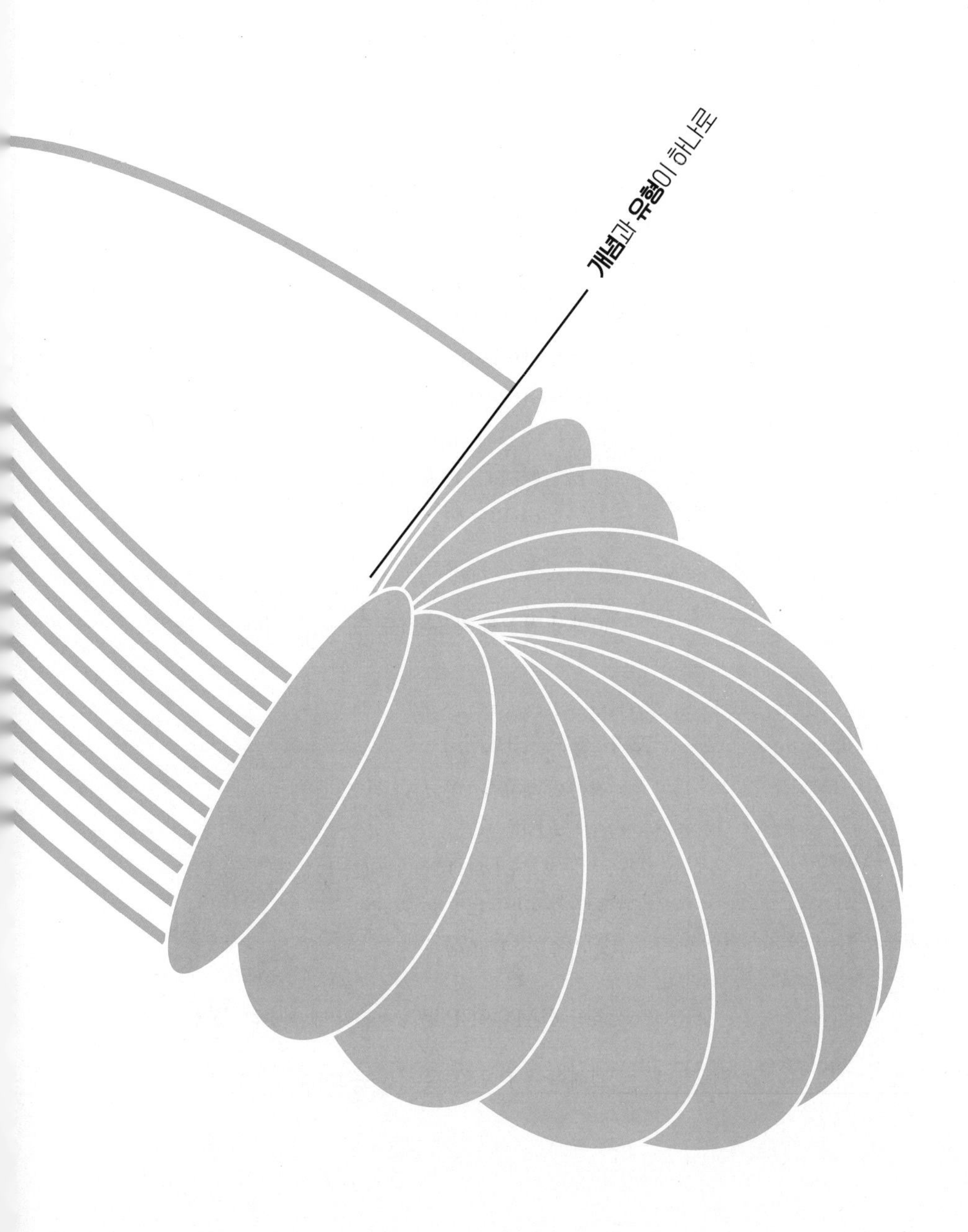

개념편
정답과 해설

Ⅰ-1 01 두 점 사이의 거리

두 점 사이의 거리

개념 Check 8쪽

1 답 (1) **6** (2) **3** (3) $\mathbf{2\sqrt{13}}$ (4) $\mathbf{2\sqrt{5}}$

(1) $\overline{AB}=|-2-4|=6$

(2) $\overline{OA}=|-3|=3$

(3) $\overline{AB}=\sqrt{\{5-(-1)\}^2+\{1-(-3)\}^2}$
$=\sqrt{52}=2\sqrt{13}$

(4) $\overline{OA}=\sqrt{(-2)^2+4^2}$
$=\sqrt{20}=2\sqrt{5}$

문제 9~14쪽

01-1 답 $\mathbf{-20}$

$\overline{AB}=3\sqrt{5}$이므로

$\sqrt{(6-3)^2+(-4-a)^2}=3\sqrt{5}$

양변을 제곱하면

$9+(a+4)^2=45$, $a^2+8a-20=0$

$(a+10)(a-2)=0$

$\therefore a=-10$ 또는 $a=2$

따라서 모든 a의 값의 곱은

$-10\times2=-20$

01-2 답 **12**

$\overline{AC}=2\overline{BC}$이므로

$\sqrt{\{3-(-5)\}^2+(6-a)^2}=2\sqrt{(3-1)^2+(6-2)^2}$

양변을 제곱하면

$64+(6-a)^2=80$, $a^2-12a+20=0$

$(a-2)(a-10)=0$

$\therefore a=2$ 또는 $a=10$

따라서 모든 a의 값의 합은

$2+10=12$

01-3 답 **1**

$\overline{AB}=\sqrt{(a-5)^2+(-3-a)^2}$
$=\sqrt{2a^2-4a+34}$
$=\sqrt{2(a-1)^2+32}$

따라서 선분 AB의 길이는 $a=1$일 때 최솟값을 갖는다.

02-1 답 $\mathbf{2\sqrt{10}}$

점 P의 좌표를 $(a, 0)$이라 하면 $\overline{AP}=\overline{BP}$에서

$\overline{AP}^2=\overline{BP}^2$이므로

$(a-4)^2+\{-(-1)\}^2=(a-5)^2+(-2)^2$

$a^2-8a+17=a^2-10a+29$

$2a=12 \quad \therefore a=6$

$\therefore P(6, 0)$

점 Q의 좌표를 $(0, b)$라 하면 $\overline{AQ}=\overline{BQ}$에서

$\overline{AQ}^2=\overline{BQ}^2$이므로

$(-4)^2+\{b-(-1)\}^2=(-5)^2+(b-2)^2$

$b^2+2b+17=b^2-4b+29$

$6b=12 \quad \therefore b=2$

$\therefore Q(0, 2)$

$\therefore \overline{PQ}=\sqrt{(-6)^2+2^2}=2\sqrt{10}$

02-2 답 $\left(-\frac{1}{2}, -\frac{3}{2}\right)$

점 P의 좌표를 $(a, a-1)$이라 하면 $\overline{AP}=\overline{BP}$에서

$\overline{AP}^2=\overline{BP}^2$이므로

$\{a-(-3)\}^2+(a-1-1)^2$
$=\{a-(-1)\}^2+(a-1-2)^2$

$2a^2+2a+13=2a^2-4a+10$

$6a=-3 \quad \therefore a=-\frac{1}{2}$

따라서 점 P의 좌표는 $\left(-\frac{1}{2}, -\frac{3}{2}\right)$이다.

03-1 답 $\frac{75}{2}$, $\left(0, \frac{3}{2}\right)$

점 P의 좌표를 $(0, a)$라 하면

$\overline{AP}^2+\overline{BP}^2$
$=(-6)^2+(a-1)^2+\{-(-1)\}^2+(a-2)^2$
$=2a^2-6a+42$
$=2\left(a-\frac{3}{2}\right)^2+\frac{75}{2}$

따라서 $\overline{AP}^2+\overline{BP}^2$은 $a=\frac{3}{2}$일 때 최솟값 $\frac{75}{2}$를 갖고,

그때의 점 P의 좌표는 $\left(0, \frac{3}{2}\right)$이다.

03-**2** 답 **(3, 3)**

점 P의 좌표를 (a, a)라 하면

$\overline{AP}^2+\overline{BP}^2$

$=(a-1)^2+(a-2)^2+(a-3)^2+(a-6)^2$

$=4a^2-24a+50$

$=4(a-3)^2+14$

따라서 $\overline{AP}^2+\overline{BP}^2$은 $a=3$일 때 최솟값을 갖고, 그때의 점 P의 좌표는 $(3, 3)$이다.

03-**3** 답 **11**

점 P의 좌표를 $(a, a-3)$이라 하면

$\overline{AP}^2+\overline{BP}^2$

$=a^2+\{a-3-(-1)\}^2+(a-4)^2+\{a-3-(-3)\}^2$

$=4a^2-12a+20$

$=4\left(a-\frac{3}{2}\right)^2+11$

따라서 $\overline{AP}^2+\overline{BP}^2$은 $a=\frac{3}{2}$일 때 최솟값 11을 갖고, 그때의 점 P의 좌표는 $\left(\frac{3}{2}, -\frac{3}{2}\right)$이므로

$a=\frac{3}{2}$, $b=-\frac{3}{2}$, $m=11$

$\therefore a+b+m=11$

04-**1** 답 (1) **$\angle B=90°$인 직각삼각형** (2) **정삼각형**

(1) $\overline{AB}=\sqrt{(1-4)^2+\{1-(-2)\}^2}$

$=\sqrt{18}=3\sqrt{2}$

$\overline{BC}=\sqrt{(3-1)^2+(3-1)^2}$

$=\sqrt{8}=2\sqrt{2}$

$\overline{CA}=\sqrt{(4-3)^2+(-2-3)^2}$

$=\sqrt{26}$

이때 $\overline{AB}^2+\overline{BC}^2=\overline{CA}^2$이므로 삼각형 ABC는 $\angle B=90°$인 직각삼각형이다.

(2) $\overline{AB}=\sqrt{\{1-(-1)\}^2+\{3-(-3)\}^2}$

$=\sqrt{40}=2\sqrt{10}$

$\overline{BC}=\sqrt{(-3\sqrt{3}-1)^2+(\sqrt{3}-3)^2}$

$=\sqrt{40}=2\sqrt{10}$

$\overline{CA}=\sqrt{\{-1-(-3\sqrt{3})\}^2+(-3-\sqrt{3})^2}$

$=\sqrt{40}=2\sqrt{10}$

이때 $\overline{AB}=\overline{BC}=\overline{CA}$이므로 삼각형 ABC는 정삼각형이다.

04-**2** 답 **-2, 3**

$\overline{AB}=\sqrt{\{2-(-1)\}^2+(6-2)^2}=\sqrt{25}=5$

$\overline{BC}=\sqrt{(a-2)^2+(4-6)^2}=\sqrt{a^2-4a+8}$

$\overline{CA}=\sqrt{(-1-a)^2+(2-4)^2}=\sqrt{a^2+2a+5}$

이때 삼각형 ABC는 $\angle C=90°$인 직각삼각형이므로

$\overline{BC}^2+\overline{CA}^2=\overline{AB}^2$에서

$a^2-4a+8+a^2+2a+5=25$

$a^2-a-6=0$, $(a+2)(a-3)=0$

$\therefore a=-2$ 또는 $a=3$

04-**3** 답 **24**

$\overline{AB}=\sqrt{(2-a)^2+4^2}=\sqrt{a^2-4a+20}$

$\overline{BC}=\sqrt{(6-2)^2+(-4-4)^2}=\sqrt{80}$

$\overline{CA}=\sqrt{(6-a)^2+(-4)^2}=\sqrt{a^2-12a+52}$

(i) $\overline{AB}=\overline{BC}$에서 $\overline{AB}^2=\overline{BC}^2$이므로

$a^2-4a+20=80$

$a^2-4a-60=0$

$(a+6)(a-10)=0$

$\therefore a=-6$ 또는 $a=10$

(ii) $\overline{BC}=\overline{CA}$에서 $\overline{BC}^2=\overline{CA}^2$이므로

$80=a^2-12a+52$

$a^2-12a-28=0$

$(a+2)(a-14)=0$

$\therefore a=-2$ 또는 $a=14$

(iii) $\overline{AB}=\overline{CA}$에서 $\overline{AB}^2=\overline{CA}^2$이므로

$a^2-4a+20=a^2-12a+52$

$8a=32 \quad \therefore a=4$

이때 $\overline{AB}=\overline{CA}=2\sqrt{5}$, $\overline{BC}=\sqrt{80}=4\sqrt{5}$에서

$\overline{AB}+\overline{CA}=\overline{BC}$이므로 삼각형이 만들어지지 않는다.

(i), (ii), (iii)에서 모든 양수 a의 값의 합은

$10+14=24$

05-**1** 답 **5**

$\overline{AP}+\overline{BP}$의 값이 최소인 경우는 점 P가 선분 AB 위에 있을 때이므로

$\overline{AP}+\overline{BP}\geq\overline{AB}$

$=\sqrt{(5-2)^2+(7-3)^2}$

$=\sqrt{25}=5$

따라서 구하는 최솟값은 5이다.

05-**2** 답 **$\sqrt{65}$**

$A(3, -2)$, $B(-1, 5)$, $P(x, y)$라 하면

$\sqrt{(x-3)^2+(y+2)^2}+\sqrt{(x+1)^2+(y-5)^2}=\overline{AP}+\overline{BP}$

$\overline{AP}+\overline{BP}$의 값이 최소인 경우는 점 P가 선분 AB 위에 있을 때이므로

$\overline{AP}+\overline{BP}\geq\overline{AB}$

$=\sqrt{(-1-3)^2+\{5-(-2)\}^2}$

$=\sqrt{65}$

따라서 구하는 최솟값은 $\sqrt{65}$이다.

05-3 답 $2\sqrt{5}$

$\sqrt{x^2+y^2+8x-4y+20}=\sqrt{(x+4)^2+(y-2)^2}$이므로

O(0, 0), A(−4, 2), P(x, y)라 하면

$\sqrt{x^2+y^2}+\sqrt{(x+4)^2+(y-2)^2}=\overline{OP}+\overline{AP}$

$\overline{OP}+\overline{AP}$의 값이 최소인 경우는 점 P가 선분 OA 위에 있을 때이므로

$\overline{OP}+\overline{AP}\geq\overline{OA}$

$=\sqrt{(-4)^2+2^2}$

$=\sqrt{20}=2\sqrt{5}$

따라서 구하는 최솟값은 $2\sqrt{5}$이다.

06-1 답 풀이 참조

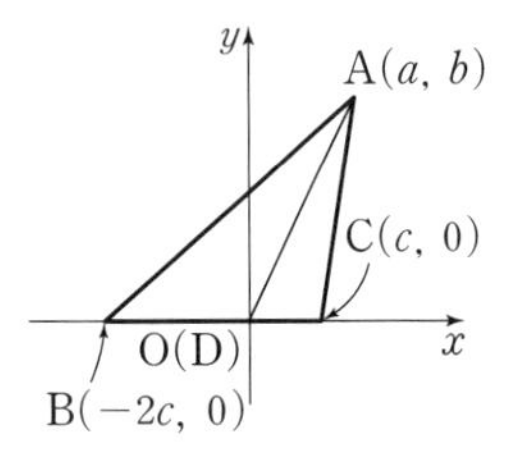

오른쪽 그림과 같이 직선 BC를 x축, 점 D를 지나고 직선 BC에 수직인 직선을 y축으로 하는 좌표평면을 잡으면 점 D는 원점이 된다.

A(a, b), C(c, 0)이라 하면 B($-2c$, 0)이므로

$\overline{AB}^2=(-2c-a)^2+(-b)^2=a^2+4ac+4c^2+b^2$

$\overline{AC}^2=(c-a)^2+(-b)^2=a^2-2ac+c^2+b^2$

$\overline{AD}^2=a^2+b^2$

$\overline{CD}^2=c^2$

$\therefore\ \overline{AB}^2+2\overline{AC}^2=3(a^2+b^2+2c^2)$ …… ㉠

$\overline{AD}^2+2\overline{CD}^2=a^2+b^2+2c^2$ …… ㉡

㉠, ㉡에서

$\overline{AB}^2+2\overline{AC}^2=3(\overline{AD}^2+2\overline{CD}^2)$

06-2 답 풀이 참조

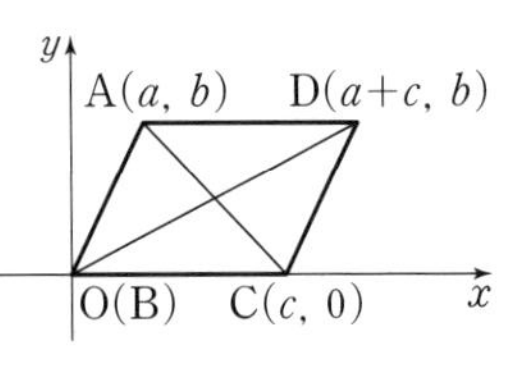

오른쪽 그림과 같이 직선 BC를 x축, 점 B를 지나고 직선 BC에 수직인 직선을 y축으로 하는 좌표평면을 잡으면 점 B는 원점이 된다.

A(a, b), C(c, 0)이라 하면 D($a+c$, b)이므로

$\overline{AC}^2=(c-a)^2+(-b)^2=a^2-2ac+c^2+b^2$

$\overline{BD}^2=(a+c)^2+b^2=a^2+2ac+c^2+b^2$

$\overline{AB}^2=a^2+b^2$

$\overline{BC}^2=c^2$

$\therefore\ \overline{AC}^2+\overline{BD}^2=2(a^2+b^2+c^2)$ …… ㉠

$\overline{AB}^2+\overline{BC}^2=a^2+b^2+c^2$ …… ㉡

㉠, ㉡에서

$\overline{AC}^2+\overline{BD}^2=2(\overline{AB}^2+\overline{BC}^2)$

연습문제 15~17쪽

1 $\frac{22}{3}$ **2** ② **3** ④ **4** 29 **5** 2
6 (0, −2) **7** ③ **8** ⑤ **9** ② **10** ①
11 ④ **12** $(-2\sqrt{3}, \sqrt{3})$ **13** $2\sqrt{2}$
14 (가) B (나) a (다) b (라) $(x-a)^2+y^2$ (마) $(x-a)^2+(y-b)^2$
15 52 **16** 116 **17** $\sqrt{5}$ **18** ②
19 2시간 후, 5 km

1 $\frac{1}{2}\overline{AB}=\overline{AC}$에서 $\frac{1}{2}|x-(-3)|=|x-2|$

$\therefore\ |x+3|=2|x-2|$

(i) $x<-3$일 때, $-(x+3)=-2(x-2)$

$-x-3=-2x+4 \quad \therefore\ x=7$

이는 $x<-3$을 만족시키지 않는다.

(ii) $-3\leq x<2$일 때, $x+3=-2(x-2)$

$x+3=-2x+4 \quad \therefore\ x=\frac{1}{3}$

(iii) $x\geq 2$일 때, $x+3=2(x-2)$

$x+3=2x-4 \quad \therefore\ x=7$

(i), (ii), (iii)에서 모든 x의 값의 합은 $\frac{1}{3}+7=\frac{22}{3}$

다른 풀이

$\frac{1}{2}\overline{AB}=\overline{AC}$에서 $|x+3|=2|x-2|$

$x+3=2(x-2)$ 또는 $x+3=-2(x-2)$

$\therefore\ x=7$ 또는 $x=\frac{1}{3}$

따라서 모든 x의 값의 합은 $7+\frac{1}{3}=\frac{22}{3}$

2 $\overline{AB}=5$이므로

$\sqrt{\{a-4-(-a)\}^2+(-2-1)^2}=5$

양변을 제곱하면

$(2a-4)^2+9=25,\ a^2-4a=0$

$a(a-4)=0 \quad \therefore\ a=4\ (\because\ a>0)$

3 $\overline{AB}=\overline{BC}$이므로

$\sqrt{\{6-(a-3)\}^2+(-1)^2}=\sqrt{(a-6)^2+4^2}$

양변을 제곱하면

$(9-a)^2+1=(a-6)^2+16$

$a^2-18a+82=a^2-12a+52$

$6a=30 \quad \therefore\ a=5$

4 선분 AB를 한 변으로 하는 정사각형의 넓이는

$\overline{AB}^2=\{4-(-1)\}^2+(1-3)^2=29$

5 $l^2=(-1-2t)^2+\{2t-(-3)\}^2$
$=8t^2+16t+10$
$=8(t+1)^2+2$
따라서 l^2은 $t=-1$일 때 최솟값 2를 갖는다.

6 점 P의 좌표를 $(a, a-2)$라 하면 $\overline{AP}=\overline{BP}$에서
$\overline{AP}^2=\overline{BP}^2$이므로
$\{a-(-3)\}^2+(a-2-2)^2=(a-4)^2+(a-2-1)^2$
$2a^2-2a+25=2a^2-14a+25$
$12a=0 \qquad \therefore a=0$
따라서 점 P의 좌표는 $(0, -2)$이다.

7 점 P의 좌표를 $(a, 0)$이라 하면 $\overline{AP}=\overline{BP}$에서
$\overline{AP}^2=\overline{BP}^2$이므로
$\{a-(-2)\}^2=a^2+(-4)^2$
$a^2+4a+4=a^2+16$
$4a=12 \qquad \therefore a=3$
따라서 점 P의 좌표는 $(3, 0)$
이므로 삼각형 ABP의 넓이는
$\frac{1}{2}\times\overline{AP}\times\overline{BO}$
$=\frac{1}{2}\times5\times4=10$

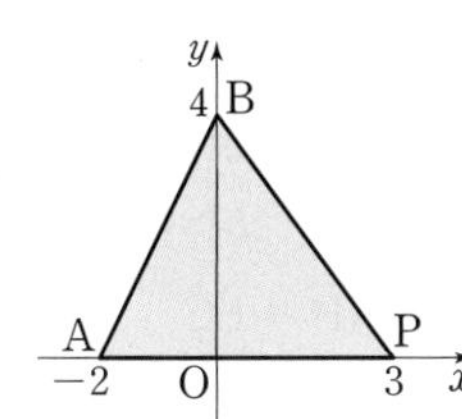

8 점 P(1, 2)에서 세 꼭짓점 $A(a, 7)$, $B(-3, 5)$, $C(5, b)$에 이르는 거리가 같으므로
$\overline{AP}=\overline{BP}=\overline{CP}$
$\overline{AP}=\overline{BP}$에서 $\overline{AP}^2=\overline{BP}^2$이므로
$(1-a)^2+(2-7)^2=\{1-(-3)\}^2+(2-5)^2$
$a^2-2a+1=0,\ (a-1)^2=0$
$\therefore a=1$
$\overline{BP}=\overline{CP}$에서 $\overline{BP}^2=\overline{CP}^2$이므로
$\{1-(-3)\}^2+(2-5)^2=(1-5)^2+(2-b)^2$
$b^2-4b-5=0,\ (b+1)(b-5)=0$
$\therefore b=5\ (\because b>0)$
$\therefore ab=1\times5=5$

9 점 P의 좌표를 $(a, a-1)$이라 하면
$\overline{AP}^2+\overline{BP}^2$
$=(a-8)^2+\{a-1-(-7)\}^2+(a-12)^2+(a-1-5)^2$
$=4a^2-40a+280$
$=4(a-5)^2+180$
따라서 $\overline{AP}^2+\overline{BP}^2$은 $a=5$일 때 최솟값을 갖고, 그때의 점 P의 좌표는 $(5, 4)$이므로
$a=5,\ b=4 \qquad \therefore a+b=9$

10 점 P의 좌표를 (a, b)라 하면
$\overline{AP}^2+\overline{BP}^2+\overline{CP}^2$
$=(a-3)^2+(b-5)^2+(a-2)^2+(b-4)^2+(a-1)^2+\{b-(-3)\}^2$
$=3a^2-12a+3b^2-12b+64$
$=3(a-2)^2+3(b-2)^2+40$
따라서 $\overline{AP}^2+\overline{BP}^2+\overline{CP}^2$은 $a=2$, $b=2$일 때 최솟값 40을 갖는다.

11 $\overline{AB}=\sqrt{\{-(-2)\}^2+2^2}=\sqrt{8}=2\sqrt{2}$
$\overline{BC}=\sqrt{4^2+(-2-2)^2}=\sqrt{32}=4\sqrt{2}$
$\overline{CA}=\sqrt{(-2-4)^2+\{-(-2)\}^2}=\sqrt{40}=2\sqrt{10}$
이때 $\overline{AB}^2+\overline{BC}^2=\overline{CA}^2$이므로 삼각형 ABC는 $\angle B=90^\circ$인 직각삼각형이다.
따라서 삼각형 ABC의 넓이는
$\frac{1}{2}\times\overline{AB}\times\overline{BC}=\frac{1}{2}\times2\sqrt{2}\times4\sqrt{2}=8$

12 점 C의 좌표를 (a, b)라 하면
$\overline{AB}=\sqrt{\{1-(-1)\}^2+\{2-(-2)\}^2}=\sqrt{20}=2\sqrt{5}$
$\overline{BC}=\sqrt{(a-1)^2+(b-2)^2}=\sqrt{a^2+b^2-2a-4b+5}$
$\overline{CA}=\sqrt{(-1-a)^2+(-2-b)^2}=\sqrt{a^2+b^2+2a+4b+5}$
$\overline{AB}=\overline{BC}$에서 $\overline{AB}^2=\overline{BC}^2$이므로
$20=a^2+b^2-2a-4b+5$
$\therefore a^2+b^2-2a-4b-15=0 \qquad \cdots\cdots ㉠$
$\overline{BC}=\overline{CA}$에서 $\overline{BC}^2=\overline{CA}^2$이므로
$a^2+b^2-2a-4b+5=a^2+b^2+2a+4b+5$
$4a+8b=0 \qquad \therefore a=-2b \qquad \cdots\cdots ㉡$
㉡을 ㉠에 대입하면
$4b^2+b^2+4b-4b-15=0$
$5b^2=15,\ b^2=3 \qquad \therefore b=\pm\sqrt{3}$
그런데 점 C가 제2사분면 위의 점이므로
$b=\sqrt{3}$
이를 ㉡에 대입하면 $a=-2\sqrt{3}$
따라서 점 C의 좌표는 $(-2\sqrt{3}, \sqrt{3})$이다.

13 $\overline{AP}+\overline{BP}$의 값이 최소인 경우는 점 P가 선분 AB 위에 있을 때이므로
$\overline{AP}+\overline{BP}\ge\overline{AB}$
$=\sqrt{(a-2-4)^2+\{3-(a+1)\}^2}$
$=\sqrt{2a^2-16a+40}$
$=\sqrt{2(a-4)^2+8}$
따라서 구하는 최솟값은 $\sqrt{8}$, 즉 $2\sqrt{2}$이다.

14 오른쪽 그림과 같이 직선 BC를 x축, 점 B를 지나고 직선 BC에 수직인 직선을 y축으로 하는 좌표평면을 잡으면 점 $\boxed{^{(가)}\ \mathrm{B}}$는 원점이 된다.

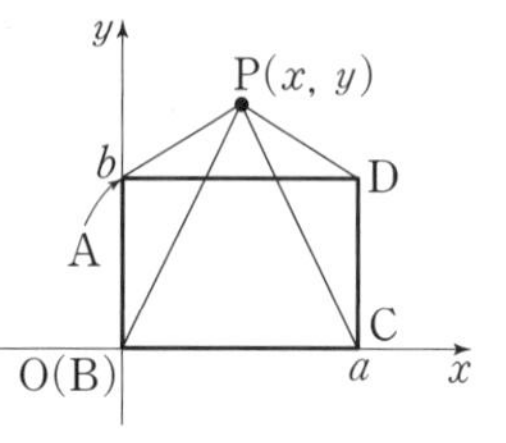

이때 $\mathrm{A}(0,\ b)$, $\mathrm{C}(a,\ 0)$, $\mathrm{D}(\boxed{^{(나)}\ a},\ \boxed{^{(다)}\ b})$, $\mathrm{P}(x,\ y)$라 하면

$\overline{\mathrm{AP}}^2+\overline{\mathrm{CP}}^2=x^2+(y-b)^2+\boxed{^{(라)}\ (x-a)^2+y^2}$

$=x^2+y^2+(x-a)^2+(y-b)^2$

$\overline{\mathrm{BP}}^2+\overline{\mathrm{DP}}^2=x^2+y^2+\boxed{^{(마)}\ (x-a)^2+(y-b)^2}$

$\therefore\ \overline{\mathrm{AP}}^2+\overline{\mathrm{CP}}^2=\overline{\mathrm{BP}}^2+\overline{\mathrm{DP}}^2$

15 오른쪽 그림과 같이 삼각형 ABC의 외심을 $\mathrm{O'}(2,\ 0)$이라 하면 점 O′에서 각 꼭짓점까지의 거리가 같으므로 점 O′은 선분 BC의 중점이다.

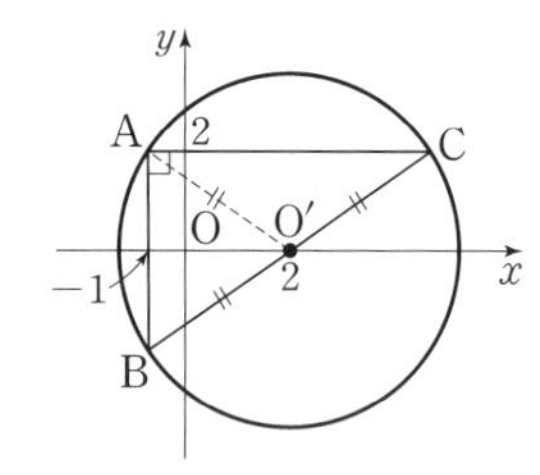

따라서 선분 BC는 삼각형 ABC의 외접원의 지름이므로 삼각형 ABC는 선분 BC를 빗변으로 하는 직각삼각형이다.

$\therefore\ \overline{\mathrm{AB}}^2+\overline{\mathrm{AC}}^2=\overline{\mathrm{BC}}^2$

$=(2\overline{\mathrm{AO'}})^2$

$=4\overline{\mathrm{AO'}}^2$

$=4[\{2-(-1)\}^2+(-2)^2]$

$=52$

16 점 $\mathrm{B_4}(30,\ 18)$이고, $\overline{\mathrm{B_4A_4}}=\overline{\mathrm{A_3A_4}}=18$이므로

$\mathrm{A_3}(12,\ 0)$

이때 정사각형 $\mathrm{OA_1B_1C_1}$, $\mathrm{A_1A_2B_2C_2}$, $\mathrm{A_2A_3B_3C_3}$의 넓이의 비가 $1:4:9$이므로 닮음비는 $1:2:3$이다.

즉, $\overline{\mathrm{OA_1}}:\overline{\mathrm{A_1A_2}}:\overline{\mathrm{A_2A_3}}=1:2:3$이고, $\overline{\mathrm{OA_3}}=12$이므로

$\overline{\mathrm{OA_1}}=12\times\dfrac{1}{6}=2$

$\overline{\mathrm{A_1A_2}}=12\times\dfrac{2}{6}=4$

$\overline{\mathrm{A_2A_3}}=12\times\dfrac{3}{6}=6$

$\overline{\mathrm{A_2A_3}}=\overline{\mathrm{B_3A_3}}=6$이므로

$\mathrm{B_3}(12,\ 6)$

$\overline{\mathrm{OA_1}}=\overline{\mathrm{B_1A_1}}=2$이므로

$\mathrm{B_1}(2,\ 2)$

$\therefore\ \overline{\mathrm{B_1B_3}}^2=(12-2)^2+(6-2)^2$

$=116$

17 $\mathrm{O}(0,\ 0)$, $\mathrm{A}(2,\ -1)$, $\mathrm{P}(x,\ y)$라 하면

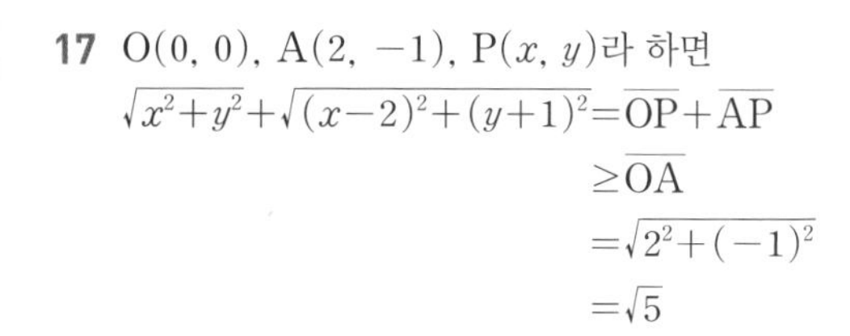

$\sqrt{x^2+y^2}+\sqrt{(x-2)^2+(y+1)^2}=\overline{\mathrm{OP}}+\overline{\mathrm{AP}}$

$\geq\overline{\mathrm{OA}}$

$=\sqrt{2^2+(-1)^2}$

$=\sqrt{5}$

따라서 구하는 최솟값은 $\sqrt{5}$이다.

18 다음 그림과 같이 직선 BC를 x축, 직선 AB를 y축으로 하는 좌표평면을 잡으면 점 B는 원점이 된다.

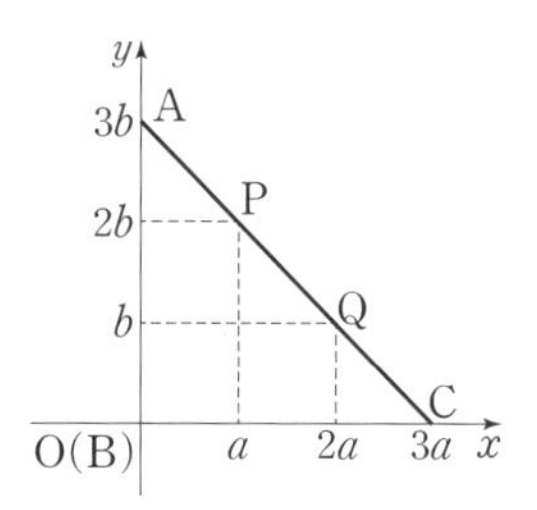

두 점 P, Q가 변 AC의 삼등분점이므로 점 P의 x좌표를 a, 점 Q의 y좌표를 b라 하면

$\mathrm{A}(0,\ 3b)$, $\mathrm{C}(3a,\ 0)$ …… ㉠

$\mathrm{P}(a,\ 2b)$, $\mathrm{Q}(2a,\ b)$ …… ㉡

$\overline{\mathrm{AB}}^2+\overline{\mathrm{BC}}^2=\overline{\mathrm{AC}}^2$이므로 ㉠에서

$(3a)^2+(3b)^2=6^2$

$\therefore\ a^2+b^2=4$

㉡에서

$\overline{\mathrm{BP}}^2+\overline{\mathrm{BQ}}^2=a^2+(2b)^2+(2a)^2+b^2$

$=5(a^2+b^2)$

$=5\times4$

$=20$

19 오른쪽 그림과 같이 직선 OA를 x축, 직선 OB를 y축으로 하는 좌표평면을 잡으면 점 O는 원점이 된다.

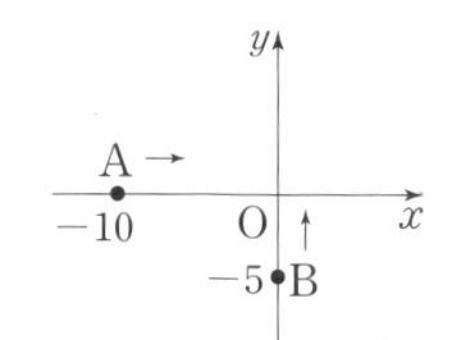

A, B의 출발점의 위치를 각각 $(-10,\ 0)$, $(0,\ -5)$로 놓고 t시간 후의 A, B의 위치를 각각 P, Q라 하면

$\mathrm{P}(-10+3t,\ 0)$, $\mathrm{Q}(0,\ -5+4t)$

$\therefore\ \overline{\mathrm{PQ}}=\sqrt{\{-(-10+3t)\}^2+(-5+4t)^2}$

$=\sqrt{25t^2-100t+125}$

$=\sqrt{25(t-2)^2+25}$

따라서 $\overline{\mathrm{PQ}}$는 $t=2$일 때 최솟값 $\sqrt{25}$, 즉 5를 갖는다.

즉, A와 B 사이의 거리가 최소가 되는 것은 2시간 후이고, 그때의 거리는 5 km이다.

Ⅰ-1 02 선분의 내분점

선분의 내분점

개념 Check 19쪽

1 답 (1) B (2) C (3) 2, 1

2 답 (1) 2 (2) $\frac{1}{2}$

(1) $\frac{1\times(-4)+2\times5}{1+2}=2$

(2) $\frac{5-4}{2}=\frac{1}{2}$

3 답 (1) $\left(5,\ \frac{7}{3}\right)$ (2) $\left(\frac{9}{2},\ 1\right)$

(1) $\left(\frac{2\times6+1\times3}{2+1},\ \frac{2\times5+1\times(-3)}{2+1}\right)$ $\therefore \left(5,\ \frac{7}{3}\right)$

(2) $\left(\frac{3+6}{2},\ \frac{-3+5}{2}\right)$ $\therefore \left(\frac{9}{2},\ 1\right)$

4 답 (1) 5 (2) 10

(1) $\frac{a-3}{2}=1$ $\therefore a=5$

(2) $\frac{1\times a+3\times(-2)}{1+3}=1$ $\therefore a=10$

문제 20~24쪽

01-1 답 4

선분 AB를 3 : 1로 내분하는 점의 좌표가 $(b,\ 3)$이므로

$\frac{3\times2+1\times(-2)}{3+1}=b,\ \frac{3\times a+1\times3}{3+1}=3$

$\therefore a=3,\ b=1$ $\therefore a+b=4$

01-2 답 $\frac{\sqrt{2}}{2}$

선분 AB를 3 : 2로 내분하는 점 P의 좌표는

$\left(\frac{3\times3+2\times8}{3+2},\ \frac{3\times9+2\times4}{3+2}\right)$ $\therefore (5,\ 7)$

선분 AB의 중점 Q의 좌표는

$\left(\frac{8+3}{2},\ \frac{4+9}{2}\right)$ $\therefore \left(\frac{11}{2},\ \frac{13}{2}\right)$

$\therefore \overline{PQ}=\sqrt{\left(\frac{11}{2}-5\right)^2+\left(\frac{13}{2}-7\right)^2}$

$=\sqrt{\frac{1}{4}+\frac{1}{4}}=\frac{\sqrt{2}}{2}$

01-3 답 $\left(\frac{11}{5},\ -2\right)$

선분 AB를 1 : b로 내분하는 점의 좌표가 $(2,\ -1)$이므로

$\frac{1\times a+b\times1}{1+b}=2,\ \frac{1\times(-11)+b\times4}{1+b}=-1$

$\therefore a-b=2,\ 5b=10$

즉, $b=2$이므로 $a-2=2$ $\therefore a=4$

$\therefore$ B$(4,\ -11)$

따라서 선분 AB를 2 : 3으로 내분하는 점의 좌표는

$\left(\frac{2\times4+3\times1}{2+3},\ \frac{2\times(-11)+3\times4}{2+3}\right)$ $\therefore \left(\frac{11}{5},\ -2\right)$

02-1 답 $\frac{2}{3}$

$(1-t)$: t에서 $1-t>0,\ t>0$이므로

$0<t<1$ …… ㉠

선분 AB를 $(1-t)$: t로 내분하는 점의 좌표는

$\left(\frac{(1-t)\times(-6)+t\times(-3)}{(1-t)+t},\ \frac{(1-t)\times4+t\times(-2)}{(1-t)+t}\right)$

$\therefore (3t-6,\ -6t+4)$

이 점이 제2사분면 위에 있으므로

$3t-6<0,\ -6t+4>0$ $\therefore t<\frac{2}{3}$ …… ㉡

㉠, ㉡의 공통부분을 구하면 $0<t<\frac{2}{3}$

따라서 $\alpha=0,\ \beta=\frac{2}{3}$이므로 $\alpha+\beta=\frac{2}{3}$

02-2 답 4

선분 AB를 1 : k로 내분하는 점의 좌표는

$\left(\frac{1\times(-3)+k\times2}{1+k},\ \frac{1\times8+k\times3}{1+k}\right)$

$\therefore \left(\frac{2k-3}{k+1},\ \frac{3k+8}{k+1}\right)$

이 점이 직선 $y=2x+2$ 위에 있으므로

$\frac{3k+8}{k+1}=2\times\frac{2k-3}{k+1}+2$

$3k+8=2(2k-3)+2(k+1)$

$3k=12$ $\therefore k=4$

02-3 답 $(2,\ -2)$

선분 AB를 3 : 1로 내분하는 점의 좌표는

$\left(\frac{3\times5+1\times(-1)}{3+1},\ \frac{3\times2+1\times a}{3+1}\right)$ $\therefore \left(\frac{7}{2},\ \frac{a+6}{4}\right)$

이 점이 x축 위에 있으므로

$\frac{a+6}{4}=0$ $\therefore a=-6$ $\therefore$ A$(-1,\ -6)$

따라서 선분 AB의 중점의 좌표는

$\left(\frac{-1+5}{2},\ \frac{-6+2}{2}\right)$ $\therefore (2,\ -2)$

03-**1** 답 **(−9, 11)**

$3\overline{AB}=2\overline{BC}$이므로 $\overline{AB}:\overline{BC}=2:3$

이때 점 C의 x좌표가 음수이므로 점 B는 선분 AC를 $2:3$으로 내분하는 점이다.

점 C의 좌표를 (a, b)라 하면

$\frac{2\times a+3\times 6}{2+3}=0$, $\frac{2\times b+3\times 1}{2+3}=5$

$\therefore a=-9, b=11$

따라서 점 C의 좌표는 $(-9, 11)$이다.

03-**2** 답 **4**

$\overline{AB}=4\overline{BC}$이므로 $\overline{AB}:\overline{BC}=4:1$

따라서 점 B는 선분 AC를 $4:1$로 내분하는 점이고 점 C의 좌표가 $(-1, 2)$이므로

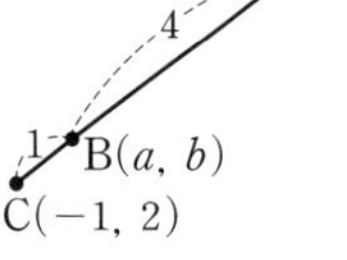

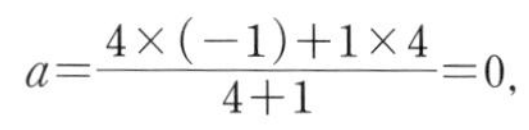

$a=\frac{4\times(-1)+1\times 4}{4+1}=0$,

$b=\frac{4\times 2+1\times 12}{4+1}=4$ $\quad\therefore a+b=4$

04-**1** 답 **(6, 8)**

평행사변형의 두 대각선은 서로 다른 것을 이등분하므로 선분 AC의 중점과 선분 BD의 중점이 일치한다.

선분 AC의 중점의 좌표는

$\left(\frac{2+5}{2}, \frac{4+3}{2}\right)$ $\quad\therefore \left(\frac{7}{2}, \frac{7}{2}\right)$ ...... ㉠

점 D의 좌표를 (a, b)라 하면 선분 BD의 중점의 좌표는

$\left(\frac{1+a}{2}, \frac{-1+b}{2}\right)$ ...... ㉡

㉠, ㉡이 일치하므로

$\frac{7}{2}=\frac{1+a}{2}$, $\frac{7}{2}=\frac{-1+b}{2}$ $\quad\therefore a=6, b=8$

따라서 점 D의 좌표는 $(6, 8)$이다.

04-**2** 답 **C(6, −4), D(7, 2)**

두 대각선 AC, BD의 교점은 선분 AC, 선분 BD 각각의 중점과 일치한다.

점 C의 좌표를 (a, b)라 하면 선분 AC의 중점의 좌표가 $(3, 0)$이므로

$\frac{0+a}{2}=3$, $\frac{4+b}{2}=0$

$\therefore a=6, b=-4$ $\quad\therefore$ C$(6, -4)$

점 D의 좌표를 (c, d)라 하면 선분 BD의 중점의 좌표가 $(3, 0)$이므로

$\frac{-1+c}{2}=3$, $\frac{-2+d}{2}=0$

$\therefore c=7, d=2$ $\quad\therefore$ D$(7, 2)$

04-**3** 답 **−4**

마름모의 두 대각선은 서로 다른 것을 수직이등분하므로 선분 AC의 중점과 선분 BD의 중점이 일치한다.

선분 AC의 중점의 좌표는

$\left(\frac{-2+b}{2}, \frac{3-3}{2}\right)$ $\quad\therefore \left(\frac{b-2}{2}, 0\right)$ ...... ㉠

선분 BD의 중점의 좌표는

$\left(\frac{a+2}{2}, \frac{-1+1}{2}\right)$ $\quad\therefore \left(\frac{a+2}{2}, 0\right)$ ...... ㉡

㉠, ㉡이 일치하므로

$\frac{b-2}{2}=\frac{a+2}{2}$ $\quad\therefore a-b=-4$ ...... ㉢

또 마름모는 네 변의 길이가 모두 같으므로

$\overline{AB}=\overline{AD}$에서 $\overline{AB}^2=\overline{AD}^2$

$\{a-(-2)\}^2+(-1-3)^2=\{2-(-2)\}^2+(1-3)^2$

$a^2+4a=0$, $a(a+4)=0$

$\therefore a=-4$ $(\because a<0)$

이를 ㉢에 대입하여 풀면 $b=0$

$\therefore a+b=-4+0=-4$

05-**1** 답 $\left(-\frac{1}{2}, -\frac{3}{2}\right)$

선분 AD가 ∠A의 이등분선이므로

$\overline{AB}:\overline{AC}=\overline{BD}:\overline{CD}$

$\overline{AB}=\sqrt{(-7-5)^2+5^2}=13$

$\overline{AC}=\sqrt{(2-5)^2+(-4)^2}=5$

$\therefore \overline{BD}:\overline{CD}=13:5$

따라서 점 D는 변 BC를 $13:5$로 내분하는 점이므로 점 D의 좌표는

$\left(\frac{13\times 2+5\times(-7)}{13+5}, \frac{13\times(-4)+5\times 5}{13+5}\right)$

$\therefore \left(-\frac{1}{2}, -\frac{3}{2}\right)$

05-**2** 답 $\frac{16}{3}$

선분 AD가 ∠A의 이등분선이므로

$\overline{AB}:\overline{AC}=\overline{BD}:\overline{CD}$

$\overline{AB}=\sqrt{(-3-3)^2+(-2-6)^2}=10$

$\overline{AC}=\sqrt{(6-3)^2+(2-6)^2}=5$

$\therefore \overline{BD}:\overline{CD}=10:5=2:1$

따라서 점 D는 변 BC를 $2:1$로 내분하는 점이므로 점 D의 좌표는

$\left(\frac{2\times 6+1\times(-3)}{2+1}, \frac{2\times 2+1\times(-2)}{2+1}\right)$

$\therefore \left(3, \frac{2}{3}\right)$

$\therefore \overline{AD}=6-\frac{2}{3}=\frac{16}{3}$

2 삼각형의 무게중심

개념 Check 25쪽

1 답 (1) $(4, 3)$ (2) $(2, 2)$

(1) 삼각형 ABC의 무게중심의 좌표는

$\left(\frac{3+7+2}{3}, \frac{1+2+6}{3}\right)$

$\therefore (4, 3)$

(2) 삼각형 ABC의 무게중심의 좌표는

$\left(\frac{-2+5+3}{3}, \frac{3+4-1}{3}\right)$

$\therefore (2, 2)$

문제 26쪽

06-1 답 $(-1, -4)$

점 C의 좌표를 (a, b)라 하면 삼각형 ABC의 무게중심의 좌표가 $(1, 1)$이므로

$\frac{4+0+a}{3}=1, \frac{2+5+b}{3}=1$

$\therefore a=-1, b=-4$

따라서 점 C의 좌표는 $(-1, -4)$이다.

06-2 답 $\left(-\frac{5}{2}, 2\right)$

두 점 B, C의 좌표를 각각 (a, b), (c, d)라 하면 삼각형 ABC의 무게중심의 좌표가 $(-1, 3)$이므로

$\frac{2+a+c}{3}=-1, \frac{5+b+d}{3}=3$

$\therefore a+c=-5, b+d=4$

따라서 선분 BC의 중점의 좌표는

$\left(\frac{a+c}{2}, \frac{b+d}{2}\right)$

$\therefore \left(-\frac{5}{2}, 2\right)$

06-3 답 $(2, -1)$

삼각형 DEF의 무게중심은 삼각형 ABC의 무게중심과 일치하므로 구하는 무게중심의 좌표는

$\left(\frac{6+3-3}{3}, \frac{-1-4+2}{3}\right)$

$\therefore (2, -1)$

다른 풀이

선분 AB를 $2:1$로 내분하는 점 D의 좌표는

$\left(\frac{2\times3+1\times6}{2+1}, \frac{2\times(-4)+1\times(-1)}{2+1}\right)$

$\therefore (4, -3)$

선분 BC를 $2:1$로 내분하는 점 E의 좌표는

$\left(\frac{2\times(-3)+1\times3}{2+1}, \frac{2\times2+1\times(-4)}{2+1}\right)$

$\therefore (-1, 0)$

선분 CA를 $2:1$로 내분하는 점 F의 좌표는

$\left(\frac{2\times6+1\times(-3)}{2+1}, \frac{2\times(-1)+1\times2}{2+1}\right)$

$\therefore (3, 0)$

따라서 삼각형 DEF의 무게중심의 좌표는

$\left(\frac{4-1+3}{3}, \frac{-3+0+0}{3}\right)$

$\therefore (2, -1)$

연습문제 27~28쪽

1 ④	2 ⑤	3 $\frac{2}{3}$	4 ③	5 ③
6 ①	7 4	8 17	9 7	10 $(3, 2)$
11 ②	12 ③	13 ⑤	14 $3x-6y-13=0$	

1 선분 AB를 삼등분하는 두 점은 선분 AB를 각각 $1:2$, $2:1$로 내분하는 점과 같다.

선분 AB를 $1:2$로 내분하는 점의 좌표는

$\left(\frac{1\times7+2\times1}{1+2}, \frac{1\times10+2\times(-2)}{1+2}\right)$

$\therefore (3, 2)$

선분 AB를 $2:1$로 내분하는 점의 좌표는

$\left(\frac{2\times7+1\times1}{2+1}, \frac{2\times10+1\times(-2)}{2+1}\right)$

$\therefore (5, 6)$

$\therefore a+b+c+d=3+2+5+6$

$=16$

2 선분 AB를 $4:3$으로 내분하는 점의 좌표가 $(-1, 2)$이므로

$\frac{4\times(-4)+3\times a}{4+3}=-1, \frac{4\times b+3\times(3-b)}{4+3}=2$

$\therefore a=3, b=5$

$\therefore a+b=8$

3 선분 AB를 $(m+2):m$으로 내분하는 점의 좌표가 $(2,\ -1)$이므로

$\dfrac{(m+2)\times1+m\times5}{(m+2)+m}=2$ ...... ㉠

$\dfrac{(m+2)\times a+m\times(-3)}{(m+2)+m}=-1$ ...... ㉡

㉠에서 $6m+2=4m+4$ $\therefore m=1$

이를 ㉡에 대입하면

$\dfrac{3a-3}{4}=-1$ $\therefore a=-\dfrac{1}{3}$

$\therefore a+m=-\dfrac{1}{3}+1=\dfrac{2}{3}$

4 선분 AB를 $1:2$로 내분하는 점의 좌표는

$\left(\dfrac{1\times6+2\times0}{1+2},\ \dfrac{1\times0+2\times a}{1+2}\right)$

$\therefore \left(2,\ \dfrac{2a}{3}\right)$

이 점이 직선 $y=-x$ 위에 있으므로

$\dfrac{2a}{3}=-2$ $\therefore a=-3$

5 선분 AB를 $m:n$으로 내분하는 점의 좌표는

$\left(\dfrac{m\times3+n\times(-4)}{m+n},\ \dfrac{m\times1+n\times5}{m+n}\right)$

$\therefore \left(\dfrac{3m-4n}{m+n},\ \dfrac{m+5n}{m+n}\right)$

이 점이 y축 위에 있으므로

$\dfrac{3m-4n}{m+n}=0$ $\therefore 3m=4n$

따라서 $m,\ n$은 서로소인 자연수이므로

$m=4,\ n=3$ $\therefore m+n=7$

6 $\triangle BOC:\triangle OAC=2:1$에서

$\overline{BO}:\overline{OA}=2:1$

따라서 점 O는 선분 BA를 $2:1$로 내분하는 점이므로

$\dfrac{2\times3+1\times a}{2+1}=0,\ \dfrac{2\times1+1\times b}{2+1}=0$

$\therefore a=-6,\ b=-2$

$\therefore a+b=-8$

7 $2\overline{AB}=3\overline{BC}$이므로 $\overline{AB}:\overline{BC}=3:2$

따라서 점 B는 선분 AC를 $3:2$로 내분하는 점이므로

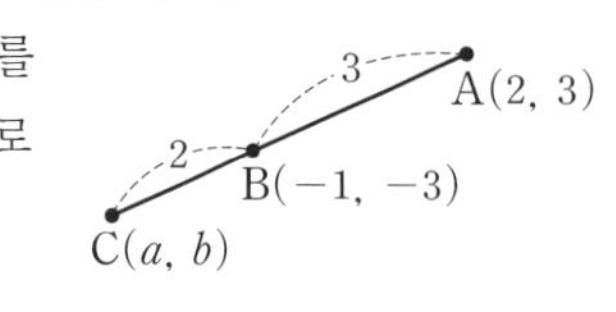

$\dfrac{3\times a+2\times2}{3+2}=-1,$

$\dfrac{3\times b+2\times3}{3+2}=-3$

$\therefore a=-3,\ b=-7$

$\therefore a-b=4$

8 평행사변형의 두 대각선은 서로 다른 것을 이등분하므로 선분 AC의 중점과 선분 BD의 중점이 일치한다.

선분 AC의 중점의 좌표는

$\left(\dfrac{-1+a}{2},\ \dfrac{5-1}{2}\right)$

$\therefore \left(\dfrac{-1+a}{2},\ 2\right)$ ...... ㉠

선분 BD의 중점의 좌표는

$\left(\dfrac{7+3}{2},\ \dfrac{-2+b}{2}\right)$

$\therefore \left(5,\ \dfrac{-2+b}{2}\right)$ ...... ㉡

㉠, ㉡이 일치하므로

$\dfrac{-1+a}{2}=5,\ 2=\dfrac{-2+b}{2}$

$\therefore a=11,\ b=6$

$\therefore a+b=17$

9 삼각형 ABC의 무게중심의 좌표는

$\left(\dfrac{2+4+8}{3},\ \dfrac{6+1+a}{3}\right)$ $\therefore \left(\dfrac{14}{3},\ \dfrac{7+a}{3}\right)$

이 점이 직선 $y=x$ 위에 있으므로

$\dfrac{7+a}{3}=\dfrac{14}{3}$ $\therefore a=7$

10 $D(1,\ -1),\ E(3,\ 1),\ F(5,\ 6)$이라 하면 삼각형 ABC의 무게중심은 삼각형 DEF의 무게중심과 일치하므로 구하는 무게중심의 좌표는

$\left(\dfrac{1+3+5}{3},\ \dfrac{-1+1+6}{3}\right)$

$\therefore (3,\ 2)$

11 두 점 B, C의 좌표를 각각 $(a,\ b),\ (c,\ d)$라 하면 삼각형 ABC의 두 변 AB, AC의 중점이 각각 $P(x_1,\ y_1)$, $Q(x_2,\ y_2)$이므로

$\dfrac{-1+a}{2}=x_1,\ \dfrac{7+b}{2}=y_1,\ \dfrac{-1+c}{2}=x_2,\ \dfrac{7+d}{2}=y_2$

$x_1+x_2=-1$에서

$\dfrac{-1+a}{2}+\dfrac{-1+c}{2}=-1$ $\therefore a+c=0$

$y_1+y_2=4$에서

$\dfrac{7+b}{2}+\dfrac{7+d}{2}=4$ $\therefore b+d=-6$

따라서 삼각형 ABC의 무게중심의 좌표는

$\left(\dfrac{-1+a+c}{3},\ \dfrac{7+b+d}{3}\right)$ $\therefore \left(-\dfrac{1}{3},\ \dfrac{1}{3}\right)$

즉, $m=-\dfrac{1}{3},\ n=\dfrac{1}{3}$이므로

$mn=-\dfrac{1}{9}$

12 선분 AD가 $\angle A$의 외각의 이등분선이므로
$\overline{AB} : \overline{AC} = \overline{BD} : \overline{CD}$
$\overline{AB} = \sqrt{(-8)^2 + (-3-3)^2} = 10$
$\overline{AC} = \sqrt{4^2 + (-3)^2} = 5$
$\therefore \overline{BD} : \overline{CD} = 10 : 5 = 2 : 1$
따라서 점 C는 선분 BD의 중점이므로
$\frac{-8+a}{2} = 4$, $\frac{-3+b}{2} = 0$
$\therefore a = 16, b = 3$
$\therefore a + b = 19$

13 삼각형 ABC에서 변 BC의 중점을 M(a, b)라 하면 삼각형 ABC의 무게중심은 선분 AM을 $2 : 1$로 내분하는 점이다.

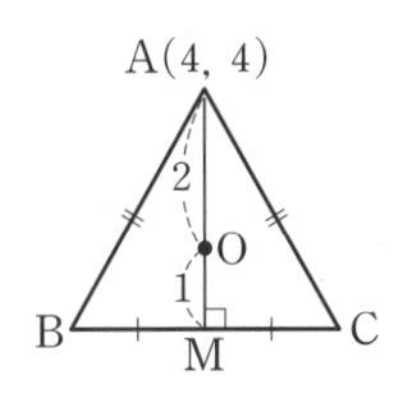

이때 삼각형 ABC의 무게중심의 좌표가 $(0, 0)$이므로
$\frac{2 \times a + 1 \times 4}{2+1} = 0$, $\frac{2 \times b + 1 \times 4}{2+1} = 0$
$\therefore a = -2, b = -2$
따라서 중점 M의 좌표는 $(-2, -2)$이다.
또 정삼각형의 한 내각의 이등분선은 밑변을 수직이등분하므로
$\angle AMB = \angle AMC = 90°$
즉, 삼각형 ABM은 $\angle ABM = 60°$인 직각삼각형이므로
$\overline{AB} : \overline{AM} = 2 : \sqrt{3}$ ...... ㉠
$\overline{AM} = \sqrt{(-2-4)^2 + (-2-4)^2} = 6\sqrt{2}$
㉠에서
$\overline{AB} : 6\sqrt{2} = 2 : \sqrt{3}$
$\therefore \overline{AB} = 4\sqrt{6}$
따라서 정삼각형 ABC의 한 변의 길이는 $4\sqrt{6}$이다.

14 점 P의 좌표를 (a, b)라 하면 점 P는 직선 $x - 2y + 1 = 0$ 위에 있으므로
$a - 2b + 1 = 0$ ...... ㉠
선분 AP를 $1 : 2$로 내분하는 점의 좌표를 (x, y)라 하면
$x = \frac{1 \times a + 2 \times 3}{1+2} = \frac{a+6}{3}$,
$y = \frac{1 \times b + 2 \times (-2)}{1+2} = \frac{b-4}{3}$
$\therefore a = 3x - 6, b = 3y + 4$
이를 ㉠에 대입하면
$3x - 6 - 2(3y + 4) + 1 = 0$
$\therefore 3x - 6y - 13 = 0$

Ⅰ-2 01 두 직선의 위치 관계

직선의 방정식

개념 Check 31쪽

1 답 (1) $y = 3x + 8$ (2) $y = x - 3$
(3) $y = -3x + 3$ (4) $y = -2x + 4$

2 답 (1) $x = -4$ (2) $y = 3$

3 답 (1) 제1사분면, 제2사분면 (2) 제1사분면, 제4사분면
(3) 제2사분면, 제4사분면
(4) 제1사분면, 제3사분면, 제4사분면

(1) $y = -\frac{c}{b}$에서 $-\frac{c}{b} > 0$이므로 직선은 제1사분면, 제2사분면을 지난다.

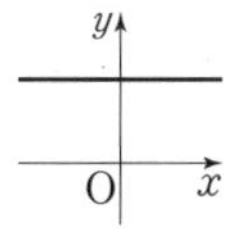

(2) $x = -\frac{c}{a}$에서 $-\frac{c}{a} > 0$이므로 직선은 제1사분면, 제4사분면을 지난다.

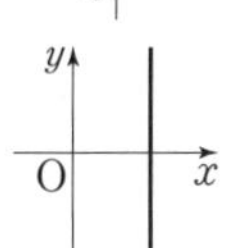

(3) $y = -\frac{a}{b}x$에서 $-\frac{a}{b} < 0$이므로 직선은 제2사분면, 제4사분면을 지난다.

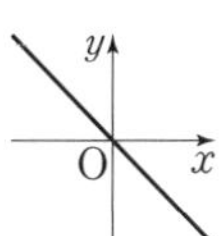

(4) $y = -\frac{a}{b}x - \frac{c}{b}$에서 $-\frac{a}{b} > 0$, $-\frac{c}{b} < 0$ 이므로 직선은 제1사분면, 제3사분면, 제4사분면을 지난다.

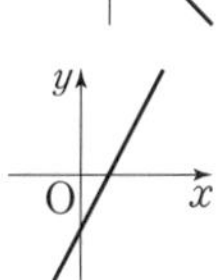

문제 32~35쪽

01-1 답 5
두 점 $(2, -4)$, $(-4, 10)$을 이은 선분의 중점의 좌표는
$\left(\frac{2-4}{2}, \frac{-4+10}{2}\right)$ $\therefore (-1, 3)$
직선 $2x - y + 3 = 0$, 즉 $y = 2x + 3$의 기울기는 2이다.
따라서 점 $(-1, 3)$을 지나고 기울기가 2인 직선의 방정식은 $y - 3 = 2\{x - (-1)\}$ $\therefore y = 2x + 5$
즉, 이 직선의 y절편은 5이다.

01-2 답 1
선분 BC를 $3 : 2$로 내분하는 점의 좌표는
$\left(\frac{3 \times 3 + 2 \times (-2)}{3+2}, \frac{3 \times (-3) + 2 \times 2}{3+2}\right)$ $\therefore (1, -1)$
따라서 두 점 A$(-1, 7)$, $(1, -1)$을 지나는 직선의 방정식은
$y - 7 = \frac{-1-7}{1-(-1)}\{x - (-1)\}$ $\therefore 4x + y - 3 = 0$
즉, $a = 4$, $b = -3$이므로 $a + b = 1$

01-**3** 답 $\boldsymbol{y=5x-10}$

삼각형 ABC의 무게중심 G의 좌표는

$\left(\frac{3-4+7}{3}, \frac{5-2-3}{3}\right)$ $\therefore (2, 0)$

따라서 두 점 A(3, 5), G(2, 0)을 지나는 직선의 방정식은

$y=\frac{0-5}{2-3}(x-2)$ $\therefore y=5x-10$

02-**1** 답 $\boldsymbol{\frac{2}{3}}$

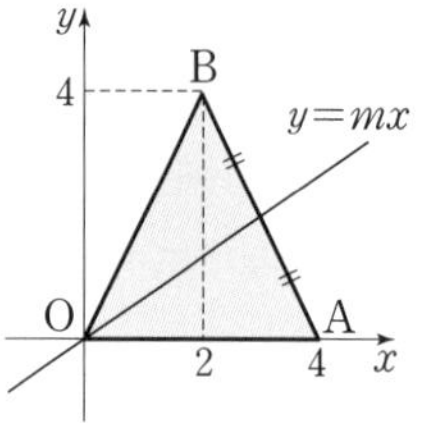

직선 $y=mx$가 원점 O를 지나므로 삼각형 OAB의 넓이를 이등분하려면 선분 AB의 중점을 지나야 한다.

선분 AB의 중점의 좌표는

$\left(\frac{4+2}{2}, \frac{0+4}{2}\right)$ $\therefore (3, 2)$

따라서 직선 $y=mx$가 점 (3, 2)를 지나므로

$2=3m$ $\therefore m=\frac{2}{3}$

02-**2** 답 $\boldsymbol{y=\frac{5}{4}x+\frac{3}{4}}$

점 A를 지나는 직선이 삼각형 ABC의 넓이를 이등분하려면 선분 BC의 중점을 지나야 한다.

선분 BC의 중점의 좌표는

$\left(\frac{3-1}{2}, \frac{-1+5}{2}\right)$ $\therefore (1, 2)$

따라서 두 점 A(−3, −3), (1, 2)를 지나는 직선의 방정식은

$y-(-3)=\frac{2-(-3)}{1-(-3)}\{x-(-3)\}$ $\therefore y=\frac{5}{4}x+\frac{3}{4}$

02-**3** 답 $\boldsymbol{y=x+2}$

직선이 직사각형 ABCD의 넓이를 이등분하려면 직사각형의 두 대각선의 교점을 지나야 한다.

직사각형의 두 대각선의 교점은 두 점 A(3, 8), C(7, 6)을 이은 선분 AC의 중점이므로

$\left(\frac{3+7}{2}, \frac{8+6}{2}\right)$ $\therefore (5, 7)$

따라서 두 점 (−4, −2), (5, 7)을 지나는 직선의 방정식은

$y-(-2)=\frac{7-(-2)}{5-(-4)}\{x-(-4)\}$

$\therefore y=x+2$

03-**1** 답 $\boldsymbol{\frac{\sqrt{10}}{5}}$

$(k+2)x-(2k-1)y+k-1=0$을 k에 대하여 정리하면

$(2x+y-1)+k(x-2y+1)=0$

이 식이 k의 값에 관계없이 항상 성립해야 하므로

$2x+y-1=0$, $x-2y+1=0$

두 식을 연립하여 풀면 $x=\frac{1}{5}$, $y=\frac{3}{5}$

따라서 $P\left(\frac{1}{5}, \frac{3}{5}\right)$이므로 점 P와 원점 사이의 거리는

$\sqrt{\left(\frac{1}{5}\right)^2+\left(\frac{3}{5}\right)^2}=\frac{\sqrt{10}}{5}$

03-**2** 답 **3**

두 직선 $2x+y-4=0$, $x-y+1=0$의 교점을 지나는 직선의 방정식은

$(2x+y-4)+k(x-y+1)=0$ (단, k는 실수) …… ㉠

직선 ㉠이 점 (−1, 1)을 지나므로

$-5-k=0$ $\therefore k=-5$

이를 ㉠에 대입하면

$(2x+y-4)-5(x-y+1)=0$

$\therefore x-2y+3=0$

따라서 $a=1$, $b=3$이므로 $ab=3$

다른 풀이

$2x+y-4=0$, $x-y+1=0$을 연립하여 풀면

$x=1$, $y=2$

따라서 두 직선의 교점의 좌표가 (1, 2)이므로 두 점 (1, 2), (−1, 1)을 지나는 직선의 방정식은

$y-2=\frac{1-2}{-1-1}(x-1)$ $\therefore x-2y+3=0$

즉, $a=1$, $b=3$이므로 $ab=3$

04-**1** 답 $\boldsymbol{m<1}$ **또는** $\boldsymbol{m>3}$

$mx-y+m+1=0$을 m에 대하여 정리하면

$(x+1)m-y+1=0$ …… ㉠

이 식이 m의 값에 관계없이 항상 성립해야 하므로

$x+1=0$, $-y+1=0$ $\therefore x=-1$, $y=1$

즉, 직선 ㉠은 m의 값에 관계없이 항상 점 (−1, 1)을 지난다.

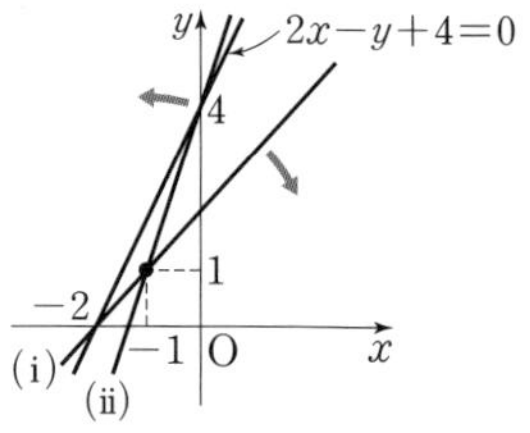

오른쪽 그림과 같이 직선 ㉠이 직선 $2x-y+4=0$과 제2사분면에서 만나도록 직선 ㉠을 움직여 보면

(i) 직선 ㉠이 점 (−2, 0)을 지날 때,

$-m+1=0$ $\therefore m=1$

(ii) 직선 ㉠이 점 (0, 4)를 지날 때,

$m-3=0$ $\therefore m=3$

(i), (ii)에서 m의 값의 범위는

$m<1$ 또는 $m>3$

04-2 답 $-\frac{1}{4} \le k \le 1$

$y=k(x+2)+2$를 k에 대하여 정리하면

$k(x+2)-y+2=0$ ...... ㉠

이 식이 k의 값에 관계없이 항상 성립해야 하므로

$x+2=0,\ -y+2=0 \quad \therefore x=-2,\ y=2$

즉, 직선 ㉠은 k의 값에 관계없이 항상 점 $(-2,\ 2)$를 지난다.

오른쪽 그림과 같이 직선 ㉠이 선분 AB와 만나도록 직선 ㉠을 움직여 보면

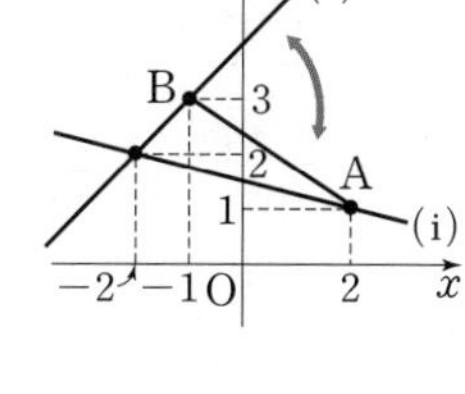

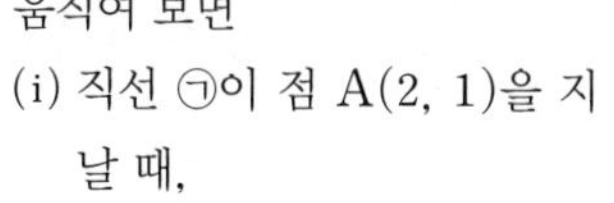

(i) 직선 ㉠이 점 A(2, 1)을 지날 때,

$4k+1=0 \quad \therefore k=-\frac{1}{4}$

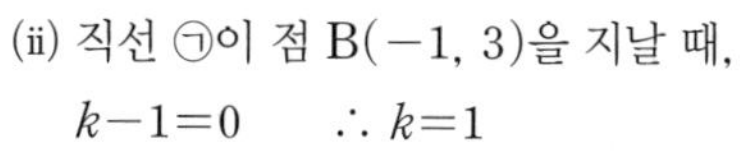

(ii) 직선 ㉠이 점 B(−1, 3)을 지날 때,

$k-1=0 \quad \therefore k=1$

(i), (ii)에서 k의 값의 범위는

$-\frac{1}{4} \le k \le 1$

2 두 직선의 평행과 수직

개념 Check 37쪽

1 답 (1) **2** (2) $-\frac{1}{2}$

2 답 (1) **6** (2) $-\frac{3}{2}$

(1) $\frac{a}{2}=\frac{3}{1}\ne\frac{-1}{4} \quad \therefore a=6$

(2) $a\times2+3\times1=0 \quad \therefore a=-\frac{3}{2}$

문제 38~41쪽

05-1 답 $y=-3x-1$

두 점 (1, 2), (4, 3)을 지나는 직선의 기울기는

$\frac{3-2}{4-1}=\frac{1}{3}$

이때 이 직선에 수직인 직선의 기울기를 m이라 하면

$\frac{1}{3}m=-1 \quad \therefore m=-3$

따라서 기울기가 −3이고 점 (−1, 2)를 지나는 직선의 방정식은

$y-2=-3\{x-(-1)\} \quad \therefore y=-3x-1$

05-2 답 -1

직선 $x+2y+3=0$, 즉 $y=-\frac{1}{2}x-\frac{3}{2}$의 기울기가 $-\frac{1}{2}$이므로 이 직선에 평행한 직선의 기울기는 $-\frac{1}{2}$이다.

따라서 기울기가 $-\frac{1}{2}$이고 점 (2, 1)을 지나는 직선의 방정식은

$y-1=-\frac{1}{2}(x-2) \quad \therefore y=-\frac{1}{2}x+2$

이 직선이 점 $(6,\ a)$를 지나므로

$a=-\frac{1}{2}\times6+2=-1$

05-3 답 $\frac{3}{2}$

선분 AB의 중점의 좌표는

$\left(\frac{0+8}{2},\ \frac{3+7}{2}\right) \quad \therefore (4,\ 5)$

직선 $2x+y+1=0$, 즉 $y=-2x-1$의 기울기가 −2이므로 이 직선에 수직인 직선의 기울기를 m이라 하면

$-2m=-1 \quad \therefore m=\frac{1}{2}$

따라서 기울기가 $\frac{1}{2}$이고 점 (4, 5)를 지나는 직선의 방정식은

$y-5=\frac{1}{2}(x-4) \quad \therefore y=\frac{1}{2}x+3$

즉, $a=\frac{1}{2}$, $b=3$이므로

$ab=\frac{3}{2}$

06-1 답 $-\frac{1}{12}$

두 직선 $2x+(2k+1)y+3=0$, $2kx+y-1=0$이 서로 평행하려면

$\frac{2}{2k}=\frac{2k+1}{1}\ne\frac{3}{-1}$

$4k^2+2k=2,\ 2k^2+k-1=0$

$(k+1)(2k-1)=0$

$\therefore k=-1$ 또는 $k=\frac{1}{2}$

이때 $\alpha>0$이므로 $\alpha=\frac{1}{2}$

또 두 직선이 서로 수직이려면

$2\times2k+(2k+1)\times1=0 \quad \therefore k=-\frac{1}{6}$

$\therefore \beta=-\frac{1}{6}$

$\therefore \alpha\beta=\frac{1}{2}\times\left(-\frac{1}{6}\right)=-\frac{1}{12}$

06-2 답 **4**

두 직선 $x+ay-4=0$, $3x-by+1=0$이 서로 수직이므로

$3-ab=0 \quad \therefore ab=3 \quad \cdots\cdots ㉠$

두 직선 $x+ay-4=0$, $x+(b+2)y+2=0$이 서로 평행하므로

$\frac{1}{1}=\frac{a}{b+2}\neq\frac{-4}{2}$

$a=b+2 \quad \therefore b=a-2$

이를 ㉠에 대입하면

$a(a-2)=3$, $a^2-2a-3=0$

$(a+1)(a-3)=0 \quad \therefore a=3\ (\because a>0)$

이를 ㉠에 대입하면 $3b=3 \quad \therefore b=1$

$\therefore a+b=3+1=4$

06-3 답 **19**

두 직선 $x+ay+1=0$, $ax+(a+2)y+b=0$이 서로 수직이므로

$1\times a+a(a+2)=0$, $a^2+3a=0$

$a(a+3)=0 \quad \therefore a=-3\ (\because a<0)$

따라서 두 직선은 $x-3y+1=0$, $-3x-y+b=0$이고 두 직선의 교점의 좌표가 $(c, 2)$이므로

$c-6+1=0$, $-3c-2+b=0$

$\therefore b=17$, $c=5$

$\therefore a+b+c=-3+17+5=19$

07-1 답 $\mathbf{\frac{7}{4}}$

직선 AB의 기울기는 $\frac{6-(-4)}{-2-3}=-2$이므로 선분 AB의 수직이등분선의 기울기는 $\frac{1}{2}$이다.

선분 AB의 중점의 좌표는

$\left(\frac{3-2}{2}, \frac{-4+6}{2}\right) \quad \therefore \left(\frac{1}{2}, 1\right)$

따라서 기울기가 $\frac{1}{2}$이고 점 $\left(\frac{1}{2}, 1\right)$을 지나는 직선의 방정식은

$y-1=\frac{1}{2}\left(x-\frac{1}{2}\right) \quad \therefore y=\frac{1}{2}x+\frac{3}{4}$

이 직선이 점 $(2, a)$를 지나므로

$a=\frac{1}{2}\times2+\frac{3}{4}=\frac{7}{4}$

07-2 답 $\boldsymbol{y=-2x+3}$

직선 $x-2y-4=0$이 x축, y축과 만나는 점의 좌표는

A$(4, 0)$, B$(0, -2)$

직선 $x-2y-4=0$, 즉 $y=\frac{1}{2}x-2$의 기울기가 $\frac{1}{2}$이므로 선분 AB의 수직이등분선의 기울기는 -2이다.

선분 AB의 중점의 좌표는

$\left(\frac{4+0}{2}, \frac{0-2}{2}\right) \quad \therefore (2, -1)$

따라서 기울기가 -2이고 점 $(2, -1)$을 지나는 직선의 방정식은

$y-(-1)=-2(x-2)$

$\therefore y=-2x+3$

07-3 답 $\boldsymbol{a=8,\ b=-4}$

직선 AB의 기울기는 $\frac{b-a}{4-(-2)}=\frac{b-a}{6}$

선분 AB의 수직이등분선 $x-2y+3=0$, 즉 $y=\frac{1}{2}x+\frac{3}{2}$의 기울기가 $\frac{1}{2}$이므로 직선 AB의 기울기는 -2이다.

따라서 $\frac{b-a}{6}=-2$이므로 $a-b=12 \quad \cdots\cdots ㉠$

선분 AB의 중점의 좌표는

$\left(\frac{-2+4}{2}, \frac{a+b}{2}\right) \quad \therefore \left(1, \frac{a+b}{2}\right)$

이 점이 직선 $x-2y+3=0$ 위에 있으므로

$1-2\times\frac{a+b}{2}+3=0 \quad \therefore a+b=4 \quad \cdots\cdots ㉡$

㉠, ㉡을 연립하여 풀면 $a=8$, $b=-4$

08-1 답 **1**

$x+ay+2=0 \quad \cdots\cdots ㉠$

$2x+y-6=0 \quad \cdots\cdots ㉡$

$3x-y+2=0 \quad \cdots\cdots ㉢$

서로 다른 세 직선으로 둘러싸인 삼각형이 직각삼각형이려면 두 직선이 서로 수직이고 다른 한 직선은 두 직선과 평행하지 않아야 한다.

직선 ㉡, ㉢의 기울기는 각각 -2, 3이므로 두 직선 ㉡, ㉢은 서로 수직이 아니다.

(i) 두 직선 ㉠, ㉡이 서로 수직일 때,

$1\times2+a\times1=0 \quad \therefore a=-2$

(ii) 두 직선 ㉠, ㉢이 서로 수직일 때,

$1\times3+a\times(-1)=0 \quad \therefore a=3$

(i), (ii)에서 모든 상수 a의 값의 합은

$-2+3=1$

08-2 답 **-1, 1, 2**

$2x-y-3=0 \quad \cdots\cdots ㉠$

$x+y-3=0 \quad \cdots\cdots ㉡$

$ax-y-1=0 \quad \cdots\cdots ㉢$

(i) 세 직선이 모두 평행할 때,

두 직선 ㉠, ㉡의 기울기는 각각 2, -1이므로 세 직선이 모두 평행한 경우는 없다.

(ii) 세 직선 중 두 직선이 평행할 때,

두 직선 ㉠, ㉢이 서로 평행하면

$\frac{2}{a}=\frac{-1}{-1}\neq\frac{-3}{-1}$ $\quad\therefore a=2$

두 직선 ㉡, ㉢이 서로 평행하면

$\frac{1}{a}=\frac{1}{-1}\neq\frac{-3}{-1}$ $\quad\therefore a=-1$

(iii) 세 직선이 한 점에서 만날 때,

㉠, ㉡을 연립하여 풀면 $x=2$, $y=1$

직선 ㉢이 점 $(2, 1)$을 지나야 하므로

$2a-1-1=0$ $\quad\therefore a=1$

(i), (ii), (iii)에서 상수 a의 값은 -1, 1, 2이다.

연습문제

42~43쪽

1 2	**2** ④	**3** −1	**4** ㄱ, ㄴ, ㄷ	**5** ④
6 8	**7** ②	**8** −1	**9** ①	
10 $y=-\frac{1}{2}x+\frac{3}{2}$		**11** −2	**12** 13	**13** 3
14 (4, 3)	**15** −3			

1 선분 AB를 2 : 1로 내분하는 점의 좌표는

$\left(\frac{2\times3+1\times(-3)}{2+1}, \frac{2\times5+1\times2}{2+1}\right)$ $\quad\therefore (1, 4)$

$x+y-3=0$에서 $y=-x+3$

따라서 점 $(1, 4)$를 지나고 기울기가 -1인 직선의 방정식은

$y-4=-(x-1)$ $\quad\therefore y=-x+5$

이 직선이 점 $(a, 3)$을 지나므로

$3=-a+5$ $\quad\therefore a=2$

2 직선 $ax+y+4=0$이 x축, y축과 만나는 점을 각각 A, B라 하면

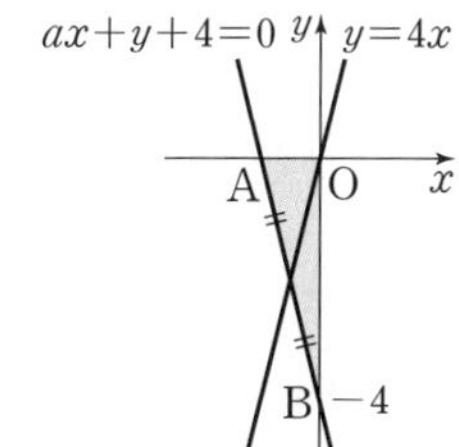

$A\left(-\frac{4}{a}, 0\right)$, $B(0, -4)$

직선 $y=4x$가 원점 O를 지나므로 삼각형 ABO의 넓이를 이등분하려면 선분 AB의 중점을 지나야 한다.

선분 AB의 중점의 좌표는

$\left(\frac{-\frac{4}{a}}{2}, \frac{-4}{2}\right)$ $\quad\therefore \left(-\frac{2}{a}, -2\right)$

따라서 직선 $y=4x$가 점 $\left(-\frac{2}{a}, -2\right)$를 지나므로

$-2=4\times\left(-\frac{2}{a}\right)$ $\quad\therefore a=4$

3 정사각형과 직사각형의 넓이를 동시에 이등분하는 직선은 각 도형의 두 대각선의 교점을 지나야 한다.

정사각형의 두 대각선의 교점은 두 점 $(-2, -2)$, $(0, 0)$을 이은 선분의 중점이므로 그 좌표는

$\left(\frac{-2+0}{2}, \frac{-2+0}{2}\right)$ $\quad\therefore (-1, -1)$

직사각형의 두 대각선의 교점은 두 점 $(2, 2)$, $(6, 4)$를 이은 선분의 중점이므로 그 좌표는

$\left(\frac{2+6}{2}, \frac{2+4}{2}\right)$ $\quad\therefore (4, 3)$

두 점 $(-1, -1)$, $(4, 3)$을 지나는 직선의 기울기는

$\frac{3-(-1)}{4-(-1)}=\frac{4}{5}$

따라서 구하는 직선의 방정식은

$y+1=\frac{4}{5}(x+1)$ $\quad\therefore 4x-5y-1=0$

즉, $a=4$, $b=-5$이므로 $a+b=-1$

4 ㄱ. $(k-1)x+(2k+1)y-k-5=0$을 k에 대하여 정리하면 $(-x+y-5)+k(x+2y-1)=0$

이 식이 k의 값에 관계없이 항상 성립해야 하므로

$-x+y-5=0$, $x+2y-1=0$

두 식을 연립하여 풀면 $x=-3$, $y=2$

따라서 k의 값에 관계없이 점 $(-3, 2)$를 지난다.

ㄴ. $k=1$이면 $3y-6=0$, 즉 $y=2$이므로 x축에 평행한 직선이다.

ㄷ. $k=-\frac{1}{2}$이면 $-\frac{3}{2}x-\frac{9}{2}=0$, 즉 $x=-3$이므로 점 $(-3, 0)$을 지난다.

따라서 보기에서 옳은 것은 ㄱ, ㄴ, ㄷ이다.

5 두 직선 $x-2y+2=0$, $2x+y-6=0$의 교점을 지나는 직선의 방정식은

$(x-2y+2)+k(2x+y-6)=0$ (단, k는 실수) …… ㉠

직선 ㉠이 점 $(4, 0)$을 지나므로

$6+2k=0$ $\quad\therefore k=-3$

이를 ㉠에 대입하면

$(x-2y+2)-3(2x+y-6)=0$ $\quad\therefore x+y-4=0$

따라서 이 직선의 y절편은 4이다.

6 직선 $3x+2y-4=0$, 즉 $y=-\frac{3}{2}x+2$의 기울기가 $-\frac{3}{2}$이므로 이 직선에 수직인 직선의 기울기는 $\frac{2}{3}$이다.

따라서 기울기가 $\frac{2}{3}$이고 점 $(2, 5)$를 지나는 직선의 방정식은

$y-5=\frac{2}{3}(x-2)$ $\quad\therefore 2x-3y+11=0$

즉, $a=-3$, $b=11$이므로 $a+b=8$

7 두 직선 $x+ay+1=0$, $2x-by+1=0$이 서로 수직이므로
$1\times 2+a\times(-b)=0 \qquad \therefore ab=2$
두 직선 $x+ay+1=0$, $x-(b-3)y-1=0$이 서로 평행하므로
$\frac{1}{1}=\frac{a}{-(b-3)}\neq\frac{1}{-1}$
$-(b-3)=a \qquad \therefore a+b=3$
$\therefore a^2+b^2=(a+b)^2-2ab=3^2-2\times 2=5$

8 두 직선 $x-ky+2=0$, $(k-1)x-2y+k=0$이 서로 평행하려면
$\frac{1}{k-1}=\frac{-k}{-2}\neq\frac{2}{k}$
$\frac{1}{k-1}=\frac{-k}{-2}$에서 $k^2-k-2=0$
$(k+1)(k-2)=0 \qquad \therefore k=-1$ 또는 $k=2$ …… ㉠
$\frac{-k}{-2}\neq\frac{2}{k}$에서 $k^2\neq 4 \qquad \therefore k\neq\pm 2$ …… ㉡
㉠, ㉡에서 $k=-1$

9 직선 AB의 기울기는 $\frac{-9-15}{b-a}=\frac{24}{a-b}$
선분 AB의 수직이등분선 $y=\frac{1}{2}x+1$의 기울기가 $\frac{1}{2}$이므로 직선 AB의 기울기는 -2이다.
따라서 $\frac{24}{a-b}=-2$이므로 $a-b=-12$ …… ㉠
선분 AB의 중점의 좌표는
$\left(\frac{a+b}{2}, \frac{15-9}{2}\right) \qquad \therefore \left(\frac{a+b}{2}, 3\right)$
이 점이 직선 $y=\frac{1}{2}x+1$ 위에 있으므로
$3=\frac{1}{2}\times\frac{a+b}{2}+1 \qquad \therefore a+b=8$ …… ㉡
㉠, ㉡을 연립하여 풀면 $a=-2$, $b=10$
$\therefore ab=-20$

10 마름모의 두 대각선은 서로 다른 것을 수직이등분하므로 직선 AC는 선분 BD의 수직이등분선이다.
직선 BD의 기울기는 $\frac{7-(-5)}{4-(-2)}=2$이므로 직선 AC의 기울기는 $-\frac{1}{2}$이다.
선분 BD의 중점의 좌표는
$\left(\frac{-2+4}{2}, \frac{-5+7}{2}\right) \qquad \therefore (1, 1)$
따라서 기울기가 $-\frac{1}{2}$이고 점 $(1, 1)$을 지나는 직선의 방정식은
$y-1=-\frac{1}{2}(x-1) \qquad \therefore y=-\frac{1}{2}x+\frac{3}{2}$

11 $ax-y=0$ …… ㉠
$x+y-2=0$ …… ㉡
$2x-y-1=0$ …… ㉢
(i) 세 직선이 모두 평행할 때,
두 직선 ㉡, ㉢의 기울기는 각각 -1, 2이므로 세 직선이 모두 평행한 경우는 없다.
(ii) 세 직선 중 두 직선이 평행할 때,
두 직선 ㉠, ㉡이 서로 평행하면
$\frac{a}{1}=\frac{-1}{1}\neq\frac{0}{-2} \qquad \therefore a=-1$
두 직선 ㉠, ㉢이 서로 평행하면
$\frac{a}{2}=\frac{-1}{-1}\neq\frac{0}{-1} \qquad \therefore a=2$
(iii) 세 직선이 한 점에서 만날 때,
㉡, ㉢을 연립하여 풀면 $x=1$, $y=1$
직선 ㉠이 점 $(1, 1)$을 지나야 하므로
$a-1=0 \qquad \therefore a=1$
(i), (ii), (iii)에서 모든 상수 a의 값의 곱은
$-1\times 1\times 2=-2$

12 △ADE∽△ABC이고, △ADE : △ABC$=1:9$이므로
$\overline{AD}:\overline{AB}=1:3 \qquad \therefore \overline{AD}:\overline{DB}=1:2$
점 D는 선분 AB를 $1:2$로 내분하는 점이므로
$D\left(\frac{1\times 0+2\times 3}{1+2}, \frac{1\times 2+2\times 4}{1+2}\right) \qquad \therefore D\left(2, \frac{10}{3}\right)$
$\overline{DE}\,/\!/\,\overline{BC}$에서
(직선 DE의 기울기)=(직선 BC의 기울기)
$=\frac{-1-2}{5-0}=-\frac{3}{5}$
따라서 직선 DE의 방정식은
$y-\frac{10}{3}=-\frac{3}{5}(x-2) \qquad \therefore y=-\frac{3}{5}x+\frac{68}{15}$
즉, $a=-\frac{3}{5}$, $b=\frac{68}{15}$이므로
$a+3b=-\frac{3}{5}+3\times\frac{68}{15}=13$

13 $mx-y+2m=0$을 m에 대하여 정리하면
$m(x+2)-y=0$ …… ㉠
이 식이 m의 값에 관계없이 항상 성립해야 하므로
$x+2=0$, $-y=0 \qquad \therefore x=-2$, $y=0$
즉, 직선 ㉠은 m의 값에 관계없이 항상 점 $(-2, 0)$을 지난다.
오른쪽 그림과 같이 직선 ㉠이 직사각형과 만나도록 직선 ㉠을 움직여 보면

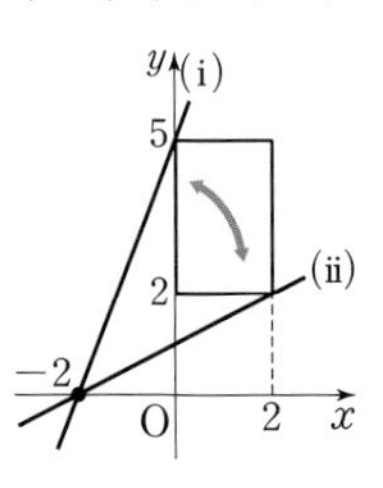

(i) 직선 ㉠이 점 $(0, 5)$를 지날 때,
$2m-5=0 \qquad \therefore m=\frac{5}{2}$

(ⅱ) 직선 ㉠이 점 (2, 2)를 지날 때,

$4m-2=0 \quad \therefore m=\frac{1}{2}$

(ⅰ), (ⅱ)에서 m의 값의 범위는

$\frac{1}{2} \le m \le \frac{5}{2}$

따라서 $a=\frac{1}{2}$, $b=\frac{5}{2}$이므로 $a+b=3$

14 직선 BC의 기울기는

$\frac{2-0}{7-1}=\frac{1}{3}$이므로 점 A에서 선분 BC에 내린 수선의 발을 D라 하면 직선 AD의 기울기는 -3이다.

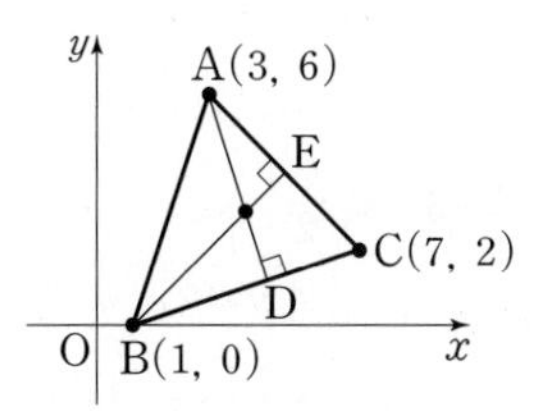

이때 직선 AD의 방정식은

$y-6=-3(x-3)$

$\therefore y=-3x+15 \quad \cdots\cdots$ ㉠

직선 AC의 기울기는 $\frac{2-6}{7-3}=-1$이므로 점 B에서 선분 AC에 내린 수선의 발을 E라 하면 직선 BE의 기울기는 1이다.

이때 직선 BE의 방정식은

$y=x-1 \quad \cdots\cdots$ ㉡

㉠, ㉡을 연립하여 풀면 $x=4$, $y=3$

따라서 구하는 세 수선의 교점의 좌표는 (4, 3)이다.

15 서로 다른 세 직선이 좌표평면을 6개의 영역으로 나누는 경우는 다음과 같은 2가지의 경우이다.

(ⅰ) 세 직선 중 두 직선이 평행한 경우

두 직선 $y=-x+2$, $y=2x+1$은 평행하지 않으므로 직선 $y=ax+3$이 직선 $y=-x+2$ 또는 직선 $y=2x+1$과 평행해야 한다.

$\therefore a=-1$ 또는 $a=2$

(ⅱ) 세 직선이 한 점에서 만나는 경우

$y=-x+2$, $y=2x+1$을 연립하여 풀면 $x=\frac{1}{3}$, $y=\frac{5}{3}$

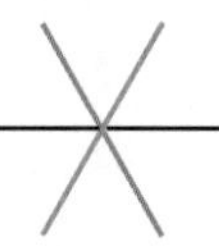

즉, 두 직선의 교점의 좌표는 $\left(\frac{1}{3}, \frac{5}{3}\right)$

직선 $y=ax+3$이 점 $\left(\frac{1}{3}, \frac{5}{3}\right)$를 지나야 하므로

$\frac{5}{3}=a\times\frac{1}{3}+3 \quad \therefore a=-4$

(ⅰ), (ⅱ)에서 모든 상수 a의 값의 합은

$-1+2+(-4)=-3$

Ⅰ-2 02 점과 직선 사이의 거리

개념편

1 점과 직선 사이의 거리

문제 45~48쪽

01-1 답 1

점 $(3, -1)$과 직선 $3x+ay+2=0$ 사이의 거리가 $\sqrt{10}$이므로

$\frac{|3\times3+a\times(-1)+2|}{\sqrt{3^2+a^2}}=\sqrt{10}$

$|11-a|=\sqrt{10(9+a^2)}$

양변을 제곱하면

$a^2-22a+121=10a^2+90$

$9a^2+22a-31=0$, $(9a+31)(a-1)=0$

$\therefore a=-\frac{31}{9}$ 또는 $a=1$

그런데 a는 정수이므로 $a=1$

01-2 답 $x-2y-5=0$ 또는 $x-2y+5=0$

직선 $x-2y-1=0$에 평행한 직선의 방정식을 $x-2y+a=0\,(a\ne-1)$이라 하면 점 (2, 1)과 직선 $x-2y+a=0$ 사이의 거리가 $\sqrt{5}$이므로

$\frac{|2-2\times1+a|}{\sqrt{1^2+(-2)^2}}=\sqrt{5}$

$|a|=5 \quad \therefore a=\pm5$

따라서 구하는 직선의 방정식은

$x-2y-5=0$ 또는 $x-2y+5=0$

01-3 답 $\sqrt{13}$

$(4+2k)x+(3-k)y-18-4k=0$을 k에 대하여 정리하면

$(4x+3y-18)+k(2x-y-4)=0$

이 식이 k의 값에 관계없이 항상 성립하려면

$4x+3y-18=0$, $2x-y-4=0$

두 식을 연립하여 풀면 $x=3$, $y=2$

따라서 점 P의 좌표는 (3, 2)이므로 점 P(3, 2)와 직선 $3x+2y=0$ 사이의 거리는

$\frac{|3\times3+2\times2|}{\sqrt{3^2+2^2}}=\sqrt{13}$

02-1 답 $\sqrt{10}$

두 직선 사이의 거리는 직선 $3x+y-3=0$ 위의 한 점 (0, 3)과 직선 $3x+y+7=0$ 사이의 거리와 같으므로

$\frac{|3+7|}{\sqrt{3^2+1^2}}=\sqrt{10}$

02-2 답 **10**

직선 $x+y+5=0$ 위의 한 점 $(-5, 0)$과 직선 $x+y+k=0$ 사이의 거리가 $3\sqrt{2}$이므로

$\dfrac{|-5+k|}{\sqrt{1^2+1^2}}=3\sqrt{2}$

$|k-5|=6$, $k-5=\pm6$

$\therefore k=-1$ 또는 $k=11$

따라서 모든 상수 k의 값의 합은

$-1+11=10$

03-2 답 **$\dfrac{2\sqrt{5}}{15}$**

두 직선 $2x-y+2=0$, $ax+3y-4=0$이 서로 평행하므로

$\dfrac{2}{a}=\dfrac{-1}{3}\neq\dfrac{2}{-4}$ $\qquad\therefore a=-6$

따라서 두 직선 사이의 거리는 직선 $2x-y+2=0$ 위의 한 점 $(0, 2)$와 직선 $-6x+3y-4=0$ 사이의 거리와 같으므로

$\dfrac{|3\times2-4|}{\sqrt{(-6)^2+3^2}}=\dfrac{2\sqrt{5}}{15}$

03-1 답 **16**

$\overline{BC}=\sqrt{\{4-(-2)\}^2+\{-3-(-1)\}^2}=2\sqrt{10}$

직선 BC의 방정식은

$y+1=\dfrac{-3+1}{4+2}(x+2)$

$\therefore x+3y+5=0$

점 $A(2, 3)$과 직선 $x+3y+5=0$ 사이의 거리를 h라 하면

$h=\dfrac{|2+3\times3+5|}{\sqrt{1^2+3^2}}=\dfrac{16}{\sqrt{10}}$

$\therefore \triangle ABC=\dfrac{1}{2}\times\overline{BC}\times h$

$=\dfrac{1}{2}\times2\sqrt{10}\times\dfrac{16}{\sqrt{10}}$

$=16$

03-2 답 **5**

$\overline{AB}=\sqrt{(4-2)^2+(5-1)^2}$

$=2\sqrt{5}$

직선 AB의 방정식은

$y-1=\dfrac{5-1}{4-2}(x-2)$

$\therefore 2x-y-3=0$

점 $C(a, 2)$와 직선 $2x-y-3=0$ 사이의 거리를 h라 하면

$h=\dfrac{|2a-2-3|}{\sqrt{2^2+(-1)^2}}=\dfrac{|2a-5|}{\sqrt{5}}$

$\therefore \triangle ABC=\dfrac{1}{2}\times\overline{AB}\times h$

$=\dfrac{1}{2}\times2\sqrt{5}\times\dfrac{|2a-5|}{\sqrt{5}}$

$=|2a-5|$

즉, $|2a-5|=9$이므로

$2a-5=\pm9$ $\qquad\therefore a=7$ 또는 $a=-2$

따라서 모든 a의 값의 합은

$7+(-2)=5$

03-3 답 **$\dfrac{7}{2}$**

두 직선 $y=2x$, $y=-2x+6$의 교점의 x좌표는

$2x=-2x+6$, $4x=6$ $\qquad\therefore x=\dfrac{3}{2}$

$\therefore A\left(\dfrac{3}{2}, 3\right)$

두 직선 $y=\dfrac{1}{4}x$, $y=-2x+6$의 교점의 x좌표는

$\dfrac{1}{4}x=-2x+6$, $\dfrac{9}{4}x=6$ $\qquad\therefore x=\dfrac{8}{3}$

$\therefore B\left(\dfrac{8}{3}, \dfrac{2}{3}\right)$

$\therefore \overline{AB}=\sqrt{\left(\dfrac{3}{2}-\dfrac{8}{3}\right)^2+\left(3-\dfrac{2}{3}\right)^2}=\dfrac{7\sqrt{5}}{6}$

원점과 직선 $y=-2x+6$, 즉 $2x+y-6=0$ 사이의 거리를 h라 하면

$h=\dfrac{|-6|}{\sqrt{2^2+1^2}}=\dfrac{6\sqrt{5}}{5}$

$\therefore \triangle OAB=\dfrac{1}{2}\times\overline{AB}\times h$

$=\dfrac{1}{2}\times\dfrac{7\sqrt{5}}{6}\times\dfrac{6\sqrt{5}}{5}=\dfrac{7}{2}$

04-1 답 **$2x+2y+5=0$ 또는 $4x-4y-7=0$**

점 P의 좌표를 (x, y)라 하면 점 P에서 두 직선에 이르는 거리가 같으므로

$\dfrac{|3x-y-1|}{\sqrt{3^2+(-1)^2}}=\dfrac{|x-3y-6|}{\sqrt{1^2+(-3)^2}}$

$|3x-y-1|=|x-3y-6|$

$3x-y-1=\pm(x-3y-6)$

$\therefore 2x+2y+5=0$ 또는 $4x-4y-7=0$

04-2 답 **$3x-y=0$**

두 직선 $x-2y+1=0$, $2x+y-1=0$이 이루는 각의 이등분선 위의 임의의 점을 $P(x, y)$라 하면 점 P에서 두 직선에 이르는 거리가 같으므로

$\dfrac{|x-2y+1|}{\sqrt{1^2+(-2)^2}}=\dfrac{|2x+y-1|}{\sqrt{2^2+1^2}}$

$|x-2y+1|=|2x+y-1|$

$x-2y+1=\pm(2x+y-1)$

$\therefore x+3y-2=0$ 또는 $3x-y=0$

따라서 기울기가 양수인 직선의 방정식은

$3x-y=0$

연습문제 49~50쪽

1 ③	2 ③	3 ⑤	4 ①	5 -1
6 ②	7 ①	8 ③	9 ④	10 ③
11 $y=-\frac{1}{2}x+\frac{5}{2}$	12 $3x+y-8=0$			

1 두 점 $(-1, 5)$, $(3, -7)$을 지나는 직선의 방정식은

$y-5=\frac{-7-5}{3-(-1)}\{x-(-1)\}$

$\therefore 3x+y-2=0$

따라서 점 $(5, -3)$과 직선 $3x+y-2=0$ 사이의 거리는

$\frac{|3\times5-3-2|}{\sqrt{3^2+1^2}}=\sqrt{10}$

2 $x-3y+3=0$, $2x-y+1=0$을 연립하여 풀면

$x=0$, $y=1$

즉, 직선 $ax+by-1=0$이 점 $(0, 1)$을 지나므로

$b-1=0 \qquad \therefore b=1$

이때 원점과 직선 $ax+y-1=0$ 사이의 거리가 $\frac{1}{2}$이므로

$\frac{|-1|}{\sqrt{a^2+1}}=\frac{1}{2}$

$\sqrt{a^2+1}=2$, $a^2=3$

$\therefore a=-\sqrt{3}$ 또는 $a=\sqrt{3}$

그런데 $a>0$이므로 $a=\sqrt{3}$

$\therefore ab=\sqrt{3}\times1=\sqrt{3}$

3 직선 $x+3y-5=0$, 즉 $y=-\frac{1}{3}x+\frac{5}{3}$의 기울기가 $-\frac{1}{3}$이므로 이 직선에 수직인 직선의 기울기는 3이다.

구하는 직선의 방정식을 $y=3x+a$라 하면 점 $(-2, 6)$과 직선 $y=3x+a$, 즉 $3x-y+a=0$ 사이의 거리가 $\sqrt{10}$이므로

$\frac{|3\times(-2)-6+a|}{\sqrt{3^2+(-1)^2}}=\sqrt{10}$

$|a-12|=10$, $a-12=\pm10$

$\therefore a=2$ 또는 $a=22$

$\therefore y_1+y_2=2+22=24$

4 세 점 $O(0, 0)$, $A(8, 4)$, $B(7, a)$를 꼭짓점으로 하는 삼각형 OAB의 무게중심 G의 좌표는

$\left(\frac{0+8+7}{3}, \frac{0+4+a}{3}\right) \qquad \therefore \left(5, \frac{4+a}{3}\right)$

$G(5, b)$이므로 $b=\frac{4+a}{3}$ …… ㉠

한편 직선 OA의 방정식은

$y=\frac{1}{2}x \qquad \therefore x-2y=0$

점 $G(5, b)$와 직선 $x-2y=0$ 사이의 거리가 $\sqrt{5}$이므로

$\frac{|5-2b|}{\sqrt{1^2+(-2)^2}}=\sqrt{5}$

$|5-2b|=5$, $5-2b=\pm5$

$\therefore b=0$ 또는 $b=5$

이를 ㉠에 대입하여 풀면

$a=-4$, $b=0$ 또는 $a=11$, $b=5$

그런데 $a>0$이므로 $a=11$, $b=5$

$\therefore a+b=16$

5 두 직선 $x-2y-1=0$, $2x+ay+b=0$이 서로 평행하므로

$\frac{1}{2}=\frac{-2}{a}\neq\frac{-1}{b} \qquad \therefore a=-4$

직선 $x-2y-1=0$ 위의 한 점 $(1, 0)$과 직선 $2x-4y+b=0$ 사이의 거리가 $\frac{\sqrt{5}}{2}$이므로

$\frac{|2\times1+b|}{\sqrt{2^2+(-4)^2}}=\frac{\sqrt{5}}{2}$

$|b+2|=5$, $b+2=\pm5$

$\therefore b=3 \ (\because b>0)$

$\therefore a+b=-4+3=-1$

6 $x-2y+4=0$ …… ㉠

$3x+5y+1=0$ …… ㉡

$5x+y-13=0$ …… ㉢

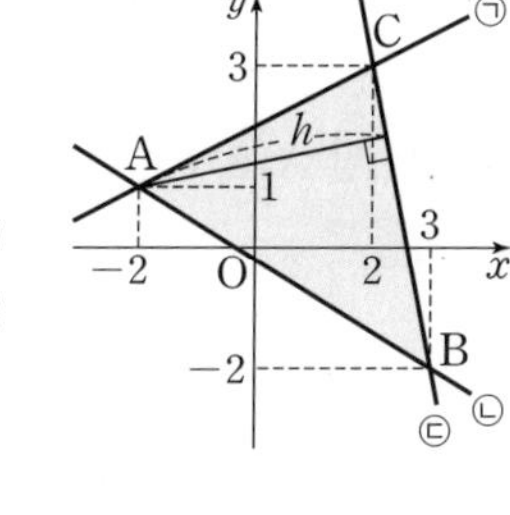

두 직선 ㉠과 ㉡, ㉡과 ㉢, ㉢과 ㉠의 교점을 각각 A, B, C라 하면

$A(-2, 1)$, $B(3, -2)$, $C(2, 3)$

$\overline{BC}=\sqrt{(2-3)^2+\{3-(-2)\}^2}=\sqrt{26}$

점 $A(-2, 1)$과 직선 ㉢ 사이의 거리를 h라 하면

$h=\frac{|5\times(-2)+1\times1-13|}{\sqrt{5^2+1^2}}=\frac{22}{\sqrt{26}}$

$\therefore \triangle ABC=\frac{1}{2}\times\overline{BC}\times h$

$=\frac{1}{2}\times\sqrt{26}\times\frac{22}{\sqrt{26}}$

$=11$

7 점 P의 좌표를 (x, y)라 하면 점 P에서 두 직선 $x-2y+3=0$, $2x+y-1=0$에 이르는 거리가 같으므로

$\frac{|x-2y+3|}{\sqrt{1^2+(-2)^2}}=\frac{|2x+y-1|}{\sqrt{2^2+1^2}}$

$|x-2y+3|=|2x+y-1|$

$x-2y+3=\pm(2x+y-1)$

$\therefore x+3y-4=0$ 또는 $3x-y+2=0$

8 주어진 두 직선이 이루는 각의 이등분선 위의 점 $(a, -1)$에서 두 직선 $3x-4y+8=0$, $4x+3y+12=0$에 이르는 거리가 같으므로

$\frac{|3a+4+8|}{\sqrt{3^2+(-4)^2}}=\frac{|4a-3+12|}{\sqrt{4^2+3^2}}$

$|3a+12|=|4a+9|$

$3a+12=\pm(4a+9)$

$\therefore a=-3$ 또는 $a=3$

따라서 모든 a의 값의 합은

$-3+3=0$

9 $x-y-3+k(x+y)=0$에서

$(k+1)x+(k-1)y-3=0$ ······ ㉠

원점과 직선 ㉠ 사이의 거리 $f(k)$는

$f(k)=\frac{|-3|}{\sqrt{(k+1)^2+(k-1)^2}}$

$=\frac{3}{\sqrt{2(k^2+1)}}$

$f(k)$는 분모가 최소일 때 최댓값을 갖고, $\sqrt{2(k^2+1)}$에서 $k^2\geq 0$이므로 $k=0$일 때 분모는 최솟값 $\sqrt{2}$를 갖는다.

따라서 $f(k)$의 최댓값은 $\frac{3}{\sqrt{2}}=\frac{3\sqrt{2}}{2}$

10 두 점 A(8, 6), O(0, 0)을 지나는 직선의 방정식은

$y=\frac{3}{4}x$

점 B의 좌표를 $(a, 0)$이라 하면 점 B와 직선 $y=\frac{3}{4}x$, 즉 $3x-4y=0$ 사이의 거리는

$\overline{BI}=\frac{|3a|}{\sqrt{3^2+(-4)^2}}=\frac{3a}{5}$

이때 H(8, 0)이고 $\overline{BH}=\overline{BI}$이므로

$8-a=\frac{3a}{5}$ $\quad\therefore a=5$

따라서 점 B(5, 0)이므로 직선 AB의 방정식은

$y=\frac{0-6}{5-8}(x-5)$ $\quad\therefore y=2x-10$

즉, $m=2$, $n=-10$이므로

$m+n=-8$

11 $\overline{AB}$는 두 직선 $y=2x+1$, $y=2x-2$ 사이의 거리이고, 두 직선 사이의 거리는 직선 $y=2x+1$ 위의 한 점 $(0, 1)$과 직선 $y=2x-2$, 즉 $2x-y-2=0$ 사이의 거리와 같으므로

$\overline{AB}=\frac{|-1-2|}{\sqrt{2^2+(-1)^2}}=\frac{3\sqrt{5}}{5}$

직선 l은 직선 $y=2x+1$과 수직이므로 기울기가 $-\frac{1}{2}$이다.

직선 l의 방정식을 $y=-\frac{1}{2}x+a$, 즉 $x+2y-2a=0$이라 하고 원점과 직선 l 사이의 거리를 h라 하면

$h=\frac{|-2a|}{\sqrt{1^2+2^2}}=\frac{2|a|}{\sqrt{5}}$

$\therefore \triangle AOB=\frac{1}{2}\times\overline{AB}\times h=\frac{1}{2}\times\frac{3\sqrt{5}}{5}\times\frac{2|a|}{\sqrt{5}}=\frac{3|a|}{5}$

즉, $\frac{3|a|}{5}=\frac{3}{2}$이므로 $|a|=\frac{5}{2}$ $\quad\therefore a=\pm\frac{5}{2}$

이때 A, B가 제1사분면 위의 점이므로 $a=\frac{5}{2}$

따라서 직선 l의 방정식은 $y=-\frac{1}{2}x+\frac{5}{2}$

12 삼각형의 내심은 삼각형의 세 내각의 이등분선의 교점이므로 점 B와 삼각형 ABC의 내심을 지나는 직선은 다음 그림과 같이 ∠B의 이등분선과 같다.

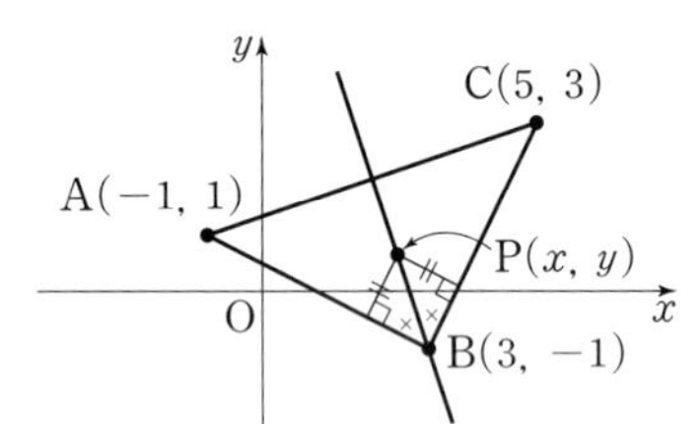

직선 AB의 방정식은

$y-1=\frac{-1-1}{3-(-1)}\{x-(-1)\}$

$\therefore x+2y-1=0$ ······ ㉠

직선 BC의 방정식은

$y-(-1)=\frac{3-(-1)}{5-3}(x-3)$

$\therefore 2x-y-7=0$ ······ ㉡

따라서 두 직선 ㉠, ㉡이 이루는 각의 이등분선 위의 임의의 점을 $P(x, y)$라 하면 점 P에서 두 직선에 이르는 거리가 같으므로

$\frac{|x+2y-1|}{\sqrt{1^2+2^2}}=\frac{|2x-y-7|}{\sqrt{2^2+(-1)^2}}$

$|x+2y-1|=|2x-y-7|$

$x+2y-1=\pm(2x-y-7)$

$\therefore x-3y-6=0$ 또는 $3x+y-8=0$

그런데 ∠B의 이등분선의 y절편은 양수이어야 하므로 구하는 직선의 방정식은 $3x+y-8=0$

Ⅰ-3 01 원의 방정식

원의 방정식(1)

개념 Check 52쪽

1 답 (1) $(0, 0)$, $2\sqrt{3}$ (2) $(1, -4)$, 4
(3) $(0, 1)$, 3 (4) $(-3, 0)$, 5

2 답 (1) $x^2+y^2=4$ (2) $(x-2)^2+(y-3)^2=25$

문제 53~54쪽

01-1 답 (1) $(x+2)^2+(y-3)^2=18$
(2) $(x+1)^2+y^2=4$

(1) 원의 반지름의 길이를 r라 하면 원의 방정식은
$(x+2)^2+(y-3)^2=r^2$
이 원이 점 $(1, 6)$을 지나므로
$(1+2)^2+(6-3)^2=r^2$ $\therefore r^2=18$
따라서 구하는 원의 방정식은
$(x+2)^2+(y-3)^2=18$

(2) 원의 중심은 선분 AB의 중점과 같으므로 원의 중심의 좌표는
$\left(\frac{-3+1}{2}, \frac{0+0}{2}\right)$ $\therefore (-1, 0)$
또 원의 반지름의 길이는 $\frac{1}{2}\overline{AB}$와 같으므로
$\frac{1}{2}\overline{AB}=\frac{1}{2}|1-(-3)|=2$
따라서 구하는 원의 방정식은
$(x+1)^2+y^2=4$

01-2 답 $(x-3)^2+(y-1)^2=25$

원의 중심의 좌표는 $(3, 1)$이므로 원의 반지름의 길이를 r라 하면 원의 방정식은
$(x-3)^2+(y-1)^2=r^2$
이 원이 점 $(0, -3)$을 지나므로
$(0-3)^2+(-3-1)^2=r^2$ $\therefore r^2=25$
따라서 구하는 원의 방정식은
$(x-3)^2+(y-1)^2=25$

01-3 답 2

원의 중심은 선분 AB의 중점과 같으므로 원의 중심의 좌표는
$\left(\frac{-1+1}{2}, \frac{-3+1}{2}\right)$ $\therefore (0, -1)$
또 원의 반지름의 길이는 $\frac{1}{2}\overline{AB}$와 같으므로
$\frac{1}{2}\overline{AB}=\frac{1}{2}\sqrt{\{1-(-1)\}^2+\{1-(-3)\}^2}=\sqrt{5}$
따라서 두 점 A, B를 지름의 양 끝 점으로 하는 원의 방정식은
$x^2+(y+1)^2=5$
이 원이 점 $(k, 0)$을 지나므로
$k^2+1=5$, $k^2=4$ $\therefore k=2$ ($\because k>0$)

02-1 답 (1) $(x+1)^2+y^2=16$ (2) $x^2+(y-2)^2=13$

(1) 원의 중심이 x축 위에 있으므로 중심의 좌표를 $(a, 0)$, 반지름의 길이를 r라 하면 원의 방정식은
$(x-a)^2+y^2=r^2$ …… ㉠
원 ㉠이 점 $(-1, 4)$를 지나므로
$(-1-a)^2+4^2=r^2$ $\therefore a^2+2a+17=r^2$ …… ㉡
원 ㉠이 점 $(3, 0)$을 지나므로
$(3-a)^2=r^2$ $\therefore a^2-6a+9=r^2$ …… ㉢
㉡, ㉢을 연립하여 풀면 $a=-1$, $r^2=16$
따라서 구하는 원의 방정식은
$(x+1)^2+y^2=16$

(2) 원의 중심이 y축 위에 있으므로 중심의 좌표를 $(0, a)$, 반지름의 길이를 r라 하면 원의 방정식은
$x^2+(y-a)^2=r^2$ …… ㉠
원 ㉠이 점 $(2, -1)$을 지나므로
$2^2+(-1-a)^2=r^2$ $\therefore a^2+2a+5=r^2$ …… ㉡
원 ㉠이 점 $(3, 4)$를 지나므로
$3^2+(4-a)^2=r^2$ $\therefore a^2-8a+25=r^2$ …… ㉢
㉡, ㉢을 연립하여 풀면 $a=2$, $r^2=13$
따라서 구하는 원의 방정식은
$x^2+(y-2)^2=13$

다른 풀이

(1) 원의 중심의 좌표를 $(a, 0)$이라 하면 이 점과 두 점 $(-1, 4)$, $(3, 0)$ 사이의 거리가 서로 같으므로
$\sqrt{(-1-a)^2+4^2}=\sqrt{(3-a)^2}$
양변을 제곱하면
$a^2+2a+17=a^2-6a+9$, $8a=-8$ $\therefore a=-1$
즉, 원의 중심의 좌표는 $(-1, 0)$
원의 반지름의 길이는 두 점 $(-1, 0)$, $(-1, 4)$ 사이의 거리와 같으므로
$\sqrt{\{-1-(-1)\}^2+4^2}=4$
따라서 구하는 원의 방정식은 $(x+1)^2+y^2=16$

(2) 원의 중심의 좌표를 $(0, a)$라 하면 이 점과 두 점 $(2, -1)$, $(3, 4)$ 사이의 거리가 서로 같으므로
$\sqrt{2^2+(-1-a)^2}=\sqrt{3^2+(4-a)^2}$

양변을 제곱하면
$a^2+2a+5=a^2-8a+25$, $10a=20$ $\therefore a=2$
즉, 원의 중심의 좌표는 $(0, 2)$
원의 반지름의 길이는 두 점 $(0, 2)$, $(2, -1)$ 사이의 거리와 같으므로
$\sqrt{2^2+(-1-2)^2}=\sqrt{13}$
따라서 구하는 원의 방정식은 $x^2+(y-2)^2=13$

02-2 답 $(x+1)^2+(y-1)^2=4$

원의 중심이 직선 $y=x+2$ 위에 있으므로 중심의 좌표를 $(a, a+2)$, 반지름의 길이를 r라 하면 원의 방정식은
$(x-a)^2+(y-a-2)^2=r^2$ ······ ㉠
원 ㉠이 점 $(-1, 3)$을 지나므로
$(-1-a)^2+(1-a)^2=r^2$ $\therefore 2a^2+2=r^2$ ······ ㉡
원 ㉠이 점 $(-3, 1)$을 지나므로
$(-3-a)^2+(-1-a)^2=r^2$
$\therefore 2a^2+8a+10=r^2$ ······ ㉢
㉡, ㉢을 연립하여 풀면 $a=-1$, $r^2=4$
따라서 구하는 원의 방정식은
$(x+1)^2+(y-1)^2=4$

다른 풀이

원의 중심의 좌표를 $(a, a+2)$라 하면 이 점과 두 점 $(-1, 3)$, $(-3, 1)$ 사이의 거리가 서로 같으므로
$\sqrt{\{a-(-1)\}^2+\{(a+2)-3\}^2}$
$=\sqrt{\{a-(-3)\}^2+\{(a+2)-1\}^2}$
양변을 제곱하면
$2a^2+2=2a^2+8a+10$, $8a=-8$ $\therefore a=-1$
즉, 원의 중심의 좌표는 $(-1, 1)$
원의 반지름의 길이는 두 점 $(-1, 1)$, $(-1, 3)$ 사이의 거리와 같으므로
$\sqrt{\{-1-(-1)\}^2+(3-1)^2}=2$
따라서 구하는 원의 방정식은
$(x+1)^2+(y-1)^2=4$

2 좌표축에 접하는 원의 방정식

개념 Check 55쪽

1 답 (1) $(x-4)^2+(y-3)^2=9$
(2) $(x-2)^2+(y+5)^2=4$
(3) $(x+3)^2+(y+3)^2=9$

2 답 (1) $(x-1)^2+(y-2)^2=4$
(2) $(x+5)^2+(y-3)^2=25$
(3) $(x+4)^2+(y+4)^2=16$

문제 56~57쪽

03-1 답 $(x-3)^2+(y-2)^2=9$

선분 AB를 2 : 1로 내분하는 점의 좌표는
$\left(\frac{2\times4+1\times1}{2+1}, \frac{2\times5+1\times(-4)}{2+1}\right)$ $\therefore (3, 2)$
즉, 원의 중심의 좌표는 $(3, 2)$이고 이 원이 y축에 접하므로 반지름의 길이는 3이다.
따라서 구하는 원의 방정식은
$(x-3)^2+(y-2)^2=9$

03-2 답 (1) $(x-1)^2+(y+3)^2=9$
(2) $(x-2)^2+(y+1)^2=4$
또는 $(x-10)^2+(y-7)^2=100$

(1) 원의 중심의 좌표를 (a, b)라 하면 반지름의 길이는 $|b|$이므로 원의 방정식은
$(x-a)^2+(y-b)^2=b^2$ ······ ㉠
원 ㉠이 점 $(-2, -3)$을 지나므로
$(-2-a)^2+(-3-b)^2=b^2$
$\therefore a^2+4a+6b+13=0$ ······ ㉡
원 ㉠이 점 $(4, -3)$을 지나므로
$(4-a)^2+(-3-b)^2=b^2$
$\therefore a^2-8a+6b+25=0$ ······ ㉢
㉡, ㉢을 연립하여 풀면 $a=1$, $b=-3$
따라서 구하는 원의 방정식은
$(x-1)^2+(y+3)^2=9$

(2) 원의 중심의 좌표를 (a, b)라 하면 반지름의 길이는 $|a|$이므로 원의 방정식은
$(x-a)^2+(y-b)^2=a^2$ ······ ㉠
원 ㉠이 점 $(2, 1)$을 지나므로
$(2-a)^2+(1-b)^2=a^2$
$b^2-2b-4a+5=0$
$\therefore a=\frac{1}{4}(b^2-2b+5)$ ······ ㉡
원 ㉠이 점 $(4, -1)$을 지나므로
$(4-a)^2+(-1-b)^2=a^2$
$\therefore b^2+2b-8a+17=0$ ······ ㉢
㉡을 ㉢에 대입하면
$b^2+2b-8\times\frac{1}{4}(b^2-2b+5)+17=0$
$b^2-6b-7=0$, $(b+1)(b-7)=0$
$\therefore b=-1$ 또는 $b=7$
이를 ㉡에 대입하면
$b=-1$일 때 $a=2$, $b=7$일 때 $a=10$
따라서 구하는 원의 방정식은
$(x-2)^2+(y+1)^2=4$ 또는 $(x-10)^2+(y-7)^2=100$

03-3 답 $(x-4)^2+(y-2)^2=4$
또는 $(x-12)^2+(y-10)^2=100$

원의 중심이 직선 $y=x-2$ 위에 있으므로 중심의 좌표를 $(a, a-2)$라 하면 반지름의 길이는 $|a-2|$
따라서 원의 방정식은
$(x-a)^2+(y-a+2)^2=(a-2)^2$
이 원이 점 $(4, 4)$를 지나므로
$(4-a)^2+(6-a)^2=(a-2)^2$, $a^2-16a+48=0$
$(a-4)(a-12)=0$ $\therefore a=4$ 또는 $a=12$
따라서 구하는 원의 방정식은
$(x-4)^2+(y-2)^2=4$ 또는 $(x-12)^2+(y-10)^2=100$

04-1 답 8

점 $(2, -2)$를 지나고 x축과 y축에 동시에 접하는 두 원의 중심이 제4사분면 위에 있으므로 반지름의 길이를 r라 하면 중심의 좌표는 $(r, -r)$
따라서 원의 방정식은 $(x-r)^2+(y+r)^2=r^2$
이 원이 점 $(2, -2)$를 지나므로
$(2-r)^2+(-2+r)^2=r^2$
$r^2-8r+8=0$ $\therefore r=4\pm2\sqrt{2}$
따라서 두 원의 중심의 좌표는 각각
$(4+2\sqrt{2}, -4-2\sqrt{2})$, $(4-2\sqrt{2}, -4+2\sqrt{2})$
이므로 중심 사이의 거리는
$\sqrt{\{4-2\sqrt{2}-(4+2\sqrt{2})\}^2+\{-4+2\sqrt{2}-(-4-2\sqrt{2})\}^2}$
$=\sqrt{(-4\sqrt{2})^2+(4\sqrt{2})^2}$
$=8$

04-2 답 $(x+2)^2+(y-2)^2=4$

원의 중심이 제2사분면 위에 있으므로 원의 반지름의 길이를 r라 하면 중심의 좌표는 $(-r, r)$
따라서 원의 방정식은 $(x+r)^2+(y-r)^2=r^2$
이때 원의 중심 $(-r, r)$가 직선 $2x-y+6=0$ 위에 있으므로
$-2r-r+6=0$, $3r=6$ $\therefore r=2$
따라서 구하는 원의 방정식은
$(x+2)^2+(y-2)^2=4$

다른 풀이

원의 중심이 직선 $2x-y+6=0$ 위에 있으므로 중심의 좌표를 $(a, 2a+6)$이라 하면 이 원이 제2사분면에서 x축과 y축에 동시에 접하므로
$|a|=2a+6$, $-a=2a+6$ ($\because a<0$) $\therefore a=-2$
따라서 중심의 좌표는 $(-2, 2)$이고 반지름의 길이는 2이므로 구하는 원의 방정식은
$(x+2)^2+(y-2)^2=4$

3 원의 방정식(2)

개념 Check 59쪽

1 답 (1) $(-2, 3)$, 2 (2) $(1, -2)$, 3
(1) $(x+2)^2+(y-3)^2=4$ (2) $(x-1)^2+(y+2)^2=9$

2 답 $3x+4y-7=0$
$x^2+y^2-5-(x^2+y^2-6x-8y+9)=0$
$\therefore 3x+4y-7=0$

문제 60~63쪽

05-1 답 8

$x^2+y^2+6x-4y+a=0$을 변형하면
$(x+3)^2+(y-2)^2=13-a$
이 원의 중심의 좌표는 $(-3, 2)$이므로
$b=-3$, $c=2$
원의 반지름의 길이는 $\sqrt{13-a}$이므로
$\sqrt{13-a}=2$, $13-a=4$ $\therefore a=9$
$\therefore a+b+c=9+(-3)+2=8$

05-2 답 2

$x^2+y^2-2kx+2y+3k^2-5k-2=0$을 변형하면
$(x-k)^2+(y+1)^2=-2k^2+5k+3$
이 방정식이 원을 나타내려면
$-2k^2+5k+3>0$, $2k^2-5k-3<0$
$(2k+1)(k-3)<0$ $\therefore -\frac{1}{2}<k<3$
따라서 자연수 k는 1, 2의 2개이다.

05-3 답 2

$x^2+y^2+2ax-6ay+10a-25=0$을 변형하면
$(x+a)^2+(y-3a)^2=10a^2-10a+25$
이 방정식이 넓이가 45π인 원을 나타내려면
$10a^2-10a+25=45$, $a^2-a-2=0$
$(a+1)(a-2)=0$ $\therefore a=2$ ($\because a>0$)

06-1 답 14

주어진 세 점을 지나는 원의 방정식을
$x^2+y^2+Ax+By+C=0$으로 놓으면 이 원이 점 $(0, 0)$을 지나므로 $C=0$
$\therefore x^2+y^2+Ax+By=0$ …… ㉠
원 ㉠이 점 $(2, 6)$을 지나므로
$40+2A+6B=0$ $\therefore A+3B=-20$ …… ㉡
원 ㉠이 점 $(4, 2)$를 지나므로
$20+4A+2B=0$ $\therefore 2A+B=-10$ …… ㉢

㉡, ㉢을 연립하여 풀면 $A=-2$, $B=-6$
따라서 원의 방정식은
$x^2+y^2-2x-6y=0$
즉, $(x-1)^2+(y-3)^2=10$이므로
$a=1$, $b=3$, $r^2=10$
$\therefore a+b+r^2=14$

다른 풀이

원의 중심에서 세 점까지의 거리가 모두 r이므로
$a^2+b^2=r^2$ …… ㉠
$(a-2)^2+(b-6)^2=r^2$ …… ㉡
$(a-4)^2+(b-2)^2=r^2$ …… ㉢
㉠, ㉡에서 $a^2+b^2=a^2+b^2-4a-12b+40$
$\therefore a+3b=10$ …… ㉣
㉠, ㉢에서 $a^2+b^2=a^2+b^2-8a-4b+20$
$\therefore 2a+b=5$ …… ㉤
㉣, ㉤을 연립하여 풀면 $a=1$, $b=3$
이를 ㉠에 대입하면 $r^2=1^2+3^2=10$
$\therefore a+b+r^2=14$

06-2 답 25π

원의 중심을 $P(a, b)$라 하면 $\overline{AP}=\overline{BP}=\overline{CP}$
$\overline{AP}=\overline{BP}$에서 $\overline{AP}^2=\overline{BP}^2$이므로
$a^2+(b+4)^2=(a+1)^2+(b-3)^2$
$\therefore a-7b=3$ …… ㉠
$\overline{AP}=\overline{CP}$에서 $\overline{AP}^2=\overline{CP}^2$이므로
$a^2+(b+4)^2=(a+2)^2+b^2$
$\therefore a-2b=3$ …… ㉡
㉠, ㉡을 연립하여 풀면 $a=3$, $b=0$
즉, 원의 중심은 $P(3, 0)$이므로 반지름의 길이는
$\overline{AP}=\sqrt{3^2+\{-(-4)\}^2}=5$
따라서 구하는 원의 넓이는
$\pi\times5^2=25\pi$

07-1 답 2

두 원의 교점을 지나는 직선의 방정식은
$x^2+y^2-2x-2y-2-(x^2+y^2+2x+2y-6)=0$
$\therefore x+y-1=0$
이 직선이 점 $(-1, a)$를 지나므로
$-1+a-1=0$ $\therefore a=2$

07-2 답 $x^2+y^2-8x-6y=0$

두 원의 교점을 지나는 원의 방정식은
$x^2+y^2+2x-4y-6+k(x^2+y^2-18x-8y+6)=0$
(단, $k\neq-1$) …… ㉠
이 원이 점 $(0, 0)$을 지나므로
$-6+6k=0$ $\therefore k=1$
이를 ㉠에 대입하면
$x^2+y^2+2x-4y-6+(x^2+y^2-18x-8y+6)=0$
$\therefore x^2+y^2-8x-6y=0$

08-1 답 $x^2+y^2-10x+21=0$

$2\overline{BP}=\overline{AP}$이므로 $4\overline{BP}^2=\overline{AP}^2$
따라서 점 P의 좌표를 (x, y)라 하면 점 P가 나타내는 도형의 방정식은
$4\{(x-4)^2+y^2\}=(x-1)^2+y^2$
$\therefore x^2+y^2-10x+21=0$

08-2 답 15

$\overline{AP}:\overline{BP}=3:2$이므로
$3\overline{BP}=2\overline{AP}$ $\therefore 9\overline{BP}^2=4\overline{AP}^2$
점 P의 좌표를 (x, y)라 하면 점 P가 나타내는 도형의 방정식은
$9\{(x-3)^2+y^2\}=4\{(x+2)^2+y^2\}$
$x^2+y^2-14x+13=0$ $\therefore (x-7)^2+y^2=36$
따라서 점 P는 중심의 좌표가 $(7, 0)$이고 반지름의 길이가 6인 원 위를 움직이므로 다음 그림과 같이 삼각형 PAB의 넓이는 $\overline{AB}$가 밑변이고 높이가 원의 반지름의 길이와 같을 때 최대이다.

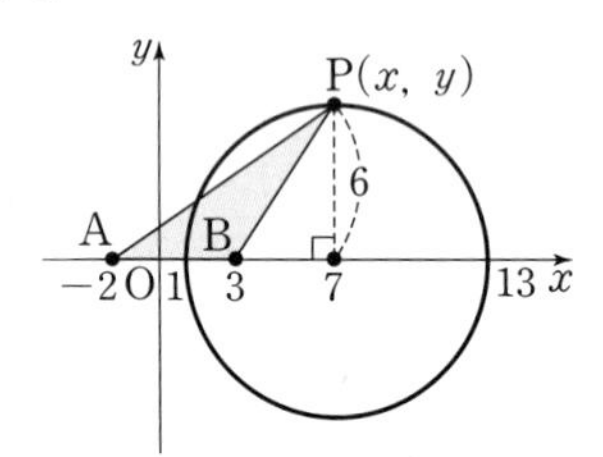

따라서 삼각형 PAB의 넓이의 최댓값은
$\frac{1}{2}\times5\times6=15$

연습문제 64~66쪽

1 ③	2 4	3 ⑤	4 ⑤	5 ⑤
6 25	7 ①	8 $-2\le k<2$ 또는 $2<k\le6$		
9 $4\sqrt{2}\pi$	10 -6	11 ④	12 5	13 ②
14 ③	15 -1	16 ③	17 ⑤	
18 $(x-7)^2+(y-6)^2=85$			19 ①	20 ②
21 ②				

1 $x^2+y^2-6x=0$을 변형하면
$(x-3)^2+y^2=9$
원의 중심의 좌표는 $(3, 0)$이므로 원의 반지름의 길이를 r라 하면 원의 방정식은
$(x-3)^2+y^2=r^2$
이 원이 점 $(1, 2)$를 지나므로
$(1-3)^2+2^2=r^2 \quad \therefore r^2=8$
따라서 구하는 원의 방정식은
$(x-3)^2+y^2=8$

2 원의 중심의 좌표는
$\left(\frac{-2+4}{2}, \frac{5+1}{2}\right) \quad \therefore (1, 3)$
원의 반지름의 길이는
$\frac{1}{2}\sqrt{\{4-(-2)\}^2+(1-5)^2}=\sqrt{13}$
따라서 원의 방정식은
$(x-1)^2+(y-3)^2=13$
이 원이 x축과 만나는 두 점의 x좌표는
$(x-1)^2+(0-3)^2=13$
$x^2-2x-3=0, (x+1)(x-3)=0$
$\therefore x=-1$ 또는 $x=3$
$\therefore \mathrm{A}(-1, 0), \mathrm{B}(3, 0)$
따라서 선분 AB의 길이는
$\overline{\mathrm{AB}}=|3-(-1)|=4$

3 원의 중심이 x축 위에 있으므로 중심의 좌표를 $(a, 0)$, 반지름의 길이를 r라 하면 원의 방정식은
$(x-a)^2+y^2=r^2$ …… ㉠
원 ㉠이 점 $(0, 1)$을 지나므로
$(-a)^2+1^2=r^2 \quad \therefore a^2+1=r^2$ …… ㉡
원 ㉠이 점 $(2, -1)$을 지나므로
$(2-a)^2+(-1)^2=r^2 \quad \therefore a^2-4a+5=r^2$ …… ㉢
㉡, ㉢을 연립하여 풀면 $a=1, r^2=2$
따라서 원의 방정식은
$(x-1)^2+y^2=2$
ㄴ. $(2-1)^2+1^2=2$이므로 점 $(2, 1)$을 지난다.
ㄷ. 원의 반지름의 길이가 $\sqrt{2}$이므로 넓이는
$\pi\times(\sqrt{2})^2=2\pi$
따라서 보기에서 옳은 것은 ㄱ, ㄴ, ㄷ이다.

4 원의 중심이 직선 $y=x+3$ 위에 있으므로 중심의 좌표를 $(a, a+3)$이라 하면 반지름의 길이는 $|a+3|$
따라서 원의 방정식은
$(x-a)^2+(y-a-3)^2=(a+3)^2$
이 원이 점 $(1, 2)$를 지나므로
$(1-a)^2+(-a-1)^2=(a+3)^2$
$a^2-6a-7=0, (a+1)(a-7)=0$
$\therefore a=-1$ 또는 $a=7$
따라서 두 원의 중심의 좌표가 각각 $(-1, 2)$, $(7, 10)$이므로 중심 사이의 거리는
$\sqrt{\{7-(-1)\}^2+(10-2)^2}=8\sqrt{2}$

5 주어진 조건을 만족시키는 두 원의 중심은 제3사분면 위에 있으므로 원의 반지름의 길이를 r라 하면 중심의 좌표는
$(-r, -r)$
따라서 원의 방정식은
$(x+r)^2+(y+r)^2=r^2$
이 원이 점 $(-3, -3)$을 지나므로
$(-3+r)^2+(-3+r)^2=r^2$
$\therefore r^2-12r+18=0$
이때 두 원의 반지름의 길이를 각각 r_1, r_2라 하면 이차방정식의 근과 계수의 관계에 의하여
$r_1+r_2=12$
따라서 두 원의 둘레의 길이의 합은
$2\pi r_1+2\pi r_2=2\pi(r_1+r_2)=2\pi\times12=24\pi$

6 $x^2+y^2-8x+6y=0$을 변형하면
$(x-4)^2+(y+3)^2=25$
이 원의 반지름의 길이가 5이므로 원의 넓이는
$\pi\times5^2=25\pi$
$\therefore k=25$

7 $x^2+y^2+6x-4y+4=0$을 변형하면
$(x+3)^2+(y-2)^2=9$
원의 넓이를 이등분하려면 직선 $2x-ay+4=0$이 원의 중심 $(-3, 2)$를 지나야 하므로
$-6-2a+4=0, -2-2a=0$
$\therefore a=-1$

8 $x^2+y^2+kx-2y+k=0$을 변형하면
$\left(x+\frac{k}{2}\right)^2+(y-1)^2=\frac{k^2}{4}-k+1$
이 방정식이 반지름의 길이가 2 이하인 원을 나타내려면
$0<\sqrt{\frac{k^2}{4}-k+1}\le2$
$\therefore 0<\frac{k^2}{4}-k+1\le4$
(i) $\frac{k^2}{4}-k+1>0$에서
$k^2-4k+4>0, (k-2)^2>0$
$\therefore k\ne2$인 모든 실수 …… ㉠

(ii) $\frac{k^2}{4}-k+1\le4$에서

$k^2-4k+4\le16$, $k^2-4k-12\le0$

$(k+2)(k-6)\le0$

$\therefore -2\le k\le6$ ...... ㉡

따라서 ㉠, ㉡의 공통부분을 구하면

$-2\le k<2$ 또는 $2<k\le6$

9 $x^2+y^2+4mx-2my+7m^2-8=0$을 변형하면

$(x+2m)^2+(y-m)^2=-2m^2+8$

이 방정식이 나타내는 도형이 원이므로

$-2m^2+8>0$, $m^2<4$ $\quad\therefore -2<m<2$

이때 이 원의 반지름의 길이는 $\sqrt{-2m^2+8}$이므로 원의 넓이를 S라 하면

$S=\pi(-2m^2+8)$

따라서 $m=0$일 때 S의 값이 최대이고, 이때 반지름의 길이는 $2\sqrt{2}$이므로 원의 둘레의 길이는

$2\pi\times2\sqrt{2}=4\sqrt{2}\pi$

10 $x^2+y^2+8x+kx+9=0$을 변형하면

$(x+4)^2+\left(y+\frac{k}{2}\right)^2=\frac{k^2}{4}+7$

이 원의 반지름의 길이는 $|-4|=4$이므로

$\sqrt{\frac{k^2}{4}+7}=4$, $\frac{k^2}{4}+7=16$

$k^2=36$ $\quad\therefore k=\pm6$

그런데 원의 중심이 제2사분면 위에 있으므로

$-\frac{k}{2}>0$ $\quad\therefore k<0$

따라서 주어진 조건을 만족시키는 상수 k의 값은 -6이다.

11 $x^2+y^2-2ax+4y+b+1=0$을 변형하면

$(x-a)^2+(y+2)^2=a^2-b+3$

따라서 중심의 좌표는 $(a, -2)$이고 반지름의 길이는 $\sqrt{a^2-b+3}$이다.

이 원이 x축과 y축에 동시에 접하므로

$|a|=|-2|=\sqrt{a^2-b+3}$

$|a|=2$에서 $a=2$ ($\because a>0$)

$\sqrt{2^2-b+3}=2$의 양변을 제곱하면

$4-b+3=4$ $\quad\therefore b=3$

$\therefore a+b=2+3=5$

12 원의 중심을 $P(a, b)$라 하면

$\overline{AP}=\overline{BP}=\overline{CP}$

$\overline{AP}=\overline{BP}$에서 $\overline{AP}^2=\overline{BP}^2$이므로

$(a+2)^2+(b-3)^2=(a+1)^2+b^2$

$\therefore a-3b=-6$ ...... ㉠

$\overline{BP}=\overline{CP}$에서 $\overline{BP}^2=\overline{CP}^2$이므로

$(a+1)^2+b^2=a^2+(b+1)^2$

$\therefore a=b$ ...... ㉡

㉠, ㉡을 연립하여 풀면 $a=3$, $b=3$

따라서 원의 중심은 $P(3, 3)$이므로 반지름의 길이는

$\overline{AP}=|3-(-2)|=5$

13 주어진 세 점을 지나는 원의 방정식을

$x^2+y^2+Ax+By+C=0$으로 놓으면 이 원이 점 $(0, 0)$을 지나므로 $C=0$

$\therefore x^2+y^2+Ax+By=0$ ...... ㉠

원 ㉠이 점 $(-6, -2)$를 지나므로

$40-6A-2B=0$

$\therefore 3A+B=20$ ...... ㉡

원 ㉠이 점 $(-2, 6)$을 지나므로

$40-2A+6B=0$

$\therefore A-3B=20$ ...... ㉢

㉡, ㉢을 연립하여 풀면 $A=8$, $B=-4$

즉, 원의 방정식은

$x^2+y^2+8x-4y=0$

이 원이 점 $(-8, k)$를 지나므로

$64+k^2-64-4k=0$

$k^2-4k=0$, $k(k-4)=0$

$\therefore k=4$ ($\because k>0$)

14 두 원의 교점을 지나는 직선의 방정식은

$x^2+y^2+ax+2y-1-(x^2+y^2-2x+ay-13)=0$

$\therefore (a+2)x+(2-a)y+12=0$

이 직선이 점 $(0, 4)$를 지나므로

$4(2-a)+12=0$ $\quad\therefore a=5$

15 두 원의 교점을 지나는 원의 방정식은

$x^2+y^2-4x-2+k(x^2+y^2-ay-1)=0$ (단, $k\ne-1$) ...... ㉠

이 원이 점 $(0, 0)$을 지나므로

$-2-k=0$ $\quad\therefore k=-2$

이를 ㉠에 대입하면

$x^2+y^2-4x-2-2(x^2+y^2-ay-1)=0$

$x^2+y^2+4x-2ay=0$

$\therefore (x+2)^2+(y-a)^2=a^2+4$

이 원의 넓이가 5π이므로

$a^2+4=5$, $a^2=1$ $\quad\therefore a=\pm1$

따라서 모든 상수 a의 값의 곱은

$-1\times1=-1$

16 $\overline{\mathrm{AP}}:\overline{\mathrm{BP}}=2:1$이므로

$2\overline{\mathrm{BP}}=\overline{\mathrm{AP}}\qquad \therefore 4\overline{\mathrm{BP}}^2=\overline{\mathrm{AP}}^2$

점 P의 좌표를 (x, y)라 하면 점 P가 나타내는 도형의 방정식은

$4\{(x-6)^2+(y+4)^2\}=x^2+(y-2)^2$

$x^2+y^2-16x+12y+68=0$

$\therefore (x-8)^2+(y+6)^2=32$

따라서 점 P가 나타내는 도형은 반지름의 길이가 $4\sqrt{2}$인 원이므로 구하는 길이는

$2\pi\times4\sqrt{2}=8\sqrt{2}\pi$

17 x축과 y축에 동시에 접하는 원의 중심은 직선 $y=x$ 또는 직선 $y=-x$ 위에 있다.

따라서 주어진 원의 중심은 곡선 $y=x^2-12$와 직선 $y=x$ 또는 직선 $y=-x$의 교점이다.

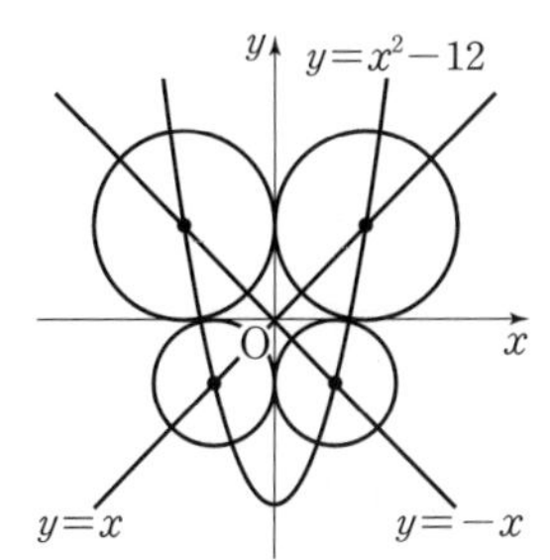

(i) $x^2-12=x$에서

$x^2-x-12=0$, $(x+3)(x-4)=0$

$\therefore x=-3$ 또는 $x=4$

(ii) $x^2-12=-x$에서

$x^2+x-12=0$, $(x+4)(x-3)=0$

$\therefore x=-4$ 또는 $x=3$

(i), (ii)에서 네 원의 반지름의 길이는 각각 3, 3, 4, 4이므로 네 원의 넓이의 합은

$\pi\times3^2+\pi\times3^2+\pi\times4^2+\pi\times4^2=50\pi$

18 $2x+y=0\qquad\cdots\cdots$ ㉠

$3x+5y=0\qquad\cdots\cdots$ ㉡

$x+y-2=0\qquad\cdots\cdots$ ㉢

두 직선 ㉠, ㉡의 교점을 A, 두 직선 ㉡, ㉢의 교점을 B, 두 직선 ㉢, ㉠의 교점을 C라 하면

A$(0, 0)$, B$(5, -3)$, C$(-2, 4)$

이때 외접원의 중심을 P(a, b)라 하면

$\overline{\mathrm{AP}}=\overline{\mathrm{BP}}=\overline{\mathrm{CP}}$

$\overline{\mathrm{AP}}=\overline{\mathrm{BP}}$에서 $\overline{\mathrm{AP}}^2=\overline{\mathrm{BP}}^2$이므로

$a^2+b^2=(a-5)^2+(b+3)^2$

$\therefore 5a-3b=17\qquad\cdots\cdots$ ㉣

$\overline{\mathrm{AP}}=\overline{\mathrm{CP}}$에서 $\overline{\mathrm{AP}}^2=\overline{\mathrm{CP}}^2$이므로

$a^2+b^2=(a+2)^2+(b-4)^2$

$\therefore a-2b=-5\qquad\cdots\cdots$ ㉤

㉣, ㉤을 연립하여 풀면 $a=7$, $b=6$

즉, 외접원의 중심은 P$(7, 6)$이므로 반지름의 길이는

$\overline{\mathrm{AP}}=\sqrt{7^2+6^2}=\sqrt{85}$

따라서 구하는 외접원의 방정식은

$(x-7)^2+(y-6)^2=85$

19 원 $x^2+y^2+2ax+2y-6=0$이 원 $x^2+y^2+2x-2ay-2=0$의 둘레의 길이를 이등분하므로 두 원의 공통인 현은 원 $x^2+y^2+2x-2ay-2=0$의 중심을 지난다.

주어진 두 원의 교점을 지나는 직선의 방정식은

$x^2+y^2+2ax+2y-6-(x^2+y^2+2x-2ay-2)=0$

$\therefore (a-1)x+(a+1)y-2=0\qquad\cdots\cdots$ ㉠

$x^2+y^2+2x-2ay-2=0$을 변형하면

$(x+1)^2+(y-a)^2=3+a^2$

따라서 직선 ㉠은 점 $(-1, a)$를 지나므로

$-(a-1)+a(a+1)-2=0$

$a^2=1\qquad\therefore a=1\ (\because a>0)$

20 두 원의 교점을 지나는 원의 방정식은

$x^2+y^2-2y+k(x^2+y^2+2x+2y-16)=0$

(단, $k\neq-1$)

$\therefore (k+1)x^2+(k+1)y^2+2kx+(2k-2)y-16k=0$

이때 $k\neq-1$이므로

$x^2+y^2+\dfrac{2k}{k+1}x+\dfrac{2k-2}{k+1}y-\dfrac{16k}{k+1}=0\qquad\cdots\cdots$ ㉠

이 원의 중심이 x축 위에 있으므로 원의 중심의 y좌표는 0이다.

즉, ㉠의 y의 계수가 0이어야 하므로

$\dfrac{2k-2}{k+1}=0\qquad\therefore k=1$

이를 ㉠에 대입하면 $x^2+y^2+x-8=0$

$\therefore \left(x+\dfrac{1}{2}\right)^2+y^2=\dfrac{33}{4}$

따라서 원의 반지름의 길이는 $\dfrac{\sqrt{33}}{2}$이므로 구하는 원의 넓이는

$\pi\times\left(\dfrac{\sqrt{33}}{2}\right)^2=\dfrac{33}{4}\pi$

21 $x^2+y^2+4x+6y+4=0$을 변형하면

$(x+2)^2+(y+3)^2=9$

점 B의 좌표를 (a, b)라 하면 점 B는 이 원 위에 있으므로

$(a+2)^2+(b+3)^2=9\qquad\cdots\cdots$ ㉠

점 M의 좌표를 (x, y)라 하면 점 M은 선분 AB의 중점이므로

$x=\frac{4+a}{2}$, $y=\frac{1+b}{2}$

$\therefore a=2x-4, b=2y-1$

이를 ㉠에 대입하면

$(2x-4+2)^2+(2y-1+3)^2=9$

$\therefore (x-1)^2+(y+1)^2=\frac{9}{4}$

따라서 점 M이 나타내는 도형은 반지름의 길이가 $\frac{3}{2}$인 원이므로 구하는 넓이는

$\pi\times\left(\frac{3}{2}\right)^2=\frac{9}{4}\pi$

Ⅰ-3 02 원과 직선의 위치 관계

1 원과 직선의 위치 관계

개념 Check 67쪽

1 답 (1) **서로 다른 두 점에서 만난다.**
(2) **한 점에서 만난다(접한다).**
(3) **만나지 않는다.**

문제 68~71쪽

01-1 답 (1) $-5<k<5$
(2) $k=\pm5$
(3) $k<-5$ **또는** $k>5$

$y=2x+k$를 $x^2+y^2=5$에 대입하면

$x^2+(2x+k)^2=5$

$\therefore 5x^2+4kx+k^2-5=0$

이 이차방정식의 판별식을 D라 하면

$\frac{D}{4}=(2k)^2-5(k^2-5)$

$=-(k+5)(k-5)$

(1) 서로 다른 두 점에서 만나려면 $D>0$이어야 하므로

$-(k+5)(k-5)>0$

$(k+5)(k-5)<0$

$\therefore -5<k<5$

(2) 한 점에서 만나려면 $D=0$이어야 하므로

$-(k+5)(k-5)=0$

$\therefore k=\pm5$

(3) 만나지 않으려면 $D<0$이어야 하므로

$-(k+5)(k-5)<0$

$(k+5)(k-5)>0$

$\therefore k<-5$ 또는 $k>5$

다른 풀이

원의 중심 (0, 0)과 직선 $y=2x+k$, 즉 $2x-y+k=0$ 사이의 거리를 d라 하면

$d=\frac{|k|}{\sqrt{2^2+(-1)^2}}=\frac{|k|}{\sqrt{5}}$

또 원의 반지름의 길이를 r라 하면

$r=\sqrt{5}$

(1) 서로 다른 두 점에서 만나려면 $d<r$이어야 하므로

$\frac{|k|}{\sqrt{5}}<\sqrt{5}$, $|k|<5$

$\therefore -5<k<5$

(2) 한 점에서 만나려면 $d=r$이어야 하므로

$\frac{|k|}{\sqrt{5}}=\sqrt{5}$, $|k|=5$

$\therefore k=\pm5$

(3) 만나지 않으려면 $d>r$이어야 하므로

$\frac{|k|}{\sqrt{5}}>\sqrt{5}$, $|k|>5$

$\therefore k<-5$ 또는 $k>5$

01-2 답 $-\frac{12}{5}$

원의 중심 $(-3, 2)$와 직선 $y=kx$, 즉 $kx-y=0$ 사이의 거리는

$\frac{|-3k-2|}{\sqrt{k^2+(-1)^2}}$

원의 반지름의 길이가 2이므로 직선과 원이 접하려면

$\frac{|-3k-2|}{\sqrt{k^2+(-1)^2}}=2$

$|-3k-2|=2\sqrt{k^2+1}$

양변을 제곱하면

$9k^2+12k+4=4k^2+4$

$5k^2+12k=0$, $k(5k+12)=0$

$\therefore k=-\frac{12}{5}$ ($\because k\neq0$)

다른 풀이

$y=kx$를 $(x+3)^2+(y-2)^2=4$에 대입하면

$(x+3)^2+(kx-2)^2=4$

$\therefore (k^2+1)x^2+2(3-2k)x+9=0$

이 이차방정식의 판별식을 D라 하면

$\frac{D}{4}=(3-2k)^2-(k^2+1)\times 9$

$=-5k^2-12k$

직선과 원이 접하려면 $D=0$이어야 하므로

$-5k^2-12k=0$, $k(5k+12)=0$

$\therefore k=-\frac{12}{5}$ ($\because k\neq 0$)

02-1 답 $\sqrt{2}$

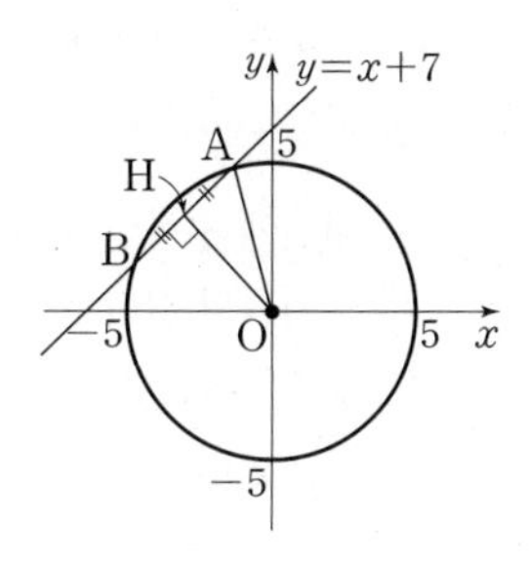

오른쪽 그림과 같이 원의 중심 O에서 직선 $y=x+7$에 내린 수선의 발을 H라 하자.

선분 OH의 길이는 점 O(0, 0)과 직선 $y=x+7$, 즉 $x-y+7=0$ 사이의 거리와 같으므로

$\overline{OH}=\frac{|7|}{\sqrt{1^2+(-1)^2}}=\frac{7\sqrt{2}}{2}$

삼각형 OAH는 직각삼각형이고 $\overline{OA}=5$이므로

$\overline{AH}=\sqrt{\overline{OA}^2-\overline{OH}^2}$

$=\sqrt{5^2-\left(\frac{7\sqrt{2}}{2}\right)^2}=\frac{\sqrt{2}}{2}$

$\therefore \overline{AB}=2\overline{AH}=2\times\frac{\sqrt{2}}{2}=\sqrt{2}$

02-2 답 $3\sqrt{2}$

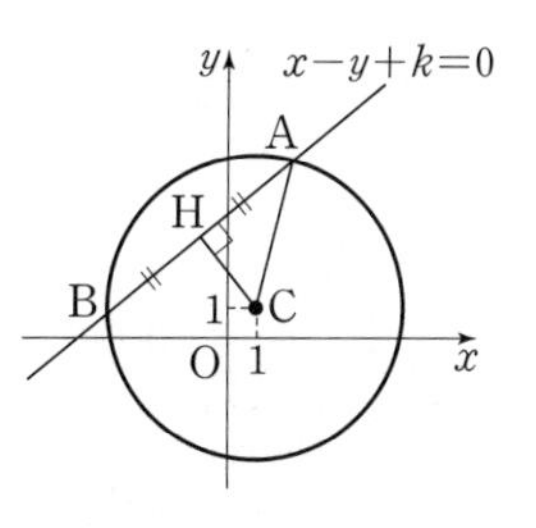

오른쪽 그림과 같이 원과 직선의 두 교점을 A, B, 원의 중심을 C(1, 1)이라 하고, 점 C에서 직선 $x-y+k=0$에 내린 수선의 발을 H라 하면

$\overline{AH}=\frac{1}{2}\overline{AB}=\frac{1}{2}\times 8=4$

삼각형 CAH는 직각삼각형이고 $\overline{CA}=5$이므로

$\overline{CH}=\sqrt{\overline{CA}^2-\overline{AH}^2}$

$=\sqrt{5^2-4^2}=3$ …… ㉠

또 선분 CH의 길이는 점 C(1, 1)과 직선 $x-y+k=0$ 사이의 거리와 같으므로

$\overline{CH}=\frac{|1-1+k|}{\sqrt{1^2+(-1)^2}}=\frac{|k|}{\sqrt{2}}$ …… ㉡

㉠, ㉡에서

$3=\frac{|k|}{\sqrt{2}}$, $|k|=3\sqrt{2}$

$\therefore k=3\sqrt{2}$ ($\because k>0$)

02-3 답 12

$x^2+y^2-4x-6y-12=0$을 변형하면

$(x-2)^2+(y-3)^2=25$

오른쪽 그림과 같이 원의 중심 C(2, 3)에서 직선 $3x+4y-3=0$에 내린 수선의 발을 H라 하자.

선분 CH의 길이는 점 C(2, 3)과 직선 $3x+4y-3=0$ 사이의 거리와 같으므로

$\overline{CH}=\frac{|6+12-3|}{\sqrt{3^2+4^2}}=3$

삼각형 AHC는 직각삼각형이고 $\overline{CA}=5$이므로

$\overline{AH}=\sqrt{\overline{CA}^2-\overline{CH}^2}=\sqrt{5^2-3^2}=4$

$\therefore \overline{AB}=2\overline{AH}=2\times 4=8$

$\therefore \triangle ABC=\frac{1}{2}\times\overline{AB}\times\overline{CH}$

$=\frac{1}{2}\times 8\times 3=12$

03-1 답 $\sqrt{21}$

$x^2+y^2+4x=0$을 변형하면

$(x+2)^2+y^2=4$

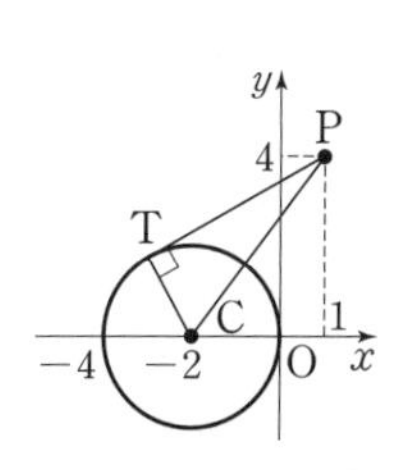

오른쪽 그림과 같이 원의 중심을 C라 하면 C(−2, 0)이므로

$\overline{CP}=\sqrt{\{1-(-2)\}^2+4^2}=5$

이때 삼각형 CPT는 직각삼각형이고 $\overline{CT}=2$이므로

$\overline{PT}=\sqrt{\overline{CP}^2-\overline{CT}^2}=\sqrt{5^2-2^2}=\sqrt{21}$

03-2 답 1

$x^2+y^2+6y+5=0$을 변형하면

$x^2+(y+3)^2=4$

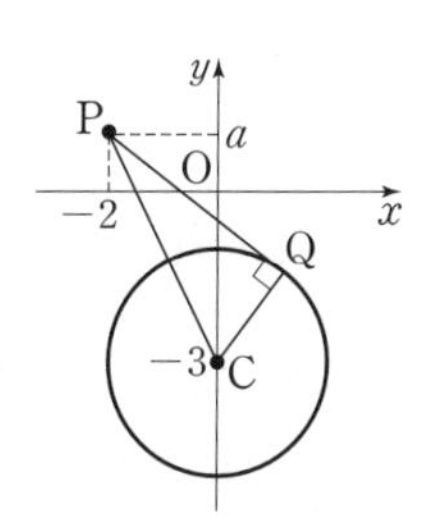

오른쪽 그림과 같이 원의 중심을 C라 하면 C(0, −3)이므로

$\overline{CP}=\sqrt{(-2)^2+\{a-(-3)\}^2}$

$=\sqrt{a^2+6a+13}$ …… ㉠

접점을 Q라 하면 삼각형 CQP는 직각삼각형이고 $\overline{CQ}=2$이므로

$\overline{CP}=\sqrt{\overline{CQ}^2+\overline{PQ}^2}$

$=\sqrt{2^2+4^2}=2\sqrt{5}$ …… ㉡

㉠, ㉡에서 $\sqrt{a^2+6a+13}=2\sqrt{5}$

$a^2+6a+13=20$, $a^2+6a-7=0$

$(a+7)(a-1)=0$ $\therefore a=1$ ($\because a>0$)

03-**3** 답 $2\sqrt{3}$

오른쪽 그림에서 원의 접선의 성질에 의하여

$\overline{OA}\perp\overline{AP}$, $\overline{OB}\perp\overline{BP}$

따라서 삼각형 AOP는 직각삼각형이고

$\overline{OA}=1$, $\overline{OP}=\sqrt{3^2+2^2}=\sqrt{13}$

이므로

$\overline{AP}=\sqrt{\overline{OP}^2-\overline{OA}^2}=\sqrt{(\sqrt{13})^2-1^2}=2\sqrt{3}$

$\triangle AOP\equiv\triangle BOP$ (RHS 합동)이므로

$\square AOBP=2\triangle AOP$

$=2\times\frac{1}{2}\times\overline{AP}\times\overline{OA}$

$=2\times\frac{1}{2}\times2\sqrt{3}\times1=2\sqrt{3}$

04-**1** 답 $\frac{4}{5}$

원의 중심 (0, 0)과 직선 $2x+y-3=0$ 사이의 거리를 d라 하면

$d=\frac{|-3|}{\sqrt{2^2+1^2}}=\frac{3\sqrt{5}}{5}$

또 원의 반지름의 길이를 r라 하면 $r=1$

오른쪽 그림에서 원 위의 점과 직선 사이의 거리의 최댓값 M과 최솟값 m은

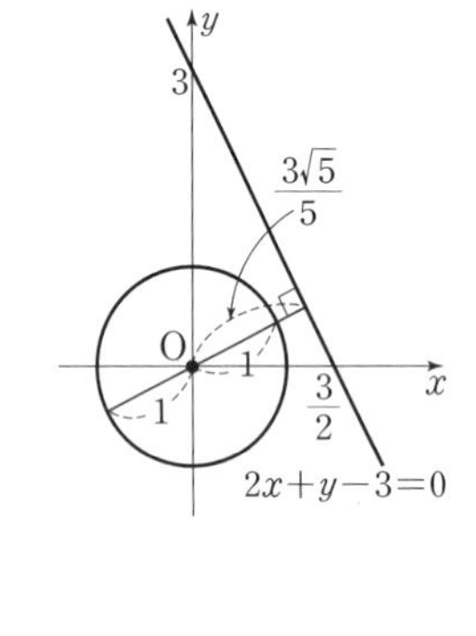

$M=d+r=\frac{3\sqrt{5}}{5}+1$

$m=d-r=\frac{3\sqrt{5}}{5}-1$

$\therefore Mm=\left(\frac{3\sqrt{5}}{5}\right)^2-1$

$=\frac{4}{5}$

04-**2** 답 4

$x^2+y^2-6x-2y+8=0$을 변형하면

$(x-3)^2+(y-1)^2=2$

이 원의 중심 (3, 1)과 직선 $y=x+k$, 즉 $x-y+k=0$ 사이의 거리는

$\frac{|3-1+k|}{\sqrt{1^2+(-1)^2}}=\frac{|k+2|}{\sqrt{2}}$

원의 반지름의 길이가 $\sqrt{2}$이므로 원의 중심과 직선 사이의 거리는

$4\sqrt{2}-\sqrt{2}=3\sqrt{2}$

즉, $\frac{|k+2|}{\sqrt{2}}=3\sqrt{2}$이므로

$|k+2|=6$ $\quad\therefore k=4$ ($\because k>0$)

2 원의 접선의 방정식

개념 Check 73쪽

1 답 (1) $y=-2x\pm2\sqrt{5}$ (2) $y=2\sqrt{2}x\pm6$

2 답 (1) $3x-y+10=0$ (2) $2x-\sqrt{6}y-10=0$

문제 74~77쪽

05-**1** 답 $y=-2x\pm5$

직선 $x-2y-2=0$, 즉 $y=\frac{1}{2}x-1$의 기울기가 $\frac{1}{2}$이므로 이 직선에 수직인 직선의 기울기는 -2이고 원 $x^2+y^2=5$의 반지름의 길이는 $\sqrt{5}$이다.

따라서 구하는 직선의 방정식은

$y=-2x\pm\sqrt{5}\times\sqrt{(-2)^2+1}$

$\therefore y=-2x\pm5$

다른 풀이 판별식 이용

기울기가 -2인 직선의 방정식을 $y=-2x+n$이라 하고 이 식을 $x^2+y^2=5$에 대입하면

$x^2+(-2x+n)^2=5$

$\therefore 5x^2-4nx+n^2-5=0$

이 이차방정식의 판별식을 D라 할 때, 원과 직선이 접하려면 $D=0$이어야 하므로

$\frac{D}{4}=(-2n)^2-5(n^2-5)=0$

$n^2=25$ $\quad\therefore n=\pm5$

따라서 구하는 직선의 방정식은 $y=-2x\pm5$

다른 풀이 원의 중심과 직선 사이의 거리 이용

기울기가 -2인 직선의 방정식을 $y=-2x+n$, 즉 $2x+y-n=0$이라 하면 이 직선과 원의 중심 (0, 0) 사이의 거리가 원의 반지름의 길이 $\sqrt{5}$와 같아야 하므로

$\frac{|-n|}{\sqrt{2^2+1^2}}=\sqrt{5}$, $|n|=5$ $\quad\therefore n=\pm5$

따라서 구하는 직선의 방정식은 $y=-2x\pm5$

05-**2** 답 5

기울기가 2인 직선의 방정식을 $y=2x+n$, 즉 $2x-y+n=0$이라 하면 이 직선과 원의 중심 (1, -3) 사이의 거리가 원의 반지름의 길이 2와 같아야 하므로

$\frac{|2+3+n|}{\sqrt{2^2+(-1)^2}}=2$, $|n+5|=2\sqrt{5}$

$\therefore n=-5\pm2\sqrt{5}$

따라서 두 직선의 y절편의 곱은

$(-5-2\sqrt{5})(-5+2\sqrt{5})=25-20=5$

06-**1** 답 **17**

점 $(a, 8)$이 원 $x^2+y^2=100$ 위의 점이므로

$a^2+8^2=100,\ a^2=36 \qquad \therefore a=6\ (\because a>0)$

원 위의 점 $(6, 8)$에서의 접선의 방정식은

$6x+8y=100 \qquad \therefore 3x+4y=50$

이 직선이 점 $(2, b)$를 지나므로

$6+4b=50,\ 4b=44 \qquad \therefore b=11$

$\therefore a+b=6+11=17$

06-**2** 답 **−8**

원 $x^2+y^2=20$ 위의 점 (a, b)에서의 접선의 방정식은

$ax+by=20 \qquad \therefore y=-\frac{a}{b}x+\frac{20}{b}$

이 접선의 기울기가 $\frac{1}{2}$이므로

$-\frac{a}{b}=\frac{1}{2} \qquad \therefore b=-2a \qquad \cdots\cdots$ ㉠

또 점 (a, b)는 원 $x^2+y^2=20$ 위의 점이므로

$a^2+b^2=20 \qquad \cdots\cdots$ ㉡

㉠, ㉡을 연립하여 풀면

$a=-2,\ b=4$ 또는 $a=2,\ b=-4$

$\therefore ab=-8$

06-**3** 답 **7**

원의 중심 $(2, -1)$과 점 $(4, 2)$를 지나는 직선의 기울기는 $\frac{2+1}{4-2}=\frac{3}{2}$

원의 중심과 접점을 지나는 직선은 접선에 수직이므로 접선의 기울기는 $-\frac{2}{3}$이다.

따라서 기울기가 $-\frac{2}{3}$이고 점 $(4, 2)$를 지나는 접선의 방정식은

$y-2=-\frac{2}{3}(x-4) \qquad \therefore 2x+3y-14=0$

따라서 이 직선의 x절편은 7이다.

07-**1** 답 $\boldsymbol{y=1}$ **또는** $\boldsymbol{3x-4y-5=0}$

접점의 좌표를 (x_1, y_1)이라 하면 접선의 방정식은

$x_1x+y_1y=1 \qquad \cdots\cdots$ ㉠

이 직선이 점 $(3, 1)$을 지나므로

$3x_1+y_1=1 \qquad \therefore y_1=-3x_1+1 \qquad \cdots\cdots$ ㉡

또 접점 (x_1, y_1)은 원 $x^2+y^2=1$ 위의 점이므로

${x_1}^2+{y_1}^2=1 \qquad \cdots\cdots$ ㉢

㉡, ㉢을 연립하여 풀면

$x_1=0,\ y_1=1$ 또는 $x_1=\frac{3}{5},\ y_1=-\frac{4}{5}$

이를 ㉠에 대입하면 구하는 접선의 방정식은

$y=1$ 또는 $3x-4y-5=0$

다른 풀이 원의 중심과 직선 사이의 거리 이용

접선의 기울기를 m이라 하면 점 $(3, 1)$을 지나는 접선의 방정식은

$y-1=m(x-3) \qquad \therefore mx-y-3m+1=0 \qquad \cdots\cdots$ ㉠

원의 중심 $(0, 0)$과 직선 ㉠ 사이의 거리가 원의 반지름의 길이 1과 같으므로

$\frac{|-3m+1|}{\sqrt{m^2+(-1)^2}}=1,\ |-3m+1|=\sqrt{m^2+1}$

양변을 제곱하면

$9m^2-6m+1=m^2+1,\ 8m^2-6m=0$

$m(4m-3)=0 \qquad \therefore m=0$ 또는 $m=\frac{3}{4}$

이를 ㉠에 대입하면 구하는 접선의 방정식은

$y=1$ 또는 $3x-4y-5=0$

다른 풀이 판별식 이용

접선의 기울기를 m이라 하면 점 $(3, 1)$을 지나는 접선의 방정식은

$y-1=m(x-3) \qquad \therefore y=mx-3m+1 \qquad \cdots\cdots$ ㉠

이를 $x^2+y^2=1$에 대입하면

$x^2+(mx-3m+1)^2=1$

$\therefore (m^2+1)x^2-2(3m^2-m)x+9m^2-6m=0$

이 이차방정식의 판별식을 D라 하면

$\frac{D}{4}=(3m^2-m)^2-(m^2+1)(9m^2-6m)=0$

$8m^2-6m=0,\ m(4m-3)=0$

$\therefore m=0$ 또는 $m=\frac{3}{4}$

이를 ㉠에 대입하면 구하는 접선의 방정식은

$y=1$ 또는 $3x-4y-5=0$

07-**2** 답 $\boldsymbol{\frac{8}{3}}$

접점의 좌표를 (x_1, y_1)이라 하면 접선의 방정식은

$x_1x+y_1y=1 \qquad \cdots\cdots$ ㉠

이 직선이 점 $(2, 1)$을 지나므로

$2x_1+y_1=1 \qquad \therefore y_1=-2x_1+1 \qquad \cdots\cdots$ ㉡

또 접점 (x_1, y_1)은 원 $x^2+y^2=1$ 위의 점이므로

${x_1}^2+{y_1}^2=1 \qquad \cdots\cdots$ ㉢

㉡, ㉢을 연립하여 풀면

$x_1=0,\ y_1=1$ 또는 $x_1=\frac{4}{5},\ y_1=-\frac{3}{5}$

이를 ㉠에 대입하면 두 접선의 방정식은

$y=1$ 또는 $y=\frac{4}{3}x-\frac{5}{3}$

$\therefore \mathrm{B}(0, 1),\ \mathrm{C}\left(0, -\frac{5}{3}\right)$

$\therefore \triangle\mathrm{ABC}=\frac{1}{2}\times\overline{\mathrm{AB}}\times\overline{\mathrm{BC}}=\frac{1}{2}\times2\times\frac{8}{3}=\frac{8}{3}$

07-3 답 4

접선의 기울기를 m이라 하면 점 $(1, 2)$를 지나는 접선의 방정식은

$y-2=m(x-1)$ $\quad \therefore mx-y-m+2=0$

이 직선과 원의 중심 $(3, 5)$ 사이의 거리가 원의 반지름의 길이 1과 같으므로

$\dfrac{|3m-5-m+2|}{\sqrt{m^2+(-1)^2}}=1$, $|2m-3|=\sqrt{m^2+1}$

양변을 제곱하여 정리하면 $3m^2-12m+8=0$

따라서 두 접선의 기울기는 이 이차방정식의 두 근이므로 근과 계수의 관계에 의하여 기울기의 합은 4이다.

07-4 답 $2\sqrt{2}$

접선의 기울기를 m이라 하면 점 $(0, 0)$을 지나는 접선의 방정식은

$y=mx$ $\quad \therefore mx-y=0$

이 직선과 원의 중심 $(0, a)$ 사이의 거리가 원의 반지름의 길이 2와 같으므로

$\dfrac{|-a|}{\sqrt{m^2+(-1)^2}}=2$, $|-a|=2\sqrt{m^2+1}$

양변을 제곱하여 정리하면 $4m^2+4-a^2=0$

두 접선의 기울기는 이 이차방정식의 두 근이고 두 접선이 서로 수직이므로 근과 계수의 관계에 의하여 기울기의 곱은

$\dfrac{4-a^2}{4}=-1$, $a^2=8$ $\quad \therefore a=2\sqrt{2}$ ($\because a>0$)

연습문제 78~80쪽

1 ③	2 4	3 ④	4 ②	5 ②
6 20π	7 ③	8 ⑤	9 3	10 9π
11 ④	12 ⑤	13 ⑤		
14 $x-\sqrt{3}y-1=0$ 또는 $x+\sqrt{3}y-1=0$				15 ①
16 ①	17 ④	18 50	19 ③	20 $\dfrac{8\sqrt{5}}{5}$
21 ①	22 $\sqrt{15}$			

1 $y=-x+k$를 $(x-1)^2+y^2=2$에 대입하면

$(x-1)^2+(-x+k)^2=2$

$\therefore 2x^2-2(k+1)x+k^2-1=0$

이 이차방정식의 판별식을 D라 하면

$\dfrac{D}{4}=(k+1)^2-2(k^2-1)>0$

$k^2-2k-3<0$, $(k+1)(k-3)<0$

$\therefore -1<k<3$

따라서 정수 k는 0, 1, 2의 3개이다.

2 $x^2+y^2-2x-4y-20=0$을 변형하면

$(x-1)^2+(y-2)^2=25$

원의 중심 $(1, 2)$와 직선 $4x-3y+k=0$ 사이의 거리는

$\dfrac{|4-6+k|}{\sqrt{4^2+(-3)^2}}=\dfrac{|k-2|}{5}$

원의 반지름의 길이가 5이므로 원과 직선이 만나려면

$\dfrac{|k-2|}{5}\le 5$, $|k-2|\le 25$

$-25\le k-2\le 25$ $\quad \therefore -23\le k\le 27$

따라서 $\alpha=-23$, $\beta=27$이므로 $\alpha+\beta=4$

3 원의 중심 $(-1, 3)$과 직선 $x+y+k=0$ 사이의 거리를 d라 하면

$d=\dfrac{|-1+3+k|}{\sqrt{1^2+1^2}}=\dfrac{|k+2|}{\sqrt{2}}$

원의 반지름의 길이를 r라 하면

$\pi r^2=4\pi$ $\quad \therefore r=2$ ($\because r>0$)

원과 직선이 접하려면 $d=r$이어야 하므로

$\dfrac{|k+2|}{\sqrt{2}}=2$, $|k+2|=2\sqrt{2}$

$k+2=\pm 2\sqrt{2}$ $\quad \therefore k=-2\pm 2\sqrt{2}$

따라서 모든 상수 k의 값의 합은

$(-2-2\sqrt{2})+(-2+2\sqrt{2})=-4$

4 두 점 $(-1, 1)$, $(3, 3)$을 지름의 양 끝 점으로 하는 원의 중심의 좌표는

$\left(\dfrac{-1+3}{2}, \dfrac{1+3}{2}\right)$ $\quad \therefore (1, 2)$

원의 반지름의 길이는

$\sqrt{\{1-(-1)\}^2+(2-1)^2}=\sqrt{5}$

원의 중심 $(1, 2)$와 직선 $y=2x+k$, 즉 $2x-y+k=0$ 사이의 거리는

$\dfrac{|2-2+k|}{\sqrt{2^2+(-1)^2}}=\dfrac{|k|}{\sqrt{5}}$

원의 반지름의 길이가 $\sqrt{5}$이므로 원과 직선이 만나지 않으려면

$\dfrac{|k|}{\sqrt{5}}>\sqrt{5}$, $|k|>5$ $\quad \therefore k<-5$ 또는 $k>5$

따라서 자연수 k의 최솟값은 6이다.

5 $x^2+y^2-4y=0$을 변형하면

$x^2+(y-2)^2=4$

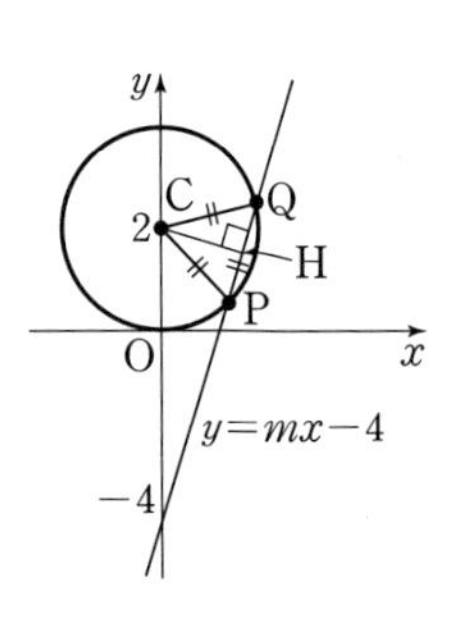

오른쪽 그림에서 두 선분 CP, CQ는 원의 반지름이므로

$\overline{CP}=\overline{CQ}=2$

삼각형 CPQ가 정삼각형이므로

$\overline{PQ}=2$

원의 중심 C에서 선분 PQ에 내린 수선의 발을 H라 하면

$\overline{PH}=\frac{1}{2}\overline{PQ}=1$

삼각형 CPH는 직각삼각형이므로

$\overline{CH}=\sqrt{\overline{CP}^2-\overline{PH}^2}=\sqrt{2^2-1^2}=\sqrt{3}$ ...... ㉠

선분 CH의 길이는 원의 중심 C(0, 2)와 직선 $mx-y-4=0$ 사이의 거리와 같으므로

$\overline{CH}=\frac{|-2-4|}{\sqrt{m^2+(-1)^2}}=\frac{6}{\sqrt{m^2+1}}$ ...... ㉡

㉠, ㉡에서

$\sqrt{3}=\frac{6}{\sqrt{m^2+1}}$, $\sqrt{3m^2+3}=6$

$3m^2+3=36$, $m^2=11$

$\therefore m=\sqrt{11}$ ($\because m>0$)

6 오른쪽 그림과 같이 원과 직선의 두 교점을 A, B라 하면 두 점 A, B를 지나는 원 중에서 넓이가 최소인 것은 선분 AB를 지름으로 하는 원이다.

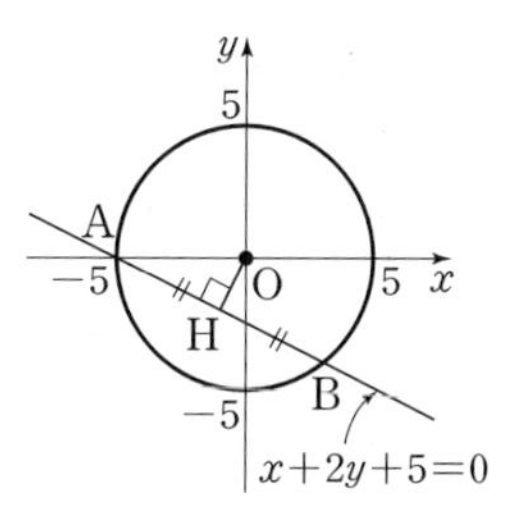

원의 중심 O(0, 0)에서 직선 $x+2y+5=0$에 내린 수선의 발을 H라 하면 선분 OH의 길이는 원점 O와 직선 $x+2y+5=0$ 사이의 거리와 같으므로

$\overline{OH}=\frac{|5|}{\sqrt{1^2+2^2}}=\sqrt{5}$

삼각형 OAH는 직각삼각형이고 $\overline{OA}=5$이므로

$\overline{AH}=\sqrt{\overline{OA}^2-\overline{OH}^2}$

$=\sqrt{5^2-(\sqrt{5})^2}=2\sqrt{5}$

따라서 넓이가 최소인 원의 반지름의 길이는 $2\sqrt{5}$이므로 구하는 넓이는

$\pi\times(2\sqrt{5})^2=20\pi$

7 $x^2+y^2-2x+4y-11=0$을 변형하면

$(x-1)^2+(y+2)^2=16$

오른쪽 그림과 같이 원의 중심을 C라 하면 C(1, −2)이므로

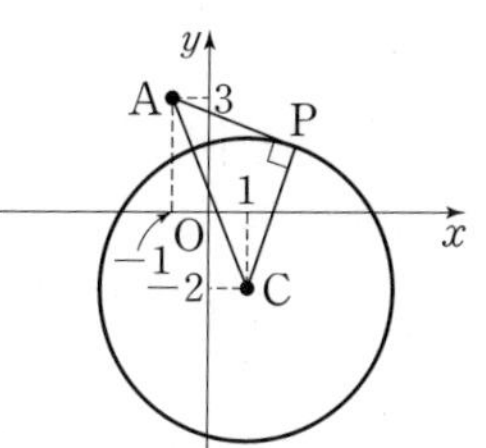

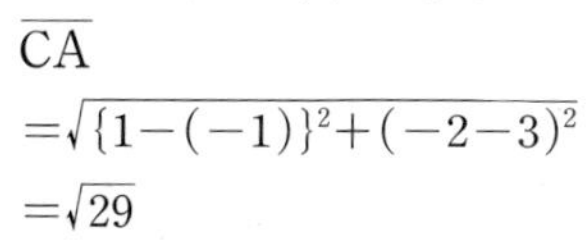

$\overline{CA}$

$=\sqrt{\{1-(-1)\}^2+(-2-3)^2}$

$=\sqrt{29}$

이때 삼각형 CPA는 직각삼각형이고 $\overline{CP}=4$이므로

$\overline{AP}=\sqrt{\overline{CA}^2-\overline{CP}^2}$

$=\sqrt{(\sqrt{29})^2-4^2}=\sqrt{13}$

8 $x^2+y^2-6x+8y+7=0$을 변형하면

$(x-3)^2+(y+4)^2=18$

원의 중심 (3, −4)와 직선 $x+y+k=0$ 사이의 거리는

$\frac{|3-4+k|}{\sqrt{1^2+1^2}}=\frac{|k-1|}{\sqrt{2}}$

원의 반지름의 길이가 $3\sqrt{2}$이므로 원의 중심과 직선 사이의 거리는

$7\sqrt{2}-3\sqrt{2}=4\sqrt{2}$

즉, $\frac{|k-1|}{\sqrt{2}}=4\sqrt{2}$이므로

$|k-1|=8$ $\therefore k=9$ ($\because k>0$)

9 오른쪽 그림과 같이 삼각형 APB의 넓이가 최대 또는 최소가 될 때는 점 P와 직선 AB 사이의 거리가 최대 또는 최소가 될 때이다.

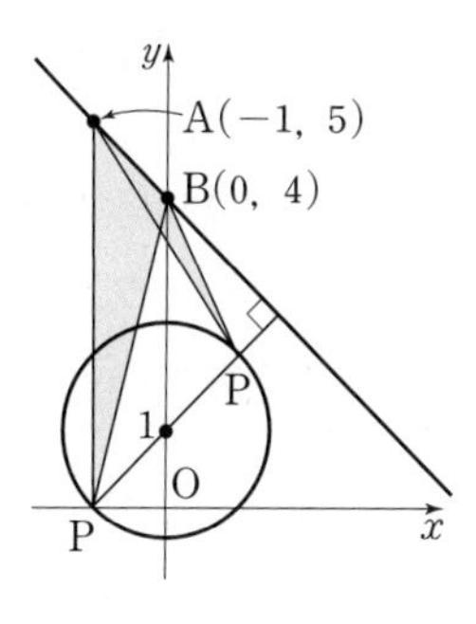

두 점 A(−1, 5), B(0, 4)를 지나는 직선의 방정식은

$y-4=\frac{4-5}{1}x$

$\therefore x+y-4=0$

원의 중심 (0, 1)과 직선 $x+y-4=0$ 사이의 거리를 d라 하면

$d=\frac{|1-4|}{\sqrt{1^2+1^2}}=\frac{3\sqrt{2}}{2}$

또 원의 반지름의 길이를 r라 하면 $r=\sqrt{2}$

이때 $\overline{AB}=\sqrt{1^2+(4-5)^2}=\sqrt{2}$이므로 삼각형 APB의 넓이의 최댓값과 최솟값을 각각 M, m이라 하면

$M=\frac{1}{2}\times\overline{AB}\times(d+r)$

$=\frac{1}{2}\times\sqrt{2}\times\left(\frac{3\sqrt{2}}{2}+\sqrt{2}\right)=\frac{5}{2}$

$m=\frac{1}{2}\times\overline{AB}\times(d-r)$

$=\frac{1}{2}\times\sqrt{2}\times\left(\frac{3\sqrt{2}}{2}-\sqrt{2}\right)=\frac{1}{2}$

$\therefore M+m=3$

10 원의 반지름의 길이를 r라 하면 기울기가 $\sqrt{3}$인 접선의 방정식은

$y=\sqrt{3}x\pm r\sqrt{(\sqrt{3})^2+1}$

$\therefore y=\sqrt{3}x\pm 2r$

이 직선이 점 $(2\sqrt{3}, 0)$을 지나므로

$0=6\pm 2r$, $2r=\pm 6$ $\therefore r=3$ ($\because r>0$)

따라서 구하는 원의 넓이는

$\pi\times 3^2=9\pi$

11 직선 $x+3y-7=0$, 즉 $y=-\frac{1}{3}x+\frac{7}{3}$의 기울기가 $-\frac{1}{3}$이므로 이 직선에 수직인 직선의 기울기는 3이다.
접선의 방정식을 $y=3x+k$, 즉 $3x-y+k=0$이라 하면 이 직선과 원의 중심 $(3, 0)$ 사이의 거리가 반지름의 길이 $2\sqrt{10}$과 같아야 하므로
$\frac{|9+k|}{\sqrt{3^2+(-1)^2}}=2\sqrt{10}$, $|9+k|=20$
$9+k=\pm20$ $\quad\therefore k=-29$ 또는 $k=11$
$\therefore \mathrm{P}(0, -29)$, $\mathrm{Q}(0, 11)$ 또는 $\mathrm{P}(0, 11)$, $\mathrm{Q}(0, -29)$
$\therefore \overline{\mathrm{PQ}}=|11-(-29)|=40$

12 원 $x^2+y^2=10$ 위의 점 $(3, 1)$에서의 접선의 방정식은
$3x+y=10$ $\quad\therefore y=-3x+10$
따라서 이 직선의 y절편은 10이다.

13 원 $x^2+y^2=5$ 위의 점 $(2, -1)$에서의 접선의 방정식은
$2x-y=5$
$\therefore 2x-y-5=0$ ...... ㉠
$x^2+y^2+4x-2y=k$를 변형하면
$(x+2)^2+(y-1)^2=k+5$
이 원의 중심 $(-2, 1)$과 직선 ㉠ 사이의 거리가 반지름의 길이와 같아야 하므로
$\frac{|-4-1-5|}{\sqrt{2^2+(-1)^2}}=\sqrt{k+5}$
$2\sqrt{5}=\sqrt{k+5}$, $20=k+5$
$\therefore k=15$

14 원 $(x-1)^2+y^2=1$의 넓이를 이등분하려면 직선은 이 원의 중심 $(1, 0)$을 지나야 한다.
따라서 구하는 직선의 기울기를 m이라 하면 이 직선은 점 $(1, 0)$을 지나므로
$y=m(x-1)$
$\therefore mx-y-m=0$ ...... ㉠
이 직선과 원 $(x+1)^2+y^2=1$의 중심 $(-1, 0)$ 사이의 거리가 반지름의 길이 1과 같아야 하므로
$\frac{|-m-m|}{\sqrt{m^2+(-1)^2}}=1$, $|2m|=\sqrt{m^2+1}$
$4m^2=m^2+1$, $m^2=\frac{1}{3}$
$\therefore m=\pm\frac{\sqrt{3}}{3}$
이를 ㉠에 대입하면 구하는 직선의 방정식은
$\frac{\sqrt{3}}{3}x-y-\frac{\sqrt{3}}{3}=0$ 또는 $-\frac{\sqrt{3}}{3}x-y+\frac{\sqrt{3}}{3}=0$
$\therefore x-\sqrt{3}y-1=0$ 또는 $x+\sqrt{3}y-1=0$

15 접선의 기울기를 m이라 하면 점 $(1, 3)$을 지나는 직선의 방정식은
$y-3=m(x-1)$
$\therefore mx-y-m+3=0$
원의 중심 $(2, 0)$과 이 직선 사이의 거리가 반지름의 길이 $\sqrt{5}$와 같아야 하므로
$\frac{|2m-m+3|}{\sqrt{m^2+(-1)^2}}=\sqrt{5}$
$|m+3|=\sqrt{5(m^2+1)}$
$(m+3)^2=5(m^2+1)$
$\therefore 2m^2-3m-2=0$
두 접선의 기울기는 이 이차방정식의 두 근이므로 근과 계수의 관계에 의하여 구하는 기울기의 곱은
$\frac{-2}{2}=-1$

16 접선의 기울기를 m이라 하면 점 $(0, a)$를 지나는 접선의 방정식은
$y-a=mx$ $\quad\therefore mx-y+a=0$
이 직선과 원의 중심 $(0, -2)$ 사이의 거리가 원의 반지름의 길이 3과 같으므로
$\frac{|2+a|}{\sqrt{m^2+(-1)^2}}=3$, $|2+a|=3\sqrt{m^2+1}$
$(2+a)^2=9(m^2+1)$
$\therefore 9m^2-(a^2+4a-5)=0$
두 접선의 기울기는 이 이차방정식의 두 근이고 두 접선이 서로 수직이므로 근과 계수의 관계에 의하여 기울기의 곱은
$-\frac{a^2+4a-5}{9}=-1$
$a^2+4a-5=9$, $a^2+4a-14=0$
$\therefore a=3\sqrt{2}-2$ $(\because a>0)$

17 접점의 좌표를 (x_1, y_1)이라 하면 접선의 방정식은
$x_1x+y_1y=9$ ...... ㉠
이 직선이 점 $(6, 0)$을 지나므로
$6x_1=9$ $\quad\therefore x_1=\frac{3}{2}$ ...... ㉡
또 접점 (x_1, y_1)은 원 $x^2+y^2=9$ 위의 점이므로
${x_1}^2+{y_1}^2=9$ ...... ㉢
㉡을 ㉢에 대입하여 풀면
$x_1=\frac{3}{2}$, $y_1=-\frac{3\sqrt{3}}{2}$ 또는 $x_1=\frac{3}{2}$, $y_1=\frac{3\sqrt{3}}{2}$
이를 ㉠에 대입하면 접선의 방정식은
$\frac{3}{2}x-\frac{3\sqrt{3}}{2}y=9$ 또는 $\frac{3}{2}x+\frac{3\sqrt{3}}{2}y=9$
$\therefore x-\sqrt{3}y-6=0$ 또는 $x+\sqrt{3}y-6=0$

따라서 두 직선의 y절편은 $-2\sqrt{3}$, $2\sqrt{3}$이므로 구하는 넓이는

$\frac{1}{2}\times4\sqrt{3}\times6=12\sqrt{3}$

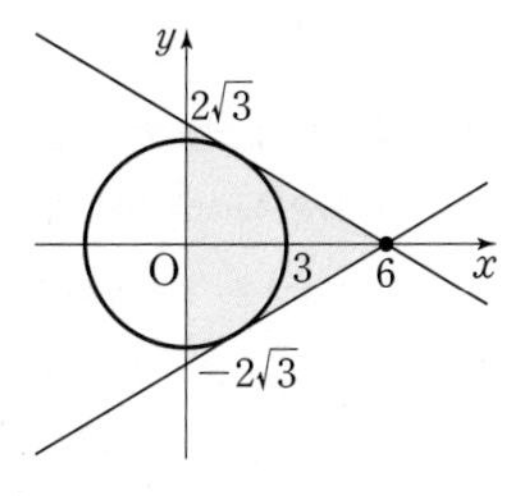

18 원의 중심의 좌표를 $(a,\ a)$라 하면 x축과 y축에 동시에 접하는 원이므로 반지름의 길이는 $|a|$

점 $(a,\ a)$와 직선 $3x-4y+12=0$ 사이의 거리는

$\frac{|3a-4a+12|}{\sqrt{3^2+(-4)^2}}=\frac{|-a+12|}{5}$

즉, $|a|=\frac{|-a+12|}{5}$이므로

$5|a|=|-a+12|$

$25a^2=(-a+12)^2$

$a^2+a-6=0,\ (a+3)(a-2)=0$

$\therefore\ a=-3$ 또는 $a=2$

따라서 두 원의 중심 A, B의 좌표가 $(2,\ 2)$, $(-3,\ -3)$이므로

$\overline{AB}^2=(-3-2)^2+(-3-2)^2=50$

19 두 원의 교점을 지나는 직선의 방정식은

$x^2+y^2-9-(x^2+y^2-6x-8y+16)=0$

$\therefore\ 6x+8y-25=0$ ...... ㉠

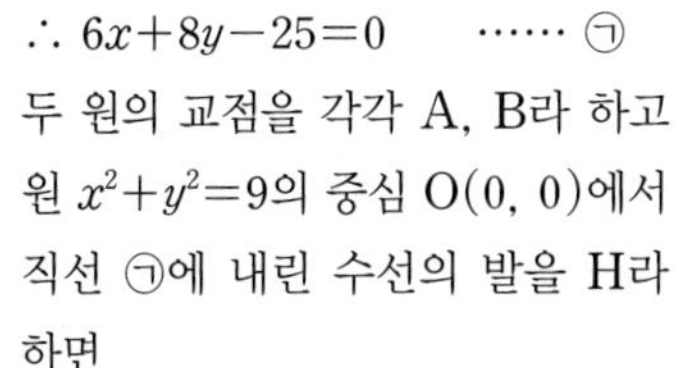

두 원의 교점을 각각 A, B라 하고 원 $x^2+y^2=9$의 중심 O(0, 0)에서 직선 ㉠에 내린 수선의 발을 H라 하면

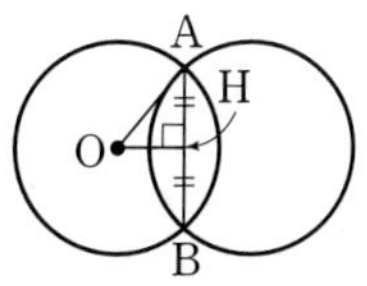

$\overline{OA}=3,\ \overline{OH}=\frac{|-25|}{\sqrt{6^2+8^2}}=\frac{5}{2}$

직각삼각형 AOH에서

$\overline{AH}=\sqrt{\overline{OA}^2-\overline{OH}^2}=\sqrt{3^2-\left(\frac{5}{2}\right)^2}=\frac{\sqrt{11}}{2}$

$\therefore\ \overline{AB}=2\overline{AH}=2\times\frac{\sqrt{11}}{2}=\sqrt{11}$

20 $x^2+y^2+4x-2y+1=0$을 변형하면

$(x+2)^2+(y-1)^2=4$

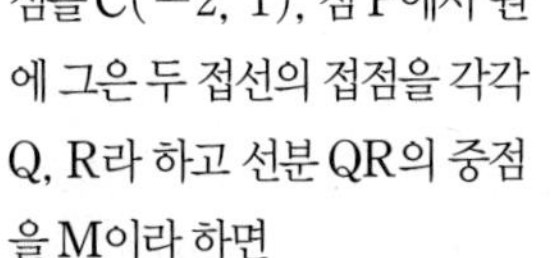

오른쪽 그림과 같이 원의 중심을 C(−2, 1), 점 P에서 원에 그은 두 접선의 접점을 각각 Q, R라 하고 선분 QR의 중점을 M이라 하면

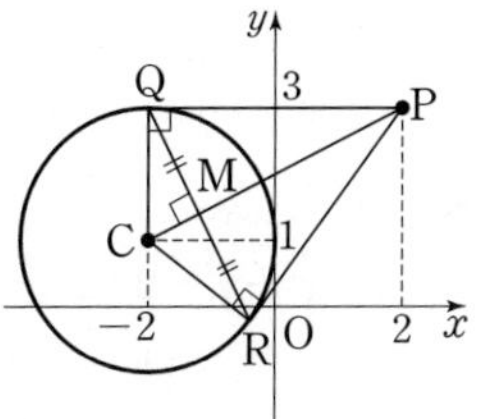

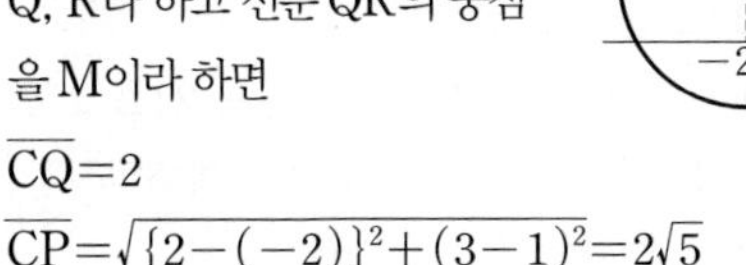

$\overline{CQ}=2$

$\overline{CP}=\sqrt{\{2-(-2)\}^2+(3-1)^2}=2\sqrt{5}$

삼각형 CPQ는 직각삼각형이므로

$\overline{PQ}=\sqrt{\overline{CP}^2-\overline{CQ}^2}=\sqrt{(2\sqrt{5})^2-2^2}=4$

이때 삼각형 CPQ의 넓이에서

$\frac{1}{2}\times\overline{PQ}\times\overline{CQ}=\frac{1}{2}\times\overline{CP}\times\overline{QM}$

$\frac{1}{2}\times4\times2=\frac{1}{2}\times2\sqrt{5}\times\overline{QM}$

$\therefore\ \overline{QM}=\frac{4\sqrt{5}}{5}$

따라서 구하는 두 접점 사이의 거리는

$\overline{QR}=2\overline{QM}=2\times\frac{4\sqrt{5}}{5}=\frac{8\sqrt{5}}{5}$

21 $\overline{AP}:\overline{BP}=2:1$이므로

$2\overline{BP}=\overline{AP}\qquad\therefore\ 4\overline{BP}^2=\overline{AP}^2$

점 P의 좌표를 $(x,\ y)$라 하면 점 P가 나타내는 도형의 방정식은

$4\{(x-2)^2+(y-1)^2\}=(x+1)^2+(y-1)^2$

$x^2+y^2-6x-2y+6=0$

$\therefore\ (x-3)^2+(y-1)^2=4$

따라서 점 P는 중심이 점 (3, 1)이고 반지름의 길이가 2인 원 위를 움직이므로 오른쪽 그림과 같이 $\overline{AP}$가 원에 접할 때, ∠PAB의 크기는 최대가 된다.

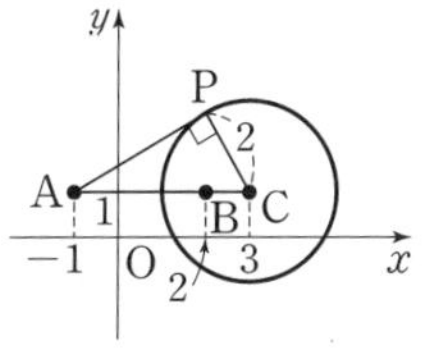

이때 원의 중심을 C라 하면

$\overline{AC}=3-(-1)=4,\ \overline{CP}=2$

삼각형 PAC가 직각삼각형이므로

$\overline{AP}=\sqrt{\overline{AC}^2-\overline{CP}^2}=\sqrt{4^2-2^2}=2\sqrt{3}$

22 원 $x^2+y^2=1$의 중심은 O(0, 0)이고, 원 $(x-4)^2+y^2=4$의 중심을 O′(4, 0)이라 하면

$\overline{OO'}=4$

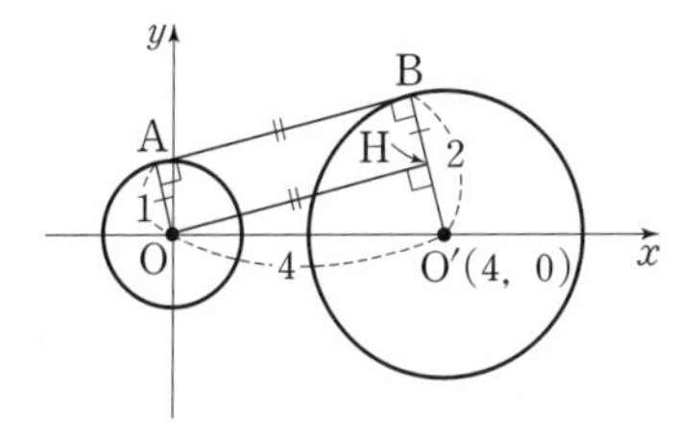

위의 그림과 같이 중심 O에서 $\overline{O'B}$에 내린 수선의 발을 H라 하면

$\overline{O'H}=2-1=1$

이때 삼각형 O′HO는 직각삼각형이므로

$\overline{AB}=\overline{OH}=\sqrt{\overline{OO'}^2-\overline{O'H}^2}$

$=\sqrt{4^2-1^2}=\sqrt{15}$

Ⅰ-4 01 평행이동

1 평행이동

개념 Check 83쪽

1 답 (1) $(4, -2)$ (2) $(6, -3)$

2 답 (1) $(-4, 7)$ (2) $(-5, 2)$

3 답 (1) $2x+y-6=0$ (2) $(x-3)^2+(y+2)^2=9$

4 답 (1) $(x+2)^2+(y-3)^2=25$ (2) $y=(x+6)^2+7$

문제 84~86쪽

01-1 답 16

점 $(a, -3)$을 x축의 방향으로 -2만큼, y축의 방향으로 b만큼 평행이동한 점의 좌표는

$(a-2, -3+b)$

따라서 $a-2=6$, $-3+b=5$이므로 $a=8$, $b=8$

$\therefore a+b=16$

01-2 답 $(3, -2)$

점 $(2, 2)$를 x축의 방향으로 a만큼, y축의 방향으로 b만큼 평행이동한 점의 좌표를 $(-1, 4)$라 하면

$2+a=-1$, $2+b=4$ $\quad\therefore a=-3$, $b=2$

따라서 점 $(6, -4)$를 x축의 방향으로 -3만큼, y축의 방향으로 2만큼 평행이동한 점의 좌표는

$(6-3, -4+2)$ $\quad\therefore (3, -2)$

01-3 답 13

평행이동 $(x, y) \longrightarrow (x+a, y+1)$은 x축의 방향으로 a만큼, y축의 방향으로 1만큼 평행이동하는 것이다.

이 평행이동에 의하여 점 $(-2, 3)$이 옮겨지는 점의 좌표는

$(-2+a, 3+1)$ $\quad\therefore (a-2, 4)$

이 점이 직선 $y=x-7$ 위에 있으므로

$4=a-2-7$ $\quad\therefore a=13$

02-1 답 -6

평행이동 $(x, y) \longrightarrow (x+p, y+3p)$는 x축의 방향으로 p만큼, y축의 방향으로 $3p$만큼 평행이동하는 것이다.

이 평행이동에 의하여 직선 $y=2x+3$이 옮겨지는 직선의 방정식은

$y-3p=2(x-p)+3$ $\quad\therefore y=2x+p+3$

이 직선이 직선 $y=2x-3$과 일치하므로

$p+3=-3$ $\quad\therefore p=-6$

02-2 답 -3

점 $(3, 1)$을 x축의 방향으로 m만큼, y축의 방향으로 n만큼 평행이동한 점의 좌표를 $(2, 4)$라 하면

$3+m=2$, $1+n=4$ $\quad\therefore m=-1$, $n=3$

직선 $y=ax+b$를 x축의 방향으로 -1만큼, y축의 방향으로 3만큼 평행이동한 직선의 방정식은

$y-3=a(x+1)+b$ $\quad\therefore y=ax+a+b+3$

이 직선이 직선 $y=ax+b$와 일치하므로

$a+b+3=b$ $\quad\therefore a=-3$

02-3 답 $4x+y+15=0$

직선 $3x-y+5=0$을 x축의 방향으로 2만큼, y축의 방향으로 m만큼 평행이동한 직선의 방정식은

$3(x-2)-(y-m)+5=0$ $\quad\therefore 3x-y+m-1=0$

이 직선이 직선 $3x-y+7=0$과 일치하므로

$m-1=7$ $\quad\therefore m=8$

한편 직선은 평행이동해도 기울기가 변하지 않으므로 구하는 직선의 방정식을

$4x+y+a=0$ $\quad\cdots\cdots$ ㉠

으로 놓으면 이 직선을 x축의 방향으로 2만큼, y축의 방향으로 8만큼 평행이동한 직선의 방정식은

$4(x-2)+(y-8)+a=0$ $\quad\therefore 4x+y+a-16=0$

이 직선이 직선 $4x+y-1=0$과 일치하므로

$a-16=-1$ $\quad\therefore a=15$

이를 ㉠에 대입하면 구하는 직선의 방정식은

$4x+y+15=0$

03-1 답 $a=1$, $b=0$, $c=1$

점 $(1, 1)$을 x축의 방향으로 m만큼, y축의 방향으로 n만큼 평행이동한 점의 좌표를 $(0, 4)$라 하면

$1+m=0$, $1+n=4$ $\quad\therefore m=-1$, $n=3$

$x^2+y^2-2x+4y+a=0$을 변형하면

$(x-1)^2+(y+2)^2=5-a$

이 원을 x축의 방향으로 -1만큼, y축의 방향으로 3만큼 평행이동한 원의 방정식은

$(x+1-1)^2+(y-3+2)^2=5-a$

$\therefore x^2+(y-1)^2=5-a$

이 원의 중심의 좌표는 $(0, 1)$이므로 $b=0$, $c=1$

또 반지름의 길이는 $\sqrt{5-a}$이므로

$\sqrt{5-a}=2$, $5-a=4$ $\quad\therefore a=1$

다른 풀이

원 $x^2+y^2-2x+4y+a=0$, 즉

$(x-1)^2+(y+2)^2=5-a$의 중심 $(1, -2)$를 x축의 방향으로 -1만큼, y축의 방향으로 3만큼 평행이동한 점의 좌표는 $(1-1, -2+3)$ $\quad\therefore (0, 1)$

이 점이 옮겨진 원의 중심과 일치하므로 $b=0$, $c=1$
또 원은 평행이동해도 반지름의 길이가 변하지 않으므로
$\sqrt{5-a}=2$, $5-a=4$ $\quad\therefore a=1$

03-**2** 답 **6**

포물선 $y=x^2$을 x축의 방향으로 a만큼, y축의 방향으로 b만큼 평행이동한 포물선의 방정식은
$y-b=(x-a)^2$ $\quad\therefore y=x^2-2ax+a^2+b$
이 포물선이 포물선 $y=x^2+6x+7$과 일치하므로
$-2a=6$, $a^2+b=7$
따라서 $a=-3$, $b=-2$이므로 $ab=6$

다른 풀이

포물선 $y=x^2$의 꼭짓점 $(0, 0)$을 x축의 방향으로 a만큼, y축의 방향으로 b만큼 평행이동한 점의 좌표는 (a, b)
이 점이 포물선 $y=x^2+6x+7$, 즉 $y=(x+3)^2-2$의 꼭짓점 $(-3, -2)$와 일치하므로
$a=-3$, $b=-2$ $\quad\therefore ab=6$

연습문제 87~88쪽

1 $(-2, 6)$		**2** ②	**3** ③ **4** 7
5 ⑤	**6** 14	**7** ③	**8** $(-2, -3)$
9 9	**10** ⑤	**11** ③	**12** $(7, 3)$ **13** -2
14 -8			

1 점 $(-4, 3)$을 점 $(1, -2)$로 옮기는 평행이동은 x축의 방향으로 5만큼, y축의 방향으로 -5만큼 평행이동하는 것이다.
이 평행이동에 의하여 점 (a, b)가 점 $(3, 1)$로 옮겨진다고 하면
$a+5=3$, $b-5=1$ $\quad\therefore a=-2$, $b=6$
따라서 구하는 점의 좌표는 $(-2, 6)$이다.

2 점 P의 좌표를 (a, b)라 하면 $\mathrm{P}'(a+2, b-4)$
$\therefore \overline{\mathrm{PP}'}=\sqrt{\{(a+2)-a\}^2+\{(b-4)^2-b\}^2}$
$=\sqrt{2^2+(-4)^2}=2\sqrt{5}$

3 직선 $3x+y-1=0$을 x축의 방향으로 m만큼, y축의 방향으로 -5만큼 평행이동한 직선의 방정식은
$3(x-m)+(y+5)-1=0$ $\quad\therefore 3x+y-3m+4=0$
이 직선과 점 $(1, -2)$ 사이의 거리가 $\sqrt{10}$이므로
$\dfrac{|3-2-3m+4|}{\sqrt{3^2+1^2}}=\sqrt{10}$, $|5-3m|=10$
$5-3m=\pm10$ $\quad\therefore m=5\ (\because m>0)$

4 직선 $x-y-1=0$을 x축의 방향으로 m만큼, y축의 방향으로 2만큼 평행이동한 직선의 방정식은
$(x-m)-(y-2)-1=0$ $\quad\therefore y=x-m+1$
이 직선과 x축 및 y축으로 둘러싸인 부분은 오른쪽 그림의 색칠한 부분과 같고, 그 넓이가 18이므로

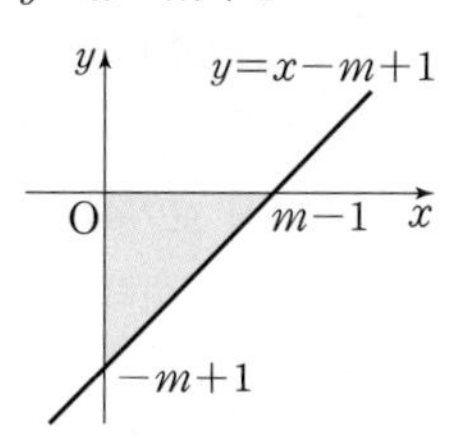

$\dfrac{1}{2}\times|m-1|\times|-m+1|=18$
$(m-1)^2=36$, $m-1=\pm6$
$\therefore m=7\ (\because m>1)$

5 직선 $y=ax+b$를 x축의 방향으로 -1만큼, y축의 방향으로 4만큼 평행이동한 직선의 방정식은
$y-4=a(x+1)+b$ $\quad\therefore y=ax+a+b+4$ $\quad\cdots\cdots$ ㉠
직선 ㉠이 직선 $y=-\dfrac{1}{3}x-1$과 수직이므로
$-\dfrac{1}{3}a=-1$ $\quad\therefore a=3$
또 직선 ㉠이 직선 $y=-\dfrac{1}{3}x-1$과 x축 위에서 만나려면 점 $(-3, 0)$을 지나야 하므로
$0=-3a+a+b+4$ $\quad\therefore b=2$
$\therefore ab=3\times2=6$

6 직선 $y=2x+k$를 x축의 방향으로 2만큼, y축의 방향으로 -3만큼 평행이동한 직선의 방정식은
$y+3=2(x-2)+k$ $\quad\therefore 2x-y+k-7=0$
이 직선이 원 $x^2+y^2=5$와 한 점에서 만나려면 원의 중심 $(0, 0)$과 이 직선 사이의 거리가 반지름의 길이 $\sqrt{5}$와 같아야 하므로
$\dfrac{|k-7|}{\sqrt{2^2+(-1)^2}}=\sqrt{5}$, $|k-7|=5$
$k-7=\pm5$ $\quad\therefore k=2$ 또는 $k=12$
따라서 모든 상수 k의 값의 합은
$2+12=14$

7 $x^2+y^2+2x-4y+1=0$을 변형하면
$(x+1)^2+(y-2)^2=4$
평행이동하여 이 원과 겹쳐지려면 반지름의 길이가 2이어야 한다.
ㄱ. 반지름의 길이가 2이므로 x축의 방향으로 -1만큼, y축의 방향으로 2만큼 평행이동하면 주어진 원과 겹쳐진다.
ㄴ. 반지름의 길이가 3이므로 평행이동하여 주어진 원과 겹쳐질 수 없다.

ㄷ. $x^2+y^2+6x+4y+9=0$을 변형하면

$(x+3)^2+(y+2)^2=4$

즉, 반지름의 길이가 2이므로 x축의 방향으로 2만큼, y축의 방향으로 4만큼 평행이동하면 주어진 원과 겹쳐진다.

따라서 보기에서 평행이동하여 주어진 원과 겹쳐지는 것은 ㄱ, ㄷ이다.

8 주어진 평행이동은 x축의 방향으로 1만큼, y축의 방향으로 -2만큼 평행이동하는 것이다.

이 평행이동에 의하여 원 $x^2+y^2+6x+2y+1=0$, 즉 $(x+3)^2+(y+1)^2=9$가 옮겨지는 원의 방정식은

$(x-1+3)^2+(y+2+1)^2=9$

$\therefore (x+2)^2+(y+3)^2=9$

따라서 구하는 원의 중심의 좌표는 $(-2, -3)$이다.

9 원 C의 방정식은 $(x-m+1)^2+(y-n+2)^2=9$이므로 중심의 좌표는 $(m-1, n-2)$이고 반지름의 길이는 3이다.

(가), (나)에서 $m-1=n-2=3$ $\quad\therefore m=4, n=5$

$\therefore m+n=9$

10 원 $x^2+y^2=9$의 중심 $(0, 0)$을 원 $x^2+y^2+4x-6y+4=0$, 즉 $(x+2)^2+(y-3)^2=9$의 중심 $(-2, 3)$으로 옮기는 평행이동은 x축의 방향으로 -2만큼, y축의 방향으로 3만큼 평행이동하는 것이다.

이 평행이동에 의하여 포물선 $y=2x^2+5$가 옮겨지는 포물선의 방정식은

$y-3=2(x+2)^2+5$ $\quad\therefore y=2(x+2)^2+8$

따라서 꼭짓점의 좌표는 $(-2, 8)$이므로

$m=-2, n=8$ $\quad\therefore m+n=6$

11 점 $(2, m)$을 점 $(3, 2m)$으로 옮기는 평행이동은 x축의 방향으로 1만큼, y축의 방향으로 m만큼 평행이동하는 것이다.

이 평행이동에 의하여 포물선 $y=-x^2+2x$가 옮겨지는 포물선의 방정식은

$y-m=-(x-1)^2+2(x-1)$

$\therefore y=-x^2+4x-3+m$

이 포물선이 직선 $y=2x+3$과 접하므로 이차방정식 $-x^2+4x-3+m=2x+3$, 즉 $x^2-2x+6-m=0$의 판별식을 D라 하면

$\frac{D}{4}=(-1)^2-(6-m)=0$ $\quad\therefore m=5$

12 점 C$(4, 8)$이 점 G$(1, 6)$으로 옮겨지므로 사각형 DEFG는 사각형 OABC를 x축의 방향으로 -3만큼, y축의 방향으로 -2만큼 평행이동한 것이다.

이 평행이동에 의하여 두 점 O$(0, 0)$, A$(6, -3)$이 옮겨지는 점은 각각 D$(0-3, 0-2)$, E$(6-3, -3-2)$

$\therefore$ D$(-3, -2)$, E$(3, -5)$

이때 점 F의 좌표를 (a, b)라 하면 사각형 DEFG는 직사각형이므로 선분 DF의 중점 $\left(\frac{a-3}{2}, \frac{b-2}{2}\right)$와 선분 EG의 중점 $\left(\frac{3+1}{2}, \frac{-5+6}{2}\right)$이 서로 일치한다.

즉, $a-3=4$, $b-2=1$이므로 $a=7$, $b=3$

따라서 점 F의 좌표는 $(7, 3)$이다.

13 원 $(x-2)^2+(y+1)^2=1$을 x축의 방향으로 m만큼, y축의 방향으로 n만큼 평행이동한 원의 방정식은

$(x-m-2)^2+(y-n+1)^2=1$ $\quad\cdots\cdots$ ㉠

이때 직선 $(k-1)x+(k+1)y-2k=0$이 실수 k의 값에 관계없이 항상 원 ㉠의 넓이를 이등분하려면 직선이 원의 중심 $(m+2, n-1)$을 지나야 하므로

$(k-1)(m+2)+(k+1)(n-1)-2k=0$

$\therefore (m+n-1)k-m+n-3=0$

이 식이 k에 대한 항등식이므로

$m+n-1=0$, $-m+n-3=0$

두 식을 연립하여 풀면

$m=-1, n=2$ $\quad\therefore mn=-2$

14 원 $x^2+y^2+4x-4y+4=0$, 즉 $(x+2)^2+(y-2)^2=4$를 x축의 방향으로 2만큼, y축의 방향으로 a만큼 평행이동한 원의 방정식은

$x^2+(y-a-2)^2=4$

다음 그림과 같이 원 $(x+2)^2+(y-2)^2=4$의 중심을 C$(-2, 2)$, 원 $x^2+(y-a-2)^2=4$의 중심을 C$'(0, a+2)$라 하고, 직선 CC$'$과 선분 AB의 교점을 H라 하면

$\overline{\text{AH}}=\frac{1}{2}\overline{\text{AB}}=\frac{1}{2}\times 2=1$

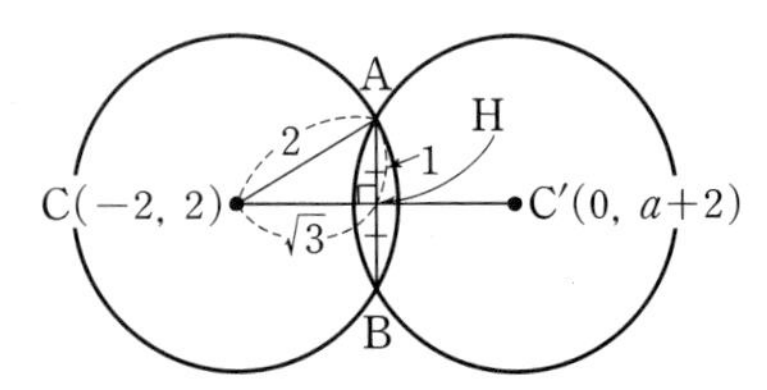

직각삼각형 ACH에서 $\overline{\text{CA}}=2$이므로

$\overline{\text{CH}}=\sqrt{2^2-1^2}=\sqrt{3}$ $\quad\therefore \overline{\text{CC}'}=2\overline{\text{CH}}=2\sqrt{3}$

즉, 두 점 C, C$'$ 사이의 거리는 $2\sqrt{3}$이므로

$\sqrt{\{-(-2)\}^2+\{(a+2)-2\}^2}=2\sqrt{3}$

$a^2+4=12$, $a^2=8$ $\quad\therefore a=\pm 2\sqrt{2}$

따라서 모든 a의 값의 곱은

$-2\sqrt{2}\times 2\sqrt{2}=-8$

Ⅰ-4 02 대칭이동

1 대칭이동

개념 Check 91쪽

1 답 (1) $(3, -4)$ (2) $(-3, 4)$
(3) $(-3, -4)$ (4) $(4, 3)$

2 답 (1) $(-2, -5)$ (2) $(2, 5)$
(3) $(2, -5)$ (4) $(5, -2)$

3 답 (1) $x+4y+1=0$ (2) $x+4y-1=0$
(3) $x-4y-1=0$ (4) $4x-y-1=0$

4 답 (1) $(x-3)^2+(y+2)^2=7$
(2) $(x+3)^2+(y-2)^2=7$
(3) $(x+3)^2+(y+2)^2=7$
(4) $(x-2)^2+(y-3)^2=7$

5 답 (1) $y=-(x-1)^2+6$
(2) $y=(x+1)^2-6$
(3) $y=-(x+1)^2+6$
(4) $x=(y-1)^2-6$

문제 92~94쪽

01-1 답 20

점 $(a, -2)$를 직선 $y=x$에 대하여 대칭이동한 점의 좌표는 $(-2, a)$

이 점을 x축에 대하여 대칭이동한 점의 좌표는 $(-2, -a)$

이 점이 점 $(6-a, 4+b)$와 일치하므로

$-2=6-a, -a=4+b$

$\therefore a=8, b=-12 \qquad \therefore a-b=20$

01-2 답 5

점 $(2, k)$를 원점에 대하여 대칭이동한 점 P의 좌표는 $(-2, -k)$

점 $(2, k)$를 직선 $y=x$에 대하여 대칭이동한 점 Q의 좌표는 $(k, 2)$

$\therefore \overline{PQ}=\sqrt{\{k-(-2)\}^2+\{2-(-k)\}^2}$
$=\sqrt{2k^2+8k+8}$

즉, $\sqrt{2k^2+8k+8}=7\sqrt{2}$이므로

$2k^2+8k+8=98, k^2+4k-45=0$

$(k+9)(k-5)=0 \qquad \therefore k=5 \ (\because k>0)$

01-3 답 24

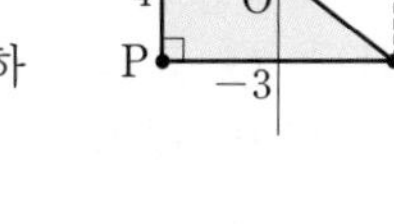

점 $P(-4, -3)$을 x축에 대하여 대칭이동한 점 Q의 좌표는 $(-4, 3)$

점 $P(-4, -3)$을 y축에 대하여 대칭이동한 점 R의 좌표는 $(4, -3)$

$\therefore \triangle PQR=\frac{1}{2}\times\overline{PR}\times\overline{PQ}=\frac{1}{2}\times8\times6=24$

02-1 답 9

$y=x^2+2mx+m^2-4=(x+m)^2-4$

이 포물선을 원점에 대하여 대칭이동한 포물선의 방정식은

$y=-(x-m)^2+4$

이 포물선의 꼭짓점의 좌표가 $(m, 4)$이므로

$m=5, n=4 \qquad \therefore m+n=9$

다른 풀이

$y=x^2+2mx+m^2-4=(x+m)^2-4$

이 포물선의 꼭짓점 $(-m, -4)$를 원점에 대하여 대칭이동한 점의 좌표는 $(m, 4)$

이 점이 점 $(5, n)$과 일치하므로

$m=5, n=4 \qquad \therefore m+n=9$

02-2 답 1

직선 $y=kx+1$을 y축에 대하여 대칭이동한 직선의 방정식은

$y=-kx+1 \qquad \cdots\cdots$ ㉠

$x^2+y^2-6x+4y+9=0$을 변형하면

$(x-3)^2+(y+2)^2=4$

직선 ㉠이 이 원의 넓이를 이등분하려면 원의 중심 $(3, -2)$를 지나야 하므로

$-2=-3k+1 \qquad \therefore k=1$

02-3 답 18

원 $x^2+y^2=4$를 x축의 방향으로 -1만큼, y축의 방향으로 -4만큼 평행이동한 원의 방정식은

$(x+1)^2+(y+4)^2=4$

이 원을 x축에 대하여 대칭이동한 원의 방정식은

$(x+1)^2+(-y+4)^2=4$

$\therefore (x+1)^2+(y-4)^2=4$

이 원이 직선 $4x+3y-a=0$에 접하려면 원의 중심 $(-1, 4)$와 직선 $4x+3y-a=0$ 사이의 거리가 반지름의 길이 2와 같아야 하므로

$\frac{|-4+12-a|}{\sqrt{4^2+3^2}}=2, \ |8-a|=10$

$8-a=\pm10 \qquad \therefore a=18 \ (\because a>0)$

03-1 답 $\sqrt{37}$

점 B(3, 5)를 직선 $y=x$에 대하여 대칭이동한 점을 B′이라 하면

B′(5, 3)

이때 $\overline{BP}=\overline{B'P}$이므로

$$\overline{AP}+\overline{BP}=\overline{AP}+\overline{B'P} \ge \overline{AB'} =\sqrt{\{5-(-1)\}^2+(3-2)^2} =\sqrt{37}$$

따라서 $\overline{AP}+\overline{BP}$의 최솟값은 $\sqrt{37}$이다.

03-2 답 $\left(0,\ \frac{5}{2}\right)$

점 B(3, 1)을 y축에 대하여 대칭이동한 점을 B′이라 하면

B′(−3, 1)

이때 $\overline{BP}=\overline{B'P}$이므로

$\overline{AP}+\overline{BP}=\overline{AP}+\overline{B'P}\ge\overline{AB'}$

즉, $\overline{AP}+\overline{BP}$의 값이 최소일 때의 점 P는 직선 AB′과 y축의 교점이다.

두 점 A(1, 3), B′(−3, 1)을 지나는 직선의 방정식은

$y-3=\frac{1-3}{-3-1}(x-1)$ $\quad\therefore y=\frac{1}{2}x+\frac{5}{2}$

따라서 구하는 점 P의 좌표는 $\left(0,\ \frac{5}{2}\right)$이다.

03-3 답 $3\sqrt{2}$

점 A(1, 2)를 y축에 대하여 대칭이동한 점을 A′이라 하면

A′(−1, 2)

점 B(2, 1)을 x축에 대하여 대칭이동한 점을 B′이라 하면

B′(2, −1)

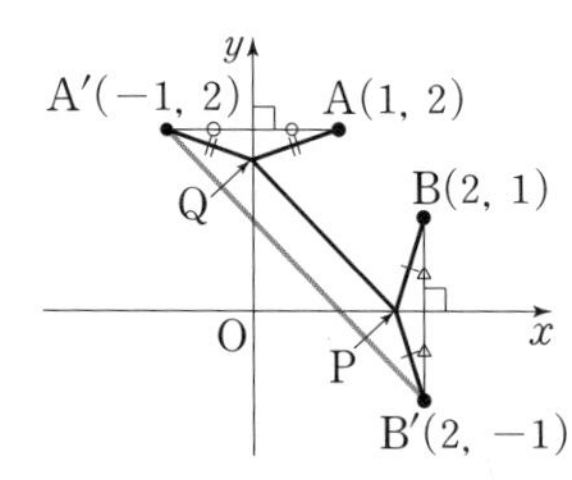

이때 $\overline{AQ}=\overline{A'Q}$, $\overline{PB}=\overline{PB'}$이므로

$$\overline{AQ}+\overline{QP}+\overline{PB}=\overline{A'Q}+\overline{QP}+\overline{PB'} \ge\overline{A'B'} =\sqrt{\{2-(-1)\}^2+(-1-2)^2} =3\sqrt{2}$$

따라서 $\overline{AQ}+\overline{QP}+\overline{PB}$의 최솟값은 $3\sqrt{2}$이다.

2 점과 직선에 대한 대칭이동

문제 96~97쪽

04-1 답 -3

점 (−1, −1)이 두 점 (2, a), (b, −3)을 이은 선분의 중점이므로

$\frac{2+b}{2}=-1$, $\frac{a-3}{2}=-1$ $\quad\therefore a=1,\ b=-4$

$\therefore a+b=-3$

04-2 답 9

$y=-x^2+2x+3=-(x-1)^2+4$

이 포물선의 꼭짓점의 좌표는 (1, 4)이다.

따라서 점 (a, b)가 두 점 (1, 4), (3, 5)를 이은 선분의 중점이므로

$a=\frac{1+3}{2}=2$, $b=\frac{4+5}{2}=\frac{9}{2}$

$\therefore ab=9$

05-1 답 $a=-2$, $b=-1$

두 점 (−6, 1), (2, 5)를 이은 선분의 중점 $\left(\frac{-6+2}{2},\ \frac{1+5}{2}\right)$, 즉 (−2, 3)이 직선 $y=ax+b$ 위의 점이므로

$3=-2a+b$ $\quad\cdots\cdots$ ㉠

또 두 점 (−6, 1), (2, 5)를 지나는 직선과 직선 $y=ax+b$는 서로 수직이므로

$\frac{5-1}{2+6}\times a=-1$ $\quad\therefore a=-2$

이를 ㉠에 대입하여 풀면 $b=-1$

05-2 답 $(x-5)^2+(y+3)^2=4$

원 $(x-1)^2+(y-1)^2=4$의 중심 (1, 1)을 직선 $x-y-4=0$에 대하여 대칭이동한 점의 좌표를 (a, b)라 하자.

두 점 (1, 1), (a, b)를 이은 선분의 중점 $\left(\frac{1+a}{2},\ \frac{1+b}{2}\right)$가 직선 $x-y-4=0$ 위의 점이므로

$\frac{1+a}{2}-\frac{1+b}{2}-4=0$ $\quad\therefore a-b=8$ $\quad\cdots\cdots$ ㉠

또 두 점 (1, 1), (a, b)를 지나는 직선과 직선 $x-y-4=0$은 서로 수직이므로

$\frac{b-1}{a-1}\times1=-1$ $\quad\therefore a+b=2$ $\quad\cdots\cdots$ ㉡

㉠, ㉡을 연립하여 풀면 $a=5$, $b=-3$

따라서 대칭이동한 원의 중심의 좌표가 (5, −3)이고 반지름의 길이가 2이므로 구하는 원의 방정식은

$(x-5)^2+(y+3)^2=4$

연습문제 98~100쪽

1 ③	2 ⑤	3 ③	4 -3	5 -1
6 ①	7 $-\frac{2}{3}$	8 ②	9 ③	10 ④
11 ①	12 ③	13 ①	14 ④	
15 $8\pi-16$	16 3 m, 25 m		17 ②	18 ②

1 점 (a, b)를 원점에 대하여 대칭이동한 점의 좌표는
$(-a, -b)$
이 점을 직선 $y=x$에 대하여 대칭이동한 점의 좌표는
$(-b, -a)$
이 점이 점 $(1, 2)$와 같으므로
$-b=1, -a=2$
$\therefore a=-2, b=-1$
$\therefore ab=2$

2 $A(4, 0)$, $B(0, 3)$이므로 점 P의 좌표는
$\left(\frac{2\times0+1\times4}{2+1}, \frac{2\times3+1\times0}{2+1}\right) \quad \therefore \left(\frac{4}{3}, 2\right)$
점 P를 x축에 대하여 대칭이동한 점 Q의 좌표는
$\left(\frac{4}{3}, -2\right)$
점 P를 y축에 대하여 대칭이동한 점 R의 좌표는
$\left(-\frac{4}{3}, 2\right)$
따라서 삼각형 RQP의 무게중심의 좌표는
$\left(\frac{\frac{4}{3}+\frac{4}{3}-\frac{4}{3}}{3}, \frac{2-2+2}{3}\right) \quad \therefore \left(\frac{4}{9}, \frac{2}{3}\right)$
즉, $a=\frac{4}{9}$, $b=\frac{2}{3}$이므로
$a+b=\frac{10}{9}$

3 직선 $mx-(n+1)y+5=0$을 원점에 대하여 대칭이동한 직선의 방정식은
$-mx+(n+1)y+5=0$
이 직선이 $(n-3)x+my+5=0$과 일치하므로
$-m=n-3, n+1=m$
두 식을 연립하여 풀면 $m=2$, $n=1$
$\therefore mn=2$

4 주어진 원을 직선 $y=x$에 대하여 대칭이동한 원의 방정식은
$x^2+y^2+6x-2y+9=0$
이 식을 변형하면
$(x+3)^2+(y-1)^2=1$
이 원의 중심의 좌표가 $(-3, 1)$이고 반지름의 길이가 1이므로
$a=-3, b=1, c=1 \qquad \therefore abc=-3$

다른 풀이

$x^2+y^2-2x+6y+9=0$을 변형하면
$(x-1)^2+(y+3)^2=1$
이 원의 중심 $(1, -3)$을 직선 $y=x$에 대하여 대칭이동한 점의 좌표는 $(-3, 1)$
$\therefore a=-3, b=1$
한편 원을 대칭이동해도 반지름의 길이는 변하지 않으므로 $c=1$
$\therefore abc=-3\times1\times1=-3$

5 원 $(x+1)^2+(y-k)^2=10$을 x축에 대하여 대칭이동한 원의 방정식은
$(x+1)^2+(-y-k)^2=10$
$\therefore (x+1)^2+(y+k)^2=10$
직선 $x-y+2=0$이 이 원의 넓이를 이등분하려면 원의 중심 $(-1, -k)$를 지나야 하므로
$-1+k+2=0 \qquad \therefore k=-1$

6 직선 $x-2y=9$를 직선 $y=x$에 대하여 대칭이동한 직선의 방정식은
$y-2x=9 \qquad \therefore 2x-y+9=0$
이 직선이 원 $(x-3)^2+(y+5)^2=k$에 접하려면 원의 중심 $(3, -5)$와 이 직선 사이의 거리가 반지름의 길이 $\sqrt{k}$와 같아야 하므로
$\frac{|6+5+9|}{\sqrt{2^2+(-1)^2}}=\sqrt{k}$
$20=\sqrt{5k}$, $400=5k$
$\therefore k=80$

7 직선 l의 기울기를 m이라 하면 직선 l의 방정식은
$y-7=m(x-1)$
$\therefore y=mx-m+7$
이 직선을 x축의 방향으로 2만큼, y축의 방향으로 -3만큼 평행이동한 직선의 방정식은
$y+3=m(x-2)-m+7$
$\therefore y=mx-3m+4$
이 직선을 y축에 대하여 대칭이동한 직선의 방정식은
$y=-mx-3m+4$
이 직선이 점 $(3, 8)$을 지나므로
$8=-3m-3m+4$
$\therefore m=-\frac{2}{3}$

8 $y=x^2+2x+a=(x+1)^2+a-1$

이 포물선의 꼭짓점의 좌표가 $(-1,\ a-1)$이므로 이 점을 x축의 방향으로 m만큼, y축의 방향으로 3만큼 평행이동한 점의 좌표는

$(-1+m,\ a-1+3)$

$\therefore (m-1,\ a+2)$

이 점을 원점에 대하여 대칭이동한 점의 좌표는

$(1-m,\ -a-2)$

이 점이 점 $(-2,\ 9)$와 일치하므로

$1-m=-2,\ -a-2=9$

$\therefore m=3,\ a=-11$

$\therefore a+m=-8$

9 점 $\mathrm{B}(4,\ 4)$를 x축에 대하여 대칭이동한 점을 B'이라 하면

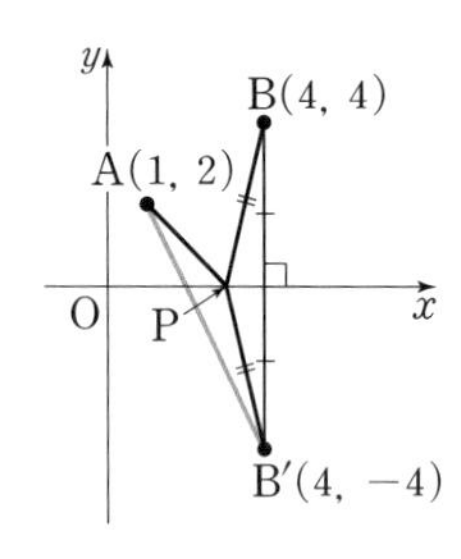

$\mathrm{B}'(4,\ -4)$

이때 $\overline{\mathrm{BP}}=\overline{\mathrm{B'P}}$이므로

$\overline{\mathrm{AP}}+\overline{\mathrm{BP}}$

$=\overline{\mathrm{AP}}+\overline{\mathrm{B'P}}$

$\geq\overline{\mathrm{AB'}}$

$=\sqrt{(4-1)^2+(-4-2)^2}$

$=3\sqrt{5}$

따라서 $\overline{\mathrm{AP}}+\overline{\mathrm{BP}}$의 최솟값은 $3\sqrt{5}$이다.

10 $y=x^2-6x+10=(x-3)^2+1$

$y=-x^2+14x-50=-(x-7)^2-1$

두 포물선이 점 P에 대하여 서로 대칭이므로 두 꼭짓점 $(3,\ 1),\ (7,\ -1)$도 점 P에 대하여 서로 대칭이다.

따라서 점 P는 두 꼭짓점을 이은 선분의 중점이므로 점 P의 좌표는

$\left(\frac{3+7}{2},\ \frac{1-1}{2}\right)$

$\therefore (5,\ 0)$

11 점 $\mathrm{A}(-2,\ 1)$을 점 $(3,\ 2)$에 대하여 대칭이동한 점을 $\mathrm{A}'(a,\ b)$라 하면 선분 AA'의 중점의 좌표가 $(3,\ 2)$이므로

$\frac{-2+a}{2}=3,\ \frac{1+b}{2}=2$

$\therefore a=8,\ b=3$

따라서 점 $\mathrm{A}'(8,\ 3)$이고, 이 점을 y축에 대하여 대칭이동한 점을 A''이라 하면

$\mathrm{A}''(-8,\ 3)$

이때 직선 l은 두 점 A, A''을 지나므로 그 기울기는

$\frac{3-1}{-8+2}=-\frac{1}{3}$

다른 풀이

점 $\mathrm{A}(-2,\ 1)$을 지나는 직선의 방정식을

$y-1=m(x+2)$라 하자.

이 직선 위의 점 $(x,\ y)$를 점 $(3,\ 2)$에 대하여 대칭이동한 점의 좌표를 $(x',\ y')$이라 하면

$\frac{x+x'}{2}=3,\ \frac{y+y'}{2}=2 \qquad \therefore x=6-x',\ y=4-y'$

이를 $y-1=m(x+2)$에 대입하면

$3-y'=m(8-x') \qquad \therefore y'=mx'-8m+3$

따라서 점 A를 지나는 직선을 점 $(3,\ 2)$에 대하여 대칭이동한 직선의 방정식은

$y=mx-8m+3$

이 직선을 y축에 대하여 대칭이동한 직선 l의 방정식은

$y=-mx-8m+3$

직선 l이 점 $\mathrm{A}(-2,\ 1)$을 지나므로

$1=2m-8m+3,\ 6m=2 \qquad \therefore m=\frac{1}{3}$

따라서 직선 l의 기울기는 $-m$이므로 $-\frac{1}{3}$이다.

12 대칭이동한 원의 반지름의 길이는 서로 같으므로 $b=4$

두 원의 중심 $(-2,\ -3),\ (6,\ a)$를 이은 선분의 중점

$\left(\frac{-2+6}{2},\ \frac{-3+a}{2}\right)$, 즉 $\left(2,\ \frac{a-3}{2}\right)$이 직선

$y=-2x+c$ 위의 점이므로

$\frac{a-3}{2}=-2\times2+c$ ...... ㉠

또 두 점 $(-2,\ -3),\ (6,\ a)$를 지나는 직선과 직선 $y=-2x+c$는 서로 수직이므로

$\frac{a+3}{6+2}\times(-2)=-1 \qquad \therefore a=1$

이를 ㉠에 대입하여 풀면 $c=3$

$\therefore a+b+c=1+4+3=8$

13 (i) 점 $\mathrm{A}(4,\ 1)$을 직선 $x-y+1=0$에 대하여 대칭이동한 점 C의 좌표를 $(a,\ b)$라 하면 선분 AC의 중점 $\left(\frac{4+a}{2},\ \frac{1+b}{2}\right)$가 직선 $x-y+1=0$ 위의 점이므로

$\frac{4+a}{2}-\frac{1+b}{2}+1=0$

$\therefore a-b=-5$ ...... ㉠

또 직선 AC와 직선 $x-y+1=0$, 즉 $y=x+1$은 서로 수직이므로

$\frac{b-1}{a-4}\times1=-1$

$\therefore a+b=5$ ...... ㉡

㉠, ㉡을 연립하여 풀면 $a=0,\ b=5$

$\therefore \mathrm{C}(0,\ 5)$

(ii) 점 B(5, 1)을 직선 $x-y+1=0$에 대하여 대칭이동한 점 D의 좌표를 (c, d)라 하면 선분 BD의 중점 $\left(\frac{5+c}{2}, \frac{1+d}{2}\right)$가 직선 $x-y+1=0$ 위의 점이므로

$\frac{5+c}{2}-\frac{1+d}{2}+1=0$

$\therefore c-d=-6$ …… ㉢

또 직선 BD와 직선 $x-y+1=0$, 즉 $y=x+1$은 서로 수직이므로

$\frac{d-1}{c-5}\times 1=-1$

$\therefore c+d=6$ …… ㉣

㉢, ㉣을 연립하여 풀면 $c=0$, $d=6$

$\therefore$ D(0, 6)

오른쪽 그림과 같이 선분 AB의 연장선이 y축과 만나는 점을 E라 하면

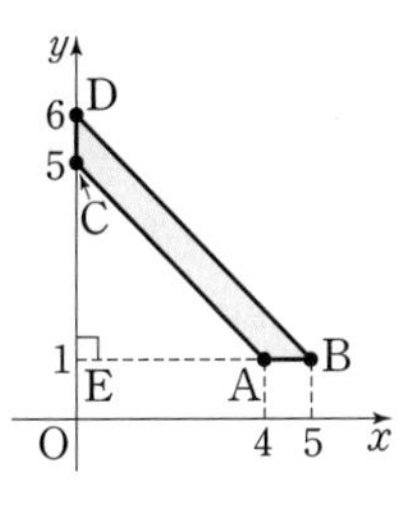

□ABDC

$=\triangle$BDE$-\triangle$ACE

$=\frac{1}{2}\times 5\times 5-\frac{1}{2}\times 4\times 4=\frac{9}{2}$

14 점 (3, 2)를 규칙에 따라 이동해 보자.

점 (3, 2)에서 $3>2$이므로 [규칙 1]에서

$(3, 2) \longrightarrow (-3, -2)$

점 $(-3, -2)$에서 $-3<-2$이므로 [규칙 2]에서

$(-3, -2) \longrightarrow (-3+1, -2)$ $\therefore (-2, -2)$

점 $(-2, -2)$에서 $-2=-2$이므로 [규칙 3]에서

$(-2, -2) \longrightarrow (-2, -2+1)$ $\therefore (-2, -1)$

점 $(-2, -1)$에서 $-2<-1$이므로 [규칙 2]에서

$(-2, -1) \longrightarrow (-2+1, -1)$ $\therefore (-1, -1)$

⋮

이와 같이 점 (3, 2)를 규칙에 따라 이동하면 이동된 점의 y좌표는 x좌표와 같거나 1만큼 크므로 점 (17, 16)은 지날 수 없다.

15 원 $(x-4)^2+y^2=16$을 직선 $y=x$에 대하여 대칭이동한 원의 방정식은

$(y-4)^2+x^2=16$ $\therefore x^2+(y-4)^2=16$

따라서 주어진 원과 대칭이동한 원이 겹쳐지는 부분은 오른쪽 그림의 색칠한 부분과 같으므로 그 넓이는

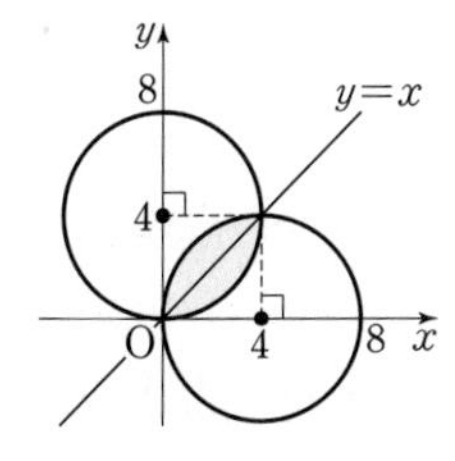

$2\times\left(\frac{1}{4}\pi\times 4^2-\frac{1}{2}\times 4\times 4\right)$

$=8\pi-16$

16 전시물 B가 있는 벽면과 입구 P가 있는 벽면을 각각 x축, y축으로 하여 전시장을 좌표평면 위에 나타내면 오른쪽 그림과 같다.

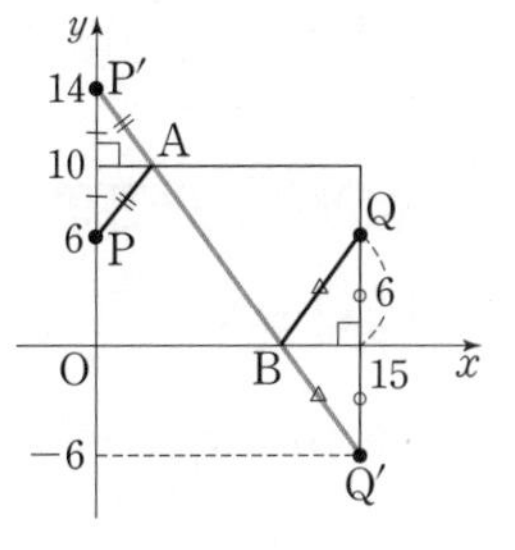

이때 점 P를 직선 $y=10$에 대하여 대칭이동한 점을 P′, 점 Q를 x축에 대하여 대칭이동한 점을 Q′이라 하면

$\overline{PA}+\overline{AB}+\overline{BQ}=\overline{P'A}+\overline{AB}+\overline{BQ'}\geq\overline{P'Q'}$

이므로 선분 P′Q′의 길이가 구하는 최소 이동 거리이다.

(i) 점 A는 직선 P′Q′과 직선 $y=10$의 교점이다.

이때 P′(0, 14), Q′(15, −6)이므로 두 점 P′, Q′을 지나는 직선의 방정식은

$y-14=\frac{-6-14}{15}x$ $\therefore y=-\frac{4}{3}x+14$

$y=10$일 때, x의 값을 구하면

$10=-\frac{4}{3}x+14$ $\therefore x=3$

따라서 전시물 A는 입구 P가 있는 벽면에서 오른쪽으로 3 m 떨어져 있어야 한다.

(ii) 선분 P′Q′의 길이를 구하면

$\overline{P'Q'}=\sqrt{15^2+(-6-14)^2}=25$(m)

따라서 최소 이동 거리는 25 m이다.

17 점 A(6, 2)를 직선 $y=x$에 대하여 대칭이동한 점을 A′, x축에 대하여 대칭이동한 점을 A″이라 하면

A′(2, 6), A″(6, −2)

삼각형 ABC의 둘레의 길이는

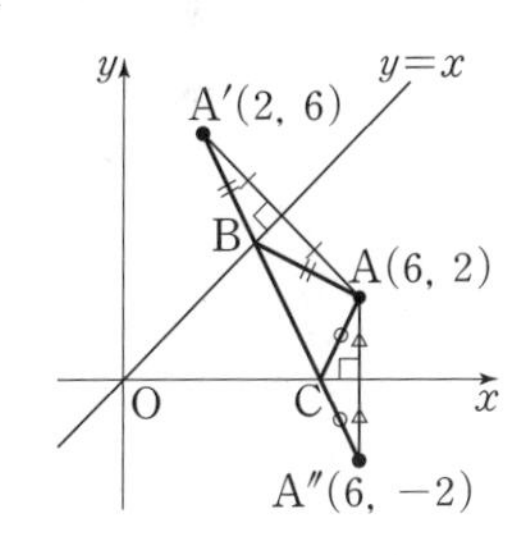

$\overline{AB}+\overline{BC}+\overline{CA}$

$=\overline{A'B}+\overline{BC}+\overline{CA''}$

$\geq\overline{A'A''}$

$=\sqrt{(6-2)^2+(-2-6)^2}$

$=4\sqrt{5}$

따라서 삼각형 ABC의 둘레의 길이의 최솟값은 $4\sqrt{5}$이다.

18 방정식 $f(x+1, -(y-2))=0$이 나타내는 도형은 방정식 $f(x, y)=0$이 나타내는 도형을 x축에 대하여 대칭이동한 후 x축의 방향으로 -1만큼, y축의 방향으로 2만큼 평행이동한 것이므로 ②와 같다.

다른 풀이

방정식 $f(x+1, -y+2)=0$이 나타내는 도형은 방정식 $f(x, y)=0$이 나타내는 도형을 x축의 방향으로 -1만큼, y축의 방향으로 -2만큼 평행이동한 후 x축에 대하여 대칭이동한 것이므로 ②와 같다.

Ⅱ-1 01 집합의 뜻과 집합 사이의 포함 관계

집합의 뜻과 표현

개념 Check 103쪽

1 답 (1) **1, 2, 3** (2) **1, 3, 5, 7, 9**

2 답 (1) $\notin$ (2) $\in$ (3) $\notin$ (4) $\in$

3 답 (1) $A=\{1, 2, 3, 4, 5\}$

(2) 예 $A=\{x|x$는 5 이하의 자연수$\}$

(3)

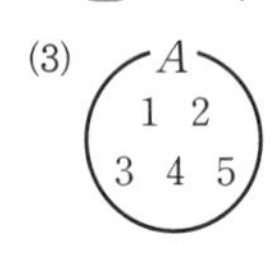

4 답 (1) ㄱ, ㄴ, ㄹ, ㅂ (2) ㄷ, ㅁ (3) ㄴ

ㄱ. $\{1, 2, 3, 6, 9, 18\}$ ➡ 유한집합

ㄴ. $x^2+2=0$인 실수 x는 존재하지 않는다.
➡ 공집합, 유한집합

ㄷ. $\{11, 13, 15, 17, \cdots\}$ ➡ 무한집합

ㄹ. $\{2\}$ ➡ 유한집합

ㅁ. 1과 2 사이의 유리수는 무수히 많다. ➡ 무한집합

ㅂ. $\{3, 6, 9\}$ ➡ 유한집합

문제 104~107쪽

01-1 답 ㄴ, ㄷ, ㅂ

ㄱ, ㄹ, ㅁ. '잘생긴', '아름다운', '잘하는'은 기준이 명확하지 않아 대상을 분명하게 정할 수 없으므로 집합이 아니다.

ㄴ. 원소가 105, 112, 119, 126, ⋯인 집합이다.

ㄷ. 원소가 국어, 영어, 수학, ⋯인 집합이다.

ㅂ. 원소가 월, 화, 수, 목, 금, 토, 일인 집합이다.

따라서 보기에서 집합인 것은 ㄴ, ㄷ, ㅂ이다.

01-2 답 ⑤

① 원소가 1인 집합이다.

② $84=2^2\times3\times7$이므로 원소가 2, 3, 7인 집합이다.

③ $x^2-3x=0$에서 $x(x-3)=0$ $\therefore x=0$ 또는 $x=3$
따라서 원소가 0, 3인 집합이다.

④ 원소가 하나도 없으므로 공집합이다.

⑤ '작은'은 기준이 명확하지 않아 대상을 분명하게 정할 수 없으므로 집합이 아니다.

따라서 집합이 아닌 것은 ⑤이다.

02-1 답 (1) 예 $A=\{x|x$는 4로 나누었을 때의 나머지가 1인 100 이하의 자연수$\}$

(2) 예 $B=\{x|x$는 모음인 알파벳 소문자$\}$

(3) $C=\{1, 3, 5, 7, \cdots, 49\}$

(4) $D=\{-2, 4\}$

(4) $x^2-2x-8=0$에서
$(x+2)(x-4)=0$
$\therefore x=-2$ 또는 $x=4$

02-2 답 원소나열법: $A=\{1, 3, 5, 7, 9\}$
조건제시법: 예 $A=\{x|x$는 10보다 작은 홀수$\}$

02-3 답 ㄱ, ㄴ, ㄷ

ㄱ, ㄴ, ㄷ. $\{1, 2, 3, 4, \cdots, 9\}$

ㄹ. $\{0, 1, 2, 3, 4, \cdots, 9\}$

따라서 보기에서 주어진 집합을 조건제시법으로 바르게 나타낸 것은 ㄱ, ㄴ, ㄷ이다.

03-1 답 (1) $C=\{0, 1, 2, 3, 4\}$

(2) $D=\{-3, -2, -1, 1, 2, 3\}$

$x^2=1$에서 $x=\pm1$

$\therefore B=\{-1, 1\}$

(1) 집합 A의 원소 a와 집합 B의 원소 b에 대하여 $a-b$의 값은 오른쪽 표와 같으므로
$C=\{0, 1, 2, 3, 4\}$

a \ b	-1	1
1	2	0
2	3	1
3	4	2

(2) 집합 A의 원소 a와 집합 B의 원소 b에 대하여 $\frac{a}{b}$의 값은 오른쪽 표와 같으므로
$D=\{-3, -2, -1, 1, 2, 3\}$

a \ b	-1	1
1	-1	1
2	-2	2
3	-3	3

03-2 답 -7

집합 B의 원소 b와 집합 A의 원소 a에 대하여 ba의 값은 오른쪽 표와 같으므로

b \ a	1	2
-1	-1	-2
0	0	0

$B\otimes A=\{-2, -1, 0\}$

집합 A의 원소 a와 집합 $B\otimes A$의 원소 ba에 대하여 $a\times ba$의 값은 오른쪽 표와 같으므로

a \ ba	-2	-1	0
1	-2	-1	0
2	-4	-2	0

$A\otimes(B\otimes A)$
$=\{-4, -2, -1, 0\}$

따라서 집합 $A\otimes(B\otimes A)$의 모든 원소의 합은
$-4+(-2)+(-1)+0=-7$

04-1 답 ㄱ, ㄹ

ㄴ. $n(\{2\})=n(\{\varnothing\})=1$

ㄷ. $n(\{1, 2, 3\})-n(\{1, 3\})=3-2=1$

ㄹ. $A=\{1, 3, 5, 15\}$이므로 $n(A)=4$

ㅁ. $A=\varnothing$이므로 $n(A)=0$

따라서 보기에서 옳은 것은 ㄱ, ㄹ이다.

04-2 답 **11**

$A=\{0, 1, 2, 3, \cdots, 9\}$이므로 $n(A)=10$

$B=\{\varnothing\}$에서 $n(B)=1$

집합 C에서 $x^2+x+1=0$인 실수 x는 없으므로

$C=\varnothing \quad \therefore n(C)=0$

$\therefore n(A)+n(B)+n(C)=10+1+0$

$=11$

2 집합 사이의 포함 관계

개념 Check 109쪽

1 답 (1) $\subset$, $\not\subset$ (2) $\not\subset$, $\subset$ (3) $\subset$, $\not\subset$ (4) $\not\subset$, $\not\subset$

2 답 (1) $\varnothing$, $\{a\}$, $\{b\}$, $\{a, b\}$

(2) $\varnothing$, $\{0\}$, $\{1\}$, $\{2\}$, $\{0, 1\}$, $\{0, 2\}$, $\{1, 2\}$, $\{0, 1, 2\}$

3 답 (1) $=$ (2) $\neq$ (3) $\neq$ (4) $=$

(1) $B=\{2, 3, 5, 7\}$이므로 $A=B$

(2) $B=\{1, 5, 25\}$이므로 $A\neq B$

(3) $A=\{-1, 1\}$, $B=\{-1, 0, 1\}$이므로 $A\neq B$

(4) $A=\{1, 2, \cdots, 9\}$, $B=\{1, 2, \cdots, 9\}$이므로 $A=B$

4 답 $a=9$, $b=5$

$A=B$이므로 $9\in A$, $5\in B$이어야 한다.

$9\in A$에서 $a=9$

$5\in B$에서 $b=5$

5 답 ㄱ, ㄹ

ㄱ. $A\subset B$, $A\neq B$이므로 A는 B의 진부분집합이다.

ㄴ. $A=\{2, 3, 5, 7, \cdots\}$, $B=\{1, 3, 5, 7, \cdots\}$이므로 $A\not\subset B$

따라서 A는 B의 진부분집합이 아니다.

ㄷ. $A=\{-1, 1\}$이므로 $A=B$

따라서 A는 B의 진부분집합이 아니다.

ㄹ. $B=\{2, 3, 5, 7\}$이므로 $A\subset B$, $A\neq B$

따라서 A는 B의 진부분집합이다.

ㅁ. $A\not\subset B$이므로 A는 B의 진부분집합이 아니다.

따라서 보기에서 A가 B의 진부분집합인 것은 ㄱ, ㄹ이다.

6 답 $\varnothing$, $\{2\}$, $\{3\}$, $\{4\}$, $\{2, 3\}$, $\{2, 4\}$, $\{3, 4\}$

문제 110~111쪽

05-1 답 ㄴ, ㄹ, ㅂ

$A=\{1, 3, 7, 21\}$

ㄱ. $\varnothing$은 모든 집합의 부분집합이지만 집합 A의 원소는 아니므로 $\varnothing\subset A$, $\varnothing\notin A$

ㄴ. 7은 집합 A의 원소이므로 $7\in A$

ㄷ. 3, 7은 집합 A의 원소이므로 $\{3, 7\}\subset A$

ㄹ. 1, 21은 집합 A의 원소이므로 $\{1, 21\}\subset A$

ㅁ. 14는 집합 A의 원소가 아니므로 $\{3, 14\}\not\subset A$

ㅂ. $A\subset A$이므로 $\{1, 3, 7, 21\}\subset A$

따라서 보기에서 옳은 것은 ㄴ, ㄹ, ㅂ이다.

05-2 답 ②

집합 A의 원소는 0, $\{1\}$, $\{1, 2\}$, 3

① 2는 집합 A의 원소가 아니므로 $2\notin A$

② $\{1, 2\}$는 집합 A의 원소이지만 1, 2는 집합 A의 원소가 아니므로 $\{1, 2\}\in A$, $\{1, 2\}\not\subset A$

③ 1은 집합 A의 원소가 아니므로 $\{0, 1\}\not\subset A$

④ $\{1\}$은 집합 A의 원소이므로 $\{1\}\in A$

⑤ 0은 집합 A의 원소이므로 $\{0\}\subset A$

따라서 옳지 않은 것은 ②이다.

05-3 답 **5**

집합 A의 원소는 $\varnothing$, 1, 2, $\{1, 2\}$

ㄱ. $\varnothing$은 모든 집합의 부분집합이므로 $\varnothing\subset A$

ㄴ, ㄹ. $\{1, 2\}$는 집합 A의 원소이므로

$\{1, 2\}\in A$, $\{\{1, 2\}\}\subset A$

ㄷ. 1, 2는 집합 A의 원소이므로 $\{1, 2\}\subset A$

ㅁ. $\varnothing$은 집합 A의 원소이므로 $\{\varnothing\}\subset A$

ㅂ. 1은 집합 A의 원소이므로 $1\in A$, $\{1\}\subset A$

$\{1\}$은 집합 A의 원소가 아니므로 $\{1\}\notin A$

따라서 보기에서 옳은 것은 ㄱ, ㄴ, ㄷ, ㄹ, ㅁ의 5개이다.

06-1 답 **1**

$1\in A$이므로 $A\subset B$이려면 $1\in B$에서

$a+4=1$ 또는 $2a-1=1$ $\quad\therefore a=-3$ 또는 $a=1$

(i) $a=-3$일 때,

$A=\{-1, 1\}$, $B=\{-7, 1, 3\}$ $\quad\therefore A\not\subset B$

(ii) $a=1$일 때,

$A=\{1, 3\}$, $B=\{1, 3, 5\}$ $\quad\therefore A\subset B$

(i), (ii)에서 $a=1$

06-2 답 **3**

$A\subset B$, $B\subset A$이면 $A=B$

$1\in B$이므로 $A=B$이려면 $1\in A$에서

$a^2+1=1$, $a^2=0$ $\quad\therefore a=0$

$\therefore A=\{-1, 1, 2\}$, $B=\{-1, 1, b-1\}$

$2\in A$이므로 $A=B$이려면 $2\in B$에서

$b-1=2$ $\quad\therefore b=3$

$\therefore a+b=0+3=3$

06-3 답 $-3\le k\le -2$

$A\subset B$이도록 두 집합 A, B를 수직선 위에 나타내면 오른쪽 그림과 같으므로

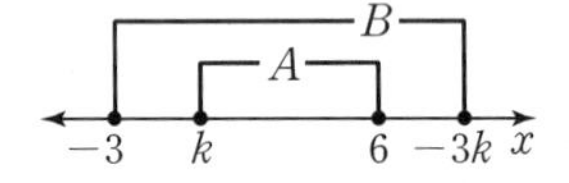

$-3\le k\le 6$, $-3k\ge 6$

$\therefore -3\le k\le -2$

3 부분집합의 개수

개념 Check 112쪽

1 답 (1) **64** (2) **63** (3) **16** (4) **4**

(1) $2^6=64$ (2) $2^6-1=63$

(3) $2^{6-2}=2^4=16$ (4) $2^{6-4}=2^2=4$

문제 113~114쪽

07-1 답 (1) **8** (2) **56**

(1) 구하는 부분집합의 개수는 집합 A에서 1, 3, 4를 제외한 집합 $\{2, 5, 6\}$의 부분집합의 개수와 같으므로

$2^{6-3}=2^3=8$

(2) 집합 A의 부분집합의 개수에서 소수 2, 3, 5를 원소로 갖지 않는 부분집합의 개수를 뺀 것과 같으므로

$2^6-2^{6-3}=64-8=56$

07-2 답 **32**

$A=\{1, 2, 3, 4, 5, 6, 7, 8\}$이므로 집합 A의 부분집합 중에서 1, 2는 반드시 원소로 갖고 8은 원소로 갖지 않는 부분집합의 개수는 집합 $\{3, 4, 5, 6, 7\}$의 부분집합의 개수와 같다.

따라서 구하는 집합 X의 개수는

$2^{8-3}=2^5=32$

07-3 답 **55**

$A=\{1, 2, 3, 6, 9, 18\}$

(i) 집합 A의 진부분집합의 개수는

$2^6-1=63$

(ii) 홀수 1, 3, 9를 원소로 갖지 않는 부분집합의 개수는

$2^{6-3}=2^3=8$

(i), (ii)에서 구하는 부분집합의 개수는

$63-8=55$

08-1 답 **8**

구하는 집합 X의 개수는 집합 $\{a, b, c, d, e\}$의 부분집합 중에서 a, b를 반드시 원소로 갖는 부분집합의 개수와 같으므로

$2^{5-2}=2^3=8$

08-2 답 **4**

$A\subset X\subset B$에서 $\{3, 5\}\subset X\subset\{2, 3, 5, 7\}$

따라서 집합 X의 개수는 집합 B의 부분집합 중에서 3, 5를 반드시 원소로 갖는 부분집합의 개수와 같으므로

$2^{4-2}=2^2=4$

08-3 답 **7**

$A\subset X\subset B$에서 $\{1, 2, 3, 4\}\subset X\subset\{1, 2, 3, \cdots, k\}$

따라서 집합 X의 개수는 집합 B의 부분집합 중에서 1, 2, 3, 4를 반드시 원소로 갖는 부분집합의 개수와 같으므로

$2^{k-4}=8=2^3$

즉, $k-4=3$이므로 $k=7$

연습문제 115~117쪽

1 ③	2 ④	3 ⑤	4 ②	5 ⑤
6 ③	7 ④	8 ②	9 2	10 4
11 ⑤	12 ②	13 24	14 9	15 ③
16 8	17 15	18 ⑤	19 48	20 ③

1 ㄱ, ㄴ. '큰', '아주 작은'은 기준이 명확하지 않아 대상을 분명하게 정할 수 없으므로 집합이 아니다.
따라서 보기에서 집합인 것은 ㄷ, ㄹ, ㅁ, ㅂ의 4개이다.

2 집합 A는 소인수가 2와 5뿐인 자연수의 집합이다.
주어진 수를 각각 소인수분해하면
① $10=2\times5$　② $50=2\times5^2$
③ $100=2^2\times5^2$　④ $150=2\times3\times5^2$
⑤ $200=2^3\times5^2$
따라서 집합 A의 원소가 아닌 것은 ④이다.

3 ① $\{3, 5, 7\}$
② $\{1, 2, 3, 4, 6, 12\}$
③ $\{11, 13, 15, \cdots, 99\}$
④ $x^2-6x+8=0$에서 $(x-2)(x-4)=0$
$\therefore x=2$ 또는 $x=4$　$\therefore \{2, 4\}$
⑤ -1보다 크거나 같고 3보다 작거나 같은 실수는 무수히 많다.
따라서 무한집합인 것은 ⑤이다.

4 $A=\{1, 2, 4, 5, 10, 20\}$이므로 $n(A)=6$
$B=\{0\}$이므로 $n(B)=1$
$C=\{10, 20, 30, 40\}$이므로 $n(C)=4$
$\therefore n(A)+n(B)-n(C)=6+1-4=3$

5 ① $n(\{\varnothing\})=1$
② $n(\{1\})=n(\{2\})=1$
③ $A=\{1, 2\}$, $B=\{3, 4\}$일 때, $n(A)=n(B)=2$이지만 $A\neq B$이다.
④ $A\subset B$이면 A는 B의 진부분집합이거나 $A=B$이므로 $n(A)\leq n(B)$
⑤ $n(\{0\})+n(\varnothing)+n(\{0, \varnothing\})=1+0+2=3$
따라서 옳은 것은 ⑤이다.

6 집합 A의 원소는 $\varnothing$, $\{\varnothing\}$, 1, $\{2, 3\}$
ㄱ. $\varnothing$은 집합 A의 원소이므로 $\varnothing\in A$
ㄴ. 2는 집합 A의 원소가 아니므로 $2\notin A$
ㄷ. $\{1, 2\}$는 집합 A의 원소가 아니므로 $\{1, 2\}\notin A$
ㄹ. $\{2, 3\}$은 집합 A의 원소이므로 $\{2, 3\}\in A$
ㅁ. $\varnothing$은 모든 집합의 부분집합이므로 $\varnothing\subset A$
ㅂ. $\varnothing$, $\{\varnothing\}$은 집합 A의 원소이므로 $\{\varnothing, \{\varnothing\}\}\subset A$
따라서 보기에서 옳은 것은 ㄱ, ㅁ, ㅂ이다.

7 ㄱ. $A=\{4, 6, 8, 10, 12, \cdots\}$, $B=\{4, 8, 12, \cdots\}$이므로
$B\subset A$, $A\not\subset B$
ㄴ. $A=\{5, 10, 15, 20, \cdots\}$, $B=\{5, 10, 15, 20, \cdots\}$이므로
$B\subset A$, $A\subset B$
ㄷ. $B\subset A$, $A\not\subset B$
따라서 보기에서 $B\subset A$이지만 $A\not\subset B$인 것은 ㄱ, ㄷ이다.

8 집합 A의 임의의 두 원소 x, y에 대하여 $x+y$의 값은 오른쪽 표와 같으므로
$B=\{-2, -1, 0, 1, 2\}$

x \ y	-1	0	1
-1	-2	-1	0
0	-1	0	1
1	0	1	2

집합 A의 임의의 두 원소 x, y에 대하여 xy의 값은 오른쪽 표와 같으므로
$C=\{-1, 0, 1\}$
$\therefore A=C\subset B$

x \ y	-1	0	1
-1	1	0	-1
0	0	0	0
1	-1	0	1

9 $1\in A$이므로 $A\subset B$이려면 $1\in B$에서
$a-1=1$ 또는 $a-3=1$
$\therefore a=2$ 또는 $a=4$
(i) $a=2$일 때,
$A=\{1, 4\}$, $B=\{-1, 1, 4\}$　$\therefore A\subset B$
(ii) $a=4$일 때,
$A=\{1, 6\}$, $B=\{1, 3, 4\}$　$\therefore A\not\subset B$
(i), (ii)에서 $a=2$

10 $C\subset B\subset A$이도록 세 집합 A, B, C를 수직선 위에 나타내면 다음 그림과 같다.

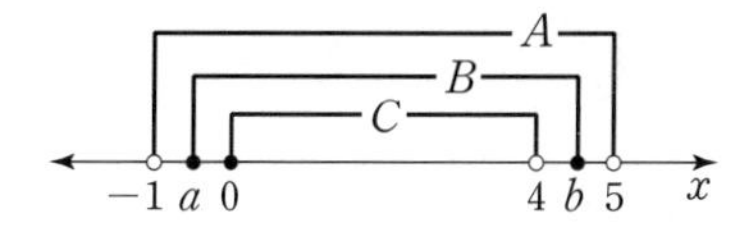

$\therefore -1<a\leq0$, $4\leq b<5$
이때 a, b는 정수이므로
$a=0$, $b=4$　$\therefore a+b=4$

11 $2\in B$이므로 $A=B$이려면 $2\in A$에서
$a+2=2$ 또는 $a^2-2=2$
$\therefore a=0$ 또는 $a=\pm2$
(i) $a=-2$일 때,
$A=\{0, 2\}$, $B=\{2, 8\}$　$\therefore A\neq B$
(ii) $a=0$일 때,
$A=\{-2, 2\}$, $B=\{2, 6\}$　$\therefore A\neq B$
(iii) $a=2$일 때,
$A=\{2, 4\}$, $B=\{2, 4\}$　$\therefore A=B$
(i), (ii), (iii)에서 $a=2$

12 집합 A의 부분집합 중에서 1, 3은 반드시 원소로 갖고 2는 원소로 갖지 않는 부분집합의 개수는 집합 A에서 1, 2, 3을 제외한 집합 $\{4, 5\}$의 부분집합의 개수와 같다.
따라서 구하는 집합 X의 개수는
$2^{5-3}=2^2=4$

13 $A=\{2, 4, 6, 8, 10\}$
(i) 집합 A의 부분집합의 개수는
$2^5=32$
(ii) 집합 A의 부분집합 중에서 2, 8을 원소로 갖지 않는 부분집합의 개수는 집합 A에서 2, 8을 제외한 집합 $\{4, 6, 10\}$의 부분집합의 개수와 같으므로
$2^{5-2}=2^3=8$
(i), (ii)에서 구하는 부분집합의 개수는
$32-8=24$

14 집합 A의 부분집합 중에서 1, 2는 반드시 원소로 갖고 3, 4, n은 원소로 갖지 않는 부분집합의 개수는 집합 A에서 1, 2, 3, 4, n을 제외한 집합의 부분집합의 개수와 같으므로
$2^{n-5}=16=2^4$
따라서 $n-5=4$이므로
$n=9$

15 $A\subset X\subset B$에서
$\{-1, 0, 1\}\subset X\subset\{-3, -2, -1, 0, 1, 2, 3\}$
따라서 구하는 집합 X의 개수는 집합 B의 부분집합 중에서 -1, 0, 1을 반드시 원소로 갖는 부분집합의 개수와 같으므로
$2^{7-3}=2^4=16$

16 집합 A의 원소 x와 집합 B의 원소 y에 대하여 $x+y$의 값은 다음 표와 같다.

y \ x	1	2	3	4	a
1	2	3	4	5	$a+1$
3	4	5	6	7	$a+3$
5	6	7	8	9	$a+5$

즉, 집합 X의 원소는
2, 3, 4, 5, 6, 7, 8, 9, $a+1$, $a+3$, $a+5$
이때 $n(X)=10$이려면 자연수 a에 대하여
$a+1\le 9$, $a+3>9$
$\therefore 6<a\le 8$
따라서 자연수 a는 7, 8이므로 구하는 최댓값은 8이다.

17 집합 A는 자연수를 원소로 가지므로
$1\in A$이면 $(8-1)\in A$ $\quad\therefore 7\in A$
$2\in A$이면 $(8-2)\in A$ $\quad\therefore 6\in A$
$3\in A$이면 $(8-3)\in A$ $\quad\therefore 5\in A$
$4\in A$이면 $(8-4)\in A$ $\quad\therefore 4\in A$
x가 8 이상의 자연수이면 $8-x\le 0$이므로 $(8-x)\notin A$
즉, 집합 A의 원소가 될 수 있는 것은
1, 7 또는 2, 6 또는 3, 5 또는 4
집합 A는 공집합이 아니므로 집합 A의 개수는
$2^4-1=15$

18 (i) 집합 X가 8을 원소로 갖는 경우
(가)를 만족시키려면 $\{4, 5, 6, 7, 9\}$의 부분집합 중에서 공집합을 제외하면 되므로 집합 A의 부분집합 X의 개수는
$2^5-1=31$
(ii) 집합 X가 8을 원소로 갖지 않는 경우
(나)를 만족시키려면 집합 X는 4, 6을 반드시 원소로 가져야 한다.
즉, 집합 A의 부분집합 중에서 4, 6은 반드시 원소로 갖고 8은 원소로 갖지 않는 부분집합의 개수는 집합 A에서 4, 6, 8을 제외한 집합 $\{5, 7, 9\}$의 부분집합의 개수와 같으므로
$2^{6-3}=2^3=8$
(i), (ii)에서 집합 X의 개수는 $31+8=39$

19 $\sqrt{25}=5$이므로
$A_{25}=\{1, 3, 5\}$
$A_n\subset A_{25}$이려면 $1\le\sqrt{n}<7$이어야 하므로
$1\le n<49$
따라서 자연수 n의 최댓값은 48이다.

20 집합 $A=\{-1, 0, 1, 2\}$의 부분집합 중에서
-1을 반드시 원소로 갖는 부분집합의 개수는
$2^{4-1}=2^3=8$
0을 반드시 원소로 갖는 부분집합의 개수는
$2^{4-1}=2^3=8$
1을 반드시 원소로 갖는 부분집합의 개수는
$2^{4-1}=2^3=8$
2를 반드시 원소로 갖는 부분집합의 개수는
$2^{4-1}=2^3=8$
따라서 부분집합 A_1, A_2, A_3, $\cdots$, A_{16}에는 원소 -1, 0, 1, 2가 각각 8번씩 들어간다.
따라서 구하는 값은
$a_1+a_2+a_3+\cdots+a_{16}=8(-1+0+1+2)=16$

Ⅱ-1 02 집합의 연산

집합의 연산

개념 Check 120쪽

1 답 (1) $A\cup B=\{a, b, c\}$, $A\cap B=\{b\}$
(2) $A\cup B=\{1, 2, 3, 4\}$, $A\cap B=\{1, 2\}$
(3) $A\cup B=\{1, 2, 3, 4, 5, 6\}$, $A\cap B=\{3, 4\}$
(4) $A\cup B=\{1, 2, 3, 6, 9, 18\}$,
$A\cap B=\{1, 2, 3, 6\}$

2 답 (1) 서로소가 아니다. (2) 서로소이다.
(1) $A\cap B=\{x|2<x<3\}$이므로 두 집합 A, B는 서로소가 아니다.
(2) $x^2+5x+4=0$에서 $(x+4)(x+1)=0$
$\therefore x=-4$ 또는 $x=-1$ $\quad\therefore A=\{-4, -1\}$
$x^2-4=0$에서 $(x+2)(x-2)=0$
$\therefore x=-2$ 또는 $x=2$ $\quad\therefore B=\{-2, 2\}$
따라서 $A\cap B=\varnothing$이므로 두 집합 A, B는 서로소이다.

3 답 (1) $\{1, 2, 4, 5\}$ (2) $\{2, 4, 6\}$
(3) $\{6\}$ (4) $\{1, 5\}$
(5) $\{1, 2, 4, 5, 6\}$ (6) $\{2, 4\}$
전체집합 U와 두 집합 A, B를 벤 다이어그램으로 나타내면 오른쪽 그림과 같다.

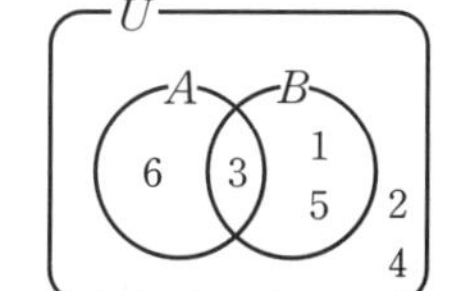

(1) $A^C=\{1, 2, 4, 5\}$
(2) $B^C=\{2, 4, 6\}$
(3) $A-B=\{6\}$
(4) $B-A=\{1, 5\}$
(5) $(A\cap B)^C=\{1, 2, 4, 5, 6\}$
(6) $(A\cup B)^C=\{2, 4\}$

4 답 ㄱ, ㄴ, ㄷ, ㅁ
ㄹ. $(A^C)^C\cap U=A\cap U=A$
ㅂ. $A^C\cap B=B-A$

문제 121~125쪽

01-1 답 (1) $\{1, 3, 5\}$ (2) $\{1, 2, 3, 4, 5, 10, 20\}$
$A=\{1, 3, 5, 15\}$, $B=\{1, 2, 3, 6, 9, 18\}$,
$C=\{1, 2, 4, 5, 10, 20\}$
(1) $B\cup C=\{1, 2, 3, 4, 5, 6, 9, 10, 18, 20\}$이므로
$A\cap(B\cup C)=\{1, 3, 5\}$
(2) $A\cap B=\{1, 3\}$이므로
$(A\cap B)\cup C=\{1, 2, 3, 4, 5, 10, 20\}$

01-2 답 9
$A^C=\{1, 3, 5\}$이므로 A^C의 모든 원소의 합은
$1+3+5=9$

01-3 답 1
$U=\{1, 2, 3, 4, 5, 6, 7, 8, 9, 10\}$
$A=\{2, 4, 6, 8, 10\}$, $B=\{3, 6, 9\}$
$A^C=\{1, 3, 5, 7, 9\}$이므로
$B-A^C=\{6\}$ $\quad\therefore n(B-A^C)=1$

다른 풀이
$B-A^C=B\cap(A^C)^C=B\cap A$이므로
$B-A^C=\{6\}$ $\quad\therefore n(B-A^C)=1$

02-1 답 $\{4, 7, 10, 16, 19\}$
벤 다이어그램을 그려서
$A\cap B=\{7, 16\}$,
$B=\{1, 7, 13, 16\}$,
$A\cup B=\{1, 4, 7, 10, 13, 16, 19\}$
의 순서로 원소를 써넣으면 위의 그림과 같다.
$\therefore A=\{4, 7, 10, 16, 19\}$

02-2 답 $\{b, f, g\}$
벤 다이어그램을 그려서

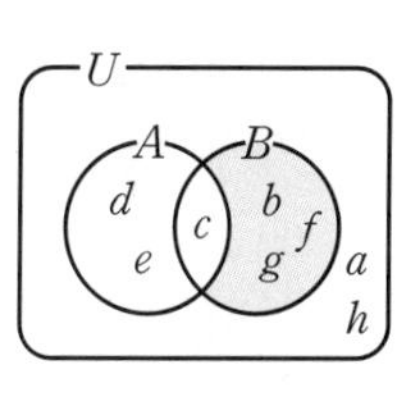

$A\cap B=\{c\}$,
$A\cap B^C=A-B=\{d, e\}$,
$(A\cup B)^C=\{a, h\}$,
$U=\{a, b, c, d, e, f, g, h\}$

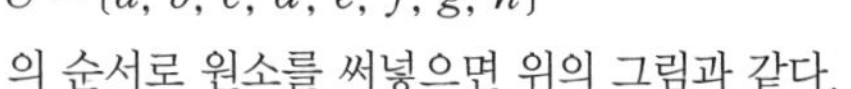
의 순서로 원소를 써넣으면 위의 그림과 같다.
$\therefore B-A=\{b, f, g\}$

02-3 답 9
벤 다이어그램을 그려서
$A-B=\{2, 3\}$,
$B-A=\{5\}$,
$(A\cap B)^C=\{1, 2, 3, 5, 6\}$,
$U=\{1, 2, 3, 4, 5, 6\}$
의 순서로 원소를 써넣으면 위의 그림과 같다.
$\therefore B=\{4, 5\}$
따라서 집합 B의 모든 원소의 합은
$4+5=9$

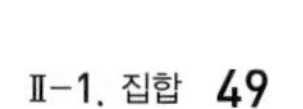

03-1 **답** $a=4$, $b=2$

$A=\{-3, 0, 2, 2a-b\}$, $A-B=\{2\}$에서

$A\cap B=\{-3, 0, 2a-b\}$

즉, $0\in B$, $2a-b\in B$이므로

$a-2b=0$ …… ㉠

$2a-b=6$ …… ㉡

㉠, ㉡을 연립하여 풀면 $a=4$, $b=2$

03-2 **답** $\{1\}$

$A\cap B=\{2, 6\}$에서 $6\in A$이므로

$a^2-a=6$, $a^2-a-6=0$

$(a+2)(a-3)=0$ $\quad\therefore a=-2$ 또는 $a=3$

(i) $a=-2$일 때,

$A=\{2, 3, 6\}$, $B=\{1, 2, 11\}$

이때 $A\cap B=\{2\}$이므로 조건을 만족시키지 않는다.

(ii) $a=3$일 때,

$A=\{2, 3, 6\}$, $B=\{1, 2, 6\}$

이때 $A\cap B=\{2, 6\}$이므로 조건을 만족시킨다.

(i), (ii)에서 $a=3$이고 $A=\{2, 3, 6\}$, $B=\{1, 2, 6\}$이므로

$B-A=\{1\}$

03-3 **답** 7

$A\cup B=\{1, 2, 4, 5, 6\}$에서 $6\in A$ 또는 $6\in B$이므로

$a=6$ 또는 $a+1=6$

$\therefore a=5$ 또는 $a=6$

(i) $a=5$일 때,

$A=\{1, 2, 5\}$, $B=\{2, 4, 5, 6\}$

이때 $A\cup B=\{1, 2, 4, 5, 6\}$이므로 조건을 만족시킨다.

(ii) $a=6$일 때,

$A=\{1, 2, 6\}$, $B=\{2, 4, 5, 7\}$

이때 $A\cup B=\{1, 2, 4, 5, 6, 7\}$이므로 조건을 만족시키지 않는다.

(i), (ii)에서 $a=5$이고 $A=\{1, 2, 5\}$, $B=\{2, 4, 5, 6\}$이므로

$A\cap B=\{2, 5\}$

따라서 집합 $A\cap B$의 모든 원소의 합은

$2+5=7$

04-1 **답** ⑤

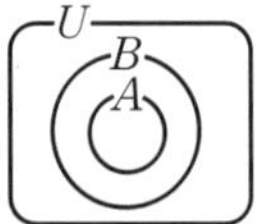

① $B^C\subset A^C$이면 $A\subset B$

② $A\subset B$이면 $A\cup B=B$이므로

$(A\cup B)-B=B-B=\varnothing$

③, ④ $A\subset B$이면

$A^C\cup B=U$, $A\cap B=A$

⑤

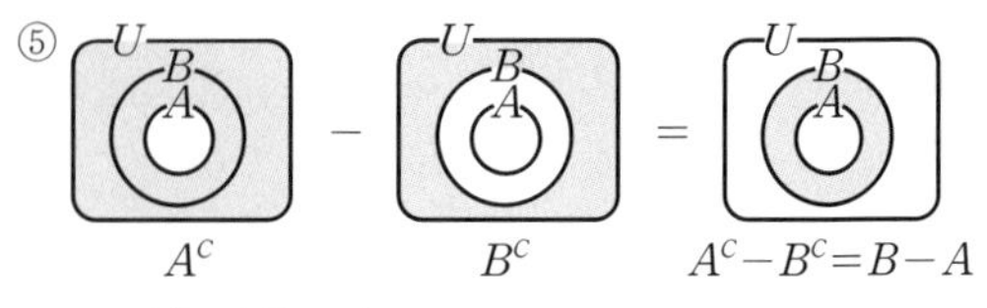

A^C $\quad$ B^C $\quad$ $A^C-B^C=B-A$

$\therefore A^C-B^C\neq\varnothing$

따라서 옳지 않은 것은 ⑤이다.

04-2 **답** ㄱ, ㄴ, ㄷ, ㅂ

두 집합 A, B가 서로소이므로

$A\cap B=\varnothing$

ㄱ. $A-B=A$

ㄴ. $B-A=B$

ㄷ. $(A\cap B)^C=\varnothing^C=U$

ㄹ. $A\cup B\neq A$

ㅁ. $A\cup B^C=B^C$

ㅂ. $B-A=B$이므로 A와 $B-A$는 서로소이다.

따라서 보기에서 항상 옳은 것은 ㄱ, ㄴ, ㄷ, ㅂ이다.

05-1 **답** 4

$A\cup B=U$에서

$\{1, 5\}\cup B=\{0, 1, 2, 3, 4, 5\}$

따라서 집합 B의 개수는 전체집합 U의 부분집합 중에서 0, 2, 3, 4를 반드시 원소로 갖는 부분집합의 개수와 같으므로

$2^{6-4}=2^2=4$

05-2 **답** 8

$A-X=A$에서

$A\cap X=\varnothing$ $\quad\therefore \{2, 4, 6\}\cap X=\varnothing$

$B-X=\varnothing$에서

$B\subset X$ $\quad\therefore \{1, 8\}\subset X$

따라서 집합 X의 개수는 전체집합 U의 부분집합 중에서 2, 4, 6은 원소로 갖지 않고 1, 8은 반드시 원소로 갖는 부분집합의 개수와 같으므로

$2^{8-3-2}=2^3=8$

05-3 **답** 8

$A\cup X=X$에서

$A\subset X$ $\quad\therefore \{1, 2, 3\}\subset X$

$(B-A)\cap X=\{5, 6\}$에서 $\{4, 5, 6\}\cap X=\{5, 6\}$이므로

$4\notin X$, $5\in X$, $6\in X$

따라서 집합 X의 개수는 전체집합 U의 부분집합 중에서 1, 2, 3, 5, 6은 반드시 원소로 갖고 4는 원소로 갖지 않는 부분집합의 개수와 같으므로

$2^{9-5-1}=2^3=8$

2 집합의 연산 법칙

개념 Check 126쪽

1 답 (1) $\{1, 2, 3, 4, 5\}$
(2) $\{1, 2, 3, 4, 5\}$
(3) $\{6\}$
(4) $\{6\}$

문제 127~130쪽

06-1 답 (1) A (2) $A\cap B$

(1) $(A\cup B)\cap(B-A)^C$
$=(A\cup B)\cap(B\cap A^C)^C$ ◀ 차집합의 성질
$=(A\cup B)\cap(B^C\cup A)$ ◀ 드모르간 법칙
$=(A\cup B)\cap(A\cup B^C)$ ◀ 교환법칙
$=A\cup(B\cap B^C)$ ◀ 분배법칙
$=A\cup\varnothing$ ◀ 여집합의 성질
$=A$ ◀ 합집합의 성질

(2) $(A-B)^C\cap A$
$=(A\cap B^C)^C\cap A$ ◀ 차집합의 성질
$=(A^C\cup B)\cap A$ ◀ 드모르간 법칙
$=(A^C\cap A)\cup(B\cap A)$ ◀ 분배법칙
$=\varnothing\cup(B\cap A)$ ◀ 여집합의 성질
$=A\cap B$ ◀ 합집합의 성질, 교환법칙

06-2 답 ①

$(A-B^C)\cap(B^C-C)^C$
$=(A\cap B)\cap(B^C\cap C^C)^C$ ◀ 차집합의 성질
$=(A\cap B)\cap(B\cup C)$ ◀ 드모르간 법칙
$=A\cap B$ ($\because$ $(A\cap B)\subset(B\cup C)$)
따라서 주어진 집합과 항상 같은 집합은 ①이다.

06-3 답 풀이 참조

$B\subset(A\cup B)$이므로
$B\cap(A\cup B)=B$ ◀ 합집합과 교집합의 성질
$A-(A\cap C^C)$을 간단히 하면
$A-(A\cap C^C)$
$=A\cap(A\cap C^C)^C$ ◀ 차집합의 성질
$=A\cap(A^C\cup C)$ ◀ 드모르간 법칙
$=(A\cap A^C)\cup(A\cap C)$ ◀ 분배법칙
$=\varnothing\cup(A\cap C)$ ◀ 여집합의 성질
$=A\cap C$ ◀ 합집합의 성질

$\therefore$ $\{B\cap(A\cup B)\}\cap\{A-(A\cap C^C)\}$
$=B\cap(A\cap C)$
$=(B\cap A)\cap C$ ◀ 결합법칙
$=(A\cap B)\cap C$ ◀ 교환법칙
$=A\cap B\cap C$

07-1 답 ⑤

$(A\cup B)-(A^C\cap B)$
$=(A\cup B)\cap(A^C\cap B)^C$ ◀ 차집합의 성질
$=(A\cup B)\cap(A\cup B^C)$ ◀ 드모르간 법칙
$=A\cup(B\cap B^C)$ ◀ 분배법칙
$=A\cup\varnothing$ ◀ 여집합의 성질
$=A$ ◀ 합집합의 성질
즉, $A=A\cup B$이므로 $B\subset A$
③ $B\subset A$이면 $A\cap B=B$
④ $B\subset A$이면 $A=B$인 경우를 제외하고 $A-B\neq\varnothing$
따라서 항상 옳은 것은 ⑤이다.

07-2 답 ④

$(A-B)^C-B$
$=(A\cap B^C)^C\cap B^C$ ◀ 차집합의 성질
$=(A^C\cup B)\cap B^C$ ◀ 드모르간 법칙
$=(A^C\cap B^C)\cup(B\cap B^C)$ ◀ 분배법칙
$=(A^C\cap B^C)\cup\varnothing$ ◀ 여집합의 성질
$=A^C\cap B^C$ ◀ 합집합의 성질
$=(A\cup B)^C$ ◀ 드모르간 법칙
즉, $(A\cup B)^C=\varnothing$이므로 $A\cup B=U$ ◀ 여집합의 성질
따라서 항상 옳은 것은 ④이다.

08-1 답 ㄱ, ㄴ

ㄱ. $A\diamond B=(A\cup B)-(A\cap B)$
$=(B\cup A)-(B\cap A)$ ◀ 교환법칙
$=B\diamond A$

ㄴ. $A^C\diamond B^C=(A^C\cup B^C)-(A^C\cap B^C)$
$=(A^C\cup B^C)\cap(A^C\cap B^C)^C$ ◀ 차집합의 성질
$=(A^C\cup B^C)\cap(A\cup B)$ ◀ 드모르간 법칙
$=(A\cup B)\cap(A^C\cup B^C)$ ◀ 교환법칙
$=(A\cup B)\cap(A\cap B)^C$ ◀ 드모르간 법칙
$=(A\cup B)-(A\cap B)$ ◀ 차집합의 성질
$=A\diamond B$

ㄷ. $A\diamond U=(A\cup U)-(A\cap U)$
$=U-A=A^C$
$\therefore$ $A\diamond U\neq\varnothing$
따라서 보기에서 항상 옳은 것은 ㄱ, ㄴ이다.

08-2 답 $A\cup B$

$A◎B=(A\cup B)^C\cup B$
$=(A^C\cap B^C)\cup B$ ◀ 드모르간 법칙
$=(A^C\cup B)\cap(B^C\cup B)$ ◀ 분배법칙
$=(A^C\cup B)\cap U$ ◀ 여집합의 성질
$=A^C\cup B$

$\therefore (A◎B)◎B=(A^C\cup B)◎B$
$=(A^C\cup B)^C\cup B$
$=(A\cap B^C)\cup B$ ◀ 드모르간 법칙
$=(A\cup B)\cap(B^C\cup B)$ ◀ 분배법칙
$=(A\cup B)\cap U$ ◀ 여집합의 성질
$=A\cup B$

09-1 답 **6**

$(A_2\cap A_3)\cup A_{12}=A_6\cup A_{12}=A_6$

따라서 $A_n\subset A_6$에서 n은 6의 배수이므로 자연수 n의 최솟값은 6이다.

09-2 답 **36**

$(A_{18}\cup A_{36})\cap(A_{24}\cup A_{36})=(A_{18}\cap A_{24})\cup A_{36}$
$=A_{72}\cup A_{36}=A_{36}$

$\therefore n=36$

09-3 답 **12**

$(A_2\cup A_3)\cap A_8=(A_2\cap A_8)\cup(A_3\cap A_8)$
$=A_8\cup A_{24}=A_8$

따라서 전체집합 U의 원소 중 8의 배수는 12개이므로 구하는 집합의 원소의 개수는 12이다.

3 유한집합의 원소의 개수

개념 Check 131쪽

1 답 (1) **45** (2) **8**

(1) $n(A\cup B)=n(A)+n(B)-n(A\cap B)$
$=20+35-10=45$

(2) $n(A\cap B)=n(A)+n(B)-n(A\cup B)$
$=17+23-32=8$

2 답 (1) **17** (2) **15** (3) **10** (4) **12**

(1) $n(A^C)=n(U)-n(A)=30-13=17$

(2) $n(B^C)=n(U)-n(B)=30-15=15$

(3) $n(A-B)=n(A\cup B)-n(B)=25-15=10$

(4) $n(B-A)=n(A\cup B)-n(A)=25-13=12$

문제 132~134쪽

10-1 답 **17**

$n(B-A)=n(A\cup B)-n(A)$이므로
$n(A\cup B)=n(B-A)+n(A)=11+42=53$
$\therefore n(A^C\cap B^C)=n((A\cup B)^C)$
$=n(U)-n(A\cup B)$
$=70-53=17$

10-2 답 **43**

$A^C\cup B^C=(A\cap B)^C$이므로
$n((A\cap B)^C)=32$
$n((A\cap B)^C)=n(U)-n(A\cap B)$이므로
$n(A\cap B)=n(U)-n((A\cap B)^C)$
$=50-32=18$
$\therefore n(A)+n(B)=n(A\cup B)+n(A\cap B)$
$=25+18=43$

10-3 답 **19**

$A\cap C=\varnothing$에서
$A\cap B\cap C=(A\cap C)\cap B=\varnothing\cap B=\varnothing$이므로
$n(A\cap C)=0$, $n(A\cap B\cap C)=0$
$n(A\cap B)$, $n(B\cap C)$를 구하면
$n(A\cap B)=n(A)+n(B)-n(A\cup B)$
$=11+10-16=5$
$n(B\cap C)=n(B)+n(C)-n(B\cup C)$
$=10+8-13=5$
$\therefore n(A\cup B\cup C)$
$=n(A)+n(B)+n(C)-n(A\cap B)-n(B\cap C)$
$-n(A\cap C)+n(A\cap B\cap C)$
$=11+10+8-5-5-0+0=19$

11-1 답 **24**

반 전체 학생의 집합을 U, 여행지 A에 가 본 학생의 집합을 A, 여행지 B에 가 본 학생의 집합을 B라 하면
$n(U)=50$, $n(A)=28$, $n(A\cap B)=11$,
$n(A^C\cap B^C)=n((A\cup B)^C)=9$
$n((A\cup B)^C)=n(U)-n(A\cup B)$이므로
$n(A\cup B)=n(U)-n((A\cup B)^C)$
$=50-9=41$
$n(A\cup B)=n(A)+n(B)-n(A\cap B)$이므로
$n(B)=n(A\cup B)+n(A\cap B)-n(A)$
$=41+11-28=24$
따라서 구하는 학생 수는 24이다.

11-2 답 **23**

반 전체 학생의 집합을 U, 컴퓨터를 신청한 학생의 집합을 A, 논술을 신청한 학생의 집합을 B라 하면 $U=A\cup B$이므로

$n(A\cup B)=35$, $n(A)=21$, $n(B)=26$

$n(A\cup B)=n(A)+n(B)-n(A\cap B)$이므로

$$n(A\cap B)=n(A)+n(B)-n(A\cup B)=21+26-35=12$$

컴퓨터와 논술 중에서 한 가지만 신청한 학생의 집합은

$(A-B)\cup(B-A)=(A\cup B)-(A\cap B)$

$\therefore n(A\cup B)-n(A\cap B)=35-12=23$

따라서 구하는 학생 수는 23이다.

12-1 답 **24**

$n(A\cap B)$가 최대이려면 $n(A\cup B)$가 최소이어야 한다.

이때 $n(A)>n(B)$이므로 $B\subset A$이어야 한다.

따라서 $n(A\cap B)$의 최댓값은

$M=n(A\cap B)=n(B)=19$

$n(A\cap B)$가 최소이려면 $n(A\cup B)$가 최대이어야 한다.

즉, $A\cup B=U$이어야 하므로 $n(A\cap B)$의 최솟값은

$$m=n(A\cap B)=n(A)+n(B)-n(A\cup B)=n(A)+n(B)-n(U)=26+19-40=5$$

$\therefore M+m=19+5=24$

12-2 답 **17**

반 전체 학생의 집합을 U, A 사이트에 가입한 학생의 집합을 A, B 사이트에 가입한 학생의 집합을 B라 하면

$n(U)=50$, $n(A)=33$, $n(B)=26$

$n(A\cap B)$가 최대이려면 $n(A\cup B)$가 최소이어야 한다.

이때 $n(A)>n(B)$이므로 $B\subset A$이어야 한다.

따라서 $n(A\cap B)$의 최댓값은

$n(A\cap B)=n(B)=26$

$n(A\cap B)$가 최소이려면 $n(A\cup B)$가 최대이어야 한다.

즉, $A\cup B=U$이어야 하므로 $n(A\cap B)$의 최솟값은

$$n(A\cap B)=n(A)+n(B)-n(A\cup B)=n(A)+n(B)-n(U)=33+26-50=9$$

따라서 두 사이트에 모두 가입한 학생 수의 최댓값은 26, 최솟값은 9이므로 그 차는

$26-9=17$

연습문제

135~138쪽

1 ③	**2** ④	**3** ⑤	**4** ①	**5** 8
6 ⑤	**7** ④	**8** ⑤	**9** 8	**10** 8
11 ④	**12** ②	**13** ②	**14** 16	**15** ②
16 7	**17** 2	**18** 36	**19** ③	**20** 432
21 16	**22** 96	**23** ④	**24** 16	**25** ③

1 $A=\{2, 4, 6, 8, 10, 12, 14, 16, 18, 20\}$,

$B=\{2, 5, 8, 11, 14, 17, 20, \cdots\}$이므로

$A\cap B=\{2, 8, 14, 20\}$

$C=\{1, 2, 4, 8\}$이므로

$(A\cap B)\cup C=\{1, 2, 4, 8, 14, 20\}$

따라서 집합 $(A\cap B)\cup C$의 원소가 아닌 것은 ③이다.

2 ③ $B=\{1, 2, 3, 6\}$이므로 $B-A=B-(A\cap B)=\{2, 6\}$

④ $B^C=\{4, 5, 7, 8\}$이므로 $A-B^C=\{1, 3\}$

3 벤 다이어그램을 그려서

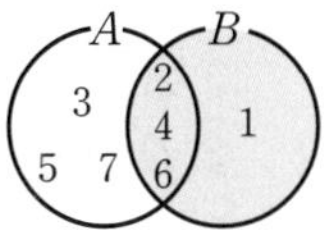

$A\cap B=\{2, 4, 6\}$,

$A=\{2, 3, 4, 5, 6, 7\}$,

$A\cup B=U=\{1, 2, 3, 4, 5, 6, 7\}$

의 순서로 원소를 써넣으면 위의 그림과 같다.

$\therefore B=\{1, 2, 4, 6\}$

따라서 집합 B의 모든 원소의 곱은

$1\times2\times4\times6=48$

4 벤 다이어그램을 그려서

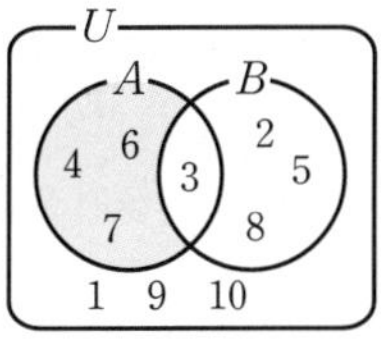

$A\cap B=\{3\}$,

$A^C\cap B=B-A=\{2, 5, 8\}$,

$A^C\cap B^C=(A\cup B)^C=\{1, 9, 10\}$,

$U=\{1, 2, 3, 4, 5, 6, 7, 8, 9, 10\}$

의 순서로 원소를 써넣으면 위의 그림과 같다.

$\therefore A-B=\{4, 6, 7\}$

따라서 집합 $A-B$의 모든 원소의 합은

$4+6+7=17$

5 $A\cup B=\{6, 8, 10\}$에서 $10\in B$이므로

$a=10$ 또는 $a+2=10$

$\therefore a=8$ 또는 $a=10$

(i) $a=8$일 때, $B=\{8, 10\}$

이때 $A\cup B=\{6, 8, 10\}$이므로 조건을 만족시킨다.

(ii) $a=10$일 때, $B=\{10, 12\}$

이때 $A\cup B=\{6, 8, 10, 12\}$이므로 조건을 만족시키지 않는다.

(i), (ii)에서 $a=8$

6 $A\cap B=\{2\}$에서 $2\in B$이므로

$a^2-2a-1=2$, $a^2-2a-3=0$

$(a+1)(a-3)=0$

$\therefore a=-1$ 또는 $a=3$

(i) $a=-1$일 때,

$A=\{2, 3, 5\}$, $B=\{2, 3\}$

이때 $A\cap B=\{2, 3\}$이므로 조건을 만족시키지 않는다.

(ii) $a=3$일 때,

$A=\{1, 2, 15\}$, $B=\{2, 3\}$

이때 $A\cap B=\{2\}$이므로 조건을 만족시킨다.

(i), (ii)에서 $a=3$이고 $A=\{1, 2, 15\}$, $B=\{2, 3\}$이므로

$(A-B)\cup(B-A)=\{1, 15\}\cup\{3\}$

$=\{1, 3, 15\}$

따라서 집합 $(A-B)\cup(B-A)$의 모든 원소의 합은

$1+3+15=19$

7 ② $(A\cap B)-(B^C)^C=(A\cap B)-B=\varnothing$

③ $A\cap(A\cup A^C)=A\cap U=A$

④ $B\cup(B\cap B^C)=B\cup\varnothing=B$

⑤ $\varnothing^C\cap(A-B)=U\cap(A-B)=A-B$

따라서 옳지 않은 것은 ④이다.

8 $A\cap B=A$에서 $A\subset B$

② $A\subset B$이면 $B^C\subset A^C$이므로

$A^C\cap B^C=B^C$

⑤ $A^C\cap B=B-A$이므로 $A=B$인 경우를 제외하고

$A^C\cap B\neq\varnothing$

따라서 옳지 않은 것은 ⑤이다.

9 $\{1, 2, 3\}\cap A=\varnothing$이면 집합 $\{1, 2, 3\}$과 집합 A는 서로소이다.

따라서 집합 A의 개수는 전체집합 U의 부분집합 중에서 1, 2, 3을 원소로 갖지 않는 부분집합의 개수와 같으므로

$2^{6-3}=2^3=8$

10 $X\cup A=X$에서 $A\subset X$ ······ ㉠

$X\cap B^C=X$에서 $X\subset B^C$ ······ ㉡

㉠, ㉡에서 $A\subset X\subset B^C$

$\therefore \{1, 2\}\subset X\subset\{1, 2, 6, 7, 8\}$

따라서 집합 X의 개수는 집합 $\{1, 2, 6, 7, 8\}$의 부분집합 중에서 1, 2를 반드시 원소로 갖는 부분집합의 개수와 같으므로

$2^{5-2}=2^3=8$

11 ① $(A\cup B)\cap(A^C\cap B^C)=(A\cup B)\cap(A\cup B)^C$

$=(A\cup B)-(A\cup B)$

$=\varnothing$

② $A\cap(A\cap B)^C=A\cap(A^C\cup B^C)$

$=(A\cap A^C)\cup(A\cap B^C)$

$=\varnothing\cup(A\cap B^C)$

$=A\cap B^C$

$=A-B$

③ $(A\cup B)-C=(A\cup B)\cap C^C$

$=(A\cap C^C)\cup(B\cap C^C)$

$=(A-C)\cup(B-C)$

④ $(A\cap B)-(A\cap C)$

$=(A\cap B)\cap(A\cap C)^C$

$=(A\cap B)\cap(A^C\cup C^C)$

$=\{(A\cap B)\cap A^C\}\cup\{(A\cap B)\cap C^C\}$

$=\varnothing\cup\{(A\cap B)\cap C^C\}$

$=A\cap(B\cap C^C)$

$=A\cap(B-C)$

$\neq A-(B\cap C)$

⑤ $A-(B-C)=A\cap(B\cap C^C)^C$

$=A\cap(B^C\cup C)$

$=(A\cap B^C)\cup(A\cap C)$

$=(A-B)\cup(A\cap C)$

따라서 옳지 않은 것은 ④이다.

12 ㄱ, ㄷ. 색칠한 부분을 나타내는 집합은 다음 그림과 같이 집합 $A\cap C$에서 집합 B의 원소를 제외한 집합이므로

U A B C = U A B C − U A B C

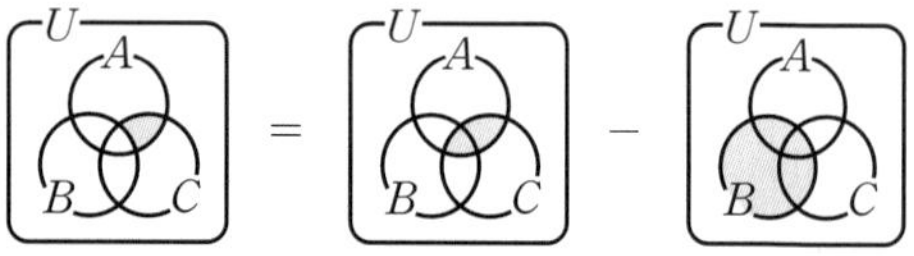

$A\cap C$ B

$(A\cap C)-B=(A\cap C)\cap B^C$

$=(A\cap B^C)\cap C$

ㅂ. 색칠한 부분을 나타내는 집합은 다음 그림과 같이 집합 $A-B$에서 집합 $A-C$의 원소를 제외한 집합이므로

U A B C = U A B C − U A B C

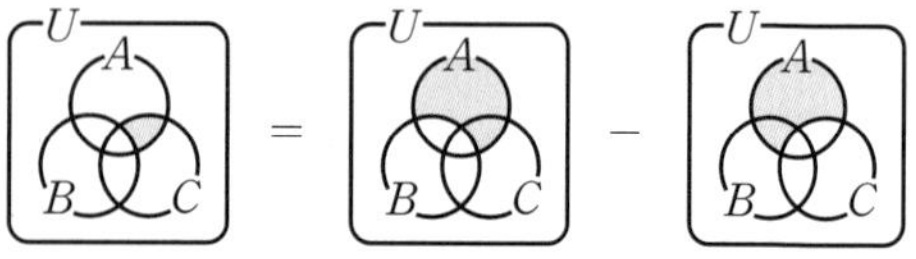

$A-B$ $A-C$

$(A-B)-(A-C)$

따라서 보기에서 색칠한 부분을 나타내는 집합인 것은 ㄱ, ㄷ, ㅂ이다.

13 $(A-B)^C\cap B=(A\cap B^C)^C\cap B$
$=(A^C\cup B)\cap B$
$=(A^C\cap B)\cup(B\cap B)$
$=(B-A)\cup B$
$=B$
$\therefore B=\{1, 3, 5, 6, 7\}$
$A^C-B^C=A^C\cap(B^C)^C=A^C\cap B=B-A$
$\therefore B-A=\{1, 5\}$
따라서 집합 A의 개수는 전체집합 U의 부분집합 중에서 3, 6, 7은 반드시 원소로 갖고 1, 5는 원소로 갖지 않는 부분집합의 개수와 같으므로
$2^{7-3-2}=2^2=4$

14 $A\cup(A^C\cap B)=(A\cup A^C)\cap(A\cup B)$
$=U\cap(A\cup B)$
$=A\cup B$
$B\cup(B^C\cap A^C)^C=B\cup(B\cup A)$
$=A\cup B$
$\therefore \{A\cup(A^C\cap B)\}\cap\{B\cup(B^C\cap A^C)^C\}$
$=(A\cup B)\cap(A\cup B)$
$=A\cup B$
즉, $A\cup B=A$이므로 $B\subset A$
따라서 집합 B는 집합 A의 부분집합이므로 그 개수는
$2^4=16$

15 $n(B-A)=n(B)-n(A\cap B)$이므로
$n(A\cap B)=n(B)-n(B-A)$
$=25-6=19$
$\therefore n(A\cup B)=n(A)+n(B)-n(A\cap B)$
$=40+25-19=46$

다른 풀이
$n(A\cup B)=n(A)+n(B-A)=40+6=46$

16 $A\cap B^C=A$에서 $A-B=A$이므로
$A\cap B=\varnothing \quad \therefore n(A\cap B)=0$
$\therefore n(A\cup B)=n(A)+n(B)=9+14=23$
$\therefore n(A^C\cap B^C)=n((A\cup B)^C)$
$=n(U)-n(A\cup B)$
$=30-23=7$

17 조사한 학생 전체의 집합을 U, A 영화를 관람한 학생의 집합을 A, B 영화를 관람한 학생의 집합을 B라 하면
$n(U)=30$, $n(A)=16$, $n(B)=22$, $n((A\cup B)^C)=6$
$n((A\cup B)^C)=n(U)-n(A\cup B)$이므로
$n(A\cup B)=n(U)-n((A\cup B)^C)$
$=30-6=24$
A 영화는 보았지만 B 영화는 보지 않은 학생의 집합은 $A-B$이므로
$n(A-B)=n(A\cup B)-n(B)=24-22=2$
따라서 구하는 학생 수는 2이다.

18 $B-A=\{3, 11\}$이고
$(A\cup B)\cap B^C=(A\cup B)-B=A-B=\{19\}$이므로
집합 B는 전체집합 U의 부분집합 중에서 3, 11은 반드시 원소로 갖고 19는 원소로 갖지 않는 집합이다.
따라서 원소의 개수가 최대인 집합 B는
$B=\{3, 7, 11, 15\}$이므로 모든 원소의 합은
$3+7+11+15=36$

19 두 집합 $A\cup B^C$, $(A\cap B)^C$을 각각 벤 다이어그램으로 나타내면 다음 그림의 색칠한 부분과 같다.

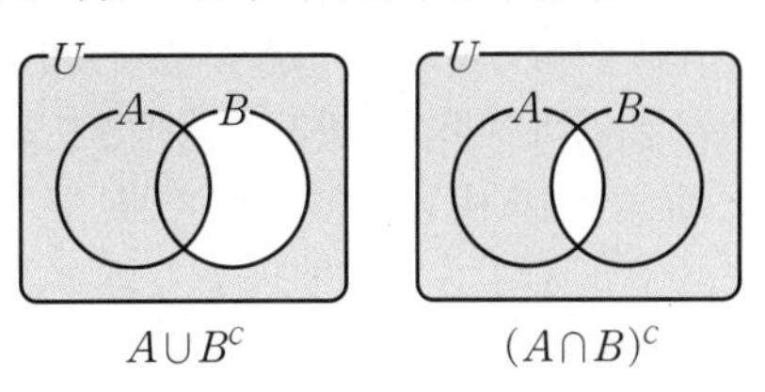

$A\cup B^C$ $(A\cap B)^C$

ㄱ. 위의 벤 다이어그램에서 $(A\cup B^C)\cup(A\cap B)^C=U$이므로
$U=\{2, 4, 5, 8, 12\}\cup\{1, 3, 5, 9\}$
$=\{1, 2, 3, 4, 5, 8, 9, 12\}$
ㄴ. 위의 벤 다이어그램에서
$(A\cup B^C)-(A\cap B)^C=A\cap B$이므로
$A\cap B=\{2, 4, 5, 8, 12\}-\{1, 3, 5, 9\}$
$=\{2, 4, 8, 12\}$
ㄷ. $A^C\cap B=(A\cup B^C)^C=U-(A\cup B^C)$
$=\{1, 2, 3, 4, 5, 8, 9, 12\}-\{2, 4, 5, 8, 12\}$
$=\{1, 3, 9\}$
따라서 집합 $A^C\cap B$의 원소의 개수는 3이다.
따라서 보기 중 옳은 것은 ㄱ, ㄷ이다.

20 (가)에서 $A\cap B=\{4, 6\}$이므로 $A=\{4, 6, a, b\}$라 하자.
$B=\{x+k\mid x\in A\}$이므로
$B=\{4+k, 6+k, a+k, b+k\}$
(나)에서 집합 $A\cup B$의 모든 원소의 합이 40이고
(집합 $A\cup B$의 모든 원소의 합)
=(집합 A의 모든 원소의 합)
+(집합 B의 모든 원소의 합)
−(집합 $A\cap B$의 모든 원소의 합)
이므로
$40=21+(21+4k)-10$
$4k=8 \quad \therefore k=2$

이때 집합 $B=\{6,\ 8,\ a+2,\ b+2\}$이므로
$a+2=4$ 또는 $b+2=4$
$\therefore\ a=2$ 또는 $b=2$
(i) $a=2$일 때,
$4+6+2+b=21$에서
$b=9$
(ii) $b=2$일 때,
$4+6+a+2=21$에서
$a=9$
(i), (ii)에서 $A=\{2,\ 4,\ 6,\ 9\}$이므로 집합 A의 모든 원소의 곱은
$2\times4\times6\times9=432$

21 전체집합 $U=\{-3,\ -2,\ -1,\ 0,\ 1,\ 2,\ 3\}$에 대하여
$\{2,\ 3\}\cup X=\{-2,\ 0,\ 2\}\cup X$를 만족시키는 집합 X는 $A\cap B=\{2\}$의 원소 2는 갖거나 갖지 않아도 상관없지만 $-2,\ 0,\ 3$은 반드시 원소로 가져야 한다.
따라서 집합 X의 개수는 전체집합 U의 부분집합 중에서 $-2,\ 0,\ 3$을 반드시 원소로 갖는 부분집합의 개수와 같으므로
$2^{7-3}=2^4=16$

22 (가)에서 $n(A\cap B)=2$이므로 집합 B는 집합 A의 원소 중에서 2개만을 원소로 갖는다.
집합 A의 원소 4개 중에서 집합 B에 속하는 원소 2개를 택하는 경우의 수는
${}_4C_2=\dfrac{4\times3}{2\times1}=6$
(가), (나)에서 집합 B는 집합 $\{1,\ 2,\ 3,\ 4,\ 5,\ 6,\ 7,\ 8\}$의 부분집합 중에서 집합 A의 원소 2개는 반드시 원소로 갖고 나머지 2개는 원소로 갖지 않는 집합이므로 그 개수는
$2^{8-2-2}=2^4=16$
따라서 구하는 집합 B의 개수는
$6\times16=96$

23
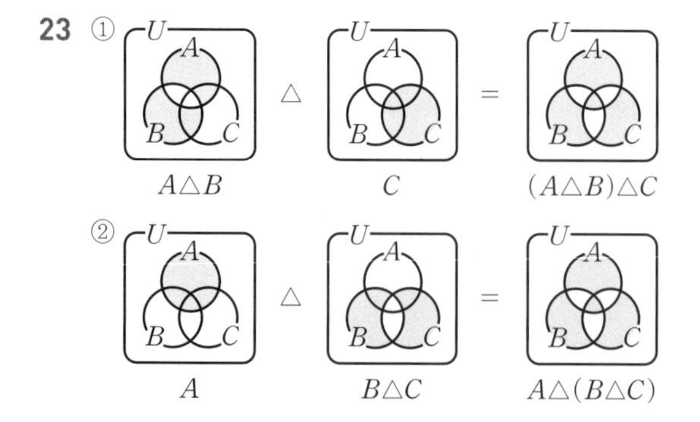

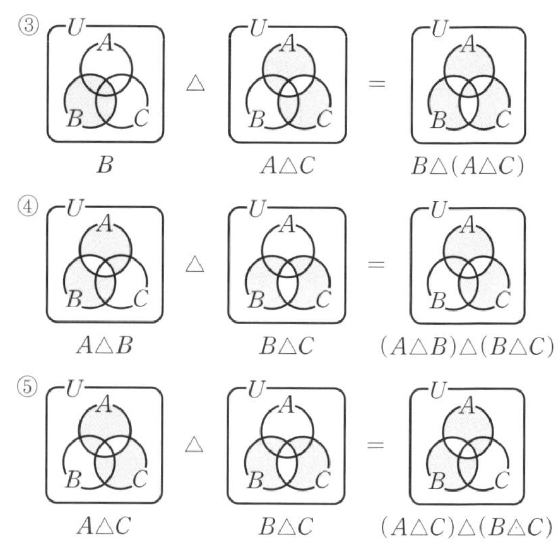

따라서 색칠한 부분을 나타내는 집합은 ④이다.

24 $A_4\cap A_6$은 4와 6의 공배수, 즉 12의 배수의 집합이므로
$(A_4\cap A_6)\cup A_{36}=A_{12}\cup A_{36}=A_{12}$
$\therefore\ n=12$
$(A_8\cup A_{12})\subset A_m$에서 $A_8\subset A_m$, $A_{12}\subset A_m$이므로 8은 m의 배수이고 12도 m의 배수이다.
즉, m의 최댓값은 8과 12의 최대공약수인 4이다.
따라서 구하는 값은
$12+4=16$

25 조사한 손님 전체의 집합을 U, A 작품을 읽은 사람의 집합을 A, B 작품을 읽은 사람의 집합을 B라 하면
$n(U)=100,\ n(A)=54,\ n(B)=67$
B 작품만 읽은 사람의 집합은 $B-A$이므로
$n(B-A)=n(A\cup B)-n(A)$
$=n(A\cup B)-54$ ...... ㉠
$n(B-A)$가 최대이려면 $n(A\cup B)$도 최대이어야 한다.
즉, $A\cup B=U$이어야 하므로 $n(B-A)$의 최댓값은 ㉠에서
$M=n(B-A)$
$=n(A\cup B)-54$
$=n(U)-54$
$=100-54=46$
$n(B-A)$가 최소이려면 $n(A\cup B)$도 최소이어야 한다.
이때 $n(A)<n(B)$이므로 $A\subset B$이어야 한다.
$n(B-A)$의 최솟값은 ㉠에서
$m=n(B-A)$
$=n(A\cup B)-54$
$=n(B)-54$
$=67-54=13$
$\therefore\ M-m=46-13=33$

Ⅱ-2 01 명제와 조건

1 명제와 조건

문제 141~143쪽

01-1 답 ㄴ, ㄷ, ㅁ, ㅂ

ㄱ. '아름답다.'는 참, 거짓의 기준이 분명하지 않으므로 명제가 아니다.

ㄴ. 3은 소수이므로 참인 명제이다.

ㄷ. 8의 양의 약수는 1, 2, 4, 8의 4개이므로 거짓인 명제이다.

ㄹ. x의 값에 따라 참, 거짓이 달라지므로 명제가 아니다.

ㅁ, ㅂ. 거짓인 명제이다.

따라서 보기에서 명제인 것은 ㄴ, ㄷ, ㅁ, ㅂ이다.

01-2 답 (1) **참인 명제** (2) **참인 명제** (3) **거짓인 명제** (4) **명제가 아니다.**

(1) 정삼각형은 이등변삼각형이므로 참인 명제이다.

(2) 주어진 식을 정리하면 $0>-5$이므로 참인 명제이다.

(3) 6은 3의 배수이지만 9의 배수가 아니므로 거짓인 명제이다.

(4) $2(x-2)=x(x-3)$에서 $x^2-5x+4=0$
x의 값에 따라 참, 거짓이 달라지므로 명제가 아니다.

01-3 답 ㄴ, ㄷ

ㄱ. 오른쪽 그림과 같이 평행사변형이지만 직사각형이 아닐 수 있으므로 거짓인 명제이다.

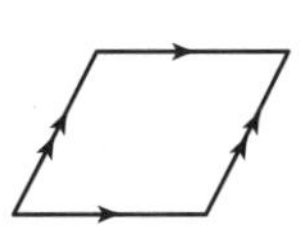

ㄴ. 5의 양의 약수인 1, 5는 10의 양의 약수이므로 참인 명제이다.

ㄷ. (홀수)+(홀수)=(짝수)이므로 참인 명제이다.

ㄹ. $3+4=7$이므로 길이가 3, 4, 7인 세 선분으로 삼각형을 만들 수 없다.
따라서 거짓인 명제이다.

따라서 보기에서 참인 명제인 것은 ㄴ, ㄷ이다.

02-1 답 (1) **6은 2의 배수도 아니고 3의 배수도 아니다.** (2) $x<-3$ **또는** $x\ge5$

02-2 답 ⑤

$(a-b)^2+(b-c)^2+(c-a)^2=0$에서

$a-b=0$이고 $b-c=0$이고 $c-a=0$ $\therefore a=b=c$

따라서 $a=b=c$의 부정은

$a\ne b$ 또는 $b\ne c$ 또는 $c\ne a$

이와 같은 표현은

⑤ a, b, c 중에서 서로 다른 것이 적어도 하나 있다.

02-3 답 ㄱ, ㄴ, ㄷ

주어진 명제의 부정을 구하고 참, 거짓을 판별하면

ㄱ. '$2\ge\sqrt{3}$'이므로 참이다.

ㄴ. '$x+2\ne x+3$'이고 이 식을 정리하면 $2\ne3$이므로 참이다.

ㄷ. '10은 소수가 아니다.'이므로 참이다.

ㄹ. '4는 2의 배수가 아니다.'이므로 거짓이다.

따라서 보기에서 그 부정이 참인 명제인 것은 ㄱ, ㄴ, ㄷ이다.

다른 풀이

명제가 거짓이면 그 명제의 부정은 참이므로 거짓인 명제를 찾으면 ㄱ, ㄴ, ㄷ이다.

03-1 답 (1) $\{1, 2, 4, 8\}$ (2) $\{3, 6\}$ (3) $\{3, 4, 5, 6, 7, 8\}$

전체집합 $U=\{1, 2, 3, \cdots, 8\}$에 대하여 두 조건 p, q의 진리집합을 각각 P, Q라 하면

$P=\{1, 2, 3, 6\}$, $Q=\{1, 2, 4, 8\}$

(1) '$\sim(\sim q)$'의 진리집합은
$(Q^C)^C=Q=\{1, 2, 4, 8\}$

(2) 'p 그리고 $\sim q$'의 진리집합은
$P\cap Q^C=P-Q=\{3, 6\}$

(3) '$\sim p$ 또는 $\sim q$'의 진리집합은
$P^C\cup Q^C=(P\cap Q)^C=\{3, 4, 5, 6, 7, 8\}$

03-2 답 $\{x\mid -4<x\le7\}$

두 조건 p, q의 진리집합을 각각 P, Q라 하면

$P=\{x\mid x\le-4$ 또는 $x>6\}$, $Q=\{x\mid 1<x\le7\}$

이때 '$\sim p$ 또는 q'의 진리집합은 $P^C\cup Q$이고

$P^C=\{x\mid -4<x\le6\}$이므로 다음 그림에서

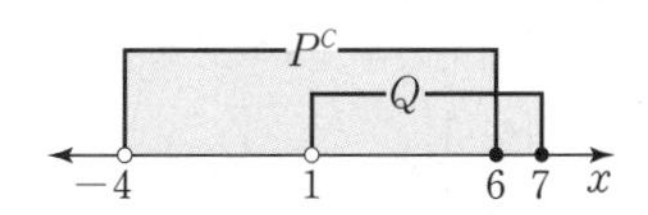

$P^C\cup Q=\{x\mid -4<x\le7\}$

03-3 답 ⑤

$P=\{x\mid x\ge4\}$, $Q=\{x\mid x<-1\}$이므로 두 집합 P, Q를 수직선 위에 나타내면 오른쪽 그림과 같다.

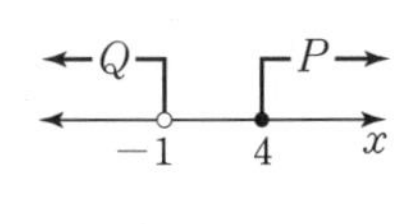

또 조건 '$-1\le x<4$'의 진리집합 $\{x\mid -1\le x<4\}$를 수직선 위에 나타내면 오른쪽 그림과 같다.

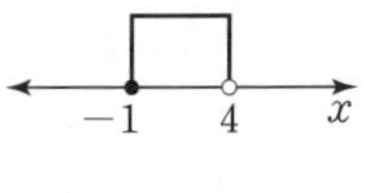

따라서 구하는 집합은 $P^C\cap Q^C=(P\cup Q)^C$

2 명제 $p \longrightarrow q$의 참, 거짓

개념 Check 144쪽

1 답 (1) 가정: 4의 배수이다., 결론: 8의 배수이다.
(2) 가정: $x=2$이다., 결론: $2x-4=0$이다.

문제 145~147쪽

04-1 답 (1) 참 (2) 거짓 (3) 거짓

(1) $x^2>1$에서 $x^2-1>0$
$(x+1)(x-1)>0$ $\quad\therefore x<-1$ 또는 $x>1$
두 조건 p, q의 진리집합을 각각 P, Q라 하면
$P=\{x|x>1\}$, $Q=\{x|x<-1$ 또는 $x>1\}$
따라서 $P\subset Q$이므로 명제 $p \longrightarrow q$는 참이다.

(2) 두 조건 p, q의 진리집합을 각각 P, Q라 하면
$P=\{(x, y)|x=0$ 또는 $y=0\}$,
$Q=\{(x, y)|x=0$이고 $y=0\}$
따라서 $P\not\subset Q$이므로 명제 $p \longrightarrow q$는 거짓이다.

(3) [반례] $x=3$, $y=2$, $z=-1$이면 $x>y$이지만 $xz<yz$이다.
따라서 주어진 명제는 거짓이다.

04-2 답 ㄱ, ㄹ

ㄱ. p: x가 4의 양의 배수, q: x가 2의 양의 배수라 하고 두 조건 p, q의 진리집합을 각각 P, Q라 하면
$P=\{4, 8, 12, \cdots\}$, $Q=\{2, 4, 6, 8, 10, 12, \cdots\}$
따라서 $P\subset Q$이므로 주어진 명제는 참이다.

ㄴ. [반례] $x=2$이면 x는 소수이지만 짝수이다.
따라서 주어진 명제는 거짓이다.

ㄷ. [반례] $x=\sqrt{2}$, $y=-\sqrt{2}$이면 $x+y$와 xy는 정수이지만 x, y는 정수가 아니다.
따라서 주어진 명제는 거짓이다.

ㄹ. $x^2-1=0$에서 $x=\pm1$이고 $|\pm1|=1$이므로 주어진 명제는 참이다.

따라서 보기에서 참인 명제인 것은 ㄱ, ㄹ이다.

05-1 답 4

주어진 명제의 가정을 p, 결론을 q라 하면
p: $x=a$, q: $x^2-2x-8=0$
조건 q: $x^2-2x-8=0$에서 $(x+2)(x-4)=0$
$\therefore x=-2$ 또는 $x=4$
두 조건 p, q의 진리집합을 각각 P, Q라 하면
$P=\{a\}$, $Q=\{-2, 4\}$
이때 명제 $p \longrightarrow q$가 참이 되려면 $P\subset Q$이어야 하므로
$a=4$ ($\because a>0$)

05-2 답 2

$|x-3|<k$에서 $-k<x-3<k$ ($\because k>0$)
$\therefore -k+3<x<k+3$
두 조건 p, q의 진리집합을 각각 P, Q라 하면
$P=\{x|-k+3<x<k+3\}$
$Q=\{x|-2\le x\le5\}$
명제 $p \longrightarrow q$가 참이 되려면 $P\subset Q$이어야 한다.

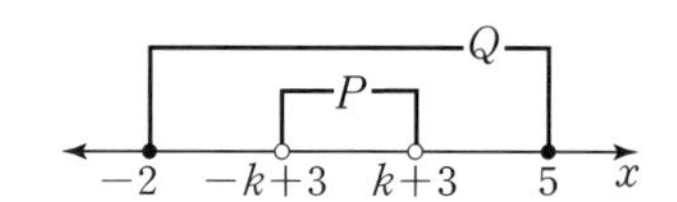

위의 그림에서 $-k+3\ge-2$, $k+3\le5$이어야 하므로
$k\le2$
그런데 $k>0$이므로 $0<k\le2$
따라서 양수 k의 최댓값은 2이다.

05-3 답 4

세 조건 p, q, r의 진리집합을 각각 P, Q, R라 하면
$P=\{x|-2\le x\le2$ 또는 $x\ge3\}$
$Q=\{x|a\le x\le1\}$
$R=\{x|x\ge b\}$
명제 $q \longrightarrow p$가 참이 되려면 $Q\subset P$이어야 하고, 명제 $p \longrightarrow r$가 참이 되려면 $P\subset R$이어야 한다.

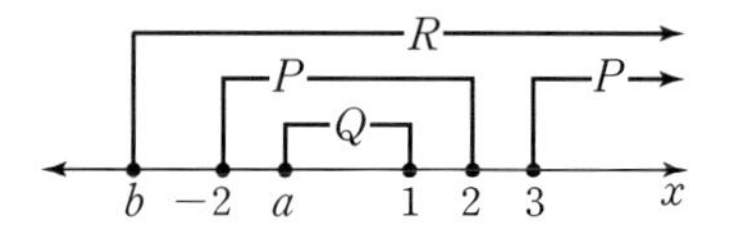

위의 그림에서 $-2\le a\le1$, $b\le-2$
따라서 a의 최솟값은 -2, b의 최댓값은 -2이므로 그 곱은
$-2\times(-2)=4$

06-1 답 ㄱ, ㄷ

ㄱ. $P\subset Q$이므로 명제 $p \longrightarrow q$는 참이다.
ㄷ. $Q\subset R^C$이므로 명제 $q \longrightarrow \sim r$는 참이다.
따라서 보기에서 항상 참인 명제인 것은 ㄱ, ㄷ이다.

06-2 답 ④

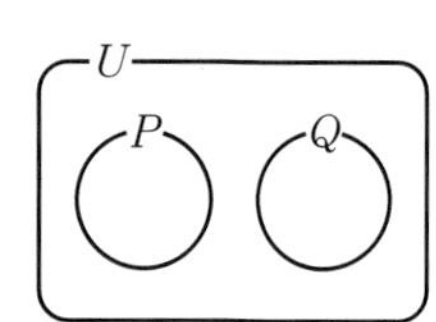

①, ② $P\not\subset Q$, $Q\not\subset P$이므로 두 명제 $p \longrightarrow q$, $q \longrightarrow p$는 거짓이다.
③, ⑤ $P^C\not\subset Q$, $Q^C\not\subset P$이므로 두 명제 $\sim p \longrightarrow q$, $\sim q \longrightarrow p$는 거짓이다.
④ $P\subset Q^C$이므로 명제 $p \longrightarrow \sim q$는 참이다.
따라서 항상 참인 명제는 ④이다.

3 '모든'이나 '어떤'을 포함한 명제

개념 Check 148쪽

1 답 **(1) 거짓 (2) 참**

(1) p: $|x|>0$이라 하고 조건 p의 진리집합을 P라 하면

$P=\{x|x\neq0$인 실수$\}$

따라서 $P\neq U$이므로 이 명제는 거짓이다.

(2) p: $|x|\leq0$이라 하고 조건 p의 진리집합을 P라 하면

$P=\{0\}$

따라서 $P\neq\varnothing$이므로 이 명제는 참이다.

2 답 **(1) 어떤 실수 x에 대하여 $x^2\neq16$이다.**

(2) 모든 실수 x에 대하여 $x^2\leq8$이다.

문제 149쪽

07-1 답 ㄱ, ㄴ

ㄱ. $x=-\frac{1}{2}$이면 $-\frac{1}{2}+1=\frac{1}{2}>0$이므로 주어진 명제는 참이다.

ㄴ. 가장 작은 자연수 1에 대하여 $1^2>0$이므로 모든 자연수 x에 대하여 $x^2>0$이다.

따라서 주어진 명제는 참이다.

ㄷ. 모든 자연수 x, y에 대하여 $x^2\geq1$, $y^2\geq1$이므로

$x^2+y^2\geq2$

즉, $x^2+y^2=1$인 자연수 x, y가 존재하지 않으므로 주어진 명제는 거짓이다.

따라서 보기에서 참인 명제인 것은 ㄱ, ㄴ이다.

07-2 답 **(1) 어떤 실수 x에 대하여 $x^2+1<0$이다. (거짓)**

(2) 모든 실수 x에 대하여 $2x^2+1\neq0$이다. (참)

(3) 어떤 실수 x에 대하여 $x^2+x+1\leq0$이다. (거짓)

(1) 주어진 명제의 부정은

'어떤 실수 x에 대하여 $x^2+1<0$이다.'

이때 실수 x에 대하여 $x^2\geq0$이므로 $x^2+1>0$

따라서 주어진 명제의 부정은 거짓이다.

(2) 주어진 명제의 부정은

'모든 실수 x에 대하여 $2x^2+1\neq0$이다.'

이때 실수 x에 대하여 $x^2\geq0$이므로 $2x^2+1\geq1$

즉, $2x^2+1\neq0$이므로 주어진 명제의 부정은 참이다.

(3) 주어진 명제의 부정은

'어떤 실수 x에 대하여 $x^2+x+1\leq0$이다.'

이때 실수 x에 대하여

$x^2+x+1=\left(x+\frac{1}{2}\right)^2+\frac{3}{4}>0$

따라서 주어진 명제의 부정은 거짓이다.

연습문제 150~151쪽

1 ②	2 ④	3 3	4 ①	5 5
6 ③	7 ⑤	8 ④	9 ⑤	10 ④
11 ③	12 ③	13 81		

1 ① 주어진 식을 정리하면 $-2=1$이므로 거짓인 명제이다.

② x의 값에 따라 참, 거짓이 달라지므로 명제가 아니다.

③ 10은 15의 약수가 아니므로 거짓인 명제이다.

④ 3은 3의 배수이지만 6의 배수가 아니므로 거짓인 명제이다.

⑤ 넓이가 같아도 모양이 다를 수 있으므로 거짓인 명제이다.

따라서 명제가 아닌 것은 ②이다.

2 조건 '$\sim p$ 또는 q'의 부정은 'p 그리고 $\sim q$'

이때 p: $-3<x\leq4$, $\sim q$: $x<-1$ 또는 $x\geq2$이므로 다음 그림에서 조건 '$\sim p$ 또는 q'의 부정은

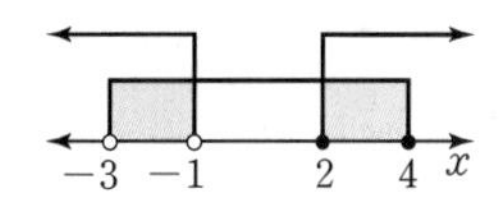

$-3<x<-1$ 또는 $2\leq x\leq4$

3 전체집합 $U=\{-3, -2, -1, 0, 1, 2\}$에 대하여 두 조건 p, q의 진리집합을 각각 P, Q라 하자.

$x^2-3x+2=0$에서 $(x-1)(x-2)=0$

$\therefore x=1$ 또는 $x=2$

$\therefore P=\{1, 2\}$

$x^3-4x=0$에서 $x(x+2)(x-2)=0$

$\therefore x=-2$ 또는 $x=0$ 또는 $x=2$

$\therefore Q=\{-2, 0, 2\}$

이때 조건 '$\sim p$ 그리고 $\sim q$'의 진리집합은 $P^C\cap Q^C$이므로

$P^C\cap Q^C=(P\cup Q)^C=\{-3, -1\}$

따라서 구하는 모든 원소의 곱은

$-3\times(-1)=3$

4 명제 $p\longrightarrow\sim q$가 거짓이려면 $P\not\subset Q^C$이어야 하므로 집합 P의 원소이지만 집합 Q^C의 원소가 아닌 원소를 찾으면 된다.

따라서 반례를 원소로 갖는 집합은

$P-Q^C=P\cap Q$

5 p: $0<x<2$, q: $a-3<x<a+3$이라 하고, 두 조건 p, q의 진리집합을 각각 P, Q라 하면

$P=\{x|0<x<2\}$, $Q=\{x|a-3<x<a+3\}$

명제 $p\longrightarrow q$가 참이 되려면 $P\subset Q$이어야 한다.

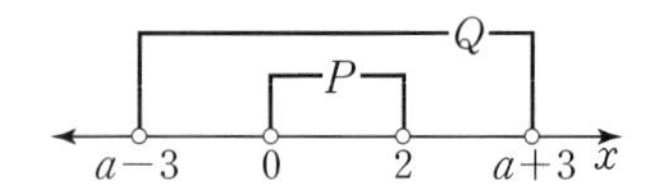

위의 그림에서 $a-3\le0$, $a+3\ge2$이어야 하므로

$-1\le a\le3$

따라서 정수 a는 -1, 0, 1, 2, 3의 5개이다.

6 $|x-a|\le1$에서 $-1\le x-a\le1$

$\therefore a-1\le x\le a+1$

$x^2-2x-8>0$에서 $(x+2)(x-4)>0$

$\therefore x<-2$ 또는 $x>4$

두 조건 p, q의 진리집합을 각각 P, Q라 하면

$P=\{x|a-1\le x\le a+1\}$

$Q=\{x|x<-2$ 또는 $x>4\}$

명제 $p \longrightarrow \sim q$가 참이 되려면 $P\subset Q^C$이어야 한다.

이때 $Q^C=\{x|-2\le x\le4\}$이므로

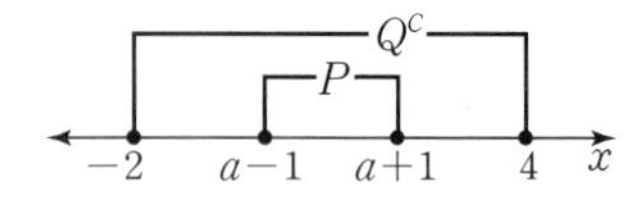

위의 그림에서 $a-1\ge-2$, $a+1\le4$이어야 하므로

$-1\le a\le3$

따라서 실수 a의 최댓값은 3이다.

7 명제 $p \longrightarrow q$가 참이므로 $P\subset Q$

① $Q-P\ne Q$

② $P\cap Q=P$

③ $P\cup Q=Q$

④ $P-Q=\varnothing$

⑤ $P^C\cup Q=U$

따라서 항상 옳은 것은 ⑤이다.

8 ㄱ. $Q\subset P$이므로 명제 $q \longrightarrow p$가 참이다.

ㄷ. $R\subset P$이므로 $P^C\subset R^C$

따라서 명제 $\sim p \longrightarrow \sim r$가 참이다.

따라서 보기에서 항상 참인 명제는 ㄱ, ㄷ이다.

9 ① [반례] $x=-1$, $y=-2$이면 $xy>0$이지만 $x<0$이고 $y<0$이다. (거짓)

② [반례] $x=0$이면 $x^2=0$이다. (거짓)

③ [반례] $x=\sqrt{2}$, $y=-\sqrt{2}$이면 $x+y$는 유리수이다. (거짓)

④ 모든 실수 x에 대하여

$x^2-2x+2=(x-1)^2+1>0$ (거짓)

⑤ $3x-2=x+2(x-3)+4$에서 $3x-2=3x-2$

따라서 모든 실수 x에 대하여 성립한다. (참)

따라서 참인 명제는 ⑤이다.

10 ㄱ. p: $x^2>4$라 하고 조건 p의 진리집합을 P라 하면

$x^2>4$에서 $x^2-4>0$, $(x+2)(x-2)>0$

$\therefore x<-2$ 또는 $x>2$ $\quad\therefore P=\varnothing$

따라서 주어진 명제는 거짓이다.

ㄴ. p: $2x-3\le1$이라 하고 조건 p의 진리집합을 P라 하면 $2x-3\le1$에서 $2x\le4$ $\quad\therefore x\le2$

$\therefore P=\{-2, -1, 0, 1, 2\}$

따라서 $P=U$이므로 주어진 명제는 참이다.

ㄷ. p: $x^2+x-2>0$이라 하고 조건 p의 진리집합을 P라 하면 $x^2+x-2>0$에서 $(x+2)(x-1)>0$

$\therefore x<-2$ 또는 $x>1$ $\quad\therefore P=\{2\}$

따라서 $P\ne\varnothing$이므로 주어진 명제는 참이다.

따라서 보기에서 참인 명제인 것은 ㄴ, ㄷ이다.

11 ①, ② 유리수의 제곱, 유리수의 세제곱도 유리수이므로 x가 유리수이면 x^2, x^3도 유리수이다. (참)

③ [반례] $x=\sqrt{2}$이면 $x^2=2$는 유리수이지만 $x^3=2\sqrt{2}$는 무리수이다. (거짓)

④ $x\ne0$일 때, 유리수의 나눗셈의 몫은 유리수이므로 x^2과 x^3이 유리수이면 $\frac{x^3}{x^2}=x$는 유리수이다. (참)

⑤ 유리수와 유리수의 곱은 유리수이므로 유리수 x와 유리수 x^2의 곱인 x^3도 유리수이다. (참)

따라서 거짓인 명제는 ③이다.

12 $P\cap Q=P$에서 $P\subset Q$

$R^C\cup Q=U$에서 $(R^C\cup Q)^C=\varnothing$

$R\cap Q^C=\varnothing$, $R-Q=\varnothing$ $\quad\therefore R\subset Q$

ㄱ. $P\subset Q$이므로 명제 $p \longrightarrow q$는 참이다.

ㄴ. $R\subset Q$이므로 명제 $r \longrightarrow q$는 참이다.

ㄷ. $P\cap R\ne\varnothing$이면 $P\not\subset R^C$이므로 명제 $p \longrightarrow \sim r$는 거짓이다.

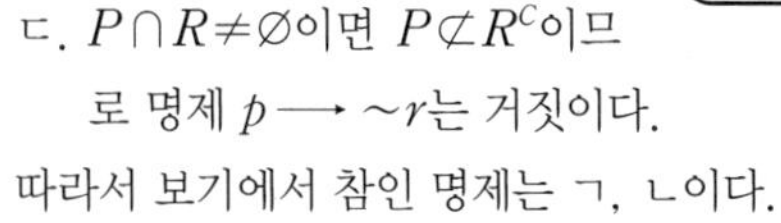

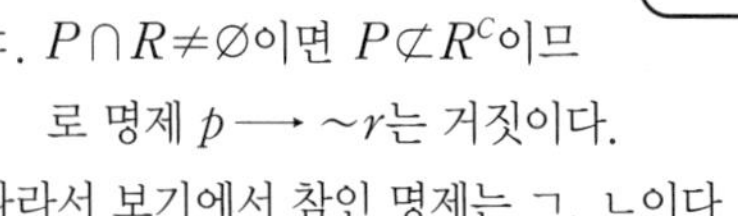

따라서 보기에서 참인 명제는 ㄱ, ㄴ이다.

13 주어진 명제의 부정은

'모든 실수 x에 대하여 $x^2-18x+k\ge0$이다.'

즉, 모든 실수 x에 대하여 이차부등식 $x^2-18x+k\ge0$이 성립해야 하므로 이차방정식 $x^2-18x+k=0$의 판별식을 D라 하면

$\frac{D}{4}=(-9)^2-k\le0$ $\quad\therefore k\ge81$

따라서 k의 최솟값은 81이다.

Ⅱ-2 02 명제의 역과 대우

1 명제의 역과 대우

개념 Check 152쪽

1 답 (1) **역: 이등변삼각형은 정삼각형이다.**
대우: 이등변삼각형이 아니면 정삼각형이 아니다.
(2) **역: 홀수는 소수이다.**
대우: 홀수가 아니면 소수가 아니다.
(3) **역: $x^2=9$이면 $x=3$이다.**
대우: $x^2\neq 9$이면 $x\neq 3$이다.

문제 153~155쪽

01-1 답 (1) **역: x가 8의 양의 약수이면 x는 4의 양의 약수이다. (거짓)**
대우: x가 8의 양의 약수가 아니면 x는 4의 양의 약수가 아니다. (참)
(2) **역: $5-2x<1$이면 $x>-3$이다. (참)**
대우: $5-2x\geq 1$이면 $x\leq -3$이다. (거짓)

(1) 역: [반례] $x=8$은 8의 양의 약수이지만 4의 양의 약수는 아니다.
(2) 대우: [반례] $x=0$이면 $5-2x\geq 1$이지만 $x>-3$이다.

01-2 답 ㄹ

ㄱ. 역: $x=y$이면 $x^2-y^2=0$이다. (참)
대우: $x\neq y$이면 $x^2-y^2\neq 0$이다. (거짓)
[반례] $x=1$, $y=-1$이면 $x\neq y$이지만 $x^2-y^2=0$이다.
ㄴ. 역: $x^2-1=0$이면 $x-1=0$이다. (거짓)
[반례] $x=-1$이면 $x^2-1=0$이지만 $x-1\neq 0$이다.
대우: $x^2-1\neq 0$이면 $x-1\neq 0$이다. (참)
ㄷ. 역: $x+y>0$이면 $x>0$이고 $y>0$이다. (거짓)
[반례] $x=3$, $y=-2$이면 $x+y>0$이지만 $x>0$이고 $y<0$이다.
대우: $x+y\leq 0$이면 $x\leq 0$ 또는 $y\leq 0$이다. (참)
ㄹ. 역: $x\neq 0$이고 $y\neq 0$이면 $xy\neq 0$이다. (참)
대우: $x=0$ 또는 $y=0$이면 $xy=0$이다. (참)
따라서 보기에서 역과 대우가 모두 참인 명제인 것은 ㄹ이다.

02-1 답 -5

주어진 명제가 참이므로 그 대우 '$x=4$이면 $x^2+kx+4=0$이다.'도 참이다.
$x=4$를 $x^2+kx+4=0$에 대입하면
$16+4k+4=0$ $\quad\therefore k=-5$

02-2 답 -2

주어진 명제가 참이므로 그 대우 '$x\leq k$이고 $y\leq 5$이면 $x+y\leq 3$이다.'도 참이다.
$x\leq k$이고 $y\leq 5$에서 $x+y\leq k+5$
대우가 참이려면 $k+5\leq 3$ $\quad\therefore k\leq -2$
따라서 k의 최댓값은 -2이다.

02-3 답 2

명제 $p \longrightarrow q$가 참이므로 그 대우 $\sim q \longrightarrow \sim p$도 참이다.
$\sim q$: $|x|\leq a$에서 $-a\leq x\leq a$ ($\because$ a는 자연수)
$\sim p$: $x^2-x-6\leq 0$에서 $(x+2)(x-3)\leq 0$
$\therefore -2\leq x\leq 3$
두 조건 p, q의 진리집합을 각각 P, Q라 하면
$P^C=\{x|-2\leq x\leq 3\}$, $Q^C=\{x|-a\leq x\leq a\}$
명제 $\sim q \longrightarrow \sim p$가 참이 되려면 $Q^C\subset P^C$이어야 하므로 오른쪽 그림에서

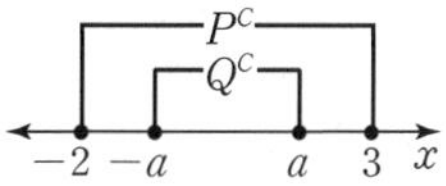

$-a\geq -2$, $a\leq 3$ $\quad\therefore a\leq 2$
따라서 자연수 a는 1, 2의 2개이다.

03-1 답 ②

① 명제 $p \longrightarrow r$가 참이면 그 대우도 참이므로 명제 $\sim r \longrightarrow \sim p$가 참이다.
③ 명제 $q \longrightarrow \sim r$가 참이면 그 대우도 참이므로 명제 $r \longrightarrow \sim q$가 참이다.
④ 두 명제 $p \longrightarrow r$, $r \longrightarrow \sim q$가 참이므로 명제 $p \longrightarrow \sim q$가 참이다.
⑤ 명제 $p \longrightarrow \sim q$가 참이면 그 대우도 참이므로 명제 $q \longrightarrow \sim p$가 참이다.
따라서 항상 참이라 할 수 없는 것은 ②이다.

03-2 답 ㄷ, ㄹ

ㄱ. 명제 $s \longrightarrow q$가 참이면 그 대우도 참이므로 명제 $\sim q \longrightarrow \sim s$가 참이다.
두 명제 $p \longrightarrow \sim q$, $\sim q \longrightarrow \sim s$가 참이므로 명제 $p \longrightarrow \sim s$가 참이다.
따라서 명제 $p \longrightarrow s$는 거짓이다.
ㄴ, ㄷ. 두 명제 $r \longrightarrow p$, $p \longrightarrow \sim q$가 참이므로 명제 $r \longrightarrow \sim q$와 그 대우 $q \longrightarrow \sim r$가 참이다.
따라서 명제 $q \longrightarrow r$는 거짓이다.
ㄹ. 명제 $p \longrightarrow \sim q$가 참이면 그 대우도 참이므로 명제 $q \longrightarrow \sim p$가 참이다.
두 명제 $s \longrightarrow q$, $q \longrightarrow \sim p$가 참이므로 명제 $s \longrightarrow \sim p$가 참이다.
따라서 보기에서 항상 참인 명제인 것은 ㄷ, ㄹ이다.

03-3 답 ③

명제 (가), (나)에서

p: 기온이 높다.,

q: 제품 A가 잘 팔린다.,

r: 제품 B가 잘 팔린다.

라 하자.

(가)에서 명제 $p \longrightarrow q$가 참이고 (나)에서 명제 $r \longrightarrow \sim q$와 그 대우 $q \longrightarrow \sim r$가 참이다.

두 명제 $p \longrightarrow q$, $q \longrightarrow \sim r$가 참이므로 명제 $p \longrightarrow \sim r$와 그 대우 $r \longrightarrow \sim p$가 참이다.

① $q \longrightarrow p$ ② $q \longrightarrow r$

③ $p \longrightarrow \sim r$ ④ $\sim p \longrightarrow r$

⑤ $r \longrightarrow p$

따라서 항상 참인 명제는 ③이다.

2 충분조건과 필요조건

개념 Check 156쪽

1 답 **(1) 충분 (2) 필요 (3) 필요충분**

문제 157~159쪽

04-1 답 **(1) 충분조건 (2) 필요조건 (3) 필요조건 (4) 필요충분조건**

(1) 두 조건 p, q의 진리집합을 각각 P, Q라 하면

$P=\{a|a>1\}$, $Q=\{a|a>0\}$

$\therefore P \subset Q$

따라서 $p \Longrightarrow q$이므로 p는 q이기 위한 충분조건이다.

(2) 두 조건 p, q의 진리집합을 각각 P, Q라 하면

$P=\{(a, b)|a=b$ 또는 $a=-b\}$,

$Q=\{(a, b)|a=b\}$

$\therefore Q \subset P$

따라서 $q \Longrightarrow p$이므로 p는 q이기 위한 필요조건이다.

(3) 명제 $p \longrightarrow q$: [반례] $a=1$, $b=-1$이면 $a+b=0$이지만 $a^2+b^2 \neq 0$이다. (거짓)

명제 $q \longrightarrow p$: $a^2+b^2=0$이면 $a=0$, $b=0$이므로 $a+b=0$이다. (참)

따라서 $q \Longrightarrow p$이므로 p는 q이기 위한 필요조건이다.

(4) 명제 $p \longrightarrow q$: $abc \neq 0$이면 $a \neq 0$이고 $b \neq 0$이고 $c \neq 0$이므로 a, b, c는 모두 0이 아니다. (참)

명제 $q \longrightarrow p$: a, b, c가 모두 0이 아니면 $abc \neq 0$이다. (참)

따라서 $p \Longleftrightarrow q$이므로 p는 q이기 위한 필요충분조건이다.

04-2 답 ㄱ

ㄱ. 두 조건 p, q의 진리집합을 각각 P, Q라 하면

$P \subset Q$

따라서 $p \Longrightarrow q$이므로 p는 q이기 위한 충분조건이다.

ㄴ. 두 조건 p, q의 진리집합을 각각 P, Q라 하면

$P=\{(x, y)|x=y$ 또는 $x=-y\}$,

$Q=\{(x, y)|x=y$ 또는 $x=-y\}$

$\therefore P=Q$

따라서 $p \Longleftrightarrow q$이므로 p는 q이기 위한 필요충분조건이다.

ㄷ. 명제 $p \longrightarrow q$: [반례] $x=2$, $y=10$이면 $xy=20$이지만 $x \neq 5$, $y \neq 4$이다. (거짓)

명제 $q \longrightarrow p$: $x=5$, $y=4$이면 $xy=20$이다. (참)

따라서 $q \Longrightarrow p$이므로 p는 q이기 위한 필요조건이다.

ㄹ. 명제 $p \longrightarrow q$: [반례] $x=1$, $y=-2$이면 $x>0$이지만 $x+y<0$이다. (거짓)

명제 $q \longrightarrow p$: $x+y>0$이면 $x>0$ 또는 $y>0$이다. (참)

따라서 $q \Longrightarrow p$이므로 p는 q이기 위한 필요조건이다.

따라서 보기에서 p가 q이기 위한 충분조건이지만 필요조건은 아닌 것은 ㄱ이다.

05-1 답 **2**

p: $x^2+ax-3 \neq 0$, q: $x-1 \neq 0$이라 하자.

p가 q이기 위한 충분조건이려면 $p \Longrightarrow q$

참인 명제의 대우는 참이므로 $\sim q \Longrightarrow \sim p$

즉, $x-1=0$이면 $x^2+ax-3=0$이므로

$1+a-3=0 \qquad \therefore a=2$

05-2 답 **2**

세 조건 p, q, r의 진리집합을 각각 P, Q, R라 하면

$P=\{x|-1 \leq x \leq 1$ 또는 $x>3\}$,

$Q=\{x|x>a\}$,

$R=\{x|x \geq b\}$

q가 p이기 위한 필요조건이려면 $p \Longrightarrow q$에서

$P \subset Q$

r가 p이기 위한 충분조건이려면 $r \Longrightarrow p$에서

$R \subset P$

$\therefore R \subset P \subset Q$

세 집합 P, Q, R를 수직선 위에 나타내면

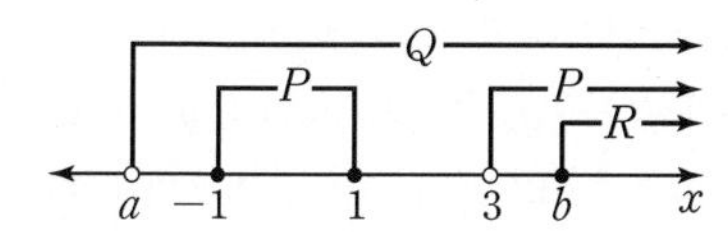

위의 그림에서 $a<-1$, $b>3$

따라서 정수 a의 최댓값은 -2, 정수 b의 최솟값은 4이므로 그 합은

$-2+4=2$

05-3 답 -4

p가 q이기 위한 필요충분조건이려면 $p \Longleftrightarrow q$

즉, 이차방정식 $(x-1)^2=a$의 두 근이 $x=3$ 또는 $x=b$이어야 하므로 $(x-1)^2=a$에 $x=3$을 대입하면 $a=4$

$(x-1)^2=4$에서 $x-1=\pm 2$ $\quad\therefore x=3$ 또는 $x=-1$

$\therefore b=-1$

$\therefore ab=4\times(-1)=-4$

06-1 답 ④

p는 $\sim q$이기 위한 충분조건이므로 $p \Longrightarrow \sim q$에서

$P\subset Q^C$ …… ㉠

$\sim r$는 $\sim q$이기 위한 필요조건이므로 $\sim q \Longrightarrow \sim r$에서

$Q^C\subset R^C$ $\quad\therefore R\subset Q$ …… ㉡

㉠, ㉡을 만족시키는 세 집합 P, Q, R 사이의 관계를 벤 다이어그램으로 나타내면 오른쪽 그림과 같다.

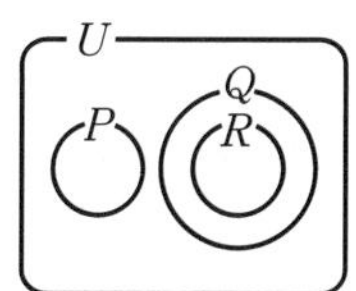

① $P\not\subset R$

② $P^C\cup Q=P^C$이므로 $R\subset(P^C\cup Q)$

③ $Q^C\not\subset R$

⑤ $(P\cup R)\not\subset Q^C$

따라서 항상 옳은 것은 ④이다.

06-2 답 ⑤

$P\cup Q=P$에서 $Q\subset P$

$Q\cap R=R$에서 $R\subset Q$

$\therefore R\subset Q\subset P$

① $Q\subset P$에서 $q \Longrightarrow p$이므로 q는 p이기 위한 충분조건이다.

② $R\subset Q$에서 $r \Longrightarrow q$이므로 q는 r이기 위한 필요조건이다.

③ $R\subset P$에서 $r \Longrightarrow p$이므로 r는 p이기 위한 충분조건이다.

④ $R\subset Q$, 즉 $Q^C\subset R^C$에서 $\sim q \Longrightarrow \sim r$이므로 $\sim r$는 $\sim q$이기 위한 필요조건이다.

⑤ $Q\not\subset P^C$이므로 q는 $\sim p$이기 위한 충분조건이 아니다.

따라서 옳지 않은 것은 ⑤이다.

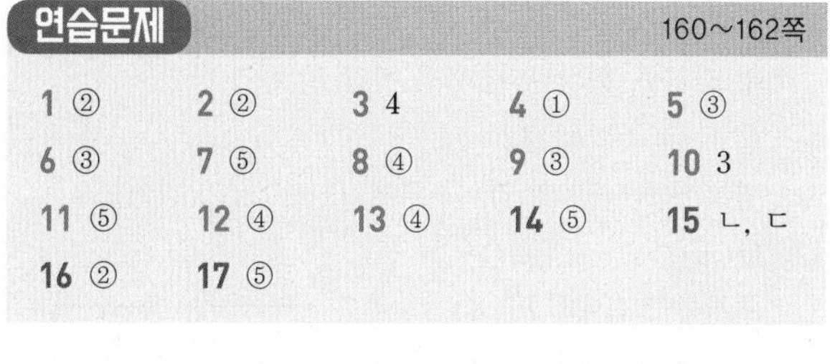

연습문제 160~162쪽

1 ②	2 ②	3 4	4 ①	5 ③
6 ③	7 ⑤	8 ④	9 ③	10 3
11 ⑤	12 ④	13 ④	14 ⑤	15 ㄴ, ㄷ
16 ②	17 ⑤			

1 ① 역: 두 대각선의 길이가 같은 사각형은 직사각형이다. (거짓)

[반례] 등변사다리꼴은 두 대각선의 길이가 같지만 직사각형이 아니다.

대우: 두 대각선의 길이가 같지 않은 사각형은 직사각형이 아니다. (참)

② 역: $a>1$이고 $b>1$이면 $a+b>2$이다. (참)

대우: $a\le 1$ 또는 $b\le 1$이면 $a+b\le 2$이다. (거짓)

[반례] $a=-1$, $b=4$이면 $a\le 1$이지만 $a+b>2$이다.

③ 역: $|ab|=ab$이면 $a>0$, $b>0$이다. (거짓)

[반례] $a=-2$, $b=-3$이면 $|ab|=ab$이지만 $a<0$, $b<0$이다.

대우: $|ab|\ne ab$이면 $a\le 0$ 또는 $b\le 0$이다. (참)

④ 역: ab가 유리수이면 a, b도 유리수이다. (거짓)

[반례] $a=\sqrt{2}$, $b=\sqrt{2}$이면 ab는 유리수이지만 a, b는 유리수가 아니다.

대우: ab가 무리수이면 a 또는 b가 무리수이다. (참)

⑤ 역: 0이 아닌 a, b에 대하여 $\frac{1}{a}<\frac{1}{b}$이면 $a>b$이다. (거짓)

[반례] $a=-1$, $b=2$이면 $\frac{1}{a}<\frac{1}{b}$이지만 $a<b$이다.

대우: 0이 아닌 a, b에 대하여 $\frac{1}{a}\ge\frac{1}{b}$이면 $a\le b$이다. (거짓)

[반례] $a=1$, $b=-2$이면 $\frac{1}{a}\ge\frac{1}{b}$이지만 $a>b$이다.

따라서 역은 참이고 대우는 거짓인 명제는 ②이다.

2 명제 $\sim p \longrightarrow \sim q$의 역이 참이므로 명제 $\sim q \longrightarrow \sim p$가 참이다.

즉, $Q^C\subset P^C$이므로 $P\subset Q$

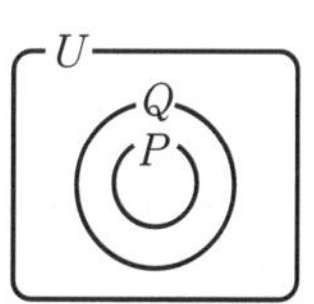

① $P\cap Q=P$

② $P\cap Q^C=P-Q=\varnothing$

③ $P^C\cap Q=Q-P$

④ $P^C\cap Q^C=(P\cup Q)^C=Q^C$

⑤ $P\ne Q$

따라서 항상 옳은 것은 ②이다.

3 $\sim p$: $x \le a$

두 조건 p, q의 진리집합을 각각 P, Q라 하면

$P^C = \{x \mid x \le a\}$, $Q = \{x \mid -1 < x \le 4\}$

명제 $\sim p \longrightarrow q$의 역, 즉 명제 $q \longrightarrow \sim p$가 참이므로

$Q \subset P^C$

오른쪽 그림에서 $a \ge 4$

따라서 a의 최솟값은 4이다.

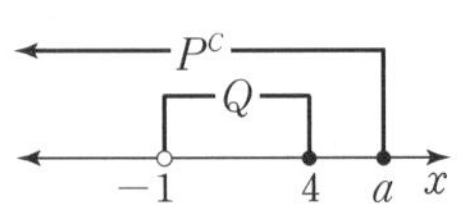

4 주어진 명제의 역 '$x^2+ax-1 \ne 0$이면 $x-2 \ne 0$이다.'가 참이면 그 대우 '$x-2=0$이면 $x^2+ax-1=0$이다.'가 참이므로

$4+2a-1=0 \qquad \therefore a = -\dfrac{3}{2}$

5 명제 $r \longrightarrow \sim q$가 참이면 그 대우도 참이므로 명제 $q \longrightarrow \sim r$가 참이다.

두 명제 $p \longrightarrow q$, $q \longrightarrow \sim r$가 참이므로 명제 $p \longrightarrow \sim r$와 그 대우 $r \longrightarrow \sim p$가 참이다.

따라서 보기에서 항상 참인 명제인 것은 ㄷ이다.

6 명제 (가), (나)에서

p: 날씨가 맑다., q: 기온이 올라간다.,

r: 빨래가 잘 마른다.

라 하자.

(가)에서 명제 $p \longrightarrow q$가 참이고 (나)에서 명제 $q \longrightarrow r$가 참이다.

따라서 명제 $p \longrightarrow r$와 그 대우 $\sim r \longrightarrow \sim p$가 참이다.

① $p \longrightarrow \sim r$ ② $\sim p \longrightarrow r$

③ $\sim r \longrightarrow \sim p$ ④ $r \longrightarrow p$

⑤ $\sim q \longrightarrow \sim r$

따라서 항상 참인 명제인 것은 ③이다.

7 ① 두 조건 p, q의 진리집합을 각각 P, Q라 하면

$P = \{\sqrt{3}\}$, $Q = \{-\sqrt{3}, \sqrt{3}\} \qquad \therefore P \subset Q$

따라서 $p \Longrightarrow q$이므로 p는 q이기 위한 충분조건이다.

② 명제 $p \longrightarrow q$: $y<0$이면 $|x|>y$이다. (참)

명제 $q \longrightarrow p$: [반례] $x=3$, $y=2$이면 $|x|>y$이지만 $y>0$이다. (거짓)

따라서 $p \Longrightarrow q$이므로 p는 q이기 위한 충분조건이다.

③ 명제 $p \longrightarrow q$: $|x| \ge 0$, $|y| \ge 0$이므로

$|x|+|y|=0$이면 $x=0$, $y=0$이다. (참)

명제 $q \longrightarrow p$: $x=0$, $y=0$이면 $|x|+|y|=0$이다. (참)

따라서 $p \Longleftrightarrow q$이므로 p는 q이기 위한 필요충분조건이다.

④ 두 조건 p, q의 진리집합을 각각 P, Q라 하면 $P \subset Q$

따라서 $p \Longrightarrow q$이므로 p는 q이기 위한 충분조건이다.

⑤ 명제 $p \longrightarrow q$: [반례] $x=\sqrt{2}$, $y=-\sqrt{2}$이면 $x+y$, xy는 유리수이지만 x, y는 유리수가 아니다. (거짓)

명제 $q \longrightarrow p$: x, y가 유리수이면 $x+y$, xy는 유리수이다. (참)

따라서 $q \Longrightarrow p$이므로 p는 q이기 위한 필요조건이다.

따라서 p가 q이기 위한 필요조건이지만 충분조건은 아닌 것은 ⑤이다.

8 p는 q이기 위한 충분조건이므로

$p \Longrightarrow q$ …… ㉠

p는 s이기 위한 필요조건이므로

$s \Longrightarrow p$ …… ㉡

q는 s이기 위한 충분조건이므로

$q \Longrightarrow s$ …… ㉢

r는 q이기 위한 필요조건이므로

$q \Longrightarrow r$ …… ㉣

ㄱ. ㉠, ㉣에서 $p \Longrightarrow r$

ㄴ. ㉢, ㉡에서 $q \Longrightarrow p$

ㅁ. ㉡, ㉠에서 $s \Longrightarrow q$

ㅂ. ㉡, ㉠, ㉣에서 $s \Longrightarrow r$

따라서 보기에서 항상 참인 명제인 것은 ㄱ, ㄴ, ㅁ, ㅂ이다.

9 $\sim p$: $x^2-4x+3 \le 0$에서

$(x-1)(x-3) \le 0 \qquad \therefore 1 \le x \le 3$

두 조건 p, q의 진리집합을 각각 P, Q라 하면

$P^C = \{x \mid 1 \le x \le 3\}$, $Q = \{x \mid x \le a\}$

$\sim p$가 q이기 위한 충분조건이려면 $\sim p \Longrightarrow q$, 즉 $P^C \subset Q$이어야 하므로 오른쪽 그림에서

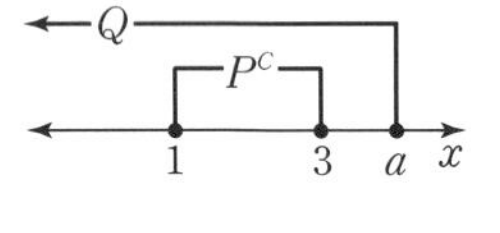

$a \ge 3$

따라서 a의 최솟값은 3이다.

10 $x^2+3x-10=0$에서 $(x+5)(x-2)=0$

$\therefore x=-5$ 또는 $x=2$

$x+a=0$에서 $x=-a$

두 조건 p, q의 진리집합을 각각 P, Q라 하면

$P = \{-5, 2\}$, $Q = \{-a\}$

p가 q이기 위한 필요조건이려면 $q \Longrightarrow p$에서 $Q \subset P$

즉, $-a=-5$ 또는 $-a=2$이므로

$a=-2$ 또는 $a=5$

따라서 모든 상수 a의 값의 합은

$-2+5=3$

11 $x^2-2x-3\le0$에서 $(x+1)(x-3)\le0$

$\therefore -1\le x\le3$

$|x-a|\le b$에서 $a-b\le x\le a+b$

두 조건 p, q의 진리집합을 각각 P, Q라 하면

$P=\{x|-1\le x\le3\}$, $Q=\{x|a-b\le x\le a+b\}$

p는 q이기 위한 필요충분조건이려면 $p \Longleftrightarrow q$에서

$P=Q$

즉, $a-b=-1$, $a+b=3$이므로 두 식을 연립하여 풀면

$a=1$, $b=2$ $\quad\therefore ab=2$

12 p는 q이기 위한 필요충분조건이므로 $p \Longleftrightarrow q$에서

$P=Q$ ⋯⋯ ㉠

r는 q이기 위한 필요조건이므로 $q \Longrightarrow r$에서

$Q\subset R$ ⋯⋯ ㉡

㉠, ㉡을 만족시키는 세 집합 P, Q, R 사이의 관계를 벤 다이어그램으로 나타내면 오른쪽 그림과 같다.

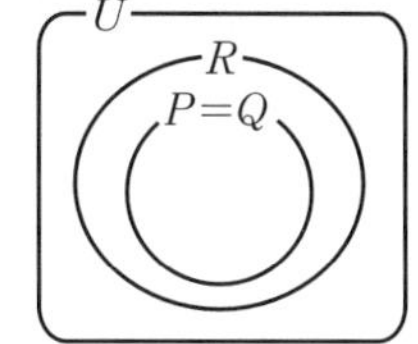

① $R\not\subset P$

② $P\cap Q\ne\varnothing$

③ $Q\cup R=R$이므로 $P\subset(Q\cup R)$, $(Q\cup R)\not\subset P$

④ $(P\cup Q)\subset R$

⑤ $R-P\ne Q$

따라서 항상 옳은 것은 ④이다.

13 ㄱ. $Q\subset P$이므로 $q \Longrightarrow p$

따라서 p는 q이기 위한 필요조건이다.

ㄴ. $R\subset Q^C$이므로 $r \Longrightarrow \sim q$

따라서 r는 $\sim q$이기 위한 충분조건이다.

ㄷ. $Q\subset P$이므로 $P^C\subset Q^C$

$\therefore \sim p \Longrightarrow \sim q$

따라서 $\sim p$는 $\sim q$이기 위한 충분조건이다.

따라서 보기에서 항상 옳은 것은 ㄱ, ㄴ이다.

14 주어진 규칙인 명제

'카드의 한쪽 면에 홀수가 적혀 있으면 다른 쪽 면에는 식물이 그려져 있다.'

가 참이면 그 대우인 명제

'카드의 한쪽 면에 동물이 그려져 있으면 다른 쪽 면에는 짝수가 적혀 있다.'

도 참이다.

따라서 주어진 규칙에 맞는지 알아보기 위하여 다른 쪽 면을 반드시 확인할 필요가 있는 카드는 홀수가 적힌 카드와 동물이 그려진 카드이므로 3, 토끼, 사자이다.

15 참인 두 명제에서

p: 성격이 급하지 않은 사람이다.,

q: 신중한 사람이다.,

r: 수학을 잘하는 사람이다.,

s: 머리가 좋은 사람이다.

라 하자.

명제 $p \longrightarrow q$가 참이고 명제 $r \longrightarrow s$가 참이므로 명제 $r \longrightarrow q$가 참이 되는 경우는 삼단논법에 의하여 다음과 같은 경우가 있을 수 있다.

(i) 두 명제 $r \longrightarrow p$, $p \longrightarrow q$가 참이면

명제 $r \longrightarrow q$가 참이다.

(ii) 두 명제 $r \longrightarrow s$, $s \longrightarrow q$가 참이면

명제 $r \longrightarrow q$가 참이다.

(iii) 세 명제 $r \longrightarrow s$, $s \longrightarrow p$, $p \longrightarrow q$가 참이면

명제 $r \longrightarrow q$가 참이다.

즉, 필요한 참인 명제는

명제 $r \longrightarrow p$ 또는 그 대우인 명제 $\sim p \longrightarrow \sim r$

명제 $s \longrightarrow q$ 또는 그 대우인 명제 $\sim q \longrightarrow \sim s$

명제 $s \longrightarrow p$ 또는 그 대우인 명제 $\sim p \longrightarrow \sim s$

주어진 보기에서

ㄱ. $p \longrightarrow r$ ㄴ. $\sim p \longrightarrow \sim r$

ㄷ. $\sim p \longrightarrow \sim s$ ㄹ. $\sim r \longrightarrow \sim p$

따라서 보기에서 필요한 참인 명제가 될 수 있는 것은 ㄴ, ㄷ이다.

16 ㄱ. 명제 $p \longrightarrow q$: $A^C\cup B^C=(A\cap B)^C=U$이면

$A\cap B=\varnothing$이므로 $A\subset B^C$, $B\subset A^C$이다. (참)

명제 $q \longrightarrow p$: $A\subset B^C$, $B\subset A^C$이면 $A\cap B=\varnothing$이므로 $A^C\cup B^C=(A\cap B)^C=U$이다. (참)

따라서 $p \Longleftrightarrow q$이므로 p는 q이기 위한 필요충분조건이다.

ㄴ. 명제 $p \longrightarrow q$: $A\subset B$이면 $n(A)\le n(B)$이다. (참)

명제 $q \longrightarrow p$: [반례] $A=\{1\}$, $B=\{2, 3\}$이면

$n(A)\le n(B)$이지만 $A\not\subset B$이다. (거짓)

따라서 $p \Longrightarrow q$이므로 p는 q이기 위한 충분조건이다.

ㄷ. 명제 $p \longrightarrow q$: [반례] $A=\{1\}$, $B=\{1, 2\}$이면

$A-B=\varnothing$이므로 $n(A-B)=0$이지만

$n(A)\ne n(B)$이다. (거짓)

명제 $q \longrightarrow p$: [반례] $A=\{1, 2\}$, $B=\{2, 3\}$이면

$n(A)=n(B)=2$이지만 $A-B=\{1\}$이므로

$n(A-B)\ne0$이다. (거짓)

따라서 보기에서 p가 q이기 위한 충분조건이지만 필요조건은 아닌 것은 ㄴ이다.

17 p: $|a|+|b|=0$에서 $a=0$이고 $b=0$

q: $a^2-2ab+b^2=0$에서 $(a-b)^2=0$ $\quad \therefore a=b$

r: $|a+b|=|a-b|$에서

$a+b=a-b$ 또는 $a+b=-(a-b)$

$\therefore a=0$ 또는 $b=0$

세 조건 p, q, r의 진리집합을 각각 P, Q, R라 하면

$P=\{(a, b)|a=0$이고 $b=0\}$

$Q=\{(a, b)|a=b\}$

$R=\{(a, b)|a=0$ 또는 $b=0\}$

ㄱ. $P\subset Q$이므로 $p \Longrightarrow q$

따라서 p는 q이기 위한 충분조건이다.

ㄴ. $P\subset R$이므로 $R^C\subset P^C$

$\therefore \sim r \Longrightarrow \sim p$

따라서 $\sim p$는 $\sim r$이기 위한 필요조건이다.

ㄷ. $Q\cap R=\{(a, b)|a=0$이고 $b=0\}$이므로

$Q\cap R=P$ $\quad \therefore (q$이고 $r) \Longleftrightarrow p$

따라서 q이고 r는 p이기 위한 필요충분조건이다.

따라서 보기에서 옳은 것은 ㄱ, ㄴ, ㄷ이다.

Ⅱ-2 03 명제의 증명

명제의 증명

개념 Check 163쪽

1 답 (가) **자연수 a, b에 대하여 a 또는 b가 짝수이면 ab는 짝수이다.**

(나) **2**

문제 164~165쪽

01-1 답 **풀이 참조**

주어진 명제의 대우 '자연수 n에 대하여 n이 홀수이면 n^2은 홀수이다.'가 참임을 보이면 된다.

n이 홀수이면 $n=2k-1$(k는 자연수)로 나타낼 수 있으므로

$n^2=(2k-1)^2=2(2k^2-2k)+1$

이때 $2k^2-2k$는 0 또는 자연수이므로 n^2은 홀수이다.

따라서 주어진 명제의 대우가 참이므로 주어진 명제도 참이다.

01-2 답 **풀이 참조**

주어진 명제의 대우 '자연수 a, b, c에 대하여 a, b, c가 모두 홀수이면 $a^2+b^2\neq c^2$이다.'가 참임을 보이면 된다.

a, b가 홀수이면 $a=2m-1$, $b=2n-1$(m, n은 자연수)로 나타낼 수 있으므로

$a^2+b^2=(2m-1)^2+(2n-1)^2$

$=2(2m^2-2m+2n^2-2n+1)$

이때 $2m^2-2m+2n^2-2n+1$은 자연수이므로 a^2+b^2은 짝수이다.

또 c가 홀수이면 $c=2l-1$(l은 자연수)로 나타낼 수 있으므로

$c^2=(2l-1)^2=4l^2-4l+1$

$=2(2l^2-2l)+1$

이때 $2l^2-2l$은 0 또는 자연수이므로 c^2은 홀수이다.

즉, a^2+b^2은 짝수이고 c^2은 홀수이므로 $a^2+b^2\neq c^2$이다.

따라서 주어진 명제의 대우가 참이므로 주어진 명제도 참이다.

01-3 답 (가) **짝수** (나) **서로소** (다) **2**

주어진 명제의 대우 '자연수 m, n에 대하여 m과 n이 모두 (가) 짝수이면 m과 n은 (나) 서로소가 아니다.'가 참임을 보이면 된다.

m과 n이 모두 (가) 짝수이면 $m=2k$, $n=2l$(k, l은 자연수)로 나타낼 수 있다.

이때 (다) 2는 m과 n의 공약수이므로 m과 n이 모두 (가) 짝수이면 m과 n은 (나) 서로소가 아니다.

따라서 주어진 명제의 대우가 참이므로 주어진 명제도 참이다.

02-1 답 **풀이 참조**

주어진 명제의 결론을 부정하여 a, b가 모두 홀수이거나 모두 짝수라 가정하자.

(i) a, b가 모두 홀수이면 $a=2k-1$, $b=2l-1$(k, l은 자연수)로 나타낼 수 있으므로

$a+b=(2k-1)+(2l-1)=2(k+l-1)$

이때 $k+l-1$은 자연수이므로 $a+b$는 짝수이다.

(ii) a, b가 모두 짝수이면 $a=2m$, $b=2n$(m, n은 자연수)으로 나타낼 수 있으므로

$a+b=2m+2n=2(m+n)$

이때 $m+n$은 자연수이므로 $a+b$는 짝수이다.

(i), (ii)에서 $a+b$는 짝수이므로 $a+b$가 홀수라는 가정에 모순이다.

따라서 자연수 a, b에 대하여 $a+b$가 홀수이면 a, b 중에서 하나는 홀수이고 다른 하나는 짝수이다.

02-2 답 (가) 3 (나) $9k^2$ (다) 3의 배수

주어진 명제의 결론을 부정하여 n이 3의 배수라 가정하면

$n=$ (가) 3 k (k는 자연수) …… ㉠

로 나타낼 수 있다.

㉠의 양변을 제곱하면

$n^2=$ (나) $9k^2$ $=3\times 3k^2$

이때 n^2은 (다) 3의 배수 이므로 가정에 모순이다.

따라서 자연수 n에 대하여 n^2이 3의 배수가 아니면 n은 3의 배수가 아니다.

2 절대부등식

문제 167~171쪽

03-1 답 (1) 풀이 참조 (2) 풀이 참조 (3) 풀이 참조

(1) $a^2+b^2-2ab=(a-b)^2\geq 0$ $\quad\therefore a^2+b^2\geq 2ab$

이때 등호는 $a-b=0$, 즉 $a=b$일 때 성립한다.

(2) $(|a|+1)^2-(|a+1|)^2$

$=a^2+2|a|+1-(a^2+2a+1)$

$=2(|a|-a)\geq 0$ ($\because |a|\geq a$)

$\therefore (|a|+1)^2\geq(|a+1|)^2$

그런데 $|a|+1\geq 0$, $|a+1|\geq 0$이므로

$|a|+1\geq|a+1|$

이때 등호는 $|a|=a$, 즉 $a\geq 0$일 때 성립한다.

(3) $a^2+b^2+c^2-(ab+bc+ca)$

$=\frac{1}{2}(2a^2+2b^2+2c^2-2ab-2bc-2ca)$

$=\frac{1}{2}(a^2-2ab+b^2+b^2-2bc+c^2+c^2-2ca+a^2)$

$=\frac{1}{2}\{(a-b)^2+(b-c)^2+(c-a)^2\}\geq 0$

└ (실수)^2+(실수)^2+(실수)$^2\geq 0$

$\therefore a^2+b^2+c^2\geq ab+bc+ca$

이때 등호는 $a-b=0$, $b-c=0$, $c-a=0$, 즉 $a=b=c$일 때 성립한다.

03-2 답 (가) $a^2-2ab+b^2$ (나) $|ab|$ (다) $\geq$ (라) $ab\geq 0$ (또는 $|ab|=ab$)

(i) $|a|\geq|b|$일 때,

$(|a-b|)^2-(|a|-|b|)^2$

$=$ (가) $a^2-2ab+b^2$ $-(a^2-2|ab|+b^2)$

$=2($(나) $|ab|$ $-ab)$ (다) $\geq$ 0 ($\because |ab|\geq ab$)

$\therefore (|a-b|)^2\geq(|a|-|b|)^2$

그런데 $|a-b|\geq 0$, $|a|-|b|\geq 0$이므로

$|a-b|$ (다) $\geq$ $|a|-|b|$

(ii) $|a|<|b|$일 때,

$|a-b|>0$, $|a|-|b|<0$이므로

$|a-b|>|a|-|b|$

(i), (ii)에서 $|a-b|\geq|a|-|b|$

이때 등호는 $|a|\geq|b|$이고 (라) $ab\geq 0$ (또는 $|ab|=ab$) 일 때 성립한다.

04-1 답 40

$10x>0$, $8y>0$이므로 산술평균과 기하평균의 관계에 의하여

$10x+8y\geq 2\sqrt{10x\times 8y}=8\sqrt{5xy}$

이때 $xy=5$이므로

$10x+8y\geq 8\sqrt{25}=40$ (단, 등호는 $5x=4y$일 때 성립)

따라서 구하는 최솟값은 40이다.

04-2 답 6

$3x>0$, $2y>0$이므로 산술평균과 기하평균의 관계에 의하여

$3x+2y\geq 2\sqrt{3x\times 2y}=2\sqrt{6xy}$

이때 $3x+2y=12$이므로

$12\geq 2\sqrt{6xy}$

$\therefore \sqrt{6xy}\leq 6$ (단, 등호는 $3x=2y$일 때 성립)

양변을 제곱하면

$6xy\leq 36$ $\quad\therefore xy\leq 6$

따라서 구하는 최댓값은 6이다.

04-3 답 1

$a^2>0$, $16b^2>0$이므로 산술평균과 기하평균의 관계에 의하여

$a^2+16b^2\geq 2\sqrt{a^2\times 16b^2}=8ab$

이때 $a^2+16b^2=8$이므로

$8\geq 8ab$

$\therefore ab\leq 1$ (단, 등호는 $a^2=16b^2$, 즉 $a=4b$일 때 성립)

따라서 구하는 최댓값은 1이다.

04-4 답 2

$\frac{1}{a}+\frac{1}{b}=\frac{a+b}{ab}=\frac{2}{ab}$ …… ㉠

$a>0$, $b>0$이므로 산술평균과 기하평균의 관계에 의하여

$a+b\geq 2\sqrt{ab}$

이때 $a+b=2$이므로

$2\geq 2\sqrt{ab}$

$\therefore \sqrt{ab}\leq 1$ (단, 등호는 $a=b$일 때 성립)

양변을 제곱하면 $ab\leq 1$

㉠에서 $\frac{1}{a}+\frac{1}{b}=\frac{2}{ab}\geq 2$

따라서 구하는 최솟값은 2이다.

05-1 답 **16**

$x>0$, $y>0$에서 $3xy>0$, $\frac{3}{xy}>0$이므로 산술평균과 기하평균의 관계에 의하여

$$\left(3x+\frac{1}{y}\right)\left(y+\frac{3}{x}\right)=10+3xy+\frac{3}{xy}$$
$$\geq 10+2\sqrt{3xy\times\frac{3}{xy}}$$
$$=10+6=16$$

(단, 등호는 $xy=1$일 때 성립)

따라서 구하는 최솟값은 16이다.

05-2 답 **5**

$x>1$에서 $x-1>0$이므로 산술평균과 기하평균의 관계에 의하여

$$x+\frac{4}{x-1}=x-1+\frac{4}{x-1}+1$$
$$\geq 2\sqrt{(x-1)\times\frac{4}{x-1}}+1$$
$$=4+1=5$$

$\left(\text{단, 등호는 } x-1=\frac{4}{x-1}\text{일 때 성립}\right)$

따라서 구하는 최솟값은 5이다.

05-3 답 **2**

$x>0$, $y>0$에서 $\frac{9x}{y}>0$, $\frac{4y}{x}>0$이므로 산술평균과 기하평균의 관계에 의하여

$$(9x+2y)\left(\frac{2}{x}+\frac{1}{y}\right)=20+\frac{9x}{y}+\frac{4y}{x}$$
$$\geq 20+2\sqrt{\frac{9x}{y}\times\frac{4y}{x}}$$
$$=20+12=32$$

이때 $9x+2y=16$이므로

$16\left(\frac{2}{x}+\frac{1}{y}\right)\geq 32$

$\therefore \frac{2}{x}+\frac{1}{y}\geq 2$ (단, 등호는 $3x=2y$일 때 성립)

따라서 구하는 최솟값은 2이다.

06-1 답 (1) **−14** (2) **10**

(1) a, b, x, y가 실수이므로 코시-슈바르츠의 부등식에 의하여

$(a^2+b^2)(x^2+y^2)\geq(ax+by)^2$

이때 $a^2+b^2=28$, $x^2+y^2=7$이므로

$28\times 7\geq(ax+by)^2$, $14^2\geq(ax+by)^2$

$\therefore -14\leq ax+by\leq 14$

(단, 등호는 $ay=bx$일 때 성립)

따라서 구하는 최솟값은 -14이다.

(2) x, y가 실수이므로 코시-슈바르츠의 부등식에 의하여

$(3^2+4^2)(x^2+y^2)\geq(3x+4y)^2$

이때 $x^2+y^2=4$이므로

$25\times 4\geq(3x+4y)^2$

$10^2\geq(3x+4y)^2$

$\therefore -10\leq 3x+4y\leq 10$

(단, 등호는 $3y=4x$일 때 성립)

따라서 구하는 최댓값은 10이다.

06-2 답 **13**

x, y가 실수이므로 코시-슈바르츠의 부등식에 의하여

$(2^2+3^2)(x^2+y^2)\geq(2x+3y)^2$

이때 $2x+3y=13$이므로

$13(x^2+y^2)\geq 13^2$

$\therefore x^2+y^2\geq 13$ (단, 등호는 $2y=3x$일 때 성립)

따라서 구하는 최솟값은 13이다.

06-3 답 **−10**

a, b가 실수이므로 코시-슈바르츠의 부등식에 의하여

$(1^2+3^2)(a^2+b^2)\geq(a+3b)^2$

이때 $a^2+b^2=100$이므로

$10\times 100\geq(a+3b)^2$

$\therefore (a+3b)^2\leq 1000$

따라서 $(a+3b)^2$은 등호가 성립할 때, 즉 $b=3a$일 때 최댓값 1000을 갖는다.

$a^2+b^2=100$에 $b=3a$를 대입하면

$a^2+9a^2=100$, $a^2=10$ $\quad\therefore a=\pm\sqrt{10}$

따라서 모든 a의 값의 곱은

$-\sqrt{10}\times\sqrt{10}=-10$

07-1 답 **25 m²**

직각삼각형의 빗변이 아닌 두 변의 길이를 xm, ym라 하면

$x^2+y^2=100$

$x>0$, $y>0$이므로 산술평균과 기하평균의 관계에 의하여

$x^2+y^2\geq 2\sqrt{x^2y^2}=2xy$

$100\geq 2xy$

$\therefore xy\leq 50$ (단, 등호는 $x=y$일 때 성립)

이때 직각삼각형의 넓이를 $S\,\mathrm{m}^2$라 하면

$S=\frac{1}{2}xy\leq 25$

따라서 구하는 밭의 넓이의 최댓값은 $25\,\mathrm{m}^2$이다.

07-2 답 $8\sqrt{2}$

직사각형의 가로의 길이를 x, 세로의 길이를 y라 하면 직사각형의 대각선은 원의 지름과 같으므로

$x^2+y^2=16$

직사각형의 둘레의 길이는 $2x+2y$이고 x, y가 실수이므로 코시-슈바르츠의 부등식에 의하여

$(2^2+2^2)(x^2+y^2)\geq(2x+2y)^2$

$8\times16\geq(2x+2y)^2$

이때 $2x+2y>0$이므로

$0<2x+2y\leq8\sqrt{2}$ (단, 등호는 $x=y$일 때 성립)

따라서 구하는 둘레의 길이의 최댓값은 $8\sqrt{2}$이다.

연습문제 172~174쪽

1 (가) 자연수 m, n에 대하여 m과 n이 모두 홀수이면 mn은 홀수이다.
(나) 홀수 (다) 홀수

2 풀이 참조		3 ②	4 4	5 ④
6 28	7 2	8 ①	9 −2	10 ③
11 33	12 ③	13 ④	14 ②	15 ②
16 $10\sqrt{2}$				

1 주어진 명제의 대우

'(가) 자연수 m, n에 대하여 m과 n이 모두 홀수이면 mn은 홀수이다.'

가 참임을 보이면 된다.

m과 n이 모두 (나) 홀수 이면

$m=2k-1$, $n=2l-1$ (k, l은 자연수)

로 나타낼 수 있으므로

$mn=(2k-1)(2l-1)$

$=2(2kl-k-l)+1$

이때 $2kl-k-l$은 0 또는 자연수이므로 mn은 (다) 홀수 이다.

따라서 주어진 명제의 대우가 참이므로 주어진 명제도 참이다.

2 주어진 명제의 결론을 부정하여 $\sqrt{5}$가 유리수라 가정하면

$\sqrt{5}=\dfrac{n}{m}$ (m, n은 서로소인 자연수) ······ ㉠

으로 나타낼 수 있다.

㉠의 양변을 제곱하면

$5=\dfrac{n^2}{m^2}$ $\therefore n^2=5m^2$ ······ ㉡

이때 n^2이 5의 배수이므로 n도 5의 배수이다.

n이 5의 배수이면 $n=5k$ (k는 자연수)로 나타낼 수 있으므로 ㉡에 대입하면

$(5k)^2=5m^2$ $\therefore m^2=5k^2$

이때 m^2이 5의 배수이므로 m도 5의 배수이다.

그런데 m, n이 모두 5의 배수이므로 m, n이 서로소라는 가정에 모순이다.

따라서 $\sqrt{5}$는 유리수가 아니다.

3 양의 실수 a, b, c에 대하여

$(a+b)^2-4ab=a^2+2ab+b^2-4ab$

$=a^2-2ab+b^2$

$=$ (가) $(a-b)^2$ ≥0

이므로 $4ab\leq(a+b)^2$이고, 같은 방법으로

$4bc\leq(b+c)^2$, $4ca\leq(c+a)^2$이므로

$4abc\left(\dfrac{1}{a+b}+\dfrac{1}{b+c}+\dfrac{1}{c+a}\right)$

$=\dfrac{4ab}{a+b}\times c+\dfrac{4bc}{b+c}\times a+\dfrac{4ca}{c+a}\times b$

$\leq\dfrac{(a+b)^2}{a+b}\times c+\dfrac{(b+c)^2}{b+c}\times a+\dfrac{(c+a)^2}{c+a}\times b$

$=(a+b)\times c+(b+c)\times a+(c+a)\times b$

$=$ (나) $2(ab+bc+ca)$ ······ ㉠

이다.

한편, $a^2+b^2+c^2-ab-bc-ca\geq0$에서

$(a+b+c)^2-3(ab+bc+ca)\geq0$이므로

$ab+bc+ca\leq\dfrac{(a+b+c)^2}{\text{(다) }3}$ ······ ㉡

이다.

따라서 ㉠, ㉡으로부터

$4abc\left(\dfrac{1}{a+b}+\dfrac{1}{b+c}+\dfrac{1}{c+a}\right)\leq\dfrac{2}{3}(a+b+c)^2$ ······ ㉢

이다.

이때 ㉢의 양변을 $4abc$로 나누면

$\dfrac{1}{a+b}+\dfrac{1}{b+c}+\dfrac{1}{c+a}\leq\dfrac{(a+b+c)^2}{6abc}$

이다.

4 ㄱ. $x<-3$일 때만 성립하므로 절대부등식이 아니다.

ㄴ. $x^2>x^2-2$에서 $0>-2$
따라서 모든 실수 x에 대하여 성립한다.

ㄷ. $x\geq0$일 때, $|x|+x=2x\geq0$
$x<0$일 때, $|x|+x=-x+x=0\geq0$
따라서 모든 실수 x에 대하여 성립한다.

ㄹ. $x^2+2x+3=(x+1)^2+2>0$
따라서 모든 실수 x에 대하여 성립한다.

ㅁ. 모든 실수 x에 대하여 성립한다.

ㅂ. $x=2$이면 $-(x-2)^2=0$
따라서 $x=2$일 때 성립하지 않는다.

따라서 보기에서 절대부등식은 ㄴ, ㄷ, ㄹ, ㅁ의 4개이다.

5 ㄱ. $(\sqrt{ab})^2-\left(\frac{2ab}{a+b}\right)^2=ab-\frac{4a^2b^2}{(a+b)^2}$

$=\frac{ab\{(a+b)^2-4ab\}}{(a+b)^2}$

$=\frac{ab(a-b)^2}{(a+b)^2}\geq 0$

(단, 등호는 $a=b$일 때 성립)

$\therefore (\sqrt{ab})^2\geq\left(\frac{2ab}{a+b}\right)^2$

그런데 $\sqrt{ab}>0$, $\frac{2ab}{a+b}>0$이므로 $\sqrt{ab}\geq\frac{2ab}{a+b}$

ㄴ. $\left(a+\frac{1}{2a}\right)^2-(\sqrt{a^2+1})^2=a^2+\frac{1}{4a^2}+1-(a^2+1)$

$=\frac{1}{4a^2}>0$

$\therefore \left(a+\frac{1}{2a}\right)^2>(\sqrt{a^2+1})^2$

그런데 $a+\frac{1}{2a}>0$, $\sqrt{a^2+1}>0$이므로

$a+\frac{1}{2a}>\sqrt{a^2+1}$

ㄷ. $\frac{b}{a}+\frac{a}{b}-2=\frac{a^2-2ab+b^2}{ab}$

$=\frac{(a-b)^2}{ab}\geq 0$

(단, 등호는 $a=b$일 때 성립)

$\therefore \frac{b}{a}+\frac{a}{b}\geq 2$

ㄹ. $a^3+b^3+c^3-3abc$

$=(a+b+c)(a^2+b^2+c^2-ab-bc-ca)$

$=\frac{1}{2}(a+b+c)(2a^2+2b^2+2c^2-2ab-2bc-2ca)$

$=\frac{1}{2}(a+b+c)\{(a-b)^2+(b-c)^2+(c-a)^2\}\geq 0$

(단, 등호는 $a=b=c$일 때 성립)

$\therefore a^3+b^3+c^3\geq 3abc$

따라서 보기에서 옳은 것은 ㄱ, ㄷ, ㄹ이다.

6 $9a>0$, $b>0$이므로 산술평균과 기하평균의 관계에 의하여

$9a+b\geq 2\sqrt{9a\times b}=6\sqrt{ab}$

이때 $ab=9$이므로

$9a+b\geq 18$

따라서 $9a+b$는 등호가 성립할 때, 즉 $9a=b$일 때 최솟값 18을 갖는다.

$\therefore m=18$

$b=9a$일 때 최솟값을 가지므로 이를 $ab=9$에 대입하면

$a\times 9a=9$, $a^2=1$ $\quad\therefore a=1$ ($\because a>0$)

이를 $b=9a$에 대입하면 $b=9$

$\therefore \alpha=1$, $\beta=9$

$\therefore m+\alpha+\beta=18+1+9=28$

7 주어진 식을 전개하여 정리하면

$(x-2y)\left(\frac{2}{x}-\frac{4}{y}\right)=10-4\left(\frac{x}{y}+\frac{y}{x}\right)$ $\quad\cdots\cdots$ ㉠

이므로 주어진 식의 값은 $\frac{x}{y}+\frac{y}{x}$의 값이 최소일 때 최대이다.

$\frac{x}{y}>0$, $\frac{y}{x}>0$이므로 산술평균과 기하평균의 관계에 의하여

$\frac{x}{y}+\frac{y}{x}\geq 2\sqrt{\frac{x}{y}\times\frac{y}{x}}=2$ (단, 등호는 $x=y$일 때 성립)

㉠에서

$(x-2y)\left(\frac{2}{x}-\frac{4}{y}\right)=10-4\left(\frac{x}{y}+\frac{y}{x}\right)$

$\leq 10-4\times 2=2$

따라서 구하는 최댓값은 2이다.

8 $4x>0$, $\frac{a}{x}>0$이므로 산술평균과 기하평균의 관계에 의하여

$4x+\frac{a}{x}\geq 2\sqrt{4x\times\frac{a}{x}}=2\sqrt{4a}=4\sqrt{a}$

$\left(\text{단, 등호는 } 4x=\frac{a}{x}\text{일 때 성립}\right)$

즉, 주어진 식의 최솟값이 $4\sqrt{a}$이므로

$4\sqrt{a}=2$, $\sqrt{a}=\frac{1}{2}$

$\therefore a=\frac{1}{4}$

9 $(x-2)^2>0$이므로 산술평균과 기하평균의 관계에 의하여

$x^2-4x+\frac{1}{(x-2)^2}=(x-2)^2+\frac{1}{(x-2)^2}-4$

$\geq 2\sqrt{(x-2)^2\times\frac{1}{(x-2)^2}}-4$

$=2-4=-2$

$\left(\text{단, 등호는 } (x-2)^2=\frac{1}{(x-2)^2}\text{일 때 성립}\right)$

따라서 구하는 최솟값은 -2이다.

10 이차방정식 $x^2+2x-a=0$의 판별식을 D라 하면

$\frac{D}{4}=1+a>0$

$a+1>0$, $\frac{1}{a+1}>0$이므로 산술평균과 기하평균의 관계에 의하여

$4a+\frac{1}{a+1}=4(a+1)+\frac{1}{a+1}-4$

$\geq 2\sqrt{4(a+1)\times\frac{1}{a+1}}-4$

$=4-4=0$

$\left(\text{단, 등호는 } 4(a+1)=\frac{1}{a+1}\text{일 때 성립}\right)$

따라서 구하는 최솟값은 0이다.

11 x^2-x+y^2-2y+3

$=x^2+y^2+3-(x+2y)$

$=23-(x+2y)$ ($\because$ $x^2+y^2=20$) ······ ㉠

즉, 주어진 식의 값은 $x+2y$의 값이 최소일 때 최대이다.

x, y가 실수이므로 코시-슈바르츠의 부등식에 의하여

$(1^2+2^2)(x^2+y^2)\geq(x+2y)^2$

이때 $x^2+y^2=20$이므로

$5\times20\geq(x+2y)^2$

$\therefore$ $-10\leq x+2y\leq10$ (단, 등호는 $y=2x$일 때 성립)

㉠에서 $13\leq23-(x+2y)\leq33$

$\therefore$ $13\leq x^2-x+y^2-2y+3\leq33$

따라서 구하는 최댓값은 33이다.

12 $\sqrt{n^2-1}$이 유리수라고 가정하면

$\sqrt{n^2-1}=\dfrac{q}{p}$ (p, q는 서로소인 자연수)

로 놓을 수 있다.

이 식의 양변을 제곱하여 정리하면 $p^2(n^2-1)=q^2$이다.

p는 q^2의 약수이고 p, q는 서로소인 자연수이므로 $p=1$

즉, $n^2-1=q^2$이므로 $n^2=$ $\boxed{^{(가)}\ q^2+1}$이다.

자연수 k에 대하여

(ⅰ) $q=2k$일 때, $n^2=(2k)^2+1$

따라서 $(2k)^2<n^2<$ $\boxed{^{(나)}\ (2k+1)^2}$인 자연수 n이 존재하지 않는다.

(ⅱ) $q=2k+1$일 때, $n^2=(2k+1)^2+1$

따라서 $\boxed{^{(나)}\ (2k+1)^2}<n^2<(2k+2)^2$인 자연수 n이 존재하지 않는다.

(ⅰ), (ⅱ)에 의하여 $\sqrt{n^2-1}=\dfrac{q}{p}$($p$, q는 서로소인 자연수)를 만족하는 자연수 n은 존재하지 않는다.

따라서 $\sqrt{n^2-1}$은 무리수이다.

이때 $f(q)=q^2+1$, $g(k)=(2k+1)^2$이므로

$f(2)+g(3)=5+49=54$

13 $(\sqrt{3x}+\sqrt{2y})^2=3x+2y+2\sqrt{6xy}$

$=16+2\sqrt{6xy}$ ($\because$ $3x+2y=16$) ······ ㉠

한편 $3x>0$, $2y>0$이므로 산술평균과 기하평균의 관계에 의하여

$3x+2y\geq2\sqrt{6xy}$

이때 $3x+2y=16$이므로 $16\geq2\sqrt{6xy}$

$\therefore$ $\sqrt{6xy}\leq8$ (단, 등호는 $3x=2y$일 때 성립)

㉠에서 $(\sqrt{3x}+\sqrt{2y})^2=16+2\sqrt{6xy}\leq16+2\times8=32$

이때 $\sqrt{3x}+\sqrt{2y}>0$이므로

$0<\sqrt{3x}+\sqrt{2y}\leq4\sqrt{2}$

따라서 구하는 최댓값은 $4\sqrt{2}$이다.

다른 풀이 코시-슈바르츠의 부등식 이용

$\sqrt{3x}$, $\sqrt{2y}$가 실수이므로 코시-슈바르츠의 부등식에 의하여

$(1^2+1^2)(3x+2y)\geq(\sqrt{3x}+\sqrt{2y})^2$

$2\times16\geq(\sqrt{3x}+\sqrt{2y})^2$

$\therefore$ $0<\sqrt{3x}+\sqrt{2y}\leq4\sqrt{2}$

(단, 등호는 $\sqrt{3x}=\sqrt{2y}$, 즉 $3x=2y$일 때 성립)

따라서 구하는 최댓값은 $4\sqrt{2}$이다.

14 $x-y-2z=-3$에서 $y+2z=x+3$ ······ ㉠

$x^2+y^2+z^2=9$에서 $y^2+z^2=9-x^2$ ······ ㉡

y, z는 실수이므로 코시-슈바르츠의 부등식에 의하여

$(1^2+2^2)(y^2+z^2)\geq(y+2z)^2$

㉠, ㉡을 대입하면

$5(9-x^2)\geq(x+3)^2$, $45-5x^2\geq x^2+6x+9$

$x^2+x-6\leq0$, $(x+3)(x-2)\leq0$

$\therefore$ $-3\leq x\leq2$ (단, 등호는 $2y=z$일 때 성립)

따라서 구하는 최댓값은 2이다.

15 점 $\mathrm{P}(a, b)$를 지나고 직선 OP에 수직인 직선의 방정식은

$y-b=-\dfrac{a}{b}(x-a)$ $\quad\therefore$ $y=-\dfrac{a}{b}x+\dfrac{a^2}{b}+b$

$\therefore$ $\mathrm{Q}\left(0, \dfrac{a^2}{b}+b\right)$

즉, 삼각형 OQR의 넓이는

$\dfrac{1}{2}\times\overline{\mathrm{OR}}\times\overline{\mathrm{OQ}}=\dfrac{1}{2}\times\dfrac{1}{a}\times\left(\dfrac{a^2}{b}+b\right)=\dfrac{1}{2}\times\left(\dfrac{a}{b}+\dfrac{b}{a}\right)$

$\geq\dfrac{1}{2}\times2\sqrt{\dfrac{a}{b}\times\dfrac{b}{a}}=1$

(단, 등호는 $a=b$일 때 성립)

따라서 삼각형 OQR의 넓이의 최솟값은 1이다.

16 네 옆면을 이루는 직사각형의 가로의 길이와 세로의 길이를 각각 a, b라 하면

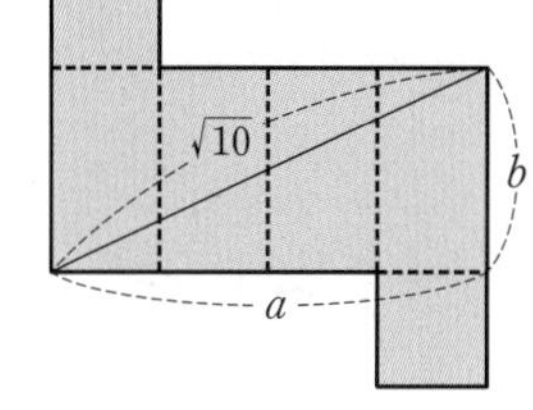

$a^2+b^2=10$ ······ ㉠

이때 직육면체의 밑면의 한 변의 길이는 $\dfrac{a}{4}$, 높이는 b이므로 직육면체의 모든 모서리의 길이의 합은

$\dfrac{a}{4}\times8+4b=2a+4b$

a, b는 실수이므로 코시-슈바르츠의 부등식에 의하여

$(2^2+4^2)(a^2+b^2)\geq(2a+4b)^2$

$20\times10\geq(2a+4b)^2$ ($\because$ ㉠)

이때 $2a+4b>0$이므로

$0<2a+4b\leq10\sqrt{2}$ (단, 등호는 $b=2a$일 때 성립)

따라서 구하는 최댓값은 $10\sqrt{2}$이다.

Ⅲ-1 01 함수의 뜻과 그래프

함수의 뜻

개념 Check 177쪽

1 답 ㄱ, ㄷ

2 답 (1) 정의역: $\{1, 2, 3\}$, 공역: $\{4, 5, 6\}$, 치역: $\{5\}$
(2) 정의역: $\{1, 2, 3, 4\}$, 공역: $\{a, b, c\}$, 치역: $\{a, b\}$

3 답 (1) $\{0, 1, 2\}$ (2) $\{0, 1\}$ (3) $\{2, 3\}$ (4) $\{0\}$

(1) $f(-1)=0$, $f(0)=1$, $f(1)=2$이므로 치역은 $\{0, 1, 2\}$

(2) $f(-1)=0$, $f(0)=1$, $f(1)=0$이므로 치역은 $\{0, 1\}$

(3) $f(-1)=3$, $f(0)=2$, $f(1)=3$이므로 치역은 $\{2, 3\}$

(4) $f(-1)=0$, $f(0)=0$, $f(1)=0$이므로 치역은 $\{0\}$

4 답 ㄱ, ㄷ

ㄱ. $f(-1)=1$, $f(1)=-1$, $g(-1)=1$, $g(1)=-1$
$\therefore f=g$

ㄴ. $f(-1)=-2$, $f(1)=2$, $g(-1)=1$, $g(1)=3$
$\therefore f\neq g$

ㄷ. $f(-1)=1$, $f(1)=1$, $g(-1)=1$, $g(1)=1$
$\therefore f=g$

따라서 보기에서 $f=g$인 것은 ㄱ, ㄷ이다.

문제 178~180쪽

01-1 답 ㄷ, ㄹ, ㅂ

주어진 대응을 그림으로 나타내면 다음과 같다.

ㄱ.
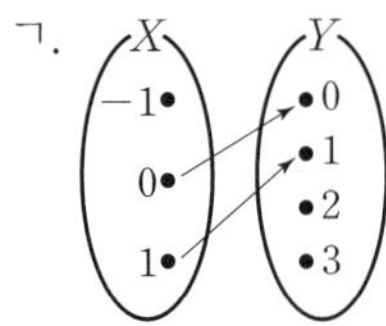

ㄴ.
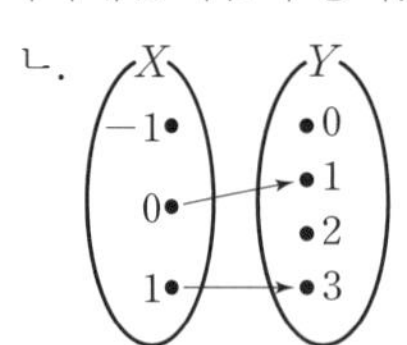

ㄷ.
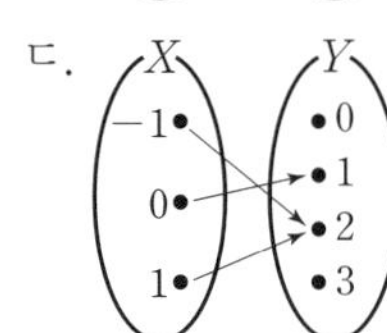

ㄹ.
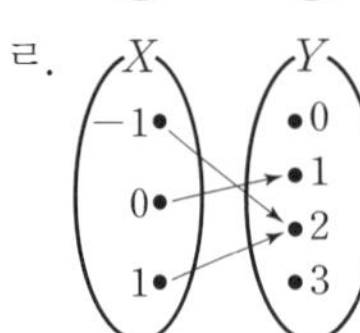

ㅁ.
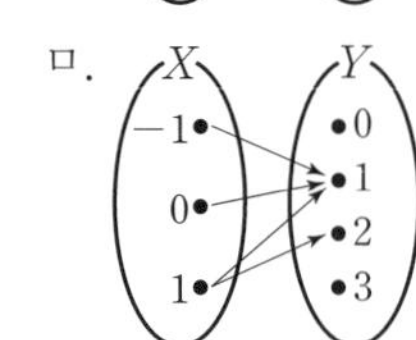

ㅂ.
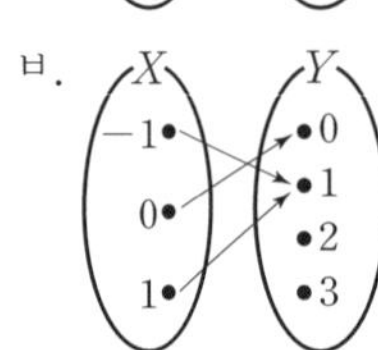

ㄱ, ㄴ. 집합 X의 원소 -1에 대응하는 집합 Y의 원소가 없으므로 함수가 아니다.

ㄷ, ㄹ, ㅂ. 집합 X의 각 원소에 집합 Y의 원소가 오직 하나씩 대응하므로 함수이다.

ㅁ. 집합 X의 원소 1에 대응하는 집합 Y의 원소가 2개이므로 함수가 아니다.

따라서 보기에서 X에서 Y로의 함수인 것은 ㄷ, ㄹ, ㅂ이다.

02-1 답 2

$\sqrt{2}$는 무리수이므로
$f(\sqrt{2})=(\sqrt{2})^2=2$
1은 유리수이므로
$f(1)=-1+1=0$
$\therefore f(\sqrt{2})+f(1)=2+0=2$

02-2 답 3

$f(-1)=a-1$, $f(0)=-1$, $f(2)=4a-1$이므로
$a-1+(-1)+4a-1=12$, $5a=15$
$\therefore a=3$

02-3 답 9

1의 양의 약수는 1의 1개이므로
$f(1)=1$
$2^2=4$의 양의 약수는 1, 2, 4의 3개이므로
$f(2)=3$
$3^2=9$의 양의 약수는 1, 3, 9의 3개이므로
$f(3)=3$
$4^2=16$의 양의 약수는 1, 2, 4, 8, 16의 5개이므로
$f(4)=5$
$5^2=25$의 양의 약수는 1, 5, 25의 3개이므로
$f(5)=3$
따라서 함수 f의 치역은 $\{1, 3, 5\}$이므로 치역의 모든 원소의 합은
$1+3+5=9$

03-1 답 1

$f=g$에서 $f(0)=g(0)$, $f(1)=g(1)$
$f(0)=g(0)$에서
$b=a$ ······ ㉠
$f(1)=g(1)$에서
$a+b=1+a$ $\therefore b=1$
이를 ㉠에 대입하면
$a=1$
$\therefore ab=1\times1=1$

03-2 답 5

$f=g$에서 $f(-3)=g(-3)$, $f(0)=g(0)$, $f(3)=g(3)$

$f(-3)=g(-3)$, $f(3)=g(3)$에서

$17=3a+b$ …… ㉠

$f(0)=g(0)$에서 $b=-1$

이를 ㉠에 대입하면

$3a-1=17$, $3a=18$ $\therefore a=6$

$\therefore a+b=6+(-1)=5$

03-3 답 7

$f(x)=g(x)$이어야 하므로

$2x^2-2=x^3-x$, $x^3-2x^2-x+2=0$

$(x+1)(x-1)(x-2)=0$

$\therefore x=-1$ 또는 $x=1$ 또는 $x=2$

따라서 집합 X는 집합 $\{-1, 1, 2\}$의 공집합이 아닌 부분집합이므로 구하는 집합 X의 개수는

$2^3-1=7$

2 함수의 그래프

문제 182쪽

04-1 답 ㄱ, ㄷ, ㅁ, ㅂ

주어진 그래프 위에 직선 $x=k$(k는 상수)를 그어 교점을 나타내면 다음과 같다.

ㄱ.
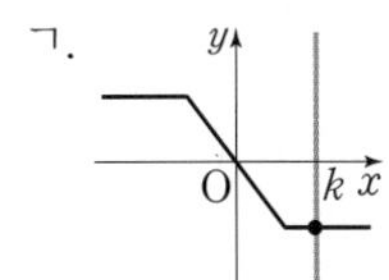

ㄴ.
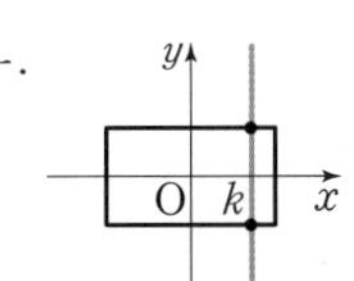

ㄷ.
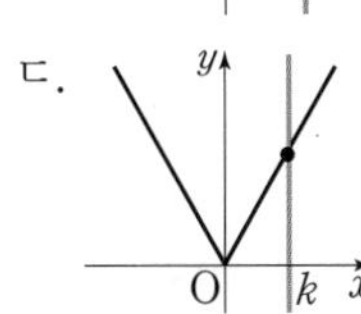

ㄹ.
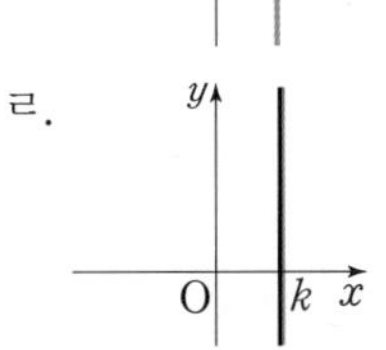

ㅁ.
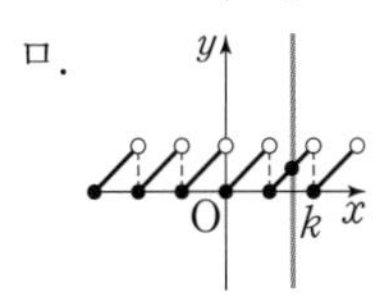

ㅂ.
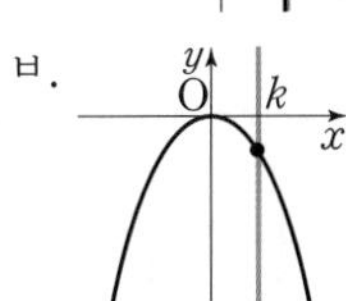

따라서 보기에서 함수의 그래프인 것은 ㄱ, ㄷ, ㅁ, ㅂ 이다.

3 여러 가지 함수

개념 Check 184쪽

1 답 (1) ㄹ, ㅁ, ㅂ (2) ㅁ, ㅂ (3) ㅁ (4) ㄴ

문제 185~187쪽

05-1 답 (1) ㄴ, ㄹ (2) ㄴ (3) ㄱ

(1) ㄱ. $x_1 \neq x_2$일 때, $f(x_1)=f(x_2)=-3$이므로 일대일대응이 아니다.

ㄷ. $1 \neq -1$이지만 $f(1)=f(-1)$이므로 일대일대응이 아니다.

ㄴ, ㄹ. $x_1 \neq x_2$일 때, $f(x_1) \neq f(x_2)$이고, 공역과 치역이 모두 실수 전체의 집합이므로 일대일대응이다.

(2) 항등함수는 $f(x)=x$이므로 ㄴ이다.

(3) 상수함수는 $f(x)=c$ (c는 상수) 꼴이므로 ㄱ이다.

06-1 답 2

(i) $a>0$일 때,

함수 f가 일대일대응이려면 오른쪽 그림과 같이 $y=f(x)$의 그래프가 두 점 $(-2, -1)$, $(2, 3)$을 지나야 한다.

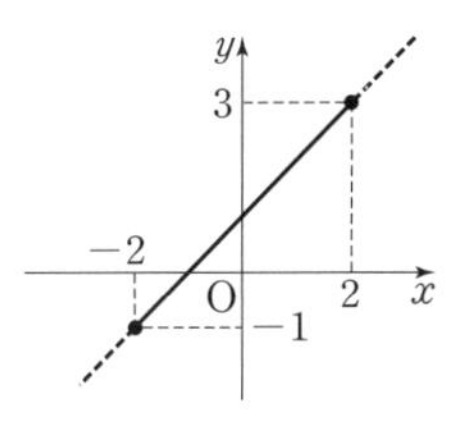

$f(-2)=-1$에서

$-2a+b=-1$ …… ㉠

$f(2)=3$에서

$2a+b=3$ …… ㉡

㉠, ㉡을 연립하여 풀면 $a=1$, $b=1$

$\therefore a^2+b^2=1^2+1^2=2$

(ii) $a<0$일 때,

함수 f가 일대일대응이려면 오른쪽 그림과 같이 $y=f(x)$의 그래프가 두 점 $(-2, 3)$, $(2, -1)$을 지나야 한다.

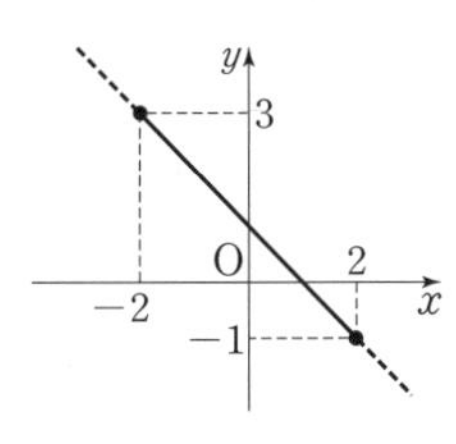

$f(-2)=3$에서

$-2a+b=3$ …… ㉢

$f(2)=-1$에서

$2a+b=-1$ …… ㉣

㉢, ㉣을 연립하여 풀면 $a=-1$, $b=1$

$\therefore a^2+b^2=(-1)^2+1^2=2$

(i), (ii)에서 $a^2+b^2=2$

06-2 답 -1

함수 f가 일대일대응이려면 오른쪽 그림과 같이 $y=f(x)$의 그래프가 두 점 $(a, 3)$, $(3, -2)$를 지나야 한다.

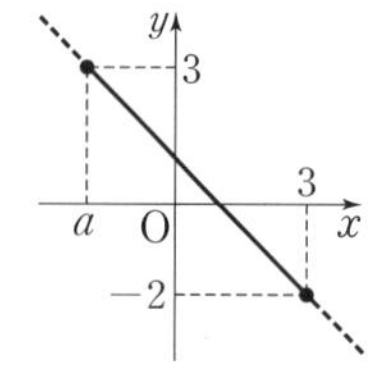

$f(a)=3$에서 $-a+b=3$ ...... ㉠

$f(3)=-2$에서 $-3+b=-2$

$\therefore b=1$

이를 ㉠에 대입하여 풀면 $a=-2$

$\therefore a+b=-2+1=-1$

06-3 답 1

함수 f가 일대일대응이려면 $y=f(x)$의 그래프가 오른쪽 그림과 같아야 한다.

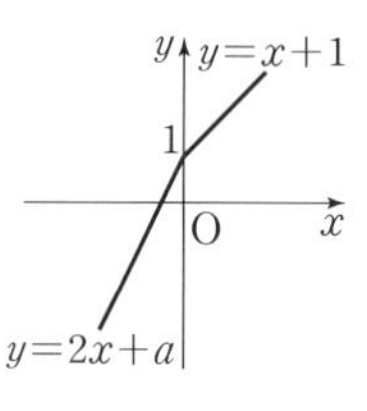

즉, 직선 $y=2x+a$가 점 $(0, 1)$을 지나야 하므로 $a=1$

07-1 답 7

함수 f는 항등함수이므로

$f(x)=x$ $\quad\therefore f(5)=5$

함수 g는 상수함수이고 $f(2)=g(2)=2$이므로

$g(x)=2$ $\quad\therefore g(5)=2$

$\therefore f(5)+g(5)=5+2=7$

07-2 답 50

$f(50)=1$이고 함수 f는 상수함수이므로 $f(x)=1$

따라서 $f(1)=f(3)=f(5)=\cdots=f(99)=1$이므로

$f(1)+f(3)+f(5)+\cdots+f(99)=1\times50=50$

07-3 답 7

함수 g는 항등함수이므로

$g(x)=x$ $\quad\therefore g(3)=3$

$f(1)=g(3)=3$이므로 $f(1)+f(3)=f(4)$에서

$3+f(3)=f(4)$

이때 함수 f는 일대일대응이므로 $f(3)=1$, $f(4)=4$

함수 h는 상수함수이므로 $h(3)=h(4)=g(3)=3$

$\therefore f(4)+h(3)=4+3=7$

4 함수의 개수

문제 189~190쪽

08-1 답 $256, 24, 4$

함수의 개수는 $4^4=256$

일대일대응의 개수는 $4!=4\times3\times2\times1=24$

상수함수의 개수는 4

08-2 답 24

주어진 조건을 만족시키는 함수 f는 일대일함수이므로 구하는 함수 f의 개수는

${}_4P_3=4\times3\times2=24$

09-1 답 5

집합 Y의 원소 $5, 6, 7, 8, 9$ 중 4개를 택하여 크기가 작은 것부터 순서대로 집합 X의 원소 $1, 2, 3, 4$에 대응시키면 되므로 구하는 함수 f의 개수는

${}_5C_4={}_5C_1=5$

09-2 답 120

$f(1)$의 값은 $f(1)\le1$에서 1의 1가지

$f(2)$의 값은 $f(2)\le2$에서 1, 2의 2가지

$f(3)$의 값은 $f(3)\le3$에서 1, 2, 3의 3가지

$f(4)$의 값은 $f(4)\le4$에서 1, 2, 3, 4의 4가지

$f(5)$의 값은 $f(5)\le5$에서 1, 2, 3, 4, 5의 5가지

따라서 구하는 함수 f의 개수는

$1\times2\times3\times4\times5=120$

연습문제 191~193쪽

1 ③	**2** 3	**3** 3	**4** ①	**5** $\frac{3}{5}$
6 ②	**7** -1	**8** 3	**9** ④	**10** ③
11 ②	**12** $b<3$	**13** ⑤	**14** 3	**15** 120
16 ⑤	**17** 96	**18** ②	**19** 12	**20** 120

1 주어진 대응을 그림으로 나타내면 다음과 같다.

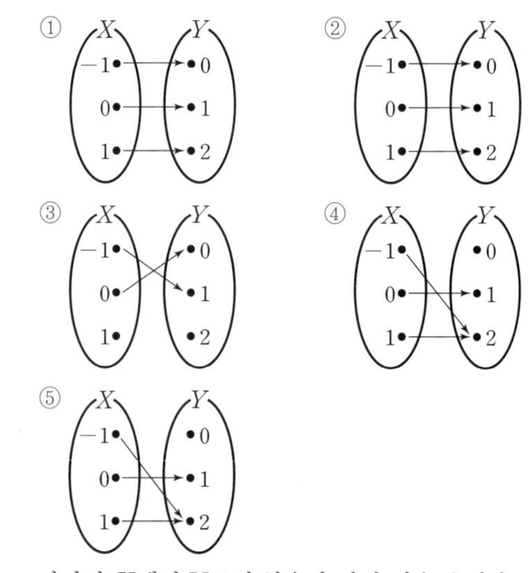

따라서 X에서 Y로의 함수가 아닌 것은 ③이다.

2 $\sqrt{2}+1$은 무리수이므로
$f(\sqrt{2}+1)=(\sqrt{2}+1)^2=3+2\sqrt{2}$
8은 유리수이므로
$f(8)=\sqrt{8}=2\sqrt{2}$
$\therefore f(\sqrt{2}+1)-f(8)=3+2\sqrt{2}-2\sqrt{2}=3$

3 정의역이 $X=\{-1, 0, 1\}$이므로
$f(-1)=|-1-1|=2$
$f(0)=|0-1|=1$
$f(1)=|1-1|=0$
따라서 함수 f의 치역이 $\{0, 1, 2\}$이므로 치역의 모든 원소의 합은
$0+1+2=3$

4 주어진 함수는 일차함수이고 공역과 치역이 서로 같으므로 $f(-3)=-3$, $f(4)=4$ 또는 $f(-3)=4$, $f(4)=-3$이어야 한다.
(i) $a>0$일 때,
$f(-3)=-3$, $f(4)=4$이므로
$-3a+b=-3$, $4a+b=4$
두 식을 연립하여 풀면 $a=1$, $b=0$
그런데 $ab=0$이므로 조건을 만족시키지 않는다.
(ii) $a<0$일 때,
$f(-3)=4$, $f(4)=-3$이므로
$-3a+b=4$, $4a+b=-3$
두 식을 연립하여 풀면 $a=-1$, $b=1$
따라서 $ab=-1$이므로 조건을 만족시킨다.
(i), (ii)에서 $a=-1$, $b=1$
$\therefore a-b=-2$

5 함수 $f(x)=ax+1$의 그래프는 점 $(0, 1)$을 지나고 공역이 $Y=\{y|1\le y\le 4\}$이므로
$a\ge 0$, $f(1)\le f(5)$
함수 f의 함숫값이 공역에 속해야 하므로
$1\le f(1)\le f(5)\le 4$
(i) $1\le f(1)$에서 $1\le a+1$ $\quad\therefore a\ge 0$
(ii) $f(1)\le f(5)$에서 $a+1\le 5a+1$ $\quad\therefore a\ge 0$
(iii) $f(5)\le 4$에서 $5a+1\le 4$ $\quad\therefore a\le\frac{3}{5}$
(i), (ii), (iii)에서 $0\le a\le\frac{3}{5}$
따라서 상수 a의 최댓값은 $\frac{3}{5}$, 최솟값은 0이므로 그 합은
$\frac{3}{5}+0=\frac{3}{5}$

6 정의역 X의 모든 원소 -1, 0, 1에 대하여 네 함수 f, g, h, k의 함숫값을 각각 구하면
$f(-1)=-1$, $f(0)=0$, $f(1)=1$
$g(-1)=1$, $g(0)=0$, $g(1)=1$
$h(-1)=1$, $h(0)=0$, $h(1)=-1$
$k(-1)=-1$, $k(0)=0$, $k(1)=1$
$\therefore f=k$

7 $f=g$에서
$f(0)=g(0)$, $f(a)=g(a)$, $f(a+3)=g(a+3)$
(i) $f(a)=g(a)$에서
$a^2+2a=a^3$, $a^3-a^2-2a=0$
$a(a+1)(a-2)=0$
$\therefore a=-1$ 또는 $a=0$ 또는 $a=2$
(ii) $f(a+3)=g(a+3)$에서
$(a+3)^2+2(a+3)=(a+3)^3$
$(a+3)\{(a+3)^2-(a+3)-2\}=0$
$(a+3)(a+4)(a+1)=0$
$\therefore a=-4$ 또는 $a=-3$ 또는 $a=-1$
(i), (ii)에서 $a=-1$

8 $f(x)=g(x)$이어야 하므로
$x^2+2=4x-1$, $x^2-4x+3=0$
$(x-1)(x-3)=0$
$\therefore x=1$ 또는 $x=3$
따라서 집합 X는 집합 $\{1, 3\}$의 공집합이 아닌 부분집합이므로 구하는 집합 X의 개수는
$2^2-1=3$

9 주어진 그래프 위에 두 직선 $x=a$, $y=b$(a, b는 상수)를 그어 교점을 나타내면 다음 그림과 같다.

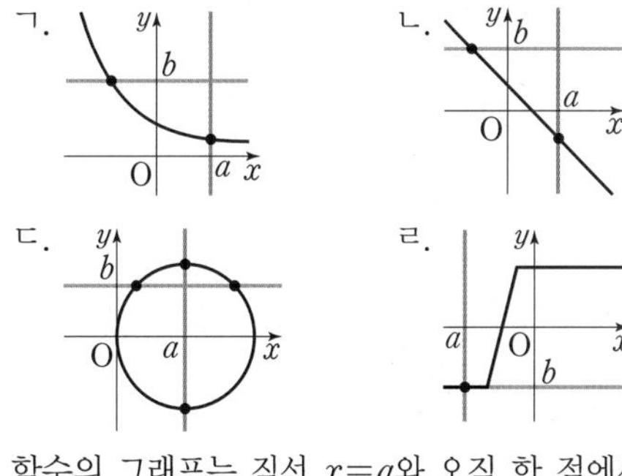

함수의 그래프는 직선 $x=a$와 오직 한 점에서 만나므로 ㄱ, ㄴ, ㄹ이다. $\quad\therefore p=3$
일대일함수의 그래프는 직선 $y=b$와 오직 한 점에서 만나므로 ㄱ, ㄴ이다. $\quad\therefore q=2$
일대일대응의 그래프는 ㄴ이다. $\quad\therefore r=1$
$\therefore p+q+r=3+2+1=6$

10 ③ $x_1=-2$, $x_2=2$일 때, $-2\neq2$이지만

$f(-2)=f(2)=-2$이므로 함수 $f(x)=-\frac{1}{2}x^2$은 일대일대응이 아니다.

따라서 함수 f 중 일대일대응이 아닌 것은 ③이다.

11 함수 f가 항등함수이므로 $f(-3)=-3$, $f(1)=1$

$f(-3)=-3$에서

$-6+a=-3 \quad \therefore a=3$

$f(1)=1$에서

$1-2+b=1 \quad \therefore b=2$

$\therefore a\times b=3\times2=6$

12 함수 f가 일대일대응이려면 $y=f(x)$의 그래프가 오른쪽 그림과 같아야 한다.

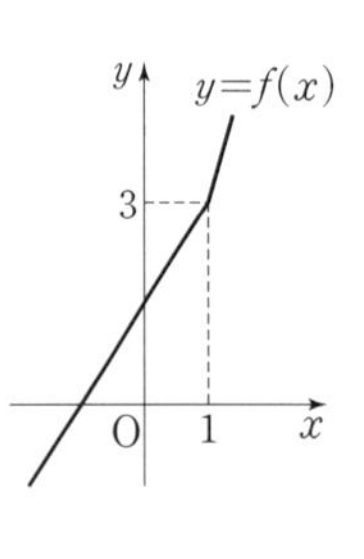

즉, 직선 $y=ax+b$가 점 $(1, 3)$을 지나고 기울기가 양수이어야 하므로

$a+b=3$, $a>0$

따라서 $a=3-b>0$에서

$b<3$

13 $f(x)=2ax+|4x+1|-3$에서

(i) $x\geq-\frac{1}{4}$일 때,

$f(x)=2ax+4x+1-3$
$=(2a+4)x-2$

(ii) $x<-\frac{1}{4}$일 때,

$f(x)=2ax-(4x+1)-3$
$=(2a-4)x-4$

(i), (ii)에서

$$f(x)=\begin{cases}(2a+4)x-2 & \left(x\geq-\frac{1}{4}\right)\\(2a-4)x-4 & \left(x<-\frac{1}{4}\right)\end{cases}$$

이때 함수 f가 일대일대응이려면 $x\geq-\frac{1}{4}$, $x<-\frac{1}{4}$일 때의 직선의 기울기의 부호가 서로 같아야 한다.

따라서 두 직선의 기울기의 곱은 항상 양수이므로

$(2a+4)(2a-4)>0$

$\therefore a<-2$ 또는 $a>2$

14 함수 f는 항등함수이므로 $f(x)=x$

$\therefore f(4)=4$

함수 g는 상수함수이고 $g(3)=f(4)=4$이므로

$g(x)=4$

$\therefore h(7)=f(7)-g(7)=7-4=3$

15 주어진 조건을 만족시키는 함수 f는 일대일대응이므로 구하는 함수 f의 개수는

$5!=5\times4\times3\times2\times1=120$

16 (가)에서 $f(3)=3$이므로 (나)를 만족시키려면

$f(1)>f(2)>f(3)=3>f(4)$

따라서 집합 Y의 원소 4, 5, 6, 7, 8 중 2개를 택하여 크기가 큰 것부터 순서대로 집합 X의 원소 1, 2에 대응시키고, 집합 Y의 원소 1, 2 중 1개를 택하여 집합 X의 원소 4에 대응시키면 되므로 구하는 함수 f의 개수는

${}_5C_2\times{}_2C_1=\frac{5\times4}{2\times1}\times2=10\times2=20$

17 $1+f(1)\geq4$에서 $f(1)\geq3$이므로 $f(1)$의 값은 3, 4의 2가지

$2+f(2)\geq4$에서 $f(2)\geq2$이므로 $f(2)$의 값은 2, 3, 4의 3가지

$3+f(3)\geq4$에서 $f(3)\geq1$이므로 $f(3)$의 값은 1, 2, 3, 4의 4가지

$4+f(4)\geq4$에서 $f(4)\geq0$이므로 $f(4)$의 값은 1, 2, 3, 4의 4가지

따라서 구하는 함수 f의 개수는

$2\times3\times4\times4=96$

18 $f(ab)=f(a)+f(b)$의 양변에 $a=2$, $b=1$을 대입하면

$f(2)=f(2)+f(1) \quad \therefore f(1)=0$

$f(ab)=f(a)+f(b)$의 양변에 $a=2$, $b=\frac{1}{2}$을 대입하면

$f(1)=f(2)+f\left(\frac{1}{2}\right)$

$0=1+f\left(\frac{1}{2}\right) \quad \therefore f\left(\frac{1}{2}\right)=-1$

$\therefore f(1)+f\left(\frac{1}{2}\right)=0+(-1)=-1$

19 $3\leq n\leq5$인 모든 자연수 n에 대하여 $f(n)f(n+2)$의 값이 짝수이므로 $f(3)\times f(5)$, $f(4)\times f(6)$, $f(5)\times f(7)$의 값은 모두 짝수이다.

집합 X의 원소 중 짝수인 것은 4, 6의 2개이다.

$f(4)\times f(6)$의 값이 짝수이려면 $f(4)$의 값과 $f(6)$의 값 중 적어도 하나는 짝수이고, $f(3)\times f(5)$의 값과 $f(5)\times f(7)$의 값이 모두 짝수이려면 $f(5)$의 값이 짝수이어야 한다.

따라서 $f(3)$, $f(7)$의 값은 모두 홀수이고 $f(3)+f(7)$의 최댓값은 $f(3)=5$, $f(7)=7$ 또는 $f(3)=7$, $f(7)=5$일 때이므로

$5+7=12$

20 $f(2)$, $f(3)$, $f(4)$의 값은 집합 Y의 원소 1, 2, 3, 4, 5, 6 중 3개를 택하여 크기가 작은 것부터 순서대로 집합 X의 원소 2, 3, 4에 대응시키면 되므로 그 경우의 수는

$_6C_3=\frac{6\times5\times4}{3\times2\times1}=20$

또 함수 f는 일대일함수이므로 $f(1)$, $f(5)$의 값은 집합 Y의 남은 원소 3개 중 2개를 택하여 집합 X의 원소 1, 5에 대응시키면 되므로 그 경우의 수는

$_3P_2=3\times2=6$

따라서 구하는 함수 f의 개수는

$20\times6=120$

Ⅲ-1 02 합성함수

합성함수

개념 Check 195쪽

1 답 (1) **2** (2) **1** (3) $\boldsymbol{c}$ (4) $\boldsymbol{a}$

2 답 (1) **−4, 11** (2) **7, 23**

3 답 (1) $(f\circ g)(x)=-2x+4$

(2) $(g\circ h)(x)=2x^2-1$

(3) $((f\circ g)\circ h)(x)=2x^2$

(4) $(f\circ(g\circ h))(x)=2x^2$

(1) $(f\circ g)(x)=f(g(x))$
$=f(-2x+3)$
$=(-2x+3)+1$
$=-2x+4$

(2) $(g\circ h)(x)=g(h(x))$
$=g(-x^2+2)$
$=-2(-x^2+2)+3$
$=2x^2-1$

(3) $((f\circ g)\circ h)(x)=(f\circ g)(h(x))$
$=(f\circ g)(-x^2+2)$
$=-2(-x^2+2)+4$
$=2x^2$

(4) $(f\circ(g\circ h))(x)=f((g\circ h)(x))$
$=f(2x^2-1)$
$=(2x^2-1)+1$
$=2x^2$

문제 196~200쪽

01-1 답 **6**

$(f\circ f)(2)=f(f(2))=f(1)=3$

$(f\circ f\circ f)(3)=f(f(f(3)))=f(f(2))=f(1)=3$

$\therefore (f\circ f)(2)+(f\circ f\circ f)(3)=3+3=6$

01-2 답 **1**

$(f\circ g)(\sqrt{3})=f(g(\sqrt{3}))=f(2)=1$

$(g\circ f)(4)=g(f(4))=g(-1)=0$

$\therefore (f\circ g)(\sqrt{3})+(g\circ f)(4)=1+0=1$

01-3 답 **6**

$(g\circ f)(1)=g(f(1))=1$이고 $f(1)=2$이므로

$g(2)=1$

$(f\circ g)(3)=f(g(3))=1$이고 $g(3)=2$이므로

$f(2)=1$

이때 두 함수 f, g는 X에서 X로의 일대일대응이므로

$f(3)=3$, $g(1)=3$ $\quad\therefore f(3)+g(1)=6$

02-1 답 **64**

$f(x)=2x$에서

$f^2(x)=(f\circ f^1)(x)=f(f(x))$
$=f(2x)=2\times2x=2^2x$

$f^3(x)=(f\circ f^2)(x)=f(f^2(x))$
$=f(2^2x)=2\times2^2x=2^3x$

$f^4(x)=(f\circ f^3)(x)=f(f^3(x))$
$=f(2^3x)=2\times2^3x=2^4x$

⋮

$\therefore f^n(x)=2^nx$

따라서 $f^7(x)=2^7x$이므로 $f^7\left(\frac{1}{2}\right)=2^7\times\frac{1}{2}=64$

02-2 답 **1**

$f(x)=1-x$에서

$f^2(x)=(f\circ f^1)(x)=f(f(x))$
$=f(1-x)=1-(1-x)=x$

$f^3(x)=(f\circ f^2)(x)=f(f^2(x))$
$=f(x)=1-x$

$f^4(x)=(f\circ f^3)(x)=f(f^3(x))$
$=f(1-x)=1-(1-x)=x$

⋮

$\therefore f^n(x)=\begin{cases}1-x & (n\text{은 홀수})\\ x & (n\text{은 짝수})\end{cases}$

따라서 $f^{1000}(x)=x$, $f^{1001}(x)=1-x$이므로

$f^{1000}(3)+f^{1001}(3)=3+(-2)=1$

02-**3** 답 **6**

$f(1)=2$, $f(2)=1$이므로

$f^2(1)=(f\circ f^1)(1)=f(f(1))=f(2)=1$

$f^3(1)=(f\circ f^2)(1)=f(f^2(1))=f(1)=2$

$f^4(1)=(f\circ f^3)(1)=f(f^3(1))=f(2)=1$

⋮

즉, $f^n(1)$의 값은 2, 1이 반복된다.

$\therefore f^{101}(1)=2$

$f(4)=3$, $f(3)=4$이므로

$f^2(4)=(f\circ f^1)(4)=f(f(4))=f(3)=4$

$f^3(4)=(f\circ f^2)(4)=f(f^2(4))=f(4)=3$

$f^4(4)=(f\circ f^3)(4)=f(f^3(4))=f(3)=4$

⋮

즉, $f^n(4)$의 값은 3, 4가 반복된다.

$\therefore f^{104}(4)=4$

$\therefore f^{101}(1)+f^{104}(4)=2+4=6$

03-**1** 답 **−2**

$(f\circ g)(x)=f(g(x))=f(3x+a)$

$=2(3x+a)-1=6x+2a-1$

$(g\circ f)(x)=g(f(x))=g(2x-1)$

$=3(2x-1)+a=6x+a-3$

$f\circ g=g\circ f$에서 $6x+2a-1=6x+a-3$

즉, $2a-1=a-3$이므로 $a=-2$

03-**2** 답 **3**

$(g\circ f)(x)=g(f(x))=g(ax+b)$

$=ax+b+c$

즉, $ax+b+c=3x-2$이므로

$a=3$, $b+c=-2$ …… ㉠

따라서 $f(x)=3x+b$이므로 $f(1)=2$에서

$3+b=2$ $\quad\therefore b=-1$

이를 ㉠에 대입하여 풀면 $c=-1$

$\therefore a-b+c=3-(-1)+(-1)=3$

03-**3** 답 **1**

$(f\circ f)(x)=f(f(x))=f(ax+b)$

$=a(ax+b)+b=a^2x+b(a+1)$

이때 $f\circ f=f$이므로 $a^2x+b(a+1)=ax+b$

$\therefore a^2=a$, $b(a+1)=b$

$a^2=a$에서 $a(a-1)=0$ $\quad\therefore a=0$ 또는 $a=1$

그런데 $f(x)=ax+b$가 일차함수이므로 $a=1$

이를 $b(a+1)=b$에 대입하면

$2b=b$ $\quad\therefore b=0$

$\therefore a-b=1-0=1$

04-**1** 답 (1) $\boldsymbol{h(x)=x+1}$ (2) $\boldsymbol{h(x)=x+3}$

(1) $(f\circ h)(x)=f(h(x))=3h(x)-1$

이때 $f\circ h=g$에서

$3h(x)-1=3x+2$

$\therefore h(x)=x+1$

(2) $(h\circ f)(x)=h(f(x))=h(3x-1)$

이때 $h\circ f=g$에서

$h(3x-1)=3x+2$

$3x-1=t$로 놓으면 $x=\dfrac{t+1}{3}$

$\therefore h(t)=3\times\dfrac{t+1}{3}+2=t+3$

$\therefore h(x)=x+3$

04-**2** 답 $\boldsymbol{f(x)=4x-5}$

$f\left(\dfrac{x+3}{2}\right)=2x+1$에서 $\dfrac{x+3}{2}=t$로 놓으면 $x=2t-3$

$\therefore f(t)=2(2t-3)+1=4t-5$

$\therefore f(x)=4x-5$

04-**3** 답 $\boldsymbol{h(x)=\frac{1}{4}x+\frac{3}{4}}$

$(h\circ g\circ f)(x)=h(g(f(x)))$

$=h(g(-x))$

$=h(-4x-3)$

이때 $h\circ g\circ f=f$에서

$h(-4x-3)=-x$

$-4x-3=t$로 놓으면 $x=-\dfrac{t+3}{4}$

$\therefore h(t)=-\left(-\dfrac{t+3}{4}\right)=\dfrac{1}{4}t+\dfrac{3}{4}$

$\therefore h(x)=\dfrac{1}{4}x+\dfrac{3}{4}$

05-**1** 답 **풀이 참조**

주어진 그래프에서

$f(x)=\begin{cases}1 & (x<1)\\ 3 & (x\geq 1)\end{cases}$, $g(x)=x+2$

$\therefore (f\circ g)(x)=f(g(x))$

$=\begin{cases}1 & (x+2<1)\\ 3 & (x+2\geq 1)\end{cases}$

$=\begin{cases}1 & (x<-1)\\ 3 & (x\geq -1)\end{cases}$

따라서 합성함수 $y=(f\circ g)(x)$의 그래프는 오른쪽 그림과 같다.

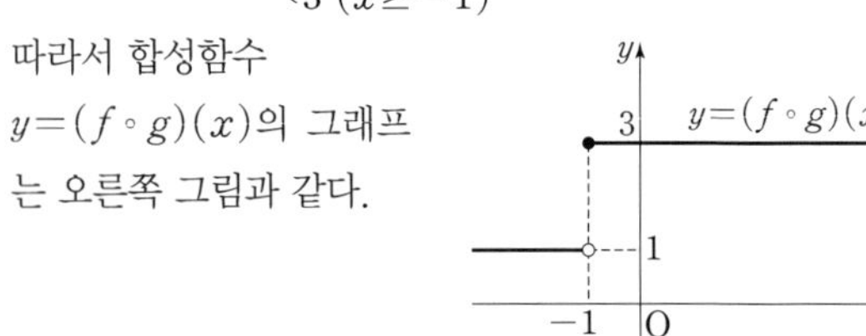

05-2 답 풀이 참조

주어진 그래프에서

$$f(x)=\begin{cases} x+1 & (x<0) \\ -x+1 & (x\geq 0) \end{cases}$$

$\therefore (f\circ f)(x)=f(f(x))$

$$=\begin{cases} f(x)+1 & (f(x)<0) \\ -f(x)+1 & (f(x)\geq 0) \end{cases}$$

이때 $f(0)=1$이므로 $f(x)$의 값이 0, 1이 되는 x의 값을 기준으로 구간을 나누어 $f\circ f$의 식을 구하면

(i) $x<-1$일 때,
$f(x)<0$이므로
$(f\circ f)(x)=f(x)+1$
$=(x+1)+1=x+2$

(ii) $-1\leq x<0$일 때,
$f(x)\geq 0$이므로
$(f\circ f)(x)=-f(x)+1$
$=-(x+1)+1=-x$

(iii) $0\leq x\leq 1$일 때,
$f(x)\geq 0$이므로
$(f\circ f)(x)=-f(x)+1$
$=-(-x+1)+1=x$

(iv) $x>1$일 때,
$f(x)<0$이므로
$(f\circ f)(x)=f(x)+1$
$=(-x+1)+1=-x+2$

(i)~(iv)에서 합성함수 $y=(f\circ f)(x)$의 그래프는 오른쪽 그림과 같다.

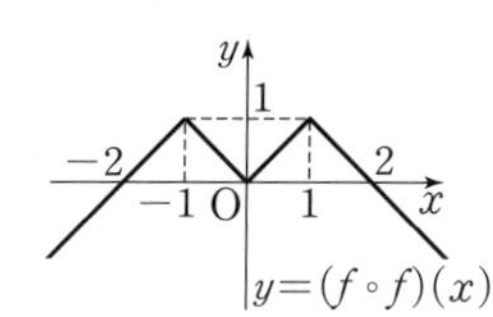

연습문제 201~202쪽

1 ③	2 5	3 ①	4 7	5 ④
6 $\frac{3}{2}$	7 ④	8 2	9 ①	10 ③
11 $\frac{3}{4}$	12 ⑤	13 6		

1 $(g\circ f)(3)-(f\circ g)(3)=g(f(3))-f(g(3))$
$=g(4)-f(1)$
$=3-5=-2$

2 $(f\circ f)(1)=f(f(1))=f(2)=1$
$(f\circ f)(6)=f(f(6))=f(3)=4$
$\therefore (f\circ f)(1)+(f\circ f)(6)=1+4=5$

3 $(f\circ g\circ f)(\sqrt{3})=f(g(f(\sqrt{3})))$
$=f(g(3))=f(-2)$
$=-4$

4 $f(a)=b$ (b는 상수)라 하면
$(f\circ f)(a)=f(f(a))=f(b)=2$
주어진 그래프에서 $f(b)=2$를 만족시키는 b의 값은
$b=2$ 또는 $b=4$
$\therefore f(a)=2$ 또는 $f(a)=4$
$f(a)=2$를 만족시키는 a의 값은 $a=2$ 또는 $a=4$
$f(a)=4$를 만족시키는 a의 값은 $a=1$
따라서 모든 a의 값의 합은 $2+4+1=7$

5 $f(x)=x+3$에서
$f^2(x)=(f\circ f^1)(x)=f(f(x))$
$=f(x+3)=x+3+3=x+3\times 2$
$f^3(x)=(f\circ f^2)(x)=f(f^2(x))$
$=f(x+3\times 2)=x+3\times 2+3=x+3\times 3$
$f^4(x)=(f\circ f^3)(x)=f(f^3(x))$
$=f(x+3\times 3)=x+3\times 3+3=x+3\times 4$
⋮
$\therefore f^n(x)=x+3n$
따라서 $f^k(2)=20$에서
$2+3k=20 \quad \therefore k=6$

다른 풀이
$f(2)=2+3=5$
$f^2(2)=f(f(2))=f(5)=5+3=8$
$f^3(2)=f(f^2(2))=f(8)=8+3=11$
$f^4(2)=f(f^3(2))=f(11)=11+3=14$
$f^5(2)=f(f^4(2))=f(14)=14+3=17$
$f^6(2)=f(f^5(2))=f(17)=17+3=20$
$\therefore k=6$

6 $f\left(\frac{3}{4}\right)=\frac{1}{2}$

$f^2\left(\frac{3}{4}\right)=f\left(f\left(\frac{3}{4}\right)\right)=f\left(\frac{1}{2}\right)=1$

$f^3\left(\frac{3}{4}\right)=f\left(f^2\left(\frac{3}{4}\right)\right)=f(1)=0$

$f^4\left(\frac{3}{4}\right)=f\left(f^3\left(\frac{3}{4}\right)\right)=f(0)=0$

⋮

$f^{10}\left(\frac{3}{4}\right)=0$

$\therefore f\left(\frac{3}{4}\right)+f^2\left(\frac{3}{4}\right)+f^3\left(\frac{3}{4}\right)+\cdots+f^{10}\left(\frac{3}{4}\right)=\frac{1}{2}+1=\frac{3}{2}$

7 $(f\circ g)(x)=f(g(x))=f(bx-5)$

$=2(bx-5)+a$

$=2bx-10+a$

즉, $2bx-10+a=-4x-7$이므로

$2b=-4,\ -10+a=-7$

$\therefore\ a=3,\ b=-2$

따라서 $f(x)=2x+3,\ g(x)=-2x-5$이므로

$(g\circ f)(-4)=g(f(-4))=g(-5)=5$

8 $(f\circ g)(x)=f(g(x))=f(bx+a)$

$=a(bx+a)+b$

$=abx+a^2+b$

$(g\circ f)(x)=g(f(x))=g(ax+b)$

$=b(ax+b)+a$

$=abx+b^2+a$

이때 $f\circ g=g\circ f$에서 $a^2+b=b^2+a$

$a^2-b^2-a+b=0,\ (a+b)(a-b)-(a-b)=0$

$(a-b)(a+b-1)=0$

그런데 $f,\ g$가 서로 다른 함수이므로

$a\neq b\qquad \therefore\ a+b=1$

따라서 $f(1)=a+b=1,\ g(1)=b+a=1$이므로

$f(1)+g(1)=2$

9 $(f\circ h)(x)=f(h(x))=\frac{1}{2}h(x)+1$

이때 $(f\circ h)(x)=g(x)$이므로

$\frac{1}{2}h(x)+1=-x^2+5$

$\therefore\ h(x)=-2x^2+8$

$\therefore\ h(3)=-18+8=-10$

10 $(h\circ(g\circ f))(x)=((h\circ g)\circ f)(x)$

$=(h\circ g)(f(x))$

$=-f(x)+3$

따라서 $-f(x)+3=x^2+3x-2$이므로

$f(x)=-x^2-3x+5$

11 $f(2x-1)=x+3$에서 $2x-1=t$로 놓으면

$x=\frac{t+1}{2}$

$\therefore\ f(t)=\frac{t+1}{2}+3=\frac{1}{2}t+\frac{7}{2}$

t 대신 $\frac{1}{2}x-1$을 대입하면

$f\left(\frac{1}{2}x-1\right)=\frac{1}{2}\left(\frac{1}{2}x-1\right)+\frac{7}{2}=\frac{1}{4}x+3$

따라서 $a=\frac{1}{4},\ b=3$이므로 $ab=\frac{3}{4}$

12 ㄱ. $f(g(2))=f(2)=2$

ㄴ. $x>2$일 때, $g(f(x))=g(2)=2$

$|x|\leq 2$일 때, $g(f(x))=g(x)=x^2-2$

$x<-2$일 때, $g(f(x))=g(-2)=2$

$\therefore\ (g\circ f)(x)=\begin{cases}2 & (|x|>2)\\ x^2-2 & (|x|\leq 2)\end{cases}$ …… ㉠

$(g\circ f)(-x)=\begin{cases}2 & (|-x|>2)\\ (-x)^2-2 & (|-x|\leq 2)\end{cases}$

$=\begin{cases}2 & (|x|>2)\\ x^2-2 & (|x|\leq 2)\end{cases}$

$\therefore\ (g\circ f)(x)=(g\circ f)(-x)$

ㄷ. $(f\circ g)(x)=f(g(x))$

$=\begin{cases}2 & (x^2-2>2)\\ x^2-2 & (|x^2-2|\leq 2)\\ -2 & (x^2-2<-2)\end{cases}$

$x^2-2>2$에서

$x^2>4\qquad \therefore\ |x|>2$

$|x^2-2|\leq 2$에서

$-2\leq x^2-2\leq 2,\ 0\leq x^2\leq 4$

$\therefore\ |x|\leq 2$

$x^2-2<-2$에서 $x^2<0$이므로 이를 만족시키는 x의 값은 존재하지 않는다.

따라서 $(f\circ g)(x)=\begin{cases}2 & (|x|>2)\\ x^2-2 & (|x|\leq 2)\end{cases}$이므로

$(f\circ g)(x)=(g\circ f)(x)$ ($\because$ ㉠)

따라서 보기에서 옳은 것은 ㄱ, ㄴ, ㄷ이다.

13 $f(x)=\begin{cases}-x+3 & (0\leq x\leq 3)\\ 3x-9 & (3<x\leq 4)\end{cases}$이므로

$(f\circ f)(x)=f(f(x))$

$=\begin{cases}-f(x)+3 & (0\leq f(x)\leq 3)\\ 3f(x)-9 & (3<f(x)\leq 4)\end{cases}$

그런데 주어진 그래프에서 항상 $0\leq f(x)\leq 3$이므로

$(f\circ f)(x)=-f(x)+3\ (0\leq f(x)\leq 3)$

이때 $f(x)$의 값이 0, 3이 되는 x의 값을 기준으로 구간을 나누어 $f\circ f$의 식을 구하면

$(f\circ f)(x)=\begin{cases}-(-x+3)+3 & (0\leq x\leq 3)\\ -(3x-9)+3 & (3<x\leq 4)\end{cases}$

$=\begin{cases}x & (0\leq x\leq 3)\\ -3x+12 & (3<x\leq 4)\end{cases}$

따라서 $0\leq x\leq 4$에서 함수 $y=(f\circ f)(x)$의 그래프는 오른쪽 그림과 같으므로 구하는 넓이는

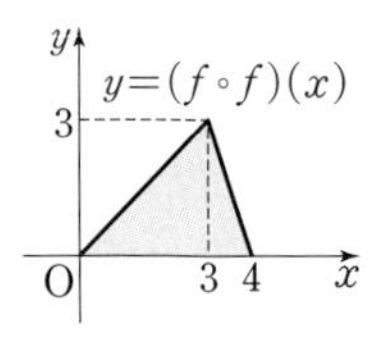

$\frac{1}{2}\times 4\times 3=6$

Ⅲ-1 03 역함수

역함수

개념 Check 205쪽

1 답 ㄴ, ㄹ

2 답 (1) **1** (2) **3** (3) **3** (4) **8**

3 답 (1) **5** (2) **7**

4 답 (1) **4** (2) **3** (3) **1** (4) **4**

5 답

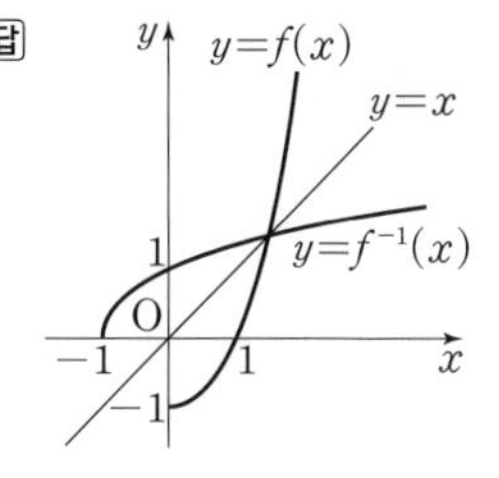

문제 206~211쪽

01-1 답 **−1**

$f^{-1}(8)=k$ (k는 상수)라 하면 $f(k)=8$이므로

$-5k+3=8 \qquad \therefore k=-1$

$\therefore f^{-1}(8)=-1$

01-2 답 **−1**

$f(2)=1$에서 $2a+b=1$ ...... ㉠

$f^{-1}(-5)=-1$에서 $f(-1)=-5$이므로

$-a+b=-5$ ...... ㉡

㉠, ㉡을 연립하여 풀면 $a=2$, $b=-3$

$\therefore a+b=-1$

01-3 답 **1**

$g^{-1}(1)=2$에서 $g(2)=1$이므로

$2+a=1 \qquad \therefore a=-1$

$\therefore f(x)=-x+1,\ g(x)=x-1$

$\therefore g(3)=2$

$f^{-1}(2)=k$ (k는 상수)라 하면 $f(k)=2$이므로

$-k+1=2 \qquad \therefore k=-1 \qquad \therefore f^{-1}(2)=-1$

$\therefore f^{-1}(2)+g(3)=-1+2=1$

02-1 답 **2**

함수 f의 역함수가 존재하려면 함수 f는 일대일대응이어야 한다.

직선 $y=f(x)$의 기울기가 양수이므로 직선 $y=f(x)$가 두 점 $(2, b)$, $(a, 3)$을 지나야 한다.

$\therefore f(2)=b,\ f(a)=3$

$f(2)=b$에서 $b=-3$

$f(a)=3$에서 $2a-7=3 \qquad \therefore a=5$

$\therefore a+b=5+(-3)=2$

02-2 답 $a<-1$

함수 f의 역함수가 존재하려면 함수 f는 일대일대응이어야 한다.

따라서 $x\geq 1$, $x<1$일 때의 직선의 기울기의 부호가 서로 같아야 하므로

$a+1<0 \qquad \therefore a<-1$

02-3 답 $a<-1$ **또는** $a>1$

$f(x)=|x-1|+ax-2$에서

(i) $x\geq 1$일 때,

$f(x)=x-1+ax-2=(a+1)x-3$

(ii) $x<1$일 때,

$f(x)=-x+1+ax-2=(a-1)x-1$

함수 f의 역함수가 존재하려면 함수 f는 일대일대응이어야 하므로 (i), (ii)에서 $x\geq 1$, $x<1$일 때의 직선의 기울기의 부호가 서로 같아야 한다.

따라서 $(a+1)(a-1)>0$이므로

$a<-1$ 또는 $a>1$

03-1 답 **−1**

$y=-2x+4$를 x에 대하여 풀면

$2x=-y+4 \qquad \therefore x=-\frac{1}{2}y+2$

x와 y를 서로 바꾸면 $y=-\frac{1}{2}x+2$

따라서 $a=-\frac{1}{2}$, $b=2$이므로 $ab=-1$

03-2 답 $\frac{8}{3}$

$y=ax+1$를 x에 대하여 풀면

$ax=y-1 \qquad \therefore x=\frac{1}{a}y-\frac{1}{a}$

x와 y를 서로 바꾸면 $y=\frac{1}{a}x-\frac{1}{a}$

즉, $\frac{1}{a}x-\frac{1}{a}=\frac{1}{3}x+b$이므로

$\frac{1}{a}=\frac{1}{3},\ -\frac{1}{a}=b$

$\therefore a=3,\ b=-\frac{1}{3}$

$\therefore a+b=\frac{8}{3}$

03-3 답 $g(x)=2x-\frac{7}{3}$

$y=3x+1$이라 하고 x에 대하여 풀면

$3x=y-1 \qquad \therefore x=\frac{1}{3}y-\frac{1}{3}$

x와 y를 서로 바꾸면 $y=\frac{1}{3}x-\frac{1}{3}$

$\therefore f^{-1}(x)=\frac{1}{3}x-\frac{1}{3}$

$g\left(\frac{1}{6}x+1\right)=\frac{1}{3}x-\frac{1}{3}$이므로 $\frac{1}{6}x+1=t$로 놓으면

$x=6t-6$

$\therefore g(t)=\frac{1}{3}(6t-6)-\frac{1}{3}=2t-\frac{7}{3}$

$\therefore g(x)=2x-\frac{7}{3}$

04-1 답 12

$(f^{-1}\circ g)^{-1}(3)=(g^{-1}\circ f)(3)$

$=g^{-1}(f(3))$

$=g^{-1}(5)$

$g^{-1}(5)=k$ (k는 상수)라 하면 $g(k)=5$이므로

$\frac{1}{2}k-1=5 \qquad \therefore k=12$

$\therefore (f^{-1}\circ g)^{-1}(3)=g^{-1}(5)=12$

04-2 답 -8

$(g\circ(g\circ f)^{-1}\circ g)(1)$

$=(g\circ f^{-1}\circ g^{-1}\circ g)(1)$

$=(g\circ f^{-1})(1)$ ◀ $g^{-1}\circ g=I$

$=g(f^{-1}(1))$

$f^{-1}(1)=k$ (k는 상수)라 하면 $f(k)=1$이므로

$-4k-7=1 \qquad \therefore k=-2$

$\therefore f^{-1}(1)=-2$

$\therefore (g\circ(g\circ f)^{-1}\circ g)(1)=g(f^{-1}(1))$

$=g(-2)=-8$

04-3 답 0

$(f^{-1}\circ g^{-1})(2)=(g\circ f)^{-1}(2)$

$(g\circ f)^{-1}(2)=k$ (k는 상수)라 하면 $(g\circ f)(k)=2$이므로

$3k+2=2 \qquad \therefore k=0$

$\therefore (f^{-1}\circ g^{-1})(2)=0$

05-1 답 4

$(f\circ f)^{-1}(2)=(f^{-1}\circ f^{-1})(2)$

$=f^{-1}(f^{-1}(2))$ …… ㉠

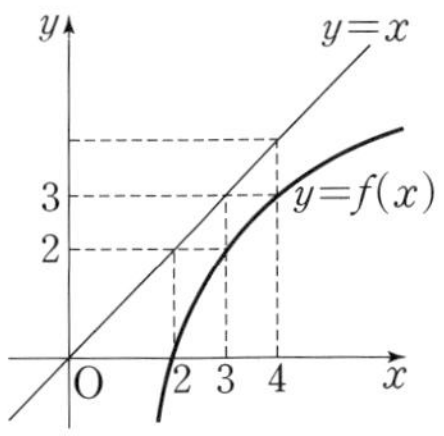

$f^{-1}(2)=k$ (k는 상수)라 하면

$f(k)=2$

오른쪽 그림에서 $f(3)=2$이므로 $k=3$

$\therefore f^{-1}(2)=3$

이를 ㉠에 대입하면

$(f\circ f)^{-1}(2)=f^{-1}(f^{-1}(2))$

$=f^{-1}(3)$

또 $f^{-1}(3)=l$ (l은 상수)이라 하면 $f(l)=3$

위의 그림에서 $f(4)=3$이므로 $l=4$

$\therefore (f\circ f)^{-1}(2)=f^{-1}(3)=4$

05-2 답 ③

$h(c)=(f\circ g\circ f^{-1})(c)=f(g(f^{-1}(c)))$ …… ㉠

$f^{-1}(c)=k$ (k는 상수)라 하면

$f(k)=c$

오른쪽 그림에서 $f(d)=c$이므로

$k=d \qquad \therefore f^{-1}(c)=d$

이를 ㉠에 대입하면

$h(c)=f(g(f^{-1}(c)))$

$=f(g(d))$ ($\because g(d)=d$)

$=f(d)=c$

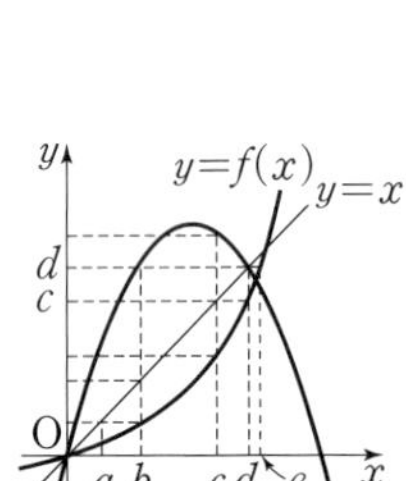

06-1 답 -2

함수 $y=f(x)$의 그래프와 그 역함수 $y=f^{-1}(x)$의 그래프는 직선 $y=x$에 대하여 대칭이므로 두 함수 $y=f(x)$, $y=f^{-1}(x)$의 그래프의 교점은 함수 $y=f(x)$의 그래프와 직선 $y=x$의 교점과 같다.

교점의 x좌표가 2이므로 $2x+k=x$에 $x=2$를 대입하면

$4+k=2 \qquad \therefore k=-2$

06-2 답 -16

함수 $y=f(x)$의 그래프와 그 역함수 $y=f^{-1}(x)$의 그래프는 직선 $y=x$에 대하여 대칭이므로 오른쪽 그림과 같다.

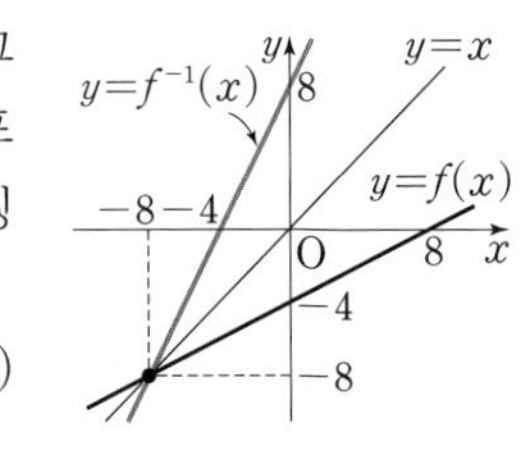

두 함수 $y=f(x)$, $y=f^{-1}(x)$의 그래프의 교점은 함수 $y=f(x)$의 그래프와 직선 $y=x$의 교점과 같으므로

$\frac{1}{2}x-4=x$에서 $x=-8$

따라서 교점의 좌표는 $(-8, -8)$이므로

$a=-8$, $b=-8$

$\therefore a+b=-16$

06-3 답 $\sqrt{2}$

함수 $y=f(x)$의 그래프와 그 역함수 $y=g(x)$의 그래프는 직선 $y=x$에 대하여 대칭이므로 오른쪽 그림과 같다.

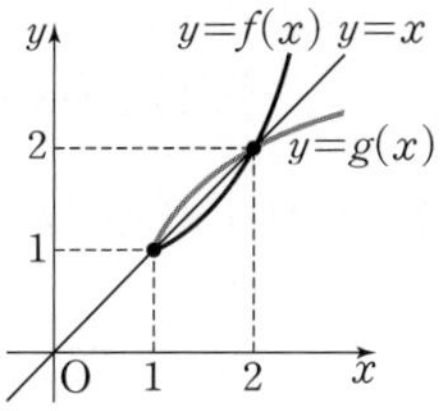

두 함수 $y=f(x)$, $y=g(x)$의 그래프의 교점은 함수 $y=f(x)$의 그래프와 직선 $y=x$의 교점과 같으므로

$(x-1)^2+1=x$에서 $x^2-3x+2=0$

$(x-1)(x-2)=0$ $\therefore x=1$ 또는 $x=2$

따라서 두 교점의 좌표는 (1, 1), (2, 2)이므로 두 점 사이의 거리는

$\sqrt{(2-1)^2+(2-1)^2}=\sqrt{2}$

연습문제 212~214쪽

1 ①	2 ①	3 ②	4 ④	5 ③
6 ③	7 ⑤	8 ③	9 28	
10 $h(x)=3x-1$		11 ④	12 ②	13 ③
14 ①	15 ③	16 5	17 ③	18 ③
19 $-\frac{1}{4}<k<\frac{1}{4}$				

1 $f^{-1}(5)=2$에서 $f(2)=5$이므로

$2a+b=5$ …… ㉠

$f^{-1}(6)=3$에서 $f(3)=6$이므로

$3a+b=6$ …… ㉡

㉠, ㉡을 연립하여 풀면 $a=1$, $b=3$

$\therefore ab=3$

2 $f^{-1}(1)=k$(k는 상수)라 하면 $f(k)=1$

(i) $k\geq0$일 때,

$k+5=1$ $\therefore k=-4$

이는 조건을 만족시키지 않는다.

(ii) $k<0$일 때,

$-k^2+5=1$, $k^2=4$ $\therefore k=-2$ ($\because k<0$)

(i), (ii)에서 $k=-2$

$\therefore f^{-1}(1)=-2$

3 $(f^{-1}\circ g)(4)=f^{-1}(g(4))=f^{-1}(3)$

$f^{-1}(3)=k$(k는 상수)라 하면 $f(k)=3$이므로

$k=2$

$\therefore (f^{-1}\circ g)(4)=f^{-1}(3)=2$

4 $(f\circ g^{-1})(a)=f(g^{-1}(a))=3g^{-1}(a)+1$

즉, $3g^{-1}(a)+1=1$이므로 $g^{-1}(a)=0$

$g^{-1}(a)=0$에서 $g(0)=a$이므로

$a=2$

5 함수 f의 역함수가 존재하려면 함수 f는 일대일대응이어야 한다.

직선 $y=f(x)$의 기울기가 양수이므로 직선 $y=f(x)$가 두 점 (1, 1), (4, 3)을 지나야 한다.

$f(1)=1$에서 $a+b=1$ …… ㉠

$f(4)=3$에서 $4a+b=3$ …… ㉡

㉠, ㉡을 연립하여 풀면 $a=\frac{2}{3}$, $b=\frac{1}{3}$

$\therefore a-b=\frac{1}{3}$

6 $f(x)=x^2-2x=(x-1)^2-1$

함수 f의 역함수가 존재하려면 함수 f는 일대일대응이어야 하므로

$a\geq1$, $f(a)=a$

$f(a)=a$에서 $a^2-2a=a$

$a^2-3a=0$, $a(a-3)=0$

$\therefore a=3$ ($\because a\geq1$)

7 $y=x-3$이라 하고 x에 대하여 풀면 $x=y+3$

x와 y를 서로 바꾸면 $y=x+3$

$\therefore g^{-1}(x)=x+3$

$\therefore (f\circ g^{-1})(x)=f(g^{-1}(x))=f(x+3)$

$=2(x+3)+1=2x+7$

따라서 $a=2$, $b=7$이므로 $ab=14$

8 $(g\circ f)^{-1}(1)=k$(k는 상수)라 하면 $(g\circ f)(k)=1$이므로

$k=1$

$(f^{-1}\circ g)(3)=f^{-1}(g(3))=f^{-1}(1)=2$

$(g^{-1})^{-1}(2)=g(2)=2$

$\therefore (g\circ f)^{-1}(1)+(f^{-1}\circ g)(3)+(g^{-1})^{-1}(2)$

$=1+2+2=5$

9 $(f^{-1}\circ f\circ f^{-1})(a)=f^{-1}(a)$이므로

$f^{-1}(a)=3$ $\therefore f(3)=a$

$\therefore a=27+1=28$

10 $f\circ h=g$에서

$f^{-1}\circ f\circ h=f^{-1}\circ g$ $\therefore h=f^{-1}\circ g$

$\therefore h(x)=(f^{-1}\circ g)(x)=f^{-1}(g(x))$

$=f^{-1}(6x+3)=\frac{6x+3-5}{2}=3x-1$

11 $(g^{-1}\circ(f\circ g^{-1})^{-1}\circ g)(x)$

$=(g^{-1}\circ g\circ f^{-1}\circ g)(x)$

$=(f^{-1}\circ g)(x)$ ◀ $g^{-1}\circ g=I$

$=f^{-1}(g(x))$

$=f^{-1}(2x+3)$ …… ㉠

$f(x)=x-1$에서 $y=x-1$이라 하고 x에 대하여 풀면

$x=y+1$

x와 y를 서로 바꾸면 $y=x+1$

$\therefore f^{-1}(x)=x+1$

㉠에서 $f^{-1}(2x+3)=(2x+3)+1=2x+4$

따라서 $a=2$, $b=4$이므로

$a+b=6$

12 오른쪽 그림에서 $k=d$

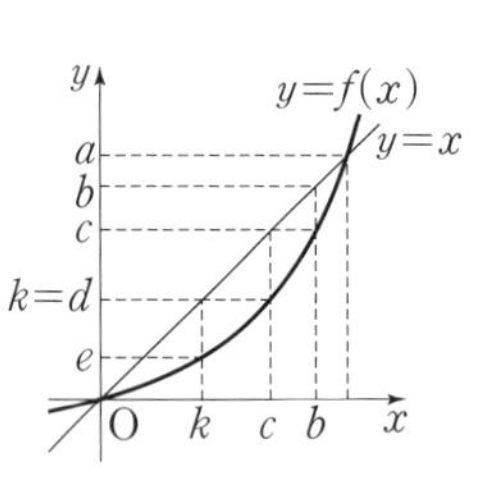

$f^{-1}(k)=f^{-1}(d)$

$=p$(p는 상수)

라 하면 $f(p)=d$

오른쪽 그림에서 $f(c)=d$이므로 $p=c$

$\therefore f^{-1}(d)=c$

$\therefore (f^{-1}\circ f^{-1})(k)=f^{-1}(f^{-1}(d))=f^{-1}(c)$

$f^{-1}(c)=q$(q는 상수)라 하면 $f(q)=c$

위의 그림에서 $f(b)=c$이므로 $q=b$

$\therefore f^{-1}(c)=b$

$\therefore (f^{-1}\circ f^{-1})(k)=f^{-1}(c)=b$

13 함수 $y=f(x)$의 그래프와 그 역함수 $y=f^{-1}(x)$의 그래프는 직선 $y=x$에 대하여 대칭이므로 두 함수 $y=f(x)$, $y=f^{-1}(x)$의 그래프의 교점은 함수 $y=f(x)$의 그래프와 직선 $y=x$의 교점과 같다.

$x^2-x=x$에서 $x^2-2x=0$

$x(x-2)=0$ $\therefore x=2\left(\because x\geq\frac{1}{2}\right)$

따라서 $\mathrm{P}(2, 2)$이므로

$\overline{\mathrm{OP}}=\sqrt{2^2+2^2}=2\sqrt{2}$

14 함수 $y=f(x)$의 그래프와 그 역함수 $y=f^{-1}(x)$의 그래프가 모두 점 $(3, -5)$를 지나므로

$f(3)=-5$, $f^{-1}(3)=-5$

$f(3)=-5$에서

$3a+b=-5$ …… ㉠

$f^{-1}(3)=-5$에서 $f(-5)=3$이므로

$-5a+b=3$ …… ㉡

㉠, ㉡을 연립하여 풀면 $a=-1$, $b=-2$

$\therefore f(x)=-x-2$

$f^{-1}(1)=c$(c는 상수)라 하면 $f(c)=1$이므로

$-c-2=1$ $\therefore c=-3$

$\therefore f^{-1}(1)=-3$

15 방정식 $f(x)=f^{-1}(x)$의 근은 방정식 $f(x)=x$의 근과 같으므로

$x^2-2x+2=x$, $x^2-3x+2=0$

$(x-1)(x-2)=0$ $\therefore x=1$ 또는 $x=2$

따라서 방정식 $f(x)=f^{-1}(x)$의 모든 근의 합은

$1+2=3$

16 함수 f의 역함수가 존재하려면 함수 f는 일대일대응이어야 하므로 $y=f(x)$의 그래프는 오른쪽 그림과 같아야 한다.

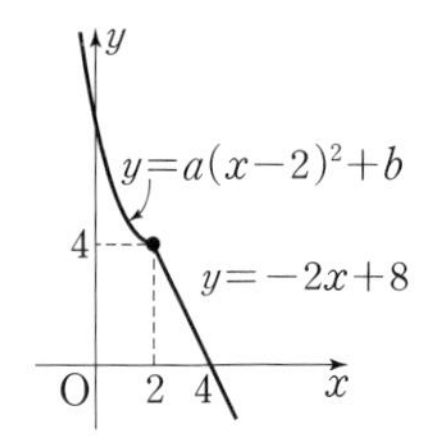

따라서 $y=a(x-2)^2+b$의 그래프가 점 $(2, 4)$를 지나야 하므로

$b=4$

$x\geq2$에서 직선 $y=-2x+8$의 기울기가 음수이므로 $x<2$에서 곡선 $y=a(x-2)^2+b$의 x^2의 계수가 양수이어야 한다.

$\therefore a>0$

따라서 정수 a의 최솟값은 1이므로 $a+b$의 최솟값은

$1+4=5$

17 $f(1)=1$, $f(2)=4$, $f(3)=3+a$, $f(4)=4+a$

함수 f의 역함수가 존재하려면 f는 일대일대응이어야 하므로

$3+a=2$, $4+a=3$ $\therefore a=-1$

$\therefore f(1)=1$, $f(2)=4$, $f(3)=2$, $f(4)=3$

$g(1)=1$, $g(2)=3$, $g(3)=4$, $g(4)=2$이므로

$g^2(2)=g(g(2))=g(3)=4$,

$g^3(2)=g(g^2(2))=g(4)=2$,

$g^4(2)=g(g^3(2))=g(2)=3$,

⋮

따라서 $g^n(2)$의 값은 3, 4, 2가 이 순서대로 반복되므로

$g^{10}(2)=g(2)=3$, $g^{11}(2)=g^2(2)=4$

$\therefore a+g^{10}(2)+g^{11}(2)=-1+3+4=6$

18 함수 $y=f(x)$의 그래프는 오른쪽 그림과 같고, $y=f(x)$의 그래프와 그 역함수 $y=f^{-1}(x)$의 그래프는 직선 $y=x$에 대하여 대칭이다.

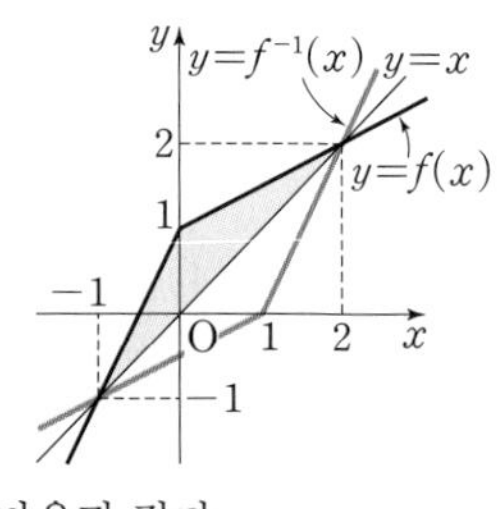

따라서 $y=f(x)$의 그래프와 직선 $y=x$의 교점의 x좌표는 다음과 같다.

(i) $x \geq 0$일 때,

$\frac{1}{2}x+1=x$에서 $x=2$

(ii) $x<0$일 때,

$2x+1=x$에서 $x=-1$

이때 두 함수 $y=f(x)$, $y=f^{-1}(x)$의 그래프로 둘러싸인 부분의 넓이는 $y=f(x)$의 그래프와 직선 $y=x$로 둘러싸인 부분의 넓이의 2배이다.

따라서 구하는 넓이는

$2\left(\frac{1}{2}\times1\times1+\frac{1}{2}\times1\times2\right)=3$

다른 풀이

두 함수 $y=f(x)$, $y=f^{-1}(x)$의 그래프로 둘러싸인 도형은 마름모이므로 구하는 넓이는

$\frac{1}{2}\times\sqrt{1^2+(-1)^2}\times\sqrt{(2+1)^2+(2+1)^2}$

$=\frac{1}{2}\times\sqrt{2}\times3\sqrt{2}=3$

19 함수 $y=f(x)$의 그래프와 그 역함수 $y=g(x)$의 그래프는 직선 $y=x$에 대하여 대칭이므로 두 함수 $y=f(x)$, $y=g(x)$의 그래프가 서로 다른 세 점에서 만나려면 $y=f(x)$의 그래프와 직선 $y=x$가 서로 다른 세 점에서 만나야 한다.

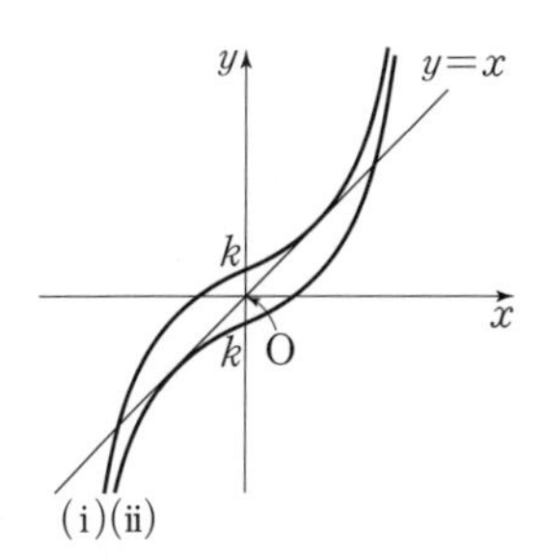

(i) $x \geq 0$에서 $y=f(x)$의 그래프와 직선 $y=x$가 접하는 경우

$x^2+k=x$에서 $x^2-x+k=0$

이 이차방정식의 판별식을 D_1이라 하면

$D_1=1-4k=0 \quad \therefore k=\frac{1}{4}$

(ii) $x<0$에서 $y=f(x)$의 그래프와 직선 $y=x$가 접하는 경우

$-x^2+k=x$에서 $x^2+x-k=0$

이 이차방정식의 판별식을 D_2라 하면

$D_2=1+4k=0 \quad \therefore k=-\frac{1}{4}$

(i), (ii)에서 $y=f(x)$의 그래프와 직선 $y=x$가 서로 다른 세 점에서 만나도록 하는 k의 값의 범위는

$-\frac{1}{4}<k<\frac{1}{4}$

Ⅲ-2 01 유리함수

1 유리식

개념 Check 216쪽

1 답 (1) $\frac{a^2}{abc}$, $\frac{b^2}{abc}$, $\frac{c^2}{abc}$

(2) $\frac{(x-2)^2}{(x+1)(x-1)(x-2)}$, $\frac{(x+1)(x-3)}{(x+1)(x-1)(x-2)}$

2 답 (1) $\frac{2xy^2}{5a}$ (2) $\frac{x+4}{2x-3}$

문제 217~219쪽

01-1 답 (1) $\frac{2}{x-1}$ (2) 1

(1) $\frac{1}{x-1}-\frac{x+1}{x^2+x+1}+\frac{2x^2+x}{x^3-1}$

$=\frac{x^2+x+1}{(x-1)(x^2+x+1)}-\frac{(x+1)(x-1)}{(x^2+x+1)(x-1)}+\frac{2x^2+x}{(x-1)(x^2+x+1)}$

$=\frac{x^2+x+1-(x^2-1)+2x^2+x}{(x-1)(x^2+x+1)}$

$=\frac{2(x^2+x+1)}{(x-1)(x^2+x+1)}$

$=\frac{2}{x-1}$

(2) $\frac{x^2-5x+6}{x^2+5x+4}\div\frac{x^2-4x+3}{2x^2+3x+1}\times\frac{x^2+3x-4}{2x^2-3x-2}$

$=\frac{(x-2)(x-3)}{(x+4)(x+1)}\times\frac{(x+1)(2x+1)}{(x-1)(x-3)}\times\frac{(x+4)(x-1)}{(2x+1)(x-2)}$

$=1$

01-2 답 $\frac{8}{x^8-1}$

$\frac{1}{x-1}-\frac{1}{x+1}-\frac{2}{x^2+1}-\frac{4}{x^4+1}$

$=\frac{x+1-(x-1)}{(x-1)(x+1)}-\frac{2}{x^2+1}-\frac{4}{x^4+1}$

$=\frac{2}{x^2-1}-\frac{2}{x^2+1}-\frac{4}{x^4+1}$

$=\frac{2(x^2+1)-2(x^2-1)}{(x^2-1)(x^2+1)}-\frac{4}{x^4+1}$

$=\frac{4}{x^4-1}-\frac{4}{x^4+1}$

$=\frac{4(x^4+1)-4(x^4-1)}{(x^4-1)(x^4+1)}=\frac{8}{x^8-1}$

02-1 답 $a=1,\ b=-2$

주어진 식의 좌변을 통분하여 정리하면

$$\frac{a}{x+1}-\frac{bx+a}{x^2-x+1}=\frac{a(x^2-x+1)-(bx+a)(x+1)}{(x+1)(x^2-x+1)}$$
$$=\frac{(a-b)x^2-(2a+b)x}{x^3+1}$$

이때 $\frac{(a-b)x^2-(2a+b)x}{x^3+1}=\frac{3x^2}{x^3+1}$이 x에 대한 항등식이므로 분자의 동류항의 계수를 비교하면

$a-b=3,\ 2a+b=0$

두 식을 연립하여 풀면

$a=1,\ b=-2$

02-2 답 4

주어진 식의 좌변을 통분하여 정리하면

$$\frac{a}{x-1}+\frac{b}{x}+\frac{c}{x+1}$$
$$=\frac{ax(x+1)+b(x-1)(x+1)+cx(x-1)}{x(x-1)(x+1)}$$
$$=\frac{(a+b+c)x^2+(a-c)x-b}{x(x^2-1)}$$

이때 $\frac{(a+b+c)x^2+(a-c)x-b}{x(x^2-1)}=\frac{5x^2-1}{x(x^2-1)}$이 x에 대한 항등식이므로 분자의 동류항의 계수를 비교하면

$a+b+c=5,\ a-c=0,\ b=1$

즉, $a+c=4,\ a-c=0$이므로 두 식을 연립하여 풀면

$a=2,\ c=2$

$\therefore\ abc=2\times1\times2=4$

03-1 답 (1) $\frac{16(x+3)}{x(x+2)(x+4)(x+6)}$

(2) $a+1$

(3) $\frac{3}{(x+1)(x+7)}$

(1) $$\frac{x+1}{x}-\frac{x+3}{x+2}-\frac{x+5}{x+4}+\frac{x+7}{x+6}$$
$$=\frac{x+1}{x}-\frac{(x+2)+1}{x+2}-\frac{(x+4)+1}{x+4}+\frac{(x+6)+1}{x+6}$$
$$=1+\frac{1}{x}-\left(1+\frac{1}{x+2}\right)-\left(1+\frac{1}{x+4}\right)+1+\frac{1}{x+6}$$
$$=\frac{1}{x}-\frac{1}{x+2}-\frac{1}{x+4}+\frac{1}{x+6}$$
$$=\left(\frac{1}{x}-\frac{1}{x+2}\right)-\left(\frac{1}{x+4}-\frac{1}{x+6}\right)$$
$$=\frac{x+2-x}{x(x+2)}-\frac{x+6-(x+4)}{(x+4)(x+6)}$$
$$=\frac{2}{x(x+2)}-\frac{2}{(x+4)(x+6)}$$
$$=\frac{2(x+4)(x+6)-2x(x+2)}{x(x+2)(x+4)(x+6)}$$
$$=\frac{16(x+3)}{x(x+2)(x+4)(x+6)}$$

(2) $$\frac{1}{1-\frac{1}{1+\frac{1}{a}}}=\frac{1}{1-\frac{1}{\frac{a+1}{a}}}=\frac{1}{1-\frac{a}{a+1}}$$
$$=\frac{1}{\frac{a+1-a}{a+1}}=a+1$$

(3) $$\frac{1}{(x+1)(x+3)}+\frac{1}{(x+3)(x+5)}+\frac{1}{(x+5)(x+7)}$$
$$=\frac{1}{2}\left(\frac{1}{x+1}-\frac{1}{x+3}\right)+\frac{1}{2}\left(\frac{1}{x+3}-\frac{1}{x+5}\right)$$
$$+\frac{1}{2}\left(\frac{1}{x+5}-\frac{1}{x+7}\right)$$
$$=\frac{1}{2}\left(\frac{1}{x+1}-\frac{1}{x+7}\right)=\frac{1}{2}\times\frac{x+7-(x+1)}{(x+1)(x+7)}$$
$$=\frac{3}{(x+1)(x+7)}$$

03-2 답 $\frac{10}{x(x+10)}$

$$\frac{1}{x^2+x}+\frac{2}{x^2+4x+3}+\frac{3}{x^2+9x+18}+\frac{4}{x^2+16x+60}$$
$$=\frac{1}{x(x+1)}+\frac{2}{(x+1)(x+3)}+\frac{3}{(x+3)(x+6)}$$
$$+\frac{4}{(x+6)(x+10)}$$
$$=\left(\frac{1}{x}-\frac{1}{x+1}\right)+2\times\frac{1}{2}\left(\frac{1}{x+1}-\frac{1}{x+3}\right)$$
$$+3\times\frac{1}{3}\left(\frac{1}{x+3}-\frac{1}{x+6}\right)+4\times\frac{1}{4}\left(\frac{1}{x+6}-\frac{1}{x+10}\right)$$
$$=\frac{1}{x}-\frac{1}{x+10}=\frac{x+10-x}{x(x+10)}$$
$$=\frac{10}{x(x+10)}$$

2 유리함수의 그래프

개념 Check 222쪽

1 답 (1) $\{x\,|\,x\neq-2$인 실수$\}$

(2) $\{x\,|\,x\neq-4$인 실수$\}$

(3) $\{x\,|\,x\neq-5,\ x\neq5$인 실수$\}$

(4) $\{x\,|\,x$는 모든 실수$\}$

2 답

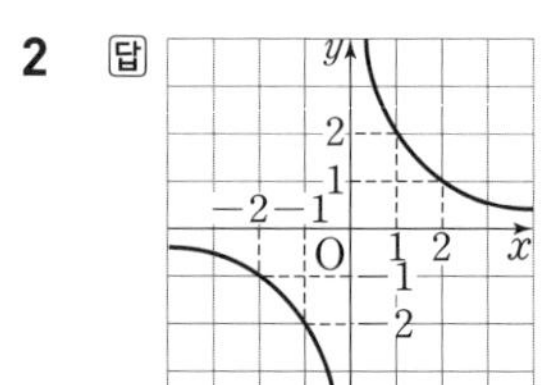

(1) $\{x\,|\,x\neq0$인 실수$\}$

(2) $\{y\,|\,y\neq0$인 실수$\}$

(3) $x=0,\ y=0$

3 답 (1)

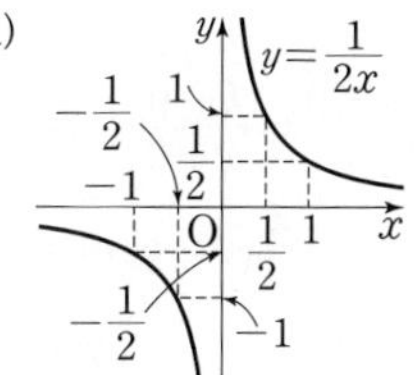

(2) (3)

(4)

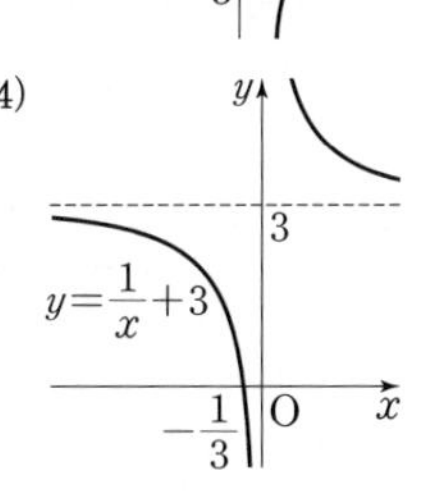

4 답 (1) $\boldsymbol{y=-\frac{7}{x+2}+2}$

(2) $\boldsymbol{y=\frac{3}{x+1}-1}$

(3) $\boldsymbol{y=\frac{3}{x-1}+2}$

(4) $\boldsymbol{y=-\frac{7}{x-3}-3}$

문제 223~230쪽

04-1 답 (1)~(4) **풀이 참조**

(1) $y=-\frac{1}{x-1}+1$의 그래프는 $y=-\frac{1}{x}$의 그래프를 x축의 방향으로 1만큼, y축의 방향으로 1만큼 평행이동한 것이므로 오른쪽 그림과 같다.

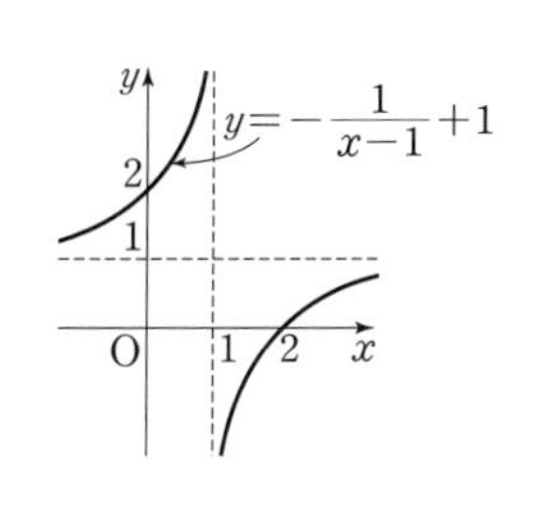

$\therefore$ 정의역: $\{x|x\neq1$인 실수$\}$,

치역: $\{y|y\neq1$인 실수$\}$,

점근선의 방정식: $x=1$, $y=1$

(2) $y=\frac{x+5}{x+2}=\frac{(x+2)+3}{x+2}=\frac{3}{x+2}+1$

따라서 $y=\frac{x+5}{x+2}$의 그래프는 $y=\frac{3}{x}$의 그래프를 x축의 방향으로 -2만큼, y축의 방향으로 1만큼 평행이동한 것이므로 오른쪽 그림과 같다.

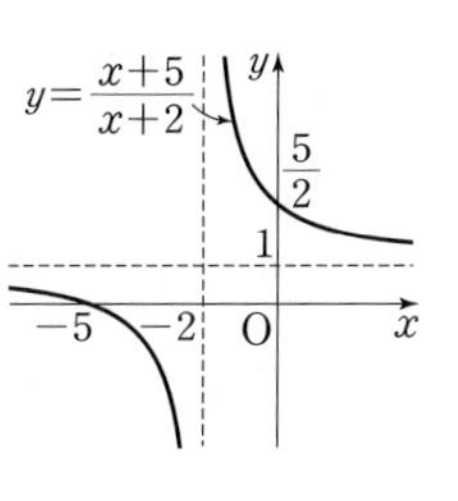

$\therefore$ 정의역: $\{x|x\neq-2$인 실수$\}$,

치역: $\{y|y\neq1$인 실수$\}$,

점근선의 방정식: $x=-2$, $y=1$

(3) $y=\frac{4-x}{x-3}=\frac{-(x-3)+1}{x-3}=\frac{1}{x-3}-1$

따라서 $y=\frac{4-x}{x-3}$의 그래프는 $y=\frac{1}{x}$의 그래프를 x축의 방향으로 3만큼, y축의 방향으로 -1만큼 평행이동한 것이므로 오른쪽 그림과 같다.

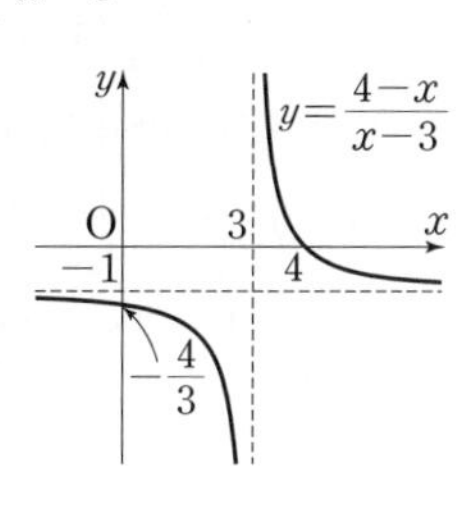

$\therefore$ 정의역: $\{x|x\neq3$인 실수$\}$,

치역: $\{y|y\neq-1$인 실수$\}$,

점근선의 방정식: $x=3$, $y=-1$

(4) $y=\frac{-x-5}{x+3}=\frac{-(x+3)-2}{x+3}=-\frac{2}{x+3}-1$

따라서 $y=\frac{-x-5}{x+3}$의 그래프는 $y=-\frac{2}{x}$의 그래프를 x축의 방향으로 -3만큼, y축의 방향으로 -1만큼 평행이동한 것이므로 위의 그림과 같다.

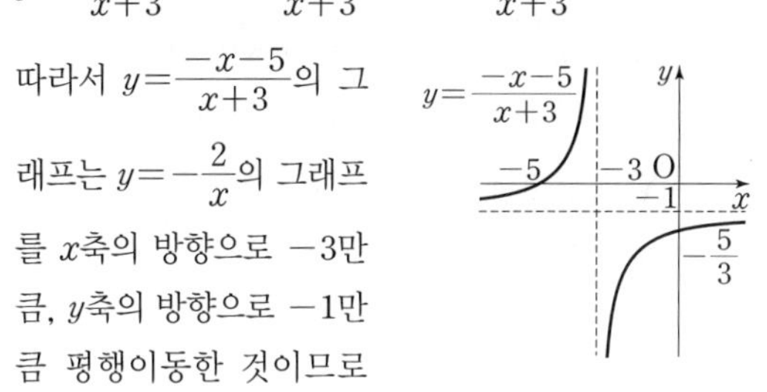

$\therefore$ 정의역: $\{x|x\neq-3$인 실수$\}$,

치역: $\{y|y\neq-1$인 실수$\}$,

점근선의 방정식: $x=-3$, $y=-1$

05-1 답 **3**

$y=\frac{ax+5}{x+1}=\frac{a(x+1)-a+5}{x+1}=\frac{-a+5}{x+1}+a$이므로

$y=\frac{ax+5}{x+1}$의 그래프는 $y=\frac{-a+5}{x}$의 그래프를 x축의 방향으로 -1만큼, y축의 방향으로 a만큼 평행이동한 것이다.

그래프를 평행이동하면 $y=\frac{2}{x}$의 그래프와 겹치므로

$-a+5=2 \qquad \therefore a=3$

05-2 답 **3**

$y=\frac{2x+3}{x+1}=\frac{2(x+1)+1}{x+1}=\frac{1}{x+1}+2$의 그래프를 x축의 방향으로 a만큼, y축의 방향으로 b만큼 평행이동하면

$y-b=\frac{1}{(x-a)+1}+2$

$\therefore y=\frac{1}{x-a+1}+2+b \qquad \cdots\cdots ㉠$

$y=\frac{3x-2}{x-1}=\frac{3(x-1)+1}{x-1}=\frac{1}{x-1}+3$의 그래프가 ㉠의 그래프와 같으므로

$-a+1=-1$, $2+b=3 \qquad \therefore a=2$, $b=1$

$\therefore a+b=3$

05-3 답 ㄱ, ㄴ, ㄹ

ㄱ. $y=\frac{3}{x-1}$의 그래프는 $y=\frac{3}{x}$의 그래프를 x축의 방향으로 1만큼 평행이동한 것이다.

ㄴ. $y=\frac{2x+3}{x}=\frac{3}{x}+2$의 그래프는 $y=\frac{3}{x}$의 그래프를 y축의 방향으로 2만큼 평행이동한 것이다.

ㄷ. $y=\frac{3x+5}{x+3}=\frac{3(x+3)-4}{x+3}=-\frac{4}{x+3}+3$의 그래프는 $y=-\frac{4}{x}$의 그래프를 x축의 방향으로 -3만큼, y축의 방향으로 3만큼 평행이동한 것이다.

ㄹ. $y=\frac{1-x}{x+2}=\frac{-(x+2)+3}{x+2}=\frac{3}{x+2}-1$의 그래프는 $y=\frac{3}{x}$의 그래프를 x축의 방향으로 -2만큼, y축의 방향으로 -1만큼 평행이동한 것이다.

따라서 보기의 함수에서 그 그래프가 $y=\frac{3}{x}$의 그래프를 평행이동하여 겹쳐지는 것은 ㄱ, ㄴ, ㄹ이다.

06-1 답 (1) **최댓값: 1, 최솟값: -1**

(2) **최댓값: 1, 최솟값: $-\frac{3}{2}$**

(1) $y=\frac{2x+1}{x-1}=\frac{2(x-1)+3}{x-1}=\frac{3}{x-1}+2$

$y=\frac{2x+1}{x-1}$의 그래프는 $y=\frac{3}{x}$의 그래프를 x축의 방향으로 1만큼, y축의 방향으로 2만큼 평행이동한 것이고 $x=-2$일 때 $y=1$, $x=0$일 때 $y=-1$이다.

따라서 $-2\leq x\leq 0$에서 $y=\frac{2x+1}{x-1}$의 그래프는 오른쪽 그림과 같으므로 최댓값은 1이고 최솟값은 -1이다.

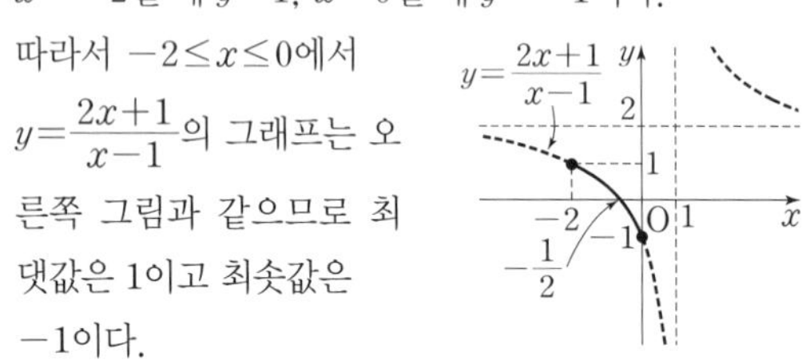

(2) $y=\frac{4x+1}{1-x}=\frac{4(x-1)+5}{-(x-1)}=-\frac{5}{x-1}-4$

$y=\frac{4x+1}{1-x}$의 그래프는 $y=-\frac{5}{x}$의 그래프를 x축의 방향으로 1만큼, y축의 방향으로 -4만큼 평행이동한 것이고 $x=-1$일 때 $y=-\frac{3}{2}$, $x=0$일 때 $y=1$이다.

따라서 $-1\leq x\leq 0$에서 $y=\frac{4x+1}{1-x}$의 그래프는 오른쪽 그림과 같으므로 최댓값은 1이고 최솟값은 $-\frac{3}{2}$이다.

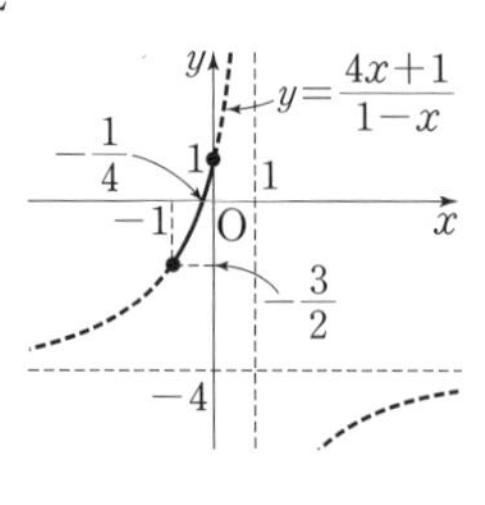

06-2 답 1

$y=\frac{3x+k}{x+3}=\frac{3(x+3)+k-9}{x+3}=\frac{k-9}{x+3}+3$

$y=\frac{3x+k}{x+3}$의 그래프는 $y=\frac{k-9}{x}\,(k<9)$의 그래프를 x축의 방향으로 -3만큼, y축의 방향으로 3만큼 평행이동한 것이므로 $-1\leq x\leq 1$에서 함수 $y=\frac{3x+k}{x+3}$의 그래프는 오른쪽 그림과 같다.

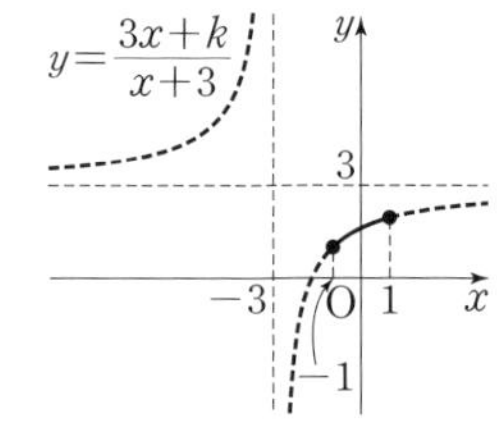

함수 $y=\frac{3x+k}{x+3}$는 $x=1$에서 최댓값 2를 가지므로

$\frac{3+k}{4}=2$, $3+k=8$ $\quad\therefore k=5$

따라서 함수 $y=\frac{3x+5}{x+3}$는 $x=-1$에서 최솟값을 가지므로 최솟값은 $\frac{-3+5}{-1+3}=1$

06-3 답 $a=0$, $b=-4$

$y=\frac{x+b}{x-2}=\frac{x-2+2+b}{x-2}=\frac{2+b}{x-2}+1$

$y=\frac{x+b}{x-2}$의 그래프는 $y=\frac{2+b}{x}\,(b<-2)$의 그래프를 x축의 방향으로 2만큼, y축의 방향으로 1만큼 평행이동한 것이므로 $a\leq x\leq 1$에서 $y=\frac{x+b}{x-2}$의 그래프는 위의 그림과 같다.

함수 $y=\frac{x+b}{x-2}$가 $x=1$에서 최댓값 3을 가지므로

$\frac{1+b}{-1}=3$ $\quad\therefore b=-4$

함수 $y=\frac{x-4}{x-2}$가 $x=a$에서 최솟값 2를 가지므로

$\frac{a-4}{a-2}=2$, $2a-4=a-4$ $\quad\therefore a=0$

07-1 답 1

$$y=\frac{3x+1}{2x+1}=\frac{3\left(x+\frac{1}{2}\right)-\frac{1}{2}}{2\left(x+\frac{1}{2}\right)}=-\frac{1}{4\left(x+\frac{1}{2}\right)}+\frac{3}{2}$$

따라서 $y=\frac{3x+1}{2x+1}$의 그래프는 $y=-\frac{1}{4x}$의 그래프를 x축의 방향으로 $-\frac{1}{2}$만큼, y축의 방향으로 $\frac{3}{2}$만큼 평행이동한 것이므로 점 $\left(-\frac{1}{2}, \frac{3}{2}\right)$에 대하여 대칭이다.

즉, $a=-\frac{1}{2}$, $b=\frac{3}{2}$이므로 $a+b=1$

07-2 답 **24**

$y=\frac{5x+2}{x-1}=\frac{5(x-1)+7}{x-1}=\frac{7}{x-1}+5$

따라서 $y=\frac{5x+2}{x-1}$의 그래프는 $y=\frac{7}{x}$의 그래프를 x축의 방향으로 1만큼, y축의 방향으로 5만큼 평행이동한 것이므로 점 (1, 5)에 대하여 대칭이다.

이때 두 직선 $y=x+a$, $y=-x+b$가 점 (1, 5)를 지나므로

$5=1+a$, $5=-1+b$ $\quad\therefore a=4$, $b=6$

$\therefore ab=24$

07-3 답 $\boldsymbol{a=2}$, $\boldsymbol{b=-1}$

$y=\frac{ax+1}{x+b}=\frac{a(x+b)-ab+1}{x+b}=\frac{-ab+1}{x+b}+a$

따라서 $y=\frac{ax+1}{x+b}$의 그래프는 $y=\frac{-ab+1}{x}$의 그래프를 x축의 방향으로 $-b$만큼, y축의 방향으로 a만큼 평행이동한 것이므로 점 $(-b, a)$에 대하여 대칭이다.

이때 두 직선 $y=x+1$, $y=-x+3$이 점 $(-b, a)$를 지나므로

$a=-b+1$, $a=b+3$

두 식을 연립하여 풀면 $a=2$, $b=-1$

08-1 답 **3**

$y=\frac{ax+1}{x+b}=\frac{a(x+b)-ab+1}{x+b}=\frac{-ab+1}{x+b}+a$

따라서 함수 $y=\frac{ax+1}{x+b}$의 정의역은 $\{x|x\neq-b$인 실수$\}$, 치역은 $\{y|y\neq a$인 실수$\}$이므로

$a=1$, $b=3$ $\quad\therefore ab=3$

08-2 답 **−1**

그래프의 점근선의 방정식이 $x=-1$, $y=2$인 유리함수의 식을

$y=\frac{k}{x+1}+2\,(k\neq0)$

라 하면 이 함수의 그래프가 점 (1, 0)을 지나므로

$0=\frac{k}{1+1}+2$ $\quad\therefore k=-4$

따라서 $a=-4$, $b=1$, $c=2$이므로 $a+b+c=-1$

08-3 답 **2**

주어진 그래프에서 점근선의 방정식이 $x=1$, $y=2$이므로 함수의 식을

$y=\frac{k}{x-1}+2\,(k>0)$ $\quad\cdots\cdots$ ㉠

라 하면 이 함수의 그래프가 점 (0, 1)을 지나므로

$1=-k+2$ $\quad\therefore k=1$

이를 ㉠에 대입하여 정리하면

$y=\frac{1}{x-1}+2=\frac{1+2(x-1)}{x-1}=\frac{2x-1}{x-1}$

따라서 $a=2$, $b=-1$, $c=-1$이므로

$abc=2$

09-1 답 $\boldsymbol{a<0}$

$y=-\frac{2}{x}+1$의 그래프는 $y=-\frac{2}{x}$의 그래프를 y축의 방향으로 1만큼 평행이동한 것이고, 직선 $y=ax+1$은 a의 값에 관계없이 항상 점 (0, 1)을 지난다.

따라서 $y=-\frac{2}{x}+1$의 그래프와 직선 $y=ax+1$이 만나려면 오른쪽 그림과 같아야 하므로

$a<0$

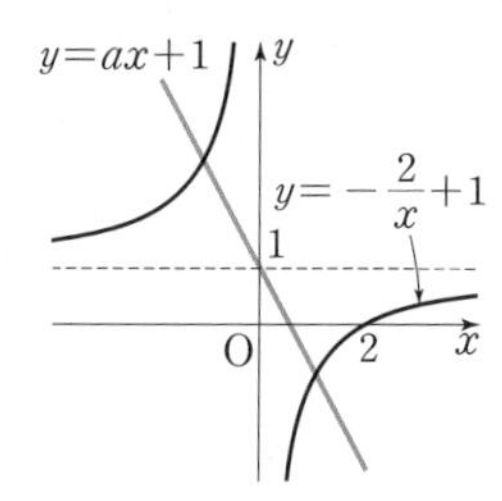

09-2 답 **12**

$y=\frac{x-2}{x+1}=\frac{x+1-3}{x+1}=-\frac{3}{x+1}+1$이므로 $y=\frac{x-2}{x+1}$의 그래프는 $y=-\frac{3}{x}$의 그래프를 x축의 방향으로 -1만큼, y축의 방향으로 1만큼 평행이동한 것이다.

직선 $y=kx+1$은 k의 값에 관계없이 항상 점 (0, 1)을 지난다.

이때 $y=\frac{x-2}{x+1}$의 그래프와 직선 $y=kx+1$이 한 점에서 만나려면 오른쪽 그림과 같아야 한다.

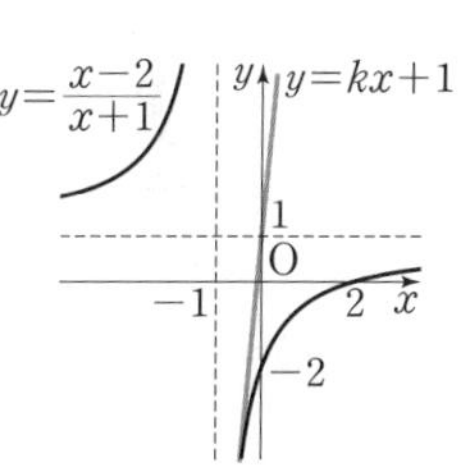

(i) $k=0$일 때,

직선 $y=1$은 점근선이므로 $y=\frac{x-2}{x+1}$의 그래프와 만나지 않는다.

(ii) $k\neq0$일 때,

$\frac{x-2}{x+1}=kx+1$에서

$x-2=(kx+1)(x+1)$

$x-2=kx^2+kx+x+1$

$\therefore kx^2+kx+3=0$

이 이차방정식이 중근을 가져야 하므로 이차방정식의 판별식을 D라 하면

$D=k^2-12k=0$, $k(k-12)=0$

$\therefore k=12\ (\because k\neq0)$

(i), (ii)에서 $k=12$

10-1 답 **31**

$f(x)=\dfrac{2x}{x+1}$에서

$f^2(x)=(f\circ f^1)(x)=f(f(x))$

$=f\left(\dfrac{2x}{x+1}\right)=\dfrac{2\times\dfrac{2x}{x+1}}{\dfrac{2x}{x+1}+1}$

$=\dfrac{\dfrac{4x}{x+1}}{\dfrac{2x+(x+1)}{x+1}}=\dfrac{4x}{3x+1}$

$f^3(x)=(f\circ f^2)(x)=f(f^2(x))$

$=f\left(\dfrac{4x}{3x+1}\right)=\dfrac{2\times\dfrac{4x}{3x+1}}{\dfrac{4x}{3x+1}+1}$

$=\dfrac{\dfrac{8x}{3x+1}}{\dfrac{4x+(3x+1)}{3x+1}}=\dfrac{8x}{7x+1}$

$f^4(x)=(f\circ f^3)(x)=f(f^3(x))$

$=f\left(\dfrac{8x}{7x+1}\right)=\dfrac{2\times\dfrac{8x}{7x+1}}{\dfrac{8x}{7x+1}+1}$

$=\dfrac{\dfrac{16x}{7x+1}}{\dfrac{8x+(7x+1)}{7x+1}}=\dfrac{16x}{15x+1}$

따라서 $a=16$, $b=0$, $c=15$이므로

$a+b+c=31$

10-2 답 $\mathbf{\dfrac{2025}{2024}}$

$f(x)=\dfrac{x}{x-1}$에서

$f^2(x)=(f\circ f^1)(x)=f(f(x))$

$=f\left(\dfrac{x}{x-1}\right)=\dfrac{\dfrac{x}{x-1}}{\dfrac{x}{x-1}-1}$

$=\dfrac{\dfrac{x}{x-1}}{\dfrac{x-(x-1)}{x-1}}=x$

$f^3(x)=(f\circ f^2)(x)=f(f^2(x))$

$=f(x)=\dfrac{x}{x-1}$

따라서 자연수 n에 대하여 $f^{2n}(x)=x$는 항등함수이므로

$f^{2025}(x)=f^{1012\times2+1}(x)=f(x)=\dfrac{x}{x-1}$

$\therefore f^{2025}(2025)=\dfrac{2025}{2024}$

11-1 답 $\mathbf{g(x)=\dfrac{2x-3}{x-4}}$

$(f\circ g)(x)=x$에서 $g(x)=f^{-1}(x)$이므로 함수 g는 함수 f의 역함수이다.

$y=\dfrac{4x-3}{x-2}$이라 하고 x에 대하여 풀면

$y(x-2)=4x-3$, $x(y-4)=2y-3$

$\therefore x=\dfrac{2y-3}{y-4}$

x와 y를 서로 바꾸면

$y=\dfrac{2x-3}{x-4}$ $\qquad\therefore g(x)=\dfrac{2x-3}{x-4}$

11-2 답 **−1**

$y=\dfrac{-x+a+2}{x-a}$라 하고 x에 대하여 풀면

$y(x-a)=-x+a+2$

$x(y+1)=ay+a+2$

$\therefore x=\dfrac{ay+a+2}{y+1}$

x와 y를 서로 바꾸면 $y=\dfrac{ax+a+2}{x+1}$

$\therefore f^{-1}(x)=\dfrac{ax+a+2}{x+1}$

이때 $f=f^{-1}$에서

$\dfrac{-x+a+2}{x-a}=\dfrac{ax+a+2}{x+1}$ $\qquad\therefore a=-1$

11-3 답 **7**

$f(x)=\dfrac{ax-1}{bx+2}$의 그래프가 점 $(2, 1)$을 지나므로

$f(2)=1$에서

$\dfrac{2a-1}{2b+2}=1$ $\qquad\therefore 2a-2b=3$ $\qquad\cdots\cdots$ ㉠

또 $y=f(x)$의 역함수의 그래프가 점 $(2, 1)$을 지나므로

$f^{-1}(2)=1$에서 $f(1)=2$

$\dfrac{a-1}{b+2}=2$ $\qquad\therefore a-2b=5$ $\qquad\cdots\cdots$ ㉡

㉠, ㉡을 연립하여 풀면

$a=-2$, $b=-\dfrac{7}{2}$ $\qquad\therefore ab=7$

연습문제

231~233쪽

1 $\dfrac{1}{x+1}$	**2** ①	**3** $\dfrac{99}{100}$	**4** 7	**5** ③
6 ④	**7** ①	**8** ①	**9** ⑤	**10** 1
11 ⑤	**12** ③	**13** ③	**14** 4	**15** 3
16 ②	**17** $2\sqrt{3}+3$	**18** $\dfrac{3}{5}$	**19** $0\le k<1$	
20 ④	**21** 3			

1 $\frac{1}{x-3}+\frac{2}{x+1}-\frac{2x-2}{x^2-2x-3}$

$=\frac{x+1+2(x-3)-(2x-2)}{(x-3)(x+1)}$

$=\frac{x-3}{(x-3)(x+1)}$

$=\frac{1}{x+1}$

2 주어진 식의 좌변을 통분하여 정리하면

$\frac{a}{x+1}+\frac{b}{(x+1)^2}+\frac{c}{(x+1)^3}$

$=\frac{a(x+1)^2+b(x+1)+c}{(x+1)^3}$

$=\frac{ax^2+(2a+b)x+a+b+c}{(x+1)^3}$

이때 $\frac{ax^2+(2a+b)x+a+b+c}{(x+1)^3}=\frac{x^2+4x+2}{(x+1)^3}$가 x에 대한 항등식이므로

$a=1,\ 2a+b=4,\ a+b+c=2$

$\therefore a=1,\ b=2,\ c=-1$

$\therefore abc=-2$

3 $f(x)=x^2+x$에서

$\frac{1}{f(x)}=\frac{1}{x^2+x}=\frac{1}{x(x+1)}=\frac{1}{x}-\frac{1}{x+1}$

$\therefore \frac{1}{f(1)}+\frac{1}{f(2)}+\frac{1}{f(3)}+\cdots+\frac{1}{f(99)}$

$=\left(\frac{1}{1}-\frac{1}{2}\right)+\left(\frac{1}{2}-\frac{1}{3}\right)+\left(\frac{1}{3}-\frac{1}{4}\right)+\cdots+\left(\frac{1}{99}-\frac{1}{100}\right)$

$=1-\frac{1}{100}=\frac{99}{100}$

4 $1+\cfrac{1}{1+\cfrac{1}{1+\cfrac{1}{1+x}}}=1+\cfrac{1}{1+\cfrac{1}{\cfrac{1+x+1}{1+x}}}$

$=1+\cfrac{1}{1+\cfrac{1+x}{2+x}}$

$=1+\cfrac{1}{\cfrac{2+x+1+x}{2+x}}$

$=1+\frac{2+x}{3+2x}$

$=\frac{3+2x+2+x}{3+2x}$

$=\frac{5+3x}{3+2x}$

따라서 $\frac{5+3x}{3+2x}=\frac{3x+a}{bx+3}$가 x에 대한 항등식이므로

$a=5,\ b=2 \qquad \therefore a+b=7$

5 $\frac{x+y}{4}=\frac{y+z}{7}=\frac{z+x}{5}=k\,(k\neq 0)$로 놓으면

$x+y=4k$ ······ ㉠

$y+z=7k$ ······ ㉡

$z+x=5k$ ······ ㉢

㉠+㉡+㉢을 하면

$2(x+y+z)=16k$

$\therefore x+y+z=8k$ ······ ㉣

㉣에서 ㉡, ㉢, ㉠을 각각 빼면

$x=k,\ y=3k,\ z=4k$

$\therefore \frac{xyz}{x^3+y^3+z^3}=\frac{k\times 3k\times 4k}{k^3+(3k)^3+(4k)^3}$

$=\frac{12k^3}{92k^3}=\frac{3}{23}$

6 $y=\frac{3x+1}{x-1}=\frac{3(x-1)+4}{x-1}=\frac{4}{x-1}+3$이므로 $y=\frac{3x+1}{x-1}$의 그래프는 $y=\frac{4}{x}$의 그래프를 x축의 방향으로 1만큼, y축의 방향으로 3만큼 평행이동한 것이다.

$x=a$일 때 $y=5$라 하면

$5=\frac{3a+1}{a-1},\ 5a-5=3a+1 \qquad \therefore a=3$

따라서 $3<y\leq 5$에서 $y=\frac{3x+1}{x-1}$의 그래프는 오른쪽 그림과 같으므로 정의역은

$\{x\,|\,x\geq 3\}$

7 $y=\frac{5}{x-p}+2$의 그래프의 점근선의 방정식은 $x=p,\ y=2$

(i) $p>0$일 때,

$y=\frac{5}{x-p}+2$의 그래프가 제3사분면을 지나지 않으려면 오른쪽 그림과 같이 $x=0$에서의 함숫값이 0보다 크거나 같아야 하므로

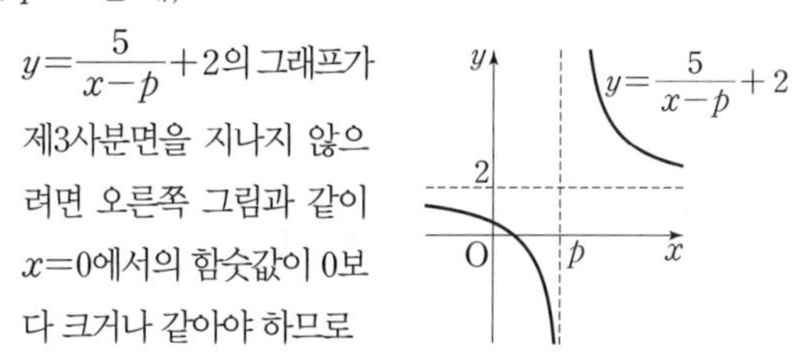

$\frac{5}{-p}+2\geq 0 \qquad \therefore p\geq \frac{5}{2}$

(ii) $p\leq 0$일 때,

$y=\frac{5}{x-p}+2$의 그래프는 오른쪽 그림과 같으므로 p의 값에 관계없이 항상 제3사분면을 지난다.

(i), (ii)에서 $p\geq \frac{5}{2}$

따라서 정수 p의 최솟값은 3이다.

8 $y=\frac{1}{x+1}-3$의 그래프를 y축의 방향으로 a만큼 평행이동한 그래프의 식은

$y-a=\frac{1}{x+1}-3$

$\therefore y=\frac{1}{x+1}-3+a$

이 그래프가 원점을 지나므로

$0=1-3+a$

$\therefore a=2$

9 ① $y=\frac{2x+2}{x}=\frac{2}{x}+2$

② $y=\frac{2x}{x-1}=\frac{2(x-1)+2}{x-1}=\frac{2}{x-1}+2$

③ $y=\frac{3x-1}{x-1}=\frac{3(x-1)+2}{x-1}=\frac{2}{x-1}+3$

④ $y=\frac{-x+3}{x-1}=\frac{-(x-1)+2}{x-1}=\frac{2}{x-1}-1$

⑤ $y=\frac{-2x+3}{x-1}=\frac{-2(x-1)+1}{x-1}=\frac{1}{x-1}-2$

따라서 ①, ②, ③, ④의 그래프는 $y=\frac{2}{x}$의 그래프를 평행이동한 것이므로 평행이동하여 서로 겹쳐질 수 있지만 ⑤의 그래프는 $y=\frac{1}{x}$의 그래프를 평행이동한 것이므로 겹쳐질 수 없다.

10 $y=\frac{1}{x-1}+k$의 그래프는 $y=\frac{1}{x}$의 그래프를 x축의 방향으로 1만큼, y축의 방향으로 k만큼 평행이동한 것이다.

이때 $-2\le x\le\frac{1}{2}$에서 함수 $y=\frac{1}{x-1}+k$의 최댓값이 $\frac{2}{3}$이려면 그래프는 다음 그림과 같아야 한다.

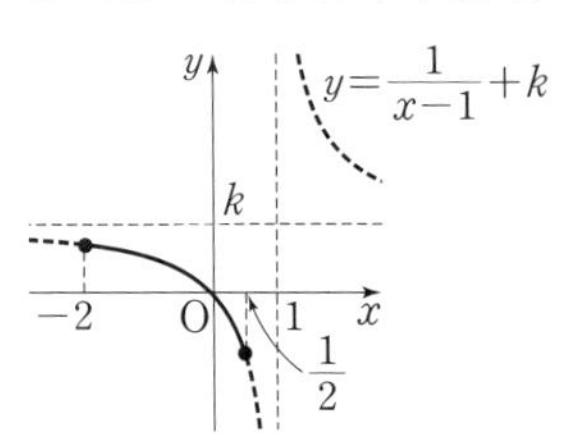

따라서 함수 $y=\frac{1}{x-1}+k$가 $x=-2$에서 최댓값 $\frac{2}{3}$를 가지므로

$\frac{2}{3}=\frac{1}{-2-1}+k$

$\therefore k=1$

11 $y=\frac{2x+1}{x+1}=\frac{2(x+1)-1}{x+1}=-\frac{1}{x+1}+2$이므로

$y=\frac{2x+1}{x+1}$의 그래프는 $y=-\frac{1}{x}$의 그래프를 x축의 방향으로 -1만큼, y축의 방향으로 2만큼 평행이동한 것이다.

이때 $a>0$이므로 직선 $y=x$를 x축의 방향으로 -1만큼, y축의 방향으로 2만큼 평행이동하면

$y-2=x+1 \quad \therefore y=x+3$

따라서 $a=1$, $b=3$이므로

$a+b=4$

12 $y=\frac{3x+1}{x+2}=\frac{3(x+2)-5}{x+2}=-\frac{5}{x+2}+3$

따라서 $y=\frac{3x+1}{x+2}$의 그래프는 $y=-\frac{5}{x}$의 그래프를 x축의 방향으로 -2만큼, y축의 방향으로 3만큼 평행이동한 것이므로 오른쪽 그림과 같다.

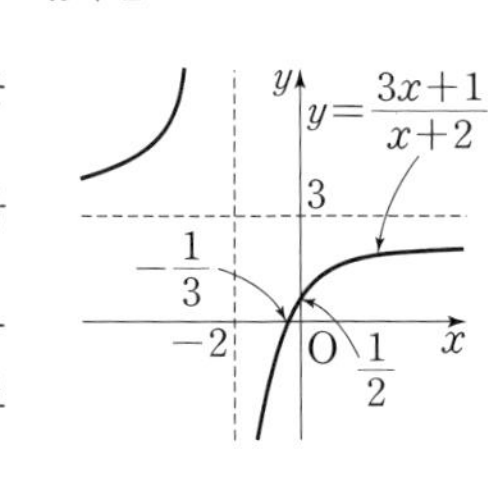

② 그래프는 기울기가 -1이고 점 $(-2, 3)$을 지나는 직선에 대하여 대칭이므로 직선 $y=-x+1$에 대하여 대칭이다.

③ $x=-1$일 때 $y=-2$, $x=3$일 때 $y=2$이므로 $-1\le x\le 3$에서 최솟값 -2를 갖는다.

따라서 옳지 않은 것은 ③이다.

13 유리함수 $y=\frac{ax+b}{x-2}$의 그래프의 점근선 중 하나가 직선 $y=3$이므로 함수의 식을

$y=\frac{k}{x-2}+3 \quad \cdots\cdots ㉠$

이라 하면 이 함수의 그래프가 점 $(3, 10)$을 지나므로

$10=\frac{k}{3-2}+3 \quad \therefore k=7$

이를 ㉠에 대입하여 정리하면

$y=\frac{7}{x-2}+3=\frac{7+3(x-2)}{x-2}=\frac{3x+1}{x-2}$

따라서 $a=3$, $b=1$이므로

$ab=3$

14 $f(x)=1-\frac{1}{2x}=\frac{2x-1}{2x}$에서

$f^2(x)=(f\circ f^1)(x)=f(f(x))$

$$=f\left(\frac{2x-1}{2x}\right)=\frac{2\times\frac{2x-1}{2x}-1}{2\times\frac{2x-1}{2x}}$$

$$=\frac{\frac{2x-1-x}{x}}{\frac{2x-1}{x}}=\frac{x-1}{2x-1}$$

$f^3(x)=(f\circ f^2)(x)=f(f^2(x))$

$=f\left(\dfrac{x-1}{2x-1}\right)=\dfrac{2\times\dfrac{x-1}{2x-1}-1}{2\times\dfrac{x-1}{2x-1}}$

$=\dfrac{\dfrac{2x-2-(2x-1)}{2x-1}}{\dfrac{2x-2}{2x-1}}=\dfrac{-1}{2x-2}$

$f^4(x)=(f\circ f^3)(x)=f(f^3(x))$

$=f\left(\dfrac{-1}{2x-2}\right)=\dfrac{2\times\dfrac{-1}{2x-2}-1}{2\times\dfrac{-1}{2x-2}}$

$=\dfrac{\dfrac{-1-(x-1)}{x-1}}{\dfrac{-1}{x-1}}=x$

따라서 $f^k(x)=x$를 만족시키는 자연수 k의 최솟값은 4이다.

15 $(f^{-1}\circ g)^{-1}(5)=(g^{-1}\circ f)(5)$

$=g^{-1}(f(5))$

$=g^{-1}\left(\dfrac{2}{3}\right)$

$g^{-1}\left(\dfrac{2}{3}\right)=k$ (k는 상수)라 하면 $g(k)=\dfrac{2}{3}$이므로

$\dfrac{k+1}{2k}=\dfrac{2}{3}$, $3k+3=4k$ $\quad\therefore k=3$

$\therefore (f^{-1}\circ g)^{-1}(5)=g^{-1}\left(\dfrac{2}{3}\right)=3$

16 $y=\dfrac{2x-1}{x-a}$을 x에 대하여 풀면

$y(x-a)=2x-1$, $(y-2)x=ay-1$ $\quad\therefore x=\dfrac{ay-1}{y-2}$

x와 y를 서로 바꾸면 $y=\dfrac{ax-1}{x-2}$

함수 $y=\dfrac{2x-1}{x-a}$과 그 역함수 $y=\dfrac{ax-1}{x-2}$의 그래프가 일치하므로

$a=2$

다른 풀이

$y=\dfrac{2x-1}{x-a}$의 그래프와 그 역함수의 그래프가 일치하려면 $y=\dfrac{2x-1}{x-a}$의 그래프의 두 점근선의 교점이 직선 $y=x$ 위에 있어야 한다.

$y=\dfrac{2x-1}{x-a}=\dfrac{2(x-a)+2a-1}{x-a}=\dfrac{2a-1}{x-a}+2$이므로 점근선의 방정식은 $x=a$, $y=2$

따라서 두 점근선의 교점의 좌표가 $(a, 2)$이므로

$a=2$

17 $y=\dfrac{x+1}{x-2}=\dfrac{(x-2)+3}{x-2}=\dfrac{3}{x-2}+1$ $\quad\cdots\cdots$ ㉠

$x>2$에서 ㉠의 그래프는 다음 그림과 같다.

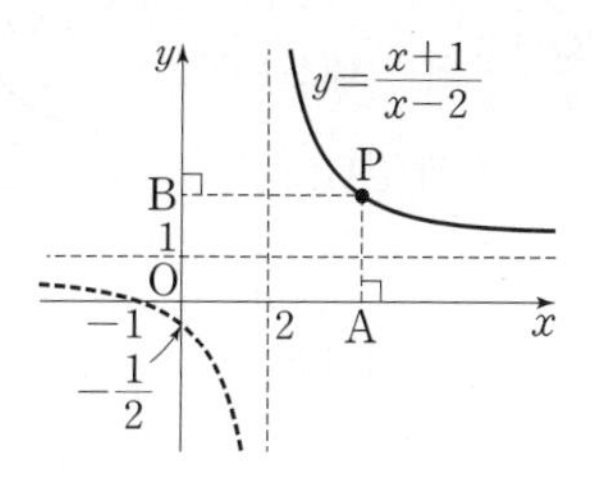

이때 ㉠의 그래프 위의 점 P의 좌표를

$\left(a, \dfrac{3}{a-2}+1\right)$ $(a>2)$이라 하면

$A(a, 0)$, $B\left(0, \dfrac{3}{a-2}+1\right)$

즉, $\overline{PA}=\dfrac{3}{a-2}+1$, $\overline{PB}=a$이므로

$\overline{PA}+\overline{PB}=\dfrac{3}{a-2}+1+a=a-2+\dfrac{3}{a-2}+3$

이때 $a-2>0$, $\dfrac{3}{a-2}>0$이므로 산술평균과 기하평균의 관계에 의하여

$\overline{PA}+\overline{PB}=a-2+\dfrac{3}{a-2}+3$

$\geq 2\sqrt{(a-2)\times\dfrac{3}{a-2}}+3=2\sqrt{3}+3$

$\left(\text{단, 등호는 } a-2=\dfrac{3}{a-2}\text{일 때 성립}\right)$

따라서 $\overline{PA}+\overline{PB}$의 최솟값은 $2\sqrt{3}+3$

18 $y=\dfrac{2x+3}{x+a}=\dfrac{2(x+a)-2a+3}{x+a}$

$=\dfrac{-2a+3}{x+a}+2$ (단, $a>0$)

이므로 $y=\dfrac{2x+3}{x+a}$의 그래프는 $y=\dfrac{-2a+3}{x}$의 그래프를 x축의 방향으로 $-a$만큼, y축의 방향으로 2만큼 평행이동한 것이다.

(i) $-2a+3>0$, 즉 $0<a<\dfrac{3}{2}$일 때,

$0\leq x\leq 2$에서 함수 $y=\dfrac{2x+3}{x+a}$의 그래프는 오른쪽 그림과 같다.

따라서 함수 $y=\dfrac{2x+3}{x+a}$은 $x=0$에서 최댓값 1을 가지므로

$\dfrac{3}{a}=1$ $\quad\therefore a=3$

그런데 $0<a<\dfrac{3}{2}$이므로 조건을 만족시키지 않는다.

(ii) $-2a+3<0$, 즉 $a>\frac{3}{2}$일 때,

$0\le x\le 2$에서 함수 $y=\frac{2x+3}{x+a}$의 그래프는 오른쪽 그림과 같다.

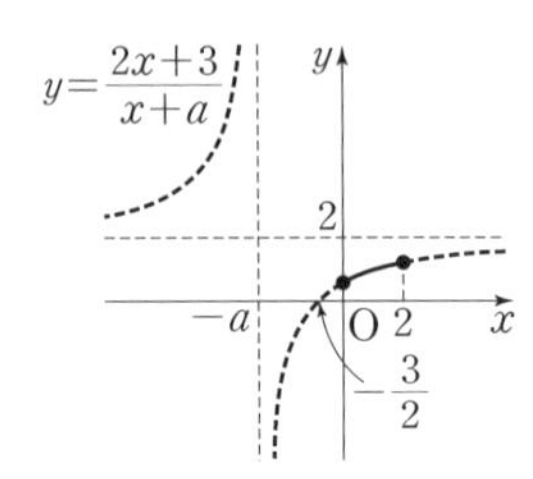

따라서 함수 $y=\frac{2x+3}{x+a}$은 $x=2$에서 최댓값 1을 가지므로

$\frac{7}{2+a}=1 \quad \therefore a=5$

(iii) $-2a+3=0$, 즉 $a=\frac{3}{2}$일 때,

주어진 함수는 $y=2$로 상수함수이고, 최댓값이 1이라는 조건을 만족시키지 않는다.

(i), (ii), (iii)에서 $a=5$

따라서 함수 $y=\frac{2x+3}{x+5}\,(0\le x\le 2)$은 $x=0$에서 최솟값을 가지므로 구하는 최솟값은 $\frac{3}{5}$이다.

19 $A\cap B=\varnothing$이려면 유리함수 $y=\frac{1-x}{x-2}$의 그래프와 직선 $y=kx-1$이 만나지 않아야 한다.

$y=\frac{1-x}{x-2}=\frac{-(x-2)-1}{x-2}=-\frac{1}{x-2}-1$이므로

$y=\frac{1-x}{x-2}$의 그래프는 $y=-\frac{1}{x}$의 그래프를 x축의 방향으로 2만큼, y축의 방향으로 -1만큼 평행이동한 것이다.

직선 $y=kx-1$은 k의 값에 관계없이 항상 점 $(0,\ -1)$을 지난다.

따라서 $y=\frac{1-x}{x-2}$의 그래프와 직선 $y=kx-1$이 만나지 않으려면 다음 그림과 같아야 한다.

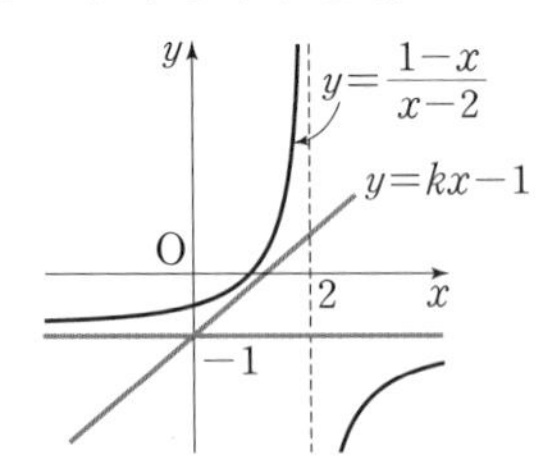

(i) $k=0$일 때,

직선 $y=-1$은 점근선이므로 $y=\frac{1-x}{x-2}$의 그래프와 만나지 않는다.

(ii) $k\ne 0$일 때,

$\frac{1-x}{x-2}=kx-1$에서 $1-x=(kx-1)(x-2)$

$1-x=kx^2-2kx-x+2$

$\therefore kx^2-2kx+1=0$

이 이차방정식의 실근이 존재하지 않아야 하므로 이차방정식의 판별식을 D라 하면

$\frac{D}{4}=k^2-k<0$

$k(k-1)<0$

$\therefore 0<k<1$

(i), (ii)에서 $0\le k<1$

20 $f(x)=\frac{x+1}{x-1}$이라 하자.

$2\le x\le 3$에서 부등식 $ax+1\le f(x)\le bx+1$이 항상 성립해야 하므로 직선 $y=ax+1$은 $y=f(x)$의 그래프보다 아래쪽에, 직선 $y=bx+1$은 $y=f(x)$의 그래프보다 위쪽에 있어야 한다.

$f(x)=\frac{x+1}{x-1}=\frac{(x-1)+2}{x-1}=\frac{2}{x-1}+1$

$f(2)=3$, $f(3)=2$이므로 $2\le x\le 3$에서 $y=f(x)$의 그래프는 다음 그림과 같다.

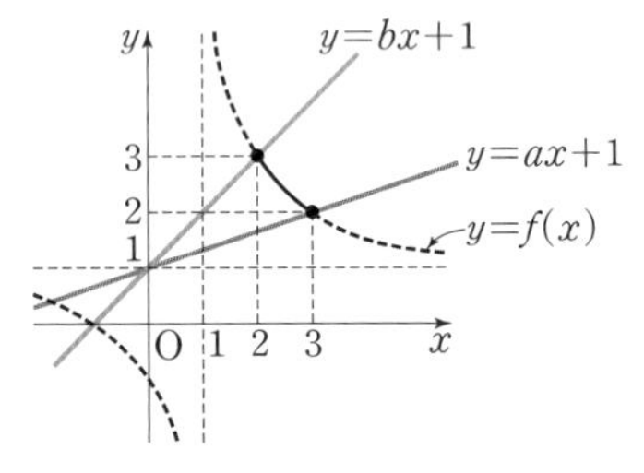

이때 직선 $y=ax+1$은 a의 값에 관계없이 항상 점 $(0,\ 1)$을 지나므로 a의 값이 최대가 될 때는 직선 $y=ax+1$이 점 $(3,\ 2)$를 지날 때이다.

즉, $2=3a+1$이므로 $a=\frac{1}{3}$

또 직선 $y=bx+1$도 b의 값에 관계없이 항상 점 $(0,\ 1)$을 지나므로 b의 값이 최소가 될 때는 직선 $y=bx+1$이 점 $(2,\ 3)$을 지날 때이다.

즉, $3=2b+1$이므로 $b=1$

따라서 구하는 합은

$\frac{1}{3}+1=\frac{4}{3}$

21 주어진 그래프에서 $f^{-1}(0)=3$, $f^{-1}(3)=0$이므로

$f(3)=0$, $f(0)=3$

$f^2(3)=(f\circ f^1)(3)=f(f(3))=f(0)=3$

$f^3(3)=(f\circ f^2)(3)=f(f^2(3))=f(3)=0$

$f^4(3)=(f\circ f^3)(3)=f(f^3(3))=f(0)=3$

$\vdots$

따라서 $f^n(3)=\begin{cases}0 & (n\text{은 홀수})\\ 3 & (n\text{은 짝수})\end{cases}$이므로

$f^{1002}(3)=3$

Ⅲ-2 02 무리함수

1 무리식

개념 Check 234쪽

1 답 (1) $-2\le x\le 1$ (2) $-3<x\le 2$

(1) $\sqrt{1-x}$의 값이 실수가 되려면

$1-x\ge 0 \quad \therefore x\le 1 \quad \cdots\cdots$ ㉠

$\sqrt{2x+4}$의 값이 실수가 되려면

$2x+4\ge 0 \quad \therefore x\ge -2 \quad \cdots\cdots$ ㉡

㉠, ㉡에서 $-2\le x\le 1$

(2) $\sqrt{2-x}$의 값이 실수가 되려면

$2-x\ge 0 \quad \therefore x\le 2 \quad \cdots\cdots$ ㉠

$\dfrac{1}{\sqrt{x+3}}$의 값이 실수가 되려면

$x+3>0 \quad \therefore x>-3 \quad \cdots\cdots$ ㉡

㉠, ㉡에서 $-3<x\le 2$

2 답 3

$$\sqrt{x^2-2x+1}+\sqrt{x^2+4x+4}$$
$$=\sqrt{(x-1)^2}+\sqrt{(x+2)^2}$$
$$=|x-1|+|x+2|$$
$$=-(x-1)+(x+2)\ (\because -2<x<1)$$
$$=3$$

문제 235쪽

01-1 답 $\dfrac{\sqrt{x+6}-\sqrt{x}}{2}$

$$\frac{1}{\sqrt{x}+\sqrt{x+2}}=\frac{\sqrt{x}-\sqrt{x+2}}{(\sqrt{x}+\sqrt{x+2})(\sqrt{x}-\sqrt{x+2})}=\frac{\sqrt{x}-\sqrt{x+2}}{-2}=\frac{\sqrt{x+2}-\sqrt{x}}{2}$$

$$\frac{1}{\sqrt{x+2}+\sqrt{x+4}}=\frac{\sqrt{x+2}-\sqrt{x+4}}{(\sqrt{x+2}+\sqrt{x+4})(\sqrt{x+2}-\sqrt{x+4})}=\frac{\sqrt{x+2}-\sqrt{x+4}}{-2}=\frac{\sqrt{x+4}-\sqrt{x+2}}{2}$$

$$\frac{1}{\sqrt{x+4}+\sqrt{x+6}}=\frac{\sqrt{x+4}-\sqrt{x+6}}{(\sqrt{x+4}+\sqrt{x+6})(\sqrt{x+4}-\sqrt{x+6})}=\frac{\sqrt{x+4}-\sqrt{x+6}}{-2}=\frac{\sqrt{x+6}-\sqrt{x+4}}{2}$$

$$\therefore \frac{1}{\sqrt{x}+\sqrt{x+2}}+\frac{1}{\sqrt{x+2}+\sqrt{x+4}}+\frac{1}{\sqrt{x+4}+\sqrt{x+6}}$$
$$=\frac{1}{2}(\sqrt{x+2}-\sqrt{x}+\sqrt{x+4}-\sqrt{x+2}+\sqrt{x+6}-\sqrt{x+4})$$
$$=\frac{\sqrt{x+6}-\sqrt{x}}{2}$$

01-2 답 $2+2\sqrt{2}$

$x=\dfrac{1}{\sqrt{2}-1}=\dfrac{\sqrt{2}+1}{(\sqrt{2}-1)(\sqrt{2}+1)}=\sqrt{2}+1$이므로

$$\frac{\sqrt{x}-1}{\sqrt{x}+1}+\frac{\sqrt{x}+1}{\sqrt{x}-1}=\frac{(\sqrt{x}-1)^2+(\sqrt{x}+1)^2}{(\sqrt{x}+1)(\sqrt{x}-1)}$$
$$=\frac{2(x+1)}{x-1}$$
$$=\frac{2(\sqrt{2}+1+1)}{\sqrt{2}+1-1} \quad ◀\ x=\sqrt{2}+1 \text{ 대입}$$
$$=\frac{2\sqrt{2}+4}{\sqrt{2}}$$
$$=2+2\sqrt{2}$$

01-3 답 $\sqrt{3}-\sqrt{2}$

$x+y=2\sqrt{3},\ x-y=2,\ xy=2$이므로

$$\frac{\sqrt{x}-\sqrt{y}}{\sqrt{x}+\sqrt{y}}=\frac{(\sqrt{x}-\sqrt{y})^2}{(\sqrt{x}+\sqrt{y})(\sqrt{x}-\sqrt{y})}$$
$$=\frac{x+y-2\sqrt{xy}}{x-y}$$
$$=\frac{2\sqrt{3}-2\sqrt{2}}{2}$$
$$=\sqrt{3}-\sqrt{2}$$

2 무리함수의 그래프

개념 Check 237쪽

1 답 (1) $\{x\,|\,x\ge 0\}$ (2) $\{x\,|\,x\ge 3\}$ (3) $\{x\,|\,x\le 0\}$ (4) $\left\{x\,\middle|\,x\le \dfrac{1}{2}\right\}$

2 답

(2) $y=\sqrt{-2x}$ (1) $y=\sqrt{2x}$ (3) $y=-\sqrt{-2x}$ (4) $y=-\sqrt{2x}$

(1) 정의역: $\{x\,|\,x\ge 0\}$, 치역: $\{y\,|\,y\ge 0\}$

(2) 정의역: $\{x\,|\,x\le 0\}$, 치역: $\{y\,|\,y\ge 0\}$

(3) 정의역: $\{x\,|\,x\le 0\}$, 치역: $\{y\,|\,y\le 0\}$

(4) 정의역: $\{x\,|\,x\ge 0\}$, 치역: $\{y\,|\,y\le 0\}$

문제 238~244쪽

02-1 답 (1)~(4) 풀이 참조

(1) $y=\sqrt{2x-4}+1=\sqrt{2(x-2)}+1$

따라서 $y=\sqrt{2x-4}+1$의 그래프는 $y=\sqrt{2x}$의 그래프를 x축의 방향으로 2만큼, y축의 방향으로 1만큼 평행이동한 것이므로 오른쪽 그림과 같다.

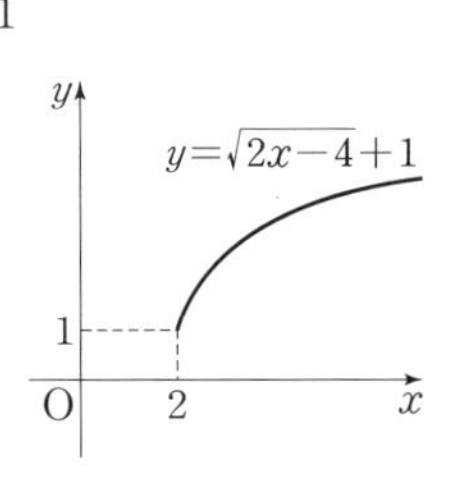

∴ 정의역: $\{x|x\geq2\}$, 치역: $\{y|y\geq1\}$

(2) $y=\sqrt{5-x}+3=\sqrt{-(x-5)}+3$

따라서 $y=\sqrt{5-x}+3$의 그래프는 $y=\sqrt{-x}$의 그래프를 x축의 방향으로 5만큼, y축의 방향으로 3만큼 평행이동한 것이므로 오른쪽 그림과 같다.

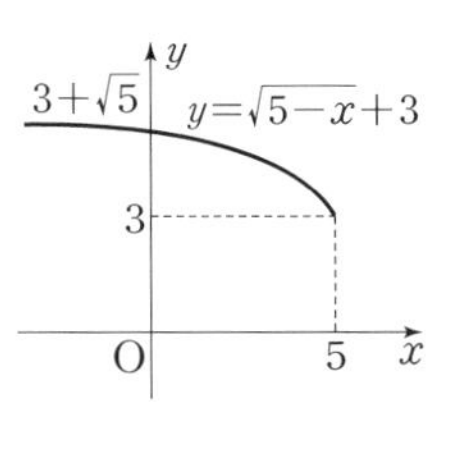

∴ 정의역: $\{x|x\leq5\}$, 치역: $\{y|y\geq3\}$

(3) $y=-\sqrt{1-x}+1=-\sqrt{-(x-1)}+1$

따라서 $y=-\sqrt{1-x}+1$의 그래프는 $y=-\sqrt{-x}$의 그래프를 x축의 방향으로 1만큼, y축의 방향으로 1만큼 평행이동한 것이므로 오른쪽 그림과 같다.

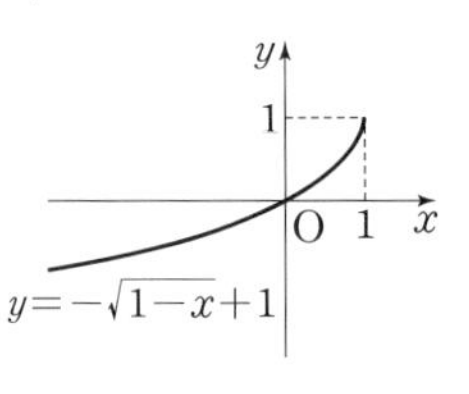

∴ 정의역: $\{x|x\leq1\}$, 치역: $\{y|y\leq1\}$

(4) $y=-\sqrt{2x-6}+2=-\sqrt{2(x-3)}+2$

따라서 $y=-\sqrt{2x-6}+2$의 그래프는 $y=-\sqrt{2x}$의 그래프를 x축의 방향으로 3만큼, y축의 방향으로 2만큼 평행이동한 것이므로 오른쪽 그림과 같다.

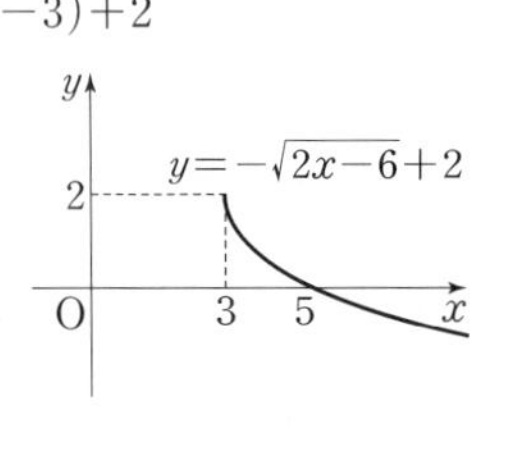

∴ 정의역: $\{x|x\geq3\}$, 치역: $\{y|y\leq2\}$

02-2 답 ㄴ, ㄷ

$y=\sqrt{-4x+4}-2=\sqrt{-4(x-1)}-2$

따라서 $y=\sqrt{-4x+4}-2$의 그래프는 $y=\sqrt{-4x}$의 그래프를 x축의 방향으로 1만큼, y축의 방향으로 -2만큼 평행이동한 것이므로 오른쪽 그림과 같다.

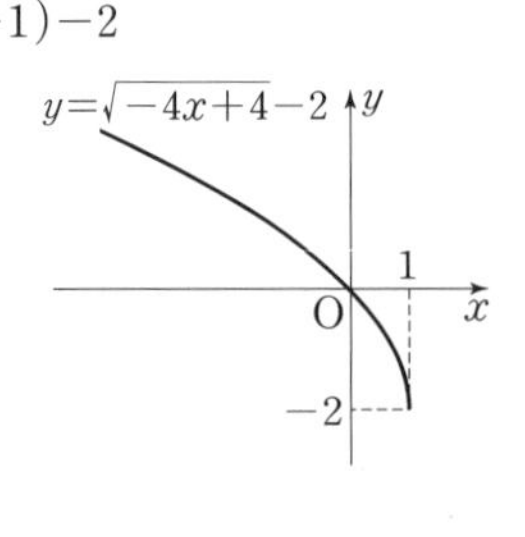

ㄱ. 정의역은 $\{x|x\leq1\}$이다.

ㄴ. 치역은 $\{y|y\geq-2\}$이다.

ㄷ. 그래프는 원점을 지난다.

ㄹ. 그래프는 제2사분면, 제4사분면을 지난다.

따라서 보기에서 옳은 것은 ㄴ, ㄷ이다.

03-1 답 -3

$y=\sqrt{-x+1}$의 그래프를 x축의 방향으로 2만큼, y축의 방향으로 -1만큼 평행이동하면

$y+1=\sqrt{-(x-2)+1}$

∴ $y=\sqrt{-x+3}-1$

이 함수의 그래프를 x축에 대하여 대칭이동하면

$-y=\sqrt{-x+3}-1$

∴ $y=-\sqrt{-x+3}+1$

이 함수의 그래프가 $y=-\sqrt{ax+b}+c$의 그래프와 겹쳐지므로

$a=-1$, $b=3$, $c=1$

∴ $abc=-3$

03-2 답 -2

$y=\sqrt{4x+8}-2=\sqrt{4(x+2)}-2=2\sqrt{x+2}-2$이므로

$y=\sqrt{4x+8}-2$의 그래프는 $y=2\sqrt{x}$의 그래프를 x축의 방향으로 -2만큼, y축의 방향으로 -2만큼 평행이동한 것이다.

따라서 $a=2$, $m=-2$, $n=-2$이므로

$a+m+n=-2$

03-3 답 ㄱ, ㄷ, ㄹ

ㄱ. $y=-\sqrt{-x}$의 그래프는 $y=\sqrt{-x}$의 그래프를 x축에 대하여 대칭이동한 것이다.

ㄴ. $y=\sqrt{-2x+4}=\sqrt{-2(x-2)}$의 그래프는 $y=\sqrt{-2x}$의 그래프를 x축의 방향으로 2만큼 평행이동한 것이다.

ㄷ. $y=\sqrt{x+3}+2$의 그래프는 $y=\sqrt{-x}$의 그래프를 y축에 대하여 대칭이동한 후 x축의 방향으로 -3만큼, y축의 방향으로 2만큼 평행이동한 것이다.

ㄹ. $y=-\sqrt{2-x}+1=-\sqrt{-(x-2)}+1$의 그래프는 $y=\sqrt{-x}$의 그래프를 x축에 대하여 대칭이동한 후 x축의 방향으로 2만큼, y축의 방향으로 1만큼 평행이동한 것이다.

따라서 보기의 함수에서 그 그래프가 $y=\sqrt{-x}$의 그래프를 평행이동 또는 대칭이동하여 겹쳐지는 것은 ㄱ, ㄷ, ㄹ이다.

04-1 답 (1) **최댓값: -1, 최솟값: -3**
(2) **최댓값: -1, 최솟값: -4**

(1) $y=-\sqrt{2x+4}+1=-\sqrt{2(x+2)}+1$
$y=-\sqrt{2x+4}+1$의 그래프는 $y=-\sqrt{2x}$의 그래프를 x축의 방향으로 -2만큼, y축의 방향으로 1만큼 평행이동한 것이고 $x=0$일 때 $y=-1$, $x=6$일 때 $y=-3$이다.
따라서 $0\le x\le 6$에서 그래프는 오른쪽 그림과 같으므로 최댓값은 -1, 최솟값은 -3이다.

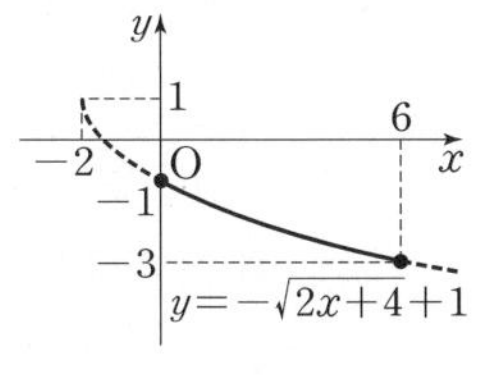

(2) $y=-\sqrt{-3x+3}-1=-\sqrt{-3(x-1)}-1$
$y=-\sqrt{-3x+3}-1$의 그래프는 $y=-\sqrt{-3x}$의 그래프를 x축의 방향으로 1만큼, y축의 방향으로 -1만큼 평행이동한 것이고 $x=-2$일 때 $y=-4$, $x=1$일 때 $y=-1$이다.
따라서 $-2\le x\le 1$에서 그래프는 오른쪽 그림과 같으므로 최댓값은 -1, 최솟값은 -4이다.

04-2 답 **7**

$y=\sqrt{3x+a}+4=\sqrt{3\left(x+\frac{a}{3}\right)}+4$
$y=\sqrt{3x+a}+4$의 그래프는 $y=\sqrt{3x}$의 그래프를 x축의 방향으로 $-\frac{a}{3}$만큼, y축의 방향으로 4만큼 평행이동한 것이므로 오른쪽 그림과 같다.
함수 $y=\sqrt{3x+a}+4$가 $x=10$에서 최댓값 10을 가지므로
$\sqrt{30+a}+4=10$, $\sqrt{30+a}=6$
$30+a=36$ $\quad\therefore a=6$
따라서 함수 $y=\sqrt{3x+6}+4$는 $x=1$에서 최솟값을 가지므로 구하는 최솟값은
$\sqrt{3+6}+4=7$

04-3 답 **-4**

$y=-\sqrt{-x+1}+b=-\sqrt{-(x-1)}+b$
$y=-\sqrt{-x+1}+b$의 그래프는 $y=-\sqrt{-x}$의 그래프를 x축의 방향으로 1만큼, y축의 방향으로 b만큼 평행이동한 것이므로 오른쪽 그림과 같다.

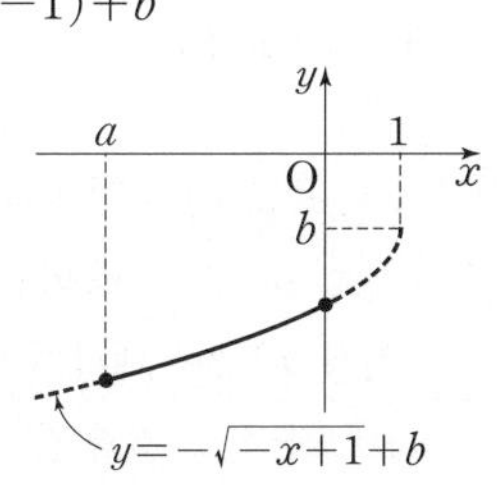

함수 $y=-\sqrt{-x+1}+b$가 $x=0$에서 최댓값 -2를 가지므로
$-2=-1+b$ $\quad\therefore b=-1$
함수 $y=-\sqrt{-x+1}-1$이 $x=a$에서 최솟값 -3을 가지므로
$-3=-\sqrt{-a+1}-1$, $\sqrt{-a+1}=2$
$-a+1=4$ $\quad\therefore a=-3$
$\therefore a+b=-3+(-1)=-4$

05-1 답 **5**

주어진 함수의 그래프는 $y=-\sqrt{ax}\,(a>0)$의 그래프를 x축의 방향으로 -2만큼, y축의 방향으로 -1만큼 평행이동한 것이므로
$y=-\sqrt{a(x+2)}-1$ $\quad\cdots\cdots$ ㉠
이 함수의 그래프가 점 $(0, -3)$을 지나므로
$-3=-\sqrt{2a}-1$, $\sqrt{2a}=2$
$2a=4$ $\quad\therefore a=2$
이를 ㉠에 대입하여 정리하면
$y=-\sqrt{2(x+2)}-1=-\sqrt{2x+4}-1$
따라서 $a=2$, $b=4$, $c=-1$이므로
$a+b+c=5$

05-2 답 **2**

주어진 함수의 그래프는 $y=\sqrt{ax}\,(a>0)$의 그래프를 x축의 방향으로 -1만큼, y축의 방향으로 -2만큼 평행이동한 것이므로 함수의 식을
$y=\sqrt{a(x+1)}-2$
라 하면 이 함수의 그래프가 원점을 지나므로
$0=\sqrt{a}-2$, $\sqrt{a}=2$
$\therefore a=4$
따라서 $y=\sqrt{4(x+1)}-2$의 그래프가 점 $(3, k)$를 지나므로
$k=\sqrt{4\times4}-2=2$

06-1 답 (1) $2\le k<\frac{5}{2}$ (2) $k<2$ 또는 $k=\frac{5}{2}$ (3) $k>\frac{5}{2}$

$y=\sqrt{4-2x}=\sqrt{-2(x-2)}$의 그래프는 $y=\sqrt{-2x}$의 그래프를 x축의 방향으로 2만큼 평행이동한 것이고, 직선 $y=-x+k$는 기울기가 -1이고 y절편이 k이므로 위치 관계는 위의 그림의 (i), (ii)를 기준으로 나누어 생각할 수 있다.

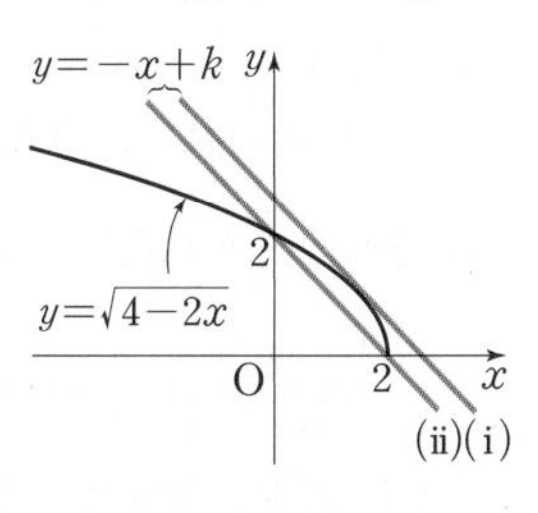

(i) 직선 $y=-x+k$와 $y=\sqrt{4-2x}$의 그래프가 접할 때,

$-x+k=\sqrt{4-2x}$에서 $x^2-2kx+k^2=4-2x$

$\therefore x^2-2(k-1)x+k^2-4=0$

이 이차방정식의 판별식을 D라 하면

$\frac{D}{4}=(k-1)^2-(k^2-4)=0$

$-2k+5=0 \qquad \therefore k=\frac{5}{2}$

(ii) 직선 $y=-x+k$가 점 $(2, 0)$을 지날 때,

$0=-2+k \qquad \therefore k=2$

(1) 서로 다른 두 점에서 만나려면 $2\le k<\frac{5}{2}$

(2) 한 점에서 만나려면 $k<2$ 또는 $k=\frac{5}{2}$

(3) 만나지 않으려면 $k>\frac{5}{2}$

06-2 답 $-\frac{2}{3}\le k\le\frac{1}{3}$

$y=\sqrt{2x-3}=\sqrt{2\left(x-\frac{3}{2}\right)}$의 그래프는 $y=\sqrt{2x}$의 그래프를 x축의 방향으로 $\frac{3}{2}$만큼 평행이동한 것이고, 직선 $y=kx+1$은 k의 값에 관계없이 항상 점 $(0, 1)$을 지나므로 위치 관계는 다음 그림의 (i), (ii)를 기준으로 나누어 생각할 수 있다.

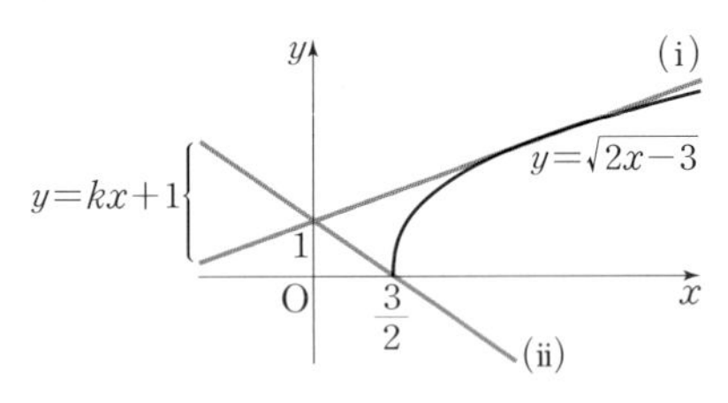

(i) 직선 $y=kx+1$과 $y=\sqrt{2x-3}$의 그래프가 접할 때,

$kx+1=\sqrt{2x-3}$에서

$k^2x^2+2kx+1=2x-3$

$\therefore k^2x^2+2(k-1)x+4=0$

이 이차방정식의 판별식을 D라 하면

$\frac{D}{4}=(k-1)^2-4k^2=0$, $3k^2+2k-1=0$

$(k+1)(3k-1)=0 \qquad \therefore k=-1$ 또는 $k=\frac{1}{3}$

그런데 위의 그림에서 $k>0$이므로 $k=\frac{1}{3}$

(ii) 직선 $y=kx+1$이 점 $\left(\frac{3}{2}, 0\right)$을 지날 때,

$0=\frac{3}{2}k+1 \qquad \therefore k=-\frac{2}{3}$

(i), (ii)에서 주어진 무리함수의 그래프와 직선이 만나려면

$-\frac{2}{3}\le k\le\frac{1}{3}$

07-1 답 $\frac{5}{2}$

$y=-\sqrt{2x-4}+1$의 치역이 $\{y|y\le1\}$이므로 역함수의 정의역은 $\{x|x\le1\}$이다.

$y=-\sqrt{2x-4}+1$에서

$y-1=-\sqrt{2x-4}$

양변을 제곱하여 x에 대하여 풀면

$y^2-2y+1=2x-4$

$\therefore x=\frac{1}{2}y^2-y+\frac{5}{2}$

x와 y를 서로 바꾸면

$y=\frac{1}{2}x^2-x+\frac{5}{2}$ $(x\le1)$

따라서 $a=-1$, $b=\frac{5}{2}$, $c=1$이므로

$a+b+c=\frac{5}{2}$

07-2 답 -12

$f^{-1}(1)=3$에서 $f(3)=1$이므로

$-\sqrt{-3-a}+2=1$

$\sqrt{-3-a}=1$

$-3-a=1 \qquad \therefore a=-4$

$\therefore f(x)=-\sqrt{-x+4}+2$

$f^{-1}(-2)=k$ (k는 상수)라 하면 $f(k)=-2$이므로

$-\sqrt{-k+4}+2=-2$

$\sqrt{-k+4}=4$

$-k+4=16 \qquad \therefore k=-12$

$\therefore f^{-1}(-2)=-12$

07-3 답 7

$g(13)=\sqrt{16}-1=3$이므로

$(g^{-1}\circ f)^{-1}(13)=(f^{-1}\circ g)(13)=f^{-1}(g(13))=f^{-1}(3)$

$f^{-1}(3)=k$ (k는 상수)라 하면 $f(k)=3$이므로

$\sqrt{2k+2}-1=3$

$\sqrt{2k+2}=4$

$2k+2=16 \qquad \therefore k=7$

$\therefore (g^{-1}\circ f)^{-1}(13)=f^{-1}(3)=7$

08-1 답 $(1, 1)$

$f(x)=\sqrt{x+3}-1$이라 하면 함수 $y=f(x)$의 그래프와 그 역함수 $y=f^{-1}(x)$의 그래프는 직선 $y=x$에 대하여 대칭이므로 오른쪽 그림과 같다.

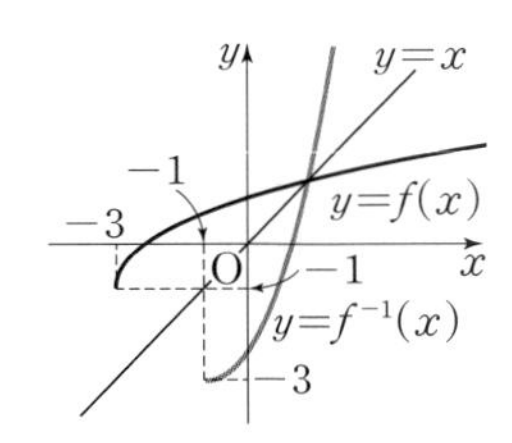

두 함수 $y=f(x)$, $y=f^{-1}(x)$의 그래프의 교점은 함수 $y=f(x)$의 그래프와 직선 $y=x$의 교점과 같으므로

$\sqrt{x+3}-1=x$, $\sqrt{x+3}=x+1$

$x+3=x^2+2x+1$, $x^2+x-2=0$

$(x+2)(x-1)=0$ $\quad\therefore x=1$ ($\because x\geq-1$)

따라서 교점의 좌표는 $(1, 1)$이다.

08-2 답 $\sqrt{2}$

$f(x)=\sqrt{x-4}+4$라 하면 함수 $y=f(x)$의 그래프와 그 역함수 $y=f^{-1}(x)$의 그래프는 직선 $y=x$에 대하여 대칭이므로 오른쪽 그림과 같다.

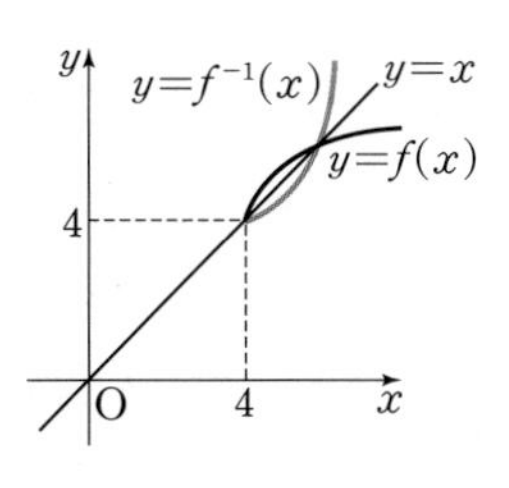

두 함수 $y=f(x)$, $y=f^{-1}(x)$의 그래프의 교점은 함수 $y=f(x)$의 그래프와 직선 $y=x$의 교점과 같으므로

$\sqrt{x-4}+4=x$, $\sqrt{x-4}=x-4$

$x-4=x^2-8x+16$, $x^2-9x+20=0$

$(x-4)(x-5)=0$ $\quad\therefore x=4$ 또는 $x=5$

따라서 두 교점의 좌표는 $(4, 4)$, $(5, 5)$이므로 두 점 사이의 거리는

$\sqrt{(5-4)^2+(5-4)^2}=\sqrt{2}$

연습문제

245~247쪽

1 ④	**2** ⑤	**3** -3	**4** ①	**5** 5
6 3	**7** ②	**8** -1	**9** ⑤	**10** ③
11 ④	**12** 7	**13** ①	**14** ③	**15** 1
16 $\frac{25}{16}$	**17** ⑤	**18** $-2<k<-\frac{7}{4}$	**19** $\frac{1}{8}$	
20 ②				

1 $x+1\geq0$, $3-x>0$이어야 하므로

$-1\leq x<3$

따라서 정수 x는 -1, 0, 1, 2의 4개이다.

2
$$f(x)=\frac{1}{\sqrt{x}+\sqrt{x+1}}=\frac{\sqrt{x}-\sqrt{x+1}}{(\sqrt{x}+\sqrt{x+1})(\sqrt{x}-\sqrt{x+1})}=\sqrt{x+1}-\sqrt{x}$$

$\therefore f(1)+f(2)+f(3)+\cdots+f(99)$

$=(\sqrt{2}-\sqrt{1})+(\sqrt{3}-\sqrt{2})+(\sqrt{4}-\sqrt{3})+\cdots+(\sqrt{100}-\sqrt{99})$

$=-\sqrt{1}+\sqrt{100}=9$

3 $y=\dfrac{ax+4}{x+b}=\dfrac{a(x+b)-ab+4}{x+b}=\dfrac{4-ab}{x+b}+a$의 그래프의 점근선의 방정식은 $x=-b$, $y=a$이므로

$a=-3$, $b=-1$

$y=\sqrt{bx+a}=\sqrt{-x-3}$의 정의역은

$\{x|x\leq-3\}$

따라서 정의역에 속하는 실수의 최댓값은 -3이다.

4 $y=-\sqrt{x-a}+a+2$의 그래프가 점 $(a, -a)$를 지나므로

$-a=a+2$ $\quad\therefore a=-1$

따라서 함수 $y=-\sqrt{x+1}+1$의 치역은

$\{y|y\leq1\}$

5 함수 $y=\sqrt{-2x+a}+b$의 정의역은 $\left\{x\middle|x\leq\dfrac{a}{2}\right\}$, 치역은 $\{y|y\geq b\}$이므로

$\dfrac{a}{2}=1$, $b=3$ $\quad\therefore a=2$

$\therefore a+b=5$

6 $y=-\sqrt{5x+10}+a=-\sqrt{5(x+2)}+a$이므로

$y=-\sqrt{5x+10}+a$의 그래프는 $y=-\sqrt{5x}$의 그래프를 x축의 방향으로 -2만큼, y축의 방향으로 a만큼 평행이동한 것이다.

$y=-\sqrt{5x+10}+a$의 그래프가 제2, 3, 4사분면을 지나려면 오른쪽 그림과 같아야 한다.

즉, $a>0$이어야 하고, $x=0$일 때 $y<0$이어야 하므로

$-\sqrt{10}+a<0$

$\therefore 0<a<\sqrt{10}$

따라서 정수 a의 최댓값은 3이다.

7 $y=-\sqrt{4-2x}+1=-\sqrt{-2(x-2)}+1$

ㄱ. $y=-\sqrt{4-2x}+1$의 그래프는 $y=-\sqrt{-2x}$의 그래프를 x축의 방향으로 2만큼, y축의 방향으로 1만큼 평행이동한 것이다.

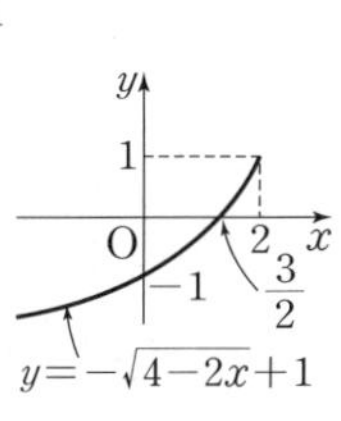

ㄴ. $y=0$일 때, $0=-\sqrt{4-2x}+1$에서

$\sqrt{4-2x}=1$, $4-2x=1$ $\quad\therefore x=\dfrac{3}{2}$

따라서 x축과 점 $\left(\dfrac{3}{2}, 0\right)$에서 만난다.

ㄷ. 제2사분면을 지나지 않는다.

따라서 보기에서 옳은 것은 ㄴ이다.

8 $y=\sqrt{ax}+1$의 그래프를 x축의 방향으로 -1만큼, y축의 방향으로 -3만큼 평행이동하면

$y+3=\sqrt{a(x+1)}+1$

$\therefore\ y=\sqrt{a(x+1)}-2$

이 함수의 그래프를 원점에 대하여 대칭이동하면

$-y=\sqrt{a(-x+1)}-2$

$\therefore\ y=-\sqrt{-a(x-1)}+2$

이 함수의 그래프가 점 $(2,\ 1)$을 지나므로

$1=-\sqrt{-a}+2,\ \sqrt{-a}=1$

$\therefore\ a=-1$

9 $y=\sqrt{3x-2}-5=\sqrt{3\left(x-\frac{2}{3}\right)}-5$의 그래프는 $y=\sqrt{3x}$의 그래프를 x축의 방향으로 $\frac{2}{3}$만큼, y축의 방향으로 -5만큼 평행이동한 것이다.

따라서 $2\le x\le a$에서 $y=\sqrt{3x-2}-5$의 그래프는 오른쪽 그림과 같다.

$x=a$에서 최댓값 2를 가지므로

$2=\sqrt{3a-2}-5,\ \sqrt{3a-2}=7$

$3a-2=49\qquad \therefore\ a=17$

$x=2$에서 최솟값 m을 가지므로

$m=2-5=-3$

$\therefore\ a+m=17+(-3)=14$

10 주어진 함수의 그래프는 $y=\sqrt{-x}$의 그래프를 x축의 방향으로 2만큼, y축의 방향으로 1만큼 평행이동한 것이므로

$y=\sqrt{-(x-2)}+1=\sqrt{-x+2}+1$

따라서 $a=2,\ b=1$이므로 $a+b=3$

11 $y=-\sqrt{a(x+b)}+c$의 그래프는 $y=-\sqrt{ax}$의 그래프를 x축의 방향으로 $-b$만큼, y축의 방향으로 c만큼 평행이동한 것이므로 주어진 그래프에서

$a<0,\ -b<0,\ c<0\qquad \therefore\ a<0,\ b>0,\ c<0$

12 $f(x)=\sqrt{ax+b}$라 하면 $y=f^{-1}(x)$의 그래프가 두 점 $(2,\ 0)$, $(5,\ 7)$을 지나므로

$f^{-1}(2)=0,\ f^{-1}(5)=7\qquad \therefore\ f(0)=2,\ f(7)=5$

$f(0)=2$에서 $\sqrt{b}=2\qquad \therefore\ b=4$

$f(7)=5$에서 $\sqrt{7a+b}=5\qquad \therefore\ 7a+b=25$

$b=4$를 대입하면

$7a+4=25\qquad \therefore\ a=3$

$\therefore\ a+b=3+4=7$

13 $f(3)=\frac{3+3}{3-1}=3$이므로

$(f\circ(g\circ f)^{-1}\circ f)(3)=(f\circ f^{-1}\circ g^{-1}\circ f)(3)$

$=(g^{-1}\circ f)(3)$

$=g^{-1}(f(3))=g^{-1}(3)$

$g^{-1}(3)=k$ (k는 상수)라 하면 $g(k)=3$이므로

$\sqrt{2k-1}=3,\ 2k-1=9\qquad \therefore\ k=5$

$\therefore\ (f\circ(g\circ f)^{-1}\circ f)(3)=g^{-1}(3)=5$

14 두 함수 $y=f(x)$, $y=f^{-1}(x)$의 그래프는 직선 $y=x$에 대하여 대칭이므로 오른쪽 그림과 같다.

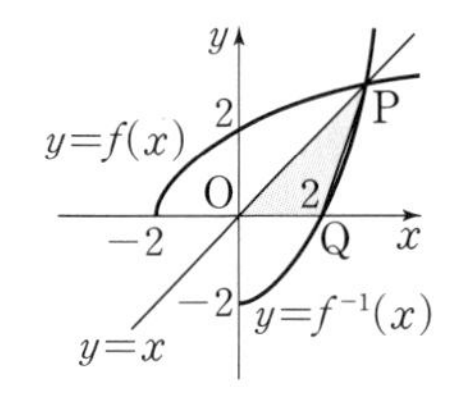

점 P는 함수 $y=f(x)$의 그래프와 직선 $y=x$의 교점과 같으므로

$\sqrt{2x+4}=x$

$2x+4=x^2,\ x^2-2x-4=0$

$\therefore\ x=1+\sqrt{5}\ (\because\ x\ge 0)$

$\therefore\ \mathrm{P}(1+\sqrt{5},\ 1+\sqrt{5})$

한편 점 Q의 좌표를 $(a,\ 0)$이라 하면 $f^{-1}(a)=0$에서 $f(0)=a$이므로

$\sqrt{4}=a\qquad \therefore\ a=2$

$\therefore\ \mathrm{Q}(2,\ 0)$

따라서 삼각형 OPQ의 넓이는

$\frac{1}{2}\times 2\times(1+\sqrt{5})=1+\sqrt{5}$

15 $f(x)=\sqrt{x-a}+1$이라 하면 무리함수 $y=f(x)$의 그래프와 그 역함수 $y=f^{-1}(x)$의 그래프는 직선 $y=x$에 대하여 대칭이다.

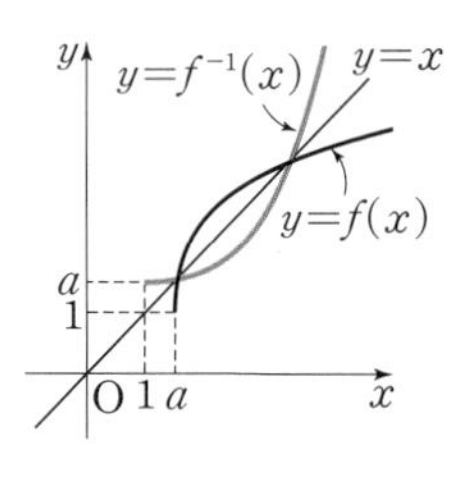

두 함수 $y=f(x)$, $y=f^{-1}(x)$의 그래프의 교점은 함수 $y=f(x)$의 그래프와 직선 $y=x$의 교점과 같으므로

$\sqrt{x-a}+1=x,\ \sqrt{x-a}=x-1$

$x-a=x^2-2x+1$

$\therefore\ x^2-3x+a+1=0$

함수의 그래프와 그 역함수의 그래프의 두 교점의 좌표를 $(\alpha,\ \alpha)$, $(\beta,\ \beta)$라 하면 이차방정식의 근과 계수의 관계에 의하여

$\alpha+\beta=3,\ \alpha\beta=a+1\qquad \cdots\cdots$ ㉠

두 교점 사이의 거리가 $\sqrt{2}$이므로

$\sqrt{(\alpha-\beta)^2+(\alpha-\beta)^2}=\sqrt{2}$

$(\alpha-\beta)^2=1,\ (\alpha+\beta)^2-4\alpha\beta=1$

㉠을 대입하면

$9-4(a+1)=1\qquad \therefore\ a=1$

16 점 C의 좌표를 $(a, 0)$이라 하면 $B(a, 5\sqrt{a})$
따라서 점 A의 y좌표가 $5\sqrt{a}$이므로
$\sqrt{5x}=5\sqrt{a}$, $5x=25a$ $\quad \therefore x=5a$
$\therefore A(5a, 5\sqrt{a})$
이때 정사각형 ABCD에서 $\overline{AB}=\overline{BC}$이므로
$4a=5\sqrt{a}$, $16a^2=25a$, $a(16a-25)=0$
$\therefore a=\frac{25}{16}$ ($\because a>0$)
따라서 점 C의 x좌표는 $\frac{25}{16}$이다.

17 $y=\sqrt{ax+b}+c=\sqrt{a\left(x+\frac{b}{a}\right)}+c$의 그래프는 $y=\sqrt{ax}$의 그래프를 x축의 방향으로 $-\frac{b}{a}$만큼, y축의 방향으로 c만큼 평행이동한 것이므로 주어진 함수의 그래프에서
$a>0$, $-\frac{b}{a}>0$, $c>0$ $\quad \therefore b<0$
$y=-\sqrt{cx-b}-a=-\sqrt{c\left(x-\frac{b}{c}\right)}-a$의 그래프는
$y=-\sqrt{cx}$의 그래프를 x축의 방향으로 $\frac{b}{c}$만큼, y축의 방향으로 $-a$만큼 평행이동한 것이고
$c>0$, $\frac{b}{c}<0$, $-a<0$이므로
$y=-\sqrt{cx-b}-a$의 그래프는 오른쪽 그림과 같다.
따라서 무리함수 $y=-\sqrt{cx-b}-a$의 그래프의 개형은 ⑤이다.

18 $\sqrt{|x-2|}=\begin{cases}\sqrt{x-2} & (x\geq 2)\\ \sqrt{-(x-2)} & (x<2)\end{cases}$
$y=\sqrt{|x-2|}$의 그래프와 직선 $y=x+k$가 서로 다른 세 점에서 만나려면 다음 그림과 같아야 한다.

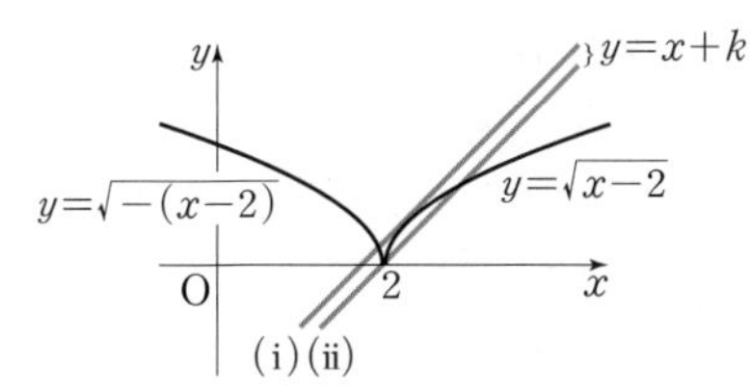

(i) 직선 $y=x+k$와 $y=\sqrt{x-2}$의 그래프가 접할 때,
$x+k=\sqrt{x-2}$에서 $x^2+2kx+k^2=x-2$
$\therefore x^2+(2k-1)x+k^2+2=0$
이 이차방정식의 판별식을 D라 하면
$D=(2k-1)^2-4(k^2+2)=0$ $\quad \therefore k=-\frac{7}{4}$
(ii) 직선 $y=x+k$가 점 $(2, 0)$을 지날 때,
$0=2+k$ $\quad \therefore k=-2$
(i), (ii)에서 구하는 상수 k의 값의 범위는 $-2<k<-\frac{7}{4}$

19 삼각형 OAP의 넓이는 점 P가 직선 OA와 평행한 접선 위의 접점일 때 최대이다.
직선 OA의 방정식은 $y=x$이므로 직선 OA와 평행한 접선의 방정식을 $y=x+k$라 하면
$\sqrt{x}=x+k$에서 $x=x^2+2kx+k^2$
$\therefore x^2+(2k-1)x+k^2=0$
이 이차방정식의 판별식을 D라 하면
$D=(2k-1)^2-4k^2=0$
$-4k+1=0$ $\quad \therefore k=\frac{1}{4}$
두 직선 $y=x$, $y=x+\frac{1}{4}$ 사이의 거리는 직선 $y=x$ 위의 점 $(1, 1)$과 직선 $y=x+\frac{1}{4}$, 즉 $4x-4y+1=0$ 사이의 거리와 같으므로
$\frac{|4-4+1|}{\sqrt{4^2+(-4)^2}}=\frac{\sqrt{2}}{8}$
이때 $\overline{OA}=\sqrt{1^2+1^2}=\sqrt{2}$이므로 삼각형 OAP의 넓이의 최댓값은
$\frac{1}{2}\times\sqrt{2}\times\frac{\sqrt{2}}{8}=\frac{1}{8}$

20 $f(x)=\frac{1}{5}x^2+\frac{1}{5}k$는 $x\geq 0$에서 일대일대응이므로 역함수가 존재한다.
$y=\frac{1}{5}x^2+\frac{1}{5}k\ (x\geq 0)$라 하고 x에 대하여 풀면
$\frac{1}{5}x^2=y-\frac{1}{5}k$, $x^2=5y-k$
$\therefore x=\sqrt{5y-k}$ ($\because x\geq 0$)
x와 y를 서로 바꾸면 $y=\sqrt{5x-k}$
따라서 두 함수 $f(x)$, $g(x)$는 서로 역함수 관계이므로 두 함수 $y=f(x)$, $y=g(x)$의 그래프는 직선 $y=x$에 대하여 대칭이다.

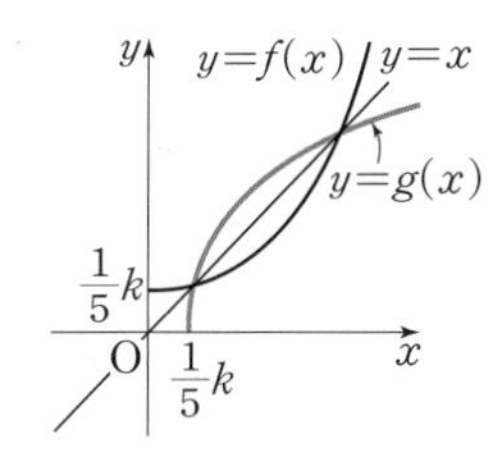

두 함수 $y=f(x)$, $y=g(x)$의 그래프의 교점은 함수 $y=f(x)$의 그래프와 직선 $y=x$의 교점과 같으므로
$\frac{1}{5}x^2+\frac{1}{5}k=x$ $\quad \therefore x^2-5x+k=0$
이 이차방정식이 음이 아닌 서로 다른 두 실근을 가져야 하므로 이 이차방정식의 판별식을 D라 하면
(i) $D=(-5)^2-4k>0$ $\quad \therefore k<\frac{25}{4}$
(ii) (두 근의 곱)≥ 0에서 $k\geq 0$
(i), (ii)에서 $0\leq k<\frac{25}{4}$
따라서 정수 k는 0, 1, 2, ⋯, 6의 7개이다.

유형편
정답과 해설

I-1. 평면좌표

01 두 점 사이의 거리 4~6쪽

1 ②	**2** -10	**3** ①	**4** 2	**5** -7
6 8	**7** $(2,\ -2)$		**8** $\sqrt{13}$ km	**9** ④
10 -4	**11** $\frac{33}{2}$	**12** ②	**13** 4	**14** ②
15 ④	**16** ④	**17** ⑤		

18 (가) c (나) $2a^2+2b^2+9c^2-6ac$ (다) $2a^2+2b^2+9c^2-6ac$

19 풀이 참조

1 $\overline{OA}=\overline{OB}$이므로

$\sqrt{5^2+(-5)^2}=\sqrt{1^2+a^2}$

$50=1+a^2,\ a^2=49 \qquad \therefore a=7\ (\because a>0)$

2 $\overline{AB}=5$이므로

$\sqrt{(-2-a)^2+(a+2-1)^2}=5$

$(a+2)^2+(a+1)^2=25$

$2a^2+6a+5=25,\ a^2+3a-10=0$

$(a+5)(a-2)=0 \qquad \therefore a=-5$ 또는 $a=2$

따라서 모든 a의 값의 곱은

$-5\times2=-10$

3 $2\overline{AB}=\overline{BC}$이므로

$2\sqrt{\{a-1-(-1)\}^2+(2-a-2)^2}$

$=\sqrt{\{5-(a-1)\}^2+\{4-(2-a)\}^2}$

$8a^2=(a-6)^2+(a+2)^2$

$8a^2=2a^2-8a+40,\ 3a^2+4a-20=0$

$(3a+10)(a-2)=0 \qquad \therefore a=2\ (\because a$는 정수)

4 $\overline{AB}\le5$이므로

$\sqrt{(-1-a)^2+(a-6)^2}\le5$

$(a+1)^2+(a-6)^2\le25$

$2a^2-10a+37\le25,\ a^2-5a+6\le0$

$(a-2)(a-3)\le0 \qquad \therefore 2\le a\le3$

따라서 정수 a는 2, 3의 2개이다.

5 점 P의 좌표를 $(0,\ a)$라 하면 $\overline{AP}=\overline{BP}$에서

$\overline{AP}^2=\overline{BP}^2$이므로

$(-2)^2+(4-a)^2=5^2+(3-a)^2$

$a^2-8a+20=a^2-6a+34$

$2a=-14 \qquad \therefore a=-7$

따라서 점 P의 좌표는 $(0,\ -7)$이므로 점 P의 y좌표는 -7이다.

6 점 P의 좌표를 $(a,\ -a+4)$라 하면 $\overline{AP}=\overline{BP}$에서

$\overline{AP}^2=\overline{BP}^2$이므로

$\{a-(-1)\}^2+(-a+4-1)^2$

$=(a-3)^2+\{(-a+4)-(-1)\}^2$

$2a^2-4a+10=2a^2-16a+34$

$12a=24 \qquad \therefore a=2$

$\therefore b=-a+4=2$

$\therefore a^2+b^2=8$

7 삼각형 ABC의 외심을 $P(x,\ y)$라 하면

$\overline{AP}=\overline{BP}=\overline{CP}$

$\overline{AP}=\overline{BP}$에서 $\overline{AP}^2=\overline{BP}^2$이므로

$(x-6)^2+(y-1)^2=\{x-(-1)\}^2+(y-2)^2$

$x^2+y^2-12x-2y+37=x^2+y^2+2x-4y+5$

$\therefore 7x-y=16 \qquad \cdots\cdots$ ㉠

$\overline{BP}=\overline{CP}$에서 $\overline{BP}^2=\overline{CP}^2$이므로

$\{x-(-1)\}^2+(y-2)^2=(x-2)^2+(y-3)^2$

$x^2+y^2+2x-4y+5=x^2+y^2-4x-6y+13$

$\therefore 3x+y=4 \qquad \cdots\cdots$ ㉡

㉠, ㉡을 연립하여 풀면 $x=2,\ y=-2$

따라서 외심의 좌표는 $(2,\ -2)$이다.

8 오른쪽 그림과 같이 아파트 B가 원점, 아파트 A가 x축 위에 오도록 좌표평면을 잡으면

$A(-4,\ 0),\ C(1,\ 1)$

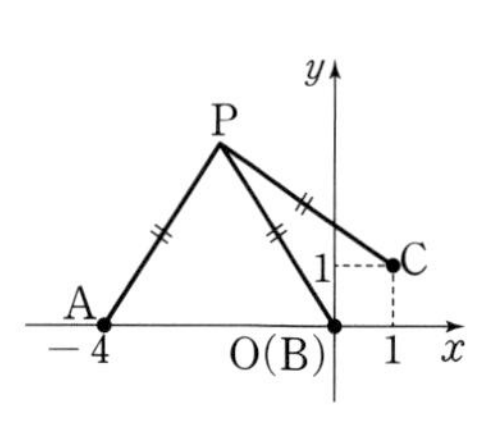

이때 정류장을 만들려는 지점을 $P(x,\ y)$라 하면

$\overline{AP}=\overline{BP}=\overline{CP}$

$\overline{AP}=\overline{BP}$에서 $\overline{AP}^2=\overline{BP}^2$이므로

$\{x-(-4)\}^2+y^2=x^2+y^2$

$x^2+y^2+8x+16=x^2+y^2$

$8x+16=0 \qquad \therefore x=-2 \qquad \cdots\cdots$ ㉠

$\overline{BP}=\overline{CP}$에서 $\overline{BP}^2=\overline{CP}^2$이므로

$x^2+y^2=(x-1)^2+(y-1)^2$

$x^2+y^2=x^2+y^2-2x-2y+2$

$\therefore x+y-1=0$
㉠을 대입하여 풀면 $y=3$
따라서 점 P의 좌표는 $(-2, 3)$이므로
$\overline{BP}=\sqrt{(-2)^2+3^2}=\sqrt{13}$
즉, 정류장과 아파트 B 사이의 거리는 $\sqrt{13}$ km이다.

9 점 P의 좌표를 $(a, a+1)$이라 하면
$$\overline{AP}^2+\overline{BP}^2=(a-1)^2+(a+1)^2+(a-3)^2+(a+1)^2$$
$$=4a^2-4a+12$$
$$=4\left(a-\frac{1}{2}\right)^2+11$$
따라서 $\overline{AP}^2+\overline{BP}^2$은 $a=\frac{1}{2}$일 때 최솟값을 갖고, 그때의 점 P의 좌표는 $\left(\frac{1}{2}, \frac{3}{2}\right)$이다.

10 점 P의 좌표를 $(a, 0)$이라 하면
$$\overline{AP}^2+\overline{BP}^2=(a-1)^2+(-4)^2+(a-3)^2+(-3)^2$$
$$=2a^2-8a+35$$
$$=2(a-2)^2+27$$
따라서 $\overline{AP}^2+\overline{BP}^2$은 $a=2$일 때 최솟값을 갖고, 그때의 점 P의 좌표는 $(2, 0)$이다.
점 P가 직선 $y=2x+k$ 위에 있으므로
$0=4+k \quad \therefore k=-4$

11 변 BC 위를 움직이는 점 P는 y축 위의 점이므로 점 P의 좌표를 $(0, a)(-1\le a\le 3)$라 하면
$$\overline{AP}^2+\overline{BP}^2=(-4)^2+(a-2)^2+(a-3)^2$$
$$=2a^2-10a+29$$
$$=2\left(a-\frac{5}{2}\right)^2+\frac{33}{2}$$
따라서 $\overline{AP}^2+\overline{BP}^2$은 $a=\frac{5}{2}$일 때 최솟값 $\frac{33}{2}$을 갖는다.

12 $\overline{AB}=\sqrt{(-1-3)^2+\{-1-(-5)\}^2}=\sqrt{32}=4\sqrt{2}$
$\overline{BC}=\sqrt{\{1-(-1)\}^2+\{1-(-1)\}^2}=\sqrt{8}=2\sqrt{2}$
$\overline{CA}=\sqrt{(3-1)^2+(-5-1)^2}=\sqrt{40}=2\sqrt{10}$
따라서 $\overline{AB}^2+\overline{BC}^2=\overline{CA}^2$이므로 삼각형 ABC는 $\angle B=90°$인 직각삼각형이다.

13 점 A의 좌표를 $(a, 2a)$라 하면
$\overline{AB}=\sqrt{(-a)^2+(3-2a)^2}=\sqrt{5a^2-12a+9}$
$\overline{BC}=\sqrt{4^2+(5-3)^2}=\sqrt{20}=2\sqrt{5}$
$\overline{CA}=\sqrt{(a-4)^2+(2a-5)^2}=\sqrt{5a^2-28a+41}$
이때 삼각형 ABC가 $\angle A=90°$인 직각삼각형이므로
$\overline{AB}^2+\overline{CA}^2=\overline{BC}^2$에서
$5a^2-12a+9+5a^2-28a+41=20$
$a^2-4a+3=0, (a-1)(a-3)=0$
$\therefore a=1$ 또는 $a=3$
따라서 두 점의 x좌표의 합은
$1+3=4$

14 $\overline{AB}=\sqrt{(2-1)^2+(-1-2)^2}=\sqrt{10}$
$\overline{AC}=\sqrt{(a-1)^2+(1-2)^2}=\sqrt{a^2-2a+2}$
이때 $\overline{AB}=\overline{AC}$에서 $\overline{AB}^2=\overline{AC}^2$이므로
$10=a^2-2a+2, a^2-2a-8=0$
$(a+2)(a-4)=0$
$\therefore a=4 \ (\because a>0)$

15 $\overline{AP}+\overline{BP}$의 값이 최소인 경우는 점 P가 선분 AB 위에 있을 때이므로
$$\overline{AP}+\overline{BP}\ge\overline{AB}$$
$$=\sqrt{\{5-(-3)\}^2+(2-8)^2}$$
$$=\sqrt{100}=10$$
따라서 구하는 최솟값은 10이다.

16 $O(0, 0), A(5, 12), P(x, y)$라 하면
$\sqrt{x^2+y^2}+\sqrt{(x-5)^2+(y-12)^2}=\overline{OP}+\overline{AP}$
$\overline{OP}+\overline{AP}$의 값이 최소인 경우는 점 P가 선분 OA 위에 있을 때이므로
$$\overline{OP}+\overline{AP}\ge\overline{OA}$$
$$=\sqrt{5^2+12^2}$$
$$=\sqrt{169}=13$$
따라서 구하는 최솟값은 13이다.

17 $\sqrt{x^2+y^2+6x-10y+34}=\sqrt{(x+3)^2+(y-5)^2}$
$\sqrt{x^2+y^2-12x+2y+37}=\sqrt{(x-6)^2+(y+1)^2}$
$A(-3, 5), B(6, -1), P(x, y)$라 하면
$\sqrt{(x+3)^2+(y-5)^2}+\sqrt{(x-6)^2+(y+1)^2}=\overline{AP}+\overline{BP}$
$\overline{AP}+\overline{BP}$의 값이 최소인 경우는 점 P가 선분 AB 위에 있을 때이므로
$$\overline{AP}+\overline{BP}\ge\overline{AB}$$
$$=\sqrt{\{6-(-3)\}^2+(-1-5)^2}$$
$$=\sqrt{117}=3\sqrt{13}$$
따라서 구하는 최솟값은 $3\sqrt{13}$이다.

18 삼각형 ABC의 세 꼭짓점을 $A(a, b)$, $B(0, 0)$, $C(3c, 0)$이라 하면 $M($(가) $c$$, 0)$, $N(2c, 0)$이므로

$\overline{AB}^2+\overline{AC}^2=(a^2+b^2)+\{(3c-a)^2+(-b)^2\}$
$=(a^2+b^2)+(9c^2-6ac+a^2+b^2)$
$=$ (나) $2a^2+2b^2+9c^2-6ac$

$\overline{AM}^2+\overline{AN}^2+4\overline{MN}^2$
$=\{(c-a)^2+(-b)^2\}+\{(2c-a)^2+(-b)^2\}+4(2c-c)^2$
$=(c^2-2ac+a^2+b^2)+(4c^2-4ac+a^2+b^2)+4c^2$
$=$ (다) $2a^2+2b^2+9c^2-6ac$

$\therefore \overline{AB}^2+\overline{AC}^2=\overline{AM}^2+\overline{AN}^2+4\overline{MN}^2$

19 오른쪽 그림과 같이 직선 BC를 x축으로 하고, 점 B를 지나고 직선 BC에 수직인 직선을 y축으로 하는 좌표평면을 잡으면 점 B는 원점이 된다.

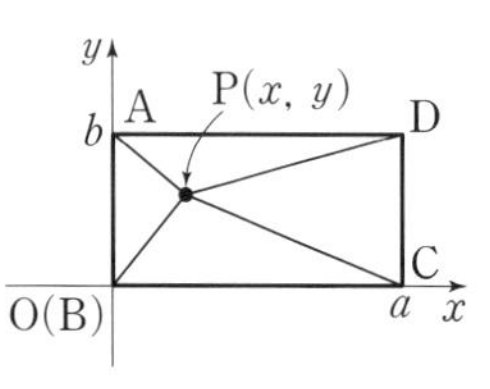

$A(0, b)$, $C(a, 0)$, $D(a, b)$, $P(x, y)$라 하면

$\overline{PA}^2+\overline{PC}^2=\{x^2+(y-b)^2\}+\{(x-a)^2+y^2\}$

$\overline{PB}^2+\overline{PD}^2=(x^2+y^2)+\{(x-a)^2+(y-b)^2\}$
$=\{x^2+(y-b)^2\}+\{(x-a)^2+y^2\}$

$\therefore \overline{PA}^2+\overline{PC}^2=\overline{PB}^2+\overline{PD}^2$

02 선분의 내분점 7~10쪽

1 3	**2** $\left(\frac{7}{5}, -\frac{8}{5}\right)$	**3** 160	**4** ④
5 ②	**6** 5	**7** $\left(-\frac{4}{3}, 6\right)$	**8** -13
9 $8\sqrt{5}$	**10** ②	**11** $4\sqrt{5}$	**12** 4	**13** ①
14 C(10, 0), D(5, 4)	**15** 19	**16** $\frac{10\sqrt{2}}{3}$	**17** ③
18 -2	**19** ②	**20** 2	**21** (8, -6)
22 ③	**23** $8x+6y-29=0$	**24** ②	

1 선분 AB의 중점 P의 좌표는

$\left(\frac{-2+5}{2}, \frac{1+8}{2}\right)$

$\therefore \left(\frac{3}{2}, \frac{9}{2}\right)$

선분 AB를 $4:3$으로 내분하는 점 Q의 좌표는

$\left(\frac{4\times5+3\times(-2)}{4+3}, \frac{4\times8+3\times1}{4+3}\right)$

$\therefore (2, 5)$

따라서 선분 PQ를 $1:2$로 내분하는 점의 좌표는

$\left(\frac{1\times2+2\times\frac{3}{2}}{1+2}, \frac{1\times5+2\times\frac{9}{2}}{1+2}\right)$

$\therefore \left(\frac{5}{3}, \frac{14}{3}\right)$

즉, $a=\frac{5}{3}$, $b=\frac{14}{3}$이므로

$b-a=3$

2 선분 AB를 $2:1$로 내분하는 점의 좌표가 $(0, 0)$이므로

$\frac{2\times(b+1)+1\times2}{2+1}=0$, $\frac{2\times(-1)+1\times(a+1)}{2+1}=0$

$\therefore a=1$, $b=-2$

따라서 $B(-1, -1)$, $C(3, -2)$이므로 선분 BC를 $3:2$로 내분하는 점의 좌표는

$\left(\frac{3\times3+2\times(-1)}{3+2}, \frac{3\times(-2)+2\times(-1)}{3+2}\right)$

$\therefore \left(\frac{7}{5}, -\frac{8}{5}\right)$

3 두 점 A, B의 좌표를 각각 (a, b), (c, d)라 하면 선분 AB의 중점의 좌표가 $(1, 2)$이므로

$\frac{a+c}{2}=1$, $\frac{b+d}{2}=2$

$\therefore a+c=2$ …… ㉠

$b+d=4$ …… ㉡

선분 AB를 $3:1$로 내분하는 점의 좌표가 $(4, 3)$이므로

$\frac{3\times c+1\times a}{3+1}=4$, $\frac{3\times d+1\times b}{3+1}=3$

$\therefore a+3c=16$ …… ㉢

$b+3d=12$ …… ㉣

㉠, ㉢을 연립하여 풀면 $a=-5$, $c=7$

㉡, ㉣을 연립하여 풀면 $b=0$, $d=4$

따라서 $A(-5, 0)$, $B(7, 4)$이므로

$\overline{AB}^2=\{7-(-5)\}^2+4^2=160$

4 선분 AB를 $4:3$으로 내분하는 점의 좌표는

$\left(\frac{4\times(-9)+3\times a}{4+3}, \frac{4\times0+3\times4}{4+3}\right)$

$\therefore \left(\frac{3a-36}{7}, \frac{12}{7}\right)$

이 점이 y축 위에 있으므로

$\frac{3a-36}{7}=0$ $\quad\therefore a=12$

5 $t>0$, $1-t>0$이므로

$0<t<1$ ...... ㉠

선분 AB를 $t:(1-t)$로 내분하는 점의 좌표는

$\left(\frac{t\times5+(1-t)\times(-4)}{t+(1-t)}, \frac{t\times(-1)+(1-t)\times5}{t+(1-t)}\right)$

$\therefore (9t-4, -6t+5)$

이 점이 제1사분면 위에 있으므로

$9t-4>0$, $-6t+5>0$

$\therefore \frac{4}{9}<t<\frac{5}{6}$ ...... ㉡

㉠, ㉡의 공통부분을 구하면 $\frac{4}{9}<t<\frac{5}{6}$

따라서 $\alpha=\frac{4}{9}$, $\beta=\frac{5}{6}$이므로

$3\alpha+2\beta=3\times\frac{4}{9}+2\times\frac{5}{6}=3$

6 선분 AB를 $m:n$으로 내분하는 점의 좌표는

$\left(\frac{m\times3+n\times2}{m+n}, \frac{m\times(-2)+n\times3}{m+n}\right)$

$\therefore \left(\frac{3m+2n}{m+n}, \frac{-2m+3n}{m+n}\right)$

이 점이 x축 위에 있으므로

$\frac{-2m+3n}{m+n}=0 \quad \therefore 2m=3n$

따라서 m, n은 서로소인 자연수이므로

$m=3$, $n=2 \quad \therefore m+n=5$

7 $2\overline{AB}=3\overline{BC}$이므로 $\overline{AB}:\overline{BC}=3:2$

따라서 점 B는 선분 AC를 $3:2$로 내분하는 점이므로 점 C의 좌표를 (a, b)라 하면

$\frac{3\times a+2\times2}{3+2}=0$,

$\frac{3\times b+2\times1}{3+2}=4$

$\therefore a=-\frac{4}{3}$, $b=6$

따라서 점 C의 좌표는 $\left(-\frac{4}{3}, 6\right)$이다.

8 $\overline{AB}=3\overline{AC}$이므로 $\overline{AB}:\overline{AC}=3:1$

따라서 점 A는 선분 BC를 $3:1$로 내분하는 점이므로

$\frac{3\times5+1\times a}{3+1}=-3$,

$\frac{3\times(-2)+1\times b}{3+1}=2$

$\therefore a=-27$, $b=14$

$\therefore a+b=-13$

9 $2\overline{AB}=\overline{BC}$이므로 $\overline{AB}:\overline{BC}=1:2$

(i) 점 B가 선분 AC 위에 있을 때,

점 B는 선분 AC를 $1:2$로 내분하는 점이므로 점 C의 좌표를 (a, b)라 하면

$\frac{1\times a+2\times0}{1+2}=2$,

$\frac{1\times b+2\times3}{1+2}=-1$

$\therefore a=6$, $b=-9$

따라서 점 C의 좌표는 $(6, -9)$이다.

(ii) 점 B가 선분 AC의 연장선 위에 있을 때,

점 A는 선분 BC의 중점이므로 점 C의 좌표를 (a, b)라 하면

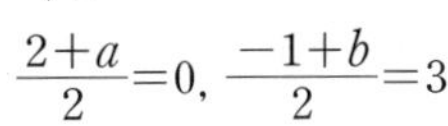

$\frac{2+a}{2}=0$, $\frac{-1+b}{2}=3$

$\therefore a=-2$, $b=7$

따라서 점 C의 좌표는 $(-2, 7)$이다.

(i), (ii)에서 구하는 두 점 사이의 거리는

$\sqrt{(-2-6)^2+\{7-(-9)\}^2}=\sqrt{320}$

$=8\sqrt{5}$

10 $\triangle OAP=3\triangle OBP$이므로 $\overline{AP}=3\overline{BP}$

$\therefore \overline{AP}:\overline{BP}=3:1$

따라서 점 B는 선분 AP를 $2:1$로 내분하는 점이므로

$\frac{2\times a+1\times(-2)}{2+1}=4$,

$\frac{2\times b+1\times(-3)}{2+1}=0$

$\therefore a=7$, $b=\frac{3}{2}$

$\therefore a+b=\frac{17}{2}$

11 $\triangle OAP=2\triangle OBP$이므로 $\overline{AP}=2\overline{BP}$

$\therefore \overline{AP}:\overline{BP}=2:1$

(i) 점 P가 선분 AB 위에 있을 때,

점 P는 선분 AB를 $2:1$로 내분하는 점이므로 점 P의 좌표는

$\left(\frac{2\times1+1\times(-5)}{2+1}, \frac{2\times3+1\times0}{2+1}\right)$

$\therefore (-1, 2)$

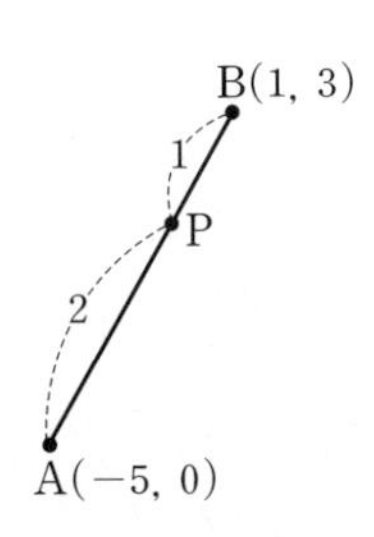

(ii) 점 P가 선분 AB의 연장선 위에 있을 때,
점 B는 선분 AP의 중점이므로 점 P의 좌표를 (a, b)라 하면

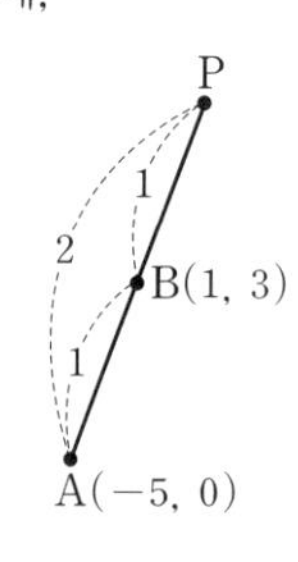

$\frac{-5+a}{2}=1$, $\frac{0+b}{2}=3$

$\therefore a=7, b=6$

(i), (ii)에서 $P_1(-1, 2)$, $P_2(7, 6)$
또는 $P_1(7, 6)$, $P_2(-1, 2)$이므로

$\overline{P_1P_2}=\sqrt{\{7-(-1)\}^2+(6-2)^2}=4\sqrt{5}$

12 삼각형 ABP에서 $\overline{AP} /\!/ \overline{DC}$이므로

$\overline{BD} : \overline{DA}=\overline{BC} : \overline{CP}$

$\overline{AB}=\sqrt{(-3-2)^2+(-7-5)^2}=13$

$\overline{AD}=\overline{AC}=\sqrt{(6-2)^2+(2-5)^2}=5$

$\overline{BD}=\overline{AB}-\overline{AD}=13-5=8$이므로

$\overline{BC} : \overline{CP}=8 : 5$

따라서 점 C는 선분 BP를 $8 : 5$로 내분하는 점이므로

$\frac{8\times a+5\times(-3)}{8+5}=6$, $\frac{8\times b+5\times(-7)}{8+5}=2$

$\therefore a=\frac{93}{8}, b=\frac{61}{8}$

$\therefore a-b=4$

13 점 D의 좌표를 (a, b)라 하면 선분 AC의 중점과 선분 BD의 중점이 일치하므로

$\frac{3-1}{2}=\frac{4+a}{2}$, $\frac{-2+3}{2}=\frac{5+b}{2}$

$\therefore a=-2, b=-4$

따라서 점 D의 좌표는 $(-2, -4)$이다.

14 두 대각선 AC, BD의 교점은 선분 AC, 선분 BD 각각의 중점과 일치한다.

점 C의 좌표를 (a, b)라 하면 선분 AC의 중점의 좌표가 $\left(4, \frac{3}{2}\right)$이므로

$\frac{-2+a}{2}=4$, $\frac{3+b}{2}=\frac{3}{2}$

$\therefore a=10, b=0$

$\therefore C(10, 0)$

점 D의 좌표를 (c, d)라 하면 선분 BD의 중점의 좌표가 $\left(4, \frac{3}{2}\right)$이므로

$\frac{3+c}{2}=4$, $\frac{-1+d}{2}=\frac{3}{2}$

$\therefore c=5, d=4$

$\therefore D(5, 4)$

15 $\overline{OA}=\overline{OC}$에서 $\overline{OA}^2=\overline{OC}^2$이므로

$a^2+7^2=5^2+5^2$, $a^2=1$

$\therefore a=1$ ($\because a>0$)

또 선분 AC의 중점과 선분 OB의 중점이 일치하므로

$\frac{1+5}{2}=\frac{b}{2}$, $\frac{7+5}{2}=\frac{c}{2}$

$\therefore b=6, c=12$

$\therefore a+b+c=1+6+12=19$

16 선분 AD가 $\angle A$의 이등분선이므로

$\overline{AB} : \overline{AC}=\overline{BD} : \overline{CD}$

$\overline{AB}=\sqrt{8^2+(-4-2)^2}=10$

$\overline{AC}=\sqrt{3^2+(6-2)^2}=5$

$\therefore \overline{BD} : \overline{CD}=10 : 5=2 : 1$

따라서 점 D는 변 BC를 $2 : 1$로 내분하는 점이므로 점 D의 좌표는

$\left(\frac{2\times3+1\times8}{2+1}, \frac{2\times6+1\times(-4)}{2+1}\right)$ $\therefore \left(\frac{14}{3}, \frac{8}{3}\right)$

$\therefore \overline{AD}=\sqrt{\left(\frac{14}{3}\right)^2+\left(\frac{8}{3}-2\right)^2}=\frac{10\sqrt{2}}{3}$

17 점 I가 삼각형 ABC의 내심이므로 직선 AI와 변 BC가 만나는 점을 D라 하면 선분 AD가 $\angle A$의 이등분선이다.

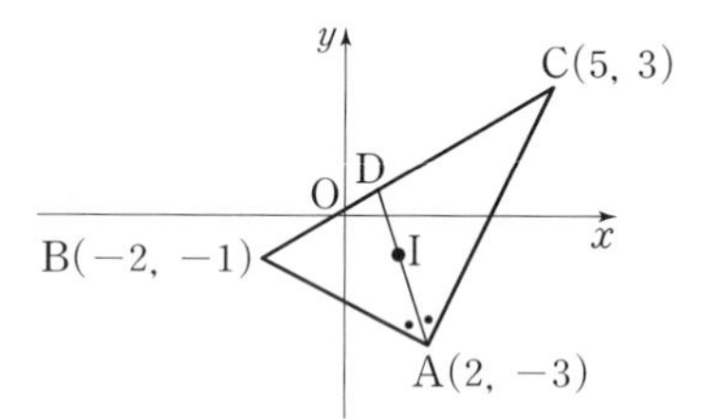

$\therefore \overline{AB} : \overline{AC}=\overline{BD} : \overline{CD}$

$\overline{AB}=\sqrt{(-2-2)^2+\{-1-(-3)\}^2}=2\sqrt{5}$

$\overline{AC}=\sqrt{(5-2)^2+\{3-(-3)\}^2}=3\sqrt{5}$

$\therefore \overline{BD} : \overline{CD}=2\sqrt{5} : 3\sqrt{5}=2 : 3$

따라서 점 D는 선분 BC를 $2 : 3$으로 내분하는 점이므로 점 D의 좌표는

$\left(\frac{2\times5+3\times(-2)}{2+3}, \frac{2\times3+3\times(-1)}{2+3}\right)$ $\therefore \left(\frac{4}{5}, \frac{3}{5}\right)$

즉, $a=\frac{4}{5}$, $b=\frac{3}{5}$이므로 $a+b=\frac{7}{5}$

18 삼각형 ABC의 무게중심의 좌표가 $(4, 1)$이므로

$\frac{4+a+b+5}{3}=4$, $\frac{-5+b-2-a+1}{3}=1$

$\therefore a+b=3, a-b=-9$

두 식을 연립하여 풀면

$a=-3, b=6$ $\therefore \frac{b}{a}=-2$

19 두 점 B, C의 좌표를 각각 (x_1, y_1), (x_2, y_2)라 하면 선분 BC의 중점의 좌표가 $(1, 2)$이므로

$\frac{x_1+x_2}{2}=1$, $\frac{y_1+y_2}{2}=2$

$\therefore x_1+x_2=2$, $y_1+y_2=4$ …… ㉠

또 삼각형 ABC의 무게중심이 원점이므로

$\frac{a+x_1+x_2}{3}=0$, $\frac{b+y_1+y_2}{3}=0$

$\frac{a+2}{3}=0$, $\frac{b+4}{3}=0$ ($\because$ ㉠)

$\therefore a=-2$, $b=-4$ $\quad\therefore a\times b=8$

20 D(2, 0), E(3, 5), F(−1, 1)이라 하면 삼각형 ABC의 무게중심은 삼각형 DEF의 무게중심과 일치하므로 무게중심의 좌표는

$\left(\frac{2+3-1}{3}, \frac{0+5+1}{3}\right)$ $\quad\therefore \left(\frac{4}{3}, 2\right)$

따라서 $a=\frac{4}{3}$, $b=2$이므로

$3a-b=3\times\frac{4}{3}-2=2$

21 점 B의 좌표를 (a, b)라 하면 ㈎, ㈏에서

$\frac{7+a}{2}=2$, $\frac{5+b}{2}=0$ $\quad\therefore a=-3$, $b=-5$

따라서 점 B의 좌표는 $(-3, -5)$이다.

점 C의 좌표를 (c, d)라 하면 ㈐에서

$\frac{7-3+c}{3}=4$, $\frac{5-5+d}{3}=-2$ $\quad\therefore c=8$, $d=-6$

따라서 점 C의 좌표는 $(8, -6)$이다.

22 점 P의 좌표를 (x, y)라 하면 $\overline{AP}^2-\overline{BP}^2=2$에서

$(x-1)^2+y^2-\{(x-2)^2+(y-3)^2\}=2$

$2x+6y-14=0$ $\quad\therefore x+3y-7=0$

23 점 P의 좌표를 (x, y)라 하면 $\overline{AP}=\overline{BP}$에서

$\overline{AP}^2=\overline{BP}^2$이므로

$\{x-(-1)\}^2+(y-2)^2=(x-3)^2+(y-5)^2$

$x^2+y^2+2x-4y+5=x^2+y^2-6x-10y+34$

$\therefore 8x+6y-29=0$

24 점 P의 좌표를 (a, b)라 하면 점 P는 직선 $y=-3x-2$ 위에 있으므로

$b=-3a-2$ …… ㉠

선분 AP의 중점의 좌표를 (x, y)라 하면

$x=\frac{0+a}{2}$, $y=\frac{4+b}{2}$ $\quad\therefore a=2x$, $b=2y-4$

이를 ㉠에 대입하면

$2y-4=-3\times 2x-2$ $\quad\therefore 3x+y-1=0$

따라서 $m=3$, $n=-1$이므로 $m+n=2$

I-2. 직선의 방정식

01 두 직선의 위치 관계 12~15쪽

1 ① **2** $y=3x-3$ **3** $y=\frac{10}{3}x-\frac{31}{3}$
4 $y=\frac{7}{2}x-7$ **5** $y=\frac{5}{6}x$ **6** ④ **7** ③
8 ⑤ **9** 1 **10** ③ **11** ④
12 $0\le k\le 1$ **13** ① **14** ⑤
15 $\left(-\frac{1}{5}, -\frac{3}{5}\right)$ **16** ③ **17** $\frac{9}{2}$ **18** 4
19 $y=x-4$ **20** $-\frac{5}{8}$ **21** ① **22** ②
23 ③ **24** 3 **25** 1

1 선분 AB를 1 : 2로 내분하는 점의 좌표는

$\left(\frac{1\times 2+2\times(-4)}{1+2}, \frac{1\times(-3)+2\times 6}{1+2}\right)$

$\therefore (-2, 3)$

따라서 점 $(-2, 3)$을 지나고 기울기가 $\tan 45°=1$인 직선의 방정식은

$y-3=x-(-2)$ $\quad\therefore y=x+5$

즉, 이 직선의 x절편은 -5이다.

2 삼각형 ABC의 무게중심 G의 좌표는

$\left(\frac{-1+5+2}{3}, \frac{1+2+6}{3}\right)$ $\quad\therefore (2, 3)$

선분 DE의 중점 M의 좌표는

$\left(\frac{-1+3}{2}, \frac{2+(-2)}{2}\right)$ $\quad\therefore (1, 0)$

따라서 직선 GM의 방정식은

$y=\frac{0-3}{1-2}(x-1)$ $\quad\therefore y=3x-3$

3 △ABP : △ACP=2 : 1이므로

$\overline{BP}:\overline{CP}=2:1$

따라서 점 P는 선분 BC를 2 : 1로 내분하는 점이므로 점 P의 좌표는

$\left(\frac{2\times 5+1\times(-1)}{2+1}, \frac{2\times(-1)+1\times 1}{2+1}\right)$

$\therefore \left(3, -\frac{1}{3}\right)$

따라서 두 점 A(4, 3), $P\left(3, -\frac{1}{3}\right)$을 지나는 직선의 방정식은

$y-3=\frac{-\frac{1}{3}-3}{3-4}(x-4)$

$\therefore y=\frac{10}{3}x-\frac{31}{3}$

유형편

4 점 A를 지나고 삼각형 ABC의 넓이를 이등분하는 직선은 선분 BC의 중점을 지나야 한다.
선분 BC의 중점의 좌표는
$\left(\frac{-1+5}{2}, \frac{-2+2}{2}\right)$ $\therefore (2, 0)$
따라서 두 점 A(4, 7), (2, 0)을 지나는 직선의 방정식은
$y=\frac{7}{4-2}(x-2)$ $\therefore y=\frac{7}{2}x-7$

5 직사각형의 넓이를 이등분하는 직선은 직사각형의 두 대각선의 교점을 지나야 한다.
직사각형의 두 대각선의 교점은 두 점 (2, 1), (4, 4)를 이은 선분의 중점이므로 그 좌표는
$\left(\frac{2+4}{2}, \frac{1+4}{2}\right)$ $\therefore \left(3, \frac{5}{2}\right)$
따라서 원점과 점 $\left(3, \frac{5}{2}\right)$를 지나는 직선의 방정식은
$y=\frac{\frac{5}{2}-0}{3-0}x$ $\therefore y=\frac{5}{6}x$

6 이차함수 $y=f(x)$의 그래프가 원점을 지나고 꼭짓점의 좌표가 $(2, -4)$이므로 점 B의 좌표는 $(4, 0)$

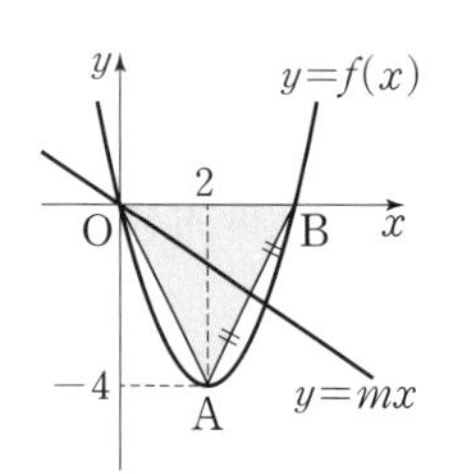

직선 $y=mx$가 원점 O를 지나므로 삼각형 OAB의 넓이를 이등분하려면 선분 AB의 중점을 지나야 한다.
선분 AB의 중점의 좌표는
$\left(\frac{2+4}{2}, \frac{-4}{2}\right)$ $\therefore (3, -2)$
따라서 직선 $y=mx$가 점 $(3, -2)$를 지나므로
$-2=3m$ $\therefore m=-\frac{2}{3}$

7 $(k-1)x+(2k-3)y+4k-3=0$을 k에 대하여 정리하면
$-(x+3y+3)+k(x+2y+4)=0$
이 식이 k의 값에 관계없이 항상 성립해야 하므로
$x+3y+3=0$, $x+2y+4=0$
두 식을 연립하여 풀면 $x=-6$, $y=1$
따라서 $a=-6$, $b=1$이므로
$a+b=-5$

8 $(x-2y+1)+k(2x-3y-1)=0$ (단, k는 실수) ⋯⋯ ㉠
직선 ㉠이 점 $(1, -2)$를 지나므로
$6+7k=0$ $\therefore k=-\frac{6}{7}$
이를 ㉠에 대입하면
$(x-2y+1)-\frac{6}{7}(2x-3y-1)=0$
$\therefore 5x-4y-13=0$
① $5\times(-2)-4\times\frac{3}{2}-13\neq0$
② $5\times(-1)-4\times2-13\neq0$
③ $5\times0-4\times3-13\neq0$
④ $5\times2-4\times(-1)-13\neq0$
⑤ $5\times3-4\times\frac{1}{2}-13=0$
따라서 이 직선 위의 점의 좌표는 ⑤이다.

9 $(3+k)x+(k-1)y-5+k=0$을 k에 대하여 정리하면
$(3x-y-5)+k(x+y+1)=0$
이 식이 k의 값에 관계없이 항상 성립해야 하므로
$3x-y-5=0$, $x+y+1=0$
두 식을 연립하여 풀면
$x=1$, $y=-2$
$\therefore$ P$(1, -2)$
이때 x절편이 3이므로 직선이 점 $(3, 0)$을 지난다.
따라서 구하는 직선의 기울기는
$\frac{0-(-2)}{3-1}=1$

10 $mx-y-3m+5=0$을 m에 대하여 정리하면
$(x-3)m-(y-5)=0$ ⋯⋯ ㉠
직선 ㉠은 m의 값에 관계없이 항상 점 $(3, 5)$를 지난다.
오른쪽 그림과 같이 직선 ㉠이 직선 $2x+y-2=0$과 제1사분면에서 만나도록 직선 ㉠을 움직여 보면

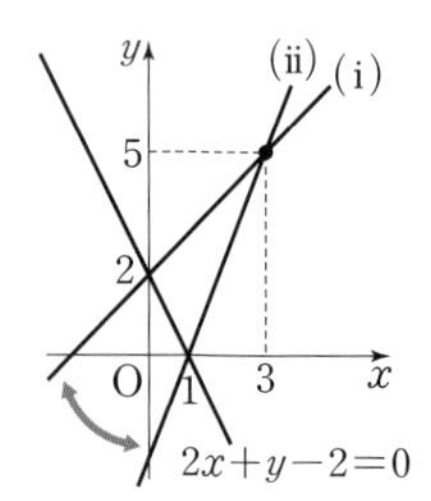

(i) 직선 ㉠이 점 $(0, 2)$를 지날 때,
$-3m+3=0$ $\therefore m=1$
(ii) 직선 ㉠이 점 $(1, 0)$을 지날 때,
$-2m+5=0$ $\therefore m=\frac{5}{2}$
(i), (ii)에서 m의 값의 범위는
$1<m<\frac{5}{2}$
따라서 $\alpha=1$, $\beta=\frac{5}{2}$이므로
$\beta-\alpha=\frac{3}{2}$

11 직선 $y=m(x+1)+2$는 m의 값에 관계없이 항상 점 $(-1, 2)$를 지난다.

오른쪽 그림과 같이 직선이 선분 AB와 만나도록 직선을 움직여 보면

(i) 직선이 점 A(0, 3)을 지날 때,
$3=m+2 \qquad \therefore m=1$

(ii) 직선이 점 B(1, −2)를 지날 때,
$-2=2m+2 \qquad \therefore m=-2$

(i), (ii)에서 m의 값의 범위는
$-2\le m\le 1$

따라서 정수 m은 −2, −1, 0, 1의 4개이다.

12 $kx-y+2k+1=0$을 k에 대하여 정리하면

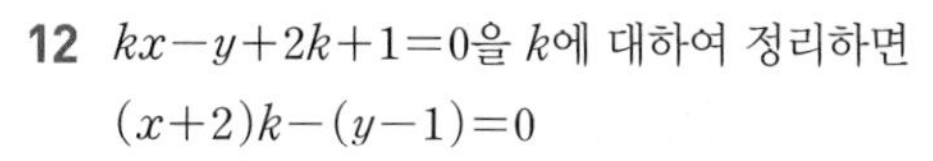

$(x+2)k-(y-1)=0$

이 직선은 k의 값에 관계없이 항상 점 (−2, 1)을 지난다.

오른쪽 그림과 같이 직선이 직사각형과 만나도록 직선을 움직여 보면

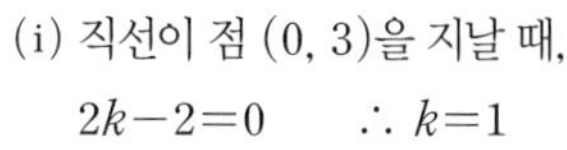

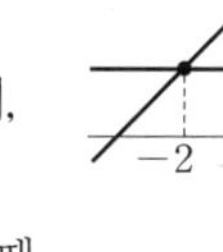

(i) 직선이 점 (0, 3)을 지날 때,
$2k-2=0 \qquad \therefore k=1$

(ii) 직선이 점 (1, 1)을 지날 때,
$3k=0 \qquad \therefore k=0$

(i), (ii)에서 k의 값의 범위는
$0\le k\le 1$

13 두 점 (−1, 2), (3, −6)을 지나는 직선의 기울기는

$\dfrac{-6-2}{3-(-1)}=-2$

따라서 기울기가 −2이고 점 (−2, −4)를 지나는 직선의 방정식은

$y-(-4)=-2\{x-(-2)\}$

$\therefore y=-2x-8$

이 직선이 점 (2, a)를 지나므로

$a=-4-8=-12$

14 $3x+2y-5=0$, $3x+y-1=0$을 연립하여 풀면

$x=-1$, $y=4$

따라서 두 직선의 교점의 좌표는 (−1, 4)

직선 $2x-y+4=0$, 즉 $y=2x+4$의 기울기는 2이므로 이 직선에 평행한 직선의 기울기는 2이다.

따라서 기울기가 2이고 점 (−1, 4)를 지나는 직선의 방정식은

$y-4=2\{x-(-1)\} \qquad \therefore y=2x+6$

즉, 이 직선의 y절편은 6이다.

15 직선 $x-2y-1=0$, 즉 $y=\frac{1}{2}x-\frac{1}{2}$의 기울기는 $\frac{1}{2}$이므로 이 직선에 수직인 직선의 기울기는 −2이다.

따라서 기울기가 −2이고 점 A(−1, 1)을 지나는 직선 AH의 방정식은

$y-1=-2\{x-(-1)\} \qquad \therefore 2x+y+1=0$

이때 두 직선 $2x+y+1=0$, $x-2y-1=0$의 교점이 점 H이므로 두 직선의 방정식을 연립하여 풀면

$x=-\frac{1}{5}$, $y=-\frac{3}{5}$

따라서 점 H의 좌표는 $\left(-\frac{1}{5}, -\frac{3}{5}\right)$이다.

16 ㄱ. $x+ky-k+5=0$에서

$(y-1)k+x+5=0$

이 식이 k의 값에 관계없이 항상 성립하려면

$y-1=0$, $x+5=0 \qquad \therefore x=-5, y=1$

따라서 직선 l은 k의 값에 관계없이 항상 점 (−5, 1)을 지난다.

ㄴ. 두 직선 $x+ky-k+5=0$, $(2k-1)x+y+4=0$이 서로 평행하려면

$\dfrac{1}{2k-1}=\dfrac{k}{1}\neq\dfrac{-k+5}{4}$

$\dfrac{1}{2k-1}=\dfrac{k}{1}$에서

$2k^2-k=1$, $2k^2-k-1=0$

$(2k+1)(k-1)=0$

$\therefore k=-\frac{1}{2}$ 또는 $k=1$ …… ㉠

$\dfrac{k}{1}\neq\dfrac{-k+5}{4}$에서

$4k\neq -k+5 \qquad \therefore k\neq 1$ …… ㉡

㉠, ㉡에서 $k=-\frac{1}{2}$

ㄷ. $k=\frac{1}{3}$일 때,

l: $x+\frac{1}{3}y+\frac{14}{3}=0$, m: $-\frac{1}{3}x+y+4=0$

$1\times\left(-\frac{1}{3}\right)+\frac{1}{3}\times 1=0$이므로 두 직선 l, m은 서로 수직이다.

따라서 보기에서 옳은 것은 ㄱ, ㄷ이다.

17 두 직선 $(k-2)x-y+2=0$, $kx+3y-1=0$이 서로 평행하려면

$\dfrac{k-2}{k}=\dfrac{-1}{3}\neq\dfrac{2}{-1}$

$3k-6=-k \qquad \therefore k=\frac{3}{2}$

$\therefore \alpha=\frac{3}{2}$

또 두 직선이 서로 수직이려면

$(k-2)\times k+(-1)\times 3=0$

$k^2-2k-3=0$, $(k+1)(k-3)=0$

$\therefore k=-1$ 또는 $k=3$

$\therefore \beta=3$ ($\because \beta>0$)

$\therefore \alpha\beta=\frac{3}{2}\times 3=\frac{9}{2}$

18 직선 $2x+ay-4=0$이 점 $(-1, 2)$를 지나므로

$-2+2a-4=0 \quad \therefore a=3$

직선 $bx+cy+7=0$이 점 $(-1, 2)$를 지나므로

$-b+2c+7=0 \quad \therefore b-2c=7 \quad \cdots\cdots$ ㉠

두 직선 $2x+3y-4=0$, $bx+cy+7=0$이 서로 수직이므로

$2b+3c=0 \quad \cdots\cdots$ ㉡

㉠, ㉡을 연립하여 풀면 $b=3$, $c=-2$

$\therefore a+b+c=3+3+(-2)=4$

19 직선 AB의 기울기는 $\frac{-2-2}{6-2}=-1$이므로 선분 AB의 수직이등분선의 기울기는 1이다.

선분 AB의 중점의 좌표는

$\left(\frac{2+6}{2}, \frac{2-2}{2}\right) \quad \therefore (4, 0)$

따라서 기울기가 1이고 점 $(4, 0)$을 지나는 직선의 방정식은

$y=x-4$

20 직선 AB의 기울기는 $\frac{1-(-2)}{4-0}=\frac{3}{4}$이므로 선분 AB의 수직이등분선의 기울기는 $-\frac{4}{3}$이다.

선분 AB의 중점의 좌표는

$\left(\frac{0+4}{2}, \frac{-2+1}{2}\right) \quad \therefore \left(2, -\frac{1}{2}\right)$

따라서 기울기가 $-\frac{4}{3}$이고 점 $\left(2, -\frac{1}{2}\right)$을 지나는 직선의 방정식은

$y-\left(-\frac{1}{2}\right)=-\frac{4}{3}(x-2) \quad \therefore y=-\frac{4}{3}x+\frac{13}{6}$

이 직선이 점 $(a, 3)$을 지나므로

$3=-\frac{4}{3}a+\frac{13}{6} \quad \therefore a=-\frac{5}{8}$

21 직선 $2x+ay+b=0$이 x축, y축과 만나는 점의 좌표는

$A\left(-\frac{b}{2}, 0\right)$, $B\left(0, -\frac{b}{a}\right)$

직선 AB의 기울기는 $\frac{-\frac{b}{a}-0}{0-\left(-\frac{b}{2}\right)}=-\frac{2}{a}$

선분 AB의 수직이등분선 $x-2y+3=0$, 즉 $y=\frac{1}{2}x+\frac{3}{2}$의 기울기가 $\frac{1}{2}$이다.

따라서 $-\frac{2}{a}\times\frac{1}{2}=-1$이므로 $a=1$

선분 AB의 중점의 좌표는

$\left(\frac{-\frac{b}{2}}{2}, \frac{-b}{2}\right) \quad \therefore \left(-\frac{b}{4}, -\frac{b}{2}\right)$

이 점이 직선 $x-2y+3=0$ 위에 있으므로

$-\frac{b}{4}-2\times\left(-\frac{b}{2}\right)+3=0 \quad \therefore b=-4$

$\therefore ab=1\times(-4)=-4$

22 선분 AC의 길이가 $5\sqrt{2}$이므로

$\sqrt{(a-1)^2+(-5)^2}=5\sqrt{2}$

$a^2-2a+26=50$, $a^2-2a-24=0$

$(a+4)(a-6)=0$

$\therefore a=6$ ($\because a>0$)

$\therefore C(6, 0)$

마름모의 두 대각선은 서로 다른 것을 수직이등분하므로 직선 BD는 선분 AC의 수직이등분선이다.

이때 직선 AC의 기울기는

$\frac{0-5}{6-1}=-1$

선분 AC의 중점의 좌표는

$\left(\frac{1+6}{2}, \frac{5+0}{2}\right) \quad \therefore \left(\frac{7}{2}, \frac{5}{2}\right)$

따라서 기울기가 1이고 점 $\left(\frac{7}{2}, \frac{5}{2}\right)$를 지나는 직선의 방정식은

$y-\frac{5}{2}=x-\frac{7}{2} \quad \therefore y=x-1$

즉, 이 직선의 y절편은 -1이다.

23 두 직선 $2x-3y-4=0$, $x+2y-5=0$이 한 점에서 만나므로 세 직선의 교점이 2개가 되려면 직선 $ax+y=0$이 직선 $2x-3y-4=0$과 평행하거나 직선 $x+2y-5=0$과 평행해야 한다.

(i) 두 직선 $ax+y=0$, $2x-3y-4=0$이 서로 평행할 때,

$\frac{a}{2}=\frac{1}{-3}\neq\frac{0}{-4} \quad \therefore a=-\frac{2}{3}$

(ii) 두 직선 $ax+y=0$, $x+2y-5=0$이 서로 평행할 때,

$\frac{a}{1}=\frac{1}{2}\neq\frac{0}{-5} \quad \therefore a=\frac{1}{2}$

(i), (ii)에서 모든 상수 a의 값의 곱은

$-\frac{2}{3}\times\frac{1}{2}=-\frac{1}{3}$

24 $kx-y+k-6=0$ ...... ㉠

$2x-y-1=0$ ...... ㉡

$x-2y+4=0$ ...... ㉢

(i) 세 직선이 모두 평행할 때,

두 직선 ㉡, ㉢의 기울기는 각각 2, $\frac{1}{2}$이므로 세 직선이 모두 평행한 경우는 없다.

(ii) 세 직선 중 두 직선이 평행할 때,

두 직선 ㉠, ㉡이 서로 평행하면

$\frac{k}{2}=\frac{-1}{-1}\neq\frac{k-6}{-1}$ $\quad\therefore k=2$

두 직선 ㉠, ㉢이 서로 평행하면

$\frac{k}{1}=\frac{-1}{-2}\neq\frac{k-6}{4}$ $\quad\therefore k=\frac{1}{2}$

(iii) 세 직선이 한 점에서 만날 때,

㉡, ㉢을 연립하여 풀면 $x=2$, $y=3$

직선 ㉠이 점 (2, 3)을 지나야 하므로

$2k-3+k-6=0$ $\quad\therefore k=3$

(i), (ii), (iii)에서 모든 상수 k의 값의 곱은

$2\times\frac{1}{2}\times3=3$

25 서로 다른 세 직선이 좌표평면을 4개의 영역으로 나누려면 세 직선이 모두 평행해야 한다.

(i) 두 직선 $ax+y+1=0$, $2x+y+5=0$이 서로 평행할 때,

$\frac{a}{2}=\frac{1}{1}\neq\frac{1}{5}$ $\quad\therefore a=2$

(ii) 두 직선 $x+by+3=0$, $2x+y+5=0$이 서로 평행할 때,

$\frac{1}{2}=\frac{b}{1}\neq\frac{3}{5}$ $\quad\therefore b=\frac{1}{2}$

(i), (ii)에서 $ab=2\times\frac{1}{2}=1$

02 점과 직선 사이의 거리 16~18쪽

1 ① **2** ④ **3** ② **4** ② **5** ③
6 $8\sqrt{5}$m **7** ③ **8** ④ **9** 10
10 $3x-2y-8=0$ **11** ③ **12** ① **13** ③
14 150 **15** $\frac{7}{2}$ **16** ① **17** ①
18 $4x-2y-5=0$ 또는 $4x+8y-5=0$

1 점 (3, 6)과 직선 $3x+y-5=0$ 사이의 거리는

$\frac{|3\times3+6-5|}{\sqrt{3^2+1^2}}=\sqrt{10}$

2 점 $(-1, 3)$과 직선 $x+ay+5=0$ 사이의 거리가 $2\sqrt{5}$이므로

$\frac{|-1+a\times3+5|}{\sqrt{1^2+a^2}}=2\sqrt{5}$

$|3a+4|=2\sqrt{5(1+a^2)}$

$(3a+4)^2=20(a^2+1)$

$11a^2-24a+4=0$

$(11a-2)(a-2)=0$

$\therefore a=\frac{2}{11}$ 또는 $a=2$

그런데 a는 정수이므로 $a=2$

3 점 $(k, 2)$에서 두 직선 $x-2y+1=0$, $2x+y+3=0$에 이르는 거리가 같으므로

$\frac{|k-2\times2+1|}{\sqrt{1^2+(-2)^2}}=\frac{|2\times k+2+3|}{\sqrt{2^2+1^2}}$

$|k-3|=|2k+5|$

$k-3=\pm(2k+5)$

$\therefore k=-8$ 또는 $k=-\frac{2}{3}$

그런데 k는 정수이므로 $k=-8$

4 직선 $3x-4y-1=0$에 평행한 직선의 방정식을 $3x-4y+a=0\,(a\neq-1)$이라 하면 점 (1, 2)와 이 직선 사이의 거리가 3이므로

$\frac{|3\times1-4\times2+a|}{\sqrt{3^2+(-4)^2}}=3$

$|a-5|=15$, $a-5=\pm15$

$\therefore a=-10$ 또는 $a=20$

따라서 직선의 방정식은

$3x-4y-10=0$ 또는 $3x-4y+20=0$

이때 제4사분면을 지나지 않는 직선의 방정식은

$3x-4y+20=0$

따라서 이 직선의 x절편은 $-\frac{20}{3}$이다.

5 점 (0, 2)를 지나는 직선 l의 방정식을 $y=mx+2$라 하면 직선 l, 즉 $mx-y+2=0$과 점 (1, 0) 사이의 거리가 $\sqrt{5}$이므로

$\frac{|m+2|}{\sqrt{m^2+(-1)^2}}=\sqrt{5}$

$|m+2|=\sqrt{5(m^2+1)}$

$(m+2)^2=5(m^2+1)$

$4m^2-4m+1=0$

$(2m-1)^2=0$ $\quad\therefore m=\frac{1}{2}$

따라서 직선 l의 기울기는 $\frac{1}{2}$이다.

6 다음 그림과 같이 교차로의 한 지점을 원점으로 하여 주어진 그림을 좌표평면 위에 나타내면

A$(0, -20)$, B$(40, 20)$

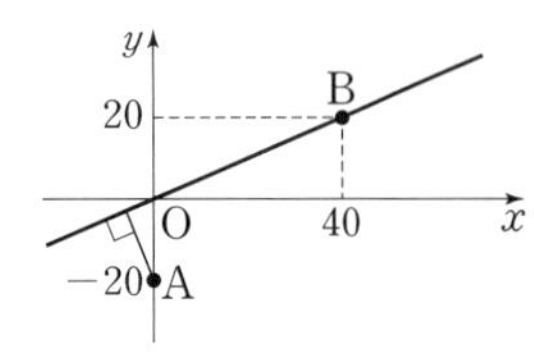

원점과 점 B$(40, 20)$을 지나는 직선의 방정식은

$y=\frac{20}{40}x$ $\therefore x-2y=0$

따라서 가로등을 보기 위하여 움직여야 할 최단 거리는 점 A$(0, -20)$과 직선 $x-2y=0$ 사이의 거리와 같으므로 구하는 최단 거리는

$\frac{|-2\times(-20)|}{\sqrt{1^2+(-2)^2}}=8\sqrt{5}(\text{m})$

7 두 직선 사이의 거리는 직선 $4x-3y+16=0$ 위의 한 점 $(-4, 0)$과 직선 $4x-3y+1=0$ 사이의 거리와 같으므로

$\frac{|4\times(-4)+1|}{\sqrt{4^2+(-3)^2}}=3$

8 두 직선 $x+2y-1=0$, $x+ay+4=0$이 서로 평행하므로

$\frac{1}{1}=\frac{2}{a}\neq\frac{-1}{4}$ $\therefore a=2$

따라서 두 직선 사이의 거리는 직선 $x+2y-1=0$ 위의 한 점 $(1, 0)$과 직선 $x+2y+4=0$ 사이의 거리와 같으므로

$\frac{|1+4|}{\sqrt{1^2+2^2}}=\sqrt{5}$

9 직선 $x-2y+5=0$ 위의 한 점 $(-5, 0)$과 직선 $x-2y+a=0$ 사이의 거리가 $\sqrt{5}$이므로

$\frac{|-5+a|}{\sqrt{1^2+(-2)^2}}=\sqrt{5}$

$|a-5|=5$, $a-5=\pm5$

$\therefore a=0$ 또는 $a=10$

그런데 $a\neq0$이므로 $a=10$

10 직선 $3x-2y+5=0$에 평행한 직선의 방정식을 $3x-2y+k=0\,(k\neq5)$이라 하면 직선 $3x-2y+5=0$ 위의 한 점 $\left(0, \frac{5}{2}\right)$와 이 직선 사이의 거리가 $\sqrt{13}$이므로

$\frac{\left|-2\times\frac{5}{2}+k\right|}{\sqrt{3^2+(-2)^2}}=\sqrt{13}$

$|-5+k|=13$, $-5+k=\pm13$

$\therefore k=-8$ 또는 $k=18$

따라서 직선의 방정식은

$3x-2y-8=0$ 또는 $3x-2y+18=0$

이때 제4사분면을 지나는 직선의 방정식은

$3x-2y-8=0$

11 두 직선 $ax+by=2$, $ax+by=-4$ 사이의 거리는 직선 $ax+by=2$ 위의 한 점 $\left(0, \frac{2}{b}\right)$와 직선 $ax+by=-4$ 사이의 거리와 같으므로

$\frac{\left|b\times\frac{2}{b}+4\right|}{\sqrt{a^2+b^2}}=\frac{6}{\sqrt{a^2+b^2}}=\frac{6}{\sqrt{3}}$ $(\because a^2+b^2=3)$

$=2\sqrt{3}$

12 직선 $y=ax+2$ 위의 한 점 $(0, 2)$와 직선 $y=ax+1$, 즉 $ax-y+1=0$ 사이의 거리는

$\frac{|-2+1|}{\sqrt{a^2+(-1)^2}}=\frac{1}{\sqrt{a^2+1}}$

따라서 정사각형 ABCD의 한 변의 길이는 $\frac{1}{\sqrt{a^2+1}}$이고, 정사각형 ABCD의 넓이가 $\frac{1}{5}$이므로

$\left(\frac{1}{\sqrt{a^2+1}}\right)^2=\frac{1}{5}$, $\frac{1}{a^2+1}=\frac{1}{5}$

$a^2=4$ $\therefore a=2$ $(\because a>0)$

13 $\overline{\text{AB}}=\sqrt{(5-3)^2+(2-4)^2}=2\sqrt{2}$

직선 AB의 방정식은

$y-4=\frac{2-4}{5-3}(x-3)$

$\therefore x+y-7=0$

점 O$(0, 0)$과 직선 AB 사이의 거리를 h라 하면

$h=\frac{|-7|}{\sqrt{1^2+1^2}}=\frac{7}{\sqrt{2}}$

$\therefore \triangle\text{OAB}=\frac{1}{2}\times\overline{\text{AB}}\times h=\frac{1}{2}\times2\sqrt{2}\times\frac{7}{\sqrt{2}}=7$

14 $x+y+4=0$ ······ ㉠

$x-y-14=0$ ······ ㉡

$x+5y-20=0$ ······ ㉢

두 직선 ㉠과 ㉡, ㉡과 ㉢, ㉢과 ㉠의 교점을 각각 A, B, C라 하면

A$(5, -9)$, B$(15, 1)$, C$(-10, 6)$

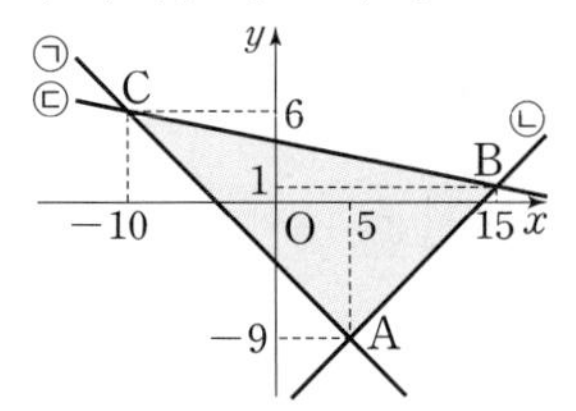

$\overline{AB}=\sqrt{(15-5)^2+\{1-(-9)\}^2}=\sqrt{200}=10\sqrt{2}$

점 C(−10, 6)과 직선 ㉡ 사이의 거리를 h라 하면

$h=\frac{|-10-6-14|}{\sqrt{1^2+(-1)^2}}=\frac{30}{\sqrt{2}}$

$\therefore \triangle ABC=\frac{1}{2}\times\overline{AB}\times h=\frac{1}{2}\times 10\sqrt{2}\times\frac{30}{\sqrt{2}}=150$

15 직선 AB와 직선 $2x-3y-4=0$의 기울기가 $\frac{2}{3}$로 같으므로 두 직선은 서로 평행하다.

따라서 삼각형 APB에서 선분 AB를 밑변으로 하면 점 A와 직선 $2x-3y-4=0$ 사이의 거리가 높이가 된다.

$\overline{AB}=\sqrt{3^2+(3-1)^2}=\sqrt{13}$

점 A와 직선 $2x-3y-4=0$ 사이의 거리를 h라 하면

$h=\frac{|-3\times1-4|}{\sqrt{2^2+(-3)^2}}=\frac{7}{\sqrt{13}}$

$\therefore \triangle APB=\frac{1}{2}\times\overline{AB}\times h=\frac{1}{2}\times\sqrt{13}\times\frac{7}{\sqrt{13}}=\frac{7}{2}$

16 점 P의 좌표를 (x, y)라 하면 점 P에서 두 직선 $3x-4y+3=0$, $4x-3y+1=0$에 이르는 거리가 같으므로

$\frac{|3x-4y+3|}{\sqrt{3^2+(-4)^2}}=\frac{|4x-3y+1|}{\sqrt{4^2+(-3)^2}}$

$|3x-4y+3|=|4x-3y+1|$

$3x-4y+3=\pm(4x-3y+1)$

$\therefore x+y-2=0$ 또는 $7x-7y+4=0$

따라서 점 (1, 1)을 지나는 도형의 방정식은

$x+y-2=0$

17 두 직선 $x+2y-3=0$, $2x+y+5=0$이 이루는 각의 이등분선 위의 임의의 점을 $P(x, y)$라 하면 점 P에서 두 직선에 이르는 거리가 같으므로

$\frac{|x+2y-3|}{\sqrt{1^2+2^2}}=\frac{|2x+y+5|}{\sqrt{2^2+1^2}}$

$|x+2y-3|=|2x+y+5|$

$x+2y-3=\pm(2x+y+5)$

$\therefore x-y+8=0$ 또는 $3x+3y+2=0$

따라서 보기에서 각의 이등분선의 방정식인 것은 ㄱ, ㄴ이다.

18 x축과 직선 $4x+3y-5=0$이 이루는 각의 이등분선 위의 임의의 점을 $P(x, y)$라 하면 점 P에서 x축과 직선 $4x+3y-5=0$에 이르는 거리가 같으므로

$|y|=\frac{|4x+3y-5|}{\sqrt{4^2+3^2}}$

$|4x+3y-5|=5|y|$

$4x+3y-5=\pm5y$

$\therefore 4x-2y-5=0$ 또는 $4x+8y-5=0$

I-3. 원의 방정식

01 원의 방정식 20~25쪽

1 ②	**2** $(x+1)^2+(y+1)^2=25$			**3** ③
4 ④	**5** ⑤	**6** -1	**7** ⑤	**8** ③
9 $(x+3)^2+(y-1)^2=10$			**10** ①	**11** 1
12 234π	**13** 6	**14** -81		
15 $(x-1)^2+(y+1)^2=1$			**16** ④	**17** ③
18 3	**19** ④	**20** 4	**21** ②	**22** 3
23 1	**24** 10	**25** ③	**26** ④	**27** ①
28 $\frac{9}{4}$	**29** 4	**30** ②	**31** ④	**32** ②
33 ③	**34** ②	**35** ④	**36** ③	**37** ③
38 π				

1 중심의 좌표가 (−1, 0)이고 반지름의 길이가 2인 원의 방정식은

$(x+1)^2+y^2=4$

따라서 $a=-1$, $b=0$, $c=4$이므로

$a+b+c=3$

2 원의 반지름의 길이를 r라 하면 원의 방정식은

$(x+1)^2+(y+1)^2=r^2$

이 원이 점 (2, 3)을 지나므로

$(2+1)^2+(3+1)^2=r^2$

$\therefore r^2=25$

따라서 원의 방정식은

$(x+1)^2+(y+1)^2=25$

3 선분 AB를 2 : 1로 내분하는 점의 좌표는

$\left(\frac{2\times4+1\times1}{2+1}, \frac{2\times5+1\times(-4)}{2+1}\right)$ $\therefore (3, 2)$

따라서 중심의 좌표가 (3, 2)이고 반지름의 길이가 4인 원의 방정식은

$(x-3)^2+(y-2)^2=16$

4 원의 중심의 좌표는

$\left(\frac{4+2}{2}, \frac{-3+1}{2}\right)$ $\therefore (3, -1)$

원의 반지름의 길이는

$\frac{1}{2}\sqrt{(2-4)^2+\{1-(-3)\}^2}=\sqrt{5}$

따라서 $a=3$, $b=-1$, $r^2=5$이므로

$a+b+r^2=7$

유형편

5 A(6, 0), B(0, 4)이므로 원의 반지름의 길이는

$\frac{1}{2}\overline{AB}=\frac{1}{2}\sqrt{(-6)^2+4^2}=\sqrt{13}$

따라서 원의 넓이는

$\pi\times(\sqrt{13})^2=13\pi$

6 원의 중심의 좌표는

$\left(\frac{1-3}{2}, \frac{-5-1}{2}\right)$ $\therefore (-1, -3)$

원의 넓이가 직선 $y=2x+k$에 의하여 이등분되려면 직선이 원의 중심을 지나야 하므로

$-3=-2+k$ $\therefore k=-1$

7 원의 중심의 좌표를 $(a, 0)$, 반지름의 길이를 r라 하면 원의 방정식은

$(x-a)^2+y^2=r^2$

이 원이 두 점 $(1, -3)$, $(-1, 5)$를 지나므로

$(1-a)^2+(-3)^2=r^2$, $(-1-a)^2+5^2=r^2$

$\therefore a^2-2a+10=r^2$, $a^2+2a+26=r^2$

두 식을 연립하여 풀면 $a=-4$, $r^2=34$

따라서 구하는 원의 넓이는 34π이다.

8 원의 중심의 좌표를 $(0, a)$, 반지름의 길이를 r라 하면 원의 방정식은

$x^2+(y-a)^2=r^2$

이 원이 두 점 $(2, 0)$, $(-2, 4)$를 지나므로

$2^2+a^2=r^2$, $(-2)^2+(4-a)^2=r^2$

$\therefore a^2+4=r^2$, $a^2-8a+20=r^2$

두 식을 연립하여 풀면 $a=2$, $r^2=8$

따라서 원의 방정식은

$x^2+(y-2)^2=8$

ㄱ. 중심의 좌표는 $(0, 2)$이다.

ㄴ. 반지름의 길이가 $2\sqrt{2}$이므로 원의 둘레의 길이는

$2\pi\times2\sqrt{2}=4\sqrt{2}\pi$

ㄷ. $2^2+(4-2)^2=8$이므로 점 $(2, 4)$를 지난다.

따라서 보기에서 옳은 것은 ㄱ, ㄷ이다.

9 원의 중심의 좌표를 $(a, 2a+7)$, 반지름의 길이를 r라 하면 원의 방정식은

$(x-a)^2+(y-2a-7)^2=r^2$

이 원이 두 점 $(0, 0)$, $(-4, 4)$를 지나므로

$a^2+(-2a-7)^2=r^2$, $(-4-a)^2+(-2a-3)^2=r^2$

$\therefore 5a^2+28a+49=r^2$, $5a^2+20a+25=r^2$

두 식을 연립하여 풀면 $a=-3$, $r^2=10$

따라서 구하는 원의 방정식은

$(x+3)^2+(y-1)^2=10$

10 원의 중심의 좌표가 $(-3, 4)$이고 원이 y축에 접하면 반지름의 길이가 $|-3|=3$이므로 원의 방정식은

$(x+3)^2+(y-4)^2=9$

이 원이 점 $(a, 1)$을 지나므로

$(a+3)^2+(1-4)^2=9$, $(a+3)^2=0$

$\therefore a=-3$

11 원의 중심의 좌표가 $(1, 2a)$이고 이 원이 x축에 접하면 반지름의 길이가 $|2a|$이므로

$\sqrt{4a^2+b+1}=|2a|$

$4a^2+b+1=4a^2$ $\therefore b=-1$

즉, 원 $(x-1)^2+(y-2a)^2=4a^2$이 점 $(-3, 4)$를 지나므로

$(-3-1)^2+(4-2a)^2=4a^2$

$\therefore a=2$

$\therefore a+b=2+(-1)=1$

12 원의 중심의 좌표를 (a, b)라 하면 반지름의 길이는 $|b|$이므로 원의 방정식은

$(x-a)^2+(y-b)^2=b^2$ …… ㉠

원 ㉠이 점 $(1, 6)$을 지나므로

$(1-a)^2+(6-b)^2=b^2$

$\therefore a^2-2a-12b+37=0$ …… ㉡

원 ㉠이 점 $(4, 3)$을 지나므로

$(4-a)^2+(3-b)^2=b^2$

$a^2-8a-6b+25=0$

$\therefore 6b=a^2-8a+25$ …… ㉢

㉢을 ㉡에 대입하면

$a^2-2a-2\times(a^2-8a+25)+37=0$

$a^2-14a+13=0$, $(a-1)(a-13)=0$

$\therefore a=1$ 또는 $a=13$

이를 ㉢에 대입하여 풀면

$a=1$일 때 $b=3$, $a=13$일 때 $b=15$

따라서 두 원의 넓이의 합은

$\pi\times3^2+\pi\times15^2=234\pi$

13 원의 중심의 좌표를 $(a, -a+1)$이라 하면 반지름의 길이는 $|a|$이므로 원의 방정식은

$(x-a)^2+(y+a-1)^2=a^2$

이 원이 점 $(1, -1)$을 지나므로

$(1-a)^2+(a-2)^2=a^2$

$a^2-6a+5=0$, $(a-1)(a-5)=0$

$\therefore a=1$ 또는 $a=5$

따라서 두 원의 반지름의 길이의 합은

$1+5=6$

14 x축과 y축에 동시에 접하는 원의 중심이 제4사분면 위에 있고 반지름의 길이가 3이므로 중심의 좌표는 $(3, -3)$
따라서 $a=3$, $b=-3$, $c=9$이므로
$abc=-81$

15 원의 중심이 제4사분면 위에 있으므로 원의 반지름의 길이를 r라 하면 중심의 좌표는 $(r, -r)$
따라서 원의 방정식은
$(x-r)^2+(y+r)^2=r^2$
이때 원의 중심 $(r, -r)$가 직선 $x-2y-3=0$ 위에 있으므로
$r+2r-3=0$ $\quad\therefore r=1$
따라서 구하는 원의 방정식은
$(x-1)^2+(y+1)^2=1$

16 주어진 조건을 만족시키는 두 원의 중심은 제1사분면 위에 있으므로 원의 반지름의 길이를 r라 하면 중심의 좌표는 (r, r)
따라서 원의 방정식은
$(x-r)^2+(y-r)^2=r^2$
이 원이 점 $(4, 2)$를 지나므로
$(4-r)^2+(2-r)^2=r^2$
$r^2-12r+20=0$, $(r-2)(r-10)=0$
$\therefore r=2$ 또는 $r=10$
따라서 두 원의 넓이의 합은
$\pi\times2^2+\pi\times10^2=104\pi$

17 $x^2+y^2-3x+4y=0$을 변형하면
$\left(x-\frac{3}{2}\right)^2+(y+2)^2=\left(\frac{5}{2}\right)^2$
따라서 $a=\frac{3}{2}$, $b=-2$, $r=\frac{5}{2}$이므로 $a+b+r=2$

18 $x^2+y^2-2x+6y+k^2-k+8=0$을 변형하면
$(x-1)^2+(y+3)^2=-k^2+k+2$
이 방정식이 원을 나타내려면
$-k^2+k+2>0$
$k^2-k-2<0$, $(k+1)(k-2)<0$
$\therefore -1<k<2$
따라서 $\alpha=-1$, $\beta=2$이므로 $\beta-\alpha=3$

19 $x^2+y^2-4x-2ay-19=0$을 변형하면
$(x-2)^2+(y-a)^2=23+a^2$
직선 $y=2x+3$이 이 원의 중심 $(2, a)$를 지나므로
$a=4+3$ $\quad\therefore a=7$

20 방정식 $x^2+y^2+axy-2x-4y+b=0$이 원을 나타내려면 xy항이 없어야 하므로 $a=0$
$\therefore x^2+y^2-2x-4y+b=0$
이 방정식을 변형하면
$(x-1)^2+(y-2)^2=5-b$
이 원의 반지름의 길이가 1이므로
$\sqrt{5-b}=1$
$5-b=1$ $\quad\therefore b=4$
$\therefore a+b=0+4=4$

21 $x^2+y^2+14x-8y+k^2+2k+41=0$을 변형하면
$(x+7)^2+(y-4)^2=-k^2-2k+24$
이 방정식이 원을 나타내려면
$-k^2-2k+24>0$
$k^2+2k-24<0$, $(k+6)(k-4)<0$
$\therefore -6<k<4$ $\quad\cdots\cdots$ ㉠
또 이 원이 제2사분면 위에만 있으려면 반지름의 길이가 4보다 작아야 하므로
$\sqrt{-k^2-2k+24}<4$
$-k^2-2k+24<16$
$k^2+2k-8>0$, $(k+4)(k-2)>0$
$\therefore k<-4$ 또는 $k>2$ $\quad\cdots\cdots$ ㉡
㉠, ㉡의 공통부분을 구하면
$-6<k<-4$ 또는 $2<k<4$
따라서 모든 정수 k의 값의 합은
$-5+3=-2$

22 주어진 원이 점 $(1, 8)$을 지나므로
$1+64-2-32a+b=0$
$\therefore b=32a-63$ $\quad\cdots\cdots$ ㉠
이를 $x^2+y^2-2x-4ay+b=0$에 대입하면
$x^2+y^2-2x-4ay+32a-63=0$
$\therefore (x-1)^2+(y-2a)^2=4a^2-32a+64$
이 원이 x축에 접하므로
$|2a|=\sqrt{4a^2-32a+64}$
$4a^2=4a^2-32a+64$
$32a=64$ $\quad\therefore a=2$
이를 ㉠에 대입하면 $b=1$
$\therefore a+b=2+1=3$

23 원의 중심이 제2사분면 위에 있고 원이 x축과 y축에 동시에 접하므로 원의 반지름의 길이를 r라 하면 중심의 좌표는 $(-r, r)$

유형편

이때 원의 중심이 곡선 $y=x^2-x-1$ 위에 있으므로
$r=(-r)^2-(-r)-1$
$r^2-1=0$, $r^2=1$
$\therefore r=1$ ($\because r>0$)
따라서 중심의 좌표가 $(-1, 1)$이고 반지름의 길이가 1인 원의 방정식은
$(x+1)^2+(y-1)^2=1$
$\therefore x^2+y^2+2x-2y+1=0$
따라서 $a=2$, $b=-2$, $c=1$이므로
$a+b+c=1$

다른 풀이
원의 중심의 좌표를 $(a, a^2-a-1)(a<0)$이라 하면 이 원이 x축과 y축에 동시에 접하므로
$-a=a^2-a-1$
$a^2-1=0$, $a^2=1$
$\therefore a=-1$ ($\because a<0$)
이 원의 반지름의 길이는
$|a|=|-1|=1$
따라서 중심의 좌표가 $(-1, 1)$이고 반지름의 길이가 1인 원의 방정식은
$(x+1)^2+(y-1)^2=1$
$\therefore x^2+y^2+2x-2y+1=0$
따라서 $a=2$, $b=-2$, $c=1$이므로
$a+b+c=1$

24 주어진 세 점을 A$(0, 0)$, B$(6, 0)$, C$(-4, 4)$라 하고 원의 중심을 P(p, q)라 하면
$\overline{AP}=\overline{BP}=\overline{CP}$
$\overline{AP}=\overline{BP}$에서 $\overline{AP}^2=\overline{BP}^2$이므로
$p^2+q^2=(p-6)^2+q^2$
$\therefore p=3$ ...... ㉠
$\overline{AP}=\overline{CP}$에서 $\overline{AP}^2=\overline{CP}^2$이므로
$p^2+q^2=(p+4)^2+(q-4)^2$
$\therefore p-q=-4$ ...... ㉡
㉠을 ㉡에 대입하여 풀면 $q=7$
$\therefore p+q=3+7=10$

다른 풀이
주어진 세 점을 지나는 원의 방정식을
$x^2+y^2+Ax+By+C=0$으로 놓으면 이 원이 점 $(0, 0)$을 지나므로 $C=0$
$\therefore x^2+y^2+Ax+By=0$ ...... ㉠
원 ㉠이 점 $(6, 0)$을 지나므로
$36+6A=0$ $\therefore A=-6$
원 ㉠이 점 $(-4, 4)$를 지나므로
$32-4A+4B=0$
$A=-6$을 대입하면
$32+24+4B=0$ $\therefore B=-14$
따라서 원의 방정식은
$x^2+y^2-6x-14y=0$
$\therefore (x-3)^2+(y-7)^2=58$
따라서 원의 중심의 좌표는 $(3, 7)$이므로
$p=3$, $q=7$
$\therefore p+q=10$

25 세 점 $(0, 0)$, $(4, -2)$, $(6, 2)$를 지나는 원의 방정식을 $x^2+y^2+Ax+By+C=0$으로 놓으면 이 원이 점 $(0, 0)$을 지나므로 $C=0$
$\therefore x^2+y^2+Ax+By=0$ ...... ㉠
원 ㉠이 점 $(4, -2)$를 지나므로
$20+4A-2B=0$
$\therefore 2A-B=-10$ ...... ㉡
원 ㉠이 점 $(6, 2)$를 지나므로
$40+6A+2B=0$
$\therefore 3A+B=-20$ ...... ㉢
㉡, ㉢을 연립하여 풀면
$A=-6$, $B=-2$
따라서 원의 방정식은
$x^2+y^2-6x-2y=0$
이 원이 점 $(2, k)$를 지나므로
$4+k^2-12-2k=0$
$k^2-2k-8=0$, $(k+2)(k-4)=0$
$\therefore k=4$ ($\because k>0$)

26 외접원의 중심을 P(a, b)라 하면
$\overline{AP}=\overline{BP}=\overline{CP}$
$\overline{AP}=\overline{BP}$에서 $\overline{AP}^2=\overline{BP}^2$이므로
$(a+3)^2+(b-3)^2=(a-4)^2+(b-10)^2$
$\therefore a+b=7$ ...... ㉠
$\overline{AP}=\overline{CP}$에서 $\overline{AP}^2=\overline{CP}^2$이므로
$(a+3)^2+(b-3)^2=(a-7)^2+(b-7)^2$
$\therefore 5a+2b=20$ ...... ㉡
㉠, ㉡을 연립하여 풀면
$a=2$, $b=5$
원의 중심은 P$(2, 5)$이므로 반지름의 길이는
$\overline{AP}=\sqrt{\{2-(-3)\}^2+(5-3)^2}=\sqrt{29}$
따라서 구하는 외접원의 넓이는
$\pi\times(\sqrt{29})^2=29\pi$

27 두 원의 교점을 지나는 원의 방정식은

$x^2+y^2-4+k(x^2+y^2-3x-6y-1)=0$ (단, $k\neq-1$) …… ㉠

이 원이 점 (0, 0)을 지나므로

$-4-k=0 \quad \therefore k=-4$

이를 ㉠에 대입하면

$x^2+y^2-4-4(x^2+y^2-3x-6y-1)=0$

$\therefore x^2+y^2-4x-8y=0$

따라서 $a=-4$, $b=-8$이므로

$a+b=-12$

28 두 원의 교점을 지나는 직선의 방정식은

$x^2+y^2+3x+6y+1-(x^2+y^2+x+7y-2)=0$

$\therefore 2x-y+3=0$

따라서 오른쪽 그림에서 구하는 도형의 넓이는

$\frac{1}{2}\times\frac{3}{2}\times3=\frac{9}{4}$

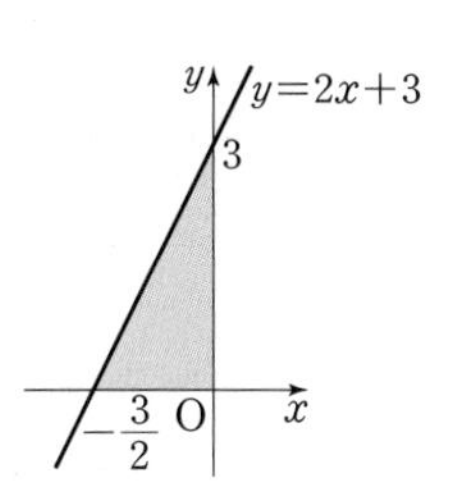

29 두 원의 교점을 지나는 직선의 방정식은

$x^2+y^2-x+6y+4-(x^2+y^2-2x+ay+1)=0$

$\therefore x+(6-a)y+3=0$

이 직선이 직선 $y=2x-1$, 즉 $2x-y-1=0$과 수직이므로

$1\times2+(6-a)\times(-1)=0$

$\therefore a=4$

30 두 원의 교점을 지나는 원의 방정식은

$x^2+y^2-6x+2ay+8+k(x^2+y^2-4x)=0$ (단, $k\neq-1$) …… ㉠

이 원이 점 (1, 0)을 지나므로

$3-3k=0 \quad \therefore k=1$

이를 ㉠에 대입하면

$x^2+y^2-6x+2ay+8+(x^2+y^2-4x)=0$

$x^2+y^2-5x+ay+4=0$

$\therefore \left(x-\frac{5}{2}\right)^2+\left(y+\frac{a}{2}\right)^2=\frac{a^2+9}{4}$

이 원의 넓이가 4π이므로

$\frac{a^2+9}{4}=4$, $a^2=7$

$\therefore a=\sqrt{7}$ ($\because a>0$)

31 두 원의 교점을 지나는 원의 방정식은

$x^2+y^2+2ax+3ay+17+k(x^2+y^2-4x-2y+4)=0$

(단, $k\neq-1$) …… ㉠

이 원이 두 점 (3, 0), (0, 1)을 지나므로

$26+6a+k=0$, $18+3a+3k=0$

$\therefore 6a+k=-26$, $a+k=-6$

두 식을 연립하여 풀면 $a=-4$, $k=-2$

이를 ㉠에 대입하여 정리하면

$x^2+y^2+8y-9=0$

따라서 $A=0$, $B=8$, $C=-9$이므로

$A-B-C=1$

32 오른쪽 그림과 같이 호 PQ는 반지름의 길이가 3인 원의 일부이다. 이 원의 중심이 점 (2, 3)이고 반지름의 길이가 3이므로 원의 방정식은

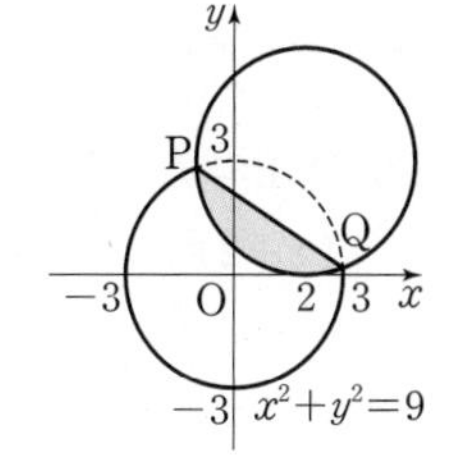

$(x-2)^2+(y-3)^2=9$

$\therefore x^2+y^2-4x-6y+4=0$

이때 직선 PQ는 두 원의 교점을 지나는 직선이므로

$x^2+y^2-9-(x^2+y^2-4x-6y+4)=0$

$\therefore y=-\frac{2}{3}x+\frac{13}{6}$

따라서 직선 PQ의 기울기는 $-\frac{2}{3}$이다.

33 $3\overline{BP}=2\overline{AP}$이므로 $9\overline{BP}^2=4\overline{AP}^2$

점 P의 좌표를 (x, y)라 하면

$9\{(x-1)^2+y^2\}=4\{(x+4)^2+y^2\}$

$x^2+y^2-10x-11=0$

$\therefore (x-5)^2+y^2=36$

34 $\frac{\overline{OP}}{\overline{AP}}=2$에서 $\overline{OP}=2\overline{AP}$이므로

$\overline{OP}^2=4\overline{AP}^2$

점 P의 좌표를 (x, y)라 하면

$x^2+y^2=4\{(x-3)^2+y^2\}$

$x^2+y^2-8x+12=0$

$\therefore (x-4)^2+y^2=4$

따라서 점 P가 나타내는 도형은 반지름의 길이가 2인 원이므로 구하는 길이는

$2\pi\times2=4\pi$

35 $\overline{AP}:\overline{BP}=1:2$에서 $2\overline{AP}=\overline{BP}$이므로

$4\overline{AP}^2=\overline{BP}^2$

점 P의 좌표를 (x, y)라 하면

$4\{(x-1)^2+(y+2)^2\}=(x-1)^2+(y-1)^2$

$x^2+y^2-2x+6y+6=0$

$\therefore (x-1)^2+(y+3)^2=4$

따라서 점 P는 중심이 점 $(1, -3)$이고 반지름의 길이가 2인 원 위를 움직이므로 오른쪽 그림과 같이 삼각형 ABP의 넓이는 $\overline{AB}$가 밑변이고 높이가 원의 반지름의 길이와 같을 때 최대이다.

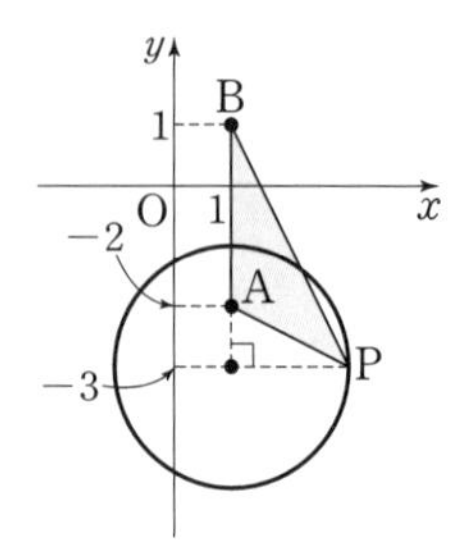

따라서 삼각형 ABP의 넓이의 최댓값은

$\frac{1}{2}\times3\times2=3$

36 점 P의 좌표를 (x, y)라 하면 $\overline{AP}^2+\overline{BP}^2=36$에서

$(x+2)^2+y^2+(x-4)^2+y^2=36$

$x^2+y^2-2x-8=0$

$\therefore (x-1)^2+y^2=9$

37 $x^2+y^2+6x-6y+9=0$을 변형하면

$(x+3)^2+(y-3)^2=9$

점 P의 좌표를 (a, b)라 하면 점 P는 이 원 위에 있으므로

$(a+3)^2+(b-3)^2=9$ $\cdots\cdots$ ㉠

점 Q의 좌표를 (x, y)라 하면 점 Q는 선분 OP를 $2:1$로 내분하는 점이므로

$x=\frac{2a}{2+1}, y=\frac{2b}{2+1}$ $\therefore a=\frac{3}{2}x, b=\frac{3}{2}y$

이를 ㉠에 대입하면

$\left(\frac{3}{2}x+3\right)^2+\left(\frac{3}{2}y-3\right)^2=9$

$\therefore (x+2)^2+(y-2)^2=4$

따라서 점 Q가 나타내는 도형은 반지름의 길이가 2인 원이므로 구하는 길이는

$2\pi\times2=4\pi$

38 점 P의 좌표를 (a, b)라 하면 점 P는 원 $x^2+y^2=9$ 위의 점이므로

$a^2+b^2=9$ $\cdots\cdots$ ㉠

점 G의 좌표를 (x, y)라 하면 점 G는 삼각형 ABP의 무게중심이므로

$x=\frac{1+8+a}{3}, y=\frac{-3+6+b}{3}$

$\therefore a=3x-9, b=3y-3$

이를 ㉠에 대입하면

$(3x-9)^2+(3y-3)^2=9$

$\therefore (x-3)^2+(y-1)^2=1$

따라서 점 G가 나타내는 도형은 반지름의 길이가 1인 원이므로 구하는 넓이는

$\pi\times1^2=\pi$

02 원과 직선의 위치 관계 26~30쪽

1 ②	**2** ②	**3** 2	**4** 6	**5** ①
6 $\frac{35}{12}$	**7** ③	**8** ④	**9** ①	**10** $\frac{10}{3}$
11 $\sqrt{23}$	**12** ②	**13** ⑤	**14** ②	**15** ①
16 ③	**17** 2	**18** ④	**19** 22	**20** 18
21 5	**22** 8	**23** ⑤	**24** ⑤	**25** -1
26 ⑤	**27** ②	**28** ①	**29** $\frac{20}{3}$	**30** ⑤
31 18	**32** ⑤			

1 $x^2+y^2+2x-2y+1=0$을 변형하면

$(x+1)^2+(y-1)^2=1$

이 원의 중심의 좌표는 $(-1, 1)$, 반지름의 길이는 1이므로 주어진 직선과 원의 중심 사이의 거리를 각각 구하여 반지름의 길이와 비교하자.

ㄱ. $\frac{|-1+1+1|}{\sqrt{1^2+1^2}}=\frac{1}{\sqrt{2}}<1$

원과 직선은 서로 다른 두 점에서 만난다.

ㄴ. $\frac{|-1+2+3|}{\sqrt{1^2+2^2}}=\frac{4}{\sqrt{5}}>1$

원과 직선은 만나지 않는다.

ㄷ. $\frac{|-4+3+6|}{\sqrt{4^2+3^2}}=1$

원과 직선은 한 점에서 만난다.

ㄹ. $\frac{|-3-1-6|}{\sqrt{3^2+(-1)^2}}=\sqrt{10}>1$

원과 직선은 만나지 않는다.

따라서 보기에서 원과 만나는 직선인 것은 ㄱ, ㄷ이다.

2 원의 중심 $(1, 0)$과 직선 $x+2y+5=0$ 사이의 거리가 반지름의 길이 r와 같으므로

$r=\frac{|1+5|}{\sqrt{1^2+2^2}}=\frac{6\sqrt{5}}{5}$

3 원의 중심 $(0, 0)$과 직선 $y=x+k$, 즉 $x-y+k=0$ 사이의 거리가 반지름의 길이 $\sqrt{2}$보다 커야 하므로

$\frac{|k|}{\sqrt{1^2+(-1)^2}}>\sqrt{2}$, $|k|>2$

$\therefore k<-2$ 또는 $k>2$ $\cdots\cdots$ ㉠

원의 중심 $(0, 0)$과 직선 $y=x+k$, 즉 $x-y+k=0$ 사이의 거리가 반지름의 길이 $2\sqrt{2}$보다 작아야 하므로

$\frac{|k|}{\sqrt{1^2+(-1)^2}}<2\sqrt{2}$, $|k|<4$ $\therefore -4<k<4$ $\cdots\cdots$ ㉡

㉠, ㉡의 공통부분을 구하면

$-4<k<-2$ 또는 $2<k<4$

따라서 정수 k는 -3, 3의 2개이다.

다른 풀이

$y=x+k$를 $x^2+y^2=2$에 대입하면

$x^2+(x+k)^2=2 \quad \therefore 2x^2+2kx+k^2-2=0$

이 이차방정식의 판별식을 D_1이라 하면

$\frac{D_1}{4}=k^2-2(k^2-2)<0$

$-k^2+4<0,\ k^2-4>0,\ (k+2)(k-2)>0$

$\therefore k<-2$ 또는 $k>2 \quad \cdots\cdots$ ㉠

$y=x+k$를 $x^2+y^2=8$에 대입하면

$x^2+(x+k)^2=8 \quad \therefore 2x^2+2kx+k^2-8=0$

이 이차방정식의 판별식을 D_2라 하면

$\frac{D_2}{4}=k^2-2(k^2-8)>0$

$-k^2+16>0,\ k^2-16<0,\ (k+4)(k-4)<0$

$\therefore -4<k<4 \quad \cdots\cdots$ ㉡

㉠, ㉡의 공통부분을 구하면

$-4<k<-2$ 또는 $2<k<4$

따라서 정수 k는 -3, 3의 2개이다.

4 원의 중심 $(0, 0)$과 직선 $2x-y=k$, 즉 $2x-y-k=0$ 사이의 거리가 반지름의 길이 $\sqrt{5}$와 같으므로

$\frac{|-k|}{\sqrt{2^2+(-1)^2}}=\sqrt{5},\ |k|=5 \quad \therefore k=5\ (\because k>0)$

$y=2x-5$를 $x^2+y^2=5$에 대입하면

$x^2+(2x-5)^2=5,\ x^2-4x+4=0$

$(x-2)^2=0 \quad \therefore x=2$

따라서 교점의 좌표는 $(2, -1)$이므로

$a=2,\ b=-1$

$\therefore k+a+b=5+2+(-1)=6$

5 원의 중심 $(2, k)$와 직선 $x+3y+9=0$ 사이의 거리가 반지름의 길이 $\sqrt{10}$보다 작아야 하므로

$\frac{|2+3k+9|}{\sqrt{1^2+3^2}}<\sqrt{10},\ |3k+11|<10$

$-10<3k+11<10 \quad \therefore -7<k<-\frac{1}{3}$

따라서 k의 값이 될 수 없는 것은 ①이다.

6 원의 반지름의 길이를 r라 하면 중심의 좌표는 (r, r)

원의 중심 (r, r)와 직선 $3x+4y-5=0$ 사이의 거리가 반지름의 길이 r와 같아야 하므로

$\frac{|3r+4r-5|}{\sqrt{3^2+4^2}}=r,\ |7r-5|=5r$

$7r-5=\pm 5r \quad \therefore r=\frac{5}{2}$ 또는 $r=\frac{5}{12}$

따라서 두 원의 반지름의 길이의 합은

$\frac{5}{2}+\frac{5}{12}=\frac{35}{12}$

7 원의 중심의 좌표를 $(a, 2a)$라 하면 원의 반지름의 길이는 점 $(a, 2a)$에서 두 직선 $x+2y-3=0$, $x+2y-7=0$ 각각에 이르는 거리와 같으므로

$|r|=\frac{|a+4a-3|}{\sqrt{1^2+2^2}}=\frac{|a+4a-7|}{\sqrt{1^2+2^2}} \quad \cdots\cdots$ ㉠

$|5a-3|=|5a-7|$에서

$5a-3=-(5a-7) \quad \therefore a=1$

이를 ㉠에 대입하면 $|r|=\frac{2}{\sqrt{5}}$

또 $b=2a$이므로 $b=2$

$\therefore a+b+r^2=1+2+\frac{4}{5}=\frac{19}{5}$

8 원의 중심을 $C(1, -1)$, 점 C에서 선분 AB에 내린 수선의 발을 H라 하면

$\overline{CH}=\frac{|4-3+9|}{\sqrt{4^2+3^2}}=2$

삼각형 CAH는 직각삼각형이고 $\overline{CA}=3$이므로

$\overline{AH}=\sqrt{\overline{CA}^2-\overline{CH}^2}=\sqrt{3^2-2^2}=\sqrt{5}$

$\therefore \overline{AB}=2\overline{AH}=2\times\sqrt{5}=2\sqrt{5}$

9 $x^2+y^2-2x-4y+k=0$을 변형하면

$(x-1)^2+(y-2)^2=5-k$

이 원의 중심을 $C(1, 2)$, 점 C에서 선분 AB에 내린 수선의 발을 H라 하면

$\overline{AH}=\frac{1}{2}\overline{AB}=\frac{1}{2}\times 4=2$

$\overline{CH}=\frac{|2-2+5|}{\sqrt{2^2+(-1)^2}}=\frac{5}{\sqrt{5}}=\sqrt{5}$

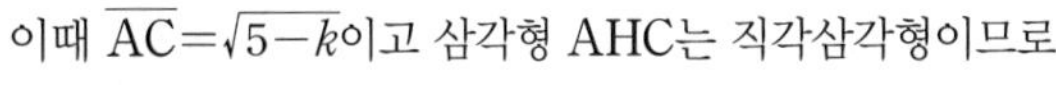
이때 $\overline{AC}=\sqrt{5-k}$이고 삼각형 AHC는 직각삼각형이므로

$\overline{AH}^2+\overline{CH}^2=\overline{AC}^2$

$2^2+(\sqrt{5})^2=(\sqrt{5-k})^2$

$9=5-k \quad \therefore k=-4$

10 원의 중심이 직선 $x+y=6$ 위에 있으므로 중심의 좌표를 $C(a, 6-a)(0<a<6)$라 하면

$\overline{CA}=6-a$

오른쪽 그림과 같이 원의 중심 C에서 y축에 내린 수선의 발을 H라 하면

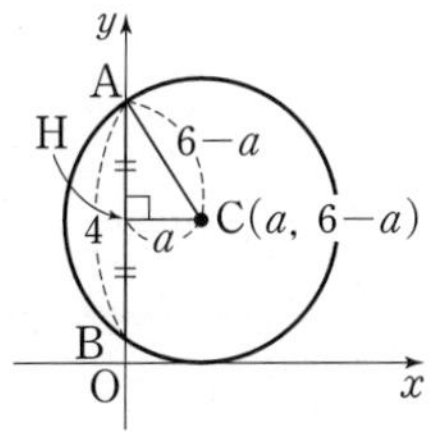

$\overline{AH}=\frac{1}{2}\overline{AB}=\frac{1}{2}\times 4=2$

삼각형 AHC는 직각삼각형이므로

$\overline{AH}^2+\overline{CH}^2=\overline{CA}^2$

$2^2+a^2=(6-a)^2$, $12a=32$ $\quad\therefore a=\frac{8}{3}$

따라서 원의 반지름의 길이는

$6-a=6-\frac{8}{3}=\frac{10}{3}$

11 원의 중심 O(0, 0)에 대하여

$\overline{OP}=3$

$\overline{OA}=\sqrt{(-4)^2+4^2}=4\sqrt{2}$

이때 삼각형 AOP는 직각삼각형이므로

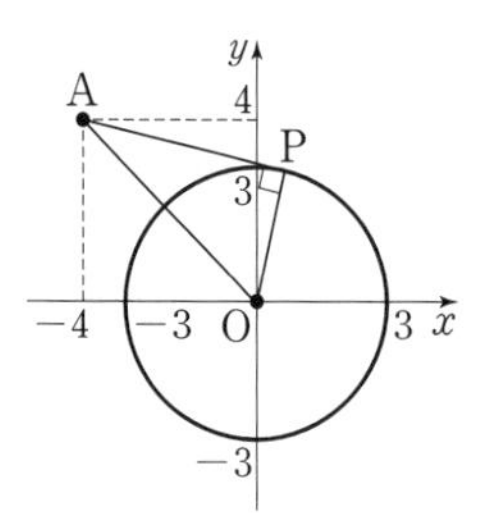

$\overline{AP}=\sqrt{\overline{OA}^2-\overline{OP}^2}$

$=\sqrt{(4\sqrt{2})^2-3^2}=\sqrt{23}$

12 원의 중심을 C(1, −2), 점 A에서 이 원에 그은 접선의 접점을 P라 하면

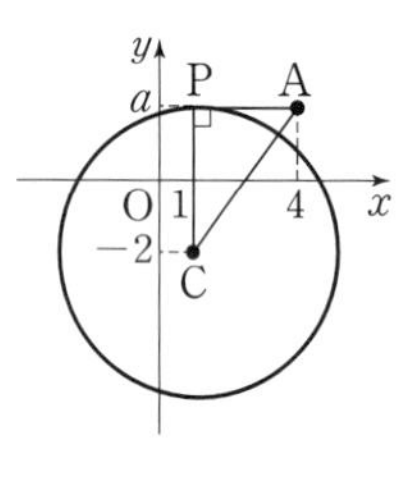

$\overline{CP}=4$, $\overline{AP}=3$

$\overline{CA}=\sqrt{(4-1)^2+\{a-(-2)\}^2}$

$=\sqrt{a^2+4a+13}$

이때 삼각형 APC는 직각삼각형이므로

$\overline{AP}^2+\overline{CP}^2=\overline{CA}^2$

$3^2+4^2=a^2+4a+13$, $a^2+4a-12=0$

$(a+6)(a-2)=0$ $\quad\therefore a=2$ ($\because a>0$)

13 $x^2+y^2-6x-8y+16=0$을 변형하면

$(x-3)^2+(y-4)^2=9$

이 원의 중심이 C(3, 4)이므로

$\overline{OC}=\sqrt{3^2+4^2}=5$

또 반지름의 길이가 3이므로

$\overline{AC}=3$

이때 삼각형 OAC는 직각삼각형이므로

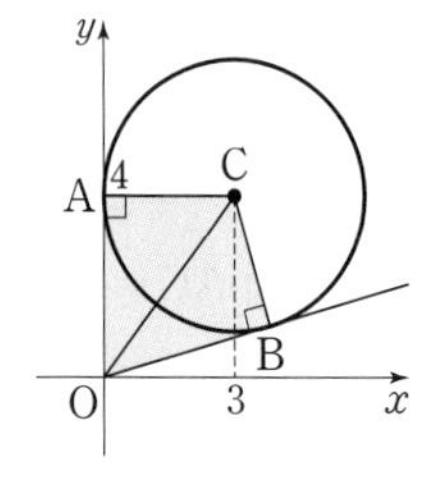

$\overline{OA}=\sqrt{\overline{OC}^2-\overline{AC}^2}=\sqrt{5^2-3^2}=4$

$\therefore \square OACB=2\triangle OAC=2\times\frac{1}{2}\times4\times3=12$

14 원의 중심 (−1, 3)과 직선 $3x+4y+1=0$ 사이의 거리를 d라 하면

$d=\frac{|-3+12+1|}{\sqrt{3^2+4^2}}=2$

원의 반지름의 길이를 r라 하면 $r=1$

$\therefore M=d+r=2+1=3$, $m=d-r=2-1=1$

$\therefore Mm=3$

15 $x^2+y^2+2x-6y+6=0$을 변형하면

$(x+1)^2+(y-3)^2=4$

이 원의 중심 (−1, 3)과 직선 $3x+4y+k=0$ 사이의 거리는

$\frac{|-3+12+k|}{\sqrt{3^2+4^2}}=\frac{|k+9|}{5}$

원의 반지름의 길이가 2이므로 원의 중심과 직선 사이의 거리는

$5-2=3$

즉, $\frac{|k+9|}{5}=3$이므로 $|k+9|=15$

$\therefore k=6$ ($\because k>0$)

16 원의 중심 (0, 0)과 점 (8, 6) 사이의 거리는

$\sqrt{8^2+6^2}=10$

이때 원의 반지름의 길이는 5이므로 점 P와 점 (8, 6) 사이의 거리를 d라 하면

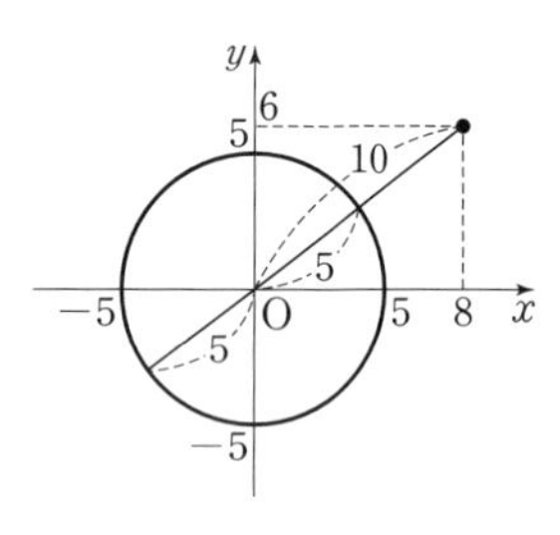

$10-5\le d\le 10+5$ $\quad\therefore 5\le d\le 15$

이때 d가 될 수 있는 정수는 5, 6, 7, ⋯, 15이다.

$d=5$ 또는 $d=15$인 점 P는 각각 한 개씩 존재하고

$d=6$, $d=7$, ⋯, $d=14$인 점 P는 각각 2개씩 존재하므로 점 P의 개수는

$2\times1+9\times2=20$

17 $x^2+y^2-4x-5=0$을 변형하면

$(x-2)^2+y^2=9$

$x^2+y^2+2x-6y+9=0$을 변형하면

$(x+1)^2+(y-3)^2=1$

두 원의 중심을 각각 A(2, 0), B(−1, 3)이라 하면 중심 사이의 거리는

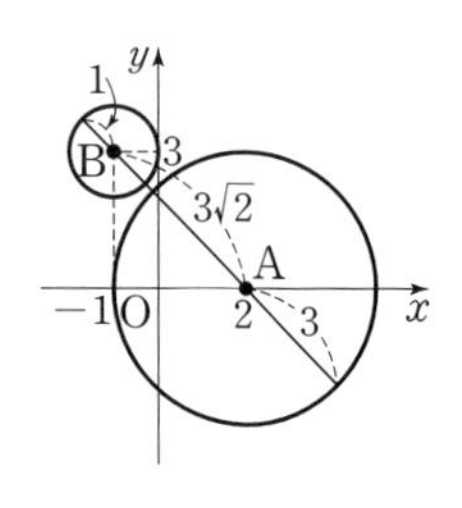

$\overline{AB}=\sqrt{(-1-2)^2+3^2}=3\sqrt{2}$

$\therefore M=3\sqrt{2}+3+1=3\sqrt{2}+4$,

$m=3\sqrt{2}-1-3=3\sqrt{2}-4$

$\therefore Mm=(3\sqrt{2}+4)(3\sqrt{2}-4)=18-16=2$

18 두 점 A(0, −2), B(4, 0)을 지나는 직선의 방정식은

$y+2=\frac{2}{4}x$ $\quad\therefore x-2y-4=0$

원의 중심 (−2, 2)와 직선 $x-2y-4=0$ 사이의 거리는

$\frac{|-2-4-4|}{\sqrt{1^2+(-2)^2}}=2\sqrt{5}$

삼각형 ABP의 넓이가 최소일 때의 삼각형의 높이를 h라 하면

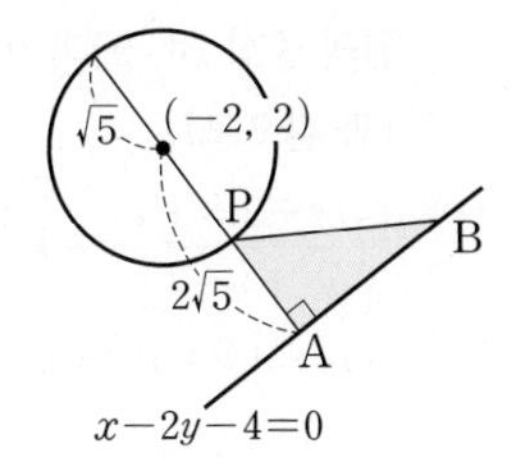

$h=2\sqrt{5}-\sqrt{5}=\sqrt{5}$

또 선분 AB의 길이는

$\overline{AB}=\sqrt{4^2+2^2}=2\sqrt{5}$

따라서 삼각형 ABP의 넓이의 최솟값은

$\frac{1}{2}\times\overline{AB}\times h=\frac{1}{2}\times2\sqrt{5}\times\sqrt{5}=5$

19 점 (3, 4)를 지나면서 원점과의 거리가 최대인 직선 l은 원점과 점 (3, 4)를 지나는 직선에 수직이어야 한다.

원점과 점 (3, 4)를 지나는 직선의 방정식은 $y=\frac{4}{3}x$이므로 직선 l의 기울기는 $-\frac{3}{4}$이다.

따라서 직선 l의 방정식은

$y-4=-\frac{3}{4}(x-3)\quad \therefore 3x+4y-25=0$

이때 원의 중심 (7, 5)와 직선 $3x+4y-25=0$ 사이의 거리는

$\frac{|21+20-25|}{\sqrt{3^2+4^2}}=\frac{16}{5}$

원의 반지름의 길이가 1이므로 원 위의 점 P와 직선 l 사이의 거리의 최솟값 m은

$m=\frac{16}{5}-1=\frac{11}{5}$

$\therefore 10m=10\times\frac{11}{5}=22$

20 직선 $y=x+2$의 기울기가 1이므로 이 직선에 평행한 직선의 기울기는 1이다.

따라서 기울기가 1이고 원 $x^2+y^2=9$에 접하는 직선의 방정식은

$y=x\pm3\sqrt{1^2+1}\quad \therefore y=x\pm3\sqrt{2}$

즉, $k=\pm3\sqrt{2}$이므로 $k^2=18$

21 직선 $x-2y-5=0$, 즉 $y=\frac{1}{2}x-\frac{5}{2}$의 기울기가 $\frac{1}{2}$이므로 이 직선에 수직인 직선의 기울기는 -2이다.

따라서 기울기가 -2이고 원 $x^2+y^2=5$에 접하는 직선의 방정식은

$y=-2x\pm\sqrt{5}\times\sqrt{(-2)^2+1}$

$\therefore y=-2x\pm5$

따라서 두 직선의 x절편은 $-\frac{5}{2}$, $\frac{5}{2}$이므로

$\overline{PQ}=\left|\frac{5}{2}-\left(-\frac{5}{2}\right)\right|=5$

22 기울기가 3인 직선의 방정식을 $y=3x+n$, 즉 $3x-y+n=0$이라 하면 이 직선과 원의 중심 $(-1, 1)$ 사이의 거리가 원의 반지름의 길이 $\sqrt{5}$와 같아야 하므로

$\frac{|-3-1+n|}{\sqrt{3^2+(-1)^2}}=\sqrt{5}$

$|n-4|=5\sqrt{2}\quad \therefore n=4\pm5\sqrt{2}$

따라서 두 직선의 y절편의 합은

$(4-5\sqrt{2})+(4+5\sqrt{2})=8$

23 기울기가 $\tan 60°=\sqrt{3}$이고 원 $x^2+y^2=12$에 접하는 직선의 방정식은

$y=\sqrt{3}x\pm\sqrt{12}\times\sqrt{(\sqrt{3})^2+1}\quad \therefore y=\sqrt{3}x\pm4\sqrt{3}$

이 직선이 x축, y축과 만나는 네 점의 좌표는

$(-4, 0)$, $(4, 0)$, $(0, -4\sqrt{3})$, $(0, 4\sqrt{3})$

따라서 구하는 사각형의 넓이는

$\frac{1}{2}\times8\times8\sqrt{3}=32\sqrt{3}$

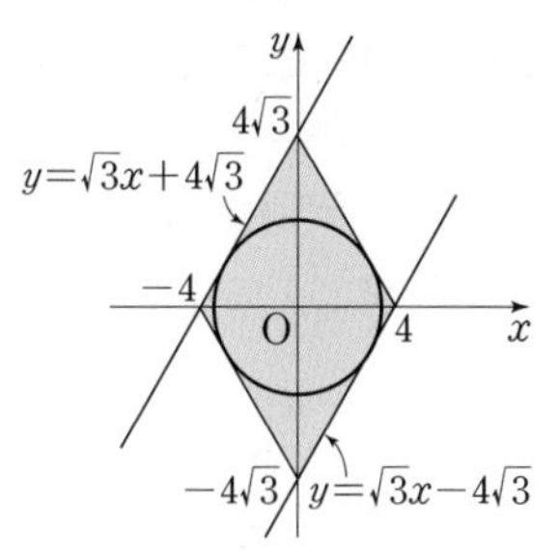

24 원 $x^2+y^2=5$ 위의 점 $(2, -1)$에서의 접선의 방정식은

$2x-y=5\quad \therefore y=2x-5$

따라서 $a=2$, $b=\frac{5}{2}$이므로 $ab=5$

25 원의 중심 (1, 2)와 점 $(-2, 6)$을 지나는 직선의 기울기는

$\frac{6-2}{-2-1}=-\frac{4}{3}$

접선은 원의 중심과 접점을 지나는 직선에 수직이므로 기울기가 $\frac{3}{4}$이고 점 $(-2, 6)$을 지나는 접선의 방정식은

$y-6=\frac{3}{4}(x+2)\quad \therefore 3x-4y+30=0$

따라서 $a=3$, $b=-4$이므로 $a+b=-1$

26 점 P의 좌표를 $(a, b)(a>0, b>0)$라 하면 원 $x^2+y^2=1$ 위의 점 P에서의 접선의 방정식은

$ax+by=1$

이 직선이 점 (0, 3)을 지나므로

$3b=1\quad \therefore b=\frac{1}{3}\quad \cdots\cdots$ ㉠

또 점 P(a, b)는 원 $x^2+y^2=1$ 위의 점이므로

$a^2+b^2=1$

㉠을 대입하면

$a^2+\left(\frac{1}{3}\right)^2=1$, $a^2=\frac{8}{9}\quad \therefore a=\frac{2\sqrt{2}}{3}\ (\because a>0)$

따라서 점 P의 x좌표는 $\frac{2\sqrt{2}}{3}$이다.

27 원 $x^2+y^2=20$ 위의 점 (a, b)에서의 접선의 방정식은

$ax+by=20$

이 접선이 직선 $2x+y-10=0$과 수직이므로

$2a+b=0 \qquad \therefore b=-2a \qquad \cdots\cdots$ ㉠

또 점 (a, b)는 원 $x^2+y^2=20$ 위의 점이므로

$a^2+b^2=20$

㉠을 대입하면

$a^2+(-2a)^2=20,\ a^2=4 \qquad \therefore a=\pm 2$

이를 ㉠에 대입하면

$a=-2$일 때 $b=4$, $a=2$일 때 $b=-4$

$\therefore ab=-8$

28 $x^2+y^2-2x-4y-5=0$을 변형하면

$(x-1)^2+(y-2)^2=10$

원의 중심 $(1, 2)$와 점 $(4, 3)$을 지나는 직선의 기울기는

$\dfrac{3-2}{4-1}=\dfrac{1}{3}$

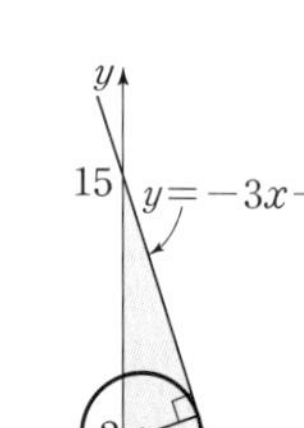

접선은 원의 중심과 접점을 지나는 직선과 수직이므로 기울기가 -3이고 점 $(4, 3)$을 지나는 접선의 방정식은

$y-3=-3(x-4)$

$\therefore y=-3x+15$

따라서 이 접선의 x절편은 5, y절편은 15이므로 구하는 삼각형의 넓이는

$\dfrac{1}{2}\times 5\times 15=\dfrac{75}{2}$

29 원 $x^2+y^2=25$ 위의 점 $\mathrm{P}(-3, 4)$에서의 접선의 방정식은

$-3x+4y=25 \qquad \therefore \mathrm{A}\left(-\dfrac{25}{3}, 0\right)$

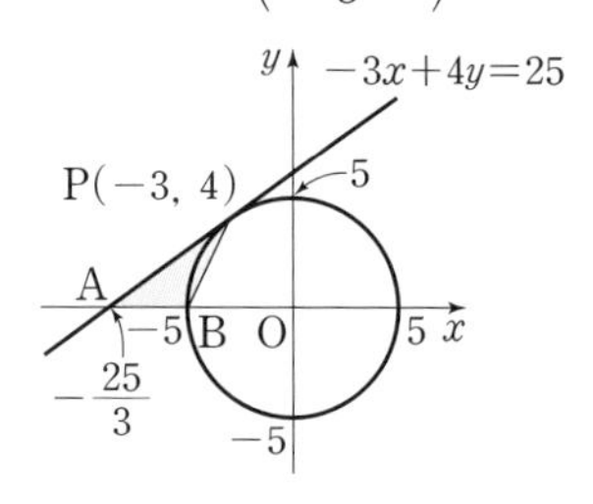

점 A에서 가장 가까운 원 위의 점은 $\mathrm{B}(-5, 0)$이므로

$\overline{\mathrm{AB}}=\left|-5-\left(-\dfrac{25}{3}\right)\right|=\dfrac{10}{3}$

따라서 삼각형 ABP의 넓이는

$\dfrac{1}{2}\times\dfrac{10}{3}\times 4=\dfrac{20}{3}$

30 점 $(2, 1)$을 지나고 주어진 원에 접하는 직선의 기울기를 m이라 하면 접선의 방정식은

$y-1=m(x-2) \qquad \therefore mx-y-2m+1=0$

원의 중심 $(4, 0)$과 이 직선 사이의 거리가 반지름의 길이 1과 같으므로

$\dfrac{|4m-2m+1|}{\sqrt{m^2+(-1)^2}}=1,\ |2m+1|=\sqrt{m^2+1}$

$(2m+1)^2=m^2+1,\ 3m^2+4m=0$

$m(3m+4)=0 \qquad \therefore m=0$ 또는 $m=-\dfrac{4}{3}$

따라서 접선의 방정식은

$y-1=0$ 또는 $4x+3y-11=0$

그런데 $a\neq 0$이므로 $a=4,\ b=3 \qquad \therefore a+b=7$

31 점 $(0, 3)$을 지나고 주어진 원에 접하는 직선의 기울기를 m이라 하면 접선의 방정식은

$y-3=mx \qquad \therefore mx-y+3=0$

원의 중심 $(0, 0)$과 이 직선 사이의 거리가 반지름의 길이 1과 같으므로

$\dfrac{|3|}{\sqrt{m^2+(-1)^2}}=1,\ 3=\sqrt{m^2+1}$

$9=m^2+1,\ m^2=8 \qquad \therefore m=\pm 2\sqrt{2}$

(i) $m=-2\sqrt{2}$일 때,

접선의 방정식은 $y=-2\sqrt{2}x+3$

$-2\sqrt{2}x+3=0$에서 $x=\dfrac{3\sqrt{2}}{4} \qquad \therefore k=\dfrac{3\sqrt{2}}{4}$

(ii) $m=2\sqrt{2}$일 때,

접선의 방정식은 $y=2\sqrt{2}x+3$

$2\sqrt{2}x+3=0$에서 $x=-\dfrac{3\sqrt{2}}{4} \qquad \therefore k=-\dfrac{3\sqrt{2}}{4}$

(i), (ii)에서 $16k^2=16\times\dfrac{9}{8}=18$

32 접점의 좌표를 (x_1, y_1)이라 하면 접선의 방정식은

$x_1x+y_1y=4$

이 직선이 점 $\mathrm{A}(4, -2)$를 지나므로

$4x_1-2y_1=4 \qquad \therefore y_1=2x_1-2 \qquad \cdots\cdots$ ㉠

또 점 (x_1, y_1)은 원 $x^2+y^2=4$ 위의 점이므로

$x_1^2+y_1^2=4 \qquad \cdots\cdots$ ㉡

㉠, ㉡을 연립하여 풀면

$x_1=0,\ y_1=-2$ 또는 $x_1=\dfrac{8}{5},\ y_1=\dfrac{6}{5}$

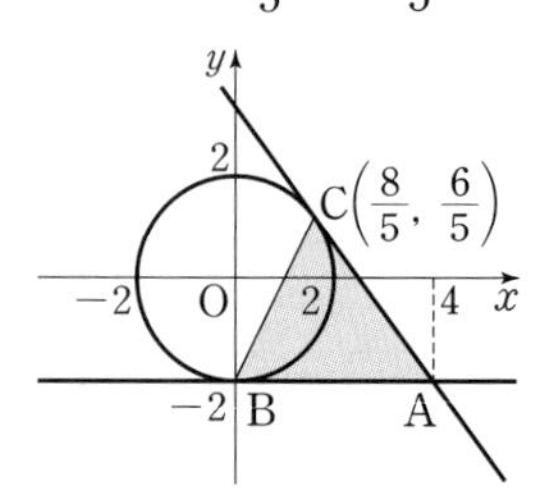

따라서 $\mathrm{B}(0, -2)$, $\mathrm{C}\left(\dfrac{8}{5}, \dfrac{6}{5}\right)$이라 하면

$\triangle\mathrm{ABC}=\dfrac{1}{2}\times 4\times\left(\dfrac{6}{5}+2\right)=\dfrac{32}{5}$

I-4. 도형의 이동

01 평행이동 32~34쪽

1 (5, −1)		**2** ⑤	**3** ③	**4** 1
5 3	**6** ④	**7** 2	**8** 4	**9** ④
10 6	**11** ⑤	**12** ③	**13** ⑤	**14** ③
15 ⑤	**16** ⑤	**17** ②	**18** ③	**19** ②
20 45				

1 점 P의 좌표를 (a, b)라 하면 x축의 방향으로 -2만큼, y축의 방향으로 3만큼 평행이동한 점의 좌표는
$(a-2, b+3)$이므로
$a-2=3, b+3=2$
$\therefore a=5, b=-1$
따라서 점 P의 좌표는 $(5, -1)$이다.

2 점 $P(a, a^2)$을 x축의 방향으로 $-\frac{1}{2}$만큼, y축의 방향으로 2만큼 평행이동한 점의 좌표는 $\left(a-\frac{1}{2}, a^2+2\right)$
이 점이 직선 $y=4x$ 위에 있으므로
$a^2+2=4\left(a-\frac{1}{2}\right)$, $a^2-4a+4=0$
$(a-2)^2=0 \qquad \therefore a=2$

3 주어진 평행이동은 $(x, y) \longrightarrow (x+2, y-2)$
이 평행이동에 의하여 점 (a, b)는 점 $(a+2, b-2)$로 옮겨지므로
$a+2=1-b, b-2=2a$
두 식을 연립하여 풀면
$a=-1, b=0$
$\therefore ab=0$

4 점 $A(2, 1)$을 x축의 방향으로 2만큼, y축의 방향으로 a만큼 평행이동한 점을 A′이라 하면 $A'(4, 1+a)$
$\overline{OA'}=2\overline{OA}$에서 $\overline{OA'}^2=4\overline{OA}^2$이므로
$4^2+(1+a)^2=4(2^2+1^2)$
$a^2+2a-3=0, (a+3)(a-1)=0$
$\therefore a=1 \ (\because a>0)$

5 직선 $y=3x-2$를 x축의 방향으로 a만큼, y축의 방향으로 4만큼 평행이동한 직선의 방정식은
$y-4=3(x-a)-2 \qquad \therefore y=3x-3a+2$
이 직선이 점 $(2, -1)$을 지나므로
$-1=6-3a+2, 3a=9$
$\therefore a=3$

6 직선 $ax-y+4=0$을 x축의 방향으로 m만큼, y축의 방향으로 -2만큼 평행이동한 직선의 방정식은
$a(x-m)-(y+2)+4=0$
$\therefore ax-y-am+2=0$
이 직선이 직선 $3x-y-1=0$과 일치하므로
$a=3, -am+2=-1$
$\therefore a=3, m=1$
$\therefore a+m=4$

7 직선 $2x-y-5=0$을 x축의 방향으로 a만큼, y축의 방향으로 b만큼 평행이동한 직선의 방정식은
$2(x-a)-(y-b)-5=0$
$\therefore 2x-y-2a+b-5=0$
이 직선이 원래의 직선과 일치하므로
$-2a+b-5=-5 \qquad \therefore b=2a$
$\therefore \frac{b}{a}=2$

8 직선 $y=ax+b$를 x축의 방향으로 2만큼, y축의 방향으로 -1만큼 평행이동한 직선의 방정식은
$y+1=a(x-2)+b$
$\therefore y=ax-2a+b-1$
이 직선의 기울기가 $\frac{1}{2}$이고 y절편이 1이므로
$a=\frac{1}{2}, -2a+b-1=1$
$\therefore a=\frac{1}{2}, b=3$
$\therefore 2a+b=2\times\frac{1}{2}+3=4$

9 원 $(x-2)^2+(y+3)^2=4$를 x축의 방향으로 a만큼, y축의 방향으로 b만큼 평행이동한 원의 방정식은
$(x-a-2)^2+(y-b+3)^2=4$
이 원이 원 $x^2+y^2-4y=0$, 즉 $x^2+(y-2)^2=4$와 일치하므로
$-a-2=0, -b+3=-2$
$\therefore a=-2, b=5$
$\therefore a+b=3$

다른 풀이

$x^2+y^2-4y=0$을 변형하면
$x^2+(y-2)^2=4$
따라서 원의 중심 $(2, -3)$을 평행이동한 점의 좌표가 $(0, 2)$이므로
$2+a=0, -3+b=2$
$\therefore a=-2, b=5$
$\therefore a+b=3$

유형편

10 $x^2+y^2+2x-4y+a=0$을 변형하면

$(x+1)^2+(y-2)^2=5-a$ ······ ㉠

주어진 평행이동은 $(x, y) \longrightarrow (x+3, y-4)$

이 평행이동에 의하여 원 ㉠이 평행이동한 원의 방정식은

$(x-3+1)^2+(y+4-2)^2=5-a$

$\therefore (x-2)^2+(y+2)^2=5-a$

따라서 중심의 좌표가 $(2, -2)$, 반지름의 길이가 $\sqrt{5-a}$ 이므로

$b=2, \sqrt{5-a}=3 \quad \therefore a=-4, b=2$

$\therefore b-a=6$

11 $x^2+y^2+bx+6y+c=0$을 변형하면

$\left(x+\frac{b}{2}\right)^2+(y+3)^2=\frac{b^2}{4}+9-c$ ······ ㉠

주어진 평행이동은 $(x, y) \longrightarrow (x+4, y+a-5)$

이 평행이동에 의하여 원 $x^2+y^2=9$의 중심 $(0, 0)$은 원 ㉠의 중심 $\left(-\frac{b}{2}, -3\right)$으로 옮겨지므로

$4=-\frac{b}{2}, a-5=-3 \quad \therefore a=2, b=-8$

또 원은 평행이동해도 반지름의 길이가 변하지 않으므로

$\frac{b^2}{4}+9-c=9, 16+9-c=9 \ (\because b=-8)$

$\therefore c=16$

$\therefore a+b+c=2+(-8)+16=10$

12 $x^2+y^2-2x-6y+6=0$을 변형하면

$(x-1)^2+(y-3)^2=4$

$x^2+y^2+4x-2y+1=0$을 변형하면

$(x+2)^2+(y-1)^2=4$

원의 중심 $(1, 3)$을 원의 중심 $(-2, 1)$로 옮기는 평행이동은 $(x, y) \longrightarrow (x-3, y-2)$

이 평행이동에 의하여 직선 $3x+2y+5=0$이 평행이동한 직선의 방정식은

$3(x+3)+2(y+2)+5=0$

$\therefore 3x+2y+18=0$

이 직선이 직선 $ax+2y+b=0$과 일치하므로

$a=3, b=18 \quad \therefore \frac{b}{a}=6$

13 원 C의 방정식은

$(x-3+1)^2+(y-a+2)^2=9$

$\therefore (x-2)^2+(y-a+2)^2=9$

이 원의 넓이가 직선 $3x+4y-7=0$에 의하여 이등분되려면 직선이 원의 중심 $(2, a-2)$를 지나야 하므로

$3\times2+4(a-2)-7=0$

$4a-9=0 \quad \therefore a=\frac{9}{4}$

14 원 $(x-2)^2+(y+1)^2=4$를 x축의 방향으로 a만큼 평행이동한 원의 방정식은

$(x-a-2)^2+(y+1)^2=4$

이 원이 직선 $3x+4y-1=0$과 접하려면 원의 중심 $(a+2, -1)$과 직선 $3x+4y-1=0$ 사이의 거리가 반지름의 길이 2와 같아야 하므로

$\frac{|3(a+2)-4-1|}{\sqrt{3^2+4^2}}=2$

$|3a+1|=10 \quad \therefore a=3 \ (\because a>0)$

15 포물선 $y=x^2+2x+a$를 x축의 방향으로 -2만큼, y축의 방향으로 -3만큼 평행이동한 포물선의 방정식은

$y+3=(x+2)^2+2(x+2)+a$

$\therefore y=x^2+6x+a+5$

이 포물선이 포물선 $y=x^2+bx+7$과 일치하므로

$6=b, a+5=7$

$\therefore a=2, b=6$

$\therefore ab=12$

16 포물선 $y=3x^2-4$를 x축의 방향으로 -3만큼, y축의 방향으로 k만큼 평행이동한 포물선의 방정식은

$y-k=3(x+3)^2-4$

$\therefore y=3(x+3)^2+k-4$

이 포물선이 점 $(-2, 8)$을 지나므로

$8=3+k-4$

$\therefore k=9$

17 포물선 $y=x^2+6x+13$을 x축의 방향으로 2만큼, y축의 방향으로 -1만큼 평행이동한 포물선의 방정식은

$y+1=(x-2)^2+6(x-2)+13$

$\therefore y=x^2+2x+4=(x+1)^2+3$

따라서 꼭짓점의 좌표가 $(-1, 3)$이므로

$a=-1, b=3$

$\therefore a+b=2$

다른 풀이

$y=x^2+6x+13=(x+3)^2+4$

이 포물선의 꼭짓점 $(-3, 4)$를 평행이동한 점의 좌표가 (a, b)이므로

$a=-3+2=-1, b=4-1=3$

$\therefore a+b=2$

18 $y=2x^2+4x+1=2(x+1)^2-1$

이 포물선을 평행이동한 포물선의 방정식은

$y+a=2(x-a+1)^2-1$

$\therefore y=2(x-a+1)^2-a-1$

이 포물선의 꼭짓점 $(a-1,\ -a-1)$이 직선 $y=x+1$ 위에 있으므로

$-a-1=a-1+1$

$\therefore\ a=-\frac{1}{2}$

19 포물선 $y=x^2$을 x축의 방향으로 -1만큼, y축의 방향으로 3만큼 평행이동한 포물선의 방정식은

$y-3=(x+1)^2$

$\therefore\ y=x^2+2x+4$

$x^2+2x+4=6x+1$에서

$x^2-4x+3=0,\ (x-1)(x-3)=0$

$\therefore\ x=1$ 또는 $x=3$

따라서 두 점 A, B의 좌표는 $(1,\ 7),\ (3,\ 19)$이므로

$\overline{AB}=\sqrt{(3-1)^2+(19-7)^2}=2\sqrt{37}$

20 $y=x^2-2x=(x-1)^2-1$

$y=x^2-12x+30=(x-6)^2-6$

따라서 꼭짓점 $(1,\ -1)$을 꼭짓점 $(6,\ -6)$으로 옮기는 평행이동은 $(x,\ y) \longrightarrow (x+5,\ y-5)$이므로 직선 l'의 방정식은

$(x-5)-2(y+5)=0$

$\therefore\ x-2y-15=0$

두 직선 $l,\ l'$ 사이의 거리는 직선 l' 위의 점 $(5,\ -5)$와 직선 l 사이의 거리와 같으므로

$d=\frac{|5-2\times(-5)|}{\sqrt{1^2+(-2)^2}}=3\sqrt{5}$

$\therefore\ d^2=45$

02 대칭이동 35~40쪽

1 ①	**2** ①	**3** $2\sqrt{10}$	**4** ②	
5 제4사분면		**6** ②	**7** ④	
8 $y=2x+9$		**9** 4	**10** 56	**11** ⑤
12 ④	**13** $2\sqrt{5}+2$		**14** -3	**15** ⑤
16 ③	**17** ④	**18** 11	**19** ①	**20** -4
21 ②	**22** $\frac{3}{2}$	**23** $\left(\frac{5}{2},\ \frac{5}{2}\right)$		**24** $\sqrt{65}$
25 ④	**26** 12	**27** ⑤	**28** 12	**29** ③
30 ④	**31** 2	**32** -3	**33** -4	**34** ①
35 ⑤	**36** 4	**37** ③	**38** $\sqrt{17}$	

1 점 $(-3,\ 1)$을 y축에 대하여 대칭이동한 점의 좌표는 $(3,\ 1)$

이 점을 원점에 대하여 대칭이동한 점의 좌표는 $(-3,\ -1)$

2 점 $(1,\ a)$를 직선 $y=x$에 대하여 대칭이동한 점은 $A(a,\ 1)$이므로 점 A를 x축에 대하여 대칭이동한 점의 좌표는 $(a,\ -1)$

따라서 $a=2,\ b=-1$이므로

$a+b=1$

3 $P(2,\ 4),\ Q(-4,\ 2)$이므로

$\overline{PQ}=\sqrt{(-4-2)^2+(2-4)^2}=2\sqrt{10}$

4 점 $(4,\ k)$를 원점에 대하여 대칭이동한 점의 좌표는 $(-4,\ -k)$

이 점이 직선 $y=-3x+k$ 위에 있으므로

$-k=12+k,\ 2k=-12$

$\therefore\ k=-6$

5 점 $(a,\ b)$를 x축에 대하여 대칭이동한 점의 좌표는 $(a,\ -b)$

이 점이 제2사분면 위에 있으므로

$a<0,\ -b>0 \qquad \therefore\ a<0,\ b<0$

점 $(a+b,\ ab)$를 원점에 대하여 대칭이동한 점의 좌표는 $(-a-b,\ -ab)$

이때 $a<0,\ b<0$이므로

$-a-b>0,\ -ab<0$

따라서 점 $(-a-b,\ -ab)$는 제4사분면 위에 있다.

6 점 $A(a,\ b)$가 직선 $y=x+2$ 위에 있으므로

$b=a+2$

$\therefore\ A(a,\ a+2)$

점 $A(a,\ a+2)$를 y축에 대하여 대칭이동한 점은 $B(-a,\ a+2)$

점 $A(a,\ a+2)$를 직선 $y=x$에 대하여 대칭이동한 점은 $C(a+2,\ a)$

$\therefore\ \triangle ABC=\frac{1}{2}\times 2a\times 2$

$=2a$

따라서 $2a=4$이므로

$a=2$

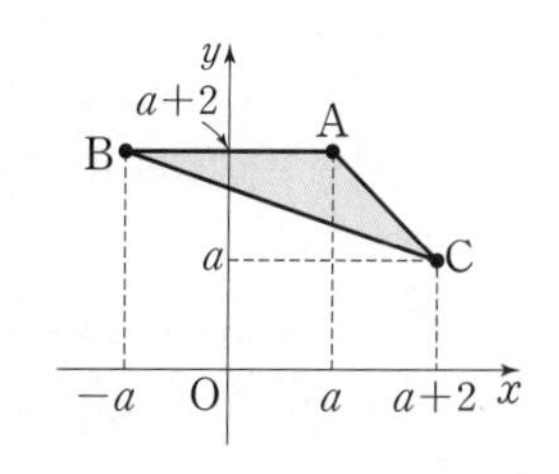

7 직선 $y=mx+3$을 x축에 대하여 대칭이동한 직선의 방정식은
$-y=mx+3$
$\therefore y=-mx-3$
이 직선을 원점에 대하여 대칭이동한 직선의 방정식은
$-y=mx-3$
$\therefore y=-mx+3$
이 직선이 점 $(2, 1)$을 지나므로
$1=-2m+3 \qquad \therefore m=1$

8 직선 $y=\frac{1}{2}x-5$를 y축에 대하여 대칭이동한 직선의 방정식은
$y=-\frac{1}{2}x-5$
이 직선에 수직인 직선의 기울기는 2이므로 기울기가 2이고 점 $(-4, 1)$을 지나는 직선의 방정식은
$y-1=2(x+4)$
$\therefore y=2x+9$

9 포물선 $y=x^2+ax+8$을 x축에 대하여 대칭이동한 포물선의 방정식은
$-y=x^2+ax+8$
$\therefore y=-x^2-ax-8=-\left(x+\frac{a}{2}\right)^2+\frac{a^2}{4}-8$
이 포물선의 꼭짓점 $\left(-\frac{a}{2}, \frac{a^2}{4}-8\right)$이 직선 $2x-y=0$ 위에 있으므로
$2\times\left(-\frac{a}{2}\right)-\left(\frac{a^2}{4}-8\right)=0$
$a^2+4a-32=0,\ (a+8)(a-4)=0$
$\therefore a=4\ (\because a>0)$

10 C_1: $x^2+y^2-10x+12y+45=0$이므로
C_2: $x^2+y^2-10x-12y+45=0$
$\therefore (x-5)^2+(y-6)^2=16$
따라서 $a=5$, $b=6$이므로
$10a+b=10\times5+6=56$

11 포물선 $y=-x^2+x-2$를 원점에 대하여 대칭이동한 포물선의 방정식은
$-y=-(-x)^2-x-2$
$\therefore y=x^2+x+2$
이차방정식 $x^2+x+2=kx-2$, 즉 $x^2+(1-k)x+4=0$의 판별식을 D라 하면
$D=(1-k)^2-16=0$
$k^2-2k-15=0,\ (k+3)(k-5)=0$
$\therefore k=5\ (\because k>0)$

12 원 $x^2+y^2-6x+8y=0$을 직선 $y=x$에 대하여 대칭이동한 원의 방정식은
$x^2+y^2+8x-6y=0$
$y=0$을 대입하면 $x^2+8x=0$
$x(x+8)=0 \qquad \therefore x=-8$ 또는 $x=0$
따라서 두 점 A, B의 좌표는 $(-8, 0)$, $(0, 0)$이므로
$\overline{AB}=|-8|=8$

13 C_1: $(x+3)^2+(y-1)^2=1$이므로 중심의 좌표는 $(-3, 1)$
원 C_1을 y축에 대하여 대칭이동한 원의 방정식은
$(x-3)^2+(y-1)^2=1$
이 원을 직선 $y=x$에 대하여 대칭이동한 원의 방정식은
C_2: $(x-1)^2+(y-3)^2=1$
원 C_2의 중심의 좌표는 $(1, 3)$
다음 그림과 같이 두 원 C_1, C_2의 중심을 지나는 직선 위에 두 점 P, Q가 있을 때 선분 PQ의 길이가 최대이다.

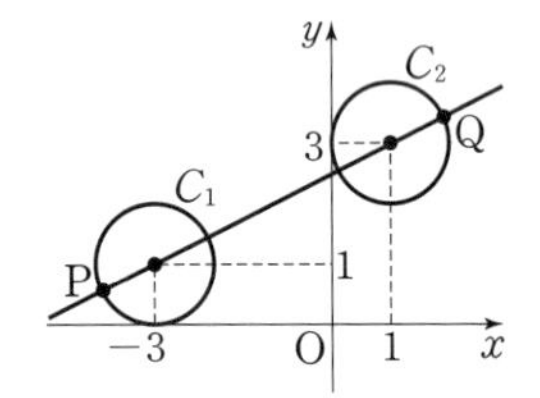

두 원의 중심 사이의 거리는
$\sqrt{\{1-(-3)\}^2+(3-1)^2}=2\sqrt{5}$
따라서 선분 PQ의 길이의 최댓값은
$2\sqrt{5}+1+1=2\sqrt{5}+2$

14 점 $(a, -2)$를 원점에 대하여 대칭이동한 점의 좌표는 $(-a, 2)$
이 점을 x축의 방향으로 4만큼, y축의 방향으로 -3만큼 평행이동한 점의 좌표는
$(-a+4, -1)$
이 점이 점 $(1, b)$와 일치하므로
$-a+4=1,\ -1=b$
$\therefore a=3,\ b=-1 \qquad \therefore ab=-3$

15 원 $(x+2)^2+(y+5)^2=9$의 중심의 좌표는 $(-2, -5)$
이 점을 x축의 방향으로 a만큼, y축의 방향으로 b만큼 평행이동한 점의 좌표는
$(-2+a, -5+b)$
이 점을 y축에 대하여 대칭이동한 점의 좌표는
$(2-a, -5+b)$
이 점의 좌표가 $(-3, 2)$이므로
$2-a=-3,\ -5+b=2$
$\therefore a=5,\ b=7 \qquad \therefore a+b=12$

16 포물선 $y=x^2-x+a$를 y축에 대하여 대칭이동한 포물선의 방정식은

$y=(-x)^2-(-x)+a=x^2+x+a$

이 포물선을 x축의 방향으로 -1만큼, y축의 방향으로 2만큼 평행이동한 포물선의 방정식은

$y-2=(x+1)^2+x+1+a$

$\therefore\ y=x^2+3x+a+4$

이 포물선이 포물선 $y=x^2+3x+10$과 일치하므로

$a+4=10 \qquad \therefore\ a=6$

17 B$(4,\ -3)$, C$(6,\ k-3)$

세 점 A, B, C가 한 직선 위에 있으면 직선 AB와 직선 BC의 기울기가 같으므로

$\dfrac{-3-4}{4-(-3)}=\dfrac{k-3-(-3)}{6-4}$

$-1=\dfrac{k}{2} \qquad \therefore\ k=-2$

18 포물선 $y=x^2-6x+5$를 x축에 대하여 대칭이동한 포물선의 방정식은

$y=-x^2+6x-5$

이 포물선을 y축의 방향으로 m만큼 평행이동한 포물선의 방정식은

$y-m=-x^2+6x-5$

$\therefore\ y=-x^2+6x-5+m$

$f(x)=-x^2+6x-5+m=-(x-3)^2+m+4$는 $x=3$일 때 최댓값 $m+4$를 가지므로

$m+4=15 \qquad \therefore\ m=11$

19 직선 $y=-\dfrac{1}{2}x-3$을 x축의 방향으로 a만큼 평행이동한 직선의 방정식은

$y=-\dfrac{1}{2}(x-a)-3$

이 직선을 직선 $y=x$에 대하여 대칭이동한 직선의 방정식은

$x=-\dfrac{1}{2}(y-a)-3$

$\therefore\ l$: $2x+y-a+6=0$

직선 l이 원 $(x+1)^2+(y-3)^2=5$와 접하려면 원의 중심 $(-1,\ 3)$과 직선 l 사이의 거리가 반지름의 길이 $\sqrt{5}$와 같아야 하므로

$\dfrac{|-2+3-a+6|}{\sqrt{2^2+1^2}}=\sqrt{5}$

$|7-a|=5,\ 7-a=\pm5$

$\therefore\ a=2$ 또는 $a=12$

따라서 모든 상수 a의 값의 합은 $2+12=14$

20 원 $(x-a)^2+(y-b)^2=36$을 x축에 대하여 대칭이동한 원의 방정식은

$(x-a)^2+(-y-b)^2=36$

$\therefore\ (x-a)^2+(y+b)^2=36$

이 원을 x축의 방향으로 4만큼 평행이동한 원의 방정식은

$(x-4-a)^2+(y+b)^2=36$

이 원이 x축과 y축에 동시에 접하므로

$|a+4|=|-b|=6$

$\therefore\ a=2,\ b=6\ (\because\ a>0,\ b>0)$

$\therefore\ a-b=-4$

21 점 B$(6,\ 1)$을 x축에 대하여 대칭이동한 점을 B$'$이라 하면

B$'(6,\ -1)$

이때 $\overline{\mathrm{BP}}=\overline{\mathrm{B'P}}$이므로

$\overline{\mathrm{AP}}+\overline{\mathrm{BP}}=\overline{\mathrm{AP}}+\overline{\mathrm{B'P}}$

$\geq\overline{\mathrm{AB'}}$

$=\sqrt{(6-2)^2+(-1-3)^2}$

$=4\sqrt{2}$

따라서 $\overline{\mathrm{AP}}+\overline{\mathrm{BP}}$의 최솟값은 $4\sqrt{2}$이다.

22 점 B$(-3,\ 0)$을 y축에 대하여 대칭이동한 점을 B$'$이라 하면 B$'(3,\ 0)$

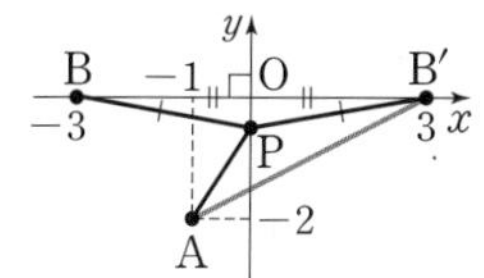

이때 $\overline{\mathrm{BP}}=\overline{\mathrm{B'P}}$이므로

$\overline{\mathrm{AP}}+\overline{\mathrm{BP}}=\overline{\mathrm{AP}}+\overline{\mathrm{B'P}}\geq\overline{\mathrm{AB'}}$

$\overline{\mathrm{AP}}+\overline{\mathrm{BP}}$의 값이 최소일 때의 점 P는 직선 AB$'$과 y축의 교점이다.

직선 AB$'$의 방정식은

$y=\dfrac{0-(-2)}{3-(-1)}(x-3) \qquad \therefore\ y=\dfrac{1}{2}x-\dfrac{3}{2}$

$\therefore\ \mathrm{P}\left(0,\ -\dfrac{3}{2}\right)$

따라서 $a=0,\ b=-\dfrac{3}{2}$이므로

$a-b=\dfrac{3}{2}$

23 점 A$(6,\ 2)$를 직선 $y=x$에 대하여 대칭이동한 점을 A$'$이라 하면 A$'(2,\ 6)$

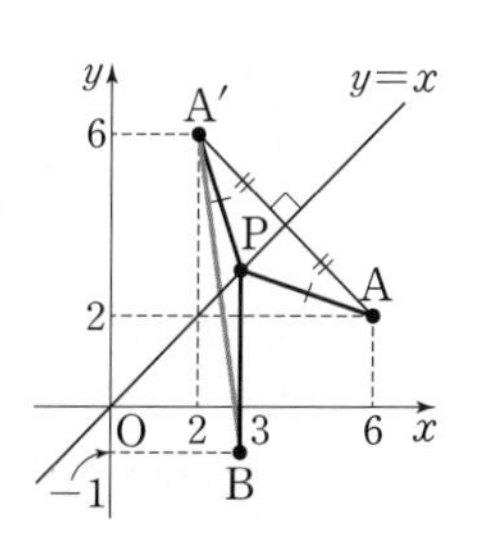

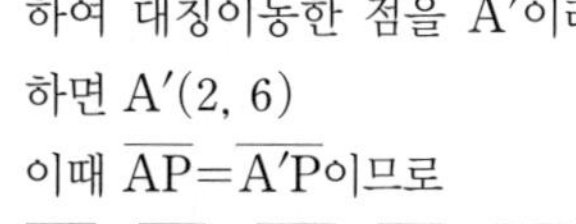

이때 $\overline{\mathrm{AP}}=\overline{\mathrm{A'P}}$이므로

$\overline{\mathrm{AP}}+\overline{\mathrm{BP}}=\overline{\mathrm{A'P}}+\overline{\mathrm{BP}}\geq\overline{\mathrm{A'B}}$

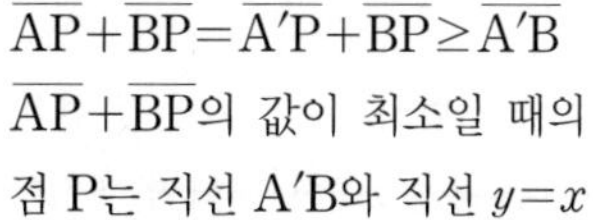

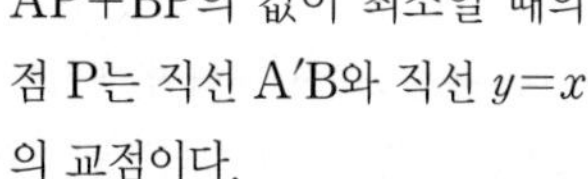

$\overline{\mathrm{AP}}+\overline{\mathrm{BP}}$의 값이 최소일 때의 점 P는 직선 A$'$B와 직선 $y=x$의 교점이다.

유형편

직선 A′B의 방정식은

$y-6=\frac{-1-6}{3-2}(x-2)$

$\therefore y=-7x+20$

$x=-7x+20$에서 $x=\frac{5}{2}$

따라서 점 P의 좌표는 $\left(\frac{5}{2}, \frac{5}{2}\right)$이다.

24 점 A(2, 3)을 y축에 대하여 대칭이동한 점을 A′이라 하면

A′(−2, 3)

점 B(5, 1)을 x축에 대하여 대칭이동한 점을 B′이라 하면

B′(5, −1)

$\therefore \overline{AP}+\overline{PQ}+\overline{QB}=\overline{A'P}+\overline{PQ}+\overline{QB'}$

$\geq \overline{A'B'}$

$=\sqrt{\{5-(-2)\}^2+(-1-3)^2}$

$=\sqrt{65}$

따라서 $\overline{AP}+\overline{PQ}+\overline{QB}$의 최솟값은 $\sqrt{65}$이다.

25 점 A(2, 3)을 직선 $y=x$에 대하여 대칭이동한 점을 A′이라 하면

A′(3, 2)

점 B(−3, 1)을 x축에 대하여 대칭이동한 점을 B′이라 하면

B′(−3, −1)

$\therefore \overline{AD}+\overline{CD}+\overline{BC}=\overline{A'D}+\overline{CD}+\overline{B'C}$

$\geq \overline{A'B'}$

$=\sqrt{(-3-3)^2+(-1-2)^2}$

$=3\sqrt{5}$

따라서 $\overline{AD}+\overline{CD}+\overline{BC}$의 최솟값은 $3\sqrt{5}$이다.

26 점 B(2, 1)을 x축에 대하여 대칭이동한 점을 B′이라 하면

B′(2, −1)

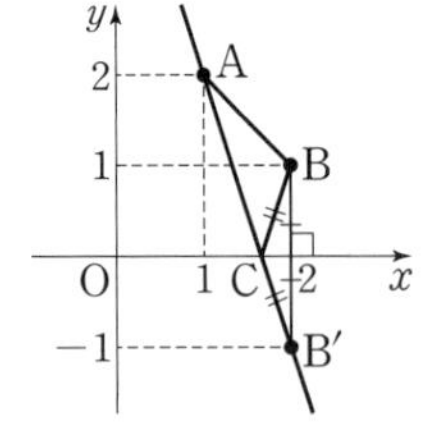

따라서 삼각형 ABC의 둘레의 길이의 최솟값은

$\overline{AB}+\overline{BC}+\overline{CA}$

$=\overline{AB}+\overline{B'C}+\overline{CA}$

$\geq \overline{AB}+\overline{AB'}$

$=\sqrt{(2-1)^2+(1-2)^2}+\sqrt{(2-1)^2+(-1-2)^2}$

$=\sqrt{2}+\sqrt{10}$

$\therefore a+b=12$

27 방정식 $f(x+1, -y)=0$이 나타내는 도형은 방정식 $f(x, y)=0$이 나타내는 도형을 x축에 대하여 대칭이동한 후 x축의 방향으로 −1만큼 평행이동한 것이므로 ⑤이다.

28 방정식 $f(x, -y)=0$, $f(-x, y)=0$, $f(-x, -y)=0$이 나타내는 도형은 방정식 $f(x, y)=0$이 나타내는 도형을 각각 x축, y축, 원점에 대하여 대칭이동한 것이므로 다음 그림과 같다.

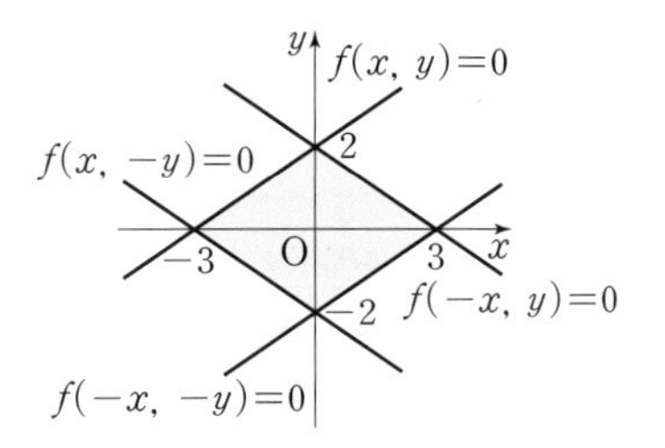

따라서 구하는 넓이는 $\frac{1}{2}\times 6\times 4=12$

29 [그림 2]의 도형은 [그림 1]의 도형을 x축에 대하여 대칭이동한 후 x축의 방향으로 −1만큼, y축의 방향으로 2만큼 평행이동한 것으로 볼 수 있으므로

$f(x, y)=0 \longrightarrow f(x, -y)=0$

$\longrightarrow f(x+1, -(y-2))=0$

$\therefore f(x+1, -y+2)=0$

또 [그림 1]의 도형을 원점에 대하여 대칭이동한 후 x축의 방향으로 −1만큼, y축의 방향으로 2만큼 평행이동한 것으로도 볼 수 있으므로

$f(x, y)=0 \longrightarrow f(-x, -y)=0$

$\longrightarrow f(-(x+1), -(y-2))=0$

$\therefore f(-x-1, -y+2)=0$

따라서 보기에서 [그림 2]의 도형을 나타내는 방정식은 ㄱ, ㄷ이다.

30 방정식 $g(x, y)=0$이 나타내는 도형은 방정식 $f(x, y)=0$이 나타내는 도형을 y축에 대하여 대칭이동한 후 y축의 방향으로 −1만큼 평행이동한 것으로 볼 수 있으므로

$f(x, y)=0 \longrightarrow f(-x, y)=0$

$\longrightarrow f(-x, y+1)=0$

$\therefore g(x, y)=f(-x, y+1)$

31 점 (1, 1)은 두 점 $(a, 3)$, $(4, b)$를 이은 선분의 중점이므로

$\frac{a+4}{2}=1$, $\frac{3+b}{2}=1$

$\therefore a=-2$, $b=-1$ $\quad \therefore ab=2$

32 점 (−1, −1)은 두 원의 중심 (1, −2), (a, b)를 이은 선분의 중점이므로

$\frac{1+a}{2}=-1$, $\frac{-2+b}{2}=-1$

$\therefore a=-3$, $b=0$ $\quad \therefore a+b=-3$

33 포물선 $y=-x^2+6x-2=-(x-3)^2+7$의 꼭짓점의 좌표는 $(3, 7)$

포물선 $y=x^2-2ax+4=(x-a)^2+4-a^2$의 꼭짓점의 좌표는 $(a, 4-a^2)$

점 $(2, b)$가 두 포물선의 꼭짓점을 이은 선분의 중점이므로

$2=\frac{3+a}{2}$, $b=\frac{7+4-a^2}{2}$

$\therefore a=1, b=5$

$\therefore a-b=-4$

34 직선 $y=2x-3$ 위의 점 (x, y)를 점 $(-2, 1)$에 대하여 대칭이동한 점의 좌표를 (x', y')이라 하면 두 점 (x, y), (x', y')을 이은 선분의 중점이 점 $(-2, 1)$이므로

$\frac{x+x'}{2}=-2$, $\frac{y+y'}{2}=1$

$\therefore x=-4-x'$, $y=2-y'$

이를 $y=2x-3$에 대입하면

$2-y'=2(-4-x')-3$

$\therefore y'=2x'+13$

따라서 대칭이동한 직선의 방정식은 $y=2x+13$이므로

$a=2$, $b=13$

$\therefore a-b=-11$

35 두 점 $(7, -3)$, (a, b)를 이은 선분의 중점 $\left(\frac{7+a}{2}, \frac{-3+b}{2}\right)$가 직선 $x-2y-3=0$ 위의 점이므로

$\frac{7+a}{2}-2\times\frac{-3+b}{2}-3=0$

$\therefore a-2b=-7$ ...... ㉠

또 두 점 $(7, -3)$, (a, b)를 지나는 직선과 직선 $x-2y-3=0$, 즉 $y=\frac{1}{2}x-\frac{3}{2}$은 서로 수직이므로

$\frac{b+3}{a-7}\times\frac{1}{2}=-1$

$\therefore 2a+b=11$ ...... ㉡

㉠, ㉡을 연립하여 풀면 $a=3$, $b=5$

$\therefore ab=15$

36 두 원의 중심 $(2, -1)$, $(-4, 3)$을 이은 선분의 중점 $\left(\frac{2-4}{2}, \frac{-1+3}{2}\right)$, 즉 $(-1, 1)$이 직선 $y=ax+b$ 위의 점이므로

$1=-a+b$ ...... ㉠

또 두 점 $(2, -1)$, $(-4, 3)$을 지나는 직선과 직선 $y=ax+b$는 서로 수직이므로

$\frac{3+1}{-4-2}\times a=-1$ $\quad\therefore a=\frac{3}{2}$

이를 ㉠에 대입하여 풀면 $b=\frac{5}{2}$

$\therefore a+b=\frac{3}{2}+\frac{5}{2}=4$

37 직선 $y=2x+1$ 위의 점 $P(x, y)$를 직선 $y=-x+3$에 대하여 대칭이동한 점을 $P'(x', y')$이라 하면 선분 PP'의 중점 $\left(\frac{x+x'}{2}, \frac{y+y'}{2}\right)$이 직선 $y=-x+3$ 위의 점이므로

$\frac{y+y'}{2}=-\frac{x+x'}{2}+3$

$\therefore x+y=-x'-y'+6$ ...... ㉠

또 직선 PP'과 직선 $y=-x+3$은 서로 수직이므로

$\frac{y'-y}{x'-x}\times(-1)=-1$

$\therefore x-y=x'-y'$ ...... ㉡

㉠, ㉡을 연립하여 x, y에 대하여 풀면

$x=-y'+3$, $y=-x'+3$

점 $P(x, y)$는 직선 $y=2x+1$ 위의 점이므로

$-x'+3=2(-y'+3)+1$

$\therefore x'-2y'+4=0$

따라서 대칭이동한 직선의 방정식이 $x-2y+4=0$이므로

$m=-2$, $n=4$

$\therefore m+n=2$

38 점 $A(1, 0)$을 직선 $x-y+1=0$에 대하여 대칭이동한 점을 $A'(a, b)$라 하면 선분 AA'의 중점 $\left(\frac{1+a}{2}, \frac{b}{2}\right)$가 직선 $x-y+1=0$ 위의 점이므로

$\frac{1+a}{2}-\frac{b}{2}+1=0$

$\therefore a-b=-3$ ...... ㉠

또 직선 AA'과 직선 $x-y+1=0$, 즉 $y=x+1$은 서로 수직이므로

$\frac{b}{a-1}\times1=-1$

$\therefore a+b=1$ ...... ㉡

㉠, ㉡을 연립하여 풀면

$a=-1$, $b=2$

즉, 점 A'의 좌표는 $(-1, 2)$이므로

$\overline{AP}+\overline{PB}=\overline{A'P}+\overline{PB}$

$\geq\overline{A'B}$

$=\sqrt{\{3-(-1)\}^2+(1-2)^2}$

$=\sqrt{17}$

따라서 $\overline{AP}+\overline{PB}$의 최솟값은 $\sqrt{17}$이다.

Ⅱ-1. 집합

01 집합의 뜻과 집합 사이의 포함 관계 42~45쪽

1 ④ 2 ② 3 ⑤ 4 ⑤ 5 ③
6 ④ 7 {0, 1, 2, 3, 4} 8 ①
9 {(1, 1), (1, 2), (2, 1), (2, 3), (3, 2)} 10 13
11 ③ 12 ③ 13 ① 14 ④ 15 ①
16 1 17 4 18 1 19 4 20 ③
21 8 22 ④ 23 16 24 8 25 ③
26 ①

1 ①, ②, ③, ⑤ '아름다운', '잘하는', '많이', '좋은'은 기준이 명확하지 않아 대상을 분명하게 정할 수 없다.
따라서 집합인 것은 ④이다.

2 ㄴ, ㄹ, ㅁ. '잘하는', '잘 치는', '인기가 많은'은 기준이 명확하지 않아 대상을 분명하게 정할 수 없다.
따라서 보기에서 집합인 것은 ㄱ, ㄷ이다.

3 ④ 5에 가장 가까운 자연수는 4, 6이므로 집합이다.
⑤ '가까운'은 기준이 명확하지 않아 대상을 분명하게 정할 수 없다.
따라서 집합이 아닌 것은 ⑤이다.

4 $A=\{1, 2, 4, 8\}$에 대하여 원소 1, 2, 4, 8은 8의 양의 약수이므로 조건제시법으로 나타내면 ⑤이다.

5 ③ $\{10, 9, 8, \cdots, 0, -1, -2, \cdots\}$
따라서 나머지 넷과 다른 하나는 ③이다.

6 ④ $\{\cdots, -3, -1, 1, 3, \cdots\}$

7 집합 A의 원소 a와 집합 B의 원소 b에 대하여 $a+b$의 값은 오른쪽 표와 같으므로 구하는 집합은 $\{0, 1, 2, 3, 4\}$

a \ b	-1	0	1
1	0	1	2
2	1	2	3
3	2	3	4

8 $B=\{1, 2, 4\}$
집합 A의 원소 x와 집합 B의 원소 y에 대하여 xy의 값은 오른쪽 표와 같으므로
$-4, -2, -1, 2, 4, 8, a, 2a, 4a$

x \ y	1	2	4
-1	-1	-2	-4
2	2	4	8
a	a	$2a$	$4a$

이때 $C=\{-4, -2, -1, 1, 2, 4, 8\}$이므로
$a=1$

9 집합 A의 원소 a, b에 대하여 $a+b$의 값은 오른쪽 표와 같다.
이때 $a+b$의 값 중에서 소수는 2, 3, 5이므로

a \ b	1	2	3
1	2	3	4
2	3	4	5
3	4	5	6

$B=\{(1, 1), (1, 2), (2, 1), (2, 3), (3, 2)\}$

10 $A=\{3, 5, 7, 9, 11, 13, 15\}$이므로 $n(A)=7$
$B=\{13, 26, 39, 52, 65, 78\}$이므로 $n(B)=6$
$\therefore n(A)+n(B)=7+6=13$

11 ③ $n(\{20\})-n(\{17\})=1-1=0$
④ $A=\{1, 7, 49\}$이므로 $n(A)=3$
⑤ $B=\{2\}$이므로 $n(B)=1$
따라서 옳지 않은 것은 ③이다.

12 ㄱ. $n(\{0\})=1$
ㄴ. $n(\{1\})=1$, $n(\{\varnothing\})=1$이므로 $n(\{1\})=n(\{\varnothing\})$
ㄷ. $n(\{0, 1, 2\})-n(\{1, 2\})=3-2=1$
ㄹ. $x^2-8x-9=0$에서 $(x+1)(x-9)=0$
$\therefore x=-1$ 또는 $x=9$
$\therefore n(\{x|x^2-8x-9=0\})=n(\{-1, 9\})=2$
ㅁ. $n(\{3, 4, 5\})=3$, $n(\{-3, -2, -1\})=3$이므로
$n(\{3, 4, 5\})=n(\{-3, -2, -1\})$
따라서 보기에서 옳은 것은 ㄴ, ㄹ이다.

13 ① $\varnothing \notin A$, $\varnothing \subset A$

14 ④ $\{\varnothing\} \notin A$, $\{\varnothing\} \subset A$

15 ㄱ. $\varnothing \subset A$이므로 $\varnothing \in X(A)$
ㄴ. $\varnothing$은 모든 집합의 부분집합이므로 $\varnothing \subset X(A)$
ㄷ. $\{\varnothing\} \not\subset A$이므로 $\{\varnothing\} \notin X(A)$
ㄹ. $\{\{\varnothing\}\} \subset A$이므로 $\{\{\varnothing\}\} \in X(A)$
$\{\varnothing\} \notin X(A)$이므로 $\{\{\varnothing\}\} \not\subset X(A)$
따라서 보기에서 옳은 것은 ㄱ, ㄴ이다.

16 $A=B$이려면 $a+2b=4$, $3b-2=7$
$3b-2=7$에서 $3b=9$ $\quad \therefore b=3$
이를 $a+2b=4$에 대입하면
$a+6=4$ $\quad \therefore a=-2$
$\therefore a+b=-2+3=1$

17 $A \subset B$, $B \subset A$에서 $A=B$
$4 \in A$이므로 $A=B$이려면 $4 \in B$에서
$2a-4=4$ 또는 $3a+4=4$
$\therefore a=0$ 또는 $a=4$

(ⅰ) $a=0$일 때,

$A=\{0, 4\}$, $B=\{-4, 4, 8\}$ $\quad\therefore A\neq B$

(ⅱ) $a=4$일 때,

$A=\{4, 8, 16\}$, $B=\{4, 8, 16\}$ $\quad\therefore A=B$

(ⅰ), (ⅱ)에서 $a=4$

18 $-2\in A$이므로 $A\subset B$이려면 $-2\in B$에서

$a-3=-2$ 또는 $a=-2$ 또는 $a+1=-2$

$\therefore a=-3$ 또는 $a=-2$ 또는 $a=1$

(ⅰ) $a=-3$일 때,

$A=\{-2, 1, 8\}$, $B=\{-6, -3, -2, 0\}$

$\therefore A\not\subset B$

(ⅱ) $a=-2$일 때,

$A=\{-2, 1, 3\}$, $B=\{-5, -2, -1, 0\}$

$\therefore A\not\subset B$

(ⅲ) $a=1$일 때,

$A=\{-2, 0, 1\}$, $B=\{-2, 0, 1, 2\}$ $\quad\therefore A\subset B$

(ⅰ), (ⅱ), (ⅲ)에서 $B=\{-2, 0, 1, 2\}$

따라서 집합 B의 모든 원소의 합은

$-2+0+1+2=1$

19 $|x-1|\le k$에서 $-k\le x-1\le k$

$\therefore 1-k\le x\le 1+k$

$x^2-4x-5\le 0$에서 $(x+1)(x-5)\le 0$

$\therefore -1\le x\le 5$

$B\subset A$이도록 두 집합 A, B를 수직선 위에 나타내면 오른쪽 그림과 같으므로

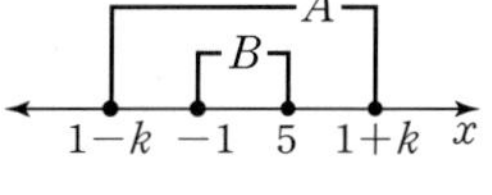

$1-k\le -1$, $1+k\ge 5$ $\quad\therefore k\ge 4$

따라서 양수 k의 최솟값은 4이다.

20 $A=\{1, 2, 4, 5, 10, 20\}$이므로 진부분집합의 개수는

$2^6-1=63$

21 집합 A에서 1, 4, 6을 제외한 집합의 부분집합의 개수와 같으므로

$2^{6-3}=2^3=8$

22 집합 A의 부분집합의 개수에서 홀수 1, 3, 5를 원소로 갖지 않는 부분집합의 개수를 뺀 것과 같으므로

$2^5-2^{5-3}=2^5-2^2=32-4=28$

23 원소가 2개 이상인 부분집합 중에서

(ⅰ) 가장 작은 원소가 1인 부분집합

1을 반드시 원소로 갖는 부분집합 중에서 $\{1\}$을 제외해야 하므로 그 개수는

$2^{4-1}-1=7$

(ⅱ) 가장 작은 원소가 2인 부분집합

1은 원소로 갖지 않고 2는 반드시 원소로 갖는 부분집합 중에서 $\{2\}$를 제외해야 하므로 그 개수는

$2^{4-2}-1=3$

(ⅲ) 가장 작은 원소가 3인 부분집합

$\{3, 4\}$의 1개

(ⅰ), (ⅱ), (ⅲ)에서 각 집합의 가장 작은 원소를 모두 더한 값은

$1\times 7+2\times 3+3\times 1=16$

24 $A=\{1, 2, 4\}$, $B=\{1, 2, 3, 4, 6, 12\}$

따라서 집합 X의 개수는 집합 B의 부분집합 중에서 1, 2, 4를 반드시 원소로 갖는 부분집합의 개수와 같으므로

$2^{6-3}=2^3=8$

25 $A=\{1, 3\}$, $B=\{1, 3, 5, 7, 9, 11\}$이므로 집합 X는 1, 3을 반드시 원소로 갖는 집합 B의 부분집합 중에서 집합 A와 집합 B를 제외한 것과 같다.

따라서 구하는 집합 X의 개수는

$2^{6-2}-2=2^4-2=14$

26 $B\subset X\subset A$에서

$\{3, 6, 9, 12, 15, 18\}\subset X\subset\{1, 2, 3, \cdots, n\}$

따라서 집합 X의 개수는 집합 A의 부분집합 중에서 3, 6, 9, 12, 15, 18을 반드시 원소로 갖는 부분집합의 개수와 같으므로

$2^{n-6}=2^{12}$

즉, $n-6=12$이므로 $n=18$

02 집합의 연산 46~52쪽

1 17	**2** ③	**3** 8	**4** $\{4, 5, 7, 11, 13\}$	
5 ④	**6** ⑤	**7** ②	**8** ②	**9** ④
10 3	**11** 2	**12** 2	**13** 8	**14** ⑤
15 ㄱ, ㄷ, ㄹ		**16** ③	**17** $\frac{2}{3}$	**18** 16
19 16	**20** ②	**21** 2	**22** ⑤	**23** 36
24 ③	**25** ⑤	**26** ⑤	**27** $\{5, 6, 9\}$	
28 ③	**29** ②	**30** −18	**31** ㄱ, ㄴ, ㄹ	
32 ②	**33** ②	**34** ④	**35** ②	**36** ④
37 12	**38** 15	**39** 25	**40** 50	**41** 6
42 16	**43** 29	**44** 30	**45** ②	**46** ④
47 ③				

1 $A^C=\{4, 5\}$이므로 $A^C\cup B=\{2, 4, 5, 6\}$

따라서 집합 $A^C\cup B$의 모든 원소의 합은

$2+4+5+6=17$

2 $A=\{2, 5, 8\}$, $B=\{2, 4, 6, 8\}$

ㄱ. $A\cap B=\{2, 8\}=\{x|x=6k-4, k$는 자연수$\}$

ㄴ. $A-B=\{5\}=\{x|x=5k, k$는 자연수$\}$

ㄷ. $A^C=\{1, 3, 4, 6, 7, 9\}$, $B^C=\{1, 3, 5, 7, 9\}$이므로

$A^C\cap B^C=\{1, 3, 7, 9\}$

따라서 보기에서 옳은 것은 ㄱ, ㄴ이다.

3 구하는 집합의 개수는 집합 $\{1, 2, 3, 4, 5\}$의 부분집합 중에서 1, 2를 원소로 갖지 않는 부분집합의 개수와 같으므로

$2^{5-2}=2^3=8$

4 주어진 조건을 벤 다이어그램으로 나타내면 오른쪽 그림과 같으므로

$A=\{4, 5, 7, 11, 13\}$

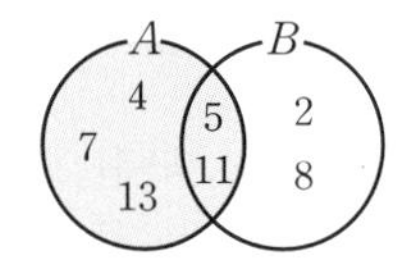

5 주어진 조건을 벤 다이어그램으로 나타내면 오른쪽 그림과 같으므로

$B=\{3, 4, 5, 7, 10\}$

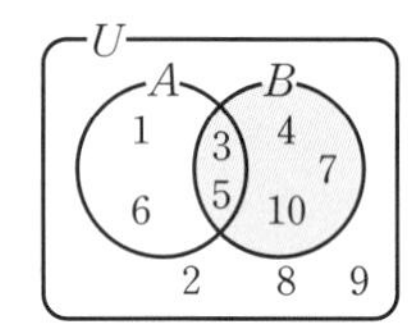

6 집합 $B-A$를 벤 다이어그램으로 나타내면 오른쪽 그림과 같으므로 집합 B의 모든 원소의 합이 12이려면 $A\cap B=\{1\}$이다.

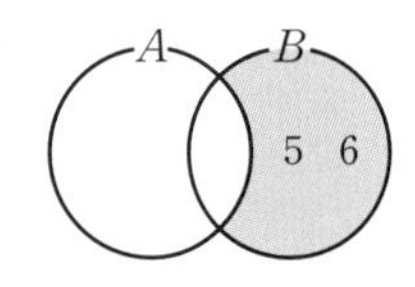

따라서 주어진 조건을 만족시키도록 벤 다이어그램을 나타내면 오른쪽 그림과 같으므로 집합 $A-B$의 모든 원소의 합은

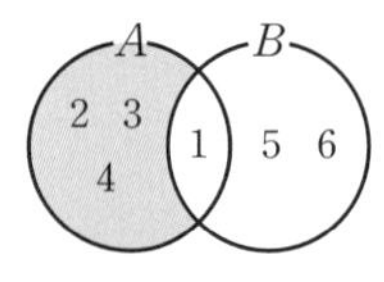

$2+3+4=9$

7 ①, ③

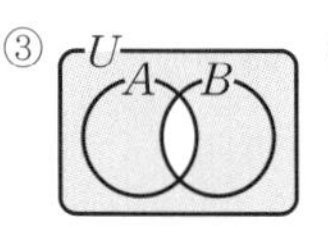

④

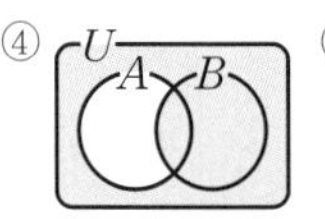

⑤

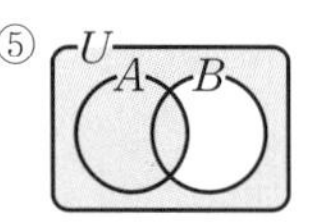

따라서 색칠한 부분을 나타내는 집합은 ②이다.

8 ㄴ, ㄹ.

따라서 보기에서 색칠한 부분을 나타내는 집합인 것은 ㄱ, ㄷ이다.

9 ① ② ③ ⑤

따라서 색칠한 부분을 나타내는 집합은 ④이다.

10 $A\cap B=\{2, 3\}$에서

$3\in A$이므로 $2a-3=3$ $\therefore a=3$

$2\in B$이므로 $b+1=2$ $\therefore b=1$

$\therefore ab=3\times 1=3$

11 $x^2-5x+6=0$에서 $(x-2)(x-3)=0$

$\therefore x=2$ 또는 $x=3$ $\therefore A=\{2, 3\}$

$x^2-ax-a-1=0$에서 $(x+1)\{x-(a+1)\}=0$

$\therefore x=-1$ 또는 $x=a+1$ $\therefore B=\{-1, a+1\}$

이때 $A-B=\{2\}$에서 $3\in B$이므로

$a+1=3$ $\therefore a=2$

12 $A\cup B=\{1, 2, 4, 5, 7\}$에서 $1\in A$ 또는 $1\in B$이므로

$a^2+1=1$ 또는 $a-1=1$ 또는 $a+2=1$

$\therefore a=-1$ 또는 $a=0$ 또는 $a=2$

(i) $a=-1$일 때, $A=\{2, 4\}$, $B=\{-2, 1, 7\}$

$\therefore A\cup B=\{-2, 1, 2, 4, 7\}$

(ii) $a=0$일 때, $A=\{1, 2, 4\}$, $B=\{-1, 2, 7\}$

$\therefore A\cup B=\{-1, 1, 2, 4, 7\}$

(iii) $a=2$일 때, $A=\{2, 4, 5\}$, $B=\{1, 4, 7\}$

$\therefore A\cup B=\{1, 2, 4, 5, 7\}$

(i), (ii), (iii)에서 $a=2$

13 $(A\cup B)-(A\cap B)=\{0, 1\}$이려면 $2\in(A\cap B)$이므로 $2\in A$에서

$a-1=2$ 또는 $a^2-2=2$

$\therefore a=-2$ 또는 $a=2$ 또는 $a=3$

(i) $a=-2$일 때, $A=\{-3, 2, 3\}$, $B=\{-4, 2, 3\}$

$\therefore (A\cup B)-(A\cap B)=\{-4, -3\}$

(ii) $a=2$일 때, $A=\{1, 2, 3\}$, $B=\{0, 2, 3\}$

$\therefore (A\cup B)-(A\cap B)=\{0, 1\}$

(iii) $a=3$일 때, $A=\{2, 3, 7\}$, $B=\{1, 2, 3\}$

$\therefore (A\cup B)-(A\cap B)=\{1, 7\}$

(i), (ii), (iii)에서 $a=2$이고 $A=\{1, 2, 3\}$이므로

$b=1+2+3=6$

$\therefore a+b=2+6=8$

14 $A^C\subset B^C$이면 $B\subset A$

⑤ $A^C\cup B\neq U$

15 $A-B=A$이면 두 집합 A, B는 서로소이므로

$A\cap B=\varnothing$, $A\subset B^C$, $B\subset A^C$

따라서 보기에서 항상 옳은 것은 ㄱ, ㄷ, ㄹ이다.

16 ①, ②, ④, ⑤ 두 집합 A, B는 서로소이다.

③ $B\subset A$

따라서 포함 관계가 나머지 넷과 다른 하나는 ③이다.

17 $x^2-x-2<0$에서 $(x+1)(x-2)<0$

$\therefore -1<x<2 \qquad \therefore A=\{x|-1<x<2\}$

$x^2-3(a-2)x-18a<0$에서 $(x+6)(x-3a)<0$

$\therefore B=\{x|(x+6)(x-3a)<0\}$

$A\cap B=A$에서 $A\subset B$

$A\subset B$이도록 두 집합 A, B를 수직선 위에 나타내면 오른쪽 그림과 같으므로

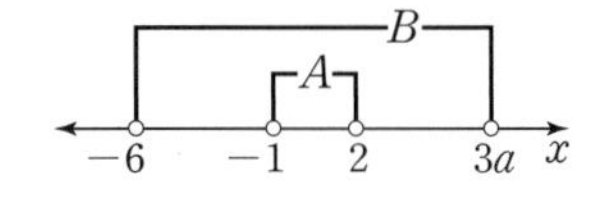

$3a\geq 2 \qquad \therefore a\geq\frac{2}{3}$

따라서 a의 최솟값은 $\frac{2}{3}$이다.

18 $X-A=X$에서 $X\cap A=\varnothing$

따라서 집합 X의 개수는 전체집합 U의 부분집합 중에서 1, 4, 5를 원소로 갖지 않는 부분집합의 개수와 같으므로

$2^{7-3}=2^4=16$

19 $B=\{1, 2, 3, 4, 6, 12\}$

$(A\cup B)\cap X=X$에서 $X\subset(A\cup B)$

$(B-A)\cup X=X$에서 $(B-A)\subset X$

$\therefore (B-A)\subset X\subset(A\cup B)$

즉, $\{2, 4, 12\}\subset X\subset\{1, 2, 3, 4, 6, 7, 12\}$이므로 집합 X의 개수는 집합 $A\cup B$의 부분집합 중에서 2, 4, 12를 반드시 원소로 갖는 부분집합의 개수와 같다.

$\therefore 2^{7-3}=2^4=16$

20 $A\cup X=A$에서 $X\subset A$, $B\cap X=\varnothing$에서 $X\subset B^C$이므로 $X\subset(A-B)$

따라서 집합 X의 개수는 50 이하의 4의 배수가 아닌 6의 배수의 집합, 즉 집합 $A-B=\{6, 18, 30, 42\}$의 부분집합의 개수와 같으므로

$2^4=16$

21 $A\cap X=X$에서 $X\subset A$

$(A\cap B)\cup X=X$에서 $(A\cap B)\subset X$

$\therefore (A\cap B)\subset X\subset A$

즉, 집합 X는 집합 A의 부분집합 중에서 집합 $A\cap B$의 원소를 모두 원소로 갖는 집합이다.

이때 $n(A\cap B)=k$라 하면 집합 X의 개수가 8이므로

$2^{5-k}=8=2^3$

즉, $5-k=3$이므로 $k=2$

$\therefore n(A\cap B)=2 \qquad \cdots\cdots$ ㉠

이때 a는 자연수이므로 집합 B의 원소는 연속하는 네 자연수이다.

따라서 ㉠을 만족시키려면 $B=\{4, 5, 6, 7\}$이어야 하므로

$a+2=4 \qquad \therefore a=2$

22 $A\cap(B\cup C)=(A\cap B)\cup(A\cap C)$

$=\{3, 4, 5\}\cup\{3, 8, 9, 10\}$

$=\{3, 4, 5, 8, 9, 10\}$

23 $A=\{4, 8, 12, 16, 20\}$, $B=\{1, 2, 4, 5, 10, 20\}$이므로

$(A^C\cup B)^C=A\cap B^C=A-B$

$=\{8, 12, 16\}$

따라서 집합 $(A^C\cup B)^C$의 모든 원소의 합은

$8+12+16=36$

24 ㄱ. $(A\cap B)\cup(A^C\cup B)^C=(A\cap B)\cup(A\cap B^C)$

$=A\cap(B\cup B^C)$

$=A\cap U=A$

ㄴ. $A-(B-C)=A\cap(B\cap C^C)^C=A\cap(B^C\cup C)$

$=(A\cap B^C)\cup(A\cap C)$

$=(A-B)\cup(A\cap C)$

ㄷ. $(A-B)-C=(A\cap B^C)\cap C^C=B^C\cap(A\cap C^C)$

$=B^C\cap(A-C)$

따라서 보기에서 항상 옳은 것은 ㄱ, ㄴ이다.

25 $\{A\cup(A^C\cap B)\}\cap\{B\cap(B\cup C)\}$

$=\{(A\cup A^C)\cap(A\cup B)\}\cap B$

$=\{U\cap(A\cup B)\}\cap B=(A\cup B)\cap B=B$

따라서 색칠한 부분이 주어진 집합을 나타내는 것은 ⑤이다.

26 $\{(A\cap B)\cup(A^C\cap B)\}\cup\{(B^C\cap C)\cup(B\cup C)^C\}$

$=\{(A\cup A^C)\cap B\}\cup\{(B^C\cap C)\cup(B^C\cap C^C)\}$

$=(U\cap B)\cup\{B^C\cap(C\cup C^C)\}$

$=B\cup(B^C\cap U)=B\cup B^C=U$

27 $A^C\cap B^C=(A\cup B)^C$이므로

$A\cup B=(A^C\cap B^C)^C=\{2, 4, 5, 6, 8, 9\}$

$\{(A\cap B^C)\cup(B-A^C)\}\cap B^C$

$=\{(A\cap B^C)\cup(B\cap A)\}\cap B^C$

$=\{A\cap(B^C\cup B)\}\cap B^C$

$=(A\cap U)\cap B^C=A\cap B^C=A-B$

따라서 $A-B=\{2, 4, 8\}$이므로

$B=(A\cup B)-(A-B)=\{5, 6, 9\}$

28 $\{(A^C\cup B^C)\cap(A\cup B^C)\}\cap A=\{(A^C\cap A)\cup B^C\}\cap A$

$=(\varnothing\cup B^C)\cap A$

$=B^C\cap A=A\cap B^C$

$=A-B$

즉, $A-B=\varnothing$이므로 $A\subset B$

이때 $A\subset B$이면 $A\cap B=A$, $A\cup B=B$이므로 항상 옳은 것은 ③이다.

29 $\{(A-B^C)\cup(A\cap B^C)\}\cup B$
$=\{(A\cap B)\cup(A\cap B^C)\}\cup B$
$=\{A\cap(B\cup B^C)\}\cup B$
$=(A\cap U)\cup B=A\cup B$
즉, $A\cup B=A$이므로 $B\subset A$
ㄱ. $B\subset A$이면 $A\cap B=B$
ㄴ. $B\subset A$이면 $A\cup B=A$
ㄷ. $B\subset A$이면 $A^C\subset B^C$
ㄹ. $B\subset A$이면 $A=B$인 경우를 제외하고 $A-B\neq\varnothing$
따라서 보기에서 항상 옳은 것은 ㄷ이다.

30 $x^2+16x+60\le 0$에서 $(x+10)(x+6)\le 0$
$\therefore\ -10\le x\le -6$ $\quad\therefore\ A=\{x\mid -10\le x\le -6\}$
$A\cup(B\cap A^C)=(A\cup B)\cap(A\cup A^C)$
$=(A\cup B)\cap U=A\cup B$
즉, $A\cup B=B$이므로 $A\subset B$
$A\subset B$이도록 두 집합 A, B를 수직선 위에 나타내면 오른쪽 그림과 같으므로

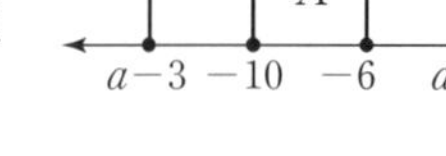

$a-3\le -10$, $a+5\ge -6$
$\therefore\ -11\le a\le -7$
따라서 a의 최댓값은 -7, 최솟값은 -11이므로 그 합은
$-7+(-11)=-18$

31 ㄱ. $\varnothing\circledcirc A=(\varnothing\cup A)-(\varnothing\cap A)=A-\varnothing=A$
ㄴ. $U\circledcirc A=(U\cup A)-(U\cap A)=U-A=A^C$
ㄷ. $\varnothing\circledcirc U=(\varnothing\cup U)-(\varnothing\cap U)=U-\varnothing=U$
ㄹ. $A\circledcirc B=(A\cup B)-(A\cap B)$
$=(B\cup A)-(B\cap A)=B\circledcirc A$
따라서 보기에서 항상 옳은 것은 ㄱ, ㄴ, ㄹ이다.

32 $A☆B=(A\cup B)\cap(A\cup B^C)$
$=A\cup(B\cap B^C)=A\cup\varnothing=A$
$\therefore\ (A☆B)☆A=A☆A=A$

33

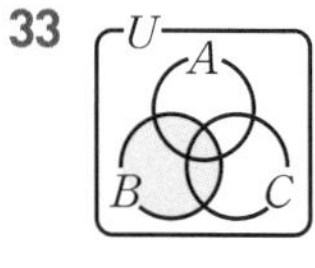

B

$\triangle$

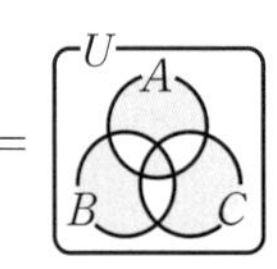

$A\triangle C$

$=$ $B\triangle(A\triangle C)$

따라서 색칠한 부분이 $B\triangle(A\triangle C)$를 나타내는 것은 ② 이다.

34 $(A_2\cap A_3)\cap(A_6\cup A_{12})=A_6\cap A_6=A_6$

35 $A_4\cap(A_3\cup A_6)=A_4\cap A_3=A_{12}$
따라서 100 이하의 자연수 중에서 12의 배수는 8개이므로 구하는 집합의 원소의 개수는 8이다.

36 ㄱ. $A_8=\{1, 2, 4, 8\}$, $A_4=\{1, 2, 4\}$이므로 $A_4\subset A_8$
ㄴ. 24와 36의 공약수는 두 수의 최대공약수인 12의 약수와 같다. $\quad\therefore\ A_{24}\cap A_{36}=A_{12}$
ㄷ. $A_n-A_8=\varnothing$이면 $A_n\subset A_8$
따라서 n은 8의 양의 약수이므로 1, 2, 4, 8의 4개이다.
따라서 보기에서 옳은 것은 ㄴ, ㄷ이다.

37 $n(A-B)=n(A)-n(A\cap B)$
$=n(A)-\{n(B)-n(B-A)\}$
$=17-(15-10)=12$

38 $A^C\cap B^C=(A\cup B)^C$이므로
$n(A\cup B)=n(U)-n((A\cup B)^C)$
$=n(U)-n(A^C\cap B^C)$
$=40-5=35$
$\therefore\ n(A\cap B)=n(A)+n(B)-n(A\cup B)$
$=20+30-35=15$

39 $A\cap B=\varnothing$에서 $n(A\cap B)=0$, $n(A\cap B\cap C)=0$이고
$n(C\cap A)=n(C)+n(A)-n(C\cup A)$
$=13+12-18=7$
이므로
$n(A\cup B\cup C)$
$=n(A)+n(B)+n(C)-n(A\cap B)-n(B\cap C)$
$-n(C\cap A)+n(A\cap B\cap C)$
$=12+10+13-0-3-7+0=25$

40 $n(A\cup B)=n(A)+n(B)-n(A\cap B)$
$=n((A-B)\cup(B-A))+n(A\cap B)$
즉, $30+40-n(A\cap B)=30+n(A\cap B)$이므로
$n(A\cap B)=20$
$\therefore\ n(A\cup B)=n(A)+n(B)-n(A\cap B)$
$=30+40-20=50$

41 사과를 산 사람의 집합을 A, 복숭아를 산 사람의 집합을 B라 하면
$n(A)=26$, $n(B)=20$, $n(A\cup B)=40$
$\therefore\ n(A\cap B)=n(A)+n(B)-n(A\cup B)$
$=26+20-40=6$
따라서 구하는 사람 수는 6이다.

42 반 학생 전체의 집합을 U, 전주에 가 본 학생의 집합을 A, 경주에 가 본 학생의 집합을 B라 하면
$n(U)=35$, $n(A)=17$, $n(B)=5$, $n(A\cap B)=3$
$\therefore\ n(A\cup B)=n(A)+n(B)-n(A\cap B)$
$=17+5-3=19$

$\therefore n((A\cup B)^C)=n(U)-n(A\cup B)$
$=35-19=16$
따라서 구하는 학생 수는 16이다.

43 조사한 학생 전체의 집합을 U, 동아리 A에 가입한 학생의 집합을 A, 동아리 B에 가입한 학생의 집합을 B라 하면
(가)에서 $A\cup B=U$ $\therefore n(A\cup B)=56$
(나)에서 $n(A)=35$, $n(B)=27$
$\therefore n(A-B)=n(A\cup B)-n(B)$
$=56-27=29$
따라서 구하는 학생 수는 29이다.

44 체험 학습에 참가한 학생 전체의 집합을 U, 버스를 타고 온 학생의 집합을 A, 지하철을 타고 온 학생의 집합을 B라 하면
$n(U)=50$, $n(A)=31$, $n(A-B)=11$, $n((A\cup B)^C)=9$
$\therefore n(A\cup B)=n(U)-n((A\cup B)^C)$
$=50-9=41$
$\therefore n(B)=n(A\cup B)-n(A-B)$
$=41-11=30$
따라서 구하는 학생 수는 30이다.

45 $B\subset A$일 때, $n(A\cap B)$가 최대이므로 최댓값은
$n(A\cap B)=n(B)=9$
$A\cup B=U$일 때, $n(A\cap B)$가 최소이므로 최솟값은
$n(A\cap B)=n(A)+n(B)-n(A\cup B)$
$=n(A)+n(B)-n(U)$
$=15+9-22=2$
따라서 $n(A\cap B)$의 최댓값은 9, 최솟값은 2이므로 그 곱은
$9\times2=18$

46 $n(A\cap B)\le n(A)$, $n(A\cap B)\le n(B)$이고,
$n(A\cap B)\ge4$이므로 $4\le n(A\cap B)\le8$
$4\le n(A)+n(B)-n(A\cup B)\le8$
$4\le8+10-n(A\cup B)\le8$
$\therefore 10\le n(A\cup B)\le14$
따라서 $n(A\cup B)$의 최댓값은 14, 최솟값은 10이므로 그 합은
$14+10=24$

47 조사한 사람 전체의 집합을 U, A 제품을 구매한 사람의 집합을 A, B 제품을 구매한 사람의 집합을 B라 하면
$n(U)=30$, $n(A)=18$, $n(B)=27$
$A\subset B$일 때, $n(A\cap B)$가 최대이므로 최댓값은
$n(A\cap B)=n(A)=18$
따라서 A, B 두 제품을 모두 구매한 사람은 최대 18명이다.

Ⅱ-2. 명제

01 명제와 조건

54~57쪽

1 ①	2 ③	3 ②	4 ④	
5 $2\le x\le3$		6 ④	7 ②	8 ④
9 4	10 $\{1\}$	11 ⑤	12 ③	13 ③
14 ①	15 5	16 ②	17 ④	18 ①
19 ①	20 ①	21 ①	22 ③	23 ③
24 ⑤	25 9			

1 ① x의 값에 따라 참, 거짓이 달라지므로 명제가 아니다.

2 ㄱ, ㄹ. 거짓인 명제
ㄷ, ㅂ. 참인 명제
ㄴ, ㅁ. x의 값에 따라 참, 거짓이 달라지므로 명제가 아니다.
따라서 보기에서 명제인 것은 ㄱ, ㄷ, ㄹ, ㅂ의 4개이다.

3 ㄴ. 거짓인 명제
ㄷ. 명제가 아니다.
따라서 보기에서 참인 명제인 것은 ㄱ, ㄹ이다.

4 ① 부정: -3의 제곱은 9가 아니다. (거짓)
② 부정: $\sqrt{3}-1$은 무리수가 아니다. (거짓)
③ 부정: 5는 소수가 아니다. (거짓)
④ 부정: 3은 집합 $\{1, 2\}$의 원소가 아니다. (참)
⑤ 부정: 6의 양의 약수의 합은 12가 아니다. (거짓)
따라서 부정이 참인 명제인 것은 ④이다.

5 조건 '$\sim p$ 또는 q'의 부정은 'p 그리고 $\sim q$'
p: $0<x\le3$, $\sim q$: $x\ge2$이므로 구하는 조건의 부정은
$2\le x\le3$

6 ㄴ. p: $x^2=y^2$에서 $x=-y$ 또는 $x=y$
따라서 $\sim p$는 $x\ne-y$ 그리고 $x\ne y$
따라서 보기에서 옳은 것은 ㄱ, ㄷ이다.

7 조건 p의 진리집합을 P라 하면
$P=\{1, 2, 3, 4, 6, 8\}$
이때 조건 $\sim p$의 진리집합은 P^C이므로
$P^C=\{5, 7\}$
따라서 구하는 모든 원소의 합은 $5+7=12$

8 $P=\{x|x\ge3\}$, $Q=\{x|x\ge-2\}$이므로
$\{x|-2\le x<3\}=\{x|x\ge-2\}\cap\{x|x<3\}$
$=Q\cap P^C$
$=Q-P$

9 $|x-2|=2$에서 $x-2=\pm 2$

$\therefore x=0$ 또는 $x=4$

$x^2-4x+3\le 0$에서 $(x-1)(x-3)\le 0$

$\therefore 1\le x\le 3$

두 조건 p, q의 진리집합을 각각 P, Q라 하면

$P=\{4\}$, $Q=\{1, 2, 3\}$

따라서 조건 'p 또는 q'의 진리집합은

$P\cup Q=\{1, 2, 3, 4\}$

따라서 구하는 모든 원소의 개수는 4이다.

10 전체집합은

$U=\{-3, -2, -1, 0, 1, 2, 3\}$

$x^2+2x-3=0$에서 $(x+3)(x-1)=0$

$\therefore x=-3$ 또는 $x=1$

$|x-1|>2$에서 $x-1<-2$ 또는 $x-1>2$

$\therefore x<-1$ 또는 $x>3$

두 조건 p, q의 진리집합을 각각 P, Q라 하면

$P=\{-3, 1\}$, $Q=\{-3, -2\}$

따라서 조건 'p이고 $\sim q$'의 진리집합은

$P\cap Q^C=P-Q=\{1\}$

11 ⑤ $x(x+4)=8$에서 $x^2+4x-8=0$

$\therefore x=-2\pm 2\sqrt{3}$

따라서 x는 유리수가 아니므로 거짓인 명제이다.

12 ㄱ. [반례] $a=b=\sqrt{2}$이면 ab는 정수이지만 a, b는 정수가 아니다.

ㄴ. [반례] $a=\sqrt{3}$, $b=-\sqrt{3}$이면 $a+b$는 유리수이지만 a, b는 모두 유리수가 아니다.

따라서 보기에서 참인 명제인 것은 ㄷ이다.

13 두 조건 p, q의 진리집합을 각각 P, Q라 하자.

ㄱ. $P=\{x|x>2\}$, $Q=\{x|x<-2$ 또는 $x>2\}$

따라서 $P\subset Q$이므로 명제 $p \longrightarrow q$는 참이다.

ㄴ. $P=\{(x, y)|x=0, y=0\}$,

$Q=\{(x, y)|x=0, y=0\}$

따라서 $P=Q$이므로 명제 $p \longrightarrow q$는 참이다.

ㄷ. $2x-4=2$에서 $2x=6$ $\quad\therefore x=3$

$\therefore P=\{3\}$

$x^2+2x-3=0$에서 $(x+3)(x-1)=0$

$\therefore x=-3$ 또는 $x=1$

$\therefore Q=\{-3, 1\}$

따라서 $P\not\subset Q$이므로 명제 $p \longrightarrow q$는 거짓이다.

따라서 보기에서 명제 $p \longrightarrow q$가 참인 것은 ㄱ, ㄴ이다.

14 두 조건 p, q의 진리집합을 각각 P, Q라 하면

$P=\{x|-2<x<a\}$, $Q=\left\{x\,\middle|\,-\frac{a}{3}\le x\le 8\right\}$

명제 $p \longrightarrow q$가 참이 되려면 $P\subset Q$이어야 하므로

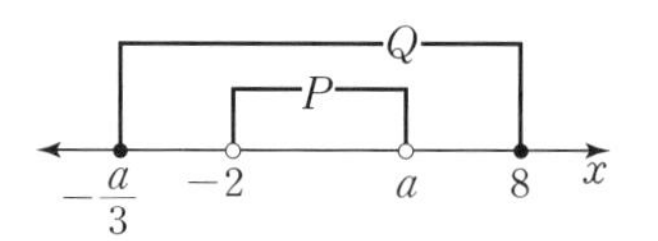

$-\frac{a}{3}\le -2$, $-2<a\le 8$ $\quad\therefore 6\le a\le 8$

따라서 자연수 a는 6, 7, 8의 3개이다.

15 $x^2-(a+b)x+ab\le 0$에서 $(x-a)(x-b)\le 0$

$\therefore a\le x\le b$ ($\because a<b$)

두 조건 p, q의 진리집합을 각각 P, Q라 하면

$P^C=\{x|-4\le x\le 9\}$, $Q=\{x|a\le x\le b\}$

명제 $\sim p \longrightarrow q$가 참이 되려면 $P^C\subset Q$이어야 하므로

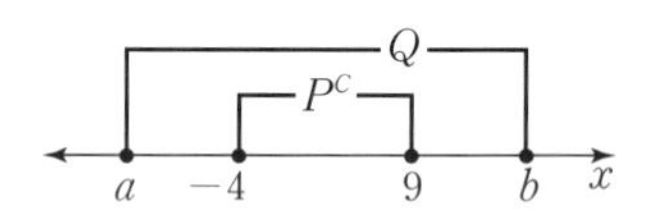

$a\le -4$, $b\ge 9$

따라서 a의 최댓값은 -4, b의 최솟값은 9이므로 그 합은

$-4+9=5$

16 세 조건 p, q, r의 진리집합을 각각 P, Q, R라 하자.

$P=\{x|x>4\}$, $Q=\{x|x>5-a\}$이고, 명제 $p \longrightarrow q$가 참이 되려면 $P\subset Q$이어야 하므로

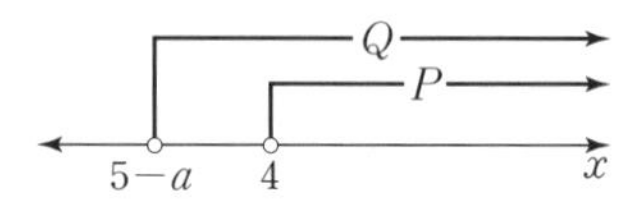

$5-a\le 4$ $\quad\therefore a\ge 1$ $\quad$ …… ㉠

$R=\{x|x<-a$ 또는 $x>a\}$이고, 명제 $q \longrightarrow r$가 참이 되려면 $Q\subset R$이어야 하므로 (㉠에서 $a\ge 1$)

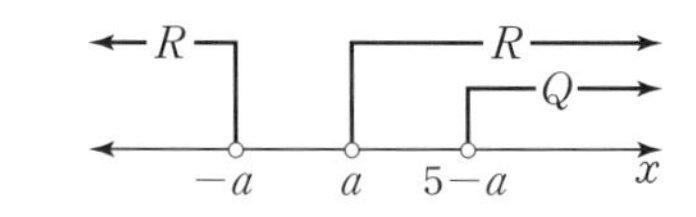

$a\le 5-a$ $\quad\therefore a\le \frac{5}{2}$ $\quad$ …… ㉡

㉠, ㉡에서 $1\le a\le \frac{5}{2}$

따라서 a의 최댓값은 $\frac{5}{2}$이고 최솟값은 1이므로 그 합은

$\frac{5}{2}+1=\frac{7}{2}$

17 명제 $q \longrightarrow p$가 참이므로 $Q\subset P$이다.

① $P\cup Q=P$ $\quad$ ② $P\cap Q=Q$

③ $P\cap Q^C\ne P$ $\quad$ ⑤ $P^C\cap Q^C=P^C$

따라서 항상 옳은 것은 ④이다.

18 명제 'q이면 $\sim p$이다.'가 거짓임을 보이는 반례는 집합 $Q-P^C$의 원소이다.
$\therefore Q-P^C=Q\cap(P^C)^C=P\cap Q$

19 ① $P\not\subset Q$이므로 명제 $p \longrightarrow q$는 거짓이다.
② $P\subset R^C$이므로 명제 $p \longrightarrow \sim r$는 참이다.
③ $R\subset Q$이므로 명제 $r \longrightarrow q$는 참이다.
④ $R\subset P^C$이므로 명제 $r \longrightarrow \sim p$는 참이다.
⑤ $Q^C\subset R^C$이므로 명제 $\sim q \longrightarrow \sim r$는 참이다.
따라서 거짓인 명제는 ①이다.

20 $P\cup Q=Q$에서 $P\subset Q$이므로 명제 $p \longrightarrow q$는 참이다.
$P\cap R^C=P$에서 $P\subset R^C$이므로 명제 $p \longrightarrow \sim r$는 참이다.
따라서 항상 참인 명제는 ①이다.

21 명제 'p이면 q 또는 r이다.'가 거짓임을 보이는 반례는 집합 $P-(Q\cup R)$의 원소이므로 구하는 원소는 a이다.

22 ㄱ. 명제 $\sim p \longrightarrow r$가 참이므로 $P^C\subset R$ ······ ㉠
ㄴ. 명제 $r \longrightarrow \sim q$가 참이므로 $R\subset Q^C$ ······ ㉡
명제 $\sim r \longrightarrow q$가 참이므로 $R^C\subset Q$
$\therefore Q^C\subset R$ ······ ㉢
㉡, ㉢에서 $Q^C=R$ ······ ㉣
따라서 ㉠에서 $P^C\subset Q^C$이므로 $Q\subset P$이다.
ㄷ. $Q\subset P$이므로
$P\cap Q=Q=R^C$ ($\because$ ㉣)
따라서 보기에서 옳은 것은 ㄱ, ㄷ이다.

23 ㄷ. [반례] $x=1$이면 $x^2-1=0$이다.
따라서 보기에서 참인 명제인 것은 ㄱ, ㄴ이다.

24 ⑤ $3x-1=4x+(1-x)$를 만족시키는 실수 x는 존재하지 않으므로 거짓인 명제이다.

25 주어진 명제가 거짓이려면 이 명제의 부정
'모든 실수 x에 대하여 $x^2+8x+2k-1>0$이다.'
가 참이어야 한다.
이차방정식 $x^2+8x+2k-1=0$의 판별식을 D라 하면
$\frac{D}{4}=4^2-1\times(2k-1)<0$
$\therefore k>\frac{17}{2}$
따라서 정수 k의 최솟값은 9이다.

02 명제의 역과 대우 58~61쪽

1 ④	2 ④	3 ①	4 ④	5 ①
6 ②	7 ②	8 ④	9 ⑤	10 ④
11 ①	12 ②	13 ②	14 ⑤	15 ①
16 ④	17 -8	18 ④	19 15	20 ③
21 ⑤	22 ㄱ, ㄴ			

1 ① 역: $a\neq0$ 또는 $b\neq0$이면 $a^2+b^2\neq0$이다. (참)
② 역: $a^2=a$이면 $a=0$ 또는 $a=1$이다. (참)
③ 역: $a-1>0$이면 $2a-1>0$이다. (참)
④ 역: $ab>b$이면 $a<0$이고 $b<0$이다. (거짓)
[반례] $a=2$, $b=1$
⑤ 역: $a=0$이고 $b=0$이면 $a+b=0$이고 $ab=0$이다. (참)
따라서 역이 거짓인 명제는 ④이다.

2 ① 대우: $x\neq2$이면 $x^2\neq4$이다. (거짓)
[반례] $x=-2$
② 대우: $x\leq y$이면 $x^2\leq y^2$이다. (거짓)
[반례] $x=-2$, $y=1$
③ 대우: $x\neq0$이면 $x^2\neq3x$이다. (거짓)
[반례] $x=3$
⑤ 대우: 삼각형 ABC가 정삼각형이 아니면 삼각형 ABC의 두 내각의 크기는 같지 않다. (거짓)
[반례] 삼각형 ABC가 이등변삼각형
따라서 대우가 참인 명제는 ④이다.

3 ㄱ. 역: $a=1$이면 $a^3=1$이다. (참)
대우: $a\neq1$이면 $a^3\neq1$이다. (참)
ㄴ. 역: $a^2+b^2=0$이면 $|a|+|b|=0$이다. (참)
대우: $a^2+b^2\neq0$이면 $|a|+|b|\neq0$이다. (참)
ㄷ. 역: $a<0$이고 $b<0$이면 $a+b<0$이다. (참)
대우: $a\geq0$ 또는 $b\geq0$이면 $a+b\geq0$이다. (거짓)
[반례] $a=1$, $b=-2$
ㄹ. 역: $c-a<c-b$이면 $a<b$이다.
$c-a<c-b$의 양변에서 c를 빼면 $-a<-b$
$-a<-b$의 양변에 -1을 곱하면 $a>b$
따라서 $c-a<c-b$이면 $a>b$이다. (거짓)
대우: $c-a\geq c-b$이면 $a\geq b$이다.
마찬가지로 $c-a\geq c-b$이면 $a\leq b$이다. (거짓)
따라서 보기에서 역과 대우가 모두 참인 명제인 것은 ㄱ, ㄴ이다.

4 주어진 명제의 대우 '$a\geq k$이고 $b\geq3$이면 $a+b\geq6$이다.'가 참이다.

$a \geq k$이고 $b \geq 3$에서 $a+b \geq k+3$이므로

$k+3 \geq 6 \qquad \therefore k \geq 3$

따라서 상수 k의 최솟값은 3이다.

5 주어진 명제가 참이므로 그 대우 '$x-a=0$이면 $x^2-6x+5=0$이다.'도 참이다.

$x=a$를 $x^2-6x+5=0$에 대입하면

$a^2-6a+5=0$, $(a-1)(a-5)=0$

$\therefore a=1$ 또는 $a=5$

따라서 모든 상수 a의 값의 합은

$1+5=6$

6 명제 $q \longrightarrow p$가 참이면 그 대우 $\sim p \longrightarrow \sim q$도 참이다.

$\sim p$: $|x-1|<2$에서 $-2<x-1<2$

$\therefore -1<x<3$

$\sim q$: $|x-a|<3$에서 $-3<x-a<3$

$\therefore a-3<x<a+3$

두 조건 p, q의 진리집합을 각각 P, Q라 하면

$P^C=\{x|-1<x<3\}$, $Q^C=\{x|a-3<x<a+3\}$

명제 $\sim p \longrightarrow \sim q$가 참이려면 $P^C \subset Q^C$이어야 하므로

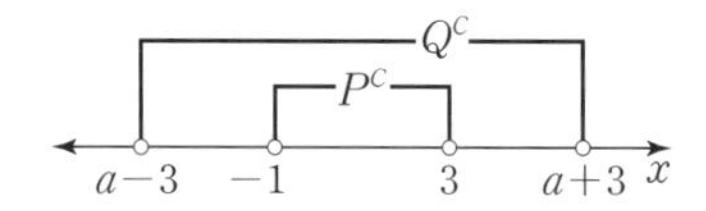

$a-3 \leq -1$, $a+3 \geq 3$

$\therefore 0 \leq a \leq 2$

따라서 정수 a는 0, 1, 2의 3개이다.

7 명제 $p \longrightarrow q$가 참이므로 그 대우 $\sim q \longrightarrow \sim p$도 참이다.

명제 $\sim r \longrightarrow \sim q$가 참이므로 그 대우 $q \longrightarrow r$도 참이다.

두 명제 $p \longrightarrow q$, $q \longrightarrow r$가 참이므로 명제 $p \longrightarrow r$와 그 대우 $\sim r \longrightarrow \sim p$가 참이다.

따라서 반드시 참이라고 할 수 없는 것은 ②이다.

8 명제 $\sim s \longrightarrow \sim r$가 참이므로 그 대우 $r \longrightarrow s$도 참이다.

두 명제 $p \longrightarrow r$, $r \longrightarrow s$가 참이므로 명제 $p \longrightarrow s$가 참이다.

세 명제 $p \longrightarrow r$, $r \longrightarrow s$, $s \longrightarrow q$가 참이므로 명제 $p \longrightarrow q$가 참이다.

따라서 보기에서 항상 참인 명제인 것은 ㄱ, ㄴ, ㄹ이다.

9 명제 $\sim r \longrightarrow s$가 참이므로 그 대우 $\sim s \longrightarrow r$도 참이다.

두 명제 $p \longrightarrow q$, $\sim s \longrightarrow r$가 참이므로 명제 $q \longrightarrow \sim s$ 또는 그 대우 $s \longrightarrow \sim q$가 참이어야 명제 $p \longrightarrow r$가 참이다.

따라서 필요한 참인 명제는 ⑤이다.

10 명제 ㈎, ㈏에서

p: 과학을 좋아한다.,

q: 실험을 좋아한다.,

r: 호기심이 있다.

라 하자.

㈎에서 명제 $p \longrightarrow q$가 참이고 ㈏에서 명제 $\sim p \longrightarrow \sim r$와 그 대우 $r \longrightarrow p$가 참이다.

두 명제 $r \longrightarrow p$, $p \longrightarrow q$가 참이므로 명제 $r \longrightarrow q$가 참이다.

따라서 항상 참인 명제는 ④이다.

11 (i) a가 양수일 때,

㈏에 의하여 b도 양수이다.

b가 양수이면 ㈐에 의하여 c도 양수이다.

즉, a, b, c는 모두 양수이다.

(ii) a가 음수일 때,

㈏에 의하여 b도 음수이다.

a, b가 음수이면 ㈑에 의하여 c도 음수이다.

그런데 세 정수 a, b, c가 모두 음수이면 ㈎를 만족시키지 않는다.

(i), (ii)에서 $a>0$, $b>0$, $c>0$

12 $p \Longrightarrow q$이므로 $\sim q \Longrightarrow \sim p$

$r \Longrightarrow \sim q$이므로 $q \Longrightarrow \sim r$

$p \Longrightarrow q$, $q \Longrightarrow \sim r$이므로

$p \Longrightarrow \sim r$, $r \Longrightarrow \sim p$

따라서 보기에서 항상 참인 명제는 ㄱ, ㅁ, ㅂ이다.

13 ① q에서 $x=-1$ 또는 $x=1$

$p \Longrightarrow q$이므로 p는 q이기 위한 충분조건이다.

② p에서 $x=-1$ 또는 $x=1$

q에서 $x=-1$ 또는 $x=1$

$p \Longleftrightarrow q$이므로 p는 q이기 위한 필요충분조건이다.

③ p에서 $x=-1$ 또는 $x=1$

$q \Longrightarrow p$이므로 p는 q이기 위한 필요조건이다.

④ q에서 $x<-1$ 또는 $x>1$

$p \Longrightarrow q$이므로 p는 q이기 위한 충분조건이다.

⑤ p에서 $x<0$ 또는 $x>0$

$q \Longrightarrow p$이므로 p는 q이기 위한 필요조건이다.

따라서 p가 q이기 위한 필요충분조건인 것은 ②이다.

14 ㄱ. p에서 $x-3=-1$ 또는 $x-3=1$

$\therefore x=2$ 또는 $x=4$

q에서 $x(x-2)(x-4)=0$

$\therefore x=0$ 또는 $x=2$ 또는 $x=4$

$p \Longrightarrow q$이므로 p는 q이기 위한 충분조건이다.

ㄴ. p에서 $-4\le 2x\le 6$ $\quad\therefore -2\le x\le 3$

q에서 $(x+2)(x-1)\le 0$ $\quad\therefore -2\le x\le 1$

$q \Longrightarrow p$이므로 p는 q이기 위한 필요조건이다.

ㄷ. 명제 $p \longrightarrow q$: [반례] $x=-2$, $y=1$ (거짓)

$q \Longrightarrow p$이므로 p는 q이기 위한 필요조건이다.

따라서 보기에서 p가 q이기 위한 필요조건이지만 충분조건은 아닌 것은 ㄴ, ㄷ이다.

15 $|a|+|b|=0$에서 $a=b=0$

$a^2-b^2=0$에서 $(a+b)(a-b)=0$

$\therefore a=-b$ 또는 $a=b$

따라서 $|a|+|b|=0$은 $a^2-b^2=0$이기 위한 (가) 충분 조건이다.

$ab=0$에서 $a=0$ 또는 $b=0$

$a+bi=0$에서 $a=b=0$

따라서 $ab=0$은 $a+bi=0$이기 위한 (나) 필요 조건이다.

16 p에서 $x=y$ 또는 $y=z$

q에서 $x=y=z$

r에서 $x^2+y^2=2xz+2yz-2z^2$

$(x-z)^2+(y-z)^2=0$ $\quad\therefore x=y=z$

ㄱ. $q \Longrightarrow p$이므로 p는 q이기 위한 필요조건이다.

ㄴ. $r \Longrightarrow p$이므로 p는 r이기 위한 필요조건이다.

ㄷ. $q \Longleftrightarrow r$이므로 q는 r이기 위한 필요충분조건이다.

따라서 보기에서 옳은 것은 ㄴ, ㄷ이다.

17 세 조건 p, q, r의 진리집합을 각각 P, Q, R라 하자.

p가 q이기 위한 충분조건이려면 $p \Longrightarrow q$에서 $P\subset Q$

p가 r이기 위한 필요조건이려면 $r \Longrightarrow p$에서 $R\subset P$

$\therefore R\subset P\subset Q$

세 집합 P, Q, R를 수직선 위에 나타내면

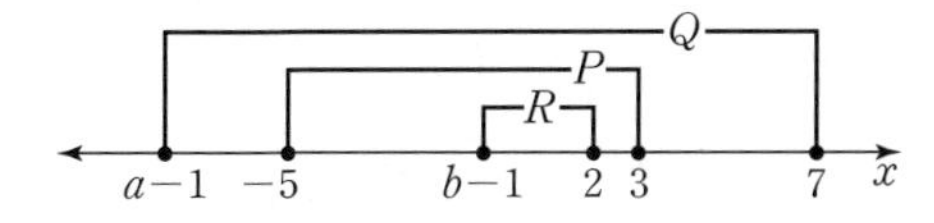

$a-1\le -5$, $-5\le b-1\le 2$

$\therefore a\le -4$, $-4\le b\le 3$

따라서 a의 최댓값은 -4, b의 최솟값은 -4이므로 그 합은

$-4+(-4)=-8$

18 $|x|\le n$에서 $-n\le x\le n$

$x^2+2x-8\le 0$에서 $(x+4)(x-2)\le 0$

$\therefore -4\le x\le 2$

두 조건 p, q의 진리집합을 각각 P, Q라 하면

$P=\{x|-n\le x\le n\}$, $Q=\{x|-4\le x\le 2\}$

p가 q이기 위한 필요조건이려면 $q \Longrightarrow p$에서 $Q\subset P$이어야 하므로

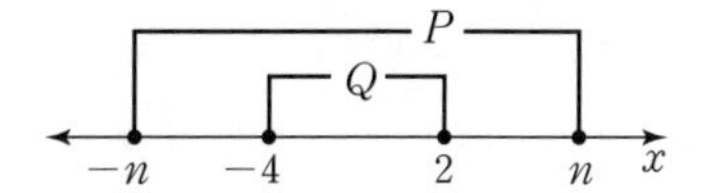

$-n\le -4$, $n\ge 2$ $\quad\therefore n\ge 4$

따라서 자연수 n의 최솟값은 4이다.

19 두 조건 p, q의 진리집합을 각각 P, Q라 하자.

p가 q이기 위한 충분조건이려면 $p \Longrightarrow q$에서 $P\subset Q$

(i) 다음 그림에서

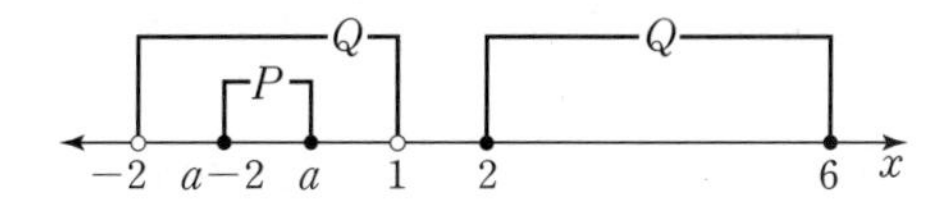

$a-2>-2$, $a<1$ $\quad\therefore 0<a<1$

(ii) 다음 그림에서

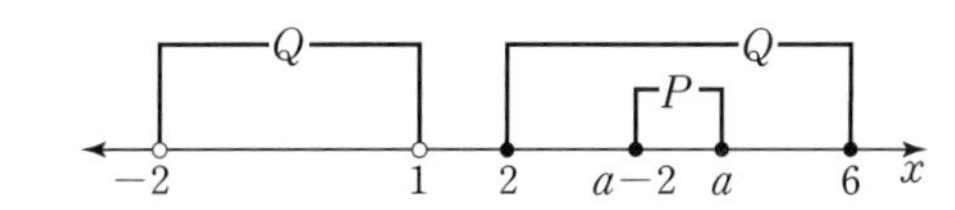

$a-2\ge 2$, $a\le 6$ $\quad\therefore 4\le a\le 6$

(i), (ii)에서 정수 a는 4, 5, 6이므로 그 합은

$4+5+6=15$

20 p는 q이기 위한 필요조건이므로 $q \Longrightarrow p$에서 $Q\subset P$

p는 r이기 위한 충분조건이므로 $p \Longrightarrow r$에서 $P\subset R$

$\therefore Q\subset P\subset R$

21 ①, ② $R\subset P$이므로 $r \Longrightarrow p$

따라서 p는 r이기 위한 필요조건이고, r는 p이기 위한 충분조건이다.

③ $Q\subset R^C$이므로 $q \Longrightarrow \sim r$

따라서 q는 $\sim r$이기 위한 충분조건이다.

④ $R\subset Q^C$이므로 $r \Longrightarrow \sim q$

따라서 $\sim q$는 r이기 위한 필요조건이다.

⑤ $R\subset P$에서 $P^C\subset R^C$이므로 $\sim p \Longrightarrow \sim r$

따라서 $\sim r$는 $\sim p$이기 위한 필요조건이다.

따라서 옳지 않은 것은 ⑤이다.

22 $P\cap Q=Q$에서 $Q\subset P$

$Q^C\cup R=Q^C$에서 $R\subset Q^C$

ㄱ. $Q\subset P$이므로 $q \Longrightarrow p$

따라서 p는 q이기 위한 필요조건이다.

ㄴ. $R\subset Q^C$에서 $Q\subset R^C$이므로 $q \Longrightarrow \sim r$

따라서 q는 $\sim r$이기 위한 충분조건이다.

ㄷ. $Q\subset P$에서 $P^C\subset Q^C$이므로 $\sim p \Longrightarrow \sim q$

따라서 $\sim p$는 $\sim q$이기 위한 충분조건이다.

따라서 보기에서 옳은 것은 ㄱ, ㄴ이다.

03 명제의 증명 62~66쪽

1 (가) n (나) n^2 (다) $5k^2$ **2** (가) $3k$ (나) k^2+k **3** ⑤
4 풀이 참조 **5** ②
6 (가) 홀수 (나) $2k^2+2l^2-2l$ (다) 1 **7** 풀이 참조
8 풀이 참조 **9** ④
10 (가) $b(1+a)$ (나) $a-b$
11 (가) $a-b$ (나) $\sqrt{a}-\sqrt{b}$ **12** ④ **13** ②
14 ④ **15** ① **16** 40 **17** ② **18** 17
19 6 **20** ① **21** ② **22** 16 **23** ②
24 2 **25** 75 m² **26** ① **27** $\frac{6}{5}$

1 주어진 명제의 대우 '자연수 n에 대하여 [(가) n]이 5의 배수이면 [(나) n^2]은 5의 배수이다.'가 참임을 보이면 된다.
$n=5k$ (k는 자연수)라 하면
$n^2=5\times$ [(다) $5k^2$]
이때 [(다) $5k^2$]은 자연수이므로 n^2은 5의 배수이다.
따라서 주어진 명제의 대우가 참이므로 주어진 명제도 참이다.

2 주어진 명제의 대우 '자연수 n에 대하여 n이 3의 배수이면 n^2+3n이 9의 배수이다.'가 참임을 보이면 된다.
$n=$ [(가) $3k$] (k는 자연수)라 하면
$n^2+3n=($[(가) $3k$]$)^2+3\times$[(가) $3k$]$=9($[(나) k^2+k]$)$
이때 [(나) k^2+k]는 자연수이므로 n^2+3n은 9의 배수이다.
따라서 주어진 명제의 대우가 참이므로 주어진 명제도 참이다.

3 주어진 명제의 대우 '자연수 a, b에 대하여 a, b가 모두 홀수이거나 모두 짝수이면 a^2+b^2은 [(가) 짝수]이다.'가 참임을 보이면 된다.
(i) a, b가 모두 홀수일 때,
$a=2k-1$, $b=2l-1$ (k, l은 자연수)이라 하면
$a^2+b^2=(2k-1)^2+(2l-1)^2$
$=2($[(나) $2k^2-2k+2l^2-2l+1$]$)$
이때 [(나) $2k^2-2k+2l^2-2l+1$]은 자연수이므로
a^2+b^2은 [(가) 짝수]이다.
(ii) a, b가 모두 짝수일 때,
$a=2k$, $b=2l$ (k, l은 자연수)이라 하면
$a^2+b^2=(2k)^2+(2l)^2=2($[(다) $2k^2+2l^2$]$)$
이때 [(다) $2k^2+2l^2$]은 자연수이므로 a^2+b^2은 [(가) 짝수]이다.
(i), (ii)에서 주어진 명제의 대우가 참이므로 주어진 명제도 참이다.

4 주어진 명제의 대우 '실수 a, b에 대하여 $a\neq0$ 또는 $b\neq0$이면 $a^2+b^2\neq0$이다.'가 참임을 보이면 된다.
(i) $a\neq0$일 때,
$a^2>0$, $b^2\geq0$이므로 $a^2+b^2>0$
(ii) $b\neq0$일 때,
$a^2\geq0$, $b^2>0$이므로 $a^2+b^2>0$
(i), (ii)에서 $a\neq0$ 또는 $b\neq0$이면 $a^2+b^2>0$, 즉 $a^2+b^2\neq0$이다.
따라서 주어진 명제의 대우가 참이므로 주어진 명제도 참이다.

5 주어진 명제의 결론을 부정하여 $\sqrt{3}$이 [(가) 유리수]라 가정하면
$\sqrt{3}=\frac{n}{m}$ (m, n은 서로소인 자연수) …… ㉠
으로 나타낼 수 있다.
㉠의 양변을 제곱하면
$3=\frac{n^2}{m^2}$ $\quad\therefore n^2=$ [(나) $3m^2$] …… ㉡
이때 n^2이 3의 배수이므로 n도 3의 배수이다.
n이 3의 배수이면 $n=3k$ (k는 자연수)로 나타낼 수 있으므로 ㉡에 대입하면
$9k^2=3m^2$ $\quad\therefore m^2=$ [(다) $3k^2$]
이때 m^2이 3의 배수이므로 m도 3의 배수이다.
그런데 m, n이 모두 3의 배수이면 m, n이 서로소라는 가정에 모순이다.
따라서 $\sqrt{3}$은 무리수이다.

6 주어진 명제의 결론을 부정하여 $a+b$가 [(가) 홀수]라 가정하면 a, b 중에서 하나는 짝수이고 하나는 홀수이어야 한다.
$a=2k$, $b=2l-1$ (k, l은 자연수)
로 나타내면
$a^2+b^2=(2k)^2+(2l-1)^2$
$=4k^2+4l^2-4l+1$
$=2($[(나) $2k^2+2l^2-2l$]$)+$[(다) 1]
이때 a^2+b^2이 홀수이므로 a^2+b^2이 짝수라는 가정에 모순이다.
따라서 자연수 a, b에 대하여 a^2+b^2이 짝수이면 $a+b$가 짝수이다.

7 주어진 명제의 결론을 부정하여 $b\neq0$이라 가정하면
$b\sqrt{3}=-a$ $\quad\therefore \sqrt{3}=-\frac{a}{b}$
이때 a, b는 유리수이고 $-\frac{a}{b}$가 유리수이므로 $\sqrt{3}$도 유리수이다.

그런데 $\sqrt{3}$은 무리수이므로 가정에 모순이다.
따라서 $b=0$이고, $a+b\sqrt{3}=0$에 대입하여 풀면 $a=0$
따라서 유리수 a, b에 대하여 $a+b\sqrt{3}=0$이면 $a=0$이고 $b=0$이다.

8 주어진 명제의 결론을 부정하여 a, b가 모두 음수가 아니라고 가정하면
$a\geq0$, $b\geq0$ $\quad\therefore a+b\geq0$
이는 $a+b<0$이라는 가정에 모순이다.
따라서 실수 a, b에 대하여 $a+b<0$이면 a, b 중 적어도 하나는 음수이다.

9 $a^2+b^2-ab=\left(\boxed{^{(가)}\ a-\frac{b}{2}}\right)^2+\frac{3}{4}b^2\geq0$
$\therefore a^2+b^2\geq ab$
이때 등호는 $a-\frac{b}{2}=0$, $\frac{3}{4}b^2=0$, 즉 $\boxed{^{(나)}\ a=b=0}$일 때 성립한다.

10 $\frac{a}{1+a}-\frac{b}{1+b}=\frac{a(1+b)-\boxed{^{(가)}\ b(1+a)}}{(1+a)(1+b)}$
$=\frac{\boxed{^{(나)}\ a-b}}{(1+a)(1+b)}>0$ ($\because a>b>0$)
$\therefore \frac{a}{1+a}>\frac{b}{1+b}$

11 $(\sqrt{a-b})^2-(\sqrt{a}-\sqrt{b})^2$
$=\boxed{^{(가)}\ a-b}-(a-2\sqrt{ab}+b)$
$=2\sqrt{ab}-2b$
$=2\sqrt{b}(\boxed{^{(나)}\ \sqrt{a}-\sqrt{b}})>0$ ($\because a>b>0$)
$\therefore (\sqrt{a-b})^2>(\sqrt{a}-\sqrt{b})^2$
그런데 $\sqrt{a-b}>0$, $\sqrt{a}-\sqrt{b}>0$이므로
$\sqrt{a-b}>\sqrt{a}-\sqrt{b}$

12 $(|a|+|b|)^2-(|a+b|)^2$
$=a^2+\boxed{^{(가)}\ 2|ab|}+b^2-(a^2+2ab+b^2)$
$=2(\boxed{^{(나)}\ |ab|-ab})\geq0$ ($\because |ab|\geq ab$)
$\therefore (|a|+|b|)^2\geq(|a+b|)^2$
그런데 $|a|+|b|\geq0$, $|a+b|\geq0$이므로
$|a|+|b|\geq|a+b|$
이때 등호는 $|ab|=ab$, 즉 $\boxed{^{(다)}\ ab\geq0}$일 때 성립한다.

13 $a>0$, $b>0$이므로
$2a+3b\geq2\sqrt{2a\times3b}=2\sqrt{6ab}=2\sqrt{36}=12$
(단, 등호는 $2a=3b$일 때 성립)
따라서 구하는 최솟값은 12이다.

14 $3a>0$, $b>0$이므로 $3a+b\geq2\sqrt{3ab}$
$6\geq2\sqrt{3ab}$ $\quad\therefore \sqrt{3ab}\leq3$
양변을 제곱하면 $3ab\leq9$ $\quad\therefore ab\leq3$
이때 ab는 등호가 성립할 때, 즉 $3a=b$일 때 최댓값 3을 갖는다.
$\therefore M=3$
$b=3a$일 때 최댓값을 가지므로 이를 $3a+b=6$에 대입하면
$3a+3a=6$ $\quad\therefore a=1$
이를 $b=3a$에 대입하면 $b=3$
$\therefore \alpha=1$, $\beta=3$
$\therefore M+\alpha-\beta=3+1-3=1$

15 $\frac{a^2-1}{a}+\frac{b^2-1}{b}=a-\frac{1}{a}+b-\frac{1}{b}$
$=a+b-\left(\frac{1}{a}+\frac{1}{b}\right)$
$=a+b-\frac{a+b}{ab}$
$=4-\frac{4}{ab}$ $\quad\cdots\cdots$ ㉠
$a>0$, $b>0$이므로 $a+b\geq2\sqrt{ab}$
$4\geq2\sqrt{ab}$ $\quad\therefore \sqrt{ab}\leq2$ (단, 등호는 $a=b$일 때 성립)
양변을 제곱하면 $ab\leq4$
㉠에서 $\frac{a^2-1}{a}+\frac{b^2-1}{b}=4-\frac{4}{ab}\leq3$
따라서 구하는 최댓값은 3이다.

16 직선 $\frac{x}{a}+\frac{y}{b}=1$이 점 (2, 5)를 지나므로
$\frac{2}{a}+\frac{5}{b}=1$ $\quad\cdots\cdots$ ㉠
$\frac{2}{a}>0$, $\frac{5}{b}>0$이므로 산술평균과 기하평균의 관계에 의하여
$\frac{2}{a}+\frac{5}{b}\geq2\sqrt{\frac{2}{a}\times\frac{5}{b}}=\frac{2\sqrt{10}}{\sqrt{ab}}$
$1\geq\frac{2\sqrt{10}}{\sqrt{ab}}$ ($\because$ ㉠)
$\therefore \sqrt{ab}\geq2\sqrt{10}$ (단, 등호는 $5a=2b$일 때 성립)
양변을 제곱하면 $ab\geq40$
따라서 구하는 최솟값은 40이다.

17 $x>0$, $y>0$이므로
$\left(4x+\frac{1}{y}\right)\left(\frac{1}{x}+16y\right)=20+64xy+\frac{1}{xy}$
$\geq20+2\sqrt{64xy\times\frac{1}{xy}}$
$=20+16=36$
$\left(\text{단, 등호는 } xy=\frac{1}{8}\text{일 때 성립}\right)$
따라서 구하는 최솟값은 36이다.

유형편

18 $a>4$에서 $a-4>0$이므로

$$2a+\frac{2}{a-4}=2(a-4)+\frac{2}{a-4}+8$$
$$\geq 2\sqrt{2(a-4)\times\frac{2}{a-4}}+8$$
$$=4+8=12$$

이때 등호는 $2(a-4)=\frac{2}{a-4}$일 때 성립하므로

$(a-4)^2=1$ $\quad\therefore a=5$ $(\because a>4)$

따라서 $m=12$, $n=5$이므로 $m+n=17$

19 $a>0$, $b>0$, $c>0$이므로

$$\frac{a+b}{c}+\frac{b+c}{a}+\frac{c+a}{b}$$
$$=\left(\frac{a}{b}+\frac{b}{a}\right)+\left(\frac{b}{c}+\frac{c}{b}\right)+\left(\frac{c}{a}+\frac{a}{c}\right)$$
$$\geq 2\sqrt{\frac{a}{b}\times\frac{b}{a}}+2\sqrt{\frac{b}{c}\times\frac{c}{b}}+2\sqrt{\frac{c}{a}\times\frac{a}{c}}$$

$=2+2+2=6$ (단, 등호는 $a=b=c$일 때 성립)

따라서 구하는 최솟값은 6이다.

20 $x\neq0$이므로 $\frac{x}{x^2+4x+4}=\frac{1}{x+4+\frac{4}{x}}$ ...... ㉠

이때 $x>0$이므로

$x+4+\frac{4}{x}\geq 2\sqrt{x\times\frac{4}{x}}+4$

$=4+4=8$ (단, 등호는 $x=2$일 때 성립)

㉠에서 $\frac{x}{x^2+4x+4}\leq\frac{1}{8}$

따라서 구하는 최댓값은 $\frac{1}{8}$이다.

21 x, y가 실수이므로

$(4^2+3^2)(x^2+y^2)\geq(4x+3y)^2$, $25^2\geq(4x+3y)^2$

$\therefore -25\leq 4x+3y\leq 25$ (단, 등호는 $4y=3x$일 때 성립)

따라서 구하는 최댓값은 25이다.

22 x, y가 실수이므로

$\left(1^2+\frac{1}{4^2}\right)(x^2+y^2)\geq\left(x+\frac{y}{4}\right)^2$, $\frac{17}{16}(x^2+y^2)\geq 17$

$\therefore x^2+y^2\geq 16$ (단, 등호는 $4y=x$일 때 성립)

따라서 구하는 최솟값은 16이다.

23 x, y가 실수이므로

$(2^2+3^2)(x^2+y^2)\geq(2x+3y)^2$, $13a\geq(2x+3y)^2$

$\therefore -\sqrt{13a}\leq 2x+3y\leq\sqrt{13a}$

(단, 등호는 $2y=3x$일 때 성립)

따라서 $2x+3y$의 최댓값은 $\sqrt{13a}$이므로

$\sqrt{13a}=13$ $\quad\therefore a=13$

24 $x+y+z=2$에서 $y+z=2-x$ ...... ㉠

$x^2+y^2+z^2=4$에서 $y^2+z^2=4-x^2$ ...... ㉡

y, z가 실수이므로

$(1^2+1^2)(y^2+z^2)\geq(y+z)^2$

㉠, ㉡을 대입하면

$2(4-x^2)\geq(2-x)^2$

$8-2x^2\geq 4-4x+x^2$, $3x^2-4x-4\leq 0$

$(3x+2)(x-2)\leq 0$

$\therefore -\frac{2}{3}\leq x\leq 2$ (단, 등호는 $y=z$일 때 성립)

따라서 구하는 최댓값은 2이다.

25 꽃밭 전체의 가로의 길이를 x m, 세로의 길이를 y m라 하면

$3x+4y=60$

이때 $x>0$, $y>0$이므로

$3x+4y\geq 2\sqrt{3x\times 4y}$

$60\geq 2\sqrt{12xy}$

$\therefore \sqrt{12xy}\leq 30$ (단, 등호는 $3x=4y$일 때 성립)

양변을 제곱하면 $12xy\leq 900$

$\therefore xy\leq 75$

따라서 구하는 넓이의 최댓값은 75 m^2이다.

26 직육면체의 세 모서리의 길이를 각각 6, a, b라 하고 직육면체의 대각선의 길이를 l이라 하면

$l^2=6^2+a^2+b^2$

직육면체의 부피가 108이므로

$6ab=108$ $\quad\therefore ab=18$

$a>0$, $b>0$이므로

$a^2+b^2\geq 2\sqrt{a^2\times b^2}$

$=2ab=36$ (단, 등호는 $a=b$일 때 성립)

$\therefore l^2=6^2+a^2+b^2\geq 36+36=72$

$\therefore l\geq 6\sqrt{2}$

따라서 구하는 대각선의 길이의 최솟값은 $6\sqrt{2}$이다.

27 $\triangle ABC=\triangle ABP+\triangle BCP+\triangle CAP$이므로

$\frac{\sqrt{3}}{4}\times 4^2=\frac{1}{2}\times4\times a+\frac{1}{2}\times4\times b+\frac{1}{2}\times4\times 2a$

$\therefore 3a+b=2\sqrt{3}$

a, b가 실수이므로

$(3^2+1^2)(a^2+b^2)\geq(3a+b)^2$

$10(a^2+b^2)\geq 12$

$\therefore a^2+b^2\geq\frac{6}{5}$ (단, 등호는 $3b=a$일 때 성립)

따라서 구하는 최솟값은 $\frac{6}{5}$이다.

Ⅲ-1. 함수

01 함수의 뜻과 그래프 68~73쪽

1 ③	2 ②	3 ③	4 ③	5 -1
6 1	7 21	8 ①	9 $\frac{5}{4}$	10 ⑤
11 ⑤	12 ④	13 $\{0\}$, $\{3\}$, $\{0, 3\}$		14 ③
15 ③	16 ㄴ, ㄹ	17 ③	18 ③	19 5
20 ②	21 ②	22 ④	23 ①	24 ⑤
25 $-1<a<1$		26 17	27 ①	28 ①
29 5	30 126	31 120	32 ④	33 100
34 25	35 ②	36 24		

1 ㄱ. 집합 X의 원소 -1에 대응하는 집합 Y의 원소가 없으므로 함수가 아니다.
ㄹ. 집합 X의 원소 -1, 1에 대응하는 집합 Y의 원소가 없으므로 함수가 아니다.
따라서 보기에서 X에서 Y로의 함수인 것은 ㄴ, ㄷ이다.

2 ① 집합 X의 원소 2에 대응하는 집합 X의 원소가 없으므로 함수가 아니다.
③ 집합 X의 원소 -1, 1에 대응하는 집합 X의 원소가 없으므로 함수가 아니다.
④ 집합 X의 원소 0에 대응하는 원소가 2개이므로 함수가 아니다.
⑤ 집합 X의 원소 -2에 대응하는 집합 X의 원소가 없으므로 함수가 아니다.
따라서 X에서 X로의 함수인 것은 ②이다.

3 $X=\{0, 1\}$, $Y=\{-2, -1, 0, 1, 2\}$
③ 집합 X의 원소 1에 대응하는 집합 Y의 원소가 없으므로 함수가 아니다.

4 $X=\{1, 2, 3, 4, 5, 6, 7, 8, 9\}$이므로
$f(1)=1$, $f(2)=2$, $f(3)=2$, $f(4)=3$, $f(5)=2$,
$f(6)=4$, $f(7)=2$, $f(8)=4$, $f(9)=3$
따라서 함수 f의 치역은 $\{1, 2, 3, 4\}$이므로 치역의 모든 원소의 합은 $1+2+3+4=10$

5 $f(1)=f(3)=f(5)=\cdots=f(19)=-1$
$f(2)=f(4)=f(6)=\cdots=f(18)=1$
$\therefore f(1)+f(2)+f(3)+\cdots+f(19)$
$=\underbrace{\{f(1)+f(2)\}}_{=0}+\{f(3)+f(4)\}+\cdots+\{f(17)+f(18)\}+f(19)$
$=f(19)=-1$

6 함수 $f(x)=-ax^2+ax+1$이 X에서 X로의 함수이므로 $f(-1)\in X$, $f(0)\in X$, $f(1)\in X$이어야 한다.
이때 $f(1)=1\in X$, $f(0)=1\in X$이므로
$f(-1)=-1$ 또는 $f(-1)=0$ 또는 $f(-1)=1$
(i) $f(-1)=-1$일 때,
$-2a+1=-1 \quad \therefore a=1$
(ii) $f(-1)=0$일 때,
$-2a+1=0 \quad \therefore a=\frac{1}{2}$
(iii) $f(-1)=1$일 때,
$-2a+1=1 \quad \therefore a=0$
(i), (ii), (iii)에서 a는 자연수이므로 $a=1$

7 $f(x)=-x^2+6x+a$
$=-(x-3)^2+a+9$
이므로 함수 $y=f(x)$의 그래프는 오른쪽 그림과 같다.

$\therefore f(1)=f(5)=b$, $f(3)=17$
$f(1)=b$에서 $-1+6+a=b$
$\therefore a-b=-5 \quad \cdots\cdots$ ㉠
$f(3)=17$에서 $-9+18+a=17 \quad \therefore a=8$
이를 ㉠에 대입하여 풀면 $b=13$
$\therefore a+b=8+13=21$

8 주어진 식의 양변에 $a=1$, $b=1$을 대입하면
$f(1)=f(1)+f(1) \quad \therefore f(1)=0$
주어진 식의 양변에 $a=6$, $b=\frac{1}{6}$을 대입하면
$f(1)=f(6)+f\left(\frac{1}{6}\right)$, $0=2+f\left(\frac{1}{6}\right)$
$\therefore f\left(\frac{1}{6}\right)=-2$

9 주어진 식의 양변에 $a=1$, $b=0$을 대입하면
$f(1)=f(1)f(0)$, $2=2f(0) \quad \therefore f(0)=1$
주어진 식의 양변에 $a=1$, $b=1$을 대입하면
$f(2)=f(1)f(1) \quad \therefore f(2)=4$
주어진 식의 양변에 $a=2$, $b=-2$를 대입하면
$f(0)=f(2)f(-2)$, $1=4f(-2) \quad \therefore f(-2)=\frac{1}{4}$
$\therefore f(-2)+f(0)=\frac{1}{4}+1=\frac{5}{4}$

10 ㄱ. 주어진 식의 양변에 $a=0$, $b=0$을 대입하면
$f(0)=f(0)+f(0) \quad \therefore f(0)=0$
ㄴ. 주어진 식의 양변에 $a=1$, $b=1$을 대입하면
$f(2)=f(1)+f(1)$, $8=2f(1) \quad \therefore f(1)=4$

ㄷ. 주어진 식의 양변에 $a=x$, $b=x$를 대입하면

$f(2x)=f(x)+f(x)$ $\quad \therefore f(2x)=2f(x)$

주어진 식의 양변에 $a=2x$, $b=x$를 대입하면

$f(3x)=f(2x)+f(x)$ $\quad \therefore f(3x)=3f(x)$

⋮

$\therefore f(kx)=kf(x)$

따라서 보기에서 옳은 것은 ㄱ, ㄴ, ㄷ이다.

11 정의역 X의 모든 원소 -1, 0, 1에 대하여 두 함수 f, g의 함숫값을 구하면

ㄱ. $f(-1)=-1$, $f(0)=0$, $f(1)=1$

$g(-1)=1$, $g(0)=0$, $g(1)=1$

$\therefore f\neq g$

ㄴ. $f(-1)=-2$, $f(0)=-1$, $f(1)=0$

$g(-1)=0$, $g(0)=1$, $g(1)=2$

$\therefore f\neq g$

ㄷ. $f(-1)=1$, $f(0)=0$, $f(1)=1$

$g(-1)=1$, $g(0)=0$, $g(1)=1$

$\therefore f=g$

ㄹ. $f(-1)=-1$, $f(0)=0$, $f(1)=1$

$g(-1)=-1$, $g(0)=0$, $g(1)=1$

$\therefore f=g$

따라서 보기에서 $f=g$인 것은 ㄷ, ㄹ이다.

12 두 함수 f와 g가 서로 같으려면

$f(0)=g(0)$, $f(1)=g(1)$, $f(2)=g(2)$

$f(0)=g(0)$, $f(2)=g(2)$에서 $3=a+b$ $\quad \cdots\cdots$ ㉠

$f(1)=g(1)$에서 $2-4+3=b$ $\quad \therefore b=1$

이를 ㉠에 대입하여 풀면 $a=2$

$\therefore 2a-b=4-1=3$

13 $f(x)=g(x)$에서 $2x^2-x=x^2+2x$

$x^2-3x=0$, $x(x-3)=0$ $\quad \therefore x=0$ 또는 $x=3$

따라서 집합 X는 집합 $\{0, 3\}$의 공집합이 아닌 부분집합이므로

$\{0\}$, $\{3\}$, $\{0, 3\}$

14 y축에 평행한 직선 $x=k$(k는 상수)와 한 점에서 만나는 그래프는 ③이다.

15 보기에서 y축에 평행한 직선 $x=k$(k는 상수)와 한 점에서 만나는 그래프는 ㄴ, ㄷ이다.

16 보기에서 x축에 평행한 직선 $y=k$(k는 상수)와 한 점에서 만나고 치역이 실수 전체의 집합인 함수의 그래프는 ㄴ, ㄹ이다.

17 ① $f(-1)=1$, $f(0)=0$, $f(1)=1$

② $f(-1)=1$, $f(0)=0$, $f(1)=1$

③ $f(-1)=-1$, $f(0)=0$, $f(1)=1$

④ $f(-1)=1$, $f(0)=0$, $f(1)=1$

⑤ $f(-1)=1$, $f(0)=1$, $f(1)=1$

따라서 항등함수인 것은 ③이다.

18 ㄴ. $1\neq-1$이지만 $f(1)=f(-1)=1$이므로 일대일함수가 아니다.

ㄷ. $x_1\neq x_2$일 때, $f(x_1)=f(x_2)=4$이므로 일대일함수가 아니다.

따라서 보기에서 일대일함수인 것은 ㄱ, ㄹ이다.

19 ㄱ. $-1 \longrightarrow -1$, $0 \longrightarrow 0$, $1 \longrightarrow 1$

ㄴ. $-1 \longrightarrow 0$, $1 \longrightarrow 0$ ◀ 0에 대응하는 원소가 없다.

ㄷ. $-1 \longrightarrow 0$, $0 \longrightarrow -1$, $1 \longrightarrow 0$

ㄹ. $-1 \longrightarrow 1$, $0 \longrightarrow 0$, $1 \longrightarrow -1$

따라서 보기에서 함수인 것은 ㄱ, ㄷ, ㄹ이고 일대일대응인 것은 ㄱ, ㄹ이므로

$a=3$, $b=2$ $\quad \therefore a+b=5$

20 $f(x)=x$에서 $x^3-2x+2=x$, $x^3-3x+2=0$

$(x-1)^2(x+2)=0$ $\quad \therefore x=-2$ 또는 $x=1$

따라서 공집합이 아닌 집합 X의 개수는

$2^2-1=3$

21 $a<0$이므로 $f(-2)=5$, $f(1)=-1$에서

$-2a+b=5$, $a+b=-1$

두 식을 연립하여 풀면

$a=-2$, $b=1$ $\quad \therefore ab=-2$

22 일대일대응이려면 $x<0$, $x\geq0$일 때의 직선의 기울기의 부호가 서로 같아야 한다.

따라서 두 직선의 기울기의 곱은 항상 양수이므로

$(a+3)(2-a)>0$, $(a+3)(a-2)<0$

$\therefore -3<a<2$

따라서 정수 a는 -2, -1, 0, 1의 4개이다.

23 $f(x)=x^2-2x+k=(x-1)^2+k-1$

함수 f가 일대일대응이려면 $f(5)=1$이어야 하므로

$15+k=1$ $\quad \therefore k=-14$

24 $f(x)=x^2-6x+12=(x-3)^2+3$

함수 f가 일대일대응이려면

$a\geq3$, $f(a)=a$

$f(a)=a$에서 $a^2-6a+12=a$, $a^2-7a+12=0$

$(a-3)(a-4)=0$ $\quad \therefore a=3$ 또는 $a=4$

따라서 모든 a의 값의 합은 $3+4=7$

25 $f(x)=a|x-1|+x-2$에서

(i) $x\geq 1$일 때,

$f(x)=a(x-1)+x-2=(a+1)x-a-2$

(ii) $x<1$일 때,

$f(x)=-a(x-1)+x-2=(1-a)x+a-2$

(i), (ii)에서

$f(x)=\begin{cases}(a+1)x-a-2 & (x\geq 1)\\(1-a)x+a-2 & (x<1)\end{cases}$

이때 일대일대응이려면 $x\geq 1$, $x<1$일 때의 직선의 기울기의 부호가 서로 같아야 한다.

따라서 두 직선의 기울기의 곱은 항상 양수이므로

$(a+1)(1-a)>0$, $(a+1)(a-1)<0$

$\therefore -1<a<1$

26 $f(x)=x^2-4x+3=(x-2)^2-1$

함수 f가 일대일대응이려면

$a\geq 2$, $f(a)=b$

$\therefore a-b=a-f(a)=a-(a^2-4a+3)$

$=-a^2+5a-3$

$=-\left(a-\frac{5}{2}\right)^2+\frac{13}{4}$

따라서 $a-b$의 최댓값은 $a=\frac{5}{2}$일 때, $\frac{13}{4}$이므로

$p=4$, $q=13$ $\quad\therefore p+q=17$

27 함수 f는 항등함수이므로 $f(x)=x$ $\quad\therefore f(3)=3$

$g(2)=2$이고 함수 g는 상수함수이므로

$g(x)=2$ $\quad\therefore g(4)=2$

$\therefore f(3)+g(4)=3+2=5$

28 함수 f가 일대일대응이고 $f(1)=7$이므로

$f(2)-f(3)=3$이려면 $f(2)=8$, $f(3)=5$

$\therefore f(4)=6$

$\therefore f(3)+f(4)=5+6=11$

29 함수 g는 항등함수이므로 $g(x)=x$

$f(1)=g(3)+h(3)$에서 $f(1)=3+h(3)$

$X=\{1, 2, 3, 4\}$에서 $f(1)$의 값이 될 수 있는 것은 4이므로 $f(1)=4$, $h(3)=1$

이때 함수 h는 상수함수이므로 $h(4)=h(3)=1$

또 $f(4)=f(2)+2$에서 $f(4)>2$이고 함수 f는 일대일대응이므로

$f(4)=3$, $f(2)=1$

따라서 $f(3)=2$이므로

$f(3)+g(2)+h(4)=2+2+1=5$

30 일대일대응의 개수는 $a=5!=120$

상수함수의 개수는 $b=5$

항등함수의 개수는 $c=1$

$\therefore a+b+c=120+5+1=126$

31 '$f(x_1)=f(x_2)$이면 $x_1=x_2$이다.'의 대우는

'$x_1\neq x_2$이면 $f(x_1)\neq f(x_2)$이다.'

따라서 주어진 조건을 만족시키는 함수 f는 일대일함수이므로 구하는 함수 f의 개수는

${}_5P_4=120$

32 집합 Y의 원소의 개수를 a라 하면 일대일함수의 개수는 ${}_aP_3$이므로

$a\times(a-1)\times(a-2)=24$

이때 $24=4\times3\times2$이므로 $a=4$

따라서 X에서 Y로의 상수함수의 개수는 4이다.

33 (가)를 만족시키려면 공역의 원소 1, 2, 3, 4, 5 중 3개를 택하여 크기가 작은 것부터 순서대로 정의역의 원소 1, 2, 3에 대응시키면 되므로

${}_5C_3={}_5C_2=10$

(나)를 만족시키려면 공역의 원소 1, 2, 3, 4, 5 중 2개를 택하여 크기가 작은 것부터 순서대로 정의역의 원소 4, 5에 대응시키면 되므로

${}_5C_2=10$

따라서 구하는 함수 f의 개수는

$10\times10=100$

34 $f(0)=-f(0)$에서

$2f(0)=0$ $\quad\therefore f(0)=0$

$f(-2)=-f(2)$, $f(-1)=-f(1)$이므로 $f(-2)$, $f(-1)$의 값은 $f(2)$, $f(1)$의 값에 따라 1가지로 결정된다.

$f(1)$, $f(2)$의 값은 각각 -2, -1, 0, 1, 2의 5가지 중 하나이므로 구하는 함수 f의 개수는

$5\times5=25$

35 $f(1)=a$, $f(2)=b\,(a\in Y,\ b\in Y)$라 하면 $a+b$가 4의 배수가 되도록 하는 순서쌍 (a, b)의 개수는

(i) $a+b=4$일 때,

(1, 3), (2, 2), (3, 1)의 3개

(ii) $a+b=8$일 때,

(2, 6), (3, 5), (4, 4), (5, 3), (6, 2)의 5개

(iii) $a+b=12$일 때,

(6, 6)의 1개

(i), (ii), (iii)에서 구하는 함수 f의 개수는

$3+5+1=9$

36 ㈏를 만족시키려면 $f(n)=1$, $f(n+1)=5$

(i) $f(1)=1$, $f(2)=5$일 때,
㈎를 만족시키는 함수 f의 개수는
$3!=6$

(ii) $f(2)=1$, $f(3)=5$일 때,
㈎를 만족시키는 함수 f의 개수는
$3!=6$

(iii) $f(3)=1$, $f(4)=5$일 때,
㈎를 만족시키는 함수 f의 개수는
$3!=6$

(iv) $f(4)=1$, $f(5)=5$일 때,
㈎를 만족시키는 함수 f의 개수는
$3!=6$

(i)~(iv)에서 구하는 함수 f의 개수는
$6+6+6+6=24$

02 합성함수 74~76쪽

1 ②	**2** ④	**3** ①	**4** ②	**5** 10
6 ②	**7** 3000	**8** ④	**9** 30	**10** -2
11 ④	**12** ⑤	**13** 5	**14** ②	
15 $f(x)=12x-13$		**16** -11	**17** $h(x)=2x-9$	
18 풀이 참조		**19** ⑤		

1 $(f\circ f)(2)=f(f(2))=f(3)=1$
$(f\circ f\circ f)(2)=f(f(f(2)))=f(f(3))=f(1)=2$
$\therefore (f\circ f)(2)+(f\circ f\circ f)(2)=1+2=3$

2 $(f\circ f)(5)=f(f(5))=f(9)=17$

3 $(f\circ g)(-3)=f(g(-3))=f(3)=8$
$(g\circ f)(2)=g(f(2))=g(3)=0$
$\therefore (f\circ g)(-3)+(g\circ f)(2)=8+0=8$

4 $(h\circ(g\circ f))(3)=((h\circ g)\circ f)(3)$
$=(h\circ g)(f(3))$
$=(h\circ g)(12)=6$

5 $(f\circ g)(a)=f(g(a))=f(2a-10)$
$=(2a-10)^2+3=4a^2-40a+103$
$(f\circ g)(a)=103$에서 $4a^2-40a+103=103$
$4a^2-40a=0$, $4a(a-10)=0$
$\therefore a=10$ ($\because a>0$)

6 함수 g가 항등함수이므로 $g(x)=x$
㈎의 $f(g(1))=g(2)$에서 $f(1)=2$
또 $h(g(3))=g(2)$에서 $h(3)=2$
함수 h는 상수함수이므로 $h(x)=2$
㈏에서 $h(h(2))+g(1)=f(h(3))$
$2+1=f(2)$ $\quad\therefore f(2)=3$
함수 f는 일대일대응이고 $f(1)=2$, $f(2)=3$이므로
$f(3)=1$
$\therefore f(3)g(3)h(1)=1\times3\times2=6$

7 $f(x)=x+4$에서
$f^2(x)=(f\circ f^1)(x)=f(f(x))$
$=f(x+4)=x+4\times2$
$f^3(x)=(f\circ f^2)(x)=f(f^2(x))$
$=f(x+4\times2)=x+4\times3$
⋮
$\therefore f^n(x)=x+4n$
따라서 $f^{1000}(x)=x+4000$이므로
$f^{1000}(-1000)=3000$

8 $f(80)=40$이므로
$f^2(80)=(f\circ f^1)(80)=f(f(80))=f(40)=20$
$f^3(80)=(f\circ f^2)(80)=f(f^2(80))=f(20)=10$
$f^4(80)=(f\circ f^3)(80)=f(f^3(80))=f(10)=5$
$f^5(80)=(f\circ f^4)(80)=f(f^4(80))=f(5)=3$
$f^6(80)=(f\circ f^5)(80)=f(f^5(80))=f(3)=2$
$f^7(80)=(f\circ f^6)(80)=f(f^6(80))=f(2)=1$
따라서 구하는 자연수 k의 최솟값은 7이다.

9 $f^1(2)=f(2)=2-1=1$
$f^2(2)=f(f(2))=f(1)=3$
$f^3(2)=f(f^2(2))=f(3)=3-1=2$
$f^4(2)=f(f^3(2))=f(2)=2-1=1$
⋮
$f^n(2)$의 값은 1, 3, 2가 이 순서대로 반복되므로
$f^1(2)+f^2(2)+f^3(2)+\cdots+f^{15}(2)$
$=5(1+3+2)=30$

10 $(f\circ g)(x)=f(g(x))=f(2x-1)$
$=a(2x-1)+3=2ax-a+3$
$(g\circ f)(x)=g(f(x))=g(ax+3)$
$=2(ax+3)-1=2ax+5$
이때 $f\circ g=g\circ f$에서 $2ax-a+3=2ax+5$
즉, $-a+3=5$이므로 $a=-2$

11 $(f\circ f)(x)=f(f(x))=f(ax+b)$
$=a(ax+b)+b=a^2x+ab+b$
즉, $a^2x+ab+b=9x-8$이므로
$a^2=9$, $ab+b=-8$
$a^2=9$에서 $a=3$ ($\because a>0$)
이를 $ab+b=-8$에 대입하면
$4b=-8$ $\therefore b=-2$
$\therefore a+b=3+(-2)=1$

12 $(f\circ g)(x)=f(g(x))=f(ax+2)$
$=ax+2-1=ax+1$
이때 $(f\circ g)(2)=5$에서
$2a+1=5$ $\therefore a=2$
따라서 $g(x)=2x+2$이므로
$(g\circ f)(2)=g(f(2))=g(1)=4$

13 $g(x)=ax+b\,(a\neq0)$라 하면
$(f\circ g)(x)=f(g(x))=f(ax+b)$
$=3(ax+b)-2=3ax+3b-2$
$(g\circ f)(x)=g(f(x))=g(3x-2)$
$=a(3x-2)+b=3ax-2a+b$
이때 $f\circ g=g\circ f$에서 $3ax+3b-2=3ax-2a+b$
즉, $3b-2=-2a+b$이므로 $a+b=1$ ...... ㉠
한편 $g(2)=-1$에서 $2a+b=-1$ ...... ㉡
㉠, ㉡을 연립하여 풀면 $a=-2$, $b=3$
따라서 $g(x)=-2x+3$이므로
$g(-1)=2+3=5$

14 $(f\circ h)(x)=f(h(x))=h(x)-1$
이때 $f\circ h=g$에서 $h(x)-1=-x+2$
$\therefore h(x)=-x+3$

15 $\frac{x+4}{3}=t$로 놓으면 $x=3t-4$이므로
$f(t)=4(3t-4)+3=12t-13$
$\therefore f(x)=12x-13$

16 $h(f(x))=g(x)$이므로
$h(2x+4)=3x-2$
$2x+4=-2$에서 $x=-3$
$\therefore h(-2)=-9-2=-11$

17 $((h\circ g)\circ f)(x-2)=(h\circ(g\circ f))(x-2)$
$=h((g\circ f)(x-2))$
$=h(-(x-2)+3)$
$=h(-x+5)$
$\therefore h(-x+5)=-2x+1$
$-x+5=t$로 놓으면 $x=5-t$이므로
$h(t)=-2(5-t)+1=2t-9$
$\therefore h(x)=2x-9$

18 (i) $x<1$일 때,
$f(x)=2$이므로
$(g\circ f)(x)=g(f(x))=g(2)=0$
(ii) $x\geq1$일 때,
$f(x)=1$이므로
$(g\circ f)(x)=g(f(x))=g(1)=4$
(i), (ii)에서 $(g\circ f)(x)=\begin{cases}0 & (x<1)\\4 & (x\geq1)\end{cases}$
따라서 합성함수 $y=(g\circ f)(x)$의 그래프는 오른쪽 그림과 같다.

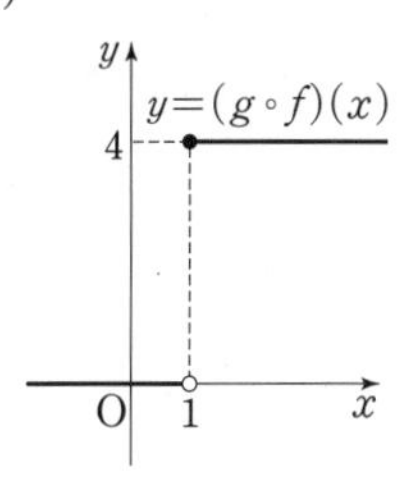

19 주어진 그래프에서
$f(x)=2x\ (0\leq x\leq2)$, $g(x)=\begin{cases}1 & (0\leq x<1)\\-x+2 & (1\leq x\leq2)\end{cases}$
$\therefore (f\circ g)(x)=f(g(x))=2g(x)$
$=\begin{cases}2 & (0\leq x<1)\\-2x+4 & (1\leq x\leq2)\end{cases}$
따라서 합성함수 $y=(f\circ g)(x)$의 그래프는 오른쪽 그림과 같으므로 구하는 넓이는
$\frac{1}{2}\times(1+2)\times2=3$

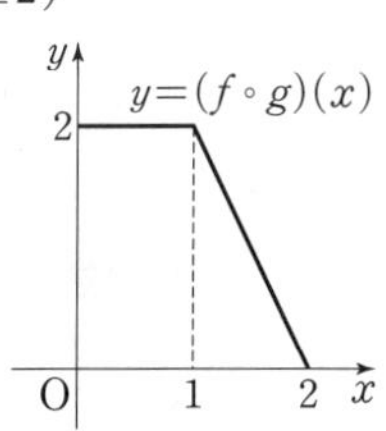

03 역함수 77~80쪽

1 ②	**2** 4	**3** ⑤	**4** ②	**5** ①
6 ③	**7** ④	**8** ③	**9** 4	**10** ①
11 ②	**12** -1	**13** 8	**14** $-\frac{7}{3}$	**15** ④
16 $h(x)=\begin{cases}x-1 & (x\geq2)\\2x-3 & (x<2)\end{cases}$			**17** ①	**18** ①
19 ⑤	**20** ①	**21** ②	**22** ③	**23** ④
24 40				

1 $g^{-1}(3)=k$(k는 상수)라 하면 $g(k)=3$이므로
$k=5$
$(g\circ f)(4)=g(f(4))=g(7)=2$
$\therefore g^{-1}(3)+(g\circ f)(4)=5+2=7$

2 $f^{-1}(3)=-1$에서 $f(-1)=3$이므로
$-a+b=3$ ⋯⋯ ㉠
$f^{-1}(6)=2$에서 $f(2)=6$이므로
$2a+b=6$ ⋯⋯ ㉡
㉠, ㉡을 연립하여 풀면 $a=1$, $b=4$
$\therefore ab=1\times4=4$

3 $(f^{-1}\circ g)(a)=f^{-1}(g(a))=1$에서
$f(1)=g(a)$
$2-1=3a-2$ $\quad\therefore a=1$

4 $\dfrac{x+2}{5}=t$로 놓으면 $x=5t-2$이므로
$f(t)=-(5t-2)+4=-5t+6$
$\therefore f(x)=-5x+6$
$f^{-1}(1)=k$(k는 상수)라 하면 $f(k)=1$이므로
$-5k+6=1$ $\quad\therefore k=1$
$\therefore f^{-1}(1)=1$

다른 풀이
$f^{-1}(1)=k$(k는 상수)라 하면 $f(k)=1$이므로
$-x+4=1$ $\quad\therefore x=3$
$f\left(\dfrac{x+2}{5}\right)=-x+4$의 양변에 $x=3$을 대입하면 $f(1)=1$
$\therefore k=1$ $\quad\therefore f^{-1}(1)=1$

5 $(f\circ g)(x)=f(g(x))=f(2x+a)$
$=2x+a+a=2x+2a$
즉, $2x+2a=2x+6$이므로
$2a=6$ $\quad\therefore a=3$
$\therefore f(x)=x+3$, $g(x)=2x+3$
$(g\circ f^{-1})(-1)=g(f^{-1}(-1))$에서
$f^{-1}(-1)=k$(k는 상수)라 하면 $f(k)=-1$이므로
$k+3=-1$ $\quad\therefore k=-4$
$\therefore (g\circ f^{-1})(-1)=g(f^{-1}(-1))=g(-4)=-5$

6 $f^{-1}(4)=2$에서 $f(2)=4$
함수 f는 일대일대응이므로 $f(4)=3$
$(f\circ f)(4)=f(f(4))=f(3)=1$
$(f\circ f\circ f)(1)=f(f(f(1)))=f(f(2))=f(4)=3$
$\therefore (f\circ f)(4)+(f\circ f\circ f)(1)=1+3=4$

7 함수 f의 역함수가 존재하려면 함수 f는 일대일대응이어야 한다.
직선 $y=f(x)$의 기울기가 음수이므로
$f(-1)=b$, $f(3)=a$
따라서 $a=-5$, $b=3$이므로
$a-b=-8$

8 $f(x)=ax+|2x-2|$에서
(i) $x\geq1$일 때,
$f(x)=ax+2x-2=(a+2)x-2$
(ii) $x<1$일 때,
$f(x)=ax-(2x-2)=(a-2)x+2$
함수 f의 역함수가 존재하려면 함수 f는 일대일대응이어야 하므로 (i), (ii)에서 $x\geq1$, $x<1$일 때의 직선의 기울기의 부호가 서로 같아야 한다.
따라서 $(a+2)(a-2)>0$이므로
$a<-2$ 또는 $a>2$

9 함수 f의 역함수가 존재하려면 함수 f는 일대일대응이어야 하므로 $y=f(x)$의 그래프는 오른쪽 그림과 같아야 한다.
$\therefore a-1<0$, $f(0)=0$
$f(0)=0$에서 $a^2-4=0$, $a^2=4$
$\therefore a=\pm2$
이때 $a-1<0$에서 $a<1$이므로 $a=-2$
$\therefore f(a)=f(-2)=(-2)^2=4$

10 $y=-\dfrac{1}{2}x+3$에서 $x=-2y+6$이므로 역함수는
$y=-2x+6$
따라서 $a=-2$, $b=6$이므로
$ab=-12$

11 $(g\circ f)(x)=g(f(x))=g(ax+b)$
$=2(ax+b)-1$
$=2ax+2b-1$
$y=2ax+2b-1$이라 하면
$2ax=y-2b+1$ $\quad\therefore x=\dfrac{1}{2a}y-\dfrac{2b-1}{2a}$
따라서 역함수는 $y=\dfrac{1}{2a}x-\dfrac{2b-1}{2a}$
즉, $\dfrac{1}{2a}=-\dfrac{1}{4}$, $-\dfrac{2b-1}{2a}=\dfrac{1}{4}$이므로
$2a=-4$, $2b-1=1$ $\quad\therefore a=-2$, $b=1$
$\therefore a+b=-1$

12 $2x+1=t$로 놓으면 $x=\dfrac{t-1}{2}$
$\therefore f(t)=6\times\dfrac{t-1}{2}+12=3t+9$
$\therefore f(x)=3x+9$
$y=3x+9$라 하면 $x=\dfrac{1}{3}y-3$이므로 역함수는
$y=\dfrac{1}{3}x-3$

따라서 $f^{-1}(x)=\frac{1}{3}x-3$이므로 $a=\frac{1}{3}$, $b=-3$

$\therefore ab=-1$

13 $(f\circ(g\circ f)^{-1}\circ f)(2)=(f\circ f^{-1}\circ g^{-1}\circ f)(2)$
$=(g^{-1}\circ f)(2)$
$=g^{-1}(f(2))$
$=g^{-1}(7)$

$g^{-1}(7)=k$ (k는 상수)라 하면 $g(k)=7$이므로

$k-1=7 \qquad \therefore k=8$

$\therefore (f\circ(g\circ f)^{-1}\circ f)(2)=g^{-1}(7)=8$

14 $(g^{-1}\circ f)^{-1}(1)=(f^{-1}\circ g)(1)$
$=f^{-1}(g(1))$
$=f^{-1}(2)$

$f^{-1}(2)=a$ (a는 상수)라 하면 $f(a)=2$이므로

$a+4=2 \qquad \therefore a=-2$

$\therefore (g^{-1}\circ f)^{-1}(1)=f^{-1}(2)=-2$

$(f\circ g)^{-1}(2)=(g^{-1}\circ f^{-1})(2)$
$=g^{-1}(f^{-1}(2))$
$=g^{-1}(-2)$

$g^{-1}(-2)=b$ (b는 상수)라 하면 $g(b)=-2$이므로

$3b-1=-2 \qquad \therefore b=-\frac{1}{3}$

$\therefore (f\circ g)^{-1}(2)=g^{-1}(-2)=-\frac{1}{3}$

$\therefore (g^{-1}\circ f)^{-1}(1)+(f\circ g)^{-1}(2)=-2+\left(-\frac{1}{3}\right)$
$=-\frac{7}{3}$

15 함수 $y=f(2x+3)$에서 $h(x)=2x+3$이라 하면 함수 $y=f(h(x))=(f\circ h)(x)$의 역함수는

$(f\circ h)^{-1}(x)=(h^{-1}\circ f^{-1})(x)$
$=h^{-1}(f^{-1}(x))$
$=h^{-1}(g(x)) \qquad \cdots\cdots$ ㉠

$h(x)=2x+3$에서 $y=2x+3$이라 하면

$2x=y-3 \qquad \therefore x=\frac{1}{2}y-\frac{3}{2}$

따라서 역함수는 $y=\frac{1}{2}x-\frac{3}{2}$

$\therefore h^{-1}(x)=\frac{1}{2}x-\frac{3}{2}$

㉠에서

$(f\circ h)^{-1}(x)=h^{-1}(g(x))=\frac{1}{2}g(x)-\frac{3}{2}$

따라서 $a=\frac{1}{2}$, $b=-\frac{3}{2}$이므로

$a+b=-1$

16 $f\circ h=g^{-1}$에서

$f^{-1}\circ f\circ h=f^{-1}\circ g^{-1} \qquad \therefore h=(g\circ f)^{-1}$

(i) $x\geq 1$일 때,

$(g\circ f)(x)=g(f(x))=g(2x)$
$=\frac{1}{2}\times 2x+1=x+1$

$y=x+1$이라 하면 $y\geq 2$이고 $x=y-1$이므로 역함수는

$(g\circ f)^{-1}(x)=x-1$ (단, $x\geq 2$)

(ii) $x<1$일 때,

$(g\circ f)(x)=g(f(x))=g(x+1)$
$=\frac{1}{2}(x+1)+1=\frac{1}{2}x+\frac{3}{2}$

$y=\frac{1}{2}x+\frac{3}{2}$이라 하면 $y<2$이고 $x=2y-3$이므로 역함수는

$(g\circ f)^{-1}(x)=2x-3$ (단, $x<2$)

(i), (ii)에서

$h(x)=(g\circ f)^{-1}(x)=\begin{cases} x-1 & (x\geq 2) \\ 2x-3 & (x<2) \end{cases}$

17 $(f\circ f)(x)=x$에서 $f(x)=f^{-1}(x)$

$\therefore f(1)=f^{-1}(1)=-2$

다른 풀이

$f^{-1}(1)=-2$에서 $f(-2)=1$이므로

$(f\circ f)(x)=x$의 양변에 $x=-2$를 대입하면

$f(f(-2))=-2 \qquad \therefore f(1)=-2$

18 $f=f^{-1}$이면 $(f\circ f)(x)=x$

ㄱ. $f(x)=-x$이므로

$f(f(x))=f(-x)=-(-x)=x$

ㄴ. $f(x)=-x+4$이므로

$f(f(x))=f(-x+4)=-(-x+4)+4=x$

ㄷ. $f(x)=3x$이므로

$f(f(x))=f(3x)=3\times 3x=9x$

ㄹ. $f(x)=\frac{1}{4}x$이므로

$f(f(x))=f\left(\frac{1}{4}x\right)=\frac{1}{4}\times\frac{1}{4}x=\frac{1}{16}x$

따라서 보기에서 $f=f^{-1}$를 만족시키는 함수는 ㄱ, ㄴ이다.

19 $f=f^{-1}$이면 $(f\circ f)(x)=x$

$f(f(x))=f(ax+2)=a(ax+2)+2$
$=a^2x+2a+2$

즉, $a^2x+2a+2=x$이므로

$a^2=1$, $2a+2=0 \qquad \therefore a=-1$

따라서 $f(x)=-x+2$이므로

$f(-1)=3$

유형편

20 $(f^{-1}\circ f^{-1})(c)=f^{-1}(f^{-1}(c))$

$f^{-1}(c)=k$ (k는 상수)라 하면 $f(k)=c$이므로

$k=b$

$f^{-1}(b)=l$ (l은 상수)이라 하면 $f(l)=b$이므로

$l=a$

$\therefore (f^{-1}\circ f^{-1})(c)$

$=f^{-1}(f^{-1}(c))$

$=f^{-1}(b)=a$

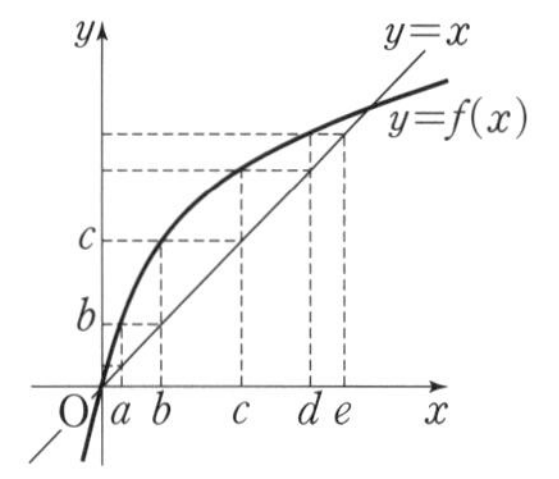

21 $f^{-1}(b)=k$ (k는 상수)라 하면 $f(k)=b$이므로

$k=c$

$g^{-1}(c)=l$ (l은 상수)이라 하면 $g(l)=c$이므로

$l=b$

$\therefore g^{-1}(f^{-1}(b))=g^{-1}(c)$

$=b$

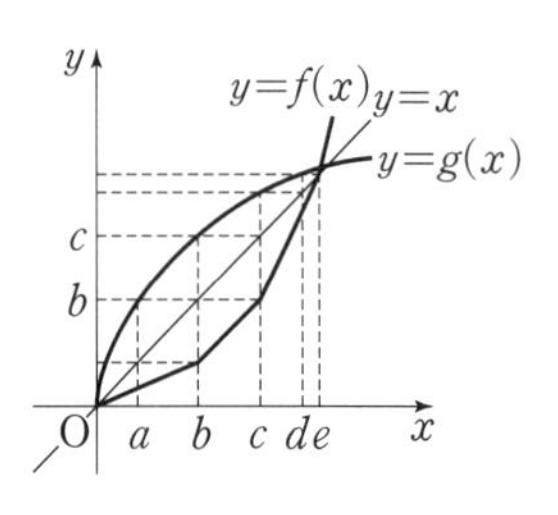

22 두 함수 $y=f(x)$, $y=f^{-1}(x)$의 그래프의 교점은 함수 $y=f(x)$의 그래프와 직선 $y=x$의 교점과 같다.

$-2x+6=x$에서 $x=2$

따라서 교점의 좌표는 $(2, 2)$이므로

$a=2$, $b=2$ $\therefore a+b=4$

23 두 함수 $y=f(x)$, $y=f^{-1}(x)$의 그래프의 교점은 함수 $y=f(x)$의 그래프와 직선 $y=x$의 교점과 같다.

$x^2-6x+12=x$에서 $x^2-7x+12=0$

$(x-3)(x-4)=0$ $\therefore x=3$ 또는 $x=4$

따라서 두 점 A, B의 좌표는 $(3, 3)$, $(4, 4)$이므로

$\overline{AB}=\sqrt{(4-3)^2+(4-3)^2}=\sqrt{2}$

24 함수 $y=f(x)$의 역함수 $y=f^{-1}(x)$의 그래프는 함수 $y=f(x)$의 그래프와 직선 $y=x$에 대하여 대칭이므로 오른쪽 그림과 같다.

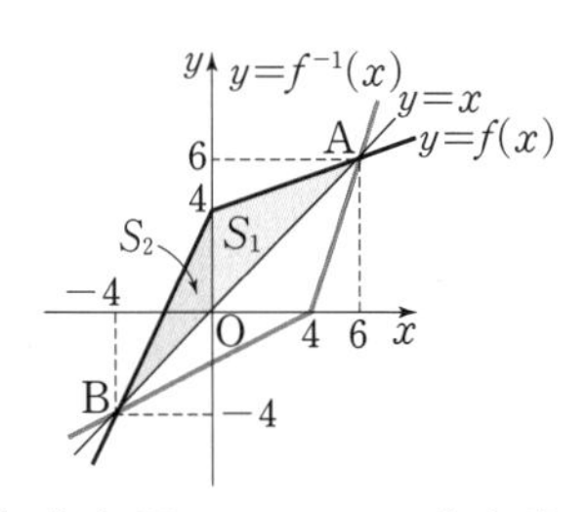

따라서 구하는 넓이를 S라 하면 S는 $-4\le x\le 6$에서 함수 $y=f(x)$의 그래프와 직선 $y=x$로 둘러싸인 부분의 넓이의 2배이다.

위의 그림에서 $S_1=\frac{1}{2}\times4\times6=12$, $S_2=\frac{1}{2}\times4\times4=8$이므로

$S=2(S_1+S_2)=2(12+8)=40$

III-2. 유리함수와 무리함수

01 유리함수 82~88쪽

1 $\frac{2}{x^2-4}$	**2** $\frac{x+2}{x+4}$	**3** 1	**4** ③	**5** -12
6 ④	**7** ①	**8** $\frac{2x+3}{(x+2)(x+1)}$		**9** -96
10 ①	**11** ③	**12** $\frac{1}{2}$	**13** ②	**14** 3
15 $\frac{11}{14}$	**16** ③	**17** ④	**18** 제3사분면	
19 ③	**20** 11	**21** 1	**22** ⑤	**23** -6
24 ①	**25** ③	**26** $\frac{13}{2}$	**27** 1	**28** ②
29 ②	**30** -5	**31** ②	**32** -1	**33** 3
34 ⑤	**35** ③	**36** 5	**37** $m\le0$	**38** ②
39 3	**40** $\frac{2}{21}$	**41** 0	**42** -3	**43** 2
44 ⑤	**45** -1			

1 $\frac{1}{x-2}-\frac{x}{x^2-4}=\frac{x+2-x}{(x-2)(x+2)}$

$=\frac{2}{x^2-4}$

2 $\frac{x^2+x-2}{x^2+x-6}\times\frac{x+3}{x+2}\div\frac{x^2+3x-4}{x^2-4}$

$=\frac{(x+2)(x-1)}{(x+3)(x-2)}\times\frac{x+3}{x+2}\times\frac{(x+2)(x-2)}{(x+4)(x-1)}$

$=\frac{x+2}{x+4}$

3 $\frac{a^2}{(a-b)(a-c)}+\frac{b^2}{(b-c)(b-a)}+\frac{c^2}{(c-a)(c-b)}$

$=\frac{-a^2}{(a-b)(c-a)}+\frac{-b^2}{(a-b)(b-c)}+\frac{-c^2}{(b-c)(c-a)}$

$=\frac{-a^2(b-c)-b^2(c-a)-c^2(a-b)}{(a-b)(b-c)(c-a)}$

분자를 a에 대하여 내림차순으로 정리하여 인수분해하면

$-a^2(b-c)-b^2(c-a)-c^2(a-b)$

$=-(b-c)a^2+(b^2-c^2)a-b^2c+bc^2$

$=-(b-c)a^2+(b+c)(b-c)a-bc(b-c)$

$=-(b-c)\{a^2-(b+c)a+bc\}$

$=-(b-c)(a-b)(a-c)$

$=(a-b)(b-c)(c-a)$

$\therefore \frac{a^2}{(a-b)(a-c)}+\frac{b^2}{(b-c)(b-a)}+\frac{c^2}{(c-a)(c-b)}$

$=\frac{(a-b)(b-c)(c-a)}{(a-b)(b-c)(c-a)}$

$=1$

4 $\frac{a^2+1}{bc}+\frac{b^2+1}{ca}+\frac{c^2+1}{ab}$

$=\frac{a(a^2+1)+b(b^2+1)+c(c^2+1)}{abc}$

$=\frac{a^3+b^3+c^3+a+b+c}{abc}$

$=\frac{a^3+b^3+c^3}{abc}$ ($\because a+b+c=0$)

$=\frac{(a+b+c)(a^2+b^2+c^2-ab-bc-ca)+3abc}{abc}$

$=\frac{3abc}{abc}$ ($\because a+b+c=0$)

$=3$

5 우변을 통분하여 정리하면

$\frac{a}{x-1}+\frac{b}{x-2}=\frac{a(x-2)+b(x-1)}{(x-1)(x-2)}$

$=\frac{(a+b)x-2a-b}{x^2-3x+2}$

이때 $\frac{2x+3}{x^2-3x+2}=\frac{(a+b)x-2a-b}{x^2-3x+2}$가 x에 대한 항등식이므로

$a+b=2$, $-2a-b=3$

두 식을 연립하여 풀면 $a=-5$, $b=7$

$\therefore a-b=-12$

6 좌변을 통분하여 정리하면

$\frac{2}{x-1}+\frac{ax+1}{x^2+x+1}$

$=\frac{2(x^2+x+1)+(ax+1)(x-1)}{(x-1)(x^2+x+1)}$

$=\frac{(a+2)x^2+(3-a)x+1}{x^3-1}$

이때 $\frac{(a+2)x^2+(3-a)x+1}{x^3-1}=\frac{bx+1}{x^3-1}$이 x에 대한 항등식이므로

$a+2=0$, $3-a=b$

$\therefore a=-2$, $b=5$

$\therefore b-a=7$

7 좌변을 통분하여 정리하면

$\frac{a}{x+1}-\frac{b}{x-2}-\frac{c}{x}$

$=\frac{ax(x-2)-bx(x+1)-c(x+1)(x-2)}{x(x+1)(x-2)}$

$=\frac{(a-b-c)x^2-(2a+b-c)x+2c}{x(x+1)(x-2)}$

이때

$\frac{(a-b-c)x^2-(2a+b-c)x+2c}{x(x+1)(x-2)}=\frac{2-4x}{x(x+1)(x-2)}$

가 x에 대한 항등식이므로

$a-b-c=0$, $2a+b-c=4$, $2c=2$

$c=1$이므로 $a-b=1$, $2a+b=5$

두 식을 연립하여 풀면 $a=2$, $b=1$

$\therefore abc=2\times1\times1=2$

8 $\frac{2x^2+4x+1}{x+2}-\frac{2x^2+2x-1}{x+1}$

$=\frac{2x(x+2)+1}{x+2}-\frac{2x(x+1)-1}{x+1}$

$=2x+\frac{1}{x+2}-2x+\frac{1}{x+1}$

$=\frac{1}{x+2}+\frac{1}{x+1}$

$=\frac{2x+3}{(x+2)(x+1)}$

9 $\frac{x+1}{x}-\frac{x+2}{x+1}-\frac{x-4}{x-3}+\frac{x-5}{x-4}$

$=1+\frac{1}{x}-\left(1+\frac{1}{x+1}\right)-\left(1-\frac{1}{x-3}\right)+1-\frac{1}{x-4}$

$=\frac{1}{x}-\frac{1}{x+1}+\frac{1}{x-3}-\frac{1}{x-4}$

$=\frac{1}{x(x+1)}-\frac{1}{(x-3)(x-4)}$

$=\frac{-8x+12}{x(x+1)(x-3)(x-4)}$

따라서 $a=-8$, $b=12$이므로

$ab=-96$

10 $1-\cfrac{1}{1-\cfrac{1}{1-\cfrac{1}{x}}}=1-\cfrac{1}{1-\cfrac{1}{\cfrac{x-1}{x}}}=1-\cfrac{1}{1-\cfrac{x}{x-1}}$

$=1-\cfrac{1}{\cfrac{-1}{x-1}}=1+x-1=x$

11 $\frac{1}{x(x+1)}+\frac{4}{(x+1)(x+5)}+\frac{6}{(x+5)(x+11)}$

$=\frac{1}{x}-\frac{1}{x+1}+\frac{1}{x+1}-\frac{1}{x+5}+\frac{1}{x+5}-\frac{1}{x+11}$

$=\frac{1}{x}-\frac{1}{x+11}=\frac{11}{x(x+11)}$

따라서 $a=11$, $b=11$이므로 $a+b=22$

12 $\cfrac{\cfrac{1}{x+1}+\cfrac{1}{x-1}}{\cfrac{x}{x+1}+\cfrac{1}{x-1}}=\cfrac{\cfrac{x-1+x+1}{(x+1)(x-1)}}{\cfrac{x(x-1)+x+1}{(x+1)(x-1)}}=\frac{2x}{x^2+1}$

이때 $x^2-4x+1=0$에서 $x^2+1=4x$이므로 대입하면 구하는 식의 값은

$\frac{2x}{x^2+1}=\frac{2x}{4x}=\frac{1}{2}$

유형편

13 $\dfrac{67}{29}=2+\dfrac{9}{29}=2+\cfrac{1}{\cfrac{29}{9}}$

$=2+\cfrac{1}{3+\cfrac{2}{9}}=2+\cfrac{1}{3+\cfrac{1}{\cfrac{9}{2}}}$

$=2+\cfrac{1}{3+\cfrac{1}{4+\cfrac{1}{2}}}$

따라서 $a=2$, $b=3$, $c=4$, $d=2$이므로

$a+b+c+d=11$

14 $x:y:z=2:3:4$이므로

$x=2k$, $y=3k$, $z=4k\,(k\neq0)$로 놓으면

$\dfrac{xyz}{x^2y-y^2z+xz^2}=\dfrac{2k\times3k\times4k}{(2k)^2\times3k-(3k)^2\times4k+2k\times(4k)^2}$

$=\dfrac{24k^3}{8k^3}=3$

15 $\dfrac{a+b}{3}=\dfrac{b+c}{4}=\dfrac{c+a}{5}=k\,(k\neq0)$로 놓으면

$a+b=3k$, $b+c=4k$, $c+a=5k$

각 변끼리 더하면

$2(a+b+c)=12k$

$\therefore\ a+b+c=6k$

따라서 $a=2k$, $b=k$, $c=3k$이므로

$\dfrac{ab+bc+ca}{a^2+b^2+c^2}=\dfrac{2k\times k+k\times3k+3k\times2k}{(2k)^2+k^2+(3k)^2}$

$=\dfrac{11k^2}{14k^2}=\dfrac{11}{14}$

16 $3b+2c=ak$, $2c+a=3bk$, $a+3b=2ck$ …… ㉠

각 변끼리 더하면

$2(a+3b+2c)=(a+3b+2c)k$

(i) $a+3b+2c\neq0$일 때,

$k=2$

(ii) $a+3b+2c=0$일 때,

$3b+2c=-a$, $2c+a=-3b$, $a+3b=-2c$

이를 ㉠에 대입하면 $k=-1$

(i), (ii)에서 모든 실수 k의 값의 합은

$2+(-1)=1$

17 $y=\dfrac{1-4x}{2x+2}=\dfrac{-4(x+1)+5}{2(x+1)}=\dfrac{5}{2(x+1)}-2$

$y=\dfrac{1-4x}{2x+2}$의 그래프는 $y=\dfrac{5}{2x}$의 그래프를 x축의 방향으로 -1만큼, y축의 방향으로 -2만큼 평행이동한 것이므로 ④와 같다.

18 $y=\dfrac{2x-4}{x-1}=\dfrac{2(x-1)-2}{x-1}=-\dfrac{2}{x-1}+2$

$y=\dfrac{2x-4}{x-1}$의 그래프는 $y=-\dfrac{2}{x}$의 그래프를 x축의 방향으로 1만큼, y축의 방향으로 2만큼 평행이동한 것이므로 오른쪽 그림과 같다.

따라서 그래프는 제3사분면을 지나지 않는다.

19 $y=\dfrac{3x+k-10}{x+1}=\dfrac{3(x+1)+k-13}{x+1}=\dfrac{k-13}{x+1}+3$

(i) $k-13>0$, 즉 $k>13$일 때,

$y=\dfrac{3x+k-10}{x+1}$의 그래프는 오른쪽 그림과 같으므로 k의 값에 관계없이 제4사분면을 지나지 않는다.

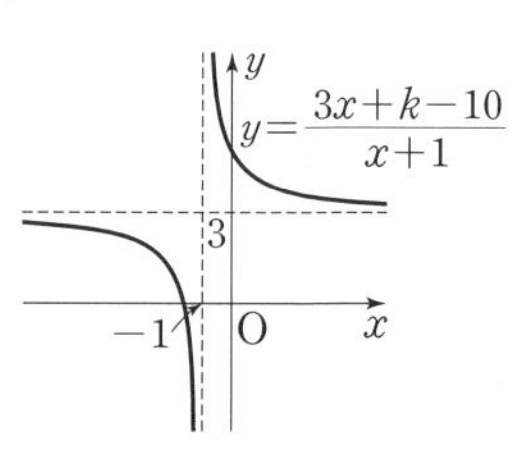

(ii) $k-13<0$, 즉 $k<13$일 때,

$y=\dfrac{3x+k-10}{x+1}$의 그래프는 오른쪽 그림과 같으므로 제4사분면을 지나려면 $x=0$에서의 함숫값이 0보다 작아야 한다.

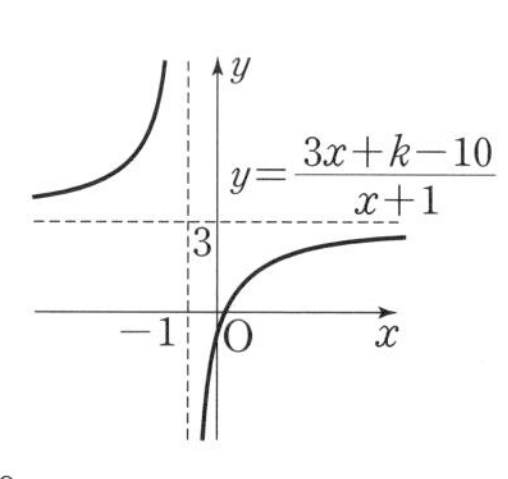

즉, $k-10<0$이므로 $k<10$

(iii) $k-13=0$, 즉 $k=13$일 때,

$y=3$이므로 제4사분면을 지나지 않는다.

(i), (ii), (iii)에서 $k<10$

따라서 모든 자연수 k는 1, 2, 3, …, 9의 9개이다.

20 $y=\dfrac{3}{x}$의 그래프를 x축의 방향으로 -2만큼, y축의 방향으로 2만큼 평행이동하면

$y=\dfrac{3}{x+2}+2=\dfrac{2x+7}{x+2}$

따라서 $a=2$, $b=7$, $c=2$이므로 $a+b+c=11$

21 $y=\dfrac{2x+1}{x+1}=-\dfrac{1}{x+1}+2$의 그래프를 x축의 방향으로 p만큼, y축의 방향으로 q만큼 평행이동하면

$y=-\dfrac{1}{x-p+1}+2+q$

이 함수의 그래프가 $y=\dfrac{-x+2}{x-3}=-\dfrac{1}{x-3}-1$의 그래프와 겹쳐지므로

$-p+1=-3$, $2+q=-1$

$\therefore\ p=4$, $q=-3$ $\quad\therefore\ p+q=1$

22 ㄴ. $y=\frac{x-2}{x}=-\frac{2}{x}+1$

ㄷ. $y=\frac{-2x+2}{x+1}=\frac{4}{x+1}-2$

ㄹ. $y=\frac{x-5}{x-3}=-\frac{2}{x-3}+1$

따라서 보기의 함수에서 그 그래프가 유리함수 $y=-\frac{2}{x}$의 그래프를 평행이동하여 겹쳐지는 것은 ㄱ, ㄴ, ㄹ이다.

23 $y=\frac{2x-1}{x+3}=\frac{2(x+3)-7}{x+3}=-\frac{7}{x+3}+2$

$x=3$일 때 $y=\frac{5}{6}$, $x=-2$일 때 $y=-5$

따라서 $-2\leq x\leq 3$에서 함수 $y=\frac{2x-1}{x+3}$의 그래프는 오른쪽 그림과 같으므로

$M=\frac{5}{6}$, $m=-5$

$\therefore \frac{m}{M}=-6$

24 $y=\frac{3x+a}{x+1}=\frac{3(x+1)+a-3}{x+1}=\frac{a-3}{x+1}+3$

$0\leq x\leq 1$에서 $y=\frac{3x+a}{x+1}$의 그래프는 오른쪽 그림과 같으므로 함수 $y=\frac{3x+a}{x+1}$가 $x=0$에서 최댓값 a를 갖는다.

$\therefore a=4$

25 $y=\frac{2x-1}{x-1}=\frac{2(x-1)+1}{x-1}=\frac{1}{x-1}+2$

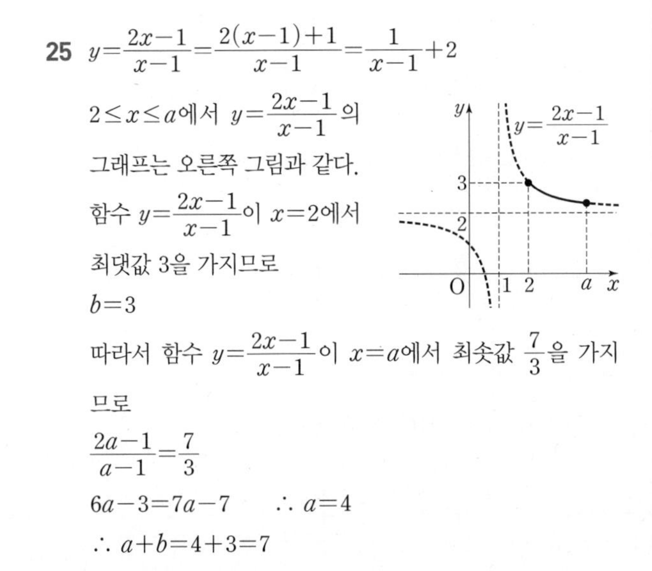

$2\leq x\leq a$에서 $y=\frac{2x-1}{x-1}$의 그래프는 오른쪽 그림과 같다.

함수 $y=\frac{2x-1}{x-1}$이 $x=2$에서 최댓값 3을 가지므로

$b=3$

따라서 함수 $y=\frac{2x-1}{x-1}$이 $x=a$에서 최솟값 $\frac{7}{3}$을 가지므로

$\frac{2a-1}{a-1}=\frac{7}{3}$

$6a-3=7a-7 \qquad \therefore a=4$

$\therefore a+b=4+3=7$

26 $y=\frac{3x+k}{x+2}=\frac{3(x+2)+k-6}{x+2}=\frac{k-6}{x+2}+3$

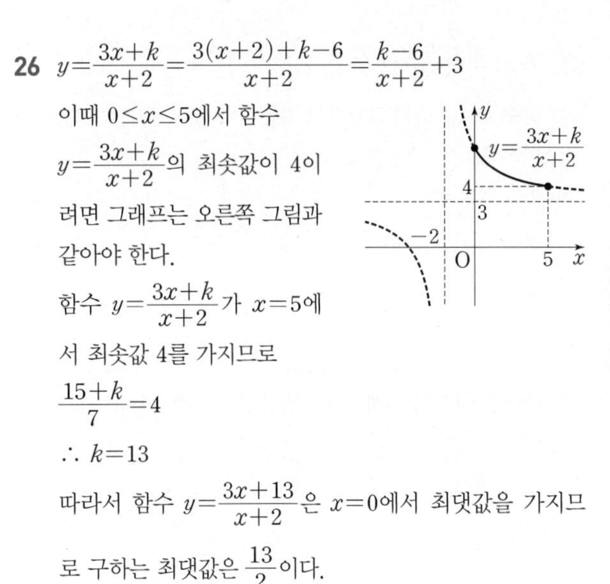

이때 $0\leq x\leq 5$에서 함수 $y=\frac{3x+k}{x+2}$의 최솟값이 4이려면 그래프는 오른쪽 그림과 같아야 한다.

함수 $y=\frac{3x+k}{x+2}$가 $x=5$에서 최솟값 4를 가지므로

$\frac{15+k}{7}=4$

$\therefore k=13$

따라서 함수 $y=\frac{3x+13}{x+2}$은 $x=0$에서 최댓값을 가지므로 구하는 최댓값은 $\frac{13}{2}$이다.

27 $y=\frac{3x+4}{x+2}=-\frac{2}{x+2}+3$

따라서 이 함수의 그래프는 점 $(-2, 3)$에 대하여 대칭이므로

$a=-2$, $b=3$

$\therefore a+b=1$

28 $y=\frac{ax+2}{x-1}=\frac{a(x-1)+a+2}{x-1}=\frac{a+2}{x-1}+a$

따라서 이 함수의 그래프는 점 $(1, a)$에 대하여 대칭이므로

$a=-1$, $b=1$

$\therefore ab=-1$

29 $y=\frac{7-6x}{2x-2}=\frac{-6(x-1)+1}{2(x-1)}=\frac{1}{2(x-1)}-3$

이 함수의 그래프는 두 직선 $y=(x-1)-3$, $y=-(x-1)-3$, 즉 두 직선 $y=x-4$, $y=-x-2$에 대하여 대칭이다.

따라서 $a=-4$, $b=-1$, $c=-2$이므로

$a+b+c=-7$

30 $y=\frac{ax+4}{x+3}=\frac{a(x+3)-3a+4}{x+3}=\frac{-3a+4}{x+3}+a$

이 함수의 그래프는 점 $(-3, a)$에 대하여 대칭이다.

이때 두 직선 $y=x+2$, $y=-x+b$는 점 $(-3, a)$를 지나므로

$a=-3+2=-1$, $a=3+b$

$\therefore b=-4$

$\therefore a+b=-1+(-4)=-5$

31 $f(x)=\dfrac{ax+1}{x+b}=\dfrac{a(x+b)+1-ab}{x+b}=\dfrac{1-ab}{x+b}+a$

함수 $y=f(x)$의 그래프의 점근선의 방정식이 $x=2$, $y=3$이므로

$b=-2$, $a=3$

따라서 $f(x)=\dfrac{3x+1}{x-2}$이므로

$f(4)=\dfrac{13}{2}$

32 주어진 함수의 그래프에서 점근선의 방정식이 $x=1$, $y=1$이므로

$y=\dfrac{k}{x-1}+1\,(k>0)$

이라 하면 이 함수의 그래프가 점 $(0,\ -1)$을 지나므로

$-1=-k+1 \qquad \therefore k=2$

따라서 $y=\dfrac{2}{x-1}+1=\dfrac{x+1}{x-1}$이므로

$a=1$, $b=1$, $c=-1$

$\therefore abc=-1$

33 그래프의 두 점근선의 교점의 좌표가 $(2,\ -3)$인 유리함수의 식을

$y=\dfrac{k}{x-2}-3\,(k\neq 0)$

이라 하면 이 함수의 그래프가 점 $(1,\ 1)$을 지나므로

$1=\dfrac{k}{1-2}-3 \qquad \therefore k=-4$

따라서 $y=\dfrac{-4}{x-2}-3=\dfrac{-3x+2}{x-2}=\dfrac{3x-2}{2-x}$이므로

$a=3$, $b=-2$, $c=2$

$\therefore a+b+c=3$

34 $y=\dfrac{-3x+5}{x-2}=-\dfrac{1}{x-2}-3$

의 그래프는 오른쪽 그림과 같이 제1, 3, 4사분면을 지난다.

따라서 옳지 않은 것은 ⑤이다.

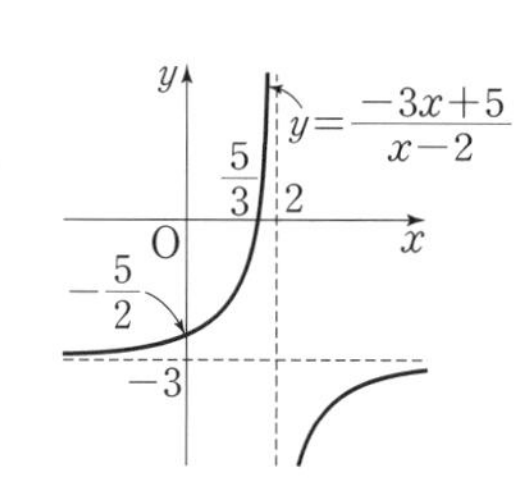

35 $y=\dfrac{1}{3x-2}+4=\dfrac{1}{3\left(x-\dfrac{2}{3}\right)}+4$

ㄷ. $y=\dfrac{1}{3x}$의 그래프를 x축의 방향으로 $\dfrac{2}{3}$만큼, y축의 방향으로 4만큼 평행이동한 것이다.

따라서 보기에서 옳은 것은 ㄱ, ㄴ이다.

36 $-\dfrac{3}{x}-1=3x+m$에서

$3x^2+(m+1)x+3=0$

이 이차방정식이 중근을 가져야 하므로 이차방정식의 판별식을 D라 하면

$D=(m+1)^2-36=0$

$m^2+2m-35=0$

$(m+7)(m-5)=0$

$\therefore m=5\ (\because m>0)$

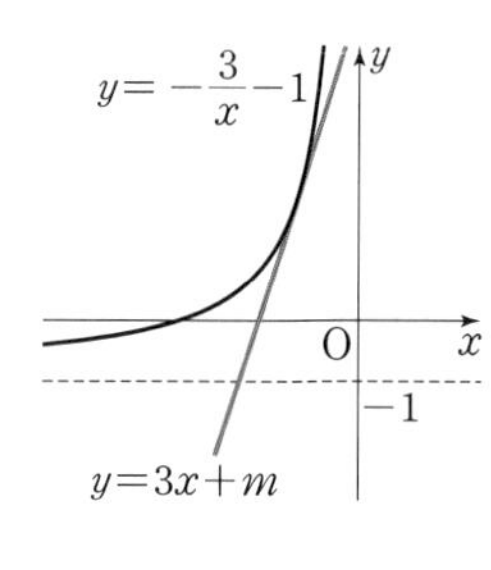

37 $y=\dfrac{3}{x-1}+1$의 그래프는 점 $(1,\ 1)$에 대하여 대칭이고, 직선 $mx-y-m+1=0$, 즉, $y=m(x-1)+1$은 m의 값에 관계없이 항상 점 $(1,\ 1)$을 지난다.

따라서 $y=\dfrac{3}{x-1}+1$의 그래프와 직선 $mx-y-m+1=0$이 만나지 않으려면 오른쪽 그림과 같아야 하므로

$m\le 0$

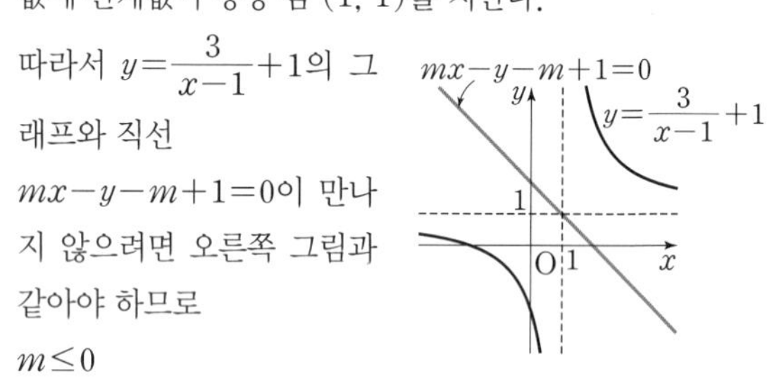

38 $f(x)=\dfrac{2x-3}{x-2}=\dfrac{1}{x-2}+2$

이고 직선 $y=mx+1$은 m의 값에 관계없이 항상 점 $(0,\ 1)$을 지나므로 이 직선과 $y=f(x)$의 그래프가 $3\le x\le 4$에서 만나려면 위의 그림과 같아야 한다.

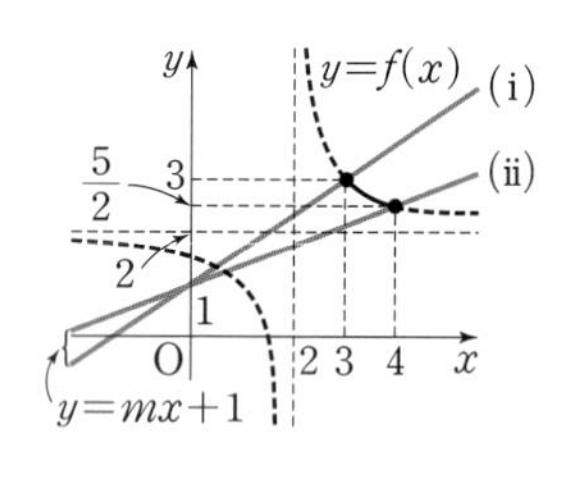

(i) 직선 $y=mx+1$이 점 $(3,\ 3)$을 지날 때,

$3=3m+1 \qquad \therefore m=\dfrac{2}{3}$

(ii) 직선 $y=mx+1$이 점 $\left(4,\ \dfrac{5}{2}\right)$를 지날 때,

$\dfrac{5}{2}=4m+1 \qquad \therefore m=\dfrac{3}{8}$

(i), (ii)에서 $\dfrac{3}{8}\le m\le\dfrac{2}{3}$이므로

$a=\dfrac{3}{8}$, $b=\dfrac{2}{3} \qquad \therefore ab=\dfrac{1}{4}$

39 $f(x)=\dfrac{x+1}{x-1}$에서

$f^2(x)=(f\circ f^1)(x)=f(f(x))$

$$=f\left(\dfrac{x+1}{x-1}\right)=\dfrac{\dfrac{x+1}{x-1}+1}{\dfrac{x+1}{x-1}-1}=x$$

$f^3(x)=(f\circ f^2)(x)=f(f^2(x))$

$=f(x)=\dfrac{x+1}{x-1}$

$\vdots$

따라서 $f^2(x)=f^4(x)=\cdots=f^{2n}(x)=x$이므로

$f^{100}(x)=f^{2\times 50}(x)=x$

$\therefore f^{100}(3)=3$

40 $f(x)=\dfrac{x}{x+1}$에서

$f^2(x)=(f\circ f^1)(x)=f(f(x))$

$=f\left(\dfrac{x}{x+1}\right)=\dfrac{\dfrac{x}{x+1}}{\dfrac{x}{x+1}+1}=\dfrac{x}{2x+1}$

$f^3(x)=(f\circ f^2)(x)=f(f^2(x))$

$=f\left(\dfrac{x}{2x+1}\right)=\dfrac{\dfrac{x}{2x+1}}{\dfrac{x}{2x+1}+1}=\dfrac{x}{3x+1}$

$f^4(x)=(f\circ f^3)(x)=f(f^3(x))$

$=f\left(\dfrac{x}{3x+1}\right)=\dfrac{\dfrac{x}{3x+1}}{\dfrac{x}{3x+1}+1}=\dfrac{x}{4x+1}$

$\vdots$

따라서 $f^n(x)=\dfrac{x}{nx+1}$이므로

$f^{10}(x)=\dfrac{x}{10x+1}$ $\quad\therefore f^{10}(2)=\dfrac{2}{21}$

41 주어진 그래프에서 $f(0)=1$, $f(1)=0$이므로

$f^2(1)=(f\circ f^1)(1)=f(f(1))=f(0)=1$

$f^3(1)=(f\circ f^2)(1)=f(f^2(1))=f(1)=0$

$f^4(1)=(f\circ f^3)(1)=f(f^3(1))=f(0)=1$

$\vdots$

따라서 $f^n(1)=\begin{cases}0\ (n\text{은 홀수})\\1\ (n\text{은 짝수})\end{cases}$이므로

$f^{99}(1)=0$

42 $(f\circ f)(x)=x$에서 $f(x)=f^{-1}(x)$

$y=\dfrac{ax+3}{3-x}$이라 하고 x에 대하여 풀면

$(3-x)y=ax+3$, $(y+a)x=3y-3$

$\therefore x=\dfrac{3y-3}{y+a}$

x와 y를 서로 바꾸면 $f^{-1}(x)=\dfrac{3x-3}{x+a}$

따라서 $\dfrac{ax+3}{3-x}=\dfrac{3x-3}{x+a}$이므로

$a=-3$

43 $(f\circ f^{-1}\circ f^{-1})(1)=((f\circ f^{-1})\circ f^{-1})(1)$

$=f^{-1}(1)$

$f^{-1}(1)=k$(k는 상수)라 하면 $f(k)=1$이므로

$\dfrac{k+1}{2k-1}=1$

$k+1=2k-1$ $\quad\therefore k=2$

$\therefore (f\circ f^{-1}\circ f^{-1})(1)=f^{-1}(1)=2$

44 $y=\dfrac{2x+5}{x+3}$라 하고 x에 대하여 풀면

$(x+3)y=2x+5$, $(y-2)x=-3y+5$

$\therefore x=\dfrac{-3y+5}{y-2}$

x와 y를 서로 바꾸면

$f^{-1}(x)=\dfrac{-3x+5}{x-2}=-\dfrac{1}{x-2}-3$

$y=f^{-1}(x)$의 그래프의 점근선의 방정식은 $x=2$, $y=-3$이므로 점 $(2, -3)$에 대하여 대칭이다.

따라서 $p=2$, $q=-3$이므로

$p-q=5$

45 $f(x)=\dfrac{ax+b}{x-2}$의 그래프가 점 $(3, 5)$를 지나므로

$f(3)=5$에서 $3a+b=5$ $\quad\cdots\cdots$ ㉠

$f=f^{-1}$이므로 $f^{-1}(3)=5$에서 $f(5)=3$

$\dfrac{5a+b}{3}=3$ $\quad\therefore 5a+b=9$ $\quad\cdots\cdots$ ㉡

㉠, ㉡을 연립하여 풀면

$a=2$, $b=-1$

따라서 $f(x)=\dfrac{2x-1}{x-2}$이므로

$f(1)=-1$

다른 풀이

$f(x)=\dfrac{ax+b}{x-2}$의 그래프가 점 $(3, 5)$를 지나므로

$3a+b=5$ $\quad\cdots\cdots$ ㉠

$y=\dfrac{ax+b}{x-2}$라 하고 x에 대하여 풀면

$(x-2)y=ax+b$, $(y-a)x=2y+b$

$\therefore x=\dfrac{2y+b}{y-a}$

x와 y를 서로 바꾸면

$f^{-1}(x)=\dfrac{2x+b}{x-a}$

$f=f^{-1}$이므로

$\dfrac{ax+b}{x-2}=\dfrac{2x+b}{x-a}$ $\quad\therefore a=2$

이를 ㉠에 대입하여 풀면 $b=-1$

따라서 $f(x)=\dfrac{2x-1}{x-2}$이므로

$f(1)=-1$

02 무리함수 89~94쪽

1 -4	**2** ④	**3** ⑤	**4** ②	**5** $-x\sqrt{x}$
6 $\frac{2x+2y}{x-y}$	**7** ③	**8** $2(\sqrt{3}+1)$		**9** $\sqrt{2}$
10 ④	**11** ②	**12** 제4사분면		**13** 2
14 -5	**15** 4	**16** ③	**17** 11	**18** ①
19 ③	**20** $(1, 0)$	**21** 2	**22** -3	
23 제3사분면		**24** ④	**25** ④	**26** ⑤
27 ①	**28** $-1\le k<-\frac{3}{4}$		**29** ③	**30** 27
31 10	**32** 2	**33** -8	**34** ⑤	**35** ②
36 $a=\frac{3}{4}$ 또는 $a>1$				

1 $6x^2-7x-3\ge0$이어야 하므로

$(3x+1)(2x-3)\ge0$

$\therefore x\le-\frac{1}{3}$ 또는 $x\ge\frac{3}{2}$

따라서 $a=-\frac{1}{3}$, $b=\frac{3}{2}$이므로

$3a-2b=3\times\left(-\frac{1}{3}\right)-2\times\frac{3}{2}=-4$

2 $4-x\ge0$, $x+2>0$이어야 하므로

$-2<x\le4$

따라서 정수 x는 $-1, 0, 1, 2, 3, 4$의 6개이다.

3 $x-1\ge0$, $3-x\ge0$이어야 하므로

$1\le x\le3$

$\therefore \sqrt{x^2+4x+4}=\sqrt{(x+2)^2}=x+2$

4 $$\frac{\sqrt{x+1}-\sqrt{x-1}}{\sqrt{x+1}+\sqrt{x-1}}=\frac{(\sqrt{x+1}-\sqrt{x-1})^2}{(\sqrt{x+1}+\sqrt{x-1})(\sqrt{x+1}-\sqrt{x-1})}$$
$$=\frac{x+1-2\sqrt{x^2-1}+x-1}{x+1-(x-1)}$$
$$=x-\sqrt{x^2-1}$$

5 $$\frac{x}{\sqrt{x+2}+\sqrt{x}}-\frac{x}{\sqrt{x+2}-\sqrt{x}}$$
$$=\frac{x(\sqrt{x+2}-\sqrt{x})-x(\sqrt{x+2}+\sqrt{x})}{(\sqrt{x+2}+\sqrt{x})(\sqrt{x+2}-\sqrt{x})}$$
$$=\frac{x\sqrt{x+2}-x\sqrt{x}-x\sqrt{x+2}-x\sqrt{x}}{x+2-x}$$
$$=-x\sqrt{x}$$

6 $$\frac{\sqrt{x}-\sqrt{y}}{\sqrt{x}+\sqrt{y}}+\frac{\sqrt{x}+\sqrt{y}}{\sqrt{x}-\sqrt{y}}=\frac{(\sqrt{x}-\sqrt{y})^2+(\sqrt{x}+\sqrt{y})^2}{(\sqrt{x}+\sqrt{y})(\sqrt{x}-\sqrt{y})}$$
$$=\frac{x-2\sqrt{xy}+y+x+2\sqrt{xy}+y}{x-y}$$
$$=\frac{2x+2y}{x-y}$$

7 $x=\frac{\sqrt{2}+1}{\sqrt{2}-1}=\frac{(\sqrt{2}+1)^2}{(\sqrt{2}-1)(\sqrt{2}+1)}=2\sqrt{2}+3$이므로

$$\frac{\sqrt{x}}{\sqrt{x}-1}+\frac{\sqrt{x}}{\sqrt{x}+1}=\frac{\sqrt{x}(\sqrt{x}+1)+\sqrt{x}(\sqrt{x}-1)}{(\sqrt{x}-1)(\sqrt{x}+1)}$$
$$=\frac{x+\sqrt{x}+x-\sqrt{x}}{x-1}$$
$$=\frac{2x}{x-1}$$
$$=\frac{2(2\sqrt{2}+3)}{2\sqrt{2}+3-1}$$
$$=\frac{2\sqrt{2}+3}{\sqrt{2}+1}$$
$$=\frac{(2\sqrt{2}+3)(\sqrt{2}-1)}{(\sqrt{2}+1)(\sqrt{2}-1)}$$
$$=\sqrt{2}+1$$

8 $$\frac{1}{x+\sqrt{x^2-1}}+\frac{1}{x-\sqrt{x^2-1}}$$
$$=\frac{x-\sqrt{x^2-1}}{(x+\sqrt{x^2-1})(x-\sqrt{x^2-1})}+\frac{x+\sqrt{x^2-1}}{(x-\sqrt{x^2-1})(x+\sqrt{x^2-1})}$$
$$=\frac{x-\sqrt{x^2-1}}{x^2-(x^2-1)}+\frac{x+\sqrt{x^2-1}}{x^2-(x^2-1)}$$
$$=2x$$
$$=2(\sqrt{3}+1)$$

9 $(\sqrt{x}-\sqrt{y})^2=x+y-2\sqrt{xy}$ ...... ㉠

$x=\frac{4}{3-\sqrt{5}}=\frac{4(3+\sqrt{5})}{(3-\sqrt{5})(3+\sqrt{5})}=3+\sqrt{5}$,

$y=\frac{4}{3+\sqrt{5}}=\frac{4(3-\sqrt{5})}{(3+\sqrt{5})(3-\sqrt{5})}=3-\sqrt{5}$

이므로 $x+y=6$, $xy=4$

이를 ㉠에 대입하면

$(\sqrt{x}-\sqrt{y})^2=6-2\times2=2$

$\therefore \sqrt{x}-\sqrt{y}=\sqrt{2}$ ($\because x>y$)

10 $f(n)=\sqrt{n+1}+\sqrt{n}$이므로

$$\frac{1}{f(n)}=\frac{1}{\sqrt{n+1}+\sqrt{n}}$$
$$=\frac{\sqrt{n+1}-\sqrt{n}}{(\sqrt{n+1}+\sqrt{n})(\sqrt{n+1}-\sqrt{n})}$$
$$=\sqrt{n+1}-\sqrt{n}$$

$$\therefore \frac{1}{f(1)}+\frac{1}{f(2)}+\frac{1}{f(3)}+\cdots+\frac{1}{f(48)}$$
$$=(\sqrt{2}-\sqrt{1})+(\sqrt{3}-\sqrt{2})+(\sqrt{4}-\sqrt{3})+\cdots+(\sqrt{49}-\sqrt{48})$$
$$=-\sqrt{1}+\sqrt{49}=6$$

11 $y=-\sqrt{3x-9}-2=-\sqrt{3(x-3)}-2$의 그래프는 $y=-\sqrt{3x}$의 그래프를 x축의 방향으로 3만큼, y축의 방향으로 -2만큼 평행이동한 것이므로 ②와 같다.

12 $y=\sqrt{2x+4}-1=\sqrt{2(x+2)}-1$의 그래프는 $y=\sqrt{2x}$의 그래프를 x축의 방향으로 -2만큼, y축의 방향으로 -1만큼 평행이동한 것이므로 오른쪽 그림과 같다.

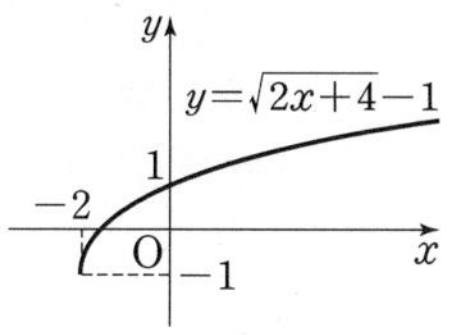

따라서 제4사분면을 지나지 않는다.

13 $y=-\sqrt{-x+3}+a=-\sqrt{-(x-3)}+a$

이 함수의 그래프가 제1, 2, 3사분면을 지나려면 오른쪽 그림과 같아야 한다.

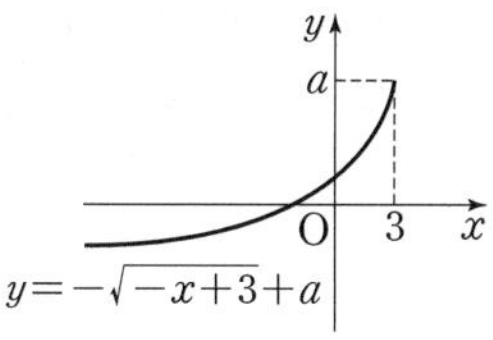

즉, $x=0$일 때 $y>0$이어야 하므로

$-\sqrt{3}+a>0 \qquad \therefore a>\sqrt{3}$

따라서 정수 a의 최솟값은 2이다.

14 $y=\sqrt{a(x+1)}+5$의 그래프를 x축의 방향으로 b만큼, y축의 방향으로 c만큼 평행이동하면

$y=\sqrt{a(x-b+1)}+5+c$

이 함수의 그래프가 $y=\sqrt{6-3x}=\sqrt{-3(x-2)}$의 그래프와 겹쳐지므로

$a=-3,\ -b+1=-2,\ 5+c=0$

$\therefore b=3,\ c=-5$

$\therefore a+b+c=-5$

15 $y=\sqrt{-x+2}$의 그래프를 x축의 방향으로 3만큼, y축의 방향으로 -2만큼 평행이동하면

$y=\sqrt{-(x-3)+2}-2=\sqrt{-x+5}-2$

이 함수의 그래프를 y축에 대하여 대칭이동하면

$y=\sqrt{x+5}-2$

따라서 $a=1,\ b=5,\ c=-2$이므로

$a+b+c=4$

16 ㄱ. $y=-\sqrt{2x}$의 그래프는 $y=\sqrt{-2x}$의 그래프를 원점에 대하여 대칭이동한 것이다.

ㄴ. $y=\sqrt{3-4x}=\sqrt{-4\left(x-\frac{3}{4}\right)}$의 그래프는 $y=\sqrt{-4x}$의 그래프를 x축의 방향으로 $\frac{3}{4}$만큼 평행이동한 것이다.

ㄷ. $y=2\sqrt{1-x}+2=\sqrt{-4(x-1)}+2$의 그래프는 $y=\sqrt{-4x}$의 그래프를 x축의 방향으로 1만큼, y축의 방향으로 2만큼 평행이동한 것이다.

ㄹ. $y=\sqrt{2x-1}-1=\sqrt{2\left(x-\frac{1}{2}\right)}-1$의 그래프는 $y=\sqrt{-2x}$의 그래프를 y축에 대하여 대칭이동한 후 x축의 방향으로 $\frac{1}{2}$만큼, y축의 방향으로 -1만큼 평행이동한 것이다.

따라서 보기의 함수에서 그래프가 무리함수 $y=\sqrt{-2x}$의 그래프를 평행이동 또는 대칭이동하여 겹쳐지는 것은 ㄱ, ㄹ이다.

17 $f(x)=\sqrt{2x+a}+7=\sqrt{2\left(x+\frac{a}{2}\right)}+7$은 $x=-\frac{a}{2}$에서 최솟값 7을 가지므로

$-\frac{a}{2}=-2,\ 7=m$

따라서 $a=4,\ m=7$이므로

$a+m=11$

18 $y=-\sqrt{4x+a}+2$는 $-2\le x\le 2$에서 $x=-2$일 때 최댓값 2를 가지므로

$-\sqrt{-8+a}+2=2$

$\sqrt{-8+a}=0 \qquad \therefore a=8$

따라서 $y=-\sqrt{4x+8}+2$는 $x=2$에서 최솟값을 가지므로 구하는 최솟값은

$-\sqrt{8+8}+2=-2$

19 $y=-\sqrt{4-x}+5$는 $a\le x\le b$에서 $x=b$일 때 최댓값 5를 갖고, $x=a$일 때 최솟값 4를 가지므로

$-\sqrt{4-b}+5=5,\ -\sqrt{4-a}+5=4$

$\therefore a=3,\ b=4$

$\therefore b^2-a^2=4^2-3^2=7$

20 함수 $y=-\sqrt{a-x}+b=-\sqrt{-(x-a)}+b$의 정의역은 $\{x|x\le a\}$, 치역은 $\{y|y\le b\}$이므로

$a=5,\ b=2$

$y=-\sqrt{5-x}+2$에 $y=0$을 대입하면

$\sqrt{5-x}=2,\ 5-x=4 \qquad \therefore x=1$

따라서 x축과 만나는 점의 좌표는 $(1,\ 0)$이다.

21 $y=\sqrt{a(x+2)}-1$의 그래프가 점 $(-1,\ 0)$을 지나므로

$0=\sqrt{a}-1 \qquad \therefore a=1$

따라서 $y=\sqrt{x+2}-1$이므로

$a=1,\ b=2,\ c=-1$

$\therefore a+b+c=2$

22 $y=-\sqrt{a(x+4)}+3\,(a>0)$이라 하면 이 함수의 그래프가 점 $(0,\ -1)$을 지나므로

$-1=-\sqrt{4a}+3$

$\sqrt{4a}=4\qquad \therefore a=4$

따라서 $y=-\sqrt{4(x+4)}+3$의 그래프가 점 $(5,\ k)$를 지나므로

$k=-\sqrt{4(5+4)}+3=-3$

23 $y=\sqrt{a(x+b)}+c$의 그래프는 $y=\sqrt{ax}$의 그래프를 x축의 방향으로 $-b$만큼, y축의 방향으로 c만큼 평행이동한 것이므로 주어진 그래프에서

$a<0,\ -b>0,\ c>0$

$y=\dfrac{a}{x+b}+c$의 그래프는 $y=\dfrac{a}{x}\,(a<0)$의 그래프를 x축의 방향으로 $-b$만큼, y축의 방향으로 c만큼 평행이동한 것이고, $-b>0,\ c>0$이므로 오른쪽 그림과 같다.

따라서 유리함수 $y=\dfrac{a}{x+b}+c$의 그래프가 지나지 않는 사분면은 제3사분면이다.

24 $y=\dfrac{bx+c}{x-a}=\dfrac{b(x-a)+ab+c}{x-a}=\dfrac{ab+c}{x-a}+b$

따라서 $y=\dfrac{bx+c}{x-a}$의 그래프는 $y=\dfrac{ab+c}{x}$의 그래프를 x축의 방향으로 a만큼, y축의 방향으로 b만큼 평행이동한 것이므로 주어진 그래프에서 $a>0,\ b>0,\ ab+c<0$

$ab+c<0$에서 $ab>0$이므로 $c<0$

$y=\sqrt{ax+c}-b=\sqrt{a\left(x+\dfrac{c}{a}\right)}-b$의 그래프는

$y=\sqrt{ax}\,(a>0)$의 그래프를 x축의 방향으로 $-\dfrac{c}{a}$만큼, y축의 방향으로 $-b$만큼 평행이동한 것이고, $-\dfrac{c}{a}>0,\ -b<0$이므로 $y=\sqrt{ax+c}-b$의 그래프는 오른쪽 그림과 같다.

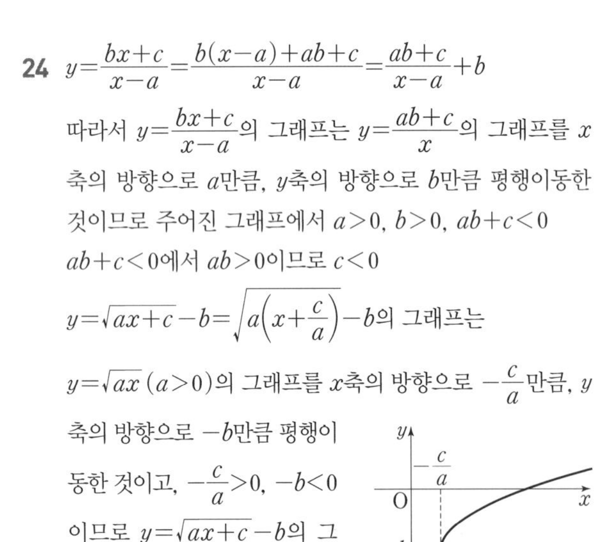

따라서 무리함수 $y=\sqrt{ax+c}-b$의 그래프의 개형은 ④이다.

25 $y=\sqrt{4-2x}+1$

$=\sqrt{-2(x-2)}+1$

④ 그래프는 오른쪽 그림과 같이 제1, 2사분면을 지난다.

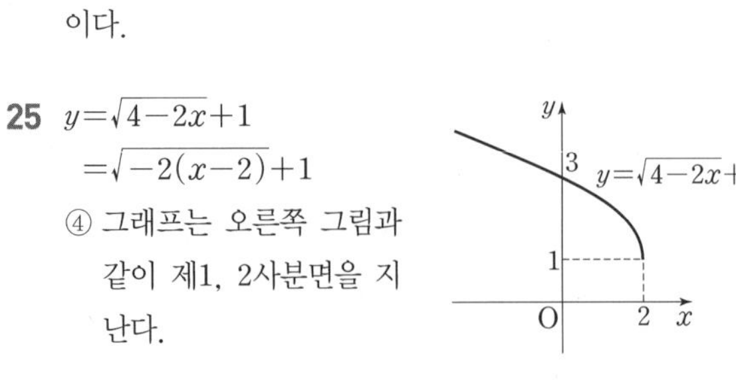

26 $y=a\sqrt{bx+c}=a\sqrt{b\left(x+\dfrac{c}{b}\right)}$

ㄴ. $a>0,\ b<0,\ c>0$이면

$-\dfrac{c}{b}>0$

따라서 $y=a\sqrt{bx+c}$의 그래프는 오른쪽 그림과 같이 제1, 2사분면을 지난다.

따라서 보기에서 옳은 것은 ㄱ, ㄴ, ㄷ이다.

27 $ax=\sqrt{x-4}$에서

$a^2x^2=x-4$

$\therefore a^2x^2-x+4=0$

이 이차방정식이 중근을 가져야 하므로 이차방정식의 판별식을 D라 하면

$D=1-16a^2=0$

$16a^2=1\qquad \therefore a=\dfrac{1}{4}\ (\because a>0)$

28 (i) 직선 $y=x+k$와 $y=\sqrt{x-1}$의 그래프가 접할 때,

$x+k=\sqrt{x-1}$에서

$x^2+2kx+k^2=x-1$

$\therefore x^2+(2k-1)x+k^2+1=0$

이 이차방정식이 중근을 가져야 하므로 이차방정식의 판별식을 D라 하면

$D=(2k-1)^2-4(k^2+1)=0$

$4k=-3\qquad \therefore k=-\dfrac{3}{4}$

(ii) 직선 $y=x+k$가 점 $(1,\ 0)$을 지날 때,

$0=1+k\qquad \therefore k=-1$

(i), (ii)에서 $-1\le k<-\dfrac{3}{4}$

29 $n(A\cap B)=0$이려면 $y=\sqrt{-3x+4}$의 그래프와 직선 $y=-x+k$가 만나지 않아야 한다.

$-x+k=\sqrt{-3x+4}$에서

$x^2-2kx+k^2=-3x+4$

$\therefore x^2-(2k-3)x+k^2-4=0$

이 이차방정식의 판별식을 D라 하면

$D=(2k-3)^2-4(k^2-4)<0$

$12k>25\qquad \therefore k>\dfrac{25}{12}$

따라서 정수 k의 최솟값은 3이다.

30 $f^{-1}(7)=k$(k는 상수)라 하면 $f(k)=7$이므로

$\sqrt{k-2}+2=7$

$k-2=25 \quad \therefore k=27$

$\therefore f^{-1}(7)=27$

31 무리함수 $y=\sqrt{x+2}+4$의 치역은 $\{y|y\geq4\}$이므로 역함수의 정의역은 $\{x|x\geq4\}$이다.

$y=\sqrt{x+2}+4$를 x에 대하여 풀면

$y-4=\sqrt{x+2}$

$x+2=(y-4)^2$

$\therefore x=(y-4)^2-2$

x와 y를 서로 바꾸면 역함수는

$y=(x-4)^2-2=x^2-8x+14\ (x\geq4)$

따라서 $a=-8$, $b=14$, $c=4$이므로

$a+b+c=10$

32 $(f\circ g)^{-1}(3)=(g^{-1}\circ f^{-1})(3)=g^{-1}(f^{-1}(3))$

$f^{-1}(3)=a$(a는 상수)라 하면 $f(a)=3$이므로

$\sqrt{2a-4}+1=3 \qquad \therefore a=4$

$\therefore f^{-1}(3)=4$

$g^{-1}(4)=b$ (b는 상수)라 하면 $g(b)=4$이므로

$\sqrt{b+2}+2=4 \qquad \therefore b=2$

$\therefore g^{-1}(4)=2$

$\therefore (f\circ g)^{-1}(3)=g^{-1}(f^{-1}(3))=g^{-1}(4)=2$

33 $f(x)=\sqrt{ax+b}+1$이라 하자.

$y=f(x)$의 그래프와 그 역함수의 그래프가 모두 점 $(1, 3)$을 지나므로 $f(1)=3$, $f^{-1}(1)=3$

$f(1)=3$에서 $\sqrt{a+b}+1=3$

$\therefore a+b=4$ ...... ㉠

$f^{-1}(1)=3$에서 $f(3)=1$이므로

$\sqrt{3a+b}+1=1 \qquad \therefore 3a+b=0$ ...... ㉡

㉠, ㉡을 연립하여 풀면 $a=-2$, $b=6$

$\therefore a-b=-8$

34 함수 $y=\sqrt{2x+8}$의 그래프와 그 역함수의 그래프의 교점은 함수의 그래프와 직선 $y=x$의 교점과 같으므로

$\sqrt{2x+8}=x$

$2x+8=x^2$, $x^2-2x-8=0$

$(x+2)(x-4)=0$

$\therefore x=4\ (\because x\geq0)$

따라서 교점의 좌표는 $(4, 4)$이므로

$a=4$, $b=4$

$\therefore ab=16$

35 함수 $y=\sqrt{x-2}+2$의 그래프와 그 역함수의 그래프의 교점은 함수의 그래프와 직선 $y=x$의 교점과 같으므로

$\sqrt{x-2}+2=x$, $\sqrt{x-2}=x-2$

$x-2=x^2-4x+4$

$x^2-5x+6=0$, $(x-2)(x-3)=0$

$\therefore x=2$ 또는 $x=3$

따라서 두 점 A, B의 좌표는 $(2, 2)$, $(3, 3)$이므로

$\overline{AB}=\sqrt{(3-2)^2+(3-2)^2}=\sqrt{2}$

36 두 함수 $y=f(x)$, $y=g(x)$의 그래프가 한 점에서 만나려면 $y=f(x)$의 그래프와 직선 $y=x$가 한 점에서 만나야 한다.

이때 $y=f(x)$의 그래프와 직선 $y=x$의 위치 관계는 다음 그림의 (i), (ii)를 기준으로 나누어 생각할 수 있다.

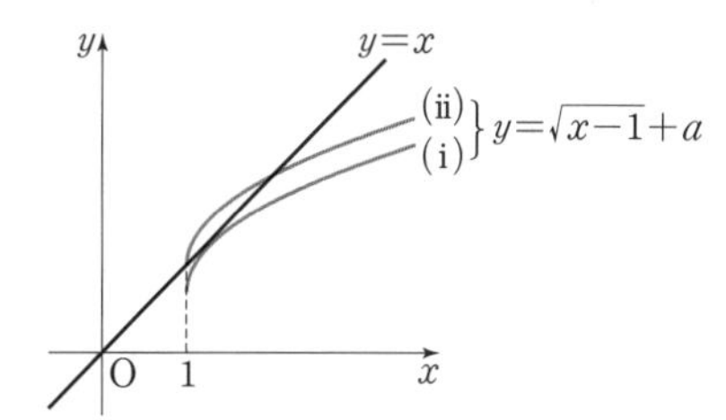

(i) 직선 $y=x$와 $y=\sqrt{x-1}+a$의 그래프가 접할 때,

$x=\sqrt{x-1}+a$에서

$x-a=\sqrt{x-1}$

$x^2-2ax+a^2=x-1$

$\therefore x^2-(2a+1)x+a^2+1=0$

이 이차방정식의 판별식을 D라 하면

$D=(2a+1)^2-4(a^2+1)=0$

$4a=3 \qquad \therefore a=\frac{3}{4}$

(ii) $y=\sqrt{x-1}+a$의 그래프가 점 $(1, 1)$을 지날 때,

$a=1$

(i), (ii)에서 상수 a의 값 또는 범위는

$a=\frac{3}{4}$ 또는 $a>1$

유형편

MEMO